D1678174

Jablonka / Lamb

Evolution in vier Dimensionen

Eva Jablonka
Marion J. Lamb

Evolution in vier Dimensionen

Wie Genetik, Epigenetik, Verhalten und Symbole die Geschichte des Lebens prägen

Illustriert von Anna Zeligowski
Übersetzt von Martin Battran
und Sabine Grauer

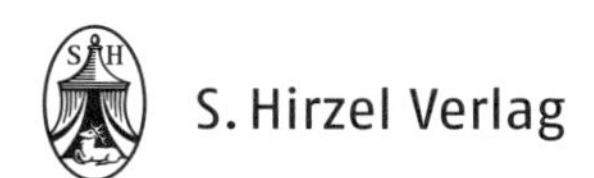

S. Hirzel Verlag

Originalausgabe:
Evolution in four dimensions: genetic, epigenetic, behavioral, and symbolic variation in the history of life / Eva Jablonka and Marion J. Lamb; illustrated by Anna Zeligowski – Revised edition.

S. Hirzel Verlag GmbH & Co edition published by arrangement with MIT Press

Bibliografische Information der Deutschen Nationalbibliothek
Die Deutsche Nationalbibliothek verzeichnet diese Publikation in der Deutschen Nationalbibliografie; detaillierte bibliografische Daten sind im Internet über https://portal.dnb.de abrufbar.

ISBN 978-3-7776-2626-0

Birkenwaldstraße 44, 70191 Stuttgart
Printed in Germany
Einbandgestaltung: deblik, Berlin unter Verwendung eines Fotos von Christian Schwier/fotolia
Satz: abavo GmbH, Buchloe
Druck & Bindung: Hubert & Co., Göttingen

www.hirzel.de

Inhalt

Geleitwort

Evolution in vier Dimensionen will den Anstoß zu einer revolutionären Umgestaltung der Evolutionstheorie geben. Vielleicht sollte man eher sagen: zu einer weiteren revolutionären Umgestaltung. Denn über der Tatsache, dass die Evolutionsbiologie sich in den letzten Jahrzehnten kontinuierlich weiterentwickelt hat, ist oft in Vergessenheit geraten, dass sie seit ihrer Begründung durch Charles Darwin vor fast 160 Jahren mehrere schwere Krisen erlebt hat.

In den 1880er Jahren spaltete sich der ursprüngliche Darwinismus unter dem Eindruck von August Weismanns radikaler Ablehnung der Vererbung erworbener Eigenschaften in ein neolamarckistisches und ein neodarwinistisches Lager. Anfang des 20. Jahrhunderts sah es dann zunächst so aus, als seien beide Erben Darwins gleichermaßen durch die neue Vererbungstheorie der Genetik obsolet geworden. Erst ab den 1920er Jahren gelang es, die Widersprüche zu überwinden. Noch heute gilt das damals entstandene Modell, die „Synthetische Evolutionstheorie", als Lehrbuchwissen. Interessanterweise haben die Entdeckung der Struktur des Erbmaterials ab den 1950er Jahren und die weiteren Erkenntnisse der Molekularbiologie nur zu Modifikationen, nicht aber zu einer völligen Neubestimmung geführt. Und so kann man rückblickend feststellen, dass diese und andere empirische Funde und theoretische Neuerungen die Idee Darwins, dass die Evolution der Organismen von Variation und Selektion bestimmt wird, auf eindrucksvolle Weise bestätigt haben.

Und heute? Was lässt sich ein Jahrzehnt nach der ersten Auflage der *Evolution in Four Dimensions* über den Versuch sagen, die dominierende Gen-zentrierte Sichtweise zu relativieren und ein breiteres Verständnis von Vererbung zu etablieren? Was ist aus der Idee geworden, den Erfahrungen und aktiven Leistungen der Organismen größeres Augenmerk einzuräumen? Welche Rolle spricht man heute den Veränderungen des genetischen Substrats durch die Organismen selbst zu, den vererbten epigenetischen Modifikationen und den über Generationen tradierten Verhaltensweisen bis hin zur Symbolkultur der Menschen?

Noch ist die Diskussion in vollem Gange, aber sie hat sich erkennbar versachlicht. War es ein geschickter Schachzug von Eva Jablonka und Marion J. Lamb, den eigenen Ansatz als ein Revival der Ideen von Lamarck zu präsentieren? Die öffentliche Aufmerksamkeit war ihnen so garantiert. Aber wie es mit Schlagworten so ist: Sie erzeugen eine oberflächliche Konfrontation, man beginnt über Worte zu streiten, anstatt sich mit den eigentlichen biologischen Phänomenen zu befassen.

Die Neuauflage und Übersetzung sind eine Chance, sich den Sachargumenten und der Fülle von Anregungen zuzuwenden, die das Buch bietet. Dabei sollte man sich von konfrontativen Wendungen nicht abschrecken lassen. Es muss nicht darum gehen, Lamarck gegen Darwin auszuspielen, sondern darum, ob und wie die bewährte Evolutionäre Synthese erweitert werden sollte. Dass dies grundsätzlich begrüßenswert ist, wird kaum bestritten. Geteilter Meinung kann man aber sein, ob die Erweiterungen so grundlegend sein werden, dass ein neuer Name angebracht ist.

Eine Bemerkung noch: Es ist auffällig, dass die Kontrahenten bei allem Dissens in der Sache nicht müde werden zu betonen, dass es nicht darum geht, den fundamentalen Kritikern der Evolutionstheorie, den Vertretern von Intelligent Design und Kreationismus, Unterstützung zu gewähren. Wenn es zu einer Umgestaltung der Evolutionstheorie kommen wird, dann wird dies nichts an ihrer naturalistischen Basis ändern.

Evolution in vier Dimensionen ist eine anregende, oft auch provozierende Lektüre, die aus dem Geist des Widerspruchs entstanden ist. Sie erzählt von Dingen in der belebten Natur, die von der evolutionsbiologischen Lehrbuchwissenschaft nicht oder nur stiefmütterlich behandelt wurden. Ob sich diese Aspekte im bewährten Rahmen erklären lassen, ob sie theoretische Erweiterungen erforderlich machen oder ob es tatsächlich zu einer grundlegenden Umgestaltung – einer Revolution – kommen wird, ist noch offen. Lassen wir uns überraschen.

Frankfurt am Main — Thomas Junker

Vorwort zur deutschen Ausgabe

Die deutsche Ausgabe von *Evolution in Four Dimensions* hat für uns eine ganz besondere Bedeutung und wir danken unserem Kollegen Martin Battran, einem Historiker und Philosophen der Biologie, dass er die zweite, revidierte Auflage des Buchs ins Deutsche übersetzt hat. In gewisser Hinsicht schließt sich hiermit ein Kreis: Wir waren immer von dem Blick fasziniert, den deutsche Biologen im 19. Jahrhundert auf die Evolution hatten; davon, wie sie die Bedeutung von Morphologie und Entwicklung für das Evolutionsgeschehen betonten – und ihr theoretischer Ansatz inspirierte uns. Für diese frühen Protagonisten des Evolutionsdenkens war Vererbung unauflöslich mit der ontogenetischen Entwicklung verknüpft; ihr Verständnis von Evolution umfasste *sämtliche* Prozesse, die zur Einheitlichkeit und Vielgestaltigkeit der Formen beitragen, sie beschränkten sich hier nicht auf den Prozess der Vererbung. Diese überaus starke entwicklungsbiologische Tradition in Deutschland erlebte bis Ende des ersten Drittels des 20. Jahrhunderts eine Blütezeit; erst mit der Konsolidierung der Synthetischen Evolutionstheorie in den späten 1930er und 1940er Jahren in den USA und Europa fand diese wichtige Denkrichtung weitgehend ihr Ende.

Heute erschüttern neue Erkenntnisse und Konzepte das neodarwinistische Evolutionsdenken des 20. Jahrhunderts, Biologen kehren nun wieder zurück zu einem stärker entwicklungs- und systemorientierten Ansatz von Vererbung und Evolution. So wird beispielsweise die alte, Gen-zentrierte Vorstellung, dass jede erbliche Variation spontan, „blind" für irgendwelche Funktion entsteht, durch ein Konzept ersetzt, das entwicklungsinduzierte erbliche epigenetische Veränderungen als Quelle neuer Variationen einschließt. Die vielen Beispiele, die wir in diesem Buch vorstellen, zeigen, dass die epigenetische Vererbung bei allen lebenden Formen allgemein verbreitet ist. In den zwei Jahren, die seit der zweiten englischen Auflage vergangen sind, ist die Liste der Beispiele noch länger geworden; die Mechanismen, die epigenetischen Vererbungsprozessen zugrunde liegen, verstehen wir dadurch immer besser. Diese neue, umfassendere Sicht der Vererbung hat maßgeblich dazu beigetragen, bei Biologen aller möglichen Disziplinen das Bewusstsein dafür zu schärfen, dass die neodarwinistische Version der Evolutionstheorie unvollständig, nicht der Weisheit letzter Schluss ist – vielmehr erweitert, ergänzt werden muss.

Der Ruf nach einer erweiterten evolutionstheoretischen Synthese mag Nichtbiologen wie ein maßvoller und vernünftiger Vorschlag erscheinen. Schließlich ist doch das Gütesiegel echter Wissenschaft darin zu sehen, dass bestehende Ideen und Konzepte immer wieder auf neue Erkenntnisse hin modifiziert, angepasst werden; kritisches Überdenken und Skepsis sind erkenntnistheoretische Verpflichtungen eines jeden Wissenschaftlers. Demgegenüber sehen manche Vertreter der alten Synthetischen Evolutionstheorie die Vorstellung, dass Vererbung auch einen Entwicklungsaspekt beinhaltet, als eine Rückkehr zu obskuren Lamarck'schen Ideen, die die großen Fortschritte im Evolutionsdenken im Verlauf des 20. Jahrhunderts in Frage stellen, gar ernstlich aufs Spiel setzen. Ihre Kritik richtet sich hauptsächlich darauf, dass wir und andere, die sich für eine Erweiterung der Modernen Synthese aussprechen, der Epigenetik, vor allem der epigenetischen Vererbung einen beträchtlichen Einfluss auf die Evolutionsdynamik zuschreiben.

Eine solche Skepsis ist gut verständlich und ein kritisches Bewerten neuer Ideen ist auch selbstverständlich notwendig. Ganz bestimmt müssen einige populäre Darstellungen der Epigenetik, ihrer Versprechen und der Schlussfolgerungen aus diesem Konzept sorgfältig hinterfragt und analysiert werden. Leider ist das, was man in populären oder halbwissenschaftlichen Abhandlungen lesen kann, zum Teil falsch oder ungenau – Befunde und Tatsachen werden verzerrt und die konzeptionelle wie auch die historische Analyse ist manchmal sehr dürftig. Doch verhält sich die Sache nicht sehr viel besser, wenn wir einen Blick in die Beiträge der Advokaten der (alten) Synthetischen Evolutionstheorie werfen: Selbst anerkannte Wissenschaftler müssen sich hier häufig den Vorwurf gefallen lassen, die Dinge ungenau und verzerrt darzustellen. Die Diskussionen in Blogs und Zeitschriften sind hitzig, von aggressivem Ton gekennzeichnet, und beide Seiten kämpfen für ihre Position eher wie Rechtsanwälte, nicht wie Wissenschaftler.

In diesem Buch haben wir uns bemüht, heutiges Evolutionsdenken in verantwortlicher Weise darzustellen; gleichwohl wird immer wieder unsere etwas radikale Position deutlich, wenn wir eine Modifikation der gegenwärtigen Evolutionstheorie einfordern. Es ist eine Modifikation, die genau das erkennt und betont, was schon die deutschen Evolutionsbiologen im 19. Jahrhundert taten: Vererbung ist nicht unabhängig von Entwicklung. Wir hoffen, dass die Übersetzung unseres Buchs dem deutschen Leser einen Eindruck von den aufregenden neuen Erkenntnissen und Konzepten von Vererbung und Evolution vermittelt; von ihrem Bezug zu Ideen der Vergangenheit und ihren Implikationen nicht nur für biologisches Denken, sondern auch für die menschliche Gesellschaft.

Juni 2016, Eva Jablonka und Marion J. Lamb

Einleitung

Inhalt und Form dieses Buches sind etwas ungewöhnlich. Deshalb möchten wir zunächst erklären, worum es uns überhaupt geht und wie das Buch aufgebaut ist. Wir sind der Auffassung, dass sich derzeit das Verständnis von Vererbung und Genetik auf geradezu revolutionäre Art und Weise verändert; eine neue Synthese ist im Entstehen, die den Gen-zentrierten Ansatz des Neodarwinismus, der das biologische Denken in den letzten 50 Jahren dominiert hat, auf den Prüfstand stellt.

Die konzeptionellen Veränderungen, die nun im Gange sind, beruhen auf Erkenntnissen aus fast allen Bereichen der Biologie, doch wir befassen uns in diesem Buch allein mit der Vererbung. Dabei werden wir folgende Thesen diskutieren:

- Biologische Vererbung umfasst mehr als nur Gene.
- Einige erbliche Variationen entstehen nicht rein zufällig.
- Einige Formen erworbener Informationen sind erblich.
- Der Artenwandel ist nicht nur das Ergebnis von Selektion, sondern auch von Instruktion.

Diese Behauptungen mögen jedem, der die traditionelle Evolutionstheorie Darwins in der Schule oder an der Universität gelernt hat, verwegen vorkommen. Denn nach der herkömmlichen Auffassung ist Anpassung immer das Ergebnis natürlicher Selektion von zufällig entstandenen genetischen Varianten. Doch sind unsere Thesen nicht einfach Behauptungen; sie beruhen vielmehr auf neuen experimentellen und empirischen Befunden sowie auf einem daraus resultierenden neuen Konzept der biologischen Vererbung. Die Molekularbiologie hat gezeigt, dass einige grundlegende Annahmen über das genetische System, auf denen die gegenwärtige Theorie des Neodarwinismus beruht, nicht stimmen. So wissen wir inzwischen, dass Körperzellen Informationen an Tochterzellen durch epigenetische Vererbung weitergeben können. Das bedeutet, dass alle Organismen mindestens zwei Vererbungssysteme haben. Hinzu kommt, dass viele Tiere Informationen durch spezifische Verhaltensweisen austauschen. Sie verfügen also über ein drittes Vererbungssystem. Wir Menschen besitzen sogar ein viertes System, die symbolgestützte Vererbung. Dazu gehört insbesondere die Sprache, die bei unserer Evolution eine wesentliche Rolle gespielt hat. Daher genügt es nicht, beim Nachdenken über Vererbung und Evolution nur genetische Prozesse im Blick zu haben; denn epigenetische Prozesse, Verhalten und symbolgestützte Vererbung bringen viele zusätzliche Varianten hervor, unter denen die natürliche Selektion ebenfalls auswählen kann.

Berücksichtigt man alle vier Vererbungssysteme und ihre Wechselwirkungen, blickt man auch mit anderen Augen auf Darwins Evolutionskonzept. Diese Sicht mögen viele, denen der dominierende Gen-zentrierte Ansatz Unbehagen verursacht, mit Erleichterung zur Kenntnis nehmen; denn es ist nicht mehr nötig, das entwicklungsgeschichtliche Ent-

Advocatus Diaboli

stehen jeglicher an die Umwelt angepasster biologischer Strukturen und Verhaltensweisen, auch derer des Menschen, allein auf die Selektion genetischer Variationen zurückzuführen, die zufällig und nicht mit Blick auf irgendeine Funktion entstanden sind. Betrachtet man nämlich verschiedene Typen erblicher Variabilität, wird schnell deutlich, dass umweltabhängig erworbene Veränderungen ebenfalls eine tragende Rolle für evolutionäre Prozesse spielen. Eine vierdimensionale Perspektive lässt eine viel umfassendere und differenziertere Theorie der Evolution zu, bei der es nicht allein Gene sind, unter denen die natürliche Selektion auswählt.

Wir haben dieses Buch in drei Teile gegliedert, die jeweils mit einer kurzen Einleitung beginnen. Teil I befasst sich mit der ersten Dimension von Vererbung und Evolution, dem genetischen System. In Kapitel 1 skizzieren wir Darwins Theorie und ihre Wirkungsgeschichte und zeigen auf, warum ihre Entwicklung so Gen-zentriert verlief. Kapitel 2 beschreibt, wie die Molekularbiologie die Sichtweise von Biologen auf die Beziehung zwischen Genen und Merkmalen verändert hat. In Kapitel 3 stellen wir Befunde vor, die nahelegen, dass nicht alle Mutationen das Ergebnis zufälliger Ereignisse sind.

Teil II handelt von den drei anderen Dimensionen der Vererbung. In Kapitel 4 geht es um die zweite Dimension, die epigenetische Vererbung, durch die verschiedene Zelltypen mit gleicher DNA ihre Eigenschaften an Tochterzellen weitergeben können. In Kapitel 5 untersuchen wir, wie Tiere ihre Verhaltensweisen, ihre Neigungen und Vorlieben durch sozial vermitteltes Lernen weitergeben; das ist die dritte Dimension. Mit der vierten Dimension beschäftigen wir uns in Kapitel 6. Hier geht es darum, wie Information durch Sprache und andere Formen der Kommunikation mit Symbolen weitergegeben wird.

In Teil III setzen wir die Einzelteile wieder zusammen: Nachdem wir jede der vier Dimensionen von Vererbung mehr oder weniger isoliert betrachtet haben, führen wir sie nun zusammen und fragen uns, wie die verschiedenen Vererbungssysteme funktionell zusammenhängen, welche Wechselwirkungen zwischen ihnen bestehen (Kapitel 7 und 8). In Kapitel 9 diskutieren wir, wie diese Systeme phylogenetisch entstanden sein und den Lauf der Evolution gelenkt haben mögen. Schließlich fassen wir in Kapitel 10 unsere Position zusammen und stellen sie in einen größeren Zusammenhang, indem wir einige philosophische Folgerungen einer vierdimensionalen Sichtweise auf das Evolutionsgeschehen sowie politische und ethische Fragen ansprechen.

Jedes Kapitel endet mit einem Dialog und das Kapitel 10 ist vollständig in dieser Form gestaltet. Wir verwenden das Mittel des Dialogs, um die problematischen und vielleicht schwerer verständlichen Aspekte unserer Argumentation zu wiederholen und auch auf jene Fragen hinzuweisen, die noch ungeklärt sind. Die Diskutanten sind M. E. (die beiden Autorinnen Marion Lamb und Eva Jablonka) und jemand, den man Advocatus Diaboli, den Advokaten des Teufels, nennen könnte (kurz: A. D.). Mit Hilfe dieser dialektischen Argumentation gelingt es leichter, sich schrittweise dem Thema zu nähern und die Zusammenhänge zu verstehen. Man kann das Buch zwar ohne die Dialoge lesen, doch sind sie unserer Meinung nach nicht nur anregendes Beiwerk. Denn sie geben viele der Fragen und kritischen Einwände von Studenten und anderen Zuhörern wider, die wir regelmäßig hören, wenn wir über das Thema sprechen.

Wir hoffen, dass dieses Buch nicht nur von Wissenschaftlern gelesen wird; denn es richtet sich auch an die vielen naturwissenschaftlichen Laien, die sich für biologische Konzepte interessieren und die mehr darüber wissen wollen, welche Konzepte derzeit in der Biologie, vor allem in der modernen Genetik diskutiert werden – und die darüber vielleicht auch beunruhigt sind. Um das Buch einerseits so leserfreundlich wie möglich zu halten und andererseits elementaren wissenschaftlichen Ansprüchen zu genügen, haben wir unsere Informationsquellen und die dazugehörige Literatur in Endnoten untergebracht. Wir benutzen viele Beispiele und auch einige Gedankenexperimente, um unsere Ideen zu verdeutlichen; dennoch werden wohl manche Kapitel (besonders die Kapitel 3, 4 und 7) für Nichtbiologen etwas mühsam zu lesen sein. Denn in diesen Kapiteln kommen ziemlich viele molekulare Details zur Sprache, was uns aber notwendig scheint, damit auch skeptische Biologen unsere Sichtweise nachvollziehen können. Leser, die sich nicht mit Einzelheiten der Molekularbiologie befassen möchten, können die etwas technischeren Teile dieser Kapitel überspringen und nur die allgemeine Argumentation lesen. Dann allerdings werden sie unserer intellektuellen Aufrichtigkeit und unserem Urteil vertrauen müssen, anstatt die wissenschaftlichen Befunde selbst zu bewerten.

Das Buch soll beides sein: Synthese und Herausforderung. Es ist eine Synthese von Denkansätzen über die Vererbung, die auf jüngsten Studien der Molekular- und Entwicklungsbiologie, der Verhaltensbiologie und der kulturellen Evolution beruht. Die Herausforderung betrifft nicht Darwins Selektionstheorie an sich, sondern die gegenwärtig unter Evolutionsbiologen dominierende eindimensionale Gen-zentrierte Version dieses Konzepts. Es gibt vier Dimensionen der Vererbung und wir tun gut daran, drei von ihnen nicht einfach zu ignorieren. Wir müssen alle vier berücksichtigen, wenn wir das Evolutionsgeschehen besser verstehen wollen.

Teil I. Die erste Dimension

Als Erstes wollen wir uns mit der genetischen Dimension von Vererbung und Evolution beschäftigen; sie umfasst das grundlegende System der Übertragung biologischer Information und hat deshalb zentrale Bedeutung für die Evolution des Lebens. Seit gut 100 Jahren setzt man sich wissenschaftlich mit dem genetischen System auseinander und die Einsichten, die man seither gewinnen konnte, sind enorm. Sie tragen nicht nur dazu bei, die theoretischen Zusammenhänge in der belebten Natur besser zu verstehen, sie haben auch ganz praktische Konsequenzen etwa für die Medizin und die Landwirtschaft.

Erst Mitte des 20. Jahrhunderts wurde allmählich klar, dass die Genetik chemisch auf der Desoxyribonukleinsäure (DNA) beruht und die Vererbung auf der Replikation dieser DNA. Doch seit den 1970er Jahren, als die Gentechnik allmählich ihren Anfang nahm, verbessert sich unser Wissen über die Genetik in einem atemberaubenden Tempo. Dank der Entwicklung zahlreicher neuer Techniken zeichnete sich schon in den frühen 1990er Jahren ab, dass die DNA-Sequenz des menschlichen Genoms bald vollständig entschlüsselt sein würde. Molekularbiologen sprachen mit prophetischer Gewissheit vom „Buch des Lebens", das man in Kürze werde lesen können; der „Stein des Weisen" sollte bald in Händen gehalten, der „Heilige Gral" entdeckt werden. Alle diese bedeutungsschweren Vorstellungen zielten auf denselben Gegenstand: die DNA-Sequenz des menschlichen Genoms. Die Botschaft lautete: Sobald unser Genom entschlüsselt sei, würden Genetiker in der Lage sein, bei jedem beliebigen Individuum erbliche Stärken und Schwächen zu erkennen und bei Bedarf genetische Korrekturen und Verbesserungen durchzuführen. Niemals zuvor waren wissenschaftlich-biologische Erkenntnisse so folgenreich und auch verheißungsvoll erschienen. Schließlich, gegen Ende des Jahres 2001 war es so weit, der Gipfel war erreicht: Die vorläufige Sequenz des menschlichen Genoms wurde der Öffentlichkeit vorgestellt. Man hatte etwa 35 000 Gene identifiziert (später korrigierte man die Zahl), die sich ungleichmäßig über unsere 23 Chromosomen verteilen, nun kannte man ihre Sequenz und ihre jeweilige Position auf den Chromosomen. Die Tageszeitungen überboten sich mit begeisterten Visionen von einer schöneren, glücklicheren und gesünderen neuen Welt.

Doch die Genetiker selbst, denen ja nun eine erste Skizze vom „Buch des Lebens" vorlag, reagierten merkwürdig. Auf der einen Seite zeigten auch sie sich überwältigt vom Gefühl, an einer bahnbrechenden Errungenschaft teilzuhaben, weshalb ihre Prophezeiungen über das nun entdeckte „gelobte Land" mitunter sogar noch kühner ausfielen. Doch auf der anderen Seite machte sich auch ein ganz neues Gefühl von Demut und Bescheidenheit bemerkbar. Es mutet schon paradox an, dass gerade die enormen Fortschritte der Molekularbiologie eine solche Ambivalenz hervorrufen konnten. Denn das, was man entdeckt hatte, zeigte nur allzu deutlich, wie kompliziert das Ganze ist. Ähnlich wie in früheren Jahrhunderten, als das Teleskop den Astronomen ganz neue Horizonte im Großen eröffnete und das Mikroskop Biologen den Zugang zu einer völlig neuartigen

Welt im Kleinen ermöglichte, konnten auch die Errungenschaften der Molekularbiologie nicht nahtlos in die bestehenden theoretischen Konzepte eingebunden werden. Es war eben nicht so, dass die neuen Einsichten die alte, klassische Genetik einfach nur vervollständigten. Die Molekulargenetik zeigte vielmehr in aller Deutlichkeit, dass man bisher von viel zu einfachen Annahmen ausgegangen war; sie eröffnete den Blick auf ungeahnte Komplexität. Somit wurde bald klar: Gene und Genetik konnte man nicht mehr auf die im Laufe der vorangegangenen Jahrzehnte üblich gewordene Weise betrachten.

Vor allem bekräftigten die molekulargenetischen Studien etwas, wovon moderne Genetiker längst überzeugt waren: Die landläufige Annahme, dass die Gene simple Kausalfaktoren seien (also die Vorstellung, ein Gen sei verantwortlich *für* diese oder jene Eigenschaft eines Individuums), trifft nicht zu. Die Vorstellung, es gebe ein Gen *für* Risikobereitschaft, Herzkrankheiten, Fettsucht, Religiosität, Homosexualität, Schüchternheit, Dummheit oder für irgendeine andere körperliche oder geistige Eigenschaft, hat im wissenschaftlichen Diskurs keinen Platz. Doch noch immer verwenden nicht wenige Psychiater und Psychologen, Biochemiker und andere Wissenschaftler, *die keine ausgebildeten Genetiker sind* (die sich aber dennoch selbst profunde genetische Kenntnisse attestieren), dieses irreführende Bild vom „Gen für …". Indem solche Leute mit der „Gen für"-Haltung rasche Lösungen für alle möglichen (genetischen) Probleme ableiten wollen und diese medienwirksam anpreisen, beeinflussen sie allzu leicht die öffentliche Meinung. Doch was die angeblichen wissenschaftlichen Kenntnisse und die Motive dieser selbst ernannten Experten betrifft, sind Vorsicht und Skepsis angeraten. Denn die Genetiker selbst sprechen (meistens) eine andere Sprache: Sie sehen genetische Netzwerke, die Dutzende oder Hunderte wechselwirkender Gene und Genprodukte umfassen und nur durch Kooperation die Entwicklung eines bestimmten Merkmals ermöglichen. Ob ein solches Merkmal, zum Beispiel eine sexuelle Vorliebe, zum Ausdruck kommt oder nicht, beruht nach ihren Erfahrungen und Kenntnissen in den allermeisten Fällen nicht auf spezifischen Variationen innerhalb eines einzigen Gens; es hängt vielmehr vom Ergebnis der Wechselwirkungen vieler Gene, vieler Proteine und anderer biochemischer Moleküle sowie von den unmittelbaren Lebensbedingungen eines Organismus ab. Auf absehbare Zeit wird es nicht möglich sein, von einem bekannten Genensemble und bestimmten Umweltverhältnissen auf das zu schließen, was am Ende der Embryonalentwicklung eines Lebewesens konkret herauskommt. Doch ungeachtet dieser ernüchternden Erkenntnis der Genetiker vermochte das Humangenomprojekt den Eindruck von Stärke, Gewissheit und von Machbarkeit hervorzurufen, der Mahnungen zu Vorsicht und Zurückhaltung allzu leicht in den Hintergrund rückte; ein Eindruck, der auf der einen Seite große, unrealistische Hoffnungen weckte, auf der anderen ebenso unrealistische Befürchtungen schürte.

Die Begeisterung von Wissenschaftlern und Unternehmern wirkt ansteckend, sie ist auch überaus wichtig, da diese Leute darüber mitbestimmen, wofür in der Forschung Zeit und Geld investiert werden. Doch wollen wir uns im Folgenden auf die Biologie konzentrieren, also auf die unmittelbaren Konsequenzen der molekulargenetischen Entdeckungen der letzten zwei Jahrzehnte des 20. Jahrhunderts. Sie stellen die Frage neu, was Gene überhaupt sind und was sie tun. Herkömmliche Vorstellungen kommen auf den Prüfstand: Das Gen darf nicht länger als von Natur aus stabiles, klar abgegrenztes Stück DNA angesehen werden, das die Information für die Synthese eines Proteins enthält und vor der Weitergabe an neue Zellen sorgfältig kopiert wird. Wir wissen heute, dass ein ganzes Arsenal hochspezifischer Instrumente die notwendige Voraussetzung dafür ist, die Struktur einer spezifischen DNA zu erhalten und ihre exakte Replikation zu gewährleisten. Das Gesamtsystem, nicht das einzelne Gen ist in sich stabil.

Noch etwas kommt hinzu: Das Gen ist nicht als autonome Einheit, als ein bestimmter Abschnitt der DNA zu verstehen, der immer das gleiche Ergebnis liefert. Ob eine bestimmte DNA-Sequenz etwas entstehen lässt oder nicht, was sie erzeugt, wo im Körper und zu welchem Zeitpunkt etwas produziert wird, hängt immer von anderen DNA-Sequenzen wie auch von den jeweiligen Umweltbedingungen ab. Die Feststellung, ein Gen sei ein konkreter Abschnitt der DNA, trifft zwar zu – aber nur dann, wenn man den Kontext des Gesamtsystems mitberücksichtigt. Gerade weil der Effekt eines Gens vom Gesamten abhängt, hat auch die chemische Abänderung eines bestimmten Gens keineswegs immer die gleichen Auswirkungen für das sichtbare Merkmal, für das es kodiert. Bei dem einen Individuum mag eine spezifische Genstrukturänderung unter bestimmten Bedingungen vorteilhaft, bei einem anderen oder unter veränderten Milieueinflüssen kann sie dagegen nachteilig sein; in wieder anderen Konstellationen mag überhaupt kein Effekt zu beobachten sein.

Das Genom ist also ein hoch komplexes und dynamisches System, dies ist eigentlich unter Biologen längst kein Streitpunkt mehr. Gleichwohl hat man gelegentlich den Eindruck, dies werde vergessen, wenn der Öffentlichkeit die „neue Genetik" erläutert wird. Bemerkenswert ist jedenfalls, dass das grundlegend „reformierte" Verständnis von Genen und Genomen bisher kaum Auswirkungen auf die Evolutionsbiologie hat; das sollte es aber haben, denn wenn einem Gen nur Bedeutung im Kontext des genomischen Gesamtsystems zukommt, dann muss die traditionelle Vorstellung vom Evolutionsprozess grundsätzlich in Frage gestellt werden; denn gegenwärtig versteht man im Allgemeinen unter Evolution Änderungen der Häufigkeit eines oder mehrerer – isolierter – Gene (innerhalb einer Population). Doch statt Frequenzänderungen einzelner Gene im Blick zu haben, sollte man sich darauf konzentrieren, ob und wie sich die Häufigkeit interagierender alternativer Gennetzwerke ändert.

Die neuen Erkenntnisse über Gene und Genome fordern die traditionelle Lesart der Evolutionstheorie noch auf eine andere Weise heraus. Wenn es sich bei einem Genom um ein organisiertes System und nicht nur um eine Ansammlung voneinander unabhängiger Gene handelt, dann sollten auch jene Mechanismen, die genetische Variabilität erzeugen, eine im Verlauf der Evolutionsgeschichte entstandene Eigenschaft dieses Systems sein – eine Systemeigenschaft, die durch das Genom und die Zelle kontrolliert und angepasst wird. Dies bedeutete aber, dass – anders als es die weithin akzeptierte Lehrbuchmeinung impliziert – nicht jede genetische Variation rein zufällig erzeugt wird und auch nicht vollkommen „funktionsblind“ ist. Einige mögen reguliert sein, einige sogar in gewisser Weise gerichtet – mit anderen Worten: Es gibt Lamarck'sche Mechanismen, die eine „weiche Vererbung“ ermöglichen, also eine Vererbung solcher DNA-Sequenzänderungen, die durch Umweltfaktoren herbeigeführt wurden. Bis vor Kurzem galt die Vorstellung der Erblichkeit erworbener Eigenschaften als grundfalsch, geradezu als Häresie, die im modernen Evolutionsdenken keinen Platz mehr haben sollte.

Die Einsicht in die dynamische Natur des Genoms und die hohe Komplexität der Wechselwirkungen zwischen Genen muss uns dazu bringen, die gesamte genetische Dimension der Evolutionstheorie neu zu überdenken. Im ersten Teil unseres Buches werden wir diese Dimension unter die Lupe nehmen. In Kapitel 1 beschreiben wir, wie sich die traditionelle Sicht – wonach das Gen die Einheit der Vererbung, der erblichen Variation wie auch der Evolution ist – entwickelte. In Kapitel 2 wollen wir einen Blick auf die vielfältigen Beziehungen zwischen Genen und (ontogenetischen) Entwicklungsprozessen werfen. Schließlich, in Kapitel 3, werden wir uns mit verschiedenen Wegen befassen, die zu genetischen Abänderungen führen können, und uns die Frage stellen, inwiefern diese vielfältigen Möglichkeiten sich auf unser Verständnis von Vererbung und Evolution auswirken.

Kapitel 1: Darwinismus gestern und heute

Kein Wissensbereich ist frei von Kontroversen, und hier bilden auch die Naturwissenschaften keine Ausnahme. Wenn sich jemand Naturwissenschaftler als vollkommen gefühlskalte, unvoreingenommene Rationalisten vorstellen sollte, die Theorien und Ideen nur im klaren Licht des Verstandes nüchtern beleuchten, befindet er sich in schwerem Irrtum. Dies ist besonders offensichtlich, wenn es um so etwas wie die Evolutionstheorie geht, die ja auch direkt mit der Entwicklungsgeschichte von uns Menschen zu tun hat, mit unseren Beziehungen zueinander und zu der uns umgebenden Welt. Da die Diskussionen um solche Fragen immer mit Vorstellungen zur „Natur des Menschen" verknüpft sind, mit moralischen Urteilen und ethischen Einstellungen, werden sie nicht selten äußerst emotional geführt; und intellektuell anregend ist die Auseinandersetzung mit diesen existentiellen Fragen allemal.

Wir wollen hier nicht auf den Streit eingehen zwischen denen, die die Evolution an sich als unzweifelhafte Tatsache betrachten, und jenen, die glauben, Gott habe die Welt in sechs Tagen erschaffen, sei es im wörtlichen oder übertragenen Sinne. Solche Kontroversen mögen zwar soziologisch und politisch aufschlussreich sein, doch mit Naturwissenschaft haben sie nichts zu tun; deshalb werden wir sie nicht weiter behandeln. Eingehen werden wir aber auf die hitzigen Debatten – vergangene wie gegenwärtige – unter den Evolutionsbiologen selbst.

Wenn man populäre Beiträge zu neuen Entdeckungen und Erkenntnissen in der Biologie liest, begegnet man häufig Formulierungen wie „nach der Evolutionstheorie Darwins ..." oder „Evolutionsbiologen erklären dies so und so ..." oder „die evolutionäre Erklärung ist ...". Man hat den Eindruck, es gebe die *eine* unstrittige, wissenschaftlich allseits akzeptierte Evolutionstheorie, die jeder Biologe in gleicher Weise versteht. Das ist aber keineswegs so. Vom ersten Augenblick an, seit Darwin *On the Origin of Species* 1859 veröffentlichte, streiten sich Wissenschaftler darüber, ob überhaupt und wenn ja, inwieweit Darwins Evolutionstheorie stimmen kann. Kann tatsächlich der Wettstreit, die Konkurrenz zwischen Individuen, die mit unterschiedlichen erblichen Fähigkeiten ausgestattet sind, zur Entwicklung neuer Merkmale und neuer Arten führen? Vermag allein die natürliche Selektion jede Form des evolutionären Wandels zu erklären? Auch ist die Frage zu klären: Woher stammen, wie entstehen überhaupt all diese erblichen Variationen, unter denen die Selektion auswählen soll?

Darwins Buch quillt zwar buchstäblich über von Beobachtungen, die sein Konzept der Evolution durch Selektion stützen, doch seine Argumentation offenbart einige nicht zu übersehende Lücken. Die größte besteht darin, dass Darwin praktisch nichts dazu sagen konnte, welcher Art erbliche Variationen sind und wodurch sie verursacht werden. Deshalb zweifelten von Anfang an selbst die entschiedenen Anhänger der Idee der Auslese daran, dass Darwins Selektionstheorie das Evolutionsgeschehen umfassend und hinreichend erklären kann – Vererbung und Variation waren offene Fragen, auf die sie Antworten suchten. Auch in den folgenden Jahrzehnten, als man hierzu weitere Erkenntnisse gewann und erste dezidierte Vererbungskonzepte entwickelte, ging die Kontroverse unvermindert weiter. Immer neue Hypothesen wurden formuliert, kritisiert und revidiert, sodass sich das Verständnis von Vererbung und Evolution im Laufe der Jahre tiefgreifend änderte.[1]

Zwar sehen längst die allermeisten Biologen die Vererbung als Funktion von Genen und DNA-Sequenzen und sie verstehen Evolution im Wesentlichen als Änderung von Genfrequenzen. Doch wir bezweifeln, dass dies in 20 Jahren noch immer so sein wird. Denn immer mehr Biologen sind davon überzeugt, dass jene Vorstellung von Vererbung, die das gegenwärtige Evolutionsdenken beherrscht, viel zu simpel ist; dass sie erweitert werden muss, um die vielen neuen Befunde nicht nur aus der molekularbiologischen, sondern auch aus der verhaltensbiologischen Forschung aufnehmen zu können. Wir teilen diese Ansicht, und im nächsten Kapitel werden wir erläutern, warum. Doch zuvor wollen wir die Geschichte des Evolutionsdenkens der vergangenen 150 Jahre skizzieren und dabei verdeutlichen, wie die gegenwärtige Gen-zentrierte Lesart der Darwin'schen Theorie ihre dominierende Position erringen konnte und was Biologen heute im Allgemeinen darunter verstehen. Da wir hier selbstverständlich nicht jeden einzelnen der vielen Ausfallschritte, Umwege und Kehrtwendungen der Geschichte des Evolutionsdenkens ansprechen können, wollen wir uns auf einige der wegweisenden Wendepunkte und Argumente konzentrieren.

Darwins Theorie

Darwin fasst seine Sicht des Artenwandels im letzten Abschnitt von *Origin of Species* zusammen. Im Vergleich zu seinem sonstigen Stil mutet es ausgesprochen poetisch an, wenn Darwin bemerkt:

> „Es ist anziehend beim Anblick eines Stückes Erde bedeckt mit blühenden Pflanzen aller Art, mit singenden Vögeln in den Büschen, mit schaukelnden Faltern in der Luft, mit kriechenden Würmern im feuchten Boden sich zu denken, dass alle diese Lebenformen so vollkommen in ihrer Art, so abweichend unter sich und in allen Richtungen so abhängig von einander, durch Gesetze hervorgebracht sind, welche noch fort und fort um uns wirken. Diese Gesetze, im weitesten Sinne genommen, heissen: *Wachsthum und Fortpflanzung*; *Vererbung* mit der Fortpflanzung, *Abänderung* in Folge der mittelbaren und unmittelbaren Wirkungen äusserer Lebens-Bedingungen und des Gebrauchs oder Nichtgebrauchs, rasche Vermehrung bald zum *Kampfe um's Daseyn* führend, verbunden mit Divergenz des Charakters und Erlöschen minder vervollkommneter Formen. So geht aus dem Kampfe der Natur, aus Hunger und Tod unmittelbar die Lösung des höchsten Problems hervor, das wir zu fassen vermögen, die Erzeugung immer höherer und vollkommenerer Thiere. Es ist wahrlich eine grossartige Ansicht, dass der Schöpfer den Keim alles Lebens, das uns umgibt, nur wenigen oder nur einer einzigen Form eingehaucht habe,

und dass, während dieser Planet den strengen Gesetzen der Schwerkraft folgend sich im Kreise schwingt, aus so einfachem Anfang sich eine endlose Reihe immer schönerer und vollkommenerer Wesen entwickelt hat und noch fort entwickelt." (Darwin, *Über die Entstehung der Arten im Thier- und Pflanzen-Reich durch natürliche Züchtung*, 1. Aufl. 1860, S. 494; Übersetzung: Heinrich G. Bronn)

Anders als Darwin selbst haben wir in diesem Zitat einige Worte zur Betonung *kursiv* gesetzt, sie weisen auf die „Gesetze" hin, die Darwin anspricht: Die Gesetze der Reproduktion, der Vererbung, der Variabilität zwischen den Individuen und des Daseinskampfes. Auf Grundlage dieser Gesetze lässt sich Darwins Theorie sehr allgemein und abstrakt formulieren, ohne auf unsere geläufigen Vorstellungen von Fortpflanzung, Vererbung, Variation und Konkurrenz zurückzugreifen. So müssen etwa nach Auffassung des britischen Evolutionsbiologen John Maynard Smith jede Gruppe von Entitäten vier Eigenschaften aufweisen, damit sie via Selektion eine evolutionäre Veränderung durchlaufen kann:[2]

- *Vervielfältigung*: Eine Entität kann sich reproduzieren und damit zu zwei oder mehr Entitäten werden.
- *Variation*: Nicht alle Entitäten sind identisch.
- *Vererbung*: Gleiches erzeugt Gleiches. Gibt es verschiedene Entiäten, resultiert die Vervielfältigung von Typ A in einem Mehr von Entität A, jene von Typ B in einem Mehr von Entität B.
- *Konkurrenz*: Einige erbliche Merkmale beeinflussen die Wahrscheinlichkeit von Überleben und Reproduktion der Entitäten.

Sind diese vier Bedingungen erfüllt, kommt es unvermeidlich zu einer Evolution durch Selektion: Bei jenem Typ von Entität, der die größten Chancen hat, zu überleben und sich fortzupflanzen, wird mit der Zeit die Individuenzahl zunehmen (Abb. 1.1).

Allerdings werden in einer solchen Welt irgendwann alle evolutionären Veränderungen zum Erliegen kommen, und zwar immer dann, wenn alle existierenden Entitäten zum gleichen Typ gehören. In der Realität wird dies aber niemals der Fall sein, denn die Vererbung ist nicht immer ganz exakt, weshalb von Zeit zu Zeit Varianten entstehen; Varianten in einer bestimmten Richtung mögen zahlreicher werden und ein komplexes funktionales System schaffen. Entwicklungsgeschichtlich ist das Auge das klassische Beispiel für eine solche kumulative Evolution; im technischen Bereich ist dafür der PC ein gutes Beispiel.

Darwins Theorie der Evolution durch natürliche Selektion ist – interpretiert in der Lesart von Maynard Smith – ein äußerst allgemein gehaltenes Konzept. Es sagt nichts über die Prozesse der Vererbung und Vervielfältigung aus, nichts darüber, wie erbliche Variation entsteht und ebenso wenig über die Natur der Entität, die sich durch natürliche Selektion mit der Zeit verändern soll. Dieses nichtspezifische Verständnis von Evolution

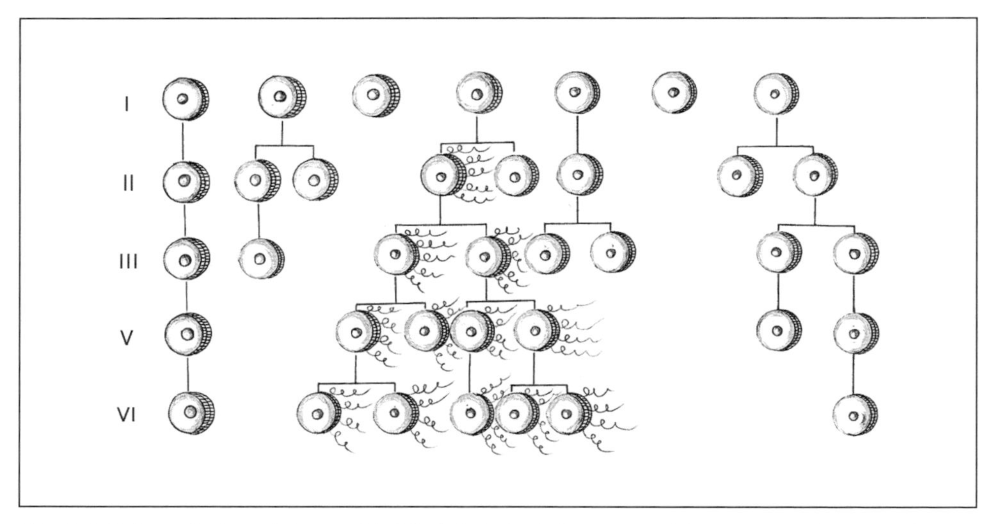

Abb. 1.1 Universaler Darwinismus. Die Häufigkeit der behaarten Entität, die zuerst in Generation II erscheint, nimmt in den nachfolgenden Generationen zu, weil sie bessere Überlebens- und Replikationsaussichten hat als ihre Konkurrenten.

hat zentrale Bedeutung für unsere Argumentation, die wir in späteren Kapiteln entwickeln werden. Obwohl wir diese Meinung nicht teilen, ist es sehr wohl möglich, ein Darwinist ohne Wenn und Aber zu sein, ohne gleichzeitig von den Mendel'schen Gesetzen, mutierenden Genen und DNA-Kodes überzeugt zu sein oder irgendeinem anderen Konzept der modernen Evolutionsbiologie zu folgen. Das ist der Grund, weshalb Darwins Theorie so weitläufig angewandt werden kann und tatsächlich angewandt wird, etwa auf Aspekte der Kosmologie, der Ökonomie, der Kultur und vieles mehr – und eben auch auf die biologische Evolution.

Darwin selbst wusste selbstverständlich überhaupt nichts von Genen, Mendel'schen Vererbungsgesetzen und DNA, die ja erst im 20. Jahrhundert für das Evolutionsdenken eine Rolle spielen sollten. Tatsächlich hatte man zu Lebzeiten Darwins nur sehr unklare Vorstellungen von Vererbung, eine wissenschaftliche Theorie gab es jedenfalls nicht – und dies war ein großes Problem. Damals vermuteten die meisten Leute, dass sich die Merkmale und Fähigkeiten von Vater und Mutter irgendwie mischen. Um das nachzuvollziehen, stellen wir uns eine Population vor, die zu Beginn aus zwei Typen besteht, zum Beispiel schwarz und weiß; dann würde die Entwicklung darauf hinauslaufen, dass am Ende alle Individuen der Population die Mischfarbe grau tragen – Variabilität (im Hinblick auf die Farbe, doch auch auf jedes andere Merkmal) gäbe es dann überhaupt keine mehr. Doch Darwins Theorie basiert gerade darauf, dass es immer erbliche Unterschiede zwischen den Individuen gibt. Auch ohne die Annahme, dass sich die Merkmale bei den Nachkommen mischen, kommt man zu einem einheitlichen Endergebnis: Wird kontinuierlich ein bestimmter Typ ausgewählt, zum Beispiel der schwarze, dann wird dessen Anteil immer weiter zunehmen, bis schließlich wiederum alle Individuen dasselbe Merkmal (in diesem Fall also die schwarze Farbe) zeigen. Die zentrale Frage lautet also: Woher kommt die neue Variation, wie bleibt Variabilität erhalten? Um der Theorie der natürlichen Selektion Glaubwürdigkeit zu verleihen, mussten Darwin und seine Anhänger erklären, wie erbliche Variationen entstehen und erhalten bleiben.

Wie das oben aufgeführte Zitat aus *Origin of Species* verdeutlicht, vermutete Darwin als Ursachen erblicher Variabilität zum einen direkte Umwelteinwirkungen auf den Organismus und zum anderen einen indirekten Mechanismus durch „Gebrauch und Nichtgebrauch" von Organen[3]. Dass Darwin tatsächlich so dachte, mag manche überraschen, denn insbesondere die letztgenannte Hypothese wird gemeinhin mit dem Namen Jean Baptiste de Lamarck verbunden. Lamarck gilt zwar als jener, der 50 Jahre vor Darwin eine Evolutionstheorie formulierte, dafür allerdings Mechanismen postulierte, die – so ist in jedem aktuellen Lehrbuch zu lesen – vollkommen falsch seien. Törichterweise – so will man gemeinhin glauben machen – meinte Lamarck, Giraffen seien zu ihrem langen Hals dadurch gekommen, dass ihre Vorfahren – im Bemühen, an die Blätter hoher Bäume heranzukommen – sich immerfort streckten. Jede Generation habe den dadurch ein klein wenig verlängerten Hals an ihre Nachkommen vererbt; schließlich sei auf diese Weise – ein intensives Streckverhalten (Gebrauch der Muskulatur, Sehnen und Knochen des Halses) über viele Generationen hinweg – der lange Hals der heutigen Giraffen entstanden. Lamarck habe die Evolution als Ergebnis erblicher Wirkungen von Organgebrauch (oder Nichtgebrauch) verstanden. Sein entscheidender Fehler sei es gewesen, „erworbene Eigenschaften", also Änderungen in den Strukturen oder Funktionen eines Organismus im Laufe seines Lebens, als vererbbar anzusehen. Glücklicherweise, so erfahren wir aus der Literatur, habe Darwin diesem Irrtum ein Ende bereitet und gezeigt, dass es die natürliche Selektion ist, die einen evolutionären Wandel der Organismen herbeiführt, und nicht der fortgesetzte Gebrauch oder Nichtgebrauch von Organen. Seitdem gilt die Vorstellung einer „Vererbung erworbener Eigenschaften" als widerlegt.

Diese wieder und wieder kolportierte Geschichte ist falsch – in mehrerlei Hinsicht: Lamarcks Ideen auf diese Weise zu simplifizieren, wird diesem nicht gerecht; es stimmt auch nicht, dass Lamarck die Vorstellung einer Vererbung erworbener Eigenschaften begründete; falsch ist die Geschichte auch, weil sie die Tatsache unterschlägt, dass dieser Vererbungsmodus auch im Denken Darwins einen wichtigen Platz hatte, und schließlich trifft auch die Behauptung nicht zu, das Konzept der natürlichen Selektion habe das der Erblichkeit erworbener Eigenschaften ersetzt[4] und ein für alle Mal aus der wissenschaftlichen Evolutionstheorie verbannt.

Richtig hingegen ist, dass es sich bei Lamarcks Transformationskonzept um ein anspruchsvolles, ausgeklügeltes System handelt, das weit mehr umfasst als die These des organischen Formenwandels durch eine Vererbung erworbener Eigenschaften. Dabei war Lamarck keineswegs der Erste und Einzige, der eine solche Vererbungsvorstellung hatte; praktisch alle Biologen waren zu Beginn des 19. Jahrhunderts dieser Meinung, und noch 100 Jahre später waren viele von der Existenz dieses Vererbungsmodus überzeugt. Klar ist ebenfalls, dass auch Darwin eine Vererbung erworbener Eigenschaften für möglich hielt und er mit seiner Selektionstheorie dieses Konzept sicherlich nicht zu Fall brachte. Eben deshalb wurden endlose erbitterte Wortgefechte darüber geführt (und sogar einige experimentelle Untersuchungen dazu angestellt), ob es eine Vererbung erworbener Eigenschaften gebe oder nicht. Dieses Konzept musste so lange seinen Platz im Evolutionsdenken behaupten, wie es keine zufriedenstellende und allgemein anerkannte Vererbungstheorie gab, solange man keine alternativen, stichhaltigen Mechanismen kannte, die die Herkunft erblicher Variationen zu erklären vermochten.

Dass eine tragfähige Vererbungstheorie fehlte und so die Ursache der individuellen erblichen Variabilität nicht zu erklären war – dieser Mankos waren sich Darwin und seine Anhänger durchaus bewusst; denn Darwin hatte ab den 1840er Jahren alles damalige Wissen um Vererbung zusammengetragen und daraus eine eigene Vererbungshypothese entworfen. Er nannte sie „vorläufige Hypothese der Pangenesis" und formulierte sie schließlich weiter aus in seiner großen Publikation *The Variation of Animals and Plants under Domestication.*[5] Dieses Konzept war allerdings weder besonders originell noch allgemein anerkannt; doch ungeachtet aller Kritik hielt Darwin an ihm fest. Wir wollen einige Worte über Darwins Pangenesis-Theorie verlieren, da ihr die meisten anderen Vererbungstheorien, die in der zweiten Hälfte des 19. Jahrhunderts im Umlauf waren, ähnelten; sie alle unterscheiden sich ganz grundlegend davon, wie wir heute über Vererbung denken.

Darwin stellte sich vor, dass jeder einzelne Teil des Körpers in jedem Entwicklungsstadium kleine Partikel, so genannte „Gemmulae", aussendet. Diese sollten im Körper zirkulieren und sich dabei manchmal vervielfältigen. Einige dieser Gemmulae würden dazu verwendet, verletztes Gewebe oder verloren gegangene Körperteile (zum Beispiel Gliedmaßen nach einem Unfall) nachzubilden; die meisten Gemmulae würden sich aber in den Reproduktionsorganen ansammeln. In ungeschlechtlich sich fortpflanzenden Organismen sollten sich dann die Gemmulae in Eizellen, Samen, Sporen oder einem anderen Gewebe des elterlichen Organismus, aus dem die nächste Generation hervorgeht, auf eine Weise selbst organisieren, dass sie im Nachkommen jeweils exakt jene Komponente generieren, von der sie selbst ursprünglich (also im elterlichen Organismus) herkommen. Bei sexuell sich reproduzierenden Arten hingegen würden die in den Ei- und Samenzellen gespeicherten Gemmulae erst zusammentreten, um eine Embryonalentwicklung einleiten zu können (Abb. 1.2).

Die Nachkommen repräsentieren nach diesem Modell deshalb immer eine Mischung der elterlichen Merkmale; allerdings sollten nach Darwin nicht alle Gemmulae immer sofort für den generativen Prozess verwendet werden, manche verharrten in einem schlafenden Zustand und würden sich erst später im Leben oder sogar erst in einer der folgenden Generationen bemerkbar machen.

In der befruchteten Eizelle, also der Zygote, sollten die Gemmulae noch in keiner bestimmten Weise geordnet sein; erst im weiteren Verlauf der ontogenetischen Entwicklung (Embryogenese), wenn also auch die Gemmulae wachsen und sich vervielfältigen, gelangten sie zur richtigen Zeit an den bestimmungsgemäßen Ort – und zwar deshalb,

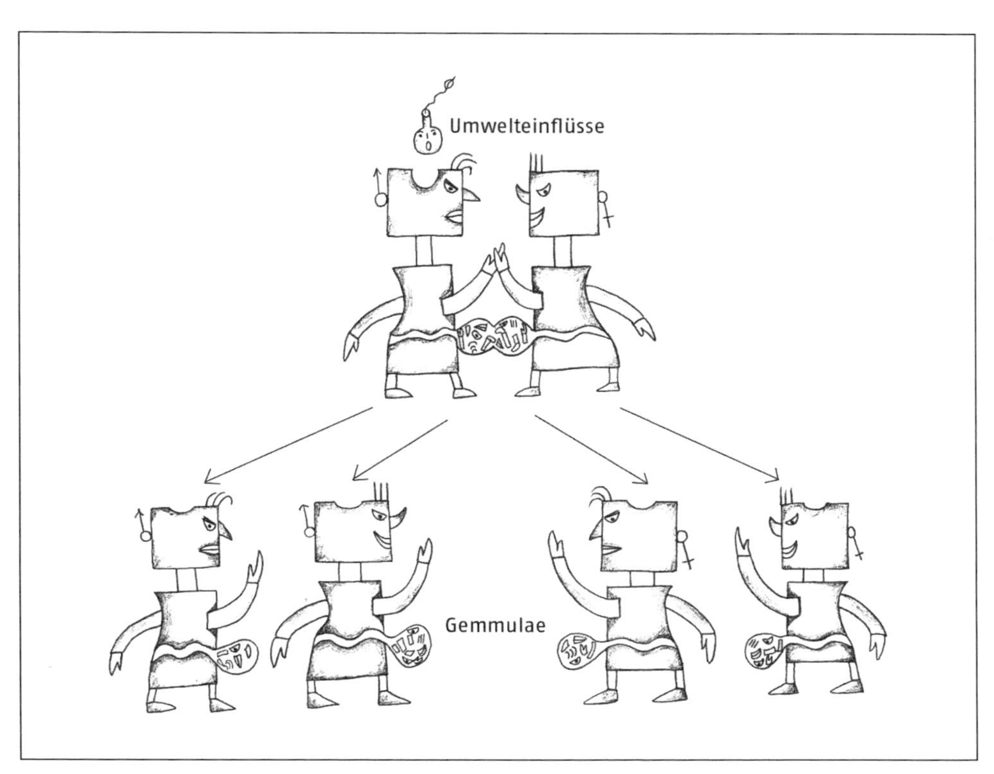

Abb. 1.2 Sexuelle Pangenesis. Repräsentative Partikel (Gemmulae) vom Vater (links) und der Mutter (rechts) reichern sich in ihren Reproduktionsorganen an. Nach der Befruchtung mischen sich diese Gemmulae und bringen zusammen die nächste Generation hervor. Umwelteinflüsse (die Bombe) bewirken somatische Abänderungen beim Vater. Diese Abänderung wird vererbt, weil die Gemmulae des modifizierten Körperteils entsprechende Abänderungen erfahren. Allerdings schwächt sich dieser erbliche Effekt ab, wenn die modifizierten Gemmulae mit nicht veränderten der Mutter zusammentreten.

weil sie ganz spezifische Affinitäten zueinander auszeichnen sollten. Man erkennt unschwer: Nach diesem (rein hypothetischen) Modell ist es das Merkmal selbst, das vererbt wird. Dieses wird von Generation zu Generation in Form winziger Repräsentanten, eben der Gemmulae, weitergegeben – in Darwins eigenen Worten: „Inheritance must be looked at as merely a form of growth" (Darwin 1868, Bd. 2, S. 404).

Mit seiner Pangenesis-Hypothese vermochte Darwin das meiste zu erklären, was er an Berichten und Beobachtungen zu Vererbung, Regeneration, Hybridisierung und Entwicklungsstörungen ausfindig gemacht hatte. Ein Problem blieb jedoch nach wie vor bestehen: Woher kommen die Variationen? Die Pangenesis führt ja zweifellos zu Vermischung und Einheitlichkeit, wie also wollte Darwin die Variabilität erklären?

Erstens, so stellte es sich Darwin vor, sollten die Ernährung und die Umweltbedingungen das Wachstum der Gemmulae beeinflussen können; dies wiederum würde sich etwa darin äußern, dass sich der jeweilige Anteil der einzelnen Gemmulae-Typen in den

Reproduktionsorganen ändere, außerdem könnten bestimmte Gemmulae vorübergehend inaktiviert oder umgekehrt ruhende Gemmulae aktiviert werden.

Zweitens könnten – und zwar in jedem Entwicklungsstadium – veränderte Milieubedingungen und neue Erfahrungen die Gemmulae qualitativ modifizieren. Wenn sich bestimmte Körperteile des elterlichen Organismus, etwa durch Training, also verstärkten Gebrauch bestimmter Gewebe und Organe, spezifisch veränderten, würden aus diesen nun entsprechend modifizierte Gemmulae an die Reproduktionsorgane entsandt. Ein neu erworbenes Merkmal könnte so direkt vererbt werden. Allerdings, so Darwin, würde es sich im unmittelbaren Nachkommen nur sehr schwach zeigen, da sich zum einen die modifizierten Gemmulae in den Fortpflanzungsorganen mit jenen des gleichen Typs vermischten, die sich noch im ursprünglichen Zustand befänden; zum anderen vermischten sie sich mit den Gemmulae des Paarungspartners, die durch andere Erfahrungen gezeichnet seien.

Die Pangenesis-Hypothese offenbart ganz deutlich, dass Darwins Theorie der Evolution durch natürliche Selektion nicht an Glaubwürdigkeit verliert, wenn man der Umwelt gleichzeitig zur selektierenden auch eine Variabilität erzeugende Bedeutung zuspricht. Ganz im Gegenteil: Wenn neue Varianten direkt in Reaktion auf wechselnde Lebensbedingungen entstehen, dann nimmt ja der Umfang der Gesamtvariabilität zu und der Handlungsspielraum der natürlichen Selektion weitet sich aus. Darwin wäre zweifellos höchst erstaunt zu erfahren, dass nach Ansicht vieler Biologen heute die Lamarck'sche Sichtweise über die Vererbung erworbener Eigenschaften den Grundannahmen seiner Selektionstheorie widerspreche – zu Recht wäre er sehr verwundert, denn dies ist keineswegs der Fall. Darwins Pangenesis-Hypothese macht ja überdeutlich, dass es sich bei dem Konzept der natürlichen Selektion gerade nicht um eine eng definierte Theorie handelt. Obwohl Darwins Gemmulae, so weiß man heute, nichts anderes als Phantasiekonstrukte waren, schienen sie eben doch erklären zu können, wie all das entsteht, worauf die Evolution von Pflanzen und Tieren durch Selektion angewiesen ist: Variabilität. Kurzum: Darwins Selektionstheorie ist äußerst allgemein gehalten, sie ist weder an einen bestimmten Vererbungsmechanismus geknüpft noch setzt sie ein bestimmtes Variabilität erzeugendes Prinzip voraus.

Weismanns Neodarwinismus – Definitive Absage an die Vererbung erworbener Eigenschaften

Viele vermuten wohl, dass es das 20. Jahrhundert war, das dramatischer als je zuvor neue spektakuläre wissenschaftliche Erkenntnisse brachte. Doch stelle man sich einmal vor, was es in den späten 1850er Jahren bedeutete, Biologe gewesen zu sein. Damals wartete Rudolf Virchow mit seiner These auf, Zellen könnten immer nur aus bereits vorhandenen Zellen entstehen, niemals aus nichtzellulär organisierter Materie. Wenig später berichtete Darwin der Welt, neue Arten entstünden aus schon existierenden; eine neue Tier- oder Pflanzenart würde nicht gesondert erschaffen, sondern sich allmählich entwickeln durch den mechanischen Prozess der Selektion. Wiederum wenige Jahre darauf stellte Louis Pasteur die Ergebnisse seiner Experimente vor, nach denen Leben nicht spontan aus anorganischer Materie entstehen kann – auch hier das Prinzip: neues Leben immer und nur aus schon bestehendem Leben. Diese und viele weitere Einsichten, die die Biologie binnen weniger Jahre umwälzten, mussten dem Naturwissenschaftler Mitte des 19. Jahrhunderts, der dies aufnehmen und verarbeiten wollte, wie ein Alptraum erscheinen. Deshalb ist es nicht sonderlich überraschend, wenn Darwin mit Blick auf die Details seiner Pangenesis-Hypothese sich eher unverbindlich äußerte. So meinte er etwa zur Frage, wie denn Zellen entstehen, nur: „I have not especially attended to histology“[6]. In Anbetracht all dessen, worüber sich Darwin den Kopf zerbrochen hat, kann man es ihm kaum als Versäumnis vorhalten, sich nicht genügend mit der Zellbiologie beschäftigt zu haben, um die damals kursierenden Ideen dazu richtig einschätzen zu können. Darwin wollte es anderen, Berufenen überlassen, die neuen zellbiologischen Erkenntnisse mit Vererbung und Evolution zu verbinden. Einer von ihnen, der sich dieser Aufgabe annahm, war August Weismann, einer der tiefstsinnigen und einflussreichsten Evolutionstheoretiker des 19. Jahrhunderts[7].

Weismanns Vorstellungen über Vererbung und Entwicklung änderten sich zwar im Laufe der Jahre, doch das Wesentliche formulierte er schon Mitte der 1880er Jahre. Zu diesem Zeitpunkt war es bereits Lehrbuchwissen, dass sich Organismen aus Zellen zusammensetzen und dass diese Zellen einen Zellkern mit fadenförmigen *Chromosomen* besitzen (das Wort „Chromosom“ wurde allerdings erst 1888 geprägt). Man wusste, dass sich gewöhnliche Körperzellen durch die *Mitose* teilen; dabei verdoppeln sich zunächst die Chromosomen, spalten sich dann längs und je eine Hälfte jedes Chromosoms wandert schließlich in eine der beiden Tochterzellen. Als man diesen uhrwerkartig genauen Mechanismus im Detail erkannte, drängte sich Weismann und auch anderen die Vermutung auf, dass es die Chromosomen sind, die jene Erbsubstanz enthalten, die die Eigenschaften der Zelle und der aus ihr hervorgehenden Tochterzellen festlegt.

Allerdings zeichnete sich ein Problem ab, das Weismann rasch erkannte: Wenn die Chromosomen des Zellkerns das Erbmaterial enthalten, was geschieht dann bei ihrer Weitergabe an die nächste Generation? Das Problem wird rasch klar, wenn man sich vor Augen hält, dass bei allen sexuell sich fortpflanzenden Arten aufeinanderfolgende Generationen durch die Verschmelzung einer Ei- mit einer Samenzelle (also zweier Keimzellen oder Gameten) verbunden werden. Doch wenn beide Gameten den gleichen Chromosomensatz beherbergen wie normale Körperzellen, dann sollte die befruchtete Eizelle (die Zygote) wie auch jede Zelle des daraus hervorgehenden Organismus mit doppelt so viel chromosomaler Substanz wie die elterlichen Körperzellen ausgestattet sein. Dies ist aber offensichtlich nicht der Fall – die Zellen von Eltern und Nachkommen unterscheiden sich in der Menge des Erbmaterials nicht. Weismann folgerte daraus, dass die Ei- und Samenzellen in den Keimdrüsen einem anderen Teilungsmodus unterliegen müssen als normale Körperzellen. Er bezeichnete diesen besonderen Modus als „*Reduktions*teilung“, bei der die Tochterzellen mengenmäßig jeweils nur die Hälfte des elterlichen Chromosomenmaterials erhalten. Unter dieser Voraussetzung resultiert bei der Vereinigung einer Ei- mit einer Samenzelle während der Befruchtung eine neue Einzelzelle, die Zygote, die die gleiche Menge an Kernmaterial enthält wie die Körperzellen der Eltern. Als Weismann diesen Vorgang erstmals postulierte, hatte man allerdings noch keine empirischen Belege dafür; es sollte noch einige Jahre dauern, bis man diesen Reduktionsprozess, den man heute *Meiose* nennt, im Mikroskop nachvollziehen konnte – erst von diesem Zeitpunkt an erkannte man seine grundlegende Bedeutung für die Vererbung allgemein an. Wie Weismann ganz richtig vermutet hatte, wird bei der Meiose die Menge des Erbmaterials exakt halbiert – doch bei der Meiose passiert noch Einiges mehr.

Weismann gelangte also auf Grundlage damals aktueller zellbiologischer Befunde mit logischer Überlegung zur Tatsache der Reduktionsteilung – die Frage ist nun: Hatte Weismanns Deduktion auch Auswirkungen auf seine Ansichten über Vererbung und Evolution? Das ist tatsächlich der Fall. An erster Stelle steht Weismanns ausdrückliche Zurückweisung jeglicher Möglichkeit einer Vererbung erworbener Eigenschaften. Die kräftigen Muskeln, die sich ein Schmied durch seine tägliche harte Arbeit antrainiert, wird er nicht auf seine Söhne und Töchter vererben. Wenn auch seine Söhne den Beruf des Schmieds erlernen wollen, dann bleibt es ihnen nicht erspart, die nötige Muskelkraft mühsam durch eigenes Training zu erwerben. Warum aber kann der Sohn die starken Muskeln des Vaters nicht direkt erben? Hierauf antwortet Weismann: Physiologisch gibt es keinen Weg, auf dem die spezifischen Eigenschaften der Armmuskelzellen auf die Samenzelle des Vaters übertragen werden könnten. Als weiteres Beispiel für die Nichtübertragbarkeit erworbener Eigenschaften nennt Weismann die Beschneidung. Obwohl Juden seit 3000 Jahren ihre männlichen Neugeborenen beschneiden, kommen diese noch immer mit einer Vorhaut zur Welt; acht Tage alte männliche Babys müssen noch immer diesen schmerzhaften Ritus über sich ergehen lassen. Auch hier dringe die Information der beschnittenen Vorhaut niemals zur Keimzelle des Säuglings. Nicht nur gebe es keinerlei Beobachtungen, die die Behauptung einer Vererbung erworbener Eigenschaften bestätigten, so Weismann, auch aus theoretischen Gründen sei eine solche Vererbung ganz ausgeschlossen.

Dass Weismann eine Übertragbarkeit von Eigenschaften und Fähigkeiten, die ein Individuum im Laufe seines Lebens erwirbt, auf seine Nachkommen für prinzipiell unmöglich hält, hängt entscheidend mit seinem Verständnis von Vererbung und embryonaler Entwicklung zusammen. Weismann konzipierte ein Modell, das auf der, wie er es nannte, „Kontinuität des Keimplasmas" beruht – wir illustrieren es in Abbildung 1.3.

Zentraler Gedanke darin ist die prinzipielle Arbeitsteilung zwischen jenen Körperelementen, die die physiologische Funktionalität des Organismus gewährleisten, und jenen, die dazu bestimmt sind, Individuen der nächsten Generation zu zeugen – kurz: die Trennung zwischen dem Körper (oder Soma) und der Keimbahn. Weismann behauptet nun, dass gleich zu Beginn der Embryonalentwicklung ein kleiner Teil des chromosomalen Materials, das er „Keimplasma" nennt, separiert und exklusiv in Ei- oder Samenzellen, Sporen oder sonstigen Fortpflanzungseinheiten gespeichert werde. Bei vielen Tieren

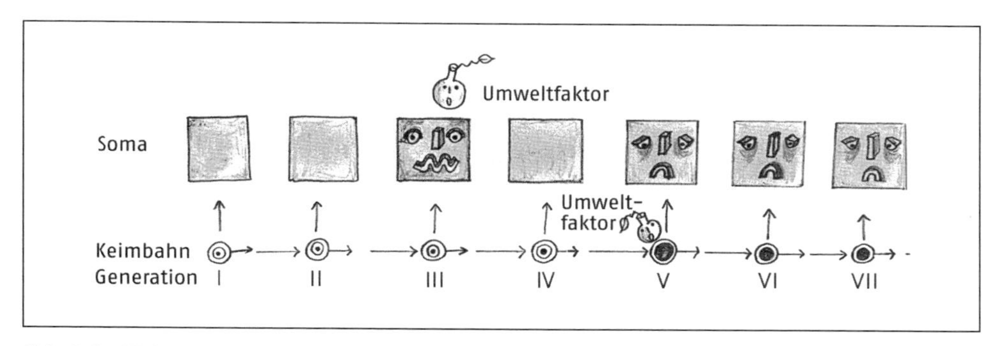

Abb. 1.3 Weismanns Lehre. Die erbliche Kontinuität wird durch die Keimbahn gewährleistet. Umweltinduzierte somatische Abänderungen (Bombe in Generation III) haben keine Auswirkungen auf den Nachwuchs. Entsprechende Abänderungen in der Keimbahn (Bombe in Generation V) wirken sich dagegen in allen nachfolgenden Generationen aus.

würden diese Keimzellen schon in einer sehr frühen embryonalen Phase von den somatischen Zellen abgetrennt (wodurch sie die so genannte Keimbahn begründen), manchmal sogar von Anfang an schon mit den allerersten Furchungsteilungen der Zygote; doch auch wenn sie erst zu einem späteren Zeitpunkt angelegt würden, erhielten sie ein Keimplasma, das identisch sei mit dem der Zygote – bei normalen Körperzellen sei dies, so Weismann, niemals der Fall.

Weismanns Entwicklungsmodell ist ziemlich kompliziert und es ist – wie sich später herausstellen sollte – grundfalsch. Es umfasst eine ganze Reihe hierarchisch geordneter Einheiten, die sich alle auf den Chromosomen in vielen Kopien befinden sollen; auf die Details brauchen wir hier nicht weiter einzugehen. Letztlich sollen die aus den fortgesetzten Teilungen hervorgehenden embryonalen Körperzellen (also nicht die der Keimbahn) jeweils einen spezifischen Teil der Kernsubstanz, jede Tochterzelle also einen eigentümlichen Satz von „Bestimmungsstücken" oder „Determinanten" erhalten, wie Weismann die „Lebenseinheiten" des Keimplasmas bezeichnete. Die mit unterschiedlichen Determinanten ausgestatteten Tochterzellen sollen sich schließlich zu verschiedenen Zelltypen weiterentwickeln. Im Verlauf des fortschreitenden Differenzierungsprozesses sollen Determinanten nach und nach den Zellkern verlassen und dadurch der Zelle zunehmend ihre eigentümlichen Charakteristika verleihen. Infolge dieser sukzessiven Determinantenemigration im Verlauf der Embryogenese, wenn sich die Zellen wieder und wieder teilen und dabei sich immer weiter spezialisieren, wird Weismann zufolge die Kernsubstanz der Körperzellen kontinuierlich einfacher, sie entdifferenziert sich mit jeder Zellteilung. Nach dem Modell Weismanns ist die ontogenetische Entwicklung also Ausdruck einer allmählichen kontrollierten qualitativen Änderung (Abnahme) der Kernsubstanz.

Nicht betroffen von diesem Prozess sei die Keimbahn: Denn das Keimplasma der Keimbahnzellen müsse sämtliche Determinanten enthalten, also das gesamte Erbmaterial. Allein dieses unveränderte, von den Differenzierungsprozessen der Körperzellen vollkommen unbeeinflusste Keimplasma diene der Generierung von Ei- und Samenzellen als Keimen der nachfolgenden Generation.

Modifikationen, die Körperzellen erfahren (während der Embryogenese oder postnatal), sind nach dem Konzept Weismanns niemals erblich, weil sie eben die autonome Keimbahn nicht erreichen; die Frage ist dann: Woher kommen die ganzen erblichen Variationen, von denen ja Darwins Selektionstheorie abhängt? In dieser Frage gelangte Weismann zu einer höchst wichtigen Einsicht: Die Ursache der Variation sei die sexuelle Reproduktion.[8] Nach der Überlegung Weismanns vermischen sich bei der Befruchtung der einfache, aber vollständige Determinantensatz einer Eizelle mit dem einer Samenzelle – dabei resultieren Individuen (der ersten Nachfolgegeneration) mit einer Mischung der beiden „Elternplasmen". In der nächsten Generation vereinigen sich diese Mischungen mit zwei entsprechenden anderer Eltern, es entstehen dann Individuen mit vier vermischten „Ahnenplasmen", in der dritten Nachfolgegeneration sind es dann schon acht vermengte Keimplasmen der Vorfahren – auf diese Weise setzt sich der Prozess immer weiter fort. So betrachtet, würde sich das Erbgut jedes einzelnen Individuums aus winzigen Anteilen einer gewaltigen Zahl von Keimplasmen der Vorfahren zusammensetzen. Da die Menge des Kernmaterials in jeder Generation gleich ist, muss die Reduktionsteilung im Verlauf der Gametenbildung das Keimplasma um die Hälfte verringern. Wesentlich hierbei sei, so Weismann, dass Ei- und Samenzellen immer unterschiedliche Hälften des Keimplasmas erhalten; jedem Gameten werde ein einmaliger Satz, ein Unikat an Keimplasmafraktionen seiner Vorfahren zugeteilt. Man kann sich diesen Vorgang als Kartenspiel vorstellen: Zunächst wird ein Stapel von Karten („Ahnenplasmen") ausgiebig gemischt, dann zieht man 50 Prozent frei wählbarer Karten, legt sie beliebig übereinander und erhält so *einen* spezifischen vieler möglicher Halbstapel („Keimplasma eines Gameten"). Allerdings kann dieses Beispiel Weismanns Vorstellung von der variablen Gametenbildung nur teilweise veranschaulichen, denn man müsste einen fast unendlichen Kartenstapel annehmen. Weismann zufolge gibt es eine unermesslich große Anzahl möglicher Kombinationen von Ahnenplasmen, weshalb es praktisch ausgeschlossen sei, dass zwei Gameten ein und dieselbe Mischung erhalten. Somit gebe es in jeder Generation eine enorme Variabilität in den Keimplasmen der Ei- und Samenzellen, die mit jeder weiteren Generation, wenn die Gameten fusionieren, zunehme. Über Sexualität sind schon viele wunderbar poetische Worte gesprochen und geschrieben worden, Weismann aber äußert sich dazu ziemlich prosaisch:

> „Sie [die Vermischung zweier Veranlagungstendenzen bei der Verschmelzung zweier Keimzellen] hat das Material an individuellen Unterschieden zu schaffen, mittelst dessen Selection neue Arten hervorbringt" (Weismann 1886 [1892], S. 331).

Sexualität kann also eine fast unbegrenzte Variabilität erzeugen, indem Erbmaterial verschiedener Vorfahren rekombiniert wird – so weit, so gut; doch was Weismann noch zu erklären hatte, war: Auf welche Weise kam die Variabilität überhaupt in die Welt, wie also konnte es sich zutragen, dass sich die allerersten Keimplasmen voneinander unterschieden? Die letzte Ursache der Variation liege, so Weismann, in den Determinanten, die die

Eigenschaften und Merkmale eines Individuums festlegen; im Verlauf der Gametenbildung würde sich sowohl die Zahl als auch die Qualität der Determinanten jedes Typs ändern. Zufällige Ereignisse könnten bestimmte Determinanten modifizieren, wodurch manche bessere Überlebenschancen hätten als andere und sich deshalb stärker vermehren könnten. Auf diese Weise, also durch natürliche Selektion unter den Determinanten, ändere sich das Keimplasma kontinuierlich. Weismann nannte diesen Prozess „Germinalselektion". Welche Determinanten im Einzelfall profitierten, welche das Nachsehen hätten, sei von bestimmten äußeren Umständen wie etwa der Ernährung oder der Temperatur abhängig.

In Weismanns Konzept der Germinalselektion sind zwei Aspekte besonders bemerkenswert. Der eine betrifft die Erblichkeit von Umwelteinflüssen. Obwohl Weismann diese ja an sich kategorisch in Abrede stellt, postuliert er dennoch erbliche Effekte bestimmter Milieufaktoren; dies hält er für möglich, weil äußere Einflüsse in den Determinanten im Keimplasma *direkt* – und nicht über den Umweg der Körperzellen – Abänderungen herbeiführen könnten. Zum Zweiten wird an der Vorstellung der Selektion konkurrierender Determinanten deutlich, wie weitläufig sich Darwins Theorie anwenden lässt: Weismann erkannte ganz richtig, dass die natürliche Selektion nicht auf einzelne Gesamtindividuen beschränkt ist, sie kann ebenso gut auf jeder anderen Organisationsebene stattfinden. Ähnlich wie die Selektion von konkurrierenden Determinanten die einen überleben, die anderen zugrunde gehen lasse, so vermutete Weismann auch eine entsprechende Selektion von Zellen im Gewebeverband. Selektion findet also nach Weismann auf unterschiedlichen Ebenen innerhalb eines Individuums statt, zwischen einzelnen Individuen und – wie dies schon Darwin selbst erkannt hatte – zwischen Gruppen von Individuen; denn anders lässt sich beispielsweise die entwicklungsgeschichtliche Herausbildung fortpflanzungs*un*fähiger Individuen bei Ameisen und Bienen, also steriler „Arbeiterkasten", nicht erklären. Wir werden auf die evolutionstheoretischen Probleme, die soziale Insekten bereiten, später ausführlich zu sprechen kommen; doch wollen wir an dieser Stelle verdeutlichen, dass Weismann und einige seiner Kollegen damals ihrer Zeit weit voraus waren, indem sie die Darwin'sche Theorie auf allen möglichen Stufen biologischer Organisation anwandten. Tatsächlich sollte es noch ein Dreivierteljahrhundert dauern, bis das Konzept der vielstufigen Selektion (multilevel selection) Teil des Lehrbuchwissens wurde.

Zusammenfassend sind folgende essenzielle Unterschiede zwischen Darwins ursprünglicher Theorie und Weismanns Interpretation festzustellen:

- Weismann sieht in der natürlichen Selektion den einzigen richtungsgebenden Evolutionsfaktor. Eine evolutionäre Wirkung des Gebrauchs oder Nichtgebrauchs von Organen schließt er ebenso kategorisch aus wie jede andere Form einer Vererbung erworbener Eigenschaften.
- Weismanns Vererbungskonzept hat keinerlei Ähnlichkeiten mit den Vererbungsvorstellungen Darwins. Weismanns Erbträger, die Determinanten, sollten von Generati-

on zu Generation über die Keimbahn weitergegeben werden; im Gegensatz zu Darwins Gemmulae werden Weismanns Determinanten nicht in jeder Generation neu zusammengesetzt, vielmehr handelt es sich um stabile, fortbestehende (gewissermaßen „unsterbliche") und sich replizierende Einheiten. Die Determinanten der Keimbahn leiten sich nicht nur nicht von den elterlichen Körperstrukturen ab, sie sind von diesen auch vollkommen abgeschottet: Nichts, was irgendwelche Körperzellen durch Umwelteinflüsse an Veränderungen erfahren, wirkt sich auf die Determinanten der Keimbahn aus.

- Für Weismann besteht die einzige Quelle für erbliche Variabilität in zufälligen oder umweltinduzierten Ereignissen, die direkt die Quantität oder Qualität der Keimbahn-Determinanten verändern sollten.
- Nach Weismann sind es die Sexualvorgänge, die die erblichen Unterschiede zwischen Individuen bedingen und damit die Voraussetzung schaffen für Evolution durch natürliche Selektion.

Wissenschaftshistorisch äußerst interessant ist der Umstand, dass Weismanns Konzepte zwar bei vielen Zeitgenossen auf Ablehnung stießen, gleichwohl eine enorme Wirkung entfalteten. Seine Vorstellung zu Vererbung und Entwicklung waren viel zu spekulativ und auch zu kompliziert, als dass sie allgemeine Anerkennung hätten finden können, dennoch arbeitete man später (nach 1900) einige Elemente seiner Konzepte in die sich neu entwickelnde Wissenschaft der Genetik ein. Ähnlich verhält es sich mit seiner sehr speziellen Interpretation des Darwinismus: Diese wurde von vielen als zu restriktiv und zu dogmatisch erachtet, dennoch beeinflusste sie die Richtung nachhaltig, die die Evolutionstheorie in den folgenden Jahrzehnten einschlagen sollte.

Zweifel am Darwinismus

Gegen Ende des 19. Jahrhunderts sind zwar die meisten Biologen von der Evolution an sich überzeugt, nicht jedoch von Darwins Konzept der natürlichen Selektion – dieses sehen sie bereits auf dem Totenbett; es sollte zwar vollständig genesen, doch erst Jahrzehnte später. Ein Grund für die geringe Akzeptanz der Selektion war sicherlich Weismanns Dogmatik, allein der natürlichen Auslese evolutionäre Bedeutung zuzuschreiben: Ausschließlich die Selektion sollte der Evolution Richtung verleihen und Ursache zweckmäßiger Anpassungen sein. Dieser restriktiven Haltung folgten nur wenige, die sich mit Evolutionsfragen beschäftigten; viele neigten stattdessen Darwins eigener, pluralistischer Sichtweise zu, die ja auch eine Vererbung erworbener Eigenschaften einschloss. Manche verwarfen sogar die Vorstellung einer Selektion als evolutionsantreibendes Moment fast kategorisch und schrieben ihr lediglich eine Nebenrolle zu, nämlich lediglich die, Fehler zu beseitigen: Sie sollte nichts weiter als versehentliche Missbildungen vernichten, überlebens*un*fähige Unzweckmäßigkeiten beseitigen. An die Stelle der Selektion setzten diese Stimmen verschiedene „neolamarckistische" Mechanismen.

Die Bezeichnung „Neolamarckismus" wurde zwar im Jahr 1885 geprägt, doch zu keiner Zeit genau definiert; fast jeder verstand darunter etwas anderes[9]. Doch ein gewichtiges Moment in der Argumentation sehr vieler (wenn auch nicht aller) Neolamarckisten war das Postulat der Erblichkeit von Wirkungen eines verstärkten oder verminderten Gebrauchs von Organen als Reaktion auf veränderte Lebensbedingungen, die in Anpassungen, also der Bildung zweckmäßiger Strukturen und Fähigkeiten resultierten. Allerdings vermuteten viele Neolamarckisten einen zusätzlichen Evolutionsfaktor, und zwar eine körperinterne „Kraft", die evolutionäre Prozesse – ähnlich wie die embryonale Entwicklung – in Richtung Fortschritt und Vervollkommnung lenken sollte. Solche Hypothesen schienen damals nicht nur Anpassungen plausibler zu erklären als die Selektion, sondern auch mit den bis dahin bekannten fossilen Befunden in Einklang zu stehen. Außerdem waren solche neolamarckistische Ideen besser mit den damals bei vielen fest verankerten religiösen Gefühlen und ethisch-moralischen Überzeugungen der Menschen zu vereinbaren. Nicht zuletzt deshalb erschien vielen die Vorstellung, der Mensch könne sich durch eigene Erfahrungen und persönliches Streben weiterentwickeln, erheblich annehmbarer als die eines Artenwandels durch rücksichtslose Konkurrenz und Selektion.

Weismanns Konzept geriet von allen Seiten unter Beschuss, viele – innerhalb wie außerhalb akademischer Kreise – attackierten es, und dies nicht immer mit freundlichen Worten. Prominente Persönlichkeiten wie Herbert Spencer, Samuel Butler und später sogar George Bernard Shaw sorgten dafür, dass Lamarck'sche Aspekte der Evolution öffentlich weithin Gehör fanden. Herbert Spencer, einer der führenden Wissenschaftsphilosophen in der zweiten Hälfte des 19. Jahrhunderts, war schon vor Erscheinen der *Origin of Species* von der biologischen Evolution überzeugt.[10] Tatsächlich war er es, der den Terminus „Evolution" populär machte, und zwar als Bezeichnung für alle Arten von Entwicklungsprozessen vom Einfachen zum Komplexen. Dieses Konzept von „Evolution" hatte einen allgemein erklärenden Anspruch, es sollte in gleicher Weise fortschreitende Veränderungen im Sonnensystem, in der Gesellschaft, von Geist und Körper im Laufe des Lebens eines Individuums wie von Organstrukturen und -funktionen in Abstammungslinien über die Generationen hinweg verständlich machen. Für Spencer reichte die „Evolution" weit über die Biologie hinaus; er vermutete, dass jeglicher evolutionäre Wandel durch ein und dasselbe Prinzip, den gleichen Mechanismus angetrieben werde. Seiner Überzeugung nach spielte dabei die Vererbung erworbener Eigenschaften eine zentrale Rolle – in der biologischen Evolution wie in sozial-gesellschaftlichen Entwicklungs- und Veränderungsprozessen. In dieser Frage lieferte er sich mit August Weismann öffentlich heftige Wortgefechte, ausgetragen in der weit verbreiteten *Contemporary Review*.

Lamarckisten lehnten die Vererbungsvorstellungen Weismanns kategorisch ab; doch hatten sie ihrerseits kein akzeptables Alternativkonzept im Angebot, das die Erblichkeit von Gebrauchswirkungen erklären konnte. Darwins Pangenesis-Hypothese wäre hierfür im Prinzip geeignet gewesen; doch galt sie schon zu Lebzeiten Darwins als überholt. Das lag nicht zuletzt an Darwins Cousin Francis Galton, der sie experimentell überprüfen wollte. Dazu führte er Bluttransfusionsexperimente durch, und zwar tauschte er Blut zwischen Kaninchen, die sich in der Fellfarbe unterschieden, aus[11]. Wenn Darwin tatsächlich Recht gehabt hätte, dann müssten, so war Galtons Überlegung, mit dem Blut weißer Kaninchen, das solchen mit grauem Fell infundiert wurde, auch „Weißes-Fell-Gemmulae" übertragen werden; davon sollten Darwin zufolge einige die Keimdrüsen der grauen Tiere erreichen. Die Nachkommen dieser grauen Individuen müssten deshalb zumindest im Ansatz weißes Fell entwickeln. Zum Leidwesen Darwins war dies aber nicht der Fall – Galton fand keinen einzigen Fall, der für Darwins Pangenesis-Hypothese gesprochen hätte. Darwin suchte sich herauszuwinden, indem er betonte, dass er keinesfalls behauptet habe, die Gemmulae würden über das Blut transportiert; gleichwohl betrachteten Galton und mit ihm viele andere die Experimente als klaren Beweis gegen eine Pangenesis. Allerdings waren dieses und weitere ähnliche Vererbungskonzepte nicht so sehr deshalb wissenschaftlich abgeschrieben, weil keine experimentellen Befunde für sie sprachen; gewichtiger war, dass sie mit der neuen Zellbiologie überhaupt nicht zu vereinbaren waren. Die Zelltheorie postulierte, dass jede Zelle, auch Ei- und Samenzelle, grundsätzlich aus anderen, bereits bestehenden Zellen hervorgehe – traf dies zu, war es unmöglich, dass es so etwas wie Gemmulae oder ähnliche erbliche Partikel gab, die als „Abgesandte" der einzelnen Teile des Körpers sich sammelten und schließlich Keimzellen bildeten. Je besser man den Stoffwechsel und das Verhalten der Zellen (etwa bei der Mitose und Meiose) zu verstehen begann, desto klarer wurde, dass die Theorie der Vererbung auf der Grundlage der Zellbiologie stehen musste.

Lamarckisten schlugen zwar verschiedene Mechanismen dafür vor, wie Geschehnisse in Körperzellen das Erbmaterial in den Keimzellen beeinflussen könnten, doch diese Überlegungen waren allesamt höchst spekulativ. Beide Parteien, Lamarckisten wie Weismannianer, suchten bis weit ins 20. Jahrhundert auf verschiedenen Wegen das Problem der Erblichkeit erworbener Eigenschaften experimentell zu lösen – die einen sie nachzuweisen, die anderen sie zu widerlegen[12]. Wir müssen uns aber nicht mit den Details dieser Experimente und der zugrunde liegenden Konzepte beschäftigen, denn auf weitere Sicht hatten sie kaum Einfluss auf die Rezeption des Lamarckismus. Wie Peter Bowler, einer der führenden Wissenschaftshistoriker und Kenner dieser Zeit, zutreffend betont, war es nicht der fehlende experimentelle Beweis, der letztlich dem Lamarckismus sein Ende bereitet habe, entscheidend war vielmehr, dass niemand in der Lage war plausibel zu erklären, wie eine Vererbung erworbener Eigenschaften mechanisch-zellbiologisch vonstattengehen könnte.

Die Neolamarckisten waren nicht die Einzigen, die gegen Ende des 19. Jahrhunderts das Postulat der Selektion als des zentralen Evolutionsmechanismus in Zweifel zogen. Ebenfalls in der Kritik stand die Vorstellung eines *kontinuierlichen* Formenwandels durch Auslese *geringfügiger*, unscheinbarer Variationen. Stattdessen vermuteten manche einen saltationistischen Evolutionsverlauf; der organische Formenwandel sollte sich in Form großer Sprünge vollziehen und nicht (nur) in Form kleiner Schritte durch die Selektion marginaler erblicher Variationen. Auch hier stand Francis Galton an der Spitze derer, die dem Darwin'schen Konzept des Gradualismus erhebliche Probleme bereiteten. Um die

Vererbung beim Menschen besser zu verstehen, wandte Galton statistische Verfahren auf die Analyse solcher Merkmale an, die kontinuierlich variieren. Solche stetigen, kontinuierlichen Merkmale – etwa die Körpergröße, die innerhalb bestimmter Grenzen praktisch jeden beliebigen Wert, also nicht abzählbare Ausprägungen annehmen kann – erachtete Darwin als besonders wichtig für das Evolutionsgeschehen: In der Auslese unter *geringen* interindividuellen Unterschieden *kontinuierlich* variierender Merkmale vermutete er jenen Mechanismus, der den Artenwandel entscheidend verursache. Galton hingegen kam bei seinen statistischen Überlegungen zu dem Ergebnis, dass eine derartige Selektion nicht funktionieren, also keine *fortschreitende* Veränderung der Merkmale herbeiführe. Galton legte seinen Berechnungen die – allerdings falsche – Annahme zugrunde, dass ein Nachkomme nicht nur Merkmale seiner leiblichen Eltern erbt, sondern auch solche seiner Großeltern und noch älterer Vorfahren; deshalb, so Galton, sei es statistisch unmöglich, dass Selektion den Durchschnittswert eines Merkmals fortschreitend ändere; vielmehr sei für eine *progrediente* Abwandlung ein „sport" notwendig – eine *umfangreiche* qualitative Abänderung des Erbmaterials.

Galtons Schlussfolgerungen kritisierten andere Biometriker scharf; sie hielten ihm vor, mathematisch einen logischen Fehler begangen zu haben. Denn die Selektion sei sehr wohl imstande, die Durchschnittswerte einer Population zu verschieben, also exakt jene Wirkung zu entfalten, die Darwin postuliert hatte. Allerdings erhielt das saltationistische Evolutionskonzept noch aus einer ganz anderen Richtung Unterstützung. Unabhängig voneinander hatten sich Hugo de Vries in den Niederlanden und William Bateson in England eingehend mit dem Phänomen der natürlichen erblichen Variabilität beschäftigt und dabei festgesellt, dass Merkmale häufig nicht kontinuierlich variieren, sondern diskrete, eindeutig gegeneinander abgrenzbare Werte annehmen. Oft identifizierten sie innerhalb einer Merkmalskategorie nur einige wenige verschiedene Typen, doch keine Übergangsformen. Analoges ist festzustellen, wenn man verschiedene Arten vergleicht: Zwischen ihnen gibt es immer eindeutige und spezifische Unterschiede, die sie als voneinander getrennte Einheiten ausweisen; niemals gehen die Individuen zweier Arten allmählich ineinander über. Deshalb stimmten de Vries und Bateson mit Galton darin überein, dass die diskontinuierliche Variation von zentraler Bedeutung für das Evolutionsgeschehen sein müsse: Arten änderten sich keinesfalls langsam und gleichmäßig, vielmehr vollziehe sich der Formwandel in plötzlichen, großen Sprüngen. De Vries war der Ansicht, dass die Mutation das treibende Moment der Evolution sei, also eine plötzliche, zufällige, das heißt ohne ersichtliche Ursache auftretende und irreversible Änderung des Keimplasmas (auch als Mutationismus bezeichnet). Solche Mutationen sollten in einem einzigen Schritt einen neuen Organismentyp hervorbringen.[13]

De Vries und Bateson prägten den Mendelismus im ersten Jahrzehnt des neuen Jahrhunderts entscheidend mit, und man sollte sich vergegenwärtigen, dass die meisten Protagonisten der sich nun etablierenden wissenschaftlichen Genetik wie sie Mutationisten waren. Zwar bedeutete der Terminus „Mutation" damals nicht genau das Gleiche wie heute, doch auch schon zu jener Zeit meinte man damit eine einschneidende Abänderung des Erbmaterials. Den Meisten, die sich eingehend mit der neuen Genetik befassten, galten der Lamarckismus wie der Darwinismus gleichermaßen als vollkommen irrelevant zur Erklärung des Evolutionsgeschehens – sie betrachteten allein die Mutation als essenziellen Evolutionsfaktor.

Die Moderne Synthese: Die Ontogenese verschwindet von der Bühne der Evolutionstheorie

Die wissenschaftliche Auseinandersetzung um die relative Bedeutung von Selektion, Mutation und das Prinzip der Vererbung erworbener Eigenschaften währte das gesamte erste Drittel des 20. Jahrhunderts; in den 1930er Jahren begann schließlich eine weitere, erheblich spezifischere Version der Darwin'schen Theorie die Diskussionsforen zu erobern. Biologen unterschiedlicher Fachrichtungen formulierten im Verlauf mehrerer Jahre eine Theorie, die heute als „Moderne Synthese" der Evolutionsbiologie (oder „Synthetischer Darwinismus") bekannt ist; hierbei verknüpfte man Weismanns Ultra-Selektionismus mit der Mendel-Genetik, die auf dem Konzept des Gens als der Einheit erblicher biologischer Information beruht. Viele Aspekte der vergleichenden Anatomie, Systematik und Populationsbiologie sowie der Paläontologie ließen sich mit diesem synthetischen Ansatz erklären. Wir wollen uns hier nicht mit allen Details beschäftigen, doch ist es lohnenswert, einen genaueren Blick auf jene Vererbungstheorie zu werfen, die der Modernen Synthese zugrunde liegt; denn in diesem sehr speziellen Konzept liegt die Ursache dafür, dass die wissenschaftliche Biologie damals eine sehr einseitige Sicht auf das Evolutionsgeschehen zu entwickeln begann.

Gregor Mendel formulierte jene Regeln, die heute seinen Namen tragen, im Jahr 1865, als er vor der Wissenschaftlichen Gesellschaft in Brünn über Hybriden referierte, die er aus der Kreuzung verschiedenen Varietäten der Gartenerbse erhalten hatte. Zwar wurde seine Arbeit im darauffolgenden Jahr im Journal der Gesellschaft publiziert, doch erkannte man die enorme Bedeutung seiner Experimente erst Jahrzehnte später[14] – und zwar im Jahr 1900, als drei Botaniker, Hugo de Vries (der Begründer der Mutationstheorie), der Deutsche Carl Correns und der Österreicher Erich von Tschermak unabhängig voneinander die Ergebnisse ihrer eigenen Zuchtexperimente veröffentlichten. Diese bestätigten die Gültigkeit jener Gesetze, die Mendel mehr als 30 Jahre zuvor entdeckt hatte. Das Jahr 1900 gilt deshalb heute als Gründungsjahr jener wissenschaftlichen Disziplin, für die William Bateson wenige Jahre später den Terminus „*Genetik*" prägte.

Nach der im frühen 20. Jahrhundert formulierten Mendel'schen Theorie der Vererbung enthalten Organismen erbliche Einheiten, die für die Ausbildung ihrer spezifischen Merkmale verantwortlich sind. Das entscheidende Charakteristikum dieser Erbeinheiten, die man schließlich „*Gene*" nannte, hatte seinerzeit August Weismann nicht erkannt (anfänglich auch nicht Hugo de Vries): ihre Existenz in Form von Paaren; das eine Gen jedes Paars stammt vom väterlichen Elter, das andere von der Mutter. Beide Gene können identisch sein oder sich ein klein wenig voneinander unterscheiden, doch beeinflussen beide die Entwicklung des gleichen, spezifischen Merkmals, etwa die Farbe einer Erbse oder die Form der menschlichen Ohrmuschel. Die verschiedenen Varianten eines Gens werden *Allele* genannt. Reife Pollen, Spermien und Eizellen enthalten jeweils nur ein Allel eines jeden Paars, weil – dies hatte bereits August Weismann erkannt – die Bildung der Gameten mit einer Reduktionsteilung einhergeht, die das Erbmaterial halbiert. Durch die Befruchtung, wenn sich Ei- und Samenzelle oder Pollen und Ei vereinigen, ergänzen sich zwei einfache Sätze des Erbmaterials und schaffen so einen vollständigen, doppelten Satz, wobei nun wieder jeweils zwei Allele zur Ausbildung eines bestimmten Merkmals vorhanden sind.

Die Mendel'schen Vererbungsgesetze beschreiben das regelmäßige Muster der Verteilung der Allele in den Gameten und während der Befruchtung. Nach dem ersten Gesetz trennen sich bei der Bildung der Gameten die beiden Allele eines jeden Paars; diese Allele bleiben unverändert, das heißt, die Paarung hat keinen Einfluss auf ihre Struktur, ebenso wenig hat der Körper, in dem sie sich befinden, Auswirkungen auf ihren Informationsgehalt; die Allele verlassen einen Körper im exakt gleichen Zustand, wie sie ihn erreicht haben. Nach dem zweiten Gesetz trennen sich Allele, die zu verschiedenen Paaren gehören, unabhängig voneinander. Mit Blick auf die Vielzahl von Merkmalen und Allelen bedeutet dies eine enorm große Variabilität unter den Gameten. Das daraus folgende Argument ist gerade jenes, das auch August Weismann ins Feld geführt hatte: Aller Wahrscheinlichkeit nach enthalten so gut wie nie zwei beliebige Ei- oder Samenzellen die exakt gleiche Kombination von Allelen. Außerdem stellen die Mendel'schen Gesetze fest, dass die spezifischen Allele, die eine bestimmte Keimzelle trägt, keinerlei Einfluss darauf haben, mit welcher Partnerzelle diese sich vereinigt; dieser Umstand erhöht die Variabilität in der befruchteten Eizelle weiter.

Ein wesentlicher Aspekt der Befunde Mendels war, dass er mit den sorgfältig ausgewählten Linien, die er für seine Kreuzungen verwendete, als Nachkommen Hybride erhielt, die mit Blick auf die untersuchten Merkmale keine Zwischenformen zeigten; ihr Aussehen ähnelte immer entweder der mütterlichen oder der väterlichen Pflanze. So erhielt Mendel zum Beispiel bei der Kreuzung einer reinen Linie von Erbsenpflanzen mit gelben und solchen mit grünen Samen ausschließlich Nachkommen mit gelben Samen, keine dagegen mit gelblich grüner Farbe; in der Sprache der Mendel-Genetik ist gelb dominant, grün rezessiv. Das Ergebnis dieser Kreuzung ist einfach zu erklären: Wenn man das Allel, das die gelbe Farbe bestimmt, mit dem Symbol *Y* versieht und das für Grün mit *y*, müssen Nachkommen mit grünen Samen zwei Kopien des *y*-Allels tragen, während für die Ausbildung gelber Samen *eine* Kopie ausreicht. Wenn man also jeweils reinerbige Eltern mit gelben (*YY*) und grünen Samen (*yy*) kreuzt, resultieren Nachkommen, die alle ein *Y*-Allel vom gelben Elter und ein *y*-Chromosom vom grünen Elter erhalten, das heißt, sie tragen alle die Kombination *Yy*. Alle sind demzufolge gelb. Wenn die Art selbstbefruchtend ist, erhält man für die erste Folgegeneration das Verhältnis von drei gelben zu einem grünen Samen. Dies verdeutlicht die Abbildung 1.4, die eine typische Mendel-Kreuzung und ihre genetische Interpretation zeigt.

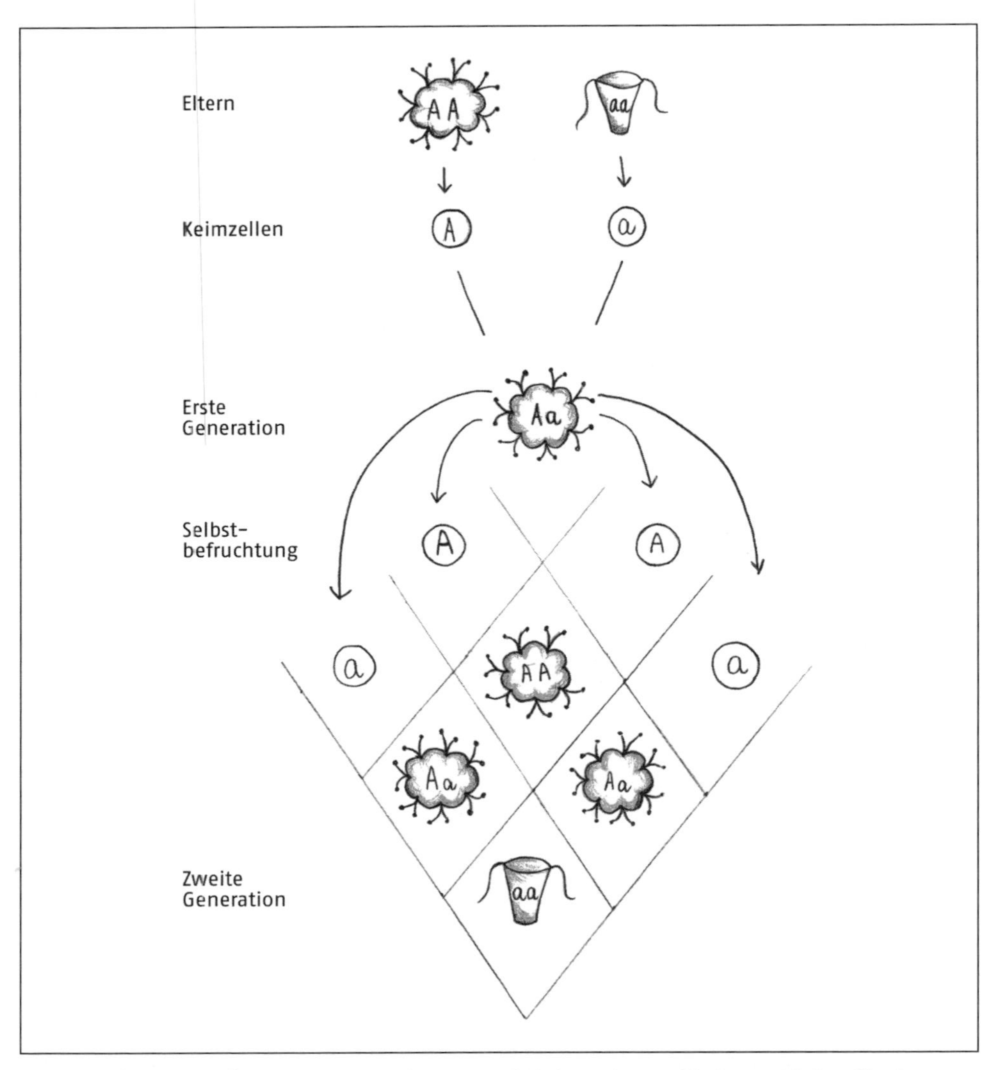

Abb. 1.4 Eine Mendel'sche Kreuzung zwischen zwei Linien mit verschiedenen Allelen für ein Strukturmerkmal. Aus einer Kreuzung zwischen *AA* und *aa* resultieren Nachkommen mit *Aa*, die phänotypisch den *AA*-Eltern gleichen. *A* ist deshalb dominant, *a* rezessiv. Wenn Individuen des Typs *Aa* sich selbst befruchten, ähneln 75 % der Nachkommen dem dominanten elterlichen und 25 % dem rezessiven Typ.

Innerhalb weniger Jahre nach der Wiederentdeckung der Mendel'schen Gesetze bestätigten Hunderte von Kreuzungsexperimenten mit einer ganzen Reihe unterschiedlicher Tier- und Pflanzenarten ihre Gültigkeit. Rasch erkannte man, dass die hypothetischen Vererbungseinheiten, die Gene, deren Existenz aus den Kreuzungsexperimenten abgeleitet worden waren, sich ganz analog der Chromosomen während der Gametenbildung und der Befruchtung verhalten. Allele treten immer in Paaren auf, eben wie die

Chromosomen in den Körperzellen; die Gameten enthalten jeweils nur *ein* Allel eines Gens, ebenso trägt es nur *eine* Kopie jedes Chromosoms. Angesichts dieser offenkundigen Parallelität dauerte es nicht lange, bis man zeigen konnte, dass Gene linear auf den Chromosomen angeordnet sind. Dies verkompliziert das Vererbungsschema, wenn wir auf die generationenübergreifende Weitergabe von mehr als einem Merkmal schauen, doch soll uns dies hier nicht weiter beschäftigen. Wichtig ist nur die Feststellung, dass man Gene als diskrete Partikel auffasste, aufgereiht wie Perlen an einer Schnur[15].

Bevor wir fortfahren, wollen wir auf etwas hinweisen, was auf den ersten Blick ziemlich trivial erscheinen mag: Die Mendel'sche Genetik basiert auf der Analyse von Unterschieden. Wenn Unterschiede in Allelen zu Unterschieden in der Erscheinung führen, lassen sich Rückschlüsse ziehen auf die genetische Konstitution der Eltern und ihrer Nachkommen. Das Verhältnis der unterschiedlichen Erscheinungstypen unter den Nachkommen erlaubt Aussagen dazu, über welche Allele die Eltern vermutlich verfügen. Umgekehrt, wenn die genetische Konstitution der Eltern bekannt ist, kann man die Anteile jedes Erscheinungstyps bei den Nachkommen voraussagen. Gibt es allerdings keine Unterschiede im Erscheinungsbild, können wir auch nichts über die genetische Konstitution sagen und ebenso wenig über die zugrunde liegenden Vererbungswege.

In den ersten Jahren des 20. Jahrhunderts, als sich die Genetik durch die Analyse distinkter Merkmale – gelb oder grün, lang oder kurz, lange oder verkümmerte Flügel (bei *Drosophila*) – so rasch entwickelte, stützte sie die Sicht der Mutationisten, dass Evolution Ausdruck einer Reihe diskreter qualitativer Sprünge sei. Die Befunde der Mendelisten schienen zunächst also dem Gradualismus der Darwin'schen Theorie zuwider zu laufen, doch wenig später erkannte man, dass sich mit dem Genkonzept auch die Vererbung kontinuierlich variabler Merkmale wie Körpergröße oder -gewicht erklären lässt. Denn die einzige Bedingung hierfür ist die Annahme, dass die Ausbildung eines Merkmals nicht von einem einzigen, sondern von mehreren Genen kontrolliert wird, von denen jedes nur einen geringfügigen Einfluss hat. Wenn mehrere Gene an der Entwicklung eines Merkmals beteiligt sind, dann liefern genetische Unterschiede zwischen den Individuen alle notwendigen Variationen für eine adaptive Evolution durch Darwin'sche Selektion.

Die Art und Weise, wie Gene ihre Wirkung entfalten, war zunächst völlig unklar; doch für die Mendel-genetische Analyse wie auch evolutionstheoretische Belange schien dies auch unwichtig zu sein. Einige der Genetik-Pioniere entschieden sich sogar ganz bewusst dazu, die Entwicklung, also die Brücke zwischen Genotyp und Phänotyp, bei ihren Forschungen völlig außer Acht zu lassen. Deshalb konzentrierte man sich auch in den neu gegründeten genetischen Instituten darauf, bei Pflanzen und Tieren Individuen mit erkennbaren äußeren Unterschieden zu kreuzen, die unterschiedlichen Erscheinungstypen unter den Nachkommen zu zählen und darüber auf die Beziehung der beteiligten Gene zueinander wie auf ihre Zuordnung zu den verschiedenen Chromosomen zu schließen. Es waren Thomas Hunt Morgan und seine Schüler an der Columbia-Universität in New York, die die kleine, sich rasch fortpflanzende Taufliege *Drosophila* zu *dem* bevorzugten Paradetier in der experimentell-genetischen Forschung machten; mit Hilfe dieses Modellorganismus gewannen sie viele grundlegende Einsichten darüber, wie Chromosomen und die auf ihnen verankerten Gene von einer Generation zur nächsten weitergegeben werden. Diese Mendel-Morgan'sche Sicht der Vererbung wurde später von den Begründern der Modernen Synthese im Wesentlichen übernommen – also jene Auffassung, dass Vererbung auf der Weitergabe von Genen beruhe, die sich ausschließlich auf nukleären Chromosomen befinden; dem umgebenden Zytoplasma hingegen sprach man keinerlei Bedeutung für den Vererbungsprozess zu.

Die konzeptionelle Grundlage der von der Morgan-Schule verfochtenen Sicht der Vererbung lieferte in den frühen Tagen der Genetik der dänische Botaniker Wilhelm Johannsen. Dieser prägte die Bezeichnung „*Gen*“ als hypothetische Komponente seines Ansatzes, ein biologisches Konzept der Vererbung zu entwickeln. Johannsen arbeitete mit reinen Abstammungslinien von Pflanzen; solche Linien werden von einem einzigen Individuum begründet, dessen Nachkommen sich nur durch Selbstbefruchtung vermehren. Zwar können sich die Individuen auch reiner Linien – meist geringfügig – unterscheiden, doch werden diese Unterschiede nicht vererbt. Denn als Johannsen mit solchen Linien experimentierte und er selektiv die extremsten Varianten (etwa die größten und kleinsten Individuen) zur Fortpflanzung brachte, hatte dies keinerlei Auswirkungen auf die Verteilung der Erscheinungsbilder bei den Nachkommen: Die neuen Linien waren durch die gleiche durchschnittliche Körpergröße gekennzeichnet wie die Ausgangslinie. Aus diesem Befund leitete Johannsen zwei grundlegende Konzepte ab – das des Genotyps und das des Phänotyps[16]. Der Genotyp repräsentiert danach das Potenzial zur Ausprägung bestimmter Merkmale, das ein Organismus geerbt hat; etwa das Potenzial, grüne Samen oder grüne Augen zu entwickeln, größer oder kleiner zu werden. Ob dieses Potenzial zur Entfaltung kommt, hängt von den Bedingungen ab, unter denen der Organismus aufwächst. So bedarf etwa eine Pflanze für gutes Gedeihen unter anderem bestimmter Bodenqualität, Temperaturen und Wassermenge. Dementsprechend ist eine Pflanze, deren Genotyp sie potenziell groß werden lässt, nur unter der Voraussetzung günstiger Umweltbedingungen in der Lage, dieses Potenzial auszuschöpfen. Wie groß also eine Pflanze im Einzelfall wird, ihr Phänotyp, ist sowohl vom Genotyp als auch dem umgebenden Milieu abhängig. Johannsen interpretierte die Ergebnisse seiner Experimente mit reinen Linien ganz einfach: Sämtliche Individuen einer reinen Linie haben den gleichen Genotyp, das gleiche Potenzial; da sie also alle durch die gleichen Gene gekennzeichnet seien, könnten keinerlei Unterschiede in ihrem Erscheinungsbild (Phänotyp) vererbt werden. Unterschiedliche Phänotypen seien nur dann erblich und selektierbar, wenn sie auf genotypischen Unterschieden beruhten.

Die Unterscheidung von Genotyp und Phänotyp ist grundlegend für die klassische Genetik. Nach Johannsen werden bei der Vererbung niemals Merkmale an die Nachkommen weitergegeben, sondern ausschließlich das Potenzial, bestimmte Merkmale zu entwickeln. Im Jahr 1911 formulierte er dies unmissverständlich: „Heredity may then be defined as *the presence of identical genes in ancestors and descendants* …“ (Johannsen 1911, S. 159). Die von ihm postulierte Vererbungseinheit, das Gen, ist weder Teil des

Phänotyps noch repräsentiert es diesen partiell. Es ist vielmehr eine Informationseinheit über den möglichen (potenziellen) Phänotyp. Die Art und Weise, wie die Information abgerufen und genutzt werde, beeinflusse die Struktur der Gene nicht. Gene seien äußerst beständig, wenngleich sich gelegentlich Unregelmäßigkeiten ereignen könnten und ein Gen zu einem neuen Allel mutiere, das dann vererbt würde.

Die Begründer der Modernen Synthese übernahmen dieses Konzept der chromosomal verankerten Gene als Basis ihrer revidierten neodarwinistischen Theorie[17]; dem entsprechend lehnten sie sowohl den Mutationismus von de Vries wie auch alle Formen des Lamarckismus ab. In den späten 1930er Jahren gelang es schließlich mathematisch-statistisch arbeitenden Genetikern zu zeigen, wie sich die Häufigkeit der verschiedenen Allele in einer Population ändert als Folge veränderter Mutationsraten, modifizierter Selektionsintensität, von Migration (Ein- und Abwanderung von Individuen) oder einer geringen Individuenzahl. Laborexperimente sowie Untersuchungen mit natürlichen Populationen zum Verhalten zweier alternativer genetisch kontrollierter Merkmale bestätigten bald die Gleichungen der Populationsgenetiker. Die Grundsätze der Modernen Synthese lassen sich folgendermaßen zusammenfassen:

- Vererbung erfolgt durch die Weitergabe von Keimzellgenen; dabei handelt es sich um diskrete Einheiten auf Chromosomen des Zellkerns. Gene tragen Information zu Merkmalen.
- Erbliche Variationen sind die Folge zufälliger Kombinationen von Allelen, die im Zuge verschiedener Sexualprozesse erzeugt werden; jedes Allel hat dabei nur einen geringfügigen Einfluss auf den Phänotyp. Neue Genvarianten – Mutationen – sind das Ergebnis zufälliger Änderungen. Gene verändern sich im Laufe der Ontogenese eines Individuums nicht.
- Selektion erfolgt zwischen Individuen. Indem bestimmte Phänotypen bevorzugt erhalten bleiben, die an bestimmte Umweltbedingungen besser angepasst sind als Konkurrenten, nimmt die Zahl der sie bedingenden Allele in der Population über mehrere Generationen hinweg kontinuierlich zu.

Der russisch-amerikanische Genetiker Theodosius Dobzhansky, einer der maßgeblichen Architekten der Modernen Synthese, beschrieb im Jahr 1937 Evolution als „a change in the genetic composition of populations“ (Dobzansky 1937, S. 11). Auch noch zu diesem Zeitpunkt waren Gene, deren Häufigkeit in Populationen sich ändern sollte, noch rein hypothetische Gebilde, deren Existenz man aus numerischen Daten, erhalten aus Kreuzungsexperimenten, abgeleitet hatte. Was ein Gen chemisch darstellt, wie aus einem Genotyp ein Phänotyp werden kann, war noch immer völlig unklar.

Diese der Modernen Synthese zugrunde liegende Sicht der Vererbung blieb nicht unwidersprochen. Viele Entwicklungsbiologen wandten ein, Vererbung umfasse mehr als die Weitergabe nukleärer Gene von einer Generation zur nächsten. Nach ihren Erkenntnissen musste auch dem Zytoplasma der Eizelle eine essenzielle Bedeutung bei der Vererbung und der Entwicklung von Artmerkmalen zukommen. Einige europäische Biologen, unter ihnen besonders jene, die sich mit der Kreuzung von Pflanzenvarietäten befassten, meinten eindeutige Hinweise darauf gefunden zu haben, dass das Zytoplasma den Vererbungsprozess beeinflusse und deshalb irgendeine Art von Erbfaktoren einschließe. Dem entsprechend lehnten sie das „Kernmonopol" der Morgan-Schule ab. Doch in der Englisch sprechenden Welt blieben ihre Einwände weitgehend unbeachtet. Die Sicht der Mendelisten-Morganisten dominierte zusehends – zum einen, weil die Genetik zur Grundlage der Tier- und Pflanzenzucht wurde, und zum anderen dank der Eugenik, die das Ziel hatte, menschliche Populationen genetisch zu „verbessern".

Molekularer Neodarwinismus: Die Vormachtstellung der DNA

Obwohl weiterhin auch kritische Stimmen zu hören waren, wuchs der Einfluss der englisch-amerikanischen Auffassung der Genetik mit ihrer Vorstellung eines ausschließlich im Zellkern lokalisierten Erbmaterials. Im Verlauf der 1940er und 1950er Jahre entwickelte sich die Biochemie rasant, weshalb nun viele chemische Prozesse in Zellen und Geweben aufgeklärt werden konnten[18]. Genetiker erkannten allmählich die Vorzüge von Mikroorganismen für ihre Studien; mit Hilfe verschiedener Bakterien und Pilze suchte man die Fragen zu klären, was Gene chemisch sind und was sie physiologisch bewerkstelligen. Pilze zeichnen sich zwar durch einige – für genetische Analysen teilweise sehr nützliche – Eigenheiten aus, dennoch lässt sich ihre Genetik mit den klassischen Mendel'schen Methoden untersuchen. Bei Bakterien ist es anders: Zum einen haben Bakterienzellen keinen echten Zellkern, zum anderen sind zwar auch Bakteriengene chromosomal lokalisiert, doch kommen die Chromosomen nicht paarweise vor, weshalb hier die Mendel'schen Regeln keine Gültigkeit haben. Gleichwohl kommt auch bei ihnen eine Art sexueller Rekombination vor, was eine genetische Analyse ermöglicht. Bei den damals untersuchten Bakterien zeigte sich, dass ihre Gene jeweils auf einem einzigen, ringförmigen Chromosom liegen und linear angeordnet sind[19].

Aus verschiedenen biochemischen und genetischen Untersuchungen an einer ganzen Reihe unterschiedlicher Organismen kristallisierte sich heraus, dass Gene an der Biosynthese von Proteinen beteiligt sein müssen. Zu Beginn der 1950er Jahre war dann klar, dass nicht die vielen chromosomalen Proteine die Erbsubstanz ausmachen, diese vielmehr aus einem chemisch recht einfach gestrickten Molekül besteht, der Desoxyribonukleinsäure (DNA). Im Jahr 1953 entschlüsselten Watson und Crick ihre Struktur, die berühmte Doppelhelix, und zeigten, auf welche Weise dieses Molekül die Aufgaben der Erbsubstanz ausführen kann. In einem atemberaubenden Tempo erzielte die Molekularbiologie in den folgenden Jahren Fortschritte. Der Mechanismus zur Replikation (Verdoppelung) der DNA war bald erkannt, und man begann, die Verbindung zwischen der DNA der Gene und der Synthese von Proteinen aufzuklären. Wir werden uns mit den Details später beschäftigen, doch das Wesentliche sei bereits hier genannt: Das DNA-

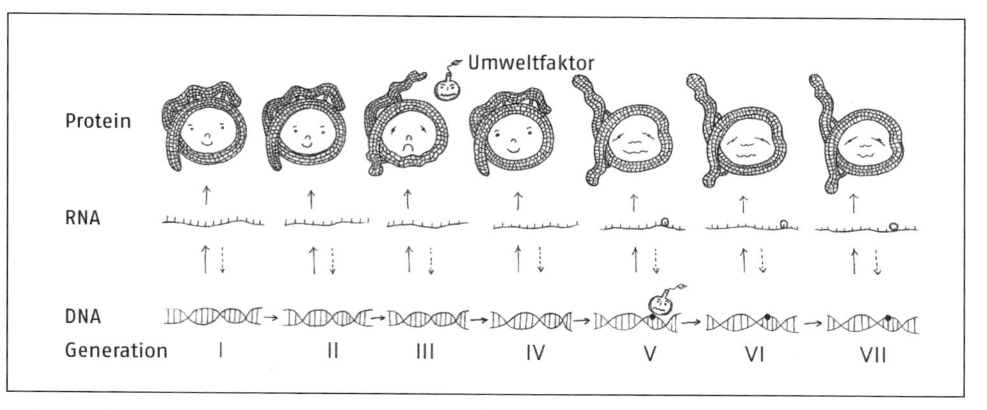

Abb. 1.5 Das Zentrale Dogma. Umweltinduzierte Änderungen im Protein (Bombe in Generation III) hat keine Auswirkungen auf dieses Protein in der Nachfolgegeneration. Dagegen haben Abänderungen der DNA (Bombe in Generation V) korrespondierende Abänderungen im Protein in der Generation V und allen nachfolgenden Generationen zur Folge. Information fließt von der DNA über die RNA zu den Proteinen (durchgehende Pfeile), unter bestimmten Umständen auch von der RNA zur DNA (gestrichelte Pfeile), doch niemals vom Protein zur RNA oder DNA.

Molekül besteht aus zwei Ketten mit jeweils vier verschiedenen Kettengliedern als Einheiten, den Nukleotiden. Proteine setzen sich aus einer oder mehreren Polypeptidketten zusammen mit unterschiedlichen, linear aneinandergereihten Aminosäuren als Einheiten (beim Menschen gibt es 20 verschiedene davon). Die Sequenz der Nukleotide der DNA kodiert die Sequenz der Aminosäuren in den Polypeptidketten. Doch erfolgt die „Übersetzung" von der DNA in ein Protein nicht direkt; zunächst wird die DNA-Sequenz in eine mRNA (Messenger-Ribonukleinsäure, eine weitere lineare Sequenz von Nukleotiden) kopiert, erst diese wird anschließend in ein Protein „übersetzt".

Nachdem man den genetischen Kode und den Übersetzungsmechanismus aufgeklärt hatte, war klar, dass eine Abänderung in der Nukleotidsequenz der DNA häufig eine korrespondierende Abänderung in der Abfolge der Aminosäuren im entsprechenden Protein zur Folge hat. Andererseits schien dieser Mechanismus keinerlei Möglichkeit zu bieten, die Abänderung eines Proteins in eine entsprechende Abänderung der Nukleotidsequenz rückzuübersetzen: „Reverse Translation" wurde für prinzipiell unmöglich erachtet. So formulierte im Jahr 1958 Francis Crick das „Zentrale Dogma" der Molekularbiologie, dem zufolge die Information immer und ausschließlich in eine Richtung fließt: von der DNA zum Protein, niemals umgekehrt[20]. Wie die Abbildung 1.5 zeigt, ähnelt das Konzept des Zentralen Dogmas stark der Lehre Weismanns, dem zufolge Ereignisse in Körperzellen keinen Einfluss auf die Keimbahn haben.

Bis zu diesem Zeitpunkt, also Ende der 1950er Jahre, hatten die Entdeckungen der Molekularbiologie kaum Auswirkungen auf die Moderne Synthese. Das Gen wurde nun als eine DNA-Sequenz verstanden, die ihre phänotypischen Wirkungen entfaltet, indem sie für Proteine mit bestimmten Funktionen in der Zelle kodiert. Mutationen galten als zufällige Abänderungen in der Nukleotidsequenz der nukleären DNA. Und wovon Evolutionsbiologen schon seit langem überzeugt waren, das schien das Zentrale Dogma zu bestätigen: Umweltinduzierte Abänderungen im Erscheinungsbild (also im Phänotyp) hatten keinerlei Auswirkungen auf das Genmaterial. Doch die wissenschaftliche Entwicklung ging weiter und machte ein Überarbeiten der Moderne-Synthese-Version des Neodarwinismus notwendig.

Die seit den ersten Tagen der Genetik schwelende Kritik an der absoluten Dominanz der Zellkerngene im Vererbungsgeschehen wurde nun lauter; denn in den 1960er Jahren bestätigten Studien, was einige wenige Biologen schon immer vermutet hatten: Auch außerhalb des Zellkerns gibt es echte Vererbungseinheiten; zweifelsfrei wurden sie als Gene aus DNA in zytoplasmatischen Organellen, den Mitochondrien und Chloroplasten, identifiziert. Dies bedeutete, dass die nukleären Chromosomen nicht länger als einziges Depot erblicher Information angesehen werden durften[21].

Für weitere Irritation sorgten molekulargenetische Studien, die zeigten, dass es in Populationen erheblich mehr erbliche Variabilität gibt als zuvor angenommen. Allgemein hatte man vermutet, dass jedes neu in einer Population auftauchende variante Allel entweder günstige Wirkungen zeitige, wodurch es sich durch natürliche Selektion ausbreiten und schließlich das ursprüngliche Allel weitgehend verdrängen werde; oder, was häufiger zu erwarten sei, das neue Allel gehe mit nachteiligen Auswirkungen einher und werde dann selektiv eliminiert. So einfach schien die Sache aber nicht zu sein; es stellte sich heraus, dass in einer Population gelegentlich zwei oder mehr Allele zeitgleich fortbestehen können – wie konnte das sein und unter welchen Voraussetzungen war es möglich? Mitte der 1960er Jahre wurde klar, dass in ein und derselben Population für sehr viele Proteine häufig verschiedene Varianten existieren – und dieser Befund warf natürlich evolutionstheoretische Fragen auf: Sind geringe Abänderungen in der Aminosäurensequenz eines Proteins von Bedeutung, wie die Selektionisten behaupteten, oder sind die meisten von ihnen selektionsneutral und halten sich deshalb in einer Population rein zufällig?[22] Es war nicht das erste Mal, dass Zufallseffekten eine phylogenetische Bedeutung zugeschrieben wurde. Schon in den 1930er Jahren hatte Sewall Wright behauptet, dass in kleinen Populationen Unterschiede zufällig entstehen und nicht durch Selektion ihren Anfang nehmen[23]. Er stützte sich dabei primär auf mathematische Argumente, weshalb seine These zwar diskutiert wurde, doch an den Grundsätzen der Modernen Synthese nicht rüttelte. Dies änderte sich erst, als in den 60er Jahren konkrete biochemische Befunde dazukamen, die die Bedeutung des Zufalls für die Entwicklung natürlicher Populationen bestätigten.

Nach mehreren Jahren heftiger Diskussion kam man schließlich mehr oder weniger überein, dass viele Varianten von Proteinen und Allelen einen durchschnittlich gleichen Selektionswert aufweisen können. Mit anderen Worten: Stellt man sich eine genetisch heterogene Population über mehrere Generationen vor, wird diese einem weiten Spektrum unterschiedlicher Umweltbedingungen ausgesetzt sein; dann wird eine bestimmte Variante eines Proteins die Überlebens- und Reproduktionschance der betreffenden Individuen manchmal verbessern, manchmal beeinträchtigen. Doch im langfristigen Mittel wird sie keine Auswirkungen haben. So endete also der Streit damit, dass beide Seiten beanspruchen konnten, Recht gehabt zu haben.

Ein anderes Problem war die Tatsache, dass der größte Teil der DNA höherer Organismen offenbar überhaupt nicht für Proteine kodiert; welche Funktion haben diese nichtkodierenden DNA-Sequenzen? Sind sie bloß funktionsloser „Schrott" – im Englischen „junk DNA" – oder spielen sie für Regulationsprozesse eine Rolle?[24] Über den Begriff wie auch die bloße Vorstellung, Teile der DNA könnten „Schrott" sein, wird bis zum heutigen Tag gestritten. Einige nichtkodierende DNA-Abschnitte sind zweifelsfrei Kontrollsequenzen, sie tragen zur Kontrolle bei, wann und wo Information der DNA abgerufen und in Proteine übersetzt wird. Allerdings ist auch richtig, dass Teile der DNA tatsächlich keine Funktion haben. Mitunter setzen sich diese Abschnitte aus vielen Kopien der gleichen Sequenz zusammen – gebündelt an einer Stelle oder verteilt über das gesamte Genom. Einige solcher funktionslosen Sequenzen ähneln hinsichtlich ihrer Organisation dem Genom von Viren, sie können ihren Ort wechseln und durch das ganze Genom wandern. Über Details dieser „mobilen Elemente" oder „springenden Gene" sprechen wir später, doch sei bereits hier festgestellt, dass ihre Entdeckung der Modernen Synthese und ihrer Erklärung der Ursache von Abänderungen in Genen und Genhäufigkeiten erhebliche Probleme bereiteten.

Mit der Einsicht, dass große Teile der DNA nicht an der Synthese von Proteinen, sondern an der Regulation der Genaktivität beteiligt sind, änderte sich auch die Auffassung darüber, was man unter Erbinformation verstand. Man begann an ein genetisches Programm zu denken, eine Reihe von Instruktionen, die, in den Genen niedergeschrieben, die Ausbildung der phänotypischen Merkmale lenken und leiten sollten[25]. Die Verbindung zwischen Genotyp und Phänotyp verstand man nun wie das Verhältnis zwischen einem Plan und einem Produkt. John Maynard Smith, ein ausgebildeter Luftfahrtingenieur, verglich den Genotyp mit einer Konstruktionsanleitung zum Bau eines Flugzeugs und den Phänotyp mit dem tatsächlich fertig gestellten Flugzeug[26]. Ein anderer britischer Biologe, Richard Dawkins, wiederum erkannte im Genotyp ein Analogon zu einem Kuchenrezept und im Phänotyp das zu einem tatsächlich gebackenen Kuchen[27]. Änderungen im Rezept oder im Konstruktionsplan führen zu entsprechenden Abänderungen im Endprodukt, doch nicht umgekehrt: Wenn ein Kuchen aus Versehen während des Backens anbrennt, hat dies keinerlei Auswirkungen auf das Rezept. Modifikationen, die man beim Bau des Flugzeugs vornimmt, schlagen sich nicht auf den Bauplan nieder. Ausschließlich Änderungen in der Anleitung, im Rezept – in den Programmen – werden vererbt, nicht jene in den Endprodukten.

Diese neuen molekularbiologischen Entwicklungen und Erkenntnisse erforderten eine Revision der Modernen Synthese:

- Das Gen, die Einheit der Vererbung, wird nun als DNA-Sequenz identifiziert, die für ein Protein oder ein RNA-Molekül kodiert.

- Vererbung bedeutet DNA-Replikation, ein komplexer, doch exakt ausgeführter Kopiervorgang, der die chromosomale DNA verdoppelt.
- In den Zellen höherer Organismen gibt es DNA enthaltende Chromosomen nicht nur im Zellkern, sondern auch in zytoplasmatischen Organellen.
- Mutationen sind Abänderungen in der DNA-Sequenz; sie entstehen durch seltene Fehler währender der DNA-Replikation, durch nicht vollständig reparierte chemisch oder physikalisch induzierte DNA-Schäden und durch die Translokation mobiler DNA-Elemente. Einige physikalische und chemische Agentien (Mutagene) erhöhen die Mutationsrate; da sie jedoch nicht spezifisch adaptive Abänderungen der DNA hervorrufen, gelten diese induzierten Mutationen wie alle anderen als zufällig oder „(funktions-)blind".

Egoistische Gene und egoistische Replikatoren

Während damals also Molekularbiologen herauszufinden suchten, was Gene sind und was sie tun, beschäftigten sich einige Evolutionsbiologen mit einem ganz anderen Problem, nämlich damit, was genau die Selektion auswählt, auf welcher Organisationsstufe sie wirkt[28]. Wie bereits oben erwähnt, hatten im 19. Jahrhundert August Weismann und andere vermutet, dass die natürliche Selektion nicht nur zwischen Individuen auswählen, sondern auch an anderen Einheiten angreifen kann; doch ließ das Forschungsinteresse an diesem Aspekt der Evolutionstheorie in der Folgezeit nach. Erst in den frühen 1960er Jahren begann man sich wieder damit zu beschäftigen, und zwar im Zusammenhang mit der Frage, wer genau von bestimmten Verhaltensweisen bei Tieren, die in Gruppen leben, profitiert. Bis dahin hatten die meisten Biologen stillschweigend angenommen, dass ein Individuum manche Verhaltensweisen, von denen es selbst zumindest auf den ersten Blick nicht profitiert, „zum Wohl der Art" oder „zum Nutzen einer Gruppe" ausübe. Das bekannteste Beispiel geben die Arbeiterinnen von Ameisen und Bienen; sie erfüllen ihre zahlreichen Aufgaben zum Nutzen anderer Mitglieder ihrer Kolonie, haben aber selbst keinen Nachwuchs. Es gibt viele weitere, wenn auch weniger spektakuläre Beispiele, etwa die Alarmrufe bei Vögeln: Jenes Individuum, das, sobald es eine Gefahrenquelle wahrnimmt, einen spezifischen Ruf ausstößt und dadurch andere warnt, tut sich selbst häufig damit keinen Gefallen; im Gegenteil, es erhöht damit für sich selbst (weniger für die anderen) die Gefahr, von einem Fressfeind wahrgenommen und getötet zu werden. Solche „altruistischen" Verhaltensweisen sollten, so wurde argumentiert, mit Blick auf die Gruppe, weniger auf das Individuum, einen positiven Selektionswert aufweisen.

Nicht jeder stimmte dieser Hypothese zu. Einige Evolutionsbiologen zeigten auf, dass das Argument „zum Wohl der Gruppe" mit etlichen Problemen behaftet ist. Ein besonders offensichtliches besteht darin, dass neu entstehende Gene, die dazu beitragen, Organismen zu egoistischem Verhalten zu bewegen (etwa einen Vogel keine Warnrufe mehr ausstoßen zu lassen), sich in der Population ausbreiten und jene Gene, die mit altruistischem Verhalten in Verbindung stehen, verdrängen sollten. Denn im Vergleich zu altruistischen Rufern, die die Aufmerksamkeit eines Fressfeindes auf sich selbst lenken, stehen die Nichtrufer in geringerer Gefahr, erkannt und gefasst zu werden; deshalb sollten Letztere auf lange Sicht mehr Nachkommen haben. Nichtrufer-Gene würden in der Population häufiger und am Ende werde es in dieser Population nur noch Nichtrufer geben. Altruistisches Rufverhalten werde sich deshalb nur dann erhalten, wenn Gruppen aus Individuen mit Alarmrufen erfolgreicher sind (mit höherer Wahrscheinlichkeit überleben und sich fortpflanzen) als solche, die nur aus Nichtrufern bestehen. Die Frage, die sich aber hier aufdrängt, ist: Kann ein Verhalten (oder irgendein anderes Merkmal) deshalb erhalten bleiben, weil die Selektionswirkung zwischen Gruppen stärker ist als jene zwischen Individuen innerhalb einer Gruppe?

Aus mathematischer Sicht lautete die Antwort zunächst: Nein. Die mathematische Begründung erschien so zwingend, dass hartnäckige Befürworter der Gruppenselektion mitunter als mathematische Analphabeten verspottet wurden (später entwickelte man allerdings alternative Gleichungssysteme, die auf anderen Annahmen beruhten und zeigten, dass Evolution durch Gruppenselektion sehr wohl möglich ist). Doch der mathematische Ansatz war nicht der einzige mit dem man versuchte, das Problem des Altruismus zu lösen, also die Frage, warum es uneigennütziges Verhalten überhaupt gibt und warum Gene, die einem solchen Verhalten zugrunde liegen, aus einer Population nicht zwangsläufig verschwinden. Lösungsvorschläge gab es auch von ganz anderer Seite. Bill Hamilton, einer der originellsten Evolutionsbiologen in der zweiten Hälfte des 20. Jahrhunderts, fand eine Antwort, die zunächst als brauchbare Alternative zur Idee der Gruppenselektion erschien[29]. Hamilton hatte erkannt, dass von altruistischem Verhalten in aller Regel vor allem Verwandte des Altruisten profitieren. Dies ist insofern relevant, als Verwandte mit ganz bestimmter (berechenbarer) Wahrscheinlichkeit Kopien der gleichen Gene tragen. Wie viele Gene Familienmitglieder gemeinsam haben, hängt davon ab, wie eng ihre genetische Verwandtschaft ist: Zwischen Eltern und Kindern sind es 50 Prozent, ebenso zwischen Geschwistern, 25 Prozent zwischen Großeltern und Enkeln, ebenso zwischen Halbgeschwistern. Bei Cousins und Cousinen liegt der Anteil gleicher Gene immerhin bei 12,5 Prozent. Gene, die Verwandte gemein haben, schließen selbstverständlich auch jene Gene ein, die mit altruistischem Verhalten in Verbindung stehen. Wenn also altruistisches Verhalten zu einer starken Zunahme an Nachkommen führt, die von Mitgliedern der altruistischen Familie betreut werden, dann werden auch die diesem Verhalten zugrunde liegenden Gene an Häufigkeit zunehmen; sogar dann, wenn der Altruist selbst weniger Nachwuchs hat als er gehabt hätte, wenn er seinen Verwandten nicht geholfen hätte.

Ob altruistische Gene häufiger werden, hängt zum einen davon ab, wie eng die Verwandtschaft ist (und deshalb von der Wahrscheinlichkeit, dass Verwandte Gene für Altruismus tragen); zum zweiten davon, wie stark das altruistische Verhalten die Zahl der Nachkommen des Altruisten selbst verringert, und zum Dritten davon, wie stark die Zahl an Nachkommen insgesamt steigt, die infolge des altruistischen Verhaltens zusätzlich aufgezogen werden kann. Das mag sich sehr kompliziert anhören, doch die zentrale

Idee ist ganz einfach: Aus Sicht eines altruistischen Gens kann dieses seinen relativen Anteil im Genpool der nächsten Generation erhöhen, wenn es jene Individuen, die es tragen, dazu veranlasst, seine Verwandten, die ja mit bestimmter Wahrscheinlichkeit eine Kopie dieses Gens tragen, zu unterstützen, sodass deren Chancen auf Überleben und Fortpflanzung steigen.

Richard Dawkins griff Hamiltons Konzept auf, erweiterte es und sorgte dafür, dass es sehr populär wurde. Seiner Ansicht nach lässt sich das evolutionäre Entstehen *sämtlicher* Merkmale, nicht nur so paradox anmutender wie altruistischer Verhaltensweisen erklären, wenn man konsequent die Perspektive des Gens einnimmt. Er prägte die Bezeichnung *„egoistisches Gen"*, womit er verdeutlichen will, dass die „Interessen" eines Gens nicht immer mit den Interessen seines Trägers, also des lebenden Individuums, übereinstimmen müsse[30]. Ein Gen handle deshalb eigennützig, weil seine Wirkungen nicht unbedingt zum Wohlergehen und Reproduktionserfolg des (gesamten) Individuums beisteuerten; entscheidend sei für das Gen vielmehr, dass die Zahl seiner Kopien in den nachfolgenden Generationen zunehme – auf welchem Weg auch immer. Anpassungen seien immer zum Vorteil des Gens, sie seien immer Ergebnis der Konkurrenz zwischen egoistischen Genen.

Nach Auffassung Dawkins' hat sein Konzept, Evolution in einem kausalen Zusammenhang mit dem Wettbewerb rivalisierender Gene und nicht konkurrierender Individuen oder anderer Einheiten wie Genome, Gruppen oder Arten zu sehen, den Vorteil, dass es viele Aspekte der Evolution vereinigt. Das Gen ist darin nicht nur Vererbungseinheit, sondern auch Selektionseinheit. Gene weisen im Gegensatz zu den meisten andern möglichen Einheiten jene Stabilität und Konstanz auf, die notwendig sind, um als Einheit der Selektion fungieren zu können. Wenn man etwa an den Körper eines Menschen denkt, dann erscheint das Kind als ziemlich schlechte Kopie der Eltern: Die meisten Merkmale, die die Eltern im Laufe ihres Lebens erworben haben, hat ihr Kind nicht geerbt; zudem haben sich die elterlichen Merkmale während der sexuellen Rekombination aufgetrennt und vermischt. Individuelle Körper werden also nicht sorgfältig vererbt, wohl aber (normalerweise) die Gene. Der lebende und atmende Körper ist – so Dawkins – lediglich ein transportierendes Vehikel für egoistische Gene.

Auf der Grundlage seiner Idee vom egoistischen Gen entwickelte Dawkins ein Konzept, mit dem er den molekularbiologischen neodarwinistischen Ansatz verallgemeinerte. Danach gehören Gene zur einer Kategorie von Einheiten (die nicht notwendigerweise aus DNA bestehen), die er „Replikatoren" nennt. Darunter versteht er „alles im Universum, aus dem Kopien erstellt werden" (Dawkins 1982, S. 83)*. Auf den ersten Blick scheint diese Definition sehr allgemein gehalten; Replikatoren sollten deshalb viele Einheiten und Prozesse einschließen, da „Kopie" eine – zweckdienlich – sehr vage Bezeichnung ist. Doch spezifiziert Dawkins im Folgenden, was er unter „Kopieren" versteht. Der Körper

* *„anything in the universe of which copies are made"* (Dawkins 1982, S. 83).

der Organismen ist für ihn kein Replikator, da er keine erworbenen Merkmale, etwa einen Kratzer, an die Nachkommen vererbt. Im Gegensatz dazu ist ein DNA-Abschnitt oder ein Blatt Papier, das fotokopiert werden kann, ein Replikator, denn jede Abänderung in der DNA wie auch jede Kritzelei auf dem Papierbogen wird kopiert. „Kopieren“ ist also insofern spezifiziert, als die Bezeichnung *„Replikator“* keine Einheiten umfasst, die sich infolge ihrer eigenen Entwicklung oder durch ein aus ihnen hervorgehendes Produkt verändern. Dawkins verdeutlicht dies anhand der Definition einer anderen Einheit, des „Vehikels“:

> „Ein Vehikel ist jede genügend eigenständige Einheit, die eine Reihe von Replikatoren beherbergt und den Erhalt dieser Replikatoren sowie ihre Vervielfältigung gewährleistet.“ (Dawkins 1982, S. 114; Übersetzung: M. B.)*

Der Körper eines Individuums ist deshalb ein Vehikel, kein Replikator[31].

Das Replikator-Konzept erfasst das Gen deshalb so gut, weil es die Eigenschaften des klassischen Gens in verallgemeinerter Form zum Ausdruck bringt. Die kategorische Trennung von Gen und Körper, allgemeiner von Replikator und Vehikel, rekurriert auf Johannsens grundsätzliche Unterscheidung zwischen Genotyp und Phänotyp, die ihrerseits auf der Annahme August Weismanns beruht, eine Vererbung erworbener Eigenschaften sei prinzipiell unmöglich. Das Gen der Keimbahn hat unter den Replikatoren einen herausragenden Status – denn es gilt als Einheit der Vererbung, der Variation, der Selektion und der Evolution. Dem Replikator-Konzept zufolge veranlasst das Gen den Körper, sein Vehikel, sich so zu verhalten, dass es sich vervielfältigen (kopieren) kann, also an Häufigkeit zunimmt – unter Umständen sogar um den Preis der Aufopferung des somatischen Vehikels. Das Beziehungsgefüge im Replikator-Konzept ist immer nur nach einer Richtung ausgelegt: Abänderungen in den Genen bedingen korrespondierende somatische Abänderungen, während Körpermodifikationen – Resultat der ontogenetischen Entwicklung und Einwirkung der Umwelt – keine entsprechenden Abänderungen in Genen verursachen. Der ontogenetischen Entwicklung unterliegt nur das Vehikel, also der Körper; dieser Prozess wird von Genen kontrolliert, sie steuern ihn so, dass sie sich replizieren, gewährleisten also auf diese Weise ihre eigene Vervielfältigung.

Zu beachten ist, dass die von Dawkins skizzierte Beziehung zwischen Genen und Entwicklung auf einer bestimmten Annahme beruht; Dawkins zufolge sind Vererbung und genetische Variation ganz unabhängig von der Ontogenese, dem entsprechend haben auf Erstere auch individuelle Anpassungsprozesse keinerlei Auswirkungen. Es bestehen also beträchtliche Unterschiede zwischen Dawkins' verallgemeinertem Neodarwinismus und der ursprünglichen Theorie Darwins, die weder einen Replikator-Vehikel-Gegensatz in

* *„A vehicle is any unit, discrete enough to seem worth naming, which houses a collection of replicators and which works as a unit for the preservation and propagation of those replicators.“* (Dawkins 1982, S. 114)

irgendeiner Form konstruierte noch über die Herkunft erblicher Variationen Vermutungen anstellte. Neben dem Gen diskutiert Dawkins einen weiteren Typ von Replikator, das *Mem*. Dabei soll es sich um eine kulturelle Einheit von Information handeln, die zwischen Individuen und über Generationen hinweg durch kulturelle Replikationsprozesse vervielfältigt und weitergegeben wird. Auf Details dieses Replikators kommen wir in Kapitel 6 zu sprechen.

Man braucht wohl nicht besonders darauf hinzuweisen, dass Dawkins' Hypothese vom egoistischen Gen nicht unwidersprochen blieb. Tatsächlich wurde sie – seit 1976, als Dawkins *The Selfish Gene* publizierte – heftig attackiert (und verteidigt). Doch Hamilton, Dawkins und anderen wurde bald klar, dass der anfängliche Dissens zwischen denen, die das Konzept vom egoistischen Gen befürworteten und jenen, die weiterhin in Individuen und Gruppen den zentralen Angriffspunkt der natürlichen Selektion sahen, großteils darauf beruhte, dass die Diskutanten aneinander vorbeiredeten. Denn beide Sichtweisen sind durchaus miteinander vereinbar. Für Dawkins ist das Gen Dreh- und Angelpunkt der Evolution; dieser Replikator soll eine im Wesentlichen unveränderliche Einheit sein, deren Häufigkeit sich im Verlauf der Evolution ändere. Andere konzentrieren sich bei ihren Evolutionsvorstellungen auf die Ziele der Selektion, die Vehikel – den Organismus oder Gruppen von Organismen, die überleben und sich fortpflanzen. Doch worauf auch immer die Selektion abzielen mag – ob auf Individuen, kooperierende Verwandte oder auf größere Verbände –, Biologen nehmen in jedem Fall Gene als jene Einheiten an, die die Eigenschaften der Selektionsziele bestimmen. Deshalb sind auch moderne Modelle zur Gruppenselektion ebenso Gen-zentriert wie jedes andere Konzept der natürlichen Selektion, einschließlich Hamiltons Erklärung der Evolution altruistischen Verhaltens. Biologen können heute im Allgemeinen ganz gut mit der Vorstellung leben, dass Verwandtenselektion eine Form von Gruppenselektion darstellt; dabei verstehen sie einerseits die kooperierende Verwandtengruppe als Angriffspunkt der Selektion und andererseits das Gen als jene Einheit, deren Häufigkeit sich durch die Selektion ändert.

Einer der erbittertsten Gegner Dawkins' war der amerikanische Paläontologe Stephen Jay Gould; ihm zufolge muss jede Gen-zentrierte Sicht der Evolution in die Irre führen[32]. Das Schicksal von Genen über Generationen hinweg zu verfolgen, sei kaum mehr als Buchhalterei, eine solche Analyse erhelle evolutionäre Prozesse nicht; es seien nicht Gene, sondern immer Individuen, Gruppen oder Arten, die überleben oder nicht, die sich fortpflanzen oder nicht. Es seien erdgeschichtliche Ereignisse wie katastrophale Klimaänderungen zu berücksichtigen; ebenso Zufälle, die die Menge genetischer Variation in Populationen und Verwandtschaftslinien beeinflussten; weiterhin die Tatsache, dass die Ontogenese evolutionären Prozessen Grenzen setze; auch seien Nebeneffekte als unvermeidliche Folge der Selektion ins Kalkül zu ziehen. Die natürliche Selektion sei lediglich einer von vielen Faktoren, die zu den wunderbaren Anpassungen und evolutionären Entwicklungen, die wir heute in der Welt der Lebewesen bestaunten, beigetragen hätten. Nach Gould müssen phylogenetischen Studien grundsätzlich Organismen, Gruppen und Arten im Mittelpunkt stehen, denn allein in ihnen erkennt er die Ziele der Selektion und die Einheiten der Entwicklung. Für Dawkins hingegen ist ausschließlich das Gen, die Einheit der Vererbung, die relevante Größe im Evolutionsprozess.

Der Grundsatzstreit zwischen beiden wurde nicht beigelegt, er dauerte an bis zu Goulds Tod im Jahr 2002[33]. Wie die Kontroversen in der Frühzeit des Evolutionsdenkens war auch diese verbittert, giftig und häufig unfair geführt worden. Argumente wurden *ad absurdum* geführt, man nutzte Uneindeutigkeiten der Sprache und polemisierte. Wir müssen hier aber freilich nicht weiter ins Detail gehen, denn für unsere Fragen sind nicht Meinungsverschiedenheiten der Kontrahenten wichtig, sondern das, was Dawkins' und Goulds Ideen gemein haben. Obwohl ihre unterschiedlichen Perspektiven in gewisser Hinsicht die beiden Enden des evolutionstheoretischen Spektrums repräsentieren, ist bemerkenswert, dass sie mit Blick auf die angenommene Natur der erblichen Variation *einer* Meinung waren. Denn Gould und Dawkins waren sich einig darin, dass zum einen für die Evolution der Organismen (abgesehen des Menschen) Gene die einzigen relevanten Vererbungseinheiten und zum anderen erworbene Eigenschaften nicht erblich seien.

Transformationen des Darwinismus

Die Geschichte des Darwinismus haben wir nur im Überblick und in aller Kürze skizziert, doch hoffen wir deutlich gemacht zu haben, dass es sich beim Darwinismus um keine in Stein gemeißelte Evolutionstheorie handelt. Seit dem Erscheinen von *Origin of Species* ist die Theorie der natürlichen Selektion Gegenstand intensiver wissenschaftlicher Diskussion und ihre Reputation war mal besser, mal schlechter. Zu manchen Zeiten herrschte die Meinung vor, die Selektion spiele für den Artenwandel lediglich eine Nebenrolle; zu anderen sah man in ihr den wichtigsten Kausalfaktor des Evolutionsgeschehens.

Im Verlauf der Zeit hat sich nicht nur die Theorie der natürlichen Selektion als Ganze gewandelt, auch auf Detailfragen gab man zu verschiedenen Zeiten verschiedene Antworten. Einige davon, die wir auch im Vorangegangenen diskutiert haben, fassen wir in der Tafel 1.1 zusammen. Daran wird deutlich, wie sich die Vorstellungen von der Natur des Vererbungsprozesses, der Einheit der erblichen Variation, deren Herkunft, dem Ziel der Selektion und der Evolutionseinheit mit der Zeit änderten. Wissenschaftlicher Fortschritt wie auch immer wieder neue wissenschaftliche Anschauungsweisen, häufig von einflussreichen und beredten Stimmen in Szene gesetzt, haben Darwins Theorie der Evolution allmählich zu ihrer heutigen Ausprägung geformt.

Heute bestimmt in der wissenschaftlichen Biologie die Gen-zentrierte Sicht das Verständnis von Evolution und zweifellos gibt sie dem Evolutionsdenken einen klaren Rahmen, weshalb Biologen im Allgemeinen sehr gut damit leben können. Doch bedeutet dies ganz sicher nicht, dass diese Gen-zentrierte Lesart die letztgültige, korrekte und vollumfängliche Interpretation der Darwin'schen Theorie darstellt. Tatsächlich reift unter (manchen) Wissenschaftlern die Einsicht, dass der Darwinismus vor einer weiteren Transformation steht. Dies werden wir in den folgenden Kapiteln näher ausführen.

Tab. 1.1

	Vererbungsweg	Variationseinheit	Herkunft erblicher Variabilität	Selektionsziel	Evolutionseinheit
Darwins Theorie	Gemmulae, von den Körper- zu den Keimzellen transportiert	Gemmulae	Zufällige + umweltinduzierte Änderungen in Körperzellen	Individuum (manchmal auch eine Gruppe von Individuen)	Population von Individuen
Weismanns Neodarwinismus	Weitergabe von Determinanten über die Keimbahn	Determinanten	Zufällige + induzierte Änderungen in der Keimbahn	Hauptsächlich das Individuum + Determinanten, Zellen, Organe	Population von Individuen, Zellen oder Determinanten
Neodarwinismus in Form der Modernen Synthese	Weitergabe von Genen über die Keimbahn	Gene der Keimbahn	Zufällige Mutation	Individuum	Population von Individuen
Molekularbiologisch begründeter Neodarwinismus	DNA-Replikation	DNA-Sequenz	Zufällige DNA-Sequenzabänderungen; manchmal auch gerichtete Abänderungen (siehe Kap. 3)	Hauptsächlich das Individuum (doch auch das Gene, die Gruppe, die Abstammungslinie und die Art)	Hauptsächlich die Population von Individuen
Neodarwinismus auf Grundlage des Konzepts der „eigennützigen Gene"	DNA-Replikation	DNA-Sequenz	Zufällige DNA-Sequenzabänderungen	Das Gen, das Individuum, die Gruppe	Population von Allelen eines Gens

Dialog

A. D.: Sie halten es ja mit Maynard Smith und seiner allgemeinen Charakterisierung von Evolution durch natürliche Selektion – doch mit den Schlussfolgerungen, die daraus zu ziehen sind, habe ich Probleme. Wenn ich es nicht falsch verstanden habe, erachten beide, Maynard Smith und Dawkins, die natürliche Selektion nicht nur als einen Mechanismus, der evolutionäre Anpassungen verursacht, sondern auch als eine Art Lackmus-Test für Leben. Die Voraussetzungen für natürliche Selektion – Vervielfältigung, erbliche Variabilität und Konkurrenz – sind eben auch Grundbedingungen für Leben selbst. Wenn wir jemals in der Lage sein sollten, Roboter herzustellen, die sich selbst replizieren können, müssten wir sie dann auch als evolvierende Wesen betrachten und somit als lebendig definieren. Doch da sträubt sich in mir alles. Wie denken Sie darüber?

M. E.: Was man unter Leben zu verstehen hat, wie Leben definiert werden sollte, ist tatsächlich kompliziert – es ist wirklich ein ganz wild diskutiertes Thema[34]. Zunächst einmal ist Selbstreproduktion keine hinreichende Bedingung für Evolution durch natürliche Selektion. Hinzukommen muss ein Mechanismus zur Weitergabe von Variation, die während der Produktion der Roboter entstanden ist; nur dann ist eine Evolution durch natürliche Selektion möglich. Erbliche Variabilität ist Grundvoraussetzung – und zwar solche, die Auswirkungen hat auf die Wahrscheinlichkeit, sich fortzupflanzen.

A. D.: Gut, nehmen wir an, meine Roboter reproduzieren sich und sind ebenso in der Lage, bestimmte Variationen, die während dieses Prozesses entstehen, an die „Nachfolgegenerationen" weiterzugeben. Nehmen wir darüber hinaus an, dass die Zahl möglicher Variationen sehr begrenzt ist – sagen wir, vier mögliche Varianten können entstehen, und jede dieser Varianten beeinflusst die Selbstreproduktion auf jeweils spezifische Weise, abhängig von den umgebenden Bedingungen. In diesem Fall kann nichts Aufsehen Erregendes passieren – man bekommt immer eine der möglichen vier Modifikationen; wie häufig eine bestimmte Variante erscheint, bestimmt die Umwelt. Das ist alles. Kann man solche Roboter dann als „lebendig" bezeichnen?

M. E.: John Maynard Smith und Eörs Szathmáry nennen alle derartigen Fälle sehr geringer Variabilität „begrenzte Vererbungssysteme".[35] Auch diese Systeme können einer Evolution durch natürliche Selektion unterliegen, doch eben einer sehr eingeschränkten und wenig spektakulären. Funktionelle Komplexität und ihre phylogenetische Entwicklung sind die Markenzeichen lebender Organismen. Vielleicht sollten wir eher über verschiedene Erscheinungsformen von Leben sprechen als darüber, ob sich Leben von Nichtleben eindeutig unterscheiden lässt; denn vermutlich gibt es keine eindeutige Demarkationslinie zwischen diesen beiden Bereichen.

A. D.: Ein anderer Punkt in Ihrer Argumentation irritiert mich ebenfalls. Einerseits erachten Sie offenbar das Prinzip der natürlichen Selektion als grundlegend für das Evolutionsgeschehen, Sie scheinen sogar bereit zu sein, dieses Grundprinzip ganz allgemein, sogar für selbstreproduzierende und variierende Roboter gelten zu lassen. Andererseits behaupten Sie, Dawkins' verallgemeinerndes Konzept sei ungenügend und der Darwinismus bedürfe einer neuerlichen Weiterentwicklung. Wie Sie ja ausgeführt haben, schlägt Dawkins ein Konzept vor, das uns die evolutionäre Entwicklung sehr vieler Merkmale zu verstehen hilft – und zwar nicht nur die unkomplizierten, einfachen, sondern auch jene paradox scheinenden wie etwa den Altruismus. Dawkins' Konzept scheint mir überaus schlüssig. Was stört Sie denn daran?

M. E.: Problematisch ist Dawkins' Replikator-Vehikel-Idee – aus verschiedenen Gründen. Erstens nimmt Dawkins an, dass ein Replikator äußerst beständig sein muss, um als Einheit des evolutionären Wandels fungieren zu können; das heißt, Replikatoren müssen möglichst exakt reproduziert, kopiert werden. Dawkins weist zu Recht darauf hin, dass ein bestimmtes Individuum, Charles Darwin zum Beispiel, einzigartig sei und niemals identisch reproduziert werde – ganz im Gegensatz zu seinen Genen. Seiner Auffassung nach sind es diese sorgfältig replizierten Gene, die an nachfolgende Generationen weitergegeben werden und evolutionäre Veränderungen bewirken. Daraus zieht er den Schluss, nicht ganze Individuen, sondern Gene seien die Einheiten der Evolution. Doch wie viele andere meinen wir, dass sich Dawkins mit dieser Vorstellung auf Abwege begibt; denn niemand hat jemals behauptet, dass Individuen die Einheiten der Vererbung und Selektion sind, so wie es Dawkins impliziert. Wenn man die Organisationsstufen oberhalb der Gene betrachtet, so konzentrierten sich Evolutionsbiologen immer auf Merkmale – etwa Darwins Kinn, die Form seiner Nase oder irgendeinen Aspekt seiner Intelligenz –, jedenfalls nicht auf ganze Individuen. Dies bedeutet, hinsichtlich der Evolutionseinheiten lauten die Alternativen: Gene oder Merkmale – und nicht: Gene oder Individuen[36]. Merkmalsvariationen und mögliche Änderungen ihrer Häufigkeit lassen sich über Generationen hinweg verfolgen. Merkmale sind zeitlich genügend beständig, um als Evolutionseinheiten fungieren zu können – ungeachtet der Tatsache, dass sie gleichzeitig durch viele Gene beeinflusst und diese Gene in jeder Generation durch sexuelle Rekombination neu strukturiert werden.

Das zweite Problem bei Dawkins besteht darin, dass seiner Ansicht nach die Verbindung zwischen Replikator und Vehikel eine Einbahnstraße ist: Abänderungen des Replikators (der Gene) beeinflussen das Vehikel (den Körper), doch nicht umgekehrt. Nach Dawkins hat die ontogenetische Entwicklung keinerlei Einfluss auf die Vererbung – doch das sehen wir ganz anders!

Drittens gehen wir nicht mit der Behauptung Dawkins' konform, das Gen sei die einzige biologische (nichtkulturelle) erbliche Einheit. Das stimmt einfach nicht. Es gibt eine Reihe weiterer biologischer Vererbungssysteme, die er überhaupt nicht in Erwägung zieht. Diese Systeme kennzeichnen spezifische Eigenschaften, wodurch sie sich klar vom genetischen System unterscheiden; in ihnen lassen sich Replikator und Vehikel nicht mehr gegeneinander abgrenzen. Wir kommen darauf später zu sprechen.

A. D.: Gut, dann werde ich mich in dieser Sache gedulden. Doch habe ich noch eine Frage zu Ihrem historischen Rückblick. Mir ist klar, dass Sie die geschichtliche Entwicklung nur skizzenhaft nachzeichnen; doch sieht es für mich danach aus, als wollten Sie einen historischen Trend herausarbeiten, wonach der Darwinismus, das Darwin'sche Denken über das Wesen der Vererbung und die Ursache erblicher Variabilität immer spezifischer geworden sei. Inzwischen ist die Biologie so stark molekular ausgerichtet, dass auch die Vorstellungen von Vererbung und Evolution immer stärker davon geprägt werden. Das sehe ich eindeutig als Fortschritt, Sie doch sicherlich auch. Gleichwohl spüre ich bei Ihnen in dieser Frage ein gewisses Missfallen.

M. E.: Ganz ohne Zweifel begrüßen auch wir, dass diese Prozesse nun auf der molekularen Ebene nachvollzogen werden können. Denn einige neue Konzepte, die mit dem traditionellen Denken nicht in Einklang stehen und die wir in den folgenden Kapiteln näher beleuchten werden, folgen unmittelbar aus der modernen Molekularbiologie. Andererseits ist es ganz bestimmt nicht so, dass die molekulargenetische Betrachtung eine entsprechende Analyse auf höheren Organisationsstufen überflüssig macht. Wir werden später genauer ausführen, inwiefern auch Variabilität auf physiologischer und verhaltensspezifischer Ebene erblich sein und dies zu interessanten Vererbungs- und evolutionären Prozessen führen kann – und dies, ohne dass sich auf genetischer Ebene überhaupt etwas ändert. Heute werden – ähnlich wie in früheren Zeiten des Evolutionsdenkens – bestimmte Befunde der Biologie einfach ignoriert oder ihre Bedeutung heruntergespielt. Das ist überhaupt der Grund, warum wir die heute als allgemein verbindlich angesehene Interpretation des Evolutionsgeschehens charakterisieren und schilderten, wie es historisch zu dieser Sichtweise gekommen ist.

A. D.: Dazu habe ich eine Frage, also zur Ihrer Behauptung, bestimmte Erkenntnisse habe man zu gewissen Zeiten in der Geschichte des Evolutionsdenkens ungenügend oder überhaupt nicht beachtet. Es ist nicht besonders schwierig, im Rückblick klug zu argumentieren, Schwächen und Dogmatismen auszumachen – doch was hilft das? Mir scheint auf dem Weg des Evolutionsdenkens im 20. Jahrhundert die Formulierung der Modernen Synthese die bedeutendste Wegmarke zu sein, deshalb werde ich mich darauf konzentrieren. Sicherlich waren die Biologen in Europa seinerzeit nicht einig in der Frage, welche Bedeutung den Genen im Zellkern zukommt; doch kann ich Ihren Ausführungen zur Modernen Synthese nichts entnehmen, was nicht ziemlich genau den Kenntnisstand der Biologie zu jener Zeit widerspiegelt. Die Biologen, die mit der Modernen Synthese beschäftigt waren, hatten eine Vorstellung von Vererbung und Evolution, die vermutlich von dem abgeleitet war, was sie empirisch oder experimentell gefunden hatten. Das Konzept entstand doch nicht unter ideologischen Vorzeichen, wie etwa im Falle der Doktrin Lyssenkos in der UdSSR, wo es eben eine einzige, politisch korrekte Theorie der Vererbung gab. Anders als der Lyssenkoismus baut die Moderne Synthese auf einem beachtlichen empirischen Fundament. Was soll denn falsch oder irreführend an der Modernen Synthese sein? Meinen Sie etwa, auch die Moderne Synthese sei Ergebnis wissenschaftlicher Ideologie?

M. E.: Das kommt ganz darauf an, was man unter Ideologie versteht. Ganz grundsätzlich betrachtet ist keine einzige wissenschaftliche Aktivität völlig frei von Ideologie. Man kann keine Theorie entwickeln, ohne vorher Annahmen zu treffen; und einige dieser Annahmen sind von der allgemeinen soziopolitischen Weltsicht beeinflusst, wie sie umgekehrt auch selbst Auswirkungen auf das Weltbild haben. Dies braucht kein bewusster Prozess zu sein, es bedeutet nicht, dass Wissenschaftler Marionetten in den Händen von Politikern sind oder machthungrige, skrupellose Forscher sich für eine bestimmte Ideologie willfährig instrumentalisieren lassen. Natürlich kann dies passieren, und es ist passiert, wie die traurige Geschichte der russischen Genetik während der Stalin-Ära bezeugt. Auch die Eugenik in Deutschland während des Dritten Reichs zeigt dies auf fürchterliche Weise. Doch auch in nichttotalitären Systemen entwickeln sich – in ganz verschiedenen Verkleidungen – ideologische Betrachtungen, die maßgeblich den Weg der Wissenschaft mitbestimmen. Dies geschah in den USA; davon berichtet eine äußerst interessante Publikation aus dem Jahr 1966 von dem amerikanischen Mikrobengenetiker

Carl Lindegren – sie trägt den Titel *The Cold War in Biology*. Das Buch beschreibt die politische Haltung, mit der die genetische Forschung im Westen einherging, es beleuchtet die Diskussionen um die Natur der Gene und die Gen-Umwelt-Beziehung während der Zeit des Kalten Kriegs. Selbstverständlich basierte auch die genetische Forschung, in die einige Architekten der Modernen Synthese involviert waren, auf wissenschaftlich-ideologischen Annahmen: Die Protagonisten der Modernen Synthese entschieden, was als wichtig und was als marginal anzusehen ist[37].

A. D.: Können Sie ein Beispiel dafür geben?

M. E.: Die Moderne Synthese gründet auf genetische Studien solcher Merkmale, die mit den Methoden der Mendel'schen Analyse untersucht werden können. Eine Mendel-Analyse ist nur mit diskreten qualitativen Merkmalen möglich, die (in der F2-Generation) eine ziemlich regelmäßige Aufspaltung zeigen. Merkmale aber, die dieses Muster nicht zeigten, wurden beiseitegeschoben und nicht weiter beachtet. Man machte es sich sehr einfach, indem man solche Unregelmäßigkeiten auf experimentelle Fehler oder die übermäßige Komplexität des Systems zurückführte: Es sei schlicht zu schwierig, Merkmale, die von einer Vielzahl interagierender Gene beeinflusst würden, zu analysieren. Gesonderte Gene – Modifikatoren genannt –, die mit dem Hauptgen wechselwirken sollten, wurden äußerst bereitwillig postuliert, wann immer Deutungsprobleme auftauchten. Dabei zeigte Lindegren schon 1949, dass beim Schimmelpilz *Neurospora* zwei Drittel der von ihm gefundenen Mutationen keine Mendel'sche Aufspaltung zeigten.[38] Doch die meisten Forscher ignorierten solche Fälle, obwohl sie tatsächlich die Mehrheit ausmachten. Man betrachtete sie einfach als Teil des „Hintergrundrauschens" des Systems. Wenn man die Existenz solcher irregulärer Merkmale überhaupt einräumen wollte, dann sah man über sie großzügig hinweg, statt sie einer kritischen Analyse zu unterziehen. Selbst dann, wenn man das Vorkommen einiger höchst ungewöhnlicher Phänomene konzedierte, etwa die springenden Gene beim Mais oder die ungewöhnliche Vererbung der kortikalen Strukturen bei Einzellern, kehrte man sie unter den Teppich. Bestenfalls erachtete man sie als exzentrische Fälle, die das Allgemeinbild nicht trüben könnten; schlechtestenfalls wurden sie schlicht ignoriert.

Genetiker in der Zoologie arbeiteten hauptsächlich mit der Maus oder *Drosophila*; Organismen mit asexueller Fortpflanzung interessierten sie wenig. Zudem befassten sie sich in erster Linie mit Merkmalen, deren Entwicklung streng „kanalisiert" ist; dies bedeutet: Organismen entwickeln hinsichtlich dieser Merkmale immer den gleichen Phänotyp, weitgehend unabhängig von den Entwicklungsbedingungen. Außerdem beruht die Genetik der Modernen Synthese großteils auf Organismen, bei denen sich die Keimbahn sehr früh in der Ontogenese von der Genese der Körperzellen trennt. In Pflanzen dagegen trennen sich Keim- und Körperzellen sehr spät; oft kann man aus einem Stück Stängel oder dem Blatt einer erwachsenen Pflanze eine neue, fertile – also Keimzellen bildende – Pflanze ziehen. Bei Pflanzen gibt es keine echte Auftrennung von Keimbahn und vegetativem Pflanzenkörper, zudem ist die Ontogenese bei Pflanzen weit weniger kanalisiert als bei Tieren. Nicht zuletzt deshalb waren Botaniker in Fragen der Vererbung im Großen und Ganzen weniger dogmatisch als Zoologen; doch hatten sie auf die Formulierung der Modernen Synthese keinen großen Einfluss.

A. D.: Und Sie sind der Ansicht, die Objektwahl der Genetiker war ideologisch begründet? So wie ich das sehe, ist sie doch aus ganz praktischen Erwägungen getroffen worden.

M. E.: Selbstverständlich resultierte die Auswahl nicht *nur* aus ideologischen Erwägungen, sie stand im Allgemeinen auch nicht am Ende eines einfachen und bewussten Entscheidungsprozesses; ganz bestimmt muss man sie manchmal auch im geschichtlichen Zusammenhang sehen. Ein Beispiel: Ein Großteil der frühen genetischen Studien wurde an *Drosophila* durchgeführt und ganz ohne Zweifel neigte man dann dazu, die dabei gewonnenen Erkenntnisse zu verallgemeinern und sämtliche genetischen Phänomene im Licht dieser *Drosophila*-Forschung zu beleuchten. Noch einmal: Es kommt immer darauf an, was man unter Ideologie und Auswahl versteht. Einerseits waren an der Ausarbeitung der Modernen Synthese Konservative, Liberale wie auch Kommunisten beteiligt; andererseits erachteten sie alle die Mendel-Genetik und das von Johannsen postulierte Vererbungskonzept als verbindlich, wie sie sich auch darin einig waren, dass es eine Vererbung erworbener Eigenschaften nicht gibt. Und diese Sichtweise erhärtete sich im Kontext von Kaltem Krieg und dem Unwesen Lyssenkos in der UdSSR, wo die Vererbung erworbener Eigenschaften Staatsräson war und der Mendelismus als bürgerliche Perversion galt.

A. D.: Was ist denn so problematisch daran, wenn man von der Genetik der Taufliege auf die anderer Arten schließt? Die Mendel'schen Gesetze sind doch allgemein gültig.

M. E.: Das stimmt schon. Doch ist die Taufliege in mehrerlei Hinsicht wirklich außergewöhnlich. Einige dieser Eigenarten kamen zwar der genetischen Forschung sehr entgegen, ganz bestimmt aber nicht der Entwicklung der Evolutionstheorie. So erfolgt bei *Drosophila* die Keimbahnabsonderung sehr früh; die meisten Zellen der adulten Fliege teilen sich nicht mehr und die ontogenetische Entwicklung ist im Allgemeinen sehr stabil. All dies bedeutet: Es ist überaus schwierig, bei der Taufliege die Auswirkungen der Umweltbedingungen auf den Phänotyp zu erkennen, vor allen Dingen die langfristigen, generationenübergreifenden Effekte. Viel besser lassen sich solche zum Beispiel an Pflanzen ausmachen. Doch ganz abgesehen davon ist in der ganzen Angelegenheit auch ein menschlich-subjektiver Aspekt zu berücksichtigen: Der Streit ging eben auch darum, auf welche Weise die Vererbungsfrage gelöst werden sollte. Die maßgeblichen Leute waren sich nicht einig darin, welche Art von Forschung die wirklich wichtigen Erkenntnisse bringt, wie bedeutend zytoplasmatische Faktoren im Vergleich zu den Zellkerngenen sind, ob, und wenn ja, wie, die entwicklungsbiologische Forschung mit der Genetik verknüpft werden sollte. Schlussendlich waren es die Mendelisten-Morganisten – fokussiert auf die Zellkerngene und deren generationenübergreifende Weitergabe, wenig bis gar nicht interessiert an der Frage der Entwicklung von Merkmalen –, die den Sieg davontrugen. Vor allem in Deutschland vor dem Zweiten Weltkrieg gab es Forschungsgruppen mit einem ganz anderen Ansatz, doch hatten sie das Nachsehen – aus unterschiedlichen Gründen, wissenschaftlichen wie außerwissenschaftlichen[39].

A. D.: Die Biologen heute sind davon begeistert, was die Gentechnik und Molekularbiologie alles zu Tage fördert. Mir ist klar, dass die Diskussionen darum, was getan und was unterlassen werden sollte, nie enden werden, da hier einiges sozialpolitische Auswirkungen haben könnte. Doch gleichgültig, welche ideologischen Erwägungen hier eine Rolle spielen und wie letztlich die Entscheidungen ausfallen mögen, wird die Dominanz der Molekularbiologie nicht unweigerlich zur Festigung des Gen-zentrierten Evolutionskonzepts führen?

M. E.: Wir meinen und hoffen: Nein. Die Molekularbiologie besteht aus viel mehr als aus Genen; und das derzeit favorisierte Konzept egoistischer Gene lässt sich nicht ohne Weiteres mit einigen Dingen vereinbaren, die molekularbiologische Untersuchungen zum Vorschein brachten. In den nächsten Kapiteln werfen wir einen Blick darauf, was uns die Molekularbiologie zu Genen und zur ontogenetischen Entwicklung sagt. Sie werden dann sehen, dass vieles davon überhaupt nicht zu einer exklusiv Gen-zentrierten Sicht von Vererbung und Evolution passt. Außerdem ist es so: Obwohl die Molekularbiologie im Augenblick im Rampenlicht steht und viel Geld in sie hineingepumpt wird, ruhen andere Zweige der Biologie nicht. Auch sie fördern neue Tatsachen zu Tage, auch sie entwerfen neue Konzepte, die ebenfalls Auswirkungen auf das Evolutionsdenken haben.

Kapitel 2: Von Genen zu Merkmalen

Die Verknüpfung von Genen und ontogenetischer Entwicklung ist eines der Top-Themen der heutigen Biologie. Im Jahr 2001 lieferte das Humangenomprojekt eine erste grobe Sequenzanalyse des menschlichen Genoms, wonach es etwa 35 000 Gene umfassen sollte. Eine Zahl, die viel kleiner ist als die meisten Genetiker angenommen hatten; neuere Schätzungen geben sogar einen noch niedrigeren Wert an: nicht mehr als 25 000.[1] Die große Frage ist nun, wie diese relative wenigen Gene Basis für all die ungewöhnlichen und komplizierten Vorgänge während der embryonalen und postembryonalen Entwicklung sein können. Was Gene genau tun, das herauszufinden hat neue Dringlichkeit erfahren. Wird es möglich sein, die Aufgabe, die Funktion jedes einzelnen Gens aufzudecken? Und wenn dies der Fall sein sollte, was sagt uns dies, inwiefern gibt dies Auskunft über die erblichen Unterschiede zwischen den einzelnen Menschen?

Um diese Frage beantworten zu können, wollen wir uns zunächst mit den molekularen Charakteristika der Gene beschäftigen und damit, wie Gene als funktionelle und erbliche Einheiten arbeiten. Dabei werden wir vor allem auf jene Eigenschaften hinweisen, die wir als die maßgeblichen des genetischen Systems erachten, und zu erklären suchen, warum Biologen dieses DNA-basierte Vererbungssystem als so außergewöhnlich erachten. Natürlich ist die DNA nicht das einzige Substrat, das wir von unseren Eltern erben; hinzu kommen verschiedene Moleküle im Zytoplasma der mütterlichen Eizelle, auch übernehmen wir – zumindest teilweise – die Nahrungspräferenzen der Eltern, ihre Weltsicht und ihren materiellen Nachlass. Offensichtlich gibt es ganz verschiedene Wege, auf denen Material und Information von den Eltern zu ihren Nachkommen gelangen können. In späteren Kapiteln werden wir darlegen, dass alle diese alternativen Transportwege für Information Einfluss auf die Evolution nehmen können. Diese Vererbungs- oder Übertragungssysteme unterscheiden sich darin, welche Art von Information sie transportieren, wie diese weitergegeben wird, wie viel, wie sorgfältig und genau die Informationsübertragung erfolgt, außerdem in der Beziehung zwischen dem, was übermittelt wird und welche Auswirkungen es hat. Wir werden uns im Weiteren mit allen diesen Aspekten beschäftigen; im vorliegenden Kapitel richten wir unseren Blick auf das genetische System.

Von der DNA zu den Proteinen

Wie schon erwähnt, gelang es Watson und Crick im Jahr 1953, die Struktur der DNA aufzuklären. Hoch interessant und zugleich überraschend war, an der Struktur der DNA ziemlich direkt jene Eigenschaften ablesen zu können, die man für ein genetisches Vererbungssystem braucht. Die Organisation der DNA lässt unmittelbar auf den Mechanismus ihrer Replikation schließen; ebenso lässt sie erkennen, in welcher Form das Molekül die Information für die Synthese von Proteinen trägt. Für ihre eigene Vervielfälti-

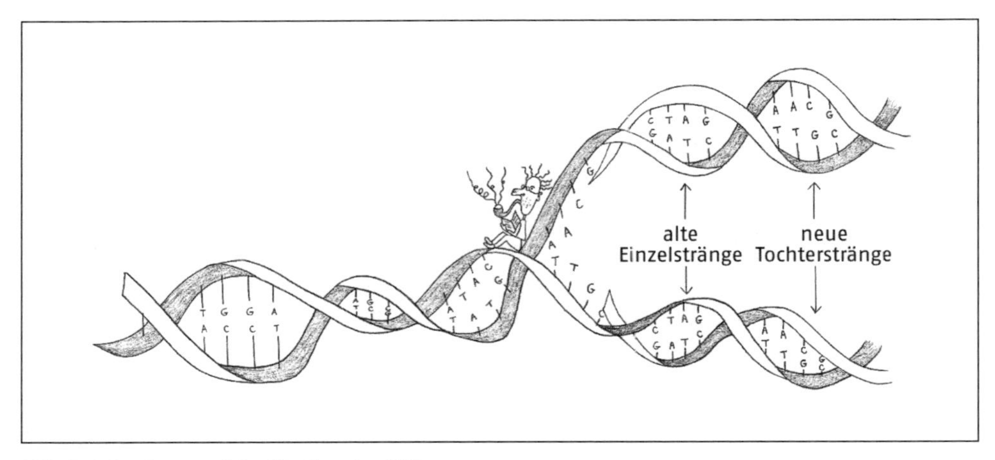

Abb. 2.1 Struktur und Replikation der DNA.

gung ebenso wie für das Kodieren von Information ist die DNA prädestiniert, weil sie ein lineares Molekül ist, das aus ganz wenigen verschiedenen Komponenten zusammengesetzt ist.[2]

Die Abbildung 2.1 zeigt die Doppelhelix-Struktur der DNA, eine *der* Ikonen der Biologie im 20. Jahrhundert. Die beiden Stränge der Helix winden sich um eine gemeinsame Achse, zusammengehalten werden sie durch schwache chemische Bindungen. In jedem Strang kommen die gleichen vier Komponenten, die Nukleotide, vor; aneinandergereiht formen sie eine lange Kette. Jedes Nukleotid setzt sich aus einem Zuckermolekül, einer Phosphatgruppe und einer stickstoffhaltigen Base zusammen. Die vier Nukleotidtypen unterscheiden sich nur in den letztgenannten Basen, von denen es vier verschiedene gibt: Thymin, Adenin, Guanin und Cytosin. Üblicherweise benutzt man zur Bezeichnung der verschiedenen Nukleotide nur die Abkürzungen dieser vier Basen: T, A, G beziehungsweise C. Die schon angesprochenen schwachen Bindungen zwischen den beiden Nukleotidsträngen kommen dadurch zustande, dass jede Base des einen Strangs mit einer Base des anderen wechselwirkt – und zwar ist immer Adenin mit Thymin gepaart (A–T), Cytosin immer mit Guanin (C–G). Warum sich obligatorisch A–T- und C–G-Paare bilden, hat chemische Ursachen, die uns hier nicht weiter zu beschäftigen brauchen. Wesentlich ist aber, dass die beiden Stränge einander komplementär sind, das heißt, wenn man die Nukleotidsequenz des einen Strangs kennt, kann man auf die des anderen schließen. Diese Komplementarität ist die einzige organisatorische Restriktion, das einzige „Muss" des DNA-Moleküls, ansonsten gibt es keine Einschränkungen, jede erdenkliche Nukleotidsequenz ist möglich.

Von Anfang an war die Bedeutung dieser Nukleotidpaare offenkundig. In ihrem wohl kalkulierten Understatement bemerkten Watson und Crick am Ende ihres berühmten Artikels:

„Es ist uns nicht entgangen, dass die von uns postulierte spezifische Basenpaarung einen möglichen Kopiermechanismus für das genetische Material nahelegt."*

Tatsächlich war es die komplementäre Beziehung zwischen den Nukleotiden der beiden Stränge, die direkt auf die Art des Kopierprozesses hinwies. Wenn sich die Stränge trennen, kann jeder der beiden als Matrize dienen, an der ein komplementärer Strang, zusammengesetzt aus jeweils komplementären Nukleotiden, aufgebaut wird: Ein freies Adenin paart sich mit Thymin im Matrizen-Einzelstrang, ein freies Cytosin mit Guanin und so weiter. Auf diese Weise wird die Struktur der ursprünglichen Doppelhelix rekonstruiert – aus einem elterlichen Molekül resultieren zwei identische Tochtermoleküle. Selbstverständlich erfolgt eine solche Replikation nicht spontan, es gibt keine „Eigenreplikation" der DNA. In den Replikationsprozess ist ein ganzes Arsenal von Enzymen und anderen Proteinen eingeschaltet, um die beiden elterlichen Stränge zu entflechten und zu trennen, die Moleküle des entstehenden Tochterstrangs zusammenzufügen und das Ergebnis auf mögliche Fehler zu überprüfen. Die Fähigkeit zur Replikation liegt also nicht in der DNA selbst, es ist Eigenschaft des Zellsystems.

Aus der Struktur der DNA vermochten Watson und Crick nicht nur auf den Kopiermechanismus zu schließen, sie leiteten daraus auch ab, „dass die exakte Basensequenz der Kode für die entsprechende genetische Information ist". Zu jener Zeit, Anfang der 1950er Jahre, konnten Biologen gut mit der Vorstellung leben, dass Gene kodierte Information enthalten, die in der Zelle dechiffriert wird. Das Übermitteln von Information und das Knacken von Kodes hatte während des Zweiten Weltkriegs höchste Priorität gehabt. In der Nachkriegszeit blühte die Kommunikationstechnik weiter auf, was auch das gedankliche Grundgerüst der Biologie und anderer Bereiche beeinflusste[3]. Die Vorstellungen darüber, welche Art von Information Gene tragen, stammen in erster Linie von genetisch-biochemischen Arbeiten am Schimmelpilz *Neurospora*; diese hatten gezeigt, dass Gene die Synthese von Enzymen, also Proteinen, festlegen und anleiten. Nachdem man die Struktur der DNA kannte, war man auch in der Lage, das große Problem, auf welche Weise Gene ihre Wirkungen auf die Zelle entfalten, herunterzubrechen auf eine viel einfachere Frage: Wie kann ein Stück DNA, also eine Sequenz, die sich aus nur vier verschiedenen Nukleotid-Typen zusammensetzt, für ein Protein kodieren, also eine spezifische Sequenz aus rund 20 Typen von Aminosäuren? An dieser Frage nagte man einige Jahre; man hatte verschiedene theoretische Möglichkeiten in Betracht gezogen, doch letztlich fand man die richtige Antwort auf experimentellem Weg: Die Nukleotidsequenz der DNA ist ein Triplett-Kode, das heißt, aufeinanderfolgende Gruppen von jeweils drei Nukleotiden werden in eine entsprechende Sequenz von Aminosäuren übersetzt.

* *„It has not escaped our notice that the specific pairing we have postulated immediately suggests a possible copying mechanism for the genetic material."* (Watson/Crick 1953a, S. 738; Übersetzung: M. B.)

Im Verlauf der 1960er und 70er Jahre deckte man einige jener Prozesse auf, durch die die Information einer DNA-Sequenz in eine Polypeptidkette umgewandelt wird. Der größte Teil der DNA befindet sich im Zellkern, die meisten Proteine dagegen – große Moleküle, häufig zusammengesetzt aus mehreren Polypeptidketten – findet man im Zytoplasma. Dies ließ vermuten, was man bald auch nachweisen konnte: Die Information in Form der DNA-Sequenz nukleärer Gene wird zunächst ins Zytoplasma transportiert, bevor sie dechiffriert wird. Das Träger- und Transportmolekül ist eine andere Nukleinsäure, die Ribonukleinsäure (RNA). Die RNA ähnelt der DNA stark: Auch sie ist ein Nukleotidstrang, allerdings mit einer anderen Zuckerkomponente. Drei Basen und Typen der RNA sind identisch mit denen der DNA, nur das Thymin der DNA ist in der RNA ersetzt durch die Base Uracil und wie Thymin paart sich Uracil mit Adenin. Es gibt noch einen weiteren Unterschied: Anders als die DNA besteht die RNA nur aus *einem* Nukleotidstrang und dieser ist relativ kurz.

Die Abbildung 2.2 illustriert die biochemischen Prozesse, durch die Zellen aus DNA Polypeptide herstellen. Zunächst wird das DNA-Segment, das für ein Polypeptid kodiert, in eine entsprechende RNA kopiert. Dieser als Transkription bezeichnete Prozess findet immer nur an einem der beiden DNA-Matrizenstränge statt. Die resultierende RNA wird dann ein wenig modifiziert (darauf kommen wird später zu sprechen) und schließlich wird so genannte Boten-RNA (messenger RNA, Abk.: mRNA) vom Zellkern ins Zytoplasma transportiert. Dort lagert sich diese mRNA an Ribosomen – riesige Molekülkomplexe aus Proteinen und einem weiteren Typ von RNA, ribosomale RNA (rRNA). Diese Ribosomen ermöglichen die Übersetzung der mRNAs in Polypeptidketten. Jedes Nukleotid-Triplett der mRNA (als Kodon bezeichnet) kodiert für eine spezifische Aminosäure. Manche haben allerdings eine andere Funktion: Sie sind Signale dafür, die Biosynthese eines Polypeptids beginnen zu lassen (Start-Kodon) oder diese abzuschließen (Stopp-Kodon). Zum Beispiel rekrutieren die Kodons UUU und UUC die Aminosäure Phenylalanin (Phe), GUU ist eines mehrerer Kodone für Valin (Val), GAA kodiert für Glutaminsäure (Glu), UAA ist ein Stopp-Kodon (bedeutet also „Ende der Botschaft“) und so weiter.

An der Übersetzung der Nukleotidsequenz der mRNA in die entsprechende Aminosäurensequenz des Polypeptids ist eine ganze Batterie von Enzymen und anderer Moleküle beteiligt einschließlich mehrerer Typen kleinerer RNAs, so genannte transfer-RNAs (tRNA). Diese kleinen Moleküle fungieren als eine Art Adapter, sie tragen Aminosäuren zum Ribosom und fügen sie der wachsenden Polypeptidkette an, und zwar genau in der Reihenfolge, wie sie die Sequenzen der Kodons der mRNA vorgeben. Jeder tRNA-Typ hat am einen Molekülende eine Bindungsstelle für eine spezifische Aminosäure, am anderen Ende eine Art Rezeptor in Form eines Nukleotid-Tripletts (Anti-Kodon bezeichnet), das in der mRNA das exakt (oder fast genau) komplementäre Kodon erkennt und so dort vorübergehend binden kann, bis die mitgebrachte Aminosäure fest mit der wachsenden Polypeptidkette verknüpft ist.

Durch die geschilderten Prozesse der Transkription und Translation kann also die in der DNA gespeicherte Information in funktionelle Polypeptide übertragen werden. Eini-

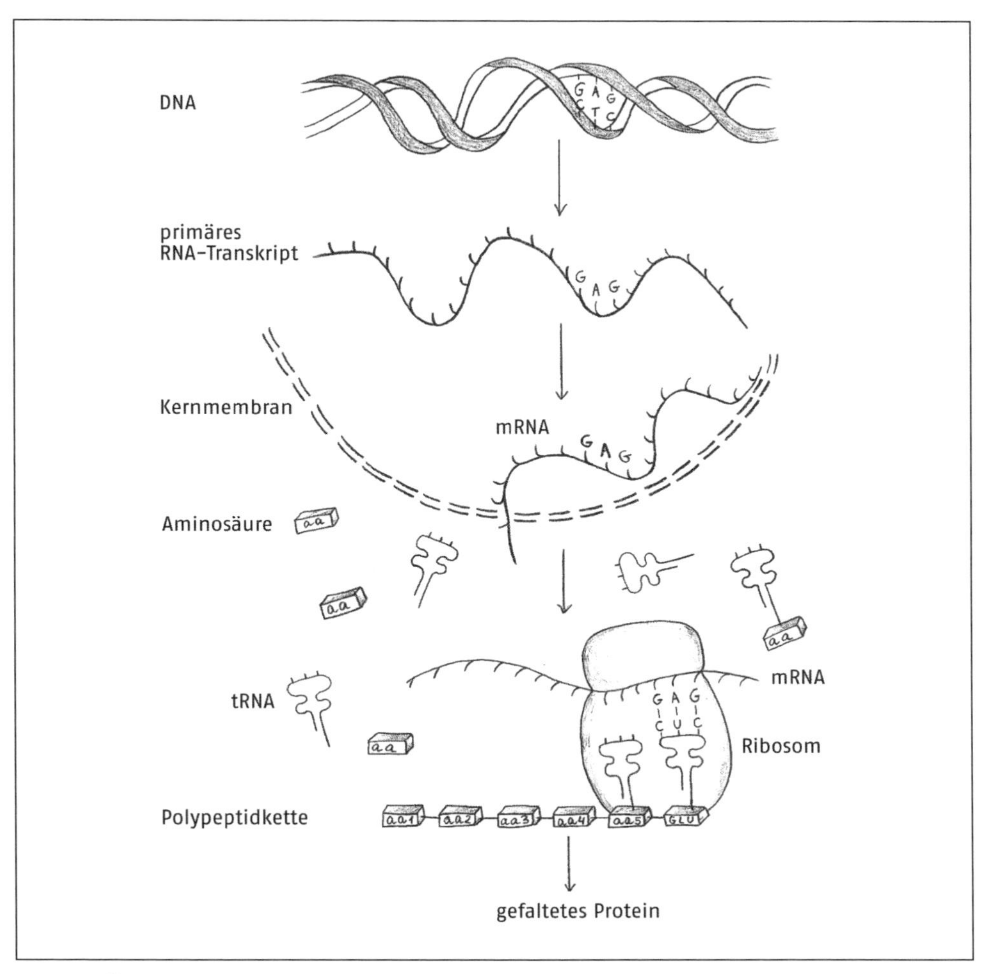

Abb. 2.2 Übersetzen von in DNA kodierter Information. Transkription innerhalb des Zellkern (oben) und Translation im Zytoplasma (unten).

ge Proteine sind Enzyme, die biochemische Reaktionen katalysieren, andere sind Strukturkomponenten der Zellen und Gewebe und wieder andere regulieren die Transkription und Translation. Die DNA kodiert also für sehr viele verschiedene Proteine mit ganz unterschiedlichen Funktionen. Jedoch hat der allergrößte Teil der DNA überhaupt nichts zu tun mit der Kodierung von Proteinen. Vermutlich nur 1,2 Prozent des menschlichen Genoms kodieren für Proteine, doch fast 75 Prozent für tRNA, rRNA oder andere RNA-Typen; fast 25 Prozent, also ein Viertel aller DNA-Sequenzen, scheinen überhaupt nicht transkribiert zu werden. Da drängt sich natürlich die Frage auf: Welche Bedeutung könnten diese anscheinend brach liegenden Teile der DNA haben?

In Kapitel 1 kamen wir schon darauf zu sprechen, dass große Teile der DNA auf den ersten Blick keine Funktion haben, sie wurden deshalb als „Schrott" – „junk DNA" – be-

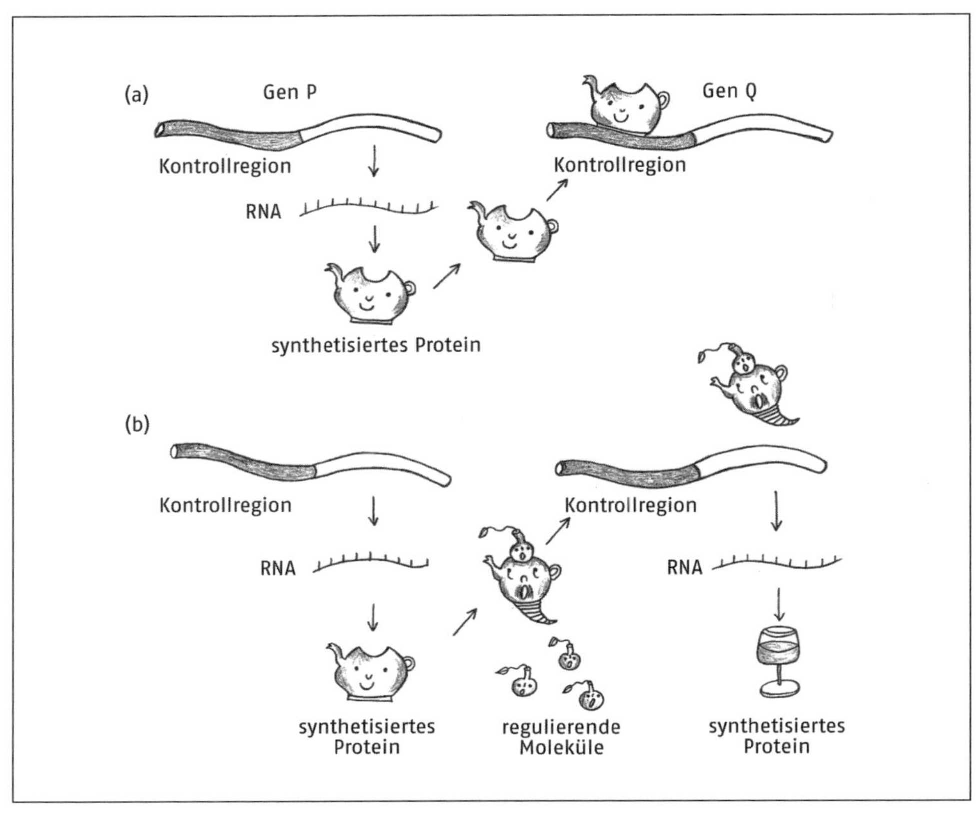

Abb. 2.3 Kontrolle der Genaktivität. In a) bindet das synthetisierte Protein als Produkt von Gen P (ein Teekessel) an die Kontrollregion von Gen Q und verhindert dessen Transkription. In b) bindet ein Regulationsmolekül an das Gen-P-Produkt, das daraufhin seine Form ändert (ein verformter Teekessel); dadurch kann es nicht mehr an Gen Q binden. Gen Q wird nun transkribiert und die resultierende mRNA translatiert in ein Protein (Weinglas).

trachtet. Inzwischen wissen war aber, dass viele der nicht transkribierten Sequenzen sehr wohl eine Aufgabe haben, und zwar eine überaus wichtige: Sie sind an der Regulation der Genaktivität beteiligt. Nicht jedes Gen ist in jeder Körperzelle zu allen Zeiten aktiv. Aus diesem Grund unterscheiden sich Körperzellen verschiedener Gewebe, obwohl ihre Zellkerne – von wenigen Ausnahmen abgesehen – jeweils genau das gleiche Gen-Arsenal enthalten. Zellen sind in der Lage, auf innere und äußere Reize zu reagieren, indem sie bestimmte Gene vorübergehend an- oder abschalten; nicht transkribierte DNA ist eine essenzielle Komponente in diesem Regulationssystem der Zelle, das die Kontrolle darüber hat, welche Protein kodierenden DNA-Sequenzen transkribiert werden und welche nicht.

Die Abbildung 2.3 zeigt auf vereinfachte Weise eine Möglichkeit der Genregulation. Die kodierende Sequenz zweier Gene schließt jeweils an eine regulatorische Sequenz an – also an einen DNA-Abschnitt, der nicht in RNA transkribiert wird. Das hypothetische Gen P kodiert für ein Protein, das an die Kontrollsequenz des Gens Q binden kann.

Wenn dies der Fall ist, vermögen jene Enzyme, die das Transkribieren der kodierenden Sequenz von Gen Q bewerkstelligen, dort nicht an der DNA zu binden – die Folge: Das Gen Q produziert keine RNA. Wenn sich das Gen-P-Protein aber mit einem zweiten, andersartigen Regulationsmolekül verbindet, entsteht ein Protein mit neuer Form und neuen Eigenschaften. Es vermag nicht länger an der Kontrollregion des Q-Gens zu binden und löst sich davon ab. Die Transkriptionsenzyme haben nun Zugang zum Q-Gen und das Q-Protein kann synthetisiert werden. Das zweite Regulationsmolekül in diesem System kann von einem anderen Gen stammen, es kann aber auch direkt oder indirekt als Reaktion auf bestimmte Ernährungs- oder andere Umweltbedingungen generiert worden sein. Auf diese oder ähnliche Weise haben Umweltfaktoren Einfluss auf die Verarbeitung genetischer Information[4].

Was ist Information?

Bevor wir uns mit dem Verhältnis zwischen genetischer Information und Phänotyp näher befassen, wollen wir in einem kleinen Exkurs einige Überlegungen zum Terminus „Information“ anstellen[5]. Wenn jemand sagt, ein Stück DNA trage oder enthalte Information, was meint er damit überhaupt? Die ganz naheliegende Antwort lautet, dieser DNA-Abschnitt repräsentiere in kodierter Form die Aminosäurensequenz eines bestimmten Polypeptids. Doch kann die Aussage ebenso bedeuten, dass dieser DNA-Abschnitt eine Sequenz enthält, an die bestimmte Regulationsmoleküle spezifisch binden. Beide Typen von Information sind sehr unterschiedlich – was also meinen wir, wenn wir den Ausdruck „Information“ verwenden? Es ist überraschend schwierig, eine allgemeine Definition für „Information“ zu finden; dennoch sollten wir uns darum bemühen, da wir im Folgenden verschiedene Vererbungssysteme beschreiben und mit Blick darauf miteinander vergleichen wollen, wie diese Systeme Information weitergeben und sie dadurch den Verlauf der Evolution beeinflussen.

Im Alltag verwenden wird das Wort „*Information*“ für viele verschiedene Dinge. Wir sagen, eine Wolke – etwas Physikalisches – enthalte Information über das Wetter. Eine Uhr versorgt uns mit Information über die Zeit. Der Geruch in einem Restaurant gibt uns Auskunft über die verwendeten Nahrungsmittel. Zeitungen enthalten Information über alle möglichen Weltereignisse. Für Biologen trägt eine DNA-Sequenz Information über die Aminosäurensequenz eines Proteins; Zoologen erhalten durch den spezifischen Gesang eines Vogels Information über die Art, der er angehört; und in den Augen von Verhaltensbiologen teilt eine Mutter durch spielerisches Verhalten ihren Kindern wichtige Information über ihre Lebensumwelt mit. Was haben alle diese verschiedenen „Informationsquellen“ gemeinsam? Inwiefern sind sie alle „Informationsträger“?

Aus evolutionärer Sicht ist es so: Dafür, dass etwas eine Informationsquelle sein, also Information enthalten oder tragen kann, muss irgend eine Art von Empfänger vorhanden sein, der auf die Quelle reagiert und sie interpretiert – die Existenz eines Empfängers ist zwingende Voraussetzung. Empfänger muss nicht immer ein Organismus sein, es kann sich ebenso um eine Zelle oder auch ein Messgerät handeln. Infolge der Reaktion und Interpretation ändert sich der funktionelle Zustand des Empfängers, und zwar auf eine bestimmte Weise, die mit der Form und Organisation der Informationsquelle zusammenhängt. Auch im Bereich des Lebendigen erfolgen Reaktion und Interpretation des Empfängers in aller Regel nicht absichtlich, gleichwohl profitiert dieser normalerweise davon.

Dies hört sich vielleicht sehr kompliziert an, nach einer abstrakten Erklärung für etwas, dessen Bedeutung eigentlich offensichtlich ist. Das mag zutreffen, doch ist diese Beschreibung all jener Beispiele geeignet, die wir bisher vorgestellt haben und auf die wir im Weiteren zu sprechen kommen werden. Beispielsweise kann ein Zugfahrplan das Verhalten einer Person, die ihn liest, beeinflussen. Das Rezept für einen Apfelkuchen kann die Tätigkeiten des Bäckers beeinflussen und die Länge des Tageslichts die Blütezeit einer Pflanze regulieren. Ein Alarmruf kann sich auf das Verhalten eines Tiers, das ihn hört, auswirken. Eine (kodierende oder regulierende) DNA-Sequenz hat möglicherweise Einfluss auf den Phänotyp eines Organismus. In allen diesen Fällen kann ein Empfänger auf die Quelle reagieren, und zwar auf funktionale Weise, die mit der spezifischen Form der Informationsquelle korrespondiert. So verschieden sie auch sind – ein Zugfahrplan, ein Rezept, ein Umweltreiz, ein Alarmruf und eine DNA-Sequenz –, sie alle sind Träger von Information.

Informationsquellen zeichnet noch ein weiterer interessanter und besonders wichtiger Aspekt aus: Wenn ein Empfänger Information erwirbt und daraufhin reagiert, ändert sich dadurch normalerweise die Informationsquelle selbst nicht. Wenn etwa ein Mensch nach einem Rezept handelt, eine Zelle auf die Transkription einer DNA-Sequenz reagiert oder ein Computer auf eine bestimmte Software, dann ändern sich Rezept, DNA und Software nicht. Die Informationsquellen sind nach der Reaktion exakt dieselben wie zuvor. Eine Informationsquelle ist anders organisiert als eine Nahrungsquelle, die sich erschöpft, wenn man sie nutzt.

Diese allgemeine Charakterisierung von Information erlaubt es uns, verschiedene Vererbungssysteme, die ja ebenfalls Information weitergeben, so zu hinterfragen, dass Ähnlichkeiten und Unterschiede zwischen ihnen deutlich werden:

- Wie ist Information in der Quelle organisiert?
- Auf welche Weise werden – mit Blick auf die Organisation der Informationsquelle – Variationen generiert?
- Wie viele solcher Informationsvariationen sind möglich?
- Wie reagiert der Empfänger auf die Informationsquelle?
- Wie interpretiert der Empfänger die Information?
- Wie wird die Information vervielfältigt?

An den Antworten auf diese Fragen werden wir die spezifischen Eigenschaften eines bestimmten Typs von Information und den Modus ihrer Weitergabe erkennen.

Betrachten wir als Beispiel die DNA. Was sie vor allen Dingen charakterisiert, ist ihre lineare, modulare Organisation. Wir können uns den DNA-Strang als eine lineare Sequenz von Einheiten oder Modulen (der Nukleotide Adenin, Thymin, Cytosin und Guanin) vorstellen, wobei jede Stelle der Sequenz von jedem der vier Nukleotide besetzt sein kann. Ein bestimmtes Nukleotid an einer bestimmte Stelle kann durch jedes andere ausgetauscht werden, ohne die übrigen Nukleotide des Strangs zu beeinflussen. Das bedeutet, dass eine immens große Zahl unterschiedlicher Nukleotidsequenzen möglich ist. Wie groß diese Zahl ist, hängt selbstverständlich von der Länge der Sequenz ab; doch selbst ein kurzes DNA-Stück bringt enorm viele mögliche Alternativen. Wenn wir als Beispiel eine Sequenz von nur 100 Einheiten nehmen, sind rechnerisch 4^{100} unterschiedliche Sequenzen möglich. Diese Zahl vermögen wir uns gar nicht vorzustellen – sie ist größer als die Zahl von Atomen unserer gesamten Galaxie! Und bedenken wir: Ein Abschnitt mit 100 Nukleotiden ist tatsächlich nur ein kleines Fragment eines DNA-Moleküls. Wenn wir die gesamte DNA eines Genoms betrachten, dann ist die Zahl möglicher Nukleotidkombinationen praktisch unendlich groß. Natürlich gilt das Gleiche für jedes andere System, das sich aus modularen Einheiten zusammensetzt: Selbst mit einer Abfolge von nur wenigen Hundert lässt sich eine riesige Zahl unterschiedlicher Kombinationen generieren – auch wenn wir nur zwei verschiedene Einheiten benutzen wie 1 und 0 bei Computern, ganz zu schweigen davon, wenn wir die 26 Buchstaben unseres (lateinischen) Alphabets nehmen.

Bei einer anderen überaus wichtigen, sehr eigentümlichen Eigenschaft der DNA handelt es sich um etwas, was wir für ganz selbstverständlich halten: Die Vervielfältigung erfolgt ganz unabhängig vom Informationsgehalt der zu replizierenden Sequenz. Der Vorgang gleicht dem Kopieren mit einem Fotokopiergerät. Dieses reproduziert immer mit der exakt gleichen Genauigkeit, ob es sich nun um ein Sonett von Shakespeare handelt, um eine Seite aus Hitlers *Mein Kampf* oder ein Elaborat eines Schimpansen auf einer Schreibmaschine[6]. Es gibt noch ganz andere Typen des Kopierens, etwa den im Verlauf des Lernens. Wenn wir etwas Neues lernen und dies anderen vermitteln wollen, hängt unser Erfolg sowohl des Erwerbs wie der Weitergabe der Information davon ab, um welchen Typ von Information es sich handelt. Es ist erheblich einfacher, einem Kind ein Kinderlied aus fünf Zeilen beizubringen als fünf Zeilen eines Telefonbuchs. Lernen und Lehren – ganz offenkundig ein Weg zur Weitergabe von Information – ist abhängig von der Form und Funktion der Information; und dies setzt Grenzen dafür, was wir lernen und weitergeben können. Demgegenüber ist die DNA-Replikation nicht eingeschränkt. Das System zur Vervielfältigung von DNA arbeitet immer gleich, ungeachtet des Inhalts oder der Funktion dessen, was es kopiert.

Diese beiden Kennzeichen der DNA – die enorme Zahl möglicher Variationen aufgrund ihrer modularen Organisation und die Indifferenz der Replikation gegenüber der „Bedeutung" der kopierten Sequenz – prädestinieren diese dazu, der natürlichen Selektion viel Auslesematerial zu liefern. Doch diese Charakteristika haben auch ihre Kehrseite: Möglicherweise werden viele bedeutungslose DNA-Variationen generiert und kopiert – die Frage ist natürlich: Wie gelingt es den Organismen, mit einer möglicherweise riesigen

Menge sinnloser oder gar schadenbringender erblicher Variabilität fertig zu werden? Wenn die Qualität einer Information erst in der nachfolgenden Generation – durch Exposition ihrer funktionellen Wirkung gegen die Selektion – geprüft werden kann, dann scheint es sich doch um ein hochgradig unwirtschaftliches, aufwändiges System zu handeln. Wie wir später sehen werden, setzen einige der bemerkenswertesten biochemischen Mechanismen direkt oder indirekt genau hier an: an der Lösung des Problems, dass die DNA so ungeheuer stark variieren kann. Etwas kommt allerdings hinzu, was dieses Problem erheblich entschärft: Die DNA wird im Kontext der ontogenetischen Entwicklung eines Lebewesens funktionell tatsächlich „gedeutet". Um dies zu verstehen, kehren wir zu dem Thema zurück, mit dem wir uns in diesem Kapitel hauptsächlich beschäftigen wollen: zur Beziehung zwischen Genen und Merkmalen.

Gene, Merkmale und genetische Astrologie

In Anbetracht dessen, was wir heute tatsächlich über die Einzelheiten von Transkription und Translation sowie die Regulation dieser Prozesse wissen, ist die oben gegebene Skizzierung viel zu grob; eigentlich sollten einige Details dringend ergänzt werden. Doch im Augenblick können wir mit dem einfachen Modell arbeiten und daran sehen, wie Gene und Merkmale zusammenhängen. Wenn wir fragen, wie Abänderungen in Genen den individuellen Entwicklungsweg abwandeln, legt unser Modell eine ganz einfache Antwort nahe: Ändert sich die DNA-Sequenz (Mutation), resultiert daraus eine Abänderung in der mRNA und dies wiederum führt zu Abänderungen in der Aminosäurensequenz des Proteins. Letztlich ändert sich dadurch der sichtbare Phänotyp.

Diese wunderbar einfache Antwort stellt sich tatsächlich *manchmal* als richtig heraus – etwa im Falle einiger monogener Erbkrankheiten. Solche Krankheiten werden von einem einzigen Gen verursacht; ob also jemand Symptome einer solchen Krankheit zeigt oder nicht, hängt davon ab, welches Allel eines ganz bestimmten Gens er trägt. Einige dieser Krankheiten werden dominant vererbt (bei ihnen braucht nur eines der beiden Allele „schadhaft" oder dysfunktional sein, um sie auszulösen), einige rezessiv (hier müssen beide Allele schadenbringend sein, damit eine Person krank wird). Das klassische Beispiel einer rezessiv vererbten Krankheit, die aus einer Abänderung der DNA an einer einzigen Stelle resultiert, ist die Sichelzellanämie[7]. Diese Krankheit, die sich in einer Schwächung des Allgemeinzustands äußert, erhielt ihren Namen nach der verzerrten, sichelzellförmigen Gestalt der Roten Blutkörperchen der Erkrankten. Die Ursache für die Krankheitssymptome ebenso wie für die Sichelform liegt darin, dass in der Nukleotidsequenz jenes Gens, das für eines der beiden Polypeptidketten des Hämoglobins kodiert, ein einziges Nukleotid falsch ist (das Hämoglobin ist ein Protein, das den Roten Blutkörperchen die Fähigkeit verleiht, Sauerstoff aufzunehmen und an jede Stelle des Körpers zu transportieren). Dieser minimale DNA-Unterschied – ein Adenin ist durch ein Thymin ersetzt – führt dazu, dass eine der 146 Aminosäuren in der Polypeptidkette ausgetauscht wird. Unbedeutend, möchte man meinen. Tatsächlich wirkt sich dieser Austausch ver-

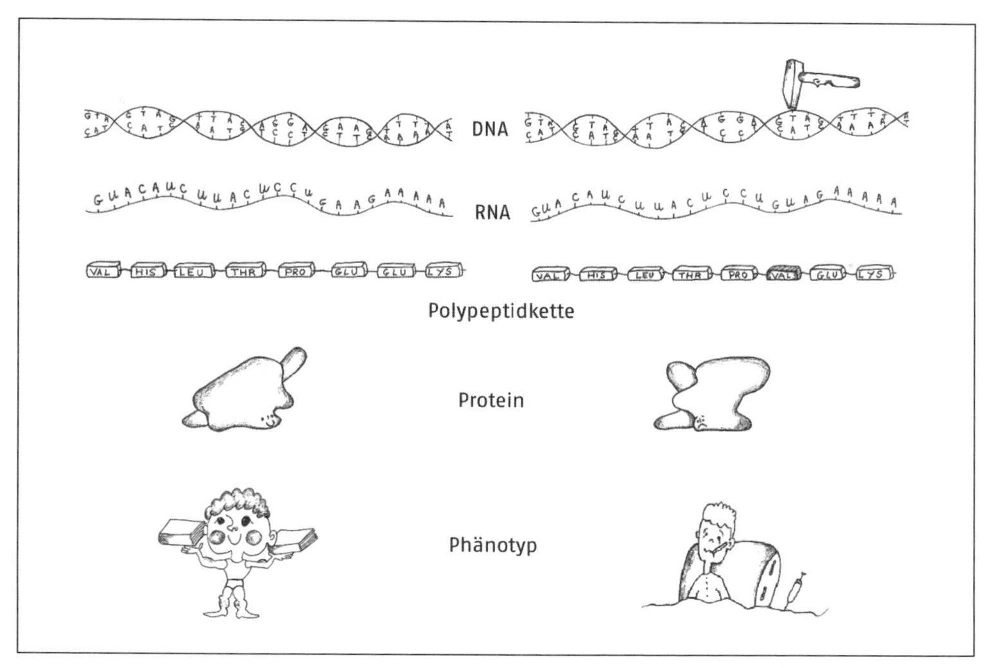

Abb. 2.4 Von der DNA zum Phänotyp. Links die normale DNA und die Kausalkette zum normalen Phänotyp; rechts die Sichelzellanämie: Eine einzige Abänderung in der DNA-Sequenz (angezeigt durch den Hammer) lässt ein dysfunktionales Protein entstehen, das Anämie verursacht.

heerend aus: Die dreidimensionale Struktur des Hämoglobins ändert sich und dadurch auch die Form der Roten Blutkörperchen – mit der Folge, nur noch ganz eingeschränkt Sauerstoff binden zu können. Wenn eine Person homozygot bezüglich dieser Mutation ist (die korrespondierenden Gene beider homologen Chromosomen sind mutiert), ist ihr gesamtes Hämoglobin deformiert; in diesem Fall erkrankt sie an schwerer Anämie mit allen ihren Folgen. Die Abbildung 2.4 zeigt im Überblick, wie es von der veränderten DNA-Sequenz zur Anämie kommt.

Die Sichelzellanämie ist nicht das einzige Beispiel einer monogenen Erkrankung, weitere Beispiele sind das Tay-Sachs-Syndrom und die zystische Fibrose – wir beginnen, diese rezessiv vererbten Stoffwechselkrankheiten auf molekularer Ebene erklären zu können.

Im Fall der einfachen monogenen Erkrankungen wie der Sichelzellanämie zeigen die Personen mit einem Gendefekt immer Krankheitssymptome, ganz gleich unter welchen Bedingungen sie leben und welche anderen Gene diese Personen tragen. Allerdings sind solche einfachen monogen bedingten Krankheiten nicht der Normalfall: Tatsächlich machen sie weniger als 2 Prozent aller genetisch mitbedingten Krankheiten aus. Bei den restlichen 98 Prozent hängt es immer von sehr vielen Genen wie auch den konkreten Lebensbedingungen ab, ob sich die Krankheit überhaupt entwickelt und wenn ja, wie stark sie sich ausprägt. Doch leider beruht das in der Öffentlichkeit weit verbreitete Bild von der Beziehung zwischen Genen und Merkmalen gerade auf den ganz wenigen monogenen Krankheiten. So meinen viele, Gene legten eigenständig und direkt fest, wie eine Person aussieht und wie sie sich verhält. Wir haben Gene *für* dies und das (unsere Augenfarbe, unsere Nasenform, unsere Intelligenz, unsere sexuelle Orientierung, dafür, wie schüchtern wir sind und so weiter); danach ist eine leibhaftig vor uns stehende Person im Prinzip nichts weiter als die Summe der Effekte ihrer Gene mit dünnem Überzug aus Erziehung und sozialer Umwelt, also kaum mehr als ein raffinierter, von Genen gesteuerter Roboter[8].

Ist man überzeugt, dass Gene so funktionieren, befeuert dies natürlich Befürchtungen, die Biotechnik verleihe Genetikern ungeheure Macht. Die Leute glauben dann – und werden von manchen Wissenschaftlern geradezu ermutigt, dies zu tun –, dass Genetiker in nicht allzu ferner Zukunft in der Lage sein werden, alles Wesentliche über einen Menschen dadurch herauszufinden, dass man seine DNA sequenziert. Genetikern wird nicht nur die Fähigkeit zugeschrieben, das „Buch des Lebens" einer Person lesen und übersetzen zu können; sie sollen darüber hinaus imstande sein, dieses Buch – wenn es notwendig scheint – umzuschreiben und Fehler auszumerzen. Harvey F. Lodish, ein führender Zellbiologe, Professor der Biologie und Mitglied des Whitehead-Instituts für Biomedizinische Forschung (Cambridge/Massachusetts), skizzierte folgendes Szenario, als er von dem Wissenschaftsjournal *Science* gefragt wurde, wie er sich die Zukunft der Wissenschaft vorstelle:

> „Im Zusammenhang mit der In-vitro-Fertilisation hat man Verfahren entwickelt, mit denen man eine Zelle des sich entwickelnden Embryos isolieren und daran jede beliebige DNA-Region untersuchen kann. Das genetische Screening von Embryonen vor der Implantation mag bald Routine sein. Man wird in der Lage sein, wichtige Bereiche der mütterlichen DNA zu sequenzieren und daraus auf essenzielle Merkmale jener Eizelle, aus der sich ein Mensch entwickeln soll, zu schließen. Dies setzt voraus, dass die Voraussagen über Struktur und Funktion von Proteinen genau genug sind; ist dies der Fall, kann man allein aus der Sequenz des Genoms automatisch auf alle relevanten Eigenschaften vieler wichtiger Proteine schließen, ebenso auf die Regulation ihrer Expression (zum Beispiel wie viel in einem bestimmten Gewebe oder Zelltyp von einem bestimmten Protein in einem bestimmten Entwicklungsstadium synthetisiert werden soll). All diese Information wird in einen Supercomputer eingegeben, zusammen mit bestimmten Umweltdaten, etwa zur wahrscheinlichen Ernährung der Mutter, zu Giftstoffen in ihrer Umwelt, Sonnenlicht und so weiter. Der Computer wird aus allen diesen Daten einen Farbfilm erstellen, auf dem zu sehen sein wird, wie sich der Embryo zum Fetus entwickelt, wie er geboren wird, wie der Säugling heranwächst und allmählich zum Erwachsenen wird. Dabei werden auch ganz eindeutig Körpergröße und Körperform, Haar-, Haut- und Augenfarbe abzulesen ein. Später wird man die Sequenzanalyse ausweiten können

und auch solche Gene erfassen, die für Merkmale wie sprachliche oder musikalische Fertigkeiten von zentraler Bedeutung sind; die Mutter wird hören können, wie der Embryo – als Erwachsener – spricht und singt." (Lodish 1995; Übersetzung: M. B.) *

Dieses Szenario aus dem Jahr 1995 passt ganz gut zur Vorstellung der allgemeinen Öffentlichkeit, wie die Genetik der Zukunft aussehen wird. Um die Jahrtausendwende gab es eine ganze Flut ähnlicher Prophezeiungen darüber, wie der wissenschaftliche Fortschritt im 21. Jahrhundert wohl aussehen werde.

Die Überzeugung, die Merkmale einer Person seien in seinen Genen festgeschrieben, war einer der Gründe für die Aufregung in der Öffentlichkeit, als sie vom Klonschaf Dolly hörte. Das arme Lamm beschwor eine seltsame Mischung von Empfindungen herauf: Auf der einen Seite nährte es die Hoffnung auf persönliche Unsterblichkeit, auf der anderen schien es aber die Gewissheit unserer einzigartigen individuellen Identität zu bedrohen. Beides resultiert letztlich aus der Vorstellung, zwischen Gen und Merkmal bestehe eine direkte, lineare und deshalb vorhersehbare Kausalbeziehung; danach sollten identische Genotypen zwangsläufig identische Phänotypen hervorbringen. Doch solches Denken führt nicht nur in die totale Irre, es ist auch potenziell gefährlich[9].

Wir können natürlich nicht garantieren, dass es in Zukunft keine genetischen Institute mehr geben wird, die vorgeben, die Zukunft eines Embryos im Wesentlichen allein aus der DNA herauslesen zu können. Wenn der Bedarf da ist, wird es immer Leute geben, die solche Institute gründen wollen. Doch nur wenige professionell arbeitende Genetiker glauben an eine solche genetische Astrologie – zumindest tun sie dies nicht in den Momenten, wenn sie klar und nüchtern denken. Daran ändern auch nichts die immer wieder in den Medien auftauchenden Berichte von angeblich isolierten *Genen für* Homosexualität, Wagemut, Schüchternheit, Religiosität oder irgendwelche andere mentale oder psychische Eigenschaften. Genetiker äußern sich normalerweise ziemlich vorsichtig über ihre Arbeitsergebnisse. Wenn man sich die aktuellen genetisch-wissenschaftlichen Arti-

* *„By using techniques involving in vitro fertilization, it is already possible to remove one cell from the developing embryo and characterize any desired region of DNA. Genetic screening of embryos, before implantation, may soon become routine. It will be possible, by sequencing important regions of the mother's DNA, to infer important properties of the egg from which the person develops. This assumes that predictions of protein structure and function will be accurate enough so that one can deduce, automatically, the relevant properties of many important proteins, as well as the regulation of their expression (for example, how much will be made at a particular stage in development in a particular tissue or cell type) from the sequence of genomic DNA alone. All of this information will be transferred to a supercomputer, together with information about the environment – including likely nutrition, environmental toxins, sunlight, and so forth. The output will be a color movie in which the embryo develops into a fetus, is born, and then grows into an adult, explicitly depicting body size and shape and hair, skin, and eye color. Eventually the DNA sequence base will be expanded to cover genes important for traits such as speech and musical ability; the mother will be able to hear the embryo – as an adult – speak or sing."* (Lodish 1995, Science 267, 1609)

kel genauer ansieht und sich nicht von Zeitungsgeschichten über angeblich wundersame Gene beeindrucken lässt, dann wird rasch klar: Was genetische Studien eventuell herausarbeiten, ist eine Korrelation zwischen der Präsenz einer bestimmten DNA-Sequenz und der Präsenz eines Merkmals. In aller Regel bedeutet dies aber nicht zwangsläufig eine *Kausal*beziehung zwischen dieser DNA-Sequenz und dem Merkmal; und es bedeutet in den allermeisten Fällen ebenso wenig, dass „das Gen" hinreichende oder notwendige Bedingung für die Entwicklung eines Merkmals ist.

Nehmen wir ein solches Merkmal einmal genauer unter die Lupe. Es ist gar nicht so lange her, als die Medien einer erstaunten Öffentlichkeit berichteten, man habe ein *Gen für* „Wagemut" oder – wie Wissenschaftler es eher bezeichnen – Neugierverhalten entdeckt[10]. Die Entscheidung einer Person, etwas Wagemutiges zu tun, etwa Kampfpilot oder Revolutionär zu werden, oder alternativ ein geordnetes und pflichtbewusstes Leben als Bibliothekar oder Buchhalter zu führen, sei – so die journalistische Lesart – zu einem hohen Grad davon abhängig, welches Allel eines bestimmten Gens diese Person trage. Wenn wir aber den relevanten wissenschaftlichen Artikel im Original lesen, dann mutet die „Macht" dieses Gens erheblich weniger eindrucksvoll an als die journalistische Meldung behauptete. Wir erfahren jetzt, dass einige Personen mit jenem Allel, das mit Wagemut korrelieren soll, seltsamerweise im Alltag ausgesprochen vorsichtig seien und einen recht biederen Lebensstil pflegten; wie es andererseits Leute ohne dieses Allel gebe, die dennoch impulsiv seien und nach dem ultimativen Nervenkitzel suchten. Was die Studie aussagt, ist lediglich: Personen mit diesem Allel sind mit etwas größerer Wahrscheinlichkeit risikofreudig. Tatsächlich lassen sich lediglich vier Prozent der Unterschiede zwischen den Leuten hinsichtlich ihres Risikoverhaltens mit dem in Rede stehenden Gen in Verbindung bringen; für die restlichen 96 Prozent der Unterschiede liefert das angebliche „Gen für Neugier" keine Erklärung. Und selbst die Vier-Prozent-Fraktion, die in den Medien so viel Staub aufwirbelte, muss mit einem Fragezeichen versehen werden; denn es ist mitunter ziemlich schwierig, eine Person als wagemutig oder risikoscheu zu klassifizieren. Derselbe Mensch mag in einigen Bereichen seines Lebens mutig sein und hier gerne Neues ausprobieren, doch in anderen sich eher zurückhalten und vorsichtig sein. Noch etwas kommt hinzu: Die Autoren haben bei der zitierten Studie einen wichtigen Aspekt nicht berücksichtigt, nämlich die Reihenfolge der Geburt; diese hat aber anderen Untersuchungen zufolge großen Einfluss auf die Entwicklung von Neugierverhalten und Risikobereitschaft. Häufig sind die Zweit-, Dritt- oder noch später Geborenen einer Familie risikofreudiger als der Erstgeborene, auch Einzelkinder sind eher wenig wagemutig. Ganz ohne Zweifel hat all dies nichts damit zu tun, ein bestimmtes Allel geerbt zu haben – denn es wäre eine schwere Verletzung der Mendel'schen Gesetze, wenn ein bestimmtes Allel bei Erstgeborenen grundsätzlich häufiger vorkäme als bei allen anderen.

Humangenetische Untersuchungen sind schwierig, da die Forscher nicht festlegen können, wer wen heiraten soll und wie die Probanden ihr Leben zu führen haben. Deshalb gibt es in solchen Studien immer viele Unwägbarkeiten, nicht kontrollierbare Faktoren, die das Ergebnis womöglich beeinflussen. Selbst wenn eine Untersuchung eine

Korrelation zwischen der Anwesenheit eines bestimmten Allels und irgendeiner Verhaltensweise feststellen sollte, muss man mit der Hypothese, dass hier eine *Kausal*beziehung vorliege, sehr vorsichtig sein. Beispielsweise müssen wir wissen, ob der angebliche Zusammenhang unter allen Bedingungen in allen Populationen zu beobachten ist oder nur in der untersuchten, spezifischen Stichprobe. Einer der Gründe, warum viele der großartig verkündeten Entdeckungen von „Genen für" irgendetwas so rasch in die totale Vergessenheit geraten konnten, ist häufig genau hier zu finden: Wenn man sich mit einer solchen Entdeckung weiter befasst und sie in anderen Populationen zu reproduzieren sucht, lässt sich dort der erste Befund einer möglichen Kausalität zwischen Allel und Verhalten nicht bestätigen. Die Schlussfolgerung lautet also: Die Beziehung zwischen Genotyp und Phänotyp ist nur ganz ausnahmsweise einfach und (einigermaßen) vorhersagbar.

Das verwickelte Geflecht der Wechselwirkungen

Wie bereits erwähnt, sind bei genetisch mitbedingten Krankheiten in den allermeisten Fällen mehrere Gene beteiligt. Selbstverständlich sind hier die kausalen Beziehungen zwischen genotypischer und phänotypischer Variabilität erheblich komplexer als bei monogenen Erkrankungen. Angesichts der Neigung von uns Menschen, nach einfachen Lösungen zu suchen, ist die Versuchung groß, polygene Krankheiten im Prinzip auf die gleiche Weise zu erklären wie die monogenen. Doch das klappt nicht, notwendig ist hier eine grundsätzlich andere Erklärung. Um die Komplexität des Problems zu verstehen, greifen wir auf ein Beispiel des amerikanischen Genetikers Alan Templeton zurück. Die Krankheit, die Templeton beleuchtet, ist die weit verbreitete Koronare Herzkrankheit (KHK), und bei dem involvierten Gen handelt es sich um *APOE*[11]. Templeton diskutiert das Problem zwar auf Basis einer groß angelegten Untersuchung an einer ganz bestimmten Population von Amerikanern und vermutlich erscheint es auch nicht bei jeder anderen Gruppe von Menschen; dennoch verdeutlicht es die ganz allgemeine Komplexität des Beziehungsgeflechts zwischen Genen und Merkmalen.

Das *APOE*-Gen kodiert für ein Protein (Apolipoprotein E oder ApoE), das als Bestandteil von Lipoproteinen eine wichtige Rolle im Lipidstoffwechsel des Menschen (und anderer Wirbeltiere) spielt. Von diesem Gen gibt es drei weit verbreitete Allele, die wir Allel 2, 3 und 4 nennen wollen. Die beiden Proteine, für die die Allele 2 und 3 kodieren, unterscheiden sich in *einer* Aminosäure; ebenso differieren die Proteine der Allele 3 und 4 in *einer* Aminosäure. Obwohl die Unterschiede zwischen den Proteinen gering sind, zeigen Untersuchungen an verschiedenen Populationen, dass die drei Allele mit unterschiedlichen Häufigkeiten der KHK verknüpft sind. Wenn man Leute mit den drei häufigsten Genotypen vergleicht, 2/3, 3/3 und 4/3 (man beachte, dass jeder dieser Genotypen zumindest ein Allel 3 trägt), zeigt sich Folgendes: jene mit dem Genotyp 3/3 haben ein unterdurchschnittliches Risiko, eine KHK zu entwickeln; jene mit dem Genotyp 2/3 erkranken durchschnittlich oft, wohingegen jene mit dem Genotyp 3/4 mit doppelter

Wahrscheinlichkeit wie der Durchschnitt die Krankheit ausbilden. Auf den ersten Blick sieht es so aus, als sei Allel 4 der Übeltäter, das fehlerhafte, „schlechte" Allel.

Ziehen wir nun einen weiteren Aspekt in Betracht – und zwar den Cholesterinspiegel im Blutserum. Das Steroid Cholesterin (auch als Cholesterol bezeichnet) soll – wie uns allen immer und immer wieder gesagt wird – dramatische Auswirkungen darauf haben, ob wir Herz-Kreislauf-Probleme bekommen oder nicht. Leute mit einem hohen Cholesterinspiegel haben ein viel höheres KHK-Risiko für als jene mit einem niedrigen Spiegel. Dies sowie die Tatsache, dass ApoE Cholesterin im Blut transportiert, mögen zu dem Schluss verleiten, das ApoE-Gen beeinflusse den Cholesterinspiegel. Tatsächlich ist den Populationserhebungen zufolge bei Allel-4-Trägern typischerweise die Cholesterinkonzentration hoch; also verursacht das Allel 4 einen hohen Cholesterinspiegel, der wiederum für ein überdurchschnittlich hohes Risiko für die KHK verantwortlich ist. Aber so einfach ist es leider nicht!

Denn wenn man die *APOE*-Genotypen und die Serumcholesterinspiegel zusammen betrachtet, wird die Angelegenheit ziemlich kompliziert. Erstens kennzeichnet nicht alle Personen mit einem hohen Cholesterinspiegel auch ein überdurchschnittlich hohes Risiko für die KHK. Leute mit einem hohen Cholesterinspiegel und Homozygotie für das Allel 3 erkranken nicht häufiger als der Durchschnitt der Population; ihr Risiko ist sogar geringer als bei Personen mit mittlerem oder niederem Cholesterinspiegel, die aber das Allel 4 tragen. Das heißt, hohes Cholesterin ist weder hinreichende noch notwendige Bedingung für die Entwicklung einer KHK. Zweitens ist die Kombination aus Allel 4 (dem „schlechten" Allel) und hohem Cholesterin (das ja auch „schlecht" ist) keineswegs der worst case! Die übelste Kombination ist vielmehr Allel 2 und hohes Cholesterin – Personen mit diesen beiden Faktoren tragen das allergrößte Risiko für eine KHK. Nur dann, wenn man einen durchschnittlichen oder niederen Cholesterinspiegel hat, wird Allel 4 zum „schlechten" Allel, nur dann erkrankt man häufiger an KHK als Personen mit gleichem Cholesterinspiegel, doch anderen ApoE-Allelen. Mit anderen Worten: Allel 4 kann man nicht schlichtweg als fehlerhaftes Allel betrachten, das immer das Risiko für eine KHK erhöht.

Das alles mag schon jetzt ziemlich verwirrend anmuten, doch ist es erst der Anfang der ganzen Geschichte. Wie wir alle wissen, ändert sich der Cholesterinspiegel mit der Ernährung, sportlicher Betätigung und der Einnahme von Medikamenten; auch alle diese Faktoren sind zu berücksichtigen, wenn den möglichen Zusammenhang zwischen *APOE*-Gen und KHK ergründen wollen. Außerdem ist das *APOE*-Gen nur eines von mehr als 100 Genen, die an der möglichen Entwicklung dieser Erkrankung beteiligt sind; und einige dieser Gene kommen in Form von Allelen vor, deren Einfluss variiert, je nach Lebensführung und Lebensbedingungen eines Individuums. In welcher Weise ein beliebiges Gen, ein beliebiges Allel auf die Entwicklung eines Merkmals Einfluss nehmen kann, ist zum einen abhängig von der Anwesenheit anderer Gene und Allele (die im Jargon der Genetiker den „genetischen Hintergrund" bilden) und zum anderen von den Milieubedingungen.

Nun dürfte es klar sein, warum der genetische Einfluss auf diese Art von Krankheiten so schwierig einzuschätzen ist; und warum es in den meisten Fällen nicht gelingen wird (selbst wenn man dies begrüßte), gentechnisch veränderte „gute" Gene in das Erbgut des Menschen einzuführen, um dadurch wünschenswerte Wirkungen zu erzielen. Die KHK ist außerdem ein Beispiel dafür, warum all die genetische Astrologie mit der Realität wirklich überhaupt nichts zu tun hat. Das Sequenzierung des menschlichen Genoms mag uns etwas über unsere DNA sagen, vielleicht sogar etwas über unsere Gene; doch die Wechselbeziehungen zwischen diesen Genen und der Umwelt sind derart komplex, dass wir nicht die Stärken und Schwächen einer Person voraussagen können, indem wir einfach die durchschnittlichen Effekte der Gene addieren. Ein und dasselbe Gen führt nicht unter allen Umständen zum immer gleichen phänotypischen Ergebnis. Wie Biologen schon lange wissen, kennzeichnet alle vielzelligen Organismen, so auch den Menschen, eine große Entwicklungsplastizität, das heißt, das phänotypische Ergebnis hängt nicht nur von der DNA, sondern ebenso von einer Vielzahl von Umweltfaktoren ab[12].

Da ist noch etwas, was das Ansinnen, bei uns Menschen den Phänotyp aus der DNA abzuleiten, weiter verkompliziert. Manchmal gibt es zwei oder drei genetische Netzwerke, die sich aus ganz unterschiedlichen Komponenten zusammensetzen und dennoch identische phänotypische Ergebnisse herbeiführen. Manche Charakteristika des Phänotyps scheinen ziemlich veränderungsresistent zu sein, sie bleiben auch vor dem Hintergrund genetischer Unterschiede und verschiedener Umweltbedingungen im Wesentlichen erhalten. Auf der einen Seite können also identische Gene zu ganz unterschiedlichen phänotypischen Ergebnissen führen, auf der anderen können verschiedene Gene und Gennetzwerke exakt den gleichen Phänotyp bedingen.

Diese Erkenntnisse sind keineswegs neu. Viele Jahre bevor man etwas über die verwickelten Wege wusste, auf denen Gene reguliert werden und wie diese wechselwirken, und lange bevor das Konzept der genetischen Netzwerke zum Modethema wurde, hatten Genetiker erkannt, dass die Entwicklung jedes beliebigen Merkmals auf netzwerkartigen Wechselwirkungen zwischen Genen, Genprodukten und der Umwelt beruht. Ein anschauliches Bild dafür entwickelte in den 1940er und 50er Jahren der britische Embryologe und Genetiker Conrad Waddington – es ist auch heute noch von Bedeutung und hilfreich für unser Verständnis genetischer Wirkungen. Waddington zeichnete den Entwicklungsprozess als eine komplexe, von einem hohen Plateau aus abfallende Landschaft aus Hügeln und sich aufgabelnden Tälern. In dieser „epigenetischen Landschaft" (wie Waddington sie nannte) repräsentiert das Hochplateau den Ausgangspunkt der Entwicklung, also den Zustand der befruchteten Eizelle; die Täler stellen Entwicklungswege dar, die zu bestimmten phänotypischen Endprodukten führen, etwa zu einem Auge, dem Gehirn oder Herz[13]. Einen kleinen Ausschnitt aus einer solchen epigenetischen Landschaft zeigt der obere Teil der Abbildung 2.5.

Der untere Teil der Abbildung gibt Waddingtons Darstellung jener Prozesse und Wechselwirkungen wider, die – ganz wörtlich – seiner epigenetische Landschaft zugrunde liegen. Es ist eine Art Röntgenaufnahme; sie zeigt, wie die Landschaft dadurch ge-

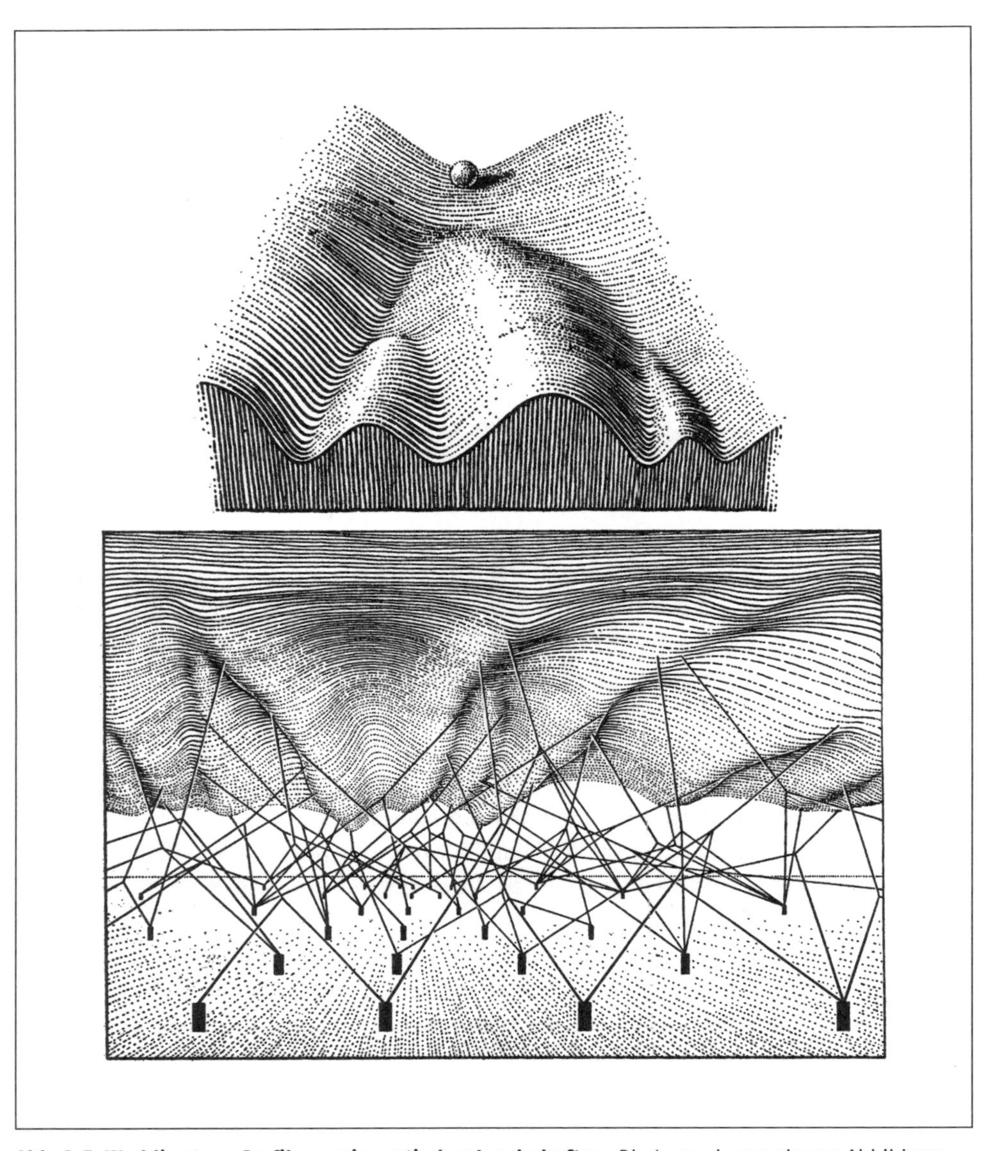

Abb. 2.5 Waddingtons Grafiken epigenetischer Landschaften. Die Legende zur oberen Abbildung beginnt mit den Worten: „Teil einer epigenetischen Landschaft. Der Pfad, dem ein Ball folgt, wenn er talabwärts auf den Beobachter zurollt, entspricht der Entwicklungsgeschichte eines bestimmten Teils der befruchteten Eizelle." (Übersetzung: M. B.).

Die untere Abbildung trägt die Legende: „Das komplexe System von Wechselwirkungen, das einer epigenetischen Landschaft zugrunde liegt. Die Pflöcke im Boden repräsentieren die Gene und die Seile, die an diesen Genen befestigt sind, jene biochemischen Tendenzen, die diese Gene produzieren. Die Form der epigenetischen Landschaft, die von oben zur Ferne hin schräg abfällt, wird durch den Zug dieser zahlreichen Spannseile, die letztlich in den Genen verankert sind, kontrolliert." (Übersetzung: M. B.) (mit freundlicher Genehmigung aus C. H. Waddington, The Strategy of the Genes, London, Allen & Unwin 1957, S. 29, 36).

formt wird, dass auf ein Netzwerk von Seilen, die an ihrer unteren Fläche befestigt sind, Kräfte einwirken. Die Seile stehen für Genprodukte, und die Gene selbst sind die Pflöcke im Untergrund. Als Beispiel betrachten wird das Tal ganz links im unteren Teil der Abbildung; nehmen wir an, dass dieses Tal den normalen Entwicklungsweg hin zu einem funktionellen Herz darstellt. Deutlich hängt dieser Entwicklungspfad von der Wechselwirkung vieler Gene (den Pflöcken) und ihrer Produkte (den Seilen) ab. Manche Täler der Landschaft sind steil und tief eingeschnitten, mit der Folge, dass die Entwicklung ziemlich stark festgelegt ist und ihr Endpunkt kaum variiert. Andere Täler sind dagegen breiter mit einem flachen Talboden, weshalb hier die Entwicklung variabler ist und die Endprodukte dem entsprechend häufig etwas verschieden ausfallen. Abänderungen in Genen oder den Milieubedingungen, die die Wechselwirkungen zwischen den Genprodukten beeinflussen, können die Form der epigenetischen Landschaft verändern und damit auch letztlich den Phänotyp. Waddington macht mit seinem Bild deutlich, dass auf die Netzwerke, die der phänotypischen Entwicklung zugrunde liegen, Gene künftig nur sehr indirekt einwirken.

Zu einer ganz anderen, doch ebenfalls äußerst aufschlussreichen Demonstration der Komplexität und Differenziertheit der genetischen Netzwerke kam es in jüngerer Zeit, als Genetiker versuchten, mit Hilfe gentechnischer Methoden ein bestimmtes Gen auszuschalten (Gen-Knockout), um dessen Beitrag zur ontogenetischen Entwicklung zu klären. Zu ihrer großen Überraschung stellten die Wissenschaftler aber fest, dass ein vollständiges Ausschalten solcher Gene, die erwiesenermaßen an wichtigen Entwicklungswegen beteiligt sind, überhaupt keine sichtbaren Folgen zeitigte – der resultierende Phänotyp blieb unverändert. Irgendwie muss das Genom den Ausfall eines Gens kompensiert haben; und dies ist tatsächlich auch geschehen. Und wie? Verschiedene Aspekte spielen hier eine Rolle. Erstens existieren von vielen Genen Kopien; selbst wenn beide Allele der einen Kopie ausgeschaltet sind, kann die Reservekopie einspringen. Zweitens können Gene, die normalerweise andere Funktionen haben, an die Stelle des stillgelegten Gens rücken. Drittens kennzeichnet das Netzwerk eine solch dynamische Struktur und Regulation, dass der Ausfall einzelner Komponenten häufig kaum oder überhaupt nicht ins Gewicht fällt. Das heißt, unter den meisten Bedingungen bleiben die Endprodukte der Entwicklung vollkommen intakt[14].

Solche Gen-Knockout-Experimente zeigen zweierlei: zum einen die enorme strukturelle und funktionelle Redundanz im Genom, zum anderen die starke Kanalisierung („kanalisiert" oder auch „gebahnt" nach Redensart der Genetiker) vieler Entwicklungswege – Mutationen machen sich deshalb phänotypisch kaum bemerkbar. Waddington selbst prägte den Terminus „Kanalisierung", um diese Art dynamischer Entwicklungspufferung zu charakterisieren.

Im vorangegangenen Kapitel kamen wir auf das Erstaunen der Leute zu sprechen, als sie in den 1960er Jahren feststellten, dass viele Gene in Form verschiedener Allele vorkommen, also Alternativen eines Genes, die kaum Auswirkungen auf das Erscheinungsbild der Organismen haben. Sie sind selektionsneutral, gehen also statistisch gesehen nicht mit erkennbaren Vorteilen hinsichtlich des Überlebens oder des Reproduktionserfolgs einher – zumindest nicht unter den Untersuchungsbedingungen. Nun, da wir mehr über die Komplexität der molekularen Vorgänge wissen, die zwischen Genotyp und Phänotyp liegen, können wir kaum mehr von einer solchen Indifferenz vieler genetischer Variationen überrascht sein. Denn wenn selbst das Ausschalten eines kompletten Gens häufig kaum irgendwelche sichtbaren Auswirkungen zeitigt, dann wäre es nicht verständlich, wenn der Austausch von nur einzelnen Nukleotiden hier und dort zwangsläufig zu phänotypischen Unterschieden führte. Das im Verlauf der Phylogenese herausgebildete Netzwerk von Wechselwirkungen, das der Entwicklung und dem Erhalt jedes Merkmals zugrunde liegt, ist imstande, die Folgen vieler genetischer Abänderungen zu mildern, zu kompensieren. Das ist der Grund, warum so viele potenziell schädliche Effekte, die mit der riesigen Zahl an genetischen Variationen einhergehen, „maskiert" und neutralisiert werden.

Gestückelte Gene

Wenn wir an dieser Stelle einmal innehalten und das bis hierher Diskutierte kurz Revue passieren lassen, so können wir feststellen, dass das Beziehungsgeflecht zwischen Genen und Merkmalen in aller Regel hochkomplex ist. Doch müssen wir einen weiteren Aspekt berücksichtigen, der das Ganze noch erheblich unübersichtlicher macht. Bis jetzt haben wir so getan, also ob jedes Gen genau für ein Produkt kodiert, weshalb zumindest auf dieser Organisationsstufe die Dinge einigermaßen kalkulierbar sein sollten; dies lässt uns auch die klassische Mendel-Genetik erwarten. Tatsächlich postulierte man in den frühen Tagen der Molekularbiologie, als man die meisten Befunde aus Studien an Bakterien gewonnen hatte, eine solche Ein-Gen-Ein-Produkt-Beziehung. Jedoch musste man in den späten 1970er Jahren zur Überraschung vieler erkennen, dass die Beziehung zwischen Genen und Proteinen normalerweise so einfach nicht liegen. Denn bei allen Eukaryoten – das sind alle Pflanzen, Tiere, Pilze und viele Einzeller, deren Zellen einen echten Zellkern enthalten – ist es nicht einfach so, dass eine durchgängige Sequenz von DNA-Nukleotiden für eine Sequenz von Aminosäuren eines Polypeptids kodiert. Vielmehr setzt sich eine DNA-Sequenz, die die Information zur Synthese eines Polypeptids enthält, aus einem Mosaik von Abschnitten zusammen, von denen einige translatiert werden, andere hingegen nicht. Die übersetzten Abschnitte, als Exons bezeichnet, werden voneinander getrennt durch eingeschobene, nicht übersetzte so genannte Introns. Zwar wird zunächst die gesamte DNA-Sequenz in RNA transkribiert, doch bevor diese RNA die Ribosomen im Zytoplasma erreicht, wird sie einen Aufbereitungsprozess unterzogen, den man „Splicing" (oder eingedeutscht: Spleißen) nennt: Große Protein-RNA-Komplexe, die „Spliceosomen", schneiden die Introns aus dem primären RNA-Transkript heraus und verbinden die übriggebliebenen Exons miteinander. Erst diese bearbeitete mRNA wird schließlich in Proteine übersetzt.

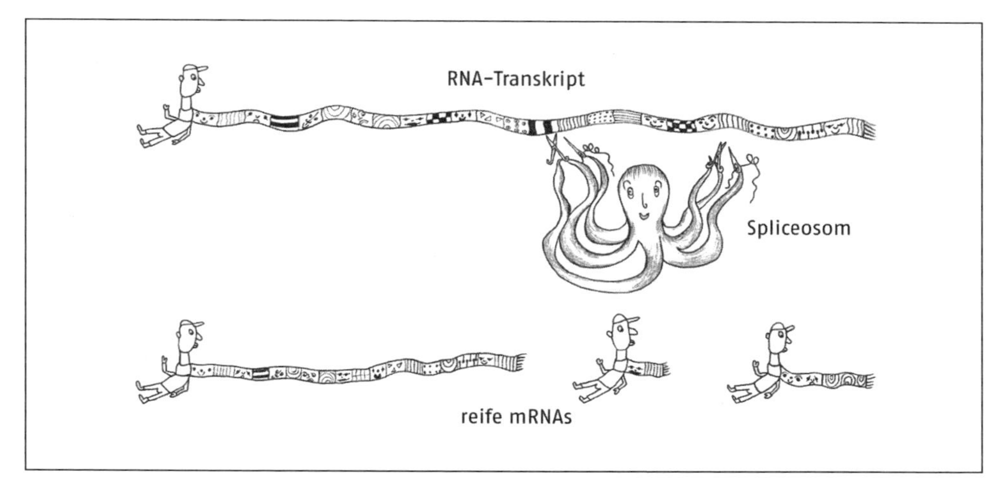

Abb. 2.6 Alternatives Spleißen. Das Spliceosom (der Krake) kann verschiedene Segmente des ursprünglichen RNA-Transkripts schneiden und verbinden und so unterschiedliche mRNAs generieren.

Das ist jedoch nicht das Ende der Geschichte. Manchmal muss das Splicing noch differenzierter vonstattengehen, weil der Status eines DNA-Abschnitts als Exon oder Intron gar nicht festgelegt ist. Beim Menschen können zumindest in 40 Prozent der RNA-Transkripte unterschiedliche Teilstücke zusammengespleißt werden. Das bedeutet, dass aus ein und derselben DNA-Sequenz nicht *eine*, sondern mehrere mRNAs entstehen und schließlich verschiedene Proteine synthetisiert werden können. Die Abbildung 2.6 zeigt das Grundkonzept dieses alternativen Spleißens.

Die „Entscheidung“ darüber, welches Polypeptid letztlich synthetisiert werden soll, hängt von den Entwicklungs- und Milieubedingungen sowie von anderen Genen des Genoms ab[15].

Ein besonders spektakuläres Beispiel für das alternative Spleißen gibt ein Gen namens *cSlo* (*cSlo* ist die Abkürzung für *chicken Slowpoke*, die Version des *Slowpoke*-Gens bei Hühnern, das auch bei *Drosophila* gefunden wird; die Details sind hier aber nicht wichtig).[16] Das *cSlo*-Gen ist beim Huhn in den Haarzellen des Innenohrs aktiv; von diesem Gen kennt man 576 Spleißvarianten. Diese kodieren für Varianten eines Proteins, das bei der Bestimmung der Tonhöhe eine Rolle spielt, auf die die Haarzellen reagieren; der Clou ist nun, dass Variationen in der Aminosäurensequenz dieses Proteins direkt mit unterschiedlichen Tonfrequenzen korrelieren, auf die verschiedene Haarzellen ansprechen. Offenbar können Hühner mit Hilfe der vielen Proteinvarianten ihre Sinneszellen im Innenohr abstimmen und so unterschiedliche Tonhöhen unterscheiden. Nach Ansicht von Genetikern stellen die homologen Gene bei der Maus und beim Menschen sogar ein noch größeres Repertoire von Spleißvarianten bereit. Allerdings hat man die Regulation des Spleißens noch nicht im Detail verstanden – es ist nicht wirklich klar, wie eine Zelle steuert, welche Segmente der primären RNA zu einer mRNA zusammengefügt und translatiert werden.

Obwohl unser Kenntnisstand noch einige Lücken aufweist, haben Molekularbiologen inzwischen erstaunlich viel über die DNA herausgefunden, ebenso darüber, wie deren Information in Zellen genutzt wird. Allerdings haben sie auch ein Problem geschaffen, das anfangs gar nicht abzusehen war. Denn wenn wir uns die Tatsache der regulatorischen DNA-Sequenzen vor Augen halten, das alternative Spleißen und noch weitere Mechanismen berücksichtigen (tatsächlich gibt es noch mehr), durch die aus ein und demselben DNA-Fragment mehrere verschiedene Produkte entstehen können, müssen wir uns fragen: Was ist eigentlich ein „Gen"? Evelyn Fox Keller, eine amerikanische Wissenschaftsphilosophin und -soziologin, setzt sich in ihrem Buch *The Century of the Gene* genau mit diesem Problem auseinander. Sie schreibt:

> „... das Gen hat einiges eingebüßt, sowohl was seine Spezifität als auch seine Wirkkraft betrifft. Die Biosynthese welches Proteins soll ein Gen veranlassen, und unter welchen Bedingungen? Wie trifft es seine Entscheidungen? In Wirklichkeit trifft es überhaupt keine. Die Verantwortlichkeit für die Entscheidung liegt ganz woanders, nämlich in der komplexen Regulationsdynamik der Zelle als Ganzer. Von diesem dynamischen Netzwerk und nicht von den Genen selbst gehen die Signale aus, die das spezifische Muster des endgültigen RNA-Transkripts festlegen." (Keller 2000, S. 63; Übersetzung: M. B.)*

Ganz offensichtlich sind die Beziehungen zwischen Genen und den sichtbaren Merkmalen in der Realität ganz anders, als sie gewöhnlich in der Öffentlichkeit dargestellt werden. Die Vorstellung, ein Gen sei eine DNA-Sequenz, die für ein Produkt kodiere, dass Abänderungen in DNA-Sequenzen entsprechende Abänderungen im Produkt verursachen und damit auch im Phänotyp, eine solche Vorstellung ist viel zu simpel. Kodierende Sequenzen machen nur einen kleinen Teil der DNA aus; und die DNA ihrerseits ist lediglich *eine* Komponente in jenem Netzwerk der Zelle, das darüber befindet, welche Produkte synthetisiert werden sollen. Wann und wo diese Produkte hergestellt werden, hängt davon ab, was in anderen Zellen geschieht und wie die Milieubedingungen sind. Zell- und Entwicklungsnetzwerke sind derart komplex, dass es vollkommen unmöglich ist, das Wesen einer Person allein durch Diagnose ihrer DNA zu erfassen. Mag der Traum der genetischen Astrologie rhetorisch wirksam und auch marktwirtschaftlich erfolgversprechend sein – er ist eben nichts weiter als ein Traum.

---

* *„... the gene has lost a good deal of both its specificity and its agency. Which protein should a gene make, and under what circumstances? And how does it choose? In fact, it doesn't. Responsibility for this decision lies elsewhere, in the complex regulatory dynamics of the cell as a whole. It is from these regulatory dynamics, and not from the gene itself, that the signal (or signals) determining the specific pattern in which the final transcript is to be formed actually comes."* (Keller 2000, S. 63)

DNA-Abänderungen während der ontogenetischen Entwicklung

Jetzt muss noch ein letzter Aspekt angesprochen werden, der das Verhältnis zwischen Information der DNA und den Merkmalen eines Individuums weiter verkompliziert. Viele mag schon die Tatsache überraschen, dass Zellen nicht nur über ein leistungsfähiges Arsenal an Enzymen verfügen, die aus der DNA abgeleitete RNA in Stücke hackt und wahlweise wieder verbindet. Doch es geht noch weiter: Zellen sind auch noch mit Enzymen ausgestattet, die die DNA selbst schneiden, spleißen und an ihr sonstwie herumbasteln. Denn Abänderungen der DNA ist bei vielen Tieren Bestandteil ihrer normalen ontogenetischen Entwicklung; und diese natürlichen gentechnischen Prozesse (*natural genetic engineering*) bringen es mit sich, dass bei diesen Tieren nicht alle Zellen eines Individuums die identische genetische Information tragen[17].

Eines der spektakulärsten Beispiele für entwicklungsspezifische Abänderungen der DNA gibt unser Immunsystem. Während der Reifung der Lymphozyten (der Weißen Blutkörperchen, die Antikörper gegen Infektionserreger und fremde Zellen herstellen) werden DNA-Sequenzen in den Antikörper-Genen ausgeschnitten, an eine andere Stelle verfrachtet, dort wieder eingebunden und auf verschiedene Weise chemisch modifiziert, sodass immer neue DNA-Sequenzen entstehen. Da es so viele Möglichkeiten gibt, die verschiedenen DNA-Stücke abzuändern und miteinander zu verbinden, entsteht letztlich eine riesige Anzahl unterschiedlicher Sequenzen, von denen jede einzelne für ein spezifisches Antikörperprotein kodiert. Dies bedeutet auch, dass sich die DNA eines Lymphozyten nicht nur von der der meisten anderen Lymphozyten unterscheidet, sondern auch von der aller anderen Körperzellen.

Die Art und Weise, wie die DNA in den Zellen des Wirbeltier-Immunsystems immer wieder neu organisiert wird, ist zwar in der Tat schon sehr bemerkenswert, doch sollte man dies nicht für eine sonderbare Ausnahme halten. Entwicklungsspezifische Abänderungen der DNA hat man bei vielen Organismen gefunden, wenngleich auch nicht alle ganz so eindrucksvoll sind. Einige wurden schon vor langer Zeit entdeckt. Im späten 19. Jahrhundert, als August Weismann und andere die Einzelheiten der Zellteilung aufzudecken suchten, war eines ihrer bevorzugten Untersuchungsobjekte *Ascaris* (*megalocephala*), ein im Darm von Pferden parasitisch lebender Fadenwurm (Nematode). Der Pferdespulwurm ist deshalb so hervorragend geeignet, weil seine Zellen nur ganz wenige und dazu noch sehr große Chromosomen tragen. Leider erkannte man damals nicht, dass die genetischen Vorgänge während der Entwicklung von *Ascaris* ziemlich ungewöhnlich sind und keineswegs dem Normalfall bei Tieren entsprechen: In der frühen Ontogenese kommt es zu der heute so bezeichneten Chromatin-Diminution, die in Abbildung 2.7e illustriert ist: In den Zelllinien, aus denen die Körperzellen hervorgehen, werden große Teile der Chromosomen abgebaut, nur die Keimzellen bewahren die vollständigen Chromosomen. Dieses ungewöhnliche Phänomen spielt eine Rolle bei etwas, was wir in Kapitel 1 angesprochen haben, als wir Weismanns Vorstellungen zu Entwicklung und Vererbung diskutierten.

Weismann nahm ja (irrtümlich) an, dass das nukleäre Erbmaterial im Verlauf der Entwicklung immer einfacher werde, immer weiter an Komplexität verliere. Als Ursachen nannte er zum einen eine ungleiche Kernteilung; zum anderen meinte er, Erbmaterial wandere aus dem Kern ins Zytoplasma, um dort zellphysiologische Prozesse zu dirigieren. Als man die Chromatin-Diminution bei *Ascaris* entdeckte, war Weismann erfreut, denn es schien gerade jene Art von Beweis zu sein, den er für seine Hypothesen zur Kontinuität des Keimplasmas und zur chromosomalen Kontrolle der Entwicklung benötigte.[18]

Ascaris ist hinsichtlich der genetischen Vorgänge während der Ontogenese zweifellos ein ungewöhnliches Wesen – denn die allermeisten Tiere zeigen keinen massiven Chromatinabbau im Verlauf der Entwicklung ihrer Körperzellen. Doch wenn man einmal die Chromosomen und die DNA anderer Tiere während der Ontogenese genauer unter die Lupe nimmt, beobachtet man bei nicht wenigen ebenso allerlei seltsame Dinge. Nehmen wir das genetische „Arbeitspferd", die Taufliege *Drosophila*. Enthalten alle ihre Zellen die gleiche DNA? Ganz und gar nicht. Einige Zellen sind polyploid, das heißt, während der Entwicklung verdoppeln sich dort die Chromosomen, doch kommt es anschließend zu keiner Mitose; so enthalten diese Zellen vier, acht oder sogar 16 Kopien eines jeden Chromosoms statt wie gewöhnlich zwei. Dies zeigt die Abbildung 2.7a. Einen weiteren Typ von Chromosomen-Besonderheit bei *Drosophila* illustriert die Abbildung 2.7b. Was die Taufliege für die Genetiker zu einem so wertvollen Studienobjekt macht, hat auch damit zu tun, dass bei ihr einige Zelltypen mit polytänen Chromosomen vorkommen. Polytäne Chromosomen entstehen, wenn sich die DNA viele Male repliziert und dabei einen zusammenhängenden Verbund bildet, sodass die Chromosomen vielsträngig werden. In der Abbildung 2.7b ist ein achtsträngiges Chromosom zu sehen. Manche polytäne Chromosomen bei *Drosophila* sind riesig, mit über 1000 parallelen Strängen; an ihnen kann man relativ leicht erkennen, an welcher Stelle im Chromosom sich spezifische Gene befinden. Ebenfalls bemerkenswert ist, dass häufig nicht das gesamte Chromosom im gleichen Umfang vervielfältigt wird, sondern der eine Teil weniger (Unterreplikation), der andere stärker (Amplifikation) – dies illustrieren die Abbildungen 2.7c und d. In den Speichelzellen der Fliegenlarven, bei denen die Polytänie extrem ist, wird das Heterochromatin nur ganz geringfügig repliziert. Heterochromatin bedeutet eigentlich „anders gefärbtes" chromosomales Material, so sieht es jedenfalls unter dem Mikroskop aus. Doch wir wissen inzwischen, dass heterochromatische Bereiche häufig große Blöcke einfacher nichtkodierender DNA enthalten. So ist es auch bei *Drosophila*; deshalb ist es nicht verwunderlich, dass in den sehr aktiven Speichdrüsenzellen gerade dieses Heterochromatin am wenigsten repliziert wird. Dagegen werden bei *Drosophila* bestimmte Chromosomenbereiche anderer Zellen übermäßig stark repliziert. So sind bei den Weibchen in den Follikelzellen, die die sich entwickelnden Eizellen umgeben, die DNA-Abschnitte mit den Genen für die Eischalen in mehr Kopien vertreten als andere Abschnitte. Die selektive verstärkte Replikation dieser sehr aktiven Gene ist ganz offensichtlich sinnvoll.

Es wäre ein Leichtes, weitere Beispiele eigenartiger Veränderungen von Chromosomen oder der DNA im Verlauf der Ontogenese zu schildern – etwa die Elimination der

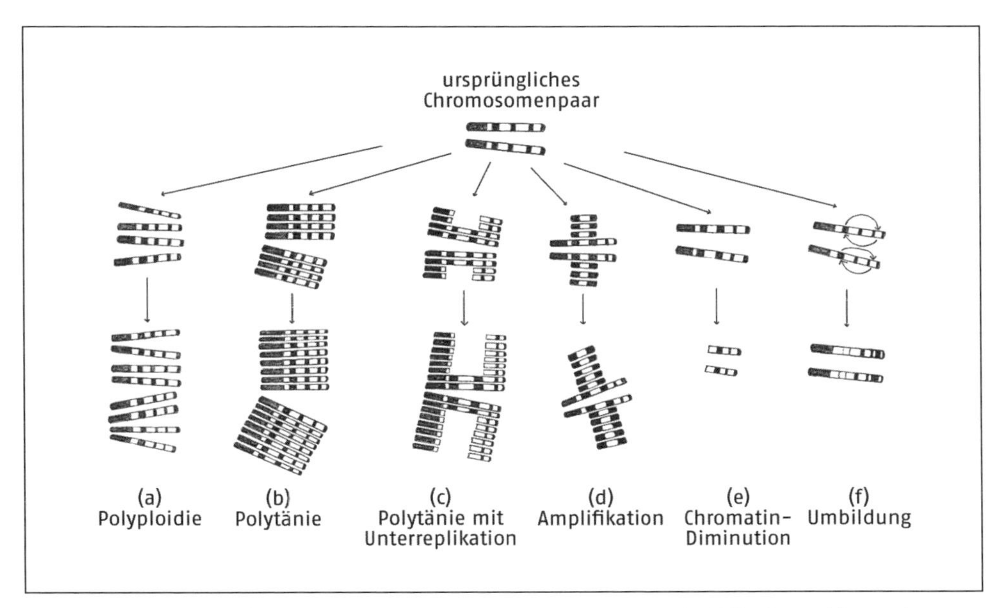

Abb. 2.7 Regulierte Abänderungen der DNA. Ganze Chromosomen oder Teile davon können im normalen Verlauf der Ontogenese abgebaut, vervielfältigt oder umstrukturiert werden (das charakteristische Bandenmuster eines Chromosoms entsteht durch Behandeln mit bestimmten Farbstoffen, wodurch ein Identifizieren aller Chromosomen möglich ist).

Hälfte aller Chromosomen, wie sie bei einigen Insekten vorkommt, oder die Amplifikation ribosomaler Gene während der Entwicklung einiger Amphibieneier. Doch vermutlich reicht das Gesagte aus, um das Entscheidende zu verstehen: Zellen sind in der Lage, ihre DNA kontrolliert abzuändern. Diese Abänderungen sind Teil der normalen Entwicklung; und wie jeder andere Entwicklungsprozess stehen diese Abänderungen unter der Kontrolle des Zellmilieus. Die Existenz eines solchen „natural genetic engineering" wirkt sich darauf aus, wie wir über das Verhältnis zwischen DNA und Phänotyp denken. Wenn wir nun noch einmal auf Richard Dawkins und sein Bild zurückkommen, wonach die DNA das „Rezept" repräsentiert und der Körper den „Kuchen", so sehen wir jetzt: Die Entwicklung (das Backen) kann das Rezept also doch ändern! Veränderungen in Körperzellen können also doch Auswirkungen auf die DNA-Sequenz haben. Allerdings – und dies sei betont – ereigneten sich in allen unseren Beispielen die ontogenetisch kontrollierten DNA-Abänderungen immer in Körperzellen, nicht in Keimzellen – und dies bedeutet, dass sie keine Auswirkungen auf die nächste Generation haben sollten. Das „Rezept" in der Keimbahn bleibt unverändert. Doch wie der amerikanischen Genetiker James Shapiro schon vor einigen Jahren bemerkte, sollte uns die Tatsache zu denken geben, dass in der Zelle eine Maschinerie existiert, die regulierte DNA-Abänderungen ermöglicht. Ähnliche Prozesse könnten in den Keimzellen ablaufen und dann womöglich eine evolutionäre Rolle spielen. Shapiro schreibt:

„Diese molekularbiologischen Erkenntnisse [Shapiro bezieht sich hier auf die ontogenetisch kontrollierten DNA-Abänderungen] erfordern neuen Konzepte dazu, wie Genome organisiert und reorganisiert werden, sie eröffnen neue Möglichkeiten, wie wir über Evolution denken. Wir müssen uns die Evolution nicht mehr als einen langsamen Prozess vorstellen, der immer von zufälligen (d. h. ‚blinden') genetischen Abänderungen und allmählichem phänotypischem Wandel abhängig sein soll. Wir sind nun vielmehr frei, uns die Evolution in Form realer molekularer Prozesse vorzustellen, als rasche Umstrukturierungen des Genoms, dirigiert durch biologische Rückkopplungsnetzwerke." (Shapiro 1999, S. 32; Übersetzung: M. B.)*

Im nächsten Kapitel wollen wir diese Behauptung einer kritischen Analyse unterziehen, also die These, Enzyme der Zelle seien imstande, *erbliche* genetische Abänderungen herbeizuführen; danach sollten sie eine aktive Rolle bei der Generierung jener erblichen Variabilität spielen, die der natürlichen Selektion als Rohmaterial dient.

Dialog

A. D.: Sie haben die angeblich spezifischen Eigenschaften des genetischen Vererbungssystems genannt: Es sei modular organisiert, es enthalte Information in kodierter Form, das Kopieren der Information sei unabhängig von deren Inhalt und es schaffe unbegrenzte erbliche Variabilität. Mir scheinen diese Merkmale aber nicht allzu spezifisch. Sie kennzeichnen doch auch jenes Informationsübertragungssystem, das wir eben gerade benutzen – die Sprache; und das Sprachsystem unterscheidet sich ist ganz sicherlich vom genetischen. Wenn zwei so unterschiedliche Systeme in dieser Hinsicht einander ähnlich sind, warum machen Sie dann ein solches Aufheben um diese Eigenschaften? Inwiefern helfen sie uns, die Einzigartigkeit des DNA-Systems zu verstehen?

M. E.: Sie haben Recht, die genannten Merkmale charakterisieren tatsächlich sowohl das genetische wie das sprachliche System. Doch bedeutet dies nicht, dass diese Merkmale unerheblich oder selbstverständlich sind; denn längst nicht alle Informationsübertragungssysteme zeichnen sich dadurch aus. Nehmen wir als Beispiel folgenden Fall: Eine Mutter überträgt aufgenommene Nahrungsmoleküle an ihren Säugling durch die Muttermilch, wodurch sich die zukünftigen Nahrungspräferenzen des Kindes denen der Mutter annähern. Die Nahrungsmoleküle sind kein Bestandteil eines zufälligen kombinatorischen Kodes, und die gespeicherte Information ist nicht in Form einer linearen Sequenz von Modulen organisiert. In späteren Kapiteln werden wir auf eine Vielzahl wei-

---

* *„These molecular insights lead to new concepts of how genomes are organized and reorganized, opening a range of possibilities for thinking about evolution. Rather than being restricted to contemplating a slow process depending on random (i. e., blind) genetic variation and gradual phenotypic change, we are now free to think in realistic molecular ways about rapid genome restructuring guided by biological feedback networks."* (Shapiro, 1999 S. 32)

terer Fälle von Informationsübertragung eingehen, bei denen die Information ganz anders organisiert ist. Sie werden sehen, wenn wir die Einheiten der Variation so beschreiben, wie wir es getan haben, wird es leichter sein, über Vererbung mittels verschiedener Informationsübertragungssysteme nachzudenken und Unterschiede zu erkennen. Die Tatsache, dass es zwischen dem genetischen und sprachlichen System einige markante Gemeinsamkeiten gibt, ist wichtig; und wir werden später sehen, dass diese Ähnlichkeit einiges darüber sagt, welche spezifische Rolle diese beiden Systeme im Evolutionsgeschehen spielen.

A. D.: Gut, dann gedulde ich mich vorerst. Was mich auch nicht sonderlich beeindruckt hat, war Ihr Spott über die „genetische Astrologie". Sie haben mich vielleicht davon überzeugt, dass wir vom Szenario eines singenden Embryos weiter entfernt sind als ich vermutet hatte, doch nicht davon, dass ein solches Szenario in Zukunft immer unmöglich bleiben wird. Nehmen Sie Ihr Beispiel von der Koronaren Herzkrankheit (KHK). Die Bevölkerungsstudie zeigte doch *gerade*, dass jene Personen, die das Allel 4 tragen, im Durchschnitt ein signifikant höheres Risiko haben, an KHK zu erkranken als Personen mit anderen Allelen. Und dies bedeutet doch, dass man Leuten mit dem Allel 4 zu einer umsichtigen Lebensführung raten kann. Ist das nicht ein erster wichtiger Schritt?

M. E.: Diese Art von Ratschlägen kann sehr gefährlich sein; denn wenn man einer Einzelperson Empfehlungen geben oder sie behandeln will aufgrund der *durchschnittlichen* Effekte eines Gens, mag man unter Umständen genau das Falsche tun. Erinnern Sie sich daran, dass für Personen mit einem hohen Cholesterinspiegel das Allel 2 ein höheres KHK-Risiko bedeutete als das „schlechte" Allel 4. Wenn wir auf die Wechselwirkungen schauen, können wir häufig Risiken besser abschätzen als wenn wir allein den *APOE*-Genotyp oder den Cholesterinspiegel in Betracht ziehen. In den allermeisten Fällen, in denen Gene bei einer Krankheit eine Rolle spielen, gibt es eine Menge Wechselwirkungen, von denen wir aber kaum etwas Konkretes wissen; vermutlich gibt es überhaupt keine absolut „guten" oder „schlechten" Allele. Gerade aufgrund der unzähligen Interaktionen kann ein bestimmtes Allel in dem einen genetischen oder umweltspezifischen Kontext günstige Wirkungen entfalten, in einem anderen dagegen ganz abträgliche. Das Wissen um den *durchschnittlichen* Effekt eines bestimmten Allels hilft überhaupt nicht dabei, den Effekt dieses Allels im konkreten Einzelfall zu prognostizieren. Vergessen Sie nicht: Statistiker hatten dem Jungen, der in einem Brunnen ertrank, zuvor gesagt, dass dieser durchschnittlich nicht tiefer als 20 Zentimeter sein würde. Durchschnittswerte verdecken die individuelle genetische Variabilität – das ist gerade der Sinn eines Mittelwerts. Wir haben ja schon gesagt, dass viele Allele *durchschnittlich* selektionsneutral sind, *statistisch* gesehen ist es gleichgültig, welches Allel ein Individuum trägt. Unter verschiedenen konkreten Bedingungen kann es sehr wohl starke Unterschiede in den Wirkungen geben, günstige unter den einen, ungünstige unter anderen – wenngleich sich *statistisch* die Effekte aufheben mögen. Mit anderen Worten: Durchschnittlich neutral bedeutet nicht, dass ein Allel unter allen Bedingungen den gleichen Effekt hat.

A. D.: Gut, es wird also noch lange dauern, bis Wissenschaftler die komplexen Zusammenhänge zwischen verschiedenen Genen und der Umwelt verstehen werden und das individuelle Risiko einer KHK sicher beurteilen können. Doch eines Tages wird es so weit sein. Die Computer in den genetischen Instituten der Zukunft werden ihre Voraussagen nicht auf Basis durchschnittlicher Genwirkungen und irgendwelcher grober Umweltszenarios erstellen, sondern aufgrund konkreter Analysen der Wechselwirkungen zwischen Genen vor dem Hintergrund verschiedener gut definierter Milieuverhältnisse. Die genetische Beratung der Zukunft wird sich auf viel bessere Kenntnisse stützen können, einschließlich jener über die komplexen genetischen Netzwerke, von denen Sie gesprochen haben. Eines Tages werden wir in der Lage sein, auf Basis genetischer Information ziemlich präzise Voraussagen darüber zu machen, wie sich bei einem Individuum alle möglichen Eigenschaften – einschließlich mentaler Fähigkeiten – mit einiger Wahrscheinlichkeit entwickeln werden. Nicht anerkennen zu wollen, dass sämtliche Eigenschaften des Menschen – eben auch seine geistigen Möglichkeiten – auf einer starken genetischen Basis stehen, zeugt doch von Ignoranz.

M. E.: Selbstverständlich, da kann es keine zwei Meinungen geben: Es gibt keine biologische Eigenschaft ohne genetische Basis. Die Frage ist aber, ob eine Abänderung in einem Gen eine Abänderung im Merkmal verursacht, und wenn ja, wie und unter welchen Bedingungen es dazu kommt. Wissenschaftler werden sicherlich in Zukunft in der Lage sein, für einige Merkmale auf der Grundlage verfügbarer genetischer Information gewisse Prognosen zu erstellen; vor allem in den Fällen, bei denen Abwandlungen in *wenigen* Genen die Entwicklung eines Merkmals sehr stark abändern und die Entwicklungsbedingungen einigermaßen gut abzusehen sind. Das wird bei einigen Krankheiten wohl tatsächlich so kommen, und das ist natürlich wunderbar. Wenn es möglich werden sollte, das konkrete Erkrankungsrisiko einer Person aufgrund ihrer genetischen Konstitution und in Anbetracht wahrscheinlich eintretender Lebensumstände ziemlich konkret zu beziffern, wäre das ein wahrer Segen. Doch für all jene Merkmale, die unter dem Einfluss vieler Gene stehen, jedes davon mit geringer Wirkung, und wenn sich diese Merkmale unter hoch komplexen Bedingungen entwickeln (wie diese etwa bei allen Verhaltensmerkmalen der Fall ist), scheint eine solche Prognose extrem unwahrscheinlich. Die Zahl der Möglichkeiten ist einfach zu groß. Die Interpretation der genetischen Information hängt von viel zu vielen Unwägbarkeiten ab. Stellen wir uns doch nur einmal ein Merkmal vor, das von nicht allzu vielen Genen beeinflusst wird – sagen wir 20, jedes davon mit zwei Allelen; schon jetzt sprechen wir von möglichen genetischen Kombinationen in einer Größenordnung von mehr als einer Million, mehr als einer Million Genotypen. Und hier sind nicht einmal die Kombinationen der Genotypen mit verschiedenen Umweltbedingungen berücksichtigt. Wenn man komplexe Merkmale wie kognitive Fähigkeiten betrachtet, so hat man bei ihrer phänotypischen Ausprägung Dutzende oder Hunderte von Genen zu berücksichtigen, einige mit vielen Allelen – und hier weiß man nicht einmal, wie man „Umwelt" überhaupt definieren soll. Es sind so viele soziale und psychische Entwicklungsfaktoren denkbar, die für die Entwicklung solcher Merkmale eine Rolle spielen – wohl annähernd so viele wie es Menschen gibt. Zudem resultiert das Entwicklungsmilieu teilweise aus dem Verhalten des betrachteten Individuums selbst!

A. D.: Ich bin mir nicht sicher, ob man nicht doch Methoden entwickeln kann, mit denen sich solche komplexen Fälle untersuchen lassen. Außerdem meinten Sie ja, ungeachtet der Unmenge an genetischer Variabilität häufig den gleichen, normalen Phänotyp zu erhalten, selbst wenn man Gene stilllege – und zwar aufgrund der ganzen Redundanz und des Kompensationspotenzials im genetischen System. Man kann nicht das eine verlangen und dann das Gegenteil wollen! Es ist doch unsinnig, wenn Sie auf der einen Seite behaupten, es gebe praktisch eine unbegrenzte Zahl verschiedener Möglichkeiten, auf der anderen aber zugeben, alle seien gleichwertig und führten im Prinzip zum gleichen Phänotyp. Wenn das stimmt, was Sie sagen, bedeutet es doch, dass die große Mehrzahl aller genetischer Kombinationen und Genotyp-Umwelt-Konstellationen zum gleichen Ergebnis führt. Vielleicht werden wir dann, wenn wir die Entwicklungsnetzwerke besser verstehen, auch Methoden erarbeiten können, mit denen sich voraussagen lässt, unter welchen Bedingungen die Entwicklung von der Norm abweicht und in welcher Richtung dies erfolgen wird.

M. E.: Da könnten Sie Recht haben. Vielleicht bekommen wir tatsächlich eines Tages solche Methoden an die Hand. Aber indem sie die Entwicklung solcher Methoden propagieren, erkennen Sie doch bereits an, dass diese auf einer anderen als der im Augenblick favorisierten Grundlage arbeiten müssen, auf andersartigem Denken über die kausalen Beziehungen zwischen Genen und Merkmalen beruhen – zentrale Bedeutung müsste dabei die Idee des Netzwerks haben, seine Dynamik und seine integrierten Kompensationsmechanismen. Bedenken Sie: Selbst wenn wir von einer Millionen Genkombinationen nur ein Prozent in Betracht ziehen, das sichtbare Auswirkungen auf den Phänotyp hat, sprechen wir immer noch von 10 000 Kombinationen. Viele Genotypen, die unter normalen Umständen auch zu einem normalen Phänotyp führen, zeigen unter sehr ungewöhnlichen, mit Stress verbundenen Bedingungen erhebliche phänotypische Abweichungen.

A. D.: Doch muss es Situationen geben, in denen geringfügige Änderungen in einem Regulatorgen die Expression vieler Gene beeinflussen. In solchen Fällen könnten wir doch die Auswirkungen einer kleinen genetischen Abwandlung auf das phänotypische Merkmals voraussagen.

M. E.: So kann es tatsächlich sein, doch nur, wenn das genetische System streng hierarchisch organisiert ist; das heißt, wenn es Regulatorgene mit starkem Einfluss auf die Aktivität anderer Gene gibt, die selbst etwas schwächeren Einfluss auf wieder andere Gene haben und so fort. In manchen Fällen scheint das genetische System tatsächlich auf diese Weise organisiert zu sein, doch ist dies ganz bestimmt nicht die Regel. Meistens wird man mit Netzwerken zu tun haben, die viel flexibler und weniger scharf fassbar sind. Funktionen sind hier viel stärker verteilt. Und in solchen nichthierarchischen Systemen kann man eben nicht aus einer Abänderung in der DNA-Sequenz eines einzelnen Regulatorgens auf die Abänderung im Phänotyp schließen.

A. D.: Wollen Sie damit andeuten, dass wir hier für immer im Dunkeln tappen werden? Die Geschichte zeigt doch, dass sich solche Prophezeiungen noch jedes Mal als falsch herausgestellt haben.

M. E.: Nein, natürlich verharren wir nicht im Tal der Unkenntnis – doch gelangen wir auch ganz bestimmt nicht dadurch zum Licht der Erkenntnis, dass wir ausschließlich DNA oder auch Proteine analysieren. Es ist reichlich naiv zu glauben, dass wir nur herausfinden müssten, welche DNA-Sequenz welche Proteine produziert, um mögliche Krankheiten vorauszusehen und ihre Genese gleich im Ansatz zu verhindern. Die Vorstellung, mit der Kenntnis von DNA-Sequenzen unsere gesundheitlichen und sozialen Probleme lösen zu können, womöglich auf globaler Ebene, ist lächerlich, wenn nicht zynisch und verantwortungslos. Nicht von ungefähr erinnert uns der amerikanische Genetiker Richard Lewontin immer wieder an die politische Brisanz der DNA-Doktrin. Wenn wir 95 Prozent der Gesundheitsprobleme weltweit tatsächlich lösen wollen, dann müssen wir den Menschen genügend zu essen geben und dafür sorgen, dass sie sauberes Trinkwasser und saubere Luft zum Atmen haben. Doch selbst wenn wir nur um jene wenigen gut Ernährten besorgt sind, die vielleicht von gentherapeutischen Maßnahmen profitieren könnten, sind wir auf dem Holzweg. Die so viel gepriesene Aussicht darauf, dass in Zukunft jedermann eine kleine Magnetkarte trägt, auf der die eigene DNA-Sequenz eingetragen ist, deren Information Wissenschaftler auslesen und auf diese Weise individuelle Qualitäten ablesen, genetische Schwachpunkte erkennen und viele Gesundheitsprobleme gleich lösen könnten, ist völlig unrealistisch.[19]

A. D.: Ich glaube schon, dass eine solche Karte eines Tages Realität sein wird; auch wenn sie vielleicht nur partiell von Nutzen sein sollte. Aber sagen Sie, welchen Nutzen hat eigentlich die molekulare Genetik für die Medizin bisher gebracht? Man hört zwar eine Menge davon, doch was tatsächlich an Fortschritten erzielt wurde, ist für mich nicht recht einsichtig.

M. E.: Als im Jahr 1998 David Weatherall, Direktor am Institut für Molekulare Medizin an der Universität Oxford, sich genau diese Frage stellte, lautete seine Antwort im Prinzip: noch nicht sehr viel[20]. Die Antwort könnte heute nicht anders ausfallen. Allerdings müssen wir – wie dies auch Weatherall getan hat – die Antwort etwas differenzieren, denn die molekulare Genetik ist inzwischen für das pränatale Aufspüren einiger genetischer Defekte ganz grundlegend geworden. Wir hatte ja festgestellt, dass immerhin zwei Prozent aller Krankheiten monogen sind; auf eine Vielzahl davon kann man heute Zellen oder Gewebe des Embryos untersuchen und ziemlich sichere Aussagen treffen, ob der betreffende Mensch später eine solche Krankheit entwickeln wird oder nicht. Das ist enorm wichtig. Es gab eine Zeit, in der in bestimmten Populationen fast ein Prozent aller Neugeborenen mit Thalassämie, einem Typ schwerer Anämie, geboren wurde; es betraf Tausende von Kindern auf der ganzen Welt. Doch dank genetischer Beratungsgespräche, Pränataldiagnostik und selektiver Abtreibung konnte die Zahl hoffnungslos kranker Kinder in vielen Populationen gewaltig verringert werden. Dies ist ein Beispiel für einen wirklich segensreichen Beitrag der Molekulargenetik.

Doch was die übrigen 98 Prozent genetischer beeinflusster Krankheiten betrifft, sind bis jetzt keine derartigen Vorhersagen möglich, geschweige denn kausale Behandlungen. Die allzu häufigen medialen Verlautbarungen über die angebliche Entdeckung von Genen für dies und das sind entweder naiv, abstrus oder ganz einfach irreführend. Das Versprechen, Krankheiten zu heilen, indem man genetisch Kranken normale Gene implantiert – die Rede ist also von Gentherapie –, wurde bis jetzt nicht eingehalten. Allerdings will ich schon zugeben, dass sich mit Blick auf eine oder zwei monogene Krankheiten ein Silberstreif am Horizont abzeichnet. Selbstverständlich dauert es immer eine lange Zeit, bis eine neue Technik Früchte trägt; gleichwohl scheint uns die gegenwärtige Fixierung auf Gene beklagenswert und fehlgeleitet. Was wir unbedingt ebenso berücksichtigen müssen, sind nichtgenetische übertragbare Faktoren. Man weiß schon jetzt, dass erbliche nichtgenetische Variationen physiologischer und morphologischer Natur Einfluss auf komplexe Krankheiten haben[21], darüber werden wir im Detail in Kapitel 4 sprechen. Gene sind nur Teil des Gesamtsystems, das wir auch als Ganzes verstehen müssen, um Krankheiten wirksam behandeln zu können. Jedenfalls ist das Sequenzieren von Genen nicht der magische Schlüssel zu ewiger Gesundheit.

A. D.: Das ist schade! Dennoch geben Sie ja zu, dass die molekulare Genetik wichtige Analyseinstrumente bereitstellt. Ich bin noch immer darauf gespannt, welche Information wir durch das Identifizieren aller unserer Gene erhalten. Sie meinten, gegenwärtig schätze man die Zahl der Gene beim Menschen auf etwa 25 000, und das ist ja tatsächlich nicht überwältigend viel. Genetiker sollten sich eigentlich glücklich schätzen, nicht noch viel mehr Gene untersuchen und eventuell abändern zu müssen.

M. E.: Mag sein, die Zahl der Gene wird ständig korrigiert, doch die relative geringe Anzahl bedeutete für die Genetiker fast einen Schock. Die Leute fühlten sich verunsichert, denn sie hatten mit fast viermal so vielen Genen gerechnet.

A. D.: Warum? Die Zahl möglicher Wechselwirkungen zwischen 25 000 Genen – von denen viele Vorlage für mehrere Proteine sind – ist doch astronomisch hoch. Warum also sollten sie verunsichert sein? Wenn es auf der einen Seite weniger Gene geben mag als angenommen, auf der anderen jedoch viele Proteine und viele Wechselwirkungen stehen, wo ist dann das Problem?

M. E.: Ein Problem besteht zum Beispiel darin, dass es einen Nematoden mit weniger als 1000 Körperzellen gibt, die 19 000 bis 20 000 Gene tragen; und die Taufliege *Drosophila* hat etwa 13 000 bis 14 000 Gene[22]. Das ist nicht sehr viel weniger als wir haben. Phänotypische Komplexität ist also ganz offensichtlich nicht mit der Zahl Protein-kodierender Gene korreliert, auch nicht mit der Anzahl möglicher Genkombinationen.

A. D.: Und? Warum sollte dies so sein? Aus meiner Sicht wäre die Vorstellung reichlich naiv, der Mensch sei einfach deshalb besonders komplex organisiert, weil er besonders viele Gene habe. Nach allem, was ich höre, teilen wir 99 Prozent unserer Gene mit dem Schimpansen; allein das weist doch darauf hin, dass die Zahl der Gene nicht ausschlaggebend sein kann. Doch fürchte ich, den roten Faden verloren zu haben. Es ist ja äußert interessant, etwas über die wunderbaren Erkenntnisse der modernen Genetik zu erfahren und darüber, wie schrecklich kompliziert alles ist. Doch was hat das Ganze mit Evolution zu tun?

M. E.: Die komplexe Beziehung zwischen Genen und der Entwicklung von Merkmalen ist in zweierlei Hinsicht wichtig für die Evolution. Erstens schärft es unseren Blick, wie wir über Evolutionsmechanismen nachdenken sollten. Wenn eine Anpassung vom mehreren Genen abhängt, dann müssen wir uns Gedanken darüber machen, wie sich die Aktivität des ganzen Beziehungsnetzwerks durch Selektion von Mutationen, von denen wir gewöhnlich annehmen, sie ereigneten sich zufällig in einzelnen Genen, entwickeln kann. Dies bedeutet zwingend, dass wir bei phylogenetischen Betrachtungen stets Ontogenese und Entwicklungsregulation im Blick haben müssen, ebenso die Selektion für entwicklungsspezifische, physiologische und verhaltensspezifische Stabilität und Flexibilität genetischer und zellulärer Netzwerke.

A. D.: Bevor Sie zum zweiten Punkt kommen, möchte ich beim ersten etwas richtigstellen. Wenn ich Sie richtig verstanden habe, sagen Sie, kein seriöser Genetiker spreche einem genetischen Determinismus das Wort, weil der Phänotyp immer das Ergebnis äußerst komplizierter Wechselwirkungen zwischen genetischer Information und den Lebensbedingungen sei. Wenn also in der Öffentlichkeit von Genen „für" komplexe Merkmale die Rede ist und Tiere als „genetisch angetriebene Roboter" apostrophiert werden, dann kommt das sicherlich daher, dass die Leute gar nicht verstehen, was individuelle Entwicklung eigentlich bedeutet, und deshalb diesen Aspekt einfach übersehen. So weit, so gut. Doch scheint mir, dass Sie nun einen Schritt weiter gehen. Sie sagen doch, genetische Netzwerke, die die ontogenetische Entwicklung beeinflussen, seien so strukturiert, dass immer mehrere oder gar viele Gene abgeändert werden müssen, damit überhaupt ein selektionsrelevanter Unterschied resultiert; die Abänderung eines einzelnen Gens habe häufig so geringe Auswirkungen, dass das einzelne Gen auch nicht als Einheit des evolutionären Wandels aufzufassen sei. Das verstehe ich nicht. Warum sollte eine einzelne Mutation nicht einen – wenn auch geringfügigen – Einfluss auf die Netzwerkaktivität haben – mit günstigen oder ungünstigen Folgen? Was ist an der Vorstellung falsch, vorteilhafte Mutationen könnten sich langsam anhäufen und die Art und Weise beeinflussen, wie Organismen funktionieren und wie sie sich verhalten?

M. E.: Nun, gelegentlich mag eine Mutation in einem einzelnen Gen tatsächlich nachhaltige Auswirkungen auf die Überlebens- und Reproduktionschancen eines Organismus haben. Doch statistisch gesehen ist der Effekt einer einzelnen Mutation häufig selektionsneutral; infolge der Wechselwirkung mit bestimmten anderen Genen wird er unter bestimmten Umweltbedingungen die Wahrscheinlichkeit erhöhen, dass ein Organismus Nachkommen erzeugt, unter anderen Bedingungen wird das Gegenteil der Fall sein. Sie geben unsere Sicht schon ganz richtig wieder. Sich evolutionären Wandel als Ergebnis einzelner Mutationen vorzustellen, die – durchschnittlich – geringe, aufeinander aufbauende vorteilhafte Wirkungen zeitigen und sich über lange Zeit hinweg so anreichern, dass letztlich eine phänotypische Anpassung resultiert – eine solche Vorstellung ist problematisch und häufig ganz und gar unhaltbar. Denn was bedeutet es, wenn zwischen Genen, zwischen Genen und verschiedenen Milieus komplexe Wechselwirkungen bestehen? Nun, es bedeutet: Wirkungen haben eben häufig gerade keine additiven Auswirkungen auf den Reproduktionserfolg der Individuen. Nach allem, was wir über die ortogenetische Entwicklung wissen, sollten wir Netzwerke und nicht einzelne Gene als Einheiten des evolutionären Wandels betrachten[23].

A. D.: Die Art und Weise, wie Sie Entwicklung verstehen, ist offensichtlich grundlegend für Ihre Haltung zum Gen-zentrierten Ansatz zur Erklärung der Evolution. Haben jene, die egoistischen Genen oder der Genselektion das Wort reden, notwendigerweise eine deterministische Sicht auf die ontogenetische Entwicklung?

M. E.: Nein, ganz bestimmt nicht; es ist genau umgekehrt. Für Gen-Deterministen, also jene, die Mensch und Tier als von ihren Genen manipulierte Marionetten betrachten, ist Evolution immer das Ergebnis von Gen-Selektion. Doch jene, die Evolution als Resultat der Gen-Selektion verstehen, sind normalerweise keine Gen-Deterministen; denn sie wissen, dass Entwicklung ein kompliziertes Zusammenspiel von genetischen und nichtgenetischen Faktoren ist. Allerdings sehen auch Gen-Selektionisten die Evolution angetrieben durch ein allmähliches Anhäufen einzelner Mutationen.

A. D.: Wo liegt hier der Unterschied? Es sind doch immer genetische Abänderungen, die Anpassung ermöglichen. Wenn man gebahnte Netzwerke dafür verantwortlich macht statt einzelne Gene, macht das die Sache doch einfach nur komplizierter.

M. E.: Das ist nicht der Punkt. Wenn man das Netzwerk als Einheit evolutionärer Variabilität betrachtet, dann ist das, worauf man sich konzentriert, die Evolution des phänotypischen Merkmals, das unter dem Einfluss dieses Netzwerks steht. Der Fokus liegt auf der Abwandlung der Merkmale und nicht der Gene; man verfolgt nicht die Weitergabe von Genen, sondern die der Merkmalsabänderungen. Und noch etwas: Wenn die Einheit des evolutionären Wandels ein Netzwerk von Wechselwirkungen ist, dann stellt dessen Konstruktion, stellen seine strukturellen Zwänge, seine Robustheit und Flexibilität wichtige Angriffspunkte für die Selektion dar. Bei dieser Sichtweise erhalten jene Prozesse, die Entwicklungsplastizität (das Potenzial, die Entwicklung auf veränderte Bedingungen hin abzustimmen) und Entwicklungsbahnung (Stabilität gegen milieuspezifische oder genetische Störeinflüsse) herbeiführen – also die Dinge, über die Waddington nachdachte – zentrale Bedeutung für das Evolutionsgeschehen. Plastizität und Kanalisierung von Entwicklungsprozessen sind in aller Regel Netzwerkeigenschaften und nicht Merkmale einzelner Gene.

A. D.: Sicherlich stimmen jene, die eine Gen-zentrierte, doch keine Gen-deterministische Sicht vertreten, Ihnen darin zu, dass Entwicklungsplastizität und Kanalisierung wichtige Aspekte sind. Doch nach dem, was ich populärer biologischer Literatur entnehme, scheinen Leute mit einer Gen-selektionistischen Sicht der Evolution häufig auch die Entwicklung ziemlich deterministisch zu sehen. Sogar Richard Dawkins, der ja ganz bestimmte kein Gen-Determinist ist, vergleicht die Ontogenese manchmal mit einem schwerfälligen Roboter oder Ähnlichem.

M. E.: Ja, tatsächlich scheinen manchmal die Vorstellungen der Leute vom Evolutionsgeschehen auch ihre Vorstellungen von der ontogenetischen Entwicklung zu beeinflussen – und nicht umgekehrt. Vor allem wenn Nicht-Genetiker darüber schreiben, gehen Gen-selektionistische Annahmen allzu oft mit der Vorstellung einher, die Individualentwicklung sei ziemlich festgelegt und kaum durch Milieubedingungen beeinflussbar. Wenn sie dem Entwicklungssystem und damit auch dem Merkmal zu große Plastizität (oder auch zu starke Kanalisierung) einräumten, bekämen sie ein Problem; denn dies bedeutete, dass einzelne genetische Abwandlungen nicht mehr mit alternativen, der Selektion zugänglichen Phänotypen gekoppelt wären. Und wie Sie ganz richtig ansprechen, begeben sich Gen-Selektionisten mit ihrer Rhetorik manchmal auf ziemlich rutschiges, abschüssiges Gelände. Wenn sie von schwerfälligen Robotern sprechen, von Genen, die den Organismus kontrollieren, dann beschwören sie nicht die klugen, emotionalen Roboter von Isaac Asimov herauf, sondern die Marionetten eines alten Puppentheaters. Das wird besonders deutlich, wenn sich manche von ihnen über die menschliche Soziobiologie auslassen. Doch wollen wir dies jetzt nicht weiter ausführen, da wir in Kapitel 6 im Detail noch darauf zu sprechen kommen.

A. D.: Gut. Wie lautet Ihre zweite Botschaft, welche weitere Lehre sollen wir aus der Art und Weise, wie Gene die Entwicklung beeinflussen, ziehen?

M. E.: Unser zweiter Punkt wiederholt im Grunde das, was Shapiro betont. Da wir so viele Organismen kennen, deren zelluläre Systeme imstande sind, während der Entwicklung die DNA umzustrukturieren, müssen wir zu dem Schluss kommen, dass ganz grundsätzlich das genetische System auf Umweltsignale reagieren kann. Deshalb müssen wir diese Systeme, die nichtzufällige DNA-Abänderungen herbeiführen, genauer unter die Lupe nehmen: Welcher Art sind solche nichtzufälligen erblichen genetischen Veränderungen, wie häufig sind sie und wirken sie sich auf die genetische Variabilität der nachfolgenden Generation aus? Wenn Letzteres der Fall sein sollte, müssen wir ganz neu über die Rolle der Umwelt im Evolutionsgeschehen nachdenken.

Kapitel 3: Genetische Variationen – blind, gerichtet, interpretierend?

Im Jahr 1988 ließ eine Arbeitsgruppe um den amerikanischen Mikrobiologen John Cairns eine kleine Bombe auf die Biologen-Community fallen[1]. Seit mehr als 50 Jahren, seit den ersten Tagen der Modernen Synthese, war es bei Biologen eine praktisch nicht hinterfragte Selbstverständlichkeit, dass jede neue erbliche Variation aus zufälligen und regellosen genetischen Abänderungen resultiert. Die Vorstellung, Mutationen könnten bevorzugt zum benötigten Zeitpunkt und an richtiger Stelle der DNA entstehen, hatte man als total irreführend, ja als ketzerischen Lamarckismus ganz und gar verworfen. Doch nüchtern betrachtet, gab es gegen eine solche Position nur wenige wirklich belastbare Befunde. Da Mutationsraten im Allgemeinen sehr niedrig sind, muss man das Erbgut einer großen Anzahl von Tieren oder Pflanzen durchforsten, um Mutationen überhaupt zu finden; und findet man sie tatsächlich, ist es nahezu unmöglich festzustellen, ob sie sich zufällig ereignet haben oder nicht. Nur zur Analyse von Bakterien standen schon damals Techniken zur Verfügung, die das genetische Screening sehr vieler Organismen auf relative einfache Art und Weise erlaubten; deshalb beruhte auch das Postulat, Mutationen seien grundsätzlich Zufallsereignisse, im Wesentlichen auf mikrobiologischen Studien; und einige solcher Untersuchungen in den 1940er und 50er Jahren schienen belegt zu haben, dass bei Bakterien Kulturbedingungen ganz allgemein keinen Einfluss darauf haben, ob und welche Mutationen entstehen.

Genau diese weitreichende Behauptung zog das Team um John Cairns Ende der 1980er Jahre in Zweifel. Ihrer Auffassung nach waren die früheren Experimente überinterpretiert worden. Denn ihre eigenen Versuche legten nahe, dass sich bei Bakterien sehr wohl einige Mutationen als Antwort auf veränderte Kulturbedingungen und spezifische biochemische Ansprüche der Organismen einstellten. Das Generieren von Mutationen sei, so die Erkenntnis aus ihren eigenen Experimenten, kein vollständig zufälliger Prozess. Zwar waren Cairns und Kollegen nicht die Ersten, die von experimentellen Hinweisen auf nichtzufällige Mutationen berichteten, doch aufgrund des wissenschaftlichen Renommees von John Cairns und der Tatsache, dass die Studienergebnisse in *Nature*, dem führenden britischen Wissenschaftsjournal, publiziert worden waren, ließ sich die Sache nicht länger einfach ignorieren. Der *Nature*-Artikel hatte erhebliche Resonanz, eine Flut von Antworten und Kommentaren erschien in der wissenschaftlichen und in der populären Presse. Die Behauptung, dass sich Mutationen nichtzufällig ereignen könnten, erachteten viele als Affront, als Angriff auf die doch so gut etablierte neodarwinistische Theorie der Evolution. Immerhin reagierten zumindest einige (wenige) konstruktiv, sie schlugen Mechanismen zur Erklärung vor, wie induzierte Mutationen zustande kommen könnten; viele andere stellten jedoch die Existenz funktioneller Mutationen ganz in Abrede und lieferten stattdessen alternative Erklärungen – unter Ausschluss der These einer direkten Induzierbarkeit von Mutationen. Recht schnell wurde bei dieser

Kontroverse klar: Einerseits gibt es keinen Beweis dafür, dass Mutation ausnahmslos Zufallsereignisse sind, doch andererseits kennt man ebenso wenig einen stichhaltigen Nachweis, dass Mutationen Reaktionen auf verschlechterte Umweltbedingungen sein können – dafür bedarf es noch weiterer experimenteller Arbeit.

Wir wollen nicht auf die Details all der Thesen und Gegenthesen eingehen, die als Reaktion auf den *Nature*-Artikel von 1988 aufgestellt wurden. Alles in allem lassen die bis jetzt vorliegenden experimentellen Befunde vermuten, dass Cairns und Kollegen wahrscheinlich falsch lagen: Sie waren nicht auf Mutationen gestoßen, die direkte Antworten der Bakterien auf ungünstige Kulturbedingungen waren. Ungeachtet dessen stellte der *Nature*-Artikel insofern einige Weichen neu, als er neue Arbeitsprojekte und molekulargenetische Studien auf den Weg brachte. Seitdem betrachtet man die Mutation an sich und den Mutationsprozess nicht mehr auf eine so naive, simplifizierende Weise, wie es zuvor der Fall war. Mittlerweile sprechen starke experimentelle Befunde wie auch theoretische Gründe dafür, dass Mutationen und andere genetische Abänderungen keinesfalls immer vollkommen regellos entstehen.

In diesem Kapitel wollen wir uns mit der Frage beschäftigen, woher all die erbliche Variabilität stammt, die der genetischen Dimension der Evolution zugrunde liegt. Im Grunde genommen gibt es zwei Quellen: Die eine ist die Mutation, welche neue Variation in Genen schafft; die andere die sexuelle Rekombination, bei der bereits bestehende Genvarianten neu zusammengestellt werden. Wir werden uns hauptsächlich mit Mutationen beschäftigen, besonders mit nichtzufälligen Mutationen; doch zunächst wollen wir über jene Variabilität sprechen, die durch Rekombinieren im Zuge der sexuellen Reproduktion zustande kommt. Und wir wollen sehen, auf welche Weise sich dieser Prozess durch die natürliche Selektion herausgebildet hat.

Genetische Variabilität durch sexuelle Rekombination

Die sexuelle Fortpflanzung ist die wichtigste Quelle genetischer Variabilität. Bei vielen Tieren und auch bei uns Menschen schafft sie enorme genetische Vielfalt, indem sie jene Gene, die schon im Erbgut der Eltern vorhanden sind, neu kombiniert. Wir wissen gut aus eigener Erfahrung, wie unterschiedlich die Kinder einer Familie sein oder wie verschieden bei Haustieren die Jungen ein und desselben Wurfs aussehen können – sogar dann, wenn wir mit einiger Sicherheit sagen können, dass nur *ein* Vater im Spiel war. Diese erbliche Variabilität ist das Ergebnis sexueller Rekombination – sie steht in keinem funktionellen Zusammenhang mit der spezifischen Umwelt der Eltern, sie spiegelt deshalb keine Anpassung an deren Milieu wider. Ebenso wenig ist diese Variabilität auf jene Umweltbedingungen hin ausgerichtet, mit denen die Nachkommen in Zukunft wahrscheinlich konfrontiert sein werden. Obwohl unsere Kinder anders darüber denken mögen, sind sie uns nicht automatisch überlegen, sie sind (genetisch) nicht besser an die gegenwärtigen Lebensbedingungen angepasst, als wir es sind. Genetische Variabilität, die durch sexuelle Prozesse entsteht, ist „funktionsblind“, sie steht in keinem funktionellen

Zusammenhang mit den gegenwärtigen und zukünftigen Ansprüchen einer Abstammungslinie.

Genetische Diversität durch sexuelle Reproduktion resultiert aus drei Prozessen; zwei davon haben wir schon in Kapitel 1 angesprochen. Erstens mischen sich Gene zweier genetisch nichtidentischer Eltern, daraus geht ein Nachkomme hervor, der sich genetisch von beiden Elternteilen unterscheidet. Die zweite Ursache, die dafür sorgt, dass sich Geschwister voneinander unterscheiden, hat damit zu tun, wie Chromosomen in Ei- und Samenzellen verteilt werden. Bei den meisten Tier- und Pflanzenarten kommen fast alle Chromosomen doppelt, paarweise vor, wobei eine Kopie jedes Chromosoms von der Mutter, die andere vom Vater stammt (man spricht von homologen Chromosomen). Während der Meiose, also jenes Zellteilungsprozesses, der zur Bildung von Keimzellen führt (Gametogenese), halbiert sich die Chromosomenzahl, sodass jede Ei- und Samenzelle nur *eine* Kopie eines jeden Chromosoms erhält. Welchen spezifischen Satz väterlicher und mütterlicher Chromosomen eine bestimmte Keimzelle zugeteilt bekommt, ist rein zufällig. Machen wir und das an einem Beispiel klar: Stellen wir uns einen Organismus mit vier Chromosomen vor, mit zwei Kopien des Chromosoms A und zwei des Chromosoms B; dann hat er den Genotyp: $A^mA^vB^mB^v$ (*m* bedeutet hier, dass das Chromosom von der Mutter stammt, *v* entsprechend vom Vater). Daraus resultieren Gameten mit vier möglichen Kombinationen: 1.) A^mB^m, 2.) A^mB^v, 3.) A^vB^m und 4.) A^vB^v. Klar, wenn mehr Chromosomenpaare vorliegen, gibt es auch erheblich mehr Kombinationsmöglichkeiten in den Keimzellen; so sind es beim Menschen, der normalerweise 23 Chromosomenpaare hat, über acht Millionen verschiedene Kombinationen. Man sieht, dass durch die zufällige Verteilung mütterlicher und väterlicher Chromosomen bei der Bildung von Ei- und Samenzellen eine gewaltige Menge genetischer Vielfalt entsteht.

Bisher noch nicht angesprochen haben wir die dritte Ursache genetischer Variabilität. Es handelt sich um eine Neukombination von Genen durch einen Prozess, den man Crossing-over bezeichnet. Während der Meiose lagern sich die beiden Chromosomen eines jeden Paares so dicht aneinander, dass die Partner homologe Segmente austauschen. Verdeutlichen wir uns das wieder an einem Beispiel. Wenn die Gensequenz auf Chromosom A^m: $l^mm^mn^mo^mp^mq^mr^ms^m$ und auf Chromosom A^v dementsprechend $l^vm^vn^vo^vp^vq^vr^vs^v$ lautet, dann könnten aus einem Crossing-over Chromosomen beispielsweise mit den Sequenzen $l^mm^mn^mo^vp^vq^vr^vs^v$ und $l^vm^vn^vo^mp^mq^mr^ms^m$ resultieren. Kombinationen von Allelen, die zuvor verbunden und zusammen vererbt worden waren, werden aufgebrochen und die Bruchstücke neu zusammengesetzt. Da ein Crossing-over in verschiedenen Keimzellen an verschiedenen Stellen vorliegen kann, schafft dieser Rekombinationsprozess eine schier unbegrenzte genetische Variabilität unter den Gameten – somit gleicht praktisch keine Keimzelle genetisch der anderen!

Nach dem bisher Gesagten könnte man den Eindruck gewinnen, als sei bei der sexuellen Fortpflanzung die Neukombination von Chromosomen und Genen ein rein zufälliger und unregulierter Vorgang. Doch so ist es nicht. Bei der sexuellen Reproduktion handelt es sich um ein evolviertes, hoch komplexes System, das durch natürliche Selektion auf vielfältige Weise abgewandelt wurde und so in verschiedenen Spielarten vorkommt. Geschlechtliche Fortpflanzung ist ein äußerst aufwändiges System, denn es erfordert eine Menge Zeit und Energie für die komplizierten Prozesse der Meiose und Keimzellbildung; und nicht selten verlangt es auch noch, Männchen zu produzieren und einen Paarungspartner zu finden. Und am Ende der ganzen Investition mag ein Nachkomme mit einer so ungünstigen Genkombination herauskommen, dass er in puncto Überleben und Fortpflanzung schlechtere (genetische) Karten hat als seine Eltern. Warum also wird das funktionstüchtige Genom der Eltern nicht einfach unverändert – in Form asexueller Fortpflanzung – an die Nachkommen weitergegeben? Warum bilden nicht alle erfolgreichen Organismen ganz einfach Klone von sich selbst und befreien sich dadurch von der Last, „teure" Männchen produzieren zu müssen? Worin liegen denn die Vorteile der sexuellen Fortpflanzung?

Auf diese Fragen gibt es keine kurzen und einfachen Antworten. Wie die sexuelle Fortpflanzung ursprünglich entstanden ist und wie sie sich phylogenetisch erhalten konnte, diese Probleme gehören zu den vertracktesten der gesamten Evolutionsbiologie; endlose Debatten gibt es darüber[2]. Die phylogenetischen Ursprünge der sexuellen Reproduktion könnten mit der Selektion für DNA-Reparatursysteme zusammenhängen, und das Wiederinstandsetzen beschädigter DNA mag auch noch immer eine ihrer primären Funktionen sein. Doch gegenwärtig gibt es wissenschaftlich keinen Konsens darüber, welche adaptive Bedeutung, welchen Vorteil die sexuelle Fortpflanzung bei den heute lebenden Organismen tatsächlich hat. Glücklicherweise müssen wir uns hier aber nicht im Detail mit den widerstreitenden Argumenten beschäftigen, denn worauf es uns ankommt, ist ganz einfach: Für das Individuum und die Population ist die sexuelle Fortpflanzung sowohl mit möglichen Vor- als auch Nachteilen verbunden. Die meisten Evolutionsbiologen sind sich wohl darin einig, dass auf kurze Sicht, unter stabilen Umweltbedingungen, die asexuelle Fortpflanzung, die die „bewährten" und damit (ausreichend) gut angepassten Genkombinationen der Eltern erhält, die beste ist. Sie hat allerdings den Haken, dass elterliche Genome nicht bis in alle Ewigkeit unverändert erhalten bleiben können. Sogar ausschließlich asexuell sich reproduzierende Abstammungslinien ändern sich genetisch – einfach deshalb, weil sich Mutationen von Zeit zu Zeit unwillkürlich einstellen. Einige schädigen ihren Träger und werden deshalb wahrscheinlich durch die natürliche Selektion ausgesondert; doch viele bleiben erhalten, sodass mit der Zeit eine Mutation zur anderen kommt. Dies bedeutet, auf lange Sicht werden sich asexuelle Abstammungslinien genetisch verschlechtern und früher oder später aussterben.

Ganz anders ist die Situation für Organismen mit sexueller Fortpflanzung: Das Umstrukturieren und Neukombinieren elterlicher Gene wird zur Folge haben, dass einige Nachkommen Glück haben, mit einem Satz von Genen ausgestattet zu sein, der weniger schädigende Mutationen als jedes der beiden elterlichen Genome enthält. Die geschlechtliche Fortpflanzung kann also Abstammungslinien dadurch erhalten, dass sie ein Anreichern schädigender Mutationen verhindert. Es gibt noch einen Vorteil: Wenn es um eine knappe Ressource scharfen Wettbewerb gibt, mögen zumindest einige aus sexueller Fortpflanzung hervorgegangene Nachkommen einen Genotyp erhalten haben, der sie zu starken Konkurrenten macht. Mittel- und langfristig, unter sich ändernden Umweltbedingungen wird sexuelle Reproduktion dadurch, dass sie – bei verschiedenen Individuen entstandene – günstige Mutationen zusammenbringt, rascher zu phylogenetischen Anpassungen führen als dies asexuellen Linien je möglich wäre.

Da also die geschlechtliche Fortpflanzung mit Vor- und Nachteilen einhergeht, verwundert es auch nicht, dass verschiedene Arten sie in unterschiedlichem Ausmaß und auch auf ganz verschiedene Weise praktizieren. Heute kennen wir ein ganzes Spektrum von Reproduktionstypen und Modifikationen sexueller Prozesse[3]. Zwar kommen manche Abstammungslinien offenbar ohne jede Sexualität aus, doch scheinen die meisten von ihnen (etwa die Rennechse *Cnemidophorus uniparens*) evolutionär sehr jung zu sein und blicken wohl auch keiner langen phylogenetischen Zukunft entgegen. Andere, zum Beispiel Blattläuse, Hefepilze, Wasserflöhe und viele Pflanzen, können sich auf beiderlei Weise fortpflanzen, sexuell und asexuell. Selbst dann, wenn die Fortpflanzung obligat sexuell erfolgt, unterscheiden sich die Arten darin, wie sie Sexualität in ihren Lebenszyklus einbauen. Bei einigen Arten gibt es zwei getrennte Geschlechter, bei anderen hingegen (etwa beim Regenwurm oder der Weinbergschnecke) ist ein und dasselbe Individuum imstande, Ei- *und* Samenzellen zu bilden. Einige Arten des letztgenannten Typs können sich selbst befruchten, andere brauchen aber einen Sexualpartner. Wenn man sich die Bildung der Keimzellen näher ansieht, stellt man fest, dass sich die Anzahl, die Struktur und das Verhalten der Chromosomen von Art zu Art unterscheiden. Es gibt eine Art von *Ascaris* mit nur einem einzigen Chromosomenpaar, aber die meisten Pflanzen und Tiere haben eine zweistellige Chromosomenzahl. Der Schimpanse zum Beispiel hat 24 Chromosomenpaare, also ein Paar mehr als der Mensch, doch erheblich weniger als der Hund mit seinen 39 Paaren. Auch Struktur und Verhalten der Chromosomen sind alles andere als einheitlich. Sie zeigen ganz verschiedene Größen und Formen; die Häufigkeit des Crossing-over zwischen homologen Chromosomen ändert sich mit den Arten, dem Geschlecht (zum Beispiel kommt dies bei weiblichen Schmetterlingen und männlichen *Drosophila*-Fliegen überhaupt nicht vor), den spezifischen Chromosomen und sogar mit den Regionen der Chromosomen.

Warum gibt es so viele Modifikationen bei der geschlechtlichen Fortpflanzung? In vielen Fällen können wir darauf keine Antwort geben, möglicherweise haben sie überhaupt keine adaptive Bedeutung. Doch zumindest bei einigen handelt es sich vermutlich um Anpassungen, indem der Sexualitätsmodus die Menge genetischer Variabilität in der nächsten Generation festlegt. Nehmen wir als Beispiel jene Arten, die sowohl sexuelle wie asexuelle Generationen haben: Im Allgemeinen reproduzieren sich die Individuen solcher Arten asexuell, wenn die Bedingungen stabil, anhaltend gut sind, dagegen sexuell, wenn sich die Milieubedingungen ändern oder sie in eine Stresssituation geraten. Blattläuse zum Beispiel pflanzen sich normalerweise den ganzen Sommer hindurch asexuell fort, doch wenn der Winter bevorsteht, schalten sie eine sexuelle Generation ein[4]. Ähnlich ist es beim Wasserfloh *Daphnia*; solange das Milieu günstig ist, reproduziert er sich

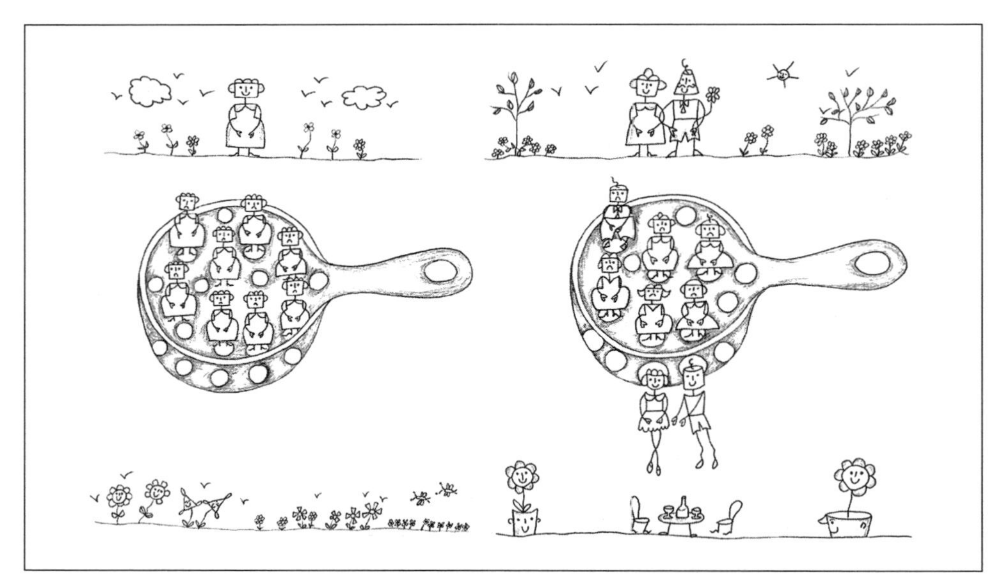

Abb. 3.1 Ein Vorteil der sexuellen Reproduktion. Links: Ein gut angepasstes, asexuell sich fortpflanzendes Individuum (ohne Männchen) bringt genetisch identische Nachkommen hervor, von denen keiner unter veränderten Bedingungen zu leben vermag (keiner passiert das Sieb der Selektion), weshalb die Linie ausstirbt. Rechts: Einige der genetisch variablen Nachkommen sexuell sich reproduzierender Individuen gelangen durch das Sieb und setzen die Linie unter den neuen Bedingungen fort.

asexuell, wenn es sich aber verschlechtert, wechselt er in den sexuellen Modus und bildet widerstandsfähige Eier, die unter ungünstigen Bedingungen eher zu überleben vermögen. Aus phylogenetischer Sicht ist das sinnvoll. Solange ein Individuum mit seinen Lebensbedingungen gut zurechtkommt und diese sich nicht entscheidend ändern, werden auch asexuell erzeugte Nachkommen, die ja den gleichen Gensatz erhalten, sehr wahrscheinlich ähnlich guten Erfolg haben. Warum sollte man also den Fortpflanzungsmodus ändern? If it ain't broke, don't fix it! Den sexuellen Modus zu vermeiden bedeutet nicht nur, eine „gute" Genkombination zu konservieren; es bedeutet außerdem, die Fortpflanzungsrate zu verdoppeln, denn im asexuellen Modus sind Männchen überflüssig – sie brauchen also überhaupt nicht gebildet zu werden. Jeder, der einmal mit Blattläusen an seinen Rosen zu kämpfen hatte, weiß zu seinem Leidwesen, dass die Strategie der asexuellen Fortpflanzung höchst effizient sein kann. Doch wenn sich die Verhältnisse ändern, sodass die Nachkommen sehr wahrscheinlich mit anderen Milieubedingungen konfrontiert werden (wie bei den Blattläusen am Ende des Sommers), ist eine Investition in sexuelle Fortpflanzung die bessere Wahl. Obwohl jetzt auch die sehr „teuren" Männchen gebildet werden müssen, werden mit einiger Wahrscheinlichkeit zumindest einige der nun genetisch variablen Nachkommen unter den neuen Bedingungen überleben. Diesen Vorteil der sexuellen Reproduktion, das Schaffen genetischer Variabilität unter veränderten Lebensbedingungen, veranschaulichen wir in Abbildung 3.1.

Vermutlich ist die Notwendigkeit, mit verändernden Umweltbedingungen zurechtzukommen, auch Ursache für die phylogenetische Entwicklung einer anderen Facette der geschlechtlichen Fortpflanzung: der Häufigkeit, mit der es zu Crossing-over-Ereignissen zwischen homologen Chromosomen kommt. Sie ist tendenziell niedriger bei Arten, die in einer eher gleichförmigen, stabilen Umwelt leben, höher dagegen bei solchen, die mit weniger gut kalkulierbaren Verhältnissen zurechtkommen müssen. Eine Erklärung dafür ist, dass unter konstanten Bedingungen die natürliche Selektion niedrige Rekombinationsraten begünstigt hat, da die Nachkommen am besten mit einem Genotyp fahren, der dem ihrer Eltern sehr ähnlich ist. Wenn dagegen Linien im Verlauf ihrer Entstehungsgeschichte wiederholt mit neuen und sich verändernden Umweltbedingungen konfrontiert worden sind, dann sollten höhere Rekombinationsraten mit einem Selektionsvorteil verbunden gewesen sein; genetische Variabilität unter der Nachkommenschaft vergrößerte die Wahrscheinlichkeit, dass zumindest immer einige Individuen überlebten[5]. Aus Laborstudien wissen wir allerdings auch, dass verschiedene Populationen der gleichen Art sich in ihrer durchschnittlichen Rekombinationsrate unterscheiden und Selektionsbedingungen diese Rate verändern können. Wir kennen sogar einige Gene und Allele, die Einfluss auf die Rekombinationshäufigkeit haben. Fassen wir zusammen: Zwar haben wir nicht viele eindeutige Beweise dafür, dass die durchschnittliche Rekombinationsrate mit den ökologischen Bedingungen und der Lebensweise einer Art verknüpft ist, doch wäre es sehr überraschend, wäre dies nicht der Fall, würde also diese Rate nicht von der natürlichen Selektion erfasst.

Obwohl unser Kenntnisstand noch so manche Lücken aufweisen mag, sind sich Biologen ziemlich sicher, dass die meisten Unterschiede in der sexuellen Reproduktion, die man im Tier- und Pflanzenreich beobachtet, adaptive Bedeutung haben. Theoretisch ist es kein Problem nachzuvollziehen, inwiefern manche Pflanzen davon profitieren, ausgeklügelte Mechanismen zur Verhinderung der Selbstbefruchtung entwickelt zu haben; welche Vorteile die Fähigkeit mancher Tiere hat, das Geschlecht zu wechseln, oder warum die einen Arten sehr viele Nachkommen erzeugen, die anderen sehr wenige. Es ist auch ohne Weiteres verständlich, inwiefern strukturelle Abänderungen in Chromosomen, die Gene dort umordnen und dadurch die Wahrscheinlichkeit einer Rekombination zwischen ihnen verändern, selektive Bedeutung haben können. Zwar hat man nicht für jede existierende Variante der Sexualprozesse eine funktionelle Erklärung und vermutlich ist auch tatsächlich nicht jede Spielart eine Anpassung; gleichwohl ist es unter den Fachleuten keine strittige Frage, dass die natürliche Selektion maßgeblichen Einfluss darauf hat, ob überhaupt, und wenn ja, wann und in welcher Weise sexuelle Reproduktion erfolgt und wie viel genetische Variabilität dabei erzeugt werden soll.

Ein letzter Punkt zur Sexualität: Sie ist nicht zwingend mit Reproduktion verknüpft. Bei Viren und Bakterien gibt es keine Chromosomenpaare, keine Meiose, keine Keimzellen und auch keine sexuelle Fortpflanzung. Gleichwohl tritt auch bei ihnen eine ganze Reihe sexueller Prozesse in Erscheinung; durch Rekombinationsprozesse, die denen anderer Organismen ähneln, wird genetische Information zwischen Chromosomen, die von verschiedenen Individuen stammen, ausgetauscht. Dies ist mitunter ziemlich kompliziert, doch müssen wir uns hier nicht weiter mit den Details beschäftigen.

Auf der molekularen Ebene sind Rekombinationsprozesse äußerst komplex: DNA-Stücke werden entflochten, abgetrennt und wieder angefügt, komplementäre Basen von Nukleotidketten verschiedener Chromosomen paaren sich. Man muss eigentlich gar nicht besonders erwähnen, dass daran eine ganze Armada von Enzymen und anderen Proteinen beteiligt ist. Viele davon sind Komponenten des *natural genetic engeneering system*, wie wir es im vorangegangenen Kapitel bezeichnet haben, also ein biochemischer Werkzeugkasten, dessen Instrumente während der Entwicklung in bestimmten Zellen spezifische DNA-Abänderungen ermöglichen. Doch die größte Bedeutung dieser molekularen Werkzeuge und ihr phylogenetischer Ursprung liegen mit an Sicherheit grenzender Wahrscheinlichkeit in etwas viel Fundamentalerem, nämlich im Erhalt der DNA. Dies wird man verstehen, wenn wir über die ultimative Quelle genetischer Variabilität gesprochen haben – die Mutation.

Variation durch Mutation

Abänderungen in DNA-Sequenzen sind unvermeidlich. Sie sind Folge von Ungenauigkeiten beim DNA-Kopierprozess, davon, dass sich mobile DNA-Elemente (springende Gene) an einen anderen Ort bewegen, von spontan sich ereignenden chemischen Modifikationen und von Schäden durch reaktive Moleküle, die beim normalen Zellstoffwechsel entstehen. DNA-Schäden resultieren aber auch aus Einwirkungen von außen, etwa durch Röntgen- und UV-Strahlen, chemische Wirkstoffe wie Senfgas und LSD (Lysergsäurediethylamid). Viele dieser Faktoren stehen im Verdacht, krebserregend zu sein, denn häufig werden Krebserkrankungen durch Mutationen in Körperzellen verursacht.

Wenn sich Mutationen in den Keimzellen ereignen, kann sich dies auf die nächste Generation auswirken. Die langfristige Darwin'sche Evolution auf Grundlage des genetischen Systems beruht auf diesen DNA-Abänderungen. Doch liegt in dieser Sache ein Paradoxon, denn wenn die DNA veränderlich ist, schadet das ihrer Eigenschaft als Träger genetischer Information. Wenn nur sehr schlechte Kopien jener genetischen Information, die Überleben und Reproduktion ermöglicht, an die Nachkommen weitergegeben würden, wäre die Evolution durch natürliche Selektion äußerst langsam oder sogar unmöglich. Information muss einerseits beständig, anderseits auch – ein klein wenig – veränderlich sein. Wie also kann die DNA, die von ihrer Struktur her kein stabiles chemisches Molekül ist, so wirksam als Träger und Übermittler von Information fungieren?

Die DNA ist dazu imstande, weil jeder Organismus über ein ganzes Arsenal von Mechanismen verfügt, die die DNA schützen und im Bedarfsfall auch reparieren; sie stellen damit sicher, dass bestehende Nukleotidsequenzen unverändert erhalten bleiben und akkurat kopiert werden. Bestimmte zelluläre Proteine suchen regelrecht nach möglicherweise DNA-schädigenden Molekülen und zerstören sie; kommt es dennoch zu DNA-Schäden, werden andere Proteine aktiviert, die sie reparieren – manchmal in Form eines

Rekombinationsprozesses: Der beschädigte Abschnitt wird dann durch eine ähnliche, unbeschädigte Sequenz von anderer Stelle ersetzt. Bei der Replikation der DNA kommen biochemische Systeme zum Einsatz, die dafür sorgen, dass der wachsende Tochterstrang immer um das richtige, das heißt (zum Elternstrang) komplementäre Nukleotid verlängert wird und dass ein falsches (nichtkomplementäres) Nukleotid wieder entfernt wird. Der vollständig synthetisierte Tochterstrang wird dann „korrekturgelesen", eventuell gefundene fehlgepaarte Nukleotide werden ersetzt. Aufgrund dieser und noch weiterer Kontroll- und Korrektursysteme liegt beim Menschen die Fehlerrate bei der DNA-Replikation bei nur $1 : 10^{10}$; bei der Verdopplung der DNA schleicht sich also durchschnittlich bei einem von zehn Milliarden Nukleotiden ein Fehler ein.[6] Ohne diese Systeme läge die Rate vermutlich nahe einem Prozent.

Diese bemerkenswerten Systeme, die die Integrität der DNA so weitgehend gewährleisten, haben sich vermutlich phylogenetisch durch natürliche Selektion für so genannte Caretaker-Gene entwickelt. Abstammungslinien mit schlechter DNA-„Wartung" und unsorgfältiger Replikation überlebten nicht, weil sich ihr Genom fortlaufend änderte und alle möglichen Arten von Mutationen produzierte, von denen die meisten schädlich waren. Solche Linien zeigten zwar eine Menge Variabilität, aber geringe Erblichkeit; denn vorteilhafte Gensätze wurden nicht akkurat vererbt. Dagegen konnten sich Linien besser halten, die effektivere Mechanismen zur „Pflege" ihrer DNA entwickelt hatten, denn sie vererbten exakte Kopien jener Gene, die ihnen Überleben und Reproduktion ermöglicht hatten. Auf diese Weise sicherte die natürliche Selektion die Entwicklung und den Erhalt eines hocheffizienten gentechnischen Instrumentariums (*genetic engineering kit*), das die DNA vor unkontrollierten Abänderungen weitgehend schützt und die Mutationsrate im Allgemeinen sehr niedrig hält. Zu Mutationen kommt es also zwar, aber nicht allzu häufig[7].

Sind Mutationen zufällig?

Wir kommen nun zu jenem Problem zurück, das wir zu Beginn des Kapitels angesprochen haben. Sind die wenigen Mutationen, die die – nicht absolut perfekten – genomischen Überwachungs-, Reparatur und Wartungssysteme noch übriglassen, allesamt seltene und rein zufällige Fehler? Oder sind sie nicht doch etwas anderes? Sind die Mutationen nicht doch bis zu einem gewissen Grad spezifisch im Hinblick darauf, wo und wann sie sich einstellen?

Bemerkenswerterweise waren Biologen zwar immer davon überzeugt, dass Umweltfaktoren Einfluss darauf haben, wann und wo Sexualprozesse erbliche Variabilität schaffen; gleichzeitig zeigten sie sich bis vor Kurzem ebenso sicher, dass dies auf die Variabilität durch Mutation nicht zutreffe. Zwar vermutete man, die durchschnittliche Mutationsrate sei durch natürliche Selektion justiert worden und Gene mutierten je nach Größe und Nukleotidzusammensetzung mit unterschiedlicher Frequenz; doch die Möglichkeit, Mutationen könnten sich spezifisch zum erforderlichen Zeitpunkt und an der richtigen Stelle in Chromosomen ereignen, zog man nicht ernstlich in Erwägung: Im Prinzip betrachtete man alle Mutationen als „funktionsblinde“ Fehler, als Ergebnis unvermeidlicher Störungen und Unzulänglichkeiten im System. Als einzigen nicht (ganz) zufälligen Parameter erkannte man die Sequenzspezifität mancher mutagener Faktoren an. So verursacht beispielsweise ultraviolette Strahlung bevorzugt an solchen Stellen der DNA Läsionen, wo zwei oder mehr Thymin-Basen direkt aufeinander folgen. Doch solche T-T-Sequenzen sind über das gesamte Genom verteilt, man findet sie in allen möglichen Typen von Genen, die für ganz verschiedene Typen von Proteinen mit sehr unterschiedlicher zellphysiologischer Bedeutung kodieren – dies bedeutet, Mutationen durch UV-Strahlung sind nicht funktionsspezifisch. Auch viele andere Mutagene zeigen eine gewisse Sequenzspezifität, ohne bevorzugt an bestimmten Genen oder bestimmten Funktionen anzugreifen. Summa summarum, so die allgemeine Einschätzung: Mutationen sind nicht adaptiv und unterstehen keiner Entwicklungskontrolle; mit Sicherheit sind sie keine gezielte Antwort einer Zelle auf einen spezifischen Bedarf, keine abgestimmte Reaktion auf eine bestimmte Notlage. Mutationen sind schlicht Fehlleistungen; und wenn sie sich auf der Stufe des Phänotyps überhaupt zu erkennen geben, handelt es sich fast immer um bedauerliche Fehlentwicklungen. Und nur in ganz seltenen Ausnahmefällen wird eine zufällig günstige Mutation die Aussichten einer Zelle oder eines Organismus auf Nachkommen erhöhen.

Viele heutige Genetiker werden wohl das eben skizzierte Bild der Mutation als unzulänglich betrachten – zu Recht: Wir werden zeigen, dass eben nicht alle Mutationen als zufällige Fehler, einige vielmehr als „gerichtet“ anzusehen sind. Den Terminus „gerichtete Mutation“ (*directed mutation*) verwenden auch Genetiker; weder sie noch wir wollen damit andeuten, dass irgendeine lenkende Intelligenz oder die „Hand Gottes“ im Spiel sei und Abänderungen der DNA entsprechend den Bedürfnissen der Organismen dirigiere. Solche Vorstellungen haben keinen Platz im wissenschaftlichen Denken (und mit ihren absurden Annahmen verspotten sie letztlich auch die Religion). Unser Argument ist ganz einfach: Im Verlauf der Evolution durch natürliche Selektion entwickelten sich biochemische Mechanismen, die die DNA abzuändern vermögen – und zwar als Antwort auf Signale, die Zellen von anderen Zellen oder der Umwelt erhalten.

Niemand kann ernstlich daran zweifeln, dass gerichtete DNA-Abänderungen möglich sind; wir haben im vorangegangenen Kapitel darüber gesprochen. Das bekannteste Beispiel ist das Zerschneiden und Rekombinieren von DNA in den Zellen des Immunsystems. Diese kontrollierten DNA-Abänderungen sind Teil der normalen Entwicklung, ebenso die Regulation der transkriptionalen Aktivität der Gene sowie das RNA-Splicing und die RNA-Translation. Alle diese Prozesse sind nicht durch irgendwelche höhere Mächte gelenkt, sondern durch ein zelluläres, phylogenetisch entstandenes System. Sogar die strengsten Neodarwinisten unter den Evolutionsbiologen haben mit diesem Typ gerichteter DNA-Abänderung keine Probleme. Sie betrachten ihn als Teil der Ontogenese und die zugrunde liegenden Mechanismen als ausschließlich relevant für die Evolution der ontogenetischen Entwicklung.

Probleme, und zwar massive Probleme, haben dagegen diese Evolutionsbiologen mit der Vorstellung, einige jener Mutationen, die Rohstoff der Evolution sind, seien nicht Resultat blinden Zufalls. Das ist der Grund, warum Cairns und Kollegen 1988 mit ihrer Behauptung, bei Bakterien gerichtete Mutationen gefunden zu haben, für eine solche außerordentliche Aufregung sorgten – obwohl schon zu diesem Zeitpunkt der Gedanke, genomische Abänderungen seien nicht immer funktionsblind, keineswegs neu war. Für einige Genetiker hatte er damals sogar zentrale Bedeutung. Im Jahr 1983 sagte Barbara McClintock anlässlich der Verleihung des Nobelpreises an sie:

> „Zukünftig wird das Genom zweifellos zentrale Aufmerksamkeit erhalten, man wird seine Rolle als hochsensibles Organ der Zelle wertschätzen, das genomische Aktivitäten aufzeichnet, unspektakuläre Fehler korrigiert, ungewöhnliche und unerwartete Ereignisse wahrnimmt und auf sie antwortet – häufig, indem das Genom umstrukturiert wird." (McClintock 1984, S. 800; Übersetzung: M. B.)*

Anfang der 1980er Jahre wurden die Ansichten McClintocks noch als ziemlich exotisch angesehen oder vielleicht kannten sie die meisten Evolutionsbiologen nicht einmal. Wie kam McClintock zu ihrer Auffassung? Bei ihren Experimenten hatte sie festgestellt: Wenn Zellen auf Stressfaktoren nicht mehr wirkungsvoll antworten können, indem sie Gene an- oder abschalten oder bestehende Proteine modifizieren, dann mobilisieren diese Zellen Systeme, die an ihrer DNA Veränderungen veranlassen[8]. Die unter Stressbedingungen (etwa eine starke, abrupte Temperaturänderung oder anhaltender Nährstoffmangel) generierten Mutationen sind „*halb* gerichtet" (*semidirected*) in dem Sinne, dass sie zwar Reaktion auf Umweltsignale, doch keine spezifische und notwendigerweise adaptive Antwort sind. Die Mutation fällt somit irgendwo zwischen vollkommen blinder genetischer Variation, die weder in ihrer Art noch hinsichtlich Zeitpunkt und Ort im Genom spezifisch ist, und vollkommen gerichteter, also reproduzierbarer, adaptiver Abänderung, die sich an ganz bestimmten Stellen des Genoms als Antwort auf bestimmte Umweltreize hin ereignet.

Wenngleich das ganze Thema stressinduzierter Mutationen nach wie vor hoch kontrovers diskutiert wird, sind McClintocks Ansichten später zumindest teilweise bestätigt worden.[9] Ursprung und Ursache neuer genetischer Variationen sind mit Sicherheit erheblich komplizierter als früher angenommen. Es ist längst nicht mehr gerechtfertigt, Mutationen ausschließlich als Ergebnis zufälliger Fehler bei Erhaltung und Reparatur der DNA zu betrachten, denn Stressbedingungen können Aktivität und Betrieb der dafür zuständigen Enzymsysteme beeinflussen; und Teile dieser Systeme scheinen manchmal

---

* „*In the future, attention undoubtedly will be centered on the genome, with greater appreciation of its significance as a highly sensitive organ of the cell that monitors genomic activities and corrects common errors, senses unusual and unexpected events, and responds to them, often by restructuring the genome.*" (McClintock 1984, S. 800)

mit Kontrollfaktoren funktionell verknüpft zu sein, die Einfluss darauf haben, auf welche Weise, wie stark und an welcher Stelle die DNA abgeändert wird. Wie also sollten diese Typen von Mutation, die nun nach und nach zum Vorschein kommen, geeigneterweise bezeichnet werden?

Um die gegenwärtigen kontroversen Auffassungen, die mit einer Menge sperriger Terminologie gespickt sind, besser zu verstehen, wollen wir ein Gedankenexperiment durchführen. Stellen Sie sich drei Volksgruppen vor, jede von ihnen pflegt einen ganz spezifischen Lebensstil und jede verfolgt auch zur Lösung anstehender Probleme eine eigene Strategie. Die Mitglieder der ersten Gruppe sind die „Konservativen"; sie verlassen sich auf ihre lange Schrifttradition und die jungen Leute müssen sich immer mit der Geschichte der Gruppe vertraut machen und die Lektionen der Vergangenheit lernen. Die Vergangenheit gilt als sakrosankt und nicht hinterfragbar, weshalb auch tradierte Erfahrung immer Handlungsanleitung für die Gegenwart ist. Viele Frauen und Männer der „Konservativen" sind damit beschäftigt, die riesigen Archive zu erhalten, sich die Weisheit ihrer Bücher einzuprägen und an die junge Generation weiterzugeben. Diese Bücher geben ihnen Antwort auf alle Herausforderungen des Lebens. Wenn sich die Bedingungen ändern, stützen sich die „Konservativen" ganz auf die Erfahrungen und Erkenntnisse ihrer Vorfahren, darauf, wie jene mit einer entsprechenden Situation umgegangen sind, und handeln dann auf gleiche Weise. Damit fahren sie tatsächlich in vielen Fällen sehr gut. Wenn sie allerdings mit unvorhergesehenen Schwierigkeiten konfrontiert werden oder mit solchen, die in der Vergangenheit niemals aufgetaucht waren, finden die Konservativen häufig keine Lösung und sind ziemlich hilflos. Nur ganz ausnahmsweise und rein zufällig stolpern dann Einzelne über eine Lösung und schaffen es, der Notlage zu entkommen und zu überleben. Die Überlebenden werden dann in den Kreis der „Vorfahren" und ihre Wohltaten in die heiligen Bücher aufgenommen.

Die Angehörigen der zweiten Gruppe, die „Forschenden", praktizieren die gegensätzliche Lebensphilosophie. Da die Welt in ständigem Fluss sei, sich immerfort ändere, seien in der Vergangenheit gemachte Erfahrungen für die Bewältigung aktueller Probleme nur von begrenztem Nutzen oder führten gar in die Irre – man sollte sie deshalb am besten ganz vergessen und vergraben. Gegenwart und Zukunft erforderten eine ständige Neubewertung der Umstände. Die „Forschenden" betonen die zentrale Bedeutung individueller Entdeckungen und Erfindungen und die Nutzlosigkeit jeglicher vorgefasster Ideen. Wenn sie vor einem schwierigen Problem stehen – sei es einem aus der Vergangenheit bekannten oder einem vollkommen neuen –, ermutigen sie jeden Einzelnen dazu, auf diese Herausforderung eine eigene Antwort, eine neue, kreative Lösung zu finden. Zwar kommt normerweise tatsächlich jemand früher oder später auf probate Mittel und Wege, von denen dann alle anderen profitieren, doch leider eben oft „später", sodass viele sterben, bevor der Ausweg gefunden ist.

Die Mitglieder der dritten Gruppe, die „Deutenden", halten wie die „Konservativen" die Vergangenheit in Ehren, doch fühlen sie sich ihr gegenüber nicht in gleich strenger Weise verpflichtet; vielmehr sind sie auch darauf aus, auszukundschaften und – wenn notwendig – mit Bedacht von der Tradition abzuweichen. Die Lebensphilosophie der „Deutenden" spricht den Vorfahren zwar große Weisheit zu, ihre wertvollen Erfahrungen und Worte sollen zwar über alle Zeiten hinweg Quelle der Inspiration sein, doch das tiefe Wissen der Ahnen offenbare sich nur in Form metaphorischer Worte. Jede Generation müsse deshalb das Wissen der Alten neu deuten; dabei sei dieses Wissen immer wieder aufs Neue mit den wechselnden Ansprüchen der Gesellschaft abzustimmen – doch stets unter Einhaltung bestimmter Regeln. Wenn die „Deutenden" mit einem Problem konfrontiert werden, das ihre Bücher in ähnlicher Weise beschreiben, ist dieses Verfahren einfach: Sie gehen mehr oder weniger genau so vor wie ihre Vorfahren, wobei sie die Maßnahmen und ihr Verhalten auf die aktuelle Situation hin leicht modifizieren; ihrer deutenden Vorstellungskraft gestehen sie eine gewisse Freiheit zu und suchen nach einer Lösung, die der alten Weisheit nicht widerspricht.

Die Abbildung 3.2 zeigt, wie verschieden die drei Gruppen auf den Ausbruch einer unbekannten Krankheit reagieren. Die Ärzte unter den „Konservativen" finden nichts in ihren „heiligen Büchern", was ganz speziell auf diese neue Krankheit zutrifft. Deshalb verordnen sie allen Kranken ein – den Büchern entnommenes, doch im konkreten Fall unwirksames – Stärkungsmittel. Jeder Patient stirbt, es sei denn, einer der Ärzte macht einen Fehler – er vergisst, was er eigentlich zu tun hätte, und kommt so per Zufall auf eine wirksame Behandlung.

Die „Forschenden" gehen mit der gleichen Krankheit ganz anders um. Erfahrungen aus der Vergangenheit spielen überhaupt keine Rolle, ebenso wenig die genauen Symptome der neuen Krankheit; sie versuchen es mit jeder nur erdenklichen Behandlungsmethode und decken dabei immer das gleiche Gesamtspektrum ab – egal, woran eine Person erkrankt ist, egal, ob es um einen kranken Menschen, eine kranke Kuh oder kranken Rhabarber handelt. Auch hier sterben Patienten schnell; wenn sie Glück haben, finden die Ärzte unter den „Forschenden" aber durch Zufall eine wirksame Therapie, bevor alle gestorben sind.

Wiederum anders gehen die „Deutenden" vor. Die Leute schauen in ihren Büchern nach Hinweisen auf die neuartige Krankheit; und obwohl sie darin vermutlich nichts finden, das ganz genau auf diese zutrifft, können sie den Aufzeichnungen entnehmen, dass es schon früher Krankheiten mit ähnlichen Symptomen gegeben hat. Nun besinnen sie sich auf ihr Talent des Deutens, d. h. Zusammenhänge und Analogien zu erkennen, und improvisieren auf der Basis der Heilmittel ihrer Vorfahren. Vermutlich haben manche Ärzte damit keinen Erfolg und ihre Patienten sterben, doch relativ schnell werden sie eine wirksame Behandlungsmethode finden.

Unserer Auffassung nach ähnelt das Verhalten dieser drei Gruppen drei möglichen biologischen Strategien zur Bewältigung schwieriger, ungünstiger Bedingungen. Das Verhalten der „Konservativen" entspricht der Strategie, auf verschiedene Situationen jeweils mit bestens bekannten physiologischen Maßnahmen oder ganz präzise gerichteten Mutationen zu antworten. Diese phylogenetisch herausgebildeten Antworten „lösen" primär solche Probleme, mit denen die Abstammungslinie in der Vergangenheit bereits

Abb. 3.2 Die unterschiedlichen Strategien von „Konservativen" (oben), „Forschenden" (Mitte) und „Deutenden" (unten) zur Lösung einer Stresssituation, der Behandlung einer unbekannten Krankheit. Die Ärzte der „Konservativen" bieten den Kranken nichts als ein stärkendes, von den Verfahren erprobtes Tonikum. Die „Forschenden" versuchen es mit allen möglichen traditionellen und alternativen Heilverfahren. Die „Deutenden" wenden Behandlungen an, die denen, die sich in der Vergangenheit bei einer ähnlichen Krankheit als wirksam herausgestellt hatten, zwar ähneln, ihnen aber nicht ganz entsprechen.

(wiederholt) konfrontiert worden war; mit andern Worten, diese Strategie bewährt sich im Rahmen der normalen Entwicklung und des Alltagslebens. Solange die Lebensverhältnisse im Großen und Ganzen denen der (phylogenetischen) Vergangenheit entsprechen, wird diese Strategie Erfolg bringen; nicht aber unter neuartigen, unvorhersehbaren Bedingungen. Dann wird nur ein seltener und glücklicher Zufall – eben eine günstige Zufallsmutation – die Linie retten können.

Kommen wir nun zu den „Forschenden". Ihre Reaktion auf unbekannte Situationen oder stark veränderte Umgebungsverhältnisse entspricht der „gentechnischen" Strategie, die Rate zufälliger Mutationen zu erhöhen. Dieses Verfahren ist stets „kostspielig", denn zwischen Auftauchen des Problems und Generieren einer nützlichen, das Problem lösenden Mutation liegt in aller Regel erhebliche Zeit; bevor eine solche Mutation gefunden ist, werden häufig viele Individuen an den Folgen schädigender, zumindest nicht ausreichend günstiger Mutationen gestorben sein. Doch wenn die Population groß genug ist, stehen die Aussichten auf die rechtzeitige Entwicklung günstiger Mutationen gut und die Abstammungslinie wird überleben. Wenn die Population dagegen klein ist, läuft sie große Gefahr, auszusterben.

Das Verhalten der dritten Gruppe, also der „Deutenden", entspricht der biologischen Strategie, auf ungünstige Bedingungen mit dem Generieren solcher Mutationen zu reagieren, die einerseits nicht vollkommen zufällig, andererseits nicht vollkommen gerichtet sind. Solche Mutationen kann man insofern als „interpretierend" auffassen, als sie nichtzufällig hinsichtlich Ort und Zeitpunkt ihres Auftretens sind – sie sind vielmehr Ergebnis der phylogenetischen Vergangenheit der Abstammungslinie; doch gleichzeitig sind sie zufällig hinsichtlich dessen, was genau sie bewirken. Im restlichen Kapitel werden wir hauptsächlich auf diesen letztgenannten Typ von Mutationsprozessen eingehen, weil wir der Auffassung sind, dass sie eine eminent wichtige Rolle im Evolutionsgeschehen, bei der Entwicklung phylogenetischer Anpassungen spielten.

Erworbene, benötigte, interpretative Mutationen?

Um zu konkretisieren, was wir unter interpretierenden oder „interpretativen Mutationen" verstehen, wollen wir vier Typen von Situationen beschreiben, in denen sich Mutationen ereignen, die irgendwo zwischen zufällig und gerichtet liegen; die meisten Beispiele, an denen wir die einzelnen Typen illustrieren, beruhen auf dem, was wir von Mikroorganismen wissen, aber nicht ausschließlich; manche Phänomene beobachtet man auch bei anderen Organismengruppen, vor allem bei Pflanzen. Obwohl wir sie alle als interpretative Mutationen bezeichnen, markieren die genetischen Prozesse, die die vier Situationen charakterisieren, ganz verschiedene Punkte im Spektrum zwischen vollkommen zufällig und vollkommen gerichtet.

Die erste Situation betrifft die von uns so bezeichnete *„induzierte Erhöhung der globalen Mutationsrate"*. Stellen Sie sich vor, Organismen geraten unter so schlechte Bedingungen, dass sie nicht überleben können und dass auch keine Reproduktion möglich ist. Gerettet werden könnten sie nur dadurch, dass sich eine günstige Mutation entwickelt, mit der sie in dem lebensbedrohenden Milieu ausreichend zurechtkommen. Bei der normalerweise niedrigen allgemeinen Mutationsrate stehen die Chancen sehr schlecht, dass überhaupt ein Individuum überleben wird. Wenn aber die Organismen über Mechanismen verfügten, die unter Stressbedingungen aktiviert würden und die Mutationsrate im gesamten Genom erhöhten, könnte die Sache glimpflicher enden. Zwar würden viele Individuen rasch sterben (denn sie erleiden Mutationen, die das Ganze noch verschlechtern), gleichzeitig wäre jedoch die Wahrscheinlichkeit erhöht, dass das eine oder andere Individuum eine „erlösende" Mutation entwickelt. Das ähnelt der Situation, wenn verarmte Menschen aus Verzweiflung Lottoscheine ausfüllen; indem sie Lotto spielen, eröff-

Abb. 3.3 Induzierte Erhöhung globaler Mutabilität. Links: Unter normalen Bedingungen ist die Mutationsrate niedrig (wenige Regenschirme). Rechts: Unter aktuem Stress (Wolken und Sturm) steigt die Mutationsrate im gesamten Genom (mehr Regenschirme) und einige wenige (nicht funktionsspezifische) Mutationen stellen sich als vorteilhaft heraus (offener Regenschirm).

nen sie sich tatsächlich die Chance, sich mit einem Mal aller materieller Sorgen zu entledigen – auch wenn die meisten mit Sicherheit noch schneller den letzten Cent veräußern und vollkommen mittellos dastehen werden. Es sei betont, dass die hier betrachtete Strategie nicht mit einer erhöhten Rate spezifisch *günstiger* Mutationen einhergeht. Die Strategie gleicht vielmehr der der „Forschenden" in unserem Gedankenexperiment, wenn sie mit unerwarteten Problemen konfrontiert werden: Versuche alles, in der Hoffnung, dass irgendwas hilft. Die Abbildung 3.3 illustriert dies.

Studien der vergangenen 20 Jahre haben gezeigt, dass bei Bakterien tatsächlich die allgemeine Mutationsrate steigt, wenn sie mit so ungünstigen Bedingungen konfrontiert werden, dass Wachstum und Reproduktion nicht mehr möglich sind. Dann generieren die Bakterien eine Flut von Mutationen über das gesamte Genom hinweg. Jede einzelne dieser Mutationen ist insofern zufällig, als sie nicht eine spezifische Funktion betrifft; dennoch ist unter diesen Bedingungen die gesamtgenomische Antwort – die Erhöhung der Mutationsrate – adaptiv. Dieses Phänomen hat man besonders intensiv bei Bakterien untersucht, doch Ähnliches geschieht auch in Pflanzen, wie Barbara McClintock vor vielen Jahren entdeckt hat: Wenn Pflanzen unter Stressbedingungen geraten, löst dies eine massive Wanderung mobiler genetischer Elemente (auch als „springende Gene", „Transponsonen" oder „transposable Elemente" bezeichnet) aus. Sie betrachtete dies als adaptive Reaktion, denn die genetischen Umstrukturierungen schaffen neue Variabilität.

Unter sehr schlechten Umweltbedingungen die allgemeine Mutationsrate zu erhöhen, ist also offenbar manchmal eine probate Lösungsstrategie: Es bestehen gewisse Aussichten, dass sich rechtzeitig eine günstige Mutation einstellt. Die natürliche Selektion könnte deshalb die Entwicklung von Mechanismen begünstigen, die bei Stress verstärkt Mutationen entstehen lassen. Abstammungslinien, die imstande sind, ihre Mutationsrate zu erhöhen (viele Lotteriescheine zu kaufen), wenn die Lebensbedingungen wirklich kritisch werden, haben bessere Chancen zu überleben. Obwohl die meisten Individuen zugrunde gehen, ist die stressinduzierte Erhöhung der allgemeinen Mutationsrate auf der Ebene der Abstammungslinie eine adaptive Antwort.

Doch nicht jeder stimmt dieser These zu. Einige wenden ein, die Tatsache, dass unter abträglichen Bedingungen überdurchschnittlich viele Mutationen entstehen, sei ganz einfach direkte Folge – und gewissermaßen ein Nebenprodukt – stressinduzierter Störungen. Zellen seien bei Stress (vor allem Nährstoffmangel) nicht mehr zur Synthese DNA erhaltender und reparierender Proteine imstande. Möglicherweise waren Zellen bei schwerem anhaltendem Nährstoffmangel gezwungen, die oben angesprochenen DNA-Caretaker-Gene selbst abzuschalten, um so Energie einzusparen. Wenn das tatsächlich so sein sollte, kommt es natürlich rasch zu Abänderungen an der DNA, die auch nicht korrigiert werden – mit der Folge, dass Mutationen sich immer weiter anhäufen. So gesehen, wäre das Generieren von Mutationen nur ein zellpathologisches Symptom und keine phylogenetisch entwickelte adaptive Antwort auf Umweltstress.

Mag man auch weiterhin darüber streiten, ob es sich bei der *induzierten Erhöhung der globalen Mutationsrate* um eine phylogenetisch entstandene Anpassung handelt oder um etwas Pathologisches, das hin und wieder zufällig auch etwas Positives zustande bringen kann – bei unserem zweiten Typ nichtzufälliger Mutationsprozesse handelt es sich ganz ohne Zweifel um Anpassung: die *lokale Hypermutabilität*. Beim ersten Typ sind die Mutationen (nach unserer Auffassung) insofern nichtzufällig, als sie genau zu jenem *Zeitpunkt* generiert werden, zu dem sie mit höherer Wahrscheinlichkeit nützlich sind. Der zweite Mechanismus kommt nicht zeit-, sondern ortsspezifisch zum Einsatz: Genetische Abänderungen ereignen sich vermehrt in ganz bestimmten Bereichen der DNA, und zwar dort, wo sie mit einiger Wahrscheinlichkeit zweckmäßig sind. Bestimmte Regionen des Genoms sind durch eine Mutationsrate charakterisiert, die um den Faktor 100 oder gar 1000 über dem Durchschnitt liegt (Abb. 3.4). Genetiker reden von „Mutations-Hot-Spots". Gene solcher Hot Spots kodieren für Produkte, die ein Teil von Zellstrukturen sind, deren Funktionalität davon abhängt, dass sie stark variiert. Eine hohe Mutationsrate bei solchen Genen ist deshalb adaptiv.

Der englische Genetiker Richard Moxon und seine Kollegen beschäftigten sich mit der lokalen Hypermutabilität bei *Haemophilus influenzae*, einem Bakterium, das Meningitis verursacht[10]. Wie für alle anderen Pathogene ist auch das Leben dieses Bakteriums voller Gefahren und Herausforderungen. Wenn es in die verschieden Bereiche des Kör-

Abb. 3.4 Lokale Hypermutabilität. Links: In den meisten DNA-Regionen ist die Mutationsrate gering (wenige Regenschirme). Rechts: Mutations-Hot-Spot, in dem sich überdurchschnittlich viele (nicht funktionsspezifische) Mutationen ereignen; einige davon stellen sich als vorteilhaft heraus (offene Regenschirme).

pers eindringt und dort Kolonien bildet, wird es mit vielen ganz unterschiedlichen Milieuverhältnissen konfrontiert; hinzu kommt, dass es einen niemals endenden Kampf mit der Immunabwehr seines Wirts auszutragen hat. Wie schon kurz im vorangegangen Kapitel angesprochen, verfügen Säugetiere über ein großartiges, hocheffizientes Immunsystem; bestimmte Immunzellen (B-Lymphozyten) vermögen durch regulierte DNA-Umstrukturierungen und Mutationen permanent neue Typen von Antikörpern herzustellen, die sie dann im Abwehrkampf gegen Pathogene in Stellung bringen. Doch *Haemophilus influenzae* gibt sich nicht leicht geschlagen: Häufig schafft es das Bakterium, die immer wieder neu auf- und zusammengestellte Abwehr seines Wirts zu umgehen; und ebenso kommt es mit den verschiedenen Milieuverhältnissen in den einzelnen Körperbereichen seines Wirts meist ausgezeichnet zurecht. Das alles gelingt dem Bakterium, weil es über „Kontingenzgene" verfügt, wie Moxon sie bezeichnet. Diese hochmutablen Gene kodieren für Proteine, die die Oberflächenstruktur des Bakteriums festlegen. Dies hat gravierende Folgen für den Wirt: Indem die Kontingenzgene die Strukturen an der Zelloberfläche ganz variabel abändern, können Teilpopulationen des Bakteriums auch die verschiedensten Körper-Mikrohabitate besiedeln. Mehr noch, indem es ständig neue Zelloberflächenmoleküle präsentiert, die dem Abwehrnetz des Wirts völlig unbekannt sind, wird das Bakterium auch nicht als Fremdkörper, als Pathogen identifiziert und schlüpft damit durch dessen Maschen.

Worauf gründet diese enorme Mutationsrate in jenen Kontingenzgenen? Typischerweise enthält die DNA dieser Gene kurze Nukleotidsequenzen, die sich mehrmals direkt hintereinander wiederholen. Ein solches Muster ist prädestiniert für viele Fehler, wenn die DNA dort instandgesetzt und kopiert wird. Wollten wir genau erklären, wie dies im Einzelnen passiert, müssten wir uns mit vielen mechanischen Details der DNA-Replikation und -Reparatur beschäftigen; aber das ist überhaupt nicht notwendig, weil das grundsätzliche Problem leicht zu verstehen ist. Stellen wir uns vor, einer der beiden Stränge enthält die Sequenz ATATATAT; diese ist dann gepaart mit der komplementären Sequenz TATATATA des anderen Strangs. Leicht können die beiden Stränge während der Replikation etwas verrutschen, sodass am einen Ende ein ungepaarter AT-Rest übersteht, am anderen ein ungepaarter TA-Rest. Was passiert jetzt? Entweder werden die ungepaarten Nukleotide vom DNA-Caretaker-System entfernt oder es fügt die komplementären Partnernukleotide an. Klar, das Ergebnis sind Mutationen, die resultierenden Sequenzen sind um zwei Nukleotide kürzer oder länger als zuvor. Noch etwas kommt hinzu: Bei solchen Nukleotidsequenzwiederholungen ist die Wahrscheinlichkeit relativ groß, dass sich einander entsprechende Regionen verschiedener Chromosomen zusammenlagern, dabei brechen und sich wieder neu kombinieren – auch dieser Mechanismus erhöht die Variabilität. Die Zahl solcher Motivwiederholungen wechselt, kann im Lauf der Zeit größer oder kleiner werden; deshalb ist dieser Mutationstyp leicht reversibel und Abstammungslinien springen auf diese Weise häufig von einem Phänotyp zu einem anderen.

Es ist recht schwierig, für diesen Typ von Mutation in Kontingenzgenen eine geeignete Bezeichnung zu finden. Moxon spricht von „diskriminierender“ Mutation, doch auch „gezielte“ Mutation wäre gerechtfertigt. Wie auch immer, es kann kaum Zweifel darüber bestehen, dass dieser Mutationstyp ein Ergebnis natürlicher Selektion ist. Abstammungslinien mit DNA-Sequenzwiederholungen, die eine hohe Mutationsrate in relevanten Genen provozieren, haben bessere Überlebenschancen als jene ohne solche Sequenzmotive. Zwar sind die konkreten Mutationen in der Zielregion zufällig (hinsichtlich ihrer Wirkung), doch die Tatsache der Zielgerichtetheit des ganzen Vorgangs macht ihn zu einer spezifischen Anpassung.

Die Kontingenzgene von *H. influenzae* geben keineswegs ein exotisches Ausnahmebeispiel. Ähnliche hochveränderliche Gene mit Nukleotidsequenzen, die vermutlich auf Hypermutabilität hin herausselektiert worden sind, kennt man auch von anderen Pathogenen, die sich mit dem Immunsystem ihres Wirts permanent Schlachten liefern. Gefunden wurden sie aber auch bei Tieren, beispielsweise bei Schlangen und Schnecken, die Gift zu Beutefang und Feindabwehr einsetzen[11]. Die Gene dieser Tiere, die für die Gifte kodieren, sind hochvariabel. Diese hohe Mutabilität ist sehr wahrscheinlich eine Anpassung, um den kontinuierlichen Resistenzentwicklungen ihrer Beutetiere und Feinde immer einen Schritt voraus zu sein.

Es ist klar: Solche hohen Mutationsraten, wie wir sie eben beschrieben haben, sind keine kontrollierten Antworten auf veränderte physiologische Bedingungen. Mutationen ereignen sich unaufhörlich, die ganze Zeit über. „Erworben“ sind Mutationen in den

Abb. 3.5 Induzierte Erhöhung lokaler Mutabilität. Links: Unter normalen Bedingungen ist die Mutationsrate gering (wenige Regenschirme). Rechts: Eine lokale Erhöhung der Mutationsrate als Reaktion auf Stress (ein lokales Gewitter) lässt – unter vielen anderen – eine günstige Mutation (offener Regenschirm) entstehen.

Kontingenzgenen nur im evolutionären, nicht in irgendeinem physiologischen Sinne. Unser dritter Mutationstyp, die *induzierte lokale Mutation* (Abb. 3.5), ist aber in dieser Hinsicht anders. Zwar erhöht sich hier – als Antwort auf veränderte Bedingungen – die Mutationsrate nur mäßig (auf das Fünf- bis Zehnfache des Durchschnittswerts), doch ereignen sich die Mutationen spezifisch in jenen Genen, die die Fähigkeit des Organismus betreffen, mit der neuen Situation zurechtzukommen. Die Mutationen sind hier also zum einen induziert durch Umweltreize und zum anderen ereignen sie sich ortsspezifisch, betreffen speziell die womöglich „heilbringenden" Gene. In keinerlei Hinsicht ist dieser Typ von Mutation zufällig – die genetischen Abänderungen sind erforderlich und erworben.

Barbara Wright beobachtete diesen nichtzufälligen Typ von Mutationen bei ihren Untersuchungen am Darmbakterium *Escherichia coli*[12]. Um ihre Experimente nachvollziehen zu können, sollten wir uns in Erinnerung rufen, dass Bakterien, wenn sie halbwegs „ausgehungert" sind, zahlreiche Maßnahmen ergreifen, die die Zelle in eine Art „Notstand" versetzen und sie dadurch etwas länger überleben lassen: Gene, die in guten Zeiten aktiviert sind (z. B. solche, die für zur Reproduktion benötigte Produkte kodieren), werden nun stillgelegt; andere hingegen, die normalerweise abgeschaltet sind, weil ihre Aktivität nicht benötigt wird, werden nun gezielt mobilisiert. Zu den Genen, die in

Zeiten guter Nährstoffversorgung gewissermaßen „schlafen", gehören jene, die für Aminosäuren kodieren, denn normalerweise sind diese im Nährmedium reichlich vorhanden. Doch sobald es bei der Zufuhr einer bestimmten Aminosäure zu einem Engpass kommt, wird das relevante Gen „aufgeweckt" und so umgehend die Synthese der benötigten Aminosäure in Gang gebracht.

Hier setzen nun die Untersuchungen von Barbara Wright ein; sie schaute nach Mutationen in einer beschädigten Kopie eines solchen Aminosäure-Gens. Das fehlerhafte Gen kodierte für eine unbrauchbare Modifikation einer bestimmten Aminosäure; deshalb nützte es der Bakterienzelle nichts, dieses Gen einfach einzuschalten, wenn sie einem Nährmedium ausgesetzt wurde, dem genau diese Aminosäure fehlte. Notwendig war vielmehr eine günstige Mutation in dem besagten beschädigten Gen. Indem sie verschiedene genetische Tricks anwandte, vermochte sie die Mutationsrate unter günstigen Bedingungen, wenn also die benötigte Aminosäure ausreichend vorhanden ist und die Bakterienkolonie gut wachsen kann, mit jener unter Mangelbedingungen zu vergleichen. Zwar überlebten die Bakterien auch im letztgenannten, ungünstigen Milieu, aber eben nur gerade so. Unter diesen Stressbedingungen stellte sie nun Folgendes fest: Erstens war die Mutationsrate im fehlerhaften Gen viel höher als normal und zweitens – und dies ist der springende Punkt – war die erhöhte Rate beschränkt auf dieses eine Gen. Die verstärkte Mutationsaktivität ging in diesem Fall auf zwei sich gegenseitig beeinflussende Faktoren zurück: zum einen auf den Mangel der Aminosäure, der ein spezifisches Gen aktivierte, und zum anderen auf ein zelluläres Signal, das nur in Notfall- und Krisenzeiten gesetzt wird. Im Ergebnis wurde jenes Gen, das für die Bewältigung des Krisengeschehens zentrale Bedeutung hatte, verstärkt Mutationen unterzogen; damit erhöhte sich die Wahrscheinlichkeit, dass sich eine günstige genetische Abänderung einstellt, die die Zelle überleben lässt.

Den vierten und letzten Typ interpretativer Mutationsprozesse wollen wir *induzierte regional verstärkte Mutabilität* nennen (Abb. 3.6). Sehr viel ist nicht über diesen Mutationstyp bekannt und er mag auch mit den zuvor diskutierten Typen überlappen; doch ist er deshalb besonders interessant, weil er bei vielzelligen Organismen beobachtet wird. Manchmal führen veränderte Außenbedingungen, etwa ein plötzlicher starker Temperaturanstieg in einem spezifischen Gensatz zu einer Erhöhung der Mutationsrate um mehrere Größenordnungen. Zwar sind die Mutationen hier soweit man weiß nicht adaptiv, doch da sie eindeutig eine sehr spezifische Antwort auf bestimmte Umweltbedingungen sind, lassen sie sich schwerlich als zufällig bezeichnen. Natürlich wüssten wir gerne, ob es sich bei dieser Antwort um eine Anpassung an aktuellen Stress handelt, und wenn nicht, ob es in der Vergangenheit eine solche gewesen sein könnte. Aber wir wissen das nicht.

Diesen Typ vorübergehend regional verstärkter Mutabilität hat man etwa beim Senf, *Brassica nigra*, beobachtet[13]. Ein Hitzeschock führt bei dieser Pflanze dazu, dass einige der vielen Genkopien, die für rRNAs (RNAs, die Bestandteil der Ribosomen sind) kodieren, verloren gehen. Der adaptive Nutzen einer solchen Antwort des Genoms ist unklar, bisher gibt es jedenfalls keinen Hinweis darauf, dass eine Reduktion der Kopienzahl die-

Abb. 3.6 Induzierte Erhöhung regionaler Mutabilität. Links: Unter normalen Bedingungen ist die Mutationsrate gering (wenige Regenschirme). Rechts: Mäßige Stressbedingungen (schwaches Gewitter) erhöhen die Mutationsrate in wenigen, spezifischen Regionen (mehr Regenschirme).

ser Gene mit einer erhöhten Reproduktionswahrscheinlichkeit einhergeht. Allerdings wird diese verringerte Genkopienzahl an die nächste Generation weitergegeben; zwar ereignet sich das Ganze in Körperzellen, doch aus einigen davon gehen reproduktive Gewebe hervor. Ähnliche erbliche Änderungen in der Kopienzahl von rRNA-Genen oder anderen repetitiven Sequenzen hat man auch beim Flachs (*Linum*) beobachtet, wenn er in unterschiedlichen Nährmedien herangezogen wird[14]. Gegenwärtig ist der Mechanismus, der diesem Mutationstyp zugrunde liegt, nicht bekannt; doch die Gegenwart repetitiver Sequenzen spricht dafür, dass Rekombinationsprozesse eine Rolle spielen.

Die vier eben diskutierten Kategorien von Mutationen sind in Tabelle 3.1 zusammengefasst.

Ein Blick auf die Tabelle zeigt, dass es eine ganze Menge von DNA-Abänderungen gibt, die man zutreffend weder als „zufällig“ noch als „gerichtet“ charakterisieren kann. Kein Problem gibt es mit den spezifischen und adaptiven Veränderungen während der Ontogenese, sie sind zweifellos gerichtet (ganz unten in Tabelle 3.1). Ebenso eindeutig sind jene vielfältigen zufälligen Mutationen, denen kein adaptiver Wert zukommt, die also „funktionsblind“ sind (ganz oben in Tabelle 3.1). Interessant sind die vielen Fälle zwischen diesen beiden Extremen. Stellen wir uns eine Achse vor, entlang der die verschiedenen genetischen Abänderungstypen aufgereiht sind. Wenn „vollkommen blind“

Tab. 3.1

Typ genetischer Abänderung	In spezifischem Gen/spezifischer Region?	Induziert oder reguliert?	Adaptivität?	Typ der DNA-Abänderung
Klassische „(funktions-) blinde" Mutation	Nein	Nein	Nein	Abänderungen in Nukleinsäurebasen, Fehler bei Reparatur und Replikation, Translokation mobiler DNA-Elemente usw.
Induzierte Erhöhung globaler Mutabilität	Nein	Ja, bei unter extremen Stressbedingungen	Nein hinsichtlich der einzelnen Mutation, ja hinsichtlich der Erhöhung der allgemeinen Mutationsrate	Erhöhung der Rate „blinder" Mutationen
Lokale Hypermutabilität	Ja	Nein	Ja	Die hohe Mutabilität spezifischer Regionen resultiert aus der der Organisation der DNA-Sequenzen.
Induzierte Erhöhung lokaler Mutabilität	Ja	Ja, unter milden Stressbedingungen	Ja	Mutationen erfolgen spezifisch in aktiven Genen.
Induzierte Erhöhung regionaler Mutabilität	Ja	Ja, bei Änderung der Umweltbedingungen	(Vermutlich) nein	Mutationen erfolgen gezielt in bestimmten repetitiven DNA-Sequenzen.
Entwicklungsspezifische DNA-Sequenzänderungen	Ja	Ja, reguliert durch Entwicklungssignale	Ja	Präzise genomische Umstrukturierungen und Mutationen in genau definierten Regionen

und „vollkommen ontogenetisch gerichtet“ die beiden Endpunkte der Achse darstellen, dann sind die verschiedenen „interpretativen“ Mutationen irgendwo dazwischen zu setzen. Die stressinduzierte allgemeine Erhöhung der Mutationsrate steht auf der Achse ziemlich nahe am „blinden Ende“, dagegen die induzierte lokal und regional erhöhte Mutabilität, die als Ergebnis spezifischer physiologischer Veränderung „halbgerichtet“ ist, näher am „Entwicklungsende“ der Achse.

Was die mehr oder weniger lokalisierten Mutationen betrifft, so zeichnet diese einerseits Zufälligkeit aus mit Blick darauf, welche Mutation konkret generiert wird und welche Wirkungen diese zeitigt; andererseits ist diese Zufälligkeit insofern zielgerichtet oder kanalisiert, als die Abänderungen auf spezifische Genomorte beschränkt sind und sich manchmal auch nur unter bestimmten Bedingungen ereignen. Solche Mutationen sind besonders interessant, da sie wahrscheinlich adaptiv sind. Denn der evolutionär entstandene „Heilsweg" besteht nun nicht (mehr) darin, die Nadel (die extrem seltene günstige Mutation) in einem riesigen Heuhaufen (in einem großen Genom) zu suchen und zu finden; vielmehr beschränkt sich die Suche auf eine kleine Ecke des Heuhaufens, eine Ecke, die ziemlich genau festgelegt ist. Zwar muss man weiterhin suchen, aber unter Maßgabe handlungsanleitender Information. Die Chancen einer Zelle, für ein Problem die Lösung in Form einer günstigen Mutation zu finden, stehen ganz gut, weil in ihrer evolutionären Vergangenheit ein System aufgebaut worden ist, das intelligente Hinweise darauf liefert, wo und wann Mutationen zu generieren sind.

Evolvierte genetische Vermutungen

Selbst wenn wir nicht all die experimentellen Hinweise darauf hätten, dass Mutationen manchmal gerichtet sind und unter der Kontrolle von Umwelt und Entwicklung stehen, sprächen allein evolutionstheoretische Überlegungen sehr stark dafür. Denn es wäre doch sehr verwunderlich, wenn jede Erscheinung in der lebenden Welt Ausdruck und Ergebnis von Evolution ist – mit einer einzigen Ausnahme: der Prozesse zur Generierung neuer erblicher Variabilität! Die Art und Weise, wie sich Organismen die Sexualität, die bestehende genetische Variation neu kombiniert, zu Nutze machen und unter welchen äußeren Umständen sie darauf zurückgreifen, ist Ergebnis natürlicher Selektion – daran zweifelt wohl niemand. Deshalb liegt es doch nahe, ähnlichen Selektionsdruck dafür anzunehmen, wie, wann und wo Variation durch Mutation entsteht[15]. Man braucht auch nicht sehr viel Phantasie, um sich vorzustellen, wie sich durch natürliche Selektion ein Mutationen generierendes System herausbilden kann, das „begründete Mutmaßungen" (*informed/educated guesses*) darüber anstellen kann, was in einer bestimmten Situation nützlich sein wird. Aus unserer Sicht ist die Vorstellung, dass in der Vergangenheit die Selektion Systeme mit der Eigenschaft, solche „auf Erfahrung begründete Vermutungen" zu entwickeln, begünstigt hat, plausibel, vorhersehbar und durch Experimente bestätigt. Der amerikanische Genetiker Lynn Caporale gibt dieser Idee mit den Worten Ausdruck: „Der Zufall begünstigt das vorbereitete Genom."[16] Und dieses Vorbereitetsein, diese Bereitschaft ist selbstverständlich entwicklungsgeschichtlich bedingt!

Wenn man einmal erkannt und verstanden hat, dass nicht alle Mutationen zufällige Fehler sind, beginnt sich auch der Blick auf das Verhältnis zwischen physiologischen oder ontogenetischen Anpassungen einerseits und phylogenetischen andererseits zu verändern. Man hat uns beigebracht, ganz grundsätzlich zwischen diesen beiden Typen zu unterscheiden: Physiologische und entwicklungsspezifische Veränderungen sollen nur auf *Instruktionen* beruhen – was in Zellen oder Organismen geschieht, steht unter der Kontrolle interner oder externer regulierender Signale. Ganz anders der phylogenetische Wandel, er soll das Ergebnis allein von *Selektion* sein – bestimmte erbliche Varianten sind im Vorteil gegenüber anderen. Wissenschaftsphilosophen der Biologie bezeichnen die physiologischen und ontogenetischen Prozesse, die den Phänotyp bedingen, als „proximate Ursachen" und die phylogenetischen Prozesse – die natürliche Selektion und was sonst noch den Phänotyp im Verlauf der Stammesgeschichte hervorgebracht hat – als „ultimate Ursachen"[17]. Wenn es aber tatsächlich so ist, dass einige erbliche Variationen unter physiologischer oder ontogenetischer Kontrolle gebildet werden, kann man dann überhaupt noch von zwei grundsätzlich verschiedenen Typen von Ursachen sprechen? Es greift ganz offensichtlich zu kurz, Evolution ausschließlich als das Ergebnis der Selektion zufällig entstandener (genetischer) Variationen zu verstehen, denn Evolution umfasst auch Prozesse der Instruktion. Nach unserer Auffassung ist der Gegensatz zwischen Physiologie/Entwicklung und Evolution wie auch zwischen proximaten und ultimaten Ursachen keineswegs so absolut, wie es in den Lehrbüchern steht; die beiden Bereiche gehen vielmehr ineinander über. Am einen Ende des Spektrums stehen reine Ausleseprozesse, die unter zufälligen Varianten auswählen; am anderen rein instruktive Prozesse, die vollständig physiologischer oder entwicklungsspezifischer Natur sind und keinerlei Selektion beinhalten. Zwischen diesen Extremen finden wir die meisten Vorgänge der Realwelt, die in variablen Anteilen sowohl selektive als auch instruktive Komponenten enthalten. Auf der einen Seite umfassen manche Entwicklungsprozesse, etwa jene des Immunsystems, auch Auslese, während auf der anderen Seite phylogenetische Prozesse, vor allem bei Pflanzen und Bakterien, auch instruktive Komponenten enthalten können. Mit anderen Worten: Darwin'sche Evolution kann mit Lamarck'schen Prozessen einhergehen, weil erbliche Variabilität, unter der die Selektion auswählt, nicht immer vollkommen funktionsblind entsteht; ein Teil davon ist induziert oder „erworben" als Reaktion auf die umgebenden Lebensbedingungen.

Diese Sicht auf die Quellen, auf das Entstehen erblicher Variabilität hat auch mit dem zu tun, was wir in Kapitel 1 angesprochen haben – mit der Unterscheidung à la Richard Dawkins zwischen Replikatoren (Genen) und Vehikeln (Körper). Nach Dawkins' Auffassung ist das Gen die Einheit von Vererbung, Variation und Evolution, der Körper dagegen die Einheit der Entwicklung. Das Gen, also der Replikator, kontrolliert den Körper, das Vehikel, das dieses Gen trägt; doch bleibt dieses Gen vollkommen unbeeinflusst von den Entwicklungsprozessen im Körper. Wenn es aber so ist, wofür die vorgestellten Indizien sprechen, dass das, was im Körper geschieht auch Einfluss darauf haben kann, ob und wie viele Mutationen gebildet werden, dann verschwimmt die Grenze zwischen Replikator und Vehikel. Entwicklung, Vererbung und Evolution hängen viel zu sehr miteinander zusammen, als dass sie fein säuberlich voneinander getrennt werden könnten.

Dialog

A. D.: Lassen Sie mich Ihre Argumentation zusammenfassen. Ihre Hauptaussage ist doch: Nicht alle Mutationen stellen wahllose, zufällige genetische Abänderungen dar, wie man bisher immer vermutete. Ob überhaupt, zu welchem Zeitpunkt und an welchem Ort sich Nukleotidsequenzen ändern, wie viele Mutationen erfolgen, soll manchmal von den Umgebungsbedingungen abhängen, unter denen ein Organismus lebt. Denn ihrer Ansicht nach gibt es evolutionär herausgebildete Systeme, die bei Verschlechterung des Milieus Abänderungen im Genom herbeiführen. Gebe ich Sie so richtig wider?

M. E.: Ja, und in Kapitel 9 werden wir uns im Detail damit beschäftigen, wie diese Systeme entwicklungsgeschichtlich entstanden sind.

A. D.: Gut. Dann möchte ich auf Ihr erstes Argument zu sprechen kommen. Sie meinten, evolutionstheoretisch sei es leicht einzusehen, warum manche Tiere und Pflanzen sich obligat sexuell fortpflanzen, während andere dies nur ganz selten tun; warum manche Pflanzen sich normalerweise selbst bestäuben, während andere immer auf Fremdbestäubung setzen; warum manche Regionen der Chromosomen so gut wie nie rekombinieren, während andere dies sehr ausgeprägt tun. Sie behaupten, unter Evolutionsbiologen bestehe Konsens darüber, dass in der Vergangenheit die natürliche Selektion Einfluss darauf gehabt habe, wann und wie viel erbliche Variation durch sexuelle Prozesse generiert werde; wenn dies tatsächlich zutreffe, dann – so Ihre weitere Überlegung – gebe es keinen vernünftigen Grund, das Gleiche nicht auch für die Bildung erblicher Variation durch Mutation anzunehmen. Wenn die Selektion Einfluss auf Bildungsbedingungen und -ausmaß des einen Typs von Variation gehabt habe, warum nicht auch auf den anderen Typ? Nun, diese Überlegung ist zwar gut nachvollziehbar, doch Plausibilität ist noch lange kein Beweis. Ihre Argumentation wäre überzeugender, wenn die beiden Systeme zur Generierung erblicher Variabilität physiologisch irgendwie verknüpft wären. Sind sie das denn? Sind Sexualität und Mutation mechanisch miteinander verbunden?

M. E.: Ja, auf der Stufe der Zellen sind sie es bis zu einem gewissen Grad tatsächlich. Die Mechanismen, die zum Crossing-over führen, also zur Rekombination durch Austausch von Chromosomensegmenten während der Meiose, haben mit jenen zu tun, die auch Mutationen bedingen. Es sind hoch komplizierte Zusammenhänge; letztlich geht es darum, wie Zellen DNA-Schäden reparieren. Wir werden in Kapitel 9 näher darauf eingehen. Man kann vielleicht mit aller Vorsicht sagen, dass enzymatische Systeme, die die Rekombination steuern, eine Schnittmenge bilden mit jenen, die interpretative Mutationen erzeugen. Wie groß diese Schnittmenge tatsächlich ist, wissen wir allerdings noch nicht.

A. D.: Bedeutet das denn, dass die Umwelt Einfluss sowohl darauf hat, ob es zur Rekombination durch Crossing-over kommt, als auch darauf, ob sich Mutationen ereignen? Viel haben Sie zu dieser Frage noch nicht gesagt – abgesehen von jenen interessanten Organismen, die sich sexuell wie asexuell fortpflanzen können und die zur ersten Option greifen, sobald sich die Lebensbedingungen ernstlich verschlechtern. Vermutlich entspricht diese Strategie der induzierten Erhöhung der allgemeinen Mutationsrate, da hier doch viel genetische Variabilität genau in dem Moment entsteht, wenn sie sehr wahrscheinlich von Nutzen ist. Können Sie nichts Konkretes dazu sagen? Gibt es denn keine Beispiele für eine stressinduzierte Erhöhung der Rekombinationsrate in bestimmten Regionen von Chromosomen – also für ein Äquivalent der induziert verstärkten lokalen oder regionalen Mutabilität?

M. E.: Durchaus. Bei *Drosophila* erhöht Hitzestress die allgemeine Rekombinationsrate[18]. Dabei ist hier die Tatsache besonders interessant, dass einige Regionen der Chromosomen viel stärker zur Rekombination neigen als andere; so beginnen beispielsweise Abschnitte plötzlich zu rekombinieren, die dies normalerweise überhaupt nicht tun, etwa das kleine Chromosom 4. Andere Bereiche, die unter normalen Umständen nur sehr zögerlich rekombinieren, zeigen nun eine 30-fach höhere Rate. Dies zeigt eindeutig, dass es sich hier nicht um gänzlich willkürliche, undifferenzierte Prozesse handelt. Allerdings ist nicht klar, ob überhaupt und wenn ja, welche adaptiven Vorteile mit dieser induziert erhöhten lokalen Rekombinationsrate verbunden sind.

A. D.: Aber wie passen alle diese induzierten Änderungen im Genom mit dem Zentralen Dogma der Molekularbiologie zusammen? Ihrer Auffassung nach kann ja das, was einem Organismus im Verlauf seines Lebens widerfährt, Auswirkungen haben auf Menge und Art genetischer Variabilität in der nachfolgenden Generation. Doch wenn das Zentrale Dogma stimmt, gibt es keinen Informationsfluss vom Protein zurück zur RNA und DNA. Wie sollte also etwas, was auf organismischer Ebene – biochemisch auf der der Proteine – geschieht, das Genom der nächsten Generation beeinflussen können? Muss man denn hierfür nicht irgendeine Form von Rückübersetzung annehmen, also Informationsübertragung vom Protein zur DNA? Und dies passiert doch ganz sicherlich nicht!

M. E.: Das Zentrale Dogma besagt ja, dass entwicklungsspezifische Anpassungen an wechselnde Umweltbedingungen nicht auf die nachfolgende Generation übertragen werden können. Vor allem in den 1960er Jahren meinte man erkannt zu haben, dass Information nur in *eine* Richtung fließt – von der DNA zum Protein und niemals umgekehrt. So meinte beispielsweise John Maynard Smith im Jahr 1966: „Der größte Wert des Zentralen Dogmas besteht darin, dass er dem Lamarckisten zeigt, was er tun muss – nämlich das Dogma widerlegen."[19] Und Ernst Mayr, einer der Architekten der Modernen Synthese, pflichtet dieser Ansicht bei, indem er das Zentrale Dogma als „letzten Sargnagel für die Vererbung erworbener Eigenschaften" bezeichnet[20]. Doch nach allem, was wir heute wissen, liegen beide falsch. Eine Rückübersetzung ist überhaupt nicht zwingend notwendig, damit erworbene Merkmale vererbt werden können – aus dem ganz einfachen Grund, dass die meisten „erworbenen Merkmale" überhaupt nicht mit einer Änderung der Aminosäurensequenz von Proteinen einhergehen. Denn was passiert eigentlich, wenn eine Zelle auf veränderte Umgebungsbedingungen reagiert? Was ändert sich denn in der Zelle? Ändert sich die Aminosäurensequenz irgendeines Proteins? Nein, in aller Regel nicht. Was sich vielmehr ändert, ist welche Gene ein- und welche ausgeschaltet werden. Die synthetisierte Menge einzelner Proteine ändert sich, aber nicht ihre Aminosäurensequenz und somit auch nicht ihre Struktur. Und eine Mutation, die eine solche erworbene Abänderung nachbildet, müsste sich in einer Kontrollregion der DNA ereignen, nicht im Bereich Protein-kodierender Sequenzen. Selbst dann, wenn die zelluläre Antwort mit einer Abänderung einer Aminosäurensequenz einhergeht, beruht diese auf modifiziertem Spleißen oder einer abgewandelten Translation und nicht auf einer geänderten Protein-kodierenden Nukleotidsequenz. So müsste also auch in diesem Fall eine genetische Abänderung, die die erworbene Veränderung ebenfalls hervorruft, Kontrollregionen und keine kodierenden Regionen der DNA betreffen. Genetische Abänderungen, die die Regulation von Genen modifizieren, sind von dreierlei Art: Entweder ändern sie die Zahl der Genkopien, die Nukleotidsequenzen in Kontrollregionen oder die Position eines Gens auf dem Chromosom. Genau dies beobachten wir häufig bei interpretativen Mutationen.

A. D.: Das wirft doch zwei – in gewissem Sinn gegensätzliche – Fragen auf. Die erste ist: Wenn so gut, warum so wenig? Damit meine ich: Warum ist es so schwierig, Beispiele für gerichtete oder partiell gerichtete Mutationen zu finden, wenn sie doch für Organismen so außerordentlich vorteilhaft sind?

M. E.: Unser Gedankenexperiment gibt darauf teilweise Antwort. Die Strategie der „Konservativen", immer und immer wieder gleich zu verfahren, führt nur dann zum Ziel, wenn sich Herausforderungen exakt wiederholen. Sobald aber ein Problem auftaucht, für das sie keine genau passende Lösung in petto haben, werden sie damit Schiffbruch erleiden. Ganz ähnlich verhält es sich auch bei der *präzis* gerichteten Mutation auf veränderte Bedingungen – sie wird sehr wahrscheinlich keine gute Lösung für die Mehrzahl der Herausforderungen sein, der Zellen im physiologischen Alltag ausgesetzt sind; denn hier treten exakt gleiche Umweltbedingungen normalerweise nicht immer wieder ein. Deshalb ist es auch nicht zu erwarten, dass sich Systeme zur Generierung hochgradig gerichteter Mutationen phylogenetisch allzu häufig entwickelt haben. Die wohl in den meisten Fällen wirksamste Strategie des Genoms, auf veränderte Umweltbedingungen zu reagieren, dürfte im „wohl begründeten Vermuten" (*educated guess*) und einem Improvisieren auf der Grundlage dieser Vermutung liegen – bewerkstelligt durch die interpretativen Mutationssysteme, wie wir sie genannt haben. Mehr und mehr davon werden entdeckt, vor allem bei Bakterien; allerdings wissen wir noch sehr wenig über sie.

A. D.: Dies führt mich zu meiner zweiten Frage. In Kapitel 2 haben Sie betont, wie komplex die Beziehungen zwischen Genen und Merkmalen sind. Sie argumentierten, dass eine Abänderung in einem einzelnen Gen – wenn sich dies überhaupt sichtbar auswirkt – sehr viele Effekte hätte, vor allem bei vielzelligen Organismen. Wenn dies so ist, dann mag eine bestimmte neue Mutation für den einen Zelltyp, sagen wir für eine Leberzelle, von Vorteil, für einen anderen Typ, etwa eine Nervenzelle, dagegen schädlich sein. Sehr wahrscheinlich wird doch der Gesamteffekt einer Mutation angesichts der vielen verschiedenen Begleitumstände in der Zelle negativ sein. Sogar die meisten der von ihnen so bezeichneten interpretativen Mutationen erscheinen mir etwas problematisch. Die Aussicht darauf, dass irgendeine Form gerichteter Mutation einem Organismus, all seinen verschiedenen Zelltypen unter all den unterschiedlichen Umweltbedingungen, mit denen er konfrontiert ist, gut bekommt, ist doch ziemlich schlecht – vermutlich ebenso schlecht wie bei einer vollkommen zufälligen Mutation. Warum also sollten wir überhaupt gerichtete oder auch nur partiell gerichtete Mutationen finden?

M. E.: Ja, da kommen Sie tatsächlich auf ein sehr grundsätzliches Problem zu sprechen. Wenn ein phänotypisches Merkmal durch irgendeine Art gerichteter Mutation adaptiv abgeändert werden soll, muss eine Modifikation auf der Ebene des Organismus für eine Rückkopplung sorgen, die eine entsprechende Abänderung auf genetischer Ebene bewerkstelligt. Bei komplexen vielzelligen Organismen ist es unklar, wie so etwas funktionieren könnte. Anders ist es bei Bakterien und anderen Einzellern – bei diesen kann man sich ganz gut vorstellen, wie ein veränderter Zustand einer Zelle ihr eigenes Genom beeinflusst, und dies auf adaptive Weise. Wir haben für diesen Typ genetischer Antwort (die induziert erhöhte „lokale" Mutabilität) ja ein Beispiel gegeben: Bei *E. coli* nimmt die Mutationsrate in einem defekten Gen, das Komponente eines Biosyntheseweges für eine bestimmte Aminosäure ist, zu, wenn das Bakterium auf einem Nährmedium wachsen soll, dem genau diese Aminosäure fehlt. Doch auch in diesem Fall, wenn also der Mutationsort hochgradig ausgewählt scheint, ist eine Portion Zufälligkeit im Spiel; denn welche Mutationen in der Zielregion verursacht werden, ist offen. Aber im Grunde haben Sie ganz Recht: In komplexen Organismen sind die vielen Wechselwirkungen zwischen verschiedenen Genen sowie zwischen diesen und der Umwelt zu berücksichtigen; dies bedeutet, dass sich die Aktivität von Genen nur über sehr viele Ecken phänotypisch auswirkt und eine Informationsübertragung von der organismischen auf die genetische Ebene sehr unwahrscheinlich ist. Dies ist ein weiterer Grund dafür, dass wir keine derartige Rückübersetzung erwarten. Selbst dann, wenn Information von einem veränderten Protein auf die DNA-Sequenz, die für dieses Protein kodiert, fließen könnte, würde das nur in jenen seltenen Fällen eine adaptive genetische Abänderung zur Folge haben, in denen eine ganz einfache, lineare Gen-Protein-Merkmal-Beziehung besteht. Doch normalerweise ist dies anders.

A. D.: Das heißt also: Je komplexer ein Organismus, desto unwahrscheinlicher ist es, dass er über Systeme verfügt, die imstande sind, gerichtete Mutationen zu verursachen?

M. E.: Ja und nein. Vergessen Sie nicht, dass es auch bei komplexen Organismen regelmäßig zu gerichteten Mutationen kommt – von diesen hängt beispielsweise die Schlagkraft unserer Immunabwehr ab. Sie sind deshalb adaptiv, weil sie auf einen einzigen Zelltyp beschränkt sind. Sie sehen, die biochemischen Voraussetzungen für eine kontrollierte Veränderung des Genoms sind ganz offensichtlich vorhanden, sogar bei uns Menschen. Allerdings kommt dieses Instrumentarium bei jenen Genen, die von einer Generation zur nächsten gelangen, so weit wir wissen nicht zum Einsatz. Ein Grund dafür könnte darin liegen, dass Mutationen, so sehr gerichtet und begrenzt sie auch auf einen Teil des Genoms sein mögen, in komplexen Systemen stets und unvermeidlich zufällige Auswirkungen auf den Organismus als Ganzen haben werden – ganz einfach aufgrund all der zellulären Wechselwirkungen.

A. D.: Sie wollen also sagen, dass zwar einige Mikroorganismen über evolvierte biochemische Systeme verfügen, die ihnen ein klein wenig Lamarck'sche Evolution erlauben, indem sie genetische Information weitergeben, die als Reaktion auf veränderte Umweltbedingungen abgeändert wurde, doch komplexe Organismen dazu nicht in der Lage sind. Verstehe ich das richtig?

M. E.: Tatsächlich halten wir es für sehr unwahrscheinlich, dass komplex organisierte Organismen über Systeme verfügen, die adaptive genetische Änderungen induzieren und für deren Weitergabe an die Nachkommen sorgen; doch ganz ausschließen wollen wir sie auch nicht. Wenn man die ganze Sache vom evolutionären Standpunkt aus betrachtet, befinden sich vielzellige Organismen in einer paradoxen Situation. Auf der einen Seite kann man sich viele Situationen vorstellen, in denen es sehr vorteilhaft wäre, induzierte „erworbene" Merkmale zu vererben; doch auf der anderen Seite sind die Möglichkeiten, anpassungsrelevante Information in Form induzierter DNA-Sequenzabänderungen weiterzugeben, in dem Maße eingeschränkt, wie die Komplexität der biologischen Organisation zunimmt.

A. D.: Sie geben also zu, dass komplexe Organismen auf keine Lamarck'schen Evolutionsmechanismen zurückgreifen können?

M. E.: Nein, überhaupt nicht! Wie wir schon verschiedentlich betont haben, ist nicht alles, was vererbt wird, genetischer Natur. Es gibt Systeme, die auf Organisationsebenen über der genetischen Information zwischen den Generationen transportieren. Über diese Systeme sind Anpassungen, die ein Organismus während seines Lebens erwirbt, viel direkter mit der Information verknüpft, die dieser Organismus an die nächste Generation weitergibt. Mit anderen Worten: Mit Hilfe solcher supragenetischer Systeme sind auch komplexe Organismen sehr wohl in der Lage, einige erworbene Merkmale über Generationen hinweg weiterzugeben. Das heißt, Lamarck'sche Evolution ist auch bei ihnen zweifellos möglich. In den folgenden drei Kapiteln werden wir uns näher mit diesen zusätzlichen Vererbungssystemen beschäftigen – dem epigenetischen, dem verhaltensspezifischen und jenem, das auf Symbolen basiert. Dabei werden wir besprechen, wie diese Systeme direkt und indirekt Einfluss auf das Evolutionsgeschehen nehmen können.

Teil II: Drei weitere Dimensionen

Die Vorstellung, dass allein die DNA für sämtliche erblichen Unterschiede zwischen den Individuen verantwortlich sein soll, steckt dermaßen tief in unserem Kopf, dass man sich nur schwer von ihr lösen kann. Denn wenn man davon spricht, dass durch nichtgenetische Vererbungssysteme weitergegebene Information von grundsätzlicher Bedeutung für das Verständnis von Vererbung und Evolution sei, wird man mit zwei Problemen konfrontiert. Erstens scheint den meisten, die so etwas hören, das genetische System auszureichen, um alles Wesentliche bei diesem Thema hinreichend zu erklären. Sie berufen sich dabei auf „Ockhams Rasiermesser“: Wenn *ein* System alles erklären kann, warum sollte man dann noch nach weiteren suchen? Das zweite Problem: Selbst wenn einige konzedieren, dass die Vielzahl experimenteller Daten tatsächlich für die Existenz zusätzlicher, nichtgenetischer Vererbungssysteme spricht, so können sie sich darunter nichts Konkretes vorstellen; wie solche Systeme Einfluss auf das Evolutionsgeschehen nehmen sollen, scheint schleierhaft. Wir alle sind sehr davon geprägt, was wir vom genetischen System wissen; deshalb neigen wir auch dazu, die Eigenschaften dieses Systems auf andere Typen der Vererbung zu übertragen und sie nach dessen Maßgabe zu beurteilen. Doch selbst wenn man sich das bewusst macht, ist es nicht einfach, eingefahrene Denkgewohnheiten zu ändern.

Nach einigen sehr frustrierenden und weitgehend erfolglosen Versuchen, unseren Standpunkt Studenten und Kollegen näher zu bringen, haben wir uns ein anschauliches Szenario überlegt, das verdeutlichen soll, wie verschiedene Vererbungssysteme parallel zum genetischen arbeiten. Unserem Eindruck nach hilft dieses Modell vielen, unseren Ansatz nachvollziehen; deshalb wollen wir es auch hier vorstellen.

Stellen Sie sich ein Musikstück vor, dargestellt durch ein System auf Papier geschriebener Noten, also eine Partitur. Diese Partitur wird viele Male kopiert, wenn sie von einer Musikergeneration an die nächste weitergegeben wird. Manchmal kommt es dabei zu Fehlern, die nicht korrigiert werden; vielleicht flechtet ein frecher Kopist manchmal sogar absichtlich kleine Abänderungen ein; doch abgesehen von diesen geringfügigen und seltenen Abwandlungen gelangt das Musikstück in Form der geschriebenen Partitur sorgfältig von einer Generation zur nächsten. Das Verhältnis zwischen Partitur und Musik ist analog zu jenem zwischen Genotyp und Phänotyp. Nur der Genotyp (die Partitur) wird über Generationen hinweg weitergegeben, nicht aber der Phänotyp (eine bestimmte Darbietung, eine spezifische Interpretation des Musikstücks). Veränderungen des Genotyps (Mutationen) werden weitergereicht, nicht aber solche des Phänotyps (erworbene Merkmale).

So ungefähr war die Situation, bevor man ganz neuartige Wege fand, Musik wieder- und dadurch auch weiterzugeben. Tonbandaufnahme und Rundfunkübertragung ermöglichten es, bestimmte Darbietungen unseres Musikstücks aufzuzeichnen, sie zu bearbeiten, auf andere Tonträger zu kopieren und schließlich über den Rundfunk zu verbreiten. Dank dieser neuen Techniken lassen sich also ganz konkrete Interpretationen des Musikstücks ebenso verbreiten wie die geschriebene Partitur. Wollen wir diesen Sachverhalt in Form unserer Genotyp-Phänotyp-Analogie beschreiben, dann sehen wir: Die Aufzeichnungs- und Ausstrahlungssysteme verbreiten die „Phänotypen" des Musikstücks, weniger die „genotypischen" Instruktionen in der Partitur. Ein Phänotyp, eine bestimmte Darbietung, wird durch die Noten der geschriebenen Partitur beeinflusst, doch ebenso durch die Fertigkeiten der Musiker, die Art der Instrumente, den allgemeinen Musikgeschmack und vieles andere. Auch wird die aktuelle Darbietung von Interpretationen der Partitur beeinflusst wird, die der Dirigent und die Musiker in der Vergangenheit gehört haben – also durch frühere Phänotypen. Die Verbindung zwischen den beiden Übertragungssystemen ist normalerweise einseitig gerichtet: Eine Abänderung in der Partitur hat Auswirkungen auf die Darbietungen, doch umgekehrt hat eine konkrete Interpretation des Musikstücks keinen Einfluss auf die zugrunde liegende Partitur; zumindest normalerweise. Gelegentlich könnte aber doch eine Darbietung zu einer Abänderung der Partitur führen: Eine besonders beliebte Interpretation des Stücks mag zur Folge haben, dass in die Partitur Vermerke eingefügt werden, die eine zukünftige Wiedergabe, eine Rekonstruktion dieser Interpretation erleichtern. In diesem Fall beeinflusst der Phänotyp den Genotyp. Immer dann, wenn sich ein neuer Weg der Informationsweitergabe auftut, können neue Techniken sich darauf auswirken, wie Musik wiedergegeben wird.

Das Übertragungssystem aus Tonaufzeichnung und Rundfunkausstrahlung basiert auf einer vollkommen anderen Technik als das Abschreiben einer Partitur; ähnlich tiefgreifend unterscheiden sich auch jene Vererbungssysteme, mit denen wir uns in den nächsten drei Kapiteln beschäftigen werden, von dem der DNA. Sie ersetzen nicht das DNA-System (die geschriebene Partitur), vielmehr ergänzen sie dieses. Das genetische System bildet das Fundament jeglicher biologischer Organisation – einschließlich aller supragenetischen Vererbungssysteme. Doch diese zusätzlichen Systeme ermöglichen die Weitergabe von Variationen eines anderen Typs von Information. Diese Variationen betreffen höhere Stufen der Organisation – die Ebene der Zelle, des Organismus oder einer Gruppe von Individuen. Sie können ziemlich unabhängig von den Variationen der genetischen Ebene sein – genauso wie Varianten aufgezeichneter Darbietungen unseres Musikstücks unabhängig von Abänderungen in der Partitur sein können. Das genetische System definiert ähnlich wie die Partitur das Spektrum der Möglichkeiten; ist dieses Spektrum sehr groß, ermöglicht es die Ausprägung vieler verschiedener verbreitbarer („erblicher") Phänotypen und kann zu einer Menge interessanter Evolutionsprozesse durch natürliche Selektion führen, die unter diesen alternativen Phänotypen auswählt.

In den nächsten drei Kapiteln werden wir einige sehr verschiedenartige Typen von Vererbungssystemen kennenlernen – sie alle erlauben die Weitergabe phänotypischer Variationen von Generation zu Generation. In Kapitel 4 wollen wir uns mit den Folgen zellulärer Vererbungssysteme für die Evolution beschäftigen. In Kapitel 5 werfen wir den Blick auf die Weitergabe von Verhaltensmustern bei Tieren und diskutieren ihre Bedeu-

tung für das Evolutionsgeschehen. Das Kapitel 6 wird die Symbolsysteme des Menschen und die kulturelle Evolution zum Thema haben. Dabei wollen wir vorerst – soweit dies möglich ist – das genetische System und dessen Variabilität außer Acht lassen, ebenso die Wechselwirkungen zwischen den verschiedenen Vererbungssystemen. Auf all dies kommen wir in Teil III zu sprechen.

Kapitel 4: Epigenetische Vererbungssysteme

Die Leberzellen eines Menschen sehen anders aus als seine Haut- oder Nierenzellen; jeder dieser Zelltypen reagiert spezifisch und ruft auch jeweils ganz charakteristische funktionelle Wirkungen hervor – obwohl sie alle die gleiche genetische Information tragen. Von wenigen Ausnahmen abgesehen, sind die Unterschiede zwischen den vielen verschieden spezialisierten Zelltypen bei uns Menschen epigenetischer und nicht genetischer Natur. Die Spezialisierungen resultieren aus Ereignissen während der ontogenetischen Entwicklung jedes Zelltyps; diese entscheiden darüber, welche Gene „angeschaltet" werden, wie ihre Produkte wirken und welche Wechselwirkungen sie eingehen. Das Bemerkenswerte vieler spezialisierter Zelltypen besteht darin, dass sie nicht nur ihren spezifischen Phänotyp über lange Zeit bewahren, sondern diesen auch auf Tochterzellen übertragen. Wenn sich Leberzellen teilen, sind ihre Tochterzellen wiederum Leberzellen, und Nierenzellen teilen sich ihrerseits zu ebensolchen. Obwohl die DNA-Sequenzen dieser Zellen während der ontogenetischen Entwicklung unverändert bleiben, erwerben sie gleichwohl Information, die sie an ihre Nachkommen weitergeben. Diese Information wird durch so genannte *epigenetische Vererbungssysteme* (EVSs) übertragen. Diese Systeme sorgen für die zweite Dimension der Vererbung und Evolution.

Bis Mitte der 1970er Jahre wusste man kaum etwas über die Existenz einer epigenetischen Vererbung. Entwicklungsbiologen waren damals hauptsächlich damit beschäftigt, herauszufinden, wie sich Zellen differenzieren. Sie befassten sich mit Signalen, die Gene ein- und ausschalten, und mit Prozesskaskaden, die gewährleisten, dass Zellen an dem einen Ort des Körpers sich zu einem ganz bestimmten funktionellen Typ entwickeln, andernorts dagegen zu einem alternativen Zelltyp mit einer anderen, wiederum spezifischen physiologischen Charakteristik. Das Hauptaugenmerk galt also der Frage, wie Zellen ihre speziellen Funktionen erwerben – und nicht dem komplementären Problem, auf welche Weise diese Zellen die Information über ihr jeweils spezifisch erworbenes Muster an- und ausgeschalteter Gene bewahren und diesen neuen epigenetischen Zustand an ihre Tochterzellen weitergeben. Im Jahr 1975 erschienen zwei ziemlich spektakuläre wissenschaftliche Beiträge, die auf dieses Problem aufmerksam machten und auch eine mögliche Lösung unterbreiteten. Die beiden britischen Biologen Robin Holliday und John Pugh sowie der Amerikaner Arthur Riggs schlugen unabhängig voneinander einen Mechanismus vor, der den Aktivitäts- und Inaktivitätszustand von Genen bewahren und auf nachfolgende Zellgenerationen übertragen sollte[1]. Ihre Vorstellungen stießen auf großes Interesse, sodass sich nach einem eher mühsamen Anfang die Forschung zu Zellgedächtnis und epigenetischer Vererbung doch recht stürmisch entwickelte. Das Ganze erhielt später noch erheblich mehr Schwung, als man erkannte, dass die epigenetische Vererbung bei der Klonung und anderen gentechnischen Arbeiten eine zentrale Rolle spielt.

Inzwischen ist Epigenetik schwer in Mode gekommen und heute gibt es ein regelrechtes Schlagwort ab. Längst zweifelt kein Biologe mehr an der Existenz epigenetischer Ver-

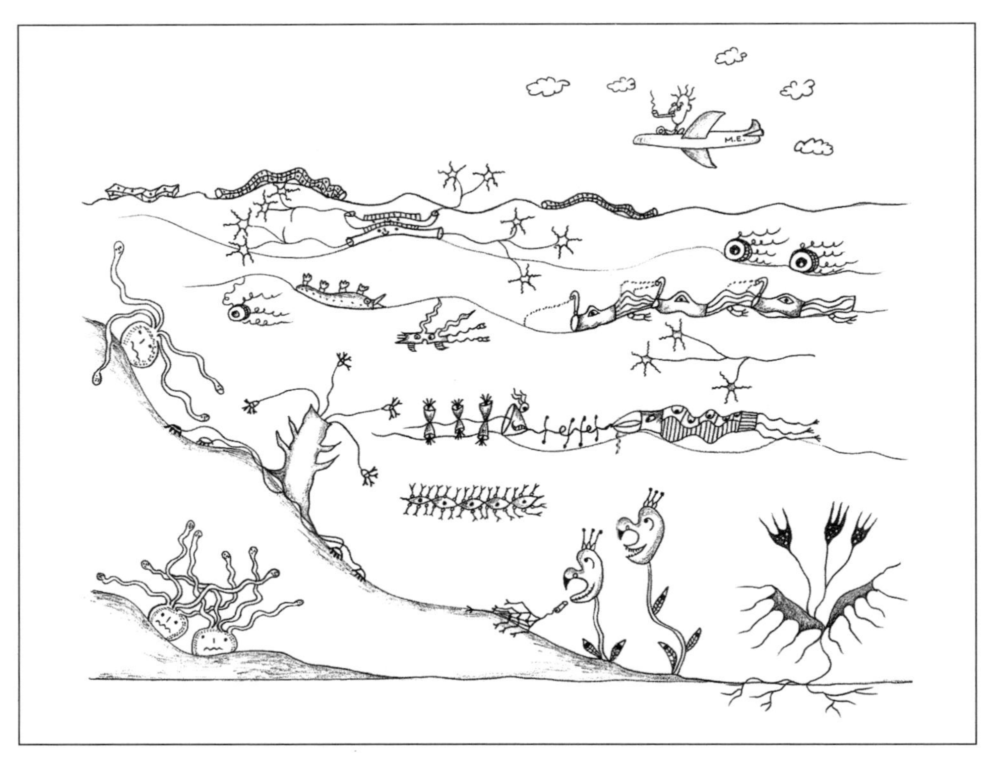

Abb. 4.1 Lebensformen auf dem Planeten Janus

erbungssysteme und ihrer Bedeutung für Entwicklung und Medizin. Skeptisch sind sie allerdings nach wie vor, was die mögliche Relevanz der EVSs für das Evolutionsgeschehen betrifft. Um zu verdeutlichen, auf welche Weise EVSs evolutionäre Prozesse beeinflussen können, machen wir ein weiteres Gedankenexperiment. Das Szenario, das wir ausbreiten, wird zeigen, dass Evolution allein auf Basis erblicher epigenetischer Variabilität möglich ist – ohne dass genetische Variabilität involviert wäre. Um von vornherein Missverständnisse zu vermeiden, sei betont, dass wir die Bedeutung der genetischen Variabilität für das Evolutionsgeschehen keineswegs kleinreden wollen. Mit unserem Gedankenexperiment wollen wir lediglich verdeutlichen, dass evolutionärer Wandel auch allein durch Vererben von Variationen mittels nichtgenetischer zellulärer Vererbungssysteme möglich ist.

Evolution auf dem Planeten Janus

Stellen Sie sich einen Planeten namens Janus vor, der nicht allzu weit entfernt von der Erde ist und sich von ihr auch nicht allzu sehr unterscheidet; denn auch auf Janus existiert Leben. Es gibt dort viele verschiedene Lebewesen mit verblüffenden Formen und

Verhaltensweisen, wobei allerdings ihre biologische Organisation nicht über die einer Qualle (unserer Erde) hinausgeht (Abb. 4.1).

Sämtliche Organismen auf Janus vermehren sich ausschließlich durch asexuelle Prozesse; es gibt nichts, was ähnlich wie durch Meiose bei den Tieren und Pflanzen der Erde zur Bildung von Gameten führt und es gibt auch keine irgendwie anders geartete sexuelle Fortpflanzung. Doch findet man auf Janus wie hier auf der Erde unterschiedliche Formen asexueller Reproduktion. Einige Organismen vermehren sich, indem sich Auswüchse vom erwachsenen Körper ablösen (Knospung); bei den meisten anderen kommt es dadurch zur Vervielfältigung, dass sich eine einzelne Zelle ablöst, sich dann zu teilen beginnt und schließlich zu einem erwachsenen Organismus entwickelt. Bei einigen wenigen Typen schließen sich Zellen verschiedener Individuen zusammen (Abb. 4.2) und bilden eine Art „Embryo", der dann einem ontogenetischen Entwicklungsprozess unterliegt[2].

Wie die Organismen auf der Erde sind auch jene auf Janus ohne Ausnahme durch ein DNA-basiertes genetisches System ausgezeichnet; ebenso sind die biochemischen Prozesse der DNA-Replikation, Transkription und Translation genau die gleichen wie bei den irdischen Lebewesen. Und doch ist eine Sache bei den Janus-Lebewesen anders und höchst erstaunlich: Sämtliche Organismen auf Janus tragen exakt die gleiche DNA-Sequenz; von der einfachsten Lebensform, einer winzigen, einzelligen Kreatur, bis hin zu riesigen, fächerartigen, in Kolonien lebenden Würmern – alle sind mit identischer DNA ausgestattet. Die Genome sind groß und komplex, doch bei keinem Organismus weicht die DNA vom universellen Standard-Sequenzmuster ab, weil biochemische Systeme unaufhörlich die DNA überprüfen und jede Zelle mit einer genetischen Mutation umgehend eliminieren.

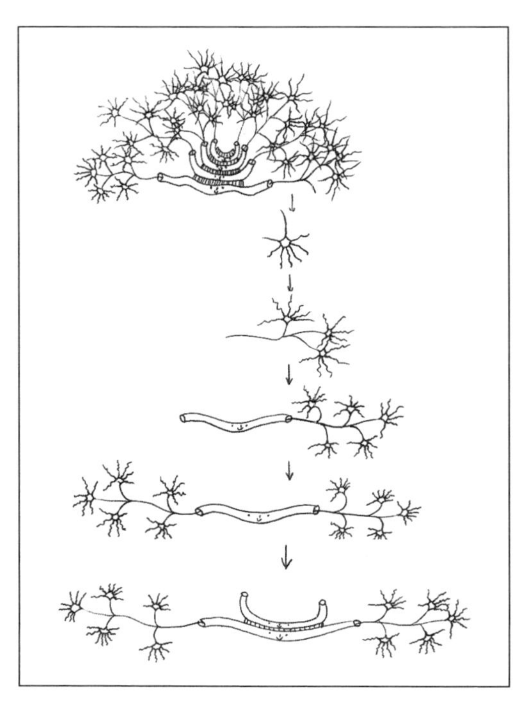

Abb. 4.2 Asexuelle Reproduktion bei *Jaynusi zelijowska*

Die Evolution der Organismen auf Janus begann vor etwa zwei Milliarden Jahren, als sich ein großer Brocken von unserer Erde ablöste und in Meteoriten zerfiel. Diese bargen auch einfache Lebensformen, die sich bis dahin auf der Erde entwickelt hatten; einer dieser Meteoriten erreichte samt seiner lebendigen Fracht (wenn auch im Zustand des „Tiefschlafs") den Planten Janus. Einige der dort ankommenden Organismen vermochten zu überleben; da die Bedingungen auf Janus nicht lebensfeindlich waren, entwickelten sich diese Überlebenden in ganz verschiedene ein- und vielzellige Formen weiter. Die heute dort lebenden Organismen sind alle ohne Ausnahme Abkömmlinge eines einzigen gemeinsamen Vorfahren – eines schwimmenden, kolonial lebenden, matratzenförmigen Wesens mit eben jenem Genom, das auch alle seine heute lebenden Nachkommen tragen. Durch natürliche Selektion entwickelten die Nachkommen dieses fernen Vorfahren jenes System, das jegliche genetisch abweichende Zelle zerstört. Gleichwohl vermochten die Zellen unterschiedliche physiologische und morphologische Typen zu bilden und dadurch all die verschiedenen Formen von Organismen hervorzubringen, die heute Janus bevölkern. Anpassung an verschiedene Habitate resultierte in – erblich kumulierenden – strukturellen und funktionellen Modifikationen der ursprünglichen „Matratze". An seichten Stellen der stürmischen Meere hefteten sich einige Individuen an flache Steine, bildeten einen „Stamm" und flache, blätterartige Strukturen, die Licht, Energie und organisches Material, das fortwährend spontan auf Janus entsteht, resorbieren. Diese Individuen waren gegenüber ihren frei schwimmenden Schwestern im Vorteil: Zum einen zerbrachen sie nicht so leicht, zum anderen vermochten sie Nährstoffe und anderes benötigtes Material leichter aufzunehmen; die natürliche Selektion begünstigte Anpassungen in diese Richtung, sodass sie kontinuierlich häufiger wurden. In anderen, eher offenen Habitaten zerfiel der ursprüngliche matratzenartige Organismus in kleine Bälle, dessen Oberflächenzellen sich rasch bewegende Geißeln (Flagellen) ausbildeten. Von diesem evolutionären Zwischenstadium aus entwickelte sich durch weitere Fragmentierung eine Abstammungslinie hin zu einzelligen Organismen, die sich sehr rasch teilten und in anderen Arten parasitierten.

Nun stellen Sie sich vor, Wissenschaftler von der Erde erreichen eines Tages Janus; umgehend beginnen sie all die Lebewesen, die sie vorfinden, näher zu untersuchen. Da das Leben auf Janus ähnlich dem auf der Erde ist und ganz offensichtlich auch auf einem DNA-Vererbungssystem basiert, vermögen sie rasch die frühe Entwicklungsgeschichte der Lebewesen zu rekonstruieren. Was sie allerdings in großes Erstaunen versetzt und zunächst auch vor ein Rätsel stellt, ist die Tatsache, dass zwischen den äußerlich so verschiedenen Organismentypen keinerlei genetische Unterschiede bestehen. Wie konnten sich wurm- und blattförmige Kreaturen aus einem gemeinsamen, einfacher organisierten Vorfahren entwickeln, wenn das Genom offenbar unveränderlich ist? Einen Mangel an erblichen phänotypischen Variationen in den Populationen der Janus-Organismen gibt es nachweislich nicht; die erblichen Unterschiede zwischen den verschiedenen morphologischen Typen („Arten") sind enorm – doch was sollte die Ursache, die materielle Basis dieser erblichen Unterschiede sein?

Nach anfänglicher Irritation und Ungläubigkeit richten die Wissenschaftler ihr Augenmerk auf die zellulären Vererbungssysteme, die EVSs, die sie von ihrer Arbeit mit Organismen auf der Erde gut kennen. Als sie sich mit diesen Systemen bei den Janus-Lebewesen näher befassen, wird klar, dass die gesamte erbliche Variabilität und die gesamte Phylogenese dieser Organismen auf hoch differenzierten zellulären Vererbungssystemen beruhen muss. Alternative funktionelle Zustände von Zellen, Variationen in der Zellarchitektur und den biochemischen Prozessen können offenbar durchweg von Generation zu Generation vererbt werden. Abhängig vom Vermehrungsmodus kann manchmal sogar die Organisation ganzer Gewebe und Organe über Generationen hinweg weitergegeben werden. Da EVSs eine Doppelfunktion zukommt – sie sind Reaktions- und Vererbungssystem –, kommen die Wissenschaftler zu dem Schluss, dass für die phylogenetische Entwicklung der Lebensformen auf Janus die Bedeutung gerichteter oder interpretativer erblicher Variationen erheblich größer gewesen sein muss als auf der Erde.

Wir werden später im Detail auf die Doppelfunktion der EVSs eingehen. Vorerst wollen wir aber mit unserem Gedankenexperiment fortfahren und uns vorstellen, wie die *Daily Earth* ihren Lesern, die es gelernt hatten, über Vererbung und Evolution auf Basis der DNA nachzudenken, die ungewöhnlichen Phänomene auf Janus zu erklären sucht. Die Schlagzeile lautet: „Letzten Endes doch nicht sehr anders", und es folgt dieser Text:

> Endlich beginnen Wissenschaftler zu verstehen, was passierte, als sich Leben auf Janus entwickelte. Das eigentlich Bemerkenswerte besteht darin, dass wir das, was jenen merkwürdigen Kreaturen ihre Form verleiht, eigentlich ganz gut kennen – und zwar von Studien darüber, wie unser eigener Körper seine Form entwickelt. Die Unterschiede zwischen den verschiedenen „Epi-Biestern", wie die Wissenschaftler sie liebevoll bezeichnen, sind im Prinzip die gleichen wie bei uns zwischen Lunge und Leber, zwischen Niere und Haut, zwischen Blut und Gehirn.
>
> Professor Paxine Mandela, Chefin des Instituts für Epigenetik in Burkly, drückt es folgendermaßen aus: „Alle Gewebe und Organe bestehen aus Zellen, und fast jeder Zelltyp unseres Körpers trägt die exakt gleiche DNA. Was die Leber-, Lungen-, Nieren, Haut-, Blut- und Gehirnzellen jeweils so speziell macht, sind nicht genetische Unterschiede, Abweichungen in der DNA, sondern die unterschiedliche Nutzung der Information, die die DNA kodiert. Einfach gesprochen: Ein Gen kann ein- oder ausgeschaltet sein; ist es aktiv, beteiligt es sich federführend an der Synthese irgendwelcher biochemischer Produkte; ist es inaktiv, trägt es auch nichts zu Biosynthesen bei. Das Genom, also die Gesamtheit der Gene einer Zelle, ähnelt dann einem riesigen Schaltpult, auf dem die eingeschalteten Gene rot aufleuchten, die abgeschalteten grün. Würde man solche Schaltpulte verschiedener Zelltypen miteinander vergleichen, stellte sich heraus, dass bei jedem Typ das Muster aus roten und grünen Lichtern anders wäre; jeden Zelltyp charakterisiert eine spezifische Kombination eingeschalteter Gene.
>
> Die zur Bildung der verschieden Zelltypen notwendigen Weichen werden in bestimmten kritischen Entwicklungsstadien gestellt, wenn sich Gewebe und Organe differenzieren. Hat sich ein Zelltyp einmal herausgebildet, wird das zelltypspezifische Muster an roten und grünen Lichtern auf dem Schaltpult weitgehend fixiert und an die Tochterzellen

weitergegeben. Das heißt also: Die verschiedenen Zelltypen vervielfältigen jeweils ihr eigenes Erscheinungsbild – Hautzellen bringen keine Nierenzellen hervor, sondern einzig und allein Hautzellen; Leberzellen produzieren Leberzellen, Nierenzellen eben Nierenzellen. Man bezeichnet die Zellsysteme, die für den Erhalt und die Weitergabe von Genaktivitätsmustern und anderen Zellzuständen sorgen, als epigenetische Vererbungssysteme."

Doch was hat dies alles mit dem Leben auf Janus zu tun? Professor Mandela zufolge sind viele Prozesse, die wir bei den Janus-Lebewesen beobachten, der Aktivität eben jener EVSs zuzuschreiben. Die überraschende Entdeckung, dass all die merkwürdigen Kreaturen dort exakt die gleichen DNA-Sequenzen tragen, lässt die Wissenschaftler nach anderen Wegen suchen, wie Merkmale vererbt werden können – und hier kommt Professor Mandela ins Spiel. Sie und ihre Kollegen stellen fest, dass wir auf Janus im Prinzip das Gleiche beobachten, was man auch hier auf der Erde sähe, wenn jedes unserer Organe ein unabhängiges Lebewesen wäre und sich autonom reproduzieren könnte. Man stelle sich vor: Nieren-Lebewesen könnten kleine Nierenknospen abspalten, die sich dann zu reifen Nieren-Lebewesen entwickelten; und Herzknospen, abgeschnürt von Herz-Organismen, reiften zu ebensolchen. Man denke an blattähnliche Haut-Kreaturen, die sich durch Fragmentieren vervielfältigten, oder an Blutzellen-Organismen, die sich durch einfache Zellteilung vermehrten. Das ist es, was auf Janus passiert. Keinerlei sexuelle Prozesse finden statt, wenn sich die „Epi-Biester" auf Janus vermehren – es gibt nur asexuelles Teilen, Ausknospen und Zusammenlagern. So wenig sich die DNA-Sequenz der verschiedenen Organe eines Menschen unterscheidet, so wenig unterscheidet sie sich zwischen den verschiedenen Janus-Organismen; sie alle tragen die gleichen Gene. Allerdings setzt jeder Organismentyp auf Janus diese Gene unterschiedlich ein; diese Nutzungsunterschiede sind es, die über Generationen hinweg weitergegeben werden. Jede Art von Epi-Biest ist – genauso wie jedes unserer Organe – durch ein spezifisches epigenetisches Muster charakterisiert, das es an die Nachkommen weitergibt.

Nun wird auch klar, wie bei den Janus-Lebewesen eine Evolution durch Darwin'sche natürliche Selektion möglich ist – obwohl sie ja alle mit den gleichen Genomen ausgestattet sind: Sie verfügen über schlagkräftige Systeme, die ihre DNA in einem optimalen Funktionszustand halten und sie deshalb vor jeder Abänderung schützen; was sich aber ändert, sind die Lichtmuster auf den „Schaltpulten" und anderen Komponenten ihrer nichtgenetischen Vererbungssysteme – dadurch entstehen neue, erbliche Varianten. Manchmal entstehen sie durch Fehler, manchmal erzwingen veränderte Umweltbedingungen ein Umschalten; wie auch immer sie entstehen mögen, wenn eine Variante dem Epi-Biest Vorteile verschafft, zu überleben und sich fortzupflanzen, wird sich die Abstammungslinie verändern.

Dies bedeutet also: Obwohl die Janus-Kreaturen so anders sind als unsere Tiere und Pflanzen, deren Evolution auf der Selektion veränderter DNA-Sequenzen beruhen soll, hängt auch ihre phylogenetische Entwicklung von der Selektion erblicher Varianten ab. Doch die Variationen der Epi-Biester werden durch die EVSs weitergegeben, und neue, erbliche Varianten können entstehen, wenn sich die Umweltbedingungen ändern und dadurch die genetische Information anders genutzt wird. Die interessante Frage sei nun, so Professor Mandela, wie wichtig die EVSs für die Evolution des Lebens hier auf der Erde gewesen sein mögen. „Nach allem, was wir wissen", betont Mandela, „verfügen nicht nur die Janus-Lebewesen über epigenetische Vererbungssysteme – die Epi-Biester sind nicht so sehr viel anders."

Verlassen wir Janus und kehren zur biologischen Realität auf unserem eigenen Planeten zurück. Das Szenario auf Janus sollte die Aufmerksamkeit auf epigenetische Vererbungssysteme und ihre Bedeutung für das Evolutionsgeschehen lenken. Biologen wissen zwar inzwischen eine ganze Menge über diese Systeme, doch betrachten sie sie im Allgemeinen nur im Zusammenhang mit der Ontogenese, also mit den Prozessen, durch die aus einer befruchteten Eizelle ein erwachsener Organismus mit spezialisierten Zellen, Organen und Organsystemen wird. Sie betonen zwar die Bedeutung der EVSs für das Festlegen und Regulieren von Zellaktivitäten, übersehen aber in aller Regel deren evolutionäres Potenzial; auf Letzteres wollen wir nun zu sprechen kommen. Wir werden vier große Kategorien von EVSs beschreiben; zunächst wollen wir dabei einen Blick auf ihre Rolle bei der zellulären Vererbung werfen, uns dann aber ihren evolutionären Aspekten zuwenden[3].

Vorab möchten wir noch einmal den Gedanken der EVSs als zusätzlicher „Verbreitungstechniken" in Erinnerung rufen. So wie das Aufnehmen und Ausstrahlen von Musik Techniken sind, mit denen sich Interpretationen von Information, die in einer Partitur enthalten ist, verbreiten lässt, tragen EVSs Interpretationen von Information der DNA weiter. Sie übermitteln in erster Linie Phänotypen, nicht Genotypen.

Selbst erhaltende Rückkopplungsschleifen: Gedächtnis für Genaktivitäten

Mit dem ersten Typ eines EVS erben Tochterzellen das Genaktivitätsmuster einer Elternzelle, das über selbst erhaltende Rückkopplungsschleifen kontrolliert wird[4]. Diesen Systemtyp beschrieb zunächst aufgrund rein theoretischer Überlegungen der amerikanische Genetiker Sewell Wright im Jahr 1945, und in den späten 1950er Jahren konnte man ihn tatsächlich erstmals bei Bakterien nachweisen. Inzwischen hat man dieses Rückkopplungssystem praktisch bei allen darauf untersuchten Organismentypen gefunden, was ein starkes Indiz dafür ist, dass es für das Zellgedächtnis grundlegende Bedeutung hat.

Der Kern eines selbst erhaltenden Systems besteht darin, dass ein Zustand A den Zustand B verursacht und dieser wiederum A. Im einfachsten Fall induziert ein vorüberge-

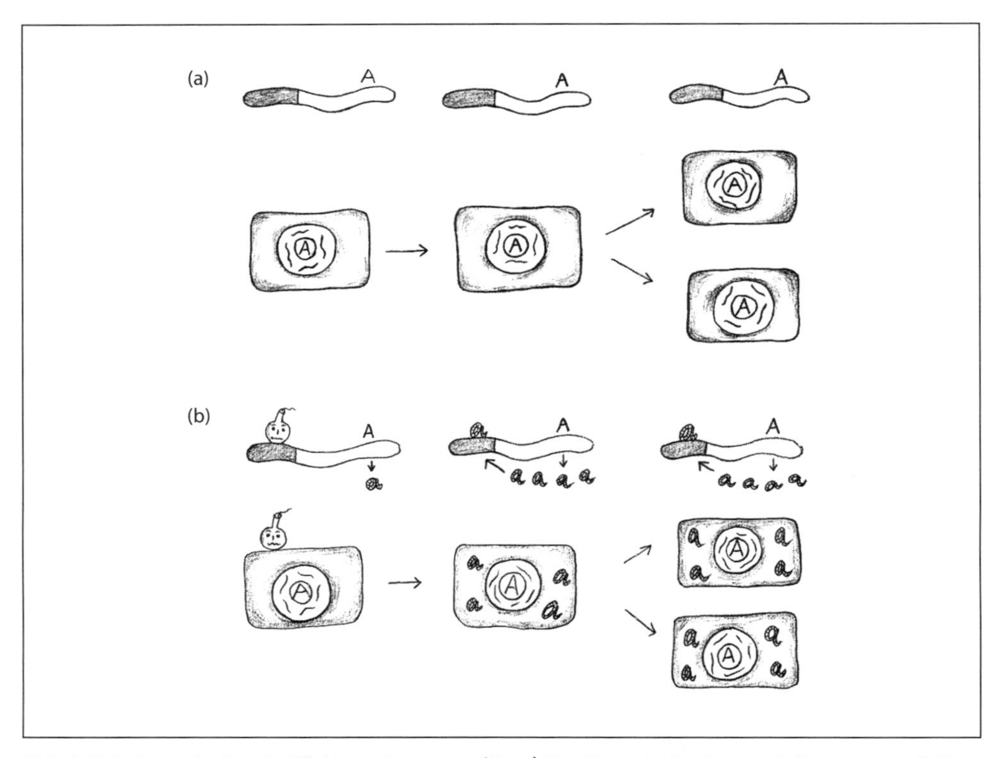

Abb. 4.3 Selbst erhaltende Rückkopplungsschleife. a) Das Gen A ist inaktiv und die aus einer Zellteilung hervorgehenden Tochterzellen erben diesen inaktiven Funktionszustand.
b) Ein vorübergehend einwirkender Reiz (Bombe) führt zur Aktivierung von Gen A, worauf das Produkt a synthetisiert wird. Da die Tochterzellen dieses Produkt a erben, erhalten sie auch den aktiven Zustand des Gens A.

hender Reiz das Einschalten eines Gens und das daraufhin synthetisierte Genprodukt gewährleistet die fortgesetzte Aktivität dieses Gens (auch nach Erlöschen des Signals). Die Abbildung 4.3 zeigt, wie ein solches System funktioniert. Wenn Gen A aktiviert ist, wird ein Protein synthetisiert, das unter anderem als Regulator fungiert, indem es an die Kontrollregion von Gen A bindet und es dadurch im aktivierten Zustand hält – auch lange nachdem der ursprünglich induzierende Reiz verschwunden ist. Nach der Zellteilung wird das Gen-A-Protein auch in den beiden Tochterzellen, wenn es dort in genügend hoher Konzentration vorhanden ist, positiver Regulator sein und das Gen A eingeschaltet halten.

Aufgrund solcher Rückkopplungssysteme können also in zwei genetisch identischen Zelltypen unter den gleichen nicht induzierenden Bedingungen im einen ein bestimmtes Gen eingeschaltet, beim anderen dagegen ausgeschaltet sein. Ob aktiv oder nicht, hängt von den jeweiligen Vorläuferzellen ab – davon, ob sie dem anfänglichen Gen-aktivierenden Reiz ausgesetzt waren oder nicht. Dieser Auslösereiz kann eine Änderung in den externen Bedingungen oder ein interner entwicklungsrelevanter oder regulierender Faktor gewesen sein. Gelegentlich kann auch der von Vorläuferzellen stammende Zellzustand aus einem „Hintergrundrauschen" resultieren – aus zufälligen Schwankungen im Zellmilieu, die Gene an- oder ausschalteten. Was auch immer die Ursache für das Anschalten eines Gens gewesen sein mag, solange die Konzentration seines Proteinprodukts in der Zelle nicht unter eine kritische Schwelle fällt, wird es über alle Zellteilungen hinweg im aktiven Zustand bleiben, denn die Vererbung eines aktiven oder inaktiven Zustands ist hier unwillkürliche Folge einer mehr oder weniger symmetrischen Zellteilung.

Die meisten sich selbst erhaltenden Rückkopplungsschleifen sind erheblich komplizierter als etwa jene von Abbildung 4.3; doch das kausale Prinzip bleibt gleich. Einfache und komplexe Rückkopplungsschleifen unterscheiden sich vor allem in der Stabilität: Letztere können gegenüber veränderten Bedingungen sehr resistent sein, Erstere hingegen sind ziemlich störungsanfällig.

Wenn wir eine sich selbst erhaltende Rückkopplungsschleife als Informationssystem verstehen, wie ist dann die Information, die dieses System weitergibt, organisiert? Selbst eine einfache Schleife besteht zwar aus mehreren Komponenten (der kodiernden Sequenz des Gens, seiner regulatorischen Region und seinem Proteinprodukt), doch ihr funktioneller Gesamtzustand (aktiv oder inaktiv) hängt von den Wechselwirkungen zwischen allen diesen Komponenten ab. Der Zustand einer Rückkopplungsschleife wird deshalb als Ganzer von der einen (Zell-)Generation auf die nächste übertragen, und er ändert sich auch nur als Ganzer; mit anderen Worten: Die gesamte Schleife ist Einheit erblicher Variation. Wenn wir Maynard Smith und Szathmáry folgen, können wir Information, die auf eine solche nicht zerlegbare Weise organisiert ist, als holistisch bezeichnen. Sie unterscheidet sich ganz fundamental von Information, die in modularen Systemen wie der DNA organisiert ist: Hier können die Komponenten (die Nukleotide Adenin, Cytosin, Thymin und Guanin) unabhängig voneinander ausgetauscht, verändert werden, ohne das Ganze zu zerstören.

Der funktionelle Zustand einer Rückkopplungsschleife ist erblich und somit potenziell evolutionsrelevant – die Frage ist aber: Wie groß ist das evolutionäre Potenzial eines solchen Systems? Dessen holistisches Prinzip bedeutet, dass es nur sehr wenige funktionelle Zustände gibt; eine einfache Rückkopplungsschleife hat normalerweise zwei, den aktiven und den inaktiven Zustand – es gibt hier also nur zwei Varianten. Damit kann die natürliche Selektion aber nicht sehr viel ausrichten, sie kann lediglich ein Hin-und-her-Schalten zwischen den Zuständen je nach den äußeren Bedingungen bewirken – in evolutionärer Hinsicht ist das nicht besonders aufregend. Doch sollte man sich vergegenwärtigen, dass jede Zelle viele verschiedene sich selbst erhaltende und voneinander unabhängige Rückkopplungsschleifen beherbergt. Angenommen, in einer Zelle finden sich 20 autonome Rückkopplungsschleifen und jede kann zwei Funktionszustände annehmen; dann sind in dieser Zelle schon über eine Million funktioneller Varianten möglich – ein Potenzial, aus dem mittels Selektion interessante Anpassungen entstehen können. Um auf diese große Zahl von Varianten zu kommen, müssen wir jede einzelne Schleife als eine Komponente der Gesamtheit der Schleifen betrachten und alle möglichen Kombinationen der aktiven/inaktiven Schleifen der ganzen Zelle berücksichtigen. Über verschiedene Generationen hinweg weitergegeben wird ein Teil des Phänotyps der Zelle, nämlich das Aktivitätsmuster einiger ihrer Gene.

Vererbung von Strukturen: Architektonisches Gedächtnis

Der zweite Typ epigenetischer Vererbung unterscheidet sich grundlegend von dem der Rückkopplungsschleifen insofern, als er mit Zellstrukturen, nicht mit Genaktivitäten zu tun hat. Unterschiedliche Ausprägungen einiger zellulärer Gebilde sind erblich, weil bestehende Strukturen die Bildung entsprechender Strukturen in Tochterzellen leiten.

Besonders bemerkenswerte Beispiele struktureller Vererbung findet man bei Wimpertierchen (Ciliaten), einer Gruppe von Einzellern, die auf ihrer Zelloberfläche, dem Kortex, regelmäßige Reihen von Zilien – kurzen, haarförmigen Anhängen („Wimpern") – tragen. Wie manche andere morphologische Charakteristika der Ciliaten ist bei ihnen auch die Organisation der Zilienreihen erblich, weshalb sich verschiedene Stämme durch eine jeweils spezifische durchschnittliche Zahl solcher Reihen auszeichnen. Nun ist dies für sich betrachtet eigentlich nicht erwähnenswert – doch äußerst interessant ist die Art und Weise, wie diese Kortex-Strukturen vererbt werden. Dieser kortikalen Vererbung sind schon in den 1960er Jahren die amerikanische Genetikerin Tracy Sonneborn und ihre Kollegen experimentell auf die Spur gekommen. Ciliaten wie *Paramecium* sind relativ groß, was mikrochirurgische Eingriffe erlaubt; man löste ein Stück des Kortex ab, drehte es um 180 Grad und setzte es wieder ein. Die spannende Frage war, was mit den Nachkommen der operierten Organismen passieren würde; erstaunlicherweise erbten sie die morphologische Veränderung: Auch sie zeigten eine umgekehrt organisierte Reihe von Zilien. Es war, als ob die Nachkommen einer Person mit einem amputierten Bein genau dieses Handicap erbten[5].

Ähnliche Experimente mit *Paramecium* und anderen Ciliaten bestätigten diesen Befund: Vielerart künstlich veränderte kortikale Strukturen können über zahlreiche Generationen hinweg vererbt werden. Allerdings weiß man noch nicht sehr viel über die zugrunde liegenden Mechanismen. Einige, die sich zurzeit mit diesem Thema beschäftigen, vermuten eine Art dreidimensionales Schablonieren (*Templating*). Auf irgendeine Art und Weise fungiert die Struktur der Mutterzelle als Kopierschablone, die den Zusammenbau der Proteineinheiten so lenkt, dass letztlich eine ähnliche Struktur in der Tochterzelle resultiert. Zwar wissen wir nicht genau, was dabei im Einzelnen vor sich geht, doch der springende Punkt für unsere Betrachtungen ist, dass die Organisation des gesamten Kortex und nicht dessen konstituierende Bestandteile verändert und vererbt werden; die gleichen Grundbausteine werden zum Aufbau verschiedener sich selbst kopierender erblicher Strukturen verwendet.

Die Hypothese, dass vorgeformte Strukturen eine zentrale Rolle bei der zellulären Vererbung spielen, hat der britische Biologe Tom Cavalier-Smith aufgegriffen und konzeptionell weiterentwickelt[6]. Er ist der Frage nachgegangen, auf welche Weise die vielen verschiedenen Typen von Membranen einer ganz gewöhnlichen Zelle gebildet werden. Zellmembranen wie die Plasmamembran, welche die ganze Zelle umgibt, das als endoplasmatisches Retikulum bezeichnete intrazelluläre Membransystem oder die Membranen, die die Mitochondrien (kleine energieliefernde Organellen in den Zellen aller heute lebender Organismen) umgeben, unterscheiden sich hinsichtlich ihrer Zusammensetzung wie auch ihrer Position in der Zelle; so sind etwa Art und Organisation der integrierten Proteine bei jedem Membrantyp anders. Ohne Anleitung können sich solche Membranen nicht formieren. Langfristiger Erhalt und Kontinuität hängen von bereits existierenden Membranen ab, die ein Formieren weiterer Membranen mit entsprechender Struktur bewerkstelligen. Durch dieses Templating wächst die Membran und wird schließlich auf Tochterzellen verteilt. Cavalier-Smith bezeichnet die Gesamtheit sich selbst vervielfältigender Membranen einer Zelle als ihr „Membranom", weil es ähnlich dem Genom erbliche Information trägt. Er vermutet, dass einige der fundamentalen Ereignisse der frühen Evolution – einschließlich der Bildung erster echter Zellen, der Entstehung verschiedener Bakteriengruppen und auch dem Erscheinen der ersten eukaryotischen Zelle – in unmittelbarem Zusammenhang mit Änderungen im Membranom stehen; die Evolution des Lebens sei nur zu verstehen, wenn die Erblichkeit bestimmter Komponenten der Zellarchitektur berücksichtigt werde. „Die weit verbreitete Vorstellung, dass das Genom alle Information enthält, um einen Wurm entstehen zu lassen, ist schlicht falsch", meint Cavalier-Smith[7].

Neuerdings hat das Interesse an Strukturvererbung aus ganz praktischen, wenn auch ziemlichen traurigen Gründen gewaltig zugenommen. Denn auch bestimmte potenziell hoch gefährliche Krankheitserreger zeichnet diese Fähigkeit zum Selbst-Templating aus. Diese Erreger – man nennt sie Prionen – enthalten weder DNA noch RNA, sie bestehen nur aus Proteinen. Prionen stehen in kausalem Zusammenhang mit Krankheiten des Nervensystems, etwa BSE (Bovine spongiforme Enzephalopathie, gemeinhin als Rinderwahnsinn bezeichnet), Scrapie bei Schafen und CJD (Creutzfeldt-Jakob-Krankheit) bei Menschen. Die Geschichte der Entdeckung und Erforschung der Prionen ist sehr interessant, sie lehrt eine Menge über Wissenschaftspolitik und Wissenschaftssoziologie, doch ist hier nicht der richtige Ort, dies zu diskutieren. Ein guter Ausgangspunkt für unsere Betrachtungen ist das Volk der Fore auf Papua-Neuguinea, das zu Beginn des 20. Jahrhunderts noch relativ isoliert lebte und damals noch eine Art Steinzeitkultur praktizierte. In diesem Volk erkrankten relativ viele Personen an einer chronischen lähmenden Schwäche, „*Kuru*" genannt – das bedeutet so viel wie Zittern oder Schlottern. Die Erkrankten zittern allerdings nicht nur, sie werden auch zunehmend unsicher auf den Beinen, ihre Sprache wird immer verwaschener und sie entwickeln einige Verhaltensauffälligkeiten; die Krankheit endet immer tödlich. Sobald die ersten Symptome auftreten, haben die Leute nicht mehr länger als ein oder zwei Jahre zu leben. Die Fore brachten die Krankheit mit Hexerei in Verbindung, weshalb frühe Besucher aus dem Westen psychosomatische Ursachen vermuteten. Doch in den 1950er Jahren wurde klar, dass es sich bei

Kuru um eine neurodegenerative Erkrankung handelt. Damals war immerhin ein Prozent der Bevölkerung betroffen. Doch was verursachte die Krankheit?

Eine Zeit lang vermuteten Forscher in Kuru eine genetisch bedingte Krankheit, weil sie ausschließlich bei den Fore und dort vorzugsweise in einzelnen Familien auftrat. Betroffen waren vor allem Frauen und Kinder. Genetisch gesehen war dies zwar schon etwas merkwürdig, doch mittels einiger Gedankenakrobatik wollte man das Verbreitungsmuster mit der Vererbung eines defekten Gens erklären. Allerdings gab es einige Aspekte, die kaum mit einer Mendel'schen Vererbung zu vereinbaren sind. So entwickelten zum Beispiel Frauen, die in eine belastete Familie einheirateten, häufig Kuru, obwohl sie nicht Träger des angeblichen Kuru-Gens waren. Allerdings waren auch alle alternativen Erklärungen zur Ursache der Krankheit unbefriedigend. Eine mögliche Mangelernährung passte nicht zu den Beobachtungen; auch eine normale Infektion schien auszuscheiden, da die belasteten Dorfbewohner mit Nachbargruppen Handel trieben und in sozialem Austausch standen, ohne auf diese die Krankheit zu übertragen[8].

Schließlich gelang aber doch der Nachweis, dass Kuru durch einen Krankheitserreger verursacht wird. Als Carleton Gajdusek (ein amerikanischer Virologe, der 1976 den Nobelpreis erhielt) mit seinen Kollegen Proben von Hirngewebe an Kuru erkrankter (und daran gestorbener) Personen in das Gehirn von Schimpansen injizierten, entwickelten diese Tiere etwa 1,5 Jahre später eine ganz ähnliche Krankheit. Ihr Hirngewebe vermochte andere Schimpansen zu infizieren, dasjenige dieser Tiere wiederum andere und so weiter[9]. Kuru war also eindeutig übertragbar. Und die traurige Tatsache ist, dass bei den Fore etwas ganz Ähnliches geschehen war wie in Gajduseks Experimenten. Kuru war nicht Folge einer genetischen Erkrankung, sondern eines Trauerrituals: Frauen und Kinder zerstückelten die Körper Verstorbener, kochten und aßen sie auf – einschließlich der Gehirne. Männer und ältere Jungen waren von Kuru wesentlich weniger betroffen als Frauen und Kinder, weil sie gesondert lebten und nur ausnahmsweise an dieser Zeremonie teilnahmen. Erfreulicherweise nahm die Zahl Kuru-bedingter Todesopfer bei den Fore stark ab, nachdem sie in den späten 1950er Jahren die Praxis dieses Kannibalismus eingestellt hatten; gleichwohl entwickelte sich die Krankheit noch mehrere Jahrzehnte lang bei Personen, die sich zuvor infiziert hatten.

Die Untersuchungen Gajduseks und anderer hatten eindeutig gezeigt, dass der Kausalfaktor von Kuru – wie auch der anderen erwähnten Krankheiten Scrapie und CJD – ein infektiöser Erreger ist, allerdings einer mit sehr ungewöhnlichen Eigenschaften: Er ist äußerst resistent gegen Hitze, Chemikalien und Strahlung, er verursacht keinerlei Entzündungsreaktion; die Inkubationszeiten für die genannten Krankheiten sind sehr lang; etliche Merkmale, die Viren und virale Infektion typischerweise auszeichnen, fehlen – so tragen Kuru-, Scrapie- und CJD-Erreger auch keine infektiösen Nukleinsäuren. Welcher Art sollten diese unkonventionellen „langsamen Viren" sein, wie man sie auch nannte?

In den 1980er Jahren begann Stanley Prusiner, dem 1997 der Nobelpreis für Medizin oder Physiologie zuerkannt werden sollte, die damals äußert gewagte These zu vertreten, die infektiösen Erreger der genannten degenerativen Hirnkrankheiten setzten sich aus-

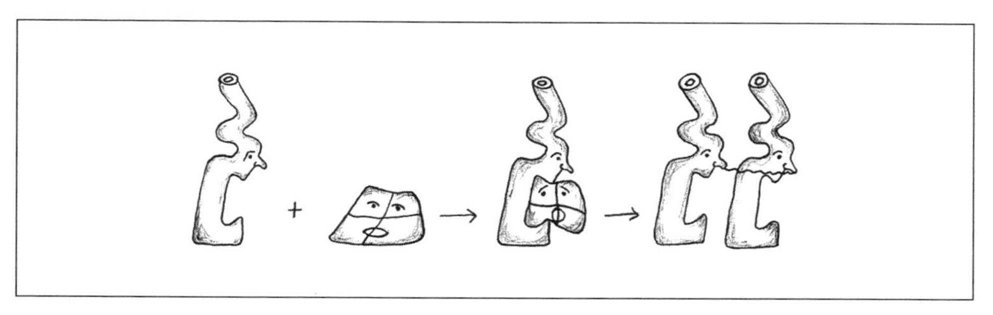

Abb. 4.4 Stukturelle Vererbung. Ein abnorm gefaltetes Prion-Protein (mit der langen Form) kommt mit einem normal gefalteten Protein (quadratisch) in Kontakt und induziert dessen Konformationsänderung hin zur eigenen, abnormen Form.

schließlich aus Proteinen zusammen. Er vermutete, dass es sich bei den „*pro*teinartigen *in*fektiösen Erregern", kurz als „Prionen" bezeichnet, um bestimmte Proteine mit allerdings abnormer Konformation handelt. Entscheidend sei aber, so Prusiner, dass diese Partikel in der Lage seien, die normale räumliche Struktur von „Geschwister-Proteinen" in die eigene abnorme umzuwandeln[10]. Die Abbildung 4.4 zeigt das Prinzip der Hypothese Prusiners (dabei haben wir aber weitere Moleküle, die für eine Induktion des Konformationswechsels notwendig sein mögen, weggelassen).

Sobald Prionen vorhanden sind, setzt eine Kettenreaktion ein, in deren Verlauf die Zahl abnorm gefalteter Proteine immer weiter zunimmt. Deren abweichende chemische und physikalische Eigenschaften beeinflussen Struktur und Funktionalität der Gehirnzellen, sodass letztlich die Krankheitsbilder von Kuru, Scrapie und CJD resultieren.

Als Mitte der 1980er Jahre in England erstmals BSE festgestellt wurde, das die Existenzgrundlage etlicher Viehbauern bedrohte, weckte die Prion-Hypothese starke Aufmerksamkeit. Bald erkannte man einen kausalen Zusammenhang zwischen BSE und der weit verbreiteten Fütterungspraxis der Rinder mit Fleisch- und Knochenmehl (von Schafen und Rindern) als proteinhaltigem Nahrungsergänzungsmittel (was auch die Rinder unfreiwillig zu Kannibalen machte!). Aberrante Proteine im Futter lösten die Transformation der Proteine im Gehirn der damit gefütterten Rinder aus; und wenn aus diesen Geweben Fleisch- und Tiermehl hergestellt und anderen Tieren verfüttert wurde, erkrankten diese ebenfalls – und so weiter. Schließlich musste man auch einsehen, dass die neue Version der CJD (nvCJD) beim Menschen sehr wahrscheinlich durch den Verzehr BSE-infizierter Rinderprodukte verursacht wird. Das öffentliche Entsetzen darüber bedeutete für zahlreiche Bauern den Ruin, denn nun verzichteten viele auf britisches Rindfleisch, selbst dann noch, als man die Fütterungs- und Schlachtmethoden änderte. Da alle Prion-Krankheiten durch eine lange Latenzzeit gekennzeichnet sind, bleiben uns die Probleme, die BSE verursacht hat, leider wohl noch eine ganze Zeit erhalten. Bisher ist es zu früh für eine abschließend Beurteilung aller Gesundheitsgefahren, die mit dem Verzehr BSE-verseuchter Rinderprodukte einhergehen; ebenso wenig ist klar, wie effizient die Maßnahmen zur Ausmerzung des BSE-Erregers sind.

Im Rückblick müssen Praxis und grundsätzliche Denkweise in der Landwirtschaft, die letztlich zur BSE-Krise in England führten, ziemlich erstaunen. Denn als Gajdusek anlässlich seiner Nobelpreis-Verleihung im Jahr 1976 einen Vortrag hielt, fasste er den damaligen Kenntnisstand zu den spongiformen Enzephalopathien einschließlich möglicher Übertragungswege der Erreger von einer Art zur anderen zusammen. Welcher Art der Erreger sein sollte, war zu diesem Zeitpunkt noch unklar; was jedoch schon lange vor Ausbruch der BSE-Krise zweifelsfrei feststand, war die Fähigkeit des Erregers, Artgrenzen zu überwinden. Wie wir heute wissen, sind Prionen manchmal in der Lage, entsprechende Proteine (einer anderen Art) selbst dann in die eigene, aberrante Form zu transferieren, wenn die Aminosäurensequenz des betreffenden Proteins geringfügig von der eigenen abweicht.

Allerdings hatte die BSE-Krise auch einen guten Nebeneffekt: Sie verlieh der Prionen-Forschungen enormen Auftrieb und sensibilisierte Biologen für diese Art der Vererbung. Mittlerweile hat man sehr verschiedene Typen von Prionen im Hefepilz und im Schlauchpilz *Podospora* identifiziert[11]. Alle diese Prionen können von einer Zellgeneration zur nächsten gelangen und veranlassen die Bildung ähnlicher Prionen in den Tochterzellen. Die Prionen erklären auch einige Fälle nicht-Mendel'scher Vererbung bei Hefepilzen, die lange Zeit den Genetikern rätselhaft waren. Außerdem scheinen die Prionen der Hefe und anderer Pilze – anders als jene der Säugetiere – die infizierten Zellen nicht zu schädigen. Im Gegenteil, manche könnten für Anpassungsprozesse eine wichtige Rolle spielen – darauf kommen wir in Kapitel 7 zurück.

Doch sind Prionen möglicherweise auch bei vielzelligen Organismen für erbliche Anpassungen von Bedeutung. Vor nicht allzu langer Zeit hat man bei der Meeresschnecke *Aplysia* ein Protein mit Prion-artigen Eigenschaft entdeckt, das offenbar für die Gedächtnisbildung dieser Tiere wichtig ist[12]. Bemerkenswerterweise scheint hier das Zellgedächtnis mit dem des Organismus kausal verbunden zu sein! Die Forscher, die dies entdeckten, vermuten, dass dies erst der Beginn einer Geschichte ist: Die funktionelle Bedeutung vieler weiterer Proteine könnte mit ihren Prion-artigen Eigenschaften zusammenhängen.

Wie ist nun die Information in den Systemen zur Vererbung von Strukturen organisiert, wie wird sie weitergegeben? Die Information ist selbstverständlich holistisch, denn die Eigenschaften der Prionen und anderer sich selbst kopierender Einheiten in der Zelle beruhen auf ihrer räumlichen Struktur. Die Information beeinflusst den Phänotyp, der sich verbreitet, indem die elterliche Konformation rekonstruiert wird. Im Gegensatz zum DNA-System gibt es hier keine spezielle biochemische Replikationsmaschinerie, die jede Struktur kopieren könnte, ungeachtet dessen, wie die konstituierenden Einheiten organisiert sind. Die Eigenschaft einer Struktur, in Tochterzellen rekonstruiert werden zu können, liegt in der Natur ihrer Organisation. Die meisten Varianten in der Konformation oder Organisation von Prionen oder anderer struktureller Einheiten in der Zelle sind wahrscheinlich nicht zu einem Selbst-Templating in der Lage. Allerdings zeigen Studien mit Säugetieren, dass ein einziges Protein einige verschiede Prion-„Stämme" produzieren kann, die sich phänotypisch unterscheiden hinsichtlich der Inkubationszeit sowie der Art und Verteilung von Gehirnschädigungen. Dennoch ist die Anzahl sich selbst replizierender Konformationen, die ein Strukturkomplex annehmen kann, wahrscheinlich sehr begrenzt; deshalb ist auch das evolutionäre Potenzial auf der Ebene der einzelnen Struktur sehr klein. Doch analog der sich selbst erhaltenden Rückkopplungsschleifen kann auf der Ebene der ganzen Zelle – wenn diese viele voneinander unabhängige erbliche Strukturkomplexe enthält – eine überaus große Variabilität resultieren, sodass auch auf Basis dieses Vererbungssystems interessante evolutionäre Prozesse möglich sind.

Chromatin-markierende Systeme: Das Gedächtnis der Chromosomen

Der dritte Typ epigenetischer Vererbungssysteme sind Chromatin-markierende Systeme. Unter Chromatin versteht man das Gesamtmaterial der Chromosomen – also die DNA plus sämtliche RNA, Proteine und sonstige Moleküle, die mit ihr in Verbindung stehen. Bei Eukaryoten sind kleine, als Histone bezeichnete Proteine notwendiger Bestandteil der Chromosomen. Ihnen kommt eine zentrale strukturelle Bedeutung darin zu, die DNA effizient zu „verpacken". Etwas weniger als zwei Schleifen der DNA – eine Länge von ungefähr 146 Nukleotidpaaren – winden sich um den Kern von acht Histonmolekülen (ein Histonoktamer aus vier Histontypen mit je zwei Molekülen); dabei bilden sie eine Struktur ähnlich einer Perle, bezeichnet als Nukleosom (oder Nukleosom-core-Partikel), von der die Schwänze der Histonmoleküle herausragen. Mit Hilfe eines weiteren Histontyps, der die einzelnen Nukleosom-core-Partikel mit der DNA zwischen ihnen verbindet, wird der Nukleosomfaden zu einer Chromatinfaser verdrillt; diese verdichtet sich noch weiter, indem sie zu Schleifen gefaltet wird. Die Abbildung 4.5 zeigt die Stufen zunehmender Chromatin-Kondensation [13].

Ungeachtet der komplexen Struktur ist das Chromatin keineswegs ein starres, unveränderliches Gebilde. Die gleiche DNA-Sequenz kann in verschiedenen Zelltypen und zu unterschiedlichen Zeitpunkten im Lebenszyklus einer Zelle verschieden stark kondensiert sein. Es kann kaum überraschen, dass die Art und Weise, wie die DNA lokal verpackt ist, in welcher Dichte welche Proteine und andere molekulare Einheiten mit ihr in Verbindung stehen, ausschlaggebend dafür sind, wie leicht oder schwer zugänglich eine DNA-Region ist und damit auch die dort lokalisierten Gene für Transkriptionsfaktoren erreichbar sind. Die Chromatinstruktur hat somit großen Einfluss auf die Wahrscheinlichkeit, dass bestimmte Gene aktiv oder inaktiv sind. Wir haben dies schon früher angesprochen, als wir erwähnten, dass regulatorische Moleküle an die DNA binden und dadurch die Transkription ermöglichen und erleichtern, erschweren oder gar verhindern.

Die nicht-DNA-Elemente des Chromatins, die uns hier interessieren, sind jene, die von Generation zu Generation weitergegeben werden und dafür sorgen, dass ein bestimmter Zustand der Genaktivität oder -inaktivität entlang von Zelllinien erhalten bleibt. Solche alternativen erblichen Chromatinzustände werden von so genannten Chromatinmarkierungen verursacht. Schon vor mehr als einem Vierteljahrhundert zeichnete

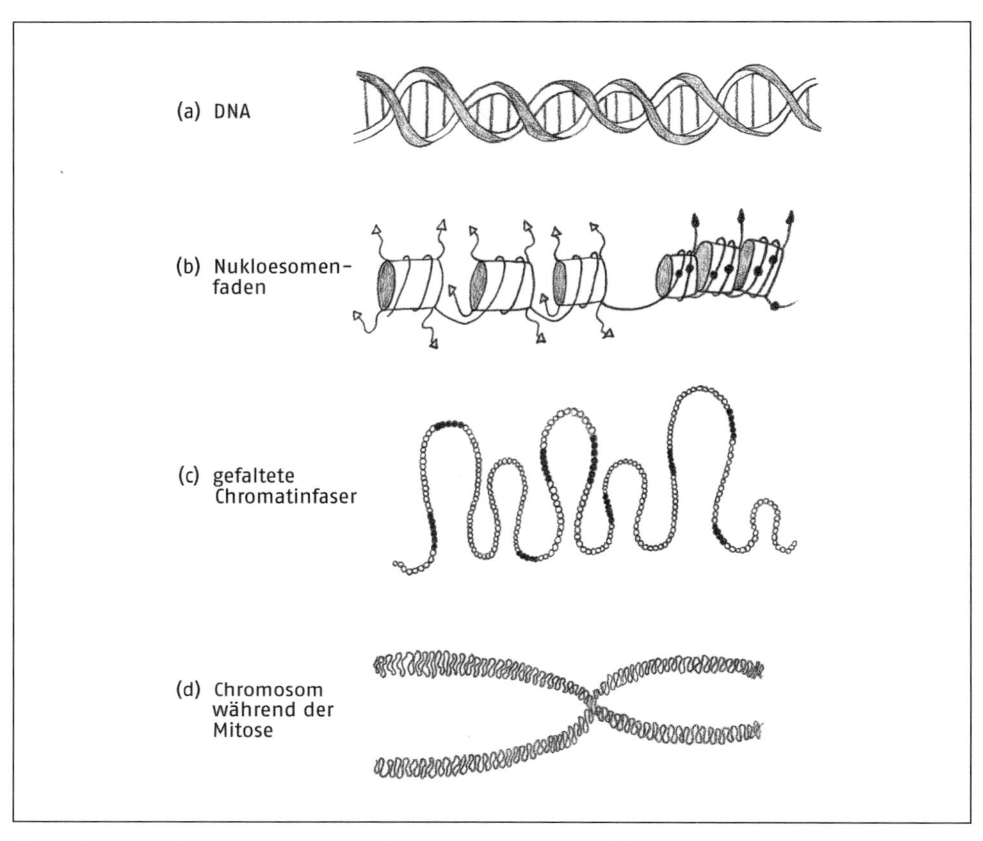

Abb. 4.5 Stufen der „DNA-Verpackung". Die DNA-Doppelhelix (a) wickelt sich um Histonoktamere und bildet dabei Einheiten von Nukleosom-core-Partikeln, die zusammen den Nukleosomfaden bilden (b). Der linke Bereich in (b) zeigt aktives Chromatin mit loser Struktur, im rechten Teil ist Chromatin kondensiert und inaktiv; zu sehen sind auch die in beiden Bereichen unterschiedlich modifizierten Histonschwänze. Der Nukleosomfaden wird weiter gefaltet (c) und vor der Zellteilung noch stärker kondensiert. In (d) ist die hoch kondensierte Form während der Mitose zu erkennen, nachdem sich die Chromosomen repliziert haben, die Tochterchromatiden aber noch nicht getrennt sind.

sich die enorme Bedeutung dieser Markierungen ab: Kenntnisse darüber, wie sie gesetzt werden, welche Effekte sie zeitigen und wie sie Tochterzellen erreichen, sind mit entscheidend für ein tieferes Verständnis der ontogenetischen Entwicklung. Es gibt verschiedene Typen von Chromatinmarkierungen; der erste, den man erkannte und von dem wir heute auch am meisten wissen, ist die DNA-Methylierung. Im Jahr 1975 machten sich Holliday und Pugh in England und Riggs in den USA Gedanken über die mögliche epigenetische Funktion der DNA-Methylierung – es waren nur Spekulationen, doch sie gaben den Anstoß zur wissenschaftlichen Erforschung der epigenetischen Vererbungssysteme.[14]

Methylierte DNA, die man bei allen Wirbeltieren, Pflanzen und vielen (wenn auch nicht allen) Wirbellosen, Pilzen und Bakterien findet, trägt kleine Methylgruppen (chemisch: CH_3) an bestimmten Nukleotidbasen. Anzahl und Verteilung der methylierten Basen variieren stark zwischen den verschieden Organismengruppen, doch bei vielen ist die Methylgruppe an die Base Cytosin angehängt. Cytosin kann deshalb entweder im methylierten (C^m) oder nichtmethylierten (C) Zustand vorliegen. Das Anhängen einer Methylgruppe verändert nicht die Funktion des Cytosins im genetischen Kode. Wenn eine bestimmte DNA-Sequenz für ein bestimmtes Protein kodiert, kennzeichnet das tatsächlich biosynthetisierte Protein immer die gleiche Aminosäurensequenz – ungeachtet dessen, ob eine, mehrere oder gar alle Cytosin-Basen methyliert sind. Methylierte Basen verändern also nicht das Produkt; was methylierte Basen in einem Gen und um dieses herum verändern, ist die Zugänglichkeit der DNA für Transkriptionsfaktoren; sie haben also Einfluss auf die Wahrscheinlichkeit, ob ein Gen aktiv wird. Normalerweise (doch nicht immer) werden hochgradig methylierte DNA-Regionen nicht transkribiert; den genauen Mechanismus, wie Methylierungen dies bewirken, hat man allerdings noch nicht recht verstanden. Manchmal mag der Einfluss der Methylgruppen ganz direkt sein, indem sie ein Andocken regulatorischer Faktoren an die Kontrollregion des Gens verhindern. In anderen Fällen mögen die Methylgruppen sich eher indirekt auswirken, indem eine Reihe von Proteinen spezifisch an methylierte DNA bindet und dadurch die Transkriptionsmaschinerie blockiert. Wie auch immer der Mechanismus sein mag, die verschiedenen Methylierungsmuster der einzelnen Zelltypen sind Teil jenes Systems, das darüber befindet, welche Gene ständig abgeschaltet bleiben und welche transkribiert werden können.

Doch die Auswirkungen von Methylierungen reichen weiter. Sie haben nicht nur Einfluss darauf, wie leicht Gene ein- und ausgeschaltet werden können; sie sind ebenso Teil eines Vererbungssystems, das epigenetische Information von Mutter- zu Tochterzellen transportiert; und davon, wie das funktioniert, haben wir eine recht gute Vorstellung (Abb. 4.6). Methylierungsmuster reproduzieren sich (zumindest bei Wirbeltieren und Pflanzen) leicht, weil sie von der semikonservativen Replikation der DNA automatisch mit erfasst werden. Im Allgemeinen kommt es zu Methylierungen von Cytosin-Basen in CG-Dubletts oder CNG-Tripletts (N steht für jede der vier Nukleotid-Basen). Da die Nukleotide im DNA-Molekül stets gepaart auftreten, ist Cytosin immer mit Guanin verbunden; ein CG-Dublett des einen DNA-Strangs ist also auch immer mit einem GC-Dublett des anderen gepaart. Im Falle methylierter Cytosine ist die Symmetrie die gleiche: C^mG ist stets gepaart mit GC^m. Allerdings bleibt bei der DNA-Replikation der neu synthetisierte Einzelstrang zunächst unmethyliert, das heißt, ein C^mG-Dublett im alten Strang wird mit einem nichtmethylierten GC-Dublett des neuen Strangs verknüpft. Doch eine solche Asymmetrie währt nicht lange, denn ein spezifisches Enzym, die Methyltransferase, registriert dies und hängt umgehend eine Methylgruppe an die Cytosin-Base des neuen Einzelstrangs an; da die Methyltransferase nur in solchen (asymmetrischen) Fällen einschreitet und nicht, wenn beide Stränge unmethyliert sind, sorgt sie für die Rekonstruktion des elterlichen Methylierungsmusters in den Tochter-DNA-Molekülen. Ähnlich wie andere Replikationsprozesse arbeitet auch dieser nicht perfekt, weshalb sich

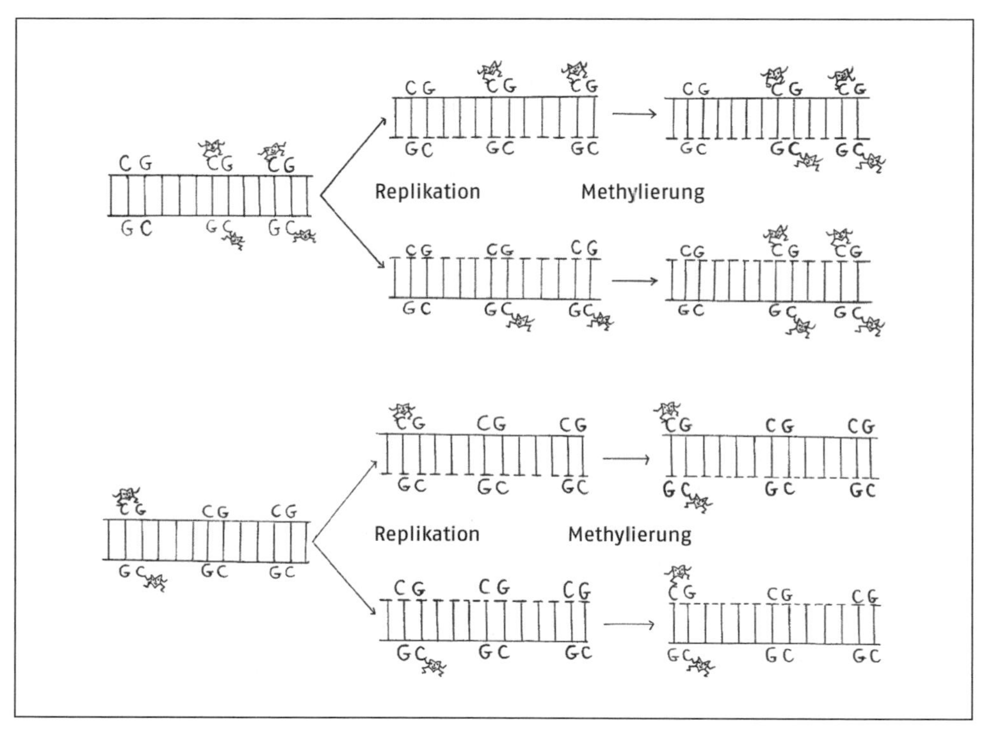

Abb. 4.6 Replikation zweier Methylierungsmuster. Die durchgehenden Linien zeigen elterliche DNA-Stränge, die gestrichelten Tochterstränge. Die Figuren an manchen Cytosin-Basen (C) stehen für Methylgruppen.

immer wieder Fehler einschleichen; doch gibt es offenbar zusätzliche Sicherungssysteme, die zum langfristigen Erhalt des Gesamtmethylierungsmusters beitragen. Die Abbildung 4.6 illustriert zwei Dinge: zum einen, dass eine DNA-Sequenz unterschiedlich methyliert sein kann, und zum anderen, wie die verschiedenen Methylierungsmuster – die Markierungen – im Zuge der Replikation reproduziert (rekonstruiert) werden.

Im Verlauf der Ontogenese verändern sich die Chromatinmarkierungen, allerdings sind wir noch weit davon entfernt zu verstehen, wie neue Marken gesetzt werden. Es könnten auf enzymatischem Weg Methylgruppen hinzugefügt oder entfernt werden; Auslöser könnten aber auch Umstrukturierungen des Chromatins sein, die Einfluss auf den DNA-Zugang jener Enzyme haben, die das Methylierungsmuster erhalten. Ganz gleich, wie der genaue Mechanismus für das Setzen neuer Markierungen aussehen mag – klar ist, dass ein kontrolliertes Abändern und nachfolgendes Erhalten von Methylierungsmustern für eine normale ontogenetische Entwicklung grundlegende Bedeutung hat. Einen schlagenden Beweis hierfür erbrachten Experimente mit Mäusen, deren Gene, die für die Methyltransferase kodieren, künstlich inaktiviert worden waren („Knock-out-Mäuse"); sie entwickelten sich völlig abnormal und starben bereits vor der Geburt. Ein weiterer Hinweis auf die essenzielle Bedeutung von Chromatinmarkierungen für die Ontogenese ist die Tatsache, dass sich die Markierungsmuster von Tumorzellen häufig von jenen normaler Zellen unterscheiden. So sind veränderte DNA-Methylierungen zum Beispiel bei Dickdarmkrebs erste untrügliche Zeichen für die Transformation normaler in karzinomatöse Zellen. Die Ursache dieser Transformation kennen wir nicht, doch könnte es sein, dass chemische Substanzen direkt oder indirekt die Methylierungsmuster ändern und so die normale Aktivität jener Gene beeinflussen, die Zellwachstum und Zellteilung kontrollieren. Einige vermuten, ein Grund für unsere zunehmenden Gesundheitsprobleme mit steigendem Alter könnte darin liegen, dass sich zufallsbedingte Abänderungen der Chromatinmarkierungen häufen und dadurch die Zellprozesse immer ineffizienter werden. Für diese These sprechen auch einige experimentelle Befunde, doch sehr wahrscheinlich erfasst sie nur eine von mehreren Veränderungen, die mit dem Altern einhergehen[15].

Die Methylierung ist jenes Chromatin-markierende System, über das wir am meisten wissen – was können wir also über die Organisation der Information sagen, die durch dieses System transportiert wird? Zunächst fallen natürlich die Übereinstimmungen mit der DNA ins Auge. Genauso wie das Replizieren von DNA-Sequenzen ist auch das Reproduzieren von Methylierungsmustern kausal mit der Aktivität von Enzymen verbunden, die jegliches Muster rekonstruieren, ganz unabhängig von der Information, die dieses trägt. Ein weiterer Aspekt, der beide Systeme kennzeichnet, ist die Art, wie die Information organisiert ist, nämlich modular. Häufig (wenn auch nicht immer) hat die Veränderung des Methylierungsstatus an einem Cytosin-Molekül keinerlei Auswirkungen auf andere Cytosin-Basen. Deshalb kann ein Gen, auch wenn seine Nukleotidsequenz unverändert erhalten bleibt, möglicherweise viele verschiedene Methylierungsmuster zeigen.

Die Methylierung ist nicht das einzige Chromatin-markierende System. Das wird ganz deutlich, wenn wir einen Blick auf wirbellose Tiere werfen, denn sehr häufig tragen sie nur wenig oder überhaupt keine methylierte DNA. *Drosophila* zum Beispiel weist so wenig davon auf, dass man bis vor Kurzem vermutete, Cytosin-Methylierungen kämen bei ihr überhaupt nicht vor; gleichwohl werden auch bei ihr verschiedene Zell-Phänotypen an Tochterzellen weitergegeben. Eine ganz stattliche Zahl experimenteller Befunde spricht dafür, dass bei *Drosophila* bestimmte Proteinkomplexe, die an die DNA binden und dadurch deren Aktivität beeinflussen, als erbliche Chromatinmarkierungen fungieren. Man hat einige Modelle entwickelt, die das Kopieren und Übertragen dieser Proteinmarkierungen erklären sollen, eines davon zeigen wir in Abbildung 4.7.[16] Obwohl an der Existenz Protein-basierter Chromatinmarken kein Zweifel bestehen kann, wissen wir sehr wenig darüber, wie diese vererbt werden.

Die Chromatinstruktur ist enorm kompliziert, weshalb auch immer wieder neue Vorstellungen geäußert werden, wie das Chromatin organisiert ist und wie darüber Information transportiert wird. In letzter Zeit haben Modifikationen der Nukleosom-Histonproteine erhebliche Aufmerksamkeit erhalten. Einige Aminosäuren der aus den Nukleosomkomplexen herausragenden „Histonschwänze“ können enzymatisch modifiziert werden, indem kleine funktionelle Gruppen wie Acetyl- oder Methylgruppen angehängt oder

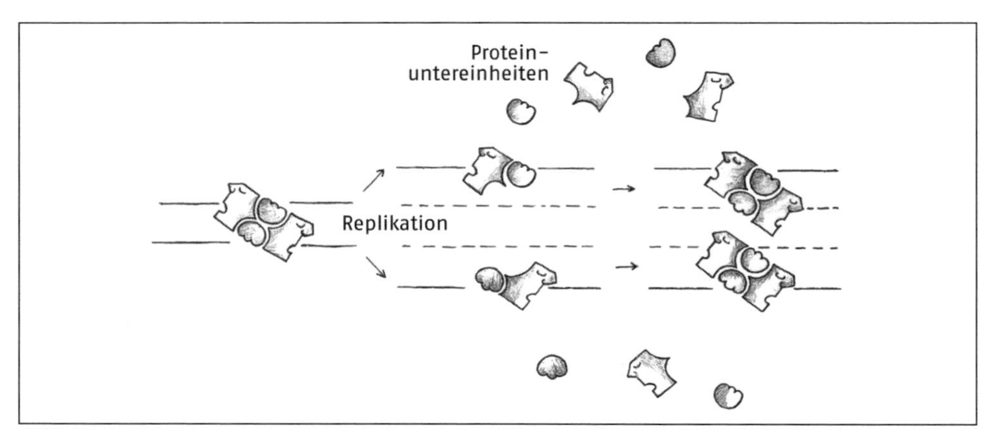

Abb. 4.7 Vererbung von Protein-Markierungen. Vor der Replikation binden die Untereinheiten des Proteins symmetrisch an die beiden DNA-Stränge. Nach der Replikation lenken die an die elterlichen Stränge (durchgezogene Linien) gebundenen Untereinheiten den Zusammenbau ähnlicher Untereinheiten an den Tochtersträngen (gestrichelte Linien).

entfernt werden. Die An- oder Abwesenheit solcher funktioneller Gruppen verändert die Wechselwirkungen der Histone untereinander, mit anderen Proteinen und der DNA; dies wiederum hat Einfluss darauf, wie dicht gepackt die DNA und wie leicht oder schwer zugänglich sie für die Transkriptionsmaschinerie ist. So lockert das Anhängen einer Acetylgruppe das Chromatin normalerweise auf – mit der Folge, dass eine Transkription wahrscheinlicher wird. Umgekehrt führen das Abspalten von Acetylgruppen und das Anhängen von Methylgruppen zur Verdichtung des Chromatins, was die Transkription der DNA an dieser Stelle erschwert.

Wissenschaftler kommen nun allmählich der Sache auf die Spur, wie es zu den Modifikationen an verschiedenen Stellen der Histone kommt und wie diese ihre Wirkungen entfalten. Man spricht von einem „Histon-Kode", weil es so aussieht, als formten Kombinationen verschieden modifizierter Histone eine Markierung, die das Andocken spezifischer Regulationsfaktoren beeinflusst[17]. Ob es sich tatsächlich um einen echten Kode handelt, werden erst weitere Forschungen offenbaren. Kaum Zweifel mehr können aber schon heute über die zentrale Rolle der Histonmodifikationen im Chromatin-markierenden System, das die Genaktivität bestimmt, bestehen. Im Augenblick wissen wir noch recht wenig darüber, wie Histonmodifikationen dupliziert werden, doch immerhin gibt es einige Hinweise darauf. Nukleosomen werden im Zuge der DNA-Replikation zerlegt und die einzelnen Histonmoleküle verteilen sich zufällig auf die Tochterzellen. Gleichwohl bleiben sie mit einer bestimmten Region der DNA in Verbindung und sind auf irgendeine Weise eine Art Keim für die Rekonstruktion einer Chromatinstruktur ähnlich der der Elternzelle[18]. Die an die Histonmarkierungen gekoppelte Information wird so an die Tochterzellen weitergegeben.

Indem wir Methyl-, Protein- und Histonmarkierungen jeweils für sich beschrieben haben, könnte leicht der Eindruck entstanden sein, dass es sich um voneinander unabhängige Aspekte der Chromatinstruktur handle. Dies ist selbstverständlich nicht der Fall. Nachweislich einen starken Zusammenhang gibt es etwa zwischen Histonmodifikationen und DNA-Methylierungen, was dafür spricht, dass beide kausal miteinander verbunden sind. Es liegt noch eine lange Wegstrecke vor uns, bevor wir im Detail verstehen, wie die verschiedenen Chromatinmarkierungen gesetzt und mit einer Bedeutung versehen werden. Fest steht jedoch, dass sie häufig hochgradig spezifisch und ortsgebunden sind. Auslöser sind Signale, die eine Zelle während der Embryonalentwicklung als Reaktion auf veränderte Umweltbedingungen erhält. Einmal gesetzt, wird die von den Chromatinmarkierungen getragene Information über Zellaktivitäten häufig entlang einer Zelllinie weitergegeben – selbst dann noch, wenn der auslösende Reiz verschwunden ist. Die Chromatin-markierenden Systeme sind deshalb nicht nur integraler Bestandteil des physiologischen Reaktionssystems der Zelle, sondern auch ihres Vererbungssystems[19].

RNA-Interferenz: Gezieltes Abschalten von Genen

Der vierte Typ epigenetischer Vererbungssysteme, die RNA-Interferenz (RNAi), unterscheidet sich in gewisser Hinsicht deutlich von den anderen. Entdeckt wurde die RNAi erst in den späten 1990er Jahren; noch wissen wir nicht sehr viel über sie, doch was wir wissen, ist vielversprechend. Die RNAi erfordert eine neue Sichtweise auf die Informationsweitergabe zwischen Zellen; und sie eröffnet großartige Aussichten darauf, Zellen zielgerichtet abzuändern, Krankheiten gezielter zu bekämpfen und Organismen spezifisch mit neuen Qualitäten auszustatten.

Die Entdeckungsgeschichte der RNAi ist wirklich bemerkenswert, stellt sie doch über weite Strecken eher wissenschaftliches Scheitern dar als Erfolg. Was hat sich da zugetragen? Genetiker, die Pflanzen oder Tiere mit neuen oder abgeänderten Funktionen versehen und dazu in deren Erbgut – mittels allerlei experimenteller Kniffe – ein Stück DNA oder RNA einbauen wollten, mussten fortwährend Enttäuschungen einstecken. Gerade die eingeschleusten Gene, an denen sie ja besonders interessiert waren, wurden zu ihrer großen Überraschung fast immer ruhiggestellt. Was würden Sie beispielsweise erwarten, wenn Sie in Petunien eine weitere Kopie eines Gens einschleusten, das an sich zur Violettfärbung der Blüten beiträgt? Vermutlich rechnen Sie doch damit, dass dieses zusätzliche Gen den Petunienblüten eine noch kräftigere violette Farbe verleiht – schlimmstenfalls, dass es keinen Effekt hat. Doch in den erwähnten Experimenten kam es ganz anders: Die Blüten der genmanipulierten Petunien waren häufig weiß (also farblos) oder weiß-violett meliert; irgendwie mussten sowohl das neu eingeführte als auch die alten „Farb"-Gene abgeschaltet worden sein. Ganz ähnliche Fälle von „Genstilllegungen" zeigten verschiedene Experimente mit dem Nematoden *Caenorhabditis elegans* und einigen Pilzen. Eine Zeit lang hat man diese ungewöhnlichen Befunde mal als „Kosuppression" (bei Pflanzen), mal als „Quelling" (bei Pilzen), mal als „RNA-Interferenz" (bei Nematoden) beschrieben und diskutiert. Doch bald stellte sich heraus, dass all diese Beobachtungen einen gemeinsamen Nenner haben. Heute fallen all diese Beispiele unter die Ru-

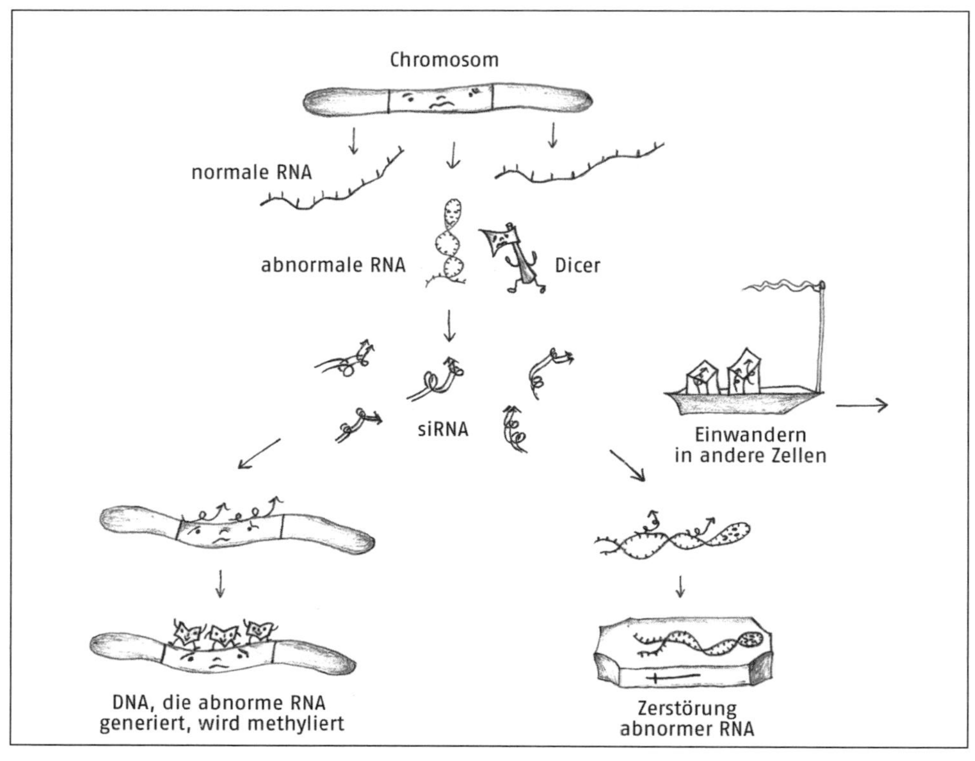

Abb. 4.8 Inaktivierung von Genen durch RNA-Interferenz. Durch Transkription entsteht eine abnorme RNA; sie wird vom Enzymkomplex „Dicer" erkannt und fragmentiert. Die Teilstücke, die siRNAs, binden an Proteinkomplexe; zusammen sind diese in der Lage, Kopien der abnormen RNA abzubauen (rechts unten). Die-siRNA-Protein-Komplexe können auch mit jenen Abschnitten der DNA interagieren, von denen die abnorme RNA abstammt, und sie durch Methylierung oder mittels Proteinmarkierungen inaktivieren (links unten). Bei einigen Organismen vermögen siRNAs von Zelle zu Zelle zu wandern (Mitte rechts).

brik „RNA-Interferenz“ und längst hat man weitere Fälle von Genstilllegungen noch bei vielen anderen Tieren festgestellt[20].

Die RNA-Interferenz, die mit stabiler, entlang von Zelllinien erblicher Inaktivierung spezifischer Gene einhergeht, zeichnet einige bemerkenswerte Merkmale aus; einige davon zeigt die Abbildung 4.8. Erstens ist die RNAi kausal mit kleinen RNA-Molekülen, siRNAs (*small interfering*/kleine eingreifende RNAs) verknüpft, die sich aus größeren mRNA-Molekülen mit außergewöhnlichen Sequenz- und Strukturelementen ableiten. Solche spezifischen RNA-Moleküle sind vermutlich von Anfang an doppelsträngig oder werden zu einer solchen Konformation gefaltet, sobald sie als abnorm erkannt sind; auf das Aufspüren solcher RNA-Doppelstrukturen ist ein Enzym spezialisiert, das man anschaulich „Dicer“ (wörtlich: „Würfelschneider“) nennt, denn es zerhackt diese RNAs in kleine Stücke mit nur noch etwa 21 bis 23 Nukleotiden – diese Fragmente sind die siRNAs. Erstaunlicherweise sind diese kleinen RNA-Stückchen in der Lage, den Abbau genau jener Kopien abnormer mRNA einzuleiten, aus denen sie selbst hervorgegangen sind. Dies gelingt ihnen durch Paarung mit der komplementären Sequenz der aberranten mRNA, dadurch setzen sie für ein anderes Enzym das spezifische Signal zur Zerstörung dieser mRNA. Allerdings werden dabei auch sämtliche normale mRNAs mit komplementären Sequenzen abgebaut.

Ein zweites Kennzeichen des RNAi-Systems besteht darin, dass zumindest bei einigen Organismen die siRNAs vervielfältigt werden, sodass gleichzeitig zahlreiche Kopien ihr Werk verrichten können. Ungewöhnlich ist drittens die Fähigkeit der siRNAs (oder Einheiten, die sich vom RNAi-System ableiten oder damit in Verbindung stehen), im Organismus von Zelle zu Zelle zu wandern und dadurch sogar ganz andere Zelltypen zu erreichen. So kann sich zum Beispiel bei der Tabakpflanze die Information für eine Geninaktivierung via RNAi, ursprünglich induziert im Wurzelgewebe, durch das Gefäßsystem ausbreiten und schließlich im Pfropfreis in 30 Zentimeter Entfernung die entsprechende Wirkung entfalten[21].

Als letztes Merkmal der RNAi sei erwähnt, dass in manchen Fällen die komplementäre Bindung zwischen einem siRNA-Molekül und jenem Gen, von dem sich die ursprüngliche mRNA ableitete, eine stabile Methylierung oder Protein-bindende Chromatinmarkierung setzt, die an nachfolgende Zellgenerationen weitergegeben wird. Nun ist die Genstilllegung durch das RNAi-System doppelt wirksam: Es zerstört nicht nur die existierende abnorme mRNA, es inaktiviert auch jenes Gen, das diese mRNA hervorbrachte.

Das RNAi-System, das man bei Versuchen zur Einführung neuer Merkmale und Funktionen bei Pflanzen und Tieren entdeckte, ist phylogenetisch wohl nicht deshalb entstanden, um Gentechniker in ihrer Arbeit zu behindern. Was also könnte seine Funktion im Naturgeschehen sein? Die doch sehr ungewöhnlichen Merkmale des RNAi-Systems weisen darauf hin, dass seine Bedeutung primär darin besteht, Zellen gegen eindringende Viren zu verteidigen und die Aktivität „genetischer Parasiten" – Transposons oder springender Gene, die sich replizieren und im gesamten Genom umherwandern können – zu unterbinden[22]. Sowohl Viren als auch Transposonen neigen zur Bildung doppelsträngiger RNA. Bei vielen Viren besteht das genetische Material aus RNA, weshalb diese im Zuge der Replikation unweigerlich vorübergehend eine Doppelstrangstruktur bildet. Transposons formen eine solche Struktur aus verschiedenen Gründen; einer davon ist der, dass bei ihnen manchmal DNA-Sequenzen direkt nacheinander, doch in umgekehrter Reihenfolge wiederholt werden; die resultierende transkribierte RNA kann so (doppelsträngige) Haarnadel-Strukturen bilden. Solche Moleküle können für das RNAi-System als Auslöser fungieren, sowohl die doppelsträngige RNA wie auch alle ähnlichen einzelsträngigen Sequenzen abzubauen. Wenn Gentechniker zusätzliche Genkopien in Genome einführen, inseriert häufig mehr als nur *eine* Kopie; manche davon fügen sich spiegelverkehrt ein, sodass auch hier doppelsträngige RNA entstehen kann. Dies ruft das RNAi-System auf den Plan, das daraufhin nicht nur die mRNA des eingeführten Fremdgens inaktiviert, sondern ebenso die Transkripte der entsprechenden Organismus-eigenen Genkopien.

Betrachtet man die RNAi als Abwehrsystem in der Zelle, versteht man einige der oben erwähnten ungewöhnlichen Kennzeichen dieses Systems wie etwa die Amplifikation der siRNAs und das Ausbreiten der gezielten Genstilllegung im ganzen Organismus. Wenn parasitärer Befall droht, wird die Abwehr umso wirksamer sein, je massiver und großflächiger sie ist! Die Beobachtung, dass Pflanzen mit einer mutationsbedingt defekten RNAi anfälliger für virale Infektionen sind, steht ganz im Einklang mit der vermuteten antiparasitären Funktion dieses Systems. Entsprechend ist auch der Befund zu deuten, dass bei *C. elegans* eine Schädigung der RNAi-Gene eine Mobilisierung ihrer springenden Gene zur Folge hat.

Defekte in RNAi-relevanten Genen wie jenem, das für Dicer kodiert, schwächen nicht nur die Abwehr gegen Parasiten; sie können ebenso tiefgreifende Auswirkungen auf die ontogenetische Entwicklung haben – und dies ist auch der Schlüssel ihrer Bedeutung für die epigenetische Vererbung. Vor Kurzem entdeckte man, dass Dicer aus ursprünglich doppelsträngiger RNA noch eine weitere Klasse kleiner RNAs ausschneidet. Erstmals stieß man auf sie im Rahmen von Studien zur Auswirkung unterschiedlicher Mutationen auf das Zeitgefüge der ontogenetischen Entwicklung bei *C. elegans*. Die mutierten Gene stellten sich insofern als ziemlich ungewöhnlich heraus, als sie nicht für Proteine kodieren; vielmehr leiten sich aus ihnen nicht translatierbare RNAs ab, die doppelsträngige Haarnadel-Strukturen bilden können. Diese Moleküle erkennen und bearbeiten Dicer und andere RNAi-Komponenten, sodass RNAs mit einer Länge von 21 bis 23 Nukleotiden resultieren; diese ähneln den siRNAs sehr, allerdings bilden sie nur einen Einzelstrang. Diese kleinen RNAs erkennen und binden an komplementäre Sequenzen in Ziel-mRNAs, mit der Folge, dass Letztere nicht mehr translatiert werden können. Mutationen in den zugrunde liegenden DNA-Sequenzen verhindern die Ausbildung funktionstüchtiger kleiner RNAs, die sich nicht mehr mit ihren Ziel-mRNAs paaren und sie so blockieren können; und dies bedeutet eine mehr oder weniger starke Beeinträchtigung der normalen ontogenetischen Entwicklung[23].

Zwar gibt es hinsichtlich der Genese und Funktion Unterschiede zwischen den kleinen ontogenetisch wirksamen RNAs und den siRNAs (so induzieren Erstere beispielsweise keinen Abbau der Ziel-RNA), dennoch haben sie eine Menge gemein, weshalb sie nun insgesamt als microRNAs (miRNAs) bezeichnet werden. Fast jeden daraufhin untersuchten Organismus zeichnen viele verschiedene miRNAs aus, manche davon sind gewebespezifisch. Einige spielen erwiesenermaßen eine Rolle bei der ontogenetischen Entwicklung und man vermutet, dass diese Klasse kleiner RNAs eine zentrale Bedeutung für die Regulierung von Zellprozessen und ontogenetische Weichenstellungen hat.

Sehr wahrscheinlich ist die RNAi ein hoch potentes epigenetisches Vererbungssystem. Über die miRNAs wird die Information zur Inaktivierung spezifischer mRNAs nicht nur an Tochterzellen weitergegeben, sondern auch an weiter entfernt liegende Zellen und Gewebe. Leider wissen wir im Moment noch so wenig über dieses System, dass wir nur Vermutungen darüber anstellen können, wie die damit transportierte und verbreitete Information durch Milieu- oder entwicklungsspezifische Signale beeinflusst wird. Was entscheidet darüber, ob miRNA-getragene-Information vervielfältigt wird – und wenn dies der Fall ist, wie oft? Wird die in doppelsträngigen RNA-Strukturen kodierte Information durch innere und äußere Bedingungen beeinflusst? Warum inaktivieren manche miRNAs ihre Ziele, indem sie deren Zerstörung veranlassen, während andere nur die Translation ihrer Ziel-mRNA blockieren? Und wie viele verschiedene mRNAs kann ein und derselbe Typ von miRNAs „stilllegen"?

Vermutlich müssen wir nicht sehr lange warten, bis wir Antworten auf die meisten dieser Fragen bekommen, weil Wissenschaftler mit der RNAi ein vielversprechendes Werkzeug in die Hände bekommen haben und so ein überaus großer Anreiz besteht, dieses System im Detail zu verstehen. Mittels RNAi ist es möglich, praktisch jedes beliebige Gen selektiv stillzulegen – einfach indem man eine geeignete, künstlich synthetisierte siRNA in eine Zelle einführt. Die praktischen Möglichkeiten, die diese Technik eröffnet, sind gewaltig. Die RNAi verwendet man bereits heute um herauszufinden, was die durch die Genomsequenzanalyse identifizierten Gene tatsächlich tun. Dazu stellt man eine siRNA her, die homolog zu einem Teil des in Frage stehenden Gens ist, und bringt sie in eine Zelle ein; die siRNA inaktiviert dann speziell dieses Gen und aus den resultierenden Effekten dieser Stilllegung kann man häufig auf die physiologische Funktion des Gens schließen. Kommerziell verwendet man die RNAi zur Inaktivierung von Genen mit unerwünschten Wirkungen, etwa von jenen, die den Verderb reifer Tomaten oder Schnittblumen beschleunigen. Die vielleicht folgenreichsten Auswirkungen wird die RNAi in der Medizin haben, sie könnte wohl eine – nach Einführung der Antibiotika – zweite Revolution in der Behandlung von Krankheiten zeitigen[24]. Erste Studien an Kulturen von Humanzellen zeigen, dass siRNAs, konstruiert zur komplementären Paarung mit Sequenzen des Poliovirus-Genoms, die Replikation des Virus verhindern, indem sie dessen RNA abbauen. Ähnlich vielversprechende Ergebnisse hat man mit siRNAs erhalten, deren Ziel-RNA das Genom des Aids-Virus (HIV) ist. Noch ist eine lange Wegstrecke zurückzulegen und auf etliche Tücken ist man auch schon gestoßen; gleichwohl ist die Hoffnung sehr berechtigt, mit Hilfe der RNAi neue Behandlungsmethoden entwickeln zu können.

Die RNAi ist das letzte epigenetische Vererbungssystem, das wir hier zur Sprache bringen wollen. Wir werden uns nun einigen weiterreichenden Auswirkungen der epigenetischen Vererbung zuwenden. Doch zuvor möchten wir betonen, dass die vier Kategorien von EVSs – auch wenn wir sie getrennt diskutiert haben – nicht unabhängig voneinander sind. So können siRNAs des RNAi-Systems die weitere Transkription auch dadurch verhindern, dass sie die Bildung von Chromatinmarkierungen an jener DNA-Sequenz vermitteln, von der sie abstammen. Chromatin-markierendes und RNAi-System überlappen sich also funktionell. Auch andere Systeme sind vermutlich miteinander verknüpft: Ein Protein, das eine sich selbst erhaltende Rückkopplungsschleife am Laufen hält, kann außerdem Bestandteil einer Chromatinmarkierung oder eines Prions sein[25]. Wie genau die verschiedenen Komponenten der zellulären Gedächtnissysteme miteinander verbunden sind, ist vermutlich äußerst kompliziert. Doch spricht vieles dafür, dass die Weitergabe zellulärer Phänotypen auf einer Kombination von erblichen Strukturelementen, biochemischen Schleifen, replizierten RNA-Molekülen und Chromatinmarkierungen beruht; sie alle variieren. Dies bedeutet, dass alleine über die EVSs eine gewaltige Menge erblicher Variation transportiert werden kann.

Die Weitergabe epigenetischer Variationen an die Nachkommen: Monströse Blüten und gelbe Mäuse

Wohl niemand bezweifelt die große Bedeutung der EVSs für das Evolutionsgeschehen. Denn ganz offensichtlich waren sie Voraussetzung für die phylogenetische Entwicklung komplexer Organismen, bei denen ontogenetische Weichenstellungen in einem bestimmten Entwicklungsstadium auch nachfolgenden Tochterzellen mitgeteilt werden müssen und die langfristige Erhaltung spezifischer Gewebsfunktionen davon abhängt, dass entsprechende zelluläre Phänotypen stabil und übertragbar sind.

Kontrovers diskutiert werden andere Fragen, nämlich ob epigenetische Variationen nicht nur entlang von Zelllinien, sondern auch über Generationen von Organismen hinweg weitergegeben werden und wenn ja, ob sie für phylogenetische Anpassungsprozesse signifikante Bedeutung haben. Die Erblichkeit epigenetischer Variationen über Generationen hinweg war Grundgedanke unseres Gedankenexperiments zu Beginn dieses Kapitels. Obwohl die Organismen auf Janus mit identischen Genomen ausgestattet waren, konnte dort Evolution stattfinden – und zwar deshalb, weil epigenetische Variationen übertragbar sein sollten, einige davon durch natürliche Selektion relativ häufiger wurden und so in den Populationen zu adaptiven Veränderungen führten. Die entscheidende Frage ist nun, ob das auch bei uns auf der Erde geschieht; geben also Pflanzen und Tiere epigenetische Information an ihre Nachkommen weiter?

Denken Sie zunächst an die epigenetische Vererbung bei einzelligen Organismen. Wir schon erwähnt, können sowohl einzellige Hefepilze wie auch *Paramecium* Varianten von Strukturelementen weitergeben; und da sich selbst erhaltende Rückkopplungsschleifen charakteristisch für alle Zellen sind, muss diese Art der Informationsübertragung auch allen einzelligen Lebewesen eigen sein; ebenso verfügen diese ganz ohne Zweifel über Chromatin-markierende Systeme und auch die RNAi hat man bei ihnen nachgewiesen. Mit anderen Worten, alle vier Typen von EVSs gibt es bei einzelligen Eukaryoten. Sogar bei Bakterien kommt epigenetische Vererbung vor, bei einigen in Form übertragbarer Methylierungsmarkierungen. Luisa Hirschbein und ihre Kollegen wiesen eine andere Form epigenetischer Vererbung bei *Bacillus* nach; wenn dieses Bakterium künstlich mit einem zweiten Chromosom versehen wird, werden dessen Gene inaktiviert – und zwar vermutlich dadurch, dass bestimmte Proteine an die DNA binden. Tochterzellen erben und vererben den inaktivierten Zustand des Extra-Chromosoms über viele Generationen hinweg. Dies sind zwar erste Befunde, doch einige Mikrobiologen sehen darin nur die Spitze eines riesigen Eisbergs. Nach dem, was wir jetzt schon wissen, kann kein Zweifel darüber bestehen, dass Prokaryoten und einzellige Eukaryoten epigenetische Information weitergeben; das heißt, bei diesen Gruppen von Organismen müssen entlang der epigenetischen Achse Evolutionsprozesse stattfinden[26].

In theoretischer Hinsicht bereitet die Annahme phylogenetischer Prozesse bei einzelligen Organismen durch Selektion epigenetischer Varianten überhaupt keine Probleme. Deshalb ist es schon bemerkenswert, wie wenig Aufmerksamkeit diesem möglichen Evolutionsmechanismus wissenschaftlich und auch medizinisch geschenkt wird, denn dieser Vererbungsmodus könnte sich nachhaltig auf das Verständnis und die Behandlung von Krankheiten auswirken.

Wenden wir uns nun den vielzelligen Organismen zu, hier ist die Sache teilweise komplizierter. Im Falle rein asexueller (vegetativer) Fortpflanzung durch Fragmentierung oder Knospung ist allerdings auch hier die Sache ganz unproblematisch – es ist ohne Weiteres einzusehen, dass auch bei diesen Organismen erbliche epigenetische Varianten der Selektion zugänglich sind. Stellen Sie sich eine Pflanze vor, die sich rein vegetativ vermehren kann, etwa indem sich ein Jungspross von der Mutterpflanze löst. Solche Jungsprosse mögen zur Zeit ihrer Bildung verschiedene epigenetische Modifikationen erwerben – als Reaktion auf die Umweltbedingungen oder einfach deshalb, weil die Bedingungen nicht in allen Teilen der Mutterpflanze die gleichen sind. Wenn diese Jungsprosse eigene Wurzeln schlagen und zu unabhängigen Pflanzen werden, konkurrieren sie vermutlich um Ressourcen wie Nahrung und Licht; dabei wird auch ihr jeweiliges epigenetisches Erbe Einfluss auf ihre Überlebenschancen haben. Durch klassische Darwin'sche Selektion über viele Generationen asexueller Reproduktion hinweg könnten bestimmte epigenetische Varianten stabilisiert werden und dadurch langfristige Abänderungen verursachen. Dies bedeutet, bei den vielen Tier- und Pflanzenarten, die sich durch irgendeine Art von Fragmentierung vermehren, können durch EVSs vererbte Variationen eine wichtige Rolle in der phylogenetischen Entwicklung spielen.

Theoretische Probleme hinsichtlich einer Vererbung epigenetischer Variationen stellen sich erst ein, wenn wir uns vielzelligen Organismen mit geschlechtlicher Fortpflanzung zuwenden. Das grundlegende Problem besteht darin, dass die befruchtete Eizelle als Ausgangspunkt der ontogenetischen Entwicklung in einem Zustand sein muss, der den nachfolgenden Zellen eine Differenzierung in all die verschiedenen Zelltypen erlaubt, die den jeweiligen erwachsenen Organismus auszeichnen. Die Ontogenese muss also von einem epigenetisch neutralen Zustand aus starten; deshalb galt es auch lange Zeit als logisch und selbstverständlich, dass in Zellen, die zu Gameten werden, die gesamte „epigenetische Vergangenheit" gelöscht wird. Dies würde jegliche Möglichkeit einer Vererbung umweltinduzierter epigenetischer Variationen definitiv ausschließen. Ganz unerwartet kam deshalb in den 1980er Jahren die Entdeckung, dass der epigenetische Status in Keimzellen offenbar doch nicht ganz auf Null gestellt wird und in gewissem Umfang doch epigenetische Information die nächste Generation erreicht. Überraschen konnte dieser Befund allerdings nur deshalb, weil einige sehr vielsagende Hinweise, die Genetiker schon lange auf diese Möglichkeit der Vererbung hätten aufmerksam machen müssen, immer ignoriert wurden.

Seit über 3000 Jahren weiß man, dass aus der Kreuzung Pferdestute × Eselhengst ein Maultier hervorgeht, während umgekehrt Paarungen Pferdehengst × Eselstute ganz anders aussehende Maulesel mit dickerer Mähne und kürzeren Ohren als Nachkommen hervorbringen; Maultiere wie Maulesel sind unfruchtbar. Da genotypisch gleich, führte man lange Zeit die unübersehbaren phänotypischen Unterschiede zwischen Maultier und Maulesel auf einen „mütterlichen Effekt" zurück – auf mögliche Milieuunterschiede im Mutterleib von Pferd und Esel. Doch gab es noch eine ganze Reihe weiterer Hinweise darauf, dass der Beitrag mütterlicher und väterlicher Chromosomen für die nachfolgende Generation nicht immer gleich groß ist. So beschäftigte sich Helen Crouse in den 1960er Jahren mit den Chromosomen der Trauermücke *Sciara*; sie gehört zu jenen Insekten, die ihr Genom während der ontogenetischen Entwicklung abändern – bestimmte Chromosomen werden sowohl in Körper- wie in den Keimzellen abgebaut. Crouse fand heraus, dass es sich bei diesen eliminierten Chromosomen immer und ausschließlich um väterliche handelt. Das heißt, eine männliche *Sciara*-Mücke vererbt immer nur jene Gene, die sie von ihrer Mutter erhalten hat. Hier stoßen wir auf ein höchst sonderbares System, über das wir im Detail nur sehr wenig wissen; doch die Studien von Course werfen ein Schlaglicht auf etwas grundlegend Wichtiges. Um selektiv eliminiert werden zu können, müssen mütterliche und väterliche Chromosomen mit geschlechtsspezifischen Markierungen versehen werden, mit anderen Worten, die Chromosomen beider Eltern müssen unterschiedlich „geprägt" werden[27].

In den folgenden Jahren fand man bei vielen anderen Tiergruppen die elterliche genomische Prägung bestätigt, vor allem bei Säugetieren, und so war dieses Thema in den 1980er Jahren Gegenstand etlicher molekulargenetischer Untersuchungen[28]. Treibende Kraft war ein ganz praktisches Problem, mit dem sich Genetiker konfrontiert sahen, als sie gentechnisch veränderte Fremdgene in Säugetiergenome einschleusen wollten. Denn sie mussten feststellen, dass Kreuzungen mit den eingeschleusten Genen (als Transgene bezeichnet) häufig nicht genau den Mendel'schen Regeln folgten. Genau wie bei den Paarungen von Pferd und Esel kam es darauf an, wie die Kreuzung konzipiert war: Einige Transgene wurden nur dann exprimiert, wenn sie vom Vater stammten, nicht dagegen bei mütterlicher Herkunft – diese waren inaktiv. Bei anderen Transgenen verhielt es sich genau umgekehrt, sie waren nur aktiv, wenn sie von der Mutter vererbt wurden. Ähnliche Unterschiede in der Aktivität homologer väterlicher und mütterliche Gene wurden im Weiteren auch bei ganz normalen Genen festgestellt und heute kennt man bei der Maus über 70 Gene, die entsprechend ihrer elterlichen Herkunft (aus der Eizelle oder dem Spermatozoon) unterschiedlich geprägt werden. Häufig ist die unterschiedlich starke Aktivität mütterlich und väterlich vererbter Gene kausal mit Differenzen im Methylierungsmuster verbunden. Es sieht so aus, als erhalten Chromosomen während der Oogenese ein „mütterliches" Set von Chromatinmarkierungen, während die gleichen Chromosomen im Verlauf der Spermatogenese mit einem spezifisch „väterlichen" versehen werden. Beide Typen elterlicher Markierungen sind für eine normale ontogenetische Entwicklung erforderlich. Nach welchen Kriterien diese Markierungen warum an welcher Stelle des Genoms gesetzt werden und auf welche Weise sie genau die Ontogenese beeinflussen, ist nicht immer klar. Dabei wären detailierte Kenntnisse nicht zuletzt deshalb sehr wichtig, weil einige Krankheiten beim Menschen ihre Ursache offenbar in einer fehlerhaften genomischen Prägung haben.

Genomische Prägungen sind grundsätzlich nicht ein für alle Mal festgelegt. Wenn ein bestimmtes Chromosom vom einen Geschlecht zum anderen wandert, werden die ursprünglichen Markierungen gelöscht und neue geschlechtsspezifsche gesetzt. Solche regelmäßig sich ändernden epigenetischen Markierungen sind sehr wahrscheinlich kein Rohmaterial für adaptive Evolutionsprozesse. Zwar beweist die genomische Prägung, dass eine Vererbung epigenetischer Modifikationen an die nächste Generation existiert, sie ist aber kein Beleg dafür, dass epigenetische Variationen genügend stabil und beständig sind, um Grundlage evolutionärer Veränderungen zu sein. Doch von anderer Seite gibt es solche Belege. Denn die Tatsache, dass epigenetische Markierungen über viele Generationen hinweg bestehen können, war ein weiteres Problem im Bemühen darum, in Pflanzen Fremdgene einzubauen in der Hoffnung, ihnen damit ganz gezielt neue, nützliche Qualitäten zu verleihen. Häufig gelang es zwar, das Transgen im Wirtsgenom zu verankern (normalerweise in zahlreichen Kopien), und zunächst wurde es auch exprimiert; doch nach ein oder zwei Generationen ließ sich das Transgenprodukt nicht mehr nachweisen. Zunächst vermutete man, die fremde DNA sei einfach verloren gegangen, doch in vielen Fällen war sie nachweislich nach wie vor im Wirtsgenom integriert – allerdings in einem dauerinaktivierten Zustand, hervorgerufen durch massive Methylierung; dieses Methylierungsmuster des Transgens und seine damit verbundene Stilllegung vererbten sich über viele Generationen.

Einige Jahre später stellte sich heraus, dass nicht nur bei experimentell eingeschleusten Transgenen modifizierte Methylierungsmuster und damit verbundene Aktivitätsänderungen generationenübergreifend weitergegeben werden können; auch bei ganz normalen Genen ist dies offensichtlich der Fall. Hierfür wollen wir zwei Beispiele diskutieren, ein botanisches und ein zoologisches. An ihnen lässt sich besonders eindrücklich zeigen, wie leicht man erbliche epigenetische Variationen irrtümlich für genetische halten kann.

Beim ersten Beispiel geht es um eine morphologische Variante des Leinkrauts. Vor über 250 Jahren beschrieb der berühmte Botaniker Carl von Linné, der Begründer unseres heutigen Bezeichnungs- und Klassifikationssystems der Pflanzen, eine angeblich neu entstandene Art. Dies fiel Linné nicht leicht, denn den längsten Teil seines wissenschaftlich langen und produktiven Lebens war er davon überzeugt, dass alle Arten von Gott bei seiner Schöpfung erschaffen worden und seitdem unverändert geblieben seien. Die Vorstellung, eine neue Art könnte sich erst vor Kurzem und auf natürliche Weise entwickelt haben, widerstrebte ihm zutiefst. Doch Linné blieb nichts anderes übrig, als sich damit abzufinden: Denn da er sein botanisches Klassifikationssystem auf den Reproduktionsorganen der Pflanzen begründet und die neu entdeckte Variante eine Blütenformel hatte, die sich eindeutig von der des normalen Leinkrauts, *Linaria vulgaris*, unterschied, musste Linné sie als neue Art deklarieren. Die fünf Blütenblätter des normalen Leinkrauts sind

Abb. 4.9 Blüten des Echten Leinkrauts, *Linaria vulgaris*, in der radiärsymmetrischen Peloria-Form (links) und der Normalform (rechts)

so gestaltet, dass der obere Teil der Blüte deutlich anders aussieht als der untere, wobei die Blütenblätter zusammen einen einzigen Sporn bilden; dagegen sind die Blütenblätter der neuen Variante *Peloria* (der Name kommt aus dem Griechischen und bedeutet „Ungeheuer") radialsymmetrisch angeordnet und jedes einzelne läuft in Form eines Sporns aus. Die Abbildung 4.9 zeigt die Unterschiede.

Für Linné war die Peloria-Variante dermaßen außergewöhnlich, dass er bemerkte (auf Lateinisch): „Es ist mit Gewissheit nicht weniger bemerkenswert, als wenn eine Kuh ein Kalb mit einem Wolfskopf gebärte." Er vermutete bei Peloria einen stabilen Hybriden, hervorgegangen aus der Bestäubung von *L. vulgaris* durch irgendeine andere Art. Trotz dieser Erklärung tat sich Linné als tief religiöser Mensch mit seiner mutmaßlich neuen Art „Peloria" immer schwer[29].

Doch handelte es sich tatsächlich um eine neue Art? Pelorische Varianten entwickeln auch andere Arten, etwa das Löwenmäulchen (*Antirrhinum*) – fasziniert bemerkten dies viele Größen der Biologie einschließlich Goethe, Darwin und Hugo de Vries. Darwin kreuzte das normale Löwenmäulchen mit der pelorischen Variante und erhielt dabei – dies wurde ihm allerdings nicht bewusst – Zahlenverhältnisse, die ziemlich gut jenen entsprachen, die Mendel mit seinen Erbsen erhalten hatte; Darwin beobachtete, dass die pelorische Form rezessiv gegenüber der Normalform war. Wenn er sich mit seinem Zeitgenossen Gregor Mendel getroffen hätte, wäre ihm sicherlich klar geworden, wie er seine Ergebnisse hätte deuten müssen – und wer weiß, vielleicht wäre die Geschichte der Evolutionsbiologie ganz anders verlaufen! Hugo de Vries, einer der „Wiederentdecker" der Mendel'schen Regeln im Jahr 1900, befasste sich ebenfalls mit pelorischen Varianten. Er vermutete in der Peloria-Form von *Linaria* eine Mutation und fand eine Veränderungsrate von der Normal- zur Peloria-Form von etwa einem Prozent. Im Licht heutiger Kenntnisse erscheint eine solche Mutationsrate sehr hoch.

Im Verlauf der beiden vergangenen Jahrzehnte, als entwicklungsgenetische Fragen im Mittelpunkt vieler genetischer Forschungsprojekte standen, haben sich Botaniker mit den molekularen Details jener Mutationen beschäftigt, die sich auf die Blütenform auswirken – so auch mit jenen, die der berühmten pelorischen Variante von *Linaria* zugrunde liegen. Doch was Enrico Coen und seine Kollegen vom John-Innes-Institut in England in vergleichenden molekulargenetischen Untersuchungen entdeckten, überraschte sehr: Zweifellos gab es Unterschiede auf genetischer Ebene zwischen beiden Formen, allerdings keine hinsichtlich der DNA-Sequenzen. Die morphologische Veränderung beruhte nicht auf einer Mutation, sondern einer Epimutation: Das Methylierungsmuster eines bestimmten Gens unterschied sich bei Normal- und pelorischen Pflanzen[30]. Was eine so bedeutende Rolle in der Geschichte der Botanik spielte, war also weder eine neue Art (wie Linné vermutete) noch Folge einer Mutation (wie de Vries und andere angenommen hatten), sondern Ausdruck einer verhältnismäßig stabilen Epimutation[31]. Wir wissen nicht, was die Änderung im Methylierungsmuster ursprünglich verursacht hat, klar ist aber, dass diese Epimutation über einige Generationen vererbt werden kann (ungeachtet einer gewissen Rest-Instabilität). Über 200 Jahre nach Linnés Fund wachsen in der gleichen Region noch immer Peloria-Varianten von *Linaria*, allerdings ist nicht klar, ob diese Exemplare direkte Nachkommen der ursprünglichen Peloria-Population sind.

Unser zweites Beispiel für eine generationenübergreifende Vererbung epigenetischer Variabilität betrifft Labormäuse; es geht um deren Fellfärbung, die seit den ersten Tagen der Mendel-Genetik eines der bevorzugten Objekte genetischer Analysen ist. Die normale „mausgrau" bräunliche Fellfarbe der Hausmaus bezeichnet man als „agouti" (wildfarben); an der Ausprägung und Veränderung der Fellfarbe ist eine ganze Reihe von Genen und Allelen beteiligt. Die australische Genetikerin Emma Whitelaw und ihre Kollegen arbeiteten mit einer mutierten Mauslinie, die sich dadurch auszeichnete, dass sie in der Kontrollregion eines für die Ausprägung der Fellfarbe relevanten Gens einen kleinen Extra-DNA-Schnipsel (der von einem Transposon stammte) trug. Diese zusätzliche DNA stört die normale Pigmentbildung – wie stark allerdings, variiert von Individuum zu Individuum: Manche Mäuse sind gelb, andere sind gesprenkelt mit wildfarbenen Flecken und wieder andere sind vollständig wildfarben – Letztere bezeichnet man als „pseudo-agouti".

So weit ist das überhaupt nicht aufregend, denn bekanntlich können zahlreiche Umwelt- und Entwicklungsfaktoren die Expression eines Gens beeinflussen und so ganz verschiedene Phänotypen entstehen lassen. Was aber überraschte und auch irritierte, war die Art und Weise, wie die verschiedenen Phänotypen vererbt wurden: Mütter mit gelber Fellfarbe brachten bevorzugt gelbe Jungen zur Welt, gesprenkelte Mütter vorwiegend gesprenkelte Nachkommen und Pseudo-agouti-Mütter bekamen mehr Pseudo-agouti-Nachwuchs als Mütter der anderen beiden Typen (Abb. 4.10).

Da sich bei der Mauslinie die drei Fellfärbungstypen in ihren DNA-Sequenzen nicht unterschieden, musste etwas anderes für Ausprägung und Vererbung der Variationen verantwortlich sein. In Whitelaws Experimenten konnte man dafür nicht die üblichen Verdächtigen anführen, nämlich irgendwelche nicht identifizierte „modifizierenden Gene", denn alle Mäuse im Versuch waren ja genetisch identisch. Ebenso schieden „mütterliche Effekte" – eine andere beliebte Ausflucht für nicht erklärbare erbliche Variabilität – aus, da Embryonen zwischen den Müttern ausgetauscht wurden (*cross-fostering*) und dies keinen Effekt hatte; so war klar, dass das Milieu in der Gebärmutter keinen Einfluss auf die Fellfarbe hat. Schließlich stellte sich heraus, dass die Variationen in der Fellfarbe mit dem Methylierungsmuster der von dem Transposon stammenden Extra-DNA korreliert und

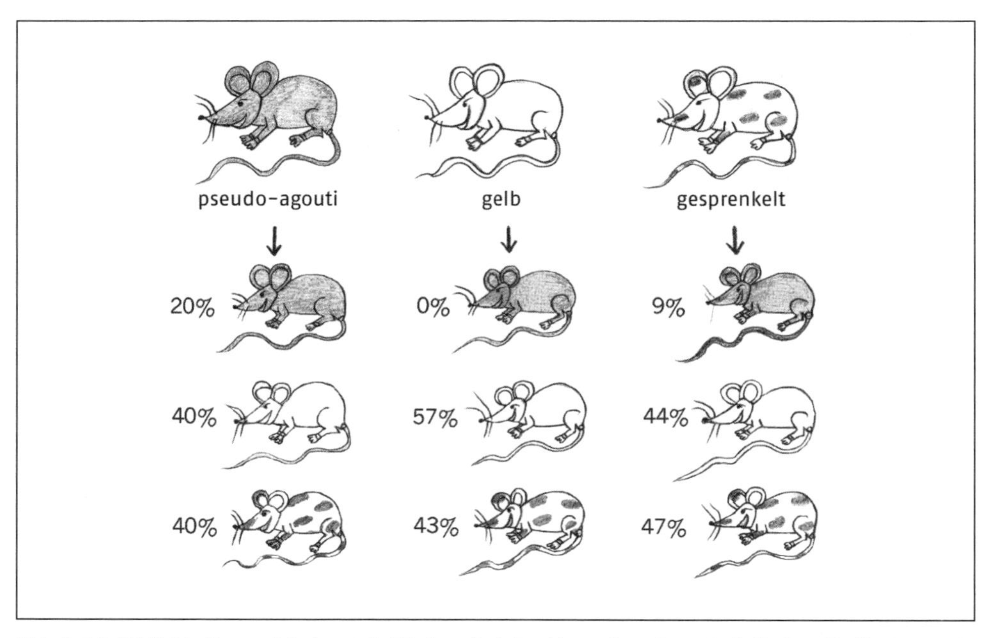

Abb. 4.10 Erblichkeit verschiedener Fellfarben bei der Maus. Zu sehen sind die Anteile (in Prozent) unterschiedlicher Fellfärbung bei den Nachkommen von Müttern dreier verschiedener Fellfärbungstypen.

dieses Muster über die Eizelle an die nächste Generation weitergegeben wird. Mit anderen Worten, die erblichen Unterschiede in der Fellfarbe waren darauf zurückzuführen, dass das epigenetische Vermächtnis bei der Keimzellenbildung offenbar doch nicht vollständig getilgt wurde[32].

Es gibt noch einige weitere interessante Aspekte dieser Maus-Studien. Einer besteht darin, dass die erblichen Phänotypen von den Umweltbedingungen beeinflusst werden, in diesem Fall von der Nahrung der Mutter. Werden trächtige Weibchen mit Methylgruppen-spendender Spezialkost gefüttert, bekommen sie verhältnismäßig weniger gelben und mehr Pseudo-agouti-Nachwuchs[33]. Bemerkenswert ist auch, dass die genannte Epimutation offenbar nicht nur die Fellfarbe beeinflusst; gelbe Mäuse sind fettleibig, entwickeln Diabetes, sind anfälliger für Krebs und leben kürzer als ihre nichtgelben Wurfgeschwister. Als Drittes sei die Vielzahl der Transposon-Sequenzen genannt – mindestens 40 Prozent des Säugetiergenoms leiten sich aus ihnen ab. Die meisten dieser springenden Gene werden zwar durch Methylierung ruhig gestellt, gleichwohl vermögen sie offenbar auf die Aktivität benachbarter Gene einzuwirken. Alle zusammengenommen weisen diese Befunde darauf hin, dass die phänotypischen Effekte einer großen Zahl von Genen durch epigenetische Markierungen beeinflusst werden und die Art dieser Markierungen von den umgebenden Bedingungen abhängen kann. Ohne solche detaillierte molekulargenetische Studien hätte man sicherlich einen Großteil der epigenetisch begründeten Variabilität als genetische aufgefasst. Derzeit können wir kaum abschätzen, wie hoch der

Anteil an erblicher Variabilität tatsächlich ist, der durch stabile epigenetische Markierungen verursacht wird[34].

Eine weitere große Unbekannte im Geschehen der generationenübergreifenden epigenetischen Vererbung ist die Bedeutung der RNAi. Durch RNA-Interferenz können Signale zur Stilllegung spezifischer Gene von den Eltern zu den Nachkommen weitergegeben werden – genauso wie von Zelle zu Zelle. Injiziert man zum Beispiel doppelsträngige RNA mit komplementären Sequenzen zu einem Teil eines bestimmten Gens von *Caenorhabditis elegans* in den Darm dieses Nematoden, wird dieses Gen im gesamten Organismus inaktiviert, eben weil überall dessen mRNA durch RNAi zerstört wird. Die Inaktivierung kann auch über mehrere Generationen reichen[35] – dies bedeutet, es gibt einen RNA-vermittelten Informationstransfer entlang der Keimbahn. Wie viel Information allerdings auf diesem Weg transportiert wird, ist unklar. Wenn kurzkettige RNAs (siRNAs), die die ontogenetische Entwicklung beeinflussen, tatsächlich so häufig sind wie neueste Studien nahelegen, könnte es sich um einen äußerst wichtigen Informationskanal handeln.

Wir wollen nun die vielen Einzelheiten zusammentragen und uns fragen, was all diese Hinweise auf eine generationenübergreifende Vererbung epigenetischer Variabilität für die Evolutionstheorie bedeuten. Kurz gesagt bestätigen sie genau das, was wir mit unserem Gedankenexperiment zu den Organismen auf Janus zum Ausdruck brachten: Da die epigenetische Dimension der Vererbung eine zusätzliche Quelle phänotypischer Variabilität ist, können allein darüber Evolutionsprozesse stattfinden, ohne dass die genetische Dimension berührt wird. Doch es bedeutet noch mehr als das. Epigenetische Variationen entstehen mit höherer Rate als genetische, vor allem unter veränderten Umweltbedingungen; auch können mehrere epigenetische Variationen zur selben Zeit entstehen. Es kommt hinzu, dass diese nicht immer funktionsblind sind, da epigenetische Markierungen mit großer Wahrscheinlichkeit vorzugsweise in solchen Genen abgeändert werden, die durch neue Umweltbedingungen aktiviert werden. Dies bedeutet freilich nicht, dass induzierte epigenetische Abänderungen grundsätzlich adaptiv sind, doch die Wahrscheinlichkeit einer günstigen Variation ist größer. Die Kombination beider Faktoren – eine hohe Generationsrate von Variabilität und gute Chancen auf deren Vorteilhaftigkeit – bedeutet, dass Anpassung durch Selektion epigenetischer Varianten erheblich schneller erfolgen kann als auf genetischem Weg.

Erbliche epigenetische Unterschiede zwischen Individuen mögen auch von zentraler Bedeutung für das sein, was Darwin „Mysterium der Mysterien" nannte: das Entstehen neuer Arten. An dieser Frage entzündet sich bis heute Streit unter Evolutionsbiologen; immerhin werden wohl die meisten von ihnen der Annahme zustimmen, dass am Anfang einer Artbildung normalerweise die Teilung und Isolation von Populationen – durch geografische oder ökologische Barrieren – stehen. Jede der separierten Populationen verändert sich auf spezifische Weise, sodass Angehörige verschiedener Populationen, wenn diese später – nach Beseitigung der Barriere – wieder in Austausch treten sollten, miteinander keine fruchtbaren Nachkommen mehr erzeugen können. Im Allgemeinen vertreten Biologen die Ansicht, die Populationsunterschiede seien genetischer Natur, wir vermuten jedoch, dass es sich in vielen Fällen um epigenetische Unterschiede handelt. Sind zwei Populationen voneinander getrennt, werden sie normalerweise mit unterschiedlichen Umweltbedingungen konfrontiert; so mag etwa eine der beiden eine Insel neu bevölkern, dort für sich eine neue Nahrungsquelle erschließen oder sich mit einem ungewohnten Klima auseinandersetzen. Dann mögen neue epigenetische Markierungen sowohl in Körper- als auch Keimbahnzellen gesetzt werden – mit Auswirkungen, die über das hinausgehen, dass die Organismen einfach nur gut mit ihrer neuen Umwelt zurechtkommen; sie könnten auch darauf Einfluss haben, ob sich diese Organismen mit Individuen anderer Populationen noch erfolgreich kreuzen können oder nicht. Studien zur geschlechtsspezifischen Prägung zeigen, dass die Markierungen auf den Chromosomen beider Eltern komplementär zueinander sein müssen, damit eine normale Embryonalentwicklung stattfinden kann. Dies bedeutet, wenn Individuen zweier zuvor isolierter Populationen verschiedene epigenetische Markierungen erworben haben, wird möglicherweise eine resultierende Unverträglichkeit dieser durch Ei- und Samenzelle übertragenen Markierungen verhindern, dass sich ein hybrider Embryo normal entwickeln kann. Sogar wenn ein lebensfähiger Hybride aus einer solchen Kreuzung hervorgehen sollte, könnte ein modifiziertes Chromatinmarkierungsmuster die Gametenbildung derart stören, dass dieser Hybride unfruchtbar ist. Auf diese Weise können also die ersten Fortpflanzungsbarrieren, die für die Einleitung eines artbildenden Prozesses von ausschlaggebender Bedeutung sind, das Resultat primär epigenetischer und nicht genetischer Abänderungen sein[36].

Am Ende dieses Kapitels wollen wir noch einen anderen Typ erblicher Variation zumindest erwähnen. Bis jetzt haben wir uns mit der Informationsübertragung durch zelluläre Vererbungssysteme befasst, doch wird Information auch auf höheren Ebenen biologischer Organisation weitergegeben. Ein gutes Beispiel hierfür sind Mongolische Rennmäuse; bei diesen Tieren kann das Milieu in der Gebärmutter starke Auswirkungen auf die Entwicklung speziell der weiblichen Nachkommen haben[37]. Ein weiblicher Embryo, der sich zusammen mit mehreren männlichen in einem Uterus entwickelt, wird unweigerlich hohen Konzentrationen des männlichen Sexualhormons Testosteron ausgesetzt. Diese hohe Hormonkonzentration stellt für den weiblichen Embryo Information dar, die seine nachfolgende Ontogenese beeinflusst. Wenn dieser Embryo heranwächst, entwickelt er einige besondere Merkmale: Das Weibchen wird erst spät die sexuelle Reife erreichen, ein ausgeprägtes aggressives Territorialverhalten zeigen und – was am bemerkenswertesten ist – es wird, wenn es sich selbst fortpflanzt, seinerseits mehr männliche als weibliche Jungen zur Welt bringen. Da also die meisten Embryonen dieses Weibchens wiederum männlich sind, wird sich sein weiblicher Nachwuchs – ähnlich wie es die Mutter selbst erlebt hat – in einem Testosteron-reichen Uterusmilieu entwickeln und die gleichen verhaltensspezifischen und physiologischen Merkmale ausprägen wie die Mutter. Auch diese weiblichen Nachkommen werden bevorzugt Männchen gebären, und so pflanzt sich der Zyklus immer weiter fort. Auf diese Weise überträgt die Mutter ihr entwicklungsspezifisches Erbe auf ihre Töchter – es handelt sich also um eine nichtgenetische Vererbung des mütterlichen Phänotyps. Folglich können bei diesen Rennmäusen zwei weibliche, genetisch identische Abstammungslinien ganz verschiedene Verhaltensweisen entwickeln und große Unterschiede im Geschlechterverhältnis zeigen – und zwar ganz einfach deshalb, weil unterschiedliche nichtgenetische Information von einer Generation zur nächsten übertragen wird.

Dialog

A. D.: Hilfe, ich muss meine Stirn kühlen! Sie haben über ein solches Sammelsurium von Vererbungssystemen gesprochen, dass mir überhaupt nicht einleuchtet, warum sie alle als „epigenetisch" bezeichnet werden sollten! Mir kommt es so vor, als spielten die einzelnen Systeme ganz verschiedene Rollen. Doch bevor ich genauer auf dieses Problem zu sprechen komme, habe ich eine generelle Frage zum Verhältnis zwischen den beiden Vererbungsdimensionen. Mit ihrem suggestiven Bild aus der Musik deuten sie zwei Möglichkeiten an. Die Partitur (das genetische System) bestimmt die Darbietung (das epigenetische System), aber nicht umgekehrt. Alternativ könnte es zu wechselseitigen Beeinflussungen kommen: Darbietungen könnten zu Abänderungen in der Partitur führen, und umgekehrt könnten diese Auswirkungen auf die Ausführung haben. Im letztgenannten Fall beeinflussten sich die beiden Vererbungssysteme gegenseitig. Doch kann ich mir eine weitere Möglichkeit vorstellen: Die geschriebene Partitur könnte verloren gehen und vollständig durch ein Aufzeichnungssystem ersetzt werden. Das eine Übertragungs- oder Vererbungssystem könnte das andere zum Verschwinden bringen – kommt denn so etwas bei Lebewesen tatsächlich vor?

M. E.: Nein, bei unseren auf der Erde, die sich ja alle durch ein auf Nukleinsäuren basierendes Vererbungssystem auszeichnen, ist das ausgeschlossen; das genetische Vererbungssystem kann nicht durch ein anderes, das auf einer höheren organisatorischen Ebene wirksam ist, ausgeschaltet werden. Klar, theoretisch ist es schon möglich, dass ein Vererbungssystem ein anderes ersetzt. Es könnte auch gut sein, dass so etwas in der frühen Phase der Evolution des Lebens tatsächlich geschehen ist – in jener undurchsichtigen Zeit zwischen chemischer und biologischer Evolution. Vermutlich – so meinen jedenfalls viele Biologen – beruhte Vererbung zu diesem Zeitpunkt nicht auf Nukleinsäuren; diese entwickelten sich erst später und ersetzten dann die bestehenden, primitiveren. Mag sein, dass in ferner Zukunft auch das genetische Vererbungssystem verdrängt wird – wenn wir intelligente, sich selbst reproduzierende und evolvierende Roboter schaffen, die uns Menschen schlussendlich auslöschen. So ein Szenario entspräche der Elimination eines Vererbungssystems durch ein anderes.

A. D.: Gut, das ist nachvollziehbar. Doch möchte ich nun auf Ihre Definitionen zu sprechen kommen. Warum nur werfen sie alle diese EVSs in einen Topf? Jedes einzelne hat doch ganz eigene Eigenschaften.

M. E.: Das schon, doch alle genannten epigenetischen Vererbungssysteme haben einen gemeinsamen Nenner: Sie übertragen Information von Zelle zu Zelle. Man kann biologische Vererbung in verschiedenerlei Hinsicht analysieren und Vererbungssysteme danach klassifizieren, auf welchen Mechanismen sie beruhen, und nicht nach der Organisationsebene, auf der sie operieren. Dies tun wir ohnehin, indem wir zwischen den verschieden Typen von EVSs unterscheiden. Aber Sie haben schon Recht, wir werfen Dinge zusammen, die an sich sehr unterschiedlich sind. Die Kategorie der strukturellen Vererbung ist wahrscheinlich zu grob, denn die Vervielfältigung von Prionen, das Selbstperpetuieren von Membranen und die Vererbung von Zilienmustern bei *Paramecium* haben kaum mehr gemein, als dass sie alle irgendeine Art dreidimensionalen Templatings beinhalten. Doch im Moment wissen wir einfach nicht mehr darüber, was bei diesen Kopierprozessen im Einzelnen geschieht. Gleichwohl scheint es uns sinnvoll, all diese verschiedenen Systeme in ein und dieselbe Kategorie zu stellen, eben in die der zellulären Vererbung. Denn es erinnert uns an die Grenzen dieses Vererbungstyps und vor allem an die grundlegende Bedingung, dass die Zelle im Zentrum dieses Vererbungssystems steht. Das letzte Vererbungssystem, das wir vorhin zur Sprache brachten, die Übertragung von Entwicklungsanleitungen auf der Ebene des ganzen Organismus, ist in dieser Hinsicht tatsächlich anders – ja, hierfür sollte man eine eigene Kategorie finden.

A. D.: Ich sehe aber noch ein weiteres Problem bei Ihren Definitionen und Konzepten. Alle diese Systeme der Zelle sollen „Vererbungssysteme" sein, und Sie sprechen über deren Bedeutung für das Evolutionsgeschehen. Doch ebenso wichtig scheint mir ihre Rolle in der ontogenetischen Entwicklung. Warum stellen Sie dies nicht deutlicher heraus?

M. E.: Weil entscheidend ist, dass sie sowohl Vererbungs- als auch Kontrollsystem sind. Es gibt viele Typen von Regelkreisen, doch nur ein kleiner Teil von ihnen weist eine Organisation auf, die es ermöglicht, funktionelle Zustände von einer Zelle zur anderen zu übertragen. Es gibt viele Proteine und Zellstrukturen, die veränderlich sind, doch nur wenige – so etwa Prionen – haben die Eigenschaft, diese Variabilität weiterzugeben. Es gibt viele verschiedene Typen von Chromatinstrukturen, doch nur wenige von ihnen werden in Form von Markierungen in Tochterzellen rekonstruiert. Und wie weitreichend die Zell-zu-Zell-Übertragung von Inaktivierungssignalen durch RNAi ist, wissen wir einfach noch nicht.

A. D.: Ich verstehe schon, dass Sie sich auf Regelsysteme konzentrieren, die spezielle erbliche Eigenschaften haben; doch warum betonen Sie so stark deren evolutionäre Relevanz und nicht ihre ontogenetische?

M. E.: Wie gesagt, sie sind zur gleichen Zeit in beiderlei Hinsicht von Bedeutung, und dies ist es, was sie so bemerkenswert macht. Wir sind genau deshalb so stark an der evolutionären Bedeutung der EVSs interessiert, weil ihre phylogenetischen Auswirkungen nicht von ihren ontogenetischen zu trennen sind. Man kann bei erblicher epigenetischer Variabilität nicht fein säuberlich die physiologischen und entwicklungsspezifischen von den phylogenetischen Aspekten trennen. Mag sein, dass dies irritiert, da heutzutage das

Wort „Evolution" die Vorstellung hervorruft, organischer Wandel sei ausschließlich das Resultat von Selektion und blinder (genetischer) Variation. Instruierende Prozesse und gerichtete Variation bringt man nur mit der ontogenetischen Entwicklung in Verbindung. Schon seit einiger Zeit sprechen wir uns für die Verwendung eines neuen Begriffs, „Evelopment", aus, der gleichermaßen phylogenetische und ontogenetische, selektierende und instruierende Prozesse erfasst. Allerdings wird er bisher kaum benutzt.

A. D.: Nun ja, das ist ja wirklich kein sehr schöner Terminus, wenngleich er auch die Sache richtig erfasst! Aber davon abgesehen muss Ihre Mixtur von EVSs ganz dringend in ein Gesamtkonzept eingebunden werden. Denn ein solches vermisse ich in Ihrer „epigenetischen Dimension". Es ist bestimmt nicht schwierig nachzuvollziehen, wie epigenetische Variationen bei einzelligen Organismen von Generation zu Generation weitergegeben werden und wie dies das Evolutionsgeschehen bei ihnen beeinflussen kann. Diese Epimutationen unterscheiden sich doch gar nicht allzu sehr von den interpretativen Mutationen bei Bakterien und Pflanzen, die Sie im vorigen Kapitel beschrieben haben. Ich verstehe aber nicht, wie es bei vielzelligen Organismen – selbst wenn man nur die rein asexuell sich reproduzierenden im Blick hat – entlang der epigenetischen Achse zu evolutionären Prozessen kommen soll. Was passiert denn, wenn eine epigenetische Zellvariante entsteht? Sie muss doch sowohl auf der Ebene des Gewebes wie des ganzen Organismus vorteilhaft sein, wenn sie überleben und andere Zellvarianten verdrängen soll. Verlangen Sie hier nicht zu viel?

M. E.: Nein, bestimmt nicht. Sie haben ganz Recht, es genügt nicht, weniger günstige Zellvarianten auf Gewebeebene zu verdrängen. Krebszellen zum Beispiel überleben und vermehren sich, breiten sich im Gewebe aus, doch schädigen sie dabei häufig den Organismus. Wenn sich eine epigenetische Variante in einer Population von Organismen ausbreiten soll, muss sie auf der gesamtorganismischen Ebene vorteilhaft (oder zumindest funktionell neutral) sein. Sogar wenn diese Variante auf der Gewebeebene nicht mit Vorteilen verbunden sein sollte, wird sie sich dennoch ausbreiten, wenn sie dem Organismus als Ganzem nützt. Und wenn die Variante sowohl auf der Ebene der Zelllinie wie des Gesamtorganismus günstig ist, wird es besonders rasch zu evolutionären Prozessen kommen.

A. D.: Können Sie denn ein paar Beispiele für die natürliche Selektion epigenetischer Varianten auf der Ebene von Zelllinie oder Gewebe und des Gesamtorganismus geben?

M. E.: Auf der Ebene der Zelllinie gibt es Beispiele. Wir haben schon die Krebszellen angesprochen, die ihren Ausgang von erblichen epigenetischen Ereignissen nehmen – etwa Abänderungen im Methylierungsmuster. Was die Selektion auf *beiden* Ebenen betrifft, also sowohl auf Zelllinien- wie auf Organismusebene: Nein, hier ist uns kein Beispiel bekannt, doch gibt es hierzu auch noch keine experimentellen Untersuchungen. Vielleicht findet etwas Derartiges bei Pflanzen statt; möglicherweise gehört der *Linaria*-Fall in diese Kategorie: Die epigenetische Variante wurde zunächst auf der Ebene der Zelllinie selektiert, anschließend erfolgte auf der Ebene der Gesamtpflanze vielleicht sogar eine positive, zumindest aber keine negative Selektion.

A. D.: Nicht so schnell! Da schließt sich doch ein weiteres Problem an – viele Pflanzen reproduzieren sich sexuell durch Pollen und Eizellen. Ich kann mir nicht gut vorstellen, wie eine erfolgreiche somatische Variante zu den Keimzellen gelangen könnte. Und selbst wenn dies möglich sein sollte, käme bestimmt nichts Gutes dabei heraus. Denn eine wunderbare epigenetische Modifikation einer tierischen Hautzelle oder einer pflanzlichen Blattzelle kann nicht einen ganzen Organismus hervorbringen, der sich ja auch aus vielen verschiedenen Zelltypen zusammensetzt! Das Beste, was noch passieren könnte, wäre die Entwicklung von mehr Haut- oder mehr Blattgewebe; doch keinesfalls könnte ein ganzer Organismus entstehen.

M. E.: Sie sprechen zwei verschiedene Fragen an, die wir nacheinander beantworten wollen. Die erste ist, ob epigenetische Modifikationen von Körper- auf Keimzellen übertragen werden können. Sie haben vollkommen Recht, bei Organismen, die sich sexuell fortpflanzen, muss eine epigenetische Variante auch Keimzellen erfassen, wenn sie an die nächste Generation vererbt werden soll. Es gibt drei Möglichkeiten der Modifikation von Keimzellen. Erstens kann eine neue Variation in der Keimbahn selbst entstehen; dies wird wohl bei allen Gruppen von Organismen mit geschlechtlicher Fortpflanzung möglich sein. Zweitens, wenn sich eine somatische Zelle mit der neuen Variation in eine Keimzelle umwandeln kann, dann wird die ursprünglich somatische zu einer Keimbahnvariation. Dies ist möglich bei jenen Organismentypen, bei denen es keine Trennung zwischen Körper- und Keimzellen gibt (oder diese sich ontogenetisch erst spät vollzieht); denn in diesen Fällen können aus somatischen Zelllinien Keimzellen hervorgehen. Beispielsweise kann sich beim Usambaraveilchen ein Blatt zu einer ganzen Pflanze einschließlich aller Reproduktionsorgane entwickeln, deshalb könnte hier auch eine epigenetische Variation in den Blattzellen die nächste Generation erreichen. Drittens: Wenn es einen gewissen Informationsaustausch zwischen Körper- und Keimzellen gibt, sollte auch eine Keimzelle Abänderungen erfahren, die ursprünglich nur Körperzellen betrafen. Genau dies scheint manchmal durch RNAi zu geschehen.

Nun zu Ihrem zweiten Punkt. Sie fragen, wie es möglich sei, dass ein Zelltyp mit einer bestimmten epigenetischen Modifikation am Anfang eines ontogenetischen Entwicklungsprozesses stehen kann, wenn doch sämtliche Information über spezifische Zelleigenschaften rückstandslos gelöscht werden muss, bevor sich ein ganzer Organimus mit all seinen verschiedenen Zelltypen entwickeln kann. Selbstverständlich geben wir Ihnen Recht: Eine epigenetisch modifizierte Zelle muss in der Lage sein, sich zu einem funktionellen Gameten mit vollständigem Entwicklungspotenzial umwandeln zu können. Eine befruchtete Eizelle, die sich nur zu einer neuen Hautzellenvariante entwickeln könnte, hätte keine große Zukunft. Aber eine Zygote, die Chromosomen mit epigenetischen Markierungen enthält, welche zur Entwicklung eines neuen Typs von Hautzellen führen, ist etwas anderes. Offenbar müssen solche Markierungen keineswegs unwillkürlich andere Aspekte der Entwicklung beeinträchtigen. Rufen Sie sich die pelorische Variante von *Linaria* in Erinnerung; die epigenetischen Markierungen jener Gene, die die Blütenstruktur beeinflussen, berühren so weit wir wissen keine anderen Aspekte der ontogenetischen Entwicklung.

A. D.: Mir scheinen aber die Typen epigenetischer Variation, die tatsächlich übertragbar sind, ziemlich begrenzt zu sein.

M. E.: Nicht stärker als die Erblichkeit jeder anderen Art von Variation, auch der genetischen! Sie alle müssen das Sieb der Selektion passieren. Eine genetische Mutation, durch die sich eine befruchtete Eizelle zu einer Hautzelle differenziert, ist eine Sackgasse und wird deshalb eliminiert. In einem vielzelligen Organismus ist jeder Typ von Variabilität vielfach begrenzt – jede einzelne Variante muss zuallererst durch den Flaschenhals der Entwicklung, bevor ein lebensfähiger Organismus daraus hervorgeht.

A. D.: Wie aber ist dann das Klonen möglich? Soweit ich es verstehe, wird doch hier eine Körperzelle, sagen wir eine Hautzelle, mit einer befruchteten Eizelle zusammengebracht, deren Zellkern zuvor entfernt wurde. Der somatische Zellkern unterliegt dann einigen rätselhaften Veränderungen und fungiert schließlich als normaler Eizellkern mit dem Potenzial, die Entwicklung des Embryos einzuleiten. Wie soll eine Körperzelle zu all dem imstande sein angesichts der ganzen epigenetischen Markierungen? Warum entwickelt sie sich nicht einfach in ein Stück Haut oder sonst ein Gewebe, für das sie der Kern prädestiniert? Wie werden all diese Markierungen gelöscht? Und wie werden die spezifischen elterlichen Prägungen, die Ihren Worten zufolge Voraussetzung für eine normale Entwicklung sind, nach einer solchen Löschung wiederhergestellt? Nach allem, was sie gesagt haben, sollte das Klonen unmöglich sein!

M. E.: Das Klonen ist tatsächlich eine gewaltige Herausforderung. Selbstverständlich müssen in der Eizelle die Erinnerungen des eingebrachten Zellkerns, muss das Erbe seiner somatischen Vergangenheit gelöscht werden. Niemand weiß, wie dies im Einzelnen vor sich geht. Doch denken wir daran, worauf wir schon im Zusammenhang mit der geschlechtsspezifischen Prägung hingewiesen haben: Der somatische Zellkern, der in eine entkernte Eizelle injiziert wird, trägt mütterliche und väterliche Chromosomen, sodass einige Prägungen erhalten und wieder neu angelegt werden können. Doch bei einem solchen Prozess würden sich viele Fehler einschleichen, denn die somatische Zelle unterliegt nicht der Vielzahl epigenetischer Abänderungen, die Ei- und Samenzellen während der Gametogenese durchmachen. Anders als Gameten sind Zellen, die man für das Klonen verwendet, epigenetisch nicht für ihre neue spektakuläre Rolle vorbereitet: das Fundament für die Entwicklung eines neuen vollständigen Organismus zu legen. Es ist deshalb auch überhaupt nicht verwunderlich, dass geklonte Tiere eine Vielzahl von Missbildungen entwickeln. Die meisten Embryonen nisten sich nicht einmal in den Uterus ein oder – wenn ihnen das doch gelingen sollte – sterben in aller Regel vor der Geburt ab; und die ganz Wenigen, die tatsächlich zur Welt kommen, sind meist sehr krank. Das berühmte Klon-Schaf Dolly, das immerhin sechs Jahre lang lebte und einigen Nachwuchs hatte, war der einzige erfolgreiche von 277 Versuchen, das Mutterschaf zu klonen. Dolly entwickelte schon sehr früh Arthritis, was aus Problemen bei der epigenetischen Deprogrammierung resultiert haben könnte. Epigenetische Vererbung ist ohne Zweifel ein großes Hindernis für rasches und umfassendes Klonen[38].

A. D.: Dass Klonen überhaupt möglich ist, scheint mir wie ein Wunder! Doch möchte ich auf die Auswirkungen der epigenetischen Markierungen auf das Evolutionsgeschehen zurückkommen. Wenn diese Markierungen bei der Gametenbildung und auch während des Klonens gelöscht werden können, wie zuverlässig ist dann ihre Weitergabe? Ist sie so genau wie die der Gene? Ihren Ausführungen zufolge werden doch viele epigenetische Modifikationen in zumindest einigen Keimzellen sehr wahrscheinlich gelöscht, wenn diese „auf Null" gestellt werden – in Vorbereitung auf einen nächsten Entwicklungszyklus. Dann ist doch eine epigenetische Markierung weniger leicht übertragbar als ein Allel eines Gens – oder?

M. E.: Es gibt wenige Daten, die Aufschluss darüber geben, in welchem Umfang und wie genau epigenetische Modifikationen vererbt werden. Doch ja, in manchen Fällen fällt die Übertragbarkeit epigenetischer Variationen geringer aus als die genetischer; Letztere werden bei sexuell sich fortpflanzenden Organismen mit 50-prozentiger Wahrscheinlichkeit an die Nachkommen weitergegeben. Epigenetische Varianten können sogar mit mehr als 50-prozentiger Wahrscheinlichkeit an die Nachkommen vererbt werden, weil manchmal eine epigenetische Markierung am einen Chromosom das Allel am homologen Chromosom entsprechend der eigenen Struktur umbauen kann. Wie häufig so etwas vorkommt, wissen wir aber nicht, deshalb wollen wir auch nicht näher darauf eingehen[39].

A. D.: Wenn die Erblichkeit unter 50 Prozent liegt, bedeutet dies denn nicht, dass die Häufigkeit der betreffenden epigenetischen Varianten mit jeder Generation zwangsläufig abnimmt? Dann könnte doch nur eine sehr strenge Selektion diese Variante in einer Population halten. Wenn die epigenetische Variante dagegen nur einen geringfügigen Vorteil bringt, wird sie verschwinden!

M. E.: Das könnte tatsächlich sein, aber nicht, wenn die Umweltbedingungen anhaltend die Bildung dieser epigenetischen Variante induzieren; dies würde die geringe Vererbbarkeit ausgleichen. Und da epigenetische Varianten mit höherer Wahrscheinlichkeit phänotypische Effekte zeitigen als genetische Varianten, kann die Selektion für oder gegen eine epigenetische Variante ziemlich stark sein. Geringe Erblichkeit ist deshalb kein so großes Problem. Doch wissen wir tatsächlich sehr wenig darüber, mit welcher Häufigkeit epigenetische Varianten vererbt werden. Es ist nicht einmal klar, ob die Erblichkeit konstant bleibt; sie mag variabel sein, unterschiedlich unter verschiedenen Umweltbedingungen; vermutlich ändert sie sich auch durch Selektion. So könnte die Erblichkeit beispielsweise durch natürliche Selektion für weniger leicht löschbare Chromatinmarkierungen zunehmen.

A. D.: Aber auch dann gingen einige adaptive Variationen verloren, die nur einen geringen positiven Selektionswert haben. Dies könnte auch der Grund dafür sein, dass Ihre Janus-Wesen nicht die Organisationsstufe der Quallen zu überschreiten vermögen! Doch habe ich noch ein weiteres Problem mit der Übertragbarkeit epigenetischer Variationen. Nachvollziehen kann ich, wie das Chromatin-markierende EVS Varianten weitergibt; ich kann mir aber nicht vorstellen, wie in vielzelligen Organismen selbst erhaltende Regelkreise oder Strukturelemente vererbt werden und so Basis evolutionären Wandels sein können.

M. E.: Was hier übertragen wird, sind Komponenten einer Aktivität oder eines Zustands, die die Rekonstruktion der gleichen Aktivität oder des gleichen Zustands in der nächsten Generation beeinflussen und lenken. Bei einer Prion-Krankheit könnte es ein Prion sein, das über die Eizelle vererbt wird und das Templating in der nächsten Generation aufs Neue in Gang setzt. Die Membransysteme der Eizellen sind selbstverständlich selbsterhaltende Systeme, doch wissen wir noch nicht, ob und wenn ja, welche Typen kleiner Abwandlungen darin vererbt werden können. Größere Veränderungen führen wohl in den allermeisten Fällen zum Zelltod. Mit Blick auf einen sich selbst erhaltenden Regelkreis könnte die Eizelle Moleküle eines DNA-bindenden Proteins enthalten, das jenes Gen, das für dieses Protein kodiert, einschaltet und dauerhaft aktiv hält. Die Schwierigkeit, sich diesen Typ von Vererbung vorzustellen, hat wohl auch damit zu tun, dass wir Vererben normalerweise als eine Art Kopieren verstehen und nicht als ein Rekonstruieren. Dennoch stimmen wir Ihnen zu: Die Vererbung epigenetischer Varianten von einer Generation zur nächsten erfolgt bei vielzelligen Organismen sehr wahrscheinlich in erster Linie über das Chromatin-markierende System oder die RNAi. Da Chromatinmarkierungen in den meisten Zelltypen wohl keine phänotypischen Effekte zeitigen, können sie auch entlang der Keimbahn weitergegeben werden, ohne die Funktionalität der Gameten und die frühe Embryonalentwicklung zu gefährden. Ähnlich werden miRNAs auch nur jene Gewebe beeinflussen, in denen ihre Ziel-mRNA exprimiert wird.

A. D.: Das RNAi-System ist wirklich ungewöhnlich, da darüber Information von Körper- zu Keimzellen gelangen kann. Gibt es denn noch weitere Kommunikationswege zwischen Soma und Keimbahn?

M. E.: Ja, die gibt es – zumindest theoretisch. Die Hypothese der somatischen Selektion, die der australische Immunbiologe Ted Steele in den späten 1970er Jahren zu entwickeln begann, legt einen solchen Informationsweg nahe[40]. Steele leitet sein Konzept davon ab, wie sich das Immunsystem der Wirbeltiere entwickelt. Sie werden sich daran erinnern, was wir in Kapitel 2 besprochen haben: Im Verlauf der Reifung jener Zellen, die Antikörper produzieren, werden neue DNA-Sequenzen generiert, indem die ursprüngliche DNA – abgesehen davon, dass sich darin Mutationen ereignen – geschnitten, Fragmente hin und her bewegt und neu miteinander verbunden werden. Das Ergebnis ist eine enorme Anzahl von Zelltypen mit jeweils eigener DNA-Sequenz, die für einen jeweils spezifischen Antikörper kodiert. Steele vermutet nun, dass in Situationen wie dieser, wenn der Diversifizierung somatischer Zellen eine Selektion folgt, im selektiv begünstigten (und deshalb häufig vorkommenden) Zelltyp Kopien der mRNA von Viren aufgenommen und in die Keimbahn transportiert werden. Dort könnte die mRNA durch reverse Transkription in DNA rückübersetzt und ins Genom der Keimzellen integriert werden.

A. D.: Widerspricht dies nicht dem Zentralen Dogma der Molekularbiologie?

M. E.: Nein, der entscheidende Teil von Cricks Dogma ist immer der zwischen den Nukleinsäuren und den Proteinen: Die Aminosäurensequenz eines Proteins kann nicht in DNA oder RNA rückübersetzt werden. Unproblematisch ist dagegen – auch für Verfechter des Dogmas – die Annahme einer Rückübersetzung von RNA in DNA; denn dies kann man sich leicht vorstellen durch den Mechanismus der komplementären Basenpaarung. Und als Steele seine Hypothese formulierte, war die reverse Transkription bereits entdeckt. Steeles Vorstellung ist somit ganz plausibel, zudem sprechen einige experimentelle Befunde für sie; auf diesem Wege könnten also tatsächlich somatische Ereignisse die Keimbahn abändern. Abgesehen davon kann bei Säugetieren Information über somatische Änderungen die Keimbahn vollständig umgehen und dennoch die nächste Generation erreichen. So kann beispielsweise die Mutter ihre erworbene Immunität gegen bestimmte Pathogene an ihre Nachkommen direkt über die Plazenta oder die Muttermilch weitergeben. Sie sehen, es gibt verschiedene Wege, wie nichtgenetische, somatische Information die nächste Generation erreichen kann.

A. D.: Sicherlich gibt es mehr zwischen Himmel und Erde, als ich mir vorstellen kann. Gleichwohl mache ich mir noch immer Gedanken über das Zentrale Dogma – ist denn damit der Informationstransfer von Protein zu Protein, wie er etwa bei Prionen erfolgt, zu vereinbaren?

M. E.: Diese Frage beschäftigt Sie zu Recht; denn Crick selbst sprach 1970 von drei Typen des Informationstransfers, die bis dahin nicht nachgewiesen worden seien und nach dem Zentralen Dogma auch niemals nachgewiesen werden dürften: von Protein zu Protein, von Protein zur DNA und von Protein zur RNA. Später, als man sich mit der Scrapie-Krankheit zu beschäftigen begann, von der wir ja längst wissen, dass sie von Prionen verursacht wird, erkannte Crick, dass sie für das Zentrale Dogma zum Problem werden könnte. Interessanterweise schließt Crick seinen Aufsatz mit der Bemerkung: „Die Entdeckung nur eines Typs heute vorkommender Zellen, der in der Lage ist, einen der drei unbekannten Wege des Informationstransfers zu beschreiten, erschütterte die gesamte intellektuelle Basis der Molekularbiologie – deshalb ist das Zentrale Dogma heute genauso wichtig wie zu dem Zeitpunkt, als es erstmals formuliert wurde.“[41] In Anbetracht dieser Worte sollten wir heute das Zentrale Dogma entweder ganz fallen lassen oder zumindest modifizieren.

A. D.: Biologen sollten das Zentrale Dogma tatsächlich nicht dogmatisch verfechten. Doch möchte ich noch einmal auf die evolutionäre Bedeutung der epigenetischen Vererbung zurückkommen. Verstanden habe ich nun, dass der generationenübergreifende Transfer epigenetischer Information nachgewiesen ist und darüber – zumindest theoretisch – evolutionärer Wandel möglich sein sollte. Aber hat eigentlich bisher irgendjemand eine erbliche epigenetische Variation gefunden, die adaptiv ist; die also denen, die sie erben, einen selektiven Vorteil bringt? Sie erwähnten Prionen, Krebs, Transposonen, merkwürdige pelorische Blüten und manches mehr, doch nichts von dem scheint mir sonderlich adaptiv zu sein. Gibt es irgendeinen Beweis dafür, dass epigenetische Variationen adaptiv sein können?

M. E.: Nein, direkte Beweise gibt es nicht.

A. D.: Aha!

M. E.: Freuen Sie sich nicht zu früh. Als die Genetiker zu Beginn des 20. Jahrhunderts begannen, sich mit genetischer Variabilität zu beschäftigen, analysierten auch sie abnormale Phänotypen – etwa weiße Augen, verschrumpelte Flügel und Ähnliches bei *Drosophila*; gekrauste Federn beim Huhn oder all die seltsamen Maus- und Meerschweinchenmutanten. Und viele Biologen stellten jegliche evolutionäre Relevanz solcher Mutationen in Abrede, ihrer Ansicht nach repräsentierten alle Mendel-Mutanten pathologische Missbildungen. Dies war so, bevor man potenziell vorteilhafte Mutationen entdeckte und in der Lage war, ihre Nützlichkeit unter bestimmten Bedingungen nachzuweisen. Aber Ihre Frage ist schon etwas merkwürdig. Denn wenn Sie grundsätzlich die Erblichkeit epigenetischer Modifikationen zugeben, dann ist es doch logisch, dass einige Varianten davon im Vergleich zu anderen vorteilhaft sind. Sogar wenn sich alle epigenetischen Variationen zufällig einstellen würden, wäre dies so; und demnach ist es noch sehr viel wahrscheinlicher, wenn wir annehmen, dass viele epigenetische Modifikationen induziert und gerichtet sind.

A. D.: Theoretisch ja, doch ich wundere mich einfach nur über die Realität. Aber ich möchte noch auf das zu sprechen kommen, was Sie ganz am Ende des Kapitels erwähnten. Wie Sie ja selbst zugegeben haben, sind Sie dabei von der Zell- auf die Organismusebene gesprungen. Wo sehen Sie da die Verbindung, wenn wir auf der einen Seite die zelluläre Vererbung haben und auf der anderen die von Organismus zu Organismus, also bei den Mongolischen Rennmäusen durch die Übertragung von Molekülen im Mutterleib? Dieser Typ von Vererbung scheint mir wie eine positive, sich selbst erhaltende Rückkopplungsschleife mit der Umwelt, die in diesem Fall die Mutter ist.

M. E.: Ja, so kann man das durchaus sehen. Tatsächlich ist das eine gute Sichtweise auf einen Großteil des interorganismischen Informationstransfers, den wir im nächsten Kapitel diskutieren wollen. Denn für alle Tiere, die mit einem Nervensystem ausgestattet sind, eröffnet sich ein weiterer Weg des Informationstransfers – nämlich durch soziales Lernen. Hierbei handelt es sich zwar um eine ganz eigene Qualität des Informationstransfers, doch Sie werden sehen, dass soziales Lernen manches mit jenen Systemen gemein hat, mit denen wir uns in diesem Kapitel beschäftigt haben.

Kapitel 5: Verhaltensspezifische Vererbungssysteme

Einige lesen vielleicht mit einem Seufzer der Erleichterung die Überschrift dieses Kapitels. Nachdem wir uns mit Genen, Biochemie und Molekularbiologie befasst haben, womit sich Nichtbiologen bestimmt recht schwer tun, wenden wir uns nun dem Verhalten zu. Damit können die meisten sehr viel mehr anfangen; denn wir alle beobachten scharf das Verhalten anderer, Erfahrungen haben uns geschult, komplexe Prozesse im Zusammenhang mit Verhaltensänderungen zu verstehen. Wir wissen, es gibt verschiedene Wege des Lernens, jeder kann für sich selbst und von anderen lernen. Als Naturliebhaber und Tierhalter sind wir uns ebenso darüber im Klaren, dass auch Tiere ziemlich viel lernen können. Säugetiere und Vögel, die uns besonders vertraut sind, lernen aus eigener Erfahrung, von ihren (menschlichen) Pflegern und voneinander, wobei sie häufig ganz erstaunliche Fähigkeiten zeigen. Damit wollen wir uns aber hier nicht weiter beschäftigen; vielmehr interessiert uns die Frage, wie wichtig solches Lernen für das Evolutionsgeschehen ist. Wohl kein Biologe zweifelt daran, dass Lernen unter vielen Umständen äußerst vorteilhaft ist und die Fähigkeit zu lernen sich durch genetische Evolution herausgebildet hat – doch ist Lernen auch ein *treibendes* Moment des evolutionären Wandels? Beeinflusst etwa die Fähigkeit von Tieren, voneinander zu lernen, die Evolution ihres Verhaltens?

Heutzutage scheint es unter Evolutionisten fast ein Muss zu sein, die genetische Bedingtheit des Verhaltens zu betonen (vor allem in Publikationen zum menschlichen Verhalten); besonders wenn es um das – in der Öffentlichkeit immer Aufmerksamkeit erregende – geschlechtsspezifische Verhalten geht[1]. Solche Evolutionstheoretiker behaupten, Verhaltensstrategien wie etwa zur Partnersuche, zum Erreichen sozialer Dominanz, zur Gefahrenvermeidung, Nahrungssuche oder der Sorge um den Nachwuchs seien primär genetisch determiniert und evolutionär unabhängig voneinander entstanden. Jeder einzelne Verhaltenskomplex sei durch die natürliche Selektion von Genen geformt worden, was schließlich zur Konstruktion spezifischer Verhaltensmodule im Gehirn geführt habe; jedes dieser Module packe immer nur das spezielle „Problem“ an, für das es entwickelt worden sei. Das ist schon eine bemerkenswerte Sichtweise und wir werden uns mit ihr in späteren Kapiteln näher befassen, doch im Folgenden werfen wir den Blick auf etwas ganz anderes. Wir wollen uns der dritten Dimension von Vererbung und Evolution zuwenden, nämlich der des Verhaltens, und zwar – vorerst soweit dies möglich ist – losgelöst von der ersten, der genetischen Dimension; wir werden also die Evolution solchen Verhaltens betrachten, die nicht von der Selektion genetischer Varianten abhängt.

Evolution bei den Tarbutniks

Es ist auch für Biologen nicht unbedingt einfach, über die Evolution des Verhaltens nachzudenken und dabei nicht ganz unwillkürlich eine Selektion unter verschiedenen verhaltensrelevanten Genvarianten anzunehmen. Angesichts dieses Problems wollen wir ein weiteres Gedankenexperiment durchführen – hier spielt die Evolution der „Tarbutniks" die zentrale Rolle. Das Nachfolgende ist eine etwas kürzere und ein klein wenig veränderte Version dessen, was Eytan Avital und Eva Jablonka in ihrer Publikation *Animal Traditions*[2] in vielen Details ausgeführt haben.

Tarbutniks sind kleine nagerartige Tiere; ihr Name leitet sich vom hebräischen Wort „tarbut" ab, das „Kultur" bedeutet. Etwas ziemlich Eigentümliches kennzeichnet diese Tiere: Sie alle sind genotypisch identisch. Die Zellen dieser Tiere verfügen über perfekte DNA-Reparatur- und -Erhaltungssysteme, weshalb ihre Gene niemals mutieren. Darin sind sie den Lebewesen auf Janus im Kapitel 4 ähnlich; allerdings unterscheiden sich die Tarbutniks von den Epi-Biestern auf Janus darin, dass bei ihnen weitere biochemische Systeme die generationenübergreifende Weitergabe epigenetischer Modifikationen vollständig unterbinden. Die Tarbutniks können also weder genetische noch epigenetische Variationen von ihren Eltern erben. Das bedeutet freilich nicht, dass die einzelnen Individuen äußerlich völlig identisch wären. Zufällige Ereignisse während der Ontogenese führen zu geringfügigen Unterschieden hinsichtlich der Körpergröße, Fellfarbe und Proportionen der einzelnen Körperteile; auch in den Rufen und den erlernten Verhaltensweisen unterscheiden sich die Individuen. Es gibt also sehr viel Variabilität unter den Tarbutniks. Ein entscheidender Punkt ist aber: Es gibt keine Entsprechung im Erscheinungsbild oder Verhalten zwischen Eltern und ihren Nachkommen, weil eben interindividuelle Unterschiede nicht vererbt werden. Und da diese Variationen zwischen den einzelnen Individuen nicht erblich sind, können sich diese Tarbutnik-Populationen auch nicht weiterentwickeln.

Die Tarbutniks leben in kleinen Familienverbänden, die aus dem Elternpaar und Jungtieren verschiedenen Alters bestehen. Als Neugeborene sind die Tiere noch ziemlich hilflos, ganz auf die Muttermilch als Nahrungsmittel angewiesen. Doch wachsen sie sehr rasch heran und beginnen bald damit, ihre Eltern bei der Futtersuche zu begleiten; dabei erfahren sie eine Menge über ihre Umwelt. So lernen sie etwa durch Versuch und Irrtum, wie man Nüsse knackt und an die Samen darin kommt; doch erfordert es viel Mühe, bis sie die Nüsse auf die richtige Weise aufschlagen. Sie müssen auch die schmerzliche Erfahrung machen, dass schwarz-rot-gestreifte Käfer abscheulich schmecken und deshalb nicht gefressen werden sollten. Aus ihren Erfahrungen lernen zu können, ist ganz offensichtlich enorm wichtig für ihr Überleben; doch die Tarbutniks sind wirklich sehr seltsam, denn voneinander lernen sie nicht. Die Früchte ihrer individuellen Erfahrungen teilen sie niemals mit anderen – nicht mir ihren Eltern, nicht mit Gleichaltrigen. Jeder einzelne Tarbutnik muss für sich allein alles Notwendige über seine Umwelt in Erfahrung bringen; in jeder Generation muss jedes Individuum für sich selbst durch Versuch und Irrtum das Rad neu erfinden.

Nun stellen Sie sich vor, dass die Tarbutniks plötzlich eine Fähigkeit erwerben, die Verhaltensbiologen „soziales Lernen" oder „sozial vermitteltes Lernen" nennen. Mit anderen Worten: Von nun an kann der einzelne Tarbutnik auch von und durch die Erfah-

Abb. 5.1 Sozial vermitteltes Lernen bei den Tarbutniks. Die Mutter präsentiert ihrem Jungen Karotten als Nahrungsquelle (oben); es verschlingt diese daraufhin auch als Erwachsener mit Begeisterung (unten).

rungen anderer lernen. Die Jungtiere leben mit Älteren zusammen, haben so täglich intensiven Kontakt mit Ihnen und können eine Menge von den Erwachsenen, vor allem von ihren Eltern lernen (Abbildung 5.1).

Dieses Lernen von den Eltern und anderen Gruppenmitgliedern ist für die Jungtiere, solange sie noch unerfahren und abhängig sind, äußerst wichtig; doch auch später, als Erwachsene, lernen die Tarbutniks nun ständig hinzu – sowohl voneinander als auch von ihren Jungen.

Man könnte meinen, diese neue Fähigkeit, von anderen zu lernen, sei eine geringfügige Veränderung im Leben der Tarbutniks, doch tatsächlich hat sie tiefgreifende Auswirkungen, denn dadurch können sich Verhaltensmuster in der Population ausbreiten. Ein Tarbutnik, der beispielsweise eine neue, effiziente Technik des Nüsseknackens entdeckt – sei es durch Zufall, durch Versuch und Irrtum oder durch Beobachtung von Individuen einer ganz anderen Art –, kann diese nützliche Information an seine Nachkommen weitergeben. Hat dieser Tabutnik nicht sehr viele eigene Nachkommen, kann er seine neu erlernte Fertigkeit auch den Jungtieren anderer Gruppenmitglieder vermitteln – einfach indem er ein geselliger und fürsorgender Nachbar ist. Sogar „Junggesellen“ können neues, nützliches Verhalten dem „kulturellen Nachwuchs“ weitergeben.

Wie Tiere Verhaltensweisen „weitergeben“, besprechen wir im Detail später; doch wollen wir bereits an dieser Stelle betonen, dass wir mit einer „Weitergabe“ keinen aktiven, automatischen oder intentionalen Prozess meinen. Ein Tier „gibt“ nur insofern verhaltensrelevante Information „weiter“, als andere Tiere dessen Verhalten registrieren und dadurch die mit diesem Verhalten verknüpfte Information erwerben. Durch solchen Erwerb von Information von anderen oder durch andere werden Verhaltensänderungen vererbt (nicht unbedingt durch Blutsverwandte), die sich so in einer Population ausbreiten und festigen können. Wir verwenden den Terminus „Vererbung“ für jede Form sozial vermittelter Weitergabe und ebensolchen Erwerbs von Information, die eine Rekonstruktion von Verhaltensweisen eines Vorfahren erlaubt oder zu entsprechenden Verhaltenspräferenzen bei Nachkommen führt.

Erst durch die Integration sozialen Lernens in das Alltagsleben können bei den Tarbutniks neue Gewohnheiten, Fertigkeiten und Neigungen von einer Generation auf die nächste übergehen. Dies ist enorm wichtig, denn ein Vererben von Verhaltensvariationen durch sozial vermitteltes Lernen ermöglicht Darwin'sche Evolution. Angenommen, ein Tarbutnik macht für sich selbst die Erfahrung, von Fressfeinden mit einiger Wahrscheinlichkeit übersehen zu werden, wenn er sich in einer natürlichen Erdmulde zusammenkauert. Diese Verhaltensweise verbessert seine Überlebens- und Reproduktionschancen. Sein glücklicher Nachwuchs muss nun dieses nützliche Feindvermeidungsverhalten nicht neu für sich selbst entdecken, denn er erlernt dieses direkt von seinem darin erfahrenen Elternteil. Auch einige Nachbarn dieser Familie werden das Verhalten beobachten und übernehmen. Bald werden die Tarbutniks diese erlernte Verhaltensweise verfeinern, indem sie die Erdmulde durch Graben vertiefen; dies schützt sie nun nicht mehr nur vor Fressfeinden, sondern auch vor widrigen Wetterverhältnissen. Die Population gedeiht nun noch besser und die Gewohnheit des Grabens breitet sich weiter aus. Manchmal lässt das Graben zufällig einen Bau mit zwei Eingängen entstehen, was die Tarbutniks vor Fressfeinden noch effektiver fliehen lässt; auch dies wird mit der Zeit zur Gewohnheit und durch Lernen in der Population zunehmend häufiger. Da Tarbutniks mit höherer Wahrscheinlichkeit überleben, wenn sie viel Zeit in ihren Bauen verbringen, beginnen schließlich die Weibchen, dort auch ihre Jungen zur Welt zu bringen. Dies schützt die Mutter wie die Neugeborenen, die später ihrerseits das Leben in Bauen – da von Geburt an gewohnt – bevorzugen werden. Auf diese Weise, also dadurch, dass Erfindungen oder zufällige Entdeckungen einzelner Individuen in einer Population sich selektiv erhalten und häufiger werden, entwickeln die Tarbutniks eine neue Tradition, die ihre gesamte Lebensweise ändert: eben das Leben in unterirdischen Bauen.

Auch die Art und Weise, wie die Tarbutniks miteinander kommunizieren, kann durch soziales Lernen evolvieren. Stellen Sie sich folgende Situation vor: Jungtiere überhören häufig die Alarmrufe ihrer Eltern, vor allem dann, wenn die Eltern ihre Rufe aus dichtem Gestrüpp absetzen. Zufällig stellt ein Elterntier fest, dass die Jungen auf einen Ruf in anderer Tonhöhe viel rascher reagieren; es beginnt damit, diesen offenbar leichter hörbaren Ruf immer dann abzusetzen, wenn es sich im Dickicht aufhält – denn dadurch erhöhen sich die Überlebenschancen der Jungen. Wenn die Jungtiere diesen neuen Alarmruf von ihren Eltern lernen und ihn später selbst bei ihren eigenen Nachkommen anwenden, wird er sich in der Population ausbreiten. Dank der Vorteile, die der neue Ruf mit sich bringt, und der Mühelosigkeit, mit der er erlernt wird, entwickelt sich eine neue Tradition in der Kommunikation[3].

Auch die Kommunikation zwischen Paarungspartnern kann durch soziales Lernen einer „kulturellen" Veränderung unterliegen. Rote Beeren mögen Tarbutniks besonders gern; stellen Sie sich nun vor, ein Männchen macht per Zufall die Erfahrung, dass Weibchen, denen es gelingt, Beeren von ihm zu ergattern, ihm bereitwilliger als Paarungspartner zur Verfügung stehen. Das Männchen lernt, sich von Weibchen bestehlen zu lassen, denn dadurch bekommt es mehr Partnerinnen und zeugt mehr Nachkommen als seine Konkurrenten. Sein Nachwuchs und dessen aufmerksame junge Freunde erlernen seine erfolgreiche Verhaltensstrategie, und so breitet sie sich in der Population aus. Mit der Zeit entdecken und lernen sie, dass sie noch erfolgreicher an Paarungspartner kommen, wenn sie Weibchen aktiv Beeren anbieten, statt sich nur von ihnen bestehlen zu lassen. So breitet sich auch diese neue Tradition des Beerenanbietens aus und etabliert sich zunehmend in der Population.

Die Evolution bei den Tarbutniks kann noch weiter gehen. Stellen Sie sich vor, schwere Überschwemmungen ändern den Verlauf eines Flusses, wodurch die ursprüngliche Tarbutnik-Population in zwei Teile geteilt wird, zwischen denen es keinen Austausch mehr gibt. Die beiden Teilpopulationen sind etwas unterschiedlichen Umweltbedingungen ausgesetzt und lernen auch Unterschiedliches. In der Teilpopulation A werben die Männchen weiterhin um Weibchen, indem sie ihnen Beeren anbieten. Anders ist die Situation in der Population B: Auf ihrem Siedlungsgebiet wachsen keine Büsche mit roten Beeren. Deshalb lernen hier die Männchen, ihren umworbenen Paarungspartnerinnen bereits geknackte Nüsse – eine lokale Delikatesse – anzubieten. Was passiert nun, wenn sich nach vielen Generationen Mitglieder dieser beiden Teilpopulationen treffen und umeinander werben (Abb. 5.2)?

Die A-Weibchen erwarten selbstverständlich rote Beeren und reagieren überhaupt nicht, wenn ihnen B-Männchen Nüsse anbieten; entsprechend sind auch die von Nüssen verwöhnten B-Weibchen am Beerenangebot der A-Männchen nicht interessiert. Aufgrund dieser unterschiedlichen Balztraditionen gibt es auch keine „gemischten Paarungen" zwischen den Mitgliedern der beiden Teilpopulationen – sie sind kulturell voneinander getrennt. Die beiden Populationen sind zu „Kulturarten" geworden.

In den eben beschriebenen Szenarios evolvierten Populationen der Tarbutniks durch selektives Beibehalten und Weitergeben erlernter Verhaltensmuster; durch natürliche Selektion änderte sich ihre „Kultur". Handelte es sich bei den Tarbutniks um reale Tiere, protestierten hier sicherlich einige Biologen gegen diese Interpretation – ihr Argument: Es sei wohl erheblich mehr notwendig als die Tarbutniks zeigten, um von Kultur spre-

Abb. 5.2 Kulturell bedingte reproduktive Isolation bei den Tarbutniks. Weibchen, die Beeren lieben, gehen auf das Werben von Männchen ein, die ihnen solche Beeren anbieten; dagegen weisen sie die von Männchen einer anderen Population dargebotenen Nüsse als „Hochzeitsgeschenk" ab.

chen zu können. Solche Verhaltensbiologen sehen Kultur nahezu ausschließlich auf den Menschen beschränkt, eventuell ziehen sie noch einige wenige nichtmenschliche Primaten ein. Doch gibt es auch andere Sichtweisen, die weniger restriktiv sind und Kultur als weit verbreitet im Tierreich erachten.

Da „Kultur" also offensichtlich ein problematischer Begriff ist, wollen wir zunächst definieren, was wir darunter verstehen und in welchem Sinne wir ihn im Folgenden verwenden. In der biologischen Fachliteratur findet man eine ganze Reihe von Definitionen für „Kultur", die meisten sind sinngemäß nicht weit von unserer eigenen entfernt[4]. Wir betrachten Kultur als *ein System sozial vermittelter Verhaltensmuster, Präferenzen und Produkte tierischer Aktivitäten, die eine Gruppe sozial lebender Tiere charakterisieren.* Bei generationenübergreifend weitergegebenen Verhaltensweisen kann es sich um Fertigkeiten, praktische Methoden, Gewohnheiten, Vorstellungen und so weiter handeln. Wenn wir „Kultur" so definiert haben, können wir „kulturelle Evolution" definieren als allmähliche *Veränderungen in der Art und Häufigkeit sozial vermittelter Verhaltensmuster, Präferenzen und Produkte tierischer Aktivitäten in einer Population.*

Wie das Gedankenexperiment mit den Tarbutniks zeigt, ist verhaltensspezifisch-kulturelle Evolution möglich, ohne dass damit irgendwelche genetischen Abänderungen einhergehen müssen. Freilich ist die biologische Realität nicht so simpel; in natura gibt es keine Tierart, bei der alle Individuen genetisch identisch sind. Im Gegenteil, wir wissen heute, dass die genetische Variabilität in natürlichen Populationen enorm groß ist – erheblich größer, als jeder Genetiker vor 50 Jahren vermutete. Doch wie schon in Kapitel 2 besprochen, haben genetische Abänderungen in den meisten Fällen nur ganz geringe phänotypische Auswirkungen, und diese unterscheiden sich noch von Individuum zu Individuum. Deshalb ist die Annahme gerechtfertigt, dass in einer realen, genetisch variablen Population, in der Verhalten durch soziales Lernen weitergegeben wird, kulturelle Evolution weitgehend unabhängig von genetischen Abänderungen stattfindet. So sind die populationsspezifischen Gesangsdialekte von Singvögeln, etwa den Staren, oder die spezifischen Gesänge einer Gruppe von Pottwalen, die nicht allein auf individuelle Anpassungen an die örtlichen Gegebenheiten zurückgeführt werden können, sehr wahrscheinlich Resultat kultureller Evolution – unabhängig von irgendwelchen populationsgenetischen Unterschieden. Auch die Kulturunterschiede zwischen verschiedenen Gruppen von Menschen sind vermutlich im Wesentlichen unabhängig von den jeweiligen Genotypen. Eine solche Unabhängigkeit ist jedoch nicht immer vollkommen, denn unter manchen Umständen kommt es unwillkürlich zu Wechselwirkungen zwischen genetischem und kulturellem System; damit befassen wir uns in Kapitel 8. Zunächst aber wollen wir den genetischen Aspekt außer Acht lassen und einen genaueren Blick auf verhaltensspezifische Vererbungssysteme werfen – auf die Wege, auf denen Information über Generationen von Tieren, die miteinander in Austausch stehen und voneinander lernen, weitergegeben wird.

Weitergabe von Information durch soziales Lernen

„Lernen“ kann man sehr allgemein definieren als eine (normalerweise) adaptive Verhaltensänderung als Reaktion auf Erfahrungen. „Soziales Lernen“ oder genauer „sozial vermitteltes Lernen“ ist danach eine Verhaltensänderung als Reaktion auf soziale Interaktionen mit anderen Individuen, normalerweise der gleichen Art[5]. Es gibt mehrere Vorschläge zur Klassifikation von sozialem Lernen, doch wir wollen nur drei Hauptrouten von Verhalten-beeinflussendem Informationstransfer unterscheiden – drei Typen von verhaltensspezifischen Vererbungssystemen (VVSs). Der erste basiert auf der Weitergabe chemischer Substanzen, die Einfluss auf das Verhalten haben – es ähnelt dem oben beschriebenen Mechanismus bei den Mongolischen Rennmäusen. Der zweite Typ beruht darauf, dass unerfahrene Individuen zum einen die Bedingungen beobachten, unter denen erfahrene Individuen eine bestimmte Verhaltensweise zeigen, zum anderen die Konsequenzen dieses Verhaltens registrieren. Obwohl die Unerfahrenen nicht imitieren, verwenden sie das Beobachtete zur Rekonstruktion ähnlichen Verhaltens. Das dritte VVS beinhaltet Imitation. Diese drei Wege, Information von anderen Individuen zu erwerben, sind selbstverständlich nicht unabhängig voneinander, und es gibt viele Fälle, die irgendwo zwischen diesen drei Typen liegen oder eine Mischung darstellen und deshalb nicht leicht in eine Schublade gesteckt werden können. Jedes real sozial vermittelte Lernen (etwa das Unterscheiden von Essbarem und Ungenießbarem durch Lernen von anderen) wird sehr wahrscheinlich gleichzeitig auf verschiedenen Typen von Lernen beruhen.

Vererbung durch die Weitergabe Verhalten beeinflussender Substanzen: Über die Vorliebe für Wacholderbeeren und Karottensaft

Wie werden Wissen, Gewohnheiten, Neigungen und Fertigkeiten von anderen gelernt? Um der Antwort näher zu kommen, wollen wir uns zunächst mit Nahrungsvorlieben beschäftigen, mit der kulinarischen Kultur verschiedener ethnischer Gruppen. Warum bevorzugen jemenitische Juden sehr scharfes Essen mit viel „Schug" (eine Mischung aus gestoßenem scharfem Pfeffer, Koriander, Knoblauch und verschiedenen Gewürzen), während polnische Juden eine solche Schärfe überhaupt nicht mögen und stattdessen süßlichen Gefilte Fisch bevorzugen – ein Gericht, das viele jemenitische Juden vor Abscheu schaudern lässt? Dies erschöpfend beantworten zu wollen, ginge weit über das Anliegen dieses Buchs hinaus; gleichwohl können wir eine Teilantwort geben. Es ist nämlich so, dass die Art der Nahrungsmittel und Gerichte, an die Kinder in ihrer ersten Entwicklungsphase gewöhnt werden, ihre Ernährungspräferenzen als Erwachsene mitprägen und damit die kulinarischen Vorlieben bestimmen, die sie später den eigenen Kindern weitergeben.

Es ist erstaunlich, wie früh im Leben manche Nahrungspräferenzen erworben werden – weit früher als die meisten vermuten; wie früh, zeigen sehr schön einige Experimente mit Wildkaninchen. Deren Fruchtbarkeit ist legendär (und berüchtigt), doch als liebevolle Mütter sind sie nicht bekannt. Denn nach ihrer Geburt lassen die Weibchen ihre Jungen in verschlossenen Bauen zurück und erscheinen dort wieder für allenfalls fünf Minuten pro Tag, um die Säuglinge zu stillen. Schon im Alter von vier Wochen müssen die Jungen entwöhnt sein; denn nun ist ihre schon wieder trächtige Mutter (sie hatte sich bereits wenige Stunden nach deren Geburt gepaart) damit beschäftigt, eine neue Kinderstube für ihren nächsten, bald erwarteten Wurf vorzubereiten. Dies bedeutet: Wenn die jungen Kaninchen ihre Umwelt außerhalb des Baues erkunden, erhalten sie wenig direkte Hilfe von ihrer Mutter. Doch obwohl in der Umgebung Pflanzen mit ganz unterschiedlichem Nährwert wachsen, möglicherweise auch giftige, scheinen die Jungtiere von Anfang an genau zu wissen, was schmeckt und bekömmlich ist. Das wissen sie deshalb, weil sie – lange vor Verlassen des Nests – von ihrer Mutter wertvolle Information über verschiedene Nahrungspflanzen erhalten haben.

Eine Gruppe europäischer Wissenschaftler führte Experimente mit Wildkaninchen durch, um Aufschluss darüber zu erhalten, wie Jungtiere Information über Futter erhalten; dazu verfütterten sie trächtigen Labor-Weibchen Wacholderbeeren[6]. Diese sind für Wildkaninchen ungefährlich und werden von ihnen auch natürlicherweise in freier Wildbahn gefressen. Wenn die Jungen der mit Wacholderbeeren gefütterten Weibchen entwöhnt sind, bevorzugen sie von Anfang an diese Beeren gegenüber normaler Laborkost, obwohl sie ja zuvor keinen direkten Kontakt zu Wacholderbeeren hatten. Diese Präferenz zeigte sich auch dann, wenn die Neugeborenen der leiblichen Mutter weggenommen und einer „Leihmutter“ untergeschoben wurden, die ihrerseits niemals Wacholderbeeren zu fressen bekommen hatte und deren eigene Jungen auch keine Vorliebe für diese Beeren entwickelten. Zweifellos hatten die Jungen im Leib der mit Wacholderbeeren gefütterten Mutter spezifische Information über diese Nahrungsquelle erhalten – vermutlich über chemische Substanzen, die die Embryonen über Plazenta und Fruchtwasser erreichten. Die Jungen hatten diese Information allerdings nicht nur in der Zeit vor ihrer Geburt, sondern auch in den ersten vier nachgeburtlichen Wochen bis zur Entwöhnung erhalten, also bis zu dem Zeitpunkt, als sie selbst ihr Futter auswählen mussten.

Bei Wildkaninchen werden Vorlieben für bestimmtes Futter nicht allein dadurch ausgeprägt, was vor der Geburt geschieht. Die erwähnten Wissenschaftler schauten sich auch an, was während der Säugeperiode passierte; dazu nahmen sie einer normal gefütterten Mutter sofort nach der Geburt die Jungen weg und übergaben diese zum Säugen einer „Leihmutter“, die Wacholderbeeren erhielt. Nach der Entwöhnung, als die Jungtiere freie Futterwahl hatten, bevorzugten die Pflegejungen Wacholderbeeren. Das heißt also, obwohl sie täglich nur einige wenige Minuten von ihrer Leihmutter gesäugt wurden, entwickelten die Pflegejungen über diese eine Vorliebe für Wacholder. Diesen Experimenten war zwar nicht zu entnehmen, ob sich der Einfluss der säugenden Mutter über den Körpergeruch oder bestimmte Komponenten der Muttermilch übertrug; aber entsprechenden Untersuchungen mit Ratten zufolge ist es die Zusammensetzung der Muttermilch, die die Nahrungspräferenzen der Jungtiere beeinflusst. Doch ganz gleich, wie die Kommunikationskanäle im Detail verlaufen, fest steht, dass Kaninchen sowohl vor der Geburt im Mutterleib als auch später während des Säugens Information von ihrer Mutter darüber erhalten, was sie frisst.

Was auf Kaninchen zutrifft, scheint auch für Menschen zu gelten (Abb. 5.3). In einer Untersuchung präferierten sechs Monate alte Säuglinge von Müttern, die während der letzten drei Monate ihrer Schwangerschaft viel Karottensaft getrunken hatten, einen mit Karottensaft angerührten Getreidebrei gegenüber einem mit Wasser zubereiteten[7]. Dies war auch dann der Fall, wenn die Mütter nur in den ersten beiden Monaten der Stillperiode Karottensaft zu sich genommen hatten. Dagegen zeigten Säuglinge, deren Mütter nur Wasser getrunken hatten, keine bestimmten Vorlieben. Diese Befunde zeigen, dass sich Nahrungspräferenzen bei einigen Säugetieren, darunter der Mensch, sehr früh in der Ontogenese entwickeln: Die ersten Weichen werden bereits im Mutterleib gestellt, verstärkt werden sie dann durch Geschmacks- und Geruchsstoffe, mit denen die Kinder durch das Säugen in Kontakt kommen. Fruchtwasser, Plazenta und Muttermilch bieten also mehr als nur Nährstoffe – sie transportieren auch Information in Form von Spuren der Lebensmittel, die die Mutter gegessen hat. Diese Information trägt dazu bei, Vorlieben zu entwickeln, die sich in den Ernährungsgewohnheiten und der Esskultur der nachfolgenden Generation niederschlagen.

Abb. 5.3 Spuren von Lebensmitteln erreichen über die Muttermilch den Säugling (oben) und prägen dessen spätere Nahrungspräferenzen (unten).

Nahrungsrelevante Information kann auch auf anderen Kanälen übertragen werden, bei Nagetieren manchmal über Speichel und Atem der Mutter, wenn sie ihre Jungen leckt und diese an ihrem Maul schnuppern. Eine weitere Übertragungsmöglichkeit eröffnet sich über die Ausscheidungen: Viele junge Säugetiere fressen ihren eigenen Kot und den ihrer Mutter – ein Verhalten, das man als Koprophagie bezeichnet. Was primär unhygienisch anmutet, ist biologisch recht sinnvoll, denn diese Verhaltensweise erlaubt eine vollständigere Verwertung der Nahrung: Die Tiere extrahieren dadurch noch viele der zuvor nicht verdauten und resorbierten wertvollen Nahrungsstoffe. Bei pflanzenfressenden Tieren trägt die Koprophagie auch dazu bei, dass bestimmte Mikroorganismen, die notwendig sind, um (ansonsten unverdauliche) Zellulose abzubauen, von der Mutter zum Nachwuchs gelangen. Doch abgesehen davon können die Fäzes auch Informationsquelle über Futter sein; eine solche sind sie ganz bestimmt für junge Kaninchen. Kurz bevor diese die Welt auf eigene Faust erkunden müssen, deponiert ihre Mutter einige Kotballen im Nest, die die Jungen fressen. In den oben angesprochenen Experimenten tauschte man Kotballen von normal gefütterten Kaninchenmüttern gegen solche von Wacholder-gefütterten aus; das Ergebnis: Nachdem die Jungtiere die Kotballen gefressen hatten, zeigten sie eine starke Präferenz für Wacholder. Es scheint also so zu sein, dass eine Mutter durch das Absetzen von Kot im Nest ihren kurz vor der Unabhängigkeit stehenden Jungen eine letzte, aktuelle Information darüber gibt, was sie gefressen hat.

Aus evolutionärer Sicht ist die Existenz dieser Kommunikationskanäle, durch die in einem frühen Entwicklungsstadium für die Nahrungsauswahl relevante Information fließt, äußerst sinnvoll. Wenn die Neugeborenen vollkommen für sich selbst – durch eigenen Versuch und Irrtum – herausfinden müssten, welche Futterpflanzen günstig sind, machten sie mit großer Wahrscheinlichkeit einige unangenehme Erfahrungen und begingen unter Umständen sogar lebensgefährliche Fehler. Indem sie sehr früh von ihrer Mutter angeleitete Nahrungspräferenzen entwickeln, entgehen sie dieser Gefahr. Denn von der Mutter erhalten sie Information über sehr wahrscheinlich nahrhafte, ungiftige und weit verbreitete Futterpflanzen. Für ein unerfahrenes Jungtier ist es sehr günstig, zunächst diese „bewährten" Futterpflanzen zu finden und erst später, wenn es erfahrener im Leben steht, neue, eventuell problematische Typen von Nahrung auszuprobieren[8].

Die Information, die die Jungtiere über Plazenta, Muttermilch und Kot erhalten, lässt sie die gleichen Nahrungspräferenzen entwickeln wie ihre Mutter; auf diese Weise trägt diese Information dazu bei, familiäre Ernährungstraditionen zu bilden. Doch ändern sich Nahrungsvorlieben im Laufe des Lebens – wie das natürlich auch bei anderen Verhaltensweisen der Fall ist. Ein Großteil seines individuellen Verhaltensrepertoires formt ein Tier später durch ganz verschiedene Lernprozesse. Wir kommen darauf in Kürze zu sprechen, doch zunächst wollen wir das VVS charakterisieren, wie wir das auch für das genetische und die epigenetischen Vererbungssysteme getan haben.

Ganz offensichtlich ist Verhalten beeinflussende Information, die durch Plazenta, Muttermilch und Fäzes weitergegeben wird, holistisch und nicht modular organisiert. Die transportierte Substanz selbst ist einer der Bausteine, der es den Nachkommen ermöglicht, das Verhalten der Mutter zu rekonstruieren. Wenn die Substanz den Nachkommen nicht erreicht, ist dieser auch nicht in der Lage, das mütterliche Verhalten nachzuvollziehen (sofern die Information nicht auf anderem Wege kommuniziert wird). Dieses VVS ähnelt deshalb viel stärker der Vererbung durch selbsterhaltende Regelkreise oder struktureller Vererbung, also den beiden erstgenannten EVSs in Kapitel 4, als dem genetischen Vererbungssystem; und wie bei diesen beiden EVSs ist auch hier die Anzahl übertragbarer Varianten eines jeden phänotypischen Aspekts – also eines Verhaltenstyps wie der Nahrungspräferenz – ziemlich eingeschränkt. Gleichwohl ist die Zahl der Kombinationen verschiedener Präferenzen und Neigungen, die Individuen in einer Population zeigen können, unter Umständen sehr groß.

Zwei weitere Merkmale kennzeichnen dieses und andere verhaltensspezifische Vererbungssysteme; auch sie zeigen, wie stark sich VVSs vom genetischen Vererbungssystem unterscheiden. Erstens mag zwar verhaltensrelevante Information normalerweise von den Eltern zu den eigenen Nachkommen fließen, doch muss das nicht so sein. Beispielsweise kann eine Pflegemutter auch „adoptierte" Junge mit bestimmten Milchbestandteilen versorgen. Zweitens – es geht um die Frage, wie Variationen entstehen – kann man bei den VVSs kaum von blinder oder zufälliger Variabilität sprechen, weil die von den Nachkommen ererbte Information von der Mutter erworben und geprüft wurde und Variationen dieser Information Resultat ihrer eigenen Entwicklung und ihrer eigenen Lernprozesse sind. Es sind Abänderungen im elterlichen Verhalten, die neue Varianten schafft und in der nachfolgenden Generationen rekonstruiert werden können; und bei einer Verhaltensänderung ist ganz bestimmt kaum etwas zufällig.

Vererbung durch nichtimitierendes soziales Lernen: Über das Öffnen von Milchflaschen und das Abblättern von Kiefernzapfen

Die Weitergabe Verhalten beeinflussender Information beruht nicht nur oder nicht einmal hauptsächlich auf chemischen Substanzen, die von der Mutter zu ihren Nachkommen gelangen. Junge Vögel und Säugetiere erhalten auch dadurch Information, dass sie die Aktivitäten ihrer Eltern oder anderer Individuen, mit denen sie Kontakt haben, beobachten. Obwohl alle Jungtiere vermutlich auch ohne soziale Interaktionen lernen können – durch Versuch und Irrtum unter Eigenregie –, bleiben die meisten Jungvögel und jungen Säugetiere nicht sich selbst überlassen. Da angesichts ihrer Unerfahrenheit die Lebenswelt zu kompliziert und zu gefährlich ist, gesellen sie sich zu anderen und lernen von anderen – normalerweise (doch nicht immer) von ihren Eltern und Verwandten.

Bevor wir uns näher damit beschäftigen, wie Verhaltensweisen durch Lernen über oder von anderen weitergegeben werden, wollen wir uns Gedanken darüber machen, was genau bei diesem Typ von Vererbung übertragen wird. Im Falle der genetischen und epigentischen Vererbungssysteme gelangt etwas Materielles von einer Generation zur nächsten: Information ist in DNA gespeichert, im Chromatin oder in anderen Molekülen und molekularen Strukturen. Dies trifft auch auf das oben besprochene VVS zu: Chemische Moleküle, die das Verhalten beeinflussen, gelangen von den Eltern zu den Nachkommen. Doch nun kommen wir zu Vererbungssystemen ohne materiellen Informationsfluss – Information fließt hier vielmehr darüber, was ein Tier sieht und hört. Doch ist dieser Unterschied hier überhaupt relevant? Wir meinen: nein. Denn in allen Fällen wird Information weitergegeben und erworben und in allen Fällen muss der Empfänger die Information deuten, wenn sie für ihn irgendeine Rolle spielt. Tiere können Information über Ohren und Augen sowie über DNA und Chromatin empfangen; und die Deutung der Information kann hier wie dort das Verhalten beeinflussen. Aus unserer Sichte unterscheidet sich deshalb die Informationsübertragung durch Beobachtungslernen nicht grundlegend von anderen Typen der Vererbung; sie alle schaffen übertragbare Variabilität, die über selektives Beibehalten und Ausschalten evolutionären Wandel herbeiführen kann.

Kommen wir nun auf das soziale Lernen junger Tiere zurück. Ebenso wie das Lernen durch Übertragen verhaltensbeeinflussender Substanzen erfolgt das soziale Lernen in frühen Lebensphasen normalerweise rasch, und wie dieses zeitigt es langfristige Effekte. Was man sich früh im Leben angewöhnt, lässt sich später häufig nur mit viel Mühe ver-

Abb. 5.4 Fehlgeleitete Nachfolgeprägung. Gänseküken folgen nicht ihrer Mutter, sondern dem Verhaltensforscher, den sie bald nach dem Schlüpfen als Ersten erblickt haben.

ändern; und Verhaltensweisen, die sich in jungen Jahren leicht erlernen lassen, erfordern später erheblich größeren Aufwand. Für einige Typen von Verhalten scheint es spezifische „Lernfenster" zu geben, die in frühen Lebensphasen weit offen stehen, sich aber mit zunehmender Reife des Individuums immer weiter schließen. Das Lernen während solcher mehr oder weniger eng umschriebener früher Perioden wird als „Verhaltensprägung" bezeichnet, denn es erfolgt so rasch und das erlernte Verhalten ist so stabil, dass es den Anschein hat, als hinterlasse der auslösende Umweltreiz dauerhafte „Spuren" im kindlichen Gehirn[9].

Ein sehr bekanntes Beispiel hierfür ist die „Nachfolgeprägung" bei Geflügel. Einige Tage lang nach dem Schlüpfen folgen Hühner-, Enten- und Gänseküken ganz treu und beflissen ihrer Mutter und prägen sich dadurch deren Form, Gefiederfärbung, Rufe und Handlungen ein. Dies hat zur Folge, dass sie später das spezifische Erscheinungsbild und die Aktivitäten ihrer eigenen Mutter erkennen und darauf antworten. Allerdings kann es dabei auch zu Missgeschicken kommen (Abb. 5.4). Die meisten Zoologen kennen das Foto des bekannten österreichischen Verhaltensforschers Konrad Lorenz, wie er über eine Wiese marschiert und ihm dabei eine Schar von Grauganskülken auf Schritt und Tritt folgt, als sei er ihre Mutter[10]. Erstmals untersucht und wissenschaftlich beschrieben hatte dieses seltsame Verhalten der schottische Biologe Douglas Spalding schon im späten 19. Jahrhundert: Er entdeckte, dass Enten- und andere Küken nach dem Schlüpfen auf das erste größere sich bewegende Objekt, das sie sehen, reagieren, indem sie diesem folgen und eine feste Beziehung zu ihm entwickeln[11]. Spalding fand auch heraus, dass dieser spezifische Lernprozess auf ein sehr enges Zeitfenster begrenzt ist – auf die ersten drei Tage nach dem Schlüpfen. Klar, unter natürlichen Bedingungen handelt es sich bei dem ersten größeren sich bewegenden Objekt, das Küken erblicken, mit hoher Wahrscheinlichkeit um ihre eigene Mutter; und es scheint in vielerlei Hinsicht vorteilhaft, auf ihre Kennzeichen geprägt zu werden. Schließlich hat sie Erfahrung darin, wo es wertvolles Futter gibt und wo man in Sicherheit ist. Lediglich unter widernatürlichen experimentellen Bedingungen erwerben die Küken einige im Prinzip nutzlose Information, wenn sie dem Versuchsleiter oder auch etwa einem Schuh, der an einer Schnur gezogen wird, folgen und darauf geprägt werden.

Die Art und Weise, wie frisch geschlüpfte Küken lernen, ist ein gutes Beispiel für Prägung: Diese erfolgt rasch, während einer frühen und zeitlich sehr begrenzten Lebensphase, ihr folgt keine unmittelbare Belohnung und sie führt normalerweise zu einem adaptiven Verhaltensmuster. Es gibt aber noch viele weitere Typen von Prägung. Eine gut untersuchte Form ist die sexuelle Prägung, die grundlegend dafür ist, später einen geeigneten Fortpflanzungspartner zu finden[12]. Jungtiere werden auf das Erscheinungsbild ihrer Eltern, die sie versorgen und großziehen, geprägt; sind sie erwachsen, fungiert dieses Bild als Modell für ihre Partnerwahl. Dies ist biologisch sehr sinnvoll, denn es führt in aller Regel dazu, dass sich Individuen derselben Art paaren. Allerdings kann dieser Prägungsmechanismus auch ziemlich große Probleme bereiten, und zwar bei der Züchtung bedrohter Tierarten in Gefangenschaft; wenn hier nicht geeignete Maßnahmen getroffen werden – etwa in der Form, dass sehr junge Tiere keinen (menschlichen) Tierpfleger zu sehen bekommen, sondern eine Attrappe, die einem Erwachsenen der eigenen Art ähnelt –, kann das Ganze gewaltig schiefgehen. Werden die Jungen auf den Menschen geprägt, zeigen sie sich später vollkommen indifferent gegenüber Erwachsenen der eigenen Art und umwerben stattdessen ihre menschlichen Betreuer oder versuchen gar, sich mit ihnen zu paaren. Bevor man sich dieser Probleme bewusst geworden war, scheiterten viele Versuche, Populationen in Gefangenschaft zu erhalten, eben weil die Tiere auf ihre menschlichen Pflegeeltern geprägt wurden.

Wir könnten noch eine ganze Menge über die Prägung sagen, denn darüber wird seit vielen Jahren geforscht; doch das wenige, was wir erwähnten, sollte genügen, um zu verdeutlichen, dass dieser Lernprozess als Vererbungssystem fungieren kann. Bei allen Formen der Prägung werden Jungtiere mit art-, gruppen- und linienspezifischen Reizen konfrontiert; und aufgrund der Information, die sie dadurch erhalten, entwickeln sie später, wenn sie älter sind, typische Verhaltensmuster. Dies wiederum kann zur Rekonstruktion gerade jenes Stimulus führen, auf den das Individuum ursprünglich selbst geprägt worden war. Wenn etwa ein Hühnerküken auf ein ganz bestimmtes Vorbild sexuell geprägt wird, zum Beispiel auf Eltern mit blauen Federn, wird es später einen blau gefiederten Paarungspartner bevorzugen. Dann wird auch ihr eigener Nachwuchs von früh an blaue Federn zu sehen bekommen und so ebenfalls auf ein blau gefiedertes Elternbild geprägt; und so wird sich dieser Zyklus fortsetzen.

Prägung ist also ein Weg, auf dem durch Lernen erworbene Information von einer Generation zur nächsten gelangen kann. Doch nicht alle Formen sozialen Lernens erfolgen in so frühen Lebensphasen und verlaufen so rasch wie die Prägung. Viele Verhaltensweisen können das gesamte Leben lang erlernt werden, zudem erfordert besonders der Erwerb komplexen Verhaltens – das etwa Meerkatzen (Cercopithecidae) zeigen, wenn sie verschiedene Typen von Beutetieren jagen, oder Laubenvögel (Ptilonorhynchidae) beim Errichten ihrer wunderschönen Lauben – sehr viel Zeit, bis es perfekt (zumindest ausreichend gut) ausgeführt wird; im Falle der Laubenvögel sind es mehrere Jahre. Die Frage ist nun, auf welche Weise eignen sich die Tiere ihre diffizilen Fertigkeiten an? Imitieren Jungtiere etwa erfahrene Adulttiere? Nein, in den meisten daraufhin untersuchten Fällen tun sie das nicht[13]. Gleichwohl lernen die Jungtiere von anderen; offenbar lernt dabei ein unerfahrenes Individuum (ein „naives", wie Ethologen sagen) dadurch, dass es in enger Verbindung zu einem erfahrenen Individuum steht und dieses beobachtet, seine Aufmerksamkeit auf Dinge in der Umgebung zu richten, von denen es zuvor nicht viel Notiz genommen hat. Das naive Individuum mag auch die Auswirkungen einer bestimmten Aktivität des Erfahrenen beobachten. Als Konsequenz dessen, was es sieht, entwickelt das unerfahrene Individuum ein ähnliches Verhalten. Beobachtet zum Beispiel ein Individuum bei einem anderen, dass dieses eifrig etwas frisst, was es selbst nicht kennt, mag das Unerfahrene diese Nahrung probieren; doch die Art und Weise, wie es an diese neuartige Nahrung kommt und wie es sie behandelt, ist keine Imitation der Handlungsweise des erfahrenen Individuums. Es findet durch eigenen Versuch und Irrtum selbst heraus, wie es mit der neuen Nahrungsquelle umgehen muss.

Ein ganz bekanntes Beispiel für diese Art sozialen Lernens geben Meisen in Großbritannien, unter denen sich die Gewohnheit, Milchflaschen zu öffnen, ausgebreitet hat. In Großbritannien und einigen anderen Ländern Europas wurden früher Milchflaschen direkt nach Hause geliefert und vor der Haustür abgestellt. Irgendwann begannen Meisen, sich dies zu Nutze zu machen: Sie lernten, die üblichen Stanniolverschlüsse der Flaschen abzuziehen und die Sahne darunter aufzupicken. In den 1940er Jahren war diese Gewohnheit bereits in weiten Teilen Englands verbreitet – sie „infizierten" damit nicht nur immer mehr Kohl- und Blaumeisen, sondern auch noch ganz andere Arten. Mancherorts lernten die Meisen sogar nicht nur, Milchflaschen zu öffnen, sondern auch das Milchauto zu identifizieren, sodass sie diesem hinterherflogen und die Flaschen zu öffnen versuchten, noch bevor die Milch ausgeliefert war (Abb. 5.5)[14].

Die rasche und weite Verbreitung der Fertigkeit, den Verschluss von Milchflaschen zu lösen, erregte unter Biologen große Aufmerksamkeit, denn es stand zweifellos fest, dass es sich um eine „kulturelle" Errungenschaft handelte – sie war nicht Folge einer neuen genetischen Mutation, sondern einer neuen Erfindung und ihrer sozialen Weiterverbreitung. Nach genauer Beobachtung erkannte man, dass die Vögel nicht durch Imitieren lernten, also die Aktivitäten der „Flaschenöffner" nicht einfach kopiert wurden; manche öffneten die Flaschen auf die eine Art, andere auf eine ganz andere. Naive Vögel lernten durch das Beobachten erfahrener Individuen lediglich, dass Milchflaschen eine wertvolle Nahrungsquelle darstellen. Doch wie die Flaschen geöffnet werden können, lernten sie durch eigenen Versuch und Irrtum; jedes Individuum entwickelte dabei seine eigene, ganz spezielle Technik.

Abb. 5.5 Diebische Meisen

Nun könnte man einwenden, es sei überhaupt nicht überraschend, dass das Prozedere der mit dem Öffnen vertrauten Individuen nicht imitiert werde, denn es gebe zu viele „Tutoren", von denen jeder eine etwas andere Technik praktiziere. Hätten sie nur einen einzigen Tutor zum Vorbild, der nur eine ganz bestimmte Technik anwende, könnten die Unerfahrenen auch dessen Praxis imitieren. Dies mag plausibel scheinen, doch gibt es einige Hinweise darauf, dass Jungtiere selbst dann, wenn sie fast ausschließlich von einem einzelnen erfahrenen Individuum lernen, in aller Regel nicht imitieren. Ein ausdrucksstarkes Beispiel dafür haben Ran Aisner und Yosi Terkel, zwei Zoologen der Universität Tel Aviv gefunden.

In den 1980er Jahren entdeckte Ran Aisner etwas ziemlich Ungewöhnliches auf dem Boden eines Kiefernwaldes in der Nähe von Jerusalem – eine große Anzahl von Kiefernzapfen, bei denen sämtliche Deckschuppen abgestreift waren. Es sah so aus, als ob es ein Tier auf die Kiefernsamen unter den Deckschuppen abgesehen hatte – doch um was für ein Tier sollte es sich da bloß handeln? Eichhörnchen, an die man als Erstes denken könnte, kommen in diesem Teil Israels nicht vor – es musste also ein anderer „Täter" sein. Nach mühsamer Detektivarbeit stellte sich heraus, dass es sich bei dem „Zapfenschäler" um ein nachtaktives, baumbewohnendes Tier handelte: die Hausratte. Das wirklich Erstaunliche dabei ist, dass Hausratten normalerweise weder in den Jerusalemer Kiefernwäldern leben noch sich von Kiefernsamen ernähren; sie sind Allesfresser, die eigentlich immer inmitten und am Rande menschlicher Siedlungen ihr Auskommen suchen. Ihr Eindringen in diesen neuen Lebensraum, den dicht bewachsenen Kiefernwald mit den Kiefernsamen als fast einziger verfügbarer Nahrungsquelle, erschien deshalb äußerst merkwürdig[15].

Geschlossene Kiefernzapfen aufzudröseln, ist (auch für uns Menschen) nicht einfach; deshalb waren die beiden israelischen Biologen brennend daran interessiert zu erfahren, auf welche Weise die Tiere es so geschickt schaffen, die Zapfen zu schälen; die Ratten mussten dafür eine ganz neue, komplexe Fertigkeit erworben haben. Zunächst gingen Aisner und Terkel der Frage nicht, wie verbreitet das Schälverhalten war und wie es sich bei den Tieren entwickelte. Sie fanden heraus, dass erwachsene Tiere der Kiefernwaldpopulation die Zapfen sehr rasch und versiert zu schälen vermochten, wobei sie sich an den Zapfen von unten spiralförmig nach oben an die Spitze arbeiteten; hingegen wussten Ratten anderer Populationen außerhalb des Waldes mit Kiefernzapfen überhaupt nichts anzufangen und waren nicht imstande, irgendwie an die Samen zu kommen. Cross-fostering-Experimente machten deutlich, dass die Tiere diese Fertigkeit durch Lernen erwerben und nicht durch das Erben bestimmter Gene: Wenn Jungtiere nichtschälender Mütter von schälenden Pflegemüttern aufgezogen wurden, lernten sie das Abschälen der Zapfen. Umgekehrt erlernten die Jungen einer im Schälen erfahrenen Mutter, aufgezogen von einer nichtschälenden Pflegemutter, niemals diese Fertigkeit. Jungtiere konnten die Kunst des Zapfenschälens also von einer kundigen Mutter ganz unabhängig von ihrer genetischen Verwandtschaft erlernen. Voraussetzung hierfür war, dass die Jungen die Gelegenheit erhielten, sich mit solchen Zapfen zu beschäftigen, die von ihrer Mutter bereits teilweise entblättert waren. Sie lernten dann, den Zapfen weiter abzuschälen, indem sie der von der Mutter vorgegebenen Schälrichtung folgten; auf diese Weise entwickelten sie schließlich eine effiziente Technik, um an die Samen zu kommen. Von grundlegender Bedeutung sind also günstige Ausgangsbedingungen, die das Verhalten der Mutter schafft; diese erst erlauben es den Jungen, sich eine zielführende Methode des spiralförmigen Entblätterns anzueignen. Die Jungen ahmen also das Verhalten ihrer Mutter nicht nach, sie kopieren es nicht; notwendig für das selbstständige Erlernen der Schältechnik sind vielmehr die Anwesenheit und Nachsicht der Mutter, wenn die Jungen ihr Samen oder teilweise entblätterte Zapfen abluchsen.

Durch soziales Lernen bedingte Änderungen im Fressverhalten ermöglichten israelischen Hausratten die Anpassung an einen Lebensraum, der sich in vielerlei Hinsicht von ihrem gewöhnlichen Habitat unterscheidet. Doch ihre Anpassung erschöpft sich nicht im Erschließen einer ganz neuartigen Nahrungsquelle; dadurch, dass sie nun auf Bäumen leben, bietet sich den Tieren, vor allem den Jungen, in vielerlei Hinsicht ein völlig andersartiges Lernumfeld. Wie ihre Eltern müssen die Jungtiere ihre Kletterfertigkeiten perfektionieren und lernen, Baumnester zu bauen. Diese Fähigkeiten erwerben sie dadurch, dass sie sich eng an ihre Mutter halten und so immer mehr Erfahrungen damit machen, wie diese mit den Umweltherausforderungen umgeht; auf diese Weise gleicht sich das erlernte Verhalten der Jungen zunehmend dem ihrer Eltern an und später wird auf diese Weise auch ihr eigener Nachwuchs die für den Lebensraum Wald benötigten Verhaltensweisen lernen.

Die Beispiele der israelischen Hausratten und britischen Meisen zeigen, wie sich durch sozial vermitteltes Lernen neue Gewohnheiten entwickeln können, die von einer Generation zur nächsten weitergegeben werden und so neue Verhaltenstraditionen begründen. Zwar hat man sich mit diesen beiden Fällen besonders intensiv beschäftigt, doch repräsentieren sie keineswegs außergewöhnliche Kuriosa; in den vergangenen Jahren sind immer mehr Untersuchungen zu diesem Thema hinzugekommen; und deutlich wurde dabei, dass Verhaltenstraditionen – vermittelt durch soziales Lernen – bei Vögeln und Säugetieren praktisch sämtliche Lebensaspekte berühren: Nahrungspräferenzen, Balzverhalten, Kommunikation, Jungenfürsorge, Fressfeindvermeidung und die Wahl des Heimreviers. Das Vererben von Verhaltensweisen durch soziales Lernen ist also nichts Ungewöhnliches.

Was lässt sich zur Art der Information und ihrer Weitergabe mit diesem Typ VVS sagen? Erstens muss – wie bei dem ersten, oben diskutierten Typ der VVS – eine Gewohnheit oder eine Fertigkeit real dargeboten werden, um weitergegeben werden zu können; wenn das nicht der Fall ist, wird auch nichts vererbt. Zweitens ist die Information holistisch – sie lässt sich nicht in diskrete Bestandteile zerlegen, die einzeln erlernt und unabhängig voneinander weitergegeben werden könnten. Drittens ist die Ursache neuer Variabilität in keinerlei Hinsicht zufällig oder „funktionsblind". Eine neue Verhaltenstradition kann zwar durch Zufall begründet werden, etwa wenn ein neugieriges Individuum ein neues Verhalten durch Versuch und Irrtum erlernt oder Individuen einer anderen Population oder Art beobachtet, wie diese eine ihm selbst unbekannte Verhaltensweise praktizieren; sobald es diese erlernt hat, kann sie durch soziales Lernen auf andere Mitglieder der Gruppe übergehen. Doch was erlernt und weitergegeben wird, hängt nicht mehr vom Zufall, sondern von den Fähigkeiten eines jeden Individuums ab, die für dieses neue Verhalten relevante Information selektiv zu erkennen, zu verallgemeinern, zu kategorisieren und – ebenso wichtig – das neu erlernte Verhalten zu rekonstruieren und anzupassen. Das empfangende Individuum ist nicht einfach ein Kessel, in den Information hineingeschüttet wird; ob eine bestimmte Information weitergegeben wird oder nicht, hängt von der Art dieser Information und den Erfahrungen des Empfängers ab; weder das aussendende noch das empfangende Individuum ist bei diesem Typ sozialen Lernens passiv.

Ein viertes Charakteristikum nichtimitierenden Lernens deckt sich mit dem, was wir für den früher diskutierten VVS-Typ festgestellt haben: Information kann nicht nur von Eltern zu ihren Nachkommen gelangen, sondern von jedem in dieser Hinsicht erfahrenen zu unerfahrenen Individuen. Das Öffnen von Milchflaschen scheint sich auf andere Vogelarten übertragen und dort verbreitet zu haben, wobei allerdings nicht auszuschließen ist, dass diese das Verhalten für sich selbst entdeckt haben. Fünftens lassen sich mit diesem Vererbungssystem – wiederum ähnlich wie beim früher diskutierten VVS-Typ – vermutlich nicht sehr viele Varianten einer erlernten Gewohnheit weitergeben: Hausratten wissen, wie Kiefernzapfen zweckmäßig zu entblättern sind, oder sie wissen es eben nicht; Meisen wissen um das Nahrungspotenzial von Milchflaschen oder eben nicht. Gleichwohl kann die Zahl möglicher Kombinationen unterschiedlicher vermittelbarer Gewohnheiten und Praktiken, die Individuen einer Population zeigen können, sehr groß sein.

Lernen durch Imitieren: Über singende Wale und Vögel

Imitation oder Nachahmungslernen steht im Mittelpunkt des dritten VVS-Typs: Ein Individuum lernt nicht nur, welche Handlung ausgeführt werden soll, sondern auch, wie es diese ausführen soll[16]; es kopiert die Aktionen eines anderen. Wie weit verbreitet Imitieren im Tierreich ist, darüber wird kontrovers diskutiert; doch sind sich Verhaltensbiologen im Allgemeinen einig, dass zumindest *ein* Typ von Imitation, nämlich die vokale, bei einigen Vogelarten, Delphinen und Walen vorkommt[17]. Diese Tiere lernen einen jeweils ganz bestimmten Gesang, in dem sie den anderer nachahmen; darum können Populationen ein und derselben Art verschiedene Dialekte entwickeln, genauso wie Menschen verschiedener Populationen verschiedene Dialekte sprechen. Ornithologen wissen seit langem um regionaltypische Unterschiede in den Gesängen und Rufen vieler Singvögel; und seit Neuerem hat man Ähnliches auch beim Schwertwal (*Orcinus orca*) und beim Pottwal (*Physeter catodon* oder *P. macrocephalus*) beobachtet: Hier geben sich die Mitglieder einer Gruppe durch einen spezifischen Dialekt zu erkennen, der sich deutlich von dem anderer Gruppen unterscheidet.

Nachahmungslernen ist bei Singvögeln wichtiger Bestandteil in der Ausbildung eines spezifischen Gesangs: Die Klangmuster, die ein Nestling hört, rekonstruiert dieser in seinem eigenen Gesang (Abb. 5.6).

Da dies während einer sehr frühen und zeitlich eng begrenzten Lebensphase erfolgt, nennt man diese Form des Imitierens „Gesangsprägung". Bei Walen gibt es hierüber zwar nicht sehr viele Untersuchungen, doch die wenigen weisen alle darauf hin, dass auch bei ihnen die Jungtiere vermutlich die Laute der Erwachsenen imitieren. Im Unterschied zum nichtimitierenden sozialen Lernen lernen hier die „Schüler", die Lautäußerungen ihrer „Tutoren" genau zu reproduzieren – es handelt sich nicht um eine lediglich ähnliche Reaktion auf einen bestimmten Umweltreiz.

Vokales Nachahmen kommt also ohne jeden Zweifel bei Singvögeln vor, vermutlich auch bei Walen und Delphinen; weniger eindeutig zu beantworten ist die Frage, wie weit motorisches Imitieren – das Nachahmen von Bewegungen – im Tierreich verbreitet ist. Ohne Zweifel ist die Fähigkeit zum motorischen Imitieren wichtig für die frühe postembryonale Entwicklung des Menschen (Säuglinge und Kleinkinder sind wahre Experten darin, Bewegungen und Lautäußerungen nachzuahmen); doch auch für die Evolu-

Abb. 5.6 Nachahmungslernen bei einem Singvogel

tion des Menschen hatten die vokale und die motorische Imitation sehr wahrscheinlich grundlegende Bedeutung. Denn die Fähigkeit, Lautmuster nachzuahmen, war ausschlaggebend für die Evolution unserer Sprache; und die Fähigkeit, Bewegungen nachzuahmen, war wahrscheinlich eine der Voraussetzungen für die Evolution unserer einzigartigen Kulturfähigkeit, besonders mit Blick auf Herstellung und Gebrauch von Werkzeugen. Zwar gibt es mittlerweile Hinweise darauf, dass auch Schimpansen, Ratten, Delphine, Graupapageien (*Psittacus erithacus*), Stare und einige andere Arten zu motorischer Nachahmung imstande sind; doch im Allgemeinen scheint dies bei nichtmenschlichen Tieren relativ selten vorzukommen. Gleichwohl müssen wir mit unserer Einschätzung vorsichtig sein, denn es ist nicht immer einfach, zwischen imitierendem und nichtimitierendem Lernen zu unterscheiden; bis jetzt kennt man nur sehr wenige Experimente, die motorisches Imitieren – im positiven Fall – zweifelsfrei nachweisen würden. Deshalb können wir tatsächlich nicht verlässlich einschätzen, wie häufig und wie wichtig diese Form der Nachahmung in der Tierwelt ist.

Die Art und Weise, wie Information durch Imitieren erworben und weitergegeben wird, ist anders als bei den beiden schon besprochenen verhaltensspezifischen Vererbungssystemen, weshalb auch ihre evolutionären Auswirkungen andere sind. Dies wird deutlich, wenn wir das Nachahmungslernen nach den bewährten Kriterien untersuchen. Das Imitieren ist insofern den beiden anderen VVS ähnlich, als hier wie dort Information nicht in einer latenten, kodierten Form weitergegeben wird – das Verhalten muss tatsächlich zum Ausdruck kommen, um vererbt werden zu können. Doch im Gegensatz zu den beiden anderen VVS wird Information beim Nachahmungslernen modular – Einheit für Einheit – weitergegeben. So ist es beispielsweise möglich, im Gesang eines Vogels eine bestimmte Einheit abzuändern und diese Variation an die nächste Generation weiterzugeben. Ähnlich verhält es sich mit der Nachahmung eines Balztanzes: Bestimmte Komponenten können modifiziert und imitiert werden, ohne die anderen Teile des Tanzes zu beeinflussen. Aufgrund dieser modularen Struktur sind viele voneinander mehr oder weniger abweichende Verhaltensmuster möglich. Allerdings sei daran erinnert, dass nicht jede Variante mit der gleichen Wahrscheinlichkeit weitergegeben wird; dies hängt etwa davon ab, wie schwierig die Einheiten (Laute oder Bewegungen) nachzuahmen sind, von der Länge und dem Rhythmus einer Sequenz sowie davon, sie stark die funktionellen Auswirkungen sind. Auch die Zahl der „Lehrer", ihre Fertigkeiten und die Häufigkeit, mit der sie das Verhalten zeigen, beeinflussen Geschwindigkeit und Nachhaltigkeit des Lernprozesses. Also anders als ein Fotokopierer oder die DNA-Polymerase, die Information ungeachtet ihres Gehalts immer gleich zuverlässig kopieren, gibt Imitieren die Information nicht unabhängig von ihrer Funktion und Bedeutung weiter.

Auch Abänderungen im imitierten Verhalten sind normalerweise nicht funktionsblind. Ein vollkommen neuartiges Verhalten mag das Ergebnis individuellen Versuch-und-Irrtum-Lernens sein, es mag aus einer neuen Aktivität der Gruppe resultieren oder es mag sogar einer anderen Art abgeschaut worden sein; gleichgültig, wie es ursprünglich entstanden sein mag – bevor ein solches Verhaltensnovum an andere weitergegeben wird, rekonstruiert und modifiziert es das praktizierende Individuum derart, dass es zu seiner ganzen Lebensweise passt und leichter auszuführen ist. Wenn wir eine solche neue Verhaltensweise mit einer neuen erblichen Mutation vergleichen, ist es so, als ob die „Mutation" zunächst gründlich aufbereitet und redigiert würde, bevor sie die nächste Generation erreicht.

Nachahmung ermöglicht viel erbliche Variabilität in einer Verhaltenssequenz, weil das, was imitiert wird, Stück um Stück abgeändert werden kann. Die Abfolge von Handlungen einer Verhaltenssequenz mag recht lang sein, doch da Erfolg und Belohnung mit dem Ausführen der gesamten Sequenz – und nicht nur einzelner Elemente – verknüpft sind, unterliegt die Variabilität jedes dieser Elemente keiner Beschränkung. Aus evolutionärer Sicht ist entscheidend, wie effektiv die imitierte Verhaltenssequenz als Ganze ist. Deshalb sollte es theoretisch möglich sein, durch Selektion von Variationen imitierten Verhaltens recht komplexe Traditionen aufzubauen; doch dazu scheint es nicht gekommen zu sein. Viele Singvögel und Papageien sind zwar hervorragende Imitatoren, doch so weit wir wissen, hat das nicht zur Entwicklung komplexer, differenzierter Verhaltenstraditionen geführt. Dies spricht dafür, dass allein das Potenzial, eine große Menge vermittelbarer Variabilität zu schaffen, nicht ausreicht, um anspruchsvolle Traditionen ähnlich der menschlichen Kultur zu entwickeln. Was aber fehlt?

Um die fehlende Komponente identifizieren zu können, müssen wir uns vor Augen halten, dass zwar die Zahl möglicher Verhaltensvarianten in einem modular organisierten System riesig ist, dass aber viele davon weder funktional noch nützlich sind. Würden alle möglichen Varianten auch tatsächlich realisiert, gingen die zweckmäßigen Kombinationen in der Masse der nutzlosen vollkommen unter. Doch soweit wir wissen, entwickelt kein Tier – solange es keine Hirnschäden erleidet – zufällige Handlungskombinationen. Tiere müssen demnach eine Art inneren Filter besitzen – also eine Reihe von Prinzipien oder ein „Regelwerk" –, das sie ausschließlich solche Verhaltensvariationen entwickeln lässt, die mit einiger Wahrscheinlichkeit nützlich sind. Allen Tieren müssen Regeln eigen sein, die die tatsächlich entwickelten Variationen beschränken; und jenen Tieren, die nachahmen können, müssen Regeln oder „Richtlinien" eigen sein, die das beschränken, was sie nachahmen. Menschen etwa ahmen normalerweise nicht einfach blind nach – unsere Entscheidung, ob wir jemand anderen imitieren oder nicht, hängt häufig davon ab, welche Bedeutung, Relevanz oder Zweckmäßigkeit wir einer beobachteten Aktivität beimessen. Bei Menschen ist Nachahmung zweckgerichtet, geleitet durch ausgemachte Ziele und Kalkül. Nur unter der Voraussetzung, die Denkweisen anderer ausreichend gut zu verstehen, eröffnet das modulare System des Nachahmungslernens ein wirklich revolutionäres (evolutionäres) Spektrum von Möglichkeiten.

Wir haben einiges zur Einzigartigkeit der Nachahmung als System zur Weitergabe verhaltensspezifischer Information gesagt, gleichwohl teilt es einige Merkmale mit den zuvor diskutierten VVSs. Bei jeder Form verhaltensspezifischer Vererbung werden Varianten gezielt entwickelt und sind kulturell konstruiert. Die Variabilität ist in zweierlei Hinsicht gerichtet: Erstens gibt es einfache Regeln, die Wahrnehmungen, Emotionen und

Lernprozesse organisieren. Zum Beispiel ordnen alle Tiere einschließlich des Menschen Dinge in ziemlich klar unterscheidbare Kategorien, auch wenn die Welt keineswegs in solch scharfen Einheiten organisiert ist; wir Menschen unterscheiden zwischen Farb-, Form- und anderen Kategorien. Auch neigen wir dazu anzunehmen, dass das, was in der Vergangenheit mehrmals vorgefallen ist, auf ähnliche Weise auch in Zukunft geschehen wird: Wenn wir Rauch immer mit Feuer in Verbindung gebracht haben, werden wir (ebenso wie einige andere Tiere) das nächste Mal beim Anblick von Rauch Feuer als Ursache vermuten.

Zweitens ist der Typ von Information, den ein Tier durch Lernen aufnehmen und erwerben kann, abhängig von der evolutionären Vergangenheit seiner Abstammungslinie. Eine Art vermag die eine Sache relativ leicht zu erlernen, nicht aber die andere. Die meisten Menschen können Individuen leicht unterscheiden, wenn sie sie sehen, doch kaum, wenn sie dies auf Basis des Geruchs tun sollen – was wiederum etwa Hunden überhaupt nicht schwerfällt. Besonders leicht schaffen wir Information, erinnern uns an sie und geben sie weiter, wenn sie zu unseren generellen und artspezifisch evolvierten biologischen Neigungen passt. Jegliche Verhaltensvariation spiegelt diese Neigungen und die dem Gehirn eines Tiers immanenten Regeln zur Organisation von Information wider; und ein Individuum konstruiert seine Verhaltensweisen derart, dass sie mit seinen bereits bestehenden Gewohnheiten und denen der Gruppe, der es angehört, vereinbar sind.

Folgendes sei besonders betont: Bei fast allen VVSs spielt der Organismus, der Information erwirbt und weitergibt, eine aktive Rolle. Manchmal zeigt sich dies ganz direkt, etwa in Form aktiven „Lehrens“, doch häufig nur indirekt. Darwin war einer der vielen Biologen, die schon vor langem erkannt haben, dass Organismen zur Ausgestaltung ihrer Umwelt, in der sie leben und die die Selektionskriterien bereitstellt, aktiv beitragen. In den vergangenen Jahren hat das wissenschaftliche Interesse an der „Nischenkonstruktion“, wie dieser Sachverhalt heute genannt wird, ziemlich zugenommen[18]. Theoretische Überlegungen und empirische Untersuchungen weisen auf ihre große Bedeutung für soziales Lernen und die Evolution von Traditionen bei Tieren. Warum das so ist, wird klar, wenn wir noch einmal auf unsere Tarbutniks zurückblicken. Als sich bei ihnen die Gewohnheit, Baue zu graben, die sie vor Fressfeinden schützen sollten, ausbreitete, setzten sich die Individuen gleichzeitig dem Selektionsdruck aus, in solchen unterirdischen Bauen überhaupt leben zu können. Dadurch könnte sich die Tageszeit verschieben, zu der sie aktiv sind, auch die Fressgewohnheiten könnten sich ändern. Ähnlich ist es in der Realwelt der Ratten im Jerusalemer Kiefernwald: Die Änderung ihrer Nahrungsquelle bedeutete, nun die meiste Zeit auf Bäumen zu verbringen, dort Nester zu bauen und die Jungen aufzuziehen. Indem die Tiere lernten, die Samen aus den Kiefernzapfen herauszuholen, haben sie sich selbst ein Milieu geschaffen, eine eigene Nische konstruiert, die sich ganz gravierend von der anderer Hausratten unterscheidet. Wenn die Gewohnheit, auf Bäumen zu leben, mehrere Generationen überdauert, wird jede Variation – sei sie sozial erlernt oder genetisch bedingt –, die die Ratten besser an das Baumleben anpasst, begünstigt und selektiert. Das Ganze könnte darin enden, dass die Ratten Eichhörnchen-artige Verhaltensweisen entwickeln, die sich gegenseitig verstärken, da alle auf einen baumbewohnenden Lebensstil ausgerichtet sind. Auf diese Weise kann eine neue Gewohnheit Organismen dazu bringen, eine alternative ökologische Nische zu konstruieren, in der sie selbst wie auch ihr Nachwuchs selektiert werden. Tiere sind deshalb nicht einfach passive Objekte der Selektion; ihre eigenen Aktivitäten beeinflussen den Anpassungswert ihrer genetischen und verhaltensspezifischen Variationen.

Traditionen und kumulierende Evolution: Wie sich ein neuer Lebensstil entwickelt

Oben definierten wir kulturelle Evolution als einen Prozess der allmählichen Veränderung der Art und Häufigkeit sozial weitergegebener Verhaltensmuster oder daraus resultierender Erzeugnisse in einer Population. Die Beispiele, die wir uns bisher näher angesehen haben, zeigen, dass sozial erlernte und sozial weitergegebene Änderungen im Verhalten, in den Fertigkeiten und Neigungen Realität sind. Sicherlich tauchen die meisten solcher Verhaltensinnovationen nur vorübergehend auf und vermögen sich nicht langfristig in einer Population zu halten. Manchmal aber kommt es doch dazu und neue Verhaltensmuster breiten sich durch soziales Lernen in einer Population aus – das ist der erste Schritt zur Entwicklung neuer Traditionen, zu einem kulturellen Wandel. Die Frage ist aber: Hat dies irgendeine evolutionäre Bedeutung?

Viele Leute sind der Auffassung, Tiere könnten nur allereinfachste Traditionen entwickeln. Sie meinen: Ja, Tiere seien wohl in der Lage, über soziale Interaktionen zu lernen, diese Fähigkeit sei auch im Tierreich weit verbreitet; und ja, aus sozialem Lernen könnten durchaus neue Gewohnheiten und – wenngleich wenig stabile – einfache Verhaltenstraditionen entstehen. Doch nein, komplexe kulturelle Anpassungen könnten dadurch nicht entstehen. Solche Skeptiker interessiert vor allem, wie bei entsprechenden Tieren die genetische Evolution mit ihrer (eingeschränkten) Kulturfähigkeit verknüpft ist. Wann auch immer die Frage nach der evolutionären Relevanz der Traditionsbildung bei Tieren aufgeworfen wird, es sind (leider) in aller Regel die genetischen Aspekte, die die Diskussion bestimmen.

Gewiss, die Evolution des genetischen Fundaments der Fähigkeit, Kulturen zu gestalten, ist von immenser Bedeutung – wir werden uns damit in späteren Kapiteln beschäftigen. Doch schon jetzt sei gesagt: Die Annahme, Kultur bei Tieren sei – was Spielraum und Komplexität betrifft – eingeschränkt und deshalb kein relevanter, unabhängiger Evolutionsfaktor, ist wissenschaftlich nicht gerechtfertigt. Um dies angemessen beurteilen zu können, müssten wir wissen, wie weit Verhaltenstraditionen im Tierreich tatsächlich verbreitet sind – doch dies ist leider nicht der Fall. Untersuchungen hierzu sind schwierig und erfordern sehr viel Zeit – schlechte Voraussetzungen angesichts der Tatsache, dass Forschungsgelder in aller Regel nur für kurzfristige Projekte bewilligt werden; und Geldmittel setzen dem Forscher häufig Grenzen. Doch ungeachtet dessen kennen wir heute sehr viel mehr Traditionen bei Tieren, als wir dies vor wenigen Jahren auch nur erträumten, und regelmäßig erscheinen Berichte über neue Beobachtungen. Mittlerweile liegen genügend Langzeitstudien vor, die nur *einen* Schluss zulassen: Die Vielfalt der Traditionen bei Tieren ist ganz enorm; Traditionen kommen bei vielen Arten vor und betreffen zahlreiche Aspekte ihres Lebens. So beschreiben Ethologen beim gewöhnlichen Schimpansen 39 kulturell bedingte Verhaltenstraditionen in neun Populationen[19]; dabei schätzen die Forscher selbst diese Zahl noch als zu niedrig ein, da zum einen die Untersuchungen nur über einen relativ kurzen Zeitraum gelaufen und zum anderen viele Verhaltensaspekte des Schimpansen noch nicht recht verstanden seien.

Einer der Gründe dafür, warum Traditionsbildung bei Tieren – sowohl hinsichtlich der Verbreitung als auch der Vielfalt – gemeinhin unterschätzt wird, mag in der weit verbreiteten Ansicht liegen, sämtliche erbliche Variabilität sei genetischer Natur; eine Annahme, die gemeinhin weder kritisch hinterfragt noch verifiziert wird. Tut man dies doch und untersucht die Kausalität erblicher Verhaltensweisen, so kommt man meist zu dem Befund, dass Verhalten eben nicht nur von genetischen, sondern ebenso von ökologischen Faktoren und Prozessen der Traditionsbildung bestimmt wird. Somit darf die Tatsache, dass genetische Variabilität *auch* Einfluss auf das Verhalten hat, nicht zu dem Schluss verleiten, andere Faktoren wie soziales Lernen seien weniger bedeutend oder gar irrelevant. Auch das Umgekehrte gilt selbstverständlich: Wenn soziales Lernen als signifikanter Kausalfaktor für Unterschiede zwischen Populationen erkannt wird, heißt das nicht, dass wir genetische Unterschiede ausschließen dürfen.

Interessant ist es, der Frage nachzugehen, warum sich so viele Leuten mit der Vorstellung schwertun, auch bei Tieren könnte nennenswerte kulturelle Evolution stattfinden – und dies ungeachtet stetig zunehmender Indizien für Traditionsbildung bei Tieren. Vermutlich hat dies vor allem mit unserem Bewusstsein für die Komplexität der kulturellen Evolution beim Menschen und ihre Beziehung zu den menschlichen Grundwerten zu tun. Rufen wir uns noch einmal die traditionelle Küche bei polnischen und jemenitischen Juden in Erinnerung. Hier sticht tatsächlich die Komplexität der Kultur ins Auge: Sie umfasst die Art der Essenszubereitung, des Kochens und Servierens und steht noch mit einigen anderen Aspekten der Lebensführung in direkter Verbindung, etwa mit religiösen und säkularen Ritualen. Dies alles ist zweifellos Ergebnis kumulierender Evolution, bei der Gewohnheiten, die man in der Vergangenheit erworben und bewahrt hat, zum Grundstock werden, auf dem weitere Rituale aufbauen. Auf diese Weise entwickelt sich allmählich komplexe Kultur. Wenn wir nun eine solche kulinarische Tradition beim Menschen mit lokalen Gewohnheiten der Nahrungsbeschaffung und Nahrungswahl bei nichtmenschlichen Tieren vergleichen, fällt die relative Schlichtheit bei den Letztgenannten unmittelbar ins Auge. Selbst die israelischen Hausratten, die eine solch raffinierte Methode zum Schälen der Kiefernzapfen entwickelten, haben ja lediglich *eine* neue Technik und *eine* neue Nahrungspräferenz erworben. Eine kumulierende Evolution – Voraussetzung für die Entwicklung komplexer Kulturen – scheint bei Tieren nicht stattzufinden. Genau aus diesem Grund behaupten die Kritiker, Evolution entlang dieser Schiene, also der kulturellen Achse, sei bei Tieren wenn überhaupt, dann nur in ganz geringem Maße möglich. Nicht wenige bezweifeln sogar, angesichts der Dürftigkeit der Traditionen bei nichtmenschlichen Tieren überhaupt von „Kultur“ sprechen zu dürfen.

Doch erfreulicherweise gibt es mittlerweile einige Langzeitstudien, die ein Vorkommen kumulativer kultureller Evolution auch bei nichtmenschlichen Tieren belegen. Eine dieser Studien wollen wir näher betrachten. Es handelt sich um Untersuchungen zur kulturellen Evolution bei Japan- oder Rotgesichtsmakaken (*Macaca fuscata*) auf der kleinen Insel Kojima. In den 1950er Jahren begannen japanische Primatologen, die Makaken, die sie in ihre Studie aufnehmen wollten, mit Futter zu versorgen[20]. Hierfür verwendeten sie Süßkartoffeln, um die Tiere aus ihrem angestammten Habitat, dem Wald, an die sandige Küste zu locken, da sie dort viel einfacher zu beobachten waren. Diese List zog unerwartete Folgen nach sich. Ein damals eineinhalb Jahre altes Weibchen, „Imo“ (das japanische Wort für „Kartoffel“), begann damit, die am Strand ausliegenden Kartoffeln vor dem Verzehr in einem nahe gelegenen Bach zu waschen und dabei auch den anhaftenden Sand zu entfernen. Diese Verfahrensweise übernahmen andere Mitglieder seiner Gruppe. Einige Zeit später wuschen diese Tiere die Kartoffeln im Meer statt im Bach; außerdem zerbissen sie nun die Kartoffeln, bevor sie sie in das Salzwasser tunkten, und erhielten so nicht nur eine gewaschene, sondern auch eine gewürzte Speise.

Imos Erfindungsreichtum endete aber keineswegs mit dem Kartoffelwaschen; einige Jahre später löste sie noch ein ganz anderes Problem. Die Makaken wurden mittlerweile mit Weizenkörnern gefüttert, die ebenfalls am Strand verstreut wurden; diese Nahrungsquelle war für die Tiere deshalb problematisch, weil sie beim Auflesen der Körner unweigerlich auch Sand erwischten. Was machte Imo? Ihre Lösungsstrategie bestand darin, das gesammelte Weizen-Sand-Gemisch ins Wasser zu werfen, wo der schwere Sand absinkt, die leichten Weizenkörner dagegen an der Oberfläche schwimmen; auf diese Weise war es Imo ein Leichtes, nur die Körner abzuschöpfen. Auch dieses Vorgehen breitete sich in der Population aus, zunächst von den Jungtieren zu den Erwachsenen und später von den Müttern zu ihren Nachkommen. Die erwachsenen männlichen Tiere, die viel weniger mit den Jungen Umgang hatten als die weiblichen, waren die letzten der Gruppe, die das Verhalten erlernten, und manche vermochten es sich überhaupt nicht anzueignen.

Andere Folgen hatte es, wenn die Forscher Futter ins Meer warfen, sodass die Tiere es dort einsammeln mussten. Die Kinder, die von ihren Müttern getragen wurden, wenn diese das Futter im Meer wuschen und aufsammelten, gewöhnten sich rasch an dieses Milieu und begannen schließlich damit, im Meer zu spielen und zu baden. Mit der Zeit sah man die Tiere immer öfter ins Wasser springen, schwimmen und sogar tauchen. Eine andere Angewohnheit im Zusammenhang mit dem Leben am Meer stellte sich ein, als ältere Männchen begannen Fische zu fressen, die Fischer weggeworfen hatten; dem folgten andere Tiere der Gruppe, und noch heute halten sich die Affen an Fische, Schnecken und Tintenfische in künstlichen Wasserbecken, wenn sie nichts Besseres finden.

Was ist auf der Insel Kojima geschehen? Seit den Makaken dort verschiedenes, für sie neuartiges Futter angeboten wurde, entwickelten die Tiere einen ganz neuen Lebensstil.

Die erste Angewohnheit des Kartoffelwaschens löste das Erlernen einer anderen aus, nämlich im Wasser Weizenkörner von Sand zu trennen; und diese beiden wiederum trugen dazu bei, das Meer als neues Habitat für das Spielen und Schwimmen nutzen zu lernen. Jede Angewohnheit verstärkte die anderen: Die Tatsache, dass Affen gerne schwimmen, brachte sie an die Küste und verstärkte dort die Neigung, Futter zu waschen; das Futterwaschen im Meer wiederum erhöhte die Wahrscheinlichkeit, dass die Tiere für sich das Vergnügen am Schwimmen entdecken. Jede vermittelbare Angewohnheit variiert ein wenig, doch ein vollkommen neuer Lebensstil entwickelte sich dadurch, dass *eine* Modifikation im Verhalten die Bedingungen dafür schafft, andere Modifikationen zu kreieren und weiterzugeben.

Aus all dem geht eindeutig hervor, dass auch bei Tieren kulturelle Veränderungen kumulieren können, selbst wenn im Ergebnis keine lineare Evolution mit einem stetigen Zuwachs an Komplexität in eine bestimmte Richtung stattfindet. Vielmehr beobachten wir bei Tieren, dass kulturelle Variationen auf einem Gebiet Auswirkungen darauf hat, ob auf einem anderen ebenfalls kulturelle Veränderungen entstehen und beibehalten werden, ob diese wiederum einen dritten Verhaltensbereich beeinflussen können und so fort. Eine (erlernte) Angewohnheit kann andere festigen, sodass letztlich ein Netzwerk von Gewohnheiten resultiert, das als Ganzes einen neuen Lebensstil schafft. Die einzelnen Verhaltenskomponenten eines solchen neuen Lebensstils festigen sich in dem Maße, wie die Mütter diese an ihre Nachkommen weitergeben; denn Lernen im frühen Alter ist besonders wirksam und hat häufig Langzeitfolgen. Selbstverständlich hängen Dauerhaftigkeit und Nachhaltigkeit einer neuen Verhaltensweise auch davon ab, welcher Anpassungswert ihr zukommt. Selbst wenn eine neue Angewohnheit anfangs in einer Gruppe hoch im Kurs steht und sich dort rasch ausbreitet, wird sie verschwinden, wenn sie die Überlebens- und Reproduktionschancen derjenigen, die sie praktizieren, reduziert. Die Fortdauer einer neuen Angewohnheit hängt außerdem davon ab, wie leicht sie erlernt und weitergegeben werden kann; sie wird umso beständiger sein, je besser sie in die bereits bestehenden Gewohnheiten der Population integriert werden kann. Im Falle der Japanmakaken haben sich die neu erlernten Gewohnheiten zweifellos erhalten. Zwar ist Imo längst tot (mit Abbildung 5.7 gedenken wir ihres Erfindergeistes), doch ihr Erbe wirkt fort: In den vergangenen 35 Jahren sind die Makaken nur zweimal jährlich mit Süßkartoffeln gefüttert worden, doch die Kultur des Kartoffelwaschens, die Imo begründete, hat sich bis heute erhalten.

Was lehrt uns die Kojima-Untersuchung? Sie zeigt, dass kulturelle Evolution bei Tieren komplex sein, schrittweise kumulieren und viele verschiedene Verhaltensaspekte betreffen kann. Vermutlich könnte man auch bei vielen anderen komplexen erblichen Verhaltensweisen eine starke „kulturelle" Komponente nachweisen. In aller Regel werden wir bei Tieren keine lineare Zunahme an Differenziertheit nur eines bestimmten Verhaltensaspekts finden; wir werden vielmehr sehen, dass durch soziales Lernen ein neues Netz gekoppelter Verhaltensweisen geschaffen wird, wie dies eben bei den Japanmakaken geschehen ist[21].

Abb. 5.7 Imos Restaurant

Dialog

A. D.: Bisher habe ich mir zwar noch nicht so viele Gedanken darüber gemacht, doch kann ich gut nachvollziehen, dass intelligente Organismen wie Säugetiere und Vögel tatsächlich eine bestimmte Verhaltensweise oder gar ein ganzes Bündel zusammenhängender Verhaltenssequenzen von Generationen zu Generationen weitergeben können. Doch irritieren mich auch einige Ihrer Ausführungen etwas. Sie haben einige Wege genannt, auf denen Information von der Mutter zu ihren Jungen in ganz frühen Entwicklungsstadien gelangen kann; und Sie meinten, diese Information beeinflusse ihr Verhalten in späteren Lebensphasen. Wollen Sie damit sagen, dass wir gewissermaßen Sklaven unserer frühkindlichen Erfahrung und Erziehung sind? Dass also die Weichen für einen Großteil unseres späteren Verhaltens im Alter von sechs Monaten gestellt werden? Wollen Sie damit durchblicken lassen – ähnlich wie einige Psychologen behaupten –, dass die Grundstruktur unserer Persönlichkeit in den ersten paar Lebensjahren gelegt wird? Davon bin ich überhaupt nicht überzeugt. Ich habe einen Bekannten aus dem Jemen, der Gefilte Fisch über alles liebt; und ich brauche wohl nicht extra zu erwähnen, dass in unserer heutigen Gesellschaft polnische Juden und sogar Briten manchmal scharf gewürzte jemenitische Speisen mit großem Genuss verzehren.

M. E.: Keine Frage, Erziehung und Erfahrung sind in jeder Phase des Lebens wichtig; doch in frühen Lebensphasen ist ihr Einfluss häufig so nachhaltig, dass resultierende Gewohnheiten später nur noch schwer zu ändern sind – wohlgemerkt *schwierig*, aber nicht unmöglich! Frühes Lernen schafft Vorlieben und Neigungen, doch legt es diese nicht fest. Wenn Vorlieben und Neigungen positive Verstärkungen erfahren, konsolidiert sich ein entsprechendes Verhalten leichter; ist dies nicht der Fall, wird sich eine alternative Verhaltensweise entwickeln. Hier ein Beispiel: Nehmen Sie an, eine Mutter nimmt während der Stillzeit viel Karottensaft zu sich; später trinkt ihr Kind, das nun ebenfalls eine Vorliebe für Karottensaft hat, einmal einen verdorbenen Saft und wird krank. Das Kind wird daraufhin vermutlich eine Abneigung gegen Karottensaft entwickeln und irgendetwas anderes bevorzugen. Wenn das Kind dagegen immer frischen Karottensaft erhalten hätte, würde es wahrscheinlich diesen jedem anderen Getränk vorziehen. Karottensaft ist nichts Lebenswichtiges, man kann auch ohne ihn auskommen; man kann auch nicht von Abhängigkeit sprechen, doch beim Kind hat sich eben eine gewisse Vorliebe ausgeprägt, die verstärkt wird, wenn es weiterhin frischen Karottensaft trinken darf. Klar, jedes Individuum hat die freie Wahl. Wenn Karottensaft plötzlich mit einem sozialen Tabu belegt oder aus medizinischer Sicht davor gewarnt würde, kämen sicherlich viele Leute, die mit Karottensaft groß geworden sind und ihn mögen, zu der Entscheidung, keinen mehr zu trinken. Selbstverständlich wird die Information, die ein Individuum während seiner frühen Lebensphase erwirbt, im Laufe seines weiteren Lebens ständig modifiziert und ergänzt. Deshalb ist es überhaupt nicht überraschend, wenn auch einige Jemeniten Gefilte Fisch mögen, obwohl sie ja dieses Faible ganz bestimmt nicht mit der Muttermilch aufgesogen haben! Es kann noch weniger überraschen, dass polnische Juden im Mittleren Osten mit der Zeit die lokale, allgemein beliebte würzige Kost bevorzugen. Freilich müssen sie sich oft daran gewöhnen und einen neuen Geschmack annehmen – und das erfordert Zeit.

Bei manchen Typen von Prägungen, etwa der sexuellen Prägung, dürfte es schwieriger sein, geprägte Vorlieben zu verändern. Wir haben ja schon erwähnt, dass bei Vögeln eine einmal eingetretene sexuelle Prägung kaum mehr aufzuheben ist – dafür gibt es viele Belege. Ebenso schwierig ist es, die Prägung auf ein bestimmtes Habitat zu ändern. Mauritiusfalken starben fast aus, weil Affen, die man auf die Insel eingeführt hatte, die in Baumhöhlen verborgenen Nester der Falken plünderten. Der Ausrottung entgingen sie nur dadurch, dass irgendwann ein Paar sein Nest auf einem Felsvorsprung baute – ein für die Falken ganz ungewohnter Nistplatz. Ihre Brut konnten sie erfolgreich aufziehen, weil der neue Nistplatz sicher vor den Affen war; und so wurden die auf der Klippe aufgezogenen Jungen auf dieses Habitat geprägt. Als Erwachsene brüteten sie nun ebenfalls auf solchen vor Fressfeinden geschützten Felsvorsprüngen. Hätten die Falken diese Lösung nicht irgendwie gefunden, wäre diese Art vermutlich ausgestorben – einfach aufgrund der Beharrlichkeit, die dem sozialen Lernen eigen ist[22].

A. D.: Sie meinen also, es gibt ein Trägheitsmoment in Verhaltenssystemen, das unter Umständen das Aussterben von Arten herbeiführen kann?

M. E.: Ja, so ist es. Information, die durch soziales Lernen weitergegeben wird, kann manchmal – wie auch die Informationsübertragung durch andere Kanäle – ein Fluch sein, eben wenn sich die Verhältnisse ändern. Allerdings ist durch soziale Interaktion erworbene Information im Allgemeinen nicht so langlebig und fixiert wie nichterworbene, etwa genetische Information, weshalb auch die Chancen für adaptive Abänderungen besser stehen.

A. D.: Stimmt das tatsächlich? Sie erinnern mich jetzt an etwas, das mich beschäftigt; es hat mit den früh erlernten Vorlieben zu tun, von denen Sie gesprochen haben. Worin besteht eigentlich der Unterschied zwischen einer Vorliebe, die in einer frühen Lebensphase erworben wurde und langfristig erbliche Auswirkungen hat, und einer genetischen Prädisposition zum gleichen Verhalten?

M. E.: Stellen Sie sich zwei Tiere vor, eines mit einer genetischen Prädisposition für das Bevorzugen einer bestimmten Nahrung (das heißt, der Genotyp dieses Organismus bedingt die Entwicklung eines Nervensystems, das eine unwillkürliche Assoziation zwischen einem bestimmten Geschmack und Wohlbefinden schafft); das andere mit der gleichen Nahrungspräferenz, doch dieses Individuum hat sie embryonal im Uterus oder später durch das Säugen erworben. Sehr wahrscheinlich stellt man dann im Verhalten dieser beiden Individuen keine Unterschiede fest; in beiden Fällen wird sich die Neigung verlieren, wenn die Tiere eine unangenehme Erfahrung mit der präferierten Nahrung machen. Fertigte man Gehirnscans beider Organismen an, die zeigen, welche Gehirnbereiche beim Ausüben eines bestimmten Verhaltens aktiv sind, könnte man vermutlich ebenso wenig signifikante Unterschiede feststellen. Was die beiden jedoch wahrscheinlich unterscheiden wird, hat mehr mit der Zukunft zu tun – mit dem, was in der nächsten Generation geschehen wird. Im Falle einer genetisch bedingten Präferenz, die die Entwicklung des Nervensystems in eine gewisse Richtung lenkt, ist die Information in jedem Fall erblich – ganz gleichgültig, unter welchen Bedingungen die Eltern leben und welche tatsächlichen Erfahrungen sie machen. Es ist auch vollkommen egal, ob sie die präferierte Nahrung tatsächlich zu sich nehmen oder nicht, die Vorliebe für diese Nahrung wird vererbt. Im anderen Falle, wenn die Information also in frühen Entwicklungsphasen erworben wird, hängt die Weitergabe, die Vererbung der Vorliebe davon ab, ob die Mutter während ihrer Trage- oder Stillzeit das präferierte Nahrungsmittel tatsächlich frisst oder nicht. Wenn nicht, wird auch nichts weitergegeben, folglich werden sich dann auch keine diesbezügliche Nahrungspräferenz und keine entsprechende Fressgewohnheit bei den Nachkommen entwickeln – die Präferenz wird verschwinden. Damit sich eine erworbene Präferenz über Generationen hinweg erhalten kann, muss sie ganz real bestätigt, praktiziert werden – und dies hängt von den konkreten Lebensbedingungen ab. Solange diese stabil bleiben, ist es sehr schwierig, irgendwelche Unterschiede zwischen genetisch prädisponiertem und früh erlerntem Verhalten auszumachen. Doch wenn sich die Bedingungen ändern, werden die Unterschiede offensichtlich.

A. D.: Aber das bedeutet doch, dass eine erworbene, eine erlernte Präferenz schon innerhalb einer einzigen Generation wieder verschwinden kann. Für eine kumulierende Evolution ist doch ganz bestimmt ein gewisses Maß von Stabilität Voraussetzung. Was in vorangegangenen Generationen erlernt und erworben wurde, muss eine verlässliche Grundlage sein, um Neues zu erlernen. Wenn erworbenes Verhalten binnen *einer* Generation ganz verloren gehen kann, wie sollte dann eine kumulierende Evolution möglich sein? Es wird immer etwas geben, das den Fluss erworbener Information von der einen Generation zur nächsten be- oder verhindert. Tiere können nun einmal nicht ihre Lebensgeschichte aufschreiben und aus Büchern lernen!

M. E.: Mangelnde Stabilität erworbenen Verhaltens ist bei Tieren gar kein so großes Problem, wie Sie vermuten. Sie haben zwar Recht, wie beim Menschen sind auch bei Tieren viele Angewohnheiten eine Frage der Zeit, sie spielen für ein Individuum nur für eine gewisse Zeit seines Lebens eine Rolle. Doch ist das keineswegs immer so. Manche kulturelle Eigenheiten können sich über viele Generationen stabil erhalten. Im Falle der Kojima-Makaken sind es immerhin schon mehr als 50 Jahre (sechs Generationen), seit das Kartoffelwaschen zum ersten Mal praktiziert wurde; und bei einigen Schimpansengruppen in Westafrika währt die Tradition, Nüsse mit Hilfe von Steinen zu knacken, bereits mindestens 400 Jahre. Das wissen wir, weil schon ein portugiesischer Missionar im frühen 17. Jahrhundert davon berichtete[23]. Sehr wahrscheinlich gibt es eine ganze Menge weiterer Fälle langer Verhaltenstraditionen, die wir aber einfach noch nicht als kulturell bedingt erkannt haben. Sie fragen sich vermutlich, woher denn eine solche Stabilität kommen soll. Nun, ganz sicher spielt hierbei Verschiedenes eine Rolle; doch sehr wahrscheinlich sind stabile Traditionen primär das Ergebnis positiver Wechselwirkungen zwischen verschiedenen voneinander abhängigen Verhaltensweisen.

Denken Sie noch einmal an die Kojima-Makaken. Deren kulturelles System stabilisierte sich dadurch, dass die Tiere verschiedene Typen von Verhaltensweisen verknüpften. Welche Bedeutung haben diese Verknüpfungen? Durch sie stehen die Chancen ganz gut, dass ein bestimmter Verhaltensaspekt, der aus irgendeinem Grund verschwindet, leicht rekonstruiert werden kann. Nehmen wir an, man versorgt die Makaken nicht länger mit Kartoffeln und Weizenkörnern; die Tiere werden dennoch zum Strand gehen, weil sie an Wasser gewöhnt sind und gerne schwimmen. Wenn man dann nach einigen Generationen den Tieren wieder Süßkartoffeln anbietet, werden sie diese mit einiger Wahrscheinlichkeit wieder waschen – und zwar aus dem ganz einfachen Grund, dass sie sich häufig im Wasser aufhalten und vermutlich dabei ihre Nahrung bei sich haben. Die Tiere gehen also nicht zurück zum Startpunkt, von wo aus das Erfinden des Kartoffelwaschens viel weniger wahrscheinlich ist. Das Auftreten eines Verhaltenstyps erhöht die Wahrscheinlichkeit, dass sich eine andere, damit in funktioneller Verbindung stehende Verhaltensweise entwickelt. Manchmal ist die Rückkopplung zwischen Verhalten und Umwelt ökologischer Natur. Wenn zum Beispiel Vögel Körner, die sie mögen, im Boden verstecken und sich dadurch ausreichend Futter für schlechte Zeiten sichern, werden dieses Verhalten mit einiger Wahrscheinlichkeit auch nachfolgende Generationen zeigen. Warum? Die Vögel werden nicht sämtliche versteckten Körner wiederfinden, weshalb manche Samen keimen werden, woraus sich eine Pflanze entwickelt, die wiederum genau jene Samenkörner hervorbringt, die die Vögel versteckt haben. In gewissem Sinne sorgen die Tiere dafür, dass den nächsten Generationen ausreichend Samenkörner zur Verfügung stehen. Die Wahrscheinlichkeit, dass zukünftige Generationen dieses Verhalten wiederholen, ist erhöht, da die Aktivität der Vögel einen für sie relevanten Umweltaspekt stabilisiert.

A. D.: Doch das genetische System ist doch viel stabiler. Wir wissen, wie rasch sich die Kultur verändert. Schauen Sie sich nur an, was mit der Menschheit im vergangenen Jahrhundert passierte!

M. E.: Dies führt mich zur zweiten Antwort auf Ihre Frage nach der Instabilität von Kulturmerkmalen. Unbeständigkeit von Traditionen hat nicht die gleichen Folgen wie Instabilität von Genen. Genetische Instabilität ist deshalb problematisch, weil viele Mutationen zufällig und in aller Regel von Nachteil sind. Das genetische System muss relativ genau die originale Information wiedergeben, andernfalls wird in dem Maße, wie Information verloren geht, eine Abstammungslinie degenerieren. Auf der anderen Seite sind bei den kulturellen, erlernten Merkmalen die allermeisten Abänderungen nicht zufällig; sie sind funktionelle Variationen eines bestimmten Themas. Nicht alle, nicht einmal die meisten kulturellen Veränderungen geraten zum Nachteil – und warum? Weil es so viele interne Lern- und soziale Filter gibt, durch die diese gehen müssen, bevor irgendetwas davon an die nächste Generation gelangt. Stabilität im genetischen Sinne ist hier gar nicht notwendig, vorausgesetzt, dass die Veränderungen *funktional*, zumindest nicht schädlich sind. Dieser Punkt hat eher allgemeine Bedeutung, denn er trifft auch auf einige zelluläre epigenetischen Variationen zu. Wenn eine Information zielgerichtet modifiziert wird, wenn es Prozesse gibt, die die Informationsänderung steuern und die Information vor ihrer Weitergabe oder ihrem Erwerb filtern, ist es gar nicht notwendig, die ursprüngliche Information im Detail ganz genau wiederzugeben. Wohl müssen Informationsweitergabe und -erwerb mit hinreichender Zuverlässigkeit erfolgen – doch „zuverlässig" in ganz bestimmtem Sinne: Es kommt auf *funktionelle* Äquivalenz an, das heißt die Information muss dem Organismus zumindest einen gleich großen Nutzen bringen wie die ursprüngliche. Da Information häufig ergänzt und aktualisiert wird und dabei manchmal immer größeren Wert gewinnt, können phylogenetische Anpassungsprozesse durch VVSs und EVSs sehr rasch erfolgen.

Ein letzter Punkt, den ich erwähnen möchte: Natürliche Selektion kann zur genetischen Stabilisierung von Merkmalen führen, die anfangs rein kulturell bedingt waren. Wenn ein Organismus in einer stabilen Umwelt lebt und eine rasche, zuverlässige Verhaltensantwort für ihn sehr wichtig ist, können Geschwindigkeit und Akkuratesse der relevanten Lernprozesse durch genau solche genetische Veränderungen verbessert werden, die mit gerichteten Modifikationen in der Entwicklung der benötigten Verhaltensantwort einhergehen. Wenn wir uns etwa eine früh erlernte Nahrungspräferenz vorstellen, und zwar eine Präferenz für ein absolut lebensnotwendiges Nahrungsmittel, dann wird eine genetisch bedingte Neigung zu diesem Nahrungsmittel sicherlich von Vorteil sein. Deshalb werden genau jene Gene selektiert, die die erlernte Neigung verstärken.

A. D.: Gut, ich kann mir schon vorstellen, dass auf diese Weise Traditionen stabilisiert oder aktiv modifiziert werden können. Doch reicht das aus, damit so auch neue Arten entstehen? Mit Ihrer Tarbutnik-Geschichte deuten Sie ja so etwas an.

M. E.: In den 1970er Jahren stellte der deutsche Verhaltensforscher Klaus Immelmann die Hypothese auf, dass Kulturunterschiede, die aus sexueller Prägung und solcher auf den Geburtsort resultieren, tatsächlich eine bedeutende Rolle bei der Bildung neuer Arten – vor allem bei Vögeln – spielen. Diese Hypothese lässt sich sehr leicht nachvollziehen, wenn man darüber nachdenkt, was passiert, wenn einige Vögel einer Population damit beginnen, einen bisher nicht berücksichtigten Aspekt ihrer gewohnten Umwelt oder ein neues Habitat zu nutzen. Was wird geschehen? Die Nachkommen dieser Individuen werden auf dieses neue Lebensumfeld verhaltensspezifisch geprägt und werden als Erwachsene ein ähnliches aufsuchen. Wenn sie dies tun, dann werden sie – aufgrund der räumlichen Nähe – sehr wahrscheinlich einen Paarungspartner finden, der ebenfalls dieses neue Habitat bevorzugt. Auch auf die sexuelle Prägung mag dies Einfluss haben. Wenn sich beispielsweise die akustischen Bedingungen im neuen Habitat vom traditionellen unterscheiden, könnten die Männchen ihre Gesänge zur Werbung und Revierverteidigung charakteristisch modifizieren, sodass sie mit denen der elterlichen Population nicht mehr zu verwechseln sind. Werden die Weibchen als Jungvögel auf diesen lokalen Dialekt der Männchen geprägt, werden sie ihn auch als Erwachsene bevorzugen und sehr wahrscheinlich einen unmittelbaren Nachbarn als Paarungspartner wählen. Auf diese Weise wird sich die Population im neuen Habitat reproduktiv von der ursprünglich trennen – und dies ist der erste Schritt hin zur Artaufspaltung[24].

A. D.: Das ist doch graue Theorie, gibt es denn irgendeinen Beweis dafür?

M. E.: Leider gibt es keine empirischen oder experimentellen Befunde, die zweifelsfrei die Existenz rein kulturell bedingter Artbildungsprozesse belegen. Doch die gibt es ebenso wenig für die meisten der gemeinhin postulierten Artbildungsmechanismen. Davon abgesehen geben aber einige Experimente starke Indizien dafür, dass verhaltensspezifische Prägungen bei der Artbildung eine Rolle spielen. Ich will hier auf einen afrikanischen Witwenvogel zu sprechen kommen; er ist ein Brutparasit, der – ähnlich wie bei uns einige Kuckuck- und Kuhstärlingarten – seine eigenen Eier in Nester anderer Arten legt. Die Wirtseltern erkennen diese nicht als Fremdeier und versorgen die daraus schlüpfenden Küken wie ihre eigenen; so entledigt sich der Brutschmarotzer aller Mühen der Aufzucht. Robert Payne und seine Kollegen haben sich mehr als 30 Jahre mit dem Brutparasitismus bei Vögeln beschäftigt; dabei gelang es ihnen experimentell zu zeigen, wie die kulturelle Weitergabe von Verhaltensweisen Artbildungsprozesse beschleunigen kann[25]. Sie entwendeten Eier einer parasitischen Art und legten sie in Nester einer solchen, die keine Erfahrung mit Brutparasiten hatte. Die neuen Wirtseltern bebrüteten die untergeschobenen Eier und kümmerten sich um die geschlüpften Nestlinge gleich intensiv und emsig wie um ihren eigenen genetischen Nachwuchs. Es kann dann nicht sonderlich überraschen, dass die fremden Jungen im Nest der Wirtsart auf den Gesang ihres Pflegevaters geprägt wurden; folglich entwickelten sie als Erwachsene ebenfalls diesen Gesang. Und die schmarotzenden jungen Weibchen? Nun, sie präferierten den Gesang dieser Männchen gegenüber jenen, die von arteigenen Eltern aufgezogen worden waren.

Das heißt, innerhalb nur einer einzigen Generation hatten sich die Brutparasiten der neuen Wirtsart zumindest teilweise reproduktiv von ihrer eigenen Art abgesondert; dies war Folge der sexuellen Prägung, wodurch Weibchen jene Männchen bevorzugten, die den Gesang ihrer Wirtseltern entwickelten. Prägung ließ die Weibchen auch ihre Eier in Nester ihrer Wirtart legen, weshalb dessen Nachwuchs dem gleichen Typ prägender Stimuli ausgesetzt war, die es zuvor selbst erfahren hatte; und somit werden diese Nachkommen mit einiger Wahrscheinlichkeit die Tradition fortsetzen, beim neuen Wirt zu parasitieren. Schließlich – hätte man dieses Experiment lang genug fortgeführt – wäre diese verhaltensspezifische Reproduktionsbarriere vermutlich stabilisiert worden, etwa durch natürliche Selektion solcher morphologischer Variationen bei den Brutparasiten, die die Wirtseltern dazu bringen, sich noch intensiver um die fremden Nestlinge zu kümmern (obwohl auch der parasitierte Wirt unter Regie dieses neuen Selektionsfaktors sehr wahrscheinlich darauf reagieren würde). Doch dies ist freilich Spekulation.

A. D.: Bei der Prägung sehe ich noch ein anderes Problem. Sie sagten, viele Vögel und Säugetiere würden sexuell auf das Erscheinungsbild ihrer Eltern geprägt. Aber was verhindert eigentlich dann den Inzest bei diesen Arten? Wenn die Nachkommen sich nach Paarungspartnern umsehen, die ihren Eltern gleichen, warum halten sie sich dann nicht gleich an die eigenen Eltern oder an nächste Verwandte, die wahrscheinlich ganz ähnlich aussehen? So viel ich weiß, bereitet zu viel Inzucht erhebliche genetische Probleme; doch sexuelle Prägung scheint mir das geradezu ideale Rezept für Inzucht zu sein!

M. E.: Das haben Sie Recht: Fortpflanzung mit nahen Verwandten, also die Inzucht, führt in aller Regel zu genetischen Problemen. Denn dadurch nimmt die Homozygotie zu – die Individuen haben also mehr Gene, bei denen die beiden Allele (auf den beiden homologen Chromosomen) identisch sind. Warum ist das schlecht? Es bedeutet, dass schädigende rezessive Allele mit größerer Wahrscheinlichkeit im Phänotyp zum Ausdruck kommen. Sie fragen nach dem möglichen Zusammenhang zwischen Prägung und Inzest – dazu ist einiges zu sagen. Zum einen bleiben bei den meisten Arten die Jungtiere nicht dauerhaft in der Gruppe, in der sie aufgezogen wurden – in der Regel wandern juvenile Weibchen oder Männchen oder auch beide früher oder später ab und suchen woanders nach Paarungspartnern. Bei den meisten Säugetieren sind es die jungen Männchen, die ihre Familie verlassen müssen, die Weibchen bleiben häufig. Bei Vögeln ist es normalerweise umgekehrt – die Weibchen gehen und Männchen bleiben. So kommt es also im Allgemeinen nicht zum Inzest zwischen Geschwistern. Doch gibt es noch etwas, was einem Inzest entgegenwirkt. Der englische Biologe Patrick Bateson fand heraus, dass Japanwachteln (*Coturnix japonica*) – zumindest im Labor – solche Individuen als Paarungspartner bevorzugen, die zwar ihren Eltern ähnlich, aber nicht in allen Einzelheiten vollkommen gleich sind: Die Tiere haben also eine Vorliebe für milde, nicht allzu gravierende Abänderungen[26]. Diese Strategie scheint ideal zu sein: Auf der einen Seite sichern sich die jungen Wachteln Paarungspartner, die in Verhalten und Aussehen ihren Eltern ähneln und mit denen sie deshalb mit hoher Wahrscheinlichkeit fruchtbare Nachkommen erzeugen können; auf der anderen Seite gewährleistet die Vorliebe für (nicht radikal) Neues, dass genetische und verhaltensspezifische Vielfalt in das System fließt.

A. D.: Diese Wachteln sind ja ganz schön clever! Doch möchte ich einen Schritt zurückgehen von den Folgen zum Vorgang der Informationsübertragung. Was passiert denn, wenn bei sozial lebenden Tieren Junge mit Individuen, die nicht ihre Eltern sind, konfrontiert werden? Werden sie auch von denen beeinflusst?

M. E.: Das kommt ganz darauf an, welche Merkmale sie in Betracht ziehen und natürlich auch darauf, wie lange und intensiv der Kontakt zwischen den Jungtieren und diesen fremden Individuen besteht. Beispielsweise erfolgt bei den Singvögeln die Prägung auf einen bestimmten Gesang zu einem Zeitpunkt, wenn die Jungen bereits das Nest verlassen haben. Deshalb haben sowohl der Gesang des eigenen Vaters wie auch der der Nachbarn Einfluss darauf, was und wie die Jungen ihren eigenen Gesang erlernen. In anderen Fällen, wenn die Prägung früher einsetzt, werden es wohl primär die aufziehenden Eltern sein, von denen die Jungen die zu erwerbende Information beziehen.

A. D.: Ich will Ihnen ja nicht auf die Nerven gehen, doch meine ich mich zu erinnern, dass bei vielen Vogel- und Säugetierarten den Eltern „Helfer" zur Seite stehen – also ältere Kinder oder „Freunde", die sie bei der Aufzucht unterstützen. Geben diese Helfer ebenfalls verhaltensspezifische Information an den Nachwuchs weiter? Werden die Jungen auch auf das Verhalten dieser Helfer geprägt?

M. E.: Man mag es kaum glauben, doch wir wissen das nicht! Das hat man bisher einfach noch gar nicht untersucht. Nach allem, was wir wissen, ist noch niemand experimentell oder empirisch der Frage nachgegangen, ob etwa bei Vögeln in Familien mit Helfern die Jungen Vorlieben und Verhaltensweisen entwickeln, die denen ihrer ehemaligen Helfer ähneln. Ein solcher Einfluss ist aber stark zu vermuten.

A. D.: Und wie groß wird wohl dieser Einfluss sein, so groß wie der elterliche?

M. E.: Nein, vermutlich fällt er geringer aus – weil der Kontakt geringer ist und es für die Helfer weniger Gelegenheiten gibt, Information weiterzugeben; doch hängt dies im Einzelfall immer von den Eigenheiten des jeweiligen sozialen Systems ab. Bei vielen Vogel- und Säugetierarten kann man aber nicht nur ein solches Helferverhalten beobachten, sondern auch regelrechte Adoption[27]. In diesen Fällen werden die Adoptiveltern mehr oder weniger alle ihre Präferenzen und Verhaltensspezifika an die Jungen weitergeben, wie dies auch natürliche Eltern tun. Das betrifft nicht nur nahrungsrelevante Information, sexuelle Präferenzen und Ähnliches mehr, sondern auch die Art der Aufzucht und Erziehung; wenn hier Helfer oder Adoptiveltern eine Rolle spielen, kann dies Verhaltensweisen einschließen, die die Tendenz bei den Jungen verstärken, später als Erwachsene ihrerseits zu helfen oder zu adoptieren.

A. D.: Wollen Sie damit sagen, dass sich dadurch das Helfer- oder Adoptionsverhalten ausbreitet? Solches Verhalten untergräbt doch die Bemühungen der Eltern, ihre eigenen Jungen aufzuziehen, deshalb müsste es eigentlich verschwinden! Die natürliche Selektion sollte solch altruistisches Verhalten eliminieren.

M. E.: Nicht unbedingt. Das Adoptieren und Helfen eines Individuums beeinträchtigt nicht notwendigerweise seine Möglichkeiten, eigene Jungen aufzuziehen, manchmal erhöht es sogar die Aussichten auf eigene Fortpflanzung. Indem der Helfer sich um fremde Junge kümmert, übt er sich im Aufziehen, wodurch er nützliche Erfahrung für seine eigene spätere Elternschaft gewinnt. Oft ist das Adoptieren kein Ersatz für eigenen genetischen Nachwuchs, weil die Adoptivkinder in einem bestehenden Wurf oder einer Brut einfach zusätzlich aufgenommen werden; ihre Anwesenheit beeinträchtigt häufig nicht sonderlich die Überlebensaussichten der adoptierenden Eltern und ihrer eigenen Jungen. Selbst wenn die Reproduktionsaussichten der Helfer und Adoptierenden etwas gemindert werden sollten, das Helfen und Adoptieren wird sich in der Population dennoch ausbreiten, vorausgesetzt, dass diese Art der Aufzucht gut und leicht weitergegeben werden kann. Warum? Weil die Helfer und Adoptierenden ihre Praxis nicht nur ihrem eigenen, genetischen Nachwuchs vermitteln, sondern eben auch ihren kulturell anvertrauten Nachkommen (also den adoptierten Jungen oder jenen, denen sie beistehen). Wenn Helfer und Adoptierende Junge von Linien betreuen, in der Aufzucht eher eigennützig betrieben wird, werden sie diese Linien mit ihrem scheinbar altruistischen Verhalten infizieren und es wird sich auch dort ausbreiten.

A. D.: Ist das der Grund, warum im Tierreich das Helfen und Adoptieren so häufig vorkommt?

M. E.: Es mag eine Ursache unter vielen anderen sein.

A. D.: Information kann doch auch durch Gleichaltrige (*peers*) oder andere einflussreiche Individuen einer Gruppe übertragen werden, selbst wenn dies nicht mit Helfen oder Adoptieren einhergeht. Hat das ebenfalls Auswirkungen auf die kulturelle Evolution?

M. E.: Ja, das ist tatsächlich so. Wenn innerhalb einer Population auch neben der Eltern-Kind-Schiene eine Menge Information ausgetauscht wird (im Fachjargon bezeichnet man dies „horizontale Transmission"), dann werden evolutionäre Prozesse mit anderer Geschwindigkeit und nach einem anderen Muster verlaufen als wenn Information fast ausschließlich über Eltern weitergegeben wird (also durch „vertikale Transmission"). So hätte sich beispielsweise das Kartoffelwaschen bei den Japanmakaken erheblich langsamer ausgebreitet, wenn es keine horizontale Transmission gegeben hätte. Auch schlechte Angewohnheiten, etwa der Verzehr süchtig machender, doch gesundheitsgefährdender Früchte (ähnlich dem Rauchen beim Menschen) breiten sich rascher aus, wenn sie horizontal weitergegeben werden. Selbstverständlich gibt es eine Selektion gegen schädigende Angewohnheiten, doch ob sie eliminiert werden oder sich ausbreiten und – im letzteren Fall – wie stark sie das tun, hängt auf der einen Seite von der Stärke des Selektionsdrucks dagegen und auf der anderen von ihrer Transmissionsrate ab. Da durch horizontale Transmission Information eine große Zahl von Individuen erreichen kann, vermögen sich eben ungünstige Gewohnheiten – ungeachtet aller Gegenselektion – zu erhalten. Denken Sie nur an das Rauchen! Doch bei Tieren kommen solche schädigenden Süchte selten vor, sie müssen sich allen möglichen Herausforderungen ihrer Umwelt stellen und können sich deshalb mangelnde Gesundheit gar nicht leisten; bei ihnen verschwinden die meisten nachhaltig schädigenden Angewohnheiten durch die Selektion rasch. Wenn nicht, wird die Gruppe bald zugrunde gehen. Einige Gewohnheiten, die nicht wirklich schädigen, mögen sich eher erhalten[28].

A. D.: Aber wird denn horizontale Transmission selbst bei eher neutralen als schädigenden Gewohnheiten nicht einer kumulierenden Selektion in die Quere kommen? Wenn Individuen neue Verhaltensweisen einer anderen Abstammungslinie erlernen und sich so ganz andersartige Gewohnheiten aneignen, könnte dies doch dazu führen, dass diese Individuen die fremde Lebensweise übernehmen; und dies würde wiederum bedeuten, dass die eigenen kulturellen Anpassungen für immer verloren gehen! Das Übernehmen von Verhaltensweisen wirkt doch dem entgegen, dass verschiedene Linien jeweils spezifische kulturelle Anpassungen ausprägen.

M. E.: Nicht unbedingt. Tiere sind nicht einfach passive Empfänger und Träger von Verhaltensweisen. Wie wir immer wieder betonen, *entwickeln* sie ihr Verhalten; neu erworbenes Verhalten – in besonders hohem Maße in frühen Entwicklungsphasen durch soziales Lernen von den Eltern – wird rekonstruiert und an die bereits bestehenden Verhaltensdispositionen und Verhaltensmuster angepasst. Eine neue Verhaltensweise eignet sich ein Individuum, das es bei anderen beobachtet, nur dann an, wenn sie in dieses Ensemble passt, wenn sie sich darin einfügen lässt. Ist das nicht der Fall, wird das Individuum das fragliche Verhalten entweder ignorieren oder so modifizieren, dass es eben mit seinem eigenen Verhaltensrepertoire, seinen Gewohnheiten und Praktiken harmoniert. Sie haben zwar schon Recht, wenn Sie meinen, horizontaler Informationstransfer könne dazu führen, dass sich Traditionsunterschiede bis zu einem gewissen Grad verwischen; vielleicht heben sie sich manchmal tatsächlich auch ganz auf, doch bestimmt ist dies nicht die Regel. Es gibt keine Anhaltspunkte dafür, dass dadurch nützliche, in einer Population gut verankerte kulturelle Anpassungen ganz generell allmählich verloren gehen. Im Gegenteil, häufig fördert die horizontale Transmission die Ausbreitung solcher lokaler Anpassungen.

A. D.: Besteht denn der größte Unterschied zwischen genetischer und kultureller Evolution darin, dass Letztere einfach viel schneller verläuft?

M. E.: Nein. Kulturelle Evolution verläuft zwar normalerweise rascher, doch unter gewissen Umständen auch sehr langsam; es dürfte wohl sogar Zeiten kulturellen Stillstands geben. Die kulturelle Evolution ist besonders interessant aufgrund der Tatsache, dass die Variabilität, die ihr zugrunde liegt, erheblich stärker gerichtet und deshalb auch von vornherein meist adaptiver, besser verwendbar ist als genetische Variabilität. Im Verlauf der ontogenetischen Entwicklung modifizieren Individuen als Reaktion auf Erfahrungen ihre Verhaltensweisen und Vorlieben kontinuierlich; das heißt, ein Großteil der durch verhaltensspezifische Vererbungssysteme weitergegebenen Variabilität wird durch etwas generiert, was wir oben als „Instruktionsprozesse" bezeichnet haben. Sie sind das Ergebnis der Antwort, die ein Individuum als Reaktion auf äußere Bedingungen erlernt: Ein Säugling erhält Information über eine neue Nahrungsquelle der Mutter durch deren Milch und entwickelt eine entsprechende Vorliebe. Ein einzelner Makak entdeckt, wie er neu dargebotene Süßkartoffeln waschen kann und andere lernen von ihm. Ein Muttertier entdeckt, wie es in einem neuen Habitat rufen muss, damit seine Jungen rasch reagieren – und sie lernen dies. Ein Vogel entdeckt einen neuen, sicheren Nistplatz und seine Jungen lernen durch Ortsprägung, später ein entsprechendes Habitat selbst aufzusuchen. Wenn sich das Verhalten eines Individuums weiterentwickelt und adaptiv verändert, teilt sich dies anderen über soziales Lernen mit. Man kann diesen Prozess nicht à la Dawkins aufteilen in einen Teil, für den ein Replikator zuständig ist, und – getrennt davon – einen anderen, um den sich ein Vehikel kümmert; eine solche Vorstellung führt in die Irre, weil die Entwicklung einer Verhaltensvariation und deren Weitergabe Hand in Hand gehen. Vererbung und Entwicklung lassen sich nicht trennen; und da sich Vererbung und Entwicklung nicht trennen lassen, kann man auch nicht Evolution losgelöst von Entwicklung betrachten. Veränderungen, die durch Entwicklungsprozesse, hauptsächlich durch Lernen, herbeigeführt werden, spielen eine enorm wichtige Rolle in der verhaltensspezifischen und kulturellen Evolution. Da ist eine erhebliche Portion Lamarckismus im Spiel!

A. D.: Da ist eine letzte Frage, die ich eigentlich ganz am Anfang stellen wollte. Es kann ja nicht allzu sehr überraschen, dass bei intelligenten Organismen wie Vögeln und Säugetieren bestimmte Verhaltensweisen von Generation zu Generation weitergegeben werden. Überraschen würde es mich allerdings, wenn Sie mit Traditionen bei Insekten oder anderen ähnlich einfach organisierten Tieren aufwarten könnten. Gibt es denn die?

M. E.: Also bei Insekten gibt es tatsächlich zahlreiche Hinweise darauf, dass erworbene Information über Generationen weitergegeben wird. Ein Großteil davon erfolgt durch die Übertragung verhaltensbeeinflussender Substanzen, wodurch etwa Präferenzen für bestimmte Nahrungspflanzen entstehen, für bestimmte Werbe- und Paarungsrituale oder Eiablageplätze.

A. D.: Gibt es denn bei Insekten auch Beispiele für eine Vererbung sozial erlernter Verhaltensweisen?

M. E.: Dazu hat man bisher noch nicht genügend geforscht, doch ein paar Beispiele gibt es schon; eines der aussagekräftigsten ist die kulturelle Weitergabe alternativer sozialer Organisationszustände bei der Roten Feuerameise *Solenopsis invicta*. In manchen Linien beherbergen ihre Nester mehrere kleine Königinnen, in anderen dagegen lebt nur eine einzige große Königin. Cross-fostering-Experimenten zufolge wird der Phänotyp der erwachsenen Königin und der Typ ihrer Kolonie weitgehend von der sozialen Organisation jener Kolonie bestimmt, in der die Königin selbst heranwächst. Die Unterschiede zwischen den beiden Kolonientypen und den Königinnen hängt wahrscheinlich davon ab, wie viel die Königin von einem bestimmten Pheromon produziert – einem Duftstoff, das sie in der Kolonie abgibt. Dieses Pheromon beeinflusst die Entwicklung der Königinnenlarven ganz direkt. Zusätzlich mag auch ein indirekter Einfluss zur Geltung kommen; das Pheromon scheint Auswirkungen auf die Menge und Qualität der Nahrung zu haben, mit der die Königinnen von den Arbeiterinnen versorgt werden. Letztlich folgt aus alledem, dass der bestehende Phänotyp der Königin und die zugehörige Organisation der Kolonie langfristig bewahrt bleiben[29].

Eine ganz andere Art von Tradition hat man bei einigen Schmetterlingen gefunden: Hier werden die Tiere im Verlauf ihrer Larvenstadien auf eine neue Nahrungspflanze geprägt, die sie später dann auch zur Eiablage benutzen; dieses veränderte Verhalten bleibt über mehrere Generationen hinweg erhalten. Bei einigen Schaben hat man beobachtet, dass die Jungen ihrer Mutter folgen, wenn sie bei Nacht auf Nahrungssuche geht, ähnlich wie es Entenküken tun. Offenbar lernen die jungen Schaben, was sie fressen sollen und wo geeignete Nahrung zu finden ist; und diese erworbene Information scheinen sie ihrerseits an die eigenen Nachkommen weiterzugeben. Doch brauchen wir hier noch genauere Studien.

A. D.: Warum gibt es hierzu noch keine Forschungen? Sie könnten doch Einblicke geben, aus denen sich ganz konkrete, praktische Konsequenzen ergeben!

M. E.: Das mangelnde Forschungsinteresse hat vermutlichen den gleichen Grund, aus dem es Sie überrascht, von Traditionen bei Insekten zu hören. Insekten gelten als „weiche Automaten", weshalb ihnen die Leute kein soziales Lernen zutrauen. Wir geben Ihnen absolut Recht: Sind Insekten tatsächlich zu sozial vermitteltem Lernen fähig, hätte dies eine Menge praktischer Konsequenzen, so könnte man möglicherweise Insekten durch soziales Lernen auf das Fressen schädlicher Unkräuter konditionieren. Für den Artenschutz – bei Vögeln und Säugetieren – ist schon jetzt klar, welch große Bedeutung soziales Lernen hat. Wenn eine Art in einem Gebiet wiedereingeführt werden soll, wo sie ausgestorben war, muss den Tieren – vor allem wenn es sich um sozial lebende handelt – sehr viel beigebracht werden, bevor sie in die Freiheit entlassen werden; ihr genetisches Erbe genügt nicht, stattet sie nicht ausreichend aus, um diese Herausforderung bestehen zu können. Dringend hinzukommen muss Information, die durch verhaltensspezifische Vererbungssysteme weitergegeben wird.

A. D.: Eine allerletzte Frage: Was ist mit dem Menschen? Inwieweit haben diese Systeme auch auf ihn Einfluss – ich meine jetzt jenseits von Karottensaft und Ähnlichem?

M. E.: Die Frage hört sich simpel an, doch die Antwort ist schrecklich kompliziert. Denn zum Menschen hin tut sich eine gewaltige Kluft auf – vor allem auch in qualitativer Hinsicht. Beim Menschen spielen nicht nur verhaltensspezifische Vererbungssysteme eine grundlegende Rolle; bei ihm hat sich im Verlauf seiner Evolutionsgeschichte ein weiterer Modus der Informationsübertragung herausgebildet, der sogar das Zepter übernommen hat: Beim Menschen fließt eine überwältigende Menge Information über Symbole (wie in unserem Sprachsystem) – dies repräsentiert eine ganz eigene Dimension. Mit ihr wollen wir uns im nächsten Kapitel eingehend beschäftigen.

Kapitel 6: Symbolsysteme der Vererbung

Wenn sich eine Evolutionsbiologin ihre eigene Spezies, *Homo sapiens sapiens*, vor Augen führt, fällt ihr ein Widerspruch auf: Einerseits sieht sie, dass Menschen in ihrer Anatomie, ihrer Physiologie und ihrem Verhalten anderen Primaten, besonders den Schimpansen, sehr ähnlich sind. Dass beide, Mensch und Schimpanse, ihre grundlegenden Emotionen ähnlich ausdrücken, dass sie eine ähnlich hoch entwickelte Sozialisierung haben, ähnlich gut improvisieren und (teilweise) ähnlich gut lernen können. Sie kann gut nachvollziehen, warum Jared Diamond unsere Spezies den „dritten Schimpansen" nannte, denn als Evolutionsbiologin sieht sie die Übereinstimmungen, die auf eine gemeinsame Abstammung schließen lassen[1]. Andererseits erkennt sie, dass sich der Mensch von anderen Primaten sehr wohl unterscheidet: Diese Art von Schimpanse macht Musik und Mathematik, baut Kathedralen und Raketen, schreibt Gedichte und Gesetze. Sie verändert nach Belieben ihr eigenes genetisches Programm und das anderer Arten, sie zeigt ein nie dagewesenes Potenzial von Kreativität und Zerstörung und sie ist in der Lage, die Vergangenheit umzuschreiben und die Zukunft neu zu formen. In dieser Hinsicht unterscheidet sich *Homo sapiens sapiens* grundlegend von anderen Arten.

Was macht den Menschen so besonders und so anders? Was genau macht ihn zum Menschen? Auf diese Fragen hat es schon sehr viele Antworten gegeben, doch unserer Ansicht nach liegt der Schlüssel für die Einzigartigkeit des Menschen (oder zumindest ein wichtiger Aspekt davon) in der Art und Weise, wie wir Informationen erwerben, organisieren und weitergeben. Es ist unsere Fähigkeit zu denken und mit Wörtern und anderen Arten von Symbolen zu kommunizieren, die uns so anders macht. Diese Vorstellung wurde vor mehr als einem halben Jahrhundert von dem deutschen Philosophen Ernst Cassirer[2] entwickelt und in jüngster Zeit ausführlich von dem Neurobiologen Terrence Deacon diskutiert. Wie Cassirer halten auch wir den Gebrauch von Symbolen für ein Charakteristikum des Menschen, denn Rationalität, sprachliche und künstlerische Fähigkeiten sowie Religiosität sind alles Facetten symbolischen Denkens und symbolisch vermittelter Kommunikation. Cassirer schrieb:

> „Offensichtlich bildet diese Welt keine Ausnahme von jenen biologischen Regeln, die das Leben aller anderen Organismen regieren. Doch in der menschlichen Welt finden wir ein neues Charakteristikum, das das besondere Merkmal menschlichen Lebens zu sein scheint. Der Funktionskreis des Menschen ist nicht nur quantitativ vergrößert; er hat auch eine qualitative Veränderung durchgemacht. Der Mensch gewinnt gleichsam eine neue Methode, sich seiner Umwelt anzupassen. Zwischen dem Rezeptivsystem und dem Effektivsystem, die bei allen Tierarten anzutreffen sind, finden wir beim Menschen ein drittes Bindeglied, das wir als das Symbolsystem bezeichnen können. Diese Neuerwerbung verwandelt die Gesamtheit des menschlichen Lebens. Mit anderen Tieren vergli-

chen lebt der Mensch nicht nur in einer ausgedehnteren Realität; er lebt sozusagen in einer neuen Dimension der Realität." (Ernst Cassirer, *Was ist der Mensch? Versuch einer Philosophie der menschlichen Kultur*, Stuttgart 1960, S. 38 f.)

Weiter schlägt Cassirer vor, den Menschen nicht als „rationales Tier", sondern vielmehr als „animal symbolicum" zu bezeichnen, denn das Symbolsystem war Wegbereiter für die einzigartige Zivilisation des Menschen. Diesem System, also der spezifischen Art des Menschen zu denken und zu kommunizieren, mögen dieselben neuralen Prozesse zugrunde liegen wie dem Informationsaustausch von Tieren, aber die Art der Kommunikation (mit sich selbst und mit anderen) ist nicht dieselbe. Kommunikation durch Symbole unterscheidet sich in besonderer Weise davon, wie sich Affen durch Alarmrufe oder Vögel und Wale durch ihre Gesänge verständigen.

Was Symbole sind, wie sie entstehen, sich entwickeln und wie sie verwendet werden, gehört zu den schwierigsten anthropologischen Fragen. Doch wir können uns ein wenig trösten: Jeder weiß aus eigener Erfahrung, dass symbolisch vermittelte Information von einer Generation zur nächsten weitergegeben wird. Wir, die wir in der westlichen Welt leben, wissen, dass die meisten Menschen, denen wir begegnen, zumindest oberflächliche Kenntnisse der Bibel haben und dass sie das lange Kulturerbe, zu der sie gehört, mit uns teilen. Und jeder wird zustimmen, dass unsere symbolgestützte Kultur sich im Laufe der Zeit verändert: Denken wir nur an die Entwicklung der Technik in den letzten 100 Jahren. Bevor wir jedoch den kulturellen Wandel unserer Spezies betrachten, möchten wir in allgemeinen Worten erklären, was Symbole und Symbolsysteme sind und wie sie uns eine vierte Dimension von Vererbung und Evolution eröffnen.

Mr. Crusoes großes Experiment

Es wäre schön, wenn wir eine allgemein anerkannte und verständliche Definition dessen, was Symbole sind, an den Anfang stellen könnten, doch leider wäre jede Definition zu diesem Zeitpunkt entweder irreführend und begrenzt oder unverständlich lang und schwierig. Wir haben daher einen weniger formellen Ansatz gewählt; wir werden versuchen, die Besonderheit von Symbolen und Symbolsystemen anhand von Beispielen zu erklären.

Nehmen wir zu Beginn ein Zeichen – also eine Information, die von einem Sender an einen Empfänger übertragen wird –, das aussieht wie ein Symbol, aber keines ist, und vergleichen wir es mit einem ganz ähnlichen Zeichen, das eindeutig ein Symbol ist. Das kann uns helfen zu zeigen, was Symbole tatsächlich auszeichnet. Da uns kein lebensechtes Beispiel geeignet scheint, werden wir uns eines weiteren Gedankenexperiments bedienen. Es ist nicht ganz neu, sondern die Abwandlung eines Beispiels, das vor mehr als 100 Jahren zu einem anderen Zweck verwendet wurde. Sein Autor war der geniale schottische Biologe Douglas Spalding, der im vorigen Kapitel erwähnt wurde und der zu Recht als einer der Väter der modernen Ethologie gilt. Die Originalversion des Beispiels von

Abb. 6.1 Mr. Crusoes großes Experiment

Spalding werden wir in Kapitel 8 behandeln, doch bis dahin nehmen wir unsere Version, nicht ohne wie jeder Autor darauf hinzuweisen, dass alle Personen dieser Handlung frei erfunden und alle Ähnlichkeiten mit lebenden Tieren oder Personen rein zufällig sind[3].

Stellen Sie sich vor, wie Robinson Crusoe, sobald er sich auf seiner Insel niedergelassen hatte, ein paar Papageien fing und begann, ihnen verschiedene englische Sätze beizubringen (Abb. 6.1). Dabei benutzte er die bekannte Methode von Zuckerbrot und Peitsche, also des Lernens durch positive und negative Verstärkung, mit der positives Verhalten belohnt und negatives bestraft wird. Er entdeckte bald, dass die Papageien viel schneller lernten, wenn sie zu zweit unterrichtet wurden und wenn sie dabei um die Leckerbissen wetteiferten, die er als Belohnung verwendete. Da sich Mr. Crusoe ziemlich einsam fühlte, brachte er seinen Papageien zuerst „Wie geht es Ihnen?" bei, wenn sie ihn oder einen der anderen Papageien morgens zum ersten Mal sahen. Die Papageien auf der Insel waren sehr talentiert darin, Laute nachzuahmen, daher lernten sie diesen Gruß schnell. Danach lehrte Mr. Crusoe sie, die Wörter „Obst", „Gemüse", „Korn", „Wasser" und „Kokosmilch" zu sagen, wenn sie das jeweilige Essen oder Getränk sahen. Nachdem sie diese Wörter gelernt hatten, lehrte er sie „Obst gefunden", „Gemüse gefunden" und so weiter zu sagen, wenn sie das jeweilige Essen gefunden hatten; danach „Obst geben", „Gemüse geben" und so weiter, wenn sie wollten, dass Mr. Crusoe, ein Freund oder ein Verwandter ihnen das Entsprechende gab. Er brachte den Papageien auch bei, einige ihrer natürlichen Feinde zu benennen wie „Adler", „Schlange" und „Ratte". Diese Tiere sind alle auf die Eier und Nestlinge von Papageien aus, verwenden aber verschiedene Methoden des Angriffs, die jeweils unterschiedliche Arten der Verteidigung erfordern. Mr. Crusoe lehrte die Papageien, für jede Art von Feind den richtigen Namen zu rufen, wenn sie ihn sahen; er belohnte sie außerdem, wenn sie sich entsprechend verhielten, sobald sie den Ruf eines anderen Papageis hörten, auch wenn sie selbst den Feind nicht sahen. So lernten die Papageien, englische Wörter als Alarmrufe zu benutzen und Verwandte und Nachbarn damit zu warnen.

Mr. Crusoe lehrte die Papageien nicht nur, verschiedene Wörter zu benutzen, er beschäftigte sich zum Zeitvertreib auch damit, die Tiere auf ein ganz bestimmtes Ziel hin zu züchten. So erlaubte er nur denjenigen Papageien sich fortzupflanzen, die alle Wörter in bestem Englisch und situationsgemäß äußern konnten. Und was vielleicht noch wichtiger ist: Jedes Jahr wählte er nur diejenigen Jungen zur Zucht aus, die diese Wörter von ihren Eltern oder von anderen Familienmitgliedern statt von ihm selbst gelernt hatten. Auf diese Weise schaffte er es, dass die Rufe den Tieren allmählich zur Gewohnheit wurden, unabhängig vom Einfluss des Menschen.

Nun stellen Sie sich vor, Mr. Crusoe stirbt nach 40 Jahren Einsamkeit, die er mit intensivem Training und zielgerichteter Züchtung verbracht hat. Doch die Papageienpopulation gedeiht prächtig und die verschiedenen Alarm- und Futterrufe werden sowohl von den Eltern an ihre Nachkommen weitergegeben als auch zwischen Paarungspartnern und unter den Gruppenmitgliedern ausgetauscht. Sie werden – so hat es Mr. Crusoe immer gewollt – Teil des Verhaltensrepertoires dieser Papageien auf der Insel. Obwohl die Papageien immer noch einige nichtenglische Rufe und Verhaltensweisen, die sie schon immer gezeigt haben, benutzen, haben manche englische Rufe inzwischen die traditionellen Papageienrufe ersetzt.

Als Nächstes stellen Sie sich vor, dass eine englische Ethologin 50 Jahre später unerwartet auf die Insel kommt und nichts von Mr. Crusoe und seinem großen Experiment weiß. Als sie deutlich die situationsentsprechenden englischen Rufe der Papageien hört, ist sie natürlich erstaunt. Einen kurzen Augenblick lang sieht sie sich in ihrem geheimen Vorurteil bestätigt, dass Englisch – die einzige Sprache, die sie sprechen kann – wirklich Gottes Universalsprache ist, die uralte Sprache des Paradieses. Aber nachdem sie Mr. Crusoes Tagebuch entdeckt hat, in dem er seine Lehr- und Zuchtexperimente ausführlich dokumentiert hat, besinnt sie sich wieder auf ihren gesunden Menschenverstand und fängt an, das Phänomen, das sie beobachtet, zu analysieren. Da sich die Ethologin für den symbolischen Charakter von Sprache interessiert, fragt sie sich, ob das Repertoire an englischen Wörtern und Sätzen, die von den Papageien so deutlich und situationsgemäß artikuliert werden, das lange gesuchte Beispiel einer einfachen, aber echten Vorstufe eines Symbolsystems ist – ein Missing Link der Linguistik. Sind die Papageien auf dem Weg zu einer Symbolsprache?

Die Ethologin erkennt, dass die Rufe von den Papageien in mancher Hinsicht ganz ähnlich verwendet werden wie die Wörter, die von Menschen gesprochen werden. Zunächst einmal sind sie zufällig – in dem Sinne, dass die Papageien auch deutsche Wörter und Sätze gelernt hätten, wenn Robert Krause statt Mr. Crusoe die Insel erreicht hätte. Zweitens sind die Rufe eindeutig referenziell: Jeder Ruf bezieht sich klar und eindeutig auf eine bestimmte Sache oder Situation und ruft eine ganz spezielle, passende Antwort hervor. Drittens sind die Rufe konventionell, das heißt, alle Papageien sind sich „einig" darüber, auf was sich der jeweilige Ruf bezieht.

All dies – das erkennt die Ethologin – gilt auch für die Sprache des Menschen, aber sie weiß, dass zu einer Symbolsprache noch viel mehr gehört. Das Repertoire der Papageien ist gering, aber nicht das gibt ihr zu denken. Denn sie weiß, dass Menschen, die verschiedene Sprachen sprechen und zum ersten Mal miteinander reden, ebenfalls nur einen sehr geringen Wortschatz haben und dass das auch für ganz kleine Kinder gilt. Was die Ethologin verblüfft, ist die *Starrheit* im Rufe-System der Papageien. Sie fängt ein paar sprachbegabte Papageien ein und lehrt sie das Wort „Keks" für ein neues Nahrungsmittel. Die Papageien lernen das Wort schnell und mit Erfolg. Aber nie fügen sie dem Wort „Keks" die Wörter „gefunden" oder „geben" hinzu. Sie sind nicht in der Lage, die Eigenschaft des Wortes „geben" oder „gefunden" zu verallgemeinern und mit einem neuen Gegenstand zu verbinden. Jeder Satz, jedes einzelne Wort muss jedes Mal neu erlernt werden als eine Einheit für sich. Die Vögel verstehen nicht die *Verbindung* zwischen den Wörtern; sie stellen keine Verbindung her zwischen Objekten und Handlungen und den Wörtern innerhalb eines Satzes. Für die Papageien stellt jeder Ruf, ob es ein Wort oder ein Satz ist, eine Einheit dar.

Warum ist das so wichtig? Stellen Sie sich ein Kind mit einem begrenzten Vokabular vor. In einem bestimmten Stadium seiner Entwicklung gebraucht das Kind Wörter und Sätze ähnlich wie ein Papagei: Jede Äußerung ist an eine bestimmte Situation oder an eine bestimmte Antwort gebunden und wird als Einheit erlernt. Aber sehr bald geht das Kind über dieses Stadium hinaus. Es fängt an, Wörter frei miteinander zu kombinieren: Das Wort „geben", das es schon gelernt hat, verbindet es mit anderen Wörtern, die es bereits kennt, und mit neuen, die es gerade lernt. Das Wort „geben" verliert nicht seine Bedeutung, denn es bezieht sich nach wie vor auf eine bestimmte Handlung gegenüber dem Kind und ist nach wie vor ein „Mittel", um sich einen Wunsch zu erfüllen. Aber es kann jetzt flexibler verwendet werden – in ganz verschiedenen Situationen und Zusammenhängen. Das Kind kann „Keks geben" sagen und es kann das Wort „geben" mit dem Wort „Teddy", das es vor Kurzem gelernt hat, zu „Teddy geben" verbinden, ohne dass jemand ihm das extra beibringen muss. Der spezielle Wunsch, der durch das Wort „geben" zum Ausdruck kommt, kann in vielen verschiedenen Situationen, die eine Bitte ausdrücken, verallgemeinert werden. Dadurch entstehen zahlreiche Kombinationsmöglichkeiten. Natürlich hängen das Aussprechen und die mögliche Erfüllung eines bestimmten Wunsches von der Kombination der Wörter ab, aber das einmal gelernte Wort „geben" muss nicht in jeder möglichen Situation und Kombination neu erlernt werden. Sein Gebrauch kann später sogar erweitert und das Wort auch metaphorisch verwendet werden, zum Beispiel bei „Hoffnung geben"[4].

Nehmen wir ein anderes Beispiel und stellen wir uns vor, was passiert, wenn einer unserer wortbegabten Papageien „Schlange" kreischt. Der Ruf „Schlange" hat eine bestimmte Bedeutung. Er bezieht sich auf eine bestimmte Situation („Eine Schlange ist in der Nähe!"). Der Papagei leitet Information über diese Situation weiter, die wahr oder falsch sein kann. (In der Regel ist sie wahr, außer in den wenigen Fällen, in denen der Papagei sich irrt oder in denen er täuscht.) Aber wenn ein Kind in dem Stadium, in dem es Wörter miteinander kombinieren kann, „Schlange" sagt, heißt das nicht unbedingt, dass eine Schlange in der Nähe ist. Denn das Wort bezieht sich nicht auf eine ganz bestimmte Situation. Vielleicht meint das Kind damit „Schlange haben" (in Bezug auf ein Spielzeug), vielleicht auch „Schlange gefunden" (in einem Spiel); vielleicht meint es „Schlange füttern" oder es will sagen, dass es die Schlange mag oder dass es böse auf sie ist (ob die Schlange nun existiert oder nicht). Es ist, als ob ein Kind in diesem Stadium das Wort „Schlange" (und damit auch jedes andere Wort) als analytische Einheit behandelt, als Teil der Analyse einer tatsächlichen oder imaginären Situation, die sich in der Aneinanderreihung von Wörtern widerspiegelt. Das Wort „Schlange" als Einheit behält immer seinen Bezug auf das Tier, nicht aber seine situationsspezifische Bedeutung, seine emotionale Bedeutung und auch nicht seine Wirkung auf die Handlungen des Sprechers oder Hörers. Die tatsächliche Bedeutung, die emotionale Bedeutung und die Bedeutung in Bezug auf die Handlung sind auf die Satzebene transferiert worden. Dadurch ist das Wort beziehungsweise die Einheit sehr flexibel und kann je nach Zusammenhang unterschiedlich verwendet werden. Denn es ist nicht mehr an eine bestimmte Situation, einen bestimmten Wunsch oder eine bestimmte Verhaltensreaktion gebunden.

Dieses Stadium, auch wenn es zunächst sehr bescheiden ist und nur eine sehr eingeschränkte Verbindung von Wörtern zulässt, für deren Kombination keine besonderen Regeln nötig sind, hängt davon ab, ob das Kind in der Lage ist, die Beziehung zwischen den Wörtern und die Beziehung zwischen den einzelnen Bestandteilen einer tatsächlichen oder imaginären Situation (einschließlich der Wünsche des Kindes) zu verstehen und umkehrt. Die Wörter spiegeln also nicht nur die Verbindung zwischen Objekten, Handlungen und Wünschen wider; die Art und Weise, wie Wörter in einem Satz miteinander verknüpft werden, zeigt vielmehr die Art dieser Beziehungen an. Das Kind kann also nicht nur von einer Situation, die es erlebt hat, auf Wörter schließen, sondern auch von der Kombination der Wörter auf bestimmte Situationen. Das hat enorme Auswirkungen. Die Erkenntnis, dass Wörter sich auf Teile einer Situation beziehen, hilft dem Kind zu verstehen, dass die verschiedenen Aspekte seines Erlebens voneinander unterschieden und benannt werden können. Mehr noch: Die bereits vorhandenen Wörter helfen ihm, seine Aufmerksamkeit auf die Elemente einer Situation, die es gerade erlebt, zu richten und sie in ihre Bestandteile zu zerlegen. Und die Entsprechung zwischen verschiedenen Aspekten einer frühen Erfahrung (zum Beispiel zwischen dem Geschmack von Süßem und dem Gefühl des Angenehmen beziehungsweise zwischen der Mutter und dem Gefühl des Angenehmen) kann dazu führen, dass es Wörter metaphorisch verwendet, zum Beispiel „süße Mama". Die Fähigkeit, Wörter zu Satzteilen und ganzen Sätzen zusammenzubauen und sie im übertragenen Sinn zu verwenden, ermöglicht es dem Kind, Geschichten zu entwickeln und Dinge und Situationen zu erfinden.

Um Wörter miteinander zu kombinieren, braucht es Regeln, weil die Zahl der möglichen Kombinationen riesig ist und die Bedeutung der verschiedenen Kombinationen

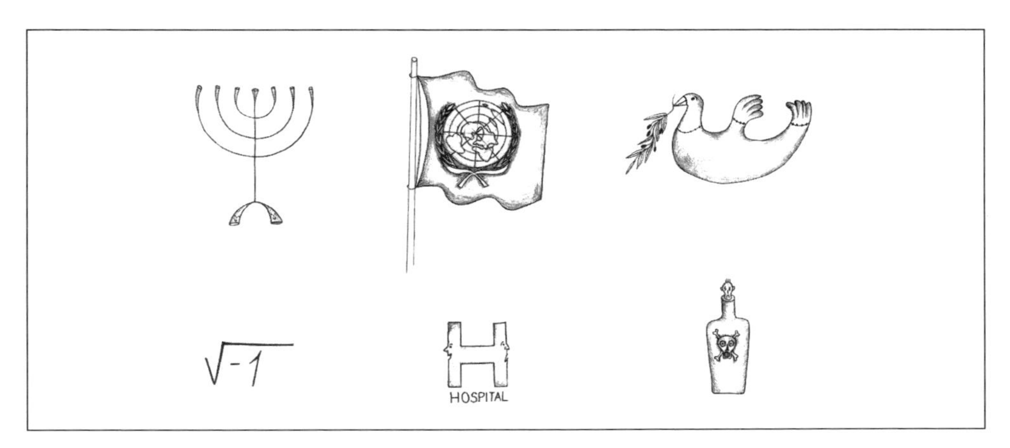

Abb. 6.2 Symbole

ganz unterschiedlich sein kann, selbst wenn das Vokabular gering ist. Wie diese Regeln heißen und wie sie entstanden sind, soll uns hier nicht weiter beschäftigen, aber wir sollten wissen, dass Sprachregeln, also die Grammatik, insbesondere der Satzbau, uns ermöglichen, eine unbegrenzte Zahl von Sätzen mit unterschiedlicher Bedeutung zu bilden und zu verstehen. Das können wir schon bei relativ einfachen Sätzen sehen wie „Mann beißt bösen Hund", „Hund beißt bösen Mann", „böser Mann beißt Hund", „böser Hund beißt Mann" und so weiter, ob sie nun wahr oder erfunden sind. Diese Sätze sind dann für uns eindeutig, wenn wir die einzelnen Wörter verstehen und die Grammatikregeln, die sich in diesem Fall in der Reihenfolge der Wörter widerspiegeln. Damit verbunden ist eine wichtige Eigenschaft von Sprache. Sie besteht darin, dass uns die Wörter, die wir bereits kennen, und die grammatikalische Struktur, in die ein unbekanntes Wort eingebettet ist, wichtige Hinweise geben, was das Wort wohl bedeuten mag, selbst wenn wir es noch nie gehört oder gelesen haben. Dies gilt insbesondere dann, wenn das Wort in unterschiedlichen Sätzen eine Rolle spielt. Man kann also sagen, dass sich Wörter aufeinander beziehen. Die Art und Weise, wie sie sich aufeinander beziehen, wird am deutlichsten, wenn wir an ein Wörterbuch denken, in dem Wörter durch andere Wörter definiert werden. Zusammenfassend lässt sich also sagen, dass *Wörter als Symbole fungieren, da sie Teil eines durch Regeln bestimmten Systems selbstreferenzieller Zeichen sind*.

Sprache ist natürlich viel komplexer als das, was wir hier dargestellt haben, denn dazu gehören auch Laute, Gesten, Satzmelodien und so weiter. Aber wir lassen es vorerst dabei bewenden. Sprache ist etwas sehr Wesentliches für den Menschen, sie ist ein ganz besonderes Symbolsystem. Daher wollen wir uns jetzt mit Symbolen im Allgemeinen beschäftigen. Stellen Sie sich ein Bild vor – das Bild von Jesus am Kreuz oder das der Jungfrau Maria mit dem Jesuskind im Arm. Keiner, der mit dem Christentum vertraut ist, wird daran zweifeln, dass diese Bilder voll symbolischer Bedeutung sind. Aber warum? Im Gegensatz zu einer Aneinanderreihung von Wörtern gibt es in diesen Bildern nichts Zufälliges (vorausgesetzt, sie wurden in mehr oder weniger realistischem Stil gemalt): Sie

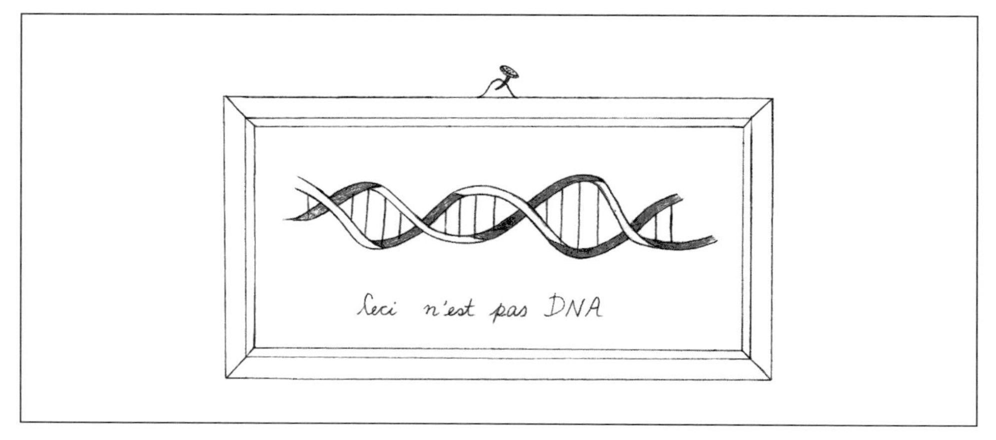

Abb. 6.3 Ceci n'est pas DNA (nach René Magritte)

stellen einen Mann dar, der schrecklich leidet, und eine Frau, die ein Baby im Arm hält. Anders als ein Satz oder ein Abschnitt, lässt sich ein Bild nicht so einfach in seine Einzelteile zerlegen: Die Komposition eines Bildes ist ganzheitlicher als die eines Satzes und die einzelnen Bildteile hängen mehr miteinander zusammen. Trotz dieser sehr wichtigen Unterschiede zwischen sprachlichen Äußerungen und Bildern sind Bilder für uns immer noch Symbole; denn sie werden in einem gemeinsamen religiösen oder künstlerischen Kontext interpretiert, in dem ihnen eine bestimmte Rolle oder Funktion zukommt. In den genannten Beispielen sind die Bilder Teil eines Komplexes christlich-religiöser Praktiken. In diesem Zusammenhang spielen sie eine tatsächliche oder mögliche Rolle, indem sie Leiden, Erlösung und so weiter symbolisieren. Die Auswahl dieser speziellen Bilder ist in gewisser Hinsicht Konvention: Nichtchristen stellen ähnliche Ideen und Gefühle auf andere Weise dar. Die Bilder sind Teil eines organisierten Kommunikationssystems religiöser Handlungen und Symbole, und wo es Symbole gibt, gibt es per definitionem auch ein *Symbolsystem*.

Zusammenfassend können wir sagen, dass Zeichen – also Information, die von einem Sender an einen Empfänger weitergegeben wird – zu Symbolen werden, indem sie Teil eines Systems sind. In diesem System hängt ihre Bedeutung von *zwei* Dingen ab: wie Menschen Objekte und Handlungen in ihrer Umwelt wahrnehmen und welche Beziehungen sie zu anderen Zeichen ihres kulturellen Systems haben[5]. Ein Symbol kann nicht isoliert existieren, es ist immer Teil eines Beziehungsgefüges. Wie stark die Interpretation eines Symbols jedoch von anderen Symbolen abhängt, ist je nach System verschieden. Ein Bild, das Teil des Systems „Kunst" oder „Religion" ist, kann für seinen Betrachter eine Bedeutung haben, auch wenn ihm das kulturelle System, zu dem es gehört, nicht vertraut ist. Ein mathematisches Zeichen wie das mathematische Symbol $\sqrt{1}$ dagegen leitet seine Bedeutung ausschließlich aus der Beziehung zu anderen Symbolen des mathematischen Systems ab. In jedem Fall ermöglichen Systeme, dass Menschen eine gemeinsame Vorstellung, eine imaginäre Realität miteinander teilen, die womöglich recht wenig mit ihren unmittelbaren Erfahrungen zu tun hat. Das gilt für Geschichten, Bilder, Rituale, Tänze, Pantomime, Musik – für alle Symbolsysteme, die wir uns denken können, denn sie alle ermöglichen die Konstruktion einer gemeinsamen imaginären Realität.

Symbolisch vermittelte Kommunikation als Vererbungssystem

Wir haben bereits erwähnt, dass unsere Fähigkeit, durch Symbole miteinander zu kommunizieren, uns grundlegend von anderen Tieren unterscheidet. Menschen können in einzigartiger Weise Informationen erwerben und weitergeben. Nun wollen wir die symbolische Kommunikation etwas näher betrachten – nämlich als ein System, das eine vierte Dimension von Vererbung und Evolution ermöglicht. Wir wollen dieses besondere Vererbungssystem genauso beschreiben wie das genetische, das epigenetische und das verhaltensspezifische System. Dabei werden wir darauf achten, welche Ähnlichkeiten es mit jedem dieser Systeme hat. Die Art und Weise, wie wir Information durch Sprache weitergeben, ähnelt zumindest oberflächlich der Art und Weise, wie Tiere bestimmte Laute und Rufe verwenden. Funktioniert das Symbolsystem also genauso wie das System, mit dem Verhalten vererbt wird? Oder eher wie das genetische System? Die DNA wird auch „*Sprache* des Lebens" genannt und von unseren Eigenschaften sagt man, sie seien in unsere Gene „ein*geschrieben*". Also gibt es offenbar Ähnlichkeiten zwischen beiden Systemen[6]. Welche sind das? Welche Merkmale hat das Symbolsystem mit anderen Systemen der Informationsübertragung gemeinsam, und was macht dieses System so andersartig und so besonders?

Es gibt eine wichtige Eigenschaft, die das Symbolsystem und das genetische System gemeinsam haben, das verhaltensspezifische System aber nicht. Symbole und Gene können *verborgene* Information weitergeben, während bei der Vererbung von Verhalten die Information erst zum Ausdruck gebracht werden muss, bevor sie weitergegeben oder erworben wird. Das lässt sich leicht daran erkennen, wie ein Lied oder ein Tanz weitergegeben wird. Betrachten wir also drei Fälle: die Vererbung durch das genetische System, durch das verhaltensspezifische System und durch das Symbolsystem. Für das genetische Beispiel nehmen wir die Taufliegen der Gattung *Drosophila*, die sehr schöne „Gesänge" und Tänze haben[7]. Diese „Gesänge" erzeugen die Männchen dadurch, dass sie mit den Flügeln vibrieren. Bei den Tänzen kommt den Männchen der aktivere Part zu: Sie bewegen ihre Flügel, verbreiten Düfte, umkreisen, berühren und lecken einander. Das klingt alles sehr sexy und ist es auch – es ist ein Werbetanz. Jede Art hat einen charakteristischen „Gesang" und einen ganz speziellen Tanz, sodass die Fliegen in der Lage sind, ihre eigene Art zu erkennen. Diese „Lieder" und Tänze sind angeboren, und über ihre Genetik weiß man ziemlich viel. Uns kommt es aber auf den Punkt an, dass die „Lieder" und Tänze an die Nachkommen weitervererbt werden, selbst wenn die Eltern sie nie „vorsingen" oder vormachen (vielleicht weil ein böser Forscher ihnen die Flügel abgeschnitten hat). Das Gleiche gilt für die Gesänge einiger Säugetiere und Vögel, die ebenfalls angeboren sind. Bei anderen Vogel- und Säugetierarten aber können die Tiere einen Gesang (über Tänze wissen wir weniger) nur dann lernen, wenn er in ihrer Gegenwart gesungen wird. Nur wenn sie das Lied hören, erhalten sie die Information, die sie benötigen, um es nachzusingen[8]. Mit anderen Worten: Wenn ein Verhaltensmuster durch das verhaltensspezifische System vererbt werden soll, muss es dargeboten werden; es gibt nicht so etwas wie eine verborgene Information, die Generationen überspringen kann.

Das gilt ganz sicher nicht für die Vererbung durch das Symbolsystem. Menschen können Lieder und Tänze an andere weitergeben, selbst wenn sie taub sind oder zwei linke Füße haben. Sie müssen dabei nicht einen Ton singen oder einen Schritt tanzen, denn die Information, die benötigt wird, um ein Lied oder einen Tanz zu lernen, kann durch Tonträger oder Filme, durch schriftliche oder mündliche Anleitung an andere übermittelt werden. Symbolische Information muss nicht vorgeführt werden, damit sie vererbt werden kann. Wenn die Kultur, die sie deuten kann, erhalten bleibt, kann symbolische Information über Generationen hinweg im Verborgenen schlummern. Unter den Juden sind Informationen über den Bau des Dritten Tempels fast 2000 Jahre lang weitergeben worden, und der Tempel ist noch immer nicht gebaut. Auch Omas Suppenrezept lässt sich über mehrere Generationen hinweg überliefern, bis jemand kommt, der die Suppe nachkocht.

Das Symbol- und das genetische System ähneln sich darin, dass sie verborgene Information weitergeben können. Aber das Symbolsystem kann noch weit mehr. Da Symbole gemeinsam geteilte Konventionen – also sozial vereinbarte Zeichen – sind, können sie in andere Konventionen umgeformt und übersetzt werden. Theoretisch sind ihrer Transformierbarkeit keine Grenzen gesetzt. Eine Anleitung auf Englisch in römischen Buchstaben kann auch durch Morsezeichen, in Signalsprache oder als Computercode wiedergegeben werden. Symbole können sogar von einem System in ein anderes „übersetzt" werden: Die Vorstellung von Jesus am Kreuz kann sprachlich oder bildlich, durch Tanz oder Mimik ausgedrückt werden. „Gefahr" lässt sich in Wort, Bild oder durch eine Melodie ausdrücken. Eine Geschichte kann man auswendig lernen und mündlich weitergeben, aber auch durch ein Lied, eine Pantomime oder das gedruckte Wort; heutzutage dienen außerdem Filme, das Fernsehen und Computerspiele zur Weitergabe von Information. Symbolische kann wie genetische Information codiert und „übersetzt" werden; doch symbolische Information kann weit vielfältiger transformiert werden als Information im genetischen System. Symbole können von einer Form in eine andere „übersetzt" und verschiedene symbolische Formen und Ebenen können nach allgemeinen, kohärenten Prinzipien getrennt und neu zusammengesetzt werden. Auf diese Weise lassen sich schnell große Mengen symbolischer sinntragender Information erzeugen.

Einige Formen symbolischer Information können leichter erzeugt, weitergeben und erworben werden als andere. So wie Information über das verhaltensspezifische System wird neue symbolische Information in vielen Fällen zielgerichtet mitgeteilt; sie ist also nicht – wie bei den meisten genetischen Varianten – das Ergebnis von Fehlern, die nicht korrigiert wurden. Neue symbolische Information wird im Kopf geordnet, überprüft und an bestehende Vorstellungen, Gewohnheiten und Kulturen angepasst, bevor sie weitergegeben wird. Mit der symbolischen Information kommt ein zusätzliches Element in die Prozesse des Prüfens und Anpassens, denn symbolische Konstruktion hat nicht immer mit der gegenwärtigen Realität zu tun. Oft ist sie fiktiv und in die Zukunft gerichtet. Symbolsysteme können leicht fiktive Vorstellungen hervorrufen wie den Dritten Tempel, das Einhorn, die kommunistische Utopie, die Quadratwurzel aus –1 oder die n-te Dimension. Mehr noch: Neue Information wird vor dem Hintergrund künftiger Ziele, Szenarien und Pläne abgeglichen. Beispiele für solche zukunftsorientierte Konstruktionen sind Utopien, Mythen oder neue Pläne, die in der Forschungs- und Entwicklungsabteilung eines Herstellers entstehen. Die Konstruktion und Selektion zukunftsorientierter Ideen kann auf verschiedenen Ebenen ablaufen – im Kopf einer kreativen Einzelperson, in den Handlungen, die sie ausführt, um diese Ideen zu überprüfen (und die wiederum auf die Ideen zurückwirken), in einer Gruppe, in der diese Ideen und ihre Umsetzung in die Praxis präsentiert werden, und in der breiteren Gesellschaft.

Verschiedene Aspekte des Symbolsystems haben verschiedene Strukturen. Sprache ist auf der Satzebene modular organisiert: Ihre Einheiten (Wörter) können eins nach dem anderen ausgetauscht werden wie die Einheiten (Nukleotide) einer DNA-Sequenz. Auf diese Weise können unzählig viele Varianten produziert und weitergegeben werden. Ein Bild oder ein Tanz sind ganzheitlicher organisiert, die einzelnen Teile hängen mehr miteinander zusammen, auch wenn die Elemente immer noch auf ganz unterschiedliche Weise kombiniert werden können. Darüber hinaus sind Symbolsysteme hierarchisch aufgebaut: Wörter sind Bestandteile von Wortverbindungen, Wortverbindungen sind Teile von Sätzen, Sätze sind Teile von Geschichten, und Geschichten (so wie Bilder, Tänze, Lieder, Bücher und andere Kunstformen) sind Teile eines größeren Systems, beispielsweise einer Religion. Bei Symbolsystemen stellt sich daher die Frage, wie diese Symbole zu immer größeren hierarchischen Strukturen verbunden und die einzelnen Elemente in ihrer Position verändert und so organisiert werden können, dass sie eine neue Bedeutung erhalten. Dadurch werden unsere Überlegungen, wie sich neue Varianten des Symbolsystems erzeugen und weitergeben lassen, ziemlich kompliziert, da so viele Faktoren und Ebenen, die miteinander interagieren, berücksichtigt werden müssen.

Es gibt noch etwas anderes, das die Sache verkompliziert. Symbolische Information wird oft von Erwachsenen an jüngere, nicht verwandte Personen weitergegeben, zum Beispiel in der Schule, oder von jungen Menschen an Erwachsene; oder unter Individuen, die derselben Altersgruppe angehören. Darin ähnelt sie dem Verhaltenssystem anderer Tiere. Aber es gibt einen wichtigen Unterschied: In Symbolsystemen spielt aktive Instruktion bei der Weitergabe von Information eine große Rolle. Bei anderen Tieren ist zielgerichtetes Unterrichten in der Regel nicht Teil des sozialen Lernens, aber für den Menschen ist es etwas sehr Wichtiges, da das Symbolsystem selbst und nicht nur die jeweils geltende Kultur, die dadurch hervorgebracht wird, kulturell erworben werden muss. Auch wenn zum Beispiel über die Rolle des Lernens und die damit verbundenen Lernformen keine Einigkeit besteht, zweifelt niemand daran, dass ein Kind eine Menge lernen muss, bis es eine Sprache versteht und sie anwenden kann. Der Bedarf an direkter Instruktion und bewusstem Lernen wird bei anderen Formen von Symbolsystemen noch deutlicher: Wir werden im Symbolsystem der Schriftlichkeit *unterrichtet*, uns werden mathematische Symbole und Regeln *beigebracht*, wir werden darin *instruiert*, die Rituale unserer Kultur zu verstehen und sie anzuwenden. Die grundlegenden Strukturen zur Deutung symbolischer Information müssen also erlernt werden.

Kulturelle Evolution und Kommunikation durch Symbole

Zusammenfassend können wir sagen, dass sich das Symbolsystem trotz seiner Gemeinsamkeiten mit anderen Vererbungssystemen hinsichtlich der Weitergabe und des Erwerbs von Information klar von diesen unterscheidet. Daher besitzt die kulturelle Evolution des Menschen, die zum großen Teil auf der Weitergabe von Information durch Symbole basiert, zwangsläufig Merkmale, die sie von anderen Formen biologischen Lebens stark unterscheidet.

Im vorigen Kapitel definierten wir Kultur als ein System sozial erworbener Verhaltensmuster, Präferenzen und Produkte von Aktivitäten, die für eine Gruppe sozial lebender Tiere charakteristisch sind. Kulturelle Evolution beschrieben wir als zeitgebundenen Wandel hinsichtlich der Art und Häufigkeit dieser sozial erworbenen Präferenzen, Muster oder Verhaltensweisen einer Population.

Nichtmenschliche Tiere geben Verhaltensinformation auf unterschiedliche Weise weiter: Oft geschieht das durch Lautzeichen wie beim Kommunikationssystem von Vögeln und Walen; in anderen Fällen kann es sich um eine komplexe Kombination von Lauten, visuellen und taktilen Zeichen und Gerüchen handeln. Wenn solche Äußerungen von Tieren über Generationen hinweg weitergegeben werden, können sie eine Kultur bilden. Wie bei der Kultur des Menschen handelt es sich beim Erwerb von Information um einen aktiven Prozess, der die Rekonstruktion und Umwandlung von Information beinhaltet. Tiere haben jedoch keine Symbolkultur, denn die Zeichen, mit denen sie kommunizieren, bilden kein selbstreferenzielles System. Die Kultur des Menschen ist einzigartig in der Weise, dass sie durch und durch von Symbolen durchdrungen ist. Sogar erworbenes Verhalten wie Nahrungspräferenzen oder Gesänge, die bei anderen Tieren nichtsymbolisch weitergegeben werden, sind beim Menschen in der Regel mit Symbol-Kommunikation verbunden. Das Denken von uns Menschen basiert sogar fast ausschließlich auf Symbolen. Das bedeutet nicht, dass die gesamte Kommunikation des Menschen von Symbolsystemen abhängt: Die Möglichkeiten, Information zu erwerben und zu vererben, welche wir im vorigen Kapitel beschrieben haben, sind für menschliche Gesellschaften ebenfalls wichtig. Dennoch ist das entscheidende Merkmal der Kultur des Menschen seine Abhängigkeit vom Symbolsystem und die große Bedeutung, die Symbole in diesem System haben.

Die anhaltenden, langfristigen Unterschiede in den kulturellen Gewohnheiten und Überzeugungen verschiedener menschlicher Gesellschaften zeigen, dass das Symbolsystem sehr wirkungsvolle Möglichkeiten zur Weitergabe von Information bietet. Natürlich geht es nicht allen kulturellen Varianten gleich gut. Einige Gewohnheiten und Überzeugungen bestehen mit geringen Änderungen fort, andere verschwinden und wieder andere werden abgewandelt. Daher stellt sich uns jetzt die Frage, wie wir diese Prozesse beurteilen sollen. Sind sie Teil der Darwin'schen Evolution oder ist das, was wir beobachten, die Lamarck'sche Evolution – oder etwas ganz anderes? Wie sollen wir den kulturellen Wandel am besten beurteilen?

Die nichtgenetischen Aspekte der menschlichen Variabilität von Erblichkeit wurden auf verschiedene Weise in die Vorstellungen über die Evolution integriert. Wissenschaftler wie Luca Cavalli-Sforza, Marcus Feldman, Robert Boyd und Peter Richerson haben mathematische Modelle entwickelt, die beschreiben, wie sich die Häufigkeit von Kulturpraktiken, die durch nichtgenetische (aber nicht unbedingt symbolbasierte) Information weitergegeben werden, im Laufe der Zeit verändert. Diese Modelle zeigen, dass dann, wenn kulturelle Innovationen (Variation), Weitergabe der Kultur (Erblichkeit), unterschiedliche Vervielfältigung (Reproduktion) und Unterschiede in der Überlebenswahrscheinlichkeit (Selektion) vorliegen – also die maßgeblichen Elemente Darwin'scher Evolution –, das Ergebnis kultureller Wandel ist[9]. Wie der französische Anthropologe Dan Sperber jedoch bemerkt, gehen einige Modelle davon aus, dass kulturelle Vorstellungen durch einen Vorgang des Kopierens weitergegeben werden, während sie in Wirklichkeit in den meisten Fällen durch Rekonstruktion ablaufen, bei der der Empfänger die Information entsprechend seinen kognitiven und kulturellen Neigungen aktiv aufnimmt und umformt. Folglich können die meisten mathematischen Modelle nur begrenzte Information über die Verbreitung kultureller Varianten liefern, da sie den zentralen Vorgang der Rekonstruktion nicht berücksichtigen[10].

Dass einige dieser Modelle streng mathematisch sind und nur die Grundzüge des kulturellen Wandels beschreiben können, statt die Frage zu erhellen, wie die erstaunliche Diversität und Differenziertheit dieses Wandels zustande kommt, mag eine Erklärung dafür sein, warum diese Modelle in der Öffentlichkeit nicht viel Aufmerksamkeit gefunden haben. Im Gegensatz dazu gibt es zwei sehr unterschiedliche, ambitioniertere Ansätze, die sehr populär geworden sind und sowohl in der Wissenschaft als auch in der Öffentlichkeit ausgiebig debattiert werden. Einem dieser Ansätze zufolge, der von den Evolutionspsychologen vertreten wird, können wir menschliche Gesellschaften und Kulturen nur dann verstehen, wenn wir akzeptieren, dass menschliches Verhalten evolutionär entstanden und in seiner Grundlage genetisch bedingt ist. Dieser Ansatz ist durch und durch genetisch. Er geht in der Regel von einem „egoistischen Gen“ aus, mit dem sich zahlreiche grundlegende Verhaltensweisen des Menschen erklären lassen. Der zweite Ansatz scheint genau das Gegenteil davon zu sein: Danach ist kulturelle Evolution das Ergebnis eines Wettbewerbs zwischen „Memen“, das heißt zwischen Kultureinheiten, die vervielfältigt und selektiert werden analog zu den Genen, aber völlig getrennt von ihnen. Wir wollen zunächst diesen Ansatz betrachten, den der Memetiker.

Das „egoistische Mem" und die kulturelle Evolution

In seinem ersten Buch *Das egoistische Gen* (1976) hob Dawkins das Mem aus der Taufe. Darin bezeichnete er Meme als die „neuen Replikatoren", während Gene natürlich die alten Replikatoren sind. Dawkins war nicht der Erste, der sich öffentlich darüber Gedanken machte, auf welche Weise Kultur vererbt wird. Doch er prägte den eingängigen Begriff „Mem" und stellte ihn in Zusammenhang mit seinem Konzept der „egoistischen Gene", sodass diese Vorstellung bald einem breiten Publikum bekannt wurde. Es schien in der Lage, auf einfache und nützliche Weise komplexe kulturelle Prozesse zu erklären. Manche hatten den Eindruck, so wie Gene Ordnung in das Chaos der Vererbung gebracht und ihre Phänomene verständlich gemacht haben, so würden nun Meme das Gleiche tun in Bezug auf die Kultur[11].

Nach einer gewissen Anlaufzeit begann Dawkins' Mem-Konzept zu florieren, und heute gibt es Bücher, Internet-Journale, Websites und akademische Konferenzen zu diesem Thema. Dawkins Beitrag zum Konzept der Meme gehört immer noch zu den verständlichsten auf diesem Gebiet, daher wenden wir uns zunächst dem zu, was er darüber gesagt hat. Er definiert das *Mem* als „eine Einheit der kulturellen Vererbung, die hypothetisch wie ein konkretes Gen behandelt und analog zu diesem als natürlich ausgelesen aufgrund seiner phänotypischen Folgen für sein eigenes Überleben und seine Fortpflanzung in der kulturellen Umgebung angenommen wird" (*Der erweiterte Phänotyp. Der lange Arm der Gene*, Spektrum, Heidelberg 2010, S. 298). Nach Dawkins ist ein Mem eine Informationseinheit, die ihren Sitz im Gehirn hat und in neuronale Netzwerke eingebunden ist. Dieser neuronale „Genotyp" des Mems hat phänotypische Auswirkungen:

> „Die phänotypischen Auswirkungen eines Mems können auftreten in der Form von Wörtern, Musik, sichtbaren Bildern, Kleidermoden, Mimik oder Gestik, als Fähigkeiten, wie etwa das Öffnen von Milchflaschen durch Meisen oder das Waschen von Weizen durch Japanmakaken. Dies sind die nach außen gerichteten und sichtbaren (hörbaren usw.) Zeichen der Meme im Gehirn. Sie können durch die Sinnesorgane anderer Individuen empfangen werden und können sich so in die Gehirne der Empfängerindividuen einprägen, dass eine Kopie des Original-Mems (nicht unbedingt genau) im Empfängergehirn eingegraben wird. Die neue Kopie des Mems ist dann in der Lage, seine phänotypischen Auswirkungen auszusenden, mit dem Ergebnis, dass weitere Kopien von ihm in noch anderen Gehirnen hergestellt werden." (Dawkins 2010, S. 115 f.)

In diesem Abschnitt unterscheidet Dawkins klar zwischen Genotyp und Phänotyp beziehungsweise zwischen Replikator und Vehikel. Der Organismus und die Kulturprodukte, die er hervorbringt, wie Bücher, Bilder, Musik und so weiter sind die Vehikel der Replikatoren, also der Meme. Diese Meme, also die Informationseinheiten im Gehirn, breiten sich durch phänotypische Effekte aus, indem sie in andere Gehirne kopiert werden (Abb. 6.4).

Abb. 6.4 Kultur-Weitergabe nach der Mem-Theorie. Im oberen Teil der Abbildung breitet sich das Mem für einen modischen Schuh von der Figur in der Mitte zu den Gehirnen der Beobachterinnen rechts und links davon aus. Als Ergebnis (unten) besitzen schließlich alle das Mem und präsentieren den Phänotyp „modischer Schuh".

Meme konkurrieren darum, in unser Gehirn zu gelangen und weitergegeben zu werden. In der Regel setzt sich die eingängigste Melodie, die beste Idee, das praktischste Werkzeug oder die nützlichste Fähigkeit durch. Aber Meme sind wie Gene „egoistische" Replikatoren. Das „egoistische" Gen kann den Überlebens- und Reproduktionserfolg seines Trägers unterlaufen, indem es ihn zum Beispiel dazu bringt, sich altruistisch zu verhalten. Dadurch verbessern sich die Reproduktionschancen anderer, die Kopien dieses Gens in sich tragen. Davon profitiert dann das Gen, nicht aber sein Träger. Ähnlich können Meme auf „egoistische" Weise das Überleben und die Reproduktion ihrer Vehikel unterlaufen, auch wenn ihre Zahl steigt. Das Mem für Zigarettenrauchen kann beispielsweise stark zunehmen, obwohl es seinem Träger schadet, denn es wirkt sozial ansteckend und macht abhängig. Das Mem blüht und gedeiht; die Individuen, die es in sich tragen, jedoch nicht. Meme werden auch oft als „Viren des Gehirns" bezeichnet.

Susan Blackmore hat eine klar verständliche, wenn auch extreme Version des egoistischen Mem-Konzepts entwickelt: Für sie sind Meme Gedanken, Anleitungen, Verhaltensweisen und Informationen, die durch Nachahmung von einer Person zur anderen weitergegeben werden. Sie schreibt:

> „In den Augen des Mems ist jeder Mensch eine Maschine zur Herstellung von noch mehr Memen – ein Träger zur Verbreitung, eine Gelegenheit zur Vervielfältigung und eine Ressource für den Wettbewerb von Memen. Wir sind weder die Sklaven unserer Gene, noch sind wir freie und rationale Wesen, die Kultur, Kunst, Wissenschaft und Technik zu ihrem eigenen Vergnügen schaffen. Vielmehr sind wir Teil eines riesigen evolutionären Prozesses, in dem Meme die Replikatoren der Entwicklung sind und wir die Mem-Maschinen." (Blackmore 2000, S. 54; Übersetzung: S. G.)*

Das Mem-Konzept, für das Blackmore und andere plädieren, klingt verführerisch einfach, um das Verhalten und die Kultur des Menschen im Sinne der Darwin'schen Evolution zu erklären. Wir halten jedoch die Argumentation, auf der das Konzept beruht, für fehlerhaft[12]. Der Fehler liegt in der Unterscheidung zwischen Replikatoren (Memen) und seinen Vehikeln, also zwischen dem menschlichen Gehirn, den Errungenschaften des Menschen und dem Menschen selbst, denn sie alle sind Vehikel. Nach Dawkins' Definition ist ein Vehikel eine Einheit, die erworbene Varianten *nicht* von einer Generation an die nächste weitergeben kann. Eine Veränderung bei einer Amöbe (Vehikel) kann nicht vererbt werden, wenn diese nicht auf einer Veränderung der DNA-Sequenz (Replikator) beruht; oder mit einem Beispiel Dawkins': Die Variation eines Kuchens lässt sich nicht vererben, sondern nur das veränderte Rezept. In der Regel kann also eine Veränderung des Trägers nur vererbt werden, wenn ihr eine Veränderung des Replikators zugrunde liegt. Das Problem des Mem-Konzepts besteht darin, dass die Unterscheidung zwischen genartigen Replikatoren und Phänotyp-Vehikeln zusammenbricht, wenn die Entwicklungsprozesse, die die Träger durchlaufen, zur Bildung von Varianten führen. Da vererbbare Verhaltensvarianten und Ideenvarianten (Meme) von Individuen und Gruppen (Vehikel) durch Lernen *rekonstruiert* werden, lässt sich die Vererbung von Memen nicht losgelöst von ihrer Entwicklung und Funktion betrachten.

Das Ganze wird klarer, wenn wir einige Beispiele von Memen, die Dawkins und andere erwähnen, näher betrachten. Überlegen wir also, wie Meme vererbt werden, wenn es um das Öffnen von Milchflaschen bei Meisen geht, um einen neuen Kleidungsstil, um die Art und Weise, wie man ein Baby trägt, oder um eine Reihe von Darstellungen, die Jesus am Kreuz zeigen. Wenn ein Mem eine Informationseinheit analog zu einem Gen ist, dann müsste man bei jedem der Beispiele herausfinden können, was kopiert und was

* *„From the meme's-eye view, every human is a machine for making more memes – a vehicle for propagation, an opportunity for replication and a resource to compete for. We are neither the slaves of our genes nor rational free agents creating culture, art, science and technology for our own happiness. Instead we are part of a vast evolutionary process in which memes are the evolving replicators and we are the meme machines."* (Blackmore 2000, S. 54)

übertragen wird. In keinem der Fälle jedoch wird etwas kopiert, allenfalls in einem sehr weiten, allgemeinen Sinn. Bei jedem der Beispiele betätigt sich der Organismus oder die Gruppe durch Lernen aktiv an der Rekonstruktion eines Verhaltensmusters oder eines Gefühls- und Gedankenmusters. Lernen ist also kein blindes Nachahmen, sondern ein funktions- oder bedeutungsabhängiger Entwicklungsprozess.

Sehen wir uns an, was passiert, wenn Meisen das Öffnen von Milchflaschen „kopieren". Die Aktivitäten von Meisen, die wissen, wie man an die Milch herankommt, ziehen die Aufmerksamkeit unerfahrener Meisen auf etwas (Milchflasche), das sie zuvor nicht als Nahrungsquelle betrachtet haben. Folglich versuchen die unerfahrenen Meisen, die Flasche durch Ausprobieren zu öffnen. Obwohl dieses spezielle Verhalten, also das Öffnen der Milchflasche, benannt und zu Analysezwecken abgegrenzt werden kann (zum Beispiel um seine geografische Verbreitung zu messen), gibt es kein „Mem für das Flaschenöffnen", das von einer Meise an eine andere kulturell vererbt wird. Der Vorgang des Milchflaschenöffnens und seine Weitergabe an andere sind miteinander verbunden. Die Reproduktion des angeblichen „Mems" – also der neuronalen Schaltkreise im Gehirn, die mit dem Öffnen der Milchflaschen in Verbindung stehen – ist die Folge wiederkehrender sozialer und ökologischer Interaktionen, die die Meisen dazu veranlassen, den Vorgang des Flaschenöffnens zu rekonstruieren. Wenn wir die Rekonstruktion des Verhaltens zur Öffnung von Flaschen und die Faktoren, die zu seiner Verbreitung beitragen, erklären wollen, müssen wir die Eigenschaften und die Logik dieses sozial-ökologischen Systems verstehen.

Dieselbe Art von Rekonstruktionsvorgängen können wir auch bei Beispielen der Verhaltensvererbung beim Menschen sehen. Es gibt eine Form von schwerer Geisteskrankheit, bei der die kranke Mutter unter anderem ihr Baby nicht berührt. Diese frühe Erfahrung von Entzug hat verheerende Langzeitfolgen für die betroffenen Kinder; sie zeigen, wenn sie erwachsen werden, dieselbe Psychopathologie. Auch die Töchter rühren später ihre Babys nicht an, das Verhalten wiederholt sich also[13]. Auf diese Weise wird das Verhalten in der weiblichen Linie von Generation zu Generation weitervererbt, wobei ziemlich klar ist, dass kein „Mem für das Nichtberühren von Babys" von der Mutter an die Tochter weitergegeben wird. Vielmehr führt die Interaktion der Tochter mit der kranken Mutter zur Rekonstruktion des pathologischen Verhaltens, wenn sie später selbst Mutter wird. Das Baby nicht zu berühren ist zugleich Ursache und Symptom dieses Krankheitsbildes. Es lässt sich nicht als autonom übertragenes „Mem" isolieren, sondern ist Teil eines psychophysiologischen Systems von Interaktionen.

Auch das Mem für einen neuen Modestil verbreitet sich durch einen Rekonstruktionsprozess und nicht durch entwicklungs- und lernunabhängiges Kopieren. Sicher, eine Vorliebe für einen bestimmten Kleidungsstil zu entwickeln mag eine ziemlich triviale und entbehrliche Angelegenheit zu sein, und doch sind wir oft verblüfft, wie schnell sich ein Modestil ausbreitet, als sei er ansteckend. Selbst wenn wir einer bestimmten Mode scheinbar unbewusst folgen, ist die Übernahme eines neuen Kleidungsstils immer das Ergebnis einer Entwicklung und eines Lernprozesses, die sich in einem sozialen Zusammenhang abspielen. Was reproduziert wird, wenn wir eine Mode übernehmen, sind nicht nur ein bestimmtes Konsumverhalten, sondern auch komplexe soziale Faktoren, die mit Klassenzugehörigkeit, wirtschaftlichem Status, kulturellen Zeichen und so weiter zusammenhängen.

Das letzte Beispiel, mit dem wir uns beschäftigen wollen, ist die Weitergabe von Vorstellungen in Verbindung mit dem Bild der Kreuzigung Jesu. Hier ist das Element der kulturellen Konstruktion noch viel wichtiger und dominanter als in den anderen Fällen. Es handelt sich dabei um ein höchst komplexes kulturell-religiöses Bündel, das durch einen langwierigen Entwicklungsprozess geschnürt wird und das bei jedem Individuum rekonstruiert werden muss. Der Lernvorgang, der dabei notwendig ist, umfasst mehrere Ebenen sozialer Organisation: vom Kind und seiner Familie über die Gemeinde vor Ort bis hin zur Kirche als Institution und zur Gesellschaft. Von einem „Kreuzigungs-Mem" zu sprechen, das von einem Gehirn zum anderen springt, sagt nur sehr wenig über dieses kulturelle Phänomen aus. Vielmehr lässt es genau das vermissen, was es zu erklären versucht – Kultur!

Ein großes Problem des Mem-Konzepts besteht darin, dass die Mechanismen des Kopierens bei der Vererbung von Verhaltensmustern wie dem Öffnen von Milchflaschen oder dem Nicht-Berühren von Babys nicht unabhängig davon sind, was kopiert wird. Sie sind nicht gleichzusetzen mit dem Replizieren von DNA oder dem Kopieren mit einem Fotokopierer, denn für den Vorgang des Kopierens ist es gleichgültig, was kopiert wird. Deutlich wird das, wenn wir uns ansehen, wie ein Kinderreim (Mem) an ein Kind weitergegeben wird. Wie gut er weitergegeben und wie gut er von dem Kind angenommen wird, wie lange es sich an ihn erinnert und wie weit er mit der ursprünglichen Version übereinstimmt, hängt vom Inhalt des Reimes ab, von seiner Melodie, davon, wie oft wir und andere ihn wiederholen, nachdem er gelernt wurde, von unserer musikalischen Begabung und von der des Kindes, von der Motivation des Kindes und von vielen anderen Faktoren. Mit anderen Worten: Die Weitergabe und Aneignung des Reimes hängen mit Lernvorgängen zusammen, die von der Verhaltens- und Entwicklungsgeschichte des Lehrenden wie des Lernenden abhängig sind. Natürlich lässt sich einwenden, dass man einem Kind viele verschiedene Kinderreime beibringen kann, was ja auch geschieht, und dass diese dann – vorausgesetzt, sie folgen einer bestimmten Struktur – von dem Kind erlernt werden können. Man kann also sagen, dass Lernen durch Nachahmung Prozesse beinhaltet, die unabhängig vom Lerninhalt sind. Jedenfalls sind sie nicht derart abhängig vom Inhalt wie die Vererbung des Öffnens von Milchflaschen bei Meisen. Wahrscheinlich ist das der Grund, warum Memetiker wir Susan Blackmore ihr Augenmerk auf das Imitieren richten, weil sie darin den Hauptmechanismus für die Weitergabe von Memen sehen. Wenn wir jedoch etwas imitieren, dann wird der „Phänotyp" des Mems kopiert. Ändern wir den Kinderreim, den wir dem Kind beibringen, etwas ab, so wird der Fehler übernommen. Daher ist selbst mechanisches Imitieren nicht gleichbedeutend mit der Replikation von Genen, da diese von einer phänotypischen Änderung nicht betroffen wären. Wenn also Imitieren nichts Mechanisches ist, wenn das, was imitiert wird, von

Abb. 6.5 Die Weitergabe eines Kinderreims und das Entstehen einer neuen Variante. Beachten Sie, dass die Abwandlungen des Liedes nicht ganz zufällig sind: Sie ergeben einen Sinn und Reim und Rhythmus sind gleich geblieben.

dem, der es imitiert, bewertet und kontrolliert wird, dann ist der Vorgang des Imitierens abhängig vom Inhalt und dem Zusammenhang, und kein bloßes Kopieren (Abb. 6.5)[14].

Da die Erzeugung und Reproduktion kultureller Information eine Dimension des Lernens und der Entwicklung beinhaltet, ist es in den meisten Fällen unmöglich, kulturelle Evolution zu verstehen, wenn man sich Replikatoren und Träger als klar unterscheidbare Einheiten vorstellt. Es lassen sich keine diskreten, unveränderbaren Einheiten mit unveränderbaren Grenzen, die von einer Generation zur nächsten nachverfolgt werden können, erkennen. Obwohl das Mem-Konzept eine intellektuell überschaubare Theorie der kulturellen Evolution zu bieten scheint, funktioniert das nur, weil sie sich auf die Selektion kopierter Vorstellungen und Verhaltensweisen konzentriert und die viel schwierigeren und komplizierteren Themen wie Ursprung, soziale Konstruktion und Interaktion außer Acht lässt. Das Konzept sagt nichts darüber aus, wie neue kulturelle Information erzeugt und angewendet und durch welche Prozesse sie vererbt und erworben wird. Ganz sicher werden wir weit mehr über den Prozess der kulturellen Evolution erfahren, wenn wir versuchen, die komplexen Prozesse zu verstehen, durch die Veränderungen in der Kultur hervorgerufen und geformt werden, statt über die Selektion scheinbar klar unterscheidbarer Varianten oder Meme nachzudenken, die dadurch verbreitet werden, dass sie mehr „replizieren" können als andere. Das entscheidende Merkmal der menschlichen Kultur ist ihre starke konstruktive Kraft, ihre Stimmigkeit und ihre innere Logik. Dazu gehört die Fähigkeit, die Zukunft zu entwerfen und zu planen. Durch Kommunikation mittels Symbolen können Menschen anderen Menschen ihre Vorstellungen und kulturellen Errungenschaften mitteilen, um dadurch in einem sehr komplexen sozialen und politischen System bewusst ihre Zukunft zu gestalten. Wer die Verbreitung menschlicher Gewohnheiten und Ideen mit der Replikation egoistischer Meme erklärt, verschleiert diesen einzigartigen Aspekt der Evolution des Menschen.

Evolutionäre Psychologie und mentale Module

Wenn Meme keine Hilfe sind, um die kulturelle Evolution des Menschen zu verstehen, gibt es dann eine bessere Erklärung? Viele evolutionsorientierte Soziologen, Psychologen und Anthropologen sagen: Ja – und plädieren dafür, das Verhalten und die Kultur des Menschen einfach unter dem Blickwinkel unserer Gene zu betrachten. Für sie ist Kultur eine dünne, bunte Schicht über genetisch selektierten, angeborenen, spezifisch menschlichen psychologischen Mechanismen[15].

Diese Sichtweise verdeutlicht am besten ein Ansatz, der zurzeit unter den radikaleren Evolutionspsychologen populär ist. Sie gehen davon aus, dass der menschliche Geist aus einer Reihe weitgehend autonomer „mentaler Module" oder „mentaler Organe" besteht. Dadurch lässt sich das Gehirn mit einer Art Ansammlung von Mini-Computern vergleichen, von denen jeder eine bestimmte Aufgabe hat. Es gibt spezielle Module für die Partnerwahl, für Sprachen, für das Erkennen von Menschen, für Zahlen, für das Aufdecken von Betrug, für Elternliebe, für Humor und so weiter. Angeblich haben sich diese Module während der entscheidenden Perioden der menschlichen Evolution durch natürliche Selektion herausgebildet, insbesondere im Pleistozän, als unsere Vorfahren Jäger und Sammler in der afrikanischen Savanne waren. Jedes Modul hat die Aufgabe, eine bestimmte Art von Information zu verarbeiten, und es erzeugt ein Verhalten, das eine Person mit hoher Wahrscheinlichkeit dazu befähigt, zweckmäßig zu handeln. Module sind organisatorisch teilweise autonom, haben eine hohe Verarbeitungsgeschwindigkeit und sind nicht zugänglich für das Bewusstsein. Wenn sie einen Fehler machen, sind die Prozesse, die sie kontrollieren, selektiv beeinträchtigt.

Der Hauptpunkt in der Argumentation der Evolutionspsychologen besteht darin, dass das einzigartige Verhalten von uns Menschen *nicht* das Produkt unserer allgemein höheren Intelligenz ist, sondern vielmehr das Ergebnis hoch spezialisierter neuronaler Netzwerke, die sich bei der Darwin' schen Selektion genetischer Varianten herausgebildet haben. In der Vergangenheit führte diese starke Selektion von Facetten unterschiedlichen Verhaltens zur Entwicklung mentaler Module, die klar voneinander getrennt sind. Wenn die psychologischen Mechanismen, die diese angeblichen Module bestimmen, ein Verhalten erzeugen, das nicht zweckmäßig ist, dann – so nehmen die Evolutionspsychologen an – liegt dies daran, dass sie sich im Pleistozän oder noch früher herausgebildet haben. Damals – so ihr Ansatz – *war* das Verhalten zweckmäßig, doch in unserer modernen Gesellschaft von heute ist das anders. So *war* die Vorliebe für Süßes in unserer evolutionären Vergangenheit, als es wenig energiereiche Nahrung gab, vorteilhaft; in unserer heutigen Wohlstandsgesellschaft jedoch kann die Befriedigung unseres Verlangens nach Süßem schädlich für uns sein.

Wann und wo diese Evolution im Einzelnen stattgefunden hat, ist zwar umstritten, dennoch scheint die Vorstellung, dass unser menschliches Verhalten durch genbasierte, phylogenetisch entstandene Module bestimmt wird, biologisch sinnvoll und gewinnt immer mehr Anhänger. Das heißt natürlich nicht, dass sie stimmt. Eine Alternative besteht darin, das Verhalten und die Kultur des Menschen als Folge der außerordentlichen Entwicklungsplastizität von Hominiden zu erklären, verbunden mit und verstärkt durch ihr wirkmächtiges System der Kommunikation durch Symbole. Danach sind die extrem unterschiedlichen ökologischen und sozialen Milieus, die sich die Menschen selbst konstruieren, ein wichtiger Aspekt der kulturellen Evolution. Evolutionspsychologen neigen dazu, solche Alternativen nicht ernst zu nehmen, und weisen sie als altmodisches Überbleibsel eines sozialwissenschaftlichen Ansatzes zurück. Wir meinen, dass sie damit die Kraft und verborgenen Vielfalt kultureller Evolution nicht berücksichtigen. Allein durch die Weitergabe von Kultur kann erstaunlich viel erreicht werden – ohne irgendwelche genetischen Veränderungen. Um zu zeigen, wie sehr sich Kulturpraktiken an bestehende Genotypen anpassen und angleichen können, werden wir uns noch eines anderen Gedankenexperiments bedienen, das erstmalig von Eva Jablonka und Geva Rechav (1996) verwendet wurde[16].

Das Lese- und Schreibmodul

Stellen wir uns vor, es gelingt uns trotz all unserer Anstrengungen nicht, die Welt und uns selbst zu zerstören, und auf unserem Planeten haben sich in 500 Jahren nicht nur die meisten der heutigen Lebensformen erhalten, sondern den Menschen ist es auch gelungen, eine bessere Welt für sich zu schaffen. Die meisten haben genug zu essen, ein Haus und eine Krankenversicherung, sie leben in Freiheit, und fast alle, die gesund sind, können lesen und schreiben. Sie können es deshalb, weil sie alle in einer Umwelt aufwachsen, in der sie von Geburt an einem Strom von Wörtern sowie visuellen und taktilen sprachlichen Symbolen ausgesetzt sind, die für Dinge, Gedanken und Beziehungen stehen. Diese Symbole werden durch komplizierte computerähnliche Maschinen und andere Kommunikationsmittel, die zu einem unabdingbaren Teil des Alltags geworden sind, produziert und dargestellt (Abb. 6.6). Folglich erwerben Kinder die Fähigkeit zu lesen ohne irgendwelche formelle Anleitung, so wie heute viele Kinder lesen lernen, indem sie ununterbrochen modernen Kommunikationstechniken ausgesetzt sind. Die Kinder des Jahres 2500 lernen auch schnell schreiben, da Schreiben dann nur noch einen einzigen Knopfdruck erfordert. Zweifellos halten die Menschen in der Mitte des dritten Jahrtausends ihre Art zu lesen und zu schreiben für ziemlich selbstverständlich.

Stellen wir uns nun vor, dass eine Wissenschaftlerin von einem anderen Planeten auf die Erde kommt, die die Aufgabe hat herauszubekommen, wie Lesen und Schreiben entstanden ist. Sie findet schnell heraus, dass alle gesunden Kinder mit einer normalen Erziehung früh im Leben die Fähigkeit erwerben zu lesen und zu schreiben. Sie tun das fast ohne jede formelle Instruktion, doch unterschiedlich schnell. Die Symbolsysteme, die von den verschiedenen Bevölkerungsgruppen benutzt werden, sind nicht identisch, aber die meisten werden mit mehr oder weniger derselben Leichtigkeit erworben; daher gibt es keine großen Unterschiede zwischen diesen Gruppen.

Abb. 6.6 Lesen- und Schreibenlernen im Jahr 2500

Der fremden Wissenschaftlerin wird klar, dass das Lese- und Schreibverhalten außergewöhnlich komplex ist. Wenn Menschen lesen und schreiben, müssen Informationen aus verschiedenen Quellen in die Struktur eines Systems von Regeln integriert werden, deren sie sich nicht immer bewusst sind. Das fremde Wesen beginnt, sich die Genetik und Neurologie des Menschen anzuschauen. Es findet heraus, dass es bestimmte Schäden gibt, bekannt unter dem Namen Legasthenie, die sich auf die Fähigkeit zu lesen und zu schreiben auswirken. Legasthenie scheint sich innerhalb der Familie weiter zu vererben und es gibt Hinweise darauf, dass eine starke genetische Komponente damit verbunden ist. Es gibt verschiedene Formen von Legasthenie, aber nur einige davon sind mit Schädigungen anderer mentaler Fähigkeiten wie der sprachlichen Ausdrucksfähigkeit oder der allgemeinen Intelligenz verbunden. Daher scheint es, als könnten genetische Varianten das Lese- und Schreibverhalten direkt beeinflussen, nicht nur durch ihre Auswirkungen auf die allgemeine Intelligenz. Die fremde Forscherin entdeckt jedoch, dass das Lese- und Schreibverhalten außer der genetischen Komponente auch ein wichtiges Lernelement beinhaltet. Sie findet heraus, dass sozial benachteiligte Kinder, die nicht wie die anderen Kinder Zugang zu dem Verhalten und den Techniken hatten, welche zur Lese- und Schreibfähigkeit führen, zwar lesen und schreiben lernen, wenn sie älter sind, dass ihnen das aber nicht so leicht fällt wie Kindern, die normal aufgewachsen sind. Ältere Kinder und Erwachsene benötigen formelle Anleitung. Als die fremde Forscherin bildgebende Verfahren anwendet, um die neuronalen Grundlagen für Lesen und Schreiben zu erforschen, findet sie heraus, dass diese mit leicht variablen, etwas verteilten, aber nicht zufällig lokalisierten Gehirnaktivitäten verbunden sind. Aus den Fakten über das Lese- und Schreibverhalten, die sie gesammelt hat – seiner Komplexität, der Leichtigkeit, mit der es in sehr jungen Jahren erworben wird, sowie den genetischen, neurologischen und entwicklungsspezifischen Daten – schließt die Forscherin, dass es sich um eine hoch entwickelte Anpassung handelt, der ein klar umrissenes, genetisch entwickeltes „Lese- und Schreibmodul" zugrunde liegt. Es scheint sich dabei ganz offensichtlich um das Produkt einer lange zurückliegenden Selektion genetischer Varianten zu handeln, die das Lese- und Schreibverhalten beeinflussen.

Dann aber konsultiert die außerirdische Forscherin die historische und archäologische Fachliteratur. Dort erfährt sie, dass Lesen und Schreiben noch sehr junge Kulturpraktiken sind und dass es dafür keine direkte genetische Selektion im Verlauf der Evolution des Menschen gegeben hat. Daher lässt sie ihre erste Hypothese fallen und kommt zu dem Schluss, dass das „literarische Modul" keine klar umrissene, separat entwickelte Struktur ist, sondern in der Frühphase der Entwicklung jedes Individuums entsteht. Da das Lese- und Schreibverhalten so komplex ist, schließt sie daraus, dass hier eine Kombination verschiedener, bereits vorhandener kognitiver Anpassungen zusammenkam und daraus das Lese- und Schreibverhalten entstand. Eine Selektion von Genen war nicht erforderlich – es handelte sich vielmehr um einen Prozess kultureller Evolution.

Wir verwenden dieses Gedankenexperiment, da die Argumentation, die die Forscherin zuerst dazu brachte anzunehmen, Lesen und Schreiben sei das Ergebnis genetischer Selektion, aus der ein „Lese- und Schreibmodul" hervorgegangen ist, genau dieselbe ist, die Evolutionspsychologen und -linguisten schließen lässt, es gäbe ein „Sprachmodul" im menschlichen Gehirn, das während der Evolution der Hominiden selektiert wurde[17]. Sprache ist – so sagt man – universell und eine Besonderheit des Menschen; ihre Struktur ist sehr komplex; sie wird frühzeitig und ohne bewusste Anstrengung erworben; es gibt Schädigungen des Gehirns, die sich in unterschiedlichem Umfang auf die Sprache auswirken; einige genetische Varianten sind mit Sprachstörungen verbunden. Dies alles wird als Beweis für ein artspezifisches, evolutionär entstandenes mentales Modul für Sprache gewertet. Aber wie das Gedankenexperiment zur Lese- und Schreibfähigkeit gezeigt hat, muss man sehr vorsichtig damit sein, von der genetischen Selektion auf ein solches mentales Modul zu schließen; selbst wenn es das Ergebnis direkter genetischer Selektion ist – es muss nicht so sein. Wir müssen auch alternative und ergänzende Möglichkeiten in Betracht ziehen, die – wie wir sehen – das Ergebnis kulturell-historischer Evolution und entwicklungsspezifischer Konstruktion sind.

Diejenigen, die meinen, es gebe ein genetisches Sprachmodul im Gehirn, stützen ihre Ansicht auf Beweise aus verschiedenen Quellen, aber bei vielen anderen mentalen Modulen, die von Evolutionspsychologen postuliert werden, zum Beispiel das Modul zur Aufdeckung von Sozialbetrügern[18], das geschlechtsspezifische Modul für die Partnersuche[19] oder das Modul für geschlechtsspezifische Kreativität[20], gibt es keine neurologischen oder genetischen Daten, die diese Behauptung erhärten. Die Befürworter verlassen sich auf Schlussfolgerungen, die sie aus eher allgemeinen soziologischen und psychologischen Befunden ziehen. So behaupteten zum Beispiel der amerikanische Psychologe Leda Cosmides und der Anthropologe John Tooby, es gebe ein Modul zur Aufdeckung von Trittbrettfahrern, da die meisten Menschen bei psychologischen Tests weniger Fehler machen, wenn sie überlegen, soziale Regeln zu brechen, als wenn sie sich über nicht-soziale Regeln Gedanken machen. Zur Begründung führen Cosmides und Tooby an, dass zu der Zeit, als unsere Vorfahren begannen, zu ihrem gegenseitigen Nutzen zu kooperieren, die Fähigkeit stark selektiert wurde, jeden zu enttarnen, der sich alle Vorteile der Kooperation zunutze machte, ohne selbst etwas beizutragen. Dies führte zur genetischen Entwicklung eines Moduls zur Aufdeckung von Trittbrettfahrern – eine vorteilhafte Denkweise, die anstelle von logischem Nachdenken (worin wir eher schwach sind) in vielen sozialen Situationen genutzt wird.

Im Falle der Partnerwahl begründete der amerikanische Psychologe David Buss seine Argumentation für ein geschlechtsspezifisches Modul mit den Antworten von Menschen, die einen Fragebogen über die Wahl ihres Sexualpartners ausgefüllt hatten. Er fand heraus, dass Menschen aus verschiedenen Kulturen weitgehend ähnliche Antworten gaben und ähnliche geschlechtsspezifische Präferenzen zeigten. Männer zogen in der Regel junge und schöne Frauen älteren und wohlhabenden Frauen vor, während Frauen häufiger ältere, wohlhabende Männer wählten als solche, die jung und arm waren. Die evolutionäre Erklärung dafür lautet, dass beide Geschlechter in ihrer evolutionären Vergangenheit so selektiert wurden, dass sie einen Sexualpartner bevorzugen, mit dem sie Kinder zeugen und aufziehen konnten. Für Männer ist das eine Frau, die fruchtbar, wohlgenährt und gesund ist, was durch Schönheit und Jugend signalisiert wird; für Frauen ist es ein Mann mit Ressourcen wie Geld und Macht, die in der Regel mit höherem Alter einhergehen, damit dieser für sie und ihr Kind sorgen kann.

Der englische Psychologe Geoffrey Miller misst der sexuellen Selektion sogar eine noch größere Rolle in der kulturellen Evolution des Menschen bei. Für ihn besteht Kultur zum Großteil aus einer Reihe von Anpassungen, die sich im Laufe der Evolution herausgebildet haben, um einen potenziellen Partner zu umwerben. Kulturprodukte, so Miller, weisen auf die Intelligenz und Kreativität ihres Urhebers hin und sind daher wertvolle Indizien, wenn es darum geht, einen Partner auszuwählen, der ein guter Elternteil sein wird. Durch diese Vorstellung kann Miller erklären, warum Männer mehr Bücher veröffentlichen, mehr Bilder malen und mehr Musik komponieren als Frauen. Denn Männer mussten mehr um ihre Sexualpartner kämpfen als Frauen. Letztere müssen äußerst sorgfältig sein bei der Partnerwahl, da sie so viel in die Zeugung und Aufzucht ihrer Kinder investieren. Daher haben sie hoch intelligenten, kreativen Partnern den Vorrang gegeben. Diese Männer wiederum haben mehr Sexualpartner bekommen, daher haben sich die Gene, die Männer kreativ gemacht haben, ausgebreitet. Heute demonstrieren Männer ihre sexuell selektierte Kreativität durch ihre Bücher, ihre Bilder und ihre Musik.

Trifft diese Argumentation zu? Theoretisch – wenn auch in einer Welt, die sich von der unseren wahrscheinlich ziemlich unterscheidet – könnte sie so stimmen, aber das heißt nicht, dass sie auf unsere heutige, zutiefst kulturell geprägte Welt zutrifft. Wir glauben, dass man sehr vorsichtig damit sein muss, evolutionär entstandene mentale Module und ähnliche Vorstellungen ohne weiteres kritiklos zu übernehmen. Wir haben diese

Gefahren bereits an unserem Gedankenexperiment zur Lese- und Schreibfähigkeit illustriert. Nun wollen wir auf die Hauptschwierigkeiten dieser Argumentation näher eingehen. Dabei betrachten wir zwei der häufigsten Merkmale genauer, die Evolutionspsychologen anführen, um die Existenz evolutionär entstandener mentaler Module zu postulieren. Das erste ist die Universalität und Unveränderlichkeit, das zweite die Leichtigkeit, mit der das Verhalten erworben oder angewandt wird.

Universalität und Unveränderlichkeit bedeuten, dass jeder Mensch dieses Verhalten entwickelt, unabhängig von seiner sozialen Umgebung und seiner psychischen Konstitution. Dies – so die Befürworter von Modulen – liegt wahrscheinlich daran, dass das Verhalten durch ein unveränderliches genetisches Programm, das jeder besitzt, hervorgerufen wird. Aber es gibt auch andere Möglichkeiten zu erklären, dass enorme Unterschiede in der sozialen Organisation, in den Lernmöglichkeiten und in den psychischen Eigenschaften oft keine Auswirkungen auf den Erwerb eines Verhaltens haben, selbst wenn sie die spezielle Variante beeinflussen können, die erworben wird, zum Beispiel die jeweils erlernte Sprache.

Eine andere Möglichkeit besteht darin, dass keiner die Ausgangsbedingungen kennt, die ein Verhalten scheinbar unveränderlich machen, weil wir *alle* unter diesen Bedingungen leben. In dem Gedankenexperiment zur Lese- und Schreibfähigkeit sind die gemeinsamen Ausgangsbedingungen, die die Universalität und Unveränderlichkeit hervorgebracht haben, eindeutig: *Alle* Kinder waren einer komplexen bildungsfördernden Umgebung ausgesetzt. Ohne diesen Umstand wären Lesen und Schreiben nicht universal geworden. Aber es gibt auch weniger eindeutige Beispiele: Einige Zeit lang dachte man, dass die Art und Weise, wie frisch geschlüpfte Küken auf die Rufe ihrer Mutter reagieren, nicht erlernt ist, sondern das Ergebnis eines evolutionär entstandenen genetischen Programms. Man dachte, es handele sich um einen Instinkt – ein erfahrungsunabhängiges, angeborenes zweckmäßiges Verhalten. Küken erkennen die Rufe ihrer eigenen Art, selbst wenn sie die Rufe der brütenden Henne vor dem Schlüpfen nie gehört haben; das sieht natürlich so aus, als sei ihr Verhalten genetisch fixiert. Aber das muss nicht so sein. Experimente des amerikanischen Entwicklungspsychologen Gilbert Gottlieb haben gezeigt, dass zumindest bei einer Hühnerart die Küken den Ruf der Mutter lernen müssen[21]. Es scheint, als ob die Küken während der Entwicklung ihres Lautsystems, wenn sie noch im Ei sind, ihren Stimmapparat ausprobieren und ihre selbst produzierten Töne hören. Dadurch wird ihr Wahrnehmungssystem so eingestellt, dass sie auf den Ruf der Mutter antworten, wenn sie schlüpfen. Da die Ausgangsbedingung, die für die Entwicklung dieses Verhaltens nötig ist – in diesem Fall die Hörerfahrung als Embryo –, zunächst nicht erkannt wurde, kam man zu einem falschen Schluss, nämlich zu der Erklärung, die Antwort der Küken auf den Ruf der Mutter sei das Ergebnis evolutionärer Selektion. Kann das nicht ebenso auf universelle menschliche Verhaltensweisen zutreffen, nämlich auf solche, für die wir angeblich genetisch selektierte Module besitzen?[22]

Wenn also das Argument, Universalität und Unveränderlichkeit seien Hinweise auf ein Modul, das durch genetische Evolution erworben wurde, schwach ist, wie steht es dann um die Leichtigkeit, mit der ein Verhalten erworben oder angewandt wird? Wenn Menschen ein Verhaltensmuster sehr schnell und früh im Leben lernen, oft sogar ohne größere Anweisungen, selbst wenn es komplexe Regeln enthält, deren sie sich oft nicht bewusst sind, bedeutet das dann, dass es ein evolutionär entstandenes genetisches Modul für dieses Verhalten gibt?

Die große Diskrepanz zwischen geringem Lernaufwand und der Komplexität des Ergebnisses brachte Eric Lenneberg und Noam Chomsky dazu, für eine angeborene Sprachfähigkeit des Menschen zu plädieren[23]. Sicher lässt sich nur schwer nachvollziehen, wie ganz kleine Kinder lernen, Grammatikregeln korrekt anzuwenden, was sie offenbar tun, allein durch die begrenzte und unregelmäßige Konfrontation mit Sprache, die sie erleben. Es sieht so aus, als gebe es eine vorab existierende neuronale Bereitschaft, solch komplexes Verhalten hervorzubringen. Aber das ist nicht die einzig mögliche Erklärung. Obwohl die Schnelligkeit und Leichtigkeit, mit der sie lernen, auf einige bereits vorhandene speziell selektierte Neuromechanismen hinweisen kann, könnten dieselben Eigenschaften auch Folge eines kulturell entwickelten Systems sein, das gut an das Gehirn angepasst ist und so das Lernen erleichtert. Denken wir nur daran, wie schwer es vor 1200 Jahren für jemanden in Europa war, eine Zahl durch eine andere zu teilen. Nehmen wir an, jemand wollte 3712 durch 116 teilen, oder – wie es damals hieß – MMMDCCXII durch CXVI. Beim römischen Zeichensystem hätte er einen Abakus gebraucht oder eine Reihe von Tabellen, um diese Aufgabe zu lösen. Oder – was wahrscheinlicher ist – er hätte einen Spezialisten eingestellt, der ihm die Antwort gibt (XXXII). Mit unserem arabischen Zeichensystem heute und der nützlichen Null kann ein durchschnittlicher Zehnjähriger innerhalb von wenigen Minuten die Antwort geben: 32. Wenn wir nichts über den kulturellen Wandel bei den Zahlensystemen wüssten, wenn unser Urteil nur darauf beruhte, schnell und richtig rechnen zu können und dabei nichts als Papier und Stift zu benutzen, könnten wir daraus gut und gerne folgern, dass es innerhalb der letzten 1200 Jahre eine große Mathematik-Mutation gegeben haben muss, die durch natürliche Selektion in unser Mathe-Modul eingebaut wurde.

Ein solcher genetischer Wandel würde natürlich nicht so schnell ablaufen, aber darum geht es nicht. Das Beispiel zeigt vielmehr, dass das Tempo, in dem Verhaltenspraktiken erworben oder angewandt werden, nicht nur von der genetischen Evolution abhängt. Die Art und Weise, wie wir lernen und wie wir Dinge tun, wurde durch kulturelle Evolution strukturiert und diese bestimmt auch das Tempo, in dem Verhaltenspraktiken, wahrscheinlich auch Sprachpraktiken, erlernt und erworben werden.

Diese Argumentation bedeutet nicht, dass wir meinen, Sprachfähigkeit sei allein durch kulturelle Evolution entstanden. Wir denken vielmehr, dass es vernünftige Gründe für die Annahme gibt, Sprache habe sich durch die gemeinsame Evolution von Genen und kulturellen Sprachpraktiken entwickelt. Darauf werden wir in Kapitel 8 näher eingehen. Jedenfalls glauben wir, dass man den großen Einfluss der kulturellen Evolution ernst nehmen und wissen muss, dass sie Verhaltenspraktiken schnell und wirkungsvoll an die Besonderheiten des sich entwickelnden Gehirns anpassen kann. Wir sollten diese Möglichkeit immer in Betracht ziehen und als Alternative oder Ergänzung zu jeder Hypothese von Gen-Selektion prüfen. Manches Verhalten kann einen rein kulturellen Ursprung haben, auch wenn es universell zu sein scheint. Beispielsweise ist es nicht schwer sich vorzustellen, wie die kulturelle und soziale Evolution des Menschen dazu geführt hat, dass Männer mehr Bücher schreiben, Bilder malen und Musik komponieren als Frauen. Es ist auch nicht schwer, sich Elemente der kulturellen Evolution vorzustellen, die dazu führen, dass Frauen bei der Partnerwahl manchmal einem wohlhabenden Mann gegenüber einem jungen Mann den Vorzug geben. Das Symbolsystem ist sehr mächtig und es ist offensichtlich in der Lage, eine Reihe von Varianten zu konstruieren und rekonstruieren und dadurch Verhaltensweisen hervorzubringen, die ein scheinbar universeller, unveränderlicher Teil der menschlichen Natur zu sein scheinen.

Von der Evolution zur Geschichte

Wie wir sehen, sind weder Meme noch Module in der Lage, das Verhalten des Menschen und seine kulturelle Evolution völlig zufriedenstellend zu beschreiben oder zu erklären. Was wir bei der Memetik wie bei der evolutionären Psychologie vermissen, ist die Entwicklung. Memetiker wie Evolutionspsychologen begrenzen die Rolle sozialer, ökonomischer und politischer Kräfte auf die *Selektion* kultureller Varianten; deren Bedeutung für den Prozess der Innovation und der Konsolidierung von Innovationen wird in der Regel übersehen. Memetik und Evolutionspsychologie können wenig dazu sagen, wie kulturelle Konstruktionen eigentlich beginnen: Sie sagen fast nichts darüber aus, wie soziale, ökonomische und politische Kräfte Kultur und Gesellschaften durch die Pläne und Handlungen von Menschen verändern. Wie Mary Midgley etwas bitter bemerkt hat, tendieren die gegenwärtigen Theorien dazu, was die Welt verändert, zu der Annahme, „dass es sicher etwas viel Großartigeres ist als ein paar Leute mit wenig Einfluss, die in einem Winkel unter dem Dach sitzen und sich für sehr wichtig halten“[24]. Wie wir bereits betont haben, zeichnet sich der kulturelle Wandel beim Menschen durch ein Merkmal aus, das ihn von allen anderen Arten der Evolution, die wir besprochen haben, unterscheidet: Menschen sind in der Lage, sich ihrer Geschichte – sei sie real oder mythisch – und ihrer künftigen Bedürfnisse bewusst zu sein und sich darüber auszutauschen.

Die Zukunftsplanung von Individuen, Gemeinschaften, Unternehmen und Staaten ist verbunden mit der Auswahl, Verbreitung und oft auch der Einführung kultureller Neuerungen. Menschen informieren sich gegenseitig über ihre Vorstellungen von Zukunft, sie wählen aus zwischen bestehenden und verborgenen Varianten und sie konstruieren ihre Gegenwart in Erwartung dessen, was kommen wird. Durch die Fähigkeit, die Zukunft zu planen und sich darüber auszutauschen, wird die Bedeutung der sozialen und kulturellen Umgebung in jeder Phase der Entwicklung und Ausbreitung kultureller Innovationen betont. Wir müssen die rationalen Fähigkeiten und das Vorstellungsvermögen von Menschen verstehen und mitberücksichtigen, wenn wir den Ursprung und die Entstehung neuer kultureller Varianten verstehen wollen. Memetik und evolutionäre Psychologie haben sehr wenig zu diesem Aspekt von Kultur zu sagen. Sie betonen die Selektion von Varianten statt vielmehr die Bedingungen, die für ihre Entwicklung wichtig sind.

Der Aspekt der Entwicklung in der kulturellen Evolution ist besonders beim Menschen von Bedeutung, aber es gibt ihn nicht nur dort. Er ist auch bei Tieren wichtig, um Traditionen zu konstruieren. Im vorigen Kapitel haben wir ausgeführt, wie Tiere durch ihr Verhalten ökologische und soziale Bedingungen konstruieren können, unter denen Informationen weitergegeben und neue Varianten erzeugt werden. Wir haben behauptet, dass die Wirkung in manchen Fällen – wie bei den Kojima-Affen – kumulativ sein kann, nämlich dann, wenn eine neue Gewohnheit eine Flut ökologischer und verhaltensspezifischer Änderungen nach sich zieht, die das ursprüngliche Verhalten stabilisieren und verstärken und nach und nach zu einem neuen Lebensstil führen. Solche Prozesse kumulativer, sich selbst verstärkender kultureller Konstruktion sind in menschlichen Gesellschaften noch offensichtlicher. Jeder Aspekt der Symbolkultur des Menschen ist Teil eines interagierenden Netzwerks von Verhaltensweisen und Ideen und ihren jeweiligen Produkten, die durch viele verschiedene Kräfte geformt werden. Es fällt daher schwer, sich irgendein Erzeugnis oder Verhalten als evolutionäre Einheit, isoliert von der Kultur, in die sie historisch eingebettet ist, vorzustellen. Nicht nur das Überleben, sondern auch die Entstehung und Rekonstruktion einer Innovation hängt von der bestehenden Kultur ab, und alle drei wiederum sind voneinander abhängig. Da Symbolsysteme per definitionem selbstreferenziell sind, können Innovationen nur dann überleben, wenn sie systemkonform sind. Wenn zum Beispiel ein neues Gesetz, das heißt, eine neue *halacha*, in das jüdische Religionssystem eingeführt wird, darf es den bestehenden Gesetzen nicht zuwiderlaufen, sondern muss eng mit ihnen verbunden, am besten direkt von ihnen abgeleitet sein. Dadurch erhält das kulturelle System als Ganzes große Stabilität und ist vor großen Veränderungen weitgehend gefeit.

Obwohl Symbolkulturen in vielen Bereichen relativ stabil sind, ist es oft unbedeutend, ob ein bestimmtes Element eines sozialen Systems genauso weitergegeben wird oder nicht. Wenn man genauer darüber nachdenkt, erkennt man schnell, warum große Genauigkeit oft von Nachteil ist, besonders in komplexen Gesellschaften, die ständig im Wandel sind. Es ist nicht sehr sinnvoll, den Kleidungsstil, die Sprechweise und die Automarke seiner Eltern exakt zu übernehmen. Worauf es ankommt, ist nicht die haargenaue Weitergabe, sondern die funktionale Angemessenheit von Veränderungen eines Kulturelements. In der Regel spielt das veränderte Element weiterhin eine ähnliche Rolle wie das ursprüngliche und bleibt in andere Aspekte der Kultur integriert. Ob eine neue Variante des Kleidungsstils, der Sprechweise, des Autos oder irgendeiner anderen Sache erhalten bleibt und genauso neu gebildet wird, hängt von den Begrenzungen ab, die durch weiterreichende Aspekte der Wahrnehmung und Kultur gesetzt sind. Wir wiederholen noch einmal unseren Hauptpunkt: Die Selektion, Erzeugung, Weitergabe und der Erwerb kultureller Varianten können nicht isoliert voneinander betrachtet werden, auch nicht isoliert von den ökonomischen, juristischen und politischen Systemen, in die sie eingebettet sind und in denen sie konstruiert werden, und auch nicht von den Gewohnheiten der Menschen, die sie konstruieren[25].

Unsere Sicht des menschlichen Verhaltens und der kulturellen Evolution unterscheidet sich offensichtlich von der der Memetiker und Evolutionspsychologen, die einen eindeutig neodarwinistischen Standpunkt vertreten. Sie fragen, wie eine kulturelle Entität oder ein kulturelles Verhalten selektiert wurden – und wer davon profitiert. Evolutionspsychologen fragen in der Regel nach dem Nutzen für das Individuum oder das Gen, während Memetiker von der Grundannahme ausgehen, dass die kulturellen Aktivitäten und Entitäten an sich die Nutznießer sind. Unser Ansatz ist lamarckistischer, wir sehen die Dinge eher in ihrer historischen Entwicklung. Wir glauben, dass man nur dann verstehen kann, warum eine bestimmte kulturelle Entität existiert oder sich verändert, wenn man sich über ihren Ursprung, ihre Rekonstruktion und ihre funktionelle Erhaltung, die alle eng miteinander und mit anderen Aspekten der Kulturentwicklung verbunden sind, Gedanken macht. Es ist nicht nur notwendig, danach zu fragen, was selektiert wird und wer davon profitiert, sondern auch danach, wie und warum ein neues Verhalten oder eine neue Idee entstehen und sich entwickeln und wie sie weitergegeben werden. Soweit wir sehen, ist es in der Regel unmöglich, den Nutznießer festzustellen, dessen Reproduktionserfolg durch eine bestimmte Facette von Kultur vergrößert wird, da es in der Regel nicht nur einen einzigen Nutznießer gibt und kulturelle Evolution nicht in erster Linie das Ergebnis natürlicher Auslese ist.

Um zu illustrieren, was der Unterschied zwischen unserem Ansatz zur Erklärung kultureller Evolution und dem neodarwinistischen Ansatz ist, sehen wir uns eine relativ unbedeutende kulturelle Veränderung an und fragen uns, wie man diese wohl interpretieren könnte. Die „kulturelle Entität", die wir auswählen, ist die Bestrafung für den Diebstahl von Schafen. Zu unterschiedlichen Zeiten wurden Schafdiebe in England entweder gehängt, ins Gefängnis gesperrt, nach Australien geschickt oder mit einer Geldstrafe belegt. Im Laufe der Zeit hat sich die Art der Bestrafung eindeutig verändert (evolviert). Wie also lässt sich dieser Wandel erklären? Wenn wir ihn mit der neodarwinistischen Auslese von Individuen und Gesellschaften erklären, lassen sich nur schwer Gründe finden, warum eine Form der Bestrafung eine andere ersetzen sollte. Evolutionspsychologen würden sagen, dass wir ein durch genetische Evolution entstandenes Modul im Gehirn haben, das durch vorangegangene Selektion gebildet wurde, um die Handlungen von Menschen zu kontrollieren, die soziale Regeln brechen. Sie würden wahrscheinlich versuchen, die zeitgebundenen Veränderungen in der Art der Bestrafung allein dadurch zu erklären, dass zusätzliche Module – wie zum Beispiel ein Modul zur Verteidigung von Eigentum oder ein Modul zur Suche nach neuen Einnahmequellen –, deren Parameter durch die soziale Umgebung ausgelöst wurden, zu diesen Veränderungen beigetragen haben.

Andererseits würden sich Memetiker wahrscheinlich darauf konzentrieren, wie sich Vorstellungen über die Bestrafung von Schafdiebstahl verbreitet haben. Sie würden behaupten, dass einige dieser Vorstellungen durch andere ersetzt wurden, die besser in den laufenden „Memplex" passten. (Das ist die Bezeichnung für die Anzahl von Memen im Gehirn, wie sie einige von ihnen verwenden.) Dieser Ansatz geht davon aus, dass nur das Mem von einer bestimmten Form der Bestrafung profitiert. Er scheint in diesem Fall eine gewisse Bedeutung zu haben. Denn das Denken der Memetiker akzeptiert die Bedeutung von Kultur im weiteren Sinn, wenn es darum geht, einer bestimmten Art von Bestrafung einer anderen gegenüber den Vorzug zu geben. Aber Memetiker könnten wenig darüber sagen, *warum* eine neue Art der Bestrafung ursprünglich erfunden wurde und wie soziale Interessen, zum Beispiel die Kolonisationspolitik oder Pläne für eine größere Zentralisierung und Kontrolle des Justizsystem, die Erfindung und Verbreitung neuer Bestrafungsformen beeinflusst haben.

Neodarwinistische Erklärungen lassen die Tatsache außer Acht, dass die Erfindung, Verbreitung und Aufrechterhaltung von Vorstellungen über Bestrafung alle in ein Netz von Interaktionen eingebunden sind, das im weiteren Sinne unser kulturelles System bildet. Die Antwort auf Darwins Frage „Wer profitiert davon?" lässt uns nur sehr eingeschränkt verstehen, was historischer und kultureller Wandel ist. Unserer Ansicht nach kann man die Veränderungen in der Form der Bestrafung nur dann verstehen, wenn man auch Lamarck'sche Fragen stellt. Daher müssen wir fragen: „Durch welche Mechanismen werden unterschiedliche Formen der Bestrafung hervorgerufen? Wie, wann und unter welchen Umständen entstehen sie? Wie entwickeln sie sich?" *Alles* – die Entstehung wie auch der Erwerb, die Entwicklung und die Auslese von Varianten – muss berücksichtigt werden, wenn wir die Veränderung kultureller Praktiken verstehen wollen.

Zusammenfassend wollen wir sagen, dass sich kulturelle Evolution nicht allein neodarwinistisch erklären lässt. Wenn wir ansatzweise verstehen wollen, wie und warum sich Kultur verändert, brauchen wir ein viel weiterreichendes Konzept von Umwelt als das, was die Theorie Darwins verwendet, und ein anderes Konzept von Variation. Wir müssen anerkennen, dass die Umwelt bei der Entstehung und Entwicklung kultureller Eigenheiten und Einheiten sowie bei ihrer Auslese eine Rolle spielt und dass neue kulturelle Varianten sowohl konstruiert als auch zielgerichtet sind.

Dialog

A. D.: Am Anfang dieses Kapitels haben Sie von sprachlichen, mathematisch-rationalen und künstlerisch-religiösen Systemen gesprochen, als handele es sich um voneinander getrennte Symbolsysteme. Ist das wirklich so? Ich meine, es gibt sehr viel Grund zu der Annahme, dass alle Symbolsysteme sehr stark von Sprache abhängig sind. Mit anderen Worten: Durch die Fähigkeit zu sprechen wurde die papageienähnliche Kommunikation nicht-symbolischer, visueller und gestischer Systeme in symbolisch vermittelte Kommunikation verwandelt.

M. E.: Das ist in der Tat eine ziemlich populäre Hypothese. Ob man sie akzeptiert oder nicht, hängt davon ab, wie man sich die Entwicklung unserer Sprachfähigkeit im

Laufe der Evolution vorstellt. Wenn Sie der Ansicht sind, dass die Fähigkeit zu sprechen ziemlich schnell und nahezu aus einem Guss entstanden ist und dass Sprache alle Bereiche des Denkens neu organisiert hat, dann liegt es in der Tat nahe, dass die anderen Formen symbolisch vermittelter Kommunikation fast ausschließlich durch Sprache gebildet wurden. Wir sind der Ansicht, dass sich die Sprachfähigkeit langsam und über einen langen Zeitraum hinweg herausgebildet hat, und zwar zusammen mit anderen Arten symbolisch vermittelter Kommunikation, ob visuell, musikalisch oder gestisch. Während dieser Entwicklung kam es zu einer gewissen Arbeitsteilung zwischen den verschiedenen Symbolsystemen; sie haben sich immer mehr spezialisiert, besonders das System, das nach und nach zur Sprache ausgereift ist. In Kapitel 8 werden wir mehr dazu sagen. Sprache ist zweifellos eine ungeheuer einflussreiche Fähigkeit, und wir sind uns einig, dass sie – einmal auf der Welt – die Entwicklung unserer Kultur tiefgreifend beeinflusst hat.

A. D.: Ich habe immer noch Schwierigkeiten, mir eine Symbolkultur vorzustellen, die nicht-sprachlich ist. Können Sie ein Beispiel für eine solche Kultur geben oder wenigstens ein plausibles Szenario?

M. E.: Der kanadische Neurophysiologe Merlin Donald hat den Vorschlag gemacht, dass es vor der Entwicklung der sprachlich-symbolischen Kultur des *Homo sapiens* – ein Stadium, das er als Stadium Mythischer Kultur bezeichnet – ein Kulturstadium gab, das er mimetisch nennt (nicht zu verwechseln mit „memetisch")[26]. Es war ein relativ langer Zeitraum, der typisch war für den *Homo erectus.* Dieser besaß die Fähigkeit, Dinge nachzuahmen und Ereignisse nachzuspielen. Zielgerichtete Kommunikation und Symbolisierung geschahen durch Gesten und Laute. Aber es war keine simple Nachahmung, denn dazu gehörte auch das Darstellen und Nachspielen einer Situation oder einer Beziehung. Ein ritueller Tanz, der eine Jagd symbolisiert, war nach Donald eine mimetische, vorsymbolische Darstellung. Ein zentraler Bestandteil dieses Stadiums war das Unterrichten. Die Erwachsenen machten etwas vor, und die Jungen ahmten es nach. Wir finden Donalds Vermutung, dass es ein mimetisches, vorsprachliches Stadium in der Entwicklung des Menschen gab, gut nachvollziehbar, behaupten jedoch, dass das mimetische Stadium, das er meint, bereits eine Symbolkultur ist, wenn auch eine sehr begrenzte.

A. D.: Donalds mimetisches Stadium scheint sich nicht sehr von dem zu unterscheiden, was wir beobachten, wenn sich ein Rudel Wölfe durch bestimmte Verhaltensweisen verständigt, bevor es auf die Jagd geht. Wenn ich Sie aber recht verstehe, behaupten Sie, dass das Symbolsystem etwas anderes ist, dass es sich von dieser Art von Verhalten unterscheidet. Mir scheint, Sie sind ein bisschen ambivalent in Bezug auf diese vierte Dimension, wie Sie sie nennen. Auf der einen Seite betonen Sie, dass diese neue Dimension relativ autonom ist und sich von den verhaltensspezifischen Vererbungssystemen anderer Tiere unterscheidet, auf der anderen Seite scheinen Sie vor der Autonomie zurückzuschrecken, für die sie plädieren. In gewisser Weise ist die Welt der Gedanken unabhängig davon, wodurch sie geschaffen wurde, so wie die Biologie unabhängig ist von der Physik und die Psychologie unabhängig von der Genetik. Was finden Sie an dieser Autonomie bedrohlich? Warum soll man sich keine Gedanken machen über die Evolution von Ideen oder die der gefürchteten Meme?

M. E.: Sie bringen die Sache mit der Autonomie durcheinander, indem Sie die falsche Art von Abhängigkeiten schaffen. Natürlich ist Kultur in gewissem Maße unabhängig von der Psychologie eines bestimmten Individuums. Aber Kultur spielt sich nicht außerhalb eines Individuums ab. Menschen sind nicht nur biologische oder psychologische Wesen, sie sind auch Vertreter ihrer Kultur. Das Problem mit der Art von Autonomie, wie sie von dieser Mem-Sache postuliert wird, liegt darin, dass der biologisch-psychologisch-kulturell *Handelnde* verschwindet. Das geht aber nicht. Vorstellungen entstehen, werden verändert und als Teil einer Entwicklung von Individuen und Gruppen reproduziert, und diese soziokulturellen Entwicklungsprozesse beeinflussen wiederum die Vererbbarkeit der Ideen und den genauen Inhalt und die Form dessen, was vererbt wird.

A. D.: Aber es kann auch einen nicht-konstruierten Aspekt der Vererbung geben, einen reinen Kopiervorgang. Sie haben zugegeben, dass es einige interessante Ähnlichkeiten zwischen dem genetischen und dem Symbolsystem gibt. Welche sind das? Sicher sind sie wichtig.

M. E.: Eine offenkundige Ähnlichkeit ist die modulare Organisation des genetischen Systems und einiger Symbolsysteme, besonders der Sprache, die unglaublich viele Varianten ermöglicht. Aber die noch wichtigere Ähnlichkeit ist die, dass sowohl das genetische System als auch Symbolsysteme eher verborgene Information weitergeben (nicht exprimierte Gene, unausgeführte Gedanken) als solche, die tatsächlich umgesetzt werden. Vielleicht liegen der reichhaltigen Evolution, die sowohl im genetischen System als auch in Symbolsystemen zum Ausdruck kommt, die modulare Organisation von Information und die Fähigkeit, ungenutzte Information weiterzugeben, zugrunde. Wenn die Weitergabe von Varianten von ihrer tatsächlichen Ausprägung und ihrem tatsächlichen Ausdruck entkoppelt wird, ergibt sich ein breites Spektrum von Varianten, das sich in Zukunft nutzen lässt. Es ist wirklich paradox: Ausgerechnet durch die Vererbung gegenwärtig nichtfunktionaler, nicht realisierter Varianten, das heißt eher durch ihr zukünftiges Potenzial als durch ihren unmittelbarer Nutzen, können das genetische System und das Symbolsystem solch starke und verschiedenartige evolutionäre Wirkungen zeigen! Aber wir betonen noch einmal: Die Unterschiede zwischen den zwei Systemen sind viel größer als ihre Ähnlichkeiten. Selbst die Anhänger des Mem-Konzepts stimmen dem zu.

A. D.: Zugegeben, auch ich finde das Mem-Konzept attraktiv. Es ist wunderbar einfach, aber nicht intuitiv. Es erfordert also einen bewussten intellektuellen Aufwand, um es zu verstehen. Ich wäre wirklich froh, wenn es funktionieren würde. Nehmen wir etwas, das aussieht wie ein *Nicht*-Mem – die Vererbung von geschlechtsspezifischem Verhalten bei Wüstenspringmäusen, die Sie am Ende von Kapitel 4 beschrieben haben – und schauen wir, ob sich dieses Verhalten mit dem Mem-Konzept erklären lässt[27]. Wenn das Mem-Konzept in diesem schwierigen Fall funktioniert, dann funktioniert es sicher auch in anderen Fällen. Bei den Wüstenspringmäusen lässt sich in jeder Generation ein Zusammenhang zwischen dem Hormonstatus der Mutter, dem Geschlechterverhältnis innerhalb des Wurfs und dem Entwicklungsprozess der Embryonen beobachten. Aggressive Mütter werfen mehr männliche Tiere; das bedeutet, dass die Weibchen in diesem Wurf mehr Testosteron ausgesetzt sind. Das hat zur Folge, dass sie später aggressive Mütter werden, deren Würfe mehr Männchen haben und so weiter und so fort. Offensichtlich gibt es in den Gehirnen der Weibchen als Teil dieser Entwicklungsfolge Veränderungen, die beibehalten werden. Konzentrieren wir uns doch einfach auf diese Komponente des Systems: auf die veränderten Nervenschaltkreise, die Meme!

M. E.: Es ist richtig, dass Veränderungen im Nervensystem in jeder Generation rekonstruiert werden. Aber das gilt auch für die Hormonkonzentration während der Entwicklung und für eine Menge anderer physiologischer Varianten. Von unserem Standpunkt aus ist das ein gutes Beispiel. Es zeigt nämlich, dass es wenig sinnvoll ist, sich nur auf einen Aspekt der Physiologie des Tieres zu konzentrieren. Das Nervensystem ist tatsächlich von herausragender Bedeutung in Bezug auf das Lernen, aber es ist sehr stark mit anderen Systemen verbunden, und da gibt es verschiedene Rückkopplungen und gegenseitige Beeinflussungen. Der Fall mit den Wüstenspringmäusen zeigt, wie eng das Nervensystem mit anderen Systemen zusammenhängt. Gute Biologen betrachten das Nervensystem nicht isoliert.

A. D.: O. K., vielleicht war es dumm von mir, gerade dieses Beispiel zu nehmen. Die verschiedenen Aspekte der Tierphysiologie sind in der Tat sehr komplex. Doch nehmen wir ein weniger komplexes Bündel, und zwar diejenigen Aspekte kultureller Systeme, die eher autonom sind. Mir wird klar, dass die Vorstellung, Meme würden durch das Nachahmen von Handlungen repliziert, zu Problemen führt, wenn man ernsthaft zwischen Replikator und Vehikel unterscheidet, denn das Vehikel kann das Mem verwandeln. Daher möchte ich mich auf eine spezielle Form des Nachahmens und Kopierens beschränken, und zwar auf die Fälle, in denen man ganz automatisch Anweisungen kopiert und nicht das Produkt, also das Rezept und nicht den Kuchen, die Noten und nicht die Musik. Was spricht dagegen, diese Art von bedeutungsfreiem automatischem Kopieren „Replikation“ zu nennen, und die Einheiten „Replikatoren“ oder „Meme“?

M. E.: Das können Sie so machen, aber Sie werden immer noch auf eine Menge Schwierigkeiten stoßen. Zum Beispiel wäre eine Geschichte, die aufgeschrieben und weitergegeben wird, ohne Zweifel ein Mem. Wenn dieselbe Geschichte aber durch mündliche Tradition weitergegeben wird, wäre sie kein Mem, denn die Weitergabe umfasst verschiedene aktive Lernprozesse. Dabei werden ganz bestimmte Varianten eingeführt und die Geschichte beziehungsweise das Mem an die örtlichen Verhältnisse angepasst. Das bedeutet also, dass ein Mem nur durch seine ganz spezielle Art der Übertragung definiert werden darf. Ein noch größeres Problem liegt aber darin, dass die Weitergabe von Vorstellungen, Verhaltensmustern, Fähigkeiten und so weiter verschiedene Arten parallel verlaufender und miteinander zusammenhängender Lernprozesse umfasst. Es führt uns nicht sehr weit, wenn wir uns nur auf einen Aspekt konzentrieren. Gerade die nicht automatischen und nicht mechanischen Aspekte der Weitergabe von Symbolen – also solche, die aktive und gezielte Konstruktionsprozesse beinhalten – sind am stärksten an der

Entstehung und Konstruktion kultureller Varianten beteiligt, und sie sind auch die interessantesten. Genau diese Aspekte werden so oft vergessen oder weggelassen.

A. D.: Glauben Sie also nicht, dass sich die kulturelle Evolution mit den Werkzeugen der Epidemiologie oder der Populationsgenetik erklären lässt? Sie erwähnten, dass es einfache Muster der kulturellen Evolution gibt.

M. E.: Ja, man kann zum Beispiel Veränderungen in der Häufigkeit und Natur einer Sitte oder Gewohnheit über Generationen hinweg beschreiben und nachverfolgen, zum Beispiel das Essen von Gefilte Fisch. Aber wenn wir die veränderten Muster dieser künstlich isolierten „Einheit" nicht nur beschreiben, sondern auch verstehen wollen, dann müssen wir uns mit Psychologie, Anthropologie und Soziologie beschäftigen. Das gilt übrigens auch für die Kultur von Tieren. Wir werden nicht viel erreichen, wenn wir die Psychologie und Soziologie von Tieren nicht verstehen.

A. D.: Ich fange an mich zu fragen, ob kulturelle Evolution überhaupt ein sinnvoller Begriff ist! Sie definierten kulturelle Evolution als Änderung in der Häufigkeit und Beschaffenheit von Verhaltensmustern, die durch sozial erlernte Verhaltensweisen von einer Generation zur anderen weitergegeben werden. Wenn aber all diese sozial weitergegebenen Verhaltensweisen neu konstruiert, angepasst und verändert werden, damit sie zu den Vorstellungen und Praktiken von Einzelnen oder Gruppen passen, und wenn sich das alles in hochkomplexen sozialen Systemen abspielt, was bedeutet diese Definition dann? Was heißt dann „vererbt"? Wessen Häufigkeit verändert sich dann? Und was genau ist Selektion? Je größer die Rolle ist, die Sie diesen Lern- und Konstruktionsprozessen beimessen, desto weniger ist für mich verständlich, dass das, wovon wir reden, etwas zu tun haben soll mit der Evolution im Sinne Darwins[28].

M. E.: Sie haben es wahrscheinlich nicht gemerkt, aber wir haben die Definition für kulturelle Evolution bei Tieren, die wir im vorigen Kapitel verwendet haben, in dem es um Dobzhanskys Definition von biologischer Evolution ging, abgeändert[29]. Dobzhansky war einer der Gründerväter der Modernen Synthese. Er definierte Evolution als Veränderung in der genetischen Zusammensetzung von Populationen über die Zeit. Natürlich ist diese Definition, so wie unsere, die wir davon abgeleitet haben, sehr allgemein und schematisch. Es ist klar, dass die Evolution weit mehr umfasst als Veränderungen in der Häufigkeit einiger variabler Einheiten und Prozesse. Trotzdem nimmt die Häufigkeit sozial erlernten Verhaltens während des kulturellen Wandels sowohl zu als auch ab, obwohl diese Veränderungen durch Interaktionen innerhalb eines vollständigen ökologischen und sozialen Systems gebildet werden. Wir sind uns natürlich darüber im Klaren, dass diese Definition sehr oberflächlich ist: Sie sagt nichts über die Prozesse aus, die sich dabei abspielen, nichts über die Rolle und die Art der Veränderungen, nichts über die Entstehung von Varianten, nichts über die Mitteilung und Rekonstruktion von Verhalten als Teil eines sozialen und kulturellen Ganzen. Sie sagt nur sehr wenig darüber aus, was konstruktive kulturelle Evolution ist, genauso wenig wie uns Dobzhanskys Definition der genbasierten Evolution etwas über die tatsächlichen Prozesse der Evolution sagt. Was bedeutet denn *neo*darwinistisches Denken? Es bedeutet, dass die Selektion auf diskrete

Einheiten wirkt, die während des Vererbungsprozesses nicht verändert werden, und dass die Faktoren, die auf die Entstehung dieser Einheiten und die daraus folgenden Chancen ihrer Verbreitung einwirken, zufällig sind. Wer das so versteht, für den scheint der Begriff „Evolution" im Zusammenhang mit kulturellen historischen Veränderungen der falsche Ausdruck zu sein.

A. D.: Mir scheint, Sie wollen sagen, dass kulturelle Evolution weder ein einfacher Variations- und Selektionsprozess ist, noch ein Prozess, der von inneren Entwicklungsgesetzen geleitet ist, sondern eine Art Konstruktionsprozess, bei dem sich soziokulturelle Systeme reihenweise verändern. Wenn Sie kulturelle Evolution beschreiben, dann implizieren Sie, dass jeder Fall tief in das soziale und lokale kulturelle System eingebettet ist und seinen ganz bestimmten Platz in der Geschichte hat. Alles ist einzigartig, daher kann es keine Verallgemeinerungen geben. Stimmt doch, oder? Mir scheint, Sie können zwar jede kulturelle Veränderung sehr ausführlich und umfassend beschreiben, aber nichts verallgemeinern. Mit welchem Recht werden diese historischen Veränderungen dann als „Evolution" bezeichnet?

M. E.: Ihre Argumentation, was die Einzigartigkeit jedes Falles betrifft, ist keine Besonderheit, die nur für die kulturelle Evolution gilt. Wenn man sich die Evolution irgendeiner Pflanze und irgendeines Tieres aus der Nähe anschaut, kommt man zu sehr ähnlichen Schlussfolgerungen. Jeder Fall genetischer Evolution ereignet sich in einem einzigartigen ökologischen und sozialen Zusammenhang, wobei die Organismen die Eigenschaften ihrer Nische beeinflussen, die Art ihrer Selektion und all die anderen Faktoren, die auf ihre Entwicklung einwirken können. Die Nahsicht eignet sich hervorragend, um die einzigartigen Merkmale dieses Veränderungsprozesses hervorzuheben, aber seine Grundzüge können wir dadurch nicht erkennen.

A. D.: Was sind denn die Grundzüge Ihrer so genannten kulturellen Evolution?

M. E.: Uns interessieren komplexe kulturelle Praktiken, die nicht auf einmal entstanden sind, sondern das Ergebnis kumulativer historischer Prozesse sind. Angesichts der Komplexität kultureller Praktiken sehen wir keine Alternative zu der Annahme, dass es sich bei historischen Veränderungen um eine Art selektive Speicherung kultureller Varianten handelt, die die detaillierte Ausarbeitung kultureller Praktiken ermöglicht haben. Natürlich müssen wir verstehen, wie kulturelle Veränderungen ablaufen und sich etablieren. Diese Prozesse müssen auf nachprüfbaren Theorien der Kognitions- und Sozialpsychologie basieren, und man muss die Dynamik und Logik sozialer Systeme verstehen. Es gibt auf diesem Gebiet ein paar gute Theorien, aber sie sind nicht in eine allgemeine Theorie des historischen kulturellen Wandels integriert. Wir glauben, dass es möglich ist, eine solche allgemeine Theorie oder eine Reihe von Theorien zu entwickeln. Natürlich muss man die Theorien in jedem besonderen Fall immer noch mit den einzigartigen, konstituierenden sozialen und kulturellen Verhältnissen in Beziehung setzen.

A. D.: Da staune ich aber, und ich bin eher skeptisch! Das Ausmaß an Möglichkeiten und die Einzigartigkeit des kulturellen Wandels scheint mir viel größer zu sein als bei den anderen Arten evolutionärer Systeme, die Sie beschrieben haben. Aber da wir schon bei der Soziologie sind, lassen Sie mich dazu eine Frage stellen. Diese Lern- und Konstruktionsaspekte, die Sie – wie Sie selbst zugeben – immer wieder erwähnen, bedeuten, dass Sie von einer Art kultureller Evolution im Sinne Lamarcks sprechen. Ist der Lamarckismus im Bereich der Kultur anerkannt?

M. E.: Heutzutage stimmen viele Menschen – aber nicht alle – zu, dass die kulturelle Evolution zumindest einige lamarckistische Elemente enthält. Diese Gedankenlinie hat eine lange Tradition, beginnend bei Herbert Spencer über Peter Medawar bis hin zu Stephen J. Gould. Leute wie Medawar, Gould und viele andere haben anerkannt, dass lamarckistische Aspekte die kulturelle Evolution zu einer ganz anderen Art von Evolution machen, denn wenn man zum Neodarwinismus die Vererbung erworbener Information hinzufügt, verändert sich der Evolutionsprozess. Der Erwerb und die Weitergabe von Information durch Symbolsysteme umfassen sowohl interne als auch externe Konstruktionsprozesse, wodurch die Dynamik der Evolution verändert wird. Grundlegende Konzepte wie „Weitergabe", „Vererbung" und „Variationseinheiten" müssen überdacht werden, denn der lamarckistische Ansatz erfordert, Vererbung als einen Aspekt nicht nur der Entwicklung von Individuen, sondern auch des sozialen und kulturellen Systems zu betrachten.

A. D.: Es sieht so aus, als ob die Rolle dessen, was Sie als Lern- und Konstruktionsprozesse bezeichnen, immer wichtiger wird, je weiter Sie bei Ihren vier Dimensionen der Vererbung voranschreiten. Mir scheint, Sie sind in Bezug auf die kulturelle Evolution nicht nur Lamarckisten, sondern dreifache Lamarckisten! Symbolische Variation geht in drei Richtungen – sie ist zielgerichtet, konstruiert und zukunftsorientiert! Doch Sie haben erwähnt, dass nicht jeder den kulturellen Wandel für lamarckistisch hält. Welche Argumente gibt es gegen den Lamarckismus?

M. E.: Bezeichnungen und -ismen sind niemals präzise, daher lassen sich unschwer Definitionen des Lamarckismus finden, die nicht zu den Prozessen kulturellen Wandels passen. Der amerikanische Wissenschaftsphilosoph David Hull zum Beispiel ist der Ansicht, dass lamarckistische Vorstellungen selbst im Bereich der Memetik ein konzeptueller Fehler sind[30]. Und zwar nicht deshalb, weil er meint, dass Meme nicht „erworben" sind. Im Gegenteil, Hull ist der Ansicht, dass es in der Memetik *gerade* um die Vererbung erworbener Meme geht. Aber für ihn erfordert die Evolution im Sinne Lamarcks, dass erworbene phänotypische Eigenschaften auf Replikatoren übertragen werden, sodass die erworbenen Eigenschaften in der nächsten Generation durch die Wirkungen, die der veränderte Replikator auf die Entwicklung des Phänotyps hat, sichtbar werden. So wie Hull den Begriff „Mem" versteht, sind Meme wie Gene und nicht wie Phänotypen; Meme zu erwerben zählt für ihn nicht zur Vererbung erworbener Eigenschaften nach Lamarck, einfach deshalb, weil ein Mem keine Eigenschaft ist. Das ist eine sehr Weismann' sche Sicht des Lamarckismus. Wenn man Vererbung aber – so wie die meisten Biologen heute – im Sinne von Ernst Mayr als „weiche Vererbung" versteht, womit gemeint ist, dass das Erbmaterial und der Vererbungsprozess nicht in jeder Generation gleich sind, sondern durch Umwelteinwirkungen und Aktivitäten des Organismus verändert werden können, dann handelt es sich um Vererbung im Sinne Lamarcks[31]. Hulls Auffassung ist die einer Minderheit, auch unter Memetikern. Wer unter den Biologen behauptet, dass kulturelle Evolution eine lamarckistische Seite hat, der begeht, wie bereits gesagt, keine schwere Sünde. Viele Biologen akzeptieren, dass die kulturelle Evolution ein konstruktives Lamarck' sches Element enthält.

A. D.: Ich nehme an, dass Evolutionspsychologen, die ja versuchen, das Verhalten und die Kultur des Menschen fest mit den Genen zu verknüpfen, nicht gerade angetan sind von diesen Lamarck'schen Prozessen. Ich muss gestehen, dass mich die Vorstellung von mentalen Modulen in der Humanpsychologie überrascht hat. Es scheint, dass diese Auffassung nur einen Schritt davon entfernt ist, einen einfachen, direkten Zusammenhang zwischen Genen und Phänotypen anzunehmen. Mir fällt es schwer zu glauben, dass Leute heute noch so denken. Ich dachte, die Wissenschaftler hätten aus den furchtbaren Folgen der Eugenik gelernt. Ich kann nicht glauben, dass Wissenschaftler Unterschiede in der kulturellen Leistung von Männern und Frauen heute tatsächlich noch auf genetisch entwickelte psychologische Mechanismen zurückführen.

M. E.: Einige schon. Aber Sie müssen verstehen, dass diese Evolutionspsychologen nicht behaupten, die Unterschiede in den Errungenschaften verschiedener Bevölkerungsgruppen seien die Folge genetischer Unterschiede. Das sind keine Rassisten. Sie reden über eine *universelle Natur des Menschen*, die allen Menschen gemeinsam ist. Sie glauben, dass die verhaltensspezifischen und psychologischen Merkmale des Menschen, die in allen Kulturen gleich sind, das Ergebnis genetisch selektierter, mehr oder weniger unterschiedlicher mentaler Module sind. Auf diese Weise erklären sie auch soziopsychologische Muster wie Unterschiede in der kreativen Leistung von Männern und Frauen. Wenn Sie darauf hinweisen, dass die kreative Leistung von Frauen im letzten Jahrhundert mindestens um das 100-Fache gestiegen ist, dann betonen sie, dass diese Leistungsunterschiede auch in unserer heutigen „gleichberechtigten" Gesellschaft weiter existieren. Dann erzählen sie, dass bei vielen Tierarten die Männchen extravagante, „kreative" Werbemittel einsetzen wie farbenfrohe Schwänze, ausgeklügelte Tänze und so weiter, Weibchen aber nicht. Indem sie das Prinzip der Sparsamkeit zu Hilfe nehmen, behaupten sie, dass derselbe Entwicklungsprozess – nämlich die Selektion männlichen Imponiergehabes durch wählerische Weibchen – die größere kulturelle Leistung von Männern erklärt. Die Strategie dieser Argumentation besteht darin, einen sehr feinen biologischen Vergleich zwischen uns und anderen Tieren zu ziehen – einen Vergleich, der die Dynamik und den hohen Entwicklungsgrad der kulturell-sozialen Evolution außer Acht lässt. Natürlich sind sie als anständige Menschen der Meinung, dass die ungerechten und unangenehmen Aspekte der gegenwärtigen Situation des Menschen durch die Veränderung der sozialen Verhältnisse geändert werden sollten. Doch sie behaupten, das könne schwierig werden angesichts unserer genetischen Disposition.

A. D.: Aber einige dieser Module – ich meine diese psychologischen Anpassungen – sind sinnvoll. Mir scheint, dass die Erklärung evolutionär entstandener Module, wonach Menschen mehr über soziale Regeln als über entsprechende nicht-soziale Regeln nachdenken, durchaus einleuchtend ist in Anbetracht der Tatsache, dass soziales Bewusstsein so elementar für unser Leben ist.

M. E.: Das mag sein, aber wir haben dennoch Vorbehalte. Man kann die Sache auch anders betrachten. Wenn eine Abstammungslinie lange Zeit sozial gewesen ist – so wie offenbar unsere Primatenlinie –, dann ist es wahrscheinlich, dass die natürliche Selektion eine Intelligenz hervorgebracht hat, um auf soziale Situationen und Beziehungen Acht zu geben, schnell daraus zu lernen und sie zu manipulieren. Dagegen lässt sich einwenden, dass die Menschen in dem Maße, wie sie immer mehr Verstand erwarben, diesen auf ihr bereits existierendes soziales Bewusstsein anwandten. Mit anderen Worten: Die generelle Neigung von Primaten, sich besonders gut auf soziale Beziehungen einzustellen, spiegelt sich zwangsläufig wider in der Neigung nachzudenken, wenn sich die betreffende Art durch eine große allgemeine Intelligenz auszeichnet. Aber das ist nicht das, was Cosmides und Tooby behaupten. Sie behaupten, dass das Modul zur Aufdeckung von Betrügern eine Besonderheit des Menschen ist, die sich während des Pleistozäns als spezielles kognitives Modul entwickelt hat, nicht als Kombination eines *allgemein* größeren sozialen Bewusstseins von Primaten mit einer *allgemein* größeren Denkfähigkeit. Wir behaupten nicht, dass wir soeben die richtige Erklärung gegeben haben, sondern dass man diese Möglichkeit ernsthaft in Betracht ziehen muss.

A. D.: Das heißt, Sie geben Ihrem Konstruktionswirrwarr mit möglichst wenigen Modulen und wenigen unabhängigen kulturellen Einheiten den Vorzug. Glauben Sie nicht, dass Sie aus diesen anderen Ansätzen ein paar nützliche Ideen entlehnen können?

M. E.: Wir halten das, was die Memetiker betonen, nämlich die Rolle der Wahrnehmung sowie emotionale und kognitive Neigungen in der kulturellen Evolution, für sehr wichtig. Wir stimmen darin überein, dass die kulturelle Evolution viel mit der Erfindung kultureller Praktiken zu tun hat, die an die Neigungen unseres Gehirns angepasst werden. Die Veränderungen in den Zahlensystemen, die wir angesprochen haben – von römischen zu arabischen Ziffern –, kann eine solche Anpassung sein. Wir stimmen zu, dass es in manchen Fällen sinnvoll ist, sich auf psychologische Neigungen zu konzentrieren, die fast völlig unabhängig voneinander zur Verbreitung bestimmter Vorstellungen und Verhaltensweisen führen. Wir stimmen auch zu, so wie es die Evolutionspsychologen propagieren, dass es einige genetisch selektierte Vorlieben geben kann, durch die sich manche Dinge leichter lernen lassen. Dies muss man berücksichtigen, wenn man die Entstehung der Kultur phylogenetisch erklären will. Aber wir glauben, dass in allen Fällen, auch in den extremsten, letztlich das handelnde Wesen – ob als Individuum oder als Gruppe – Vorstellungen und Praktiken entwickelt und konstruiert. Wir sollten uns daher schwerpunktmäßig mit den sozialen und kulturellen Konstruktionsprozessen beschäftigen.

A. D.: Sie beschreiben ein schlimmes Durcheinander von Interaktionen, aber ich fürchte, es ist noch nicht interaktiv genug. Wohin wird das führen? Ich habe hier Ihre vier Dimensionen. So etwas wie Evolution kann es in *jeder* einzelnen Dimension geben, da können Sie sicher sein. Aber wie sind diese Dimensionen miteinander verbunden? Wir bestehen nicht aus vier sauber voneinander abgegrenzten Dimensionen; wir sind ein komplexes Durcheinander! Und dieses komplexe Ding entwickelt sich!

M. E.: Darum geht es im letzten Teil – die Einzelteile zusammenzusetzen. Damit werden wir uns in den nächsten drei Kapiteln beschäftigen. Zuerst jedoch werden wir einiges von dem, was wir bis jetzt über unsere vier Dimensionen der Vererbung gesagt haben, zusammenfassen.

Eine Zwischenbilanz

In Teil III werden wir uns mit den Interaktionen zwischen den vier Systemen der Informationsübertragung, die wir in den ersten sechs Kapiteln einzeln beschrieben haben, befassen. Es ist bestimmt hilfreich, wenn wir die wichtigsten Eigenschaften der vier Systeme zusammenfassen und vergleichen. Um viele Wiederholungen zu vermeiden, haben wir das in Form zweier Tabellen getan. Der ersten Tabelle ist zu entnehmen, wie bei jeder der vier Dimensionen von Vererbung und Evolution Information weitergegeben (re-produziert) wird und wie sie sich jeweils unterscheidet. Sie zeigt

1. ob die Information modular ist, also die Einheiten nacheinander verändert werden können, oder ob sie ganzheitlich organisiert ist, das heißt die Informationseinheiten nicht verändert werden können, ohne die Information zu zerstören;
2. ob es ein System gibt, das diesen speziellen Informationstyp kopiert;
3. ob eine Information verborgen sein, latent vorliegen kann, das heißt, auch dann weitergegeben werden kann, wenn sie nicht verwendet wird;
4. ob Information nur an die Nachkommen (vertikal) oder auch an die Gruppenmitglieder (horizontal) weitergegeben wird und
5. ob es unbegrenzt viele Varianten gibt oder ob ihre Zahl begrenzt ist in dem Sinne, dass nur ein paar wenige und ganz bestimmte Varianten weitergegeben werden können.

Tabellen wie diese können die Wirklichkeit immer nur grob abbilden, denn in der Biologie lassen sich Tatsachen nur selten exakt kategorisieren. Wir haben bereits erwähnt, dass sich die verschiedenen epigenetischen Systeme überlappen und dass es eher willkürlich ist, wenn man die übertragenen Substanzen, die sich auf die Entwicklung der Form eines Tieres mit genetischen Vererbungssystemen auswirken, in andere Kategorien steckt als solche, die sein Verhalten betreffen. Tabellen müssen sich auch mit Wörtern wie „manchmal“ und „meistens“ begnügen und können keine Einzelheiten berücksichtigen. Wir sagen zum Beispiel, dass die genetische Informationsübertragung „meistens vertikal“ gerichtet ist. Das heißt in ausführlicher Form: „Die genetische Informationsübertragung ist bei Eukaryoten vertikal, außer in den wahrscheinlich seltenen Fällen, bei denen die DNA durch verschiedene Vektoren von Individuum zu Individuum oder direkt durch die Nahrungsaufnahme weitergegeben wird; es kann sein, dass die horizontale Übertragung bei Bakterien und anderen Prokaryoten ziemlich verbreitet und evolutionär wichtig ist, aber wir besitzen nicht genügend Daten, um zu wissen, wie häufig sie vorkommt.“

Doch ungeachtet dieser Nachteile helfen uns Tabellen, Ähnlichkeiten und Unterschiede hervorzuheben. Auf diese Weise betrachtet, fallen die Entsprechungen von genetischen und Symbol-basierten Vererbungssystemen ins Auge. Bei beiden sind die Varianten modular; beide können verborgene Information weitergeben und tun es oft; und bei beiden ist die Menge der Information praktisch unbegrenzt. Aufgrund dieser Eigenschaf-

Tab. 6.1 Re-Produktion von Information

Vererbungs-system	Organisa-tion der Informa-tion	Spezielles Kopier-system?	Weitergabe latenter (nicht zum Ausdruck gebrachter) Information?	Richtung der Weiter-gabe	Spektrum der Variabilität
GVS	Modular	Ja	Ja	Meistens vertikal	Unbegrenzt
EVSs					
Selbst erhal-tende Rück-kopplungs-schleifen	Holistisch	Nein	Nein	Meistens vertikal	Begrenzt auf der Ebene der Rück-kopplungsschleife; unbegrenzt auf der Zellebene
Struktur-Tem-plating	Holistisch	Nein	Nein	Meistens vertikal	Begrenzt auf der Ebene der Struktur, unbegrenzt auf der Zellebene
RNAi	Holistisch	Ja	Manchmal	Vertikal + manchmal horizontal	Begrenzt auf der einzelnen Tran-skriptionsstufe, unbegrenzt auf der Zellebene
Chromatin-markierungen	Modular + holistisch	Ja (bei der Methylie-rung)	Manchmal	Vertikal	Unbegrenzt
Gesamt-organismische Entwicklungs-vermächtnisse	Holistisch	Nein	Nein	Meistens vertikal	Begrenzt
VVSs					
Verhaltens-aktive Sub-stanzen	Holistisch	Nein	Nein	Vertikal + horizontal	Begrenzt auf der Ebene des einzel-nen Verhaltens, unbegrenzt auf der der Lebensweise
Nichtimitie-rendes Lernen	Holistisch	Nein	Nein	Vertikal + horizontal	Begrenzt auf der Ebene des einzel-nen Verhaltens, unbegrenzt auf der der Lebensweise
Lernen durch Imitation	Modular	Wahr-scheinlich	Nein	Vertikal + horizontal	Unbegrenzt
SVSs	Modular + holistisch	Ja, einige	Ja	Vertikal + horizontal	Unbegrenzt

ten kommt beiden Vererbungssystemen ein enormes evolutionäres Potenzial zu, da sie enorme Mengen vererbbarer Information liefern, die durch die natürliche Selektion und andere Prozesse gesiebt und organisiert werden kann. Die Tabelle zeigt auch, dass die Richtung sowohl beim genetischen als auch beim epigenetischen Vererbungssystem hauptsächlich vertikal ist; Information fließt also hier von den Eltern zu den Nachkommen, während bei den anderen Systemen eine beträchtliche Menge an Information horizontal an Paarungspartner und Gruppenmitglieder weitergegeben wird. Tatsächlich ändert sich die Richtung des Informationsflusses fast sprungartig, wobei die horizontale Weitergabe erheblich an Bedeutung gewinnt, wenn wir uns zu den Verhaltenssystemen und sozial vermittelten Lernen bewegen. Diese Richtungsveränderung implementiert eine Tendenz, die die Wirkung der Selektion entscheidend verändern kann. Wir müssen deshalb eine Reihe neuer Überlegungen in unser Denken über Evolution und die Veränderungen, die auf der Informationsübertragung durch das Verhaltens- und das Symbolsystem beruhen, einbeziehen und fragen, warum, wie und wann die Informationsweitergabe horizontal erfolgt.

Während es also in Tabelle 6.1 hauptsächlich um die Art und Weitergabe von Information geht, fasst die zweite Tabelle, 6.2, eher die Lamarck'schen Aspekte der Informationsgewinnung und -weitergabe zusammen. Sie zeigt, ob neu entstandene Varianten

1. blind („zufällig") oder auf besondere Aktivitäten und Funktionen gerichtet sind;
2. Entwicklungsfilter durchlaufen und vor ihrer Weitergabe verändert werden;
3. durch direkte Planung gestaltet werden oder
4. in der Lage sind, die Nische in der der Organismus lebt, umzukonstruieren.

Aus der Tabelle 6.2 geht hervor, dass die instruktiven Aspekte bei der Gewinnung und Weitergabe von Information dominanter und vielfältiger werden, je mehr wir uns aus den Bereichen der Genetik und Epigenetik in die von Verhalten und Kultur bewegen. Obwohl es auch im genetischen System aufgrund der verschiedenen Typen interpretativer Mutationen zielgerichtete Information in gewissem Umfang gibt und es während der Keimzellbildung zwischen den Zellen zu einer Art Filterung durch Selektion kommt, spielen instruktive Prozesse hier nur eine relativ kleine Rolle. Das epigenetische System ist im Vergleich dazu schon viel stärker zielgerichtet. Viele epigenetische Varianten sind induziert und die regulierenden Merkmale der genetischen und zellulären Netzwerke bestimmen, ob und wie Chromatinmarkierungen, sich selbst erhaltenden Rückkopplungsschleifen und die RNA-Interferenz durch externe Signale beeinflusst werden. Welche Varianten an die nächste Generation von Zellen und Organismen weitergegegen werden, hängt davon ab, welche Eigenschaften das Entwicklungssystems hat und welche Selektion es unter den Zellvarianten gibt.

Bei der Übertragung von Verhaltensinformation treten die instruktiven Aspekte der Zielgerichtetheit und Konstruktion noch deutlicher zu Tage. Varianten sind insofern zielgerichtet, als die durch die Evolution entstandenen kognitiven Neigungen (*biases of the*

Tab. 6.2 Ausrichten, Konstruieren und Planen übertragbarer Varianten

Vererbungs-system	Ist die Variation gerichtet (gewichtetes Generieren)?	Unterliegt die Variation entwicklungsspezifischen Filter- und Modifizierungsprozessen?	Konstruktion der Variation durch direktes Planen	Vermag die Variation die selektierende Umwelt abzuändern?
Genetisch	Im Allgemeinen nicht, abgesehen von jenen gerichteten Abänderungen, die Teil der Entwicklung sind, und den verschiedenen Typen „interpretativer Mutationen".	Exprimierte genetische Abänderungen müssen vor der sexuellen oder asexuellen Reproduktion die Selektion unter Zellen überstehen.	Nein	Nur insofern, als Gene auf alle Aspekte von Epigenetik, Verhalten und Kultur Einfluss haben.
Epigenetisch	Ja, viele epigenetische Variationen sind spezifische Reaktion auf induzierende Signale.	Ja, es kann zur Selektion unter Zellen vor der Reproduktion kommen; epigenetische Zustände können während der Meiose und der frühen Embryogenese modifiziert oder revidiert werden.	Nein	Ja, weil die Produkte zellulärer Aktivitäten die Umwelt beeinflussen, in der die Zelle, ihre Nachbarn und ihre Nachkommen leben.
Verhalten	Ja, aufgrund emotionaler, kognitiver und wahrnehmungsspezifischer Neigungen.	Ja, lebenslang unterliegen Verhaltensweisen der Selektion (z. B. durch Lernen via Versuch und Irrtum) und sie können modifiziert werden.	Nein	Ja, neue soziale Verhaltensweisen und Traditionen verändern die sozialen und manchmal auch die physischen Bedingungen, unter denen die Tiere leben.
Symbole	Ja, aufgrund emotionaler, kognitiver und wahrnehmungsspezifischer Neigungen.	Ja, auf vielen Ebenen und auf vielen Wegen.	Ja, auf vielen Ebenen und auf vielen Wegen.	Ja, sehr umfangreich – und zwar dadurch, dass viele Aspekte der sozialen und physischen Lebensbedingungen beeinflusst werden.

mind) den Rahmen dessen vorgeben, was gelernt werden kann. Die möglichen Varianten werden durch individuelles Ausprobieren und verschiedenartiges soziales Lernen konstruiert; Letzteres wird durch die Art der sozialen Interaktionen begrenzt und kanalisiert. Die Weitergabe von Varianten durch das Symbolsystem geht mit einem kategorischen Zuwachs an sozialer Komplexität einher. Denn nun nehmen ganze Familien, Berufsgruppen, Gemeinschaften, Staaten und andere Gruppierungen Einfluss darauf, was im Bereich von Kunst, Handel, Religion und so weiter produziert wird. Konstruktion spielt auf diesem Niveau bei der Herstellung von Varianten eine enorme Rolle, weil Symbolsysteme selbstreferenziell und die Regeln des Systems äußerst wirkungsvolle Filter sind. Die Fähigkeit, Symbole zu verwenden, ermöglicht es Menschen in einzigartiger Weise, Varianten zu konstruieren und weiterzugeben und dabei die Zukunft im Blick zu haben.

Die letzte Spalte der Tabelle 6.2 zeigt, in welchem Maß die verschiedenen Vererbungssysteme an der Gestaltung der Nische, in der die Selektion/Auswahl der Varianten stattfindet, beteiligt sind – ein Thema, mit dem wir uns in Teil III näher beschäftigen werden. Organismen können die Umwelt so beeinflussen und steuern, dass das Auswirkungen auf die Entwicklung und Auslese sowohl ihrer Nachkommen als auch auf ihr eigenes Leben hat. Sogar Bakterien und Cyanobakterien, die ältesten Bewohner unseres Planeten, kann man sich als ökologische Ingenieure vorstellen, da sie ihre Stoffwechselprodukte an die Umwelt abgeben und diese verwandeln, indem sie die selektierenden Bedingungen für ihre Nachkommen und Gruppenmitglieder verändern. Wenn wir an höhere Organisationsebenen denken, werden wir uns daran erinnern, wie die israelischen Ratten eine neue Nische für sich und ihrer Nachkommen schufen, indem sie ihre Nahrungsgewohnheiten änderten und anfingen, auf Jerusalemer Kiefernbäumen zu wohnen. Ein viel bekannteres Beispiel ist der Biberdamm, der langfristig Einfluss auf eine Abstammungslinie nehmen kann. Die von den Vorfahren übernommenen Dämme bilden die Umwelt für neue Generationen von Bibern. Änderungen an den Dämmen können über viele Generationen hinweg akkumulieren, obwohl sie sich nur auf die Individuen in der unmittelbaren Nachbarschaft auswirken. Bei der Symbolkultur des Menschen ist die Fähigkeit, die Umwelt zielgerichtet zu gestalten, noch größer. Sie erstreckt sich oft über mehrere Generationen und hat Auswirkungen auf entfernte Individuen und Gemeinschaften. Die Folgen solcher ökologischen und sozialen Entwicklungen können enorm sein. Jared Diamond hat darauf hingewiesen, dass einige der wichtigsten Muster menschlicher Migration, Kolonisation und Herrschaft während der letzten 15 000 Jahre durch Domestizierung entstanden sind, bei der bestimmte Pflanzen- und Tierarten ein elementarer Bestandteil der Nische des Menschen wurden[1]. Wenn man darüber nachdenkt, wird einem rasch klar, dass es fast keinen Aspekt in der Umwelt des Menschen gibt, der nicht gesteuert und organisiert ist, einschließlich unserer eigenen Kognition. Der Gebrauch von Schriftsymbolen zum Beispiel verändert unweigerlich unsere Gedanken und unsere Wahrnehmung, denn unsere Fähigkeit zu lesen und zu schreiben erweitert unsere Merkfähigkeit und unserer Fähigkeit, logisch zu denken.

Alle vier Vererbungssysteme ermöglichen es, Information zu konstruieren und weiterzugeben, die die Interaktionen des Organismus mit seiner Umwelt widerspiegeln. Information, die im Laufe der Entwicklung erworben oder erlernt wird und die für zukünftige Generationen wahrscheinlich von Nutzen ist, kann weitergegeben werden. Bei Einzellern, Pilzen, Pflanzen und niederen Tieren basiert die Evolution auf Information, die durch das genetische und epigenetische System weitergegeben wird, und ein Teil dieser Information ist erworben und zielgerichtet. Bei Tieren, die die Weitergabe von Verhalten kennen, ist die Fähigkeit, erworbene und angepasste Information zu erzeugen und weiterzugeben, weit größer. Manche erlernte Verhaltensweisen können Traditionen hervorbringen, die – das werden wir in Kapitel 8 zeigen – durch das genetische System mit evolutionären Veränderungen interagieren und sie lenken. Bei diesen Tieren spielt die epigenetische Vererbung weiterhin eine Rolle, obwohl sie wahrscheinlich wenig bedeutsam ist, wenn so viel Information durch das Verhalten weitergegeben wird. Mit dem Auftauchen und Ausdifferenzieren von Symbolsystemen ist sogar das genetische System in den Hintergrund der Evolution getreten. Während der gesamten Menschheitsgeschichte wurde die adaptive Evolution durch das kulturelle System gelenkt, das die Bedingungen schuf, unter denen Gene und Verhalten zum Ausdruck kamen und selektiert wurden. Wenn sich einige an das Genomprojekt geknüpfte Hoffnungen erfüllen sollten, wird die Dominanz der Symbolsysteme bald noch größer sein. Wir werden in der Lage sein, unsere Gene direkt zu verändern, also „wohl begründete Vermutungen" (*educated guesses*) anzustellen, die zukünftige Generationen beeinflussen werden. Natürlich haben die verschiedenen Dimensionen von Vererbung und Evolution in den einzelnen Gruppen unterschiedliche Bedeutung, und – was ebenso selbstverständlich ist – sie beeinflussen sich alle wechselseitig. In den nächsten Kapiteln werden wir uns damit beschäftigen, wie diese Interaktionen aussehen und welche Auswirkungen sie haben.

Teil III: Die Teile wieder zum großen Ganzen zusammensetzen

Stellen Sie sich eine wild bewachsene Uferstrecke vor mit vielen verschiedenen Pflanzen, singenden Vögeln im Gebüsch, verschiedenen umherschwirrenden Insekten, Regenwürmern, die sich durch das feuchte Erdreich graben und einen Naturforscher aus dem 19. Jahrhundert mit kantigem Kinn, der die ganze Szenerie beobachtet. Was würde wohl ein heutiger Evolutionsbiologe zu einem solchen Bild sagen – mit Pflanzen, Insekten, die Würmern, singenden Vögeln und einem tief in Gedanken versunkenen „Kollegen"? Was würde er wohl zu den Evolutionsprozessen sagen, die diese Szenerie geschaffen haben?

Ganz ohne Zweifel würde er als Erstes bemerken, dass ihm dieses Bild gut bekannt sei – aus Darwins Schlussabschnitt in *Origin of Species*. Bei dem Naturforscher aus dem 19. Jahrhundert, der über dieses Naturszenario („entangled bank") nachdenkt, handelt es sich natürlich um Charles Darwin. Die abschließenden Bemerkungen Darwins würden häufig zitiert, so meinte der moderne Evolutionsbiologe, weil hier Darwin seine Evolutionstheorie zusammenfasst: All die hoch entwickelten und wechselseitig abhängigen Lebensformen der betrachteten „entangled bank" seien das Ergebnis der über riesige Zeiträume wirkenden Selektion unter erblichen Varianten.

Unser moderner Evolutionsbiologe würde höchstwahrscheinlich dazu sagen, Darwins Theorie sei im Großen und Ganzen korrekt. Allerdings würde er auch darauf hinweisen, dass Darwins so überzeugend einfache These enorme Schwierigkeiten berge; denn es gebe verschiedene Typen erblicher Variation, die auf verschiedene Weise vererbt würden; und die Selektion operiere gleichzeitig bei verschiedenen Merkmalen und auf verschiedenen Stufen biologischer Organisation. Zudem seien die Bedingungen, unter denen es zur Selektion komme, also jene Aspekte der Umwelt, die maßgeblich auf den Reproduktionserfolg einer Pflanze oder eines Tiers Einfluss haben, weder konstant noch passiv. Auf der dicht bewachsenen Uferstrecke bilden Pflanzen, singende Vögel, Büsche, schwirrende Insekten, Bodenwürmer, die feuchte Erde und der Naturforscher, der all dies beobachtet und Experimente durchführt, ein komplexes Netz beständig sich ändernder Wechselwirkungen. Pflanzen und Insekten sind Komponenten ihrer jeweiligen Umwelt und beide sind Teile der Lebensumwelt der Vögel wie umgekehrt diese Aspekt der Umwelt jener sind. Die Regenwürmer tragen zu den Bedingungen bei, unter denen die Pflanzen und Vögel leben, wie umgekehrt die Pflanzen und Vögel die Lebensbedingungen der Regenwürmer beeinflussen. Alles steht miteinander in Verbindung. Die entscheidende Frage aber, die sich unserem Evolutionsbiologen stellt, lautet: Wie kommt es zu Änderungen in den Wechselwirkungsmustern sowohl in der gesamten Gemeinschaft wie innerhalb jeder einzelnen Art?

Nehmen wir etwas mutmaßlich Einfaches, etwa ein blattfressendes Insekt, das eine Pflanze zur Eiablage auswählt; sehr häufig wird es eine starke Präferenz für einen ganz bestimmten Pflanzentyp zeigen. Warum? Ist diese Präferenz genetisch bedingt, beruht sie auf eigenen Erfahrungen des Insekts oder auf jenen seiner Mutter? Manchmal mag die genetische Ausstattung tatsächlich die Präferenzen des Insekts hinreichend erklären, doch sehr häufig spielt außerdem verhaltensspezifische Prägung eine Rolle. Auch Darwin war sich dessen bewusst und diskutierte dies am Beispiel des Kohlweißlings (*Pieris*). Wenn ein weiblicher Schmetterling seine Eier auf die Blätter einer Kohlart (*Brassica*) legt und die geschlüpften Raupen sich von diesen Blättern ernähren, dann werden nach der Metamorphose zum Schmetterling die Weibchen zur Eiablage ebenfalls diese Kohlart aufsuchen und anderen, verwandten Arten von Wirtspflanzen vorziehen. Auf diese Weise wird die Präferenz für eine bestimmte Kohlart als Wirtspflanze auf nichtgenetischem Wege an die Nachkommen weitergegeben. Das heißt, es gibt zumindest zwei Wege, eine Präferenz zu vererben – einen genetischen und einen verhaltensspezifischen. Selbstverständlich würde sich ein Evolutionsbiologe fragen, ob und wie diese beiden Wege miteinander verbunden sind. Kann etwa die erfahrungsabhängige Präferenz zu einer angeborenen werden (evolvieren), die dann nicht mehr von individueller Erfahrung abhängt? Und umgekehrt: Kann eine angeborene Präferenz evolvieren hin zu einem flexibleren Verhalten, sodass die Nahrungspräferenzen auch von den lokalen Bedingungen bestimmt werden?

Ganz entsprechende Fragen kann man mit Blick auf die Pflanzen in Darwins Szenario („entangled bank") stellen. Ganz offensichtlich hat das Verhalten von Insekten Einfluss auf Überleben und Reproduktion der Pflanzen. Sind einige Arten bevorzugte Nahrungsquelle einer Insektenart, mag ihnen dies zum Vorteil gereichen, weil ihre Blüten bereitwillig und zuverlässig bestäubt werden. Wenn das so ist, wird die Häufigkeit jener Pflanzenarten, die die Insekten mögen, mit der Zeit zunehmen; jede Abänderung – sei sie genetisch oder epigenetisch –, die die Pflanze ihren Bestäubern noch attraktiver erscheinen lässt oder die die Prägung auf diese Pflanze weiter festigt und effizienter macht, wird positiv selektiert. Umgekehrt, wenn die Insekten ihre bevorzugte Nahrungspflanze schädigen, wird jede Veränderung begünstigt, die die Pflanze ihren Fressfeinden unattraktiv oder sie resistenter gegen diese werden lässt. Häufig produzieren Pflanzen Toxine, gegen die Fressfeinde unter den Insekten nicht immun sind; deshalb wird ihre Fähigkeit zur Biosynthese solcher Toxine durch Selektion gefördert. Bei manchen Arten ist die Toxinsynthese eine induzierte Antwort, eine Reaktion auf die Insektenattacke, bei anderen ist sie dagegen fester Bestandteil des pflanzlichen Stoffwechsels und gehört somit zur Grundausstattung. Auch hier wüsste der Evolutionsbiologe gern, ob dieser Unterschied Auswirkungen auf das Evolutionsgeschehen hat. Wenn es sich um eine induzierte Reaktion handelt – vermutlich unter Abänderung von Genaktivitäten –, hat dies denn Auswirkungen auf die Wahrscheinlichkeit oder die Art von DNA-Sequenzabänderungen in der Pflanze? Lenken epigenetische Variationen die Rate oder die Richtung genetischer Abänderungen? Sind also die genetischen und epigenetischen Antworten in irgendeiner Weise kausal miteinander verbunden?

Welche Gedanken macht sich unser Evolutionsbiologe wohl zu den Regenwürmern, die ja auch in im erwähnten Naturszenario Darwins Erwähnung finden? Regenwürmer müssen zu den Lieblingstieren Darwins gehört haben, denn er widmete ihnen sein ganzes letztes Buch. Besucher von Down House, Darwins langjähriger Heimat, können im Garten dort noch immer Spuren seiner Wurmexperimente sehen. Regenwürmer sind ein gutes Beispiel für etwas, was auch auf viele andere Tiere und Pflanzen zutrifft: Sie tragen selbst aktiv zur Konstruktion ihrer Lebensumwelt bei. Regenwürmer graben sich durch die Erde, mischen sie auf, schleusen sie durch ihren Darm und hinterlassen Überreste an der Erdoberfläche – all dies ändert die Eigenschaften des Erdreichs, dies erkannte auch Darwin. In der Umwelt, die die Regenwürmer mit diesen Aktivitäten formen, wachsen sie selbst und ihre Nachkommen heran, entwickeln sich und werden selektiert. Ein moderner Evolutionsbiologe möchte deshalb gerne wissen, wie die Fähigkeit dieser Organismen, ihr Lebensmilieu zu verändern und die neu konstruierte Umwelt an die Nachkommen weiterzugeben, den Evolutionsverlauf beeinflusst. Welchen Stellenwert kommt einer solchen Nischenkonstruktion allgemein im Evolutionsgeschehen zu?

Sehr weise vermied es Darwin, auch den Menschen zu erwähnen, als er seine „Gesetze" der Evolution im letzten Abschnitt von *Origin of Species* zusammenfasste. Ihm war klar, wenn er andeutete, dass der Mensch von affenähnlichen Vorfahren abstammte, handelte er sich damit noch erheblich mehr Schwierigkeiten ein als er ohnehin schon bekommen würde. Obwohl er nur allzu gut wusste, dass auch der Mensch Produkt der natürlichen Selektion ist, verschob er die Diskussion um dieses Thema auf ein späteres Buch. Gleichwohl erhält der Mensch in *Origin of Species* viel Raum. Im Besonderen setzte sich Darwin damit auseinander, wie der Mensch durch Selektion im Zuge der Domestikation Pflanzen- und Tierarten veränderte. Darwin wäre sich sicherlich darüber im Klaren gewesen, dass der Naturforscher, der sich seine Naturszenerie anschaut, möglicherweise selbst der stärkste Evolutionsfaktor ist, der auf das Leben der „entangled bank" einwirkt. Der Mensch kann einen Fluss umleiten, sodass das vormalige Ufer abtrocknet und viele Organismen, die auf Feuchte angewiesen sind, sterben. Der Mensch kann auch neue Tier- und Pflanzenarten einführen, wodurch sich das ganze Netz der Beziehungen am Ufer verändert. Ganz ohne Zweifel ist der Mensch der gewichtigste Selektionsfaktor unseres Planeten, er hat die tiefstgreifenden Umkonstruktionen von Habitaten (was in aller Regel ihre Zerstörung bedeutet) zu verantworten. Heute verändert der Mensch nicht nur durch künstliche Selektion Pflanzen und Tiere; längst ist er auch in der Lage, ganz direkt den genetischen, physiologischen und verhaltensspezifischen Status von Organismen zu manipulieren. Wir stehen erst ganz am Anfang dieser künstlichen, vom Menschen verursachten evolutionären Revolution, die unsere eigene Art wie auch viele andere erfassen wird. Mit Hilfe unserer Symbol-basierten Kommunikationssysteme können wir planen und weit vorausschauend handeln. Wie jeder Evolutionsbiologe weiß, hatte dies Einfluss auf jede Form biologischer Evolution und wird sich in Zukunft fortsetzen.

Ein Evolutionsbiologe, der heute die „entangled bank" betrachtete, wäre sich über die gewaltige Herausforderung im Klaren, das Entstehen der komplexen, sich gegenseitig beeinflussenden Lebensformen durch natürliche Selektion zu erklären. Er könnte auf Spezialisten zurückgreifen, die ganz bestimmte Aspekte der Szenerie zu erklären imstande wären: Genetiker könnten sich die genetische Variabilität bei den Pflanzen- und Tierpopulationen anschauen und Aussagen zu ihrem Einfluss auf Überleben und Reproduktionserfolge machen; Physiologen, Biochemiker und Entwicklungsbiologen könnten die Anpassungsfähigkeiten der Individuen in Augenschein nehmen; Verhaltensforscher und Psychologen könnten etwas zum Verhalten der Tiere sagen und dazu, wie ihr Verhalten durch die Bedingungen geformt wird oder wie umgekehrt das Verhalten der Tiere die Bedingungen formt; Soziologen und Historiker würden sich darüber Gedanken machen, welchen Einfluss der Mensch auf die Entwicklung des Ufers hatte, so wie es heute aussieht; und Ökologen würden die Wechselwirkungen zwischen den Pflanzen, Tieren und den physikalisch-chemischen Umweltbedingungen untersuchen. Vermutlich wäre jeder dieser Spezialisten davon überzeugt, dass seine eigenen Befunde und Erklärungen die wichtigsten seien, um das Ganze zu verstehen, und dass alle anderen Aspekte der Untersuchung nur untergeordnete Bedeutung hätten. Eine solche Sichtweise gewinnt man in aller Regel dann, wenn man nur auf einen einzelnen Aspekt eines Systems schaut, losgelöst von allen anderen. Ganz klar, mit einem solchen Ansatz lassen sich viele Erkenntnisse gewinnen, aber schlussendlich ist es notwendig, alle diese Teilaspekte wieder miteinander zu verbinden. Wie passen die genetische, epigenetische, verhaltensspezifische und kulturelle Dimension von Vererbung und Evolution zusammen? Welchen Einfluss haben sie aufeinander?

Mit diesen Fragen wollen wir uns in den folgenden vier Kapiteln beschäftigen. In den Kapiteln 7 und 8 werden wir die Vielfalt übertragbarer Information zu einem komplexen Ganzen zusammensetzen, indem wir auf die Wechselwirkungen der verschiedenen Vererbungssysteme blicken und untersuchen, wie sie sich gegenseitig beeinflussen. Da sich im Verlauf der Phylogenese neue Informationsübertragungswege herausgebildet haben, wird sich Kapitel 9 mit der entwicklungsgeschichtlichen Herkunft der verschiedenen Vererbungssysteme befassen. Das Kapitel 10 ist dann der Diskussion darüber vorbehalten, welchen Einfluss ein Verständnis von Evolution, das alle Typen erblicher Variabilität – genetischer, epigenetischer, verhaltensspezifischer und kultureller – auf praktische, philosophische und ethisch-moralische Fragen hat.

Kapitel 7: Wechselwirkungen zwischen den Dimensionen – Gene und epigenetische Vererbungssysteme

In diesem Kapitel wollen wir uns mit dem Zusammenspiel des genetischen und der epigenetischen Vererbungssysteme beschäftigen, auf weitere Wechselwirkungen unter Einschluss der verhaltens- und symbolspezifischen Systeme kommen wir in Kapitel 8 zu sprechen. Dies bedeutet, dass wir nun wieder zu einiger recht komplizierter Genetik und Zellbiologie zurückkommen – Nichtspezialisten werden dabei vielleicht wieder etwas Mühe haben. Wir werden zwar unser Bestes geben, um das Ganze leicht verdaulich zu gestalten, doch mögen Nichtspezialisten mitunter am besten verfahren wie der herausragende Zoologe Sir Solly Zuckerman, als er vor einer komplizierten mathematischen Gleichung stand: „*hum through it*" (dies bedeutet so viel wie: „einfach durch")[1]. Die Einzelheiten sind nicht so wichtig wie die zentrale Botschaft. Vor allen Dingen hoffen wir, den Lesern die Quintessenz der genetischen Assimilation vermitteln zu können, weil wir dieses Konzept für extrem wichtig erachten; wir werden ihm auch im nächsten Kapitel wieder begegnen, wenn wir uns die Wechselwirkungen zwischen Genen, Verhalten und Symbol-Kommunikation ansehen.

In der Einleitung zu Teil II haben wir uns mit Hilfe einer Analogie aus dem Bereich der Musik die Unterschiede zwischen genetischer und nichtgenetischer Vererbung klar gemacht; dieses Modell mag auch jetzt ganz hilfreich sein, um zu veranschaulichen, welche Folgen die Wechselwirkungen zwischen dem genetischen und den epigenetischen Vererbungssystemen haben. Oben haben wir die Weitergabe von Information durch das genetische System mit der von Musik durch eine geschriebene Partitur verglichen und die Informationsübertragung durch nichtgenetischen Vererbungssysteme (die Phänotypen weitergeben) mit dem Aufnehmen und Ausstrahlen ganz bestimmter Interpretationen der Partitur. Ein Musikstück kann sich dadurch weiterentwickeln (evolvieren), dass man Modifikationen in die Partitur einfügt; unabhängig davon aber auch durch die verschiedenen Interpretationen, die durch die Aufnahme- und Ausstrahlungssysteme verbreitet werden. Nun interessiert uns die Frage, wie die beiden möglichen Wege, Musik zu verbreiten, aufeinander wirken. Da genetische Abänderungen sich auf zukünftige Generationen auswirken, eben wie ein neuer Eintrag in die Partitur Auswirkungen auf die zukünftigen Darbietungen des Musikstücks haben wird, daran zweifelt heute kein Biologe mehr; wohl aber an der anderen Möglichkeit, dass epigenetische Varianten Einfluss auf das Entstehen und die Selektion genetischer Varianten haben.

Eine aufgezeichnete und ausgestrahlte Interpretation eines Musikstücks kann das Kopieren und zukünftige Schicksal der Partitur auf zweierlei Weise beeinflussen. Erstens kann eine aufgezeichnete Interpretation direkt Kopierfehler in eine bestimmte Richtung lenken. Zum Beispiel mag jemand von einer bestimmten Aufzeichnung, die er immer und immer wieder hörte, so stark beeindruckt sein, dass er beim Kopieren – nichtzufällig – Fehler macht, die diese Version des Musikstücks widerspiegeln. Zeichnet sich die populäre Interpretation zum Beispiel durch einen Extra-Triller aus, wird er diesen ohne groß darüber nachzudenken in die Partitur einfügen. Zweitens kann – mehr indirekt – eine neue beliebte Interpretation des Musikstücks Einfluss darauf nehmen, welche Version der Partitur kopiert und so als Grundlage für eine neue Generation von Interpretationen verwendet wird. Denken Sie an so etwas wie traditionelle Volksmusik, für die es ja keine „Leitpartitur" gibt; verschiedene Kapellen spielen ähnliche, doch nicht ganz identische Versionen solcher Musik und zeichnen sie auf, wobei jede ihre eigene Partitur verwendet, eigene Instrumente zum Einsatz und eigene Ideen zum Ausdruck bringt. Wenn eine neue aufgezeichnete Interpretation sehr populär wird und wieder und wieder gespielt wird, werden wahrscheinlich jene Versionen der Partitur, die dieser Interpretation ähnlich sind, vorzugsweise verwendet, aufgezeichnet und vervielfältigt und so immer mehr zunehmen und allmählich zum „Standard" werden. Nach einer ganzen Weile, wenn eine solche „kulturelle Evolution" anhält, wird es schließlich so aussehen, als ob die wunderbare Übereinstimmung zwischen der Partitur und dem, was man hört, niemals anders gewesen sein könnte – die Musik scheint reibungslos von der nun dominierenden Partiturversion herauszufließen. In diesem Fall hat die aufgezeichnete Interpretation eines Musikstücks die *Selektion* einer Partiturversion beeinflusst; im ersten Fall hingegen hat die aufgezeichnete Interpretation Einfluss darauf genommen hat, welche Variationen in die Partitur eingefügt werden, also auf das *Generieren von Variabilität.* Epigenetische Systeme können auf die eine oder/und die andere Weise Einfluss auf das genetische System nehmen: ganz direkt auf das Generieren von DNA-Sequenzänderungen oder auf die Selektion genetischer Varianten oder auf beiderlei Weise. Zunächst wollen wir den ersten Mechanismus betrachten, mittels dem epigenetische Systeme direkt Einfluss auf das Erzeugen genetischer Variabilität nehmen. Anschließend beschäftigen wir uns mit der Frage, auf welche Weise epigenetische Variationen jene zellulär-physiologische Nische schaffen, in der Gene selektiert werden.

Wie nehmen epigenetische Systeme Einfluss auf das Erzeugen genetischer Variabilität?

Bevor wir das Zusammenspiel von genetischem und epigenetischen Vererbungssystemen in Augenschein nehmen, wollen wir kurz ein paar Punkte zu Genen und ihren Aktivitäten in Erinnerung rufen. Der wichtigste ist, dass DNA-Moleküle nicht nackt in ihrer Zelle sitzen; sie stehen vielmehr mit vielen verschiedenen Proteinen und RNAs in Verbindung, die zusammen einen Komplex bilden, das Chromatin. Außerdem können kleine chemische Gruppen (zum Beispiel Methylgruppen) an bestimmte Basen der DNA angehängt sein. Diese DNA-Modifikationen und die verschiedenen Komponenten des Chromatins beeinflussen die Genaktivität: Inaktivität geht normalerweise mit stärker kondensiertem Chromatin einher, Aktivität oder potenzielle Aktivität mit loserer Chromatinor-

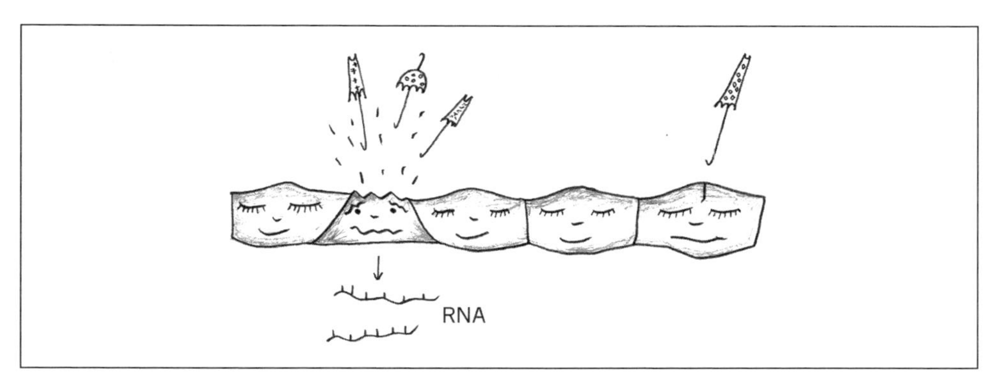

Abb. 7.1 Die Mutationsrate (Anzahl der Regenschirme) ist in DNA-Abschnitten mit starker Genaktivität größer als in solchen mit geringer Aktivität.

ganisation. Nach einer Replikation der DNA werden die epigenetischen Markierungen – Methylgruppen und die Nicht-DNA-Komponenten des Chromatins, die die Genaktivität beeinflussen – normalerweise rekonstruiert, vorausgesetzt, dass die Zelle nicht auf externe oder interne Signale reagiert und ihren funktionellen Zustand ändert.

Etwas sehr Wichtiges müssen wir nun in dieses Bild einfügen: Epigenetische Markierungen wirken sich nicht nur auf die Genaktivität aus, sie haben auch Einfluss auf die Wahrscheinlichkeit, mit der es in dem betreffenden DNA-Abschnitt zu einer Sequenzabänderung kommt[2]. Mutation, Rekombination und Translokation mobiler DNA-Elemente – all diese Prozesse sind auch abhängig vom Organisationszustand des Chromatins, das heißt, die Wahrscheinlichkeit einer genetischen Abänderung ist für zwei identische DNA-Abschnitte nicht gleich, wenn diese unterschiedliche Chromatinmarkierungen tragen. Ganz allgemein gesprochen unterliegt die DNA in weniger dicht gepackten Regionen des Chromatins, wo Gene (potenziell) aktiv sind, eher Abänderungen als in hoch kondensierten Bereichen. Warum? Weil in aktiven Regionen die DNA offener daliegt und sie somit für chemische Mutagentien leichter angreifbar sowie für Reparatur- und Rekombinationsenzyme besser zugänglich ist. Man kann das mit einem Auto vergleichen, das eher beschädigt wird und Veränderungen unterliegt, wenn man mit ihm herumfährt, als wenn es unbewegt in der Garage steht. Freilich gibt es Ausnahmen. Ebenso wie leere Batterien für Autos typisch sind, die ständig in der Garage stehen, kennt man auch Typen von DNA-Abänderungen, zu denen es vorzugsweise in inaktiven Genen kommt. Zum Beispiel wird die Base Cytosin (C) häufiger zu Thymin (T) umgewandelt, wenn sie methyliert ist; und methylierte DNA geht normalerweise mit kompaktem Chromatin und inaktiven Genen einher. Gleichwohl ist es im Allgemeinen so, dass die DNA in Regionen mit aktiven Genen mit höherer Wahrscheinlichkeit Sequenzabänderungen unterliegt als in solchen mit inaktiven Genen (Abb. 7.1).

Wir müssen uns nun fragen, ob der Einfluss, den die Chromatinstruktur auf die Mutationswahrscheinlichkeit hat, auch für Entwicklung und Evolutionsgeschehen wichtig ist. Eine Antwort darauf ist nicht eben einfach, denn das Forschungsgebiet der

Epigenetik und epigenetischen Vererbungssysteme (EVSs) ist noch jung und eindeutige Belege sind noch rar gesät; doch immerhin gibt es einige vielsagende Indizien dafür, dass die Wechselwirkungen zwischen genetischer und epigenetischer Ebene für beide Prozesse wichtig sind. Beispielsweise gibt es immer mehr Daten, die für ein Zusammenspiel von Genetik und Epigenetik bei der Entwicklung von Krebserkrankungen sprechen[3]. Das erste Anzeichen für ein zellpathologisches Abweichen in Tumoren ist oft eine Epimutation – eine Abänderung in erblichen Chromatinmarkierungen, etwa eine ab- oder zunehmende Dichte der DNA-Methylierung. Sehr häufig scheinen genetische Änderungen epigenetischen zu folgen und Erstere von Letzteren abhängig zu sein. Krebsforscher vermuten, dass Epimutationen (zum Beispiel Methylierungen von Kontrollregionen, die normalerweise nicht methyliert sind) ein Gen oder mehrere solcher Gene abschalten, deren Produkte an der fortlaufenden DNA-Reparatur beteiligt sind und mit dafür sorgen, dass die Zelle dem physiologischen Zellzyklus folgt (dieser Kreislauf beginnt nach einer Zellteilung und schließt die nachfolgende ein). Was passiert nun? Schädigungen der DNA und Replikationsfehler nehmen zu, akkumulieren und die Zelle beginnt vom normalen Zellteilungszyklus abzuweichen und sich nicht mehr an die vorgegebenen Regeln zu halten. Da sowohl die Epimutationen als auch die daraus resultierenden genetischen Abänderungen auf die Tochterzellen übergehen, verhält sich die Zelllinie in dem Maße zunehmend „subversiv", als neue Mutationen und Epimutationen selektiert werden und es den Zellen ermöglichen, den zellphysiologischen Kontroll- und Überwachungssystemen zu entgehen.

Aus dieser Sicht entwickeln sich Tumoren durch ein Zusammenspiel genetischer und epigenetischer Ereignisse, wobei epigenetische Modifikationen (wie verstärkte Methylierung) zu Sequenzabänderungen führen, und Mutationen (etwa in Genen, die für Chromatinproteine kodieren) in weiteren epigenetischen Abänderungen resultieren. Ob eine Mutation oder eine Epimutation am Beginn der Ereigniskaskade steht, ist in vielen Fällen unklar; nur bei einigen Typen von Tumoren, die in Familien gehäuft auftreten, weiß man, dass die Vererbung einer fehlerhaften DNA-Sequenz den fatalen Prozess einleitet. Bei den allermeisten Tumoren wird es viel Zeit erfordern, das Wechselspiel genetischer und epigenetischer Faktoren zu klären. Obwohl die epigenetische Dimension das Verständnis von Krebserkrankungen weiter verkompliziert, eröffnet sie aber auch eine erfreuliche Perspektive: Sie weckt Hoffnungen auf genauere Diagnosen und wirksamere Behandlungsmöglichkeiten; denn indem man auf epigenetische Abänderungen, etwa verstärkte Methylierung, achtet, könnte es möglich sein, einige Tumoren schon im Frühstadium zu erkennen und ihren Verlauf leichter zu verfolgen. Da außerdem Chromatinmarkierungen im Allgemeinen reversibel sind, könnte man nach Arzneimitteln suchen, die die epigenetischen Modifikationen in Krebszellen rückgängig machen und so das Tumorwachstum zum Stehen bringen.

Dass Wechselwirkungen zwischen genetischen und epigenetischen Vererbungssystemen auf die Entwicklung einiger Tumoren großen Einfluss haben, ist heute weithin anerkannt; hingegen nach wie vor umstritten sind die Rolle und Bedeutung epigenetischer

Abänderungen für das Entstehen von Mutationen in Keimbahnzellen. In Kapitel 3 sind wir auf die in den 1980er Jahre aufgestellte Hypothese Barbara McClintocks zu sprechen gekommen, dass Pflanzenzellen bei physiologischem Stress ihr Genom restrukturieren und dabei genetische Variationen generieren, die ihnen die Anpassung an neue Milieubedingungen ermöglichen. Ihre Argumentation resultierte aus Experimenten mit Mais, die zeigten, dass unter Stressbedingungen mobile genetische Elemente aktiviert werden, die sich aus ihrer alten Position im Genom lösen, an eine andere Stelle „springen" und dadurch Gensequenzen und Genexpression verändern[4]. Inzwischen wissen wir dank zahlreicher molekulargenetischer Studien erheblich mehr darüber, wie und warum diese mobilen Elemente bei Mais und anderen Arten ihre Position im Genom ändern[5]. Ob sich eine transposable DNA-Sequenz ausschneidet und an einer anderen Stelle wieder eingliedert (wobei sie sich häufig dupliziert), hängt unter anderem vom epigenetischen Organisationszustand ab, der vererbt wird.

Möglichkeit und Wahrscheinlichkeit der Translokation sind mit der DNA-Methylierung korreliert: Elemente, die tatsächlich zu „springen" vermögen, sind häufig wenig methyliert, inaktive dagegen in aller Regel mit vielen Methylgruppen versehen. Der Methylierungsstatus potenziell aktiver Elemente ist variabel, er hängt von solchen Faktoren ab wie der Position der Zelle in der Pflanze, davon, ob sie von einer mütterlichen oder väterlichen Elternzelle abstammt, und vielen anderen internen und externen Bedingungen. Stress wie Gewebeverletzung, Infektion durch Pathogene oder genomisches Ungleichgewicht (wenn ganze oder Teile von Chromosomen in zu hoher oder zu niedriger Dosis vorliegen) kann zu tiefgreifenden Veränderungen im Methylierungsmuster führen und dadurch massives „Springen" von Transposonen bewirken. Wenn die mobilen Elemente sich ausschneiden und an anderen Stellen der DNA wieder eingliedern, induzieren sie Mutationen sowohl in kodierenden als auch in Kontrollsequenzen. Dabei translozieren die Transposonen nicht (immer) wahllos; bevorzugt suchen sie aktive chromosomale Abschnitte auf.

Die experimentellen Arbeiten McClintocks und anderer, die ihr folgten, zeigen eindeutig, dass umweltinduzierte epigenetische Abänderungen der Chromatinstruktur zu Mutationen führen können; die Frage ist aber, hat dies – wie McClintock vermutet – auch einen Anpassungswert? Handelt es sich bei diesen transposablen Elementen nicht ganz einfach um „Gen-Parasiten", die sich ganz eigennützig replizieren, im Genom umherwandern und dabei die DNA-Sequenzen der Pflanze verändern? So kann man sicherlich über sie denken; man kann aber ebenso die Ansicht vertreten, dass es eine positive Selektion für diesen Typ von Mutationssystem gegeben hat. Möglicherweise wurden die potenziell schädlichen Effekte der mobilen Elemente dadurch klein gehalten, dass die Selektion gleichzeitig das Entstehen von Inaktivierungsmechanismen wie der Methylierung begünstigte, die die Transposonen einerseits die meiste Zeit über stilllegen, andererseits – wenn die Lebensbedingungen sehr ungünstig sind – eine Aktivierung erlauben, die sie „springen" lässt und dadurch Mutationen hervorruft[6].

Der Wert eines solchen Systems – vor allem für Pflanzen – springt sofort ins Auge. Diese können sich verschlechternden, gar existenzbedrohenden Bedingungen nicht dadurch entziehen, dass sie das Weite suchen; wenn sie überleben wollen, müssen sie auf andere Weise reagieren. *Eine* Möglichkeit könnte entwicklungsgeschichtlich darin bestanden haben, epigenetische und genetische Mechanismen zu erwerben, die Abänderungen ermöglichen. Pflanzen zeichnen sich durch einige Merkmale aus, die sie Mutationssalven, induziert durch die Translokation mobiler Elemente, ausnutzen und dabei ein relativ geringes Schadensrisiko eingehen lassen: Viele Pflanzen sind modular organisiert, das heißt, einzelne Teile (zum Beispiel die Zweige eines Baums) sind semi-autonom, jeder entwickelt seine eigenen reproduktiven Organe; andere bilden Klone – also Gruppen von asexuell entstandenen und deshalb genetisch ähnlichen Nachkommen, die häufig lose miteinander in Verbindung stehen. Außerdem sind bei Pflanzen Körperzellen und Keimbahn nicht streng voneinander getrennt, weshalb somatische Zellen hier leichter zu Keimzellen werden können. Was bedeutet dies alles? Nun, es bedeutet, dass Pflanzen in ihren Modulen, Klonen oder somatischen Zellen sowohl mit Epimutationen wie auch mit epigenetisch induzierten genetischen Variationen „experimentieren" können, ohne Überleben und Reproduktion des ganzen Organismus ernstlich in Gefahr zu bringen. Einige der Klon- oder Modulvarianten mögen nicht zum Erfolg führen, andere dagegen bessere Lösungen bereithalten als das Original und die meisten Nachkommen zur nächsten Generation beisteuern. Auf diese Weise vermögen jene Linien mit einer epigenetischen Reaktion, die mit einer erhöhten Mutationsrate einhergeht, besser zu überleben als andere. Das Vererben epigenetischer Varianten und mit ihnen des Potenzials, genetische Variabilität zu generieren, könnte ganz allgemein für Pflanzen eine wichtige Überlebensstrategie sein. Vielleicht ist dies auch der Grund dafür, dass man gerade bei Pflanzen so viele Hinweise auf die generationenübergreifende Erblichkeit epigenetischer Modifikationen gefunden hat.

Heute können wir die phylogenetische Bedeutung der EVSs für die Generierung genetischer Variabilität noch nicht vollständig überblicken, doch sprechen starke Indizien dafür, dass sie eine gewichtige Rolle spielen. Sehr interessant scheint die Hypothese, eine massive Wanderung mobiler genetischer Elemente infolge stressinduzierter epigenetischer Modifikationen sei verantwortlich für das rasche Entstehen vieler entwicklungsgeschichtlicher Innovationen. Mindestens 45 Prozent des menschlichen Genoms leiten sich von transposablen Elementen ab, 50 Prozent sind es bei Pflanzen; springende Gene spielten also sicherlich eine große Rolle im Evolutionsgeschehen, denn ihre Mobilisierung in schlechten Zeiten schafft immer eine Menge neuer genetischer Variabilität. Mehr noch: Wenn mobile Elemente regulatorische Abschnitte eines Gens verlassen oder sich dort integrieren, schaffen sie genau jenen Typ von Mutation, der wahrscheinlich enorme evolutionsdynamische Bedeutung hat; denn solche Mutationen haben Einfluss darauf, ob, wann und wo das Gen auf Signale antwortet, die es an- oder abschalten – und damit nachhaltig auf die ontogenetische Entwicklung. Deshalb vermutet man in diesem Typ regulierter Mutabilität einen Mechanismus, der für viele grundlegende phylogenetische Modifikationen in der Organisation bei Pflanzen und Tieren verantwortlich ist.

Wie die EVSs die Evolution der Ontogenese geprägt haben

Wie groß auch immer die direkten Auswirkungen der EVSs auf das Evolutionsgeschehen sein mögen, ganz ohne Zweifel sehr groß sind die indirekten Auswirkungen. Das ist ganz offensichtlich, wenn wir an komplexe Organismen denken, an ihre vielen verschieden spezialisierten Zelltypen, die jeweils ganz spezifische Funktionen ausfüllen. Ohne Zellgedächtnis hätten Pflanzen oder Tiere mit ihren vielen differenzierten Zelltypen überhaupt nicht entstehen können. Epigenetische Vererbungssysteme, die ein solches Zellgedächtnis bereitstellen und die Charakteristika von Zelllinien erhalten, sind eine der Grundvoraussetzungen für die Evolution komplexer ontogenetischer Entwicklung[7].

Alle Typen von EVSs, die wir in Kapitel 4 beschrieben haben, kommen bei den heute lebenden einzelligen Organismen vor; deshalb ist die Annahme begründet, dass auch die einzelligen Vorfahren der vielzelligen Organismengruppen über sie verfügten, dass sie notwendige Bedingung für die Evolution der Vielzelligkeit waren. Diese These ist weithin anerkannt. Eher umstritten dagegen ist die Vorstellung, dass die EVSs nicht nur Voraussetzung für die Entwicklung großer und komplex organisierter Organismen waren, sondern ebenso zur Evolution mancher ganz charakteristischen und seltsam anmutenden Merkmale ihrer Ontogenese beigetragen haben.

Um deutlicher zu sehen, wie die EVSs die Evolution komplexer Organismen geprägt haben könnten, möge man sich einen primitiven Vielzeller vorstellen, der aus lediglich drei verschiedenen Typen von Zellen zusammengesetzt ist: Fresszellen, in die Bewegung des Organismus eingebundene Zellen und Fortpflanzungs- oder Keimzellen (Abb. 7.2). Stellen wir uns vor, die Zellen dieses Organismus kennzeichnet ein gewisses epigenetisches Gedächtnis; dieses erhält die zellulären Phänotypen und gibt sie an Tochterzellen weiter, sodass jede Zelle nach der Zellteilung normalerweise die gleichen Aufgaben ausführt wie zuvor. Was passiert nun, wenn das epigenetische Gedächtnis nur noch fehlerhaft arbeitet? Einige der Fresszellen oder der motorischen Zellen orientieren sich um und wechseln ihren „Job", oder sie gehen ganz eigennützig vor, teilen sich wie wild, beanspruchen all die Ressourcen, die andere Zellen bereitstellen, und kümmern sich nicht mehr um ihre ursprünglichen Aufgaben im Dienste des ganzen Organismus. Dies könnte tatsächlich passieren, denn selbst mit den heute existierenden EVSs, die normalerweise für ein sehr zuverlässiges Zellgedächtnis sorgen, wandelt sich gelegentlich ein Zelltyp in einen anderen[8]. Doch bei unserem primitiven Vielzeller (Abb. 7.2), dessen EVSs nicht so zuverlässig arbeiten wie jene heutiger Organismen und deren ontogenetische Entwicklungswege hin zu den spezialisierten Zelltypen vergleichsweise einfach sind, kommt das häufig vor: Die Zelltypen wechseln ziemlich leicht zwischen einigen Alternativen. Dies ist so lange nicht besonders tragisch, wie solche Zelltypwechsel nur sehr eingeschränkt stattfinden und der Organismus aus sehr vielen Zellen besteht; doch ein kleiner vielzelliger Organismus kommt rasch in große Schwierigkeiten.

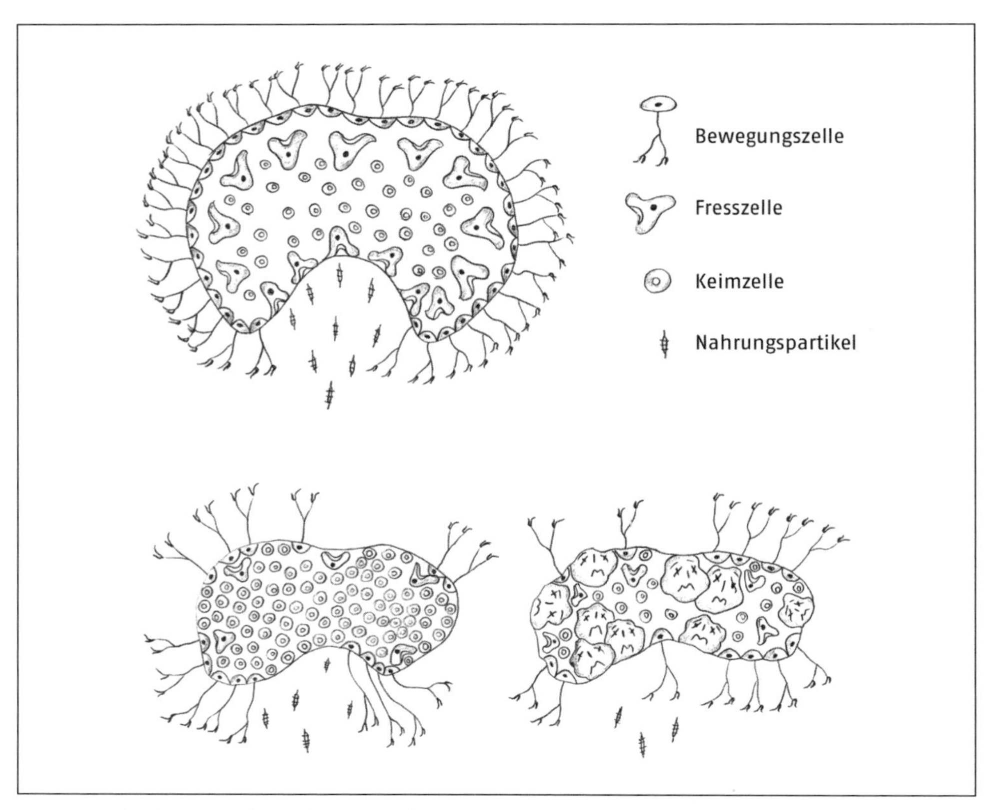

Abb. 7.2 Ein einfacher vielzelliger Organismus mit drei verschiedenen Zelltypen. Oben der normale Organismus; unten Organismen mit mangelhaftem epigenetischem Gedächtnis, das zur Bildung entweder insuffizienter Bewegungs- oder Fresszellen (links) oder ganz neuer, doch dysfunktionaler Zellen führt (rechts).

Das erste Problem, das aus einem Zelltypwechsel erwächst, ist ein generelles: Die Wahrscheinlichkeit für mangelnde Funktionalität und Effizienz des Organismus ist groß. Vielzellige Organismen können nur dann überleben, wenn ihre Zellen kooperieren und nicht primär miteinander im Wettstreit liegen. Wenn zu viele Zellen ihre Aufgaben vernachlässigen oder ganz andere ausführen, verschlechtert sich insgesamt die Arbeitsteilung. Zellen, die ihrer eigentlichen Funktion nicht mehr nachkommen und stattdessen die allgemeinen, dem ganzen Organismus zur Verfügung stehenden Ressourcen zum eigenen Nutzen ausbeuten und sich dadurch (via Zellteilung) verstärkt vermehren, zerstören das Ganze; Krebszellen tun gerade dies allzu oft. Also funktionieren Organismen, bei denen die Zelltypen zu häufig ihre Identität ändern, als Ganze weniger gut und haben schlechtere Aussichten, zu überleben und sich fortzupflanzen; dagegen werden jene, die über Mittel und Wege verfügen, dysfunktionale Zelltypenwechsel zu unterbinden, mehr Erfolg haben und mehr Nachkommen zur nächsten Generation beitragen. Jeder Mechanismus, der Zellen davon abhält, ihre genuinen Aufgaben zu vernachlässigen oder sich ganz neuen Aufgaben zuzuwenden, wird durch die natürliche Selektion begünstigt. Es gereicht dem Organismus zum Vorteil, seine EVSs so zuverlässig als möglich zu halten und jede Zelle, die von der Norm abweicht, zu zerstören. Durch Selektion genetischer Varianten sollten sich EVSs herausbilden, die einerseits genügend flexibel sind, um die für eine normale Ontogenese notwendigen Weichenstellungen zu erlauben, andererseits aber genügend rigide sind, um unerwünschtes Hin-und-her-Springen zwischen verschiedenen Zellzuständen zu unterbinden.

Nun nehmen wir an, unser primitiver vielzelliger Organismus hat sich evolutionär etwas weiterentwickelt; dank der nun einigermaßen zuverlässigen EVSs bleiben mehr Zelltypen längerfristig erhalten. Zwar besteht er nicht aus den mehreren Hundert Zelltypen, wie man sie bei Wirbeltieren findet, oder auch nur aus den etwa 30 Typen, die Pflanzen auszeichnen, doch immerhin aus mehr als einem Dutzend. Diese Zelltypen werden durch eine Reihe ontogenetischer Weichenstellungen gebildet: Die befruchtete Eizelle teilt sich zu den Zelltypen A und B, der Typ B teilt sich zu den Typen C und D; D-Zellen teilen sich wiederum zu D- und E-Zellen, und auf diese Weise geht es weiter. Jeder Zelltyp ist das Resultat fortschreitender, aufeinander aufbauender epigenetischer Modifikationen. Doch welche dieser Zellen wird schließlich zu einer Keimzelle, die die nachfolgende Generation mitbegründen wird? Theoretisch kommt jeder somatische Zelltyp in Frage, vorausgesetzt, dass alle epigenetischen Markierungen und andere Spuren ihrer ontogenetischen Vergangenheit zuvor gelöscht werden. Dies kann man sich leicht für die Typen A und B vorstellen, die ja aus nur *einer* Umschaltung hervorgehen. Schwieriger ist dies schon für die Zelltypen D und E, die erst im weiteren Verlauf der Ontogenese nach einer ganzen Reihe von Weichenstellungen entstehen; die gesamte Entwicklungssequenz bis dahin rückgängig zu machen, wäre überaus fehlerträchtig. Daraus könnten Fehler resultieren, die die Entwicklung der nachfolgenden Generation gefährden und die Abstammungslinie womöglich aussterben lassen. Dies bedeutet, alles wird selektiv begünstigt, was hilft, solche Fehler zu vermeiden, und die Fähigkeit potenzieller Keimzellen verbessert, einen neutralen epigenetischen Zustand einzunehmen oder zu erhalten – also einen Zustand ähnlich dem zu Beginn der ontogenetischen Entwicklung.

Zumindest drei Merkmale der ontogenetischen Entwicklung scheinen die Konsequenz einer Selektion zu sein, die Zellen mit ungeeigneten epigenetischen Markierungen davon abhält, zu Keimzellen zu werden. Erstens: Viele epigenetische Zustände sind kaum rückgängig zu machen. Einige Zelltypen haben praktische keine Möglichkeit, eine Art Rückwärtsgang einzulegen und zu Keimzellen zu werden, weil die epigenetischen Modifikationen, die sie hervorbringen, eine Folge vergangener Selektion für Stabilität und deshalb im Prinzip irreversibel sind. Das Problem ihres epigenetischen Erbes ist also irrelevant, da sie niemals zu Keimzellen werden können. Zweitens: Die Notwendigkeit für Keimzellen, weitgehend frei von epigenetischen Markierungen zu sein, mag der evolutionäre Grund dafür sein, dass viele Tiere ihre prospektiven Keimzellen sehr früh in der Ontogenese von den somatischen Zellen abtrennen. Die zukünftigen Keimzellen sondern sich räumlich ab, ruhen und teilen sich unregelmäßig im Verlauf der restlichen

Ontogenese. Bei diesem Prozedere können Epimutationen kaum entstehen und nur sehr wenig epigenetisches Gedächtnis ist zu löschen, wenn eine neue Generation begründet wird. Außerdem haben defekte Zellen, die ihre genuine Funktion aufgegeben haben, sich eigennützig zu vervielfachen und in andere Regionen des Körpers einzudringen, kaum Möglichkeiten, Keimzellen zu werden, wenn die Keimbahn physisch von den somatischen Zellen getrennt ist. Eine dritte Versicherung gegen eine Weitergabe ungeeigneter epigenetischer Variationen, einschließlich solcher, die als Epimutationen in der Keimbahn entstehen, besteht in Form umfangreicher „Reinigungswellen". Dazu kommt es während der Meiose und Keimzellbildung, wenn das Chromatin umstrukturiert wird und männliche Gameten den größten Teil ihres Zytoplasmas verlieren.

Was wollen wir mit all dem sagen? Viele Aspekte der ontogenetischen Entwicklung kann man als phylogenetisch entstandene Mechanismen betrachten, die ein Übernehmen solcher epigenetischer Information verhindern, die die Organisation der nachfolgenden Generation destabilisieren würde. Die Wirksamkeit des Zellgedächtnisses, die Stabilität eines differenzierten Zellzustands, Selektion und Zelltod unter somatischen Zellen, die Trennung zwischen Keim- und Körperzellen bei allen Tiergruppen und das massive Umstrukturieren des Chromatins in Keimzellen – all dies resultiert teilweise aus den selektiven Wirkungen der EVSs. Wir betonen „teilweise", weil diese sehr komplexen Merkmale der Ontogenese einige weitere Vorteile haben und ihre Evolution wahrscheinlich auch andere Funktionen eingeschlossen hat.

Genomische Prägungen und Genselektion

Ungeachtet der speziellen Behandlung, die Gameten erfahren, geben sie dennoch einen Teil ihres epigenetischen Erbes weiter. Dies zeigt sich etwa in Form der genomischen Prägung. Dieses eigenartige Phänomen kam schon in Kapitel 4 zur Sprache, als wir bemerkten, Organisation und Verhalten von Chromosomen wie auch die Expression von Genen sei manchmal vom Geschlecht des Elters abhängig, von dem die Chromosomen oder Gene ursprünglich stammen – denn die Chromosomen der Mutter und des Vaters tragen unterschiedliche Markierungen (Prägungen); und dieses elterliche Erbe hat Einfluss darauf, wie Gene bei ihren Nachkommen auf Signale der Zelle antworten. Einige Gene sind nur aktiv, wenn sie eine „väterliche" Prägung aufweisen, andere dagegen nur dann, wenn sie „mütterlich" geprägt sind. Dies bedeutet auch, dass zwei genetisch identische Individuen, die beide jeweils ein normales und ein defektes Allel eines elterlich geprägten Gens haben, grundverschieden aussehen können, wenn das eine Individuum das defekte Allel vom Vater, das andere hingegen dieses von der Mutter erbt. Einen einfachen Fall genomischer Prägung zeigt Abbildung 7.3.

Vermutlich waren die unterschiedlichen Chromatinmarkierungen, die genomische Prägungen auszeichnen, ursprünglich zufällige Nebenprodukte – geschuldet der Tatsache, dass DNA in männlichen und weiblichen Gameten nicht gleich verpackt wird[9]. Spermien sind klein und beweglich, ihre DNA ist hoch kondensiert mit entsprechend

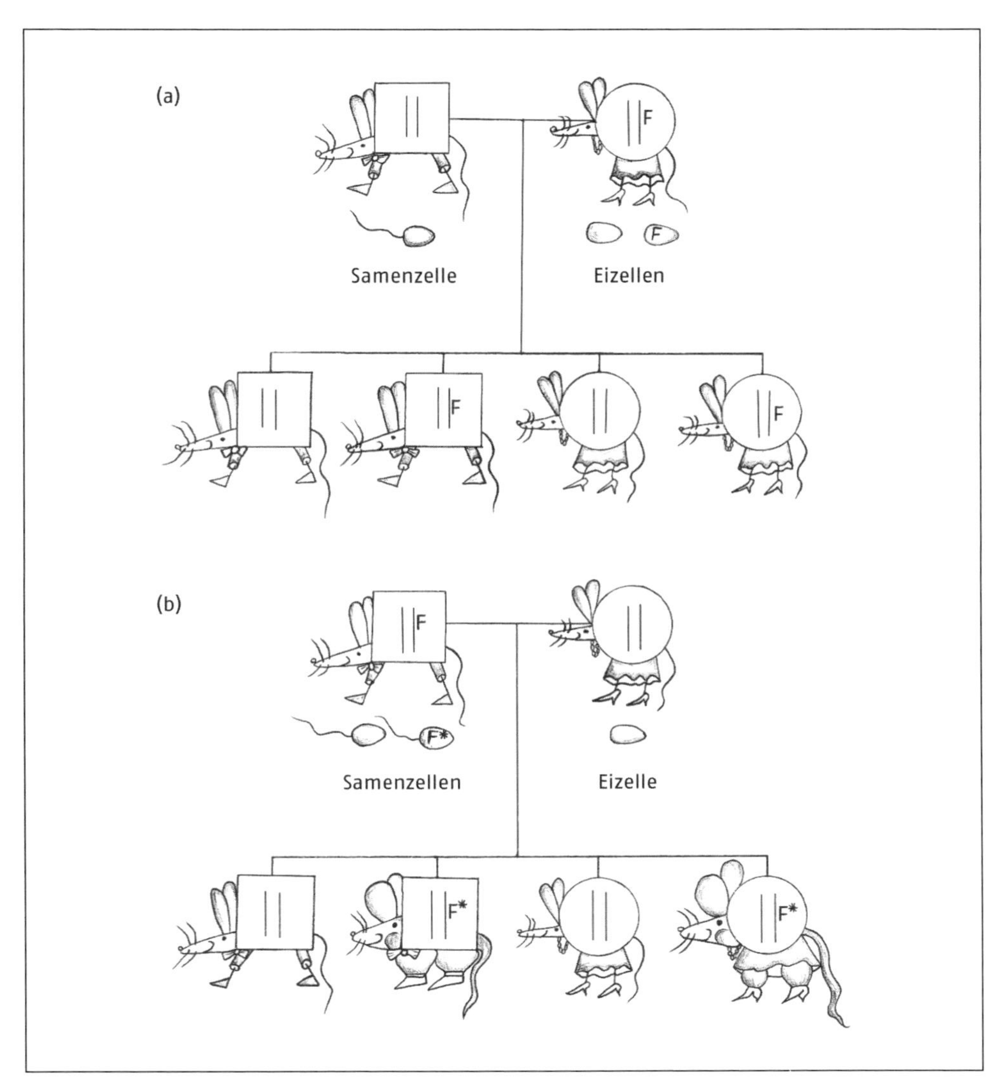

Abb. 7.3 Genomische Prägung. Die Mutter in Familie a und der Vater in Familie b tragen beide ein Chromosom mit dem Allel *F*. Sie und ihre Partner, die jeweils das normale Allel tragen, sind alle schlank. Die Nachkommen in beiden Familien sind genotypisch ähnlich, jeweils zwei von vier weisen das Allel *F* auf. Da jedoch das *F*-Allel in Familie b die Spermatogenese durchläuft, werden dessen Markierungen abgeändert (F*). Dies hat zur Folge, dass die beiden Nachkommen, die das *F*-Allel erben, dieses exprimieren und deshalb zur Fettleibigkeit neigen.

inaktiven Genen; im Vergleich dazu sind Eizellen viel größer, ihr Chromatin ist loser organisiert, weshalb viele Gene äußerst aktiv sind. Diese unterschiedliche Chromatinstruktur zeigt sich auch in der befruchteten Eizelle. Doch ein Großteil der unterschiedlichen elterlichen Prägungen verschwindet im Laufe der frühen Embryogenese, sodass die beiden elterlichen Chromosomensets in epigenetischer Hinsicht letztlich ganz ähnlich vorliegen; manche Unterschiede bleiben allerdings – eben als elterliche Markierungen oder Prägungen. Häufig haben diese keine Auswirkungen auf die Entwicklung: So könnten Prägungen dafür sorgen, dass Transkriptionsfaktoren die Kontrollregionen eines von der Mutter geerbten Gens etwas besser erreichen als die des homologen väterlichen Gens; demzufolge würde das mütterliche Gen zwar früher exprimiert, aber sehr wahrscheinlich hat dies häufig keinen signifikanten Einfluss. Nur manchmal können Unterschiede in den elterlichen Chromatinstrukturen Selektionswert haben: Wenn eine geschlechtsspezifische Prägung schädlich ist, wird die Selektion solche genetische Abänderungen begünstigen, die eine Modifikation der Markierungen bei einem oder beiden Eltern zur Folge haben oder die Unterschiede während der frühen Embryonalentwicklung zum Verschwinden bringen. Im Falle einer vorteilhaften differenziellen Prägung wird diese beibehalten und durch natürliche Selektion solcher genetischer Variationen verstärkt, die Einfluss darauf haben, dass die unterschiedlichen Prägungen gesetzt werden und trotz der „Reinigungswellen" erhalten bleiben.

Wenn wir uns ein paar Beispiele genomischer Prägung anschauen, können wir erkennen, wie bestehende Prägungen für verschiedene Entwicklungsfunktionen modifiziert werden. *Eine* Funktion, die Prägungen bei einigen Arten erworben haben, hat mit der Geschlechtsbestimmung zu tun. Mehrere nicht verwandte Insektengruppen haben einen sehr seltsamen Mechanismus entwickelt, der das Geschlecht bestimmt: Individuen mit den üblichen zwei Chromosomensätzen sind Weibchen; jene mit nur *einem* dagegen Männchen. Letztere entwickeln sich im Allgemeinen aus unbefruchteten Eizellen, das heißt, ihnen fehlen väterliche Chromosomen. Bei Schildläusen entwickeln sich zwar auch die Männchen aus befruchteten Eizellen, doch werden schon in der frühen Embryonalentwicklung die väterlichen Chromosomen eliminiert oder inaktiviert, sodass bei ihnen die adulten Männchen ebenfalls nur über *einen* funktionalen Chromosomensatz verfügen; irgendwie werden die väterlichen Markierungen an den Chromosomen erkannt und die notwendigen Maßnahmen eingeleitet. Wie dieses seltsame System funktioniert und warum es sich überhaupt entwickelt hat, ist allerdings ein Rätsel[10].

Bei Säugetieren spielen elterliche Prägungen für die Geschlechtsbestimmung keine Rolle; relevant sind sie hier allerdings für etwas, das Genetiker „Dosiskompensation" nennen. Notwendig ist diese, weil weibliche Säugetiere zwei X-Chromosomen haben, männliche hingegen stattdessen jeweils ein X- und Y-Chromosom[11]. Letzteres bezeichnet die Genetikerin Susumu Ohno einen genetischen „Dummy" – es ist klein, hoch kondensiert und trägt viel weniger Protein-kodierende DNA als das X-Chromosom. Deshalb haben die Männchen nur *eine* Kopie der meisten X-Chromosom-Gene, Weibchen hingegen zwei. Im Jahr 1961 erkannte die britische Biologin Mary Lyon, dass die Gendosis bei beiden Geschlechtern einander angeglichen wird, indem die Weibchen eines ihrer X-Chromosomen inaktivieren[12]. Diese X-Chromosom-Inaktivierung erfolgt in einer frühen Phase der Embryogenese, und welches der beiden homologen Chromosomen es betrifft, ist im Allgemeinen zufällig – in manchen Zelllinien ist es das vom Vater geerbte X-Chromosom, in anderen das mütterliche. Wenn einmal eines der beiden X-Chromosomen einer Zelle inaktiviert ist, bleiben dies auch die entsprechenden X-Chromosomen aller Tochterzellen. Dies ist ein gutes Beispiel für stabile epigenetische Vererbung.

Obwohl die Inaktivierung normalerweise zufällig eines der beiden X-Chromosomen betrifft, ist es in einigen Situation anders: Vor allem in extraembryonalen Geweben (also vom Embryo abgeleitete Gewebe, die den Fetus umgeben und die Ernährung durch die Mutter sicherstellen) wird immer das väterlich X-Chromosom inaktiviert. Voraussetzung für eine solche selektive Inaktivierung ist die unterschiedliche Markierung der beiden X-Chromosomen, die das Geschlecht, von dem sie stammen, widerspiegeln; und diese Markierungen müssen von den epigenetischen Inaktivierungssystemen des Embryos erkannt werden. Unklar ist allerdings, warum in den Zellen extraembryonaler Gewebe vorzugsweise das väterliche X-Chromosom stillgelegt wird, hingegen im Embryo selbst dieses Schicksal mit gleicher Wahrscheinlichkeit das väterliche und das mütterliche X-Chromosom trifft. Doch ungeachtet dessen zeigt dies, dass elterliche Prägungen in einigen Geweben keine Rolle spielen, in anderen hingegen sehr wohl.

In den späten 1980er Jahren wartete David Haig – zu diesem Zeitpunkt noch Doktorand in Australien – mit einer sehr interessanten These auf, die aus evolutionstheoretischer Perspektive erklären sollte, warum sich manche Organismen die genomischen Prägungen in ihren extraembryonalen Geweben zu Nutze machen. Haigs Vorstellungen zeigen ganz gut, wie epigenetische und genetische Systeme wahrscheinlich aufeinander Einfluss nehmen. Ausgangspunkt bei Haig ist die Überlegung, dass für den Fall, wenn der Embryo – wie etwa bei Säugetieren oder auch Blütenpflanzen – durch mütterliches Gewebe ernährt wird, ein Interessenkonflikt zwischen den Genomen beider Eltern entstehen kann[13]. Für die meisten von uns mag es leichter sein, sich die Situation anhand der Säugetiere zu vergegenwärtigen: Wir stellen uns also eine trächtige Mutter vor, die Nachwuchs von mehr als einem Vater trägt (sie gehört also zu einer Art, bei der ein und derselbe Wurf mehrere Väter haben kann, doch die weitere Argumentation ist davon unabhängig; wichtig ist nur, dass die Mutter über die Zeit hinweg Nachwuchs mit zwei oder mehr Männchen erzeugt).

Nun stellt sich die Frage: Wie werden wohl ein Vater und eine Mutter ihre Jungen behandeln? Im Interesse des Vaters ist es dazu beizutragen, dass nur sein Nachwuchs von der Mutter bestmöglich mit Nährstoffen versorgt wird – auch dann, wenn es auf Kosten der Mutter oder der Halbgeschwister geht. Einen Vater kümmert nicht das zukünftige Wohlergehen der Mutter, wenn es sehr unwahrscheinlich ist, dass er mit ihr zusammen weitere Jungen zeugen wird; auch am Wohlergehen der Halbgeschwister seiner eigenen Nachkommen hat er kein Interesse, da er (genetisch) nichts mit ihnen zu tun hat. Für eine Mutter stellt sich die Situation ganz anders dar: Sie fährt am besten, wenn sie ihrem gegenwärtigen und zukünftigen Nachwuchs immer die gleiche Nährstoffmenge zukommen lässt, denn mit allen ist sie gleich nahe verwandt; somit ist das gleiche Wohlergehen aller in ihrem Interesse. Haig meint nun, dass in einer solchen asymmetrischen Situation die Selektion alle väterlichen genomischen Prägungen begünstigen wird, durch die der Embryo der Mutter mehr Nährstoffe entzieht als ihm gerechterweise eigentlich zukommt.

Durch natürliche Selektion wird die Häufigkeit jener Gene zunehmen, die die väterlichen „raffgierigen" Prägungen stärken. Jedoch wird dies im Weiteren zu einer Selektion von Prägungen auf mütterlichen Chromosomen führen, die die väterliche Strategie, den Embryo mit ausbeutenden Qualitäten zu versehen, unterlaufen; denn raffgierige Embryonen gefährden den Gesamtreproduktionserfolg der Mutter, indem sie allen anderen Nachkommen Nährstoffe entziehen. Im Endergebnis sind deshalb stark unterschiedliche Markierungen auf solchen Genen zu erwarten, die für das embryonale Wachstum eine Rolle spielen: Vom Vater vererbte Allele sollten Markierungen tragen, die das Wachstum fördern, mütterlicherseits vererbte Allele hingegen solche, die das Wachstum bremsen. Und genau dies hat man bei einigen (wenn auch nicht allen) wachstumsrelevanten Genen bei der Maus und beim Menschen gefunden.

Man kann sich aber auch ohne Weiteres andere Wege vorstellen, auf denen genomische Prägungen im Interessenkonflikt der Geschlechter in Stellung gebracht werden. Beispielsweise haben wir vor einigen Jahren die These aufgestellt, dass bei Organismen mit einem geschlechtsspezifischen System wie dem unseren die Väter mit Hilfe genomischer Prägungen Einfluss auf ihre Töchter nehmen[14]. Weibliche Nachkommen erben jeweils ein X-Chromosom von beiden Elternteilen und vererben ihrerseits allen ihren eigenen Nachkommen ebenfalls jeweils eines ihrer X-Chromosomen. Söhne hingegen erben ein X-Chromosom von der Mutter und das Y-Chromosom vom Vater; sie vererben ihrerseits ihr X-Chromosom ausschließlich den eigenen Töchtern und das Y-Chromosom nur den Söhnen. Da also ein Vater sein X-Chromosom nur Töchtern vererbt, sollte die Selektion alle Prägungen des väterlichen X-Chromosoms begünstigen, von denen spezifisch die Töchter profitieren. Da andererseits eine Mutter ihre X-Chromosomen sowohl Töchtern als auch Söhnen vererbt, hat sie keine Möglichkeit, ihrer Nachkommenschaft eine geschlechtsspezifische Tendenz zu verleihen. Ob Väter aber tatsächlich von diesem Mechanismus, ihre Nachkommen mit geschlechtsspezifischen Prägungen zu versehen, Gebrauch machen, bleibt erst einmal abzuwarten.

Nach allem was wir heute über die genomische Prägung wissen, scheint es so zu sein, dass erbliche geschlechtsspezifische Chromatinmarkierungen auf verschiedene Weise zum Einsatz kommen. Obwohl Prägungen ursprünglich sehr wahrscheinlich Nebenprodukte einer Differenzierung von Ei- und Samenzellen waren, ist das, was wir heute beobachten, Ergebnis natürlicher Selektion für viele verschieden Funktionen, wobei die anfänglichen Chromatinunterschiede umstrukturiert werden – manche werden verstärkt, andere gelöscht und wieder andere bleiben unverändert. Was auf die elterlichen Prägungen zutrifft, gilt wahrscheinlich auch für andere Typen von Chromatinmarkierungen: Sie alle werden vermutlich selektiven Modifizierungen und Justierungen unterzogen, wenn sich die Bedingungen ändern und neue Anpassungen entstehen.

Induzierte epigenetische Variabilität und die Selektion von Genen

Wir gehen jetzt also einen Schritt weiter und sehen, wie induzierte epigenetische Veränderungen – Modifikationen als Antwort auf veränderte Umweltbedingungen – über das genetische System Einfluss auf das Evolutionsgeschehen nehmen können. Ein guter Startpunkt hierfür sind die hoch interessanten Arbeiten von Dmitry Belyaev an der Sibirischen Abteilung der Sowjetischen (jetzt Russischen) Akademie der Wissenschaften in Novosibirsk. Belyaev war überzeugter Mendel-Genetiker, ihm gelang es in den fürchterlichen Zeiten von Lyssenkos anti-mendelistischer Ideologie, unter der die Menschen ebenso wie die Wissenschaften in der UdSSR gelitten haben, irgendwie zu überleben und seine wissenschaftlichen Arbeiten fortzuführen. In den späten 1950er Jahren wurde er Direktor am Institut für Zytologie und Genetik in Novosibirsk; dort begann er mit einem Langzeitexperiment, bei dem er den wirtschaftlich wertvollen Silberfuchs einer Selektion auf Zahmheit und Zutraulichkeit unterzog[15]. Was Beylaev und Kollegen taten, war also mehr oder weniger das, was unsere Vorfahren – wenn auch weniger systematisch und wohl eher unbewusst – getan haben werden, als sie Hund, Schwein, Rind, Schaf und viele andere Tierarten, die nun an unserer Seite leben, domestizierten. Das Experiment, das nach Belyaevs Tod 1985 fortgeführt wurde, war erfolgreich. Ziemlich rasch (für evolutionäre Maßstäbe) gelang es, eine Population sanftmütiger Füchse aufzubauen; einige dieser Füchse sind mittlerweile sogar ganz ähnlich wie Hunde bestrebt, ihren Bezugspersonen treu ergeben zu sein und ihre Zuwendung zu erhalten.

Was die Silberfuchs-Experimente so interessant macht, ist der Umstand, dass von der Selektion auf Zahmheit weit mehr als nur das Verhalten der Tiere erfasst wurde. Nach weniger als 20 Generationen hatte sich bei den Weibchen die Periode der Fortpflanzungsfähigkeit signifikant verlängert, die Zeit des Fellwechsels hatte sich verschoben und die Titer von Stress- und Sexualhormonen waren verändert. Auch zeigten sich körperliche Veränderungen: Einige Tiere hatten hängende Ohren und die Schwanzhaltung mancher Tiere war anders; einige zeigten weiße Punkte im Fell, hatten kürzere Beine, einen verkürzten Schwanz oder eine andere Schädelform. All diese erblichen phänotypischen Merkmale tauchten schon in einer ziemlich frühen Phase des Selektionsprozesses auf, und obwohl sie nur wenige Tiere betrafen (etwa ein Prozent), zeigten sie sich immer wieder. Außerdem stellte man Veränderungen bei den Chromosomen fest. Viele Silberfüchse zeigten ein kleines zusätzliches Mikro-Chromosom mit hoch kondensiertem Chromatin und einer DNA, die aus vielen Wiederholungen nichtkodierender Sequenzen bestand.

Nerven- und Hormonsystem hängen eng miteinander zusammen, deshalb überrascht es nicht, wenn eine Selektion auf Zahmheit auch Einfluss auf Hormonkonzentrationen und den Reproduktionszyklus hat. Doch wie kam es zu den Veränderungen im äußerlichen Erscheinungsbild der Füchse – ihren Schlappohren oder ihrem Ringelschwanz zum Beispiel? Diese scheinen doch ontogenetisch ganz unabhängig vom Verhalten. Wie ist deren Entstehen zu erklären? Da kommt zwar alles Mögliche in Betracht, doch vermochten die russischen Wissenschaftler, einige mögliche Erklärungen ganz auszuschließen; andere betrachteten sie als sehr unwahrscheinlich. Beispielsweise tauchten die neuen Phänotypen zu häufig auf, als dass sie Resultat zufälliger Mutationen gewesen sein könnten, und das sorgfältige Reproduktionsprogramm schloss Inzucht weitgehend aus – so kam beides als Erklärung nicht Frage. Letztlich deutete Belyaev die Befunde seiner Experimente auf etwas ungewöhnliche Weise: Er schrieb das Erscheinen der neuen Phänotypen einem Aufwecken „schlafender" Gene zu, wie er sie nannte[16]. Belyaev postulierte bei allen Tieren ein großes Reservoir an schlafenden Genen – also an Genen, die wir heute als dauerhaft inaktiviert bezeichnen; er vermutete weiter, dass in Stresssituation wie bei der Domestikation die Selektion Veränderungen im Hormonsystem bewirkt, die wiederum diese inaktiven Gene in einen erblich aktiven Zustand versetzen. Die Folge sei eine dramatische Zunahme erblicher Variabilität in der Population. Mit anderen Worten, nach dem Dafürhalten Belyaevs sind die neuen Phänotypen, die mit zunehmender Zahmheit der Tiere einhergehen, Folge epigenetischer und nicht genetischer Abänderungen. Belyaev vermutete, dass Selektion für domestikationstypisches Verhalten den hormonellen Status der Füchse verändert hat, was wiederum Auswirkungen auf die Chromatinstruktur hatte und darüber viele normalerweise stillgelegte Gene in Körper- wie Keimzellen aktivierte. Er brachte auch die Existenz des zusätzlichen Mikro-Chromosoms damit in Verbindung, allerdings ist er dieser Frage – soweit wir wissen (wie sprechen leider kein Russisch) – nicht im Detail nachgegangen.

Die Ähnlichkeiten zwischen den Ansichten Belyaevs und Barbara McClintocks sind offensichtlich. Zwar betont Belyaev die erblichen epigenetischen Effekte von Stress, wohingegen sich McClintock auf genomische Wirkungen von Stress konzentriert, doch beide erkennen, dass Stressbedingungen eben nicht nur ein spezielles Selektionssystem bereitstellen. Belyaev stellte seine Thesen zu den multiplen Wirkungen von Stress bei einer Vorlesung vor, um die er im Rahmen des Internationalen Genetikerkongresses 1978 in Moskau gebeten wurde[17]. Sein Thema war die Domestikation von Tieren, die er als eines der größten biologischen Experimente bezeichnete. Er führte aus, seit Beginn der Domestikation – vor nicht mehr als 15 000 Jahren – hätten sich Verhalten und äußeres Erscheinungsbild der Haustiere in einer Geschwindigkeit geändert, wie sie während der Evolutionsgeschichte zuvor niemals auch nur annähernd erreicht worden sei. Doch, so betonte er, dieser rasante Veränderungsprozess sei nicht allein Folge strenger Selektion; entscheidend hinzugekommen sei Stress, der Veränderungen im Hormonsystem induziert, darüber zuvor versteckte genetische Variabilität zum Vorschein gebracht und so der Selektion zugänglich gemacht habe.

Genetische Assimilation: Wie die Interpretation die Partitur auswählt

Epigenetische Abänderungen, induziert durch Stress, können allerdings mehr bewirken als nur zuvor versteckte genetische Variabilität aufdecken; sie können darüber hinaus die Selektion der genetischen Variationen lenken. Mit dem Bild unserer Musik-Analogie ausgedrückt: Eine neu aufgezeichnete Interpretation hat Einfluss darauf, welche Version der Partitur ausgewählt und zukünftig gespielt wird. Zur Erklärung dessen, was wir meinen, wollen wir zur Vorstellung einer Vererbung erworbener Eigenschaften zurückkommen.

Solange die Leute davon überzeugt waren, dass erworbene Merkmale durch fortgesetzten Gebrauch oder Nichtgebrauch über viele Generationen schließlich erblich werden, war es kein Problem, sich zu erklären, warum erbliche und induzierte Anpassungen häufig einander so ähnlich sind. Eines der meist genannten Beispiele war die dicke Hornhaut an unseren Fußsohlen; diese ist ganz offensichtlich eine Anpassung an die Fortbewegung in unebenem, unwegsamem Gelände und wir werden mit ihr schon geboren. Doch können wir eine ganz ähnliche Hornhaut an unseren Händen oder anderen Körperteilen entwickeln, und zwar immer an den Stellen, auf denen anhaltend Druck lastet oder die wiederholt Reibung ausgesetzt sind. Die (frühere) lamarckistische Erklärung dafür, was in unserer phylogenetischen Vergangenheit passierte, war folgende: Weil unsere Füße ständig starken physikalischen Reizen ausgesetzt sind, wurde die Hornhaut, die ursprünglich von jedem einzelnen Individuum im Verlauf seines Lebens erworben worden war, mit der Zeit zu einem erblichen Merkmal, dessen Ausprägung keiner starken Stimuli mehr bedurfte. Ganz entsprechend würden Lamarckisten die Beobachtung, dass manche Tiere erst lernen müssen, Schlangen nicht zu nahe zu kommen, während andere eine angeborene Furcht vor Schlangen haben und diese unwillkürlich meiden, damit erklären, dass im Verlauf vieler Generationen die erworbene Reaktion, also die erlernte Angstreaktion, zu einer erblichen, also einem Instinkt werde.

Als die Begeisterung für lamarckistische Ideen allgemein abflaute, mussten Evolutionsbiologen nach anderen Ursachen dafür suchen, warum erbliche Anpassungen so häufig physiologischen und verhaltensspezifischen Antworten entsprechen. Schließlich entwickelten einige Leute am Ende des 19. Jahrhunderts ein Konzept, wie auf Darwin'sche Weise eine erlernte Antwort zu einem Instinkt werden kann. Wir werden uns im Detail mit dieser Idee erst im nächsten Kapitel beschäftigen, weil wir uns im Augenblick nicht um Verhaltensantworten kümmern wollen; es geht uns hier primär darum, wie induzierte entwicklungsspezifische oder physiologische Veränderungen zu erblichen Merkmalen werden können, also ohne auslösenden Stimulus zum Ausdruck kommen. Eine darwinistische Erklärung hierfür stellte in der Mitte des 20. Jahrhunderts der britische Genetiker und Entwicklungsbiologe Conrad H. Waddington bereit.

Wir sind schon in Kapitel 2 auf Waddington und seine epigenetischen Landschaften zu sprechen gekommen, als wir die diffizilen Gennetzwerke beschrieben haben, die jedem Merkmal zugrunde liegen. Waddingtons epigenetische Landschaften haben nichts mit epigenetischer Vererbung zu tun; es handelt sich bei ihnen lediglich um anschauliche Modelle der Komplexität genetischer Systeme, die in das Entwicklungsgeschehen eingebunden sind[18]. Als Waddington seine epigenetischen Landschaften konzipierte – das war in den späten 1930er Jahren –, wusste man bereits, dass eine große Anzahl verschiedener Genmutationen ein und dasselbe Merkmal beeinflussen können. Daraus war abzuleiten: Eine normale ontogenetische Entwicklung bedarf der korrekten Form und der Wechselwirkungen vieler Gene. Doch ebenso waren sich alle Genetiker auch darüber im Klaren, dass trotz der genetischen Komplexität und unvermeidlicher Zufallsereignisse in der Ontogenese der normale Phänotyp, den Genetiker „Wildtyp" nennen, bemerkenswert stabil ist – oder wie sich Waddington ausdrückt: „If wild animals of almost any species are collected, they will usually be found ‚as like as peas in a pod'." Auf der anderen Seite unterscheiden sich Individuen einer Art, die dieselbe Genmutation tragen, phänotypisch häufig außerordentlich stark voneinander. Beispielsweise weisen die meisten Taufliegen, die zwei Kopien des mutierten Allels *cubitus interruptus* tragen, Lücken in ihren cubitalen Flügeladern auf, wobei allerdings die Weite der Lücken variiert; bei manchen verlaufen Adern dagegen ganz ununterbrochen, sodass bei ihnen die Flügel ganz normal aussehen. Ob überhaupt, und wenn ja, wie stark die Flügeladeranomalie ausgeprägt ist, hängt teilweise von der Temperatur ab, bei der die Fliegen aufgezogen werden. Die Frage ist doch dann: Wie kann der Wildtyp-Phänotyp dermaßen konstant sein, wenn die Mutanten so stark variieren?

In der Terminologie Waddingtons (die inzwischen teilweise auch von Genetikern verwendet wird) ist der Wildtyp-Phänotyp relativ stabil und unveränderlich, weil er gut „kanalisiert" oder gepuffert ist[19]. Durch generationenlange natürliche Selektion für Stabilität sind Allelkombinationen geformt worden, die dafür sorgen, dass alle kleineren Störungen – seien sie umwelt- oder genetisch bedingt – keine Auswirkungen auf die ontogenetische Entwicklung haben. Da andererseits mutierte Linien niemals einer natürlichen Selektion ausgesetzt sind, die ihre Entwicklung stabilisieren, zeichnen sie sich durch viel größere Variabilität aus. Selbst kleine Unterschiede in den Bedingungen, unter denen sich Individuen entwickeln, oder auch geringfügige genetische Unterschiede können sich leicht auf die Expression ihres mutierten Genotyps auswirken.

Es sei auf eine wichtige logische Konsequenz aus Waddingtons Konzept der Entwicklungskanalisierung aufmerksam gemacht: In natürlichen Populationen steckt eine Menge unsichtbarer genetischer Variabilität. Aufgrund der Kanalisierung können sich genetische Veränderungen anhäufen, da sie von der natürliche Selektion nicht „entdeckt" werden. Aufgedeckt werden sie erst, wenn starker Stress oder außergewöhnliche Mutationen die ontogenetischen Prozesse vom normalen, kanalisierten Entwicklungspfad gewissermaßen wegstoßen. Sofern es dazu kommt, können neue und selektierbare Phänotypen entstehen. Es mutet paradox an: Indem die Kanalisierung unter normalen Umweltbedingungen genetische Variabilität maskiert und das Entstehen phänotypischer Abweichungen verhindert, erhöht sich aus der resultierenden kontinuierlichen Zunahme versteckter

Mutationen das Potenzial für evolutionäre Veränderungen, wenn sich die internen oder externen Bedingungen einschneidend ändern.

Waddington präsentierte einige seiner Ideen in einem kurzen Artikel in *Nature* im Jahr 1942, und zwar unter dem Titel „Canalization of Development and the Inheritance of Acquired Characters". In diesem Beitrag postuliert Waddington einen Mechanismus, mit dem phänotypische Merkmale, die ursprünglich als Reaktion auf veränderte Umweltbedingungen entstehen, durch natürliche Selektion zu erblichen Merkmalen werden – diesen Prozess bezeichnete er später als „genetische Assimilation". Als Beispiel wählte er Hautverdickungen, die das darunter liegende Gewebe vor Verletzungen schützen; konkret illustrierte er sein Konzept aber nicht an der Hornhaut unserer Fußsohlen, sondern an einem viel pittoreskeren Beispiel, nämlich an den großen harten Hautschwielen auf der Brust des Straußes; diese schützen den Vogel vor Verletzung, wenn er sich zusammenkauert, was Strauße oft tun. Waddington vermutete nun, dass die Vorfahren der Strauße Hautverdickungen nur als Reaktion auf Druck und Reibung entwickelten; das heißt zuvor – als Jungtiere – mussten sie Schmerzen erleiden. Allerdings vermochten einige Individuen dank bestimmter genetischer Variationen besonders rasch und an der richtigen Körperstelle die Schwielen zu entwickeln, ihnen erging es also viel besser; ganz allmählich, über viele Generationen hinweg, ließ sich diese Anpassung immer leichter auslösen, und schließlich verdickte sich die Haut umgehend schon nach leichtestem Druck oder schwacher Reibung. Mit Waddingtons Worten: Die Selektion für die Fähigkeit, auf solche Umweltreize zu reagieren, formte die epigenetische Landschaft um, kanalisierte dabei die Antwort mehr und mehr, sodass nur noch ein ganz geringfügiger Stimulus notwendig war, um die Reaktion auszulösen. Schlussendlich – dies zeigt die Abbildung 7.4 – ging die Kanalisierung so weit, dass überhaupt kein externer Induktionsreiz mehr notwendig war, entweder weil eine entsprechende genetische Schaltung in das System eingebaut worden war oder weil der durch Selektion gestaltete Genotyp eine Schwelle überschritten hatte, die nun die Entwicklung des Phänotyps ohne Stimulus erlaubte. Der Hornhaut-Phänotyp war genetisch assimiliert; das induzierte (oder erworbene) Merkmal war zum erblichen gewordenen.

Waddingtons Konzept der genetischen Assimilation zeigt, auf welche Weise erworbene Merkmale nachhaltigen Einfluss auf den Verlauf der Evolution nehmen können: Wiederholt induzierte epigenetische Modifikationen lenken die Selektion solcher Gene, die den gleichen Phänotyp hervorbringen. Bestätigt wurde dieses Modell durch einfache Experimente mit *Drosophila*[20]. In einem dieser Versuche setzte Waddington die Puppen eines Wildtyp-Stamms von *Drosophila* mehrere Stunden unnatürlich hohen Temperaturen aus. Die Fliegen, die nach diesem Hitzeschock schlüpften, zeigten ganz verschiedene Abnormitäten, doch Waddington konzentrierte sich auf jene Individuen, denen die kleinen Querverstrebungen von Flügeladern ganz oder teilweise fehlten („crossveinless"). Ursache dafür kann eine ganz bestimmte Mutation (*cv*) sein, doch Waddingtons Linie trug nachweislich nicht dieses mutierte Allel, und der Hitzeschock induzierte auch nicht eine solche Mutation. Der Hitzeschock verursachte generell keine Sequenzänderungen; was er

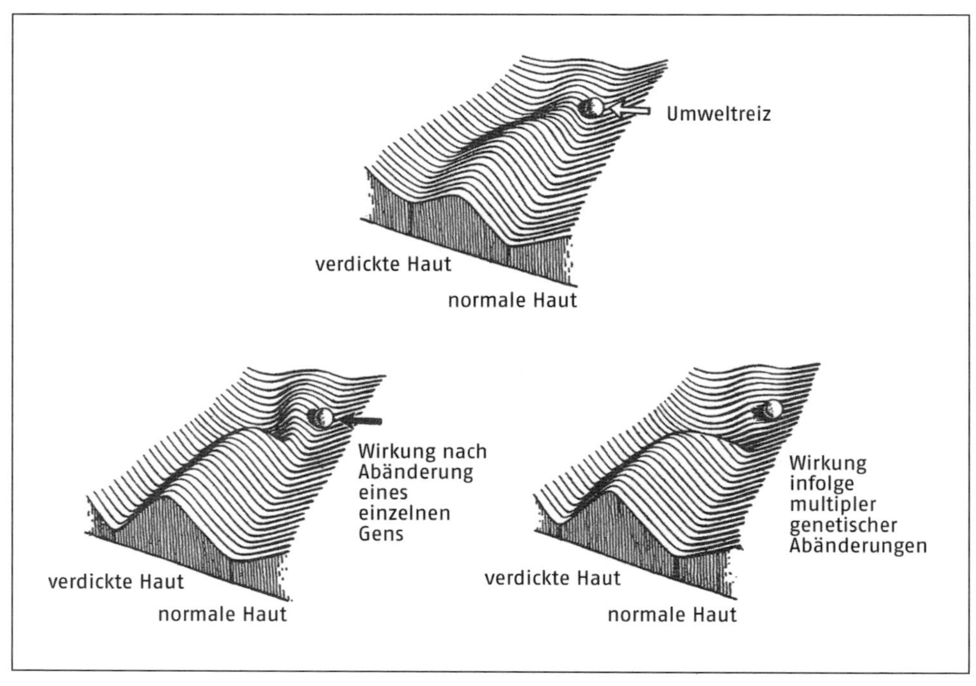

Abb. 7.4 Genetische Assimilation. Oben die ursprüngliche epigenetische Landschaft, bei der das Haupttal zur Entwicklung normaler Haut und ein Nebental zu verdickter Haut führt. Hornhaut entwickelt sich nur dann, wenn ein Umweltreiz (offener Pfeil) die Entwicklung auf den linken Pfad (das Nebental) stößt. Darunter sind zwei epigenetische Landschaften zu sehen, die den Zustand der genetischen Assimilation durch natürliche Selektion zeigen. In beiden Fällen hat sich das Tal, das zur Entwicklung dicker Haut führt, umgeformt und vertieft – durch Selektion –, sodass dieser Pfad nun leichter zu beschreiten ist. Links unten stößt ein starker genetischer Effekt (ausgefüllter Pfeil) die Entwicklung auf diesen Pfad; rechts unten dagegen hat die Selektion von Variationen sehr vieler Gene die Landschaft so stark umgestaltet, dass überhaupt kein Induktionsreiz mehr notwendig ist (mit freundlicher Genehmigung aus C. H. Waddington, *The Strategy of the Genes*, Allen and Unwin, London 1957, S. 167).

bewirkte, waren vielmehr nichtgenetische Modifikationen, die die ontogenetische Entwicklung störten. Waddington zählte nach dem ersten Hitzeschock über 40 Prozent Crossveinless-artige Phänotypen. Ausschließlich diese ließ er sich paaren und die resultierenden Nachkommen setzte er wieder im Puppenstadium einem Hitzeschock aus. Sobald sie geschlüpft und zu Adulten herangewachsen waren, separierte Waddington erneut die Crossveinless-Phänotypen, paarte sie, setzte auch diese Nachkommengeneration als Puppen einem Hitzeschock aus, und so weiter. In jeder Generation behandelte Waddington also die Puppen mit Hitze und paarte selektiv jene daraus hervorgehenden Adulttiere, denen die Queradern ganz oder teilweise fehlten. Durch dieses Prozedere nahm der relative Anteil der Crossveinless-Phänotypen kontinuierlich zu und erreichte in weniger als 20 Generation einen Wert von über 90 Prozent.

Die Selektion für die Ausbildung des Crossveinless-Phänotyps war offensichtlich sehr erfolgreich, doch dies war nicht der interessanteste Aspekt von Waddingtons Experiment. Noch viel aufregender war die Tatsache, dass etwa aber der 14. Generation einige Fliegen der selektierten Linie auch dann die Queraderung fehlte, wenn sie *als Puppen nicht der Hitze ausgesetzt* worden waren. Als Waddington diese Tiere weiterzüchtete, erhielt er Linien, die – ohne jeglichen Hitzeschock – zu fast 100 Prozent den Crossveinless-Phänotyp zeigten. Mit anderen Worten: Das Merkmal (ganz oder teilweise) fehlender Flügelqueradern war fast vollständig genetisch assimiliert worden – die Entwicklung dieses Merkmals bedurfte keiner Hitzebehandlung mehr. Das ursprünglich erworbene Merkmal, das sich nur unter Hitzeschock-Bedingungen zeigte, wurde durch Selektion zu einem erblichen Merkmal, das sich nun auch unter ganz normalen Bedingungen manifestierte.

Waddington schaute sich die Linie des assimilierten Crossveinless-Phänotyps näher an und stellte fest, dass an der Ausprägung dieses Merkmals viele Gene beteiligt sind. Wir wollen nicht in die Details gehen, doch deutete er seine Experimente dahingehend, dass der Hitzeschock die in der ursprünglichen Population nur versteckt vorhandene genetische Variabilität aufdeckte, indem er die Wechselwirkungen zwischen den vielen Genen, die für die Entwicklung der Flügel eine Rolle spielen, beeinflusste. Sobald epigenetische Ereignisse die (versteckte) Variabilität zum Vorschein bringen, entstehen durch sexuelle Rekombination und Selektion neue Allelkombinationen, die den neuen Phänotypen hervorbringen. Einige weitere, ähnliche Experimente unter Verwendung anderer induzierender Stimuli (zum Beispiel setzte er frisch gelegte Eier kurz Diethylether aus) und der Selektion für andere induzierte Merkmale (zum Beispiel andere Typen von Flügelveränderungen) waren ebenso erfolgreich und zeigten entsprechende Ergebnisse. Sie alle lassen den Schluss zu, dass zunächst veränderte Umweltbedingungen Variationen unter jenen Genen, die einem Entwicklungspfad zugrunde liegen, „demaskieren"; anschließend entstehen durch sexuelle Rekombination und Selektion neue Allelkombinationen, die zu einem alternativen Phänotyp führen[21].

Etwa zur gleichen Zeit, als Waddington sein Konzept in England entwickelte, kam auch Ivan Ivanovich Schmalhausen in der UdSSR zu ganz ähnlichen Schlüssen. Seine Publikation *Factors of Evolution* erschien 1949 in englischer Übersetzung. Theodosius Dobzhansky, einer der führenden Evolutionsbiologen in den USA, trug maßgeblich dazu bei, dass dieses Werk übersetzt wurde, und verfasste auch ein begeistertes Vorwort zur englischen Ausgabe. Gleichwohl hinterließen Schmalhausen und Waddington kaum Spuren in den USA; die amerikanischen Evolutionsbiologen waren viel stärker daran interessiert herauszufinden, wie die natürliche Selektion Genhäufigkeiten in Populationen ändert, als an der Frage, wie die Selektion genetisch kontrollierte Entwicklungsprozesse bei Individuen beeinflusst. In England stieß das Konzept Waddingtons zwar auf etwas mehr Interesse, doch auch dort nahm man von seinem epigenetischen Ansatz nur für kurze Zeit Notiz. Als die Molekularbiologie in den 1960er und 70er Jahren einen gewaltigen Aufschwung erlebte, begann man Entwicklung ganz als Ausdruck von Genaktivitäten, genetischen Schaltungen, Genregulatoren, genetischen Rückkopplungsschleifen und Ähnlichem mehr zu betrachten. Biologen waren sehr zuversichtlich, dass jene Typen genetischer Kontrollsysteme, die man bei Mikroorganismen gefunden hatte, sich bald auch bei vielzelligen Organismen nachweisen lassen würden. Deshalb betrachtete man in dem Maße, wie das Interesse an der Molekulargenetik wuchs, vage gehaltene Abstraktionen wie die epigenetischen Landschaften zunehmend als nicht mehr zeitgemäß und vollkommen überflüssig; allzu rasch gerieten sie in Vergessenheit.

Genetische Assimilation trifft Molekularbiologie

In den 1990er Jahren erlebten Waddingtons Ideen so etwas wie eine Renaissance. Dafür gibt es mehrere Ursachen. Erstens spielte nun die Ökologie in vielen Bereichen der Biologie eine größere Rolle, weshalb auch das Interesse an der Frage zunahm, inwieweit Umweltfaktoren für die Bestimmung des Phänotyps von Bedeutung sind. Mittlerweile sucht man ganz gezielt die genetischen, entwicklungsspezifischen und phylogenetischen Grundlagen der phänotypischen Plastizität zu ergründen, also wie und warum Organismen mit dem gleichen Genotyp – unter verschiedenen Bedingungen – ganz unterschiedliche Phänotypen entwickeln können[22]. Ein zweiter Grund für das neuerliche Interesse an den Arbeiten Waddingtons: In dem Maße, wie man die Systeme zur Kontrolle der Genaktivität im Detail besser verstand, rückte auch das ganze Thema der Epigenetik wieder ins Rampenlicht. Als klar wurde, wie komplex die Regelnetzwerke sind, die der ontogenetischen Entwicklung zugrunde liegen, warf dies die Frage auf, wie solche Systeme evolutionär entstanden sein könnten – und hier gewann das Konzept Waddingtons neue Relevanz. Ein dritter und sehr wichtiger Aspekt für das Revival Waddingtons sind die Arbeiten von Leuten wie Suzanne Rutherford und Susan Lindquist, die Waddingtons abstraktes Konzept der genetischen Assimilation durch genetische und biochemische Befunde konkretisierten.

Rutherford, Lindquist und ihre Kollegen beschäftigten sich mit der Proteinfaltung; dass sich Proteine räumlich richtig falten, ist Grundvoraussetzung für ihre Funktionen in der Zelle; falten sie sich nicht korrekt, kann das schwerwiegende Folgen haben (hier sei an die fürchterlichen Auswirkungen von Konformationsänderungen in Prion-Proteinen erinnert, die zu Krankheiten wie Kuru und Creutzfeldt-Jakob-Krankheit führen). Die räumliche Konformation ergibt sich keineswegs immer ganz automatisch aus der Aminosäurensequenz der Polypeptidketten. Damit sie eine funktionelle räumliche Struktur zur richtigen Zeit am richtigen Ort annehmen können, benötigen einige Polypeptide vielmehr Unterstützung, und zwar in Form einer Assistenz von einem oder mehreren Mitgliedern einer Familie von Proteinen, die „Chaperone" genannt werden. Eines dieser Chaperone ist Hsp90, das Hitzeschockprotein 90. Wie der Name sagt, handelt es sich um eines aus einer Gruppe von Proteinen, deren Funktionen man erkannte (und die der ihnen zugrunde liegenden Gene), als man Organismen einen Hitzeschock erteilte. Inzwischen weiß man sehr viel mehr über diese Proteine, sodass heute „Hsp" als keine gute

Bezeichnung erscheint, denn sie spielen nicht nur während eines Hitzeschocks eine Rolle, sie kommen ebenso etwa bei Sauerstoffmangel und weiteren schweren Stresssituationen zum Einsatz.

Hsp90 hat zwei Funktionen[23]. Unter normalen, alltäglichen Bedingungen trägt es dazu bei, eine Reihe von Proteinen, die an der Regulation von Wachstum und Entwicklung beteiligt sind, in einer semi-stabilen Konformation zu halten; eine solche räumliche Faltung lässt diese Proteine auf Signale der Zelle zweckmäßig reagieren. Ohne Hsp90 neigen diese regulatorischen Proteine zu Fehlfaltungen, wodurch sie nicht mehr in der Lage sind, ihre physiologischen Aufgaben zu erfüllen. Eine zweite Wirkung entfaltet Hsp90, wenn die Zelle in Stress gerät (zum Beispiel bei einem Hitzeschock) und die Faltung vieler essenzieller Proteine gestört wird. Unter solchen Bedingungen wird Hsp90 rekrutiert, um die funktionelle Faltung geschädigter Proteine wiederherzustellen und zu erhalten; dies bedeutet allerdings auch, dass Hsp90 von seiner anderen Aufgabe, speziell der, die erwähnten regulatorischen Proteine instand zu halten, zumindest teilweise abgezogen wird.

Rutherford und Lindquist wollten nun wissen, welche Auswirkungen es auf die Entwicklung hat, wenn Hsp90 knapp wird und nur noch eingeschränkt für seine normalen (entwicklungs-)physiologischen Aufgaben verfügbar ist[24]. Experimentell untersucht haben sie diese Frage an *Drosophila*, die schon zuvor bei vielen Studien zu Hitzeschockproteinen verwendet worden war. Sie schauten sich solche Fliegen an, deren Hsp90-Reservoir ziemlich klein war – entweder weil eines der beiden homologen Hsp90-Gene mutiert war oder weil ihnen Geldanamycin verabreicht worden war, eine chemische Verbindung, die spezifisch an Hsp90 bindet und es außer Funktion setzt. In beiden Fällen stellten Rutherford und Lindquist bei einigen Fliegen morphologische Abweichungen fest, etwa an den Flügeln, der Flügeladerung, dem Auge, den Beinen und Borsten. Das Spektrum der Abweichungen und deren Schwere hingen von der jeweiligen Fliegenlinie ab. Die neuen Phänotypen waren erblich: Wenn Individuen mit dem gleichen Typ morphologischer Besonderheit gekreuzt wurden, zeigten auch einige ihrer Nachkommen genau diesen morphologischen Defekt. Dabei war es sehr unwahrscheinlich, dass diese erblichen Anomalien auf Mutationen zurückzuführen waren, denn davon gab es einfach viel zu viele; zudem tauchten die linienspezifischen Deformationen immer wieder auf.

Da die Anomalien – etwa Augendeformationen oder Defekte im Flügeladersystem – erblich waren, konnte man diese neuen Phänotypen leicht selektieren. In entsprechenden Zuchtexperimenten erhielt man innerhalb von fünf bis zehn Generationen Linien, bei denen der Anteil des neuen Phänotyps von 1 bis 2 Prozent auf 60 bis 80 Prozent zunahm. Genetischen Analysen zufolge trugen mehrere Gene zum selektierten Phänotyp bei, das heißt, der ursprüngliche *Drosophila*-Stamm muss eine ganze Menge versteckter genetischer Variabilität enthalten haben, die Einfluss auf die selektierten Merkmale nehmen konnte.

Rutherford und Lindquist erklärten ihre Befunde damit, dass Hsp90 normalerweise als eine Art Entwicklungspuffer fungiert, wodurch sich viele genetische Variationen über-

Abb. 7.5 Demaskierung genetischer Variationen. Die beiden Individuen sind eineiige Zwillinge; bei dem auf der linken Seite ist die Konzentration des Chaperons Hsp90 normal, beim anderen jedoch erniedrigt; bei Letzterem sind einige Merkmale, zu deren normaler Entwicklung dieses Chaperon in ausreichender Menge benötigt wird, anormal ausgebildet.

haupt nicht auf den Phänotyp auswirken. Da Hsp90 ziemlich tolerant gegenüber den genauen Aminosäurensequenzen der Proteine ist, zu deren korrekter räumlicher Faltung es beiträgt, können sich lokale Mutationen unbemerkt ereignen, solange Hsp90 in genügender Menge verfügbar ist und seiner Aufgabe vollumfänglich nachkommt. Wenn aber das Hsp90-Reservoir zur Neige geht, werden sich einige Hsp90-abhängige Proteine nicht mehr korrekt falten und deshalb auch nicht mehr voll funktionsfähig sein; viele Entwicklungspfade, in denen diese Proteine eine wichtige Rolle spielen, werden dann etwas „holprig". Dies wiederum bedeutet, dass jede Genproduktvariante, die unter normalen Umständen keinerlei Auswirkungen hat, den Entwicklungsweg aus der Spur stoßen und so anormale Phänotypen entstehen lassen kann. Hsp90 fungiert also als ein allgemeiner Kanalisierungsfaktor, der Variationen in vielen Genen maskiert. Genau aus diesem Grund tauchen genetische Variationen auf, wenn der Hsp90-Vorrat erschöpft ist (Abb. 7.5).

Doch das ist nicht das Ende der ganzen Geschichte; Rutherford und Lindquist entdeckten nämlich noch etwas anderes. Bei jenen Linien, in denen ein mutiertes Hsp90-Allel den anfängliche Hsp90-Mangel verursacht hatte, war dieses nach einigen Generation der Selektion gar nicht mehr vorhanden; und die Fliegen, die den anormalen Phänotyp weiterhin ausprägten, hatten ein ganz normales Hsp90-Gen. Man hätte erwarten können, dass die Deformation verschwindet, wenn Hsp90 wieder voll umfänglich verfügbar ist; doch das war eben nicht der Fall. Die Fliegen zeigten Generation für Generation weiterhin den anormalen Phänotyp – ungeachtet ganz normaler Hsp90-Spiegel.

Rutherford und Lindquist interpretieren ihre Befunde im Grunde so wie Waddington seine Experimente zur Assimilation. Sie vermuten, dass die Selektion für deformierte Augen oder abnorme Flügeladerung einige zuvor versteckte genetische Variationen, die die ontogenetische Entwicklung von Augen und Flügeln beeinflussen, zusammenbringt. Sobald die Zahl entsprechender Allele groß genug ist, wird das neue Merkmal auch dann ausgebildet, wenn die Hsp90-Spiegel ganz normal sind. Der anfänglich niedrige Spiegel hat die gleiche Funktion wie ein Hitzeschock: Es deckt verborgene genetische Variabilität auf, die dann der Selektion zugänglich wird. Schlussendlich wird das Merkmal auch dann exprimiert, wenn das demaskierende Agens gar nicht mehr zugegen ist – eben deshalb, weil die selektierten Allele einen neuen Entwicklungspfad eröffnet haben. Der neue Phänotyp ist nun stärker kanalisiert; nach der Terminologie Waddingtons ist er teilweise genetisch assimiliert[25].

Zwei andere Wissenschaftler in der Lindquist-Gruppe, Christine Queitsch und Todd Sangster, schauten sich die Folgen reduzierter Hsp90-Spiegel bei einem anderen Organismus an, bei *Arabidopsis thaliana*[26]. Diese Pflanze ist ziemlich unspektakulär, doch hat sie insofern Bedeutung, als sie zum botanischen Äquivalent der *Drosophila* geworden ist: Sie ist heute der genetisch am besten untersuchte Organismus in der Pflanzenwelt. Deshalb ist ihre Wahl ganz naheliegend, wenn man sich mit der Funktion von Hsp90 bei Pflanzen beschäftigen will. Als die Forscher die Hsp90-Spiegel künstlich (mittels Medikamenten) reduzierten, beobachteten sie neue Phänotypen. Wie bei *Drosophila* hing auch hier das Spektrum der Anomalien davon ab, welche Linie man verwendete; doch im Allgemeinen waren die neuen Phänotypen weniger monströs als bei den Fliegen. Manche Merkmale, etwa eine veränderte Blattform oder eine tiefer rote Farbe, machten den Eindruck, als könnten sie ganz gute Kandidaten für eine positive Selektion sein, wenn die Pflanzen mit neuen Umweltbedingungen konfrontiert würden.

Einem weiteren interessanten Aspekt der Variabilität, die durch Hitzeschocks oder reduzierte Hsp90-Spiegel, kam man mit Hilfe von *Arabidopsis* auf die Spur. Abgesehen von ihrer geringen Größe und ihrem kurzen Lebenszyklus macht diese Pflanze noch etwas anderes so wertvoll für genetische Studien: Sie befruchtet sich normalerweise selbst, weshalb genetische Linien stark ingezüchtet sind. Die beiden Kopien nahezu aller Gene der Pflanze sind identisch, weshalb jegliche genetischen Unterschiede zwischen den Individuen ein und desselben Stammes überhaupt keine Rolle spielen. Da es also so wenig versteckte genetische Variabilität gibt, betrachtete man alle Unterschiede zwischen einzelnen Pflanzen desselben Stamms, die nach Behandlung mit Hsp90-inhibierenden Substanzen auftraten, als Folge von Zufallsereignissen während der Entwicklung. Im Gegensatz dazu waren bei den *Drosophila*-Experimenten die Fliegen ursprünglich vermutlich für viele Gene heterozygot, das heißt, die einzelnen Individuen eines Stamms haben sich genetisch unterschieden. Wenn diese versteckte genetische Variabilität durch einen Hitzeschock oder erniedrigte Hsp90-Spiegel erst einmal aufgedeckt ist, kann die Selektion für einen neuen Phänotyp Allelkombinationen zusammenbringen, die das ausgewählte Merkmal erhalten, selbst wenn der Hsp90-Spiegel wieder auf Normalniveau ist. Gäbe es keine versteckten genetischen Variationen, wäre auch die Selektion wirkungslos; dies zumindest vermuteten wohl die meisten Genetiker bis Anfang des 21. Jahrhunderts. Doch nun sehen die Dinge dank einiger Arbeiten von Douglas Ruden und seinen Kollegen etwas anders aus.

Die Arbeitsgruppe um Ruden sah sich die Auswirkungen von Selektion bei einem isogenen Stamm von *Drosophila* an[27]. Isogene Stämme, bei denen die Fliegen für die meisten Gene homozygot sind, gewinnt man durch genetisch knifflige und komplizierte Zuchtverfahren. Die Fliegen unterschieden sich also genetisch kaum voneinander, insofern ähnelten sie den *Arabidopsis*-Stämmen von Queitsch und ihren Kollegen. Der isogene Stamm, den Ruden und seine Kollegen speziell heranzüchteten, trug ein mutiertes Allel des *Krüppel*-Gens. Fliegen mit diesem Allel haben kleinere und gröber strukturierte Augen, die unter bestimmten Bedingungen zu merkwürdigen Auswüchsen neigen – etwa, wenn das Aufzuchtfutter der Fliegen mit Hsp90-inhibierendem Geldanamycin versetzt wird. Ruden und Kollegen verfütterten – analog dem Experiment von Lindquist – den Fliegen diese Substanz und züchteten jene Fliegen gezielt weiter, die Auswüchse gebildet hatten. Obwohl lediglich *eine* Generation Geldanamycin-haltiges Futter erhielt und obwohl es kaum genetische Variabilität innerhalb des isogenen Stamms gab, wuchs innerhalb von nur sechs Generationen selektiver Zucht der Anteil der Fliegen mit Auswüchsen von knapp über 1 Prozent auf 65 Prozent. Auf diesem Niveau blieb er, bis die Forscher das Experiment in Generation 13 beendeten. Die Frage ist nun, warum die Selektion so erfolgreich sein konnte, wenn zwischen den einzelnen Fliegen praktisch keine genetischen Unterschiede bestanden.

Die Antwort erhielt man aus Experimenten, bei denen die Mütter von *Krüppel*-tragenden Fliegen eine defekte Kopie entweder des Hsp90-Gens oder eines von mehreren Genen trugen, die beim Erhalt und der Vererbung der Chromatinstruktur eine Rolle spielen. Einige Nachkommen solcher Mütter entwickelten Augenauswüchse selbst dann, wenn sie selbst nicht das defekte Hsp90- oder Chromatin-organisierende Gen geerbt hatten. Das selektive Züchten mit diesen Fliegen erhöhte den Anteil missgebildeter Nachkommen. Wie erklärten sich Ruden und seine Kollegen diesen Befund? Sie vermuteten, dass die Variabilität in ihren isogenen Stämmen aus erblichen Unterschieden in der Chromatinstruktur und nicht aus genetischen Unterschieden resultierte. Mit anderen Worten: Die Fliegen trugen Epimutationen. Vermutlich änderten sich aufgrund des Defekts im Chromatin-organisierenden Gen die Chromatinmarkierungen in der mütterlichen Keimbahn. So erbten die Nachkommen diese neuen Markierungen, die nun Einfluss darauf hatten, wann und wo Gene exprimiert werden; und da der ontogenetische Pfad zur Entwicklung der Augen durch *Krüppel* bereits etwas gelitten hatte, vermochten die geerbten Epimutationen Augenauswüchse hervorzurufen.

Noch sind viele Fragen zu den Mechanismen offen, die jene genetische Variabilität erzeugen, die sich mit den genannten Studien hat nachweisen lassen. Hat beispielsweise Hsp90 Einfluss auf die Chromatinstruktur? Trägt epigenetische Variabilität zu den ungleichen Antworten bei den verschiedenen *Arabidopsis*-Stämmen bei? Ohne Zweifel werden wir in Kürze mehr über die zugrunde liegenden molekularbiologischen Zusammenhänge erfahren; doch so wie es im Moment aussieht, legen die ziemlich komplizierten und schönen Experimente mit *Drosophila* und *Arabidopsis* nahe, dass erbliche epigenetische Varianten ebenso wie verborgene genetische Variabilität die Grundlage für genetische Assimilation sein können. Und dies hat offensichtlich tiefgreifende phylogenetische Folgen[28]. Wir werden in Kürze darauf zu sprechen kommen, doch zunächst wollen wir noch eine andere Studie der Lindquist-Gruppe betrachten, jene mit Hefe-Prionen. Diese Untersuchung ist deshalb so interessant, weil sie einen weiteren Typ epigenetischer Vererbungssysteme, nämlich die strukturelle Vererbung, in das Netz der Wechselwirkungen einbringen, die genetische Variabilität verbergen und wieder zum Vorschein bringen.

Ein Variabilität erzeugendes Hefe-Prion

In Kapitel 4 haben wir ja schon deutlich gemacht: Prionen sind erbliche Strukturvarianten normaler Proteine – dies ist ihr wesentliches Merkmal. Die andersartige Architektur hat nicht etwa ihren Grund in einer abgeänderten Aminosäurensequenz, sondern in der ungewöhnlichen Faltung der – unveränderten – Aminosäurenkette. Diese anormale Konformation breitet sich selbsttätig aus: Sobald Prionen anwesend sind, wandeln sie Moleküle des entsprechenden normal geformten Proteins in ihre eigene Prion-Form um. Da Prionen häufig Aggregate bilden und so nicht mehr für die normalen Aufgaben des Proteins zur Verfügung stehen, sind Funktionen in der Zelle beeinträchtigt. Die Folgen können verheerend sein, etwa dann, wenn Prionen Kuru oder BSE verursachen. Doch die Prionen, die man in Hefepilzen findet, scheinen nicht nur vergleichsweise gutartig, sondern geradezu nützlich zu sein.

Eines der Hefe-Prionen, die die Lindquist-Gruppe unter die Lupe genommen hat, ist die abgeänderte Form eines Proteins, das in die Translation von mRNAs in Polypeptidketten eingebunden ist. Aus Gründen, mit denen wir uns hier nicht weiter beschäftigen müssen, heißt dieses Protein [PSI^{+}][29]. Seine Anwesenheit verursacht phänotypische Variationen. Dies zeigten die Untersuchungen von True und Lindquist. Sie verwendeten sieben Paare von Hefe-Stämmen, von denen jeweils einer das Prion enthielt, das andere nicht; im Fokus ihrer Beobachtungen standen die Morphologie der Kolonie und deren Wachstumscharakteristik unter verschiedenen Bedingungen[30]. In der Hälfte aller Fälle reagierten die Prion-enthaltenden und Prion-freien Kolonien eines Paars unterschiedlich auf die dargebotenen Milieubedingungen. Die Unterschiede waren stammspezifisch, häufig kamen die Prion-enthaltenden Stämme besser mit abträglichen Bedingungen zurecht.

Jeder Prion-haltige und Prion-freie Stamm eines jeden Paars waren genetisch identisch, warum also verhielten sie sich so unterschiedlich? Die Antwort liegt in der Rolle, die die Normalform des Prion-Proteins bei der Termination der Polypeptidsynthese spielt. Zum Abbruch der Proteinbiosynthese kommt es, wenn der Ribosomenkomplex ein Stopp-Kodon auf der mRNA erreicht. Es sei daran erinnert, dass es sich beim genetischen Kode um einen Triplett-Kode handelt, bei dem die Nukleotidsequenz der mRNA in Dreiereinheiten abgelesen wird; jedes dieser aufeinander folgenden Tripletts (Kodons) bestimmt, welche Aminosäure der wachsenden Polypeptidkette angefügt wird. Allerdings gibt es auch einige wenige Kodons, die nicht für eine Aminosäure kodieren – man nennt sie Stopp-Kodons. Diese tragen die Botschaft „Ende der Polypeptidkette" und den Befehl „Keine Aminosäuren mehr anfügen". In [PSI^{+}]-Stämmen lagern sich die Moleküle mit der Prion-Form des Proteins zusammen, weshalb häufig nicht mehr genügend zur

Verfügung stehen, um die Proteinbiosynthese zu beenden. Folglich geht die mRNA-Translation manchmal über das Stopp-Kodon hinaus. Ein solches „Durchlesen" (*read-through*) durch Stopp-Kodons, wie dies genannt wird, verursacht ein Anhängen zusätzlicher Aminosäuren an das gerade synthetisierte Protein. Dies kann die Stabilität des Proteins oder auch seine Wechselwirkungen mit anderen Molekülen beeinträchtigen – ein Fehler bei der Proteinbiosynthese kann sich also phänotypisch auswirken.

Das „Readthrough" hat noch etwas anderes zur Folge: Es ermöglicht die vollständige Synthese von Polypeptiden, die normalerweise überhaupt nicht zu Ende geführt wird. Genome enthalten viele duplizierten Gene, und oft tragen die zusätzlichen Kopien Mutationen. Wenn eine Mutation ein Stopp-Kodon mitten in der mRNA schafft, resultiert daraus normalerweise ein kürzeres und wahrscheinlich funktionsloses Proteinprodukt. Dies fällt allerdings nicht allzu sehr ins Gewicht, da die nicht mutierten Kopien des Gens ja nach wie vor die Information für das vollständige, funktionstüchtige Protein tragen. Sofern jedoch [PSI^+] zugegen ist, erlaubt das Readthrough der mutierten mRNA die Synthese eines funktionalen Proteins, wenn es auch leicht von der normalen Form abweichen mag. Dies kann sich phänotypisch auswirken. Zellen, die [PSI^+] enthalten, können also eine ganze Reihe neuer Proteine bilden mit möglicherweise neuen Funktionen (oder auch Fehlfunktionen) – entweder weil die Translation über den normalen Endpunkt hinausgeht oder weil das Stopp-Kodon in der Mitte der mRNA ignoriert wird. In jedem Fall stellt sich der neue Phänotyp ohne irgendeine Abänderung der DNA ein.

Da es sich bei [PSI^+] um ein Prion handelt, vervielfältigt es sich selbsttätig und erreicht auch die Tochterzellen. Dies bedeutet, dass die geringere Genauigkeit der Proteinbiosynthese, die phänotypische Variabilität zur Folge hat, vererbt wird: Eine Abstammungslinie mit [PSI^+] erhält langfristig ihr Potenzial, Variationen zu bilden. Diese Plastizität mag unter abträglichen Milieubedingungen von unschätzbarem Wert sein; da jedoch eine von 100 000 oder einer Million Zellen spontan vom Prion-haltigen zum Normalzustand oder umgekehrt wechselt, kann eine Population sich sowohl aus Zelllinien mit [PSI^+] und einem damit einhergehenden Potenzial zu variieren als auch aus Linien ohne [PSI^+] zusammensetzen. Wie sich dies auf die Evolution durch genetische Systeme auswirken kann, ist eines der Themen, mit denen wir uns im nächsten Abschnitt beschäftigen[31].

Epigenetische Enthüllungen

Wir wollten im Vorangegangenen zeigen, wie epigenetische Variationen zu genetischer Assimilation führen können – dabei haben wir einen weiten Weg zurückgelegt; bei der Domestikation von Silberfüchsen hat er seinen Anfang genommen und reichte bis zur Molekularbiologie der Hefe. Es mag hilfreich sein, die wichtigsten Punkte zusammenzufassen:

- Belyaevs Untersuchungen mit Silberfüchsen weisen auf eine verborgene genetische Variabilität in natürlichen Populationen hin. Diese Variabilität trat im Zuge der Selektion für Zahmheit zu Tage, möglicherweise weil stressinduzierte Abänderungen im hormonalen Gefüge schlafende Gene aktivierten.

- Waddington und Schmalhausen schrieben die bemerkenswerte Konstanz vieler Merkmale des Wildtyp-Phänotyps vergangener Selektion für Genkombinationen zu, die die ontogenetische Entwicklung gegen genetische und umweltbedingte Störungen puffern; nach der Terminologie Waddingtons ist die Entwicklung „kanalisiert". Deshalb haben viele genetische Abänderungen keinerlei Auswirkungen auf den Phänotyp. Allerdings können ungewöhnliche Stressbedingungen oder auch Mutationen die Entwicklung vom normalen, kanalisierten Pfad abdrängen; ist dies der Fall, kommen genetische Unterschiede zwischen den Individuen zum Vorschein, die auch der Selektion zugänglich sind.
- Waddingtons Experimente zeigen: Bringt Umweltstress genetische Variationen zum Vorschein, führt Selektion für einen milieubedingten Phänotyp zunächst dazu, dass dieser Phänotyp via Induktion häufiger entsteht, und schließlich zu dessen Ausbildung auch ohne Anwesenheit des induzierenden Umweltreizes.
- Die Experimente der Lindquist-Gruppe offenbaren, dass der Selektion zugängliche erbliche Variabilität zum Vorschein kommt, wenn das Stressprotein Hsp90 in zu geringer Menge vorhanden oder in seiner Aktivität gedrosselt ist. Hsp90 ist ein Chaperon, das zur korrekten Faltung einer ganzen Reihe von Proteinen beiträgt und deshalb eine wichtige Rolle in der ontogenetischen Entwicklung spielt; es könnte sich um eines der puffernden oder kanalisierenden Agenzien handeln, die Organismen dazu befähigen, geringfügige genetische Abweichungen zu tolerieren und ihrer ungeachtet voll funktionsfähige Proteine zu bilden.
- Die Untersuchungen der Ruden-Gruppe zu induzier- und selektierbaren erblichen phänotypischen Variationen bei nur geringfügiger oder gar keiner genetischen Variabilität in Abstammungslinien legen nahe, dass diese Variationen epigenetisch bedingt sind.
- Bei Hefepilzen können Prionen, die sich in die Proteinbiosynthese einschalten, phänotypische Variabilität erzeugen – ohne irgendeine Abänderung in der DNA. Da Prionen an Tochterzellen weitergegeben werden, kann sich das gleiche Spektrum von Variationen auch in nachfolgenden Generationen zeigen.

Aus all dem geht hervor: Epigenetische Veränderungen – seien sie umweltbedingt, seien sie durch genetische Faktoren verursacht oder Folge zufälligen „Rauschens" im System – können verborgene genetische Variabilität zum Vorschein bringen und dadurch zu neuen Phänotypen führen. Unter normalen Bedingungen ist ein Großteil der genetischen Unterschiede zwischen den Individuen maskiert, denn die Selektion hat in der Vergangenheit dafür gesorgt, dass die netzwerkartigen Wechselwirkungen, die der ontogenetischen Entwicklung zugrunde liegen, durch geringfügiges genetisches „Störfeuer" nicht beeinträchtigt werden. Mutationen häufen sich deshalb über Generationen hinweg in der Population allmählich an, doch die längste Zeit machen sie sich weder negativ noch positiv bemerkbar. Das Chaperon Hsp90 scheint eines jener Moleküle zu sein, die genetische Variabilität verdecken, indem sie gewisse Abweichungen in der Aminosäurensequenz ihrer Zielproteine tolerieren. Die Pufferkapazität des Entwicklungssystems ist jedoch nicht unbegrenzt; wenn sie einmal überschritten ist, machen sich genetische Differenzen zwischen Individuen bemerkbar.

Die oben beschriebenen Laborexperimente zeigen, dass durch Selektion ein Phänotyp, der sich zunächst nur bei Anwesenheit induzierender Substanzen oder unter dem Einfluss von Stressfaktoren zeigt, genetisch assimiliert werden kann: Die Entwicklung des Merkmals wird unabhängig vom induzierenden Stimulus. Es sei aber darauf hingewiesen, dass die Beziehung zwischen Merkmal und induzierendem Agens nicht von der Art ist, dass man von einer Lamarck'schen Evolution sprechen könnte. Bei einer solchen Evolution müssen streng genommen die zunächst induzierten, später assimilierten Phänotypen *adaptiv* gegenüber den Umweltbedingungen sein, die sie ursprünglich auslösten. Doch die beispielsweise nach einem Hitzeschock auftauchenden Phänotypen sind keine Anpassungen an starke Hitze. Allerdings gibt es bei Waddington ein Experiment, bei dem die Antwort auf ein induzierendes Agens tatsächlich adaptiv gewesen zu sein scheint. Hier erhielten Fliegenlarven sehr salziges Futter. Dies führte zu einer morphologischen Abänderung ihrer Analpapillen, jener Organe, die an der Kontrolle der Elektrolytspiegel in den Körperflüssigkeiten beteiligt sind. Die Umgestaltung war also sehr wahrscheinlich eine Anpassung an die veränderten Bedingungen. Im Verlauf vieler Generationen, in denen Waddington die Fliegenlarven mit salzigem Futter aufzog, wurde der Phänotyp der modifizierten Analpapillen assimiliert: Larven prägten diese nun auch dann aus, wenn sie ganz normales Futter erhielten. In diesem Fall wurde also ganz im traditionellen Sinne das erworbene Merkmal zum erblichen: Das Merkmal war adaptiv und die genetische Assimilation resultierte aus natürlicher, nicht aus künstlicher Selektion[32].

Die Experimente zur genetischen Assimilation zeigen, wie Darwin'sche Mechanismen dem Anschein nach zu Lamarck'scher Evolution führen; das ist zwar hoch interessant, doch nicht deshalb sind sie so wichtig. Viel wesentlicher ist, dass die Experimente zeigen, wie bei Tieren, die ungewöhnlichen Umweltbedingungen ausgesetzt sind, induzierte Entwicklungsänderungen bereits existierende genetische Variabilität aufdecken, die nun der natürlichen Selektion zugänglich wird. Kurzfristige evolutionäre Prozesse erfordern keine neuen Mutationen; sie resultieren vielmehr aus epigenetischen Abänderungen, die jene genetischen Varianten zum Vorschein bringt, welche bereits in der Population vorhanden sind. Einmal exponiert, können diese Gene durch sexuelle Prozesse so lange neu gemischt werden bis sich Kombinationen einstellen, die die am besten angepassten Phänotypen hervorbringen.

Die durch veränderte Milieuverhältnisse auftauchenden Phänotypen können direkt mit den induzierenden Bedingungen verbunden sein, das muss aber nicht sein. Bei den *Drosophila*-Larven, die salzigem Futter ausgesetzt waren, haben die Bedingungen sehr wahrscheinlich epigenetische Abänderungen spezifisch in jenen Gen-Ensembles induziert, die Einfluss auf die Entwicklung der Analpapillen haben; und zwar deshalb, weil

Justierungen in der Entwicklung dieser Organe Teil der normalen adaptiven Reaktion der Fliegen sind. Im Gegensatz dazu werden sich Stressbedingungen, etwa ein Hitzeschock, auf eine ganze Palette von Entwicklungswegen auswirken. Wenn zum Beispiel Hsp90 von seiner ursprünglich ontogenetischen Aufgabe, sich um Stress-geschädigte Proteine zu kümmern, abgezogen wird, oder wenn Stress genomweit den Methylierungsgrad beeinflusst, können alle Arten genetischer Unterschiede zwischen Individuen zu Tage treten. Einige der induzierten Phänotypen mögen sich dann – zufällig – als geeigneter erweisen als die bestehenden und dann durch Selektion assimiliert werden. Dadurch, dass so viele Entwicklungsprozesse gestört werden und ein solch weites Spektrum von Variabilität zum Vorschein kommt, vermag selbst ganz kurzfristig einwirkender Stress bedeutende evolutionäre Veränderungen einzuleiten. Längerfristiger Stress, der die gleichen epigenetischen Reaktionen über mehrere Generationen hervorruft, führt noch viel wahrscheinlicher zu evolutionären Innovationen.

Die Entdeckung, dass einige induzierte epigenetische Zustände erblich sind und dadurch phänotypische Varianten auch unter nicht mehr induzierenden Bedingungen bestehen bleiben, hat Waddingtons Konzept der genetischen Assimilation eine ganz neue Dimension hinzugefügt. Induzierte erbliche epigenetische Abänderungen können aus vier Gründen wichtig sein. Erstens sind sie eine zusätzliche Quelle für Variabilität, die in kleinen Populationen ohne ausreichende genetische Variabilität ausschlaggebende Bedeutung hat. Zweitens entstehen die meisten epigenetischen Varianten, wenn sich die Bedingungen ändern, das heißt also gerade zu dem Zeitpunkt, zu dem sie am meisten nützen können. Drittens ist, da epigenetische Variationen im Allgemeinen reversibel sind, nicht viel verloren, wenn diese Varianten positiver Selektion unterliegen; sie können wieder aussortiert werden, sofern die veränderten Bedingungen nur kurzfristig bestehen. Viertens, und dies ist vielleicht der wichtigste Aspekt in unserem Zusammenhang, können erbliche epigenetische Varianten einen Phänotyp so lange erhalten, bis der Genotyp gleichzieht.

Was wir damit meinen, ist leicht zu verstehen, wenn man an die Vererbung von Prionen oder Chromatinmarkierungen bei solchen Organismen denkt, die sich durch Spaltung oder Fragmentation asexuell reproduzieren. Da es ja bei ihnen keine sexuelle Neukombination von Genen gibt, können neue genetische Variationen nur aus neuen Mutationen resultieren. Erbliche Anpassung kann deshalb ein sehr langsamer Prozess sein, vor allem wenn hierfür mehrere genetische Abänderungen notwendig sind. Erhöhen jedoch EVSs die erbliche Variabilität, indem sie aus ein und demselben Genotyp verschiedene Phänotypen entstehen lassen, kann erbliche Anpassung viel schneller erfolgen. Dies bedeutet, dass durch Selektion epigenetischer Varianten eine Linie in der Lage sein könnte, sich anzupassen und die Anpassung so lange aufrechtzuerhalten, bis entsprechende genetische Abänderungen nachziehen. So könnten zum Beispiel bei einem Hefe-Stamm die [PSI^{+}]-Prionen „Readthrough-Proteine" bilden, die es der Linie ermöglichen, unter Bedingungen zu überleben, unter denen Prion-freie Linien absterben. In dem Maße, wie die Zahl der Proteine im Prion-Stamm zunimmt, erhöht sich auch die Wahrscheinlichkeit von Mutationen, die zur Bildung dieser Proteine ohne „Readthrough" führen. Wenn es dazu kommt, werden diese Mutanten selektiert und die Anwesenheit des Prions ist nicht länger notwendig. Ganz ähnlich können auch selektierte erbliche Methylierungen Gene in einem abgeschalteten Modus halten, bis sie von Mutationen „abgelöst" werden, die die Gene dauerhaft inaktivieren. In gewissem Sinne bahnt die Selektion epigenetischer Variationen den Weg für nachfolgende stabilere genetische Variationen.

Was auf Organismen mit ungeschlechtlicher Reproduktion zutrifft, gilt auch für solche, die sich sexuell fortpflanzen. Epigenetische Vererbung erhöht die Wahrscheinlichkeit einer genetischen Assimilation, weil sie einen neu eingeschlagenen Entwicklungsweg aufrechterhält, bis dieser durch Selektion geeigneter Allelkombinationen genetisch stabilisiert wird. Im nächsten Kapitel beschäftigen wir uns damit, wie verhaltensspezifische und kulturelle Vererbung auf ganz ähnliche Weise Einfluss auf das Evolutionsgeschehen durch das genetische System nehmen können.

Im vorliegenden Kapitel haben wir über eine ganze Menge komplizierter Dinge gesprochen, und wir vermuten, dass sogar einige Biologen unter den Lesern stellenweise stöhnten. Wir haben deshalb die zentrale Botschaft in Form einer Abbildung zusammengefasst.

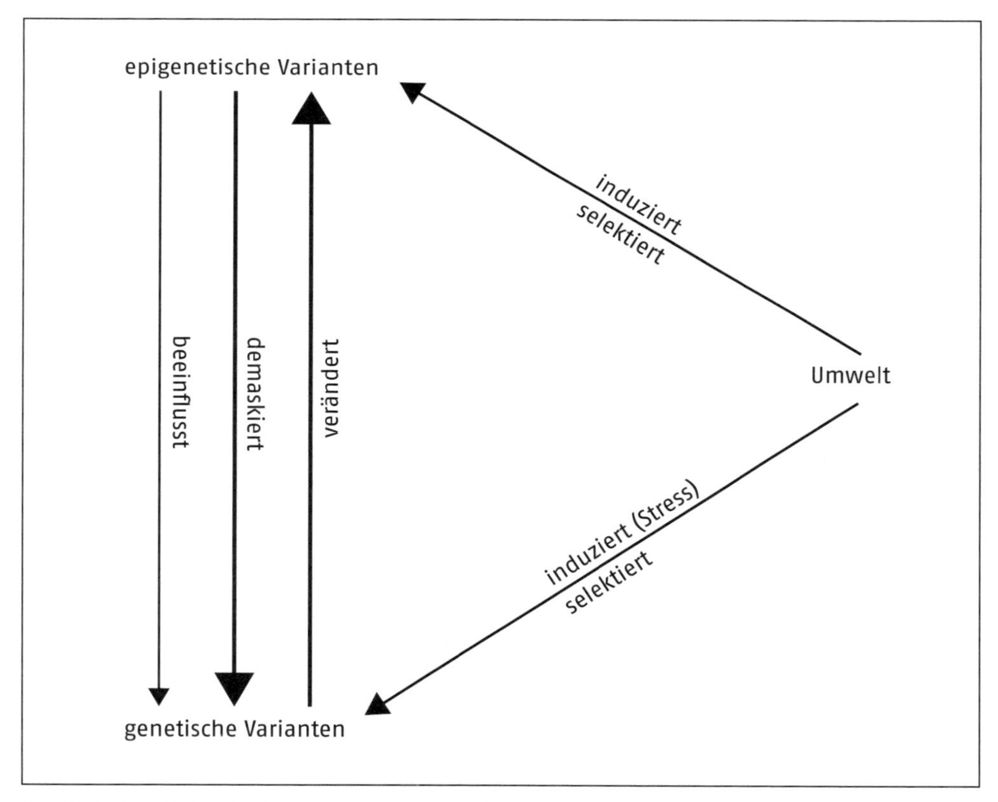

Abb. 7.6 Die Wechselwirkungen zwischen genetischem und epigenetischen Vererbungssystemen

Dieses Schema zeigt zwei Dinge: Zum einen sind sowohl genetische als auch epigenetische Variationen der natürlichen Selektion unterworfen. Zweitens macht es deutlich, dass nicht nur genetische Variation die epigenetische Variabilität beeinflusst (unter anderem hinsichtlich der Chromatinmarkierungen, der Nukleotidsequenzen von RNAs, die an der RNAi beteiligt sind, ebenso der Aminosäurensequenzen von Proteinen, die erbliche Zellstrukturen formen oder Komponenten selbst erhaltender Rückkopplungsschleifen sind), sondern dass auch umgekehrt epigenetische Variationen Einfluss auf die genetische Variabilität haben – etwa Chromatinmarkierungen darauf, wo und wann Mutationen sich ereignen. Noch wichtiger ist, dass neue epigenetische Variationen – häufig induziert durch veränderte Umweltbedingungen – darauf Einfluss nehmen, welche genetische Variationen in einer Population zu Tage treten; epigenetische Variationen decken verborgene genetische Variabilität auf und machen sie dadurch der natürlichen Selektion zugänglich. Wenn wir das genetische und die epigenetischen Systeme im Zusammenhang betrachten wie in der Abbildung 7.6, wird deutlich, dass Überlegungen zum Evolutionsgeschehen ausschließlich auf Grundlage der Selektion von Genen viel zu viele maßgebliche Aspekte ganz außer Acht lässt. Doch auch unser Schema lässt noch vieles beiseite; es berücksichtigt vor allen Dingen nicht, wie das Produkt des genetischen und der epigenetischen Systeme, nämlich der ganze Organismus, Einfluss auf seine eigene Umwelt nimmt. Auf diesen Aspekt im Netz der Wechselwirkungen kommen wir im nächsten Kapitel zu sprechen.

Dialog

A. D.: So ganz verstehe ich noch immer nicht die Rolle, die EVSs im Evolutionsgeschehen spielen. Sie sagen, die EVSs könnten in vielzelligen Organismen verschiedene Probleme verursachen können – etwa dass anarchistische Zellen sich dazu entscheiden, ganz neuen Aufgaben nachzugehen; sie könnten versuchen, sich in Keimzellen umzuwandeln, deren Aufgaben sie aber nicht gut ausfüllen könnten. Sie meinten, dies sei einer der Gründe gewesen, warum in der Evolutionsgeschichte Körper- und Keimzellen getrennt wurden. Gleichzeitig haben Sie wiederholt darauf hingewiesen, dass ja Pflanzen und auch andere Organismengruppen gar keine gesonderte Keimbahn haben und gerade deshalb Evolution durch EVSs bei ihnen eine besonders große Rolle spielt. Entweder oder, Sie können nur eines von beiden haben! Wenn EVSs tatsächlich so gefährlich sind, warum machen dann Pflanzen so ausgiebig Gebrauch davon und können nach wir vor gut leben auch ohne gesonderte Keimbahn? Und wenn andererseits die EVSs so wirksame Akteure im Evolutionsgeschehen sind, wie können sich dann Organismen mit gesonderter Keimbahn ohne all die Variabilität schaffenden EVSs weiterentwickeln?

M. E.: Bei dieser Frage sollten Sie bedenken, dass Kosten und Nutzen der EVSs bei verschiedenen Organismengruppen auch verschieden ausfallen. Wie wir schon sagten, sind die Fortpflanzungs- und Entwicklungsstrategien bei Pflanzen und Tieren sehr unterschiedlich. Pflanzenzellen sind von harten Zellwänden umgeben, sie können deshalb nicht umherwandern und ihre Position ändern, wozu ja tierische Zellen imstande sind. Da sie also nicht in die reproduktiven Organe einwandern können, vermögen sie auch nicht so einfach zu Keimzellen zu werden. Außerdem zeigen Pflanzen und andere Organismen ohne separierte Keimbahn eine modulare Organisation; sie können es sich leisten, mit epigenetischen Variationen in den Keimzellen einiger Module zu experimentieren, wenn gleichzeitig andere unverändert bleiben. Nichtmodular aufgebauten Organismen ist eine solche Strategie verschlossen. Schließlich haben Pflanzen, Pilze und einfach organisierte Tiere auch keine zentral gesteuerte Verhaltensoption, um sich kurzfristig an wechselnde Umweltbedingungen anzupassen – sie können sich eben nicht von einem Ort zum anderen bewegen. Bei vorübergehenden Änderungen der Milieuverhältnisse bleibt ihnen kaum etwas anderes übrig, als ihre epigenetischen Systeme für notwendige Justierungen zu verwenden. Bedenkt man all dies, scheinen die Kosten der EVSs für Pflanzen niedriger und der Nutzen viel größer als für die meisten Tiere. Aus diesen Gründen finden die EVSs im Evolutionsgeschehen bei Pflanzen und Tieren ganz unterschiedliche Verwendung und die evolutionären Auswirkungen ihrer Existenz fallen bei den beiden Organismengruppen unterschiedlich aus.

A. D.: Meinen Sie denn, dass es für eine somatische Zelle eines Wirbeltiers oder Insekts viel schwieriger ist, zufällig zu einer Keimzelle zu werden, als für eine somatische Pflanzenzelle?

M. E.: Vegetative asexuelle Reproduktion findet man sehr oft bei Pflanzen, überhaupt nicht dagegen bei vielen Tieren. Gärtnern gelingt es ohne Weiteres, aus Stücken einer Wurzel, eines Stängels oder aus Blättern vollständige blühende Pflanzen zu ziehen; doch etwas Analoges wird bei keinem Wirbeltier und keinem Insekt gelingen. Ganz offensichtlich ist bei Pflanzen das Schicksal einer Zelle relativ leicht abzuändern, aus pflanzlichen somatischen Geweben können viel einfacher Keimzellen hervorgehen als aus Körpergeweben von Tieren.

A. D.: Die entscheidende Frage ist doch: Was passiert mit der ganzen epigenetischen Ladung somatischer Zellen, wenn sie zu Keimzellen werden? Sofern sie nicht gelöscht wird, beeinflusst sie doch zum einen zukünftige genetische Abänderungen, zum anderen hat sie auch ganz direkte Auswirkungen auf die folgenden Generationen. Ob epigenetische Modifikationen beseitigt oder vererbt werden, hängt von Enzymen und anderen Proteinen ab – und dies bedeutet letztlich: von Genen. Bringt es deshalb nicht mehr, sich über die genetischen Aspekte der Epigenetik Gedanken zu machen?

M. E.: Das kommt ganz darauf, woran Sie interessiert sind. Es ist ganz klar, wenn Sie die Genetik der epigenetischen Vererbung verstehen, gibt Ihnen dies auch wichtige Hinweise auf die Evolution von Entwicklungsprozessen – einschließlich des Zellgedächtnisses und der Prägung. Wir werden in Kapitel 9 mehr darüber sagen. Wenn man erst einmal begreift, dass es eine unabhängige Achse der epigenetischen Vererbung gibt, kann man Evolution nicht mehr allein als Sache von Genen betrachten – dies reicht einfach nicht aus. Stellen Sie sich doch einen ganz analogen Fall vor, die Evolution der Sprache. Die meisten Fragen, die sie zur Entwicklungsgeschichte von Sprachen (wie Deutsch, Englisch oder Hebräisch) stellen können, sind nur sinnvoll unter der Annahme, dass Sprachen unabhängig von genetischer Variabilität sind. Das Gleiche trifft auf die epigenetische Vererbung zu. Wenn eine unabhängige Achse der epigenetischen Vererbung existiert, dann wird es auch evolutionäre Phänomene geben, die speziell mit dieser Achse verknüpft sind. Verstehen kann man die epigenetische Vererbung nur dann, wenn man Fragen stellt, die genau diese epigenetische Ebene betreffen. Dabei ist ja klar, dass man für einige evolutionäre Aspekte sowohl die genetische als auch die epigenetische Dimension in Betracht ziehen muss.

A. D.: Nun ja, bei der Evolution der Prägung gab es doch eine Selektion für genetische Varianten – und zwar für solche, die die besten epigenetischen Ergebnisse zeitigten. All die evolutionstheoretischen Betrachtungen zur Prägung gefallen mir ausgesprochen gut, vor allem Haigs Hypothese. Lassen Sie mich einmal den Biologen spielen und eine weitere Verwendung für Prägungen vorschlagen. Haig stellt ja die Prägung in den Zusammenhang eines evolutionären Konflikts, bei dem jeder Elternteil die vererbten Chromosomen so markiert, dass es ihm selbst nützt. Und Sie meinen, bei den Säugetieren sind die X-Chromosomen, die vom Vater stammen, sehr wahrscheinlich so markiert, dass Töchter davon profitieren – eben deshalb, weil der Vater sein X-Chromosom ausschließlich an weibliche Nachkommen weitergibt. Beide Sichtweisen sind meines Erachtens auf interessante Weise miteinander verbunden. Haig zufolge wird ein Vater seine Chromosomen mit Markierungen versehen, die dem Embryo dazu verhelfen sollen, der Mutter mehr Nährstoffe zu entziehen und mehr Fürsorge abzuverlangen, als ihm eigentlich zusteht. Doch die Mutter hält dagegen – sie markiert die Chromosomen so, dass die väterlichen Markierungen neutralisiert werden. Wenn also der Vater seine Chromosomenmarkierungen setzt, die den Embryo vermehrt Wachstumsfaktoren bilden lassen, ergreift die Mutter Gegenmaßnahmen, indem sie ihrerseits Markierungen setzt, die den Embryo weniger von diesen Faktoren bilden lassen – sie verlagert das Verhältnis also zurück zu ihren Gunsten und stellt damit wieder das Gleichgewicht her. Sie muss die Interessen aller ihrer gegenwärtigen wie zukünftigen Nachkommen im Blick haben, so kann sie also einem einzelnen Vater nicht die Oberhand gewähren. An diesem Punkt möchte ich die Geschlechtschromosomen ins Spiel bringen. Wenn ein Männchen seine X-Chromosom-Gene so markiert, dass sein Nachwuchs der Mutter möglichst viel Energie und Zuwendung abverlangt, hat die Mutter ein Problem. Sie kann ihre eigenen X-Chromosom-Gene (oder auch andere) nicht auf geeignete Weise gegenmarkieren, um die X-Chromosom-Markierungen des Vaters zu kompensieren – sie weiß ja nicht, ob ihr X-Chromosom dem X- oder Y-Chromosom des Vaters zur Seite gestellt wird! Falls das mütterliche X-Chromosom mit einem Y-Chromosom gepaart würde, dann würde eine X-Markierung, die den Embryo bescheiden und zurückhaltend agieren lässt, XY-Söhnen Schaden zufügen. Das heißt, da die Mutter ihr eigenes X-Chromosom nicht so markieren kann, dass die väterlichen X-Chromosom-Prägungen kompensiert werden, bleibt ihr nur *eines* übrig: Sie muss ihr X-Chromosom bei ihren Töchtern inaktivieren! Das ist zwar eine drastische, doch aus der Sicht der Mutter einzig sinnvolle Maßnahme, wie mir scheint. Und das passiert tatsächlich, oder nicht? Sie sagten doch, dass manchmal nur das X-Chromosom des Vaters inaktiviert werde.

M. E.: Da mögen Sie Recht haben! Die Vorstellung, dass das väterliche X-Chromosom durch mütterliche Faktoren inaktiviert wird, äußerten schon andere vor Ihnen, wenn auch mit anderer Begründung[33]. Wie wir schon sagten, erfolgt bei weiblichen Säugetieren die Dosis-Kompensation durch X-Chromosom-Inaktivierung: In den Zellen der Weibchen wird eines der beiden X-Chromosomen dauerhaft abgeschaltet, sodass Männchen und Weibchen die gleiche effektive Dosis von X-Chromosom-Genen haben. Offenbar erhalten Weibchen (Töchter) bei der Befruchtung ein teilweise inaktiviertes X-Chromosom vom Vater. In den Geweben des Embryos selbst sind allerdings kurze Zeit beide X-Chromosomen voll aktiviert, danach kommt es aber in jeder einzelnen Zelle zur Inaktivierung eines der beiden X-Chromosome, wobei zufallsbedingt das väterliche oder das mütterliche betroffen ist. Doch bei Mäusen und einigen anderen Säugetieren hat man eine interessante Beobachtung gemacht: In deren extraembryonalen Geweben, die den Nährstofftransfer von der Mutter zum Fetus sicherstellen, scheint die Selektion einen inaktiven Zustand vorzugsweise des väterlichen X-Chromosoms begünstigt zu haben, denn in diesen Geweben ist es durchweg das X-Chromosom des Vaters, das stillgelegt wird[34]. Dies mag sich entwicklungsgeschichtlich herausgebildet haben, weil – wie auch Sie vermuten – in den extraembryonalen Geweben ein väterliches X-Chromosom seine ausbeutende Wirkung am stärksten entfalten kann. Wir können diese Idee sogar noch weiterspinnen: Es könnte durchaus sein, dass auch das Gen-arme Y-Chromosom ein Opfer der mütterlichen Inaktivierungsstrategie ist! In der Vergangenheit könnte der Vater sein geschlechtsbestimmendes Y-Chromosom ebenfalls derart geprägt haben, dass es den Embryo dazu brachte, der Mutter überdurchschnittlich viele Nährstoffe abzuverlangen; und sie reagierte auch darauf mit der bewährten drastischen Maßnahme, nämlich die entsprechenden Gene – also dieses Mal auf dem abpressenden Y-Chromosom – zu inaktivieren. Wenn das so ist, wenn also die Mutter die väterlich geprägten „raffgierigen Gene" auf dem Y-Chromosom stilllegte und dieser inaktivierte Zustand von einer Generation zur nächsten vererbt wurde, könnte dies einer der Gründe dafür sein, dass das Y-Chromosom im Verlauf der Evolution immer mehr degenerierte und heute so klein ist, dass es nur noch ganz wenige Gene trägt[35].

A. D.: Ich frage mich, wie Sie diese Hypothesen beweisen wollen. Vielleicht könnte es uns ja weiterbringen, wenn wir das Wachstumsmuster anormaler Embryonen, deren Zellen mit nur einem einzelnen X-Chromosom (vom Vater oder der Mutter) ausgestattet sind, mit dem normaler Embryonen vergleichen. Aufschlussreich könnten auch Kreuzungen zwischen Arten mit unterschiedlicher Anzahl von Genen auf ihrem Y-Chromosom sein (sofern es solche Arten gibt), wenn man die Größe ihrer Nachkommen untersucht. Doch will ich hier gar nicht weiter spekulieren, sondern mich einer anderen Frage im Zusammenhang mit der Hypothese Haigs zuwenden, dieses Mal einer mehr philosophischen. Für mich sieht es so aus, als passe die Logik der Idee Haigs sehr gut zur Position des egoistischen Gens – egoistische Gene des Vaters gegen egoistische Gene der Mutter. Und dies widerspricht doch Ihrer grundsätzlich biologischen Sichtweise, oder nicht?

M. E.: Sie verwechseln die Vorstellung von egoistischen Genen mit der Konflikt-orientierten Sichtweise. Wir haben ganz bestimmt keinen Zweifel daran, dass es viele Typen von Konflikten in der Natur gibt, Konflikte zwischen Paarungspartnern, zwischen Eltern und Nachkommen, zwischen Räuber und Beute, zwischen Wirt und Parasit und viele mehr. Es kann auch kein Zweifel darüber bestehen, dass solche Konflikte Anpassungen ebenso geformt haben wie andere Wechselwirkungen zwischen Organismen und ihrer Umwelt – das ist Tatsache, egal welchen Standpunkt man einnimmt. Aus Sicht der Idee vom egoistischen Gen ist allein das Gen und keine andere Einheit Nutznießer jeglicher Selektionsprozesse. Wenn man von Konflikten zwischen unterschiedlich geprägten Genen spricht, mag sich das zwar ganz ähnlich anhören, doch sind die beiden Sichtweisen grundverschieden. Logisch betrachtet, ist die Vorstellung evolutionsrelevanter Konflikte nicht davon abhängig, ob man ein einzelnes Gen (ein Allel) oder irgendeine andere Entität als Einheit der Selektion betrachtet. Andererseits stimmt es schon, dass Konflikt-orientierte Konzepte zu Gen-egoistischen Vorstellungen neigen. Wie Sie wissen, sehen wir die Welt nich aus der Perspektive egoistischer Gene; in unseren Überlegungen steht die Selektion erblicher phänotypischer Merkmale im Mittelpunkt und nicht die von Genen. Wir sind der Auffassung, dass in den meisten Fällen nicht das einzelne Gen Einheit von Selektion und Evolution ist, weil dessen selektionszugängliche Effekte netzwerkabhängig und im Schnitt selektionsneutral sind. Aus unserer Sicht ist Haigs Konflikt-Hypothese ganz in Ordnung, wir haben kein Problem damit. Wenn wir allerdings diese Hypothese auf zellulärer und molekularer Ebene konkretisieren wollen, müssen wir die Entwicklungsnetzwerke, die den Markierungsprozessen zugrunde liegen, mitberücksichtigen und uns Gedanken darüber machen, wie diese Netzwerke entwicklungsgeschichtlich entstanden sind, statt uns auf individuelle Gene zu konzentrieren.

A. D.: Gut, ich muss zugeben, eine zwingend logische Verbindung zwischen der Konflikt-Hypothese und der Vorstellung egoistischer Gene gibt es nicht, obwohl beide Ansätze doch eine Schnittmenge zu haben scheinen. Aber lassen Sie mich einen Schritt weitergehen und mich eine letzte Frage zur Prägung stellen; sie richtet sich auf die Bezeichnung „Prägung" selbst. Ich stelle mir Prägung als einen positiven Prozess vor, bei dem ein Elternteil eine geschlechtsspezifische Markierung auf ein Gen setzt, das daraufhin aktiviert oder inaktiviert wird. Doch wenn ich den ganzen Vorgang recht verstehe, bezieht sich die Prägung nur auf einen Unterschied in den von den beiden Elternteilen geerbten Markierungen, wodurch die beiden Allele oder Chromosomen im Nachkommen unterschiedliche Wirkungen entfalten. Ganz sicher bedeutet dies aber doch nicht, dass Gene aktiv modifiziert werden oder dass Gene auf Aktivität und nicht auf Inaktivität hin modifiziert werden. Ich weiß ja nicht, ob nur ich damit ein Problem habe oder ob es ein ganz allgemeines ist; vielleicht wäre ein anderer Terminus besser, der nicht die Konnotation trägt, als werde eine konkrete Form auf etwas aufgedrückt.

M. E.: Das ist bestimmt nicht nur Ihr Problem. Dieser Terminus irritiert manchmal auch Biologen. „Prägung“ sagt tatsächlich überhaupt nichts über den Vorgang selbst, es beschreibt lediglich das Ergebnis, nämlich einen epigenetischen Unterschied zwischen zwei homologen Chromosomenregionen. Leider sehe ich keine Möglichkeit, wie der Terminus heute geändert werden könnte, denn er ist längst fester Bestandteil der Biologensprache. Gleichwohl sollten wir vorsichtig sein; nachdem, was mitunter darüber geschrieben wird, bereitet die Konnotation des „Aktiven“ Biologen tatsächlich manchmal Probleme.

A. D.: Gut, lassen wir es jetzt zum Thema Prägung genug sein; interessant ist auch die genetische Assimilation. Sie sind ja der Ansicht, dass die genetische Assimilation enorme Bedeutung für Anpassungen im Verlauf der Entwicklungsgeschichte hat. Wenn ich Sie recht verstehe, folgt dies unmittelbar daraus, dass Ihrer Auffassung nach Merkmale und Entwicklungsnetzwerke die Einheiten von Selektion und Evolution sind – und nicht einzelne Gene. Sie behaupten, die meiste Zeit würden nicht alternative Allele oder einzelne Gene, die – wie Sie betonen – im Allgemeinen mehr oder weniger neutral in ihren Wirkungen seien, der Selektion unterliegen, sondern alternative Entwicklungsvarianten, die Ausdruck mehrerer genetischer Unterschiede seien. Wenn dies so ist, müsste der größte Teil evolutionärer Prozesse unter Bedingungen stattfinden, die phänotypische Unterschiede in der Entwicklung aufdecken und genetische Assimilation einschließen. Stimmt das so? Ist das der Grund, warum Sie der genetischen Assimilation im Evolutionsgeschehen eine so große Bedeutung zuschreiben?

M. E.: Ja, wir meinen, dass genetische Assimilation und Selektion unter Stressbedingungen von zentraler Bedeutung für evolutionäre Anpassungsprozesse sind. Damit es zu einer genetischen Assimilation überhaupt kommen kann, muss die Umwelt allerdings eine Doppelfunktion ausüben: Sie muss sowohl instruierend die Entwicklung beeinflussen als auch selektieren. Doch das ist nicht immer der Fall. Manchmal haben Veränderungen in den Milieuverhältnissen überhaupt keine Auswirkungen darauf, wie sich ein Organismus entwickelt, wie er sich verhält; oder das Milieu induziert Abänderungen, die selektionsneutral oder gar schädlich sind. Die Umwelt ist dann ausschließlich Selektionsfaktor – sie bestimmt, wer am erfolgreichsten Nachkommen zur nächsten Generation beiträgt. In solchen Fällen spielt genetische Assimilation überhaupt keine Rolle. Aber sehr häufig – vermutlich in den allermeisten Fällen – kommen der Umwelt beide Funktionen zu: Zum einen induziert sie eine adaptive Justierung der ontogenetischen Entwicklung, zum anderen bestimmt sie, wer überlebt und sich reproduziert. Der genetische Abgleich einer umweltinduzierten Reaktion ist deshalb wahrscheinlich sehr wichtig[36]. Es sei aber betont, dass nicht *immer* mehrere genetische Variationen zusammenkommen müssen, um Merkmalsunterschiede zu schaffen, die auch der Selektion zugänglich sind. Manchmal kann eine Abänderung in einem einzelnen Gen beständige, vorteilhafte phänotypische Wirkungen zeitigen. Im Allgemeinen aber machen sich Variationen in einem einzelnen Gen nicht bemerkbar – sie zeigen sich nur im „richtigen genetischen Kontext“ (bei Anwesenheit bestimmter anderer Allele) oder unter den „richtigen Milieuverhältnissen“ (normalerweise etwas ungewöhnlichen Bedingungen). Im Großen und Ganzen ist es so, dass bestimmte Kombinationen mehrerer Allele notwendig sind, damit sichtbare und selektierbare phänotypische Unterschiede entstehen.

A. D.: Aber solche Genkombinationen können doch nicht vererbt werden! Die sexuelle Rekombination, die eine günstige Kombination schafft, wird sie auch wieder zerstören!

M. E.: Anfangs ist die Wahrscheinlichkeit nicht sehr groß, dass die Nachkommen ihren Eltern hinsichtlich des neuen nützlichen Merkmals ähnlich sind. Doch wenn die Selektion aufrechterhalten bleibt, werden die „richtigen“ Gene und damit auch die „richtigen“ Kombinationen in der Population allmählich häufiger werden, bis es schließlich zu partieller genetischer Assimilation kommt, vielleicht sogar zu vollständiger, bei der das neue Merkmal mit 100-prozentiger Wahrscheinlichkeit vererbt wird. Wenn mehrere Gene beteiligt sind, mag der evolutionäre Prozess zunächst langsam sein; da aber die durch verschiedene Genkombinationen generierte phänotypische Variabilität recht groß sein kann, wird es eine Selektion sowohl für das Merkmal als auch dessen Kanalisierung, also für dessen stabile Entwicklung geben. Manchmal mag die Selektion für die Stabilität eines Entwicklungspfades genauso wichtig sein wie jene für einen bestimmten Phänotyp. So zeigen zum Beispiel giftige Insekten häufig deutlich ausgeprägte Warnfärbung – eine auffallende Kombination roter, gelber und schwarzer Markierungen, die ihre Fressfeinde nach wenigen schlechten Erfahrungen mit ihrem schlechten Geschmack zu assoziieren lernen; wenn sie einmal das Körperzeichnungsmuster gelernt haben, vermeiden sie solche Insekten. In diesen Fällen ist das exakte Warnmuster der Insektenart relativ unwichtig, vorausgesetzt, alle Individuen zeigen das gleiche Muster. Die Selektion ist deshalb primär auf die Entwicklungsstabilität ausgerichtet, nicht so sehr auf die Herausbildung eines bestimmten „besten“ Phänotyps. In den meisten Fällen aber wird die genetische Assimilation auf beide Aspekte Einfluss haben, auf die Stabilität wie auf das Produkt eines Entwicklungsweges.

A. D.: Ich vermute, wenn sich neue Arten entwickeln, hat die Stabilität von Merkmalen, die irgendwie für die Reproduktion eine Rolle spielen, besonders große Bedeutung. Tiere müssen ihre eigene Art erkennen, und die Männchen und Weibchen dürfen sich auch nicht zu sehr voneinander unterscheiden, wenn sie sich paaren wollen. Aber mir geht noch etwas anderes durch den Kopf – der Hund, der mir viel vertrauter ist als der Silberfuchs! Wie passt die Evolution dieser vom Menschen gewissermaßen konstruierten Art, was sie doch ist, zu Ihren Vorstellungen? Meinen Sie, dass auch hier epigenetische Abänderungen der genetischen Assimilation vorausgingen und letztlich alles bei unserem Haushund endete?

M. E.: Das ist gut möglich und auch wahrscheinlich, doch es ist gar nicht einfach, die Entwicklungsgeschichte unseres Haushunds im Detail aufzuklären. Zweifellos war die Selektion für „den Hund“ sehr komplex und in der Anfangszeit vermutlich nicht sehr systematisch. Wahrscheinlich war bei der allerersten Etappe der Mensch nicht einmal aktiv beteiligt. Vielleicht trieben sich Wolfsrudel in der Nähe menschlicher Siedlungen herum und lauerten auf Speisereste; jene, die dabei am wenigsten ängstlich und aggressiv waren, vermochten sich das meiste Futter zu schnappen und so besser zu überleben als vorsichtige Konkurrenten. Ganz ohne Zweifel veränderte die Domestikation bei Hunden – eben wie bei den Silberfüchsen – den im Reproduktionszyklus der Weibchen; beim Hund führte sie darüber hinaus zum völligen Ausfall väterlicher Jungenfürsorge – der Haushund ist der einzige Canide, bei dem sich die Väter überhaupt nicht an der Aufzucht der Jungen beteiligen. Ganz sicher ist es zwar in der Domestikationsgeschichte irgendwann zu hormonellen Veränderungen gekommen, doch lässt sich der epigenetische Teil des Entwicklungswegs zum Haushund schwer rekonstruieren; wir können nicht sagen, wann und ob hormonell vermittelte epigenetische Veränderungen genetische Variationen aufdeckten, und wenn sie das taten, welche davon selektiert wurden. Über den verhaltensspezifischen Teil des Entwicklungswegs können wir wesentlich sicherere Aussagen treffen: Hund zu sein bedeutete, sich so zu verhalten, wie es dem Menschen gefiel – Individuen, die dies rasch lernten, überlebten und wurden darin immer besser. In diesem Fall vermuten wir eine genetische Assimilation verhaltensspezifischer Merkmale durch Selektion der Fähigkeit zu lernen, sich auf bestimmte Weise zu verhalten. Was einst beim Wolf erworben war, wurde beim Haushund Teil des Erbes, seiner Natur. Weiter wollen wir uns aber hier nicht mit diesem Thema beschäftigen, denn die Wechselwirkungen zwischen dem verhaltensspezifischen und dem genetischen System sind Gegenstand des nächsten Kapitels.

Kapitel 8: Gene und Verhalten – Gene und Sprache

Eine zentrale Botschaft des letzten Kapitels lautete, dass die Rolle, die „die Umwelt" bei der Evolution spielt, ziemlich diffizil ist. Die Umwelt gilt traditionell als Selektionsfaktor, der darüber bestimmt, welche Varianten überleben und sich reproduzieren. Da jedoch die Umwelt die Entwicklung beeinflusst, spielt sie auch eine Rolle bei der Entscheidung, unter welchen Varianten ausgewählt werden kann. Diese Doppelrolle hat zur Folge, dass Einflüsse der Umwelt auf die ontogenetische Entwicklung die Selektion genetischer Varianten lenken können. Im vorigen Kapitel haben wir dieses Phänomen mit Blick auf umweltinduzierte Entwicklungsmodifikationen hinsichtlich der Form eines Organismus (Genotyp) näher betrachtet; wir haben beschrieben, wie eine umweltinduzierte Veränderung durch natürliche Selektion nach und nach zu einem festen Bestandteil des Phänotyps werden kann. Nun wollen wir dieselbe Vorstellung, nämlich die der genetischen Assimilation, auf das Verhalten ausweiten und zeigen, wie die natürliche Selektion etwas, das ursprünglich eine erlernte Antwort auf die Umwelt war, in angeborenes Verhalten verwandeln kann.

Wir müssen noch einen anderen Faktor berücksichtigen, der unsere Überlegungen verkompliziert, welche Rolle die Umwelt bei der Evolution spielt, nämlich die Tatsache, dass der Organismus oft selbst für die Wahl der Umwelt, in der er lebt, und für einige ihrer Eigenschaften, die er konstruiert, verantwortlich ist. Wenn wir englische Kaninchen und Hasen in der Natur freilassen, werden die Kaninchen zu den Hecken laufen und die Hasen aufs freie Feld rennen. Die Tiere entscheiden selbst, wo sie leben und sich vermehren wollen. Beide Tierarten werden auch ihre Umwelt verändern. Bei den Kaninchen ist das sehr deutlich, da ihre Bautätigkeit und ihre Nahrungssuche oftmals die Landschaft verwandeln. Bauern bezeichnen solche Aktivitäten auf ihre Weise – „ruinieren" und „zerstören" sind noch zwei milde Ausdrücke. Biologen dagegen nennen sie „Nischenkonstruktion"[1]. Alle Organismen betreiben ein wenig Nischenkonstruktion – einige Beispiele haben wir in Kapitel 5 genannt. Doch welche Auswirkungen das auf die Evolution hat, wird besonders bei Tieren deutlich, die eine Nische in Form bestimmter Baue, eines bestimmten Verhaltens oder einer bestimmten Kultur von ihren Vorfahren erben. Veränderungen in den Gewohnheiten und Traditionen können bei diesen Tieren dazu führen, dass sie eine andere soziale und physische Umwelt für sich und ihre Nachkommen schaffen. Daher ist es falsch, in ihnen nur passive Objekte der Selektion durch die Umwelt zu sehen. Das gilt besonders für den Menschen, dessen Umwelt zu einem großen Teil aus kunstvollen kulturellen Konstruktionen besteht. Was wir durch unsere Verhaltenssysteme und unsere Symbolsysteme weitergeben, hat offensichtlich sehr tiefgreifende Auswirkungen auf die Selektion von Information, die wir durch unsere Gene vererben.

Wir werden die komplexen Auswirkungen der menschlichen Kultur auf die genetische Evolution bis auf Weiteres vertagen und ein relativ einfaches Problem an den Anfang dieses Kapitels stellen – die Evolution der Instinkte. Instinkte sind komplexe Verhaltensweisen, die entweder gar nicht erlernt werden müssen oder nur sehr geringen Lernaufwand erfordern. Sie sind eindeutig zweckmäßig, und viele würden sich durch Lernen entwickeln, wenn sie nicht angeboren wären. Wie und warum also wurden sie zu festen Bestandteilen der Veranlagung eines Tieres? Handelt es sich dabei nur um seltene und zufällige Mutationen, die dazu führten, dass kleine Säugetiere Furcht und Vermeidungsverhalten zeigen, wenn sie zum ersten Mal zischende schlangenartige Geräusche hören? Welche Art von Selektion führte dazu, dass von Hand aufgezogene Tüpfelhyänen, die noch nie mit einem Löwen zu tun hatten oder die Reaktion ihrer Mutter auf einen Löwen erlebt haben, mit Furcht reagieren, wenn sie zum ersten Mal einen Löwen riechen?[2] Wie kam es durch natürliche Selektion dazu, dass frisch geschlüpfte Möwenjungen auf ein längliches Objekt mit einem roten Fleck, das entfernt dem Schnabel ihrer Eltern ähnelt, reagieren, indem sie danach picken?

Gene, Lernen und Instinkte

Die Evolution der Instinkte faszinierte die ersten Evolutionsforscher und stellte sie vor ein Rätsel. Die Erklärung Lamarcks, nach der erlerntes Verhalten nach und nach direkt vererbt werden kann, leuchtete vielen Menschen ein, für Neodarwinisten jedoch war sie nicht befriedigend. Sie mussten die Evolution der Instinkte durch natürliche Selektion erklären. Einen der frühesten Versuche in dieser Hinsicht unternahm der schottische Biologe Douglas Spalding. Vielleicht erinnern Sie sich, dass wir in Kapitel 6 eine Version seiner Geschichte über Robinson Crusoes Papageien dazu verwendet haben, die Unterschiede zwischen einem symbolischen und einem nichtsymbolischen Kommunikationssystem zu verdeutlichen. Spaldings Originalgeschichte hatte allerdings ein ganz anderes Ziel: Sie sollte dazu dienen, die Entstehung von Instinkten durch die Evolution zu erklären. Die ursprüngliche Geschichte lautet folgendermaßen:

> „Nehmen Sie an, Robinson Crusoe nimmt sich kurz nach seiner Landung auf der Insel ein Papageienpaar und bringt ihm bei, in sehr gutem Englisch ‚Wie geht es Ihnen, Sir?' zu sagen. Die Jungtiere dieses Paares lernen von ihren Eltern und Mr. Crusoe ebenfalls, ‚Wie geht es Ihnen, Sir?' zu sagen, und da Mr. Crusoe ansonsten nicht viel zu tun hat, macht er sich daran, die Lehre von der Vererbung erworbener Eigenschaften durch ein direktes Experiment zu beweisen. Er fährt fort zu unterrichten, und jedes Jahr züchtet er Vögel von denen, die im Vorjahr am häufigsten und am besten ‚Wie geht es Ihnen, Sir?' sagen konnten. Nach genügend vielen Generationen beginnen seine Papageien, die ständig die Wörter ‚Wie geht es Ihnen, Sir?' von ihren Eltern und Hunderten anderer Vögel hören, diese Wörter so früh zu sagen, dass es eines Experiments bedarf, um zu entscheiden, ob sie das instinktiv tun oder ob sie die Wörter nachahmen; oder vielleicht beides zusammen. Nach und nach jedoch etabliert sich der Instinkt. Und obwohl Mr. Crusoe stirbt und keine Aufzeichnungen über seine Arbeit hinterlässt, stirbt der Instinkt nicht

aus; jedenfalls lebt er eine ganze Weile fort. Und falls die Papageien eine Vorliebe für gutes Englisch entwickelt haben, werden die besten Sprecher sexuell ausgewählt, und der Instinkt wird ganz sicher weiterleben und die Menschheit erstaunen und verblüffen, obwohl wir uns in Wahrheit genauso über das Krähen des Hahns und den Gesang der Feldlerche wundern können." (Spalding 1873, S. 11; Übersetzung: S. G.)*

Abb. 8.1 Mr. Crusoes gelehrige Papageien

In dieser Geschichte werden die Wörter, die den Papageien zuerst von Mr. Crusoe beigebracht und die dann von den Eltern an ihre Jungen vererbt wurden, schließlich unabhängig von der Weitergabe durch Lernen und Kultur (Abb. 8.1). Mr. Crusoe hatte die besten Schüler ausgewählt – diejenigen, die seine Wörter weniger oft hören mussten, um sie zu lernen, als ihre Vorfahren. Allmählich war nur noch so wenig Lernaufwand nötig, dass das Verhalten praktisch angeboren war. Es wurde zum Instinkt.

Beachten Sie, dass Spalding klugerweise noch einen anderen Mechanismus der Darwin'schen Evolution benutzte, um zu erklären, warum die Papageien nach Mr. Crusoes Tod weiterhin Englisch verwendeten, nämlich den der sexuellen Selektion. Spalding zufolge sprachen sie weiter Englisch, weil sie Gefallen an der Sprache gefunden hatten, und wer die Sprache gut konnte, wurde eher als Sexualpartner ausgewählt. Ein Papagei

---

* „*Suppose a Robinson Crusoe to take, soon after his landing, a couple of parrots, and to teach them to say in very good English, ‚How do you do, sir?' – that the young of these birds are also taught by Mr. Crusoe and their parents to say, ‚How do you do, sir?' – and that Mr. Crusoe, having little else to do, sets to work to prove the doctrine of Inherited Association by direct experiment. He continues his teaching, and every year breeds from the birds of the last and previous years that say ‚How do you do, sir?' most frequently and with the best accent. After a sufficient number of generations his young parrots, continually hearing their parents and a hundred other birds saying ‚How do you do, sir?' begin to repeat these words so soon that an experiment is needed to decide whether it is by instinct or imitation; and perhaps it is part of both. Eventually, however, the instinct is established. And though now Mr. Crusoe dies, and leaves no record of his work, the instinct will not die, not for a long time at least; and if the parrots themselves have acquired a taste for good English the best speakers will be sexually selected, and the instinct will certainly endure to astonish and perplex mankind, though in truth we may as well wonder at the crowing of the cock or the song of the skylark.*" (Spalding 1873, S. 11).

konnte also seine Fortpflanzungschancen erhöhen, indem er das andere Geschlecht mit seinen Sprachkenntnissen beeindruckte.

Die Idee von der sexuellen Selektion hatte Darwin zwei Jahre zuvor in seinem Buch *The Descent of Man* formuliert. Damit wollte er die Evolution seltsam anmutender Merkmale wie die Schwänze von Pfauen erklären. Ein solcher Schmuck, so Darwin, hätte sich durch natürliche Selektion nicht durchsetzen können, denn er hilft seinem Besitzer ganz offensichtlich nicht zu überleben. Aber wenn es sexuelle Selektion gibt, wenn also die Weibchen die Männchen mit den schönsten Schwänzen bevorzugen, dann hätten diese Männchen mehr Nachkommen und schöne Pfauenschwänze würden sich mehr verbreiten. Das war eine geniale Vorstellung, die Spalding nutzte, aber sie war zu seiner Zeit nicht allgemein anerkannt. Nach anfänglicher Diskussion geriet die Idee von der sexuellen Selektion größtenteils in Vergessenheit. Erst rund hundert Jahre später wurde sie wiederbelebt und neu formuliert[3]. Seitdem wird sie weithin angewandt. Sie bildet die Grundlage für die Erklärung unterschiedlicher Talente, Werte und Einstellungen von Männern und Frauen, die angeblich angeboren sind, über die wir in Kapitel 6 gesprochen haben.

In Spaldings Gedankenexperiment stand am Anfang die künstliche Auslese von Mr. Crusoes Papageien. Es lässt sich aber leicht erkennen, dass ein Verhalten, das anfänglich erlernt wurde, durch natürliche oder sexuelle Selektion ohne die Einwirkung des Menschen nach und nach zu einem angeborenen Verhalten wurde. Stellen Sie sich eine Population von Singvögeln vor, in der die Jungen ihr Lied von den Erwachsenen lernen müssen. Nun stellen Sie sich vor, dass ein neuer Fressfeind im Populationsgebiet dieser Vögel auftaucht; sowohl die jungen als auch die erfahrenen Männchen sind nun gezwungen, weniger oft zu singen, um nicht entdeckt und angegriffen zu werden. Wegen der neuen Feinde werden die Jungen das artspezifische Lied der Erwachsenen weniger oft hören als früher und sie werden weniger Gelegenheit haben, es selbst zu singen. Wenn nun die Weibchen weiterhin gute Sänger als Partner bevorzugen, dann wird das schnelle und genaue Erlernen des Liedes stark selektiert werden. Diejenigen jungen Männchen, die das Lied schnell lernen, werden mehr Partner erobern und mehr Nachwuchs zeugen als andere, und einige ihrer Nachkommen werden vielleicht ihr Gesangstalent erben. Wenn diese Situation andauert und viele Generationen lang ein starker Druck durch den Fressfeind und die sexuelle Selektion besteht, wird es dazu kommen, dass das artspezifische Lied kaum oder gar nicht mehr gesungen werden muss, damit die Vögel es lernen. Das Lied wird dann nahezu vollständig angeboren sein.

Mit einer ähnlichen Argumentation lässt sich die Evolution von Angstreaktionen erklären. Wenn junge Säugetiere durch eigene Erfahrung und die ihrer Eltern lernen müssen, wie man sich vor einem neuen Feind schützt, dann werden diejenigen, die schnell lernen, am ehesten überleben, denn Lernen ist zeitaufwendig und mit Gefahren verbunden. Die natürliche Selektion mündet dann in ein „instinktives" Furcht- und Vermeidungsverhalten.

Spalding war nicht der einzige Evolutionsbiologe des 19. Jahrhunderts, der einen Darwin'schen Mechanismus ins Spiel brachte um zu erklären, wie eine ursprünglich erlernte Reaktion oder Gewohnheit in eine instinktive verwandelt wird. 1896 kamen der amerikanische Paläontologe Henry Fairfield Osborn und zwei Psychologen, Conway Lloyd Morgan in England und James Mark Baldwin in den USA, unabhängig voneinander zu einer ähnlichen Überlegung, wie die natürliche Selektion erworbene in vererbte Eigenschaften verwandelt. Zu dieser Zeit war der Kampf zwischen Neolamarckisten und Neodarwinisten auf seinem Höhepunkt, und die Vermutung der drei Wissenschaftler schien eine einfache Möglichkeit zu sein, um die beiden entgegengesetzten Lager zu versöhnen. Baldwin bezeichnete seine Idee als einen „neuen Faktor in der Evolution" und nannte ihn „organische Selektion". Nun wird dieser Evolutionsmechanismus, auf den jeder der drei Wissenschaftler stieß, etwas ungerecht und ungeschickt als „Baldwin-Effekt" bezeichnet[4]. Jeder der drei vermutete, dass Tiere, die mit einer neuen Herausforderung konfrontiert werden, sich als Einzelne durch Lernen an diese Situation anpassen. Wenn die neue Herausforderung, also der Selektionsdruck, andauert, ermöglicht dieses individuelle Lernen, dass die Population lange genug überlebt, bis entsprechende erbliche Veränderungen zu Tage treten, die das Lernen überflüssig machen. Auf diese Weise verband sich der Neodarwinismus, der sich auf erbliche Determinanten und auf die Selektion konzentriert, mit den Vorstellungen der Neolamarckisten, die das Lernen und die individuelle Anpassungsfähigkeit im Blick haben, und brachte eine Theorie hervor, die die Vererbung erworbener Eigenschaften erklärt.

Baldwin, Osborn und Lloyd Morgan entwickelten ihre Ideen kurz vor Beginn der Mendel'schen Genetik. Es war verständlich, dass sie sich in Bezug auf die Herkunft erblicher Varianten, die das individuelle Lernverhalten ersetzen sollen, etwas vage äußerten, aber sie brachten sehr deutlich zum Ausdruck, dass erlerntes Verhalten die Selektion „angeborener Varianten in dieselbe Richtung lenkt wie adaptive Modifikationen"[5]. Sie erkannten auch, dass es sich dabei um einen sukzessiven kumulativen Prozess handelt. In vielen Punkten ähnelt daher der so genannte „Baldwin-Effekt" der genetischen Assimilation Waddingtons, obwohl Waddington immer hervorhob, dass es einen konzeptuellen Unterschied gibt[6].

Die Beurteilung, ob genetische Assimilation das Gleiche ist wie der Baldwin-Effekt, können wir den Biologiehistorikern überlassen. Wir wollen uns hier in der Folge mit etwas beschäftigen, das für das Denken von Lloyd Morgan und Baldwin, den beiden Psychologen, wichtig war, nämlich die Vorstellung, dass da, wo Verhaltensveränderungen vorausgehen, erbliche Veränderungen die Folge sind. Dazu werden wir Waddingtons grundlegendes Modell der genetischen Assimilation verwenden und nicht den Baldwin-Effekt, denn wir möchten zeigen, wie eine erlernte Reaktion durch Selektion, die auf Kombinationen bereits existierender Allele wirkt, in eine instinktive verwandelt werden kann.

Überlegen wir zunächst, wie Tiere lernen, mit einer neuen Nahrungsquelle umzugehen, oder wie sie ein Loch graben, um sich vor einem neuen Feind zu verstecken. Da die neue Aktivität sowohl riskant als auch zeitaufwendig ist und Energie kostet, werden diejenigen Individuen, die sie ohne allzu viel Lernen ausführen können, überleben und sich erfolgreicher fortpflanzen als andere. Bevor es diese neue Herausforderung gab, waren Unterschiede in der Fähigkeit, diese spezielle Handlung zu erlernen, für die Selektion unwichtig. Aber sobald es ein starkes Bedürfnis gibt, diese Fähigkeit zu lernen, kommen die zuvor verborgenen Unterschiede zwischen den Individuen zum Vorschein, und diese Variation kann durch wiederholte sexuelle Rekombination und Selektion in zweckmäßige Genotypen umorganisiert werden. Nach und nach verbessert sich die Fähigkeit, diese Aktivität zu erlernen. Das Verhalten wird immer weiter kanalisiert. Nach vielen Generationen der Selektion können einige Individuen so schnell reagieren, dass die erlernte Antwort in Wirklichkeit instinktiv ist.

Die meisten Assimilationsprozesse werden nicht dazu führen, dass die Verhaltensantwort ganz und gar internalisiert und instinktiv ist. Wahrscheinlich wird es eher zu einer teilweisen Assimilation kommen: Es wird weiterhin etwas Lernaufwand erforderlich sein, aber das Lernen wird viel schneller und effizienter werden. Ob die Assimilation nur teilweise oder vollständig ist – das Gehirn wurde durch Selektion jedenfalls so geformt, dass eine adaptive Antwort des Verhaltens wahrscheinlicher ist.

Das Repertoire vergrößern – das Prinzip „Erweiterung durch Assimilation"

Bisher haben wir das evolutionäre Zusammenspiel von Genen und Lernen ziemlich einseitig dargestellt. Wir haben nämlich gezeigt, dass die Selektion von effektiverem Lernen das Lernen geradezu untergräbt! Der ständige Druck zu lernen und dies möglichst schnell zu tun, führt dazu, dass das Verhalten immer mehr durch das genetische Vererbungssystem und immer weniger durch Lernen kontrolliert wird. Wir sind zu diesem Schluss gekommen, weil wir das Evolutionsgeschehen in einer stabilen Umwelt betrachtet haben, in der es über viele Generationen hinweg eine ständige Selektion gibt. Diese führt dazu, dass das Lernen über Feinde, Nahrungsbeschaffung, soziale Reaktionen oder andere Aspekte des Lebens immer schneller gehen muss. Nehmen wir stattdessen einmal an, dass die selektierende Umwelt nicht stabil, sondern schwankend und veränderlich ist. Das könnte zum Beispiel der Fall sein, wenn eine Frucht fressende Tierart in eine Gegend kommt, in der sich das Fruchtangebot regional unterscheidet, je nach Jahreszeit variiert und in der viele Arten darüber im Wettbewerb stehen. In einer solchen Situation erwarten wir, dass sich aus instinktiven Reaktionen immer mehr Vertrauen in individuelles soziales Lernen entwickelt. Doch selbst wenn die Umwelt stabil ist und die Selektion von schnellem Lernen zu instinktiveren Reaktionen führt, muss das nicht zu einem einfacheren Verhalten führen; es könnte aber zu differenzierterem Verhalten führen.

Um zu sehen, wie so etwas ablaufen kann, stellen Sie sich eine Vogelart vor, bei der die Männchen in der Lage sind, eine Reihe von vier aufeinanderfolgenden Handlungen zu lernen, zum Beispiel vier Bewegungen eines Werbetanzes. Nehmen wir weiter an, dass diese vier Bewegungssequenzen auf irgendeine Weise von erfahrenen Männchen gelernt werden, und dass es für die Vögel sehr schwer ist, mehr als diese vier zu lernen, da ihre

Abb. 8.2 Evolution nach dem Prinzip „Erweiterung durch Assimilation". In der oberen Reihe führt ein männlicher Vogel einen Tanz vor einem Weibchen (links) auf, der aus vier Bewegungen besteht; jede Bewegung muss erlernt werden. Die mittlere Reihe zeigt, wie eine neue Bewegung hinzugefügt wird; es folgt die genetische Assimilation der ersten der vier Ursprungsbewegungen. Die untere Reihe zeigt einen Tanz aus sechs Bewegungen, wobei die ersten beiden Ursprungsbewegungen assimiliert wurden. Zur Vereinfachung zeigt die Darstellung die Assimilation zu Beginn und das Hinzufügen der neuen Bewegung am Ende der Sequenz. Neu erlernte Bewegungen können überall in der Sequenz hinzugefügt und bereits bestehende Bewegungen überall assimiliert werden.

Lernfähigkeit begrenzt ist. Die Weibchen finden den Tanz der Männchen sehr attraktiv und wählen die besten Tänzer als Partner aus. Daher stehen die Männchen ständig unter Druck, den Tanz schnell, effizient und akkurat zu lernen. Als Ergebnis dieser intensiven Selektion wird einer der vier Schritte genetisch assimiliert – er muss nicht mehr erlernt werden. Die Männchen müssen jetzt nur noch drei Schritte lernen. Daher ist es jetzt leichter für sie, den Tanz zu lernen. Aber noch etwas anderes ist geschehen: Ein Teil ihrer unveränderten Fähigkeit, Tänze zu lernen, ist „freigesetzt" worden. Potenziell können sie immer noch vier Bewegungen lernen, aber sie müssen jetzt nur noch drei lernen. Wenn also die Weibchen die schönsten und interessantesten Tänze bevorzugen, können die Männchen jetzt eine zusätzliche Bewegung in den Tanz einbauen, was zunächst durch Ausprobieren geschieht. Es wird jetzt fünf Bewegungen geben, eine angeborene und vier erlernte. Wenn elaborierte Tänze weiterhin attraktiv für die Weibchen sind, wird durch die dadurch erzwungene Selektion eine andere, zuvor erlernte Bewegung genetisch assimiliert werden. Dadurch werden wiederum Lernkapazitäten freigesetzt, sodass die Männchen eine weitere erlernte Bewegung hinzufügen können. Nun setzt sich der Tanz aus zwei angeborenen und vier erlernten Bewegungssequenzen zusammen. Auf diese Weise wird die Reihenfolge der zuvor durch genetische Assimilation erlernten Bewegungen immer länger und länger, obwohl die Menge, die gelernt werden muss, gleich bleibt. Avital und Jablonka haben diesen Prozess, der in Abbildung 8.2 gezeigt wird, das Prinzip

„Erweiterung durch Assimilation" (*assimilate-stretch principle*) genannt: Ein Teil der Verhaltenssequenz, die zuvor stark lernabhängig war, wird genetisch assimiliert, sodass ein neues Lernelement hinzugefügt werden kann. Ihrer Auffassung nach liegt das Prinzip „Erweiterung durch Assimilation" der Evolution vieler komplexer Verhaltensmuster zugrunde[7].

Genetische Assimilation hat noch eine andere Auswirkung: Sie kann zu einer Weiterentwicklung der Kategorisierung führen, wodurch sich die Art und Weise, wie das Tier seine Umwelt wahrnimmt, verändern kann. Denken Sie an eine Affenpopulation, die durch einen neuen Feind aus der Luft bedroht wird, nämlich durch einen affenfressenden Adler. Ganz offensichtlich müssen die Affen nun lernen, Adler zu erkennen und ihnen auszuweichen. Wer von ihnen am besten die Umrisse eines Adlers, seine Art zu fliegen und so weiter erkennen und sich daran erinnern kann, hat eine bessere Überlebenschance. Daher bringt der neue Feind eine bislang verborgene genetische Variation dieser Fähigkeit zum Vorschein, und nach vielen Generationen der Selektion wird die Affenpopulation aus Individuen bestehen, deren genetische Ausstattung ihnen ermöglicht, den Feind viel besser zu erkennen und ihm auszuweichen als früher. Nun nehmen wir aber an, dass die Vermeidung affenfressender Adler nur teilweise genetisch assimiliert wurde, weil die Selektion nicht lange oder intensiv genug war. Während eine vollständig assimilierte Reaktion darin bestünde, nur affenfressende Adler zu vermeiden, hat die partielle Assimilation dazu geführt, auf alle Feinde aus der Luft zu reagieren, deren Umriss und Flugmuster vage dem des affenfressenden Adlers ähneln. Das bedeutet, dass die Affen eine neue Wahrnehmungskategorie gebildet haben, die des „Luftfeindes". Sie werden nun einige Aspekte ihrer Welt unter dieser neuen Kategorie wahrnehmen.

Kulturelle Nischenkonstruktion

Bis jetzt haben wir uns damit beschäftigt, wie das genetische System Verhaltensweisen übernehmen kann, die die Tiere zuvor erlernen mussten. Wie sie lernten, war für unsere Argumentation nicht wichtig: Es war egal, ob sie das Verhalten voneinander oder durch eigenes Ausprobieren lernten, solange es einen ständigen Bedarf gab, diese spezielle Tätigkeit in jeder Generation zu erlernen. Wir wollen uns nun der schwierigeren Situation zuwenden, bei der erlernte Verhaltensweisen oder die Aktivitäten eines Tieres von Generation zu Generation weitervererbt werden. Wenn das der Fall ist, dann beeinflussen sich Veränderungen im genetischen und im verhaltensspezifischen System unweigerlich gegenseitig. Der Einfluss der beiden Vererbungssysteme aufeinander lässt sich am einfachsten beim Menschen sehen, aber er ist nicht auf menschliche oder soziale Tiere beschränkt. Wann immer die Aktivitäten der einen Generation die Lebensbedingungen der nächsten Generation formen, gibt es eine Rückkopplung zwischen den vererbten Genen und der vererbten Nische. Die Nische, die vererbt wird, kann ein veränderter Aspekt der chemischen oder physikalischen Umgebung sein, wie zum Beispiel Veränderungen des Bodens, die durch Regenwürmer hervorgerufen werden, oder das Labyrinth-System von Kaninchenbauen. In den Fällen jedoch, mit denen wir uns beschäftigen wollen, geht es um die Kultur, die Menschen konstruieren.

Einer der ersten, der den Einfluss „sozialer Vererbung", wie er es nannte, auf die Selektion „biologischer" (genetischer) Qualitäten hervorhob, war James Mark Baldwin, einer der Mitbegründer des so genannten Baldwin-Effekts. Er erkannte, dass oftmals kulturelle Faktoren über die Wahrscheinlichkeit entscheiden, ob Menschen mit unterschiedlichen psychischen und physischen Merkmalen überleben und sich fortpflanzen[8]. Diese Vorstellung fand jedoch keine breite Resonanz, und bis vor Kurzem haben Evolutionsbiologen dem Zusammenspiel von genetischen und kulturellen Veränderungen wenig Aufmerksamkeit geschenkt. Die meisten Menschen ziehen es vor, die Evolution des Menschen entweder unter dem Blickwinkel der Gene oder aber im Licht der Kultur zu betrachten. Einer, der das nicht tut, ist der amerikanische Anthropologe William Durham, der seit vielen Jahren die Koevolution von Genen und Kultur erforscht[9].

Durham hat einige faszinierende Beispiele dafür analysiert, wie Veränderungen im Lebensstil von Menschen die Häufigkeit einiger ihrer Gene beeinflussten. In einem dieser Beispiele geht es um genetische Veränderungen im Zusammenhang mit der Milchwirtschaft. Vor etwa 6000 Jahren begannen die Menschen als Folge der Domestizierung von Rindern damit, Milch und Milchprodukte wie Käse oder Joghurt zu verzehren. Die Verdauung von frischer Milch als Nahrungsmittel ist jedoch keine einfache Angelegenheit. Menschen in der westlichen Welt, denen erzählt wurde, dass „Milch das ideale Nahrungsmittel" ist und die mit Slogans wie „drinka pinta milka day"[10] einer Gehirnwäsche unterzogen wurden, sind in der Regel überrascht, wenn sie erfahren, dass die meisten Erwachsenen in dieser Welt wenig oder kaum einen Nutzen davon haben, wenn sie Milch trinken. Als man diese Entdeckung Mitte der 1960er Jahre machte, erkannte man, dass es in vielen Ländern den meisten Menschen, die davon profitieren sollten, nicht half, wenn man ihnen Milchpulver im Kampf gegen den Hunger schickte. Im Gegenteil, es konnte sogar schädlich für sie sein. Das Problem besteht darin, dass der Milchzucker (Laktose) im Dünndarm aufgespalten werden muss, damit die einfachen Zucker in den Blutkreislauf gelangen können. Dafür ist das Enzym Laktase erforderlich. Aber bei allen Säugetieren, darunter den meisten Menschen, nimmt die Fähigkeit, Laktose zu verdauen, nach der Entwöhnung von der Muttermilch ab: Im Darm eines Erwachsenen befindet sich nur noch ein kleine Menge Laktase. Daher nutzt es Erwachsenen wenig, wenn sie frische Milch trinken. Sie kann sogar unverdaulich sein oder Durchfall verursachen, wenn die Darmbakterien auf die unverdaute Laktose stoßen. In der Regel können Menschen Milchprodukte wie Käse oder Joghurt problemlos verdauen, da diese Nahrungsmittel wenig Laktose enthalten: Bei ihrer Herstellung bauen Mikroorganismen den größten Teil der Laktose ab. Nur frische Milch und frische Milchprodukte werden nicht richtig verdaut.

Menschen, die in der Lage sind, Milch zu trinken, ohne dass es zu negativen Begleiterscheinungen kommt, können das, weil sie ein abweichendes Allel des Laktase-Gens haben. Dieses Allel hat Auswirkungen auf die Gen-Regulation mit dem Ergebnis, dass die Laktase bis ins Erwachsenenalter aktiv bleibt. Dieser Effekt ist dominant; daher sind Erwachsene, die eine einzige Kopie des persistierenden Laktase-Allels besitzen, „Resorbierer“ und haben den vollen Ernährungsnutzen von der Milch. Interessanterweise ist die Verteilung dieses Allels alles andere als zufällig: Die Resorbierer sind besonders unter den Völkern Nordeuropas und ihren Abkömmlingen in Übersee sowie in bestimmten Bevölkerungsgruppen des Mittleren Ostens und Afrikas verbreitet; in den meisten anderen Bevölkerungsgruppen dagegen sind sie in der Minderheit.

Wo immer man solche seltsamen Verbreitungen genetischer Varianten findet, fangen Biologen an, nach Gründen dafür in der Evolution zu suchen. Manchmal finden sie keinen anderen Grund als den Zufall. In diesem Fall aber führte die Analyse des Datenmaterials zu dem Schluss, dass die große Häufigkeit von Laktose-Resorbierern ursächlich mit kulturellen Praktiken zu tun hat, die auf die Milchwirtschaft zurückzuführen sind. Man vermutete, dass die Domestizierung von Rindern die selektive Umgebung, in der die Menschen lebten, veränderte und dass die Fähigkeit, als Erwachsener Laktose aufzuspalten, für einige Bevölkerungsgruppen einen Vorteil bedeutete. Folglich nahm die Häufigkeit des Allels, das den Menschen diesen Vorgang ermöglichte, durch natürliche Selektion zu.

Auf der Grundlage ethnografischer und genetischer Beweise schloss Durham daraus, dass sich die kulturelle Evolution, die zum Milchtrinken und zu einer Zunahme des persistierenden Laktase-Allels führte, mehrfach ereignete, und zwar nicht unbedingt aus den gleichen Gründen. Unter den Viehnomaden des Mittleren Ostens und Afrikas waren Hunger und vielleicht auch Durst wahrscheinlich sehr verbreitet, und die Tiere, die ursprünglich wegen ihres Fleisches domestiziert worden waren, boten eine wertvolle Nahrungsquelle in Form von frischer Milch. Der Besitz des persistierenden Laktase-Allels war für Nomadenvölker von Vorteil, denn er ermöglichte es ihnen, den vollen Nährwert aus der Milch zu ziehen. Es war eher wahrscheinlich, dass jemand überlebte und Kinder hatte, der dieses Allel besaß, als jemand, der es nicht besaß, und so verbreiteten sich die Resorbierer.

Man könnte daraus den Schluss ziehen, dass Resorbierer in *allen* Völkern, die Milchwirtschaft betreiben, weit verbreitet sind, aber das ist nicht der Fall. Der Grund dafür liegt wahrscheinlich in der Kultur. In vielen Gemeinschaften von Milchbauern, wie denen, die am Mittelmeer leben, wird Milch als Nahrungsmittel verwendet, aber meist in Form von Käse, Joghurt und ähnlichen Produkten. Diese Nahrungsmittel enthalten weit weniger Laktose und können leichter verdaut werden. Daher bedeutet es keinen Vorteil, das persistierende Laktase-Allel zu besitzen. Es kann sogar ein Nachteil sein, denn es gibt einige – allerdings nicht viele – Hinweise darauf, dass Laktose-Resorbierer anfälliger sind für Grauen Star und andere Leiden. Warum Mittelmeer-Anrainer eher *verarbeitete* Milchprodukte als frische Milch trinken, hängt mit ihrer Kulturgeschichte zusammen, also damit, wie oft und wann sie mir ihren Herden weiterzogen und wie sehr sie von Haustieren und Milch abhängig waren. Wahrscheinlich gab es das Allel für Laktase-Persistenz in den meisten dortigen Populationen, aber es hatte keine große Bedeutung; daher war es nie weit verbreitet.

Eine Region, in der sich das persistierende Laktase-Allel verbreitete, auch wenn dort gemischte Landwirtschaft anstelle von reiner Milchwirtschaft betrieben wurde, war Zentral- und Nordeuropa. In skandinavischen Ländern sind mehr als 90 Prozent der Bevölkerung Resorbierer. Der Grund mag nach Durham darin liegen, dass Milch nicht nur deswegen nützlich ist, weil sie eine ausgezeichnete Energiequelle ist, sondern auch, weil Laktose, wie Vitamin D, die Aufnahme von Calcium durch den Darm erleichtert. In sonnenreichen Regionen haben die Menschen normalerweise genug Vitamin D, denn Sonnenlicht wandelt Vorläufermoleküle in der Haut in Vitamin D um. Je weiter man nach Norden kommt, desto länger sind die Perioden, in denen die Sonne wenig scheint. Außerdem neigen dort die Menschen dazu, ihre Körper gut zu bedecken als Schutz gegen die Kälte. Manchmal mangelt es ihnen daher an Vitamin D. Das führt zu einer schlechten Aufnahme von Calcium und in der Folge entwickeln sich häufig Rachitis und Knochenkrankheiten. Durch Milchtrinken kann diesem Problem vorgebeugt werden, denn Laktose fördert die Aufnahme von Calcium, das in der Milch reichlich vorhanden ist. Wenn also die Milch verdaut werden kann, reduziert das persistierende Laktase-Allel bei denen, die es in sich tragen, Knochenkrankheiten; daher hat es sich in den nördlichen Populationen verbreitet.

Die Geschichte des evolutionären Zusammenspiels zwischen dem Laktase-Gen und einer Kultur der Milchwirtschaft ist damit jedoch nicht zu Ende. Durham und seine Mitarbeiter haben gezeigt, dass die Bedeutung von Kühen in den lokalen Mythen und volkstümlichen Überlieferungen indogermanischer Kulturen mit dem Breitengrad zunimmt. In den Mythen der Kulturen des Südens geht es um Ochsen, Opfer und Schlachtung; in den späteren, eher nördlichen Kulturen liegt der Schwerpunkt auf Kühen, Milch und Ernährung. Im Norden wurden Kühe als die ersten Tiere der Schöpfung beschrieben. Sie wurden nicht geopfert, sondern lebten, um Milch zu produzieren, die von Riesen und Göttern getrunken wurde. Milch war die Quelle ihrer großen Stärke und ihrer Fähigkeit, die Welt zu ernähren. Diese Mythen zeigen eindeutig, welche Bedeutung frische Milch in diesen Populationen hatte, und sie waren wahrscheinlich von größerem erzieherischen Wert als der Slogan „drinka pinta milka day“! Weil sie zum Milchtrinken ermunterten, haben diese Mythen die Selektion von Laktose-Resorbierern weiter erhöht, und so verstärkten sich kulturelle und genetische Veränderungen gegenseitig.[11]

Die Geschichte von der Milchwirtschaft ist ein gutes Beispiel für die Koevolution von Genen und Kultur, die Veränderungen sowohl bei den Praktiken der Milchwirtschaft als auch beim Milchkonsum begünstigt. Es gibt andere Beispiele von Koevolution, bei denen die Interaktion nicht so reibungslos verläuft. Eines, das Durham beschreibt, ist die Auswirkung von Brandrodung beim Ackerbau in bestimmten Gegenden Afrikas. Durch die Abholzung entstanden sonnenbeschienene Flächen mit einigen Brunnen. Mit den Brunnen kamen Moskitos und mit den Moskitos kam die Malaria. In der Folge nahm die Häufigkeit des Sichelzellen-Allels des Hämoglobin-Gens zu. In Kapitel 2 haben wir die Molekularbiologie dieses Allels beschrieben, aber nicht alle seine Auswirkungen. Wer hinsichtlich des Sichelzellen-Allels homozygot ist – also zwei Kopien davon hat – leidet an schwerer Blutarmut, die früh zum Tod führt. Wer nur eine Kopie davon hat – also heterozygot ist und damit ein „Träger“ – ist gegen Malaria geschützt, denn der Malaria-Erreger fühlt sich in seinen roten Blutzellen nicht besonders wohl. Da Menschen, die

Abb. 8.3 Die Anbetung der Kuh

Träger waren, in den abgeholzten und von Moskitos infizierten Gebieten, die durch die neuen landwirtschaftlichen Praktiken entstanden waren, besser überlebten, breitete sich das Sichelzellen-Allel aus. Die traurige Folge war, dass mehr Menschen das Allel von beiden Elternteilen erbten und die verheerende Blutarmut entwickelten. Auf diese Weise waren die genetischen Veränderungen, die den Veränderungen in der Landwirtschaft folgten, äußerst schädlich, obwohl diese Gemeinschaften ohne die landwirtschaftlichen Veränderungen vielleicht gar nicht überlebt hätten.

Domestizierung und Abholzung sind gute Beispiele dafür, wie beständige Umweltveränderungen, die aus Veränderungen der Kultur resultieren, die relativen Vorteile und Nachteile, ein bestimmtes Allel in sich zu tragen, verändern können. Zugegeben, es gibt nur wenige Beispiele von Koevolution, die so überzeugend sind wie diese und sie haben zudem nicht viel miteinander zu tun. Aber das liegt wahrscheinlich daran, dass es nur wenige detaillierte Studien dieser Art gibt. Doch es gibt viele Hinweise auf andere Verbindungen. Oft wird angenommen, dass die unterschiedliche Häufigkeit, mit der eine bestimmte genetische Krankheit vorkommt, mit der Kultur der betroffenen Gruppen zu tun hat. Nehmen wir zum Beispiel die Tay-Sachs-Krankheit – eine rezessiv vererbte Störung, die in den ersten Lebensmonaten auftritt und zum Tod des Kindes führt, bevor es vier Jahre alt ist. Diese verheerende Krankheit ist bei aschkenasischen Juden häufiger verbreitet als in jeder anderen Bevölkerungsgruppe. Einige Wissenschaftler meinen, das sei purer Zufall. Andere aber glauben, die Häufigkeit könnte ein indirektes Ergebnis jüdischer Kultur und Geschichte sein. Es gibt Beweise, die darauf hindeuten, dass die Träger von Tay-Sachs-Allelen – es gibt verschiedene davon – weniger oft Tuberkulose bekommen als andere. Wegen der kulturellen Intoleranz ihrer Umgebung waren Juden oft gezwungen, in Slums und Ghettos zu leben, wo Tuberkulose weit verbreitet war. Da die Träger von Tay-Sachs-Allelen – so die Argumentation – in den Ghettos eher überlebten als diejenigen, die diese Allele nicht besaßen, verbreiteten sich die Allele unter der jüdischen Bevölkerung. Es gibt nicht viele Beweise für diese kulturell-historische Auswirkung auf die Häufigkeit der Tay-Sachs-Allele, obwohl sie sicherlich plausibel ist[12]. Heute ist die Wirkung umgekehrt: Das Allel wirkt sich auf die Kultur aus. Es verändert die Art und Weise, wie Ehepartner ausgewählt werden: Da die Krankheit so verbreitet und so erschreckend ist, bieten viele jüdische Gemeinschaften voreheliche Beratungen und Untersuchungen an mit dem Ziel, die Zahl der betroffenen Kinder in Grenzen zu halten[13].

Die Dynamik des Zusammenspiels von genetischen und kulturellen Veränderungen ist komplex und nicht leicht zu durchschauen, und wir haben bei den Beispielen mit der Milch und mit der Malaria auch nicht versucht, das zu tun. Der gesunde Menschenverstand und viele indirekte Beweise legen nahe, dass erlerntes und sozial vererbtes Verhalten der Motor für gemeinsame evolutionäre Veränderungen ist, einfach weil Anpassung viel schneller durch Verhalten als durch genetische Veränderungen erfolgen kann. Neu erlernte Gewohnheiten sind wahrscheinlich die erste adaptive Veränderung, und sie konstruieren dann die Umwelt, in der die genetischen Varianten selektiert werden[14]. Es gibt jedoch ein Problem: Diese Vorstellung ist nur dann sinnvoll, wenn der kulturelle Wandel der Lebensbedingungen stabil und dauerhaft ist, aber nicht, wenn es schnelle und häufige Veränderungen gibt. Wenn die Kultur ständig die kognitiven, die sinnlich wahrnehmbaren und die praktischen Aspekte der Nische, die sie konstruiert, verändert, wie kann die genetische Evolution dann Schritt halten? Das ist eines der Probleme, die es so schwierig machen, die Koevolution von Genen und Kultur beim Menschen zu verstehen – eine echte Herausforderung! Zweifellos ist der kulturelle Wandel ein ungeheuer wichtiger Aspekt der Evolution des Menschen. Dieser Wandel ist phasenweise sehr schnell gewesen und er ist es immer noch. Doch wie und wie stark er die genetische Evolution beeinflusst hat, ist keineswegs klar. Nehmen wir die Sprache – heute für uns wahrscheinlich der wichtigste Faktor in der kulturellen Evolution des Menschen. Was hat die Evolution von Sprachfähigkeit mit der kulturellen Evolution zu tun, die sie bewirkt hat und weiterhin bewirkt? Und wie passt das zu den Genen?

Was ist Sprache?

Wie man Sprache anwendet, weiß jeder. Manche tun das mit großer Eloquenz und sehr differenziert. Und doch ist Sprache bekanntlich schwer zu definieren. Offenbar handelt es sich um ein einflussreiches System symbolisch vermittelter Kommunikation und Repräsentation. Aber um welche Art von Symbolsystem? Geht es bei der Sprache um Wörter und ihre Bedeutung? Oder um Grammatikregeln? Oder um die Anwendung in praktischen Situationen? Oder um alles zusammen? Zuerst müssen wir verstehen, was Sprachfähigkeit ist, bevor wir uns damit beschäftigen können, wie sie entstanden ist[15].

Es gibt zwei völlig entgegengesetzte Antworten auf die Frage, was Sprache ist. Die erste Antwort geben der amerikanische Sprachwissenschaftler Noam Chomsky und seine Anhänger. Danach liegt das Wesen von Sprache in ihrer formalen Struktur, also der Grammatik. Was Chomsky im Sinn hat, ist nicht die Grammatik einer bestimmten Sprache wie Englisch oder Hebräisch, sondern eine universelle Grammatik (UG), die allen Sprachen gemeinsam ist. Da sie universell ist, kann die UG durch rationale Analyse jeder Sprache der Welt entschlüsselt werden. Obwohl jede Sprache ihre eigenen Regeln hat, gibt es nach Chomsky universelle Prinzipien oder Metaregeln, die die Bildung von Sprachregeln lenken[16]. Der amerikanische Sprachwissenschaftler Steven Pinker hat die UG mit dem allgemeinen Körperbau einer Gruppe von Tieren wie den Wirbeltieren verglichen, die alle ein segmentiertes Rückgrat haben, vier damit verbundene Glieder, einen Schwanz, einen Schädel und so weiter. Obwohl Vögel, Wale, Frösche und Menschen so unterschiedlich aussehen und die hinteren Gliedmaße der Wale und der Schwanz von Menschen und erwachsenen Fröschen nicht sichtbar sind, haben diese Tiere eine gemeinsame Grundarchitektur. Genauso können Sprachen sehr verschieden sein und doch eine gemeinsame Grundstruktur besitzen. Es gibt eine Reihe von Metaregeln, die dafür sorgen, dass Sätze, egal in welcher Sprache, so konstruiert sind, dass sie gedeutet werden können. Wenn zum Beispiel in einer Sprache die Kombination der Wörter „grausam", „beißen", „Mann" und „Hund" einen Sinn ergeben soll, dann müssen die Wörter in einer bestimmten grammatikalischen Kombination angeordnet werden – im Englischen zum Beispiel in einer bestimmten Reihenfolge.

Durch ihre Analysen der Satzstruktur sind die Sprachwissenschaftler zu dem Schluss gekommen, dass ein abstraktes Verarbeitungssystem der Kern unserer einzigartigen Sprachfähigkeit ist: Wir haben die Fähigkeit, eine unbegrenzte Vielzahl von Ausdrücken hervorzubringen, indem wir ein Sprachelement in ein anderes einfügen. Wir können sogar Sätze wie den Folgenden konstruieren und verstehen: „Dann kam der einzig Heilige und tötete den Engel des Todes, der den Schlächter tötete, der den Ochsen tötete, der das Wasser trank, das das Feuer löschte, das den Stock verbrannte, der den Hund schlug, der die Katze biss, die das Kind aß, das mein Vater für zwei *zuzim* gekauft hat." Dieser Satz, der auf aramäisch viel besser klingt, steht am Ende eines Liedes, das beim Passahmahl gesungen wird. Trotz seiner Komplexität verstehen ihn sogar Kinder und haben ihre Freude daran. Er hat dieselbe Struktur und denselben Reiz wie der englische Kinderreim *This Is the House That Jack Built*. Dieser endet so:

This is the farmer sowing his corn
That kept the cock that crowed in the morn
That waked the priest all shaven and shorn
That married the man all tattered and torn
That kissed the maiden all forlorn

That milked the cow with the crumpled horn
That tossed the dog
That worried the cat
That killed the rat
That ate the malt
That lay in the house that Jack built.

Nach Chomsky und seiner Schule verstehen Kinder solche komplexen Strukturen, weil die Grundstruktur der UG von Geburt an in ihrem Gehirn angelegt ist. Sie ist Teil unseres genetischen Erbes. Wir haben ein angeborenes Verständnis für sprachliche Bezüge und kennen von Geburt an einige Werkzeuge und Regeln, durch die wir wissen, was wir mit verschiedenen Klassen von Wörtern und Sätzen tun können und was nicht. Mit anderen Worten, wir haben nach Chomsky ein so genanntes „Sprachorgan" – ein mentales Modul für Sprache. Jede Sprache – auch die Zeichensprache, die von gehörlosen Menschen entwickelt wurde – ist eine bestimmte Version der UG. In die UG ist eine Reihe alternativer Möglichkeiten (*Parameter*) eingebaut, und die Sprache, die das Kind erlebt, entscheidet darüber, welche der Möglichkeiten es verwendet. Im Englischen zum Beispiel ist die Reihenfolge der Wörter wichtig. Daher wird das Sprachmodul während der Entwicklung eines englischen Kindes auf eine „feste Reihenfolge der Wörter" ausgerichtet; „grausamer Hund beißt Mann" heißt also etwas anderes als „Mann beißt grausamen Hund". In einer anderen sprachlichen Umgebung, in der es weniger auf die Reihenfolge der Wörter ankommt, ist das Sprachmodul weniger festgelegt. Hinzu kommen einige andere Parameter, mit deren Hilfe Wörter durch kleine Hinweise verändert werden können – Suffixe oder Präfixe, die erlernt werden, oder Änderungen innerhalb des Wortes, die darüber entscheiden, welche Rolle „Hund", „Mann", „grausam" in dem Satz spielen. Chomsky beschrieb das Sprachorgan und seine Verwendung so:

> „Wir können uns den Urzustand der Sprachfähigkeit als ein festes Netzwerk vorstellen, das mit einem Schaltkasten verbunden ist; das Netzwerk besteht aus den Sprachprinzipien, während die Schalter die Möglichkeiten sind, die durch Erfahrung festgelegt werden. Wenn die Schalter auf eine bestimmte Weise eingestellt werden, haben wir als Ergebnis Suaheli, wenn sie anders eingestellt werden, Japanisch. Jede mögliche Sprache ist durch eine ganz bestimmte Konstellation von Schaltungen gekennzeichnet – technisch gesprochen als eine Konstellation von Parametern." (Chomsky 2000, S. 8; Übersetzung: S. G.)*

* *„We can think of the initial state of the faculty of language as a fixed network connected to a switch box; the network is constituted of the principles of language, while the switches are the options to be determined by experience. When the switches are set one way, we have Swahili; when they are set another way, we have Japanese. Each possible human language is identified as a particular setting of the switches – a setting of parameters, in technical terminology."* (Chomsky 2000, S. 8)

Abb. 8.4 Chomskys Schaltkasten. Drei Kinder werden mit verschiedenen Sprachen konfrontiert – Englisch, Hebräisch und Polnisch. Alle Kinder haben dasselbe sprachliche Grundgerüst, dieselbe universelle Grammatik. Aber da sie verschiedenen Sprachen ausgesetzt sind, werden die Weichen in ihren Gehirnen unterschiedlich gestellt. Daher wenden die Kinder die Grammatikregeln ihrer eigenen Sprache an. Im Satz, der vom englischen Kind gesprochen wird, bestimmt die Reihenfolge der Worte die Rolle jedes Wortes und weder Verb noch Substantive sind geschlechtsspezifisch. Der Satz, den das israelische Kind spricht, hat dieselbe Bedeutung, aber die grammatikalische Struktur ist anders. Im Polnischen wird die gleiche Bedeutung durch einen Satz vermittelt, in dem die Reihenfolge der Wörter weniger wichtig ist als im Englischen, und es werden Wörter verwendet, die den Kasus anzeigen.

Wir haben Chomskys Beschreibung in Abbildung 8.4 illustriert.

Kinder lernen erstaunlich leicht nicht nur die Wörter ihrer Sprache, sondern auch die sprachspezifischen Regeln, mit denen Wörter verändert werden können, oder wie man kleine Hinweise benutzt, durch die die Rolle der Wörter in Sätzen oder Redewendungen bestimmt werden kann. Sie beginnen sehr schnell, diese Regeln zu verallgemeinern und anzuwenden, ohne die jeweils gültigen Grammatikregeln und ihre Ausnahmen formell zu lernen. Wenn kleine Kinder eine zweite Sprache lernen, erleben Eltern oft, dass sie eine Grammatikregel, deren sich die Kinder in keiner Weise bewusst sind, auf die falsche Sprache anwenden. Ein Hebräisch sprechender Vierjähriger, der nach England ging, war fasziniert von den Schnecken, die er dort entdeckte und die sein Leben in diesem regnerischen Land prägten. „Schnecke" (engl. slug) war eines der ersten Wörter, die er lernte. „Look, slugim!", rief er aufgeregt, wenn er diese neuartigen, wundervollen Geschöpfe sah, die auf dem feucht dampfenden Pflaster dahinkrochen. Er wandte hebräische Sprachregeln auf ein englisches Wort an: Hebräisch ist eine geschlechtsspezifische Sprache und die meisten männlichen Substantive in der Einzahl enden auf einen Konsonanten; männliche Substantive im Plural enden auf *-im*, weibliche Substantive auf *-ot*. Daher lautet der Plural von „slug“: „slugim“!

Durch frühe sprachliche Erfahrung werden die unveränderlichen Prinzipien der UG an die verschiedenen angeborenen Parameter angepasst, die in das System eingebaut werden. Nach Chomsky müssen wir verschiedene Aspekte von Sprache wie den Wortschatz oder wann und wie wir Dinge sagen sollen und so weiter lernen, aber die Grammatik – also das, was dieses Kommunikationssystem zu einer Sprache macht – wird nicht erlernt. Die UG *ermöglicht* das Lernen von Sprache. Daraus folgt, dass allgemeine Intelligenz und Sprachfähigkeit etwas Grundverschiedenes sind. Es ist allgemein anerkannt, dass sich verschiedene Aspekte unserer Kognition gegenseitig beeinflussen, so wie Herz und Nieren als Organe Wechselwirkung zeigen. Und doch müssen wir die verschiedenen „kognitiven Organe“ genauso getrennt und unabhängig voneinander betrachten wie die Nieren und das Herz. Noch etwas anderes folgt aus Chomskys Sicht der Sprache: Was auch immer Schimpansen tun, wenn sie in einer sprachlich strukturierten Umgebung mit Hilfe von Symbolen kommunizieren – es ist keine Sprache, denn es fehlt die Grammatik.

Aus evolutionärer Sicht enthält Chomskys Ansatz jedoch ein Problem. Wenn das Sprachorgan so komplex und kompliziert ist, müssen wir dann als Anhänger der Darwin'schen Evolution annehmen, dass es sich weitgehend durch die kumulativen Wirkungen der natürlichen Auslese entwickelt hat? Aber wenn das so ist, was wurde dann selektiert? Welche Funktion war denn von Vorteil? Wenn es zuvor eine UG geben muss, damit Sprache erlernt werden kann, dann lässt sich schwerlich erkennen, wie die UG durch funktionsgesteuerte Evolution schrittweise entstanden sein soll. Chomsky selbst meint, dass die besondere Komponente, die der Sprache ihre Einzigartigkeit verleiht – nämlich das Verarbeitungssystem, das Töne und Bedeutungen miteinander verbindet – nicht durch Selektion für verbesserte Kommunikation entstanden ist. Noch bis vor Kurzem bestand Chomsky darauf, dass die UG uns rein gar nichts über ihren Ursprung und ihre Funktion sagen kann. Der Frage, wie die Sprachfähigkeit im Laufe der Evolution entstanden ist, wich er aus. Wenn er sich überhaupt damit befasste, beschrieb er sie fast belustigt als sprunghaftes Ereignis: Irgendeine, womöglich nur geringfügige genetische Veränderung brachte schlagartig einen perfekten sprachlichen Genius hervor, indem die verschiedenen kognitiven Fähigkeiten des menschlichen Gehirns zusammenkamen und ein neues, höchst kompliziertes und spezialisiertes Sprachorgan entstand[17]. Müßig zu sagen, dass ein Anhänger Darwins diese Sichtweise nur schwer akzeptieren kann. In letzter Zeit hat Chomsky seinen Ansatz leicht verändert und eine differenziertere Theorie vorgelegt. Er hat sein neues Evolutions-Szenario mit zwei Evolutionsbiologen entwickelt: Marc Hauser, der die Ontogenese und Evolution von Kommunikation untersucht, und Tecumseh Fitch, der sich mit den Sprach- und Hörsystemen von Tieren befasst.

Die neue Version von Chomskys Theorie beschreibt etwas, was die Autoren als „Sprachfähigkeit im weiteren Sinne“ (FLB) bezeichnen. Sie besteht aus drei interagierenden Subsystemen[18]. Eines ist das sensomotorische System, das dazu dient, sprachliche Signale zu produzieren und zu empfangen, also die Sprach- und Hör-Einheit; das zweite ist das konzeptionell-intentionale System, das Grundlage für die Fähigkeit ist, soziale und ökologische Zeichen zu kategorisieren, zu organisieren und zu verstehen: die Denk-Einheit. Das dritte Subsystem, das die ersten beiden miteinander verbindet, ist um das Verarbeitungssystem herum angesiedelt. Dieses Subsystem transferiert die internen Repräsentationen, die vom konzeptionell-intentionalen System hervorgebracht werden, in Laute und Zeichen, die von dem sensomotorischen System produziert werden. Hauser, Chomsky und Fitch bezeichnen dieses Verarbeitungssystem, das Rekursion beinhaltet, als „Sprachfähigkeit im engeren Sinn" (FLN). Die Tendenzen und Einschränkungen, die die FLN der Sprache auferlegt, wodurch die Zahl der Sprachen, die gelernt werden können, beschränkt ist, sind mehr oder weniger gleichbedeutend mit der UG.

Hauser, Chomsky und Fitch glauben, dass unsere sensomotorischen und konzeptionell-intentionalen Subsysteme auf Mechanismen beruhen, die wir mit allen nichtmenschlichen Tieren gemeinsam haben. Diese Subsysteme haben sich in gewohnt darwinistischer Weise entwickelt, wobei die Hominiden nach und nach wichtige und womöglich entscheidende Anpassungen hervorgebracht haben wie die Fähigkeit, eindeutige und klar unterscheidbare Töne zu erzeugen, eine verbesserte soziale Intelligenz und Kognition sowie die Fähigkeit, Töne nachzuahmen. Das wirklich Neue daran war jedoch die Verbindung der beiden Subsysteme mit der FLN. Als Ergebnis entstand die Sprache. Die FLN, so nimmt man an, hat sich aus anderen Gründen entwickelt, zum Beispiel um Mengen zu quantifizieren, zur Navigation oder zu einer anderen Fähigkeit, bei der man wiederholt einen ganz bestimmten Mechanismus anwenden muss. Sie war ursprünglich nicht Teil eines Kommunikationssystems. Sobald die FLN mit den beiden anderen Subsystemen interagierte, war es möglich, etwas Neues hervorzubringen und eine nahezu perfekte Übereinstimmung von Sprache und Bedeutung zu erreichen. Mit anderen Worten: Das komplette sprachliche Kommunikationssystem des Menschen war entstanden.

Zweifellos kann die Kombination verschiedener bereits existierender Fähigkeiten zu wichtigen und überraschenden evolutionären Innovationen führen. Das hat es im Laufe der Evolution des Lebens oft gegeben, zum Beispiel wenn Federn, die ursprünglich als Schutz gedacht waren, zur Temperaturregelung und Fortbewegung verwendet wurden. Es lässt sich jedoch schwerlich akzeptieren, dass eine außergewöhnliche Spezialisierung der Anpassung wie Sprache oder die Fähigkeit zu fliegen einfach so entstanden ist, ohne eine anschließende Verfeinerung durch natürliche Auslese. Es ist viel sinnvoller, von einer traditionellen Erklärung von Anpassung im Sinne Darwins auszugehen, die darin besteht, dass ein bestehendes System wie Federn oder die Verarbeitungskapazität der FLN in einen neuen funktionellen Rahmen eingebaut wird. Im weiteren Verlauf der Evolution folgt dann die allmähliche Verfeinerung und Anpassung innerhalb dieses neuen Rahmens. Man könnte erwarten, dass die Eigenschaften der FLN mehr an das konzeptionelle System angepasst werden. Das würde bedeuten, dass sie nicht abstrakt oder bedeutungslos wären, wie es Chomskys UG-Theorie behauptet. Selbst diejenigen Sprachwissenschaftler und Anhänger Chomskys, die glauben, dass die UG nach und nach durch natürliche Auslese entstanden ist – und das sind nicht wenige –, halten es immer noch für selbstverständlich, dass die Komponenten der UG ohne Bedeutung sind. Wie wir später behaupten werden, sind viele Aspekte der Struktur von Sprache an ihre Funktion angepasst, und das hat offensichtlich Einfluss darauf, wie man die Ursprünge und die Entwicklung von Sprache betrachten sollte.

Wir werden nun Chomskys Schule verlassen und uns der anderen Gruppe von Antworten auf die Frage, was Sprache ist, zuwenden. Die Sicht derer, die als Funktionalisten bekannt sind, ist diametral entgegengesetzt zu der der Anhänger Chomskys[19]. Für sie ist Sprache weniger eine spezielle Fähigkeit des Gehirns als vielmehr ein Produkt allgemeiner kognitiver Prozesse und Mechanismen. Ihrer Ansicht nach ist das Lernen einer Sprache nichts Besonderes. Sie entwickelt sich gleichzeitig und im Kern auf dieselbe Weise wie andere, nichtsprachliche kognitive Funktionen. Es sind die allgemeinen Begrenzungen, einen bestimmten Körper, bestimmte Sinne und eine bestimmte Art von Gehirn zu haben, die den Spracherwerb formen, so wie sie jede andere mentale Fähigkeit formen. Grammatikregeln stammen nicht von einer angeborenen universellen Grammatik ab, sondern von so etwas wie den physikalischen Eigenschaften des Sprechkanals, den Begrenzungen des Gedächtnisses, einer begrenzten Aufmerksamkeitsspanne sowie der Art und Weise, wie *alle* Informationen verarbeitet werden. Da klar ist, dass Menschen, das heißt sprechende Affen, und Schimpansen, das heißt vorsprachliche Affen, ähnliche Körper und Gehirne haben, das Gehirn des Menschen aber viel größer ist, betrachtet man die ausgereifte Sprachfähigkeit von Menschen als eine entwicklungsgeschichtlich junge Eigenschaft ihrer größeren Gehirne. Die Evolution von Sprache ist daher ganz einfach ein Aspekt der Entwicklung der allgemeinen Intelligenz. Nach dieser Sicht hat sich die Sprache als solche nicht entwickelt; sie trat in Erscheinung, als das Gehirn hoch intelligenter, sozialer und miteinander kommunizierender Hominiden eine kritische Größe erreicht hatte. Daher gibt es keinen Grund, ein gesondertes „Sprachorgan" zu postulieren. Für Funktionalisten mag die Fähigkeit von Bonobos, gesprochenes Englisch genauso gut zu verstehen wie ein zweieinhalbjähriges Kind, wichtig sein, wenn es darum geht, die Evolution von Sprache zu verstehen.

Auf den ersten Blick ist der Ansatz der Funktionalisten evolutionär gesehen sinnvoll. Er deutet darauf hin, dass die Entwicklung von Sprache auf allgemeinen Mechanismen beruht – so wie das bei vielen anderen Strukturen und Funktionen bei Tieren der Fall ist – und dass nur das Ergebnis spezifisch ist. Weil er davon ausgeht, dass sich Sprache durch natürliche Auslese entwickelt hat, sollte ihre Struktur daher genauso mit ihrer Funktion zusammenhängen wie die Struktur des Immunsystems oder des Auges. Das Problem ist nur, dass Sprache mindestens zwei Merkmale besitzt, die mit einer rein funktionalistischen Sichtweise nicht vereinbar sind. Zum einen ist Sprache ein sehr begrenztes Kommunikationssystem. Wenn Sie diese Feststellung überrascht, denken Sie nur an all die Dinge, die man mit Worten *nicht* gut ausdrücken kann, wohl aber durch Bilder, Musik, Tanz oder Mimik. Oder können Sie das Lächeln Ihres Vaters wirklich mit Worten beschreiben? Denken Sie auch an die vielen Dinge, die sich fast *nur* durch Sprache ausdrücken lassen, zum Beispiel „Wie komme ich nach San Francisco, ohne die gebührenpflichtige Autobahn zu benutzen?“ Wenn Sie darüber nachdenken, werden Sie bald erkennen, dass Sprache ein sehr spezifisches Kommunikationssystem und kein Universalwerkzeug ist. Jede evolutionäre Erklärung muss das berücksichtigen. Wenn wir an das Sehsystem des Frosches denken, genügt es auch nicht zu sagen, es habe sich entwickelt, damit das Tier sehen kann. Denn wir müssen wissen, warum dieses spezielle System sich so entwickelt hat und nicht anders. Ebenso wenig reicht es aus zu sagen, dass Sprache evolutionär entstanden ist, damit wir kommunizieren können. Wir müssen erklären, wie das Sprachsystem, das die Menschen besitzen, sich zu diesem eigentümlichen und begrenzten Kommunikationssystem entwickelt hat, das es ist.

Ein zweites Merkmal von Sprache, das man nicht so einfach funktionalistisch erklären kann, ist die Schnelligkeit und Leichtigkeit, mit der Kinder eine voll ausgereifte Sprachfähigkeit erwerben. Selbst wenn Kinder keinen richtigen Kontakt mit Sprache haben, entwickeln sie doch schnell ein System sprachlicher Kommunikation. Eines der besten Beweise ist eine Gruppe gehörloser Kinder in Nicaragua, die aus dem Nichts eine neue, ausgereifte Zeichensprache mit einer vollständigen Grammatik entwickelte[20]. Nachdem die Sandinisten 1979 an die Macht gekommen waren, bauten sie eine Schule für gehörlose Kinder. Sie nahmen Kinder auf, die zuvor durch Gesten mit ihren Familien kommuniziert hatten. Versuche, den Kindern beizubringen, wie man von den Lippen abliest, scheiterten kläglich, aber bald erfanden die Kinder selbst eine Zeichensprache. Die erste Version war noch primitiv und nicht sehr grammatikalisch, aber als neue Kinder in die Schule kamen, die gehörlos waren und mit der Anfangsversion konfrontiert wurden, entwickelte sich innerhalb von nur zehn Jahren eine vollständige grammatikalische Sprache. Dieses Beispiel lässt vermuten, dass das Gehirn im Laufe der Evolution eine Organisation entwickelt hat, die besonders auf die rasche Erfindung und den Erwerb von Sprache ausgerichtet ist anstatt nur das Werkzeug einer allgemeinen Intelligenz zu sein. Uns scheint, dass weder die rein funktionalistische Sichtweise noch Chomskys Sicht einer FLN, die zwischen Tönen oder Zeichen und ihrer Bedeutung eine Beziehung herstellt, einen geeigneten Rahmen bietet, um die Entwicklung von Sprache und die Besonderheiten von Sprachstruktur und Spracherwerb zu erklären. Vor Kurzem hat der israelische Sprachwissenschaftler Daniel Dor eine Sicht auf die Sprache entwickelt, von der wir glauben, dass sie besser zu den allgemeinen Vorstellungen von Evolution passt. Bei dieser Sichtweise wird die Struktur von Sprache mit ihrer besonderen Kommunikationsfunktion in Verbindung gebracht, wodurch auch Evolutionsbiologen angesprochen werden[21].

Dor und andere Sprachwissenschaftler haben unter anderem herausgefunden, dass die grammatikalische Struktur von Sätzen und Wortverbindungen mit den verschiedenen Konzepten zu tun hat, die die Wörter, aus denen die Sätze bestehen, zum Ausdruck bringen. Wenn wir Sprache verwenden, ordnen wir Ereignisse und Dinge scheinbar unbewusst und automatisch in verschiedene Kategorien ein, und wir verwenden diese Kategorien unterschiedlich, wenn wir Wortverbindungen und Sätze konstruieren. Die grammatikalischen Muster, die wir verwenden, hängen beispielsweise davon ab, ob die Teilnehmer eines Ereignisses aktiv sind oder nicht; ob eine Handlung zu einer Veränderung im Status eines Objekts führt oder nicht; ob es sich um tatsächliche oder um angenommene Ereignisse handelt; ob Dinge zählbar sind (wie Flaschen oder Tiere) oder nicht (wie Bier oder Nebel); wann die Ereignisse stattfinden oder stattfanden (in der Vergangenheit, Gegenwart oder Zukunft) und so weiter. Das Faszinierende dabei ist, dass die Kategorien, die sich in unterschiedlichen grammatikalischen Mustern widerspiegeln, nur ein kleiner Teil all jener Kategorien sind, die wir verwenden könnten, denn es gibt unzählige Möglichkeiten, Dinge, Ereignisse, Eigenschaften und so weiter zu klassifizieren. Obwohl sich in allen Sprachen die Unterscheidung zwischen aktiven und passiven Teilnehmern eines Ereignisses wie auch der Unterschied zwischen tatsächlichen und angenommenen Ereignissen oder der Unterschied zwischen einer Handlung, die zu einer Veränderung eines Zustands führt und einer, die das nicht tut, in irgendeiner Art und Weise in der Grammatik widerspiegelt, trifft das auf andere Kategorien von Unterscheidungen nicht zu. In keiner Sprache wird der Unterschied zwischen den Kategorien „Freund" und „Feind" durch Unterschiede in der Grammatik ausgedrückt; ähnlich spiegelt sich der Unterscheid zwischen den Kategorien „langweilige Ereignisse" und „interessante Ereignisse" in keiner Sprache grammatikalisch wider. Andere Kategorien von Dingen oder Ereignissen werden in manchen Sprachen grammatikalisch gekennzeichnet, in anderen aber nicht.

Dor schließt daraus, dass Sprache strukturell so aufgebaut ist, dass manche Dinge besser mitgeteilt werden können als andere. Ihre Struktur ermöglicht es, gut mit Botschaften umzugehen, denen eine eher begrenzte Zahl von Kategorien zugrunde liegt. Diese haben mit Ereignissen und Situationen, mit der Zeit, in der, und mit dem Ort, an dem sie stattfinden, sowie mit den Personen, die daran teilnehmen, zu tun und spiegeln sich alle in grammatikalischen Strukturen wider. Es gibt eine grundlegende Reihe von Kategorien, die sich in allen Sprachen wiederfindet, obwohl die Art und Weise, wie diese grammatikalisch angezeigt werden, von Sprache zu Sprache unterschiedlich ist. Zusätzlich können verschiedene Sprachen von ihrer Struktur her Kategorien unterscheiden, die andere nicht können. Dors Sicht von Sprache erfasst also die Universalität als auch die Diversität, die für Sprache charakteristisch ist.

Wie Sprache die Gene veränderte

Nach dieser ziemlich langen Einleitung, in der es um die Ansichten verschiedener Leute ging, was Sprache ist, können wir nun wieder auf unser ursprüngliches Thema zurückkommen, nämlich auf das evolutionäre Zusammenspiel von genetischen und kulturellen Vererbungssystemen. Daniel Dor und Eva Jablonka haben erkannt, dass die Charakterisierung von Sprache so, wie wir sie gerade beschrieben haben, noch einmal die Frage nach ihrer Entstehung und Entwicklung aufwirft. Es geht also nicht mehr darum, wie Chomskys Regeln der UG entstanden sind und auch nicht darum, wie die Wiederholungsmechanismen der FLN Teil des menschlichen Kommunikationssystems wurden. Auch nicht darum, wie die Evolution eines großen Gehirns und einer besseren Allgemeinintelligenz als Nebenprodukt ein Allzweck-Sprachwerkzeug hervorgebracht hat. Stattdessen wollen wir erklären, wie sich ein begrenztes, funktionell spezialisiertes Kommunikationssystems entwickelt hat. In diesem System ist ein Kern universell gültiger semantischer Kategorien mit strukturellen Sprachregeln verbunden. Außerdem ist in einigen, aber nicht in allen Sprachen eine weitere Gruppe semantischer Kategorien strukturell gekennzeichnet.

Für Dor und Jablonka ist die Evolution von Sprache das Ergebnis ständiger Wechselwirkung zwischen dem kulturellen und dem genetischen Vererbungssystem, bei der sowohl Nischenkonstruktion als auch genetische Assimilation wichtig sind[22]. Wir werden das Bild, das sie entwerfen, in seinen Umrissen skizzieren, beginnend mit einer Gruppe früher Hominiden, die über verschiedene Formen der Kommunikation verfügen – Gesten, Grimassen, Körpersprache und einige wenige symbolische Lautäußerungen. Ihr Sprachsystem ist sehr einfach, bestehend aus Ein-Wort-Äußerungen und kurzen, ungeordneten Wortfolgen. Diese Leute können sicher viel mehr denken und fühlen als das, was sie ausdrücken können: Sie haben ein gutes Verständnis für soziale Beziehungen und können anderen Gruppenmitgliedern Absichten und Wünsche zuordnen. Als Tiere, die in Gruppen leben, haben sie das Bedürfnis, miteinander zu kommunizieren und Informationen auszutauschen. Daher ist das begrenzte Sprachsystem, das sie einsetzen, wichtig für sie – besonders dann, wenn sie keinen Sichtkontakt miteinander haben – und sie nutzen es häufig und ohne Mühe. In dem Maße, wie sich die Kultur der Gruppe entwickelt, nimmt die Bedeutung dieses Systems stetig zu; es werden immer mehr Informationen erworben, die gelernt und weitergegeben werden müssen.

Stellen Sie sich nun vor, dass eine oder zwei Personen sprachlich etwas Neues entwickeln. Das kann ein neues Wort sein oder eine grammatikalische Struktur wie eine bestimmte Wortstellung, die klar macht, wer wem was getan hat, oder eine Art Hinweis, der an ein Wort angehängt wird, um zum Beispiel „Besitz" oder „mehr-als-eines" zu verdeutlichen. Diese Neuerung kann zufällig entstehen, wenn Jugendliche miteinander spielen; vielleicht wird sie auch erfunden als Folge veränderter ökologischer Bedingungen; vielleicht entsteht sie, weil sich die Gruppe vergrößert hat oder weil die sozialen Beziehungen sich verändert haben. Vielleicht wurde die Veränderung auch im Kontakt mit einer anderen Hominiden-Gruppe erworben. Die Ursache ist gleichgültig: Noch handelt es sich um eine rein kulturelle Neuerung, die keinerlei genetische Veränderung zur Folge hat.

Die meisten Innovationen, sogar solche, die möglicherweise von Nutzen sind, werden nie in die Sprache der Gruppe aufgenommen[23]. Selbst wenn sie extra erfunden werden, sind Neuschöpfungen, die sich auf Gefühle oder Handlungsanweisungen beziehen, selten von Dauer, denn solche Dinge lassen sich durch den Gesichtsausdruck, durch Körpersprache oder pantomimisch viel besser ausdrücken. Es werden nur solche Arten neuer Vokalisierungen oder Strukturen übernommen, die leicht erlernt, erinnert und verwendet werden können, die also gute Kommunikationswerkzeuge sind. Neue Wörter oder Strukturen, die man in vielen Situationen benutzen kann, überleben in der Regel leichter als solche, die nur begrenzt verwendet werden können. Zum Beispiel werden Möglichkeiten, kausale Beziehungen anzuzeigen – „weil"-Wörter und -Strukturen – schnell übernommen und weithin angewandt. Selbst solche, die nicht gerade leicht zu verstehen und anzuwenden sind, werden in manchen Fällen in eine Gruppensprache integriert, wenn sie Zweideutigkeit reduzieren und dazu dienen, Information präzise zu übermitteln.

Durch ihren Gebrauch werden die ursprünglichen Erfindungen verbessert und an die Situation angepasst. Andere Neuerungen, die darauf aufbauen, werden übernommen. Wenn sich die Wörter und Strukturen vermehren, nimmt die Menge dessen, was gelernt werden muss, zu. Die Sprache breitet sich immer mehr aus und verändert die soziale Nische, die diese Menschen einnehmen. Sie müssen sich an die Nische anpassen. Wir können davon ausgehen, dass die Bedeutung von Sprachfähigkeit für das Überleben des Einzelnen und der Gruppe womöglich zunimmt, denn Sprache wird zum Beispiel benötigt, um gemeinsame Handlungen wie die Jagd zu planen oder Information über giftige oder heilsame Pflanzen weiterzugeben. Eine bessere Sprachfähigkeit kann auch den sozialen oder sexuellen Status einer Person beeinflussen, denn gute Sprecher spielen bei Gruppenaktivitäten eine größere Rolle und gelten als begehrte Partner. Daher sind diejenigen, die eine Sprache gut lernen und anwenden können, aus verschiedenen Gründen im Vorteil.

Halten wir vorerst fest, dass die Evolution von Sprache, die wir beschrieben haben, durch kulturelle Veränderungen hervorgerufen wurde[24]. Wir wollen nun sehen, welche Auswirkungen diese Veränderungen auf das genetische System haben, denn es ist vernünftig anzunehmen, dass die Fähigkeit, Sprache zu lernen und zu verstehen, durch Gene beeinflusst wird. Einige Individuen haben eine genetische Ausstattung, mit der sie eher in der Lage sind, sich das kulturell erweitere Sprachsystem anzueignen und es anzuwenden, und durch den selektiven Vorteil, den diese Fähigkeit mit sich bringt, wird ihr Anteil an der Population zunehmen[25]. Es werden Menschen sein, die eine bessere Allgemeinintelligenz, ein besseres Gedächtnis, eine bessere Kontrolle ihres motorischen Willens über Vokalisierungen und ein differenzierteres soziales Bewusstsein haben; sie werden lernen, eine Sprache schnell und gut anzuwenden. Aber es kommt noch etwas anderes hinzu. Die Selektion der Fähigkeit, Sprache zu erlernen und sie anzuwenden, wird die Variation der Menschen in Bezug auf die Fähigkeit, sich an *Wörter* zu erinnern – eher als die Erinnerung im allgemeinen – zum Vorschein bringen; ebenso die Fähigkeit, soziale Absichten, die *durch Wörter* – statt durch allgemeine Kommunikationssysteme – ausgedrückt werden, zu erkennen, sowie die Fähigkeit, konzeptionelle Unterscheidungen, die für das Denken von grundlegender Bedeutung sind, auf die grammatikalischen Strukturen von Wortverbindungen zu beziehen. Aus Gründen, die mit Sprache nichts zu tun haben, erkennt unsere Gruppe von Menschen den Unterschied zwischen Belebtem und Unbelebtem, zwischen Gegenwart und Zukunft, zwischen männlich und weiblich. Aber die Menschen unterscheiden sich darin, wie gut sie diese und andere Kategorien auseinanderhalten können, sowie in der Fähigkeit, diese Kategorien mit Wörtern zu verbinden, und in der Art und Weise, wie Wörter miteinander verbunden werden, um grammatikalische Strukturen zu bilden. Diejenigen, die in der Lage sind, das alles gut zu beherrschen, sind im Vorteil, wenn es darum geht, eine Sprache zu erlernen, und sie werden deshalb gedeihen und sich vermehren.

Was wir hier beschreiben, ist die teilweise genetische Assimilation von Sprachfähigkeit. Diejenigen, die die verschiedenen Facetten des hoch entwickelten kulturell konstruierten Sprachsystems schneller lernen, sind im Vorteil, und mit der Zeit besteht die Population aus solchen Menschen, die in der Lage sind, die kulturell entwickelten Wörter und Sprachstrukturen schneller und besser zu lernen. So, wie wir an früherer Stelle die Entwicklung eines Tanzes beschrieben haben, setzt die teilweise Assimilation einiger sprachlicher Muster, die zuvor mühevoll erlernt werden mussten, sprachliche Lernkapazitäten frei. Nun kann noch mehr sprachliche Evolution durch kulturelle Innovation folgen und mehr partielle Assimilation zum Vorschein kommen und so weiter. Das Prinzip „Erweiterung durch Assimilation" kommt hier zur Anwendung.

Wahrscheinlich werden nicht alle Aspekte von Sprache genetisch assimiliert, sondern nur solche, die bewusst und ständig gebraucht werden und die Veränderungen in den Lebensbedingungen und sozialen Gewohnheiten der Menschen überdauern. Besondere Wörter oder grammatikalische Markierungen, wie das Plural-s am Ende eines Wortes, verändern sich so schnell, das sie nicht assimiliert werden können – es ist einfach zu wenig Zeit dafür vorhanden. Die kulturelle Evolution schreitet schneller voran als die genetische. Es ist viel wahrscheinlicher, dass solche Konventionen übernommen werden, die sich auf stabile Aspekte des Lebens beziehen, nämlich auf grundlegende Unterscheidungen zwischen Kategorien von Dingen oder Ereignissen. Aber selbst die Art und Weise, wie Kernkategorien, also männlich/weiblich, eins/mehr als eins, jetzt/nicht jetzt oder belebt/unbelebt, unterschieden werden, wird wahrscheinlich nicht vollständig assimiliert werden, denn der laufende Prozess der kulturellen Evolution setzt stark auf Flexibilität. Die Wegweiser für diese unterschiedlichen Kategorien werden nie zum angeborenen Wissen, aber es wird sehr leicht, diese Regeln durch teilweise genetische Assimilation zu lernen. Und noch etwas anderes wird geschehen: In dem Maße, wie sich genetische Assimilation ereignet, wird sie die künftige Sprachentwicklung einschränken und kanalisieren. Diese muss nun mit der zunehmend genetischen Komponente ihres Erwerbs und ihrer Verwendung in Einklang stehen und nicht nur mit den allgemeinen Einschränkungen der Wahrnehmung und der allgemeinen Intelligenz.

Fassen wir also zusammen: Dor und Jablonka sind der Ansicht, dass die Evolution von Sprache die Folge der Wechselwirkung zwischen kulturellem und genetischem System ist. Das Ergebnis ist ein Kommunikationskanal, der an manche Kategorien von Dingen, Zuständen und Ereignissen eher angepasst ist als an andere. Einige dieser Kategorien lassen sich in allen Sprachen erkennen und werden durch verschiedene grammatikalische Strukturen und „Hinweise" angezeigt. Diese spiegeln die Kernunterschiede zwischen den Kategorien wider. Die sprachliche Evolution wurde kulturell vorangetrieben, jedoch in ständiger Interaktion mit anderen, gleichzeitig verlaufenden kulturellen und genetischen Evolutionsprozessen wie der sozialen und technischen Evolution, der Evolution des Sprechapparats, der Evolution der willentlichen motorischen Kontrolle der Lautproduktion und vielen anderen. Die kulturelle Evolution führte zur Erweiterung der Umwelt, wie sie von den Menschen wahrgenommen wurde, und zu dem Ergebnis, dass der einzelne Mensch mit mehr Informationen konfrontiert wurde als er lernen und mitteilen konnte. Durch natürliche Auslese wurden einige der kulturell erworbenen Merkmale von Sprache genetisch assimiliert, sodass weniger Lernaufwand nötig war. Das Prinzip „Erweiterung durch Assimilation“ spielte dabei eine sehr wichtige Rolle: Da alte Konventionen durch teilweise genetische Assimilation leichter erlernbar waren, konnten neue sprachliche Konventionen erlernt werden. Der Prozess der sprachlichen Evolution war also ein interaktiver, spiralförmiger Prozess, bei der die kulturelle Evolution die genetische Evolution leitete und lenkte, indem sie eine kulturelle Nische schuf, die zwar ständig im Wandel war, einige Aspekte jedoch stabil hielt. Diese stabilen Aspekte wurden teilweise genetisch assimiliert und führten zu verschiedenen Sprachen, die eine Mischung aus Variabilität und Universalität zeigen.

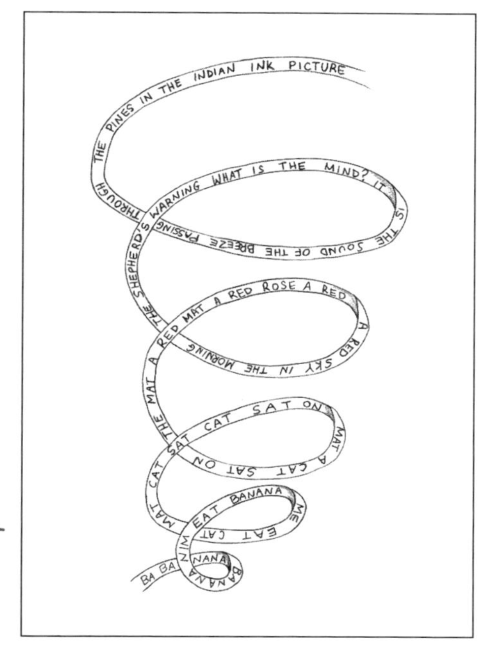

Abb. 8.5 Die Evolution der Sprache: von affenartigen Lauten zu einem japanischen Gedicht

Dialog

A. D.: Wenn ich es recht verstehe, war die Hauptabsicht dieses Kapitels zu zeigen, wie symbolische und nichtsymbolische kulturelle Evolution die genetische Evolution beeinflussen können. Durch kulturelle Evolution wird die Umwelt konstruiert, in der Gene selektiert werden. Oder mit einem Bild ausgedrückt: Die Kultur ist das Pferd, das den genetischen Karren zieht. Ich bin bereit zu akzeptieren, dass man sich Kultur als einen Lamarck'schen Prozess vorstellen kann, wenn Sie auf dieser Terminologie bestehen. Aber ich verstehe nicht, was der Baldwin-Effekt mit dem Lamarckismus zu tun haben soll. Warum wurde er als Möglichkeit gesehen, Lamarckismus und Darwinismus miteinander zu versöhnen? Mir scheint, der Baldwin-Effekt ist ein völlig normaler Darwin'scher Prozess.

M. E.: Ja, es ist ein Darwin'scher Prozess. Man dachte, der Baldwin-Effekt würde Lamarckismus und Darwinismus miteinander versöhnen, denn er war die Erklärung dafür, wie eine erlernte oder auf andere Weise erworbene Eigenschaft „vererbt" und zu einem angeborenen Merkmal werden kann. Natürlich hatten weder Lamarck noch Darwin irgendeinen Bedarf nach einer solchen Versöhnung. Lamarck hielt die Vererbung von Anpassungen für selbstverständlich, und Darwin war der Ansicht, dass sowohl Selektion als auch Gebrauch und Nichtgebrauch von Organen notwendig sind, um den evolutionären Wandel zu erklären. Dass der Baldwin-Effekt als Versöhnung gesehen wurde, steht im Zusammenhang mit der Auseinandersetzung zwischen *Neo*-Darwinisten und *Neo*-Lamarckisten.

A. D.: Baldwin-Effekt und genetische Assimilation scheinen mir eine sehr gute Erklärung für die Existenz mentaler Module zu sein! Mir ist nicht ganz klar, wie Ihre Position zu diesem Thema aussieht. Sie haben die Vorstellung der Existenz von Modulen in Kapitel 6 ziemlich stark angegriffen, aber nun scheinen Sie dieser Vorstellung eher zugeneigt zu sein. Sie glauben offensichtlich, dass einige dieser Module evolutionär entstanden und nicht aus heiterem Himmel aufgetaucht sind, denn Sie haben angeborene Verhaltensweisen wie die der Hyänen-Jungen beschrieben, die den Geruch von Löwen fürchten, selbst wenn sie sie nie gesehen haben. Sie haben daraus geschlossen, dass diese Art von Verhalten durch genetische Assimilation evolutionär entstanden ist. Das ist vernünftig. Was also genau ist Ihre Position zum Thema kognitiver Module? Sie haben mich etwas verwirrt.

M. E.: Wir gestehen ein, dass genetische Assimilation in gewisser Hinsicht zur modularen Organisation von Verhalten führt. Aber wir haben betont, dass es in den meisten Fällen nicht zu einer vollständigen Assimilation kommt – nur seltene, extreme und spektakuläre Fälle zeigen eine vollständige Assimilation. Wir können uns auch leicht den umgekehrten Prozess vorstellen, also eine Selektion im weiteren statt im engeren Sinn. Anfangs könnte es eine Selektion im Blick auf ein besseres Gedächtnis für essbare Nahrungsmittel gegeben haben – Sie würden sagen, es wurde ein Nahrungsauswahl-Modul gebildet. Aber dann könnte es ein Vorteil sein, dieses Gedächtnis für andere Dinge zu generalisieren, zum Beispiel für Feinde oder Konkurrenten. Wir sind keine Vertreter einer bestimmten „Position" in dem Sinne, dass wir eine ausschließlich modulare oder eine ausschließlich allgemein intelligente Vorstellung vom Gehirn haben. Wir glauben, dass es einige funktionsspezifische und einige allgemeinfunktionale Anpassungen gibt, also ein gewisses Spektrum. Wir vertreten eine etwas langweilige Mittelposition, aber genau dazu führt uns unser Verständnis von Biologie.

A. D.: Gibt es irgendwelche experimentellen Beweise, dass Verhalten genetisch assimiliert werden kann?

M. E.: Soweit wir wissen, gibt es dazu noch keine Experimente. Man könnte solche Experimente mit *Drosophila* durchführen, denn Taufliegen sind lernfähig und haben ein Gedächtnis. Die Assimilation von Verhalten wurde jedoch nachgebildet, und die Modelle zeigen sehr schön, wie ein Verhalten, das ursprünglich durch Ausprobieren erlernt wurde, in ein angeborenes Verhalten umgewandelt werden kann, für das kein Lernen erforderlich ist[26]. Außerdem gibt es viele indirekte Beweise für die Assimilation von Verhalten. Es ist die einfachste Möglichkeit, viele evolutionäre Veränderungen zu erklären. Durch Assimilation erübrigt sich die Annahme, dass es eine direkte Rückkopplung von erworbenen oder erlernten Eigenschaften auf das Erbmaterial gibt, so wie es naive Lamarckisten postuliert haben. Man braucht auch nicht länger annehmen, dass zufällige Mutationen und Selektion, die nicht durch das Verhalten des Organismus vermittelt werden, adaptive „Instinkte" produzieren.

A. D.: Ich sehe, dass Kanalisierung und genetische Assimilation zentrale Bestandteile Ihrer Argumentation sind. Aber was ist mit der Selektion für Plastizität, also für die wachsende Fähigkeit von Individuen, auf unterschiedliche Bedingungen zu reagieren? Sie ist doch sicher genauso wichtig wie die zunehmende Kanalisierung. Warum betonen Sie nicht diesen Aspekt der Evolution?

M. E.: Um die Evolution der zunehmenden Plastizität zu erklären, können Sie dieselbe Argumentation verwenden, wie wir sie zur Erklärung der Kanalisierung verwendet haben. Wir gehen dabei von einer Umwelt aus, die veränderlich ist und in die ständig neue Komponenten eingeführt werden, zum Beispiel neue Feinde oder neue potenzielle Nahrungsquellen. Solche Umweltbedingungen werden die unterschiedlichen Fähigkeiten von Menschen, sich an veränderte Bedingungen anzupassen, zum Vorschein bringen – Unterschiede, die unter unveränderten Bedingungen nicht sichtbar wären. Diejenigen Individuen, die in der Lage sind, sich auf veränderte Bedingungen einzustellen, werden eher überleben und sich fortpflanzen; daher wird die Häufigkeit der Gene, die das ermöglichen, zunehmen. Die Selektion für diese Art von Plastizität war im Laufe der Evolution wahrscheinlich enorm wichtig. Aber sie ist für Evolutionsbiologen kein besonderes theoretisches Problem. Sie ist intuitiv sinnvoll. Sie ist kein Rätsel wie der Wechsel von „erlernten" oder „erworbenen" zu „vererbten" Eigenschaften. Trotzdem beruhen sowohl die genetische Assimilation als auch die Selektion verstärkter Flexibilität auf denselben Grundprinzipien – auf der Enthüllung und Selektion zuvor verborgener Varianten. Insbesondere West-Eberhard hat die Allgemeingültigkeit solcher Prozesse in der Evolution betont und den Begriff der „genetischen Akkommodation" für die genetische Stabilisierung neuer phänotypischer Antworten durch Selektion vorgeschlagen[27].

A. D.: Lassen Sie mich auf die Evolution von Kultur zurückkommen. Sie scheint ja mit dieser Art von Vorstellung, dass es eine genetische Akkommodation gibt, zu tun zu haben. Sie behaupten, dass kulturelle Veränderungen die Selektion unserer Gene und die Entwicklung unserer Sprache bewirkt haben, aber ich frage mich, ob das wirklich stimmt. Gab es in der frühen Evolutionsgeschichte des *Homo* wirklich eine bedeutende „kulturelle Evolution"? Die Tatsache, dass wir heute eine Menge fortschreitender kultureller Veränderungen sehen, bedeutet noch nicht, dass das vor zwei oder drei Millionen Jahren auch so war. Und wenn es keine kulturelle Evolution gab, dann fällt Ihre Argumentation hinsichtlich der Entwicklung von Sprache in sich zusammen.

M. E.: In Kapitel 5 haben wir eine Vielzahl von Traditionen bei Tieren beschrieben. Traditionen, die wir in jedem Bereich des Tierlebens sehen können – in der Art der Nahrungssuche, in den Kriterien für die Partnerwahl, in der Art und Weise, Fressfeinde zu meiden, in den Entscheidungen, wo sie leben wollen, in der Art der Jungenaufzucht, in der Verwendung von Signalen bei der Kommunikation und so weiter. Wo immer Sie hinschauen, können Sie solche Traditionen erkennen. Besonders deutlich wird das bei höheren Primaten, unseren evolutionären Cousins und Cousinen. Wir haben eine Analyse von Langzeitstudien an neun afrikanischen Schimpansenpopulationen erwähnt. Sie hat gezeigt, dass diese 39 verschiedene Traditionen entwickelt haben, von denen fünf mit Kommunikation zusammenhängen. Wenn Schimpansen Traditionen entwickelt haben, dann ist es wahrscheinlich, dass der frühe *Homo* das auch getan hat. Wir stellen nicht sehr viele Annahmen über die Entwicklung der Kultur von Hominiden auf, besonders nicht in diesem frühen Stadium. Das Tempo der kulturellen Evolution mag ziemlich unregelmäßig gewesen sein und die verschiedenen kulturellen Aspekte mögen sich unterschiedlich schnell entwickelt haben, aber wir finden, es wäre absurd zu leugnen, dass es bei der Entwicklung unserer Abstammung keine kumulativen kulturellen Veränderungen, also keine „kulturelle Evolution“ gegeben hat.

A. D.: Ich nehme an, das steckt auch hinter Ihrem Zögern, Chomskys Vorstellung von einem vollständig entwickelten Sprachorgan, das auf einen Schlag in Erscheinung tritt, zu akzeptieren. Sie bestehen auf etwas Graduellerem, und bis zu einem gewissen Punkt habe ich Verständnis für Ihre Haltung. Das Problem an dieser Vorstellung, dass Sprache ganz plötzlich aufgetreten ist, liegt darin, dass der erste Mensch, der diese Mutation hatte, der einsame Genius sozusagen, irgendjemanden brauchte, mit dem er kommunizieren konnte.

M. E.: Man kann behaupten, so wie es Hauser, Fitch und Chomsky getan haben, dass am Anfang die FLN oder etwas Ähnliches steht, das nichts mit Kommunikation zu tun hat – etwas, das selektiert wurde, weil es zum Beispiel die Fähigkeit organisierte, sich besser zu orientieren. Die „sprachliche Mutation“, die es der FLN ermöglichte, mit den konzeptionell-intentionalen und sensomotorischen Untersystemen zu interagieren, könnte immer häufiger aufgetreten sein, ganz einfach weil die Nachkommen des Genius sein beziehungsweise ihr Gen erbten. Diese Familie oder dieses Geschlecht hatte das Glück, die primitiven Kommunikationszeichen, die ihre weniger begabten Nachbarn verwendeten, in wirkliche Sprache zu verwandeln, und damit hatten sie an verschiedenen Fronten einen enormen Vorteil.

A. D.: Und trotzdem setzen Sie ein genetisches Wunder voraus – die große Mutation, das große Ereignis, den Big Bang. Ist diese Annahme wirklich notwendig? Sie sagten, einige Anhänger Chomskys seien der Ansicht, dass Sprache sich entwickelt hat. Wenn man die Grundannahme Chomskys akzeptiert, dass die UG oder FLN ein abstraktes Verarbeitungssystem ist, dann kann man sich vorstellen, dass im Laufe der Evolution von Kommunikation immer mehr Regeln dazugekommen sind. Wenn jemand eine völlig zufällige Regel entwickelt, die dazu beiträgt, die Zweideutigkeit von Kommunikation insgesamt zu vermeiden, und wenn andere diese Regel lernen und anwenden, dann wird das der Kommunikation sicherlich enorm helfen, und die Regel und ihre Benutzer werden von der Selektion bevorzugt werden. Selbst scheinbar sinnlose Regeln sind besser als gar keine! Am wichtigsten ist, dass eine gemeinsame Übereinkunft etabliert wird, die einen Nutzen hat. Die Art der Übereinkunft, ob zufällig oder nicht, ist weniger wichtig. Es gäbe also eine Selektion für gemeinsame Regeln, dann für volle genetische Assimilation, dann für die Erfindung einer anderen bedeutungsfreien Übereinkunft, dann wieder für genetische Assimilation und so weiter. Warum genügt das nicht? Am Ende haben Sie eine ganze Reihe abstrakter, bedeutungsunabhängiger, aber sehr wirkungsvoller Regeln.

M. E.: Der amerikanische Sprachwissenschaftler Steven Pinker und sein Kollege Paul Bloom, ein Psychologe, haben etwas Ähnliches vorgeschlagen[28]. Aber wenn Sie sich wirklich überlegen, welche Übereinkünfte und Regeln die Menschen erfinden und akzeptieren, dann werden Sie erkennen, dass diejenigen, die den Menschen helfen, über ihre täglichen Erfahrungen und Bedürfnisse nachzudenken und sie mitzuteilen, die größte Chance haben, erfunden und akzeptiert zu werden. Der Prozess der Erfindung ist keine Art von zufälligem Neuronen-Beschuss, bei dem allein das Glück entscheidet, ob Sie das Ziel treffen. Denken Sie an zwei Regeln, die es ermöglichen, sich besser zu verstehen: Die eine Regel ist bedeutungsunabhängig, die andere hat einen Bedeutungszusammenhang. Nehmen Sie an, es geht um das Problem des Recycling von Glasflaschen. Die erste Regel lautet: „Werfen Sie das blaue Glas in den ersten Behälter, das grüne Glas in den zweiten, das braune Glas in den dritten und das helle Glas in den vierten Behälter"; die zweite Regel lautet: „Werfen Sie das blaue Glas in den blauen Behälter, das grüne Glas in den grünen, das braune Glas in den braunen und das helle Glas in den weißen Behälter." Welche Regel hat wohl größere Chancen, erfunden zu werden und sich zu etablieren? Wir meinen, die zweite Regel. Sicher kann man den empirischen Befund erwarten, dass eine Menge grammatikalischer Regeln *nicht* bedeutungsunabhängig ist und darauf basiert, wie Menschen über die Welt denken. Selbst wenn sich einige Strukturen, die einmal zufällig waren, etabliert haben, nur weil Menschen anfingen, sie zu verwenden und die Strukturen verständlich waren, würde es zu weit gehen zu glauben, dass *alle* grammatikalischen Kennzeichen bedeutungsunabhängig sind.

A. D.: Aber bei einer ungeheuer großen Menge wichtiger Kategorien von Dingen und Ereignissen scheint es keinen Zusammenhang mit besonderen Grammatikregeln zu geben. Sie sagten, dass der Unterscheid zwischen Freund und Feind, zwischen langweiligen und interessanten Ereignissen in keiner Sprache mit besonderen Grammatikregeln verbunden ist. Es überrascht mich nicht, dass der Unterschied zwischen „langweilig" und „interessant" nicht erkannt wird – unsere frühen Vorfahren hatten sicher keine Zeit sich zu langweilen, daher haben sie sich darüber keine großen Gedanken gemacht. Aber die Kategorie „Feind" war sicherlich wichtig. Warum wurde sie dann nicht in irgendeiner Weise grammatikalisch gekennzeichnet?

M. E.: Sie wissen sicher sehr gut, dass die Frage nicht sehr sinnvoll ist, warum sich etwas *nicht* entwickelt hat! Aber wenn Sie unsere Vermutung wissen wollen: Die Kategorie „Feind“ wurde deshalb nicht gekennzeichnet, weil sie jedes Mal anders angezeigt wurde – durch die Tonlage und den Klang der Stimme. Eine grammatikalische Kennzeichnung war daher überflüssig.

A. D.: Wissen Sie, mir scheint, es gibt gar keinen so großen Unterschied zwischen Ihrer Position und der Chomskys. Sie gehen beide davon aus, dass es bereits vorhandene Neigungen gibt, die das Lernen einer Sprache leichter machen als es das sonst wäre. Sie wollen es nur nicht als „Sprachorgan“ bezeichnen, obwohl ich nicht weiß, was Sie daran hindert. Sie beide unterscheiden sich nur in der Art und Weise, wie Sie diese Neigung kennzeichnen.

M. E.: Oberflächlich gesehen ähneln sich unsere beiden Positionen, denn wir sind wie Chomsky der Ansicht, dass das Nervensystem des Menschen die Neigung hat, sich „sprachlich“ zu entwickeln. Chomsky behauptet jedoch, dass es ein spezielles „Sprachorgan“ gibt. Wir sind nicht dieser Meinung, obwohl wir wie Chomsky extrem funktionalistische Sichtweisen nicht teilen. Wir akzeptieren eine *begrenzte* Position der Emergenz, dass nämlich das Sprachsystem anfangs das Ergebnis der Evolution und gleichzeitig der Entwicklung eines besseren Gedächtnisses, einer besseren bewussten motorischen Kontrolle des Stimmsystems, einer komplexeren Kategorisierung sozialer Beziehungen und Ereignisse, einer vielgestaltigen vokalen Kommunikation einschließlich vokaler Imitation und so weiter war. Wir können uns sogar vorstellen, dass eine solche Kombination die Zusammenstellung von Zeichen zu einfachen Satzgliedern ermöglicht hat. Aber wir glauben, dass das nur die Grundlage von Sprache war und dass besondere sprachliche Regelmäßigkeiten so nicht entstanden sein können. Sie müssten durch kumulative natürliche Auslese entstehen, vor allem durch kulturelle, aber auch durch genetische Auslese. Der andere Hauptunterscheid zwischen unserer Position und der Chomskys ist, dass er behauptet, es gebe eine formelle, nicht funktionale UG, während die von uns bevorzugte Theorie, nämlich die von Dor und Jablonka, auf einem spezifisch funktionalen Charakter von Grammatik basiert.

A. D.: Können Sie die Vorstellung akzeptieren, dass es einen allgemeinen Verarbeitungsmechanismus im Gehirn gibt – eine FLN oder irgendetwas Ähnliches –, der das wiederholte Anwenden eines bestimmten Mechanismus (Rekursion) ermöglicht, produktiv ist und verschiedene Bereiche miteinander verbindet? Ich könnte mir vorstellen, dass ein allgemeiner Mechanismus, der sich für Sprache genauso wie für andere Funktionen nutzen lässt, gut zu Ihren Vorstellungen passt, vor allem da Sie glauben, dass Sprache nur eine sehr spezielle Art symbolisch vermittelter Kommunikation ist.

M. E.: Wir sind nicht sicher, ob diese gesonderte abstrakte FLN vielleicht eine Illusion ist. Wir sehen keinen erkennbaren Grund, warum sich Rekursion, die das Zentrum der FLN zu sein scheint, nicht im Zusammenhang mit sozialer Kommunikation, vor allem mit Klatsch, entwickelt haben sollte, eher als in irgendeinem anderen Zusammenhang. Sie brauchen sich nur in einen Bus zu setzen, dann werden Sie hören, wie irgendjemand sagt: „Hat Ihnen Jack nicht erzählt, was Victoria Mark gesagt hat, was Jill gehört hat, was James gesagt hat …?“ Klatsch und immer wieder das Gleiche zu sagen, gehören zusammen! Ein anderes Problem der FLN ist, dass sie keine Erklärung bietet für die überquellende Vielschichtigkeit vererbter Parameter, die ein Merkmal von Chomskys UG sind. Selbst unter der Annahme, dass so etwas wie die FLN ein Bestandteil von Sprache ist, glauben wir, dass sie in Verbindung mit den Wahrnehmungs- und sensomotorischen Systemen entstand. Wir können nicht glauben, dass das nur geschah, um die anderen Systeme in ein neues perfektes sprachliches Supersystem einzupassen und zu organisieren. Dieses musste sich an sie anpassen, besonders an das Wahrnehmungssystem. Wenn es das tat, können seine Regeln nicht völlig abstrakt und ohne jede Bedeutung sein.

A. D.: Ihre Ansicht, nach der Regeln aus Interaktionen hervorgegangen sind, scheint sie eher auf die Seite der Funktionalisten zu rücken. Und doch scheinen Sie sich in diesem Punkt zu widersprechen. Einerseits haben Sie mich in Kapitel 6 überzeugt, dass eine Kombination bereits bestehender Merkmale zu einer neuen, sehr speziellen Begabung wie der Fähigkeit, zu lesen und zu schreiben, führen kann. Auf der anderen Seite teilen sie die Erklärung der Funktionalisten nicht, wonach die Evolution von Sprache auf kognitiven Werkzeugen beruht, die allgemeinen Zwecken dienen; das Besondere von Sprache besteht darin, dass sie die Folge evolutionärer Eigenheiten in Form eines größeren menschlichen Gehirns, der Anatomie des Sprechapparats, der Einschränkungen der Sprachproduktion und allgemeiner Lernmechanismen ist. Ich kann nicht erkennen, was an der Argumentation der Funktionalisten falsch sein soll.

M. E.: Wenn man die einzigartigen grammatikalischen Regeln von Sprache, das Tempo, in dem sie erworben und angewandt wird, oder selbst neue Spracherfindungen allein auf die allgemeine Intelligenz, die Entwicklung des Gehirns, die motorische Entwicklung und die kulturellen Evolution zurückführen könnte, dann würde uns das freuen. Das wäre höchst rationell und elegant. Das hat noch keiner getan. Wir akzeptieren die allgemeine Argumentation der Funktionalisten, aber unserer Ansicht nach erklärt sie nicht ausreichend, warum wir Sprache in einem frühen Stadium unseres Lebens so leicht erwerben und anwenden können. Wir denken, um das zu erklären, muss man annehmen, dass die Fähigkeit, Regeln zu erlernen, mit universellen Konzepten zusammenhängt, die teilweise genetisch assimiliert wurden.

A. D.: Warum sollen wir nicht annehmen, dass die grundlegende genetische Evolution von Sprache durch die allgemeine Intelligenz und die konzeptionellen „Leitlinien" bestimmt wurde, die unsere Wahrnehmung und unser motorisches und soziales Verhalten diktierten, die komplexen Regeln der UG dagegen von der kulturellen Evolution?

M. E.: Wir können es nicht ausschließen, aber es fällt uns schwer, das zu glauben; zum einen wegen der Schnelligkeit, mit der Sprache in jungen Jahren erlernt wird, zum anderen wegen der *Grenzen* sprachlicher Kommunikation; und drittens wegen der unvermeidlichen gleichzeitigen Evolution von Genen und Kultur, wenn der Vorgang lang andauert und gerichtet ist, wie es bei der Evolution von Sprache wahrscheinlich der Fall war.

A. D.: Aber könnte eine Sprachregel, die alle Sprachen gemeinsam haben, nicht einfach durch kulturelle Evolution unabhängig voneinander in jeder dieser Sprachen entstanden sein?

M. E.: Es kann sein, dass *einige* grammatikalische Regelmäßigkeiten, die es in allen Sprachen gibt, das Ergebnis konvergenter kultureller Evolution sind. Die allgemeine, bereits entwickelte Struktur von Sprache schränkt neue Innovationen wahrscheinlich sehr stark ein. Daher könnten alle Sprachen auf ähnliche, neuartige, kulturell erfundene Strukturen hinsteuern. Aber das würde nur geschehen, nachdem das Sprachsystem bereits seine Grundregeln entwickelt hatte, die dann die Bildung aller neuen Regeln lenken würde.

A. D.: Wissen Sie, Sie haben einen großen Teil ihres Evolutionsszenarios weggelassen. Sie haben nicht viel darüber gesagt, warum sprachliches Verhalten solche Vorteile hatte, oder darüber, wie Sprache zum ersten Mal auftauchte. Sicher sind beide Punkte wichtig für Ihre Geschichte.

M. E.: Das stimmt. Wir haben angedeutet, dass die soziale Evolution für den Prozess der sprachlichen Evolution sehr wichtig war und dass man sich über verschiedene parallele Vorteile Gedanken machen müsste, denn Sprache ist und war wahrscheinlich von Anfang an multifunktional. Es gibt eine Menge interessanter Studien über die Art der Auslese, die dabei womöglich eine Rolle gespielt hat, und über die Stadien der Evolution von Sprache, aber wir haben nicht versucht, jedes Detail dieses Problems zu behandeln, nur die Interaktion von Genen und Kultur. Wir haben die Frage nach den evolutionären Ursprüngen nicht nur der Sprache, sondern auch aller anderen Vererbungssysteme vermieden. Das Problem des Ursprungs werden wir im nächsten Kapitel behandeln.

Kapitel 9: Lamarck'sche Mechanismen: Die Evolution der „begründeten Vermutung"

Unsere Leser, die nun das vorletzte Kapitel erreicht haben, haben wir hoffentlich davon überzeugt, dass die DNA nicht Anfang und Ende, nicht das Ein und Alles der Vererbung ist. Information wird durch viele sich gegenseitig beeinflussende Vererbungssysteme von einer Generation zur nächsten übertragen. Außerdem entstehen, anders als es das Zentrale Dogma der Molekularbiologie behauptet, erbliche Variationen, unter denen die natürliche Selektion auswählt, nicht immer zufällig und sie sind auch nicht immer funktionsblind: Neue erbliche Variabilität kann als Antwort auf veränderte Lebensbedingungen entstehen. Erbliche Variationen sind oft insofern *gerichtet*, als sie vorzugsweise Funktionen oder Aktivitäten betreffen, die den Organismus besser mit der Umwelt, in der er lebt, zurechtkommen lassen. Erbliche Variationen sind darüber hinaus *konstruiert* in dem Sinne, dass ungeachtet dessen, wie sie entstanden sind, verschiedene Filter- und Verarbeitungsprozesse vor und während der Informationsübertragung Einfluss darauf haben, welche Varianten vererbt werden und welche endgültige Form diese annehmen.

Einige Biologen tun sich außerordentlich schwer damit, diesen „Lamarck'schen" Aspekt der Evolution zu akzeptieren; für sie riecht er nach Teleologie und sieht danach aus, als wolle man einer zweckbestimmten erblichen Variabilität das Wort reden. Ihnen kommt es so vor, also wolle man die „Hand Gottes" durch die Hintertür wieder ins Evolutionsgeschehen eingreifen lassen. Nichts liegt uns ferner als das! Bei all dem ist nichts Übernatürliches oder Mysteriöses im Spiel – das Nichtzufällige erblicher Variabilität resultiert ganz einfach aus den Eigenschaften verschiedener Vererbungssysteme und der Art und Weise, wie sie auf innere und äußere Einflüsse reagieren. Uns ist allerdings bewusst, dass wir hier eine Frage noch gar nicht erörtert haben – weshalb es so aussehen mag, als wollten wir doch eine naive Teleologie vertreten. Die ganze Zeit haben wir die *Existenz* von Vererbungssystemen, die potenziell adaptive Variationen generieren und übertragen sollen, einfach behauptet. Könnte es sein, dass wir mit dieser Annahme schon ganz zu Beginn unserer Argumentation das Evolutionsgeschehen irgendeiner mysteriösen Intelligenz überantwortet haben? Um jeglichen Verdacht auszuräumen, uns auf die „Hand Gottes" berufen zu wollen, befassen wir uns nun mit der Frage, wie solche intelligenten Systeme überhaupt erst entstanden sein könnten.

Bevor wir uns mit dem phylogenetischen Ursprung solcher Systeme befassen, die instruierende Elemente in das Evolutionsgeschehen einbringen, wollen wir noch auf einen schon lange bestens bekannten Aspekt der Evolutionsbiologie eingehen, der für viele unserer Argumente von zentraler Bedeutung ist: Viele neue Anpassungen nehmen ihren Anfang als Nebenprodukte oder als Modifikationen von Merkmalen, die ursprünglich für ganz andere Funktionen selektiert worden waren. Beispielsweise hat der Kiefer der Wirbeltiere seinen Ursprung in Skelettelementen, die den Kiemendarm (ein Atmungsorgan) primitiver kieferloser Fische stabilisierten. Diese Stützstrukturen des vorderen Kiemen-

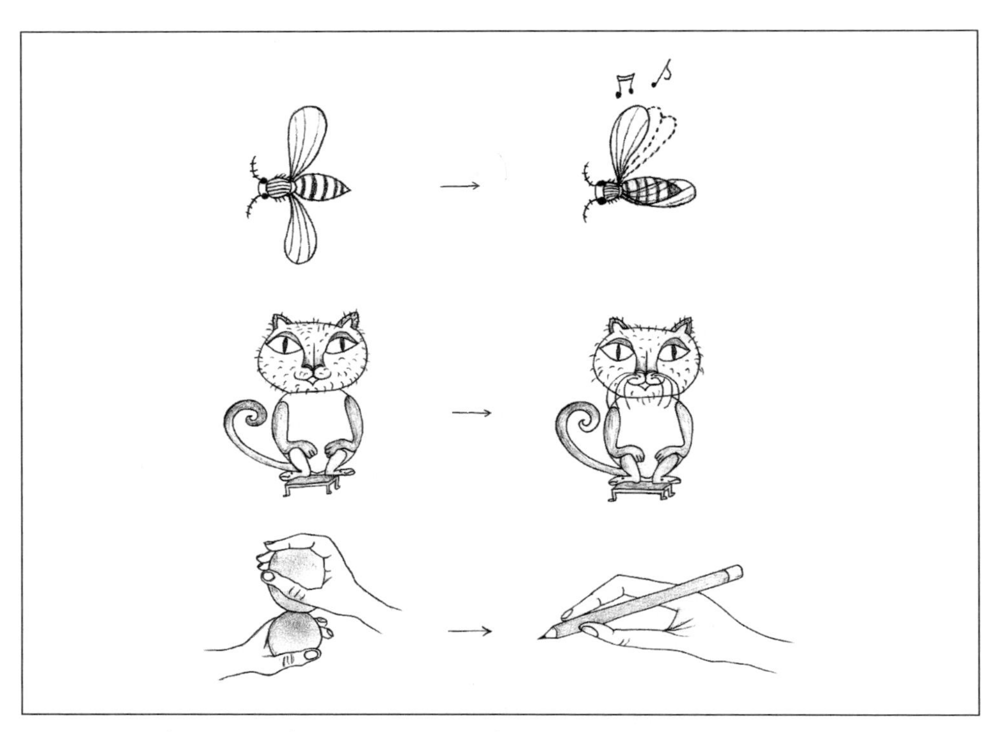

Abb. 9.1 Funktionswechsel im Verlauf der Evolution. Oben: Taufliegen vibrieren mit den Flügeln – einer Struktur, die ursprünglich für das Fliegen selektiert worden war – und erzeugen dadurch akustische Werbesignale. Mitte: Das Haar der Säugetiere, ursprünglich selektiert für die Regulation der Körpertemperatur, hat als Schnurrhaar sensorische Funktion. Unten: Die menschliche Hand, primär selektiert zum Hantieren mit Gegenständen, spielt heute eine Rolle in der Kommunikation durch Symbole.

darms wurden allmählich für neue, mit der Ernährung in Zusammenhang stehende Funktionen hineingenommen und wandelten sich zum Kiefer der späteren Fische. Doch an dieser Stelle endete die Umkonstruktion nicht: Bei späteren Wirbeltieren führten Änderungen in der Ernährung zum Umbau der Kiefergelenke und setzten dabei einige Knochen am hinteren Kieferende frei; diese wurden dann für eine neue Aufgabe eingesetzt – nämlich Vibrationen zu leiten. So entstanden schließlich die drei kleinen Gehörknöchelchen in unserem Mittelohr. All dies zeigt: Was zuerst Atmungshilfe war, wurde zur Ernährungshilfe und schließlich zur Hörhilfe. Eine Struktur, die ursprünglich für *eine* Funktion selektiert worden war, entwickelte sich zu solchen mit ganz anderen Funktionen[1].

Wenn eine bestehende Struktur allmählich für eine neue Aufgabe eingesetzt wird, geht ihre alte Funktion im Gegenzug nicht einfach verloren, die Struktur wird vielmehr multifunktional. Das Haar der Säugetiere ist ein gutes Beispiel: Ursprünglich entwickelte es sich vermutlich zur Isolierung und Regulierung der Körpertemperatur. Für viele Säugetiere blieb dies auch seine Primärfunktion, doch bei einigen hat es noch andere Aufgaben übernommen – etwa im Zusammenhang mit der Werbung um Paarungspartner oder der Tarnung. Außerdem haben heute einige Haartypen sensorische Funktion; so sind die Schnurrhaare an der Schnauze vieler Säugetiere außerordentlich empfindlich für Berührung. Dies und andere Beispiele illustrieren wir in Abbildung 9.1. In den nachfolgenden Abschnitten befassen wir uns damit, wie analoge Abänderungen zur Evolution der verschiedenen Vererbungssysteme beigetragen haben.

Ursprung und Genetik interpretativer Mutationen

Viel ist darüber geschrieben worden, wie Leben einst entstanden sein mag. Lange Zeit betrachtete man es als primär philosophisches Problem, doch heute ist die Frage nach dem „Ursprung des Lebens" längst Gegenstand naturwissenschaftlicher Untersuchungen. Forscher, die sich mit der präbiotischen Evolution beschäftigen, entwickeln immer plausiblere und überprüfbare Modelle zur Entstehung der allerersten lebenden Systeme. Wir wollen uns damit aber hier nicht weiter aufhalten, denn die Frage nach dem Ursprung des Lebens geht deutlich über das hinaus, was wir in diesem Buch diskutieren[2]. Unsere Betrachtungen sollen entwicklungsgeschichtlich an dem Punkt einsetzen, als durch komplexe chemische und biochemische Evolutionsprozesse, bei denen die natürliche Selektion vermutlich eine wichtige Rolle spielte, die DNA als Erbmaterial entstanden war. Die natürliche Selektion hatte auch weiterhin Einfluss auf Organisation und Aktivität der DNA, wodurch sich irgendwann Mechanismen entwickelten, die das generierten, was wir in Kapitel 3 „interpretative Mutationen" bezeichnet haben, die also eine Lamarck'sche Dimension in das Evolutionsgeschehen einführten. Die Frage ist aber: Wie vermochten sich solche Mechanismen herauszubilden? Wie kam es dazu, dass genetische Veränderungen sich manchmal vorzugsweise an ganz bestimmten Stellen des Genoms ereignen oder zu einem Zeitpunkt, wenn sie wahrscheinlich nützliche Wirkungen entfalten?

Wir haben ja schon darauf hingewiesen, dass die Zellmechanismen der massiven genomweiten Zunahme der Mutationen unter schweren Stressbedingungen ganz verschieden gedeutet werden. Einige Leute bezweifeln grundsätzlich, dass es sich dabei um eine Anpassung handelt. Sie verstehen dies vielmehr als pathologische Erscheinung – als Ausdruck der Tatsache, dass viele Systeme im Organismus – einschließlich der DNA-Reparaturmaschinerie – unter massivem Stress zusammenbrechen. Die Häufung von Mutationen resultiere schlicht aus dem zunehmenden Unvermögen der Zelle, die DNA richtig zu reparieren. Andere vertreten dagegen die Auffassung, dass die Fähigkeit von Zellen, auf Stress hin einen Schwall von Mutationen auszulösen, als adaptive Reaktion zu verstehen sei, die sich durch natürliche Selektion entwickelt habe.

Hinsichtlich der beiden gegensätzlichen Standpunkte zur stressinduzierten Mutabilität besonders interessant und aufschlussreich ist ein System der Zelle, das als SOS-Antwort-System bekannt ist. Wie der Name nahelegt, schreitet das SOS-System ein, falls die Situation so kritisch wird, dass sich eine Zelle nicht mehr teilen kann[3]. Wenn trotz aller Erhaltungs- und Reparaturmaßnahmen die Beschädigung der DNA so gravierend ist, dass der Replikationsprozess zum Stillstand kommt, wird ein Protein aktiviert, das genau dieses Problem erkennt. Dieses aktivierte Protein zerstört nun jene Moleküle, die an die Kontrollregion von SOS-Genen binden und diese im aktiven Zustand halten. Sobald diese Repressormoleküle entfernt sind, schalten sich die SOS-Gene an. Die Proteine, für die sie kodieren, veranlassen die Konstruktion eines Bypasses um den beschädigten DNA-Bereich, sodass die Replikation zu Ende geführt werden kann. Allerdings sind die resultierenden DNA-Kopien ziemlich ungenau, das heißt, obwohl das SOS-System die Fortsetzung der DNA-Replikation ermöglicht, fungiert es als induzierbares Mutationen generierendes System (*inducible global mutator system*), das zahlreiche Abänderungen in Tochter-DNA-Molekülen verursacht.

Viele der Gene, die für die SOS-Antwort eine Rolle spielen, füllen noch andere Funktionen in der Zelle aus; deshalb können wir über die Ursprünge des SOS-Systems und darüber, wie die natürliche Selektion es ausgeformt haben mag, nur Mutmaßungen anstellen. Gleichwohl nennt der französische Mikrobiologe Mirsola Radman einige der beteiligten Gene in Anbetracht ihrer gegenwärtigen Aktivität „Mutasen"[4]. Seiner Auffassung nach hat sich das SOS-System – gleich wie es entstanden sein mag – nun zu einem System entwickelt, das die Mutabilität kontrolliert und unter Stressbedingungen die Mutationsrate erhöht. Dies sei mit positiven Selektionswerten belegt, weil Abstammungslinien, bei denen zufällige genetische Veränderungen die fehleranfälligen DNA-Reparatursysteme mit stressinduzierten zellulären Abänderungen verknüpften, mit höherer Wahrscheinlichkeit überlebten als andere. Zwar führt die Erhöhung der Mutationsrate unter Stressbedingungen zum Absterben der meisten Zellen, doch einige wenige überleben – und zwar jene „Glücklichen" mit geeigneten Mutationen, dank derer sie mit der existenzbedrohenden Situation zurechtkommen.

Statistisch betrachtet verschlechtern die meisten Mutationen die Situation und verbessern sie nicht; deshalb wäre es zweifellos eine gute Strategie, die durch Stressbedingungen ausgelösten zusätzlichen Mutationen auf jene Gene zu begrenzen, durch deren Abänderung sich die Zelle möglicherweise retten könnte. Und offenbar ist genau dies möglich: Es gibt Bedingungen, unter denen Zellen Mutationen nicht nur zur rechten Zeit, sondern auch am rechten Ort generieren. In Kapitel 3 haben wir die Untersuchungen Barbara McClintocks vorgestellt; danach ist das Bakterium *E. coli* in der Lage, unter bestimmten Umständen ziemlich zweckmäßige Mutationen (*appropriate mutational guesses*) herbeizuführen. Denn sie fand heraus, dass diese Bakterien – mit einem Nährmedium konfrontiert, dem eine essenzielle Aminosäure fehlt – die Mutationsrate in genau jenen Genen erhöht, die, sofern sie entsprechend mutiert sind, die Zelle in die Lage versetzen, die im Nährmedium fehlende Aminosäure selbst zu produzieren. Man kann sich recht leicht vorstellen, wie sich diese zweifellos adaptive Reaktion entwicklungsgeschichtlich herausgebildet haben könnte. Der „Trick" könnte darin bestanden haben, jene genetische Abänderung zu selektieren, die die bestehenden Mechanismen zum An- und Abschalten von Genen mit den fehleranfälligen DNA-Reparaturmechanismen verknüpfen. Das durch Umwelteinflüsse induzierbare System, das ein bestimmtes Gen anschaltet, würde unter Stressbedingungen dafür sorgen, dass Mutationen in diesem Gen entstehen.

Die Entwicklung einer anderen Kategorie interpretativer Mutationen durch natürliche Selektion lässt sich sogar noch einfacher erklären. Diesen Typ findet man häufig bei pathogenen Mikroorganismen, die sich durch eine konstant hohe Mutationsrate in ganz bestimmten, eng umgrenzten Bereichen ihres Genoms auszeichnen. In diesen „Hot Spots" liegt die Mutationsrate immer ein Vielhundertfaches über der jedes anderen Genombereichs. Eine solch hohe Mutationsfrequenz wäre für das Genom im Allgemeinen eine Katastrophe – allerdings nicht an den Hot Spots, denn die Hot-Spot-Gene kodieren für häufig abzuändernde Produkte. Denken Sie zum Beispiel an einen pathogenen Organismus, der unaufhörlich im „Krieg" mit dem Immunsystem seines Wirts liegt. Dieser erkennt das Pathogen anhand seiner Proteinstruktur an der Zelloberfläche; das Pathogen kann seiner Entdeckung für eine Weile nur entgehen, wenn es seiner Zelloberfläche eine andere Struktur gibt. Doch das Immunsystem des Wirts ist seinerseits nicht träge, es wird den Informationsvorsprung des Eindringlings rasch aufholen und dessen neue Zellhülle identifizieren; so bleibt dem Pathogen nichts anderes übrig, als diese erneut abzuwandeln. Das Pathogen sollte aus seiner Sicht also der Abwehr seines Wirts immer einen Schritt voraus sein. Wenn es sich bei den Genen, die für Zelloberflächenproteine kodieren, um Mutations-Hot-Spots handelt, hat das Pathogen große Chancen, genau das zu schaffen.

Mutations-Hot-Spots gibt es, weil bestimmte Typen von DNA-Sequenzen bei der Replikation und Reparatur viel fehleranfälliger sind als andere. So gibt es beispielsweise bei kurzen repetitiven Sequenzen in und um Gene herum häufiger Probleme, weil Replikationsenzyme „rutschen", das heißt, sie überspringen oder duplizieren einige der Sequenzwiederholungen. Solche kurzen repetitiven Sequenzen prädestinieren also einen Genomabschnitt für hohe Mutabilität. Wenn häufige genetische Abänderungen vorteilhaft sind, dann unterliegen kurze Wiederholungen und andere Sequenzen, die nicht sehr sorgfältig repliziert oder repariert werden, einer positiven Selektion. Solche Sequenzmotive, die die Mutabilität von Genen erhöhen, entstehen zwar zufällig, doch bleiben sie erhalten und werden sogar häufiger, wenn sie der Abstammungslinie ein Überleben unter sich ständig ändernden Bedingungen ermöglichen[5].

Wir haben die Zusammenhänge zwar nur sehr grob skizziert, doch sollte klar geworden sein, dass Systeme, die interpretative Mutationen generieren, keineswegs auf mystische Weise phylogenetisch entstanden sind. Einige solcher Mutationen begannen wahrscheinlich als Nebenprodukte von Notfall-DNA-Reparatursystemen, die manchmal mit den Systemen zur Kontrolle der Genaktivität verknüpft wurden; andere hingegen haben ihren Ursprung in allgemeinen und zufälligen DNA-Abänderungen wie der Einführung kurzer repetitiver Sequenzen. Dies ist alles, was notwendig war, um erste, zufällige und grobe Versionen von Systemen zur Erzeugung interpretativer Mutationen mit ihren scheinbar „absichtsvollen", vorausschauenden Wirkungen entstehen zu lassen. Selbstverständlich erforderte die nachfolgende Vervollkommnung durch die Evolution weitere Selektion, doch gibt es keinen Grund daran zu zweifeln, dass eine solche Selektion tatsächlich stattgefunden hat.

Der Ursprung epigenetischer Vererbungssysteme und die Genetik der Epigenetik

In Kapitel 4 haben wir uns mit einigen sehr unterschiedlichen epigenetischen Vererbungssystemen befasst. Sie alle verbindet die Eigenschaft, nicht-DNA-kodierte Information von Mutter- auf Tochterzellen zu übertragen; außerdem eröffnen sie alle Wege zur Vererbung induzierter Änderungen. Diese EVSs spielen eine Schlüsselrolle in der Entwicklung vielzelliger Organismen, denn bei diesen ist die Fähigkeit von Zellen, Information über ihren funktionellen Status zuverlässig weiterzugeben, zwingend notwendig – EVSs scheinen also auf den Bedarf vielzelliger Lebensformen zugeschnitten zu sein. Doch auch Protozoen verfügen über EVSs; entwicklungsgeschichtlich müssen EVSs deshalb sehr alt sein. Wenn wir ihren Ursprung und ihre nachfolgende Evolution verstehen wollen, müssen wir uns fragen, welche Rolle die EVSs in den ursprünglichen Einzellern wohl gespielt haben. Welchen Vorteil mögen diese Zellen davon gehabt haben, ihren epigenetischen Funktionszustand auf Tochterzellen übertragen zu können?

Möglicherweise wurden EVSs selektiert, weil sie den frühen Einzellern ein Überleben unter sich fortlaufend ändernden Bedingungen erlaubten. In solchen Milieuverhältnissen war es für eine Linie wahrscheinlich von Vorteil, zwischen einigen alternativen erblichen Zuständen wechseln zu können. Während Zellen in dem einen Zustand die einen Bedingungen überlebten, kamen andere Zellen in anderem Zustand mit anderen Verhältnissen besser zurecht. Zwar kann auch das genetische System alternative Zustände weitergeben, doch gibt es einige Gründe, warum epigenetische Variationen häufig viel besser dafür geeignet sind. Erstens entstehen epigenetische Variationen normalerweise viel häufiger als Mutationen; wenn sich die Bedingungen häufig ändern, kann dies ein entscheidender Vorteil sein[6]. Damit verbunden ist zweitens, dass epigenetische Variationen häufig ohne Weiteres reversibel sind – Mutationen sind dies im Allgemeinen nicht. Drittens sind das Generieren und Rückführen epigenetischer Variationen funktionell mit sich ändernden Bedingungen verknüpft; auch dies trifft nur selten auf Mutationen zu.

Kontinuierlich und unregelmäßig sich ändernde Bedingungen mögen deshalb teilweise treibende Kraft für die Evolution der epigenetischen Vererbung gewesen sein; doch wir vermuten, dass die mehr vorhersehbaren Aspekte der Umwelt dafür noch größere Bedeutung hatten. Fast alle Organismen leben unter Bedingungen, die sich auf ziemlich regelmäßige, zyklische Weise verändern: Es gibt Tag-Nacht-Zyklen (normalerweise verbunden mit entsprechend zyklischen Temperaturänderungen); es gibt den Wechsel von Ebbe und Flut, die Jahreszeiten und viele mehr. Wenn Organismen überleben wollen, müssen sie sich an diese regelmäßig sich ändernden Verhältnisse anpassen; und das tun sie auf ganz verschiedene Weise. Organismen, die im Laufe ihres Lebens viele solche Zyklen erfahren, passen sich normalerweise physiologisch oder verhaltensspezifisch an. Beispielsweise werfen viele Pflanzen ihr Laub, wenn der Winter naht; einige Tiere halten Winterschlaf, Säugetiere bekommen ein dickeres Fell und viele Vögel wandern zu ihren Winterquartieren. Im Frühling ändert sich alles wieder in die andere Richtung. Im Gegensatz zu diesen physiologischen und verhaltensspezifischen Anpassungen mögen sehr kurz lebende Organismen, die während einer einzigen Phase des Zyklus viele Generationen produzieren, vorzugsweise genetisch adaptieren: Genetische Varianten, besonders geeignet für die eine Phase, werden in einer anderen Phase via natürliche Selektion durch solche Varianten ersetzt, die eben dafür prädestiniert sind. Zwischen diesen beiden Extremtypen von Lebewesen liegen jene, die uns besonders interessieren; also solche, die sich mit mehreren (aber nicht vielen) Generationen an jeder der einzelnen Zyklusphasen beteiligen. Stellen Sie sich etwa einen Zyklus mit nur zwei Phasen vor, zehn Stunden heiß und zehn Stunden kalt; und einen einzelligen Organismus, der sich jede Stunde teilt. Welche Strategie ist wohl die beste für diesen Organismus unter diesen Bedingungen, wenn also jede Phase des Zyklus zehnmal länger ist als die Generationsdauer?

Abb. 9.2 Die Generationenuhr. Ein einzelliger Organismus, der sich jede Stunde einmal teilt und der in einer Umwelt lebt, die sich regelmäßig alle zehn Stunden ändert, entwickelt ein Gedächtnissystem, das ihn dazu befähigt, seine Anpassungen für zehn Generationen zu erhalten.

Die intuitiv richtige Antwort (Intuition ist nicht immer ein verlässlicher Führer für evolutionstheoretisches Denken) wird durch mathematische Modelle gestützt: Der Organismus sollte am besten alle zehn Generationen seinen Zustand ändern[7]. Dafür braucht er allerdings ein Gedächtnissystem, das einen neu erworbenen Zustand für genau zehn Zellteilungen erhält und weitergibt (Abb. 9.2).

Wenn der Organismus über ein solches System verfügt, werden die Nachkommen normalerweise den gegenwärtig adaptiven Zustand erben; dies bedeutet: Sie müssen weder Zeit noch Energie darauf verwenden, eine geeignete Antwort auf die aktuellen Bedingungen zu finden. Sie bekommen also die notwendige Information von der Elternzelle ganz umsonst. Natürliche Selektion wird deshalb die Stabilität und Erblichkeit der verschiedenen funktionellen Zustände an die Länge der Phasen im Zyklus anpassen. Weil in jeder Zyklusphase nur einige wenige Generationen leben, sind es mit größter Wahrscheinlichkeit die epigenetischen Systeme mit ihrem großen Potenzial, reversible Variationen zu erzeugen, die die natürliche Selektion zu effizienten Gedächtnissystemen macht. Mechanismen zur Generierung genau gerichteter DNA-Veränderungen können ebenfalls unter solchen Bedingungen evolvieren und tatsächlich Grundlage des Zellgedächtnisses einiger einzelliger Organismen sein. Gleichwohl wird es bei Einzellern, die unter regelmäßigen, zyklischen Bedingungen leben, die adaptive Flexibilität epigenetischer Regulationssysteme gewesen sein, die diese zu den geeignetsten Kandidaten gemacht hat, sich zu Gedächtnissystemen zu entwickeln. Es gibt also viele Gründe dafür, warum epigenetische Vererbungssysteme bei frühen einzelligen Lebewesen Ziel der Selektion waren; doch bis jetzt haben wir einen kritischen Teil ihrer Evolution außer Acht gelassen. Wir haben noch nichts darüber gesagt, wie diese Systeme ursprünglich entstanden sein mögen. Damit wollen wir uns im Rest dieses Kapitels beschäftigen. Da die vier EVS-Typen, die wir in Kapitel 4 beschrieben haben, so unterschiedlich sind, wollen wir jeden einzeln abhandeln; wir fragen dabei immer zum einen nach dem Ursprung des Systems, zum anderen nach den anschließenden Modifikationen.

Selbst erhaltende Rückkopplungsschleifen

Die entwicklungsgeschichtlichen Ursprünge dieses EVS-Typs sind nicht schwer zu ergründen, denn das Weitergeben selbst erhaltender Rückkopplungsschleifen ist fast unausweichliche Folge von Zellwachstum und Zellvervielfältigung. In Kapitel 4 haben wir ein einfaches Beispiel einer positiven Rückkopplungsschleife beschrieben. Grundsätzlich ist ein System dann selbst erhaltend, wenn die Produkte eines durch interne oder externe Induktoren aktivierten Gens mit diesem in Wechselwirkung treten (nicht unbedingt auf direkte Weise) und dadurch den Aktivitätszustand dieses Gens aufrechterhalten. Nun bleibt das Gen so lange angeschaltet, wie genügend seiner Produkte im System vorhanden sind. Sofern aus irgendeinem Grund die Konzentration des Genprodukts unter eine kritische Schwelle sinkt, schaltet das Gen dauerhaft ab.

Wenn sich eine Zelle teilt, in der das Gen aktiv ist, teilen sich beide Tochterzellen auch die aktuell vorhandenen Moleküle des Genprodukts – sind es jeweils genug, bleibt das Gen in beiden Tochterzellen angeschaltet. Die Weitergabe des aktiven (oder inaktiven) Zustands des Gens resultiert somit unausweichlich aus der Natur der Rückkopplungsschleife und der Zellteilung: Vererbung ist hier ganz einfach Nebenprodukt des Systems, das die zelluläre Genaktivität aufrechterhält. Wenn es ein Vorteil ist, den Genaktivitätszustand der Mutterzelle zu erben, dann wird alles, was diesen Transfer verlässlicher macht, in das System eingebaut. Beispielsweise kann natürliche Selektion genetische Veränderungen begünstigen, die das Genprodukt stabiler oder die Wechselwirkungen zwischen der Kontrollregion des Gens und dem Genprodukt sicherer machen; sie erhöhen die Menge des Genprodukts in der Zelle und somit die Wahrscheinlichkeit, dass nach der Teilung beide Tochterzellen über genügend Moleküle verfügen, um die Genaktivität aufrechtzuerhalten.

Die meisten sich selbst erhaltenden Rückkopplungsschleifen sind Komponenten großer und komplexer Netzwerke in der Zelle, die viele Gene einschließen; und jedes dieser Gene ist in mehrere regulatorische Wechselwirkungsketten eingebunden. In solchen Netzwerken bestimmen die Anzahl der Gene und die Art der Wechselwirkungen zwischen den Genprodukten selbst sowie zwischen diesen und anderen Genen das Gesamtverhalten des Systems. Mit Simulationen, die auf theoretischen Modellen zu Regulationsnetzwerken mit einigen wenigen einfachen Eigenschaften beruhen, zeigte der amerikanische Biologe Stuart Kauffman, dass Netzwerke, die aus vielen wechselwirkenden Genen zusammengesetzt sind (wobei jedes Gen durch einige andere reguliert wird), mehrere verschiedene Zustände einnehmen können; jeder dieser Zustände ist sehr stabil und wird im Zuge der Zellteilung ganz automatisch weitergegeben[8]. Dynamische Stabilität ist – in den Worten Kauffmans – „kostenlos", weil sie unausweichliche Folge der regulierenden Struktur des Netzwerks ist. Das System kann durch natürliche Selektion noch weiter ausgestaltet, das heißt, die Systemkomponenten und ihre Verknüpfungen können noch feiner aufeinander abgestimmt werden; doch die meisten Mutationen vermögen die Systemzustände – Emergenzerscheinungen, resultierend aus dem Netz von Wechselwirkungen – nicht nachhaltig zu verändern.

Strukturvererbung

Ursprung und ursprüngliche Vorteile des zweiten EVS-Typs, der dreidimensionale Strukturen reproduziert und an Tochterzellen weitergibt, kann man sich ebenso einfach vorstellen. Wenn Zellen wachsen und sich vervielfältigen, fügen sich komplexe molekulare Strukturen zusammen – etwa jene, die das Zellskelett oder die Zellmembranen formen – und zerfallen auch wieder. Der Konstruktionsprozess verläuft vermutlich rascher und zuverlässiger, wenn bereits existierende Strukturen als Vorlagen oder Anleitungen für die Montage neuer verwendet werden. Eine schon vorhandene Struktur kann man sich als eine Art Gussform vorstellen, die freie Komponenten anzieht. Wenn ein solch „angeleiteter Zusammenbau" die Funktionalität der Zelle verbessert und zu ihrem Erhalt beiträgt, wird die natürliche Selektion genetische Abänderungen erfassen, die die chemischen und topologischen Eigenschaften der Komponenten beeinflussen und dadurch deren Affinität zueinander und zu bereits vorhandenen Strukturen verändern.

In der frühen Phase der Zellevolution wird dieser Typ von Selektion nicht nur die Zellerhaltung verbessert, sondern ebenso große Bedeutung für das Wachstum von Strukturen nach Zellteilungen gehabt haben. Mit anderen Worten: Die Vererbung von Strukturen war wie die sich selbst erhaltender Rückkopplungsschleifen wahrscheinlich ein Nebenprodukt von Systemen, die ursprünglich zum Erhalt zellulärer Strukturen und

Funktionen selektiert worden waren. In der Folgezeit wurde die „Montage nach Vorlage“ (*templated assembly*) durch Selektion solcher genetischer Variationen stabilisiert und verbessert, die die strukturellen Eigenschaften der beteiligten Moleküle beeinflussen.

Einige der Untersuchungen im Labor von Susan Lindquist zeigen, wie recht einfache genetische Abänderungen die Wahrscheinlichkeit erhöhen oder verringern können, dass ein Protein eine Struktur mit der Funktion annimmt, sich selbst als Matrize zur exakten Nachbildung zu verwenden (*self-templating properties*)[9]. In Kapitel 7 haben wir über die Untersuchungen der Lindquist-Gruppe zu einem Hefe-Protein berichtet, das in zwei alternativen Konformationen auftreten kann: In der normalen und einer ziemlich seltenen Prion-Form [PSI$^+$]. Dies hat Auswirkungen auf die Genauigkeit der Proteinsynthese. Ein Teil der Studie bestand darin, einen Stamm mit Mutationen zu konstruieren, die die Zahl von Kopien einer kurzen Aminosäurensequenz veränderten; diese Sequenz ist normalerweise im Protein in Form von fünf nicht vollkommen identischen Kopien vorhanden. Nach dieser Untersuchung wurde das normale Protein mit seinen fünf unvollkommenen Sequenzwiederholungen mit nur geringer Wahrscheinlichkeit zu einem Prion; fügte man jedoch zwei Kopien hinzu, stellte sich die Prion-Konformation mit der Eigenschaft, sich selbst als Matrize zur Vervielfältigung zu verwenden, sehr viel wahrscheinlicher ein. Wurden andererseits vier Kopien entfernt, zeigte das Protein eine stark abgeschwächte Neigung, die Prion-Konformation einzunehmen. Etwas ganz Ähnliches hat man bei einem Säugetier-Gen gefunden, das für ein Prionen formendes Protein kodiert: Allele, die die Anzahl von Kopien einer Aminosäurensequenz vergrößern, erhöhen auch die Wahrscheinlichkeit, dass sich eine Prion-bedingte Krankheit entwickelt. Dies bedeutet zwar nicht, dass Wiederholungen von Aminosäurensequenzen ein normales Protein unausweichlich zu einem potenziellen Prion umwandeln, doch weisen diese Beispiele auf die Art genetischer Änderungen hin, die selektierbare Variationen hinsichtlich der Konformation und der selbst kopierenden Eigenschaften von Proteinen schaffen.

Die Art der Variation, die im Verlauf der Evolution komplexerer erblicher Strukturen, etwa der Kortex-Organisation bei *Paramecium*, positiv selektiert wurde, ist noch immer ziemlich unklar; doch Tom Cavalier-Smith machte einige interessante Vorschläge zur Evolution komplexer Zellmembranen[10]. Geeignete Bedingungen und geeignete Lipidmoleküle vorausgesetzt, können sich Membranen spontan bilden – nicht aber Protein-enthaltende Membranen heute lebender Organismen. Sehr früh in der biologischen Evolution haben Membranen ihre Fähigkeit zur Selbstassemblierung verloren, sie wurden zu strukturellen Vererbungssystemen, bei denen vorhandene Proteine und Lipide die Insertion ähnlicher Moleküle und die Bildung weiterer Membranen vom gleichen Typ anleiten. Nach Auffassung von Cavalier-Smith hatten diese „genetischen Membranen“, wie er sie nennt, während der gesamten Evolution zentrale Bedeutung, von der Bildung erster Protozellen bis zum Entstehen heutiger eukaryotischer Zellen. Wie die meisten Biologen heute vertritt Cavalier-Smith die früher belächelte Auffassung, dass die Vorläufer der eukaryotischen Zellen verschiedene Bakterientypen aufnahmen und integrierten, bis diese irgendwann zu Zellorganellen wurden, ohne die heute keine Zelle überleben kann.

Aus seinen Untersuchungen mit einzelligen Organismen zieht Cavalier-Smith den Schluss, dass Grundstruktur und molekulare Zusammensetzung der Membranen dieser ehemaligen Bakterien im Prinzip erhalten blieben, wenngleich die Genome der ursprünglichen Bakterienzellen nicht mehr existieren. Wie andere genetische Membranen waren und sind die entwicklungsgeschichtlich alten Bakterienmembranen äußerst stabil. Cavalier-Smith vermutet, dass in der Geschichte des Lebens nur selten ganz neue Typen erblicher Membranen auftauchten oder Typen gänzlich verloren gingen; doch wenn dies geschah, hatte es fundamentale Bedeutung.

Chromatinmarkierung

Das Chromatin spielt ganz ohne Zweifel eine zentrale Rolle bei der Speicherung und Weitergabe zellulärer Information; doch die Frage, wie das Chromatin sich zu einem System entwickeln konnte, das auf umwelt- und entwicklungsspezifische Signale reagiert und diese Information an Tochterzellen weitergibt, ist nicht einfach zu beantworten. So wissen wir gegenwärtig etwa noch wenig darüber, wie Histone und andere Proteine des Chromatins miteinander und mit methylierter wie nichtmethylierter DNA in Wechselwirkung treten. Was wir aber darüber wissen, weist klar darauf hin, dass bei der Evolution des Chromatins Selektionsdruck in vielerlei Richtung gewirkt haben muss. Denn die Chromatinstruktur ist Ausdruck der Selektion dafür, lange DNA-Moleküle in kleine Zellkerne zu verpacken, für Mechanismen, die replizierte DNA sorgfältig auf die Tochterzeilen verteilen, für die Fähigkeit, die Genexpression zu modulieren, dafür, die DNA zu schützen, und für vieles Weitere mehr. Da also so viele verschiedene Faktoren die Evolution des Chromatins beeinflusst haben, ist es schwierig herauszufinden, wie erbliche Markierungen in das Gesamtbild passen.

Als Erstes wollen wir uns mit der Methylierung beschäftigen, die Gegenstand vieler evolutionstheoretischer Spekulationen war und ist. Manche betrachten dieses EVS als Nebenprodukt, das in erster Linie zum zellulären Verteidigungsmechanismus gegen fremde und defekte DNA-Sequenzen evolvierte[11]. Tatsächlich verfügen heutige Pilze, Pflanzen und Tiere alle über ein Abwehrsystem, das auf DNA-Methylierung basiert; obwohl dieses System nicht bei allen Gruppen im Detail gleich ist, spricht die weite Verteilung dieses Verteidigungsprinzips dafür, dass es entwicklungsgeschichtlich sehr alt ist und seine Ursprünge vor dem Zeitpunkt liegen, als sich die großen Organismenreiche voneinander trennten. Bei heutigen Lebewesen scheint die DNA-Methylierung Teil eines genomischen Immunsystems zu sein: Wenn Zellen fremde DNA entdecken, versuchen sie diese unschädlich zu machen. Notwendig ist das System zum einen, weil Viren nach Eindringen in eine Zelle die zellulären Ressourcen ihres Wirts nutzen und sich vervielfältigen, zum anderen weil manchmal Virus-DNA sich selbst in das Genom des Wirts einschleust. Wenn es dazu kommt und mehrere Kopien der Fremd-DNA in der Zelle vorliegen, erkennt die Wirtszelle diese als nicht zugehörig und methyliert sie. Auf gleiche Weise gehen die Zellen mit defekten DNA-Sequenzen um, etwa mit transposablen Elemen-

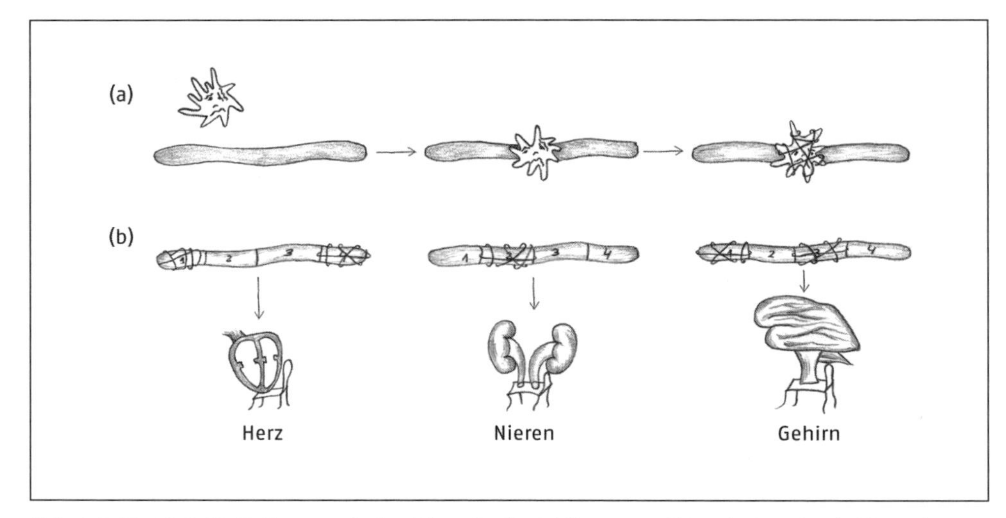

Abb. 9.3 Die DNA-Methylierung als Funktion der Verteidigung und Regulation. In a) dringt ein fremdes genetisches Element (zum Beispiel ein Virus) in die Zelle ein (links) und schleust seine DNA in das Genom der Wirtszelle ein (Mitte). Doch das evolutionär entstandene Verteidigungssystem der Zelle legt die integrierte Fremd-DNA durch Methylierung still (rechts). In b) dient das Methylierungssystem zur Inaktivierung normaler Gene in verschiedenen Gewebetypen, wo ihre Produkte nicht benötigt werden und auch nicht erwünscht sind.

ten, die sich vervielfältigen und im gesamten Genom verteilen – ähnlich wie Krebszellen im Organismus; auch sie werden methyliert und dadurch im inaktiven Zustand gehalten. Wie die Methylierungsmaschinerie duplizierte DNA-Sequenzen genau erkennt, ist zwar nicht bekannt; doch solche Sequenzen können ungewöhnlich verbundene Konformationen generieren, und vielleicht sind sie es, die diese Sequenzen zu Methylierungszielen machen. Sobald ein DNA-Abschnitt einmal entsprechend methyliert ist, binden daran spezifische Typen von Proteinen und unterbinden dadurch seine Transkription. Fremde und defekte DNA wird damit stillgelegt, sodass sie – jedenfalls in aller Regel – keinen Schaden mehr anrichten kann. Ganz offensichtlich müssen Zelllinien unerwünschte DNA unbedingt unter Kontrolle halten, wenn sie überleben wollen; deshalb wurde in der frühen Evolution eines solchen Verteidigungssystems sicher jede genetische Abänderung durch Selektion begünstigt, die ein Protein zu einer Methylase werden ließ, welche nach der DNA-Replikation ein rasches Rekonstruieren eines spezifischen Methylierungsmusters sicherstellt.

Wenn die DNA-Methylierung tatsächlich ursprünglich auf ihre Funktion für den Schutz des Genoms hin selektiert wurde, könnte sie später zusätzlich zur Regulation der normalen Genexpression und des Zellgedächtnisses rekrutiert worden sein (Abb. 9.3). Eventuell von Fremd-DNA abgeleitete repetitive Sequenzen, die sich in oder in der Nähe von Genen befanden und deren Produkte nicht immer benötigt wurden, könnten zu Signalsequenzen für eine Methylierung und Inaktivierung geworden sein. Ist der methylierte Zustand erblich und stellt er damit sicher, dass ein inaktivierter DNA-Abschnitt auch in Tochterzellen stillgelegt bleibt, würde dies den Wert der Methylierung als Genregulationsmechanismus erhöhen. Allmählich könnte sich das System weiterentwickelt haben, sodass auch andere DNA-Sequenzmuster zu Zielen der Methylierung und mehr Proteine, die methylierte DNA erkennen, an der Kontrolle der Genstilllegung beteiligt wurden.

Allerdings ist diese Hypothese, das Methylierungssystem sei ursprünglich als zellulärer Verteidigungsmechanismus entstanden, nicht unproblematisch, denn sie vermag viele Beobachtungen nicht zu erklären. Sie erklärt zum Beispiel nicht, dass die Methylierungsmaschinerie zur Genstilllegung nur dann in Aktion tritt, wenn etwas anderes – etwa Chromatinumgestaltung durch Histonmodifikation oder das Andocken regulierender Proteine – die Genaktivität bereits gedrosselt hat. Es sieht so aus, als stabilisiere und erhalte die Methylierung lediglich einen bereits eingetretenen Zustand der Inaktivierung, als sei sie aber nicht daran beteiligt, diesen herbeizuführen[12]. Ein weiteres Problem mit der Vorstellung von der Methylierung als Mechanismus zu Verteidigung und Schutz des Genoms: Die Keimbahn ist häufig relativ wenig methyliert, doch gerade an diesem Ort sind Verteidigung und Schutz am wichtigsten, weil eine Translokation transposabler Elemente in den Keimzellen die Mutationslast zukünftiger Generationen vergrößern könnte. Die Idee der Genomverteidigung liefert auch keine Erklärung dafür, warum die Methylierungsintensität von Art zu Art sehr unterschiedlich ist. Beispielsweise scheint es bei dem Nematoden *Caenorhabditis elegans* überhaupt keine methylierten Basen zu geben, und bei *Drosophila* gibt es nur so wenige davon, dass sie viele Jahre ganz unentdeckt blieben. Aus diesen und noch weiteren Gründen bezweifeln wir die Hypothese, dass das Methylierungssystem ursprünglich primär zur Verteidigung entstand; ebenso sehen wir seine Hauptfunktion bei den meisten heute lebenden Organismen nicht in der Inaktivierung fremder oder eigener potenziell gefährlicher DNA-Elemente. Aus unserer Sicht spricht viel mehr dafür, dass die stabilisierende Wirkung der Methylierung bei der Genregulation und der Genomverteidigung gleichzeitig eine Rolle spielte; möglicherweise ging sogar Erstere Letzterer voraus und die Methylierung wurde erst dann für die Verteidigung herangezogen, als sich bereits Proteinmarkierungssysteme entwickelt hatten[13].

Proteinmarkierungen wurden ursprünglich vermutlich ganz zufällig weitergegeben, und zwar durch Reste DNA-assoziierter Proteinkomplexe, die bei der DNA-Replikation am alten Strang haften blieben. Gelangten sie auf diese Weise zu Tochter-DNA-Molekülen, bildeten sie dort gewissermaßen den Kristallisationskern zur Bildung neuer Proteinaggregate und trugen so dazu bei, die gleiche Chromatinstruktur wie im elterlichen Chromosom zu organisieren. War die Vererbung solcher rudimentärer Proteinmarkierungen mit Vorteilen verbunden, hat die Selektion solche Änderungen in den Proteinen begünstigt, die ihre mögliche Weitergabe verbesserten. Natürliche Selektion wird darüber hinaus auf die DNA Auswirkungen gehabt haben: Repetitive DNA-Sequenzen, die viele ähnliche Bindungsstellen für Kontrollproteine bereitstellen, könnten der Chromatinvererbung größere Sicherheit verliehen haben, als ein spezialisiertes DNA-Markierungssystem wie das der Methylierung es vermocht hätte. Enzyme, die verschiedene DNA-Basen methylieren, findet man auch bei Bakterien; folglich gab es solche Enzyme sehr wahrscheinlich entwicklungsgeschichtlich schon vor den Eukaryoten; sie könnten abgewandelt und dann in das Chromatinmarkierungssystem integriert worden sein.

Die Evolution aller Typen erblicher Chromatinmarkierungen muss mit DNA-Sequenzmustern, die sie typischerweise tragen, eng verbunden gewesen sein. Da nur ein kleiner Teil der Markierungen erblich ist, müssen wir uns fragen, welcher Typ von DNA-Sequenzen überhaupt in der Lage ist, solche „hartnäckigen" Markierungen, die an nachfolgende Generationen weitergegeben werden, zu tragen[14]. Bei den heute lebenden Organismen ist die relative Dauerhaftigkeit von Markierungen korreliert mit bestimmten Merkmalen der DNA wie der Dichte von CG-Nukleotiden und der Anzahl von Wiederholungen verschiedener kurzer Sequenzen. Reihen von Tandem-Wiederholungen und Cluster von CG-Loci tragen heute viele Markierungen, die das Restrukturieren des Chromatins während der Mitose und Meiose wie auch im Verlauf der frühen Embryogenese unbeschadet überstehen. Solche Sequenzen können auf vielerlei Weise entstehen, auch durch Fehler bei der Replikation und das Umherwandern von Transposonen; in frühen Phasen der Evolution könnten Variationen in solchen Sequenzen das Rohmaterial für eine Selektion erblicher Zustände der Genaktivität, die von Unterschieden in der Chromatinstruktur abhängt, gebildet haben.

RNA-Interferenz

Das letzte unserer epigenetischen Vererbungssysteme, die RNA-Interferenz (RNAi), scheint bei allen Organismentypen vorzukommen, deshalb ist auch dieses System vermutlich entwicklungsgeschichtlich sehr alt. Wir haben zwar schon in Kapitel 4 über die Möglichkeit gesprochen, dass es als genomisches Immunsystem evolvierte, doch wollen wir diese Hypothese hier noch einmal skizzieren: Bei der RNAi wird doppelsträngige RNA in Fragmente zerteilt, diese mobilisieren dann Enzymsysteme, die alle Kopien des ursprünglichen RNA-Transkripts und ähnliche Sequenzen zerstören. Manchmal veranlassen diese Enzymsysteme auch die Methylierung und Inaktivierung jenes Gens, von dem das RNA-Transkript stammt. Bei einigen Organismen können Elemente des mobilisierten Stilllegungssystems von Zelle zu Zelle wandern, das heißt: Ist der Prozess einmal eingeleitet, breitet sich die Inaktivierung aus – wie all dies im Detail erfolgt, ist allerdings noch unklar. Da RNA-Viren und Transposonen im Verlauf der Replikation häufig doppelsträngige RNA bilden, soll sich das RNA-Interferenzsystem ursprünglich entwickelt haben, so vermuten einige, um ihre Aktivitäten in Grenzen zu halten[15]. Im weiteren Verlauf der Evolution sei dann die Verteidigungsfunktion in die weitreichende und langfristige Regulation der Genexpression integriert worden.

Obwohl dieses Evolutionsszenario ganz plausibel klingt, vermuten wir, dass der Verteidigungsfunktion kurzer RNAs andere, entwicklungsgeschichtlich alte regulative Funktionen vorausgehen. Viele Biologen sind der Auffassung, dass in der Frühzeit der Evolution, lange bevor die DNA zum führenden Informationsträger wurde, das Leben auf RNA basierte[16]. In dieser „RNA-Welt" war die RNA sowohl universeller Baustein zur Informationsspeicherung als auch Enzym zur Katalyse chemischer Reaktionen. Man kann sich ohne Weiteres vorstellen, dass in diesem Kontext von Netzwerken RNA-vermittelter Wechselwirkungen die natürliche Selektion einige RNA-Moleküle hervorgebracht hat, die auf Änderungen im Milieu reagierten – und zwar so, dass sie die Aktivitäten anderer RNA-Moleküle mit ähnlichen Sequenzen be- oder gar verhinderte. Möglicherweise haben sie die Struktur dieser Moleküle modifiziert, zum Beispiel indem sie Basenpaarungen mit ihnen eingingen. Später, im weiteren Verlauf der Evolution, prägte sich die Arbeitsteilung zwischen Nukleinsäuren (letztlich DNA) als Informationsträger und Proteinen als den primären Enzymen und regulierenden Molekülen zusehends stärker aus; gleichwohl könnten sich Spuren früherer RNA-Kontrollsysteme erhalten haben. Diese mögen dann so modifiziert worden sein, dass sie zum neuen Informationssystem passten und es gegen fremde RNA- und DNA-Sequenzen schützten.

All dies ist vage und spekulativ, es gibt für diese Hypothese keine Beweise. Tatsache ist, dass Biologen wenig darüber wissen, wie das RNAi-System funktioniert; deshalb ist es eigentlich auch zu früh, etwas zu seinen entwicklungsgeschichtlichen Ursprüngen zu sagen. Gleichwohl sehen wir ebenso wie das Chromatin-markierende EVS die RNAi nicht als Evolutionsprodukt primär zur Genomverteidigung; wir können einfach keinen vernünftigen Grund erkennen, warum es nicht als epigenetisches Kontrollsystem selektiert worden sein soll, das von Anfang an zur zellulären Vererbung beigetragen hat. Denn sogar bei sehr primitiven einzelligen Organismen dürfte die Fähigkeit, bestehende Zellzustände weiterzugeben, häufig von Vorteil gewesen sein; und Systeme, die so etwas ermöglichten, könnten auch selektiert worden sein. Dass das Argument, DNA-Methylierung und RNAi hätten sich primär als genomische Verteidigungssysteme entwickelt, häufig mit so viel Nachdruck ins Feld geführt wird, liegt vermutlich auch daran, in welchem Kontext diese Systeme untersucht werden. Vieles von dem, was wir heute über sie wissen, vor allem über die RNAi, hat man ursprünglich bei gentechnischen Experimenten entdeckt. Pflanzen- und Tierzellen setzen sich mittels RNAi und DNA-Methylierung zur Wehr, wenn man experimentell die Sequenz und Expression ihrer Gene zu verändern versucht: DNA oder RNA, die man experimentell einführt, werden häufig stillgelegt. Da RNAi und DNA-Methylierung so erfolgreich die Bemühungen von Gentechnikern unterlaufen, die Maschinerie der Zelle zu manipulieren, liegt natürlich die Annahme nahe, diese Systeme seien ursprünglich entstanden, um die Aktivitäten natürlicher Zellmanipulatoren – defekter DNA-Sequenzen und Viren – in Grenzen zu halten. Selbst wenn die Verteidigung heute eine wichtige Funktion dieser Systeme sein mag, bedeutet dies noch nicht, dass es immer so gewesen oder bei allen heute lebenden Organismen die Hauptfunktion ist.

Die Ursprünge der Tradition bei Tieren: Selektion für soziale Aufmerksamkeit und soziales Lernen

Wir fischen in weniger trübem Gewässer, wenn wir uns von den epigenetischen Systemen abwenden und darüber nachdenken, wie verhaltensspezifische Vererbung entwicklungsgeschichtlich entstanden sein mag; beim Verhalten können wir uns das zu Nutze machen, was Evolutionsbiologen bei ihren Analysen häufig tun, nämlich verschiedene Arten miteinander zu vergleichen. Einige Tiere geben Information über ihr Verhalten weiter, andere hingegen scheinen dies nicht zu tun; dies eröffnet die Möglichkeit, etwas über die Bedingungen herauszufinden, unter denen ein solches Verhalten von Vorteil ist. Natürlich müssen wir dabei etwas vorsichtig sein, denn häufig wissen wir gar nicht, ob ein Tier Information durch sein Verhalten weitergibt: Was für das Tier tatsächlich Information ist, mag uns Menschen nicht danach aussehen – und natürlich auch umgekehrt[17].

Ebenso haben wir keine klare Vorstellung davon, welche Art von Information und wie viel davon durch Verhalten-beeinflussende Substanzen, etwa in Eiern, Kot oder Milch bei Säugetieren weitergegeben wird – zu diesem Weg des Informationstransfers gibt es einfach zu wenige Studien. Er mag eine größere Rolle spielen als wir gemeinhin vermuten, denn die natürliche Selektion dürfte sicherlich neu geborene Nachkommen begünstigen, die detailliertere und aktuelle Information über die Umwelt bekommen, mit der sie bald konfrontiert werden. Man kann sich ganz leicht vorstellen, wie sich ein solches System entwickelt haben könnte. Nehmen Sie an, Spuren eines bestimmten Nahrungsmittels, das eine Mutter zu sich nimmt, tauchen auch im Kot auf. Wenn die Nachkommen davon profitieren, wenn sie das gleiche Nahrungsmittel finden und fressen, wird die natürliche Selektion solche Änderungen in der Physiologie und dem Verhalten der Mutter begünstigen, die dafür sorgen, dass Spuren der Nahrungssubstanz mit größerer Wahrscheinlichkeit im Kot auftauchen; ebenso wird die Selektion Abänderungen bei den Jungen begünstigen, die ihnen helfen, diese Substanz im Kot aufzuspüren und darauf zu reagieren. Was ursprünglich zufälliger Nebeneffekt war, kann durch natürliche Selektion zu einer sichereren, verlässlicheren Route des Informationstransfers „ausgebaut" werden.

In Kapitel 5 haben wir noch andere Typen sozial vermittelten Lernens diskutiert, wodurch Information zwischen Individuen ausgetauscht wird. Die Formulierung „sozial vermitteltes Lernen" (häufig einfach als „soziales Lernen" bezeichnet) ist sehr allgemein gehalten und diese Definitionsbreite ist auch wichtig. Alles, was man braucht, um Lernen als sozial vermittelt charakterisieren zu können, ist ein erfahrenes Individuum, das bestimmte Kenntnisse und Fertigkeiten oder eine bestimmte Vorliebe hat und ein naives Individuum dazu bringt, ein ähnliches Verhalten zu entwickeln und praktizieren oder eine ähnliche Präferenz auszubilden. Normalerweise lenkt dabei das Verhalten des Erfahrenen die Aufmerksamkeit des Unerfahrenen auf irgendeinen Aspekt der Umgebung, von dem Letzteres zuvor keine Notiz genommen hatte. Das naive Tier lernt dann das gleiche Verhalten durch eigenen Versuch und Irrtum.

Soweit wir wissen, sind beim sozialen Lernen keine grundsätzlich anderen zerebralen Prozesse beteiligt als beim nichtsozialen Lernen; und das eine schließt das andere auch nicht aus. Beim sozialen Lernen sind es lediglich Sozialpartner, die den relevanten Teil der Umwelt, in der das Lernen stattfindet, ausmachen. Selbst wenn ein Verhaltensmuster durch soziales Lernen erworben wird, erfolgt die Feinabstimmung in aller Regel durch nichtsoziales Lernen, wenn das Individuum es in sein eigenes spezifisches Verhaltensrepertoire eingliedert. Lernen findet zu jeder Zeit statt und Verhalten wird permanent angepasst – vor allem bei Jungtieren.

Dies alles mag sich so anhören, als sei sozial vermitteltes Lernen lediglich eine unausweichliche Begleiterscheinung, wenn Jungtiere in Gesellschaft mit anderen leben und aufwachsen. Das trifft zwar schon zu, doch sagt dies überhaupt nichts über die Ursprünge und Evolution dieses Verhaltens aus. Es setzt voraus, dass Jungtiere auf die Aktivität erfahrener Individuen in ihrer Nähe achten. Aber warum sollten sie das überhaupt tun? Ganz ohne Zweifel kann sich ein Junges auch durch eigenen Versuch und Irrtum manches beibringen. Wer hat nicht als Kind gehört, viel weiter zu kommen, wenn man sich auf sich selbst konzentriert, statt auf das Tun und Lassen anderer Leute zu achten? Welchen Sinn und Vorteil hat es dann, wenn Jungtiere den Aktivitäten anderer Aufmerksamkeit schenken?

Vorteile gibt es auf jeden Fall! Rein nichtsoziales Lernen geht ganz offensichtlich mit zwei Problemen einher. Erstens: Wenn ein Tier ausschließlich allein lernt, wird es sehr wahrscheinlich Fehler machen – und die können es teuer zu stehen kommen. Sehr gefährlich ist es etwa, mit einer neuartigen Nahrungsquelle zu experimentieren, die giftig ist. Es ist noch gefährlicher, die Vorsicht vor einem Fressfeind dadurch zu lernen, dass man mit ihm direkten Kontakt sucht (Abb. 9.4). In evolutionärer Hinsicht ist es weit besser, diese Information durch Beobachtung des Verhaltens erfahrener Individuen zu erwerben, einfach weil die Überlebensaussichten erheblich größer sind. Ein zweites Problem beim rein nichtsozialen Lernen: Einem Individuum bleibt sehr viel nützliche Information vorenthalten, wenn es diese nicht selbst entdeckt. Wird jede unerfahrene Meise, die eine verschlossene Milchflasche sieht, auf Anhieb erkennen, dass sie vor einer Quelle äußerst nahrhafter Sahne steht? Wohl kaum; ganz allgemein gesprochen, wenn Tiere ausschließlich nichtsozial lernen, muss jedes einzelne Individuum das Rad für sich selbst neu erfinden. Wenn sie allerdings auf ihre Sozialpartner achten und erfahrene „Radnutzer" beobachten, erhalten sie viel Information über Räder. Die Fähigkeit zur selektiven Aufmerksamkeit gegenüber den Eltern oder anderen erfahrenen Individuen wird deshalb wahrscheinlich immer dann evolvieren, wenn soziales Lernen die Kosten autonomen Lernens anhaltend und bedeutend verringert oder sich dadurch wertvolle Information erwerben lässt, die auf andere Weise wahrscheinlich nicht zu bekommen ist.

Soziales Lernen ist bei Wirbeltieren weit verbreitet, vor allem bei Vögeln und Säugetieren; vermutlich hat es sich mehrere Male unabhängig voneinander entwickelt. Immer

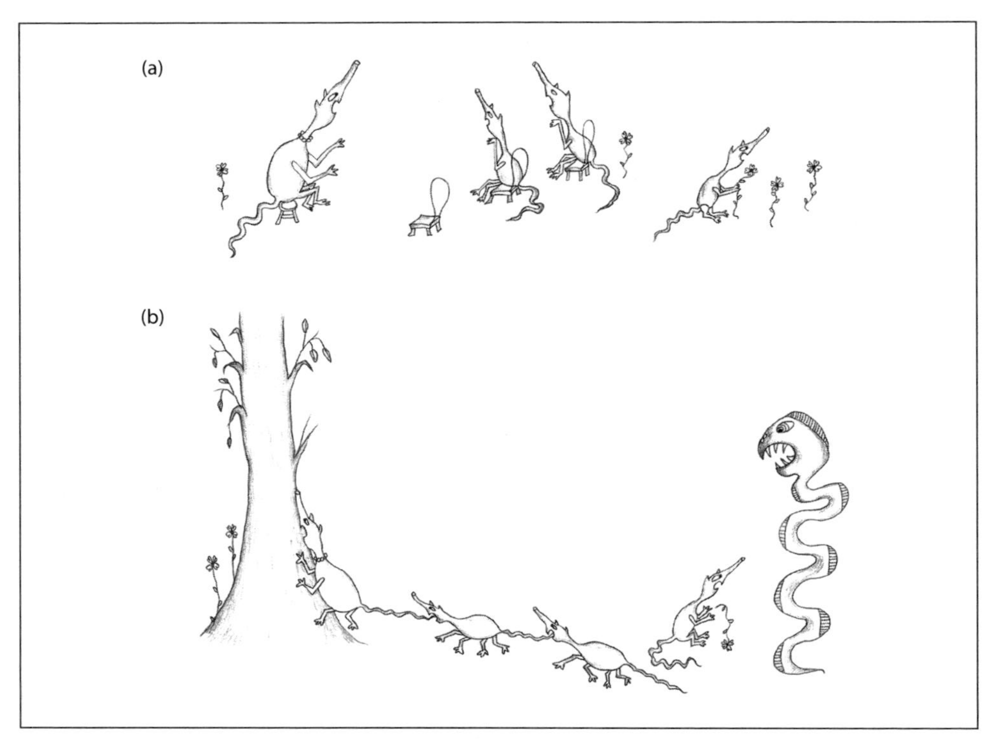

Abb. 9.4 Die Vorteile sozialer Aufmerksamkeit. In a) achten zwei Jungtiere sehr genau auf das Verhalten der Mutter, ein drittes aber nicht. Die Folgen des unterschiedlichen Verhaltens der Jungtiere zeigt b): Die aufmerksamen Jungen folgen ihrer Mutter weg von einer Gefahrenquelle; das Schicksal des unaufmerksamen ist ungewiss.

wenn die typische Sozialorganisation Jungtiere einschließt, die mit erfahrenen älteren Individuen leben, gehen einige Angewohnheiten der älteren Generation wahrscheinlich auf die jüngere über. Manchmal kann dies über viele Generation hinweg erfolgen. In diesem Fall können sich die Gewohnheiten kulturell weiterentwickeln, wenn neue Variationen auftauchen und das Verhalten justiert wird. Ob es dazu kommt oder nicht, hängt davon ab, wie stabil die ökologischen und sozialen Bedingungen sind, wie leicht das Verhalten erlernt und erinnert wird, wie nützlich es ist; es hängt von den Wechselwirkungen zwischen dem neuen Verhaltenselement und anderen, bereits praktizierten Verhaltensweisen ab, von den Möglichkeiten der Weitergabe und noch vielem mehr. Doch sobald Tiere in Sozialverbänden organisiert sind, in denen erfahrene und naive Individuen eng zusammenleben und voneinander lernen, entwickeln sich bei ihnen fast unausweichlich Traditionen.

Unter welchen Voraussetzungen kommt es zur Evolution von Kommunikation durch Symbole?

Es gibt viele Traditionen bei Tieren, die verschieden und unabhängig voneinander entstanden sind. Biologen können sie deshalb miteinander vergleichen und möglicherweise nützliche Verallgemeinerungen zu ihrer Evolution ableiten. Doch soweit wir wissen hat sich in der Geschichte des Lebens nur ein einziges Mal eine Kultur mit einem voll entwickelten Symbolsystem gebildet – in unserer eigenen Abstammungslinie, nirgendwo sonst. Deshalb ist es nicht möglich, Symbolsysteme verschiedener Gruppen zu vergleichen und so eventuell zu allgemeinen Schlüssen zu kommen. Um den evolutionären Weg zu rekonstruieren, der zu unserem einzigartigen Informationsübertragungssystem führte, müssen wir darauf zurückgreifen, was wir über uns selbst und andere sozial hoch entwickelte und intelligente Arten wissen, vor allem über unsere nahen Verwandten, die Menschenaffen.

Eigentlich sollten wir bei unseren Überlegungen zu den möglichen Ursprüngen von Denken und Kommunikation mit Symbolen damit beginnen, zunächst die Evolution von Kognition und Bewusstsein beim Menschen zu betrachten; doch wollen wir dieses weite, hoch komplexe – zudem mit einigen Unklarheiten behaftete – Feld nicht betreten. Stattdessen wählen wir einen einfacheren Ansatz; wir skizzieren Teile einer experimentellen Untersuchung, die äußerst wichtige Einblicke in eine essenzielle Voraussetzung für das Entstehen der Kommunikation durch Symbole gewährt. Die Studie, mit der wir uns näher beschäftigen wollen, führten Sue Savage-Rumbaugh und ihre Kollegen am Language Research Center der Georgia-State-Universität in Atlanta aus; und worum ging es? Sie brachten Schimpansen Sprachfertigkeiten bei[18].

Es gibt zwei Arten dieser nächsten Verwandten des Menschen, zum einen der Gemeine Schimpanse (*Pan troglodytes*) und zum anderen der Zwergschimpanse oder Bonobo (*Pan paniscus*). Wir konzentrieren uns auf die Untersuchungen mit den Bonobos. Deren natürliches Habitat sind die meist tropischen Wälder in der Demokratischen Republik Kongo, wo sie in großen, gemischtgeschlechtlichen Gruppen leben. Im Vergleich zu den meisten Populationen des Gemeinen Schimpansen und des Menschen sind die Bonobos ausgesprochen friedliebend. Krieg zwischen Gruppen und Infantizid, was gelegentlich beim Gemeinen Schimpansen und natürlich auch bei uns Menschen zu beobachten ist, scheinen bei den Bonobos nicht vorzukommen. Ihre Gesellschaft mutet ziemlich egalitär an, es gibt keine männliche Dominanz (wenn überhaupt, haben die Weibchen etwas mehr zu sagen) und sowohl hetero- als auch homosexueller Geschlechtsverkehr wird häufig und äußert kreativ praktiziert. Die sexuelle Aktivität hat in der Bonobo-Gesellschaft ganz offensichtlich große Bedeutung, denn sie trägt wohl entscheidend dazu bei, Freundschaften zu festigen und Konflikte zu zerstreuen[19].

Wie das Team um Sue Savage-Rumbaugh nun herausfand, lernen junge im Labor aufgewachsene Bonobos, die mit menschlicher Kultur, menschlicher Sprache und menschlichen lexikalischen Symbolen in Berührung kommen, Symbole zu verstehen und diese zur Kommunikation absichtsvoll, gezielt einzusetzen – mit anderen Worten:

Abb. 9.5 Lesen lernen

Sie lernen Sprache zu verwenden. Entscheidend hierbei ist der Umstand, dass die jungen Bonobos bei diesen Experimenten mit dem menschlichen Symbolsystem lediglich *passiv* und nicht aktiv konfrontiert wurden, das heißt, sie absolvierten *kein* darauf zielendes *Trainingsprogramm*. Den Tieren wurde also nichts auf systematische Weise beigebracht; es gab keine Belohnungen für gute Leistungen, was in Lernexperimenten mit Tieren sonst üblich ist. Deshalb stellte man auch nur ganz zufällig und beiläufig fest, dass offenbar junge Bonobos – ähnlich wie kleine Kinder – ziemlich differenziert gesprochenes Englisch zu verstehen und mittels Symbolen zu kommunizieren lernen; und zwar einfach nur dadurch, dass sie die Dialoge zwischen Menschen mitbekommen.

Der erste Bonobo, bei dem sich spontan die Fähigkeit zeigte, Symbole zu verstehen und mit ihnen zu kommunizieren, war ein junges Männchen namens Kanzi. Seine elementaren Fertigkeiten entwickelte es in einem Alter zwischen 6,5 Monaten und 2,5 Jahren – jener Zeitraum, in dem die Forscher Kanzis Adoptivmutter beizubringen versuchten, eine Tafel mit Lexigrammen zur Kommunikation zu verwenden. Lexigramme sind abstrakte visuelle Darstellungen, die für bestimmte Wörter stehen; im Experiment mussten die Bonobos und ihre menschlichen Partner die Symbole berühren, um dadurch etwas zum Ausdruck zu bringen (Abb. 9.5).

Man hatte sich für dieses manuelle Verfahren entschieden, weil zum einen die Tiere sich aktiv ausdrücken müssen, um die Fähigkeit zu erwerben, Sprache anzuwenden, wann und falls sie das wollen, und weil zum anderen ihr Stimmapparat aus anatomischen Gründen keine differenzierten Töne ähnlich der menschlichen Sprache hervorbringen kann und so keine akustische Kommunikation möglich ist. Die Leute um Kanzi herum sprachen mit ihm in ganz normalem Englisch, ebenso wie jemand zu einem menschlichen Kind spricht; beiläufig zeigten sie auch auf die passenden Lexigramme, doch versuchten sie nicht, Kanzi auf irgendeine systematische Weise zu unterrichten, weil sie sich darin auf seine Adoptivmutter konzentrierten. Bemerkenswerterweise und ohne dass dies seine „menschlichen Sozialpartner" bemerkten, eignete sich Kanzi die ersten Ansätze von Sprache an. Die Forscher bemerkten dies allerdings erst, nachdem Kanzi von seiner Mutter getrennt worden war: Kanzi hatte ganz offensichtlich bereits gewisse Sprachfertigkeiten erworben, die die Forscher nun gezielt weiter ausbauten, bis er (und später seine Schwestern) schließlich die sprachlichen Fähigkeiten eines menschlichen Kindes entwickelte.

Kanzi reagierte auf verschiedene komplexe sprachliche Bitten und Aufforderungen ganz richtig; dies zeigte, dass Kanzi gesprochenes Englisch tatsächlich verstehen konnte. Sorgfältig durchgeführte Kontrollversuche machten deutlich, dass sein Sprachverständnis dem 2,5 Jahre alter menschlicher Kinder ähnelte (tatsächlich lag es sogar leicht darüber). Auch die Fehler, die Kinder dieses Alters typischerweise machten, waren seinen sehr ähnlich. Hinzuzufügen ist, dass Kanzis Fähigkeiten zu „sprechen" (also Lexigramme zu benutzen, begleitet von Gesten und Vokalisationen) nicht so eindrucksvoll waren wie sein Verständnis für gesprochenes Englisch; doch dies trifft ebenso auf menschliche Kinder zu, auch sie können Sprache zunächst viel besser verstehen als sie sprechen. Wir müssen außerdem daran denken, dass große Tafeln mit Hunderten von Lexigrammen sehr umständlich zu bedienen sind; sogar erwachsene Menschen haben damit Schwierigkeiten – Kanzi agierte also unter erschwerten Bedingungen.

Gemessen am menschlichen Standard scheint Kanzis Sprachfertigkeit zwar ziemlich begrenzt, doch zweifellos verwendete er Symbole und wandte Regeln an – etwa jene der Wortfolge, um komplexe Sätze zu verstehen. Wir bezweifeln, dass er dazu in der Lage war, weil er ein – gemäß den Vorstellungen Chomskys – spezielles Sprachorgan hatte, FLN oder irgendeine Art von mentalem Sprachmodul, das sich bei seinen Vorfahren allmählich entwickelt hatte. Soweit wir wissen, kommunizieren Bonobos in ihrem natürlichen Habitat nicht mit sprachlichen Symbolen (freilich müssen wir mit einer solchen Behauptung etwas vorsichtig sein, weil wir noch ziemlich wenig über Bonobos in freier Natur wissen; und wenn der Mensch fortfährt, die Wälder Zentralafrikas zu zerstören, werden wir wahrscheinlich auch niemals sehr viel mehr über sie erfahren). Es gibt überzeugende Hinweise darauf, dass Bonobos die Emotionen und Absichten anderer verstehen und antizipieren können, manchmal andere sogar manipulieren. Nachweislich verwenden Bonobos Stöcke und Äste, um Ort und Richtung für die Nahrungssuche zu kennzeichnen; zudem gibt es deutliche Hinweise darauf, dass sie soziale Regeln aufstellen, um das Leben in der Gruppe zu organisieren. All dies deutet darauf hin, dass die Grund- und Ausgangsbedingungen für die Evolution einer Symbol-Kommunikation bei den Bonobos eigentlich gegeben sind. Gleichwohl sieht es so aus, als habe sich bei Bonobos unter natürlichen Bedingungen kein auf Symbolen beruhendes Sprachsystem entwickelt. In Anbetracht der Tatsache, dass diese Tiere ein solches System in Gefangenschaft erlernen können, stellt sich die Frage: Was fehlt ihnen denn? Und was setzte die Evolution des symbolgestützten Kommunikationssystems bei den Hominiden in Gang[20]?

Zwei miteinander verbundene Komplexe von Bedingungen scheinen unsere Vorfahren auf die Spur zur Entwicklung von Sprache gestoßen zu haben. Erstens änderte sich im Verlauf der Hominidenevolution die ökologische und soziale Umwelt, was einen starken und anhaltenden Anreiz für bessere Kommunikation darstellte. Nach Auffassung der meisten Anthropologen hatte die Tatsache, dass die Hominiden in der Frühphase ihrer Entwicklungsgeschichte ihr angestammtes Habitat, den dichten Wald, verließen, einen Schneeballeffekt auf ihre Lebensführung und Sozialorganisation; und dies gab vermutlich auch den Anstoß, neue Wege der Kommunikation zu finden. Der zweite Aspekt hat mit Anatomie und Physiologie zu tun. Was Bonobos fehlt, ist ein einsatzbereites Instrumentarium für die Bildung von Zeichen zur Kommunikation, die einer wirksamen willkürlichen motorischen Kontrolle unterliegt. Bestimmte anatomische Merkmale beschränken ihre Lautbildung und da die Tiere zur Fortbewegung die Arme einsetzen müssen, bestand auch evolutionär keine Notwendigkeit, Hand- und Fingerbewegungen fein regulieren und kontrollieren zu können. Vermutlich waren die verbesserte motorische Kontrolle der Handbewegungen und Lautäußerungen bei den frühen Hominiden sowie ihre Fähigkeit, Gesten und Töne zu imitieren, von zentraler Bedeutung für die Evolution der menschlichen Sprache. Sobald unsere Vorfahren eine aufrechte Körperhaltung einnahmen, wurde die Hand von ihrer Fortbewegungsfunktion freigestellt. Durch Selektion für bessere Nahrungsbeschaffung und das Herstellen von Werkzeugen verbesserte sich die Feinkontrolle der Hände, sodass Gesten zur Kommunikation eingesetzt werden konnten. Eine andere Folge der Aufrichtung des Körpers war die Verlagerung des Kehlkopfs und anderer Komponenten des Stimmapparates nach unten, sodass nun Töne besser zu artikulieren waren. Die willkürliche Produktion klar voneinander abgesetzter Töne – vor allem von Konsonanten – machte nun den Weg für die Stimme frei, sich zu einem Instrument der Kommunikation zu spezialisieren.

Ein soziales System, das die Weitergabe kultureller Information durch Imitation willkürlich produzierter Töne und Gesten erlaubt, könnte eine vorsprachliche, das Sprechen vorbereitende Gemeinschaft hervorgebracht haben. Aber wie weit könnte sich das Symbolsystem allein durch kulturelle Evolution entwickelt haben? Zur Beantwortung dieser Frage gibt uns die Untersuchung mit den Bonobos Hinweise, denn sie lässt erahnen, wie weit ein solches System tragen kann, wenn einmal in einer Gemeinschaft geeignete Symbole kursieren. Natürlich gab es in der frühen Hominidenevolution keine Symbole in Form von Lexigrammen oder gesprochenem Englisch. Wir nehmen deshalb Folgendes an: Sobald sich eine kontrollierte vokale oder gestische Kommunikation zu entwickeln begann, bildete sich über Weitergabe von Kultur ein einfaches System von Zeichen und Regeln. Früher oder später dürften solche Gemeinschaften eine Stufe erreicht haben, die der von Kanzi ähnelte, auf der sie eine einfache Sprache benutzten, die vokale und gestische Zeichen nach bestimmten Regeln kombinierte. Doch da das Symbolsystem eines heutigen erwachsenen Menschen über das hinausgeht, was stimmbegabte Bonobos erreichen können, das bessere sprachliche Fertigkeiten hervorbringt als die von Kanzi oder eines 2,5 Jahre alten menschlichen Kindes, muss die kulturelle und genetische Evolution viel weiter gegangen sein. Wir haben schon im vorigen Kapitel davon gesprochen, dass wahrscheinlich verschiedene Merkmale des sich allmählich formierenden Sprachsystems zunächst rein kulturell weitergegeben, später dann genetisch assimiliert wurden. Fortlaufende Wechselwirkungen zwischen genetischen und kulturellen Systemen waren zwingend notwendig, um ein vollwertiges, kennzeichnendes Sprachsystem zu entwickeln. Gleichwohl könnten die Hominiden, bevor es so weit war, ziemlich weit auf dem Weg zu einem Symbolsystem des Informationstransfers einfach dadurch gegangen sein, dass im Verlauf der Evolution sich ihre allgemeine Intelligenz erhöhte, sie eine bessere willkürliche Kontrolle über ihre Bewegungen und stimmliche Lautproduktion gewannen sowie ein leistungsfähigeres Gedächtnis entwickelten; natürlich spielte hier auch *eine Menge* kultureller Evolution eine Rolle.

Übergänge am Evolutionsberg

Nun sollte klar sein, dass zwar noch manches über den Ursprung der verschiedenen Vererbungssysteme im Dunkeln liegt, wir für deren entwicklungsgeschichtliches Entstehen aber keine „Hand Gottes" bemühen müssen. Wie über den Beginn evolutionärer Entwicklungen im Allgemeinen hätten auch wir die meisten unserer Betrachtungen beginnen können mit: „Am Anfang war es ein Nebenprodukt von ..."; und dieses Nebenprodukt wurde in den meisten Fällen durch natürliche Selektion umgewandelt, wodurch etwas entstand, was sich stark von der ursprünglichen Funktion unterschied.

Obwohl die Ursprünge der nichtgenetischen Vererbungssysteme keineswegs außergewöhnlich sind, reichten einige ihrer Wirkungen sehr weit. Deshalb wollen wir dieses Kapitel mit einem allgemeinen Überblick darüber schließen, wie diese Systeme die Geschichte des Lebens beeinflussten. Das Panorama in Abbildung 9.6 zeigt, dass einige der grundlegenden evolutionären Übergänge – von den Einzellern zu vielzelligen Organismen, von Individuen zu zusammenhängenden Sozialgruppen, von diesen zu Kulturgemeinschaften – mit der Entwicklung jeweils neuer Typen des Informationstransfers einhergingen[21]. Neue Wege der Informationsweitergabe wurden hinzugefügt und neue Typen von Lebewesen mit anderen evolutionären Entwicklungsmöglichkeiten tauchten auf, die Rolle und Bedeutung bestehender Vererbungssysteme änderten sich.

Bildlich gesprochen, halten sich nahe am Fuß des Evolutionsbergs einfache einzellige Organismen auf, die sowohl über genetische als auch epigenetische Vererbungssysteme verfügen. Wie die „Ursuppe", aus der Leben entstanden ist, tatsächlich ausgesehen hat und welche Struktur die ersten realen Zellen hatten, ist nicht bekannt; doch in jedem Fall verknüpften sich in einem bestimmten Stadium individuelle Gene miteinander und bildeten Chromosomen: Das DNA-Informationssystem mit seinem genetischen Kode und seiner Translationsmaschinerie hatte sich gebildet. Später entwickelten sich eukaryotische Zellen – Zellen, bei denen Chromosomen in einem Zellkern eingeschlossen sind und Zellteilung durch Mitose und Meiose erfolgt. Alle diese Übergänge waren begleitet von Änderungen in der Organisation, Weitergabe und Deutung jener Information, die mit der DNA in Verbindung stand. Doch parallel dazu wandelten sich auch die epigenetischen Systeme, die von der Produktion genetisch kodierter Proteine – der Bausteine dieser Systeme – abhängen.

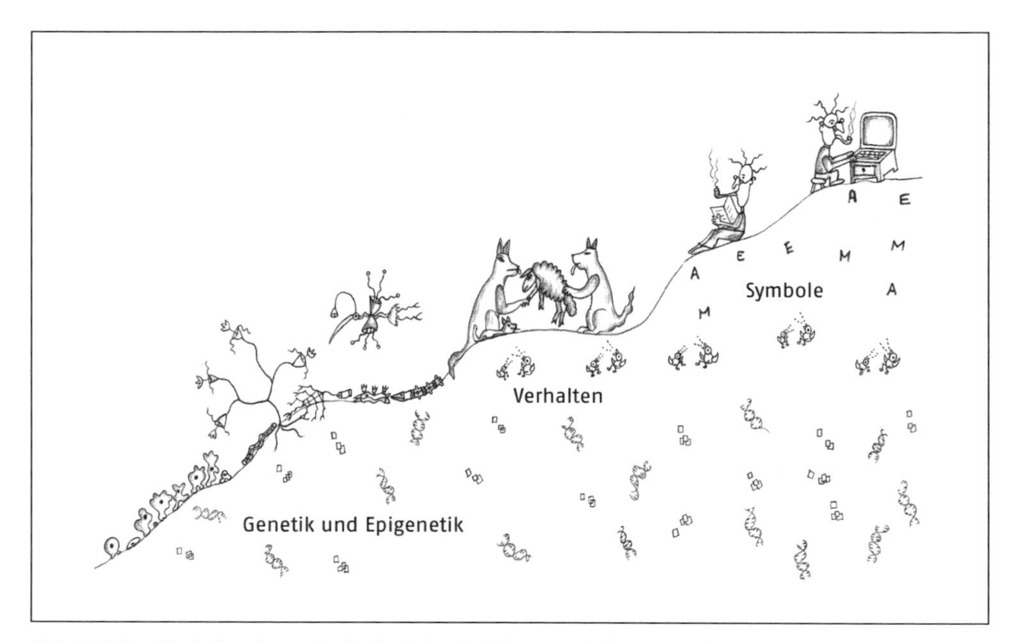

Abb. 9.6 Der Evolutionsberg. Im Verlauf des Aufstiegs erscheinen neue Typen von Vererbungssystemen, die neuen Organismentypen eigen sind.

Die epigenetischen Systeme differenzierten sich weiter, wurden auch als Informationsübertragungssysteme effektiver und ermöglichten – wie wir in Kapitel 4 zeigten – die Evolution vielzelliger Organismen mit ihren vielen verschiedenen Zelltypen. Epigenetische und genetische Vererbungssysteme (einschließlich interpretativer Mutationen) spielten auch weiterhin eine maßgebliche Rolle in der Evolution der Pflanzen, Pilze, einfachen Tiere und Einzeller. Doch als sich komplexere Tiere mit einem Zentralnervensystem entwickelten, wurden Verhalten und verhaltensspezifisch weitergegebene Information immer wichtiger für das Evolutionsgeschehen. Denn dadurch gewannen Tiere Fähigkeiten und Möglichkeiten zur Anpassungen, die allein durch generationenübergreifende epigenetische Vererbung oder durch Keimzellmutationen unmöglich oder zumindest sehr unwahrscheinlich gewesen wären. In dem Maße, wie Tiere sich auch auf sozial erworbene Information stützten, bildeten sie komplexe Sozialstrukturen und -beziehungen, im Weiteren auch Gruppentraditionen. Schließlich – in der Abstammungslinie der Primaten – tauchte die Symbol-basierte Kommunikation auf, sie führte zu explosionsartigen Kulturveränderungen, wie wir sie beim Menschen sehen, bei denen Symbole nunmehr treibende und führende Kraft im Evolutionsgeschehen sind. Wie dies zuvor schon mehrmals im Evolutionsgeschehen der Fall war, lenkt nun ein höherrangiges Vererbungssystem die weitere Entwicklung durch tieferrangige Systeme – einschließlich des genetischen.

Indem wir die Phylogenese aus der Perspektive der Informationsweitergabe betrachten, folgen wir einer aktuellen Tendenz im Evolutionsdenken. Das Interesse an der Natur, Speicherung und Weitergabe biologischer Information entstand aus der in Kapitel 1 erwähnten Diskussion um die Einheiten und Ebenen der Selektion. Der Kern des Problems besteht darin, dass sich Gruppen aus Individuen zusammensetzen, Individuen aus Zellen aufgebaut sind, Zellen Chromosomen enthalten und diese eine lange Reihe von Genen umfassen – und auf irgendeiner oder allen diesen Ebenen kann die Selektion angreifen. Doch die Einheiten auf den höheren Ebenen sind ganz offensichtlich integrierte Funktionseinheiten, die sich als *eine* Einheit reproduzieren können; dabei setzen sie sich aus Komponenten zusammen, die jenen ähneln, welche sich in der evolutionären Vergangenheit als unabhängige Einheiten reproduzierten. Wie also evolvierten diese höherrangigen Einheiten? Warum störte die Selektion unter tieferrangigen Einheiten nicht die Funktionalität der höherrangigen? Warum zerstörte beispielsweise die Konkurrenz unter egoistischen Genen nicht die Fähigkeit eines Individuums, als Ganzes zu funktionieren?

Ganz besonders einflussreich unter den Publikationen, die sich mit diesem Thema befassen, ist *The Major Transitions in Evolution* (dt. *Evolution: Prozesse, Mechanismen, Modelle*) von John Maynard Smith und Eörs Szathmáry. Darin erstellen die Autoren eine umfassende Analyse zum entwicklungsgeschichtlichen Entstehen neuer Komplexitätsstufen und identifizieren dabei acht Hauptübergänge:

1. von replizierenden Einzelmolekülen zu Populationen von Molekülen in Kompartimenten (Protozellen);
2. von unabhängigen Genen zu Chromosomen;
3. von der RNA als Enzym *und* Informationsträger einerseits zu Proteinen als Katalysatoren und andererseits zur DNA als Informationsträger;
4. von Prokaryoten zu Eukaryoten;
5. von asexuellen Klonen zu sexuell sich fortpflanzenden Populationen;
6. von einzelligen zu vielzelligen Eukaryoten mit unterschiedlich differenzierten Zelltypen (Pilze, Pflanzen, Tiere);
7. von einzellebenden Organismen zu Kolonien und Sozialgruppen;
8. von den Gemeinschaften der Primaten zu den Gesellschaften des Menschen mit Entwicklung von Sprache.

Maynard Smith und Szathmáry zufolge gehen alle diese Übergänge mit Abänderungen darin einher, wie Information gespeichert, weitergegeben und ausgewertet wird. Sie zeigen, wie höherrangige Einheiten durch Selektion unter tieferrangigen Einheiten entstehen können, weil Letztere durch Kooperation mehr profitieren als durch Konkurrenz. Bei den meisten Übergängen – Ausnahmen sind die Stufen 3, 5 und 8 – wird eine bis dahin selbstständig sich vervielfältigende Einheit Teil eines integrierten Systems, das nun als Ganzes eine Reproduktionseinheit bildet. So wird zum Beispiel das unabhängige Gen zum Bestandteil eines Chromosoms; für die einzelne Zelle wird ein vielzelliger Organismus zur neuen Einheit. Nach Auffassung der beiden Autoren kann eine ursprünglich autonome Einheit, die Teil einer größeren Reproduktionseinheit wird, weder allein auf sich selbst gestellt überleben noch sich vervielfältigen; und zwar deshalb, weil das Auftauchen höherstufiger Einheiten mit dem Entstehen von Mechanismen einhergeht, die deren Stabilität gewährleisten, also einen Zerfall in ihre Einzelteile verhindern.

Unser evolutionstheoretischer Ansatz liegt insofern nahe dem von Maynard Smith und Szathmáry, als auch bei uns die Weitergabe von Information im Mittelpunkt steht. Allerdings weicht unser Ansatz in einem wichtigen Punkt ab: Unser Blick ist auf das Entstehen neuer oder modifizierter Typen erblicher Information gerichtet, die wir als die wesentlichen Faktoren bei der Evolution neuer Organisationsstufen betrachten; Maynard Smith und Szathmáry dagegen sehen die gesamte Evolution von dem Entstehen der ersten Zellen bis zum Spracherwerb der Hominiden ausschließlich als Funktion von Veränderungen im genetischen System. Zwar ziehen auch sie die Bedeutung der EVSs für die Entwicklung vielzelliger Organismen nicht in Zweifel, doch verstehen sie diese Systeme nicht als eigene Informationsübertragungssysteme, die die Evolution direkt beeinflussen können. Entsprechend hat ihrer Auffassung nach Information, die auf verhaltensspezifischen Wegen von der einen Generation die nachfolgende erreicht, keine unmittelbaren Auswirkungen auf das Evolutionsgeschehen. EVSs und verhaltensspezifische Informationsweitergabe betrachten sie als Folge und nicht als Kausalfaktoren der Evolution. Mit Ausnahme jener Variabilität, die das Sprachsystem schafft und die kulturelle Evolution vorantreibt, führen Maynard Smith und Szathmáry sämtliche erbliche Variationen, unter denen die Selektion auswählt, auf genetische Unterschiede zurück. Diese sehr eingeschränkte Sicht auf die Vererbung lässt keinerlei Raum für instruierende Prozesse (mit Ausnahme menschlicher Gesellschaften). Dies außer Acht zu lassen, ist unserer Ansicht nach aber ein fundamentaler Fehler.

Unserer Auffassung nach müssen wir bei allen Hauptübergängen im Verlauf der Evolution zumindest zwei Dimensionen der Vererbung im Blick haben: die genetische und die epigenetische. Bei vielen Tieren kommt eine dritte relevante Dimension hinzu, jene der Weitergabe verhaltensspezifischer Information, und beim Menschen muss man auch noch die Symbolsysteme als vierte Dimension berücksichtigen. Alle vier Wege der Informationsübertragung bringen in unterschiedlichem Ausmaß und auf verschiedene Weise instruktive Mechanismen in das Evolutionsgeschehen ein. Alle tragen zum evolutionären Wandel bei. Doch diese instruktiven Aspekte spielen im heutigen lehrbuchmäßigen Evolutionsdenken kaum eine Rolle; dies muss und wird sich bald ändern. Denn in dem Maße, wie die Molekularbiologie mehr und mehr Einzelheiten der epigenetischen und genetischen Vererbung ans Licht bringt und in dem Untersuchungen zum Verhalten zeigen, wie viel Information auf nichtgenetische Weise von einem Individuum zum anderen gelangen, werden Evolutionsbiologen ihr gegenwärtiges Konzept der biologischen Vererbung, das wesentlich auf die frühen Tage der Genetik vor über einem Jahrhundert zurückgeht, überdenken müssen. Wenn die Darwin'sche Theorie nicht den Anschluss an das verlieren soll, was wir schon heute über Vererbung und Evolution wissen, muss sie die vielfältigen Vererbungssysteme und die nicht (vollkommen) zufälligen Variationen (*educated guesses*), die sie schaffen, dringend mitberücksichtigen.

Dialog

A. D.: Mit so Einigem, was Sie in diesem Kapitel angesprochen haben, habe ich ein ganz allgemeines Problem. Doch bevor ich darauf zu sprechen komme, habe ich noch eine spezielle Frage zur DNA-Methylierung. Sie meinten, es handle sich um ein gutes zelluläres Gedächtnissystem, das zudem Zellen gegen Genomparasiten verteidige. Sie vermuten, dass auch schon entwicklungsgeschichtlich frühe einzellige Organismen über dieses System verfügten. Wenn das tatsächlich der Fall war, warum findet man es dann nicht bei allen heute lebenden Organismen? Ihren Ausführungen zufolge findet bei *Drosophila* DNA-Methylierung nur in ganz geringem Ausmaß statt, beim Nematoden *Caenorhabditis elegans* kommt sie offenbar überhaupt nicht vor. Würden nicht auch diese Tiere davon profitieren, wenn sie ein leistungsfähiges Zell-gestütztes Gedächtnissystem hätten und Genomparasiten inaktivieren könnten?

M. E.: Das stimmt, doch wäre für sie ein Methylierungssystem wahrscheinlich ein ganz unnötiger Luxus; denn Methylierung geht mit hohen Kosten einher: Es erhöht die Wahrscheinlichkeit von Mutationen. Methylierte Cytosin-Basen neigen ausgesprochen stark dazu, sich spontan in Thymin umzuwandeln; und der Wechsel von Cytosin zu Thymin kann in einigen kritischen DNA-Sequenzen katastrophale Folgen haben. Das heißt, wenn für einen Organismus ein gutes Zellgedächtnis nicht extrem wichtig ist, fährt er besser damit, auf das Methylierungssystem zu verzichten. Bei lang lebenden Tieren wie auch bei uns selbst, bei denen Zellen sich kontinuierlich teilen, um jene zu ersetzen, die beschädigt oder verbraucht sind, ist ein sicherer Weg zur Weitergabe epigenetischer Information unverzichtbar. Doch kleinere Tiere mit kurzer Lebensspanne und geringem Zellumsatz – etwa *C. elegans* oder *Drosophila* – brauchen kein zelluläres Langzeitgedächtnis. Bei ihnen fällt die Mutationsgefahr viel stärker ins Gewicht als mögliche Vorteile, deshalb haben sie den Gebrauch dieses EVS eingeschränkt oder ganz aufgegeben[22]. Die Selektion hat alternative Gedächtnissysteme begünstigt, etwa das der Proteinmarkierung oder auch Steady-State-Systeme.

A. D.: Das hört sich überzeugend an. Deshalb will ich nun ein ganz generelles Problem ansprechen, das mich umtreibt. Es geht darum, ob Organismen tatsächlich im Verlauf der Entwicklungsgeschichte die Fähigkeit erworben haben, evolutionäre Veränderungen aktiv zu initiieren und zu lenken. Sie meinten, einige Leute fassten das enorm forcierte Mutationsgeschehen, das bei Bakterien zu beobachten ist, wenn diese mit äußerst widrigen Milieubedingungen konfrontiert werden, überhaupt nicht als evolvierte Reaktion auf. Sie haben auch noch verschiedene andere, anscheinend „intelligente" Strategien erwähnt, mit denen Organismen erbliche Variationen generieren, die eine evolutionäre Entwicklung genau zu dem Zeitpunkt einleiten könnten, wenn sie benötigt wird. Handelt es sich denn dabei um spezifische Anpassungen, um eine durch Selektion entstandene Fähigkeit zur aktiven Weiterentwicklung? Oder sind sie ungeachtet der Auswirkungen auf die Evolution doch nur zufällige Nebenprodukte anderer Dinge?

M. E.: Sie sprechen etwas an, worüber sich Fachleute äußerst hitzige Wortgefechte liefern. Einige fassen die Vorstellung einer Selektion für Evolvierbarkeit – also für die Fähigkeit, relevante selektierbare phänotypische Variationen zu generieren – als einen kapitalen Irrtum auf[23]. Für sie sieht es so, als wolle man damit wieder einen Designer in das Evolutionsdenken einführen. Natürliche Selektion wirke niemals vorausschauend, so insistieren sie. Systeme, von denen Organismen in der Zukunft profitieren, können ausschließlich über Gruppenselektion entstehen; und viele Leute reagieren ziemlich allergisch, wenn man von Gruppenselektion spricht. Evolution für Evolvierbarkeit bedeutet Selektion zwischen Abstammungslinien und nicht zwischen Individuen. Die überlebenden Linien sind jene, die auf lebensbedrohliche Bedingungen in der Form reagieren, dass sie erbliche Variationen schaffen; einige davon werden sich wahrscheinlich als nützlich erweisen. Aber selbst wenn eine solche Selektion zwischen Abstammungslinien stattfinden sollte, bedeutet dies natürlich nicht, dass Variabilität erzeugende Systeme ursprünglich für diese Funktion entstanden sind.

A. D.: Mir leuchtet nicht ein, was an der Selektion unter Abstammungslinien so verwerflich sein soll. So wie ich das sehe, kann man eine Linie doch als ein um die Dimension Zeit erweitertes Individuum betrachten – ganz bestimmt gilt das für sich asexuell vermehrende Abstammungslinien, was bakterielle ja häufig sind. Sicherlich wird doch alles, was ihre Überlebenschancen verbessert, durch Selektion erhalten. Ich denke an all die von Ihnen erwähnten Möglichkeiten, unter schlechten Bedingungen die Anzahl selektierbarer Variationen zu erhöhen – etwa durch das SOS-System, durch verstärkte Aktivität springender Gene, über das Hsp90-System oder durch jene seltsamen Hefe-Prionen. Sind Sie tatsächlich der Ansicht, bei alledem handle es sich nur um Nebenprodukte? Ganz bestimmt wurden doch zumindest einige dieser Systeme deshalb selektiert, weil sie evolutionären Wandel vorantreiben.

M. E.: Wir wollen uns in dieser Frage nicht festlegen, dafür gibt es einfach nicht genügend belastbare Befunde. Es ist verlockend einfach, sich vorzustellen, ein bestimmtes Merkmal, das die Evolution einer Linie vorantreibt, habe sich aus eben diesem Grund entwickelt; das mag so sein, zwingend ist es aber keinesfalls. Genomische Prägung bei Säugetieren zum Beispiel ist ein sehr wirksames Verfahren, um sexuelle Reproduktion sicher beizubehalten; es verhindert Parthenogenese (Jungfernzeugung), denn wenn für eine normale ontogenetische Entwicklung sowohl das mütterliche als auch das väterliche Genom mit Prägungen versehen sein müssen, geht es nicht ohne Sex. Da Linien mit geschlechtlicher Fortpflanzung länger auf der evolutionären Bühne bleiben als parthenogenetische (denn sexuelle Prozesse generieren selektierbare Variabilität und schaffen so mehr Möglichkeiten zur Abwandlung), kann man argumentieren, das Verfahren der Prägung habe sich spezifisch entwickelt, um eine Rückkehr zur Asexualität zu verhindern – was den Untergang der Linie bedeuten könnte[24]. Unserer Ansicht nach ist dies aber äußerst unwahrscheinlich; doch auch wenn wir diese Funktion der Prägung als beiläufigen Effekt verstehen, erachten wir ihn für einen überaus bedeutungsvollen, denn er erhält die Evolvierbarkeit aufrecht. Allerdings, auch wenn die meisten dieser Systeme, die evolutionären Wandel voranzutreiben scheinen, sich ursprünglich nicht als Anpassungen entwickelt haben, um genau dies zu bewirken, könnten sehr wohl einige von ihnen heute auch deshalb erhalten bleiben, weil sie unter Stressbedingungen Variabilität erzeugen können. In Kapitel 7 haben wir beispielsweise erwähnt, dass in modular organisierten Organismen wie Pflanzen eine stressinduzierte verstärkte Wanderung transposabler Elemente häufig von Vorteil ist und deshalb durch natürliche Selektion erhalten und verfeinert worden sein mag. Kurz, wir meinen, auf Ihre Frage gibt es kein einfaches Ja oder Nein. Bei einigen Gruppen von Organismen beschleunigt stressinduzierte Variabilität den evolutionären Wandel und dieser Mechanismus mag gerade deshalb selektiv begünstigt worden sein; bei anderen dürfte er aber als nichtselektiertes Nebenprodukt anderer Anpassungen erhalten geblieben sein.

A. D.: Aber sicherlich lassen sich direkte Beweise finden für oder gegen eine Selektion von Systemen, die stressinduzierte Variabilität schaffen. Gibt es denn keine Experimente hierzu?

M. E.: Doch, die gibt es schon; zwar wenige, sie sind aber sehr aussagekräftig; beispielsweise einige hoch interessante Untersuchungen einer Gruppe französischer Wissenschaftler, die sich die Mutabilität Hunderter unterschiedlicher *E.-coli*-Stämme anschaute, die man an allen möglichen Orten der Welt gefunden und isoliert hatte[25]. Einige stammen aus der Luft, andere aus Erde, aus Wasser, aus den Ausscheidungen von Tieren und vielen anderen Quellen. Die Wissenschaftler konnten nachweisen, dass alle diese Stämme auf Stressfaktoren wie Nährstoffmangel durch Erhöhung ihrer Mutationsrate reagieren; wirklich interessant ist jedoch: Wie stark sie sich erhöhte, war bei jedem Stamm anders. Dabei variierte die Mutabilität nicht regellos: Wie stark die Mutationsaktivität induziert wurde, korrelierte eindeutig mit den Eigentümlichkeiten der Umwelt, in der die Stämme normalerweise lebten. Beispielsweise war die Induktionsstärke in Stämmen aus dem Kot von Carnivoren größer als in jenen von Omnivoren. Die Befunde dieser Untersuchungen sprechen eindeutig dafür, dass die Mechanismen, die der stressinduzierten Mutagenese zugrunde liegen, durch natürliche Selektion angepasst wurden. Mit anderen Worten: Es handelt sich um ein evolviertes System.

A. D.: Und was ist mit den Hsp90-Chaperonen und den Hefe-Prionen? In Kapitel 7 sagten Sie, diese könnten unter Stressbedingungen versteckte genetische Variabilität wieder zum Vorschein bringen. Gibt es denn irgendeinen experimentellen Beweis dafür, dass diese Systeme selektiert worden sind, um die Evolution zu beschleunigen? Auch sie vergrößern und verbessern ja die Evolvierbarkeit; handelt es sich auch dabei nur um einen Nebeneffekt?

M. E.: Das ist schwer zu sagen. Wie oder wovon auch immer die Mechanismen zu verstärkter Evolvierbarkeit ihren Ausgang genommen haben (wir vermuten, es waren Nebeneffekte), sobald sie entwickelt waren, ermöglichten sie eine Anpassung an stressreiche und fluktuierende Bedingungen. Unabhängig entstandene, zuvor versteckte genetische Variabilität erzeugt sichtbare und deshalb selektierbare phänotypische Effekte. Vermutlich spielte die Selektion unter Abstammungslinien eine gewisse Rolle für das

Aufrechterhalten der „demaskierenden" Funktion, aber sicher sind wir nicht. Man könnte das herausfinden, indem man Stämme züchtet, die unter Stressbedingungen besonders viel funktionelles Hsp90 produzieren (etwa indem man sie mit zusätzlichen stressinduzierbaren Hsp90-Genen versieht); man könnte dann schauen, ob und wie sie sich unter Stress gegen normale Stämme durchsetzen. Ebenso könnten auch Experimente aufschlussreich sein, bei denen man Hefe-Stämme, die die Prion-Struktur [PSI$^+$] bilden können, mit solchen vergleicht, die dies nicht können; auch hier könnte man prüfen, wie diese Stämme unter stressreichen, stark variierenden Bedingungen über mehrere Generationen hinweg miteinander konkurrieren[26]. Wenn Stämme mit der Fähigkeit, genetische Variabilität zu demaskieren, besser zurechtkommen als jene ohne diese Fähigkeit, würde dies die Hypothese stützen, dass es sich um einen wichtigen Mechanismus im Evolutionsgeschehen handelt, weil er eben die genetische Abwandlung unter Stressbedingungen fördert. Man muss es eigentlich gar nicht besonders erwähnen: Es gibt keine abschließende Antwort auf die Frage nach der Evolution der Evolvierbarkeit[27].

A. D.: Die Fähigkeit, unter widrigen Bedingungen erbliche Variationen zu erzeugen, muss ganz sicher für Organismen während der gesamten Evolution wichtig gewesen sein. Wenn Stress sowohl neue Variationen induziert als auch vorhandene, doch versteckte Variationen aufdeckt, könnte Stress dann nicht auch für rasche phylogenetische Anpassungsprozesse und sogar für die Bildung neuer Arten verantwortlich sein?

M. E.: Ja, vermutlich war hierbei Umweltstress von großer Bedeutung, allerdings fehlen dafür direkte experimentelle Beweise. Vielleicht können wir einige Hinweise aus Untersuchungen von der Art erhalten, wie sie Belyaev zur Domestikation durchgeführt hat. Sie erinnern sich bestimmt, Belayev ist der russische Biologe, der mit Silberfüchsen arbeitete. Er vermutet ja, dass die bemerkenswert raschen Veränderungen bei unseren Haustieren auf Stressfaktoren im Rahmen der Domestikation zurückzuführen sind, die neue, selektierbare Variationen herbeiführten[28].

A. D.: Warten Sie einen Moment! Zähmen und Züchten ist für wild lebende Tiere bestimmt enorm stressbeladen und umfasst auch eine äußerst intensive Selektion – dies alles scheint mir viel zu extrem, als dass es ein relevantes Modell dafür sein könnte, was normalerweise in der Natur passiert!

M. E.: Nein, das meinen wir nicht. Ganz im Gegenteil, vermutlich waren es genau solche anhaltend stressvolle Umweltveränderungen, die das Entstehen vieler Arten einleiteten[29]. Wenn einige wenige Individuen in ein neues Gebiet einwandern, in dem sie unter Bedingungen leben müssen, an die sie nicht angepasst sind, stehen sie in physiologischer wie verhaltensspezifischer Hinsicht unter enormem Stress. Dieser kann die Bildung epigenetischer und genetischer Variationen induzieren, die die Mutationsrate erhöhen und so die Anpassung an die neue Umwelt verbessern. Wenn die Population isoliert bleibt, könnte sich als ein beiläufiges Nebenprodukt dieser Anpassungen eine reproduktive Barriere zwischen ihr und der Mutterpopulation bilden. Physiologische Unterschiede könnten sich entwickeln, die eine fruchtbare Kreuzung zwischen beiden Populationen verhindern – etwa Veränderungen im Reproduktionszyklus wie bei Belayevs Silberfüchsen und bei unseren Haushunden. Eine andere Möglichkeit: Wenn sich Individuen von Tochter- und Mutterpopulation paaren, resultieren aus genetischen und epigenetischen Unterschieden, die Einfluss auf die Chromatin- und Chromosomenstruktur haben (dies hat man ebenfalls bei den Belayevs Silberfüchsen beobachtet), Nachkommen, die sich entweder nicht normal entwickeln oder steril sind, weil Meiose und Keimzellproduktion gestört sind. Neue Arten mögen auf vielen verschiedenen Wegen entstehen – Umweltstress, der erbliche epigenetische und genetische Variationen induziert, hat dabei als Initialfaktor sicher häufig eine wesentliche Rolle gespielt. So wie wir das sehen, hat stressinduzierte Variabilität für phylogenetische Anpassungsprozesse und für die Artbildung oft eine ausschlaggebende Bedeutung.

A. D.: Es ist bedauerlich, dass Sie dazu keinen Beweis liefern können. Dabei ist mir schon klar, dass Sie jetzt sagen: Niemand kann für irgendeinen Artbildungsmechanismus einen klaren, direkten Beweis anführen. Nur noch eine Frage, bevor ich die hoch interessanten Themen zum Ursprung der EVSs und Evolvierbarkeit abschließen möchte. Als Ergebnis der EVSs sehen wir doch eine über mehrere Generationen hinweg bestehende Kontinuität verschiedener Phänotypen von Zellen, die alle mit dem gleichen Genotyp ausgestattet sind. Warum sollen wir uns dann die Weitergabe dieser Variationen nicht als zeitlich verlängerte phänotypische Plastizität vorstellen? Würde eine solche Sichtweise nicht das Verständnis von Ursprung und Evolution der EVSs erleichtern?

M. E.: Ja, manchmal hilft eine solche Sichtweise – nicht nur was die EVSs betrifft; auch die anderen nichtgenetischen Vererbungssysteme kann man alle als zeitlich verlängerte Auswirkungen der ontogenetischen Entwicklung betrachten, die selektiert wurden, weil sie die Überlebens- und Reproduktionsaussichten der Nachkommen eines Individuums verbesserten. Auf diese Weise verstehen die Leute in aller Regel mütterliche Effekte – Folgen der Entwicklung, die auf die nachfolgende Generation übertragen werden. Es gibt keinen vernünftigen Grund, dies nur auf eine Generation zu beschränken und nicht auch großelterliche, urgroßelterliche und dergleichen weitere Effekte anzunehmen. Sie alle kann man als zeitlich verlängerte Plastizität auffassen. Es gibt allerdings zwei Gründe, warum dies nicht die einzig mögliche Perspektive auf diese Ahneneffekte ist. Erstens: Wenn man phänotypische Vererbung nur unter dem Blickwinkel einer Gen-basierten, auf der Zeitachse verlängerten Entwicklungsplastizität betrachtet, übersieht man leicht die Autonomie nichtgenetischer Vererbung, sobald diese einmal etabliert ist, und ihre spezifischen Auswirkungen auf die Evolution anderer Vererbungssysteme. Mit anderen Worten, man schenkt jenem Typ von Evolution, die wir bei den Janus-Lebewesen und den Tarbutniks beschrieben haben, keine oder kaum Aufmerksamkeit. Es gibt noch einen zweiten Grund, warum man sich nicht ausschließlich der genetischen Perspektive verschreiben sollte. Denken Sie an die Frühphase der Evolution – an den Ursprung des Lebens und daran, was vor den Genen, wie wir sie heute kennen, gewesen war: Phänotypische Kontinuität – auf der Grundlage selbst erhaltender chemischer Kreisläufe und strukturellen Templatings – muss dem genetischen System vorausgegangen sein (und vermutlich dessen Basis geformt haben). Wir wollen hierauf nicht weiter eingehen, doch entsprechende Untersuchungen und Modelle weisen darauf hin, dass in der frühen Evolution des Lebens auch Wechselwirkungen zwischen sich selbst erhaltenden Systemen eine Rolle spielten, die nicht das waren, was wir heute genetisch bezeichnen.

A. D.: Der erste Grund reicht mir schon! Ich will nun etwas anderes ansprechen, was ich nicht verstehe. Sie sagten ja, die Evolution von sozialem Lernen und Tradition sei mit der Evolution von sozialer Aufmerksamkeit verknüpft, also darauf zu achten, was andere tun und lassen. Doch ist soziale Aufmerksamkeit selbst Teil der Evolution von Leben in Gemeinschaften, oder nicht? Man kann doch diese beiden Dinge nicht trennen?

M. E.: Da haben Sie Recht, das ist nicht möglich. Es verhält sich wie meist in der Biologie: Wir haben einen Kreislauf (eigentlich eine Spirale) von Ursachen und Wirkungen, wobei immer stärkerer Sozialzusammenhalt mit immer mehr sozialer Aufmerksamkeit einhergeht und umgekehrt. Wir versuchen gar nicht erst, einen evolutionären Pfad für soziales Lernen, der schließlich zu Traditionen führt, zu entwerfen; er würde in verschiedenen Gruppen auch ganz unterschiedlich aussehen, weil jede Route zu verstärktem Sozialzusammenhalt immer einzigartig ist. Wir betonten die soziale Aufmerksamkeit deshalb, weil sie für soziales Lernen grundlegende Bedeutung hat; doch behaupten wir nicht, dass sie in jedem einzelnen Fall am Beginn der Evolution von sozialen Systemen steht.

A. D.: Was meine eigene Aufmerksamkeit betrifft, war sie doch sehr von dem Bonobo Kanzi gefesselt. Über die Experimente mit ihm weiß ich ja nichts Genaueres, doch frage ich mich: Da Kanzi nicht besonders gut sprechen konnte und wir sein Verständnis für die verschiedenen sprachlichen Aufgaben nur aus seinen Verhaltensantworten schließen, wie können wir dann sicher sein, dass er die Zeichen in gleicher Weise wie ein Mensch verstand? Vielleicht verstand er sie auf ganz andere Art und Weise – nichtsprachlich, nichtsymbolisch. Wenn Kanzi auf die gleiche Weise antwortete wie ein menschliches Kind, vielleicht tat er dies aus ganz anderen kognitiven Gründen.

M. E.: Das ist ein ganz berechtigter Einwand. Einige üben Kritik an der Interpretation der Befunde, die Sue Savage-Rumbaugh und ihre Kollegen mit Kanzi erhoben haben. Aber schauen Sie sich einmal ein paar Beispiele für die Art englisch gesprochener Sätze an, auf die Kanzi in der Regel korrekt reagierte[30]:

- Go get a coke for Rose.
- Tickle Rose with the bunny.
- Go get the doggie that's in the refrigerator.
- Can you make the bunny eat the sweet potato?
- Take the carrots outdoors.
- Go outdoors and find the carrots.
- Pour coke in the lemonade.
- Pour lemonade in the coke.

Das sind nur 8 von mehr als 900 Sätzen, die Kanzi und ein menschliches Kind zu hören bekamen. Wie schon bemerkt, hat Kanzi bei diesen Aufgaben sogar etwas besser abgeschnitten als ein 2,5 Jahre altes Kind. Fehler, die beide begangen haben, ähnelten sich: Im Allgemeinen wurde ein bestimmtes Wort nicht richtig verstanden. Die Erfahrung lehrt doch: Wenn etwas aussieht wie eine Ente, quakt wie eine Ente und läuft wie eine Ente, dann handelt es sich nach unserem Ermessen auch so lange um eine Ente, bis das Gegenteil bewiesen ist. Kanzi scheint die Wortfolge im Englischen verstanden zu haben, denn er vermochte die verschiedenen Bedeutungen des gleichen Wortes zu erkennen, wenn es in verschiedenen Sätzen mit jeweils anderen Wörtern kombiniert wurde. Er schuf sogar neue Wortkombinationen und verstand auch mit Sicherheit solche, die er nie zuvor gehört hatte; denn die meisten der über 600 Sätze, auf die er richtig antwortete, stellten für ihn völlig neue Kombinationen dar. Er bezog sich außerdem auf zukünftige Aktionen, auf imaginierte Ereignisse. Wenn dies alles nicht mit Verständnis und Gebrauch von Sprache zu hat, dann müssen die Kritiker eine überzeugendere Erklärung liefern – auch geeignete und angemessene Tests müssen sie vorschlagen. Das Argument, Affen seien a priori nicht dazu in der Lage, Sprache zu verstehen, weshalb alles, was sie auch anstellen mögen, nichts mit Sprache zu tun habe, ist wissenschaftlich nicht zu halten. Nach unserem Dafürhalten liegt der Ball nun bei den Kritikern, es liegt an ihnen, Gegenbeweise zu liefern.

A. D.: Gut, aber können Sie mir denn sagen, wie Bonobos und vermutlich auch die anderen Menschenaffen zu einer solchen Intelligenz gekommen sind, dass sie Symbole verstehen sollen? Damit werden sie doch in freier Wildbahn niemals konfrontiert. Vielleicht liegt der große Graben in der Evolutionsgeschichte nicht zwischen Symbole verwendenden Menschen und ohne Symbole lebenden Affen als vielmehr zwischen Menschenaffen mit ihrem Potenzial, Symbole zu verstehen und mit ihnen zu kommunizieren, und dem ganzen Rest der Tierwelt, der dazu nicht imstande ist.

M. E.: Wie schon gesagt, könnte die sehr differenzierte soziale und ökologische Intelligenz der Menschenaffen, in Verbindung mit einem geeigneten System zur Erzeugung bestimmter Kommunikationssignale und kultureller Evolution, tatsächlich zu einfacher Symbol-Kommunikation führen. Doch es ist alles andere als einfach, ein kulturelles System von Kommunikationssignalen zu entwickeln, die willkürlich erzeugt werden, erinnerbar, klar verständlich und leicht zu verwenden sind. Wenn erst ein Zeichensystem verfügbar ist, wissen wir von Kanzi, dass diese Zeichen auch gelernt werden können, ohne langwieriges formales, systematisches Unterrichten – vermutlich aufgrund der großen Plastizität des sich entwickelnden Gehirns von Jungtieren. Deshalb vermuten wir in der Evolution von Systemen zur Erzeugung von Symbolen und in den Bedingungen, die kulturelle Evolution fördern, die höchsten Hürden (und sie sind tatsächlich sehr hoch) auf dem Weg zur Symbol-Kommunikation. Notwendig ist hier zum einen ein Produktionssystem, in dem Gestik und Vokalisation unter willkürlicher neuromotorischer Kontrolle stehen, zum anderen – und besonders wichtig – kulturelle Evolution, die diese gestischen und sprachlichen Signale zu grundlegenden, zum Allgemeingut werdenden komplexen sozialen Werkzeugen formt, sodass diese zu verschiedenen Zwecken eingesetzt werden können. Wie Bonobos und andere Menschenaffen (vielleicht auch Delphine und

Wale) die bemerkenswerte Fähigkeit entwickelten, Symbole zu erlernen und zu verstehen, wenn sie mit solchen konfrontiert werden, ist eine schwierige Frage. Es scheint so zu sein, dass das große Gehirn eines jungen sozial lebenden Tiers mit großer Motivation, sich mitzuteilen, ein viel größeres Potenzial hat als bisher angenommen wurde. Ganz allgemein haben vermutlich alle Tiere einen Überschuss an Möglichkeiten, weil jede einzelne Struktur für verschiedene Einsatzmöglichkeiten taugt. Der Mensch kann zum Mond fliegen und Bonobos können einfaches Englisch verstehen.

A. D.: Das ist mir zu vage; doch vermutlich sind Sie ja der Meinung, dass das Potenzial für Symbol-Kommunikation bei verschiedenen Tiergruppen auch ganz verschieden ist, abhängig von der Feinstruktur ihres Gehirns, ihren sozialen Systemen und sozialen Beziehungen, ökologischen Möglichkeiten und vielem mehr. Deshalb wollen wir dieses Thema auf sich beruhen lassen. Schauen wir noch auf Ihren Evolutionsberg, der sehr viele Fragen aufwirft – vor allem mit Blick auf seinen breiten Fuß, an dem sich jene Lebensformen aufhalten, die vor den vielzelligen Organismen entstanden. Sie meinen ja, epigenetische Vererbung habe für biologische Evolution von Anfang Bedeutung gehabt; doch welche Rolle sollte sie bei jenen frühen Übergängen spielen, die zu den modernen Zellen führten? Die frühe Evolution ist zwar nicht das, was Sie vor allem interessiert, können Sie mir aber nicht trotzdem ein Beispiel geben?

M. E.: Wir geben Ihnen als Beispiel, was ganz offensichtlich ist. Denken Sie an die Evolution von Chromosomen. Maynard Smith und Szathmáry haben zwar eine überzeugende Erklärung dafür geliefert, warum die Selektion ein Zusammengehen unabhängiger Gene förderte; doch reicht diese Erklärung nicht so weit, um die Evolution der Chromosomen, so wie wir sie in heutigen Zellen finden, zu verstehen[31]. Wenn Gene immer weiter verbunden werden, resultieren letztlich sehr lange DNA-Moleküle, die so in den Zellen verpackt werden müssen, dass sie korrekt repliziert werden können und die Gene für die Transkription zugänglich bleiben. Notwendig sind deshalb geeignete Hilfs-, Schutz- und Verankerungssysteme für die DNA-Moleküle; und vermutlich wurden während der Evolution verschiedene Proteine genau dafür ko-optiert und modifiziert. Das Wichtigste war, so meinen wir, dass die Art und Weise des Verpackens immer damit vereinbar gewesen sein muss, bestimmte Genaktivitätszustände nach Zellteilungen rasch wiederherzustellen; genau deshalb war irgendeine Art eines zuverlässigen, reproduzierbaren Chromatinmarkierungssystems notwendig. Viel ist über diesen Aspekt der Chromosomenevolution nicht bekannt, gleichwohl ist er wichtig, wenn wir verstehen wollen, wie Chromosomen überhaupt entstanden sind. Bei Eukaryoten, deren Chromosomen mit Histonen und einer ganzen Reihe weiterer spezieller Chromatinproteine verbunden sind, ist es ganz offensichtlich, dass sich DNA-Sequenzen und EVSs gemeinsam, in Abhängigkeit voneinander entwickelt haben müssen.

A. D.: Ich habe noch eine ganz andere Frage zu Ihrem Evolutionsberg. Das Bild eines „Berges" erweckt ja den Eindruck, als strebe die Evolution im Verlauf der Zeit immer weiter aufwärts: Je mehr Vererbungssysteme den Organismen eigen sind, desto bessere „Mutmaßungen" (*educated guesses*) können sie anstellen und desto komplexer werden die Lebensformen. Ihr im vorangegangenen Kapitel gezeichnetes Bild einer Sprachspirale sagt im Prinzip das Gleiche – auch dieses legt die Vorstellung einer linearen Progression nahe. Ich dachte, dies sei eine ziemlich überholte Sicht. Gilt denn die Vorstellung von einem evolutionären Fortschritt in Kreisen heutiger Biologen nicht als falsch?[32]

M. E.: Nur dann, wenn man Fortschritt als Ziel der Evolution versteht; und einer solchen progressionistischen Sicht verschreiben wir uns ganz bestimmt nicht. Unser Thema, die Evolution neuer Informationssysteme und ihre Verbindung zum Entstehen neuer Typen von Individuen, verfolgt nur *eine* Spur evolutionären Wandels unter vielen anderen. Wir folgten dabei bestimmten Wegen, die uns mehr interessierten als andere. Doch gibt es noch viele andere Möglichkeiten; einige gehen in die entgegengesetzte Richtung – vom funktionell Komplexeren (zum Beispiel vielzelligen Organismen) zu etwas Einfacherem (zum Beispiel einzelnen Zellen) und andere wiederum gehen in alle möglichen Richtungen. Doch wie schon viele festgestellt haben: Wenn man einen evolutionären Pfad von einem möglichst einfachen Punkt aus betrachtet, ist es zwar fast unausweichlich, dass in einigen Linien die Komplexität zunimmt, doch wo, wann und wie es dazu kommt und um welchen Typ von Komplexität es sich handelt, ist keineswegs determiniert. Wir können uns eine Parallelwelt vorstellen, in der es nicht all die heute vertrauten Informationssysteme gibt und in der dennoch evolutionäre Prozesse stattfinden. Auf unserem Planeten Janus zum Beispiel hatten die Organismen kein Zentralnervensystem und deshalb auch kein verhaltensspezifisches Informationsübertragungssystem; unsere Tarbutniks begannen ihre virtuelle Existenz ohne eine System des sozialen Lernens; einfach ist es auch, sich eine Welt ohne Symbolsysteme vorzustellen – Symbole sind schließlich vergleichsweise sehr spät aufgetauchte Newcomer auf unserem Planeten. Wir sehen keinen Grund, uns dafür zu rechtfertigen, warum wir an der Evolution kumulierend wachsender Komplexität und der Vielzahl und Differenziertheit Information übertragender Systeme interessiert sind.

A. D.: Dann noch eine letzte Frage: Worin auch immer Ihre nichtgenetischen Vererbungssysteme – also Lamarck'schen Systeme, wie Sie sie bezeichnen – ihren Ursprung und wie auch immer sie sich entwickelt haben mögen, es geht hierbei doch auch um Evolution der Evolution, oder?

M. E.: Ja, das stimmt. Seit dem Zeitpunkt, als sich die zusätzlichen Vererbungssysteme mit ihren Lamarck'schen Eigenschaften entwickelt hatten, formten sie die Evolution, generierten sie neue Wege der Evolution, beschleunigten sie die Evolution und manchmal gaben sie ihr auch neue, definierte Richtungen. Diese Vererbungssysteme entstanden nicht für solche Zwecke, doch sie bewirkten all dies. Wir setzen uns nachdrücklich dafür ein, die Definition von Vererbung zu überdenken und an evolutionäre Problem anders heranzugehen. Die vierdimensionale Sicht hat viele und ganz verschiedene Auswirkungen. Einige bringen wir im nächsten Kapitel zur Sprache, und zwar in Form eines reinen Dialogs. Hilfreich wird es sein, wenn Sie damit beginnen, unsere zentrale Botschaft, so wie Sie sie verstehen, zusammenzufassen. Dies wollen wir dann als Ausgangspunkt unserer Ausführungen nehmen.

Kapitel 10: Ein letzter Dialog

A. D.: Sie haben mich mit auf eine ganz schön lange Reise durch das Wunderland der Vererbung genommen, doch ich werde nicht noch einmal auf jede einzelne Station zu sprechen kommen. Vielmehr will ich mich auf den Kern Ihrer Argumentation konzentrieren, auf die Thesen, die Sie schon im Prolog aufstellten. Ihre erste lautet: Vererbung ist mehr als die Weitergabe von Genen – ich kann mir nicht vorstellen, dass diese Tatsache irgendjemand ernstlich bezweifelt, auch nicht was die epigenetischen Variationen betrifft (von denen die meisten Nichtbiologen wohl überhaupt noch nicht gehört haben). Als Zweites behaupten Sie, einige der erblichen Unterschiede zwischen Individuen seien nicht rein zufällig bedingt. Auch hier kann man kaum anderer Meinung sein: Neue erbliche Variationen können ganz offensichtlich auf vielerlei Weise entstehen. Sicherlich sind zwar manche auf Zufall zurückzuführen, doch viele sind Produkte evolvierter Systeme, die Einfluss darauf haben, wann, wo und welche Art von Variationen entsteht. Biologen mögen vielleicht darüber streiten, ob genetische Mutationen immer rein zufällig sind oder nicht; doch vermutlich nicht darüber, dass dies viele epigenetische und kulturelle Variationen ganz und gar nicht sind. Um es mit Ihren eigenen Worten zu sagen: Viele verschiedene instruktive Prozesse erlauben mit Blick auf die Erzeugung von Variabilität „begründete Vermutungen" (*educated guesses*). Daraus folgt fast zwangsläufig Ihre dritte Hypothese, die potenzielle Erblichkeit erworbener Information. Sie meinten ja, Evolutionsbiologen hätten ganz grundsätzliche Probleme mit der Vorstellung, irgendetwas „Erworbenes" könne vererbt werden – und zwar deshalb, weil so etwas mit Lamarckismus assoziiert würde. Doch kann ich mir eigentlich nicht recht vorstellen, dass jemand an der möglichen Weitergabe umweltinduziert epigenetischer oder erlernter kultureller Variationen ernstlich zweifelt. Für mich sieht es so aus, als sei die prinzipielle Ablehnung einer Vererbung erworbener Information nicht gerechtfertigt; was die *Vererbung* erworbener Information betrifft, finde ich ihre Argumentation ganz überzeugend.

Wirklich wichtig allerdings und viel strittiger scheint mir die Frage, was dies für die Evolution zu bedeuten hat. Die Idee einer Vererbung erworbener Information bedeutet Ihrer vierten These zufolge, dass evolutionärer Wandel nicht nur das Ergebnis von Selektion ist, sondern auch aus instruktiven Prozessen resultieren kann. Und dies lässt eben Ihre Version der Evolutionstheorie in ganz anderem Licht erscheinen als die heute vorherrschende, nämlich die neodarwinistische. Am besten lässt sich dies zeigen, wenn ich so vorgehe wie Sie selbst in Kapitel 1, als Sie skizzierten, wie man die Darwin'sche Theorie mit der Zeit modifizierte und weiterentwickelte. Ihre postmoderne Synthese (ist sie nicht viel eher post-postmodern?) setzt sich doch aus folgenden wesentlichen Gesichtspunkten zusammen:

- Vererbung erfolgt durch Gene und andere übertragbare biochemische und verhaltensspezifische Einheiten.

- Erbliche Variabilität – genetische, epigenetische, verhaltens- und symbolspezifische – ist Folge nicht nur von Zufalls-, sondern auch von Instruktionsprozessen während der ontogenetischen Entwicklung.
- Selektion erfolgt zwischen Einheiten, die erbliche, den reproduktiven Erfolg beeinflussende Merkmale variabel ausprägen. Eine solche Selektion kann innerhalb von Zellen stattfinden, zwischen Zellen, zwischen Organismen und zwischen Gruppen von Organismen.

Ganz klar, weil sie die epigenetischen, verhaltensspezifischen und symbolischen Dimensionen der Vererbung berücksichtigen und diesen nachhaltigen Einfluss auf das Evolutionsgeschehen einräumen, muss evolutionärer Wandel gewissermaßen nicht darauf warten, bis sich endlich geeignete genetische Veränderungen eingestellt haben: In der Regel gehen phänotypische Modifikationen genetischen Abänderungen voraus.

Diese Lesart des Darwinismus hat ganz zweifellos Auswirkungen darauf, wie wir die Muster und Prozesse der Evolution betrachten sollten. Sie haben auf einige hingewiesen; wenn man Vererbungssysteme jenseits des genetischen mitberücksichtigt und damit einhergehend das Entstehen nichtzufälliger erblicher Variabilität, besteht die vermutlich wichtigste Konsequenz darin, dass man evolutionäre Veränderungen, etwa den Übergang von der Ein- zur Vielzelligkeit oder das Einleiten von Artaufspaltungen, auch mit einigen alternativen Modellen erklären kann. Doch besonders interessant finde ich, was Ihre Sichtweise für die Dynamik des evolutionären Wandels bedeutet. Vorausgesetzt, Ihr Modell trifft zu, dann können phylogenetische Prozesse sehr rasch verlaufen – weil sich zum einen bestimmte induzierende Bedingungen häufig wiederholt einstellen und zum anderen, weil von der Induktion in aller Regel gleichzeitig viele Individuen betroffen sein werden. Außerdem wird eine induzierte Veränderung mit einiger Wahrscheinlichkeit einen positiven Anpassungswert haben, weil sie aus schon evolvierter Plastizität resultiert. Sogar ganz ohne Selektion wird evolvierte Plastizität die Richtung der Evolution beeinflussen, einfach weil induzierte Variationen nicht zufällig sind. Doch wenn ich Sie recht verstehe, beinhaltet Ihre Version des Darwinismus noch etwas anders, was vermutlich ebenfalls von größter Bedeutung ist: Ändern sich die Lebensbedingungen drastisch, entsteht eine Vielzahl verschiedenster erblicher Variationen. Das Genom, das Epigenom und gegebenenfalls auch das Kultursystem können neu strukturiert werden – mit der Folge, dass es zu raschen evolutionären Veränderungen in vielen Bereichen des Phänotyps kommen kann.

Ich weiß, dies ist keine erschöpfende Zusammenfassung Ihrer Sicht, doch hoffe ich, damit zumindest Ihre Hauptthesen erfasst zu haben.

M. E.: Ja, obwohl wir der Versuchung widerstehen müssen, eigentlich dringend notwendige Differenzierungen vorzunehmen.

A. D.: Gut. Dann lassen Sie mich auf etwas Allgemeineres zu sprechen kommen. Drei Dinge Ihres vierdimensionalen Ansatzes interessieren mich ganz besonders. Ich bin ein ganz praktisch denkender Mensch; deshalb wüsste ich gerne, was Ihre Überlegungen für

Medizin, Landwirtschaft, Ökologie und Umweltschutz bedeuten – also für all das, was uns Menschen unmittelbar betrifft. Sie haben zwar schon hier und dort ein paar Dinge angesprochen, doch ist es bestimmt hilfreich, wenn Sie dies alles einmal zusammenzufassen. Da ich auch ganz gerne ein wenig philosophiere, interessiert mich, welche Auswirkungen Ihr Standpunkt eigentlich auf das biologische Denken und die Philosophie der Biologie hat. Ein weiterer Aspekt: Welche ethischen Implikationen ergeben sich eigentlich aus Ihrer Sichtweise? Darauf sollten Sie ebenfalls noch unbedingt zu sprechen kommen. Doch bevor Sie auf die praktischen Auswirkungen eingehen: Welcher Kritik begegnen Sie eigentlich hauptsächlich, was sagen Ihre Fachkollegen? Ich bin mir fast sicher, dass bestimmte Fragen immer wieder gestellt werden.

M. E.: Ja, so ist es; häufig tauchen – in dieser oder jener Form – vier Fragen auf. Aber wollen wir etwas Grundsätzlicheres ansprechen, was einigen Biologen größte Schwierigkeiten bereitet; dieses Problem wird nicht immer klar und deutlich ausgesprochen, und es wird auch nur teilweise von den Fragen erfasst, auf die wir nachher eingehen wollen.

Wie Sie ja schon bemerkten, hat kaum jemand ein Problem mit der Vorstellung, dass es nicht nur *ein* Vererbungssystem gibt, sondern vier Typen davon existieren; ebenso können sich die meisten mit der Vorstellung anfreunden, dass nicht alle erblichen Variationen rein zufällig entstehen und nicht alle durch „blindes" Kopieren weitergegeben werden. So weit, so gut. Problematisch für die Kritiker wird es erst, wenn es um die evolutionären Konsequenzen geht. Der Knackpunkt sind die Lamarck'schen Konsequenzen unserer Position.Was viele Biologen in ihren Überlegungen nicht berücksichtigen, ist: Wenn Entwicklung und Lernen das Erzeugen und Weitergeben erblicher Variationen beeinflussen, dann müssen wir uns doch auch fragen, auf welche Weise das geschieht. Denn nur dann können wir verstehen, wie es zu evolutionären Veränderungen kommt. Solange man behaupten konnte, dass sämtliche erbliche Variationen letztlich aus Fehlern resultieren, musste man sich nicht damit beschäftigen, wie sie überhaupt zustande kommen. Eine solche Frage schien schlicht irrelevant: Allein die Selektion schien dies zu erklären, Auslese stand im Zentrum jeder Untersuchung zu evolutionären Anpassungen. Wenn man jedoch Vererbung in einem umfassenderen Sinne versteht und nicht alle Abänderungen übertragbarer Information als Ergebnis von Zufällen betrachtet, ist ein solch exklusiver Fokus auf die Selektion nicht mehr gerechtfertigt. Um phylogenetische Anpassungen zu verstehen, muss man zusätzlich jene instruktiven Prozesse, die am Generieren und Weitergeben erblicher Variabilität beteiligt sind, mitberücksichtigen; ebenso die Art ihrer Wechselwirkungen mit der Selektion. Einige Biologen tun sich damit wie gesagt äußerst schwer.

A. D.: Hat diese Schwierigkeit mit den Fragen zu tun, auf die Sie eingehen wollen?

M. E.: Indirekt ja. Die erste Frage, die fast jedes Mal kommt, wenn wir über dieses Thema sprechen, ist in der einen oder anderen Form eine längere Version von: „Aber alles geht doch letztlich auf Gene zurück, oder nicht?" Das Argument lautet: Da es Gene sind, die Proteine synthetisieren und kontrollieren – oder zumindest die Bildung von Proteinen und deren Wechselwirkungen (sowie alle höheren Organisationsstufen) maßgeblich beeinflussen –, lassen sich Vererbung und Evolution auf die Ebene der Gene herunterbrechen. Auf dieses Argument wiederholen wir mantraartig: Wir reden von erblichen Variationen, die unabhängig sind von Variationen in der DNA-Sequenz. Manche Leute verhalten sich wie Gummibänder – sie können unsere Argumente zwar durchaus nachvollziehen, doch nach kurzer Diskussion sind sie erneut bei der Frage: „Aber es läuft doch alles letztlich auf die Gene hinaus, oder nicht?" Genau an diesem Punkt setzen unsere Geschichten von den Janus-Lebewesen und den Tarbutniks an: Man kann einen Genotyp oder sogar einen Epigenotyp gewissermaßen einfrieren, und dennoch können sich erstaunliche Vererbungs- und Evolutionsprozesse ereignen. Wenn es Sie nervt, dass wir unser Mantra wieder und wieder herunterbeten, dann tut uns das leid – aber das Gummiband-Syndrom hat uns fast das Fürchten gelehrt.

A. D.: Vielleicht bin ich ja als Nichtbiologe immun gegen eine solche Krankheit! Ich meine, ein interessanterer Kritikpunkt an Ihrer vierdimensionalen Sicht – und der fast das Spiegelbild dessen ist, was sie eben sagten – lautet: Sie trennen Dinge, die überhaupt nicht getrennt werden können. Es ist doch unsinnig, genetische, epigenetische und verhaltensspezifische Aspekte der Entwicklung separat zu betrachten. Auf Gene kann man nicht verzichten, nie und nirgends; und epigenetische Prozesse sind offenbar ebenso grundlegend – nach allem, was Sie zur Kontrolle der Genexpression gesagt haben. Und auch Verhalten ist – wenn es auftritt – essenziell.

M. E.: Selbstverständlich kann man beim lebenden, funktionsfähigen Organismus die verschiedenen Organisationsstufen nicht voneinander trennen. Wohl aber kann man die erblichen Variationen der verschiedenen Organisationsstufen unterscheiden. Wenn man den sich entwickelnden und mit der Umwelt in Kontakt stehenden Organismus im Blick hat und nach den fortlaufenden Entwicklungsprozessen fragt, dann kann man sie natürlich nicht trennen.

A. D.: Welcher Kritik sind Sie sonst noch begegnet?

M. E.: Der zweite Einwand betrifft speziell das epigenetische Vererbungssystem. Einige Kritiker meinen, epigenetische Vererbung sei für das Verständnis von Vererbung und Evolution unwesentlich, erbliche epigenetische Variationen hätten keine großen morphologischen Auswirkungen.

A. D.: Das sind doch zwei ganz verschiedene Punkte, oder nicht? Ich bin eigentlich sehr davon überzeugt, dass epigenetische Effekte ziemlich stark ausfallen können. Das Beispiel mit *Linaria* – der monströsen Blütenvariante – ist doch wirklich spektakulär und ausgesprochen morphologischer Natur; und auch die armen übergewichtigen Mäuse fand ich ziemlich eindrucksvoll. Hier braucht es eigentlich keine weiteren Belege. Anders ist es mit ihrer Behauptung, dass die Selektion epigenetischer Variationen tatsächlich für das Evolutionsgeschehen wesentlich gewesen sein soll; davon bin ich noch nicht überzeugt, hier fehlen mir noch stichhaltige Befunde.

M. E.: Direkte Beweise dafür gibt es zwar nicht; doch ist es unserer Überzeugung nach äußerst lohnenswert, nach ihnen zu suchen. Kritiker hingegen erachten dies als zwecklos; dies ist der Unterschied. Elementare biologische Prinzipien wie auch das Extrapolieren der bis jetzt schon erhobenen Befunde sprechen sehr dafür, dass es viel mehr epigenetische Vererbung gibt als wir bisher erkannt haben – Wissenschaftler haben noch kaum damit angefangen, wirklich nach ihr zu fahnden. Wir prophezeien, dass noch viele Fälle von epigenetischer Vererbung bekannt werden, besonders bei Pflanzen und einfachen Organismen, aber nicht nur dort. Rufen Sie sich nur jene gelben Mäuse in Erinnerung – sie sind wahrscheinlich nur die Spitze eines riesigen Eisbergs. Da die DNA-Sequenzen der Genome so vieler Organismen inzwischen bekannt sind und man nun damit beginnt, nach dem Methylierungsmuster und anderen Aspekten der Chromatinstruktur zu schauen, wird man ganz ohne Zweifel eine Menge Variabilität entdecken. Viele zufällige und induzierte Epimutationen haben vermutlich nur kurzfristige Auswirkungen, doch einige sind bestimmt – wenn auch verschieden stabil – erblich. Wichtig ist, dass erbliche epigenetische Varianten existieren, und nachweislich gewährleisten sie die Vererbung phänotypischer Merkmale einschließlich solcher, die nicht dem typischen Muster einer Mendel'schen Vererbung folgen. Sie müssen deshalb genauer unter die Lupe genommen werden. Wenn in der epigenetischen Dimension Vererbungsprozesse stattfinden, gibt es dort auch Evolutionsprozesse.

A. D.: Darf ich raten, welcher Einwand der dritte ist? Monieren die Leute denn nicht, dass Ihre Argumentation viel zu kompliziert ist? Dass Evolution viel leichter zu verstehen ist, wenn man sie auf Gene reduziert und dass man – was ja auch stimmt – mit Hilfe Gen-basierter Modelle schon viele Einsichten gewonnen hat? Dass Vereinfachungen zu Modellen führen, die man tatsächlich verifizieren kann, Verkomplizierungen dagegen zur Handlungsunfähigkeit?

M. E.: Gelegentlich haben wir diesen Einwand vernommen, doch eigentlich nicht so oft. Gleichwohl wollen wir darauf eingehen, wenn Sie schon danach fragen. Vereinfachung ist gut, doch muss dies auf rechte Weise geschehen. Vereinfachung erreicht das Gegenteil, wenn sie in die Irre führt oder zu sehr einschränkt. Ein Stuhl lässt sich zwar auch mit nur einem einzigen Werkzeug, etwa einem Messer, herstellen; doch viel einfacher ist es, wenn zusätzlich Säge, Hammer und Meißel zur Verfügung stehen. Es mag komplizierter sein, den Umgang mit allen vier Werkzeugen zu erlernen, aber das Ergebnis, ein funktionsfähiger Stuhl, fällt dann erheblich besser aus. Außerdem kann man damit Dinge konstruieren, die mit einem Messer allein nicht möglich sind. Früher versuchte man das Funktionieren eines Tiers auf der Grundlage seiner anatomischen Gestalt mit mechanischen Prinzipien zu erklären. Doch werden Sie mir zustimmen, dass es sehr hilfreich war, als man biochemische Kenntnisse hinzufügen konnte. In gewisser Weise machte es das ganze Unterfangen komplizierter, weil jetzt gleichzeitig mehrere Aspekte berücksichtigt werden mussten; andererseits machte eine zusätzliche biochemische Dimension die Sache auch einfacher, denn Aktivitäten, die man nur unter großen Schwierigkeiten rein mechanisch erklären konnte, waren nun mit Hilfe der Biochemie viel leichter zu verstehen. Genau das Gleiche gilt für Vererbung und Evolution. Eine ganze Zeit lang gab man sich mit Gen-basierten Erklärungen zufrieden, denn sie funktionierten in all den Fällen, die man untersuchte. Doch je tiefer man in die Welt der Vererbung eindrang, desto schwieriger wurde es, alles nur und ausschließlich mit Genen zu erklären. Heute ist es höchste Zeit, nichtgenetische Systeme ebenfalls zu berücksichtigen, weil wir mit diesen zusätzlichen Denkmöglichkeiten dem Wesen der Vererbung viel näher kommen.

A. D.: Gut, was aber ist nun der dritte Einwand?

M. E.: Der dritte Kritikpunkt lautet etwa so: „Wenn Sie nachgewiesen hätten, dass Lamarck'sche Prozesse tatsächlich existieren, wäre das ja sehr interessant. Aber das haben Sie nicht. Wie Sie selbst zugeben, gibt es keinen Beweis dafür, dass es präzise gerichtete Mutationen gibt; und ihre interpretativen Mutationen sind nichts weiter als eine Erweiterung neodarwinistischer Vorstellungen. Niemand hat jemals ernstlich daran gezweifelt, dass es verhaltensspezifische und kulturelle Evolution gibt; diese sieht zwar nach Lamarck aus, doch tatsächlich hat sie nichts mit ihm zu tun; denn die erworbene Informationsänderung wird nicht direkt auf Gene übertragen."

A. D.: Und?

M. E.: Nach allem, was wir diskutiert haben, erwarten wir eigentlich, auf solche Art von Fragen überhaupt nicht mehr eingehen zu müssen. Erstens stehen Gene weder am Anfang noch am Ende von Biologie und Vererbung. Zweitens bedarf einer sorgfältigen Betrachtung, was Lamarck'sche Prozesse sind und was nicht. Schon in Kapitel 1 haben wir betont: Wie heute niemand mehr den Darwinismus Darwins vertritt, so verteidigt heute auch niemand mehr Lamarcks Lamarckismus. Beide Begriffe haben inzwischen eine sehr allgemeine Bedeutung. Freilich kann man diese Begriffe meiden, doch hat dies seinen Preis; damit würde man sich von einer Denktradition ablösen, ebenso von einigen allgemeinen, aber wichtigen Dingen, auf die sich diese vagen Allgemeinbegriffe beziehen. Manche Kritiker haben eine sehr spezielle Auffassung vom Lamarckismus: Dieser postuliere eine direkte adaptive Rückkopplung vom Körper zur DNA der Keimzellen. Dies war auch die Position von August Weismann (obwohl er natürlich noch nichts über DNA wusste; er hätte stattdessen von „Determinanten" gesprochen), und heute vertritt etwa der Philosoph David Hull diese Ansicht[1]. Danach sind interpretative Mutationen kein Beispiel für Lamarck'sche Vererbung, weil die induzierten Veränderungen in der DNA selbst stattfinden; auch die Weitergabe erworbener epigenetischer Variationen, abgewandelter Nahrungspräferenzen und neuer Verhaltensmuster gelten dann nicht als Ausdruck des Lamarck'schen Prinzips, weil alle diese Fälle von Vererbung nicht mit einem Informationsfluss vom Phänotyp zum Genotyp (oder Memotyp) einhergeht.

Die meisten Vertreter Lamarck'schen Denkens – früher wie heute – würden energisch widersprechen. Denn sie wenden ein, dass eine Menge übertragbarer Variabilität – sei sie genetischer, epigenetischer oder verhaltensspezifisch-kultureller Natur – gerichtet, konstruiert und, im Falle des Menschen, auch planvoll zukunftsorientiert ist. Wenn solche Variationen von einer Generation zur nächsten weitergegeben werden, sprechen sie von Lamarck'scher Vererbung. Mit anderen Worten: Jede Form „weicher" Vererbung – bei der also das, was vererbt wird, unter dem Einfluss von Umwelt- und Entwicklungsfaktoren steht – ist Lamarck'scher Natur. Für uns sieht es so aus, als bringen Anti-Lamarckisten einiges durcheinander. Die Befürworter Lamarck'schen Denkens *behaupten* gerade *nicht*, dass Information vom Protein zur DNA fließt, von Produkt zum Plan, vom Kuchen zum Rezept. Wir stimmen Dawkins und Hull zu, wenn sie meinen, dass solche reversen Konstruktionen sehr schwierig, in den meisten Fällen wohl sehr unwahrscheinlich seien. Lamarckisten machen auch keine Aussagen zur Natur des Erbmaterials. Was sie aber *postulieren*: Erbliche adaptive Abänderungen sind nicht allein Ergebnis natürlicher Selektion, sondern auch Produkte interner (evolvierter) Systeme, die als Reaktion auf die Lebensbedingungen „intelligente Vorschläge" hervorbringen. Befürworter Lamarck'schen Denkens erkennen, dass die Existenz solcher „informierter Quellen" für Variabilität starke Auswirkungen darauf haben muss, wie wir uns mit Vererbung und Evolution beschäftigen. Das Problem ist, dass der Lamarckismus eine solch schlechte Reputation hat; lange Zeit war er geradezu stigmatisiert und viele Leute meinten, jede Form von Lamarckismus sei barer Unsinn. Im Umkehrschluss bedeutete das: Alles, was wissenschaftlich vernünftig ist, kann prinzipiell nichts mit Lamarckismus zu tun haben! Häufig wissen die Leute nichts oder nicht genügend vom Lamarckismus, weder von seiner Geschichte noch seiner Theorie. Wir hoffen, dass das Buch hier Abhilfe schafft.

A. D.: Da bin ich mir nicht sicher. Sprache ist sehr mächtig. Ich vermute, Sie tun sich keinen großen Gefallen damit, Ihre Sichtweise als eine Lamarck'sche oder gar eine „Darwin-Lamarck'sche" zu etikettieren. Wenn Sie die Leute davon überzeugen wollen, dass Ihr Ansatz wohl begründet ist und uns evolutionstheoretisch weiterbringt, warum beharren Sie dann auf einem Begriff, der die Leute Sie als zwei arme Irregeleitete betrachten lässt? Die hören Ihnen doch gar nicht mehr zu. Warum lassen Sie den Begriff „Lamarckismus" nicht einfach ganz weg? Denn ohnehin kreieren Sie ja einen eigenwilligen Mix von Konzepten und Daten, der wenig mit Lamarcks ursprünglichen Gedanken zu tun hat und noch viel weniger mit lamarckistischen Vorstellungen, wie man sie im frühen 20. Jahrhundert vertreten hat. Außerdem verwirren Sie die Leute. Für viele passen Darwinismus und Lamarckismus nicht zusammen, für sie ist das eine mit dem anderen nicht vereinbar, für sie gilt: entweder oder. Und jetzt kommen Sie daher und behaupten, gleichzeitig gute Darwinisten (und dies betonen Sie!) und gute Lamarckisten zu sein. Was passiert denn, wenn Sie den Begriff „Lamarckismus" einfach fallen ließen? Einen Nachteil kann ich mir nicht denken, ganz bestimmt würden Sie aber Überzeugungskraft gewinnen. Die Wortwahl ist doch nicht das Entscheidende.

M. E.: Würden Sie uns denn ebenfalls empfehlen, auf den Begriff „Darwinismus" zu verzichten – angesichts seiner zahlreichen Assoziationen und der Tatsache, dass er heute nicht mehr im ursprünglichen Sinne verwendet wird? Heutige Darwinisten erkennen sehr wohl, dass zur Erklärung der Evolution erheblich mehr notwendig ist als natürliche Selektion. Leute wie Steve Gould und Gabby Dover zum Beispiel, beide überzeugte Darwinisten, betonen die Bedeutung verschiedener Aspekte für die Evolution, die nicht direkt von der natürlichen Selektion abhängen. Darwinismus im heute gebrauchten Sinne ist keinesfalls ein Synonym für die Theorie der natürlichen Selektion. Ganz entsprechend sollten wir auch für Lamarck'sches Denken offener werden; das kann auf längere Sicht nur helfen: Die Lamarck'sche Forschungstradition ist äußerst interessant; zwar produzierte auch sie mitunter ziemlichen Unsinn (wie jede andere Forschungstradition einschließlich des Darwinismus), doch können wir aus ihr lernen. Vorzugeben, unsere Position sei ahistorisch oder stütze sich nur auf Darwin'sches Denken, wäre jedenfalls irreführend.

A. D.: Das sehe ich anders. Sie machen sich selbst mit einer Terminologie gemein, die Ihrer Sache schadet. Aber wenn Sie mit dem Kopf durch die Wand wollen, bitte sehr. Doch gehen wir weiter. Welcher vierten Frage begegnen Sie den typischerweise?

M. E.: Nun, wir nennen sie die Vergleichs- oder Verhältnismäßigkeitsfragen – sie werden in allgemeiner und spezifischer Form gestellt. Die allgemeine Version lautet: Welche relative Bedeutung haben die verschiedenen Vererbungssysteme? Und die spezifische: Welche relative Bedeutung hat beim Menschen die Kultur im Vergleich zu den Genen? Oder: Wie wichtig sind bei Pflanzen epigenetische Variationen im Vergleich zu genetischen?

A. D.: Und, können Sie das beantworten? Gibt es hierzu irgendwelche unabhängige quantitative Untersuchungen?

M. E.: In gewisser Weise ist dies ja eine ziemlich absurde Frage. Die relative Bedeutung eines bestimmten Vererbungssystems hängt vom jeweiligen Merkmal ab, vom zeitlichen Rahmen, den man betrachtet, der genetischen Zusammensetzung und Sozialstruktur der Population, den ökologischen Bedingungen und vielem weiterem. Genauso könnte man fragen: Was ist wichtiger, Umwelt oder Gene? In dieser allgemeinen Form ist das eine sinnlose Frage. Das bedeutet aber nicht, dass man für wohl definierte Fälle keine quantitativen Ansätze entwickeln kann, mit denen sich die Effekte der verschiedenen Vererbungssysteme abschätzen lassen. So haben etwa der amerikanische Biomathematiker Marc Feldman und seine Kollegen eine Methode ausgearbeitet, mit der man Effekte der Vererbung von Kultur kalkulieren kann.[2] Ähnliche Betrachtungen führten Eva Kisdi und Eva Jablonka zu einem Vorschlag, wie Effekte epigenetischer Vererbung gemessen werden können[3].

A. D.: Ich weiß, es gibt ein Maß für Erblichkeit; es gibt Auskunft darüber, welcher Anteil einer Variation zwischen verschiedenen Individuen auf genetische Unterschiede zurückzuführen ist. Ich habe gelesen, viele Persönlichkeitsmerkmale wie das Neugierverhalten, das Sie in Kapitel 2 diskutierten, seien durch eine Vererbbarkeit von etwa 40 bis 50 Prozent charakterisiert. Das überrascht mich. Denn wenn es stimmt, wovon Sie mich überzeugt haben, dass die Wechselwirkungen zwischen Genen so komplex und abhängig von Erziehung und Lebensführung sind, dann erwartet man eigentlich einen viel geringeren genetischen Einfluss; dass also die Unterschiede zwischen den einzelnen Menschen viel weniger genetisch bedingt sind. Meinen Sie denn, der Einfluss der genetischen Komponente wird überschätzt, weil man andere Quellen übertragbarer Information außer Acht lässt?

M. E.: Ganz klar ja; das gehört zu dem, was wir immer wieder betonen. Doch bevor wir genauer auf die Frage eingehen, müssen wir klären, was „Erblichkeit" überhaupt bedeutet; es handelt sich um einen allzu missverständlichen Begriff[4]. Erblichkeit hat eine ganz exakte Bedeutung in der Biologie: Heritabilität ist ein Maß für den Anteil der sichtbaren phänotypischen Variabilität eines bestimmten Merkmals – zu einem bestimmten Zeitpunkt, in einer bestimmten Population, die unter bestimmten Umweltbedingungen lebt –, der auf genetische Unterschiede zwischen den Individuen zurückzuführen ist. Es handelt sich um ein Populationsmaß und nicht um ein Maß der relativen Bedeutung von Genen und Umweltfaktoren für die Entwicklung eines Individuums. Entwickelt wurde dieses Maß ursprünglich für die Landwirtschaft, für die Berechnung von Ernteerträgen, der Milchproduktion und Ähnlichem – doch heutzutage wird es leider häufig (und falsch) im Zusammenhang mit menschlichen Merkmalen verwendet. Ein Weg für die Abschätzung der Erblichkeit ist der Vergleich nahe Verwandter – man schaut, wie stark sie sich ähneln. Man vergleicht eineiige und zweieiige Zwillinge, Eltern und Kinder, Cousins und so weiter. Weil sich ja die genetischen Übereinstimmungen zwischen verschiedenen Verwandten gemäß den Mendel-Regeln statistisch berechnen lassen, kann man aus den phänotypischen Korrelationen auf den Anteil in der Gesamtvariabilität schließen, der auf genetische Variabilität zurückgeht.

Man muss sich allerdings im Klaren sein, dass Erblichkeit nichts Fixiertes, ein für alle Mal Feststehendes ist: Mit dem gleichen Genotyp kann die Heritabilität eines Merkmals unter variablen Umweltbedingungen gering sein (wenn ein Großteil der Variabilität Umweltfaktoren zuzuschreiben ist), unter stabilen Verhältnissen dagegen hoch. Wenn die Erblichkeit eines Merkmals gering ist, bedeutet dies nicht, dass es keine genetischen Differenzen zwischen den Individuen gibt – es bedeutet lediglich, dass das Merkmal sehr stark (entwicklungs-)kanalisiert ist. Und noch eine Sache ist wichtig: Falls die Heritabilität eines Merkmals hoch ist, weil es eine starke genetische Korrelation zwischen Verwandten gibt, bedeutet dies nicht, dass die Leute einander ähnlich oder gar gleich sein müssen! Die Werte für ein gemessenes Persönlichkeitsmerkmal bei Eltern und Kindern können stark korrelieren und sich dennoch sehr unterscheiden, weil jedes Kind auf der Skala 10 Punkte über dem Durchschnitt der Eltern liegt. Kommen wir aber auf die besagten Schätzungen von 40- bis 50-prozentiger Heritabilität zurück.

In den meisten Fällen hat man die gesamte erbliche Variabilität auf genetische Unterschiede zurückgeführt. Doch berücksichtigt man in den Kalkulationen eine Komponente für die Vererbung von Kultur in der Art, wie sie Feldman vorgeschlagen hat, könnte dies die Heritabilität signifikant herabsetzen. Vermutlich ist dies auch der Fall, wenn man epigenetische Vererbung einschließt. Ebenso muss man natürlich auch verhaltensspezifische Vererbung in Betracht ziehen – zum Beispiel sich selbst erhaltende pränatale Effekte wie jene, die wir in Kapitel 5 angesprochen haben, oder die übertragbaren Wirkungen elterlicher Fürsorge. In manchen Fällen mag es ziemlich schwierig sein, zwischen den verschiedenen Quellen zu unterscheiden, die zur Heritabilität beitragen; vielleicht ist schon der Versuch unsinnig, jeweils spezifische Schätzwerte zu erheben. Erblichkeitswerte beim Menschen gründen sich auf so viele vereinfachende Annahmen, dass ihre Brauchbarkeit zweifelhaft ist; doch dadurch, dass man es unterlässt, nichtgenetische Vererbung gesondert zu betrachten, wird der genetische Beitrag zur Heritabilität – so ist jedenfalls unsere Ansicht – gewaltig überschätzt. Das Fazit lautet also: Die Schätzungen zur Erblichkeit der Genetiker können leicht in die Irre gehen, weil zur Vererbung eben nicht nur Gene beitragen.

A. D.: Wenn auch der Wert beschränkt sein mag, haben Erblichkeitsschätzungen dennoch praktische Bedeutung, etwa in der Landwirtschaft. Zudem könnten sie noch nützlicher sein, wenn man die epigenetische Komponente berücksichtigen würde. Doch wenden wir uns jetzt einigen praktischen Konsequenzen Ihres Ansatzes zu. Ich sehe schon, wie die Symbol- und genetischen Systeme unsere Welt prägen und sie durch die (kulturelle) Praxis der Gentechnik verändern; aber wenn man von dieser ziemlich außergewöhnlichen Sache absieht, inwiefern lässt Ihre vierdimensionale Sicht uns anders auf das Leben blicken?

M. E.: Da können wir eine Antwort nur anreißen, doch das Wenige, was wir heute schon wissen, weist auf einige ziemlich gravierende Folgen hin. Schauen wir zunächst auf die Medizin und im Zusammenhang damit auf interpretative Mutationen und erbliche epigenetische Variationen. Wenn Mikroorganismen über Systeme verfügen, die unter bestimmten Bedingungen die Mutationsrate erhöhen, dann muss die Behandlung mikrobieller Krankheiten genau auf diese Systeme zielen – ansonsten könnten wir den Kampf langfristig verlieren. Was heißt das konkret? Es bedeutet zum Beispiel, dass eine antibiotische Behandlung nicht nur Medikamente beinhaltet, die Bakterien abtöten; sie muss darüber hinaus etwas bereitstellen, was die Mutationen erzeugenden Systeme der Bakterien hemmt oder gar zerstört. Nur dadurch werden die überlebenden Zellen nicht mehr in der Lage sein, diese Systeme zu mobilisieren und darüber einen resistenten Stamm zu erzeugen.

Ähnlich ist es mit den EVSs, wir haben ja schon einige Gebiete in der Medizin erwähnt, bei denen man ihre Bedeutung allmählich erkennt[5]. Erstens weiß man von vielen Krebsarten, dass sie mit zellulär erblichen epigenetischen Modifikationen, etwa veränderten Methylierungsmustern oder anderen Aspekten der Chromatinorganisation, einhergehen. In Kenntnis dessen könnte man das Risiko für eine solche Krebserkrankung besser einschätzen, ebenso zuverlässiger diagnostizieren; außerdem, da epigenetische Modifikationen potenziell reversibel sind, könnte dies bei einigen Krebsarten ein aussichtsreicherer Ansatzpunkt für Vorsorge und Therapie sein. Zweitens sind Epimutationen an einigen erblichen Krankheiten beteiligt. Wir wissen, dass eigenartige Vererbungsmuster mit anormalen Prägungsereignissen zusammenhängen können, und Humangenetiker halten auch danach Ausschau. Doch ist es äußerst unwahrscheinlich, dass erbliche epigenetische Defekte auf geprägte Gene beschränkt sind. Die gelben Mäuse, von denen wir im Kapitel 4 gesprochen haben, entwickelten eine erbliche Tendenz zu Diabetes und Krebs aufgrund der Methylierung einer Sequenz, die sich von einem Transposon ableitet. Wir wetten darauf, dass beim Menschen ähnliche erbliche epigenetische Markierungen gefunden werden, die auf das Krankheitsgeschehen Einfluss nehmen; denn auch das gesamte menschliche Genom ist durchsetzt von Tausenden von Sequenzen, die von

Transposonen stammen; und einige dieser Sequenzen tragen wahrscheinlich variable epigenetische Markierungen, die die Genaktivität beeinflussen. Allerdings betreffen die meisten Epimutationen vermutlich nur ein einzelnes Individuum, weil sie sich in Körperzellen ereignen. Darin mag einer der Gründe liegen, warum eineiige Zwillinge sich äußerlich manchmal zum Teil sehr unterscheiden.

Drittens – und ganz offensichtlich – haben die EVSs große Bedeutung für Prion-Krankheiten wie die Creutzfeldt-Jakob-Krankheit und Kuru. Ein vierter Aspekt betrifft die Umweltmedizin und die Epidemiologie; es gibt immer mehr Hinweise darauf, dass etwa längeres Hungern oder die Behandlung mit bestimmten Arzneien (möglicherweise einschließlich Thalidomid) generationenübergreifende Effekte haben. Schon heute weiß man, dass sich die Art und Weise, wie sich ein Mensch – gleichgültig ob Frau oder Mann – ernährt, nicht nur auf die eigenen Kinder, sondern auch auf die Enkel auswirkt. Weiterhin legen Studien mit Tieren nahe, dass sich Stress und Hormonbehandlungen langfristig auswirken können – mehrere Generationen können in Mitleidenschaft gezogen werden. Epidemiologische Forschungsprogramme und die medizinische Praxis müssen solche Informationen berücksichtigen, wenn wir vermeiden wollen, dass zukünftige Generationen an den Folgen unserer Sünden und Katastrophen zu leiden haben. Ein fünfter Bereich hat mit der RNA-Interferenz zu tun. Krankmachende Gene könnten wir mit Hilfe künstlich erzeugter kleiner RNAs, die die mRNAs dieser Gene oder vielleicht sogar die Gene selbst erkennen, inaktivieren oder ganz abschalten. Theoretisch könnten wir dadurch viele durch Viren ausgelöste Krankheiten kurieren und Krebserkrankungen behandeln – zumindest in ihren Anfangsstadien. Wir leben zwar noch in den Kindertagen dieser Technik, doch wir sind – was sie betrifft – vorsichtig optimistisch.

A. D.: Was Sie über die generationenübergreifenden Folgen der Ernährung sagten, ist ja beunruhigend. Wenn das tatsächlich stimmt, bedeutet es, dass soziale Ungerechtigkeit letztlich ihre Wurzeln in den Keimzellen und dem Mutterleib der Vorfahren hat. Leute mit gestressten und schlecht ernährten Vorfahren sind von Geburt an mit etlichen Nachteilen belastet. Arbeitet denn die Wissenschaft an diesen Themen?

M. E.: Das tut sie! Wissenschaftler tragen immer mehr Befunde zu den langfristigen und generationenübergreifenden Effekten verschiedener stressbeladener Bedingungen zusammen[6]. Und tatsächlich gibt es schon heute einige relevante Daten, die man allerdings ursprünglich für ganz andere Zwecke erhoben hat. Auch dank dieser Befunde wissen wir, dass Kinder, deren Mütter während der Schwangerschaft schlecht oder unterernährt waren, mit größerer Wahrscheinlichkeit Herz-Kreislauf-Erkrankungen und Diabetes entwickeln und viele weitere Probleme bekommen werden. Man achtet in Studien zwar nun stärker auf längerfristige Effekte, doch reicht der Blick bisher selten über die zweite Generation hinaus. Wenngleich es im Augenblick methodisch noch schwierig ist, sollten wir unbedingt auch auf spätere Generationen achten – das jedenfalls legen Untersuchungen mit Mäusen und Ratten nahe. Die Tatsache, dass epigenetische Zustände langfristig erhalten bleiben können, verlangt nach Verfahren, durch die wir ungünstige Umstände, denen Vorfahren ausgesetzt waren, kompensieren können, damit die gegenwärtige Generation nicht mit einem nachteiligen epigenetischen Erbe beginnen muss. Es wird wohl nicht genügen, dafür zu sorgen, dass Individuen, die abträgliche Ahnenmarkierungen tragen, sich in einer normalen Umgebung entwickeln können; es könnte notwendig sein, die Betroffenen zum Beispiel mit einer speziellen Diät zu versorgen, die ihrem ungünstigen epigenetischen Erbe entgegenwirkt. Deshalb sind Untersuchungen wie jene mit den gelben Mäusen so wichtig – diese zeigt ja, dass Ernährung die Expression des epigenetisch markierten Allels für gelbe Fellfarbe beeinflusst. Solche Befunde sind keineswegs nur für Biologen interessant; sie weisen genau darauf hin, wonach man auch in medizinisch-epidemiologischen Studien suchen sollte.

Auch noch andere medizinische Aspekte der epigenetischen Vererbung sind Gegenstand intensiver Forschung. Etliche Wissenschaftler setzen sich mit der Epigenetik von Tumoren auseinander, andere mit Prion-Krankheiten – und dies mit Hochdruck seit der BSE-Krise; und wie Sie sich vorstellen können, ist auch die RNAi ein heißes Forschungseisen, daran sind nicht zuletzt pharmazeutische Unternehmen äußerst interessiert[7]. Außerdem sind Biotech-Firmen dabei, die DNA-Methylierungsprofile der verschiedenen Gewebe des Menschen zu kartieren – in der Hoffnung, zum einen Diagnoseverfahren zu entwickeln, die auf der Identifizierung abnormaler Methylierungsmuster als Indikatoren für Krankheiten beruhen; zum anderen versuchen sie Arzneimittel zu finden, mit denen sich solche epigenetische Markierungen abändern lassen, die mit Krankheiten in kausaler Verbindung stehen. Sie sehen, die Arbeit hat schon begonnen und ganz bestimmt wird sie noch gewaltig zunehmen. Das Zeitalter eines epigenetischen Engineerings hat gerade erst begonnen.

A. D.: Und was ist mit der Landwirtschaft? Brauchen wir dafür auch eine vierdimensionale Sicht?

M. E.: Ganz bestimmt brauchen wir die. Die Bedeutung der epigenetischen Vererbung in der Landwirtschaft ist schon heute vielen klar; denn durch sie hat die Gentechnik so große Schwierigkeiten, ertragreichere oder sonstwie verbesserte Kulturpflanzen zu züchten. Hier entdeckte man viele erbliche epigenetische Effekte: Neu eingeführte Fremdgene wurden durch DNA-Methylierung oder RNAi stillgelegt, was die Bemühungen, nützliche Fremdgene stabil zu exprimieren, häufig ins Leere laufen ließ (allerdings hat man inzwischen Möglichkeiten, dieses Problem zu umgehen). Auf der anderen Seite sind, da einige epigenetische Variationen durch Umweltfaktoren herbeigeführt werden, landwirtschaftliche Verfahren vorstellbar, die auf diesen induzierenden Wirkungen beruhen und so „epigenetisch konstruiert“ (*epigenetically engineered*) bessere Kulturpflanzen hervorbringen. Auch die siRNAs werden gute Werkzeuge sein, denn mittels künstlicher siRNAs können Wissenschaftler jedes beliebige Gen inaktivieren.

Ein anderer Bereich, bei dem man über die Genetik hinausschauen muss, ist das Klonen – was ja seit jeher große Bedeutung für die Landwirtschaft hat. Seit undenklichen Zeiten vermehrt man Pflanzen durch Stecklinge und seit Neuerem reichen dafür auch einzelne Zellen. Doch hat man beim Klonen von Tieren bekanntermaßen bisher kaum Erfolge erzielt. Mit dem Schaf Dolly machte man die ersten Schritte. Es zeigte sich zwar, dass ein Klonen aus erwachsenen Tieren grundsätzlich möglich ist, doch ist das ganze Verfahren noch sehr ineffizient. Außerdem sind viele geklonte Tiere fehlentwickelt; in einigen Fällen weiß man, dass die Anomalien auf Unterschiede im Methylierungsmuster zurückzuführen sind. Bis jetzt hat noch niemand eine Methode entwickelt, die epigenetische Markierungen löschen, das heißt in die Ausgangslage zurückversetzen kann, um eine normale Ontogenese zu ermöglichen[8]. Wenn das allerdings gelingt (und wir vermuten, dass dies bald der Fall sein wird), hat es enorme Auswirkungen – nicht nur für die Landwirtschaft. Forscher sind bereits erste Schritte in Richtung Klonen des Menschen gegangen, wenn auch – erfreulicherweise – lediglich mit dem Ziel, embryonale Stammzellen für therapeutisches Klonen herzustellen, um bei einer Person mangel- oder schadhafte Gewebezellen zu ersetzen. Wir wissen um zahlreiche Schwierigkeiten, für die man erst eine Lösung finden muss – wir denken hier vor allen Dingen an die Prägung. Und vermutlich gibt es noch ganz andere Probleme, von denen wir bislang gar nichts wissen. Gleichwohl ist es nicht ganz und gar ausgeschlossen, dass wir damit irgendwie fertig werden und eines Tages Menschen werden klonen können.

A. D.: Erschrecken Sie solche Aussichten denn nicht? Hier tun sich doch auch ethische Probleme auf, oder nicht?

M. E.: Hierüber ist ja bereits eine große öffentliche Debatte im Gange, und das ist auch gut so. Wir müssen unbedingt darauf achten, dass unsere Gesetzgeber diese Diskussion verfolgen. Es wird nicht leicht sein, dem Druck von einflussreichen Personen und Firmen standzuhalten, die sich von dieser Technik Profit versprechen und sie entsprechend propagieren. Im Augenblick wären Versuche zum reproduktiven Klonen – also aus den somatischen Zellen eines Individuums ein ähnliches neues Individuum herzustellen – wissenschaftlich unverantwortlich, selbst wenn man es für ethisch akzeptabel hält (was es aber in unseren Augen nicht ist); denn biologisch gibt es noch viel zu viele ungelöste Probleme. Für das therapeutische Klonen dagegen sehen wir auf längere Sicht ein großes Potenzial, obwohl auch hier viele Menschen Bedenken haben. Es sei daran erinnert, dass einst für viele Leute auch die Vorstellung einer Organtransplantation ekelerregend war und sie diese deshalb kategorisch ablehnten – heutzutage sehen dies die meisten von uns als selbstverständlich an. Vermutlich nimmt die Akzeptanz zumindest für einige Anwendungsgebiete des Klonens ebenfalls mit der Zeit zu – auch weil die Klonierungstechniken vermutlich mit der Zeit zu viel besseren Ergebnissen führen werden als Organtransplantationen.

A. D.: Ihr Optimismus ist ja beeindruckend! Doch wie steht es mit der verhaltensspezifischen Dimensionen der Vererbung, hat auch die irgendwelchen Nutzen?

M. E.: Eine Anwendungsmöglichkeit haben wir ja bereits angesprochen: Man könnte pflanzenfressende Insekten auf bestimmte Unkräuter prägen und so deren Wachstum kontrollieren. Auch wenn so etwas vielleicht niemals voll und ganz gelingen mag, muss man doch in Erfahrung bringen, wie bei Insekten Nahrungspräfenzen durch das, was die Mutter frisst, beeinflusst werden; und an diesem Thema arbeiten Forscher tatsächlich schon. Ein Übertragen von Nahrungspräferenzen mag auch einer der Gründe dafür sein, warum Insekten mitunter so rasch von ihrem ursprünglichen Wirtstyp auf einen ganz anderen wechseln.

A. D.: Sie schneiden jetzt das Thema Ökologie an – auch hier sind natürlich die konkreten Konsequenzen ihrer Sichtweise. Inwiefern hat sie denn Auswirkungen etwa auf den Artenschutz und die Biodiversität?

M. E.: Wie schon mehrmals betont, konstruieren Organismen ihre Lebensumwelt bis zu einem gewissen Grad selbst. Zwar haben wir uns hauptsächlich damit beschäftigt, wie verhaltens- und symbolspezifische Systeme ökologische und soziale Nischen konstruieren, doch spielen hierbei auch EVSs und entwicklungsrelevante Vermächtnisse eine Rolle. Rekapitulieren wir ein wenig und beginnen wir mit kultureller Evolution. Bei Mensch und Tier erhalten sich manche Gewohnheiten dadurch, dass sie eine soziokulturelle Umwelt schaffen, die ihre eigene Weitergabe ermöglicht. Ganz offensichtlich ist dies bei unserer Sprache und auch bei den Gesangsdialekten der Vögel der Fall – diese müssen erlernt und praktiziert werden, damit sie andere Individuen ihrerseits lernen können. Wenn Kinder bis zu ihrer Jugend nicht mit Sprache konfrontiert werden – sei es aus Versehen, sei es aus Gründen menschlicher Grausamkeit und Perversion –, werden sie diese niemals richtig erlernen. Eine normale Entwicklung in einer normalen Sprachgemeinschaft ist Voraussetzung für den Erhalt sprachlicher Kommunikation[9]. Wenn eine Sprache überhaupt nicht mehr praktiziert wird, verschwindet sie, stirbt sie aus. Genau das Gleiche trifft auf die Dialekte der Vögel zu.

Traditionen und Kultur bleiben nur unter der Bedingung einer fortwährenden sozialen und kulturellen Nischenkonstruktion, in die auch andere Arten eingebunden sein können, erhalten. Die Tradition des Nüsseknackens bei den Schimpansen wird sich ohne Nüsse tragende Bäume in ihrem Lebensraum wohl kaum erhalten können. Und bei Vögeln werden sich die von den Eltern übernommenen Fressgewohnheiten ändern, wenn ein neuer Konkurrent in den Lebensraum eindringt – mit Auswirkungen auf andere Arten, Konkurrenten wie Fressfeinde. Es gibt immer ein hoch komplexes Beziehungsnetzwerk zwischen Arten, die alle zusammen eine gemeinsame Nische konstruieren und erhalten. Ganz drastisch zeigt sich dies beispielsweise in tropischen Regenwäldern, wo einen das Ausmaß an Wechselwirkungen wirklich umhaut. Was für einen Laien aus der Entfernung wie „ein Baum" aussehen mag, entpuppt sich bei näherem Hinsehen als eine Masse aller möglichen Pflanzen, auf und zwischen denen verschiedenste Insekten, Vögel, Frösche und andere Tierformen leben. Hunderte von Arten stehen in engsten Wechselwirkungen zueinander; häufig ist es unmöglich zu erkennen, wo eine Pflanze aufhört und die andere anfängt. Und dies ist nur das, was sich mit dem unbewaffneten Auge erkennen lässt. Wie groß erst die Welt ist, die wir unter dem Mikroskop sehen, kann man sich eigentlich gar nicht mehr richtig vorstellen. Welcher Art diese Wechselwirkungen sind, wissen wir zwar nicht, doch wären wir sehr überrascht, wenn zum Erhalt solcher Gemeinschaften nicht eine ganze Menge epigenetischer Vererbung beitrüge, das heißt wenn die Pflanzen nicht gegenseitig erbliche Veränderungen induzieren würden.

A. D.: Und wenn man eine Art ausrottet, kann dann unter Umständen das ganze System zusammenbrechen?

M. E.: Jeder Organismus stellt zusammen mit Parasiten und Symbionten eine Lebensgemeinschaft dar. Die amerikanische Biologin Lynn Margulis weist auf diesen Punkt schon lange hin[10]. Doch das Auslöschen einer Art wird wohl nicht das Beziehungsnetz in einem „Baum" im tropischen Regenwald von Grund auf zerstören – denn es ist ziemlich robust, ähnlich wie genetische Netzwerke. Das ist nicht der Punkt. Entscheidend ist vielmehr, dass wir ganze Gemeinschaften auslöschen, dass wir in ganz großem Maßstab zerstören. Wenn wir Regenwälder abholzen, vernichten wir riesige, komplexe, wunderbare ökologische Netzwerke – und zwar für immer.

A. D.: Vielleicht sollten wir dann Samen, Embryonen und DNA von Pflanzen und Tieren einfrieren, um sie später zu verwenden – in einer (hoffentlich) besseren, ökologisch gesünderen Zukunft.

M. E.: Das würde nicht funktionieren. Sie müssten dann schon die ganzen Gemeinschaften rekonstruieren, und häufig sind diese sehr alt; sie haben ein historisches Gedächtnis, das in ihren epigenetischen und verhaltensspezifischen Systemen gespeichert ist. Diese Systeme sind Teil ihrer „Identität", Teil ihrer Stabilität. Und diese Gedächtnisformen können Sie nicht durch Tiefkühlen konservieren; erhalten und weitergeben lassen sie sich nur dadurch, dass sie genutzt werden. Dies bedeutet: Man kann Gemeinschaften nicht aus ihren einzelnen Bestandteilen rekonstruieren. Ist die Geschichte ausgelöscht, ist es auch die mit ihr verbundene spezifische Lebensgemeinschaft.

A. D.: Sie meinen also, wenn man eine Lebensgemeinschaft zerstört, vernichtet man auch die epigenetische und verhaltensspezifische Variabilität ihrer Elemente. Aber wie können Sie denn so sicher sein, dass diese Gemeinschaften nicht in der Lage sind, sich selbst wiederherzustellen?

M. E.: Wir wissen zu wenig, um tatsächlich ganz sicher zu sein. Doch selbst wenn die gleichen Gene und Allele in anderen Kombinationen in anderen Lebensgemeinschaften existieren, die epigenetischen Markierungen und das historische Erbe, das sie tragen, haben sie verloren. Es ist so, als wenn Sie eine Kultur oder eine Sprache auslöschten und sich dann mit dem Gedanken trösteten, dass die Kultur oder die Sprache jederzeit wieder rekonstruiert werden könnte, da es ja nach wie vor menschliche DNA gebe. Das wäre doch absurd! DNA reicht eben keinesfalls aus – zur Rekonstruktion ist nicht nur genotypische, sondern auch phänotypische Kontinuität Grundvoraussetzung. Wir wissen nicht, was überhaupt noch rekonstruiert werden kann und was nicht, doch ganz ohne Zweifel ist schon sehr viel biologische Information für immer verloren gegangen. Aus der Geschichte der Menschheit gibt es einige tragische Beispiele. Eines sind die Osterinseln im Südpazifik, wo die Einwohner das üppige tropische Paradies rückstandslos und irreversibel ausbeuteten – mit der Folge, dass im Verlauf weniger Jahrhunderte die Pflanzen- und Tierwelt der Insel wie auch die außergewöhnliche Kultur ihrer menschlichen Bewohner praktisch ausgelöscht wurden[11]. Das ist kein Unikum, wir könnten noch einige andere, ähnlich traurige Fälle schildern. Obwohl wir so wenig wissen, verhalten wir uns so, als ob wir alles wüssten; wir zerstören ganze Ökosysteme in einem niemals zuvor gekannten Ausmaß und sind nicht einmal in Ansätzen in der Lage, die Konsequenzen abzuschätzen.

A. D.: Die gleiche Moralpredigt hätte auch ich halten können, ohne irgendetwas über verschiedene Vererbungssysteme zu wissen!

M. E.: Das kann schon sein; doch wenn man um diese Systeme weiß und sie mitberücksichtigt, lässt sich noch klarer erkennen, wie unumkehrbar desaströs unser Handeln ist. Wir zerstören weitaus mehr Variabilität und Diversität als wir uns vorstellen; und oft sind es die nichtgenetischen, vor allen Dingen geschichtlichen Aspekte der Diversität, die für die Stabilität von Gemeinschaften ausschlaggebend sind. Das kann man in aller Deutlichkeit sehen, wenn man in Gefangenschaft gehaltene sozial lebende Tiere bedrohter Arten auszuwildern versucht. Im Allgemeinen stellt sich kein Erfolg ein, wenn man einfach eine Gruppe von Individuen aus dem Zoo nimmt und sie in ihr natürliches Habitat entlässt – in der Hoffnung, dass es die Gene schon richten und ihren Trägern sagen werden, was sie tun und lassen sollen. Die Tiere gehen in der Regel zugrunde. Auswilderungsprogramme sind nur dann erfolgreich, wenn man den Tieren, die ja so lange Zeit unter unnatürlichen Bedingungen in Zoos oder Wildparks gelebt und sich daran gewöhnt haben, beibringt, wie sie ihr Verhalten in freier Wildbahn umstellen, was sie fressen, welche Fressfeinde sie meiden müssen und vieles Weitere mehr. Nur über ein derartiges vorgeschaltetes Training kann ein Auswildern gelingen. Doch in vielen Fällen wissen wir gar nicht, was wir den Tieren oder auch Pflanzen beibringen müssen und wie wir das Netz von Wechselwirkungen, in das sie eingebunden sein müssen, wiederherstellen können[12].

A. D.: Dieses riesige Netz der Wechselwirkungen von Organismen und Umwelten – wie weit reicht dieses Bild? Gehen Sie so weit wie James Lovelock, der unseren gesamten Planeten, Gaia, als eine einzige Einheit ansieht, eine lebende, sich selbst erhaltende und selbst perpetuierende Entität?

M. E.: Zweifellos gibt es sich selbst erhaltende, komplexe Beziehungsgeflechte zwischen Organismen und ihren Umwelten, wenngleich wir bisher kaum etwas davon verstehen. Ebenso wenig Zweifel gibt es daran, dass Lebewesen allgemein betrachtet den Planeten als Nische konstruieren, in der sich Leben erhalten kann. Sollten wir Gaia als lebenden Organismus bezeichnen? Können wir ein kleineres sich selbst erhaltendes Ökosystem als Organismus betrachten? Sofern man der Auffassung ist, dass eine Einheit nur dann als lebend bezeichnet werden darf, wenn sie Vererbung und Reproduktion zeigt, dann sind Gaia und kleinere sich selbst erhaltende ökologische Gemeinschaften keine lebenden Einheiten.

Falls man Leben allerdings auf Grundlage des Stoffwechsels definiert, ist es anders; dann lebt eine Einheit, wenn es als System seine Organisation über die Zeit durch die dynamische Kontrolle der ein- und ausgehenden Energie- und Stoffflüsse erhält. So gesehen, kann man Gaia und einige ökologische Gemeinschaften als lebend betrachten. Doch betrachten wir die Debatte darum, ob man Gaia einen Status des Lebenden oder Nichtlebenden zuspricht, weder als besonders anregend noch aufregend [13]. Dagegen halten wir die Tatsache für enorm wichtig und hoch interessant, dass die Erde den Lebewesen seit kaum vorstellbaren Zeiten – seit Milliarden von Jahren – unglaublich nachhaltige Bedingungen bereitstellt. Leben auf unserer Erde konnte sich fortwährend erhalten, weil verschiedene Systeme die Temperatur und die Zusammensetzung der Atmosphäre konstant hielten, obwohl die Leuchtkraft der Sonne seit Beginn des Lebens vor 3 Milliarden Jahren um 30 Prozent zugenommen hat. Indem Lovelock auf diese unglaubliche dynamische Stabilität hingewiesen hat, hat er den Blick auf eine zentrale biologische Frage gerichtet: Wie reguliert sich das globale System selbst? Wir suchen noch immer adäquate Antworten darauf.

A. D.: Sind denn die Untersuchungen zur epigenetischen Vererbung überhaupt mit diesen ökologischen Aspekten verknüpft? Mit den Vorstellungen und Studien zu Gaia oder ökologischen Gemeinschaften in kleinerem Maßstab?

M. E.: So weit wir wissen, ist dies kaum der Fall. Es gibt viele Studien und noch mehr Debatten zum Schutz von Arten und Lebensgemeinschaften; selbst wenn sich Forscher mit den Wechselwirkungen zwischen geologischen und biotischen Faktoren beschäftigen, tun sie dies im Allgemeinen nicht aus epigenetischer Perspektive. Die epigenetischen Aspekte der Ökologie diskutiert man kaum, noch weniger sind sie Gegenstand wissenschaftlicher Studien. Gleichwohl halten wir es für sehr wahrscheinlich, dass in naher Zukunft mit der epigenetischen Ökologie ein neues Forschungsfeld auftun wird. Bis jetzt richten die Leute ihre Aufmerksamkeit auf die genetische Variabilität, wenn sie die Auswirkungen von ökologischen Veränderungen untersuchen und die Folgen von Umweltschutzmaßnahmen vorherzusagen versuchen. Bisher gibt es keinerlei Arbeiten zu erblichen epigenetischen Variationen in natürlichen Populationen. Doch gerade hier stellen sich einige ganz grundlegende Fragen, auf die wir noch keine Antworten haben. Hier ein Beispiel: Ein typisches nicht geschlechtsbestimmendes Chromosom verbringt die eine Hälfte seiner Zeit im männlichen und die andere Hälfte im weiblichen Geschlecht; gleichwohl wird man in großen Populationen Chromosomenverteilungen finden, die auf verschiedene Verläufe der Übertragung über die Generationen hinweg hinweist. Wenngleich die meisten Chromosomen nur selten in mehreren direkt aufeinanderfolgenden Generationen durch das gleiche Geschlecht vererbt werden dürften, wird dies – rein zufallsbedingt – bei einigen wenigen der Fall sein: entweder ausschließlich über Männchen oder nur durch Weibchen.

Die Frage ist: Welche Auswirkungen haben solche unterschiedlichen Transmissionsverläufe auf die Markierungen, die die Chromosomen tragen? Dazu können wir leider überhaupt nichts sagen – doch darauf und auf eine ganze Reihe weitergehender Fragen sollten wir unbedingt Antworten finden, denn sie sind ökologisch wie medizinisch relevant. Wie gesagt, Mediziner befassen sich bereits mit den epigenetischen Aspekten von Krankheiten; sie erkennen, dass die DNA nicht alles ist, dass die Kenntnis der DNA allein keineswegs all die verheißungsvollen Versprechungen einlösen kann, die Teil des Hypes rund um das Humangenomprojekt sind. Die Auswirkungen der EVSs im Bereich der Medizin und Landwirtschaft sind mittlerweile so offensichtlich, dass sich mehr und mehr Leute damit befassen – im Unterschied zur Ökologie: Hier fallen die Auswirkungen weniger deutlich ins Auge, weshalb viele entsprechende Forschung für nicht dringlich halten – Menschen tun sich schon schwer damit, ihren Lebensstil zu ändern, um sich jenen Umweltproblemen zu stellen, die sie schon kennen; noch viel schwerer tun sie sich mit solchen Problemen, mit denen sie gar nicht vertraut sind. Doch wenn wir erst die Grundlagen der Epigenetik in der Ökologie erarbeitet haben, werden wir auch die Bedeutung der epigenetischen Vererbung für den Natur- und Artenschutz erkennen. Es ist nur eine Frage der Zeit.

A. D.: Ich fürchte, die Zeit haben wir nicht. Ich möchte Ihnen ja nicht zu nahe treten, doch halte ich Sie für ganz schön naiv. In Kapitel 2 meinten Sie, wenn wir die globalen Gesundheitsprobleme tatsächlich ernst nehmen wollten, dann müssten wir als Erstes für die Versorgung jedes Einzelnen mit genügend Nahrung, sauberem Trinkwasser und sauberer Luft die meisten Probleme lösen; und dabei wäre all dies gar nicht besonders teuer. Richard Lewontin sagt dies schon seit vielen Jahren. Er meint, die Art und Weise, wie man die Genetik (sein eigenes Forschungsgebiet) in der Landwirtschaft und der forensischen Wissenschaft anwende, hänge von politischen und wirtschaftlichen Interessen sowie verschiedenen gesellschaftlichen Einstellungen ab[14]. Und er hat Recht; die Interessen der meisten Fördermittelgeber, sicherlich auch der meisten Regierungsbehörden und der großen Unternehmen, schließen das Wohlergehen der Armen weltweit nicht ein. Schauen Sie sich nur etwa die Tabakindustrie an! Genau das Gleiche gilt, wenn wir die ökologischen Probleme betrachten. Es gibt viele Wege, Ökosysteme zu erhalten, und einige hat man ja auch schon mit Erfolg beschritten. Wirtschaftlich gesehen ist das Unterschutzstellen der meisten bedeutsamen Gebiete ökologischer Diversität gar kein Problem, dennoch wird es sehr wahrscheinlich nicht dazu kommen. Ich kann mir kaum vorstellen, dass viel Geld ausgegeben wird, um herauszufinden, welche epigenetischen Auswirkungen Hunger, Umweltverschmutzung und Umweltzerstörung auf die Lebensbedingungen zukünftiger Generationen haben – und wie wir möglicherweise negative Auswirkungen vermeiden können.

M. E.: Da sind wir anderer Ansicht. Wir alle leben in einer Welt, die zunehmend verschmutzt und zerstört wird; viele damit verbundene Probleme treffen zwar alle Ethnien und alle Einkommensklassen, doch die Armen leiden am stärksten darunter. Krebserkrankungen mit ihren epigenetischen Aspekten sind ein besonders offensichtliches Beispiel. Zudem ist das Umweltbewusstsein heute doch erheblich stärker entwickelt als noch vor 30 Jahren, und damit geht auch ein gewisser Einfluss auf die Politik einher. Deshalb wird es ganz bestimmt Fördermittel für die Erforschung der EVSs und anderer nichtgenetischer erblicher Effekte verschiedener Umweltnoxen und Umweltbedingungen geben.

A. D.: Wenn die großen Unternehmen damit großen Profit machen, wird es wohl so sein. Ein anderer Punkt: Sie sind noch überhaupt nicht auf die verhaltensspezifischen und kulturellen/symbolspezifischen Systeme zu sprechen gekommen. Passiert denn auch hier etwas?

M. E.: Verhaltenstraditionen bei Tieren erhalten heutzutage viel mehr Aufmerksamkeit als früher; und das Thema „kulturelle Evolution" war schon immer Gegenstand wissenschaftlichen Interesses. Nachdem die Biologie viele Jahre peinlich darauf bedacht war, zu den Sozialwissenschaften Abstand zu halten, bringt sie nun doch Ideen zur sozialen und kulturellen Evolution des Menschen in die Diskussion ein.

A. D.: Ich bin mir nicht so sicher, dass die Beiträge der Biologen hier so gut sind: Soziobiologie auf der einen Seite, die Memetik auf der anderen. Das sind ja keine besonders inspirierenden Aussichten.

M. E.: Ein Einfluss der einen Disziplin auf die andere ist unvermeidlich. Die Grenzen zwischen den Sozialwissenschaften und der Biologie beginnen sich aufzulösen. Die Leute sind sich heute darüber im Klaren, dass weder die sozial-kulturelle noch die biologische Evolution für sich allein untersucht werden kann.

A. D.: Das ist vielleicht nur ein vorübergehender Trend, wie etwa auch in der zweiten Hälfte des 19. Jahrhunderts der Darwinismus und andere Evolutionsvorstellungen die Leute über den Zusammenhang von Biologie und Kultur nachdenken ließen[15]. Herbert Spencer entwickelte damals seine große Vision eines einheitlich evolvierenden Universums; selbst wenn seine Ideen mit einigen schrecklich rassistischen, sexuellen und klassenspezifischen Vorurteilen durchsetzt waren, hatten sie in mancherlei Hinsicht mehr Substanz als vieles, was ich heute zu dem Thema lese[16].

M. E.: Spencer hat einen dermaßen schlechten Ruf als übler sexistischer und rassistischer Sozialdarwinist, dass sich heute nur wenige Leute die Mühe machen, seine Arbeiten zu lesen. Vermutlich war er aber überhaupt nicht rassistischer oder sexistischer als Darwin und andere seiner Zeitgenossen. Das entschuldigt Spencer zwar nicht, doch sollten wir ihn im Spiegel seines kulturellen und sozialen Umfeldes betrachten. Und nur zum Protokoll und um ihm historische Gerechtigkeit widerfahren zu lassen: Sein gesamtes Leben lang war Spencer entschiedener Gegner von Sklavenhandel und Kolonialismus. Er ist ein äußerst interessanter Philosoph, aus seinen Werken können wir eine ganze Menge lernen. Die kulturelle Spirale hat jetzt wieder einen Punkt erreicht, an dem man bevorzugt unter evolutionären Gesichtspunkten auf das Leben blickt – gerade so, wie das auch in der zweiten Hälfte des 19. Jahrhunderts der Fall war, als Spencer der beredteste Verfechter einer solchen Sichtweise war.

A. D.: Was Sie ansprechen, hat mit meinem zweiten Hauptpunkt zu tun, mit den philosophischen Konsequenzen ihrer Sicht. Bei so genannten „gebildeten Laien" – also Leuten wie mir – herrscht derzeit tatsächlich ein großes Interesse am Thema Evolution. Und wie sie im ersten Kapitel sagten, gibt es auch unter Evolutionsbiologen wieder lebhafte Debatten. Ich wüsste zwar schon ganz gerne, wen Sie zu ihren Verbündeten und wen zu ihren Gegnern zählen, doch habe ich – als Nichtbiologe – den Eindruck, dass sich viele Streitigkeiten unter Euch Evolutionisten um ziemliche Nebensächlichkeiten drehen. Dawkins und Gould halten beide die natürliche Selektion für wichtig, halten Gene für wichtig, halten entwicklungsspezifische und ökologische Zwänge für wichtig und beide sprechen dem Zufall eine Rolle im großen Ganzen zu. Und auch Sie stimmen doch allen diesen Punkten zu. Für mich sieht es so aus, als würde sich die Kontroverse lediglich darum drehen, welcher Aspekt betont werden soll. Das ähnelt ein wenig dem Streit zwischen den Bolschewisten und Menschewisten oder den vielen Auseinandersetzungen zwischen linksradikalen Gruppierungen – es sind Haarspaltereien: Minimale Unterschiede werden zu unüberbrückbaren Differenzen hochstilisiert. Außenstehende mag dies mitunter amüsieren, doch letztlich ist es vor allen Dingen ärgerlich. Meinem Eindruck nach verbindet Sie mehr mit den Apologeten der selbstsüchtigen Gene als Sie von diesen trennt; und ganz bestimmt sind Sie nicht weit von der Sichtweise Goulds auf das Evolutionsgeschehen entfernt.

M. E.: Was den so genannten Kreationismus betrifft, so ziehen wir ganz bestimmt alle am gleichen Strang: wir alle betrachten das als absoluten Unsinn. Und tatsächlich ist auch an dem, was Sie über die Differenzen zwischen uns Evolutionsbiologen sagten, etwas dran: Die Dynamik einer Kontroverse – sei sie politischer, wissenschaftlicher, literarischer oder anderer Art – resultiert oft aus einem Überhöhen an sich geringfügig unterschiedlicher Positionen. Wir sehen die Ähnlichkeiten und Übereinstimmungen zwischen uns und anderen sehr deutlich. Unsere vierdimensionale Sichtweise rückt den Vererbungsaspekt in den Mittelpunkt, der Fokus liegt dabei ganz auf erblichen Variationen – darauf, wie diese entstehen und welche evolutionären Auswirkungen sie haben. In dieser Hinsicht teilen wir etwa die Ansichten von Dawkins und Maynard Smith. Anders als diese haben wir aber vor allen Dingen die Entwicklungsaspekte von Vererbung im Blick. Im Gegensatz zu Dawkins und Maynard Smith sind wir davon überzeugt, dass epigenetische und verhaltensspezifische Variationen eine wichtige Rolle – direkt oder indirekt – im Evolutionsgeschehen spielen können[17].

Mit anderen, die wie wir Evolution nicht allein als Ergebnis von Genselektion sehen, teilen wir den allgemeinen biologischen Ansatz. Auch sie betonen die Bedeutung der Entwicklung für das Evolutionsgeschehen, doch erachten sie den Lebenszyklus als eine integrative Einheit, deren vielfältige Kausalursachen nicht auseinander zu dividieren seien. Dies ist beispielsweise die Position von Susan Oyama und einer ganzen Gruppe von Biologen und Philosophen der Biologie, die eine Systemtheorie der Entwicklung (DST) vertreten[18]. Wir sind mit ihnen einer Meinung, was ihre Kritik an der Gen-zentrierten Sicht betrifft, die ja Entwicklungsaspekte völlig außer Acht lässt; auch teilen wir viele ihrer Schlussfolgerungen. Allerdings steht bei uns, anders als bei den Vertretern der DST, nicht die Entwicklung, sondern die Vererbung im Mittelpunkt; wir betrachten Evolution auf Grundlage verschiedener Typen erblicher Varibilität. Nach unserer Auffassung ist das primär Wichtige herauszufinden, woher diese Variationen kommen, wie sie entstehen. Das heißt, anders als die DST-Leute trennen wir die verschiedenen Vererbungssysteme, treffen also mehr oder weniger scharfe Unterscheidungen zwischen ihnen. Unserer Ansicht nach muss man zunächst nach den evolutionären Wirkungen jedes einzelnen Systems schauen, bevor man sie zum großen Ganzen verbinden kann.

Wie teilen auch einige Vorstellungen Lewontins, vor allem jene zur komplexen Beziehung zwischen Genen und Merkmalen sowie zur aktiven Rolle des Organismus bei der

Konstruktion seiner Lebensumwelt[19]. Doch liegt er unserer Meinung nach falsch, wenn er nichtgenetische Vererbungsformen vollkommen außer Acht lässt; auch seine Position zum kulturellen Wandel, auf den evolutionäre Betrachtungen nicht anwendbar seien, tragen wir nicht mit. Gould wiederum hat sicherlich damit Recht, wenn er entwicklungsspezifischen und historischen Zwängen (*constraints*) große Bedeutung zuschreibt[20], er erachtet sie als ganz grundlegend für jede Art evolutionärer Erklärung. Doch auch hier wenden wir ein, dass eine eingehende Analyse der Vererbungssysteme und der nichtgenetischen erblichen Variabilität notwendige Voraussetzung dafür ist, Evolution und Entwicklung richtig zu verstehen.

Wir wollen nicht auf die aggressive Polemik eingehen, die die evolutionstheoretischen Debatten in weiten Teilen kennzeichnet, denn dies führt überhaupt nicht weiter. Wie Sie sehen, gibt es zwischen unserer Position und den Vorstellungen anderer Evolutionsbiologen eine ganze Menge Übereinstimmungen, echte Schnittmengen, doch eben auch tiefgreifende Unterschiede. Der größte besteht darin, dass unser Schwerpunkt auf dem Ursprung erblicher Variationen liegt; bei einigen handelt es sich, so ist unsere Position, um partiell gerichtete, jedenfalls nicht vollkommen zufällige, funktionsblinde Abänderungen. Genau dies führt uns zu der Hypothese, dass Evolution nicht nur aus Selektion resultiert, sondern auch aus instruierenden Prozessen.

A. D.: Mir fällt auf, dass Sie die Wörter „Reduktionismus“ oder „Reduktionist“ vermeiden, wenn Sie die Thesen vom egoistischen Gen und den Memen diskutieren, die Sie ja ganz offensichtlich ablehnen. Den Vorwurf des „Reduktionismus“ hört man von Kritikern dieser Ideen oft – warum nicht von Ihnen?

M. E.: Weil wir es weder für notwendig noch für hilfreich halten. Wir vertreten zwar einen synthetischen Ansatz, doch Ausgangspunkt ist eine Analyse; und deshalb müssen wir integrierte Ganzheiten in mehr oder weniger gut definierte Teil oder Subsysteme untergliedern. Dieser analytische Aspekt ist insofern reduktionistisch, als unserer Überzeugung nach ein Aufschlüsseln der Vererbung und das separate Untersuchen der verschiedenen Vererbungssysteme wichtige Information über das Phänomen Vererbung liefert. Eine solche Analyse liefert wohl keine allumfassende Information, doch methodisch ist sie notwendig. Aus diesem Grund diskutierten wir zunächst die verschiedenen Vererbungssysteme getrennt, bevor wir sie im Zusammenhang betrachteten.

A. D.: Aber das Replikator-Konzept, das doch ein ganz scharfes analytisches Werkzeug ist, mögen Sie ja auch nicht. Meinen Sie denn nicht, dass Sie es irgendwie verwenden könnten?

M. E.: Sie kommen schon wieder auf diesen Punkt zu sprechen. Gut, dann wollen wir noch einmal unsere Gründe darlegen, warum wir dieses Konzept nicht aufgreifen. Wenn es stimmt, dass es gut definierte nichtgenetische Systeme gibt, die Variationen weitergeben, welche während der physischen und kognitiven Entwicklung der Organismen entstehen, dann müssen sich Entwicklung und Vererbung gegenseitig beeinflussen. Dies bedeutet aber: Entwicklung spielt eine aktive Rolle im Evolutionsgeschehen. Entwicklung stellt nicht nur einen begrenzenden, einschränkenden Faktor dar, der festlegt, was unmöglich ist; Entwicklung beinhaltet manchmal auch ein planendes Moment. Vererbung lässt sich nicht von Entwicklung trennen. Das Konzept des Replikators, das aber gerade auf einer solchen klaren Trennung von Vererbung (eine Eigenschaft des Replikatoren) und Entwicklung (eine Eigenschaft der Vehikel) beruht, kann also gar nicht funktionieren.

A. D.: Können Sie sich den nicht für ein Replikator-Konzept im weiteren Sinne erwärmen? Sie könnten doch Dawkins' ursprüngliche Definition eines Replikators nehmen – „alles, woraus Kopien hergestellt werden" – und die Art des Kopierprozesses einfach außer Acht lassen. Wenn Sie sich darauf einließen, dann könnte man DNA-Sequenzen, Methylierungsmuster, die dreidimensionalen Strukturen der Prionen, sich selbst erhaltende Rückkopplungsschleifen, physiologische und verhaltensspezifische Muster, Ideen und Werkzeuge durchweg als Replikatoren bezeichnen – oder etwa nicht?

M. E.: Von dieser Option machten Kim Sterelny und Kollegen Gebrauch, ein entsprechendes Konzept entwickelten sie in einem Artikel mit dem Titel „The Extended Replicator"[21]. Doch nach unserer Auffassung birgt diese Vorstellung einige Schwierigkeiten. Erstens wird keineswegs klar, was ein Replikator tatsächlich ist; selbst wenn wir das genetische System betrachten, bleibt die Frage, ob das einzelne Gen den Replikator darstellt oder nicht vielmehr ein gebahntes Netzwerk. Dawkins spricht ja dem einzelnen Nukleotid oder dem Triplett-Kodon nicht den Status eines Replikators zu, und zwar mit der Begründung, dass es sich bei diesen nicht um unabhängige funktionelle Einheiten handle. Doch in einem hochgradig kanalisierten System ist auch das Gen keine unabhängige funktionelle Einheit. Zweitens handelt es sich bei all dem, worüber wir gesprochen haben – etwa Methylierungsmuster, metabolische Rückkopplungsschleifen, Membranen oder Verhaltensmuster –, um phänotypische Merkmale, also um Produkte der Entwicklung. Doch das Replikator-Konzept beinhaltet eindeutig, dass die Replikation, das „Kopieren", völlig getrennt von der übrigen Entwicklung stattfindet. Aus all diesen Gründen halten wir es für das Beste, auf dieses Konzept ganz zu verzichten und uns darauf zu konzentrieren, wie Variabilität durch Entwicklungsprozesse erzeugt, konstruiert und weitergegeben wird.

A. D.: Ich sehe schon, dass Ihre Position Prozess- und nicht Einheiten-orientiert ist. Prozesse sind – wie Sie ja immer wieder betonen – wechselseitig abhängig und im Verein generieren sie ein kohärentes, stabiles Ganzes. Doch empfehle ich Ihnen, die Dinge aus etwas größerem Abstand zu betrachten. Sie sollten sich wirklich darauf einlassen, irgendeine Art von Einheit in den Blick zu nehmen, nur dann können Sie allgemeine Fragen über Organismen und ihre Evolution stellen. Solche Fragen sind aus einer rein Prozessorientierten Perspektive nur schwer zu beantworten, aus der Sie ja immer die Entwicklungsmatrix betrachten und weniger das, was entsteht, was erzeugt wird. Die evolutionstheoretisch notwendige Einheit muss nicht unbedingt der Replikator oder das Vehikel sein; doch irgendetwas braucht man, um die Evolution und Entwicklung von Einheiten diskutieren zu können. Können Sie denn keinerlei Alternative anbieten?

M. E.: Doch, das können wir; es gibt tatsächlich Alternativen zu Replikator und Vehikel. Wie Sie ja wissen, liegt unser Schwerpunkt auf „erblich variierenden Merkmalen" und nicht auf Replikatoren[22]. Erstere sind jene Einheiten, die sich entwickeln und im Lauf der Evolution der Selektion ausgesetzt sind – die Stabilität und Veränderlichkeit dieser Einheiten suchen wir zu verstehen. Indem wir erblich variierende Merkmale ins Zentrum unserer Betrachtungen rücken, setzen wir uns nicht jenen Problemen aus, die aus Individuum- oder Gen-basierten Ansätzen resultieren; zudem gewinnen wir dadurch Einsichten in die Entwicklungsaspekte der Generierung und Kanalisierung von Merkmalen. Mit anderen Worten: Das „erblich variierende Merkmal" ist unsere Alternative zum Replikator. Einen anderen Typ von Einheit, eine Alternative zum Individuum hat der amerikanische Philosoph James Griesemer vorgeschlagen: den *reproducer* als biologisches Ziel der Selektion. Wir halten dies für ein brillantes Konzept. Bei Griesemers *reproducer* handelt es sich um eine Einheit der Vervielfältigung, Entwicklung und erblichen Variation. Seine Vorstellung von Reproduktion schließt materielle Überschneidungen (*material overlap*) zwischen Eltern und Nachkommen ein: Teile der elterlichen Einheit werden auf die filiale Einheit übertragen und damit auch Entwicklungskapazitäten – zumindest in dem Maße, wie sie für weitere Vervielfältigung benötigt werden. Griesemers *reproducer* vereinigt also Entwicklung und Vererbung; er vermeidet die Gegensätzlichkeiten, die das Replikator-Vehikel-Konzept schafft – die Dichotomie zwischen Vererbung und Entwicklung und jene zwischen Entwicklung und Evolution. Ein *reproducer* kann ein sich replizierendes RNA-Molekül in einer RNA-Welt sein, eine Zelle, ein vielzelliger Organismus, eine Gesellschaft. Ganz selbstverständlich lässt der *reproducer* an Variationen auf unterschiedlichen Organisationsstufen denken und er erlaubt jede beliebige Kombination aus selektiven und instruktiven Prozessen im Evolutionsgeschehen[23].

A. D.: Ich verstehe schon, dass der *reproducer* Ihre Auffassung trifft. Ebenso kann ich nachvollziehen, wie Sie Entwicklung verstehen, nämlich als ein treibendes Agens evolutionärer Veränderungen. Allerdings verstehe ich nicht, inwiefern Ihre vierdimensionale Sicht die ontogenetische Entwicklung aufzuklären hilft. Was lernen wir dadurch über die Entwicklung, was wir nicht schon vorher gewusst haben?

M. E.: Es ist eine andere Sicht auf die Dinge. Genetiker, die mit einem entwicklungsspezifischen Ansatz evolutionstheoretische Probleme angehen, sind traditionell daran interessiert, zwei komplementäre Aspekte der Entwicklung zu erklären: Kanalisierung und Plastizität. Kanalisierung bedeutet Beständigkeit der Entwicklung gegen variable genetische und umweltspezifische Einflüsse: Organismen vermögen – auf Grundlage unterschiedlicher Genotypen und unter unterschiedlichen äußeren Bedingungen – einen ganz charakteristischen Phänotyp zu entwickeln und aufrechtzuerhalten. Plastizität auf der anderen Seite bezieht sich auf die Fähigkeit von sich entwickelnden Organismen, auf verschiedene Bedingungen durch Abänderungen des Phänotyps zu reagieren: Der gleiche Genotyp generiert verschiedene Phänotypen. Beide Phänomene – Plastizität wie Kanalisierung – zeigen, dass genetische Variabilität von phänotypischer entkoppelt werden kann. Dies alles ist schon sehr lange bekannt, Conrad Waddington in England und Ivan

Schmalhausen in der Sowjetunion diskutierten es schon vor mehr als 50 Jahren; doch erst seit Mitte der 1990er Jahre ist wieder zunehmendes Interesse am Thema Entwicklungsplastizität zu verzeichnen[24].

Mary Jane West-Eberhard zeigt in ihrer bedeutenden Monografie *Developmental plasticity and evolution*, dass Plastizität einer der Schlüssel für das Verständnis von adaptiver Evolution ist. Obwohl ihr Ausgangspunkt die Entwicklung darstellt, unserer dagegen die Vererbung, stimmt ihre Sichtweise der Evolution in weiten Teilen mit unserer überein. Wie wir vertritt auch sie die Auffassung, dass weder Entwicklung noch Evolution allein eine Sache von Genen oder Genomen ist. Ebenso weist sie nachdrücklich darauf hin, dass es auch eine phänotypische Kontinuität zwischen den Generationen gibt – diese Tatsache bringen wir mit unseren vier Dimensionen der Vererbung zum Ausdruck. West-Eberhard zeigt in ihrer Analyse, wie evolvierte Entwicklungsplastizität – ohne große genetische Abänderungen – die Evolution neuer adaptiver Phänotypen erlaubt: dadurch, dass Variationen erhalten bleiben können, wenn die induzierenden Umwelteinflüsse auf die Entwicklung gleich bleiben. Allerdings konzentriert West-Eberhard ihre Diskussion auf die plastischen Antworten, die Organismen während ihres Lebenszyklus geben; mit Ausnahme der mütterlichen Effekte erweitert sie das Konzept der Plastizität nicht in zeitlicher Hinsicht, wie wir das tun. Sie thematisiert nicht jene Effekte, die viele Generationen bestehen bleiben, eben auch dann, wenn die induzierenden Umwelteinflüsse nicht mehr bestehen. Wenn man die Reproduktion und Rekonstruktion von Phänotypen durch die verschiedenen Vererbungssysteme ins Zentrum der Betrachtung rückt, wird – davon sind wir überzeugt – die Bedeutung *aller* Informationsquellen sowohl für die Entwicklung als auch die Evolution deutlich.

A. D.: Es wird doch nicht nur der Phänotyp des Organismus reproduziert und rekonstruiert, das betrifft doch auch die Bedingungen, unter denen er lebt. Besteht denn unter Biologen allgemein Übereinkunft, dass Nischenkonstruktion ein wichtiger Evolutionsfaktor ist?

M. E.: Lewontin weist schon seit Jahren auf die Bedeutung der Nischenkonstruktion hin, doch erst in letzter Zeit greifen mehr Biologen seine Ideen auf und erweitern sie. Einige Ökologen sprechen nun davon, dass Organismen ganze Ökosysteme „konstruieren", deren Energie- und Stoffflüsse kontrollieren. Organismen konstruieren nicht nur einfach ihre eigenen Nischen, sie werden auch vererbt – und zwar deshalb, weil die Bedingungen und Ressourcen zu ihrer Rekonstruktion an die Nachkommen weitergegeben werden. Die theoretische Biologie, die sich mit den Wirkungen der Nischenkonstruktion befasst, zeigt, welch großen Einfluss sie auf die genetische Evolution hat, wie sehr sie deren Richtung und Geschwindigkeit ändern kann[25]. Selbstverständlich ist die Nischenkonstruktion nur einer jener Konstruktionsprozesse, die Organismen betreffen und beeinflussen. Auch Entwicklungspfade werden konstruiert und rekonstruiert, ebenso Neigungen und Fertigkeiten, die Teil der sozialen Nischen der Tiere sind. Alle diese wechselseitig abhängigen Rekonstruktionsprozesse haben Auswirkungen auf das Evolutionsgeschehen – dies ist eine der zentralen Botschaften dieses Buchs. Unvermeidlich findet Selektion zwischen erblichen Entwicklungs- und Verhaltensoptionen statt; auch Entwicklungsstabilität und -flexibilität werden durch die natürliche Selektion modifiziert. Das heißt: Wenngleich das genetische System in aller Regel einbezogen ist, sind genetische Abänderungen keine zwingende Voraussetzung für evolutionären Wandel; allein epigenetische und verhaltensspezifische Vererbungssysteme sowie sich selbst erhaltende Netzwerke ökologischer Wechselwirkungen können eine Menge bewirken.

A. D.: Können Sie dies nicht in Form eines Modells beschreiben? Einer der großen Vorzüge der genetischen Sichtweise besteht ja darin, dass man erbliche Übertragung und Evolution modellieren kann. Sie können die elementaren Regeln der Mendel-Genetik nehmen, Faktoren wie Selektion, Mutation, Migration, Zufall und weitere hinzufügen und erhalten dann eine Vorstellung, wie es zur Evolution kommt. Populationsgenetiker tun dies schon lange mit großem Erfolg: Sie berichteten in Kapitel 1, dass dies einen großen Teil der Synthetischen Evolutionstheorie ausmachte, die sich in den 1930er Jahren herauskristallisierte. Das Problem bei dem, was Sie vorschlagen, besteht ja darin, dass sich alles gegenseitig beeinflusst und von den lokalen Bedingungen abhängt. Ihrer Auffassung zufolge gehen Selektion und das Erzeugen von Variabilität normalerweise Hand in Hand, und im Falle von Verhaltensvariationen werden beide durch Migration beeinflusst. Noch schlimmer: Ihre verschiedenen Vererbungssysteme verhalten sich auch noch ziemlich unterschiedlich. Wenn Sie nicht in der Lage sind, ein alternatives allgemeines Modell anzubieten, wie können Sie dann erwarten, dass die Leute Ihren Hypothesen folgen?

M. E.: Vielleicht sollten wir nicht ein einziges, universelles Modell erwarten. Wir sprechen von vier Vererbungstypen und nicht nur von einem einzigen; und jedes dieser Vererbungssysteme verlangt sein eigenes Modell. Wenn irgendjemand ein vereinheitlichendes Modell für alle Dimensionen der Vererbung und Evolution entwickeln sollte, wäre das ganz wunderbar; doch notwendig ist das nicht. Vermutlich brauchen wir eine Vielfalt von Modellen. Ein Modell der Nischenkonstruktion kann entwickelt werden, und das ist ja bereits geschehen; dies trifft auch auf bestimmte Aspekte der kulturellen Evolution zu; es gibt sogar einige Modelle zur epigenetischen Vererbung und Evolution. Vergessen Sie nicht, dass wir zwischen vielen Typen von Modellen unterscheiden – es gibt deskriptive Modelle, Computersimulationen und jenen Typ mathematischer Modelle, wie er in der klassischen Populationsgenetik verwendet wird. Die Modell-Frage sehen wir nicht als wirklich großes Problem. Wenn man einmal die zentralen Merkmale eines Vererbungssystems kennt, dann kann man es modellieren; und das tun die Leute auch. Unserer Meinung nach sind im jetzigen Stadium das empirische Evaluieren des vierdimensionalen Konzepts und dessen praktische Folgen erheblich wichtiger als die Entwicklung eines formalen Modells.

A. D.: Das sehe ich nicht so. Ich halte Modelle für eine absolute Notwendigkeit zum Verständnis komplexer Systeme; sie sind besonders dafür geeignet, ganz gezielte, spezifische Fragen zu stellen. Deshalb hoffe ich sehr, dass Ihr grundsätzlich optimistischer Blick auf die Modellierbarkeit gerechtfertigt ist. Ich möchte nun zu meinem letzten Punkt kommen, den ethisch-moralischen Konsequenzen, die aus ihren Vorstellungen resultieren. Bitte verschonen Sie mich aber mit der „Weisheit", dass jede Theorie verschieden gedeutet und verschieden, gar widersprüchlich angewendet werden kann. Das weiß ich selbst. Ebenso ist mir bewusst, dass man zwischen „ist" und „sollte" unterscheidet, zwischen dem, was wir wissen, und dem, was wir mit unserem Wissen – im moralisch-ethischen Sinne – tun sollten. Aber wir leben und handeln nun einmal nicht in einem Debattierclub; wir leben und handeln in einem schmerzlich konkreten sozialen und geistigen Umfeld – und hier, in diesem konkreten Umfeld, stellen Sie Ihre Ideen vor. Und im Kontext heutiger sozialer und ethischer Meinungen und Bedenken frage ich Sie: Welche ethisch-moralische Auswirkungen hat Ihr Konzept?

M. E.: Wir wollen nicht allzu tief in das Feld der Moralphilosophie eindringen, doch haben Sie schon Recht damit, dass das Wissen der Menschen Einfluss auf Ihre Vorstellung davon hat, wie sie sich verhalten sollten. Es hat Einfluss darauf, was die Leute für moralisch gut und was für unmoralisch halten – doch wie dieser Einfluss konkret ausfällt, hängt von ihren sozial bedingten Weltanschauungen und Überzeugungen ab. Wenn Leute, die in jüdisch-christlicher Tradition erzogen und sozialisiert worden sind, plötzlich erkennen, dass Rinder hinsichtlich ihrer Emotionen und ihrem Geist von uns Menschen gar nicht so weit weg sind, wird das vermutlich Auswirkungen darauf haben, wie sie die Rinder behandeln. Bei Buddhisten wird diese Einsicht wohl kaum etwas ändern, denn sie haben von klein auf eine ganz andere Weltsicht und gehen deshalb sowieso mit Rindern rücksichtsvoll um. Und da das, was wir zu wissen meinen, mit unseren praktischen Moralvorstellungen verbunden ist, haben Wissenschaftler tatsächlich eine Verantwortung gegenüber der Öffentlichkeit.

A. D.: Hoffentlich wollen Sie nicht alle Lasten auf die Schultern der Wissenschaftler laden und ihnen allein die Schuld dafür geben, dass sich weite Teile der Öffentlichkeit nicht für solche ethischen Fragen interessiert. All diejenigen, die in der jüdisch-christlichen Tradition erzogen worden sind, wissen bereits genug über das Empfinden und die Emotionen von Tieren, um sie nicht länger zu quälen. Doch die grausame Behandlung von Tieren hat dadurch kein Ende gefunden. Die Fuchsjagden in England kommen mir da in den Sinn oder auch die mitunter fürchterlichen Zustände in der Fleischwirtschaft.

M. E.: Das ist leider richtig. Andererseits nutzen Menschen aber auch ihr Wissen um die Psyche von Tieren, um grausame Praktiken zu stoppen. Sie suchen sowohl mit moralisch-ethischen Argumenten als auch mit neuen Erkenntnissen über Tiere ihre Position zu untermauern. Freilich gibt es eine Menge wirtschaftlicher und politischer Interessen, die dem entgegenstehen. Doch haben wir Ähnliches schon wiederholt in der Geschichte gesehen, etwa bei der Abschaffung der Sklaverei oder der Frauenemanzipation; auch hier dauerte es – in Anbetracht des objektiven Wissens um den Missstand – viel zu lange. Wir wollen keineswegs behaupten, dass Argumente und Information ausreichen, um Änderungen herbeizuführen, doch haben sie eine zentrale Bedeutung.

A. D.: Gut, welche moralischen Folgerungen leiten Sie nun aus Ihrer Sichtweise ab?

M. E.: Wenngleich Biologen unterschiedliche Auffassungen von Vererbung und Evolution haben, so vertreten sie normalerweise doch ähnliche allgemeine gesellschaftliche Ziele und Werte. So lehnen die meisten jede Form von Rassismus ab, auch wünscht sich die Mehrheit eine bessere und gerechtere Welt; man könnte hier noch vieles anführen. Das Hauptproblem liegt im Image, das verschiedene Vorstellungen und Konzepte der Biologie in der Öffentlichkeit haben. Da viele Biologen den genetischen Aspekt im Verhalten des Menschen betonen, ziehen daraus Laien häufig den Schluss, allgemeine Verhaltensweisen (vor allem bedenkliche, verwerfliche) seien „genetisch bedingt", somit „natürlich" und – wie einfache monogene Erkrankungen – unausweichlich. Das ist Unsinn, doch so werden die Äußerungen dieser Biologen nun einmal verstanden; und die meisten von ihnen unternehmen zu wenig, um dieses Bild zu korrigieren. Haben wir aber eine umfassendere Sicht auf Vererbung und Evolution, wird deutlich, wie viele Möglichkeiten uns offenstehen; sie zeigt uns, dass unsere Aktivitäten – als Individuen wie als Gruppen – die Welt, in der wir leben, konstruieren. Besonders wenn wir erkennen, dass wir eine Geschichte haben und unsere Zukunft planen können, dass wir imstande sind, gemeinsame imaginäre Welten zu schaffen, sie systematisch zu erforschen und sie anzustreben, erweitert dies unsere Freiheit ganz gewaltig. Das Verhalten des Menschen ist enorm flexibel und plastisch. Nach unseren Kenntnissen spricht nichts dafür, die Wirkmächtigkeit der historisch-gesellschaftlichen Konstruktion irgendwie in Frage zu stellen und den sozialen und verhaltensspezifischen Status quo allein auf der Grundlage von Genen oder Memen zu erklären. Wir können diesen Einheiten weder Erklärungskraft noch Verantwortlichkeit übertragen!

A. D.: Das sieht nach Kritik an der Soziobiologie des Menschen aus, oder nicht?

M. E.: Es ist eine Kritik an der „öffentlichen Rolle" dieser Disziplin, und dafür tragen die Soziobiologen zum großen Teil Verantwortung. Fairerweise wollen wir aber feststellen, dass die meisten Soziobiologen tatsächlich *nicht* die Meinung vertreten, wir seien lediglich die Sklaven unserer Gene. Das Problem ist aber, dass einige von ihnen dem gewöhnlichen Bild genetisch determinierter evolvierter „Tendenzen" Vorschub leisten. Dafür machen sie ihre Gegner lächerlich, installieren irgendwelche Strohpuppen und verbrennen diese dann mit triumphalem Gehabe; sie deuten jegliche Verhaltensmuster, vom Spaßmachen bis zum Vergewaltigen, als Manifestation einer evolvierten, in grauer Vorzeit selektierten Anpassung[26]. *A Natural History of Rape* von Thornhill und Palmer ist ein Paradebeispiel dafür. Sie behaupten zwar nicht, dass es unmöglich sei, die gegenwärtige Erscheinung eines bestimmten Verhaltens, etwa die evolvierte Tendenz zum Vergewaltigen, zu überwinden, doch sei das nicht einfach, weil eine solche Verhaltenstendenz tief in einem evolvierten mentalen Modul eingebettet sei. Man muss es gar nicht extra sagen: Für solche evolutionstheoretischen Behauptungen gibt es nicht den geringsten Beweis[27]. Das sind nichts weiter als „Just-so-Stories".

A. D.: Mir scheint, diese „Just-so-Stories" ist ein Begriff von Euch Evolutionsbiologen für alles, was Euch nicht gefällt! Ihr alle erzählt solche Geschichten, das ist doch Teil des ganzen Spiels.

M. E.: Da haben Sie vermutlich Recht. Doch im besagten Fall des Vergewaltigens basiert die Geschichte auf ziemlich zweifelhafter Datenlage; und es ist überhaupt nicht klar, was die Hypothesen über die angeblich evolvierten Module überhaupt bedeuten. Will man damit sagen, dass es unmöglich ist, Verhaltenstendenzen durch Erziehung und gesellschaftlichen Wandel zu verändern? Genau so sehen es die Befürworter dieser Thesen, und sie gehen sogar einen Schritt weiter, indem sie behaupten, dass diese Tendenzen uns das Wissen an die Hand geben, wie wir die Gesellschaft formen und die Leute erziehen müssen, um die Probleme, die mit der unangenehmen Seite unseres evolvierten Verhaltens im Zusammenhang stehen, in den Griff zu bekommen. Doch sagen sie uns nicht, wie wir eine Gesellschaft schaffen sollen, in der genetisch evolvierte Tendenzen zum Vergewaltigen nicht in Erscheinung treten. Außer reißerischen, sich sehr gut verkaufenden Abhandlungen zum Sexualverhalten und einigen Platitüden darüber, wie man problematischen Bedürfnissen vorbeugt oder sie kontrolliert – etwa durch Kurse über das Sexualverhalten für junge Männer, bevor sie ihren Führerschein bekommen, oder indem man jungen Frauen Ratschläge zu bescheidener, zurückhaltender Kleidung gibt (der männliche Keuschheitsgürtel ist noch nicht im Gespräch) – halten sie keine Einsichten bereit. Diese „wissenschaftliche" Soft-Pornografie hat kaum Substanz. Natürlich ist das ein extremes Beispiel, nicht alle human-soziobiologischen Geschichten sind derart inhaltsleer. Das Problem ist, dass die Gegner solcher Geschichten – aus der Reihe der vielen zurückhaltenderen Soziobiologen – eben nicht so überzeugend auftreten wie sie sollten. Wie schon früher bemerkt, halten wir einige soziobiologische Thesen für vernünftig und inspirierend – sie könnten durchaus stimmen. Doch selbst wenn man dieses in Rechnung stellen will, muss man feststellen: Mit der immerhin diskutablen Ausnahme der Sprache lassen sich keine signifikanten empirischen Belege finden, die diese Hypothesen wirklich stützen; gleichwohl werden sie als wissenschaftlich einzig seriöse präsentiert. Und in ihrer üblichen Form sind sie außerordentlich populär.

A. D.: Warum sind sie denn so populär? Welche Art von Bedürfnissen befriedigen sie? Wenn man das weiß, bekommt man vielleicht eine Ahnung davon, welche Art von Weltsicht sie widerspiegeln.

M. E.: Da gibt es wahrscheinlich keine einzelne Antwort. Vielleicht entsprechen sie dem Wunsch nach einfachem Kausaldenken, wie in der klassischen Physik. Die Newton'schen Gesetze erklären die Bewegungen von Himmelskörpern, die Mendel'schen Gesetze das menschliche Verhalten; so wird Komplexität einfach und wissenschaftlich erklärt. Aber es gibt noch einen anderen Aspekt, der Gene in einem so faszinierenden Licht stehen lässt. Gene werden als Verbindung zu unserer fernen Vergangenheit gesehen, zu unseren Vorfahren – und dies berührt uns auf eine irrationale, mystische Weise. In dieser Vorstellung ist etwas sehr Romantisches – in der Vorstellung einer unvergänglichen, dunklen und tiefgründig treibenden Kraft der Gene. Diese eigenartige Kombination von Romantik und Wissenschaft findet man in vielen Evolutionsgeschichten der Human-Soziobiologen. Vielleicht liegt darin auch der Grund, warum viele Leute Gen-basierte Erklärungen menschlichen Verhaltens so attraktiv finden.

A. D.: Diese Soziobiologen scheinen einer – wie Sie es früher nannten – „genetischen Astrologie" Vorschub zu leisten – sie sehen Gene als Schicksal sowie als magischen und doch wissenschaftlichen Schlüssel zur Natur des Menschen. Ich werde ja manchmal ziemlich nervös, wenn ich von diesen magischen Genen höre; sie scheinen biologisches Denken und biologische Forschung ziemlich zu beherrschen. Eines meiner Lieblingsbücher ist ein Langgedicht von Lewis Carroll, die Geschichte einer großen absurden Suche, *The Hunting of the Snark*. Vielleicht erinnern sie sich, wie die Jäger den allzu flüchtigen Snark zu fangen versuchen[28]:

They sought it with thimbles, they sought it with care;
They pursued it with forks and hope;
They threatened its life with a railway-share;
They charmed it with smiles and soap.

Heute müsste man vermutlich Biotech-Aktien (statt railway-share) sagen. Carroll schließt sein Gedicht mit einer komischen, doch düsteren Bemerkung. Einer der Jäger, der mutige und zuversichtliche Baker, findet unwissentlich statt eines gewöhnlichen, harmlosen Snarks den gefürchteten Boojum:

In the midst of the world he was trying to say,
In the midst of his laughter and glee,
He had softly and suddenly vanished away –
For the Snark was a Boojum, you see.

Wenn ich Zeitung lese, habe ich manchmal das Gefühl, dass auch die heutigen allzu zuversichtlichen Wissenschaftler einen Boojum finden werden. Die Hauptmotivation für viele Forschungsprojekte in der Molekularbiologie scheint doch ökonomischer Natur zu sein; sie werden von großen Biotech-Firmen gesponsert und dienen somit auch deren Interessen. Die politischen und ideologischen Behauptungen zur angeblichen Bedeutsamkeit dieser Projekte leiten sich indirekt von ökonomischen Interessen ab. Dass dies verschiedene Boojums entstehen lassen könnte, beunruhigt mich sehr.

M. E.: Das beunruhigt viele Leute. Ein Großteil der Molekularbiologie hat mit starken wirtschaftlichen Interessen zu tun; zwar können genetische Risiken auch nicht völlig ausgeschlossen werden, doch viele Boojums sind wahrscheinlich gesellschaftlicher und politischer Natur. Biotechnik ist teuer, und es ist klar, dass kommerzielle Unternehmen einen großen Teil davon finanzieren; aber das eigentlich Beängstigende ist, dass inzwischen so viele Molekularbiologen persönlich an der Biotech-Industrie finanziell beteiligt sind. Wir können nur hoffen, dass ihre Forschungsansätze und Einstellung nicht von der Vorgabe der Unternehmen beeinflusst wird, Profit machen zu müssen. Heutzutage ist es ja fast unhöflich, über Ideologie zu sprechen; nichtreligiöse gesellschaftliche Utopien haben keine Konjunktur mehr. Glücklicherweise ist aber die menschliche Neugier nicht zu dressieren, weshalb es immer irgendeine Art von absurder und zuversichtlicher Jagd auf Snarks geben wird, wo auch immer geforscht wird. Auf lange Sicht ist Neugier stärker als Eigeninteresse oder Dogmatik.

A. D.: Mag sein, doch vorerst, solange ich lebe, werde ich ein wachsames Auge haben und nach Boojums Ausschau halten. Ich denke nach wie vor, dass man sich viel zu sehr auf die Gene konzentriert. Stimmen Sie mir denn nicht darin zu, dass „das Jagen nach den Genen" die biologische Forschung ärmer gemacht hat?

M. E.: Nein, eigentlich nicht. Ich möchte Sie daran erinnern, dass es die Suche nach dem „genetischen Stein der Philosophen" war, die direkt oder indirekt zu vielen Entdeckungen geführt hat, die dazu beigetragen haben, dem naiven Glauben an genetische Wunderdinge das Wasser abzugraben. Gene werden nicht mehr als einzige Quelle erblicher Information gesehen. Unserer Beobachtung nach verändert sich derzeit die Einstellung und Orientierung bei den Biologen grundlegend. Die vierdimensionale Sicht der Vererbung, die wir vertreten, ist nicht nur etwas für die Zukunft. Obwohl wir nicht sehr viel davon hören, setzen sich Leute schon mit all den verschiedenen Typen von Vererbung auseinander; sie entwickeln unterschiedliche Untersuchungsmethoden und setzen sie auch in die Praxis um. Deshalb sind wir sehr zuversichtlich, dass nichtgenetische Vererbung immer stärker in evolutionsbiologischen Studien berücksichtigt werden wird. Wir hoffen, dass durch unser Buch mehr Leute dazu ermutigt werden, diesen Weg zu gehen. Denn es ist so, wie Lu Hsun, der große chinesische Schriftsteller sagte: „Wenn viele Menschen den gleichen Weg gehen, wird daraus eine Straße."[29]

Teil IV: Neun Jahre später

Der englische Dichter John Wilmot, Graf von Rochester, meinte im 17. Jahrhundert:

„Since' tis Nature's law to change,
Constancy alone is strange."[1]

Diese Worte treffen die Sache ganz gut, wenn man über Evolution nachdenkt, über Evolutionstheorien oder über wissenschaftliche Erkenntnisse ganz allgemein. Wissenschaft kommt nie zum Stillstand, und so hat sich auch die Biologie in den neun Jahren, seit wir die ersten drei Teile geschrieben haben, mit rasanter Geschwindigkeit weiterentwickelt; wir wissen jetzt auf vielen Gebieten erheblich mehr, neue Ideen sind auf den Weg gebracht, doch auch einigen alten Konzepten hat man neues Leben eingehaucht. Viele neue Entdeckungen und Veränderungen im biologischen Denken haben Auswirkungen auf die vierdimensionale Sicht der Vererbung und Evolution, die wir vertreten.

Die American Association for the Advancement of Science (AAAS) listete im Jahr 2012 unter den zehn wichtigsten wissenschaftlichen Errungenschaften auch das ENCODE-Projekt (zusammengesetzt aus engl. **ENC**yclopedia **O**f **D**NA **E**lements, *Enzyklopädie der DNA-Elemente*) – ein gewaltiges Forschungsprojekt, an dem 442 Wissenschaftler 32 verschiedener Institutionen beteiligt waren. Ziel von ENCODE war, sämtliche funktionellen Elemente im menschlichen Genom zu identifizieren; und nach fast zehn Jahren harter Forschungsarbeit wurden erste Ergebnisse in Form von mehr als 30 gleichzeitig erscheinenden und miteinander verzahnten Publikationen im September 2012 vorgestellt[2]. Entgegen früheren Vorstellungen, wonach das menschliche Genom zum Großteil aus „junk DNA" (funktionslosem genetischem „Schrott") bestehen sollte, hatte sich herausgestellt, dass über 80 Prozent irgendeine Funktion haben. Es gibt Hunderttausende von DNA-Regionen mit Andockstellen für Proteine, die die Genaktivität beeinflussen, Tausende von Regionen, die in nicht translatierte RNAs transkribiert werden, und Tausende von Regionen, die unterschiedlich methyliert oder mit verschiedenen Typen modifizierter Histone verbunden sein können. Das ENCODE-Projekt bestätigt damit unsere Sicht, dass das Genom ein hoch komplexes System darstellt, in dem die phänotypischen Effekte irgendeines einzelnen genetischen oder epigenetischen Elements in hohem Maße vom Netzwerk der Wechselwirkungen abhängt, in dem dieses Element ein integraler Bestandteil ist. Die genetischen und epigenetischen Beiträge zur Entwicklung eines Merkmals sind Teile eines Systems, das als Ganzes gesehen werden muss und nur als Ganzes zu verstehen ist.

Dieser Perspektivenwechsel beschränkt sich keineswegs auf die Molekularbiologie. Eine stärker integrierte, entwicklungsorientierte Sicht zeichnet nun auch zunehmend viele andere Bereiche der Biologie aus. Der Fokus ist weniger auf die einzelnen Komponenten eines Systems als vielmehr auf ihre Organisation gerichtet, auf emergente Eigenschaften, die aus ihren Wechselwirkungen entstehen. Die Grenzen zwischen den Disziplinen lösen sich auf, es entstehen und wachsen neue Fachgebiete wie Verhaltensepigenetik, ökologische Epigenetik und kulturelle Epigenetik, bei denen Ökologie und Verhalten mit Entwicklungs- und Zellbiologie verknüpft werden. Die vier Dimensionen von Vererbung und Evolution sind noch viel stärker miteinander verwoben, als wir im Jahr 2005 in Teil III vermutet haben.

Die neuen Erkenntnisse und Konzepte verändern auch das Denken über die Evolution. In dem Maße, wie die Lücken zwischen Genen und dem Phänotyp geschlossen werden, wird immer deutlicher, dass es sinnlos, ja grundfalsch ist, zwischen genetischer und phänotypischer Variation eine einfache, direkte Verknüpfung anzunehmen, sich alle erblichen Variationen als zufällig entstanden zu denken oder sich vorzustellen, dass die einzige für das Evolutionsgeschehen bedeutsame Form von Selektion jene zwischen sich reproduzierenden Einheiten ist. Evolutionsbiologen befassen sich nun viel mehr mit Fragen der Plastizität, also damit, wie Entwicklungsprozesse neue Phänotypen hervorbringen und wie jene Merkmale evolutionär entstanden sind, die phänotypische Variabilität und Anpassungsfähigkeit ermöglichen. Auf höheren Organisationsebenen wird nun das komplexe Zusammenspiel zwischen Organismen und ihren Umwelten in der evolutionstheoretischen Analyse mitberücksichtigt. Es ist nun gemeinhin Konsens, dass Organismen ihre Umwelt modifizieren, ebenso wie diese jene modifiziert; und einige dieser Modifikationen – der Umwelt wie der Organismen – werden an nachfolgende Generationen weitergegeben. Man kann die Umwelt nicht mehr einfach als statischen Selektionsfaktor betrachten. Ein weiterer Punkt: Was wir „eine Pflanze" oder „ein Tier" nennen, ist in Wirklichkeit eine integrierte Gemeinschaft von Arten, die zusammen leben, sich zusammen entwickeln und zusammen evolvieren – Biologen müssen deshalb ihre Vorstellungen von Individualität und den Zielen der Selektion überdenken.

In manchen Bereichen des Lebens mag Konstanz eine Tugend sein, doch in der Welt der Ideen und Konzepte ist Veränderung das Normale und Wünschenswerte. Das gilt ganz bestimmt auch für die Vorstellungen über die Evolution. Das nun folgende Kapitel skizziert einige der neuen Entdeckungen und neuen Denkweisen, die unsere Sicht auf die Evolution verändern werden.

Kapitel 11: Evolution in der Entwicklung

A. D.: Neun Jahre sind ins Land gegangen, seit *Evolution in Four Dimensions* erstmals erschienen ist. Mich interessiert natürlich brennend, was in der Zwischenzeit passiert ist. Hat denn Ihr entwicklungsorientierter Evolutionsansatz allgemein Zustimmung gefunden? Und noch wichtiger: Hatten denn neue Daten und neue Konzepte Einfluss auf ihre Sichtweise? Es wäre wohl am besten, wenn Sie ganz vorne beginnen und Kapitel für Kapitel die jeweils neuen Entwicklungen beschreiben könnten. Ich möchte Sie auch gleich jetzt zu Beginn darum bitten, einige der Lücken zu schließen, die vor neun Jahren in ihrer ganzen Argumentation geblieben sind. Zunächst einmal möchte ich wissen, ob sich Ihr Blick auf die Geschichte des Evolutionsdenkens, wie Sie sie in Kapitel 1 skizzierten, verändert hat. Dann interessiert mich Ihre Meinung, wie wohl Historiker in ferner Zukunft über die zurückliegenden neun Jahre denken und urteilen werden. Was werden sie wohl als die wichtigsten Entwicklungen in der Evolutionsbiologie betrachten?

M. E.: Das ganze Buch Kapitel für Kapitel zu rekapitulieren, ist nicht sinnvoll, um sich mit all den neuen Erkenntnissen vertraut zu machen – das wird klar, wenn wir Ihre letzte Frage beantworten. Trotzdem werden wir zuerst etwas zum historischen Hintergrund der Evolutionstheorie sagen. Das Jahr 2009 war ein aufregendes und auch anstrengendes Jahr für jeden, der an Evolutionsbiologie interessiert ist; denn Darwins Geburt jährte sich zum 200. Mal und zum 150. Mal die Veröffentlichung von *Origin of Species*. Weltweit gab es Veranstaltungen und Kongresse, die Darwins Gesamtwerk und seine Auswirkungen aufs Neue in alle seine Einzelheiten zerlegten und kritisch diskutierten[1]. Führende Wissenschaftsjournale brachten Jubiläumsausgaben heraus, die Darwin'sche Evolution war Gegenstand einer wahren Flut von Artikeln und Büchern[2]. Doch jährte sich im 2009 noch ein weiterer Meilenstein in der Geschichte des Evolutionsdenkens: Es waren 200 Jahre, seit Lamarck seine *Philosophie zoologique* veröffentlicht hatte. Deshalb erhielten in diesem Jahr auch seine Ideen und seine Bedeutung für die Evolutionsgeschichte mehr Aufmerksamkeit als gewöhnlich (wenngleich weit weniger als Darwin). Wir waren an einem Workshop beteiligt, der zur Erinnerung an diesen 200. Jahrestag der *Philosophie zoologique* veranstaltet wurde. Hier kamen führende Biologen, Wissenschaftshistoriker und Wissenschaftsphilosophen zusammen, um einige Aspekte von Lamarcks Leben, seinen Arbeiten und seines Vermächtnisses zu diskutieren[3]. Ein Ergebnis des Kongresses war *The Transformations of Lamarckism* – eine Zusammenstellung von Aufsätzen der Teilnehmer und Zusammenfassungen einiger Diskussionen. Die Untersuchungen von Historikern zu Lamarcks Ideen, seiner Reputation und der Wirkungsgeschichte seines Denkens zeigten, wie verzerrt und irreführend Lehr- und Schulbücher das Leben und Werk Lamarcks gemeinhin darstellen. Leute, die sich nicht speziell mit Wissenschaftsgeschichte befassen, zeichnen in der Regel ein Bild, wonach Lamarck eine zwar neue, doch überhaupt nicht überzeugende Theorie des Artenwandels auf Basis einer Vererbung erworbener Eigenschaften entwickelt und dadurch im wissenschaftlich unbeachteten Abseits gestanden – ein ganz und gar irreführendes Bild. Das Gegenteil trifft zu. Lamarck genoss zu seinen Lebzeiten und noch viele Jahre nach seinem Tod in Frankreich und anderen Ländern Europas beachtliches wissenschaftliches Ansehen. Verschiedene Komponenten seiner Transformationstheorie, die teilweise schon lange vor Lamarck unter Naturforschern kolportiert worden waren, arbeiteten Biologen während des 19. und frühen 20. Jahrhunderts in diverse Evolutionskonzepte ein. Nach der Veröffentlichung von *Origin of Species* verwendeten Evolutionstheoretiker Ideen sowohl Darwins wie Lamarcks – in jeweils unterschiedlichen Anteilen. Hier ein Beispiel: Ob man die Bedeutung der Umwelt für die Entwicklung erblicher Variabilität betonte (im Sinne Lamarcks) oder ihre Rolle als Selektionsfaktor hervorhob (im Sinne Darwins), hing ganz von der jeweiligen Person ab und den Wissenschafts- und Kulturtraditionen, unter denen sie stand und arbeitete[4]. Auch später, sogar in der Zeit der Modernen Synthese, differierten die Vorstellungen über Evolution in den verschiedenen Ländern. Mancherorts spielten entwicklungsspezifische Aspekte eine große Rolle für das Evolutionsgeschehen, anderenorts hatten sie dagegen kaum eine nennenswerte Bedeutung[5].

Auch im Licht neuerer Forschungen, wie sie anlässlich der beiden Geburtstage im Jahr 2009 präsentiert wurden, ist es nicht notwendig, unsere Darstellung von der Geschichte des Evolutionsdenkens, wie wir es in Kapitel 1 umrissen haben, umzuschreiben. Allerdings verdeutlichen diese neuen Studien die Skizzenhaftigkeit unserer Beschreibung. Wenn wir dieses Kapitel noch einmal schreiben müssten, würden wir ganz bestimmt einige der neuen Befunde einfließen lassen – vor allem jene, die die Wechselwirkungen zwischen gesellschaftlichen, politischen und evolutionstheoretischen Vorstellungen erhellen. Allerdings müsste das Kapitel dann sehr viel länger ausfallen.

Um auf Ihre zweite Frage einzugehen, was zukünftige Wissenschaftshistoriker wohl als die bedeutendsten evolutionstheoretischen Entwicklungen der vergangenen neun Jahre ansehen mögen, sinnvoll antworten zu können, muss natürlich mehr Zeit verstreichen. Jede Antwort, die wir jetzt geben, wird sich von der in zehn Jahren unterscheiden; und zukünftige Wissenschaftshistoriker werden vermutlich mit Themen vertraut sein, von denen wir heute noch kaum Notiz genommen haben. Gleichwohl wollen wir einige der Gebiete nennen, die in den vergangenen Jahren verstärkt Aufmerksamkeit erhalten haben; dort neu gewonnene Daten könnten die Gewichtungen in der Evolutionsbiologie ändern. Heute stellen sich im Vergleich zu 2005 einige Trends deutlicher dar.

Zweifellos sind wir etwas voreingenommen, doch meinen wir feststellen zu können, dass nichtgenetische Aspekte der Vererbung immer mehr Aufmerksamkeit erhalten. Sätze und Begriffe wie „generationenübergreifende Weitergabe induzierter Veränderungen", „Vererbung erworbener Eigenschaften", „Lamarckian" und „Lamarckismus" sieht man jetzt recht häufig im Titel oder den Abstracts von Berichten zu experimentellen Arbeiten; und die Lamarck-Wörter werden nicht mehr in Anführungszeichen gesetzt[6]. Ein anderes Thema von wachsendem Interesse betrifft den horizontalen Gentransfer und die Hybridisierung, wodurch verschiedene Arten neue genetische Information erwerben. Ob die Baum-Metapher ein stimmiges Bild für die Evolution des Lebens zeichnet, scheint mehr und mehr zweifelhaft. Denn Evolutionsbiologen interessieren sich nun auch wieder mehr für Ausmaß und Bedeutung symbiontischer Beziehungen zwischen verschiedenen Arten. Darauf und auf andere Themenfelder werden wir später ausführlicher zu sprechen kommen. Doch sehen wir noch etwas anderes, was auf lange Sicht vermutlich sehr großen Einfluss darauf haben wird, welche Vorstellungen wir uns von Evolution machen: die Entwicklung hin zum Systemdenken in der Biologie[7]. Systembiologie steht derzeit hoch im Kurs – dies kann man etwa an den Stellenangeboten für Systembiologen erkennen, ebenso daran, wie häufig dieses Wort in der wissenschaftlichen Literatur verwendet wird. Im Jahr 2010 haben Peter Kohl und seine Kollegen geschrieben:

> „Innerhalb gerade einmal einer Dekade wurde die Systembiologie von einer Idee oder eher einer disparaten Reihe von Ideen zu einem Mainstream-Thema der Forschung und Förderschwerpunkte. Institute, Abteilungen und Zentren verschiedener Richtungen der Systembiologie sind weltweit aus dem Boden geschossen. Eine diesbezügliche Internet-Recherche ergibt mehr als zwei Millionen Treffer. Von den 2800 Einträgen zu ‚Systembiologie' in PubMed, entweder im Titel oder im Abstract, wurden nur zwei Artikel vor dem Jahr 2000 publiziert, mehr als 90 Prozent dagegen in den vergangenen fünf Jahren."
> (Kohl et al. 2010, S. 25; Übersetzung: M. B.)*

Trotz aller Popularität ist es recht schwierig, „Systembiologie" zu definieren, weil der Begriff für verschiedene Leute Unterschiedliches bedeutet. Nach Peter Kohl und seinen Kollegen handelt es sich bei der Systembiologie mehr um einen Ansatz zur Biologie, weniger um ein gesondertes Forschungsfeld: Für sie „untersucht die Systembiologie, wie Teile biologischer Einheiten funktionieren und interagieren und dadurch das Verhalten des Systems als Ganzes entstehen lassen". Dies ist Ausdruck der Tatsache, dass wir komplexe Phänomene nicht verstehen können, indem wird einfach die beteiligten Komponenten identifizieren und isoliert ihre jeweiligen Funktionen betrachten. Vielmehr müssen wir zum einen verstehen, wie die Teile zusammengesetzt und über Raum und Zeit vernetzt sind, und zum anderen, wie sich die Eigenschaften dieser Teile infolge dieser Integration verändern. Der Schwerpunkt liegt also auf den emergenten Eigenschaften und dem Verhalten von Netzwerkkomponenten, nicht auf der Natur und den Aktivitäten der individuellen konstitutiven Elemente. Das untersuchte „System" mag eine Zelle sein, ein Gewebe, ein ganzer Organismus oder eine Gemeinschaft; doch der primäre Fokus der Systembiologie liegt bis jetzt auf Netzwerken der Zelle, weil sich die riesigen Daten-

* *„In just over a decade, Systems Biology has moved from being an idea, or rather a disparate set of ideas, to a mainstream feature of research and funding priorities. Institutes, departments, and centers of various flavors of Systems Biology have sprung up all over the world. An internet search now produces more than 2 million hits. Of the 2,800 entries in PubMed with ‚Systems Biology' in either the title or abstract, only two papers were published before 2000, and >90 % were published in the past five years."* (Kohl et al. 2010, S. 25)

mengen, die man mittels neuer Techniken zur Identifizierung und Quantifizierung der molekularen Komponenten von Zellen gewonnen hat, dafür verwenden lassen, mathematische Modelle zur Art und Weise ihrer Interaktion zu entwickeln.

Zwar ist der hohe Bekanntheitsgrad des Begriffs „Systembiologie" ein recht neues Phänomen, neu sind auch die leistungsfähigen molekularen Instrumentarien, mathematischen Verfahren und Computerprogramme, die Systembiologen zur Verfügung stehen – der Grundsatz der Systembiologie ist es nicht. Netzwerke von Wechselwirkungen zu verstehen – wie also eine Veränderung von Komponenten das Verhalten des Ganzen beeinflusst –, stand Mitte des 20. Jahrhunderts im Zentrum vieler experimenteller Ansätze von Biochemikern, Physiologen und Ökologen. Waddingtons epigenetische Landschaft, die wir in Kapitel 2 diskutierten, ist dafür ein gutes Beispiel. Aus seiner Darstellung, wie Gene den Phänotyp beeinflussen, geht klar hervor, dass hierbei komplexe entwicklungsrelevante Netzwerke von Wechselwirkungen zentrale Bedeutung haben. Waddington gilt folgerichtig heute als einer der Gründungsväter der Systembiologie[8]. Wenngleich sie sich selbst nicht als Systembiologen bezeichnen und wohl auch nicht die für die Systembiologie spezifischen mathematischen und Informatik-Verfahren verwenden, befassen sich heute vermutlich viel mehr mit den dynamischen, entwicklungsrelevanten und integrativen Aspekten ihres jeweiligen Themas als dies in der Vergangenheit der Fall war. Auf lange Sicht also mag es diese Schwerpunktverlagerung sein, die zukünftige Wissenschaftshistoriker als Schlüssel identifizieren, der alle bedeutsamen Veränderungen in den Vorstellung von Evolution, die sich gegenwärtig abzeichnen, erklärt.

So viele Aspekte der Biologie kommen zusammen – dies ist ein Grund, warum wir im Folgenden das Buch nicht Kapitel um Kapitel durchgehen und dabei jeweils die neuen Entwicklungen beschreiben. Es ist nicht mehr sinnvoll, jede der vier Dimensionen der Vererbung für sich zu diskutieren und sich in separaten Kapiteln damit zu befassen, welche Art von Wechselwirkungen sie jeweils eingehen. Stattdessen werden wir nacheinander die vier Dimensionen – die genetische, die epigenetische, die verhaltens- und symbolspezifische – in den Blick nehmen und uns dabei die Frage stellen, wie sie sich gegenseitig während der Ontogenese und Phylogenese beeinflussen. Abschließend werden wir noch zu einigen allgemeineren Punkten kommen. Das Ganze selbst auf diese Weise zu unterteilen, ist nicht unproblematisch, weil die Mechanismen der vier Vererbungssysteme so stark überlappen. Nahezu alles ist mit epigenetischen Prozessen verknüpft – die Epigenetik bildet die Brücken zwischen allen Dimensionen der Vererbung sowie zwischen Vererbung und Umwelt. Mag sein, dass zukünftige Wissenschaftshistoriker das, was wir an anderer Stelle als „epigenetische Wende" bezeichnet haben, als entscheidenden Perspektivenwechsel im Evolutionsdenken identifizieren[9].

A. D.: Die Zeit wird es zeigen. Ihr Vorschlag zur Art und Weise, wie Sie die neuen Erkenntnisse diskutieren wollen, leuchtet mir ein; doch hoffe ich, dass Sie bei dieser Gelegenheit auf *sämtliche* Wechselwirkungen zwischen den vier Dimensionen zu sprechen kommen. Denn etliche Leute kritisierten, dass in Ihrem Buch ein ganzes Kapitel fehle: In Teil III betrachteten Sie zwar die Interaktionen zwischen Genetik und Epigenetik, zwischen Genetik und Verhalten sowie zwischen Genetik und dem symbolspezifischen Vererbungssystem; bis zu einem gewissen Grad haben Sie auch die verhaltens- und symbolspezifischen Systeme miteinander verknüpft, doch sagten Sie überhaupt nichts zum Wechselspiel zwischen epigenetischem System und verhaltens- sowie symbolspezifischer Informationsweitergabe. Doch vielleicht holen Sie ja dies jetzt nach.

M. E.: Das tun wir. Zu diesem Themenfeld gibt es einige wichtige neue Arbeiten und wir werden ganz bestimmt darauf zurückkommen. Doch beginnen wollen wir mit der genetischen Dimension.

Abschnitt 1: Die genetische Dimension

M. E.: Der erste Punkt, den wir unbedingt ansprechen müssen: Die Beziehungen zwischen und unter Genen, Proteinen und Merkmalen ist noch erheblich komplexer als wir es vor neun Jahren in Kapitel 2 skizziert haben. Beispielsweise gibt es komplizierte Prozesse, die RNA-Transkripte – von kodierenden wie nichtkodierenden Sequenzen – editieren, und zwar durch Insertion, Deletion oder Modifikation einzelner Basen[10]. Wie die vielen und verschiedenartigen Typen des Prozessierens zwischen Transkription und der Bildung des funktionalen Proteins orchestriert werden, ist eine der zentralen Fragen der Systembiologie; denn die Informationsverarbeitung innerhalb der Zelle erfolgt in dynamischen Netzwerken, in denen es viele, sehr viele regulierende, rückkoppelnde Wechselwirkungen gibt.

Zweitens ist in den vergangenen neun Jahren generell das Interesse an der Beziehung zwischen Gen und Merkmal gewachsen, besonders an der Entwicklungsplastizität – also an der Frage, wie aus ein und demselben Genotyp zahlreiche Phänotypen entstehen können. Zellen mit identischem Genom können nicht nur unterschiedliche Zelltypen innerhalb eines Organismus hervorbringen, sondern auch phänotypisch unterschiedliche Organismen. Das neuerliche Interesse an der Entwicklungsplastizität – für Waddington und seine Sicht der Beziehung zwischen Genen und Merkmalen von zentraler Bedeutung (diskutiert in Kapitel 2) – steht im Zusammenhang mit der Publikation *Developmental Plasticity and Evolution* von Mary Jane West-Eberhard im Jahr 2003[11]. Im Zentrum ihres Konzepts steht der Phänotyp, dessen Entwicklung und seine Reaktionsfähigkeit. Die Entwicklungsprozesse, durch die der Organismus sich als Ganzer so anpasst, dass er in der Lage ist, mit den gegebenen Bedingungen zurechtzukommen, nennt West-Eberhard „phänotypische Akkommodation". Sehr oft bedeutet dies korrelierte Abänderungen verschiedener Aspekte des Phänotyps; dies ist möglich zum einen aufgrund allgemeiner Eigenschaften des lebenden Organismus – etwa der mechanischen Flexibilität biologischer Materialien, der Vielzahl partiell überlappender regulatorischer Elemente – und zum anderen aufgrund der Art und Weise, wie zelluläre, physiologische und verhaltensspezifische Entwicklungsprozesse Anpassungszustände stabilisieren können. Eines der Beispiele von West-Eberhard ist das einer – ursprünglich von Slijper 1942 beschriebenen – zweibeinigen Ziege. Dieses Tier wird vermutlich zu einer Ikone für phänotypische Ak-

Abb. 11.1 Die zweibeinige Ziege aus der Sicht eines Künstlers

kommodation, wie dies Waddingtons (Vogel) Strauß für die genetische Assimilation (Kapitel 7) geworden ist. Diese Ziege, geboren ohne Vordergliedmaßen, nahm eine halb aufgerichtete Körperhaltung ein und bewegte sich allein auf ihren Hinterbeinen, wobei sie hüpfte, ähnlich wie ein Känguruh (Abb. 11.1).

Nach dem frühen Unfalltod untersuchte man das Tier genau. Es zeigte sich, dass mit dem erzwungenen bipeden Lebensstil zahlreiche koordinierte anatomische Abänderungen einhergegangen waren. Modifiziert waren die Knochen der Hinterbeine, die Beckenstruktur, die Morphologie des Rückenmarks und die Muskulatur. Dies alles war Teil einer umfangreichen adaptiven phänotypischen Akkommodation an die Gegebenheiten, mit denen das Tier geboren worden war.

West-Eberhard argumentiert nun, in einer Population von Organismen, deren Entwicklungsplastizität es ihnen ermöglichte, sich an die lokalen Bedingungen phänotypisch zu akkommodieren, würden die besten „phänotypischen Akkommodierer" mit größter Wahrscheinlichkeit überleben und sich fortpflanzen. Wenn die Grundlage der erfolgreichen Akkommodation erblich ist (und West-Eberhard vermutet, dass erbliche Variabilität hinsichtlich der Fähigkeit zur Anpassung genetischer Natur sein muss), wird die phänotypische Akkommodation schließlich zu neuen evolutionären Anpassungen führen. West-Eberhard sagt hierzu „genetische Akkommodation".

A. D.: Hier muss ich gleich einhaken, mir scheint die genetische Akkommodation exakt das Gleiche zu sein wie Waddingtons genetische Assimilation, die Sie ziemlich detailliert in den Kapiteln 7 bis 9 diskutiert haben. Was ist denn der Unterschied, wenn es überhaupt einen gibt?

M. E.: Bis hierher ähnelt West-Eberhards Szenario für die Evolution von Anpassungen tatsächlich Waddingtons Idee der genetischen Assimilation; doch geht West-Eberhards Konzept über das Waddingtons hinaus. Da aber unsere vierdimensionale Sicht der Vererbung dafür spricht, West-Eberhards Ansatz seinerseits zu erweitern, wollen wir die Diskussion ihrer Ideen später fortsetzen.

A. D.: Gut, lassen Sie uns in diesem Fall auf Veränderungen zu sprechen kommen, die das genetische Material selbst, also die DNA betreffen. Was ist denn auf diesem Feld in der Zwischenzeit geschehen?

Die DNA aus systembiologischer Sicht

M. E.: In seinem 2011 erschienenen Buch *Evolution: A View from the 21st Century* untersucht James Shapiro mit einem systembiologischen Ansatz die Struktur und Aktivitäten des Genoms. Nachdrücklich stellt er dar, dass das, was wir heute über Zellen und ihre sensorischen, kommunikativen und informationsverarbeitenden Fähigkeiten wissen, die herkömmliche, ja noch aus dem 20. Jahrhundert stammende Erklärung der Evolution – durch natürliche Selektion zufälliger Mutationen mit jeweils nur geringfügigen Effekten – hoffnungslos unzureichend erscheinen lässt[12]. Shapiro untermauert seine Argumente mit einer Unmenge alter und neuer Befunde, die zeigen, dass genetisches Umstrukturieren (*natural genetic engineering*) wesentliches Charakteristikum aller Lebewesen ist und – mit den Worten Barbara McClintocks – das Genom ein überaus dynamisches „Zellorgan" ist. Unsere traditionelle Sicht vom Genom sollten wir Shapiro zufolge dringend ändern, und zwar – er spricht im Bild einer Computeranalogie – sollten wir weg vom Bild des Festwertspeichers (read only memory system, ROM), der nur zufälligen Abänderungen unterworfen ist, hin zu dem eines „Schreib-Lese-Speicherorganells", in dem existierende Information modifiziert und in das neue Information hineingeschrieben werden kann.

Wir wollen Shapiros Argumente und Belege zwei Kategorien zuordnen. Jene der einen Kategorie stellen die traditionelle Sicht in Frage, wonach die genetische Transmission in aller Regel vertikal erfolgt, von den Eltern zu den Kindern, und die allermeisten evolutionär bedeutsamen genetischen Abänderungen auf einer solchen Transmission beruhen. Die Befunde der zweiten Kategorie sprechen gegen die Auffassung, dass Mutationen „zufällig", also nicht gerichtet sind, mit einer mehr oder weniger konstanten Häufigkeit entstehen, im Allgemeinen geringfügige Effekte haben und funktionell blind sind. Die nichtzufällige Natur einiger genetischer Abänderungen haben wir ja schon in den Kapiteln 2, 3 und 7 diskutiert; doch Shapiro bringt noch erheblich mehr Beispiele und diskutiert zusätzliche DNA-abändernde Mechanismen.

A. D.: Ich vermute, die erste Kategorie hat mit den Arbeiten zu horizontalem Gentransfer und Hybridisierung zu tun.

M. E.: Das stimmt. Den horizontalen Transfer von Genomen und Genen haben wir bisher noch nirgendwo im Detail besprochen, weil wir hauptsächlich an entwicklungsspezifischen und umweltabhängigen Aspekten von Vererbungssystemen interessiert waren. Für uns sah es so aus, als ereigneten sich alle Fälle von horizontalem Gentransfer – ungeachtet ihrer Auswirkungen auf die Evolution von Genomen – innerhalb der Grenzen genetischer Vererbungssysteme. Doch wir erkennen jetzt, dass diese DNA-verändernden Prozesse äußerst wichtig sind, nicht nur für das Verständnis der Organisation und Evolution von Genomen, sondern auch für die epigenetische Dimension der Vererbung. Vor allen Dingen bei der Hybridisierung[13], bei der zwei verschiedene Genome im gleichen Zellkern zusammengebracht werden, sind die genetische und die epigenetische Dimension hochgradig miteinander verwoben.

Zu einer anderen Art von Vereinigung – die zu sehr großen evolutionären Veränderungen geführt hat – kommt es, wenn eine Zelle im Inneren einer anderen lebt; dies nennt man „Endosymbiose". Heute besteht weitgehend Einigkeit darin, dass einige Zellorganellen von früheren Endosymbionten abstammen: Mitochondrien sind degenerierte Abkömmlinge intrazellulärer Bakterien und die Chloroplasten der Pflanzen haben ihren phylogenetischen Ursprung in Cyanobakterien[14]. Zwar enthalten diese Organellen noch immer einen Teil ihrer ursprünglichen DNA, doch sind auch Genomabschnitte der früheren Endosymbionten in das Zellkerngenom ihrer Wirte gewandert.

Dass Genome verschiedener Arten durch Hybridisierung und Endosymbiose verschmelzen können, ist schon lange bekannt; doch die DNA-Sequenzierungen der vergangenen Jahre haben gezeigt, dass zwischen Arten auch kleinere Mengen von DNA in beträchtlichem Ausmaß hin und her gewandert sind. Gene von Bakterien, Pilzen, Pflanzen und Tieren sind jeweils in den anderen taxonomischen Gruppen gefunden worden. Der genetische Transfer kann verschiedene Wege nehmen. Manchmal wird Fremd-DNA durch Ingestion aufgenommen – dazu sind besonders Mikroorganismen in der Lage; doch der größte Teil des Fremd-DNA-Transfers erfolgt wahrscheinlich über Viren. Sequenzen des Virus-Genoms können sich in das Wirtsgenom einschleusen und so Wirt-DNA-Sequenzen von einer Art zu einer anderen transportieren[15]. Man halte sich vor Augen: Während weniger als drei Prozent des menschlichen Genoms für Proteine kodiert, sind vermutlich mehr als 40 Prozent viralen Ursprungs. Bakterielle Symbionten können ebenfalls Sequenzen an ihre Wirte abgeben. Beispielsweise steuert der intrazelluläre Symbiont *Wolbachia*, ein durch die Mutter weitergegebenes Bakterium, das die Keimdrüsen vieler Insekten- und Nematodenarten infiziert, DNA-Sequenzen zum Genom vieler seiner Wirtsarten bei[16].

Allerdings stammen nicht alle Fremd-DNA-Sequenzen von Infektionserregern oder Endosymbionten, was etwa die hoch interessanten Genome von Bdelloida-Rädertierchen zeigen. Bei diesen im Süßwasser lebenden Organismen handelt es sich um eine Gruppe mikroskopisch kleiner Wirbelloser, die extrem resistent gegen Austrocknung sind und deshalb häufig in temporären Wasserstellen vorkommen; ihre Genome enthalten riesige Mengen bakterieller, protozoischer, pilzlicher und pflanzlicher DNA. Die Bdelloida-Rädertierchen waren jahrzehntelang ein evolutionäres Rätsel: Sie pflanzen sich rein asexuell fort, es gibt keinerlei Hinweise auf Meiose und sexuelle Reproduktion bei irgendeiner Art dieser Gruppe – nach der Theorie sind sie deshalb zu einem raschen Untergang verurteilt[17]. Vor mehr als 30 Jahre bemerkte John Maynard Smith hierzu:

> „In dieser Ordnung der Rädertierchen sind niemals Männchen beschrieben worden. Dieser Befund ist für die gesamte Pflanzen- und Tierwelt so einzigartig, dass man sich fragen muss, ob die Bdelloida nicht auf irgendeine andere Art und Weise genetisches

Material austauschen. Im Augenblick gibt es zwar keine Hinweise, die eine solche Spekulation stützen, doch sind hier dringend weitere Untersuchungen notwendig." (Maynard Smith 1978, S. 53; Übersetzung: M. B.)*

Maynard Smith lag richtig; nachfolgende Untersuchungen an diesen bemerkenswerten Organismen förderten tatsächlich Ungewöhnliches zu Tage: Nicht nur, dass sie etwa neun Prozent ihrer aktiven Gene von anderen Arten erworben haben, auch die Organisation ihrer Genome ist sehr ungewöhnlich. Außerdem sind sie extrem widerstandsfähig gegen radioaktive Strahlung, vermutlich aufgrund von Anpassungen, die sie mit DNA-Beschädigungen, wie sie auch mit Austrocknung einhergehen, generell gut zurechtkommen lassen[18]. Ob und wie alle diese ungewöhnlichen Eigenschaften entwicklungsgeschichtlich zusammenpassen, ist noch nicht klar. Möglicherweise nehmen die Bdelloid-Rädertierchen deshalb so bereitwillig fremde DNA auf, weil ihr Darmsystem im Verlauf von Austrocknungsperioden Schaden erleidet. Wenn sie sich in nachfolgenden feuchteren Phasen wieder erholen, könnte DNA aus halb verdauten Nahrungspartikeln und dem umgebenden Wasser die geschädigten Zellmembranen durchdringen und in die benachbarten Keimzellen gelangen. Vielleicht kann auf diese Weise auch arteigene DNA von einem Individuum zu einem anderen gelangen und so das Problem der mangelnden genetischen Variabilität – Folge der fehlenden Sexualprozesse – mildern. Die hoch effizienten Reparaturmechanismen, mit denen die Rädertierchen Trockenheits-bedingte DNA-Schäden beheben, versetzen sie möglicherweise auch in die Lage, ihre Genome von ungünstigen, schädlichen DNA-Sequenzen zu reinigen – normalerweise ist eine solche „Säuberung" an Rekombination im Zuge der sexuellen Reproduktion gebunden. Ganz bestimmt haben wir noch nicht des Rätsels Lösung, können also noch nicht mit Sicherheit sagen, wie die Rädertierchen dem Problem ihres sexfreien Lebens begegnen, doch immerhin haben wir einige Hinweise – und die sprechen dafür, dass der nachweislich umfangreiche horizontale Gentransfer eine große Rolle spielt.

Molekulargenetischen Studien zufolge ist horizontaler Gentransfer sehr häufig, vor allem bei Mikroorganismen; nimmt man noch die Befunde zur Hybridisierung hinzu, drängt sich ein grundlegender Wandel in unserem Verständnis von Evolution auf. An die Stelle der Darwin'schen Idee von Evolution durch vertikale *„descent with modification"* und der Annahmen der Modernen Synthese zu den Quellen erblicher Variabilität (zufällige Mutation und Rekombination) legen diese neuen Befunde ein netzartiges Beziehungsgeflecht zwischen den verschiedenen Taxa nahe (Abb. 11.2).

---

* *„No males have ever been described from this rotifer order. This pattern is so different from that observed in the rest of the plant and animal kingdoms that one cannot help wondering whether bdelloids may not have adopted some other means of exchanging genes. At present no evidence exists to support such a speculation, but further study is certainly called for."* (Maynard Smith 1978, S. 53)

Abb. 11.2 Links: ein auf vertikalem „*descent with modification*" basierender Evolutions*baum*, wie er im frühen 20. Jahrhundert gesehen wurde; rechts: die moderne Auffassung von Abstammungs*geflechten*, eines evolutionären Buschwerks, das auch horizontalen Gentransfer und Hybridisierung berücksichtigt

Abstammungslinien können verschmelzen und sich spalten. Dies bedeutet: Nicht ein sich immer weiter verzweigender „Baum des Lebens" veranschaulicht zutreffend taxonomische Ähnlichkeiten und entwicklungsgeschichtliche Verläufe; am geeignetsten zur Darstellung vieler evolutionärer Beziehungen scheint das Bild eines eher netzwerkartigen „Gespinsts des Lebens". Dies gilt ganz besonders für Viren und Bakterien, doch auch für viele vielzellige Organismen. Zwar stellt diese neue Perspektive die Nützlichkeit des Baums des Lebens als Instrument zur Klassifizierung von Organismen oder seine Validität als widerlegbare *Hypothese* nicht grundsätzlich in Frage – vor allem wenn man die Phylogenie eines einzelnen Gens betrachtet; doch unterscheidet sie sich sehr von der Modernen Synthese, die auf der Vorstellung vertikaler Abstammung beruht und der Annahme, dass neue erbliche Variabilität ausschließlich durch Mutationen entsteht[19].

Nicht nur die gesteigerte Aufmerksamkeit für die Häufigkeit von Genomfusionen und Gentransfers verändert allmählich das Denken der Biologen darüber, wie Evolution vonstatten geht; denn es gibt noch weitere Formen enger erblicher Wechselwirkungen zwischen verschiedenen Arten, die die Frage nach den Zielen der Selektion erneut aufwerfen. Mehr noch, sie lassen uns neu darüber nachdenken, was wir unter Individualität verstehen. Wir wissen zwar schon lange, dass in vielen Organismen (einschließlich des Menschen) eine Menge Symbionten und Parasiten als Untermieter leben und dass diese auf ganz verschiedenen Wegen von einer Wirtsgeneration an die nächste weitergegeben werden; doch erst in neuerer Zeit werden uns Umfang, Bedeutung und Entwicklungsverflechtungen dieser erblichen Gemeinschaften richtig klar[20]. Beigetragen dazu hat die Einsicht in die große medizinische Bedeutung symbiontischer Beziehungen. Beispielsweise wissen wir heute, dass bestimmte Bakterienpopulationen im Darmtrakt nicht nur zur Verdauung und Resorption von Nährstoffen beitragen, sondern auch für die normale

Entwicklung der Blutgefäße der Darmwand und die Ausbildung eines schlagkräftigen Immunsystems notwendig sind. Das fein austarierte Verhältnis zwischen dem Wirt und seinen Symbionten legt Koevolution nahe; doch gibt es auch Argumente, die dafür sprechen, das Ganze als einen Superorganismus zu betrachten, als einen „Holobionten", der als artenreiche Gemeinschaft Ziel der Selektion ist.[21]

Korallen veranschaulichen das Holobionten-Konzept sehr gut. Sie enthalten viele symbiontische Mikroorganismen einschließlich bestimmter Stämme der einzelligen Alge *Symbiodinium*. Diese Alge lebt so in einer sicheren, nährstoffreichen Umwelt, zudem wird sie von der Koralle mit reichlich Kohlendioxid zur Photosynthese versorgt. Umgekehrt sichern die Photosyntheseprodukte der Alge den größten Teil der Energieversorgung der Koralle. Dieses Miteinander wird gravierend gestört, wenn das Wasser, in dem die Koralle lebt, sich zu stark erwärmt – was im Zuge der globalen Erwärmung leider immer öfter geschieht. Unter übermäßig warmen Bedingungen bleichen Korallen aus – das heißt, sie verlieren ihre Algensymbionten und sterben ab. Dies könnte daran liegen, dass die Korallen-spezifischen *Symbiodinium*-Stämme temperaturempfindlich sind oder dass pathogene Bakterien in Korallenzellen einwandern und dort ein Toxin produzieren, das essenzielle Stoffwechselaktivitäten der Alge hemmt. Sinkt die Wassertemperatur wieder, können sich Korallen wieder erholen – entweder wenn sie *Symbiodinium* aus dem umgebenden Wasser wieder aufnehmen, ein temperaturunempfindlicherer Stamm der Alge die Oberhand in der Population gewinnt oder wenn die Korallen resistent gegen eindringende pathogene Bakterien werden. Einerlei wie es letztlich dazu kommt, entscheidend ist, dass die Anpassung der Koralle an die neuen Bedingungen im Wesentlichen dadurch gelingt, dass sich ihre Mikroorganismen ändern. Selektierbare Variabilität hängt in diesem Fall nicht von Mutation und Rekombination nur der Korallen-eigenen Gene ab; viel wichtiger dafür sind die Typen von Symbionten und ihre relative Häufigkeit, weiterhin Mutation, Rekombination und horizontaler Gentransfer innerhalb dieser Gemeinschaft. Da sich Mikroorganismen durch eine hohe Reproduktionsrate auszeichnen, können sie den Phänotyp einer Koralle viel rascher erblich abändern als es die Koralle durch Änderungen im eigenen Genom könnte. Aus diesem Grund fordern die Rosenbergs, wenn wir über Evolution nachdenken, immer das – wie sie es nennen – „Hologenom" zu betrachten, die *Gesamtheit* genetischer Information, die einer symbiontischen Gemeinschaft eigen ist[22].

A. D.: Warten Sie bitten einen Moment. Die Idee von schnellen evolutionären Anpassungen durch Änderungen in der Zusammensetzung der mikrobiellen Gemeinschaft und in den Genen ihrer Mitglieder gefällt mir. Ich verstehe, dass die genetische Information aller Beteiligten einer symbiontischen Gemeinschaft evolutionsrelevant ist, aber warum konzentrieren Sie sich denn auf Gene? Für mich sieht es so aus, als sei die epigenetische Dimension hier die entscheidende. Geht es denn im Fall der Korallen tatsächlich nur um Entwicklungsplastizität? Ist der anwesende Typ von Symbiont nicht einfach etwas, das zur Entwicklung des Phänotyps des Wirts beiträgt? Und das ist doch ganz gewiss die epigenetische Dimension, oder?

M. E.: Aus der Sicht des Wirts ist das so: Scott Gilbert sieht Symbiose als „eine epigenetische Quelle erblicher Variation“[23]. Doch die Hologenom-Theorie mahnt uns, sorgfältig über Natur und Ursprung selektierbarer Variabilität nachzudenken – im Falle der Korallen ist sie erstens genetischer Natur und zweitens erworben. Denn für eine Koralle, die übermäßig warmen Bedingungen ausgesetzt ist, kann die relative Zunahme von Individuen einer wärmetoleranten *Symbiodinium*-Stamms oder der Erwerb eines neuen, toleranten Stamms aus der Umwelt als ein erworbenes adaptives Merkmal angesehen werden, das – wenn der Holobiont dadurch überlebt – mit hoher Wahrscheinlichkeit an die nächste Generation weitergegeben wird.

A. D.: Das stimmt. Wenn Sie allerdings damit eine „Vererbung erworbener Eigenschaften“ andeuten wollen, werden sicherlich einige einwenden, dass sie die Bedeutung dieses Terminus reichlich strapazieren. Doch haben Sie noch nichts über Shapiros zweite Kategorie gesagt, die – wie Sie sagten – mit der traditionellen Vorstellung zu tun hat, dass Mutationen zufällig entstehen sollen.

M. E.: Ja, und Sie werden sehen, dass neuere Arbeiten auf diesem Gebiet einige sehr gute Beispiele für eine Vererbung erworbener Eigenschaften liefern. In seinem Buch nennt Shapiro Befunde über variable Mutationsraten, Mutations-Hot-Spots und darüber, wie verschiedene genomische und ökologische Stressfaktoren genetische Veränderungen auslösen. Er untermauert damit die These, dass gezielte entwicklungsinduzierte Mutationen die Regel und nicht die Ausnahme sind. Wir werden hier nur zwei seiner vielen Beispiele induzierter genomischer Veränderungen schildern. Diese beiden sind allerdings von besonderem Interesse, weil sie relevant für die alte (und wie wir meinen veraltete) Lamarckismus-Darwinismus-Kontroverse sind und weil sich damit zeigen lässt, wie irreführend es sein kann, wenn man an der alten Dichotomie zwischen proximaten und ultimaten Ursachen festhält.

Der erste Fall betrifft das P-Element „homing“ bei der Taufliege *Drosophila melanogaster*; er zeigt, wie ausgesprochen gezielt einige genetische Abänderungen sein können. Ein P-Element ist eine Art transposables Element, eine DNA-Sequenz – in diesem Fall etwa 3000 Nukleotide lang –, das im Genom von Ort zu Ort wandern kann[24]. Dieser spezifische Transposon-Typ ist aus mehreren Gründen interessant. P-Elemente findet man zwar in allen Wildpopulationen von *D. melanogaster*, nicht aber in den meisten Laborstämmen. Das lässt sich ganz leicht erklären. P-Elemente erreichten natürliche Populationen von *D. melanogaster* wahrscheinlich erst vor rund 100 Jahren, übertragen durch horizontalen Transfer von einer entfernt verwandten Art. Den Vektor kennt man nicht – vielleicht ein Virus oder eine Milbe. Sobald die P-Elemente *Drosophila* erreicht hatten, vermehrten und verbreiteten sie sich in allen natürlichen Populationen. Laborstämme sind deshalb frei von P-Elementen, weil ihre „Domestikation“ in den frühen Jahren des 20. Jahrhunderts vor Einwanderung der P-Elemente stattgefunden hat. Wenn man heute ein „Wild-Männchen“ mit einem „Labor-Weibchen“ verpaart, beginnen seine P-Elemente im Genom der Keimzellen seiner Nachkommen umherzuspringen, massive Mutationen auszulösen, Chromosomen umzuordnen und noch anderen Schaden anzurichten, der letztlich in einer weitgehenden Unfruchtbarkeit resultiert. Dieses Phänomen ist bekannt als „Hybrid-Dysgenese". Vielleicht fragen Sie sich ja, warum diese verheerenden P-Elemente die Wildpopulationen von *Drosophila* inzwischen nicht vollkommen ausgelöscht haben; die Antwort ist: Es gibt evolvierte Systeme, die die Proliferation der P-Elemente kontrollieren. Wir kommen später auf sie zurück, weil es sich um essenzielle epigenetische Mechanismen handelt.

Weil P-Elemente so häufig springen, haben sich Biologen ihr enormes Wissen der *Drosophila*-Genetik zu Nutze gemacht, um die P-Elemente unter Kontrolle zu halten und sogar in ihren Dienst zu stellen: Sie verwandelten sie in ein hoch effektives Werkzeug zur Analyse der Struktur und Funktion von Genen. Durch den Einbau von Fremdgenen in die P-Elemente kann man transgene Fliegen schaffen und die Rolle dieser Gene bei der Entwicklung untersuchen. Man hat herausgefunden, dass sich P-Elemente bevorzugt in die Kontrollregionen von Genen eingliedern; was die Gene selbst betrifft, erfolgen die meisten Insertionen allerdings relativ unselektiv – Hot Spots hat man nur einige wenige gefunden. Anders ist es, wenn die P-Elemente regulatorische Sequenzen von bestimmten Genen tragen, die an der Organisation des Bauplans der Fliege beteiligt sind. In diesem Fall fügen sie sich häufig in der Nähe des gleichen oder eines ähnlichen residenten Gens ein[25]. Dieser „Homing"-Prozess beruht nicht auf DNA-Homologie, sondern auf der Chromatinstruktur in der Insertionsregion. Damit ist die Wahrscheinlichkeit, dass das eingefügte Gen an der Regulation des residenten Gens beteiligt wird, erhöht: Die Insertion erfolgt nicht nur räumlich, sondern auch hinsichtlich der Funktion partiell gerichtet (*semi-directed*).

Unser zweites Beispiel einer gerichteten genetischen Veränderung kommt von einem Typ eines bakteriellen Verteidigungssystems, das erst vor rund zehn Jahren entdeckt wurde. Es handelt sich um das CRISPR-System (clustered regularly interspaced short palindromic repeats), das Bakterien und Archaeen vor Angriffen von Viren (Bakteriophagen) und andern fremden genetischen Elementen schützt. Der extrem lange Name ist ein wenig irreführend, denn das wirklich Interessante an CRISPR sind nicht die sich wiederholenden DNA-Abschnitte (*repeats*), sondern die kurzen Spacer – Fragmente verschiedener Fremdgenome – zwischen ihnen[26]. Ein CRISPR-Locus kann nur einige wenige Spacer beinhalten, doch auch mehrere Hundert; und da es in einem Genom mehrere solcher Loci geben kann, werden sehr viele Relikte von eingedrungenen Genomen in Form von Spacern präsentiert. Neben jedem CRISPR-Locus ist eine Gruppe von Genen platziert, die für Abwehrmaßnahmen erforderliche Proteine kodieren. Was passiert nun, wenn eine Fremd-DNA, etwa eines bestimmten Virus, von der Wirtszelle entdeckt wird? Ein Teil dieser Fremd-DNA wird als Spacer in den nahe gelegenen CRISPR-Locus eingebaut. Wenn nun mehr dieser Viren in die Bakterienzelle eindringen, transkribiert sie die CRISPR-DNA (einschließlich der zuvor erworbenen Fremd-DNA) und schneidet das RNA-Transkript in Fragmente in der Länge der Spacer. Diese RNA-Fragmente lenken nun molekulare Komplexe zu homologen Sequenzen in der DNA des attackierenden Virus, wodurch diese inaktiviert und neutralisiert werden[27]. Wie schon andere angemerkt

haben, handelt es sich um ein Lamarck'sches System par excellence: Die Immunität gegen das eindringende Virus ist ein erworbenes Merkmal, das sowohl adaptiv ist als auch über das genetische System vererbt wird[28]. Formal ähnelt das CRISPR-System auffallend stark dem RNAi-System der Eukaryoten, doch scheinen sich die beiden Systeme unabhängig voneinander entwickelt zu haben[29].

A. D.: Wenn ich mich richtig erinnere, haben sie doch das RNAi-System als epigenetisches System beschrieben. Wo bleibt denn bei Shapiro die Epigenetik, diskutiert er Ihre anderen Dimensionen der Vererbung oder befasst er sich nur mit der Vererbung durch DNA?

M. E.: Shapiro versteht epigenetische Mechanismen als Komponenten der natürlichen Engineering-Systeme (*natural engineering systems*). Er weist zwar mit Nachdruck auf die massiven Änderungen im Methylierungsmuster hin, die einer Hybridisierung oder ökologischem Stress folgen; doch betrachtet er sie als Teil der genomischen Stressantwort. Ihn interessieren in erster Linie die DNA-Abänderungen und die Prozesse, die die DNA modifizieren und umkonstruieren. Epigenetische Vererbung betrachtet er nicht als ein eigenständiges Vererbungssystem mit einer eigenen, spezifischen, wenn auch häufig eher kürzer wirksamen Evolutionsachse; für ihn beinhaltet die Genetik auch die Epigenetik; seine Sicht der Genetik ist breiter angelegt, umfassender. Und etwas, das gestehen wir ein, spricht für diese Auffassung: Häufig arbeiten natürliche Engineering-Systeme und epigenetische Mechanismen zusammen. Beispielsweise beruht die Reifung des Immunsystems der Vertebraten sowohl auf DNA- als auch auf epigenetischen Modifikationen. Allerdings übersieht Shapiro einen Aspekt epigenetischer Systeme –, der für uns zentrale Bedeutung hat: ihre Rolle als *Vererbungs*systeme, die direkte und indirekte, kurz- und langfristige Wirkungen zeitigen. Belege für die Allgegenwart und die Bedeutung epigenetischer Vererbung und ihrer Verbindungen nicht nur zum DNA-System, sondern auch zu verhaltens- und symbolspezifischen Systemen der Vererbung haben in den vergangenen Jahren ganz erheblich zugenommen. Die letztgenannten Aspekte diskutiert Shapiro in seinem Buch leider überhaupt nicht.

Abschnitt 2: Die epigenetische Dimension

A. D.: Es wird sicherlich jedem helfen, wenn Sie zunächst erklären, was Sie unter „Epigenetik" verstehen. Ich weiß, diesen Begriff verwendete Waddington in den 1940er Jahren, doch seither scheint sich die Bedeutung verändert zu haben. Ich finde die Terminologie im Augenblick ziemlich verwirrend; geben Sie doch deshalb eine Definition, die Biologen im Allgemeinen akzeptieren und die gleichzeitig auch Laien verstehen können. Ich hoffe ja, dass eine Definition auch klarstellt, wodurch sich „Epigenetik" von „epigenetischer Vererbung" unterscheidet und was sie genau unter „epigenetischen Mechanismen" verstehen.

M. E.: Die Situation ist tatsächlich unübersichtlich und deshalb beginnen wir in unseren neueren Publikationen auch sehr häufig mit Definitionen[30]. Waddington prägte den Begriff „epigenetics“ in den späten 1930er Jahren und dieser wurde recht bald auch häufig verwendet; doch dauerte es gar nicht lange, als man den Begriff mit Bedeutungen belegte, die ganz und gar nicht im Sinne Waddingtons waren. Er selbst bemerkte darüber:

> „Vor einigen Jahren führte ich den Begriff ‚epigenetics' ein, abgeleitet vom aristotelischen Terminus ‚epigenesis', ... als mir geeignet erscheinender Name für einen Zweig der Biologie, der sich mit den kausalen Wechselwirkungen zwischen Genen und ihren Produkten, die den Phänotyp zur Erscheinung bringen, befasst. Dieser Begriff wird nun zwar recht häufig in diesem Sinne verwendet, doch leider scheint er allgemein sehr attraktiv zu sein, denn einige Autoren haben ihn für ganz andere Ideen in Beschlag genommen.“ (Waddington 1968, S. 9; Übersetzung: M. B.)*

Wie schon in Kapitel 2 ausgeführt, suchte Waddington das verborgene Netz von Wechselwirkungen zu verstehen, das Genotypen mit Phänotypen verbindet – und in diesem Zusammenhang verwendete er den Begriff „epigenetics“. Wenn dieser auch anfangs äußerst populär gewesen sein mag, in den späten 1960er Jahren hatte er kaum mehr Konjunktur. Revitalisiert wurde der Terminus dann in den späten 1970er Jahren, als man ihn im Zusammenhang mit neuen Arbeiten zur Methylierung und Genaktivität wieder verwendete. Seit dieser Wiederbelebung wird „Epigenetik“ allerdings in ganz verschiedener Weise benutzt: Einige Wissenschaftler wollen den Begriff auf solche Änderungen in der Genfunktion beschränkt wissen, die über Zellteilungen hinweg weitergegeben werden; andere haben aber ein weiteres, umfassenderes Verständnis von Epigenetik. Wir dagegen halten uns – vielleicht weil wir selbst nicht mehr ganz jung sind – an Waddingtons Konzept der Epigenetik und verwenden den Begriff in seinem, also im weiteren Sinne und definieren dementsprechend:

- *Epigenetik* befasst sich mit den Entwicklungsprozessen bei Pro- und Eukaryoten, die zu beständigen, sich selbst erhaltenden Änderungen im Zustand, den Komponenten oder den Abstammungslinien der Organismen führen.
- *Epigenetische Vererbung* ist Teil der Epigenetik; epigenetische Vererbung liegt immer dann vor, wenn phänotypische Variationen, deren Ursache nicht in Abänderungen in der DNA-Sequenz liegt, an nachfolgende Generationen weitergegeben werden. Diese

* „*Some years ago* [e.g. 1947] *I introduced the word ‚epigenetics', derived from the Aristotelian word ‚epigenesis', which had more or less passed into disuse, as a suitable name for the branch of biology which studies the causal interactions between genes and their products which bring the phenotype into being. The word is now quite often used in that sense, but unfortunately it seems to be an attractive expression, and some authors have seized on it to refer to quite different conceptions.*“ (Waddington 1968, S. 9)

Weitergabe kann in Linien mitotisch sich teilender Zellen erfolgen, in Linien asexuell und in Linien sexuell sich fortpflanzender Organismen.

- *Epigenetische Mechanismen* sind solche, die dauerhafte Entwicklungseffekte erzeugen; sie liegen der Entwicklungsplastizität und Entwicklungskanalisierung zugrunde. Auf Zellniveau bewirken und erhalten sie Veränderungen im Zuge der Determinierung und Differenzierung sowohl von sich nicht teilenden Zellen, zum Beispiel Hirnzellen, als auch sich teilenden Zellen, zum Beispiel Stammzellen. Auf höheren Stufen biologischer Organisation beruhen sich selbst erhaltende Wechselwirkungen zwischen Zellen wie auch zwischen Organismen und ihrer Umwelt auf epigenetischen Mechanismen.

Da unsere Definitionen sehr weit sind, haben wir zwei weitere Termini aufgenommen, die den Begriff „epigenetische Vererbung“ präzisieren – und zwar speziell bei sich sexuell reproduzierenden Organismen. Wenn ein Phänotyp dadurch weitergegeben wird, dass eine zelluläre Variante die Meiose und alle Prozesse der Gametenentwicklung unbeschadet übersteht, verwenden wir den von Emma Whitelaw vorgeschlagenen Begriff „gametisch-epigenetische Vererbung“ (*gametic epigenetic inheritance*)[31]. Diese steht im Gegensatz zu Vererbungsformen, die die Keimzellenroute umgehen und die wir als „Soma-zu-Soma-Transmission“ bezeichnen. In diesem Fall stellen ein oder beide Elternteile oder auch Verwandte die Ausgangsbedingungen bereit, die in jeder Generation die Rekonstruktion des Phänotyps ermöglichen; dabei wird keine spezifische Information zum relevanten Merkmal über die Gameten weitergegeben.

A. D.: Ich sehe da gleich ein Problem: Alle Ihre Definitionen scheinen mir viel zu vage. So wie ich das sehe, schließt die somatisch-epigenetische Vererbung (Soma-zu-Soma-Transmission) vieles ein, was Sie in Kapitel 5 zur „verhaltensspezifischen Informationsweitergabe“ (*behavioral transmission*) gezählt haben. Das macht doch alles sogar noch unübersichtlicher und verwirrender.

M. E.: Da können wir gar nicht widersprechen. Einige Kollegen bezeichnen tatsächlich das, was wir als verhaltensspezifische Informationsweitergabe bezeichnen, als epigenetische Vererbung. Die Schwierigkeit ist eben, dass sich unsere verschiedenen Typen von Vererbungssystemen nicht scharf gegeneinander abgrenzen lassen; sie überschneiden sich[32]. Außerdem weisen neue aufschlussreiche Arbeiten darauf hin, dass zellulär-epigenetische Mechanismen auch an der Weitergabe verhaltensspezifischer Information beteiligt sein können – wir werden in Kürze darauf zu sprechen kommen. Definitionen sind eben selten perfekt und unsere – das wollen wir zugeben – sind es auch nicht.

A. D.: Immerhin tragen sie ein wenig zur Klärung bei. Berichten Sie doch über diese spannenden neuen Entdeckungen in der Epigenetik. Zunächst einmal: Haben wir denn dadurch Neues über die Mechanismen der zellulär-epigenetischen Vererbung erfahren?

Epigenetische Vererbungssysteme

M. E.: Das haben wir ganz bestimmt. Enorm hat die Zahl von Faktoren und Prozessen zugenommen, von denen wir wissen, dass sie mit epigenetischen Mechanismen zusammenhängen. Und dabei spreche ich nicht davon, dass einfach nur Differenzierungen vorgenommen oder zusätzliche Details ergänzt worden sind. Einige der neuen Entdeckungen zwingen zu viel radikaleren Schlussfolgerungen als wir uns vor neun Jahren auch nur vorstellen konnten.

Beginnen wir mit den Chromatin-markierenden EVSs. In Kapitel 4 haben wir vor neun Jahren drei Eigenschaften des Chromatins beschrieben, die dazu beitragen, wo welche Chromatinmarkierungen – erbliche Muster zur Regulation der Genaktivität – gesetzt werden. Es handelt sich um DNA-Methylierung, Histonmodifikationen und die Assoziation mit Nicht-Histon-Proteinen. Über all diese Markierungsformen und darüber, wie sie miteinander wechselwirken, wissen wir heute viel mehr[33]. Das Thema DNA-Methylierung zum Beispiel ist um Einiges komplizierter geworden. Sie werden sich erinnern: Bei vielen Organismen kann eines der DNA-Nukleotide, nämlich das Cytosin (C), methyliert werden (C^m); wenn es sich bei den methylierten Cytosin-Basen um solche in Kontrollregionen von Genen handelt, werden diese Gene in aller Regel inaktiviert; bleiben die Cytosin-Basen unmethyliert, sind die Gene normalerweise aktiv. Interessanterweise ist aber das Gegenteil der Fall, wenn die kodierende Sequenz eines Gens hochgradig methyliert ist – dann ist dieses Gen aktiv und wird transkribiert. Noch etwas: In Kapitel 4 stellten wir fest, dass bei Tieren die Methylierungen vorwiegend in CG-Dupletts erfolgen, also wenn in der DNA-Kette einem Cytosin ein Guanin folgt. Nun hat man entdeckt, dass bei Säugetieren auch solche Cytosine methyliert sein können, die *nicht* in Nachbarschaft zu einer Guanin-Base stehen – und diese methylierten Cytosine zeitigen beträchtliche Wirkungen im Verlauf der Entwicklung. Es wird aber noch komplizierter; es gibt nicht nur methylierte Cytosine, man kennt inzwischen noch drei weitere Typen chemischer Modifizierungen. Methyliertes Cytosin selbst kann durch Enzyme, die die Methylgruppe oxidieren, zu 5-Hydroxymethyl-Cytosin (C^{hm}) umgewandelt werden[34]. Die C^{hm}-Variante kommt offenbar besonders häufig im Gehirn etwa vom Menschen und der Maus vor. Das Hinzufügen der Hydroxygruppe zur Methylgruppe in Cytosinen von Gen-Kontrollregionen scheint die Inaktivierung des Gens aufzuheben, sodass C^{hm} mit Genaktivierung einhergeht. Weitere oxidierende Enzyme können dann C^{hm} zu höher oxidierten Produkten umwandeln, was offenbar die Cytosine bevorzugt wieder in ihren unmethylierten Zustand zurückgehen lässt. Wie dies alles im Einzelnen geschieht, ist noch unklar; doch scheint die Konversion zum hydroxymethylierten Zustand von großer Bedeutung während kritischer Phasen in der Keimzellentwicklung und der frühen Embryonalentwicklung zu sein, wenn die meisten epigenetischen Markierungen („Erinnerungen“) gelöscht werden. Wir kennen auch noch einige andere Reaktionswege zur Demethylierung. Auf der anderen Seite gibt es offensichtlich einige Regionen im Genom, die den Demethylierungswellen während der Embryogenese widerstehen. All dies bedeutet, dass selbst bei den Säugetieren, die epigenetisch gesehen ziemlich konservativ organisiert sind, das Methylierungssystem viel komplizierter ist als wir in Kapitel 4 auch nur angedeutet haben[35]. Wenn man jetzt noch die Tatsache berücksichtigt, dass Pflanzen und Tiere ihr Chromatin ganz unterschiedlich umorganisieren und sich auch die epigenetische Information ganz unterschiedlich während des Lebenszyklus ändert[36], dann wird klar, dass die Chromatinmarkierungssysteme in der Tat eine hoch komplexe Geschichte schreiben.

Noch verwickelter und komplizierter ist das, was man über die nukleosomalen Histone herausgefunden hat, über ihre Beteiligung am Erstellen und Erhalten epigenetischer Markierungen. Die Zahl histonaler Aminosäuren, die chemisch modifizierbar sind, ist erheblich größer als früher angenommen, und auch einige ganz neue Modifikationstypen wurden entdeckt. Was genau dieses enorme Repertoire an Modifikationen für die Kontrolle der Genregulation bedeutet, ist zwar noch unklar, doch von einigen weiß man, dass sie essenziell für eine normale ontogenetische Entwicklung sind. Noch nicht geklärt ist außerdem die Frage, wie die Nukleosomen mit ihren modifizierten Histonen nach einer DNA-Replikation rekonstituiert werden.

Die Histone sind nicht die einzigen Protein-Komponenten des Chromatins, auch regulatorische Proteine findet man dort. Ein besonders interessantes ist der Transkriptionsrepressor CTCF, auch bekannt als CCCTC-Transkriptionsfaktor. Dieses Protein erhielt ursprünglich seinen Namen, weil es an repetitive DNA-Elemente mit der Sequenz CCCTC in einem bestimmten Gen bindet und dessen Aktivität hemmt. Weitere Arbeiten zeigten aber, dass das Protein in einer Konformation vorliegt, die es ihm ermöglicht, an Tausende verschiedener Stellen des Genoms zu binden, ebenso an andere regulatorische Proteine sowie an andere CTCF-Moleküle. Diesem Transkriptionsfaktor kommt in der Genaktivitätskontrolle während der Entwicklung vielerlei Bedeutung zu – dies hängt wahrscheinlich damit zusammen, dass er an verschiedene DNA-Sequenzen binden und längerfristige Wechselwirkungen zwischen Regionen desselben oder verschiedener Chromosomen vermitteln kann. Bei CTCF handelt sich also um ein Molekül mit vielen, anscheinend nicht kausal zusammenhängenden Funktionen; grundlegend ist es aber daran beteiligt, Kontakte zwischen Chromosomen zu organisieren – deshalb sprechen Jennifer Phillips und Victor Corces von ihm als einem „Webermeister des Genoms"[37]. Sie betrachten CTCF als eine erbliche epigenetische Marke, die vermutlich mit dem Methylierungssystem interagiert und dieses unterstützt. Ob die Langzeitkontakte, die CTCF vermittelt, erblich sind oder nicht, weiß man noch nicht, doch bemerken Phillips und Corces: „Die Bedeutung von Chromatinstrukturen höherer Ordnung als möglichen Trägern erblicher epigenetischer Information und die funktionellen Konsequenzen dieser Strukturen auf die Ausbildung linienspezifischer Profile während der ontogenetischen Entwicklung werden spannende Forschungsfelder der Zukunft sein." Wenn die beiden Autoren damit richtig liegen, wird die zellulär-epigenetische Vererbung um eine ganze Komplexitätsebene reicher.

A. D.: Wenn Sie schon über Komplexität sprechen, was ist mit den anderen Typen zellulärer EVSs? RNAi beispielsweise haben Sie in Kapitel 4 erwähnt und prophezeit, dass es große Fortschritte bei den kleinen RNAs, die Gene stilllegen, geben wird. Haben sich denn Ihre Erwartung erfüllt?

M. E.: Seit ihrer Entdeckung in den frühen 1990er Jahren haben die Kenntnisse über die RNA-Interferenz ganz gewaltig zugenommen. Man brauchte damals wirklich kein Prophet zu sein, um zu erkennen, dass die RNAi sich zu einem hoch effizienten Forschungsinstrumentarium entwickeln wird, weil sie eben die Möglichkeit eröffnet, ganz leicht jedes beliebige Gen selektiv stillzulegen, und dadurch grundlegend für alle möglichen gentechnische Projekte sein wird. Die guten Aussichten für RNAi-basierte medizinische Therapien erkannte ebenfalls jeder, der sich damit beschäftigte; so konnte es niemanden überraschen, als im Jahr 2006 der Nobelpreis für Medizin oder Physiologie für Arbeiten zur RNA-Interferenz verliehen wurde[38].

Wie bei den anderen EVSs haben auch hier seit 2005 die Zahl und Vielfalt der Moleküle und Mechanismen, die nachweislich irgendwie an der RNA-vermittelten Genstilllegung beteiligt sind, enorm zugenommen. Es scheint einen regelrechten Zoo kleiner RNAs verschiedener Länge und verschiedener Sequenzen in den Zellen von Eukaryoten zu geben; welche davon jeweils tatsächlich vorkommen und wie sie sich verhalten, hängt vom Zelltyp ab und unterscheidet sich zwischen den Organismen. Vor neun Jahren haben wir in Kapitel 4 zwei generelle Wege beschrieben, auf denen kleine RNAs inaktivierte Genzustände herbeiführen und für deren Weitergabe sorgen können. Der erste besteht darin, dass kleine RNAs angedockte Proteine zu komplementärer mRNA oder homologen Fremd-RNA-Sequenzen leiten, worauf die Proteine diese inaktivieren oder zerstören. Die zweite Route ist im Prinzip ähnlich: Kleine RNAs lenken Proteinkomplexe zu Chromosomenregionen mit komplementären DNA-Sequenzen, die dadurch stillgelegt werden, dass ihre Protein- oder Methylierungsmarkierungen abgeändert werden. Heute kennen wir einen dritten Weg, auf dem wir kleine RNAs Gene inaktivieren können: Bei einigen Ciliaten (Protozoen) leiten sie das Ausschneiden komplementärer DNA-Sequenzen an[39].

Gleichgültig, wie eine RNA-vermittelte Genstilllegung erfolgt, sie kann vererbt werden. Kleine RNAs werden durch eine ganze Reihe unterschiedlicher Mechanismen vervielfältigt, sodass nach einer Zellteilung beide Tochterzellen mit einiger Wahrscheinlichkeit einige der inaktivierenden kleinen RNAs erhalten; die Tochterzellen können ebenso die RNA-bedingten Chromatinmodifikationen erben; und bei den erwähnten Ciliaten werden, nachdem kleine RNAs das Ausschneiden bestimmter DNA-Sequenzen veranlasst haben, die Chromosomen in ihrem dezimierten Zustand vererbt. Zumindest bei einigen Organismen kommt hinzu, dass sich kleine RNAs von Zelle zu Zelle bewegen und so eine Inaktivierung horizontal verbreiten können.

Als wir das Kapitel 4 schrieben, waren die Ähnlichkeiten und Unterschiede zwischen den verschiedenen kleinen RNAs noch nicht klar, weshalb sich auch die damals verwendete Terminologie nicht durchsetzte. Heute tendieren zwar viele dazu, zwischen siRNA und miRNA zu differenzieren, doch ist der Unterschied nicht absolut; deshalb zählt man diese beiden Typen zusammen mit allen anderen ähnlich großen RNAs zu den sRNAs[40].

Das siRNA-System ist primär ein Abwehrsystem der Zelle, dem miRNA-System hingegen kommen regulatorische Funktionen zu. Bei Tieren kommt noch eine andere Klasse kleiner RNAs vor, die piRNAs (piwi-interacting RNAs), die mit Sicherheit wichtig für die Weitergabe epigenetischer Information über Generationen hinweg ist. Im Allgemeinen sind sie etwas länger als siRNAs und miRNAs, sie bilden keine Duplex-Strukturen aus, sind unabhängig vom Dicer-Enzym und außerordentlich aktiv in der Keimbahn[41]. Ihre Aufgabe besteht darin, dort Transposonen stillzulegen, deren Aktivitäten – würden sie nicht unterdrückt – dem Genom zukünftiger Generationen Schaden zufügen würden. Zwar ist das piRNA-System nicht verwandt mit dem CRISPR-System der Prokaryoten, von dem wir vorhin gesprochen haben, doch folgen beide Systeme einer ähnlichen Logik. Die meisten piRNAs sind aus DNA-Sequenz-Clustern transkribiert, die vermutlich Kopien von Fragmenten alter Transposonen sind. Wenn piRNAs prozessiert und mit Piwi-Proteinkomplexen verbunden sind, zielen sie auf RNAs aktiver Transposonen mit homologen Sequenzen. Binden sie an eine solche Transposon-RNA, veranlassen piRNAs letztlich deren Zerstörung und damit die Inaktivierung jenes Gens, von dem die RNA transkribiert worden war. Im Verlauf dieser sehr komplizierten Prozesse, vervielfältigen sich selektiv jene Moleküle, die die aktiven Transposonen anvisieren, sodass die Antwort verstärkt wird.

Wenn das piRNA-System zusammenbricht, kommt es zu chaotischen Zuständen in den Keimzellen, denn nun kopieren sich die nicht mehr unter Kontrolle stehenden Transposonen selbst und gliedern sich an allen möglichen Stellen des Genoms neu ein. Ein Beispiel hierfür haben wir schon genannt: die Hybrid-Dysgenese bei *Drosophila*, zu der es kommt, wenn „Wild-Männchen", die P-Element-Transposonen tragen, sich mit „Labor-Weibchen", denen diese fehlen, paaren. Die Nachkommen einer solchen Kreuzung sind zum großen Teil steril und weisen viele Mutationen sowie verschiedene Typen von Chromosomenschäden auf. Wenn die Kreuzung anders herum erfolgt – „Wild-Weibchen" × „Labor-Männchen" –, sind die Nachkommen ganz normal fruchtbar. Hier liegt der Schlüssel zur Erklärung der Hybrid-Dysgenese: Wildpopulationen der Fliege leben seit vielen Generationen mit P-Elementen; ihr piRNA-System ist dahingehend optimiert worden, diese Elemente zuverlässig zu inaktivieren. Wild-Typ-Fliegen vermögen nicht nur die Aktivität der Transposonen in ihren eigenen Keimzellen zu unterdrücken; indem sie entsprechende piRNAs in ihren Eizellen deponieren, versorgen die Weibchen ihre Nachkommen mit jenen notwendigen Ressourcen, um die mit den männlichen Spermien ankommenden Transposonen in Schach zu halten. „Labor-Weibchen" hingegen sind niemals mit P-Elementen in Berührung gekommen, weshalb sie auch nicht resistent gegen sie sind; sie verfügen über keine spezifisch gegen P-Elemente gerichtete piRNAs, die sie an ihre Nachkommen vererben könnten. Wenn sich solche Weibchen mit „Wild-Männchen" paaren, können die vom Männchen eingebrachten P-Elemente ungestört im Keimzellgenom der Nachkommen hin und her springen und dabei alle möglichen Schäden verursachen – bis die Nachkommen ihrerseits piRNAs produzieren und die Transposonen unter ihre Kontrolle bringen.

Die RNAi wirft auch Licht auf ein weiteres Rätsel, mit dem man sich schon lange beschäftigt, die Paramutation – wir haben sie bereits in Kapitel 4 kurz erwähnt. Das Phänomen der Paramutation wurde in den 1950er Jahren von Alexander Brink erstmals beschrieben und von ihm auch so benannt. Wenn beim Mais die beiden Kopien bestimmter Pigment-kontrollierender Gene sich unterscheiden, ist eines der beiden Allele – so hatte Brink herausgefunden – paramutagen, das heißt, es wandelt die andere Allel in seinen eigenen Zustand um. Als Folge ist das Verhältnis der Phänotypen unter den Nachkommen nicht so, wie es die klassische Mendel-Vererbung erwarten lässt. Außerdem wird nicht nur der veränderte Zustand des paramutierten Allels über die nachfolgenden Generationen hinweg vererbt (wenn auch nicht immer sehr stabil), vielmehr wirkt es jetzt seinerseits paramutagen. Brink drückte es zwar mit etwas anderen Worten aus als wir das heute tun, doch lag er mit seiner Erklärung richtig: Er meinte, dass es sich bei den von ihm untersuchten Allelen um erbliche Chromatinvarianten handle, die die Genexpression beeinflussen (also um Epiallele) – und nicht um genetische Varianten. Diese Deutung wurde in den 1990er Jahren bestätigt, als man zeigen konnte, dass einige Fälle von Paramutation mit solchen Geninaktivierungen korreliert waren, die auf Änderungen im DNA-Methylierungsmuster und nicht auf Änderungen in der DNA-Sequenz beruhten. Die Mechanismen, durch die ein Allel mit einem anderen kommunizieren und dieses erblich inaktivieren kann, sind bis heute zwar schwer nachzuvollziehen, doch nehmen die Hinweise darauf zu, dass sRNAs die Paramutation vermitteln – und zwar solche sRNAs, die aus repetitiven Sequenzen in oder nahe dem kodierenden Abschnitt der betreffenden Gene transkribiert werden. Diese sRNAs inaktivieren ihnen ähnliche Sequenzen durch Methylierung oder Histonmodifikationen – auf ganz ähnliche Weise, wie wir es für das Stilllegen von Transposonen beschrieben haben.

Allerdings schien Paramutation ziemlich selten vorzukommen und beschränkt auf Mais und vielleicht einige wenige weitere Pflanzen zu sein – für die meisten Biologen war deshalb dieses Phänomen viele Jahre lang nichts weiter als eine interessante Kuriosität. Doch hat man vor Kurzem ähnliche Phänomene auch bei *Drosophila* und sogar bei Säugetieren entdeckt; und seit man Paramutation mit der sich allmählich enträtselnden RNA-vermittelten Genstilllegung in Verbindung bringt, fragen sich Forscher nun, ob Paramutation oder Paramutation-ähnliche Phänomene nicht ganz alltäglich und deshalb womöglich von adaptiver Bedeutung sind[42]. Eizellen wie Spermien enthalten eine Menge RNA; und bei Pflanzen, Nematoden und Säugetieren gibt es Belege dafür, dass diese RNA-Moleküle Information über den Zustand der Genexpression an die nachfolgende Generation weitergeben.

A. D.: Ich kann nachvollziehen, wie Chromatinmarkierungen und sRNAs über die Keimzellen weitergegeben werden könnten, und es mag auch Befunde dafür geben, dass dies tatsächlich geschieht. Doch kommt dies häufig genug vor, dass es irgendwelche signifikanten Auswirkungen hat? Und was ist mit Ihren beiden anderen Typen von EVSs, der strukturellen Vererbung und den sich selbst erhaltenden Rückkopplungsschleifen? Weiß man denn inzwischen auch hierüber mehr?

M. E.: Zur Frage, wie häufig epigenetische Vererbung ist, werden wir in Kürze kommen. Doch wollen wir zunächst darüber sprechen, was sich bei der strukturellen Vererbung in den vergangenen neun Jahren getan hat. Es kam, wie es zu erwarten war: Als man die Bedeutung der Prionen für die Medizin und Landwirtschaft – und damit auch ihre ökonomische Relevanz – erkannte, kurbelte dies die Forschung auf diesen Gebieten gewaltig an. Ein Indikator dafür war, dass man im Jahr 2007 ein eigenes Wissenschaftsjournal herausbrachte, *Prion*. In einer der ersten Ausgaben diskutiert Janine Beisson die frühen Arbeiten zur strukturellen Vererbung bei Ciliaten und beleuchtet sie im Licht neuer Forschungsergebnisse[43]. Sie zeigt, dass die Dominanz der DNA in der vererbungstheoretischen Diskussion in der zweiten Hälfte des 20. Jahrhunderts eine ideologische Barriere bedeutete, die ein Erkennen Protein-basierter zellulärer Vererbung verhinderte – ähnlich wie es bei den ersten Arbeiten mit den Prionen der Fall war. Darin sieht sie den Grund, dass bisher so wenige Fälle struktureller Vererbung untersucht und bekannt geworden seien. Und wir meinen, sie hat Recht. Soweit wir das beurteilen können, stellt die strukturelle Vererbung im Allgemeinen noch immer kein allzu attraktives wissenschaftliches Betätigungsfeld dar. Die einzige Ausnahme ist die Forschung an Prionen; hier hat man Befunde erzielt, die nicht nur für das Verständnis von rund 20 neurologischen Humanerkrankungen wichtig sind, als deren Ursache Aggregate missgefalteter Proteine angesehen werden; diese Befunde sind auch für Evolutionsbiologen hoch interessant[44], besonders die Arbeiten an Hefe-Prionen.

Nach allem, was wir von Prionen wissen, drängt sich der Schluss geradezu auf, dass sie bei der Evolution von Anpassungen eine maßgebliche Rolle spielen – denn: 1.) Ein einzelnes Prion-Protein kann mehrere sich selbst vervielfältigende Konformationen annehmen und diese Prion-Varianten können unterschiedliche phänotypische Auswirkungen haben. 2.) Neue Prionen können spontan entstehen – ohne Beteiligung irgendwelcher genetischer Abänderungen. 3.) Es gibt mindestens 25 verschiedene Hefe-Proteine mit dem Potenzial, Prionen zu bilden; einige davon spielen eine Rolle bei der Transkription oder der RNA-Weiterverarbeitung und könnten deshalb die Expression vieler Gene beeinflussen. 4.) Wie die Proteinfaltung ganz generell ist auch die Formung von Prionen sehr empfindlich gegenüber Umweltfaktoren wie der Temperatur und den Stoffwechselbedingungen in der Zelle. 5). Eine molekulare Maschinerie hat über das Chaperon Hsp104 (Hitzeschockprotein), das die Montage und Demontage der Prion-Aggregate beeinflusst, Auswirkungen auf die Wahrscheinlichkeit, mit der beide Tochterzellen Prionen erhalten und dort als Template die Bildung neuer Prionen fortsetzen. 6.) Wenn Prionen in Zelllinien eingeführt werden, können sie „mutieren" und miteinander in Wettbewerb treten; welche Variante sich durchsetzt, hängt von den Kulturbedingungen ab[45].

Kann es angesichts der Belege für die große Menge von Prion-Varianten, ihre genaue Reproduktion, ihre Empfindlichkeit gegenüber Umweltbedingungen und ihre unterschiedlichen Überlebenschancen noch Zweifel daran geben, dass Konformationswechsel Prion-bildender Proteine für die Evolution von Anpassungen wichtig sein können? In Kapitel 7 haben wir die Untersuchungen der Lindquist-Gruppe vorgestellt; diese zeigten ja, dass ein Prion, das die Translation von mRNA beeinflusst, die Plastizität vergrößert, indem es zuvor verborgene genetische Variabilität aufdeckt. Dies ist keineswegs ein exotischer Einzelfall, der die adaptiven Vorteile eines Hefe-Prions belegt; bei Hefepilzen kennt man beispielsweise noch ein anderes Prion, das an der erworbenen Resistenz gegen fungistatische Chemikalien beteiligt ist[46]. Mehr noch, bei einer Studie mit etwa 700 verschiedenen Wildstämmen der Hefe stellte sich heraus, dass mehr als ein Drittel davon Prionen tragen, viele davon mit Auswirkungen auf den Phänotyp[47]. Nimmt man alle diese Befunde zusammen, kann man unmöglich dem zustimmen, was uns einige Biologen weismachen wollen: dass Hefe-Prionen ganz einfach nur Symptome seltener Krankheiten oder Artefakte von Laborkulturen sind.

Auch für die sich selbst erhaltenden Rückkopplungsschleifen kennen wir nun viele weitere aufschlussreiche Beispiele; es gibt jetzt auch differenziertere Modelle zur Evolutionsdynamik in Populationen von Bakterien, die über solche Systeme verfügen[48]. Ein hervorragendes Beispiel für diesen Typ epigenetischer Vererbung bei Eukaryoten hat man beim Pilz *Candida albicans* gefunden[49]. Dieser humanpathogene Pilz kommt in zwei erblichen Formen vor, in einer weißen und in einer opak-undurchsichtigen Form. Beide Formen unterscheiden sich aber nicht nur im Aussehen unter dem Mikroskop, sondern auch darin, welche Gene sie exprimieren, in der Bereitschaft zur sexuellen Fortpflanzung und darin, welche Körperteile des Menschen sie besiedeln. Das Hin-und-Herwechseln zwischen beiden Formen hängt von der Aktivität eines Master-Regulatorgens namens WOR1 (white-opaque regulator 1) ab. Wird dieses Gen angeschaltet, liefert es die opake Form; diese wird auch beibehalten, weil das Produkt von WOR1 an dessen regulatorische Region bindet und so dessen Aktivität aufrechterhält. Mit anderen Worten: Es handelt sich um eine positive Rückkopplungsschleife. Wenn die Konzentration am WOR1-Produkt unter eine kritische Schwelle fällt – was zufallsbedingt sein kann, doch mit höherer Wahrscheinlichkeit bei höheren Temperaturen geschieht –, schaltet sich das Master-Regulatorgen ab und die Rückkopplungsschleife kommt zum Erliegen. Die Folge: Die Zelle nimmt die stabile, voreingestellte weiße Form an. Die Situation ist eigentlich etwas komplizierter, weil auch noch andere Gene beteiligt sind und sie alle zusammen ein Netzwerk positiver Rückkopplungsschleifen bilden, die sich gegenseitig verstärken und dadurch den opaken Zustand zusätzlich stabilisieren. Dieses Puffern durch vielfache positive Rückkopplungsschleifen ähnelt dem, was in einigen differenzierten Geweben von Fliegen und Säugetieren passiert. Sich selbst erhaltende Rückkopplungsschleifen können sehr komplex sein und sehr viele Zellkomponenten einschließen; wie und warum Zellen zwischen alternativen Zuständen wechseln, ist eines der Probleme, mit denen sich Systembiologen beschäftigen.

A. D.: Ich habe nie an der entwicklungsspezifischen Bedeutung sich selbst erhaltender Rückkopplungsschleifen oder anderer Typen epigenetischer Vererbung gezweifelt. Kopfzerbrechen bereitet mir aber die Bedeutung für das Evolutionsgeschehen, das Sie der epigenetischen Vererbung zuschreiben. Können Sie denn in dieser Frage für etwas mehr Klarheit sorgen? Deshalb möchte ich zu meiner ersten Frage zurückkommen: Wie häufig kommt epigenetische Vererbung überhaupt vor?

Epigenetische Varianten – wie häufig sind sie?

M. E.: Es kann keinen Zweifel geben, dass epigenetische Vererbung sozusagen „Tagesgeschäft" ist – allerdings, das muss man einräumen, kann sie mitunter irritierende Formen annehmen. Vor einigen Jahren haben Gal Raz und eine von uns (E. J.) sämtliche Fälle epigenetischer Vererbung gesammelt, die in der Literatur aufzufinden waren[50]. Unsere Suche, die bis einschließlich des Erscheinungsjahres 2008 reichte, umfasste schließlich 102 Studien mit 42 verschiedenen Arten. Wir berücksichtigten nur vier repräsentative Hybriden (von vielen, die bekanntermaßen epigenetische Vererbung zeigen) und schlossen alle Fälle genomischer Prägung aus (bei denen also die erblichen Markierungen vom Geschlecht des vererbenden Elternteils abhängen). Da einige der Studien viele epigenetische Markierungen untersuchten, ging die Gesamtzahl unserer Erhebung in die Hunderte. Wir ließen auch einige Studien außer Acht, die wir in ähnlicher Form schon in unsere 102 aufgenommen hatten; und selbstverständlich entgingen uns einige, auf die wir zu spät aufmerksam wurden[51]. Wie Sie sich vorstellen können, sind inzwischen viele weitere Fälle epigenetischer Vererbung berichtet worden. Auf einige werden wir später noch zu sprechen kommen. Doch auch ohne sie scheint uns das Gewicht der Befunde schwer genug zu sein, um die Zweifel an der weiten Verbreitung der epigenetischen Vererbung, die einige Biologen nach wie vor äußern, zerstreuen zu können.

A. D.: Hunderte oder auch Tausende von Beispielen werden Skeptiker nicht überzeugen. Denn sie werden einwenden, dass dies nichts im Vergleich zur genetischen Vererbung sei, bei der jede einzelne Variation in jedem einzelnen DNA-Nukleotid vererbt werden kann und die Gesamtzahl möglicher erblicher Variationen größer ist als die Zahl der Sterne im Weltall.

M. E.: Wäre es denn weniger überzeugend, wenn gezeigt würde, dass Hunderte von Stellen im Genom in alternativen, erblichen, unabhängig voneinander segregierenden epigenetischen Variationen vorkommen können, dann nimmt die Zahl der Kombinationen dieser Varianten ebenso galaktische Ausmaße an. Genau dies haben die Arbeitsgruppen um Colot in Frankreich und Paszkowski in der Schweiz gezeigt: dass eine sehr große Zahl neuer epigenetischer Variationen vererbt werden kann – und zwar beim genetischen Lieblingsobjekt der Botaniker, der Acker-Schmalwand *Arabidopsis thaliana*; sie konzipierten raffinierte Experimente, um herauszufinden, wie viele Methylierungsmuster unabhängig voneinander vererbt werden können – und für wie lange. Dafür verwendeten sie Inzuchtlinien; dies bedeutet, dass alle im Experiment stehenden Pflanzen – soweit man das sagen konnte – genetisch identisch waren. Die eine *Arabidopsis*-Linie zeigte ein ganz normales Methylierungsmuster; die zweite Linie war genetisch identisch mit der ersten, abgesehen von einer Mutation, die ein Gen für ein Schlüsselenzym der DNA-Methylierung deaktivierte – die Folge war: Die Pflanzen der zweiten Linie hatten über 70 Prozent ihrer Methylierung verloren. Kreuzungen zwischen Pflanzen der schwach und der normal methylierten Linie brachten Hybriden hervor, bei denen ein Chromosomenset normal, das andere schwach methyliert war. Bei geeigneten Kreuzungen und unter Ausschluss von Pflanzen mit der Methylierungsmutation gelang es den Biologen, durch Chromosomenrekombination während der Meiose aus einer einzigen hybriden Elternpflanze Hunderte von epiRILs (epigenetisch rekombinierte Inzuchtlinien) zu erzeugen. Alle diese Linien hatten normale Methylierungsenzyme und normale, identische DNA-Sequenzen, doch ihre Chromosomen trugen verschiedene Muster methylierter und nichtmethylierter Abschnitte. Mit anderen Worten: Die epiRILs trugen verschiedene Epiallel-Varianten. Die Forscher untersuchten die epiRILs nach acht weiteren Inzuchtgenerationen, um zu sehen, ob die chromosomalen Abschnitte, die vom schwach methylierten Elternteil stammten, zum normalen Methylierungszustand zurückkehren oder der demethylierte Zustand stabil vererbt wird[52].

Die Ergebnisse zeigten, dass ein großer Teil des *Arabidopsis*-Genoms verschieden methyliert sein kann; über die Hälfte der schwach methylierten Epiallele (viele Hundert) wurden stabil vererbt, ähnlich stabil wie genetische Variationen[53]. Die andere Hälfte kehrte innerhalb von fünf Generationen zum normalen Methylierungsniveau zurück; dabei handelte es sich hauptsächlich um Genomstellen, die mit transposablen Elementen verbunden waren, und um Bereiche des Zentromers. Es gibt gute Gründe anzunehmen, dass die Aktivitäten von sRNAs zumindest an ihrer Re-Methylierung und somit Inaktivierung mitwirkten. Eine wichtige Beobachtung war, dass einige der erblichen Variationen phänotypische Auswirkungen auf Eigenschaften wie Resistenz gegen pathogene Bakterien, Blütezeit und Pflanzengröße hatten. Für die beiden Letztgenannten betrug die Erblichkeit rund 30 Prozent – ein Wert, der ähnlich dem ist, wie er für den genetischen Beitrag an ähnlichen Merkmalen bei nicht ingezüchteten Pflanzen erhalten wird.

Soweit wir wissen, gibt es bei *Arabidopsis* biologisch nichts Außergewöhnliches – demnach sollte das, was man hier gefunden hat, auch mehr oder weniger für andere Arten gelten. Leider kann man diese Art von Experiment bei den meisten anderen Organismen nicht durchführen, entweder weil ihre Genetik nicht gut genug bekannt ist oder weil ihre Reproduktionssysteme dies nicht erlauben. Dennoch sollten die erstaunlichen Resultate Motivation genug sein, sich Verfahren zu überlegen, wie Experimente mit epiRILs auch an anderen Organismen durchgeführt werden könnten; denn die Ergebnisse sprechen sehr dafür, dass kumulierende Evolution durch natürliche Selektion erblicher epigenetischer Variationen möglich ist[54].

A. D.: Gut, diese *Arabidopsis*-Experimente mögen darauf hindeuten. Doch plage ich mich mit zwei bohrenden Fragen: Erstens, können Sie denn sicher sein, dass durch die massive Demethylierung nicht Transposonen aktiviert wurden, die dann zu neuen Genomstellen wanderten? Die Aktivierung von Transposonen würde sicherlich genetische Mutationen erzeugen, und diese könnten doch auch für die phänotypischen Effekte verantwortlich sein. Meine zweite Frage: Inwieweit haben diese zweifellos eleganten Experimente mit der Wirklichkeit, mit der realen Welt zu tun, in der Organismen auf Umweltveränderungen reagieren müssen, wo aber nur sehr selten eine Mutation im Methylierungssystem epigenetische Diversität schafft? Was also geschieht in natürlichen Populationen, abseits von experimentellen Eingriffen?

M. E.: Zunächst zu Ihrem ersten Einwand: Ja, selbstverständlich wurden auch einige Transposonen aktiviert – Demethylierung lässt mobile genetische Elemente aktiv werden, deshalb waren *einige* erbliche phänotypische Effekte tatsächlich das Resultat springender Transposonen. Aber gewiss nicht alle. Obwohl man gezielt nach phänotypischen Veränderungen und aktivierten Transposonen suchte, fand man in den *meisten* Fällen keine. Hier hat sich also der offenbar tief sitzende Wunsch, jede erbliche Veränderung möge auf einer DNA-Sequenzänderung beruhen, nicht erfüllt. Denken Sie aber auch daran, dass selbst dann, wenn Transposonen verantwortlich für phänotypische Veränderungen sind, ihre Translokation epigenetisch reguliert wird. Sogar in diesen Fällen, die aber in den Untersuchungen, von denen wir sprechen, offenbar nicht vorherrschten, sind die neuen Variationen keine klassischen Mutationen.

Zu Ihrer zweiten Frage, ob die Studien mit den epiRILs von *Arabidopsis* etwas mit dem zu tun haben, was auch unter natürlichen Bedingungen passiert. Da können wir Ihnen versichern, dass die Forscher auch dies untersuchen; sie können dieser Frage sogar in beispiellosem molekularem Detail nachgehen, da das Genom von *Arabidopsis* relativ klein und preisgünstig zu sequenzieren ist und Methoden zur Verfügung stehen, mit denen man gut zwischen methylierten und nichtmethylierten Cytosin-Basen unterscheiden kann. Deshalb war es möglich, normale Epimutationsraten abzuschätzen, indem man Inzuchtlinien von *Arabidopsis* im Gewächshaus über 30 Generationen zog und die Unterschiede im Methylierungsmuster zwischen den Linien in der dritten und der 30. Generation verglich. Da ja alle Linien mit der gleichen DNA-Sequenz ausgestattet waren (abgesehen von einigen wenigen möglichen Mutationen und seltenen Transpositionen) und sich die Wachstumsbedingungen für die Pflanzen im Laufe der Zeit nicht änderten, geben die Ergebnisse Aufschluss über die Häufigkeit spontan entstehender erblicher Methylierungsvariationen. Bei einer Untersuchung lag die Epimutationsrate bei mindestens $4{,}46 \times 10^{-4}$ pro CG-Dublett pro Generation – dies liegt mehr als vier Größenordnungen über den Mutationsraten dieser Linien (7×10^{-9} Basenänderungen pro Nukleotid pro Generation). Manchmal konnten die Variationen in der DNA-Methylierung mit Änderungen in der Genexpression korreliert werden.

Sie mögen nun einwenden, dass diese Befunde hoher spontaner Epimutationsraten uns nichts darüber sagen, was in natürlichen Populationen geschieht – und das stimmt. Wir kennen zwar einige wenige natürlich vorkommende Epiallele bei *Arabidopsis thaliana*, doch ist es schwierig, in natürlichen Populationen, bei denen sowohl genetische als auch epigenetische Variationen frei entstehen, die beiden Typen von Variation auseinander zu halten. Doch gibt es einige interessante vorläufige Befunde von Vergleichsstudien mit Arten, bei denen sich verschiedene Populationen genetisch geringfügig voneinander unterscheiden – entweder weil sie vor Kurzem in ein neuartiges Habitat eingedrungen sind oder weil sie sich asexuell vermehren. In einer Studie hat man zwei benachbarte Populationen von *Laguncularia racemosa*, einer Mangrovenart, verglichen. Eine davon lebt in Sumpfland mit hohem Salzgehalt, doch nährstoffarm, die andere an einem Flussufer, wo die Pflanzen täglich den Gezeiten ausgesetzt und gut mit Nährstoffen versorgt sind. Die Pflanzen wachsen in den beiden Habitaten ganz unterschiedlich: Am Flussufer werden sie durchschnittlich 7,5 Meter hoch und entwickeln eine baumartige Struktur; im Sumpfland erreichen sie dagegen nur eine Höhe von 1,5 Metern. Auch in der Blattmorphologie unterscheiden sich die beiden Populationen. Diese markanten Unterschiede korrelieren mit signifikanten Unterschieden im DNA-Methylierungsmuster, doch nicht mit Unterschieden in den DNA-Sequenzen[55].

Ein anderes Beispiel für adaptive Diversität, die mit Methylierungsdiversität in Verbindung steht, hat man bei dem in Blüten lebenden Hefepilz *Metschnikowia reukaufii* gefunden. Es handelt sich um einen klonalen Pilz, der von einem breiten Spektrum an Nektartypen vieler verschiedener Blütenpflanzenarten leben kann. Er verbreitet sich von Blüte zu Blüte durch bestäubende Insekten; der Nektar der verschiedenen Blüten, denen der Pilz auf diese Weise begegnet, unterscheidet sich in der Zusammensetzung und Konzentration seiner Kohlenhydrate. Die rasche Anpassung, zu der der Pilz in der Lage sein muss, um die einzelnen Nektarquellen zu nutzen, ist mit Änderungen der DNA-Methylierung und nicht mit Änderungen der DNA-Sequenz verbunden. Die Anpassungsfähigkeit wird beeinträchtigt, wenn man die Hefezellen mit einer Substanz behandelt, die die DNA-Methylierung hemmt[56]. Leider ist hier wie auch im Beispiel mit den Mangroven noch nicht klar, wie viel der epigenetischen Variabilität über Generationen hinweg weitergegeben wird und mit welcher Genauigkeit dies geschieht. Gleichwohl gibt es reichlich positive Belege dafür, dass Anpassungen tatsächlich durch epigenetische Vererbungssysteme die nächste Generation erreichen. Nachweislich wird bei einigen Pflanzen erworbene Resistenz gegen pathogene Keime oder gegen Schäden durch pflanzenfressende Insekten ein oder zwei Generationen vererbt; und in einigen Fällen ließ sich zeigen, dass dies mit einer Vererbung veränderter Methylierungsmuster in bestimmten Genen oder mit einer Weitergabe durch das RNAi-System einhergeht[57]. Häufig wird dieser Typ der Transmission als „adaptive transgenerationale Plastizität" bezeichnet[58].

Welche Art von Veränderung dieser Form der Plastizität zugrunde liegen mag, erhellt eine molekulargenetische Analyse der Nachkommen aus Kreuzungen zwischen Pflanzen verschiedener Populationen der Gewöhnlichen Gauklerblume (*Mimulus guttatus*). In einigen Populationen induzieren pflanzenfressende Insekten eine höhere Trichomdichte (dünne haarähnliche Strukturen zur Abwehr) auf den Blättern – und diese Reaktion ist erblich. In anderen Populationen, die nur selten pflanzenfressenden Insekten ausgesetzt sind und in denen die Pflanzen einen kurzen Lebenszyklus haben, entwickeln die Blätter nur wenige Trichome; und künstliche Verletzungen, die Insektenattacken imitieren, vermögen ganz offensichtlich keine verstärkte Trichombildung zu induzieren. Als man Pflanzen dieser beiden Populationen kreuzte und die daraus hervorgehenden Nachkommenlinien analysierte, stellte sich heraus, dass die durch Beschädigung induzierte Zunahme der Trichomdichte mit Änderungen in der Genexpression verknüpft war und diese an die nächste Generation vererbt wurde. Verabreichte man eine Substanz zur DNA-Demethylierung, verschwanden die erblichen Effekte – dies bedeutet: Sehr wahrscheinlich ist das DNA-Methylierungssystem an dieser Vererbung beteiligt. Noch sind hier zwar nicht alle Details der Transmissionsmechanismen geklärt, doch was man schon weiß, zeigt, dass wir hier ein gutes Beispiel einer induzierten erblichen epigenetischen Anpassung haben; und die ökologische Verteilung weist darauf hin, dass sie bedeutende Wirkungen in natürlichen Populationen haben kann[59].

A. D.: Schenken denn Evolutionsbiologen solchen ökologischen Untersuchungen überhaupt Aufmerksamkeit? Schreiben auch sie der epigenetischen Vererbung eine Bedeutung im Evolutionsgeschehen zu?

M. E.: Die meisten älteren Evolutionsbiologen tun die epigenetische Vererbung als evolutionsdynamisch unwichtig und wirkungslos ab und meinen, dass man nur den guten alten Neodarwinismus (in der Version der Modernen Synthese) braucht. Kaum überraschend ist es vor allem für die jüngere Generation von Ökologen und Theoretikern, die dem Thema offen gegenübersteht und sich damit auseinandersetzt.

A. D.: Diese jungen Wissenschaftler setzen sich einer Menge Arbeit aus: Ihre Modelle müssen spontane und induzierte Epimutationsraten berücksichtigen, unterschiedliche Übertragbarkeiten (womöglich Epiallel-spezifische), epigenetische Drift sowie Selektion. Wie soll das nur gelingen – zusätzlich zu all der genetischen Komplexität?

M. E.: Albert Einstein soll einmal gesagt haben: „Man sollte alles so einfach wie möglich sehen – aber auch nicht einfacher." Man kann die biologische Realität nicht simplifizieren, wenn man einer Sache Gewalt antut – in diesem Fall, indem man epigenetische Vererbung einfach komplett ignoriert. Tatsächlich ist die Situation nicht so unüberschaubar schwierig wie wir früher befürchtet haben. Unsere Diskussion in Kapitel 10 zeigt ja, wie skeptisch wir noch vor neun Jahren die Aussichten beurteilten, jemals ein einzelnes allumfassendes Evolutionsmodell entwickeln zu können; doch heute sind wir optimistischer und halten es durchaus für möglich, einen allgemeinen Rahmen zu formulieren, innerhalb dem wir dann spezifische Fälle entwickeln. Die inzwischen konstruierten Modelle basieren auf der Price-Gleichung, einer sehr allgemeinen mathematischen Beschreibung der Evolution durch natürliche Selektion; diese Gleichung hat man erweitert, um genetische und epigenetische Einflüsse auf den evolutionären Wandel von Phänotypen berücksichtigen zu können[60]. Day und Bonduriansky zum Beispiel zeigen mit Hilfe eines solchen Modells, wie dramatisch sich die Evolutionsdynamik ändern kann, wenn man epigenetische Variationen in die Gleichung aufnimmt[61]. Andere Theoretiker sind bei den Gleichungen der klassischen Populationsgenetik geblieben, haben diese aber um den Faktor epigenetische Variabilität erweitert und dann die resultierende Dynamik untersucht[62]. Sie alle erkennen: Epigenetische Variabilität wirkt sich auf der Ebene der Population aus, epigenetische Effekte unterscheiden sich deutlich von denen, die aus genetischer Variabilität resultieren. Angesichts dessen, was wir über die Art und Weise der Wechselwirkungen zwischen epigenetischer und genetischer Variabilität wissen, sollten diese Populationsmodelle unbedingt noch die Prozesse des natürlichen genetischen Engineerings berücksichtigen. Glücklicherweise leben wir im Zeitalter solcher Computer, mit denen sich auch so komplexe Wechselwirkungen, die mathematisch nicht handhabbar sind, simulieren lassen.

A. D.: Wie Sie wissen, sind mir auch praktische Fragen wichtig, nicht nur abstrakte Modelle und Simulationen – dabei ist mir schon klar, dass man ohne sie heutzutage kaum etwas erreichen kann. Lassen Sie mich mein Anliegen auf ganz einfache Weise formulieren: Wenn Sie ein interessantes Merkmal in einer Population von Pflanzen, Mäusen oder Menschen betrachten, können Sie mir dann sagen, ob die Vererbung dieses Merkmals auch eine epigenetische Komponente beinhaltet? Schauen wir uns doch zum Beispiel die Fettleibigkeit an, die ja leider in einigen Ländern bereits epidemische Ausmaße angenommen hat; ist denn hier eine epigenetische Komponente im Spiel? Wird also tatsächlich den Nachkommen die Last der Sünden und Missgeschicke ihrer Vorfahren aufgebürdet? In Ihrer pessimistischen Aussicht prophezeiten Sie ja, dass eines Tages genau dies nachgewiesen werde. Sie meinten, die Erblichkeitswerte, die auf genetischer Variabilität basierten, seien zu hoch, weil die epigenetische Komponente in diesen Schätzungen nicht berücksichtigt sei. In einem Beitrag habe ich über „fehlende, noch nicht entdeckte Erblichkeit" gelesen, er bezieht sich auf die Tatsache, dass genetische Faktoren offenbar die Erblichkeit von Merkmalen wie Körpergröße und Fettleibigkeit nur zu einem – kleinen – Teil erklären. Meinen Sie denn, dass epigenetische Variabilität die schwarzen Löcher bei den Schätzungen zur Erblichkeit füllen könnten?

M. E.: Wie wir ja ausführlich in diesem Buch begründet und worauf wir auch schon in unserem ersten Buch von 1995 (*Epigenetic Inheritance and Evolution – The Lamarckian Dimension*) hingewiesen haben: Epigenetische Vererbung muss in jedem Fall bei Erblichkeitsberechnungen einbezogen werden. Wir meinen aber nicht, dass die *Gesamtheit* der „noch nicht entdeckten Erblichkeit" erbliche epigenetische Variationen sind; wir rechnen fest damit, dass mehr genetische Variationen und mehr Kombinationen unter ihnen gefunden werden, die von Bedeutung sind – und dies wird sicher einen großen Teil der Antwort ausmachen[63]. Doch angesichts dessen, was wir heute wissen, ist ebenso klar, dass auch epigenetische Unterschiede eine Rolle spielen. Die Experimente mit den epiRILs und andere Untersuchungen zeigen uns, dass durch Mutationen verursachte Abänderungen in der DNA-Methylierung über viele Generationen vererbt werden können, auch wenn das ursprünglich verursachende genetische Element gar nicht mehr vorhanden ist. Andere Studien belegen die Erblichkeit epigenetischer Markierungen, die durch bestimmte ökologische Stressfaktoren abgeändert wurden. Dies bedeutet: Die genetische und epigenetische *Geschichte* einer Abstammungslinie hat Einfluss auf die Gegenwart und kann Einfluss haben auf die Zukunft. Die Schlussfolgerung, dass Erblichkeit eine epigenetische Facette hat, scheint aus unserer Sicht somit praktisch unausweichlich. Man kann sogar einen Schritt weiter gehen: Es ist durchaus möglich, die genetischen und epigenetischen Beiträge zur Vererbung auseinanderzuhalten. Dafür stehen einige Wege offen, doch sie alle führen über die Modelle der klassischen quantitativen Genetik hinaus[64]. Sobald man bei der Erblichkeit eine epigenetische Komponente festgestellt hat, können Sie nach den Zielgenen schauen, die mutmaßlich der Entwicklung des Merkmals zugrunde liegen, und dann versuchen, die spezifischen epigenetischen „Täter" dingfest zu machen.

A. D.: Das ist bestimmt alles andere als einfach! Aber letztlich hängt doch die Induzierbarkeit und Vererbbarkeit einer epigenetischen Markierung vom genetischen Background ab.

M. E.: Dies hängt *immer* vom genetischen Background ab. Schon vor langem haben wir beispielsweise gesagt, dass repetitive DNA-Sequenzen großen Einfluss auf die epigenetische Markierungsmaschinerie haben[65]. Was heißt das? Es bedeutet, wenn Sie verschiedene Inzuchtstämme haben und ihre erblichen epigenetischen Markierungsmuster betrachten, werden Sie in jedem Fall Unterschiede finden – im Spektrum wie in der Stabilität der Markierungen. Doch wie wir immer wieder betonen – die alles entscheidende Frage ist: Liegen epigenetische *Variationen* vor, die unabhängig von genetischen *Variationen* sind? Und die Antwort, die wir wieder und wieder geben, lautet: Ja! Obwohl genetische Elemente an einer bestimmten Stelle im Genom absolut notwendig für eine differenzielle und erbliche Markierung sein mögen – zu welchem Zeitpunkt und in welchem Umfang dies geschieht, hängt von anderen Faktoren wie etwa umweltspezifischen Signalen oder so genanntem *developmental noise*. In natürlichen, genetisch und epigenetisch variablen Populationen sind epigenetische und genetische Variationen häufig miteinander korreliert[66]. Doch wie die Arbeiten mit den epiRILs und den anderen ingezüchteten *Arabidopsis*-Linien, von denen wir gesprochen haben, eindeutig zeigen, kann es unter genetisch identischen Individuen eine enorme Menge Variabilität geben.

A. D.: Über diese Verbindung zwischen Genetik und Epigenetik würde ich gerne noch etwas mehr sprechen, vor allem über eines Ihrer bevorzugten Evolutionsszenarien, die Evolution durch genetische Assimilation. Ganz bestimmt spielt dabei doch generationenübergreifende epigenetische Vererbung eine Rolle.

Genetische Akkommodation – verbunden mit epigenetischen Prozessen?

Blicken wir noch einmal auf die Evolution der Plastizität und Kanalisierung sowie auf die schon erwähnten Konzepte der phänotypischen und genetischen Akkommodation von Mary Jane West-Eberhard; ihr Modell lautet: Wenn eine adaptive entwicklungsspezifische Reaktion (phänotypische Akkommodation) auf eine Änderung der Umweltbedingungen hin oder infolge einer neuen Mutation wiederholt erfolge, also über viele Generationen, dann würden sich im Laufe der Zeit durch natürliche Selektion genetische Abänderungen einstellen (genetische Akkommodation). Dabei seien drei mögliche Ergebnisse zu erwarten: 1.) Kanalisierung (das Spektrum einer möglichen phänotypischen Antwort ist kleiner, die Reaktion also stärker gepuffert) oder 2.) größere Plastizität (das Spektrum der Antwort ist größer, die Reaktion hängt stärker von den Bedingungen ab) und/oder 3.) Amelioration, das heißt, die abträglichen Nebeneffekte der Antwort fallen milder aus.

Den ersten Typ von Veränderung, verstärkte Kanalisierung, haben wir mit Waddington als „genetische Assimilation" bezeichnet; genetische Assimilation ist also ein Spezialfall der genetischen Akkommodation. Alle drei Typen evolutionärer Veränderung durch genetische Akkommodation haben Eines gemeinsam: Phänotypische Anpassung erfolgt im ersten Schritt und erst danach kommt es zu genetischen Veränderungen – in West-Eberhards prägnanten Worten: „Genes are followers, not leaders, in adaptive evolution." (West-Eberhard 2003, S. 20)

Niemand zweifelt wohl daran, dass Tiere und Pflanzen in einem ganz erstaunlichen Maß zur Anpassung an ein großes Spektrum von Bedingungen imstande sind – ohne dabei auf genetische Abänderungen zurückzugreifen. Denken Sie an einen Zugvogel, etwa den Knutt (*Calidris canutus*), der in arktischen Breiten brütet und dann Tausende von Kilometern nach Süden zieht, bis zur Südspitze von Südamerika oder Afrika, um dort zu überwintern. Eine solche Lebensweise hat enorme physiologische und verhaltensspezifische Regulierungen zur Folge[67]. Sogar innere Körperstrukturen sind davon betroffen, weil sich das Nahrungsangebot für die Vögel ändert: In seinen Brutgebieten frisst der Knutt relativ weiche Insekten und Spinnen, zur Zeit der Überwinterung in den Küstenfeuchtgebieten hingegen verlegt er sich mehr auf hartschalige Muscheln und Krebse. An diese Veränderungen akkommodieren die Tiere ihr Verdauungssystem, besonders ihren Muskelmagen, der sich vergrößert und dessen Muskelmasse zunimmt, sodass er besser geeignet ist, hartschalige Nahrung aufzubrechen.

Die Fähigkeit des Knutt zu diesen reversiblen phänotypischen Regulierungen, die ihn in die Lage versetzen, ganz verschiedene Lebensräume und Nahrungsquellen zu nutzen, hat sich vermutlich durch Selektion für rasche Akkommodation an die vorhersehbar variablen Bedingungen, die der Vogel erfährt, herausgeformt. Aber was passiert, wenn Individuen sich mit Umweltbedingungen auseinandersetzen müssen, mit denen ihre näheren Vorfahren niemals konfrontiert waren? Wenn sie es schaffen zu überleben, auf welche Weise nehmen sie die notwendigen Justierungen vor? Jeder einzelne Fall dürfte anders sein und ist deshalb eigentlich gesondert zu betrachten; doch Alexander Badyaev und seinen Kollegen gelang es zu zeigen, wie bei einer Art, dem Hausgimpel, *Capodacus mexicanus*, die Akkommodation an ganz neue Bedingungen erfolgt – und ihre Befunde legen nahe, dass dabei generationenübergreifende Effekte eine Rolle spielen[68]. Bis 1940 war das Vorkommen des Hausgimpels auf Kalifornien und die Wüsten im Südwesten der USA beschränkt; doch seither hat sich sein Verbreitungsgebiet gewaltig ausgeweitet, teils durch natürliche Einwanderung, teils aber auch durch das Freilassen von Käfigvögeln, und heute findet man die Art in fast allen Teilen der USA. Die Arbeitsgruppe um Badyeav hat zwei Populationen verglichen, die sich erst in neuerer Zeit etablierten und unter zwei sehr verschiedenen Bedingungen leben: Eine ist in den warm-feuchten Tiefebenen Alabamas zuhause, die andere in den trocken-kalten Bergregionen Montanas. Die Individuen beider Populationen unterscheiden sich sehr in der Ausprägung des Sexualdimorphismus, also im Unterschied zwischen den Geschlechtern bei Merkmalen wie der Schnabelgröße, der Länge des Unterschenkels und des Körpergewichts. In Alabama wachsen die Männchen rascher und sind größer als die Weibchen, genau umgekehrt ist es in Montana. Noch etwas fanden die Forscher heraus: Der Größenunterschied ist adaptiv – in Montana kommen kleine Männchen und große Weibchen am besten miteinander zurecht, in Alabama bevorzugen die Weibchen große Männchen. Angesichts der kurzen Zeit, innerhalb der sich diese beiden Populationen etablierten, scheint es unwahrscheinlich, dass ihre adaptive phänotypische Divergenz das Resultat genetischer Abänderungen ist. Wie könnte sie aber dann erklärt werden?

Badyaev und Kollegen vermuten mütterliche Effekte – Wirkungen der Mütter auf die Entwicklung und den Phänotyp ihrer Nachkommen – hinter der beobachteten phänotypischen Verschiedenheit. Die Unterschiede zwischen den Populationen in Montana und Alabama sind im Wesentlichen Folge der Fähigkeit von Muttertieren, zum einen die Reihenfolge zu beeinflussen, in der sie Männchen oder Weibchen enthaltende Eier legen, und zum anderen die Zeit bis zum Schlüpfen zu regulieren. In Montana tendieren die Weibchen dazu, „weibliche" Eier zuerst zu legen, zudem dürfen die Töchter längere Zeit im Nest verbringen, sie wachsen so rascher und werden größer als die Söhne. In Alabama ist es umgekehrt: Eier mit Männchen werden zuerst gelegt, weshalb die Söhne hier letztlich größer werden als die Töchter. Diese Untersuchungen zeigen sehr deutlich, wie diese Vögel allein dadurch, dass sie bereits existierende physiologische und verhaltensspezifische Mechanismen nutzen, an neue Bedingungen akkommodieren – ganz ohne genetische Abänderungen. Sogar innerhalb einer einzigen Generation gelingt es den Tieren, besser mit den vorgefundenen Bedingungen zurechtzukommen: Mit jeder weiteren Brut brauchen die Weibchen der Montana-Population weniger kalte Tage, um die Reihenfolge der Eiablage anzupassen, die die Überlebenschancen ihrer Nachkommen erhöht. Die Modifikationen in der Reihenfolge der Eiablage und dem differenziellen Wachstum der Jungtiere, die es den Populationen erlaubt zu überleben und sich in verschiedenartige Regionen auszubreiten, resultieren aus umweltinduzierten Änderungen im Hormonhaushalt der brütenden Weibchen. Auf irgendeine, bisher nur teilweise verstandene Weise beeinflussen die zirkulierenden Hormone die Reihenfolge, in der Eier mit Männchen oder Weibchen produziert werden; sie haben darüber hinaus Einfluss darauf, welche Ressourcen den Eiern beigegeben werden – Substanzen, die ihrerseits die Entwicklungsgeschwindigkeit und Morphologie der Embryonen in den Eiern beeinflussen. Badyaev sieht in dieser mütterlich beeinflussten Entwicklungsplastizität die Ursache dafür, dass der Hausgimpel in der Lage ist, sich an so viele verschiedene Umweltbedingungen anzupassen. Mit der Zeit, so meint er, werde die phänotypische Akkommodation an neue Bedingungen zunehmend optimiert – und zwar durch natürliche Selektion, die auf die mütterlichen Effekte wirkt. Wenn die Umwelt der Tiere stabil und vorhersehbar ist, bahne dies den Weg zu genetischer Akkommodation, das heißt zu einer abnehmenden Abhängigkeit von Umweltsignalen.

A. D.: Gibt es irgendwelche Beweise, dass sich eine plastische Antwort tatsächlich hin zu einer stärker fixierten verschiebt?

M. E.: Was erachten Sie denn als Beweis? Es gibt einige sehr vielsagende Experimente mit dem Tabakschwärmer, *Manduca sexta*; sie zeigen, dass man durch Selektion die Plastizität verändern, also die Ansprechbarkeit für Umweltstimuli vergrößern oder abschwächen kann[69]. Die Raupen dieses Schwärmers sind immer grün gefärbt – in der Fachsprache werden sie als „monophänisch" bezeichnet. Doch gibt es eine Mutation, die die Bildung eines Pigment-bildenden Hormons hemmt, mit der Folge, dass die Raupen nun schwarz gefärbt sind. Wenn aber Larven, die Träger dieser Mutation sind, für kurze Zeit hohen Temperaturen ausgesetzt werden (Hitzeschock), entwickeln sie eine Färbung, die von Schwarz bis fast Grün reicht. Züchtet man selektiv solche Adulttiere weiter, die aus fast grün gefärbten Raupen hervorgegangen sind, erhält man eine polyphäne Linie, in der die Raupen bei tiefer Temperatur schwarz, doch schon bei schwach erhöhten Temperaturen grün gefärbt sind. Es bedurfte nur 13 Generationen der Selektion, um eine solche temperaturabhängige Schaltung zwischen den beiden alternativen Phänotypen zu erhalten; verknüpft ist dies mit Genen, die die hormonelle Regulation beeinflussen. Selektion für Nichtansprechen auf Hitzeschocks – also das selektive Weiterzüchten von Adulten aus Raupen, die sich auf einen Hitzeschock hin nicht grün färben – zeitigte ebenfalls rasche Veränderungen. Bis zur siebten Generation hatten alle Individuen dieser Linie die Fähigkeit verloren, auf hohe Temperaturen hin ihre Körperfärbung nach Grün zu verändern. Schwarzfärbung war also hochgradig kanalisiert, das heißt praktisch vollständig genetisch assimiliert worden.

Diese Experimente sind auch deshalb so interessant, weil es eine verwandte Art gibt, *Manduca quinquemaculata*, bei der die Raupen natürlicherweise polyphän hinsichtlich ihrer Färbung sind: Bei Temperaturen über 28 °C sind sie grün, bei tieferen Temperaturen schwarz gefärbt. Diese Reaktion wird als Anpassung verstanden, weil eine schwarze Färbung unter kühlen Bedingungen mehr Wärmeabsorption erlaubt, wohingegen bei höheren Außentemperaturen der Wärmeerhalt kein Problem ist und grüne Körperfarbe wegen der besseren Tarnung ein Vorteil ist. Diese Laborexperimente geben Hinweise darauf, wie dieser Typ einer adaptiven Polyphänie in einer ursprünglich monophänen Population entstanden sein könnte.

Eng verwandte Arten oder verschiedene Populationen derselben Art miteinander zu vergleichen, ist für Biologen eine bewährte Methode, um zu untersuchen, wie evolutionäre Veränderungen zustande gekommen sein mögen; und dieser vergleichende Ansatz liefert nun auch starke Hinweise, die für die „Phänotyp-zuerst"-Route sprechen. Eine erste Studie, die ich hier nennen will, untersuchte eine Population der Gewöhnlichen Tigerotter (*Notechis scutatum*), die auf dem südlichen Festland Australiens lebt und zu verschiedenen Zeiten auf einigen nahe gelegenen Inseln isolierte Populationen bildete[70]; auf diesen Inseln hat sich die jüngste erst vor weniger als 30 Jahren etabliert, die älteste schon vor mehr als 9000 Jahren. Allgemein stellen die Schlangen auf den Inseln größeren Beutetieren nach als auf dem Festland – wie kommt das, auf welche Weise haben sich die Schlangen daran angepasst? Um große Beute verschlingen zu können, muss der Kiefer relativ groß sein; dies legt eine Selektion für gesteigerte Kopfgröße nahe. Was beobachteten nun die Forscher? Die Schlangen der „jungen" Populationen wurden mit relativ kleinem Kopf geboren, ähnlich wie jene auf dem Festland; doch anders als Letztere entwickelten Erstere größere Köpfe, wenn ihnen im Verlauf ihrer Jugend- und Reifezeit größere Beute angeboten wurde. Im Gegensatz dazu werden die Schlangen der lang etablierten Inselpopulation schon mit großem Kopf geboren und die Kopfgröße der Erwachsenen ließ sich nicht von der Größe der angebotenen Beute während der Reifezeit beeinflussen. Diese Befunde legen nahe, dass ursprünglich die Herausforderung, große Beute zu verschlingen, rasch zu einer Ausprägung phänotypischer Plastizität führte; doch im Verlauf der nachfolgenden Jahrtausende anhaltender Isolation kam es zu genetischer Assimilation, wodurch das ursprünglich plastische, während der Entwicklung auf Umweltreize ansprechende Merkmal mehr und mehr kanalisiert und (umweltunabhängig) fixiert wurde.

Eine zweite Studie – zu einem ganz anderen Merkmal und bei einem ganz anderen Organismus – zeigt etwas sehr Ähnliches. Untersuchungsobjekt war eine in der Gezeitenzone lebende Schnecke, die Strandschnecke *Littorina obtusata*, und bei dem untersuchten Merkmal handelte es sich um eine Verhaltensantwort – das Zurückziehen ins Gehäuse bei einem drohenden Angriff durch einen ihrer Fressfeinde, die Gemeine Strandkrabbe (*Carcinus maenas*). Untersucht wurde Schnecken aus drei Regionen: zum einen aus England, wo die Schnecken schon seit Jahrtausenden mit der Strandkrabbe zusammenleben, und zum anderen aus zwei Standorten in den USA, wo die Krabben erst vor relativ kurzer Zeit eingewandert waren – im einen Fall vor etwa 60 Jahren, im anderen vor rund 110 Jahren. Die Forscher prüften nun, ob Signale, die die Anwesenheit einer Krabbe anzeigen, Einfluss darauf haben, wie weit sich eine Schnecke nach Anstupsen in ihr Gehäuse zurückzieht[71]. Der Befund: Die Schnecken aus der Population, die erst seit rund 60 Jahren Kontakt mit der Krabbe hat, zeigten die größte Flexibilität in ihrem Verhalten – bei Anzeichen der Anwesenheit von Krabben zogen sie sich viel tiefer ins Gehäuse zurück als bei Abwesenheit dieser Signale. Dagegen stellte sich das Verhalten der Schnecken aus der englischen Population, die auf eine mehrtausendjährige Interaktionsgeschichte zwischen Schnecke und Krabbe zurückblicken kann, als inflexibel heraus: Sie zogen sich in jedem Fall – bei An- wie Abwesenheit von „Krabben-Signalen" – maximal tief ins schützende Gehäuse zurück. Noch einmal, auch diese Ergebnisse weisen darauf hin, dass durch Selektion (in diesem Fall für eine effektivere Verteidigung) eine Reaktion, die anfangs plastisch ist (abhängig von der Anwesenheit des Fressfeindes), hochgradig kanalisiert und inflexibel wird (die Verteidigungsantwort erfolgt auch bei Abwesenheit des Fressfeindes).

Richard Palmer, einer der Autoren der Schnecken-Studie, entwickelte einen vergleichenden Ansatz, um sich mit einem anderen interessanten Problem der Evolution zu befassen, dem Ursprung der fixierten Asymmetrie[72]. Viele Tiere sind nicht in allen Teilen symmetrisch organisiert; beispielsweise sind die meisten Menschen Rechtshänder und ihr Herz schlägt – wie bei anderen Wirbeltieren – leicht versetzt auf der linken Körperseite. Es gibt aber viele erheblich spektakulärere Beispiele für Asymmetrie als diese; eines davon sind die Männchen der Winkerkrabben, die auf einer Seite eine viel größere Schere als Signal- und Kampfinstrument tragen als auf der anderen. Ein anderes Beispiel sind die Plattfische, die als Erwachsene beide Augen auf der gleichen Körperseite tragen; man kann auch den männlichen Narwal mit seinem schraubenförmig gegen den Uhrzeiger-

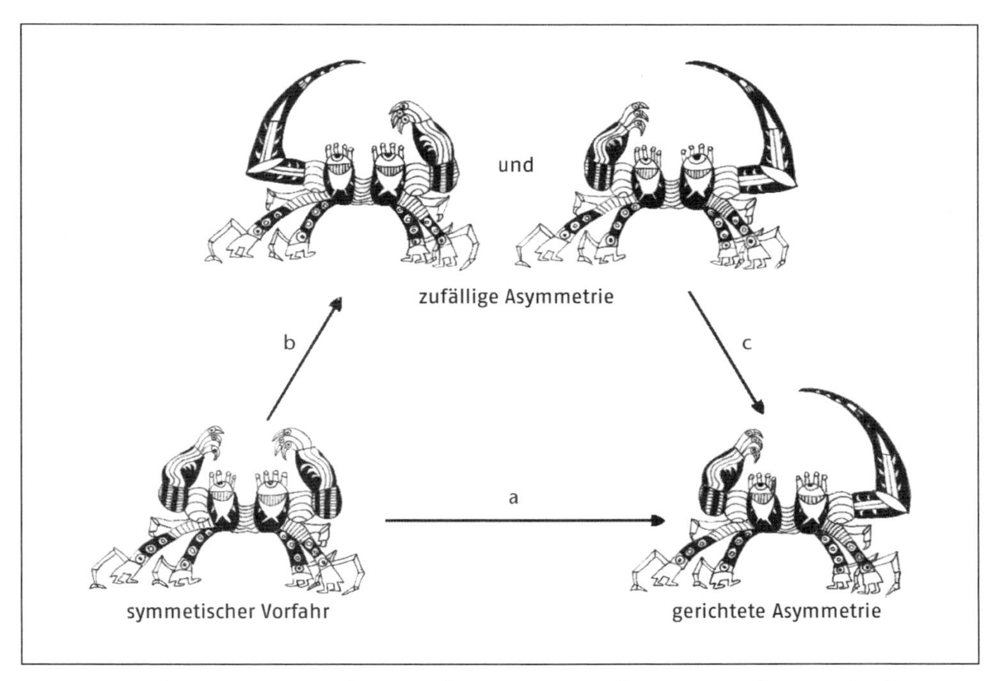

Abb. 11.3 Zwei Routen der Evolution zu gerichteter Asymmetrie. Bei Route a) verursacht eine Mutation gerichtete Asymmetrie. Bei Route b) führt eine Mutation zu Asymmetrie ohne bestimmte Vorzugsrichtung („zufällige Asymmetrie"). Es folgt der Schritt c), bei dem einer der beiden asymmetrischen Phänotypen assimiliert wird. (nach A. R. Palmer, Symmetry breaking and the evolution of development, *Science* 306, 828–833 [2004], Fig. 1)

sinn gedrehten Stoßzahn (ein verlängerter Eckzahn) nur auf der linken Seite nennen. Bei manchen Arten sind links- und rechtsseitige Asymmetrien gleich verteilt – man spricht hier von „zufälliger Asymmetrie"; und die entsprechenden Populationen sind mit Blick darauf polyphän. Bei diesen Arten wird die Richtung der Asymmetrie so gut wie nie vererbt, dies entscheidet sich erst während der Ontogenese. Bei anderen Arten aber – etwa beim Narwal – ist die Asymmetrie „fixiert", das heißt, alle Individuen zeigen gleich gerichtete Asymmetrie: Sie sind alle links- oder alle rechtsseitig (nur wenige, mutierte Individuen weichen davon ab). Angesichts dieser verschiedenen Typen von Asymmetrie stellte sich Palmer die Frage, ob die fixierte, nichtplastische Asymmetrie direkt aus der Symmetrie evolviert oder ob die Evolution zunächst von der Symmetrie zur zufälligen Asymmetrie und von dort zum fixierten Typ erfolgte. Mit anderen Worten: Ging dem fixierten Stadium ein plastisches voraus? Die Alternativen zeigen wir in Abbildung 11.3.

Palmers Ansatz war es, eine artenreiche Gruppe unter die Lupe zu nehmen, bei der fixierte Asymmetrie mehrere Male unabhängig voneinander evolviert worden war, und aus der Evolutionsgeschichte der Gruppe zu bestimmen, ob Arten mit fixierter Asymmetrie aus Vorfahren mit zufälliger Asymmetrie entstanden waren. Eine der von Palmer untersuchten Gruppen sind bodenlebende Plattfische, bei denen im Laufe der Ontogenese eines der beiden Augen auf die andere Kopfseite wandert, sodass die Adulttiere beide Augen auf der gleichen Seite tragen. Palmer analysierte viele rezente und fossile Arten und kam zu dem Ergebnis, dass die frühesten Plattfischarten durch zufällige Asymmetrie charakterisiert waren: Die einen Individuen hatte ihre Augen auf der linken Kopfseite, die anderen auf der rechten. Erst im Verlauf der Entwicklungsgeschichte änderte sich dies, die Seite der Augen wurde festgelegt auf immer links oder eben immer rechts. Diese Verschiebung von einer anfänglich plastischen Antwort zu einer fixierten und inflexiblen spricht dafür, dass die Evolution fixierter Asymmetrie durch genetische Akkommodation erfolgte – der entsprechende Phänotyp ging voraus. Palmer schaute sich auch noch andere Tiergruppen näher an und fasste seine Befunde folgendermaßen zusammen:

> „Wendet man diese Logik auf viele Tierstämme an, taucht ein sogar noch überraschenderer Befund auf: Ein Drittel bis die Hälfte aller Fälle von fixierter Asymmetrie (bei der Gene eine Rolle für die Orientierung der Asymmetrie in eine bestimmte Richtung spielen) leiten sich evolutionär aus Vorfahren mit zufälliger Asymmetrie (bei der die Richtung der Asymmetrie typischerweise nicht vererbt wird) ab. Dies bedeutet, fixierte Asymmetrie evolviert fast ebenso oft über den Evolutionsmodus ‚Phänotyp vor Genotyp' wie über den traditionellen Modus ‚Genotyp vor Phänotyp'." (Palmer 2009, S. R477; Übersetzung: M. B.)*

A. D.: Ich kann mir Situationen vorstellen, in denen es für die Individuen einer Art vorteilhaft sein könnte, entweder alle links- oder alle rechtsseitig zu sein. Ein Linksseiter und ein Rechtsseiter könnten bei der Paarung größere Probleme bekommen als ein Paar mit gleicher Seitigkeit. Und vielleicht enden die Kämpfe zwischen Winkerkrabben-Männchen weniger dramatisch, wenn die beiden Kontrahenten ihre Kampfschere auf der gleichen Seite tragen. Ich meine, in diesen Fällen wären doch genetische Abänderungen vorteilhaft, die für eine Asymmetrie einheitlich links oder einheitlich rechts sorgen. Doch will ich nicht weiter über mögliche Vorteile einer fixierten Asymmetrie spekulieren; vielmehr möchte ich Ihnen noch eine grundsätzlichere Frage stellen: Haben die Linien vor der genetischen Assimilation wohl ein *erbliches* epigenetisches Stadium durchlaufen? Wie wissen Sie überhaupt, dass Merkmale genetisch assimiliert und nicht epigenetisch assimiliert worden sind? Achten die Forscher, die die Hausgimpel, Schnecken, Schlangen und asymmetrischen Fische untersuchten, auch auf den epigenetischen Zustand der re-

---

* *„When this logic is applied to many clades of animals, an even more surprising result emerges: between one-third and one-half of the cases of fixed asymmetry (where genes play a role orienting the asymmetry in a particular direction) arose evolutionarily from ancestors that exhibited random asymmetry (where direction of asymmetry is typically not inherited). So, fixed asymmetries evolved almost as often via a phenotype-precedes-genotype mode of evolution as via the more conventional genotype-precedes-phenotype mode.*" (Palmer 2009, S. R477)

levanten Gene? Einige der Änderungen, von denen Sie berichtet haben, scheinen bemerkenswert rasch erfolgt zu sein – vielleicht war dies ja alles epigenetisch bedingt.

M. E.: Epigenetische Vererbung könnte tatsächlich in diesen Prozessen eine Rolle gespielt haben, obwohl – das sagten wir bereits – rasche genetische Evolution nicht mehr als Ausnahmeerscheinung anzusehen ist. In den Untersuchungen, von denen wir berichteten, schauten die Forscher zwar nicht nach möglichen epigenetischen Mechanismen, doch ebenso wenig Information gibt es über genetische Abänderungen, die dieser Übergängen zugrunde liegen könnten. Badyaev, der sich die Mühe machte, die enorme Bedeutung mütterlicher Effekte bei kolonisierenden Hausgimpeln nachzuweisen, ist der Auffassung, dass epigenetische Vererbung die Brücke zwischen phänotypischer und genetischer Akkommodation ist. Auch der britische Biologe Patrick Bateson sieht in epigenetischen Abänderungen wichtige Vorstufen einer genetischen Akkommodation, vor allem bei ursprünglich erlernten Verhaltensweisen. Er bezeichnet das Vermögen zur phänotypischen Anpassung durch epigenetische Mechanismen als „*adaptability driver*" der Evolution[73]. Wie Bateson meinen auch wir, dass Lernen – der große „Trick" der Tiere zur Anpassung – ein besonders wichtiger Antreiber der Evolution ist – wir haben davon ja schon in den Kapiteln 5 und 8 gesprochen. Es gibt bereits viele Beobachtungen von raschen evolutionären Veränderungen in Populationen mit nur geringer genetischer Variabilität, deshalb prophezeien wir, dass die Suche nach epigenetischen Veränderungen, die lokalen Entwicklungsanpassungen folgen, bald zur Routine werden wird.

A. D.: Wie lautet also Ihr Evolutionsmodus: Erstens phänotypische Akkommodation, zweitens Elterneffekte, drittens epigenetische Vererbung, viertens und letztens genetische Akkommodation? Aber sicherlich schließen Sie doch nicht aus, dass auch genetische Abänderungen am Anfang stehen können. Was können Sie zu den Wirkungen solcher Gene sagen, die durch horizontalen Transfer oder bei Hybridisierung eingetragen werden? Vermutlich lösen sie doch heftige phänotypische Akkommodation aus, die auch epigenetische Justierungen einschließt. Gibt es denn neue Befunde zu den Wechselwirkungen zwischen epigenetischen und genetischen Übertragungswegen, von denen Sie vor neun Jahren noch nicht berichtet haben?

Epigenomische Akkommodation an Genomschocks

M. E.: Ganz klar, wir sind davon überzeugt, dass *eine* Route des evolutionären Wandels mit phänotypischen Regelungen und Anpassungen an stressbeladene Umweltbedingungen anfängt, und zwar über epigenetische Mechanismen; und dass Letztere Wirkungen zeitigen, die an eine oder mehrere nachfolgende Generationen weitergegeben werden. Wie schon gesagt, gibt es immer mehr Belege – einschließlich molekulargenetischer Befunde – für adaptive generationenübergreifend wirksame Plastizität, vor allem bei Pflanzen. Wenn Bedingungen, die phänotypische Justierungen erfordern, längere Zeit bestehen, dann wird dies nach unserer Einschätzung häufig zu genetischer Akkommodation führen. Doch Sie haben Recht, wenn Sie darauf hinweisen, dass auch schwere genomische Abänderungen genetische Akkommodation initiieren können. Was wir heute über die Beziehung zwischen genomischem Stress und epigenetischer Veränderung wissen, geht weit über das hinaus, was wir vor neun Jahren feststellten. Genomischer Stress wie Hybridisierung und Polyploidisierung, vor allem Allopolyploidisierung (Hybridisierung und nachfolgende Chromosomenverdopplung; siehe Abb. 11.4), kann massive genomweite epigenetische Abänderungen auslösen, einige davon werden über Generationen weitergegeben[74].

Um herauszufinden, was bei einer Hybridisierung passiert, kann man gut etablierte Pflanzenhybriden zum einen mit ihren Elternarten, zum anderen mit experimentell neu konstruierten Hybriden aus den gleichen Elternarten vergleichen. Mit diesem Ansatz hat man beim Brot- oder Weichweizen, einer ziemlich komplex allopolyploiden, schon seit fast 10 000 Jahren kultivierten Pflanze, herausgefunden, dass 13 Prozent des Genoms der neuen Hybriden signifikante Änderungen im Methylierungsmuster zeigen und dadurch auch neue Genexpressionsmuster erscheinen[75]. Die genomischen Abänderungen umfasst Elimination von DNA-Sequenzen und Translokation von Transposonen. Überraschenderweise waren die Änderungen im epigenetischen Status des Genoms regionen- und chromosomenspezifisch: Einige waren auf ganz bestimmte genomische Sequenzen gerichtet, sie traten auch bei Wiederholung des Experiments an den gleichen Stellen auf. Ähnliche gerichtete Änderungen hat man bei anderen Getreidehybriden und einigen natürlichen Allopolyploiden gefunden.

Eine weitere Studie, die besonders von historischem Interesse ist, beschäftigt sich mit natürlichen Hybriden zwischen einer nordamerikanischen und einer europäischen Art von Schlickgräsern (*Spartina*), einer Gattung mehrjähriger Salzpflanzen[76]. Viele Jahre lang war diese Hybridisierung ein Lehrbuchbeispiel für das rasche Entstehen einer neuen Art[77], denn der zeitliche Verlauf der Ereignisse ist sehr gut dokumentiert. Zur Hybridisierung kam es im späten 19. Jahrhundert, nachdem die nordamerikanische Art um 1820 unbeabsichtigt nach Europa eingeschleppt worden war. Danach entwickelten sich Hybriden, die in zwei Regionen stabile Populationen bildeten, eine in Frankreich und eine in England. Die Hybriden dieser beiden Populationen unterscheiden sich morphologisch voneinander, ebenso wie beide von ihren Elternarten; und obwohl die Hybriden hochgradig unfruchtbar waren, vermochten sie sich in diesen Regionen vegetativ zu vermehren. Etwa 20 Jahre später kam es beim englischen Hybriden zu einer Duplikation der Chromosomen – so entstand eine neue fertile, kräftig-vitale allopolyploide Art. *Spartina* liefert deshalb perfektes Material, um die genetischen und epigenetischen Veränderungen zu untersuchen, die mit der Artbildung durch Hybridisierung einhergingen: Es gibt natürliche Populationen der Elternarten, Populationen von zwei unabhängig voneinander entstandenen rezenten Hybriden sowie eine Population einer allopolyploiden Art, die aus einer der beiden ursprünglichen Hybriden hervorgegangen ist (Abb. 11.4). Die neue allopolyploide Art zeigt zwar nur geringe genetische Variabilität, gleichwohl ist sie in morphologischer und physiologischer Hinsicht sehr plastisch. Deshalb vermochte sie ihr Verbreitungsgebiet in Europa rasch auszuweiten und inzwischen weltweit auch solche

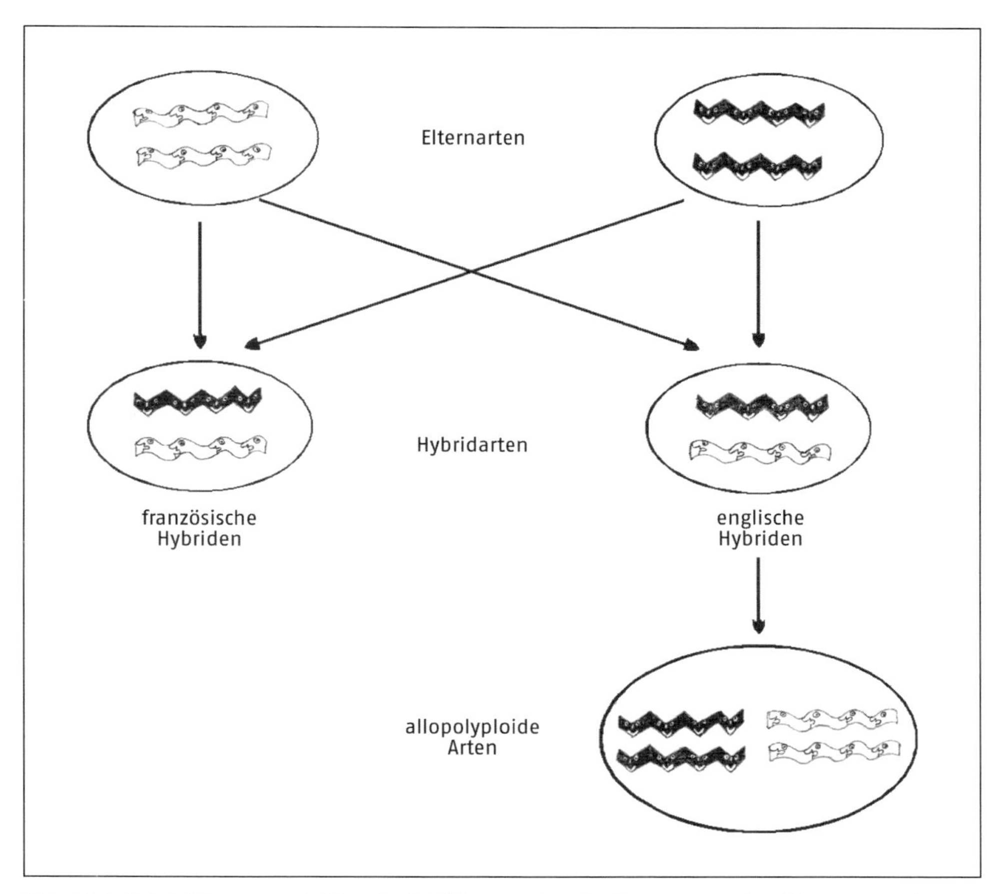

Abb. 11.4 Hybridisierung und Allopolyploidisierung. Aus der Kreuzung zweiter Elternarten mit unterschiedlichen Chromosomen (gezeigt ist nur ein Chromosomenpaar) geht ein Hybride hervor. Die Unterschiede zwischen den Chromosomen verhindern eine reguläre Paarung der homologen Chromosomen, weshalb die Hybriden hochgradig steril sind. Eine Verdopplung der Chromosomen, zu der es im Zuge einer Allopolyploidisierung kommt, stellt die Fertilität wieder her, denn nun hat jedes Chromosom wieder einen meiotischen Paarungspartner. (Im Falle von *Spartina* kam es zu zwei unabhängigen Hybridisierungen, eine fand in Frankreich statt, die anderen in England; beide Hybriden überlebten durch asexuelle Vermehrung. Die Chromosomenverdopplung und die daraus resultierende Wiederherstellung der Fertilität erfolgten nur beim englischen Hybriden).

Regionen stark zu besiedeln, wo sie zur Landgewinnung oder zum Küstenschutz eingeführt wurde; manchmal wird sie regelrecht zu einer Plage. Fortlaufende Untersuchungen haben bereits offenbart, dass sich bei den Hybriden 30 Prozent der elterlichen Methylierungsmuster verändert haben; auch haben sie in geringem Umfang DNA verloren. Die epigenetischen und genetischen Abänderungen scheinen durch die Hybridisierung (weniger durch die Chromosomenverdopplung) hervorgerufen worden zu sein; zudem zeigen die beiden unabhängig voneinander entstandenen Hybriden viele gleiche Veränderungen. Wie im Beispiel des Brotweizens waren offensichtlich auch hier erbliche epigenetische Veränderungen integraler Bestandteil des Akkommodationsprozesses, der auf den genomischen Schock der Hybridisierung folgte.

A. D.: Was Sie sagen, ähnelt stark dem, was Sie früher beschrieben haben – der epigenetischen Inaktivierung, zu der es oft kommt, wenn Fremd-DNA in einen Organismus eingeführt wird. Bei Hybriden mag jedes der beiden elterlichen Genome das jeweils andere als einen Eindringling erachten, den es ruhigzustellen gilt.

M. E.: Vermutlich liegen Sie damit nicht so falsch. Tatsächlich ist man der Frage nachgegangen, ob die genetischen und epigenetischen Veränderungen bei Hybriden nicht einfach Ergebnis genomischer Kontroll- und Verteidigungsaktivitäten sein könnten; doch ein klares Gesamtbild hat sich bisher noch nicht ergeben. Forscher richten ihren Blick auf sRNAs, die häufig deutlich zwischen den Arten differieren[78]. Eine Denkmöglichkeit ist, dass es bei Hybriden quantitative und qualitative Unstimmigkeiten zwischen siRNAs und ihren Zielsequenzen geben könnte; dies hätte zur Folge, dass zum Beispiel normalerweise aktive Gene der einen Elternart durch siRNAs der anderen Elternart inaktiviert werden. Die Sterilität vieler Hybriden könnte das Ergebnis von etwas sein, das der Hybrid-Dysgenese bei *Drosophila* ähnelt, bei der sRNAs, die dem Embryo von dem einen Elternteil mitgegeben werden, nicht in der Lage sind, die vom anderen Elternteil stammenden Transposonen stillzuhalten. Nachweislich werden „schlafende" Transposonen bei einigen Hybriden aktiviert (zum Beispiel beim Weizen), doch bei anderen gibt es keine Hinweise auf verstärkte Transposonenaktivität – das kann also nicht die ganze Geschichte erklären. Die Erklärung könnte auch teilweise darin zu suchen sein, dass es dann, wenn sich die vom Vater und von der Mutter geerbten epigenetischen Markierungen unterscheiden, zu sRNA-vermittelter Paramutation kommt, wodurch die Markierungen des einen Allels so abgeändert werden, dass sie jenen des anderen Allels ähnlicher werden[79].

Die mechanischen Details der Reorganisation, die einer Hybridisierung oder anderem genomischem Stress folgt, sind vermutlich zwar von Fall zu Fall verschieden[80], doch bei allen Organismen, die Stress – sei er genomischer oder umweltspezifischer Art – ausgesetzt sind, sehen wir das: eine entwicklungsspezifisch-epigenetische Umwälzung. Viele Gene modifizieren ihr Expressionsmuster und manchmal kommt es sogar zu einer Umorganisation des Genoms. Dies bedeutet aber nicht zwangsläufig, dass sich viele Gene gleichzeitig ändern; Abänderungen können auch nacheinander erfolgen. Wenn sich die Expression eines einzelnen Hauptregulatorgens ändert, ändert sich damit auch die Expressionsmuster all jener Gene, die dieses reguliert – also die nachgeschalteten oder „Downstream"-Gene, wie Molekulargenetiker sagen. Die Frage, wie sich in einer bestimmten stressbelasteten Situation die epigenetische Regulation im Einzelnen ändert, lässt sich also immer nur empirisch beantworten. Wie auch immer das auslösende Moment aussehen mag, die Folgen für die Genexpression sind häufig weitreichend und manchmal erblich.

Die Arbeiten von Ovidiu Paun und Kollegen zeigen, dass erbliche epigenetische Neuerungen, hervorgerufen durch Hybridisierung, für Anpassungsprozesse wichtig sein können[81]. Sie untersuchten drei unabhängig voneinander entstandene allotetraploide Arten europäischer Knabenkräuter (*Dactylorhiza*). Die Hybridisierungen erfolgten zu unterschiedlichen Zeitpunkten vor Tausenden von Jahren, doch immer waren die gleichen Elternarten involviert. Obwohl die drei allopolyploiden Arten genetisch sehr ähnlich sind, zeigen sie deutliche Unterschiede hinsichtlich ihrer Verbreitung, Morphologie und ihren ökologischen Bedürfnissen. Bei ihrer epigenetischen Analyse gelang es den Forschern, spezifische Varianten im Methylierungsmuster zu lokalisieren, die mit Umweltfaktoren wie Temperatur und Wasserverfügbarkeit korrelierten, und sie kamen zu dem Ergebnis, dass die ökologische Verschiedenheit der drei Arten aus stabilen epigenetischen Unterschieden resultieren. In ihren eigenen Worten:

> „Epigenetische Variationen, die durch Genomverdopplung ausgelöst worden waren, strukturierten sich auf ganz artspezifische Weise neu; diese spiegelt ihre jeweilige neuere Evolutionsgeschichte wider und hat Einfluss auf ihre Ökologie und ihre weitere Entwicklungsgeschichte – Hunderte von Generationen nach ihrer Bildung … Diese stabilen epigenetischen Verschiedenheiten in dieser Gruppe sind für die andauernden ökologischen Unterschiede maßgeblich verantwortlich; Letztere sind schließlich Grundlage dafür, dass durch weitere Selektion und/oder Drift immer mehr artspezifische genetische Muster entstehen können." (Paun et al. 2010, S. 2465; Übersetzung: M. B.)*

Paun und Kollegen waren ganz offensichtlich mit West-Eberhard einer Meinung: „Genes are followers, not leaders in adaptive evolution."

A. D.: Es sieht also danach aus, als sei epigenetische Vererbung am Entstehen neuer Arten durch Hybridisierung beteiligt. Sie meinten, epigenetische Vererbung habe auch bei der Domestikation eine maßgebliche Rolle gespielt – bei der Domestikation von Tieren und bei der Kultivierung polyploiden Getreides wie des Weizens. Können Sie dazu noch mehr sagen?

M. E.: Am Thema Domestikation ist das Interesse groß. Wirtschaftliche Interessen haben dafür gesorgt, dass die Genome vieler domestizierter Arten mittlerweile sequenziert sind; und man versucht nun, damit auch evolutionäre Fragen zu beantworten. Wie in den Kapiteln 7 und 9 diskutiert, ist die Domestikation ein sehr gutes Beispiel für rasche Evolution; deshalb waren viele Evolutionisten seit Darwin stark daran interessiert, herauszufinden, wie es zu den markanten phänotypischen Veränderungen kommt, die ja oft mit Domestikationsprozessen einhergehen. Bis jetzt hat man allerdings mit Blick auf die

* *„The epigenetic variation released by genome doubling has been restructured in species-specific patterns that reflect their recent evolutionary history and have an impact on their ecology and evolution, hundreds of generations after their formation … The stable epigenetic divergence in this group is largely responsible for persistent ecological differences, which then set the stage for species-specific genetic patterns to accumulate in response to further selection and/or drift."* (Paun et al. 2010, S. 2465)

Domestikation von Tieren kaum epigenetische Betrachtungen angestellt; dabei werden Sie sicherlich unserer Diskussion der Hybridisierung entnehmen können, dass Botaniker reges Interesse an der Epigenetik unserer Kulturpflanzen haben. Im Augenblick finden ein paar interessante Studien an domestizierten Tieren statt. Beispielsweise zeigt ein Vergleich zwischen dem Haushuhn und seinem wilden Ahnen, dem Bankivahuhn, dass die Domestikation hier mit umfangreichen genomweiten erblichen Änderungen im Methylierungsmuster und der Genpression von Gehirnzellen einhergegangen ist; nachweislich können stressinduzierte Modifikationen im Verhalten des Haushuhns epigenetisch weitergegeben werden. So schließen die an dieser Untersuchung beteiligten Forscher daraus, dass die Selektion epigenetischer Variationen eine wichtige Rolle bei der Domestikation des Huhns gespielt haben[82]. Doch bedarf es noch erheblich mehr Studien, um die verhaltensspezifischen, physiologischen, genetischen und epigenetischen Unterschiede zwischen domestizierten Arten und ihren wilden Vorfahren miteinander in Verbindung bringen zu können. Es sieht aber so aus, als ob – wie dies Belyaev vor über 60 Jahren vorhergesagt hat – das Studium der Domestikation tiefe Einblicke in unterschiedliche Facetten rascher Evolutionsprozesse gewährt[83]. Das kommende Jahrzehnt wird ganz ohne Zweifel noch erheblich mehr interessante Daten über das Haushuhn und – so hoffen wir – über andere domestizierte Tiere liefern.

A. D.: Was, meinen Sie, wird in den nächsten zehn Jahren in der Epigenetik passieren?

Zelluläre Epigenetik – was wird in den kommenden Jahren wichtig?

M. E.: Ohne Zweifel wird man mehr und mehr über die Natur und Wechselwirkungen all der Zellsysteme herausfinden, die in der Lage sind, Information über Generationen hinweg weiterzugeben. Doch angesichts unserer heutigen Erkenntnisse und der schon jetzt verfügbaren Techniken sehen wir vor allen Dingen zwei Gebiete, auf denen es vermutlich hoch interessante Fortschritte geben wird. Eines ergibt sich aus dem, was wir eben besprochen haben: Nach unserer Einschätzung wird die *vergleichende* Epigenetik wachsende Aufmerksamkeit erhalten. Vielleicht wird man die Spuren epigenetischer Umwälzungen, verursacht durch Umwelt- oder genomischen Stress, ermitteln können, indem man die Verteilung methylierter Genombereiche von Linien eng verwandter Arten miteinander vergleicht. Oder man schaut nach Mutationen von Cytosin zu Thymin. In Kapitel 7 haben wir ja darüber berichtet, dass Cytosin im methylierten Zustand häufiger zu Thymin mutiert als im nicht methylierten. Wenn es beispielsweise in einem Genom Regionen mit einer Menge methylierter CG-Stellen gibt, die in einer Linie so erhalten bleiben, muss es einen Selektionsdruck für den Erhalt dieses Status quo geben. Die Verteilungen von Cytosin- und Thymin-Basen sowie die Länge des Zeitraums, über den Regionen starker oder schwacher Methylierung in einer Linie so erhalten bleiben, können Aufschluss über die epigenetische Geschichte dieser Linie und die Selektionsdrücke, denen diese in der Vergangenheit ausgesetzt war, geben.

Biologen beginnen nun, „Methylome" – die vollständigen Methylierungsprofile – verwandter Arten miteinander zu vergleichen[84]. Diese liegen bereits für Genkontrollregionen in den Spermatozoen von Mensch und Schimpanse vor. Zwar entsprechen sich viele methylierte Sequenzen, doch gibt es auch einige interessante Unterschiede, von denen eben nicht alle mit lokalen genetischen Differenzen zusammenhängen[85]. Wenn genetische Unterschiede vorliegen, können sie häufig auf methylierte Cytosin-Basen zurückgeführt werden, die zu Thymin deamidiert worden waren. Ganz bestimmt wird es weitere aufschlussreiche Erkenntnisse geben, wenn mehr Studien solcher Art durchgeführt werden – einschließlich solcher, die divergierende Populationen einer einzelnen Art miteinander vergleichen. Und wenn es möglich wird, DNA aus vorgeschichtlichen, gut erhaltenen Organismen zu isolieren, kann auch die Analyse ihres Methylierungsmusters neue Einsichten geben.

Zum zweiten Forschungsbereich, der vermutlich in den kommenden zehn Jahren wichtig werden wird, gehören Themen wie epigenetische Kompensation, epigenetische Bahnung und zellulär-epigenetisches „Lernen". Schon seit langem weiß man, dass epigenetische Markierungen unterschiedlich stabil sind – einige sind sehr stabil, bleiben offenbar zig Generation unverändert erhalten, andere hingegen scheinen schon nach wenigen Generationen wieder zu verschwinden. Doch nun zeichnen sich auch hier detailliertere Einsichten ab. Dimitri Vyssotski verabreichte männlichen Ratten Morphin und männlichen Mäusen Thyroxin; Nachkommen dieser Tiere blieben unbehandelt, dennoch entwickelten sie Phänotypen, die sich in vielerlei Hinsicht von denen ihrer Väter unterschieden, ja manchmal sogar geradezu gegensätzlich zum Erscheinungsbild des Vaters ausfielen. Mehr noch: In den nachfolgenden Generationen stellten sich noch weitere Veränderungen ein, wobei einige der ursprünglich induzierten phänotypischen Modifikationen erhalten blieben, andere verschwanden und wieder andere ganz neu entstanden. Vyssotski nennt diese Kaskade generationenübergreifender Veränderungen „epigenetische Kompensation", er sieht darin eine epigenetische Antwort auf Stress, die viele Loci erfasse und diese dynamisch verändere, da jede Generation mit dem stressbeladenen Erbe der vorangegangenen Generation fertig werden müsse[86]. Zwar gibt es bisher noch keine Multigenerationenstudien zur epigenetischen Kompensation auf molekularer Ebene, doch könnte dies in Zukunft eine wichtige Forschungsrichtung sein.

Epigenetische Effekte, die zwar über mehrere Generationen anhalten, aber nicht durchgehend auf die gleiche Weise, können auch Ergebnis „epigenetischen Lernens" sein, wie wir das nennen; mitunter ist auch von „epigenetischer Bahnung" die Rede. Wir haben schon indirekt auf diesen Punkt hingewiesen, als wir die generationenübergreifende Entwicklungsplastizität diskutierten. Pflanzen verfügen über induzierbare Verteidigungsmechanismen: Nach einer ersten Attacke durch Bakterien oder Insekten vermögen betroffene Pflanzen nicht nur selbst einem zweiten Befall besser zu widerstehen, auch ein oder zwei Generationen ihrer Nachkommen erben diese erhöhte Reaktionsbereitschaft. Die generationenübergreifend weitergegebene relative Resistenz war in einigen Fällen nachweislich mit Änderungen im DNA-Methylierungsmuster verbunden[87]. Unserer

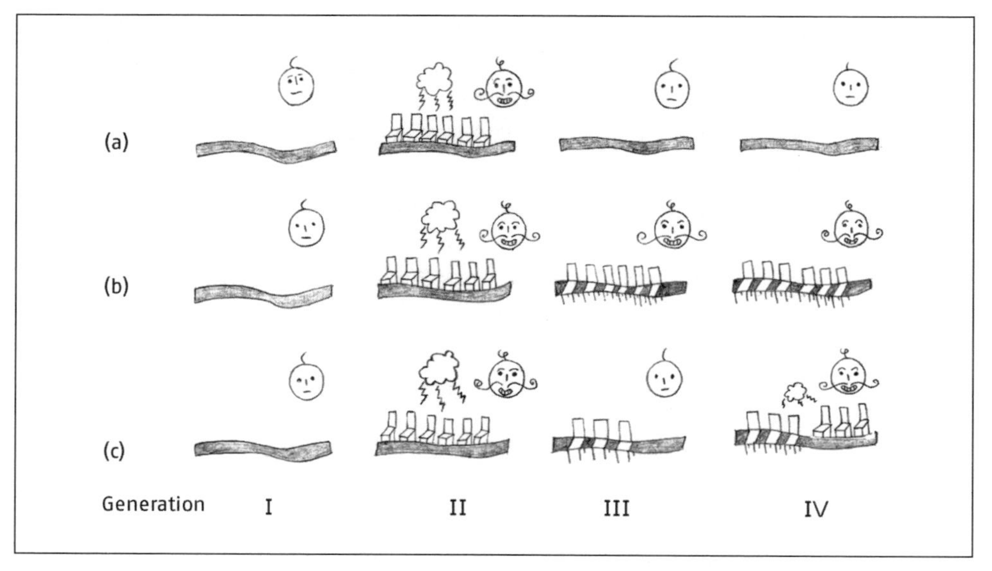

Abb. 11.5 Abb. 11.5: Epigenetische Vererbung und epigenetische Bahnung. a) Ein Umweltstimulus (blitzende Wolke) verändert eine Chromatinmarkierung (Stühle *auf* dem Gen), was zu einer phänotypischen Abänderung führt (Gesicht mit Schnurrbart); weil die Markierung aber nicht erblich ist, zeigen nachfolgende Generationen den Schnurrbart-Phänotyp nicht. b) Die induzierte Markierung wir vererbt (die Stühle sind *in* das Gen eingebettet), weshalb der Schnurrbart-Phänotyp auch ohne induzierenden Reiz in den nachfolgenden Generationen auftritt. c) Die induzierte Markierung ist nur teilweise gelöscht; deshalb erscheint der Schnurrbart-Phänotyp zwar in der nächsten Generation nicht, doch ist das Gen gebahnt, weshalb nun ein geringfügiger Stimulus ausreicht, um den Schnurrbart-Phänotyp zur Erscheinung zu bringen.

Überzeugung nach ist dieser Typ epigenetischen Lernens weit verbreitet, es könnte sich um einen ganz generellen Mechanismus handeln; die Abbildung 11.5 illustriert, wie wir uns diesen Mechanismus vorstellen.

Hier zeigen wir eine Situation, in der die Veränderung eines bestimmten Umweltfaktors zu Abänderungen einer epigenetischen Markierung und zu einer korrespondierenden phänotypischen Antwort führen kann. Diese abgeänderte Markierung ist nur *zum Teil* erblich, weshalb die sichtbare phänotypische Antwort bei Abwesenheit des induzierenden Stimulus umgehend endet. Gleichwohl hinterlässt die partiell vererbt Markierung Spuren: Sie erlaubt eine wirkungsvollere Antwort, wenn die induzierenden Bedingungen erneut eintreten. Diese Art epigenetischer Vorbereitung oder Bahnung hat große Ähnlichkeit zum neuronalen Gedächtnis und Lernen – und sie hat die gleichen Vorteile: Der gespeicherte Zustand löst keine Antwort aus, solange die Bedingungen ungeeignet sind (nicht induzierend), doch sobald induzierende Bedingungen wieder eintreten, kommt es zur Antwort, und zwar früher und rascher. Simona Ginsburg und Eva Jablonka haben dieses Modell entwickelt, um damit eine Vielzahl von Typen zellulären Lernens und Erinnerns zu erfassen[88]. Das Gute an diesem Lerneffekt ist, dass es die Plastizität nicht gefährdet; er hat lediglich Einfluss auf die Tendenz zur Reaktion, darauf, wie viel Stimulus nötig ist oder wie früh eine Antwort erfolgt – dabei bleibt die Ansprechbarkeit für Umweltreize weiterhin erhalten.

A. D.: Ich bin froh, zu hören, dass ein wenig Vergessen ganz gut sein kann. Vielleicht können wir jetzt die zelluläre Epigenetik verlassen und uns mit dem Lernen des ganzen Organismus befassen, also mit den verhaltens- und symbolspezifischen Dimensionen.

Abschnitt 3: Die Verhaltensdimension

M. E.: Gut, reden wir über dieses Thema, doch ganz fallen lassen können wir deshalb die Epigenetik erst einmal nicht; denn einige der hoch interessanten neuen Entdeckungen zu Verhaltensweisen, die über Generationen weitergegeben werden, sind mit zellulärer Epigenetik verknüpft. Aber zunächst wollen wir auf die Entwicklungsgeschichte des sozialen Lernens und der Traditionen im Tierreich eingehen – die Forschung hierzu hat in den vergangenen Jahren nicht stillgestanden. Im Gegenteil, Traditionsbildung bei Tieren und die zugrunde liegenden Mechanismen sind zu einem Topthema der Verhaltensbiologie geworden – dies erkennt man etwa am Umfang, den diese Themen in dem gewaltigen Werk von Breed und Moore, *Encyclopedia of Animal Behavior* (2010), einnehmen. Es gibt so viele neue Bücher und wissenschaftliche Artikel über soziale Traditionen bei Tieren, dass man all das Material ganz unmöglich überblicken kann[89]. Doch das Gesamtbild ist im Wesentlichen noch immer so, wie wir es in Kapitel 5 gezeichnet haben, wenn es auch nun viel detailreicher und bunter geworden ist. Der Einsatz relativ preiswerter Gerätschaften wie ferngesteuerter Videorekorder und Infrarotsensoren ermöglicht das Sammeln einer ganz anderen Quantität und Qualität von Daten. Im Verlauf der vergangenen neun Jahre ist das Spektrum der Arten, von denen wir mit Bestimmtheit sagen können, dass sie durch sozialen Austausch lernen, erheblich größer geworden – und es schließt mehr Wirbellose ein. Auch Traditionen hat man inzwischen bei viel mehr Arten nachgewiesen; offenbar können sich Traditionen in viel mehr Lebensbereichen manifestieren als früher angenommen, und wir wissen jetzt einiges mehr über die vielen Wege, auf denen Information durch soziale Vermittlung von einer Generation zur nächsten gelangen kann. Außerdem sind heute die Methoden viel ausgefeilter: Cross-fostering- und Transfer-Experimente werden nun subtiler durchgeführt; es gibt mehr Studien darüber, wie neue Verhaltensweisen, die in einer Population „ausgesät" werden, sich allmählich ausbreiten; die Zahl an Tierbeobachtungen unter natürlichen Bedingungen hat erheblich zugenommen, und wir haben bessere theoretische Modelle, die die Dynamik von Tiergruppen mit Traditionen beschreiben. Diese Liste der Fortschritte – „mehr und besser" – ist Beispiel normaler Wissenschaft in ihrer besten Form, und all diese Studien sind hoch interessant. Wir können unmöglich allen gerecht werden, deshalb wollen wir uns auf drei Beispiele beschränken, die von natürlichen Populationen handeln.

Zuerst wenden wir uns einer Studie mit Zebramangusten zu[90]. Diese kleinen Carnivoren leben in Gruppen, in denen jedes abhängige Jungtier seinen eigenen „Begleiter" hat (normalerweise ein junges erwachsenes Männchen), der ihm überall hin folgt und von dem es lernt. Da die Zebramangusten keine speziellen Räuber sind, sondern sich von vielen verschiedenen Typen von Beute ernähren, müssen sie einiges „Know-how" erwerben, wie damit umzugehen ist. Beispielsweise stehen Vogeleier und Nashornkäfer auf ihrem Speiseplan. Erstere haben harte Schalen und Letztere harte Panzer, die geknackt werden müssen – entweder indem man die Zähne benutzt, während die Beute zwischen den Pfoten gehalten wird (Technik des Zerbeißens), oder indem man die Beute gegen eine harte Oberfläche schleudert (Technik des Zerschmetterns). Die Jungtiere erwerben diese Techniken durch Lernen von ihrem „Begleiter". Wenn man jungen Begleittieren in Abwesenheit der Jungtiere künstliche hartschalige Nahrung (ein mit Reis und Fisch gefülltes Ei aus Plastik) darbot, öffnete jedes Begleittier die neue Nahrung mittels einer der beiden Techniken – Zerbeißen oder Zerschmettern. Ließ man die Jungtiere zu ihren jeweiligen Begleitern, lernte jedes genau jene Technik des Plastikei-Öffnens, die das Bezugstier anwandte, und pflegte diese auch, bis es erwachsen war. Diese Untersuchung zeigt, dass auch bei wildlebenden Säugetieren Fertigkeiten von einer Generation an die nächste weitergegeben werden können und dass diese Form des sozialen Lernens motorische Imitation einschließt; sie zeigt weiterhin, dass in einer Population zwei Traditionen parallel existieren können – soziales Lernen muss also keinesfalls zwangsläufig zu Verhaltenshomogenität führen.

Das zweite Beispiel handelt von einer Spirale der Gewalt beim Nazcatölpel (*Sula granti*) – einem großen eleganten Meeresvogel mit vorwiegend weißem Federkleid, der in dichten Kolonien unter anderem auf der Galápagosinsel Española brütet. Wie die meisten Arten auf Galápagos verhalten sich diese Tölpel wenig scheu gegenüber dem Menschen, weshalb sie aus nächster Nähe beobachtet werden können. Sie legen ein oder zwei Eier, doch ziehen sie immer nur ein Küken auf; wenn zwei Küken im Nest sind, tötet das ältere sein junges Geschwister und erhält somit die alleinige Zuwendung der Eltern. Doch auch das überlebende Küken ist nicht frei von Gewalterfahrungen: Während seine Eltern auf Nahrungssuche sind, streifen nicht brütende Adulttiere anderer Familien umher und attackieren und malträtieren dabei häufig Nestlinge. Offenbar üben jene Individuen, die als Küken viel Gewalt erfahren, später, wenn sie heranwachsen, ihrerseits notorisch Gewalt gegen andere aus – mit anderen Worten: „Kindesmissbrauch" wird über Generationen hinweg sozial weitergegeben[91]. Dies erinnert an Gewaltspiralen beim Menschen und einigen nichtmenschlichen Primaten. Es sieht so aus, als können früh in der Entwicklung erlittene Traumata die Tiere für ihr Leben prägen; vermutlich spielen dabei bis jetzt noch nicht beschriebene langfristige epigenetische Veränderungen im Hormonsystem und im Gehirn der traumatisierten Individuen eine maßgebliche Rolle.

Das dritte Beispiel ist eine Untersuchung darüber, wie Schimpansen im Goualougo-Dreieck der Republik Kongo Termiten angeln[92]. Das Termitenangeln ist einer der bekanntesten Beispiele für Traditionsbildung bei Schimpansen, doch in der besagten Region scheint ihre Technik noch ausgefeilter und komplexer zu sein als anderswo. Die Werkzeuge, die sie benutzen, hängen davon ab, ob das Termitennest ober- oder unterirdisch ist; und die Schimpansen kommen bereits mit dem jeweils geeigneten Werkzeug am Nest an. Im Falle eines unterirdischen Termitenbaus suchen sie zunächst nach einer günstigen Stelle, säubern diese und räumen Erde beiseite; nun treiben sie einen kräftigen Stock in den Bau und schaffen so einen unterirdischen Tunnel. Dann nehmen die Tiere eine Art Angelsonde in Form eines dünneren, flexiblen Zweiges, von dem sie am einen Ende die Blätter entfernen und das andere Ende durch Einsatz der Zähne zu einem ausgefransten „Pinsel" formen; sie befeuchten den Pinsel mit Speichel, was diesen etwas festigt, und schieben den so bearbeiteten Stock vorsichtig in den Termitenbau. Die Termiten greifen das Werkzeug umgehend an, indem sie sich im „Pinsel" festbeißen; wenn der Stab nun rasch wieder herausgezogen wird, werden so auch gleichzeitig einige Termiten herausbefördert. Diese Angeltechnik beinhaltet einige Etappen, die sehr für planendes Vorgehen sprechen; sie spricht auch für einen Prozess der kumulierenden Evolution, bei der einfache Hilfsmittel durch immer komplexere Werkzeuge ersetzt werden. So etwas traute man lange Zeit nichtmenschlichen Primaten, einschließlich Schimpansen, nicht zu. Die eben erwähnte Untersuchung ist nicht nur deshalb interessant, weil wir etwas über Kulturen bei Schimpansen erfahren; sie kann uns auch etwas über die Evolution unserer eigenen Kultur sagen. Denn immerhin sind die Schimpansen unsere nächsten Verwandten.

A. D.: Die Lücke scheint sich tatsächlich zu schließen. Doch bevor Sie zum Thema menschliche Kultur überwechseln, möchte ich Sie bitten, noch etwas über die Verbindungen zwischen der epigenetischen und der verhaltensspezifischen Dimension zu sagen; denn diese Frage sparten Sie im Teil III vor neun Jahren vollkommen aus. Dort diskutierten Sie zwar die Wechselwirkungen zwischen genetischer und epigenetischer Dimension, ebenso zwischen genetischer und verhaltens-/symbolspezifischer Dimension; Sie verknüpften sogar – wenn auch nicht sehr systematisch – die Dimensionen von Verhalten und Symbolen. Doch mit Verbindungen zwischen der epigenetischen Dimension und jenen von Verhalten und Kultur befassten Sie sich praktisch nicht. Das Nervensystem (der Geist in der Maschine der Tiere) erwähnten Sie kaum, und Sie sagten nichts dazu, was beim Verhalten auf Zellebene passiert.

Verhaltensepigenetik

M. E.: Sie haben vollkommen Recht! Dass wir vor neun Jahren die Wechselwirkungen zwischen der epigenetischen Dimension und der von Verhalten und Kultur überhaupt nicht diskutierten, haben auch andere kritisiert. Aber zu dem Zeitpunkt, als wir Teil III schrieben, wusste man eben noch sehr wenig darüber. Erst 2004 erschienen die ersten Studien, die sich mit den Verbindungen zwischen Verhalten, Gehirn und generationenübergreifenden molekular-epigenetischen Veränderungen befassten. Wir haben schon auf die langfristigen, anhaltenden Effekte des frühen Lernens bei Tieren hingewiesen, und diese müssen – per definitionem – auch epigenetische Mechanismen beinhalten. Heute, neun Jahre später, ist die Verhaltens-Neuro-Epigenetik – einschließlich umweltinduzierter generationenübergreifender verhaltensepigenetischer Effekte – ein äußerst aktives Forschungsfeld mit inzwischen Hunderten von Publikationen[93].

A. D.: Da bin ich nicht überrascht. Allerdings kann ich mir gar nicht vorstellen, wie man ein so gewaltiges System wie das Gehirn auf Zellebene untersuchen will. Dort gibt es doch so viele verschiedene und sich rasch verändernde Kreisläufe, so viele Nervenzelltypen und so viele Genexpressionsmuster – wie soll man damit nur fertig werden? Sie sagten ja, dass die Spirale der Gewalt bei den traumatisierten Tölpeln eine epigenetische Grundlage haben könnte. Gibt es denn dafür konkrete Hinweise?

M. E.: Im Falle der Tölpel wissen wir leider nichts Konkretes darüber, welche epigenetischen Markierungen und Mechanismen beteiligt sind – doch ganz bestimmt könnte man, würde man danach suchen, auch epigenetische Prozesse identifizieren. Mit den epigenetischen Grundlagen von Verhalten einschließlich des menschlichen befassen sich heute einige Forscher. So geben Patrick Bateson und Peter Gluckman in ihrem Buch *Plasticity, Robustness, Development and Evolution* (2011) Beispiele, die zeigen, wie wichtig der epigenetische Zusammenhang für das Verständnis von Verhalten und seiner Evolution ist; und Verhaltensökologen werden sich ganz gewiss für die epigenetischen Aspekte von Anpassung interessieren. Es gibt schon einige Laboruntersuchungen, die zeigen, dass erbliche Veränderungen im Verhalten mit bestimmten epigenetischen Zuständen zusammenhängen – wenn auch nicht immer auf die gleiche Weise. Wir werden drei Studien an Säugetieren kurz beschreiben und dann auf eine an dem Nematoden *Caenorhabditis elegans* schauen.

Als Erstes wollen wir uns mit einer Untersuchung von Michael Meaney und seinen Kollegen beschäftigen. Sie fanden heraus, dass die Art und Weise, wie eine Rattenmutter ihre Jungen während der ersten sechs Tage ihres Lebens pflegt und behandelt, nicht nur Einfluss darauf hat, wie diese Jungtiere später als Erwachsene auf Stress reagieren, sondern auch darauf, wie die Töchter dieser Jungtiere mit ihren Jungen umgehen[94]. Junge Ratten, die viel Aufmerksamkeit von ihrer Mutter (oder ihrer Pflegemutter) in Form von Lecken und Fellpflege erhalten, sind, wenn sie heranwachsen, explorationsfreudig und widerstandsfähig gegen Stress. Von entscheidender Bedeutung ist, dass ausgiebig betreute weibliche Jungratten, wenn sie selbst einmal Mutter werden, sich aufmerksam ihren eigenen Jungen zuwenden. Umgekehrt sind Jungtiere, um die sich die Mutter (oder die Pflegemutter) wenig kümmert, später furchtsamer und zeigen rasch Stressreaktionen; und wenn so aufgewachsene Töchter Mutter werden, lassen sie ihrem eigenen Nachwuchs ebenfalls wenig Pflege zuteilwerden. Die Arbeitsgruppe um Meaney entdeckte nun, dass die Pflegeintensität der Mutter die Expression bestimmter Gene im Hippocampus ihrer Jungen bestimmt und dies später Auswirkungen auf hormonelle Stressantworten und das Reproduktionsverhalten hat. Die unterschiedliche Aktivität dieser hippokampalen Gene bei gut versorgten und vernachlässigten Jungtieren ist mit Unterschieden in der DNA-Methylierung und bei bestimmten DNA-assoziierten Proteinen verknüpft. Es sieht so aus, als erhalten sich Chromatinmarkierungen – sind sie einmal gesetzt – das

ganze Leben lang; und im Nachwuchs der nachfolgenden Generation werden sie offenbar unter Einfluss des mütterlichen Verhaltens erneut etabliert (rekonstruiert). Diesen Fall kann man entweder als verhaltensspezifische Weitergabe oder als epigenetische Soma-zu-Soma-Transmission bezeichnen. Vermutlich ist dies eine im gesamten Tierreich ziemlich weit verbreitete Form der Vererbung. Ähnliche epigenetisch-somatische Mechanismen liegen wahrscheinlich auch der Gewaltspirale bei den Tölpeln zugrunde.

Das zweite Beispiel betrifft die Maus – und es zeigt, dass verhaltensspezifische Auswirkungen von psychischem Stress auch über die Keimbahn weitergegeben werden können. Isabelle Mansuy untersuchte mit ihren Kollegen die langfristigen Folgen, wenn Jungtiere in den ersten beiden Lebenswochen täglich einige Stunden von ihrer Mutter getrennt werden[95]. Während dieser Trennungsphase, deren genauer Zeitpunkt am Tag nicht festgelegt und somit für die Tiere unvorhersehbar war, wurden die Mütter zusätzlichem Stress ausgesetzt, entweder indem sie für kurze Zeit festgehalten oder gezwungen wurden, kurz in kaltem Wasser zu schwimmen. Im Vergleich zu solchen Muttertieren, die die ganze Zeit über bei ihren Jungen bleiben durften, verbrachten diese gestressten Mütter weniger Zeit im Nest, säugten und pflegten ihre Jungen auch weniger. Als Erwachsene zeigten die von ihrer Mutter separierten Tiere, vor allem die Männchen, depressionsähnliches Verhalten und agierten übermäßig ängstlich. Und das war noch nicht alles: Die traumatisierten Männchen gaben einige dieser Wirkungen auf ihren eigenen Nachwuchs und ihre Enkel weiter – obwohl beide Nachfolgegenerationen unter ganz normalen Bedingungen aufwachsen konnten. Der Stress, dem die Elterntiere während ihrer frühesten Lebensphase ausgesetzt waren, beeinflusste also die sozialen Fertigkeiten ihrer Söhne und deren Nachkommen: Diese waren im sozialen Kontext ängstlicher und erinnerten sich weniger gut an Individuen, denen sie schon einmal begegnet waren; allerdings zeigten sie auch eine größere Resilienz gegen einige Formen sozialen Stresses. Die Forscher schauten nun nach der DNA-Methylierung in den Spermatozoen der separierten Männchen und im Gehirn ihrer Nachkommen. Das Ergebnis: Einige Gene, die mit neuronalen Krankheiten in Verbindung stehen, waren epigenetisch modifiziert. In dem vorliegenden Fall ist eine Weitergabe von Verhaltensweisen auf direktem Weg sicher auszuschließen, weil die Nachkommen der traumatisierten Männchen keinen Kontakt mit ihren Vätern hatten; alles spricht deshalb dafür, dass schlechte frühe Erfahrungen Spuren hinterlassen, die sich über epigenetische Markierungen in den Gameten auch auf die nachfolgende Generation auswirken.

Unser letztes Beispiel bei den Säugetieren ist eine physiologisch-verhaltensspezifisch-epigenetische Abänderung bei Ratten, und zwar induziert durch Vinclozolin, ein häufig eingesetztes Fungizid, das aber auch als hormonaktive Substanz (Xenohormon, endokriner Disruptor) wirkt – es ist ein Anti-Androgen. Trächtigen Weibchen wurde im Experiment Vinclozolin injiziert, und zwar während jener Zeit, in der beim Fetus das Geschlecht der Keimdrüsen festgelegt wird und die entsprechende epigenetische Programmierung stattfindet. Diese Behandlung hatte tiefgreifende Folgen auf die Embryonen und deren Nachkommen. Fast alle Männchen zeigten Hodenmissbildungen, auch andere Körpergewebe waren geschädigt, ebenso ihr Immunsystem; und diese vielgestaltigen Defekte wurden über die männliche Keimbahn – ohne jegliche Abschwächung – an mindestens vier nachfolgende Generationen weitergegeben. Die Defekte waren korreliert mit Veränderungen im DNA-Methylierungsmuster der Spermien und modifizierten Genexpressionsmustern in diversen Geweben. Doch hatte die Behandlung mit Vinclozolin nicht nur physiologische Auswirkungen; Folgen für das Verhalten waren noch drei Generationen später nachzuweisen. Weibliche Nachkommen sowohl von behandelten als auch nicht behandelten Weibchen bevorzugten junge Männchen nicht behandelter Vorfahren gegenüber solchen behandelter Vorgänger. Dass die Wechselwirkungen zwischen dem epigenetischen Erbe eines Tiers und Ereignissen, denen dieses im Laufe seines Lebens ausgesetzt wird, komplex sind, ließ sich durch einen systembiologischen Ansatz zeigen. Dabei wurde untersucht, welche langfristigen Folgen Stress zeitigt, wenn Vorfahren mit Vinclozolin behandelt worden waren. Epigenetisch, neurophysiologisch und auf der Ebene des Verhaltens konnten die Forscher zeigen, wie chronische physische Einschränkungen während der Adoleszenz – ein psychischer Stress, der sich auf die Physiologie und das Verhalten der Tiere als Adulte auswirkt – viel dramatischere Folgen haben, wenn die Urgroßmütter der Männchen mit Vinclozolin behandelt worden waren. Bis vor Kurzem hätte man die Vorstellung als absurd abgetan, dass eine umweltinduzierte Abänderung auf Nachkommen übertragen werden und dann – einige Generationen später – mit psychischen Stressfaktoren interagieren kann, und zwar in der Weise, dass sich das resultierende Verhalten des Individuums ändert[96].

Die Weitergabe umweltinduzierter Modifikationen des Verhaltens ist nicht auf Säugetiere beschränkt, nicht einmal auf Wirbeltiere; man hat dies beispielsweise auch bei *C. elegans* gefunden[97]. Wenn diese „Würmer“ im ersten Larvenstadium ihres Lebenszyklus einem anziehenden Duft ausgesetzt werden, sprechen sie später, wenn sie ausreifen, stark auf genau diesen Duft an; sogar die Zahl der Eier, die sie ablegen, ist bei Anwesenheit des Dufts erhöht. Dies ist ein ganz eindeutiges Beispiel für Verhaltensprägung, ähnlich denen, die wir in Kapitel 5 beschrieben haben. In dem hier beschrieben Fall werden die olfaktorischen Prägungen der Nematoden auf ihre direkten Nachkommen übertragen, allerdings nicht auf ihre Enkel. Werden aber die Nematoden für mindestens vier aufeinanderfolgende Generationen einem bestimmten Duft ausgesetzt, wird die Prägung darauf über mindestens 40 Generationen vererbt. Die zugrunde liegenden epigenetischen Mechanismen sind nicht bekannt; bei *C. elegans* gibt es zwar keine DNA-Methylierung, allerdings weiß man, dass auch bei diesem Nematoden sRNAs von einer Generation zur nächsten gelangen. Es könnte also durchaus sein, dass diese sRNAs die Route der Wahl sind, auf der verhaltensspezifische Prägungen vererbt werden. Da es viele mutierte Stämme von *C. elegans* gibt, einschließlich einiger mit Defekten im RNAi-System, sollte es nicht allzu schwer sein, hierauf eine klare Antwort zu finden.

Es ist bemerkenswert, wie rasch im Verlauf der vergangenen neun Jahre das Material für das „fehlende Kapitel“ in der ersten Ausgabe des Buchs – die Verbindungen zwischen den zellulär-epigenetischen und verhaltensspezifischen Systemen – zugenommen hat. Auf Eines wollen wir aber hinweisen: Nicht alle Untersuchungen an Säugetieren in diesem Bereich befassen sich mit negativen Effekten auf deren Gesundheit und Wohlergehen. Es gibt zahlreiche Belege dafür, dass bei Tieren ein „bereicherndes Lebensumfeld“ (*environ-*

mental enrichment) – in Form größerer Behausungen mit Beschäftigungsmaterial, größeren Auslaufflächen und Gelegenheiten für komplexe soziale Interaktionen – die Lern- und Gedächtnisleistungen verbessert, Stressreaktionen mildert, depressionsähnliches Verhalten verhindert und generell das Wohlergehen verbessert[98]. Sowohl Histonmodifikationen als auch DNA-Methylierung sind an diesen intragenerational günstigen Wirkungen beteiligt, einige von ihnen können Mütter an ihre Nachkommen weitergeben.

A. D.: Gewiss, da epigenetische Mechanismen – per definitionem – an dem langfristigen Erhalt von Entwicklungszuständen beteiligt sind, müssen sie auch allem fortbestehenden Verhalten und allen Formen des Langzeitgedächtnisses zugrunde liegen. Doch gehen wir weiter. Die epigenetischen Aspekte verhaltensspezifischer Vererbung, die Sie beschrieben haben, haben doch ganz bestimmt enorme Auswirkungen auch auf Gesundheit und Wohlergehen des Menschen. Ebenso wie bei den armen gestressten Mäusen und Ratten wird sich doch auch beim Menschen Stress – in Form von Missbrauch und Vernachlässigung in der Kindheit, von Umweltverschmutzung, von Krieg und Hungersnot – in epigenetischen Veränderungen niederschlagen. Ich sehe es schon jetzt kommen: Epigenetiker erobern das Feld, das traditionell die Domäne von Sozialwissenschaftlern ist; so werden wir wohl bald eine Epigenetik des menschlichen Sozialverhaltens, der Kultur und so weiter haben. Sie haben ja schon in Kapitel 10 auf ein paar erste Vorstellungen und Untersuchungen auf diesem Gebiet hingewiesen. Blüht denn die Epigenetik der menschlichen Kultur ebenfalls auf? Für diese Frage müssen wir uns ja der vierten Dimension, der Kultur der Symbole, zuwenden. Gibt es denn auch zur Evolution der Sprache irgendwelche neuen Ideen? Außerdem interessiert mich, welcher evolutionstheoretische Rahmen Ihrer Einschätzung nach der geeignetste ist, um das soziokultuelle Leben des Menschen zu verstehen. Die Kritik an den verschiedenen Ansätzen in Kapitel 6 war zwar recht überzeugend, doch fand ich Ihre eigene Lamarck'sche Alternative nicht besonders schlüssig. Haben Sie denn Ihre eigenen Vorstellungen zur Evolution der Kultur beim Menschen irgendwie weiterentwickelt?

Abschnitt 4: Die Dimension der Symbole

M. E.: Die Antwort auf Ihre erste Frage lautet: Vor nicht allzu langer Zeit hat man begonnen, sich mit epigenetischen Aspekten menschlicher Kultur zu befassen, und wir haben schon in Kapitel 10 auf ein paar Arbeiten hingewiesen. Die Forschung geht wirklich in die Richtung, die Sie angesprochen haben – Wissenschaftler beschäftigen sich mit den epigenetischen Zuständen von Menschen, die Opfer kriegsbedingter Hungersnot, sexuellen Missbrauchs und anderer Traumata waren oder sich ungesund – bis zur Fettleibigkeit – ernährten. Doch haben sich mittlerweile auch neue Forschungsfelder, etwa der epigenetischen Psychiatrie und epigenetischen Epidemiologie, gut etabliert[99].

Nun zu Ihrer zweiten Frage über die menschliche Sprache: Das Interesse an der Evolution der Sprache nimmt stetig zu und die Leute entwickeln auch neue Ideen hierzu. Einige besonders interessante werden wir vorstellen. Was Ihre letzte Frage betrifft, ob wir ein konstruktives System anbieten können, um über den Wandel der menschlichen Kultur nachzudenken, da lautet die Antwort: Wir haben tatsächlich damit angefangen, einen neuen theoretischen Ansatz zu entwickeln, wobei wir uns von Waddingtons epigenetischer Landschaft inspirieren ließen. Wie Sie sehen werden, hängen diese drei Aspekte zusammen; doch integriert zu einem Ganzen sind sie noch nicht recht.

Epigenetik und unsere kulturelle Nische

M. E.: In Kapitel 8 diskutierten wir die Wechselwirkungen zwischen kultureller Vererbung und dem genetischen System; dabei zeigten wir, wie Änderungen in unserem Lebensstil die Häufigkeit genetischer Varianten wie des Sichelzell- oder des persistierenden Laktase-Allels beeinflussen. Die kulturelle Nische, die wir schaffen und weitergeben, muss ebenfalls epigenetische Effekte haben, und in Kapitel 10 haben wir einige negative Auswirkungen erwähnt, die vom Menschen mit verursachten Katastrophen wie Hungersnöte auf den epigenetischen Status der nächsten Generation haben. Noch immer wissen wir recht wenig über solche epigenetischen Effekte – und das meiste, was wir wissen, muss uns nachdenklich stimmen. Doch mag dies vor allem daher kommen, in welchem Kontext man diese Erkenntnisse gewonnen hat. Viele resultierten aus medizinischen und damit verwandten Untersuchungen zu Problemen, die wir Menschen uns selbst eingehandelt haben. Da sich ein großer Teil der gegenwärtigen Forschung mit psychischem, Ernährungs- und toxikologischem Stress befasst, sind Tiermodelle sehr nützlich; und einige der Studien zur Epigenetik der Verhaltens von Tieren, die wir im vorangegangenen Abschnitt vorstellten, waren ursprünglich dem Wunsch geschuldet, menschliche Stressreaktionen besser zu verstehen.

Zahllose epidemiologische Untersuchungen haben Verbindungen zwischen frühkindlichen Erfahrungen und mentaler Gesundheit im späteren Leben offenbart – und einige Studien identifizierten auch epigenetische Modifikationen, die damit zusammenhängen. Beispielsweise unterscheiden sich DNA-Methylierungsmuster und Genexpression in Hirnzellen jugendlicher Selbstmörder, die als Kinder missbraucht worden sind, von denen, die dieses nicht erleiden mussten[100]. Ganz entsprechend unterscheidet sich die DNA-Methylierung der Weißen Blutkörperchen von Menschen, die an Posttraumatischer Belastungsstörung (PTBS) leiden, von solchen, die – bei gleichem Hintergrund – nicht erkrankt sind. Solche Untersuchungen sind extrem schwierig durchzuführen und zu interpretieren, weil das relevante Gewebe (normalerweise Hirngewebe) nur ganz bedingt zur Verfügung steht, die Größe der Stichproben klein ist, die auslösenden Stressfaktoren schwer einzuschätzen sind und im Augenblick technische Mittel nur eingeschränkt zur Verfügung stehen, um epigenetische Zustände zu untersuchen. Es ist sogar noch sehr viel schwieriger, Daten für generationenübergreifende Studien zu erheben, doch dies sollten wir unbedingt tun. Kinder von Frauen, die den Holocaust überlebt haben und an PTBS leiden, tragen ein erhöhtes Risiko, selbst an PTBS zu erkranken; und es gibt Hinweise darauf, dass auch Kinder von Kriegsveteranen von den traumatischen Erlebnissen ihrer Eltern beeinflusst werden. Selbst wenn es schwierig sein mag – epigenetische Untersuchungen könnten uns helfen zu erkennen, wie der jeweilige Gesundheitszustand von Eltern und ihren Kindern zusammenhängen. Die Studien an Ratten und Mäusen zu den Auswirkungen mütterlichen Verhaltens auf nachfolgende Generationen, die wir im vorigen Abschnitt beschrieben haben, geben Hinweise darauf, an welchen Stellen wir nach epigenetischen Unterschieden suchen sollten. Leider legen diese Arbeiten nahe, dass von den Folgen traumatischer Stresserfahrungen mehr als eine Generation betroffen ist – dies macht es noch schwerer, die Bedingungen unseres Seins zu verstehen.

Wenn wir etwas über die multigenerationalen Wirkungen von Chemikalien erfahren wollen, die in der Industrie und Medizin zum Einsatz kommen und von denen wir wissen, dass einige langfristige Folgen für exponierte Personen haben können, sind wir praktisch vollkommen auf Tierexperimente angewiesen[101]. Wir alle wissen und nehmen es auch hin, dass an sich nützliche Medikamente anhaltende Nebenwirkungen haben können – und die Tragödie um das Thalidomid (Contergan) lehrt uns eindringlich, die Risiken sorgfältig abzuschätzen. Aber was ist mit den möglichen Nachkommen solcher Menschen, die im Mutterleib Giften ausgesetzt waren? Entsprechende Tierexperimente geben Anlass zur Sorge. So sollten beispielsweise einige Studien klären, ob Krebsmedikamente auch Folgen für zukünftige Generationen haben können. Bei einer solchen Untersuchung injizierte man jungen weiblichen Mäusen eine einzelne Dosis Doxorubicin, ein häufig angewandtes Chemotherapeutikum. Die Ergebnisse überraschten und alarmierten gleichzeitig, denn die Folgen der Behandlung waren mindestens sechs Generationen lang nachweisbar[102] – in Form erhöhter Neugeborenen-Sterblichkeit, physischer Deformationen, Chromosomenfehlbildungen und erhöhter Sterblichkeit unter den Müttern aufgrund von Geburtsproblemen. Bei einer anderen Studie wurden männlichen Mäusen geringe Dosen verschiedener Krebsmedikamente verabreicht – mit dem Ergebnis, dass ihre eigenen Körper- und Keimzellen sowie die ihrer männlichen Nachkommen Mutationen zeigten [103]. Die Genome waren instabil geworden, vermutlich aufgrund epigenetischer Abänderungen.

Im Tierexperiment ließen sich ebenfalls generationenübergreifende Wirkungen von Umweltschadstoffen nachweisen. Wir haben ja schon ein Beispiel angesprochen: Werden Ratten-Embryonen dem Fungizid Vinclozolin ausgesetzt, hat dies Folgen, die zumindest vier Generationen anhalten; und das Gleiche scheint für einige jener Substanzen zu gelten, die nachweislich exponierten Personen Gesundheitsprobleme bereiten. Dies gilt etwa für Dioxin, das bei vielen verschiedenen industriellen Produktionsprozessen entsteht; ebenso für eine Kohlenwasserstoffmixtur, die man auf Straßen ausbringt, um die Staubentwicklung zu reduzieren (Kerosin und JP-8); und für eine Plastikmixtur (Bisphenol A und Phthalate). Wurden Ratten-Embryonen geringen Dosen einer dieser Schadstoffe ausgesetzt, war noch drei Generationen später der Beginn der Pubertät verzögert, auch zeigten die Keimdrüsen so lange Missbildungen. Jeder dieser Schadstoffe induzierte verschiedene, deutliche Änderungen im DNA-Methylierungsmuster der Spermien[104]. Für Bisphenol A hat man auch generationenübergreifende Effekte bei Mäusen nachgewiesen. Diese Substanz wird bei der Herstellung von Plastik und Epoxidharzen verwendet, weshalb wir ihr täglich begegnen und bei den meisten von uns sich im Urin Spuren davon nachweisen lassen. Erhalten weibliche Mäuse Futter mit so viel Bisphenol A, dass eine Blutplasmakonzentration resultiert, die der beim Menschen ähnelt, wirkt sich diese Substanz nicht nur auf das Verhalten jener Tiere aus, die ihr als Fetus direkt über den mütterlichen Uterus ausgesetzt waren, sondern auch noch auf Individuen drei Generationen später. Bei den exponierten Tieren war die Expression zahlreicher Gene im Gehirn verändert und einige dieser modifizierten Muster erhielten sich bis in die vierte Nachkommengeneration[105].

Menschen sind keine Mäuse oder Ratten, und keineswegs kann man von diesen direkt auf uns schließen; gleichwohl müssen wir die tierexperimentellen Befunde als Alarmsignale verstehen, wir müssen da genau hinsehen, denn Tierstudien sind unsere Hauptinformationsquelle. Die Epigenetik ist eine junge Disziplin und *Homo sapiens* eine langlebige Spezies, deshalb steckt das Studium der generationenübergreifenden epigenetischen Effekte beim Menschen auch noch in den Kinderschuhen. Verlässliche Daten zu bekommen, wird ausnehmend schwer sein; es kann gelingen, wenn detaillierte Aufzeichnungen über die Bedingungen unserer Vorfahren vorliegen und wir die gegenwärtigen Bedingungen wie auch den aktuellen Gesundheitszustand richtig einschätzen – könnten wir generationenübergreifenden epigenetischen Effekten auch bei uns Menschen auf die Spur kommen. Die vermutlich bekanntesten Fälle solcher Folgen beim Menschen sind jene, die mit Hungersnöten verbunden sind – wir haben davon in Kapitel 10 gesprochen. Wer pränatal der extrem Nahrungsmittelknappheit während des „Hungerwinters" in den Niederlanden im Jahr 1944 ausgesetzt war, nachdem die Nationalsozialisten die tägliche Nahrungsration auf unter 700 Kilokalorien reduziert hatten, litt noch 60 Jahre später unter anderem an erhöhtem Risiko, Diabetes zu entwickeln, fettleibig zu werden, an Schizophrenie und Koronarer Herzkrankheit zu erkranken[106]. Gegenüber Geschwistern, die in besseren Zeiten geboren wurden, zeigten die Betroffenen umfangreiche Abänderungen im DNA-Methylierungsmuster.

Man sollte aber nicht annehmen, dass wir uns nur über die Bedingungen für die Mütter zukünftiger Generationen sorgen müssen. Auch die Erfahrungen eines Vaters können Folgen für seine Nachkommen haben – dies zeigen ja, um nur ein Beispiel zu nennen, die gestressten männlichen Mausjungen in der Studie von Mansuy und Kollegen. Schwedische Wissenschaftler leiteten aus historischen Aufzeichnungen aus dem 19. Jahrhundert über die Erntemengen und Nahrungsmittelpreise die Verfügbarkeit von Nahrung in einem abgelegenen Gebiet Nordschwedens ab. Sie fanden heraus, dass der Zugang zu Nahrung des Großvaters väterlicherseits in seiner Kindheit auf das Sterblichkeitsrisiko seiner Enkel Einfluss hatte, wohingegen die Versorgung mit Essen des Großvaters mütterlicherseits das Mortalitätsrisiko der Enkelinnen beeinflusste. Die Bedeutung der väterlichen Lebensverhältnisse zeigt sich auch in einer großen englischen Studie, die dem gesundheitlichen Wohlergehen einer Gruppe von Kindern, die in den frühen 1990er Jahren geboren wurden, genau nachgeht. Im Alter von neun Jahren hatten die Söhne von Vätern, die früh in ihrem Leben zu rauchen begonnen hatten, einen signifikant höheren Body-Mass-Index als Söhne jener Väter, die sich später das Rauchen angewöhnt hatten. Vermutlich haben also die Söhne früher Raucher im Erwachsenenleben ein höheres Risiko, fettleibig zu werden und damit verbundene Gesundheitsprobleme zu bekommen. Beide Studien, die schwedische wie die englische, zeigen also: Was ein Mann während seiner frühen Entwicklung tut und lässt, welche Erfahrungen er macht, es hat Auswirkungen auf seine Nachkommen. Und das bedeutet: Zwischen den Generationen wird offensichtlich weder bei der Frau noch beim Mann die „Schiefertafel" mit all den epigenetischen Eintragungen vollständig gesäubert[107].

Die Folgen sozialer und wirtschaftlicher Ungleichheit auf die Gesundheit werden derzeit ja intensiv diskutiert; den meisten ist wohl bewusst, dass junge Menschen, die einer unterprivilegierten sozialen Schicht angehören oder in Entwicklungsländern unter Bedingungen sozialer und politischer Unsicherheiten leben müssen, mit relativ hoher Wahrscheinlichkeit Hunger leiden, psychischem Stress und toxischen Umweltschadstoffen ausgesetzt sind, die langfristige Folgen für ihr Wohlergehen haben. Und das Schlimmste ist, dass all dies wahrscheinlich auch auf nachfolgende Generationen Auswirkungen hat[108]. Wir sind bestimmt nicht so naiv zu meinen, mit dem Wissen um die epigenetischen Grundlagen ungünstiger, abträglicher generationenübergreifender Effekte diese Katastrophen, die wir alle ja zulassen, umgehend stoppen zu können; doch möglicherweise könnte es uns in manchen Fällen helfen, Risikogruppen zu erkennen und Gegenmaßnahmen einzuleiten. Dies könnte zukünftigen Generationen gerechtere epigenetische Chancen bieten.

Es gibt noch viele weitere, weniger dringlich scheinende Themenfelder, die möglicherweise Gegenstand künftiger epigenetischer Forschung sein werden – etwa die epigenetischen Korrelate geschlechtsspezifischen Verhaltens, dessen ontogenetischer Unterbau und mögliche transgenerationale Ursachen und Auswirkungen[109]. Im Augenblick laufen ja einige Studien zur Psychologie des Glücks; vermutlich versuchen Leute herauszufinden, wie die epigenetischen Korrelate des Glücklichseins aussehen und ob die sonnigen Seiten unseres Daseins generationenübergreifende Auswirkungen haben. Untersuchungen über die Langzeitfolgen bereichernder Lebensumwelten (*enriched environment*) bei Mäusen, über die wir ja berichtet haben, legen solche Zusammenhänge tatsächlich nahe[110].

Wie wir ebenfalls schon ausgeführt haben, muss *jedes* langfristig erlernte Verhalten sich epigenetisch niederschlagen, und davon sind auch solche Verhaltensweisen, die kulturell erlernt werden, nicht ausgenommen. Wir sollten deshalb irgendwann in die Lage kommen, die Epigenetik der Traditionsbildung bei Tier und Mensch zu enträtseln[111]. Bestimmte Aspekte des Lebensstils von uns Menschen und von Tieren – etwa Traditionen der Nahrungsbeschaffung und -zubereitung oder des Sexualverhaltens, die mit hormonellen Veränderungen verknüpft sind – werden am leichtesten zu untersuchen sein, weil sie nicht nur das kaum zugängliche Gehirn, sondern auch nichtneuronales Gewebe beeinflussen. Vermutlich werden Mitglieder verschiedener Gesellschaften oder verschiedene Teile von Gesellschaften, die einen ähnlichen Lebensstil pflegen, ähnliche epigenetische Profile in den relevanten Geweben entwickeln.

Vielleicht werden wir ja eines Tages in der Lage sein, die Epigenetik des Sprachelernens, wie überhaupt der Fähigkeit zu sprechen und zu lesen, untersuchen zu können. In Kapitel 6 haben wir darüber gesprochen, wie die kulturellen Erfindungen des Lesens und Schreibens neuronale und kognitive Werkzeuge, die in anderen Zusammenhängen evolviert worden waren, umorganisieren, beispielsweise durch Selektion für bessere Kontrolle motorischer Aktivitäten oder für leichteres Erlernen von Sprache. Die neue, kulturell evolvierte Praxis des Lesens und Schreibens hatte Folgen für die kognitiven Fähigkeiten derer, die lesen und schreiben konnten: Gedächtnis und Lernfähigkeit verbesserten sich, sie hatte ein neues selektierendes Milieu geschaffen, in dem Kindern in Schulen auf neue Weise lesen und schreiben beigebracht wurde und so weiter. Die Fähigkeit zu lesen und zu schreiben ist in allen Facetten auf neurobiologischer, psychologischer und historisch-entwicklungsgeschichtlicher Ebene untersucht worden; und zweifellos werden molekular-epigenetische Untersuchungen folgen[112]. Selbstverständlich sind menschliche Hirnzellen für Untersuchungen normalerweise nicht zugänglich, doch könnten sich epigenetische Veränderungen im Gehirn auch in anderen Geweben widerspiegeln; zudem könnten neue, nichtinvasive Techniken entwickelt werden. Untersuchungen darüber, wie sich das Gehirn von Kindern entwickelt, wenn es sich mit neuen Kommunikationstechniken auseinandersetzt und sich an sie gewöhnt, könnten uns darüber Aufschluss geben, wie die Alphabetisierung zu einem Bestandteil der menschlichen Geschichte werden konnte. Steven Mithen und Lawrence Parsons (2008) meinen: Das Gehirn ist ein kulturelles Artefakt, es konstruiert nicht nur, sondern es reflektiert auch Kultur.

A. D.: Was genau wollen Sie damit sagen? Sprechen Sie von phänotypischer Akkommodation als Phase der Alphabetisierung oder meinen Sie, dass diese eines Tages partiell genetisch akkommodiert sein wird, so wie es – Ihren Worten nach – auch mit der Sprache geschehen ist?

Die Evolution der Sprache

M. E.: Wir bezweifeln, dass die Fähigkeit zum Lesen und Schreiben irgendwann genetisch akkommodiert sein wird; doch begann sehr wahrscheinlich auch die Evolution von Sprache – genauso wie dies bei Lese- und Schreibfähigkeit der Fall war – mit kulturellem Lernen und kultureller Evolution. Aus den Gründen, die wir in Kapitel 6 angegeben haben, finden wir nach wie vor wenig Gefallen an der Auffassung von Evolutionspsychologen, die den menschlichen Geist als besseres Schweizer Taschenmesser betrachten. Wir sind eben nicht der Meinung, dass unser Gehirn aus einer Reihe weitgehend autonom evolvierter mentaler Module besteht, jedes auf eine bestimmt Funktion spezialisiert – und eines davon eben auf Sprache. Besser geeignet scheint uns die Analogie mit der menschlichen Hand: Der Geist ist ein Multifunktionswerkzeug, evolutionär geformt, um viele verschiedene sich überschneidende Funktionen auszuführen, wenn ihm das auch mit einigen besser als mit anderen gelingt[113]. Wie wir in Kapitel 8 begründeten, folgen wir bei unserem theoretischen Modell zur Sprache Daniel Dor; er meint, Sprache sei am besten als eine partiell genetisch akkommodierte Kommunikationstechnik zu verstehen, deren Evolution durch Kulturpraktiken angetrieben worden sei[114].

Diejenigen, die sich mit der phylogenetischen Entwicklung des Sprachvermögens befassen, sind sich weitgehend darin einig, dass diese Fähigkeit das Ergebnis einer genetisch-kulturellen Koevolution ist und dass genetische Akkommodation ein wichtiger Bestandteil dieses Prozesses war. *Was* genau allerdings akkommodiert worden sein soll, wird kontrovers diskutiert. Wie wir das schon in Kapitel 8 skizzierten, befinden sich am einen Ende des Spektrums einige Evolutionspsychologen, nach deren Auffassung bestimmte strukturelle Syntax-Merkmale genetisch akkommodiert worden seien und im Ergebnis eben ein spezifisches Sprachmodul entstanden sei. Das andere Extrem repräsentieren die Funktionalisten, denen zufolge keine einzige der vielen genetischen Veränderungen, die die menschliche Evolution kennzeichnen, spezifisch auf die Sprache Einfluss gehabt habe; bei den wesentlichen Anpassungen, die auch der Sprache zugrunde liegen, handle es sich vielmehr um Universalmechanismen, die auf neue Art und Weise und in neuen Sozialzusammenhängen verwendet woden seien, als die menschliche Intelligenz zugenommen habe. Unsere Position liegt dazwischen: Wir vermuten, dass beide Typen von Mechanismen – allgemeine und sprachspezifisch-kognitive – im Spiel waren und während der Evolution sprachlicher Kommunikation zunehmend verfeinert wurden.

Heute weiß man mehr über die Struktur von Sprache wie auch über die kognitiven Merkmale, die sich auf ihre Evolution auswirken. Neuere Befunde haben uns unsere Position etwas revidieren, etwas verschieben lassen in die Richtung der Funktionalisten; denn Untersuchungen zur Diversität von Sprache zeigen zum einen, dass es – anders als man dies früher angenommen hat – keine angeborenen syntaktischen Strukturmerkmale gibt, die in jeder Sprache vorkommen, und zum anderen, dass zumindest mit Blick auf die Wortfolge eher kulturelle Evolution als kognitive oder sprachliche Universalien die beobachteten Diversitätsmuster unter den Sprachen am besten erklärt. Sogar die Rekursivität, die manche Linguisten als bestimmendes Merkmal von Syntax betrachten, ist nicht universell[115]. Außerdem legen Untersuchungen zu kognitiven Fähigkeiten wie etwa Imitation und soziales Lernen nahe, dass diese keineswegs spezifische Anpassungen daran sind, Information weiterzugeben; sie scheinen eher – wie die Lese- und Schreibfähigkeit – kulturell erlernte Fertigkeiten zu sein, und zwar ermöglicht durch unser gutes allgemeines assoziatives Lernvermögen[116]. Bessere allgemeine Lernfähigkeiten mögen deshalb ein viel wirkungsvolleres Instrument bei der Evolution der sprachlichen Kommunikation gewesen sein als früher angenommen. Gleichwohl vertreten wir noch immer die Meinung, dass einige mit Sprache verbundene Merkmale partiell genetisch assimiliert worden sind. Vermutlich hat es eine starke Selektion dafür gegeben, gut zwischen sprachrelevanten Tönen und Gesten und anderen Typen von Tönen und Gesten zu unterscheiden; ebenso dafür, Lautsignale und ihre gestischen Äquivalente sorgfältig analysieren zu können, sowie für langes kulturelles Lernen bei Kindern. Durch diesen Typ von Selektion könnten sich die sprachlichen Fertigkeiten zunehmend verbessert haben. Zusätzlich könnten auch Mechanismen zur Speicherung sprachspezifischer Information – ein besseres Gedächtnis für Wörter und ein signalbasiertes Abrufen – durch Selektion für größere sprachliche Fertigkeiten verbessert worden sein[117]. Solche Mechanismen müssen nicht sprachspezifisch geblieben, sie könnten später auch für nichtsprachliche Aufgaben übernommen worden sein, wobei sie vielen anderen Aspekten der menschlichen Kognition eine sprachliche Note gaben. Möglich ist aber auch, dass die für sprachliche Kommunikation wichtigen Mechanismen einfach Konsequenzen einer Zunahme der allgemeinen Intelligenz und des Gedächtnisses sind; in diesem Fall ist es die Selektion für ein verbessertes allgemeines assoziatives Lernen und Erinnern wie auch für eine allgemeine soziale Aufmerksamkeit, die zu etwas geführt hat, was nach sprachspezifisch semantischem Gedächtnis und sprachlicher Verarbeitung aussieht.

Welche Sichtweise zur Evolution der Sprache zutrifft, das zu entscheiden bedarf sehr viel mehr Information, als uns heute zur Verfügung steht. Beispielsweise müssen wir noch erheblich mehr darüber in Erfahrung bringen, wie sich das Verarbeiten sprachlicher und nichtsprachlicher Aufgaben in psychischer und neuronaler Hinsicht unterscheiden; ebenso müssen wir mehr über die genetisch und epigenetisch bedingten Unterschiede in den Hirnaktivitäten zwischen sprachlich trainierten Primaten wie Kanzi und kleinen Kindern wissen. Doch die so raschen Fortschritte in den Techniken zur Untersuchung neuronaler Funktionen können uns zuversichtlich stimmen, bald in der Lage zu sein, die beiden Alternativen viel besser begründet gegeneinander abzuwägen.

Bevor wir weitergehen und einige andere Aspekte des menschlichen Geistes betrachten, die vermutlich während der Evolution der sprachlichen Kommunikation modifiziert wurden, wollen wir noch ein paar Worte über die Arbeiten jener Wissenschaftler sagen, die unser Denken beeinflusst haben. Wissenschaftlich hat man sich den Ursprüngen menschlicher Kultur und Sprache aus verschiedenen Richtungen genähert und sich letztlich in dem Punkt getroffen, dass Kooperation eines der Schlüsselmomente ihrer Evolution ist. Michael Tomasello hat die Entwicklungs- und Sozialpsychologie von menschlichen Kindern und Menschenaffen verglichen[118]. Er konnte zeigen, dass schon sehr kleine Kinder erheblich stärker kooperieren als nichtmenschliche Primaten; sie sind besser darin, die Gedanken anderer zu lesen; sie erahnen soziale Normen und folgen ihnen schon sehr früh; und sie sind außerordentlich gut darin, Information mit anderen zu teilen. Mit anderen Worten: Menschliche Kinder haben oder erwerben sehr schnell eine Reihe von Fertigkeiten und Motivationen, die sie weit besser als jeden Menschenaffen in die Lage versetzt, in einer Gruppe zusammenzuarbeiten, zu kommunizieren und voneinander zu lernen. Nach Ansicht Tomasellos war und ist kulturelles Lernen, das auf einer Menge vokaler und motorischer Imitation sowie bewusster Anleitung basierte (im einfachsten Fall: Zeigen), der Motor der kumulativen Evolution beim Menschen – einschließlich der genetischen Evolution der Sprache. Ursprünglich, so sieht es Tomasello, trieb die Notwendigkeit, während gemeinsamer Nahrungssuche zusammenzuarbeiten, die Entwicklung an. Effektives Jagen und Sammeln von Information erfordert die Koordination von Aktivitäten, weshalb es eine starke Selektion unter anderem für Kommunikation gab.

Wir erwähnten in Kapitel 6 die Auffassung des Kognitionsforschers und Neurobiologen Merlin Donald, wonach schon vor dem Auftauchen des *Homo sapiens* unsere homininen Vorfahren auf nonverbale Weise Wissen miteinander teilten. Donald meint, mittels Gestik, Mimik und Imitation seien sie imstande gewesen, der sozialen Komplexität des Gruppenlebens gerecht zu werden[119]. Die kognitiven Veränderungen, die sie in die Lage versetzten, eine gemeinsam erfahrene Abfolge von Ereignissen zu speichern, sich sicher daran zu erinnern und diese bei Bedarf zu wiederholen, haben den Startpunkt für die Evolution gesprochener Sprache gesetzt. Auch andere Wissenschaftler betonen die Bedeutung der Gestik: Motorische Fertigkeiten und kognitive Fähigkeiten, die man für eine Kommunikation mittels Gestik und Mimik benötige, ähnelten stark denen, die für frühe Techniken, etwa die Herstellung von Werkzeugen oder von Behältnissen zum Transport von Nahrung oder Kindern, notwendig gewesen seien. Beides erforderte gute Kontrolle der motorischen Aktivität, bei beidem handle es sich um zielgerichtete, vielstufige Prozesse, die organisierte Handlungssequenzen erforderten, und bei beidem spiele soziales Lernen eine große Rolle. Sehr wahrscheinlich stehen beide Fertigkeiten in einem koevolutionären Verhältnis zueinander. Selektion für diese Funktionen bereitete deshalb das neuronale Gerüst für die vokale Kommunikation, die allmählich die Vorherrschaft über die Gestik gewann, als die Hände immer stärker für das Ausführen komplexer technischer Aufgaben in Anspruch genommen wurden. Eine solche Position vertreten aber nicht alle Forscher, einige sehen keinen Grund, ein gesondertes, von der Gestik bestimmtes Entwicklungsstadium anzunehmen; sie vertreten die Ansicht, Herstellung und Gebrauch von Werkzeugen sowie Lehren und Lernen dieser Fertigkeiten hätten ausgereicht, um die Evolution von Sprache anzutreiben[120]. Die Vorstellung, dass es ein spezifisches evolutionäres Verhältnis zwischen Sprache und Werkzeugherstellung gibt, geht auf das 19. Jahrhundert zurück; heute wird sie bis zu einem gewissen Grad durch den Befund erhärtet, dass beides auf einigen gemeinsamen kognitiven und neuronalen Strukturen beruht.

Die Evolutionsanthropologin Sarah Hrdy hat auf die evolutionäre Bedeutung noch eines anderen Aspekts der Kooperation unserer Vorfahren aufmerksam gemacht. Sie weist darauf hin, dass wir Menschen die Einzigen unter den Hominiden sind, die alloparentales Verhalten (Mithilfe bei der Aufzucht fremden Nachwuchses, zum Beispiel durch Geschwister oder Großeltern) zeigen. Bei hoch intelligenten Menschenaffen – und bei unseren Vorfahren ist das vermutlich auch so gewesen – hat die Zusammenarbeit bei der Jungenfürsorge ganz offensichtlich ökonomische Vorteile (die Mütter können etwa arbeiten gehen); doch hat dies auch dazu beigetragen, dass sich die Fähigkeiten, Wünsche und Absichten anderer – sowohl auf Seiten des Kindes wie des Fürsorgenden – zu erkennen, evolutionär verbesserten. Alloparentales Verhalten war deshalb sowohl Produkt als auch Ursache sozialer Selektion für Kooperation und das Teilen von Information, was schließlich zur Entwicklung von Sprache geführt hat[121].

Gemeinschaftliche Nahrungssuche, das Herstellen komplexer Werkzeuge unter Einsatz aktiver Anleitung und alloparentales Verhalten – alle diese kooperativen Prozesse trugen zur Entwicklung der hoch komplexen Kommunikation des Menschen bei. Viele Arten von Veränderungen gingen mit diesem Evolutionsprozess einher, doch wollen wir hier nur zwei herausstellen, die nach unserem Eindruck manchmal übersehen werden: zum einen Veränderung bei den sozialen Emotionen und zum anderen Veränderung bei Gedächtnis und Vorstellungsvermögen im Verlauf der Menschwerdung[122].

Damit sich die Kooperationsfähigkeit bei unseren Vorfahren verbessern konnte, mussten sie toleranter gegeneinander werden, sie mussten die mentale Verfassung des Gegenübers erfassen und darauf reagieren können und sie mussten in der Lage sein, ihre Emotionen unter Kontrolle zu halten. Jeder Lehrer und jeder Schüler weiß, dass man ohne ein großes Maß emotionaler Kontrolle weder unterrichten noch dem Unterricht folgen kann. Doch war emotionale Kontrolle nicht nur für kooperative Aktivitäten notwendig, die die Evolution besserer Kommunikation antrieben; sobald Sprache entwickelt war, gab es sogar noch stärkeren Bedarf, Emotionen im Zaum zu halten. Wenn wir Ihnen von einem Leoparden berichten, den wir vor einiger Zeit ganz in der Nähe gesehen haben, stellen Sie sich die Szene vor und Sie müssen Ihre Angst unter Kontrolle halten, um nicht sofort wegzulaufen; Sie müssen einem drängenden emotionalen Impuls widerstehen. Die Evolution verbesserter Kooperation erforderte also, Emotionen nicht hemmungslos auszuleben – doch nicht nur das; sie machte es auch notwendig, diese Impulskontrolle weiter zu verfeinern. Sensibel zu sein gegenüber einem größer werdenden Spektrum von Menschen – fremden Pflegern, Lehrern, Genossen bei der Nahrungssuche und Jagd – und ihre Meinung zu respektieren, ließ im Laufe der Zeit die sozialen Emotionen Verlegenheit, Scham, Schuld und Stolz entstehen, die kooperative Allianzen festigten und den Zusammenhalt innerhalb der Gruppe weiter stärkten. Obwohl diese sozialen Emotionen in mancher Hinsicht ganz unterschiedlich sind, haben sie doch drei Dinge gemeinsam: 1.) Sie alle sind Ausdruck einer sorgfältigen Prüfung realer oder imaginierter Mitglieder einer Gruppe. 2.) Die Art und Weise, wie sie zum Ausdruck gebracht werden, ist in hohem Maß situationsabhängig. 3.) Sie alle sind mit einer einzigartig menschlichen Ausdrucksform verbunden, dem Erröten. Vermutlich war es deshalb diese erhöhte Sensibilität für den sozialen Blick als Ausdruck von Zustimmung oder Ablehnung, die im Laufe der emotionalen Evolution des Menschen entstand, und weniger vier verschiedene Typen von Emotionen. Die spezifischen sozialen Emotionen der Schuld, Verlegenheit, Stolz und Scham sind Konstrukte, man entwickelt sie während des Heranwachsens durch kulturelle Lernprozesse.

Die Evolution sprachlicher Kommunikation hatte noch weitere Einflüsse auf unsere Emotionen; durch Sprache erweiterte sich das Spektrum von Erfahrungen, die ein Individuum machen konnte; die Menschen konnten nun an den Erfahrungen anderer teilhaben. Und dies führte zum „Wir"-Gefühl, also sozialen Emotionen wie Solidarität, moralische Entrüstung, Stolz, einer bestimmten Gruppe anzugehören, neue Typen kollektiver Angst und Freude und vieles Weitere.

Das entwicklungsgeschichtliche Entstehen dieser neuen sozialen Emotionen war mit dem zweiten Typ mit sprachverbundener evolutionärer Veränderung verknüpft, die wir ansprechen wollen. Kommunikation mit Wörtern schuf einen neuen Weg, Gespeichertes wieder in Erinnerung zu rufen – dies bezeichnen wir als „wortbasiertes episodisches Erinnern". Persönliche Erfahrungen konnten mittels damit assoziierter Wörter wieder ins aktive Bewusstsein gerückt und kommuniziert werden. Zur Rekonstruktion vergangener Erfahrungen brauchte man nicht mehr tatsächlich vorhandene Anhaltspunkte und Hinweise, die Teil jener Erfahrungen waren. Die Fähigkeit, mit Hilfe von Wörtern ganze Szenen zu konstruieren, ermöglichte den Individuen Einblicke in die eigenen Gedanken wie in die anderer Leute. Das Vermögen, Erfahrungen wieder abzurufen und sich konkret vorzustellen wurde während des Heranwachsens über das Spielen mit Symbolen geübt. Heute können wir das gut beobachten, wenn Kinder bei Phantasiespielen mitmachen. Ein solches „Spielen" verbesserte das Kontrollieren von Emotionen, das Einüben „guten Verhaltens", stärkte Kausaldenken und weitete sich zu Sprachspielen aus. Als sich wortbasiertes Gedächtnis und Vorstellungsvermögen verbesserten, wurde es notwendig, zwischen dem zu unterscheiden, was jemand erlebt hat, und dem, was ihm erzählt worden war. Falsche Erinnerungen und Vorstellungen wurden zu einem Problem, und dies führte dazu, dass die Gedanken von Wahrheit und Irrtum entstanden, einschließlich der damit einhergehenden Emotionen: Argwohn, Zweifel, Gewissheit. Ob und in welchem Ausmaß die mit verbesserten sprachlichen Fertigkeiten einhergehenden Änderungen im Gedächtnis durch entsprechende genetische Abänderungen optimiert wurden, weiß man im Augenblick noch nicht. Doch selbst wenn dies der Fall gewesen sein sollte, leiteten Gene die Evolution der Sprache nicht an, sie folgten ihr lediglich.

A. D.: Offenbar wollen Sie damit sagen, dass sprachliche Kommunikation das Ergebnis komplexer Wechselwirkungen und Vernetzungen von Komponenten unseres mentalen Apparates ist, die durch die Anforderungen des Soziallebens geformt worden sind; diese Anforderungen haben sich durch sprachliche Kommunikation immerfort verändert und werden dies auch in Zukunft tun! In der Evolution der Sprache scheint es eine Menge Rückkopplungen gegeben zu haben – und soweit ich es verstehe, wollen die Leute noch immer wissen, wie groß der Anteil genetischer Änderungen bei der Formung der mentalen Mechanismen war und welche Bedeutung die Kultur gehabt haben mag. Aber kulturelle Evolution besteht doch nicht nur aus dem Erwerb der Sprachfertigkeit – welche neueren Forschungen gab es denn sonst noch auf diesem Gebiet?

Evolutionäre Ansätze zur Kulturgeschichte

M. E.: Tatsächlich ist auch hier in den vergangenen Jahren Einiges passiert, aber wir werden nur einen kurzen Blick auf zwei Arten von Studien werfen, auf die wir – als Evolutionsbiologen – aufmerksam geworden sind.[123] Zum einen handelt es sich um anspruchsvolle phylogenetische Analysen kultureller Daten. Der zweite Typ von Studien beschäftigt sich mit der Weitergabe menschlicher Praktiken in Sozialgruppen und mit neuen

Beobachtungen und Vorstellungen über Menschen als Konstrukteure und Selektoren ihrer kulturellen Nischen; hier ist Waddingtons Entwicklungsansatz von Nutzen. Wir kommen auf Studien zu sprechen, die zeigen, wie Waddingtons Vorstellungen auf die Erforschung des sozialen und kulturellen Wandels angewandt werden können.

Beginnen werden wir mit phylogenetischen Analysen. Seit Darwin das einzige Diagramm in *Origin of Species* einem Baum widmete, um seine Theorie von der „Abstammung mit Modifikationen" zu illustrieren, haben Biologen viele phylogenetische Bäume konstruiert. Bis in das späte 20. Jahrhundert hinein basierten diese Abbildungen evolutionärer Beziehungen überwiegend auf Vergleichen zwischen spezifischen morphologischen Merkmalen so vieler lebender und ausgestorbener Arten wie möglich. Doch ein regelrechter Boom setzte ein mit der Entwicklung der Molekularbiologie, denn nun war es möglich, Stammbäume auf Grundlage der Unterschiede in den Aminosäurensequenzen homologer Proteine verschiedener Arten oder den Nukleotidsequenzen homologer Gene zu konstruieren. Ein Resultat haben wir bereits angesprochen: Wegen des horizontalen Gentransfers, vor allem während der frühen Evolution des Lebens, haben sich manche Bäume eher netzartig entwickelt. Eine andere Folge: Die großen Datenmengen, die molekulare Studien produzierten, förderten die Entwicklung neuer Techniken zu ihrer Analyse. Erfreulicherweise sind unsere Computer enorm leistungsfähig geworden und die Molekularbiologie hat sich gewaltig weiterentwickelt. Damit liefert uns die molekulare Phylogenetik detaillierte Informationen über evolutionäre Beziehungen und ihren Abweichungsgrad; auch können wir nun weitaus besser als früher Schlussfolgerungen über die Prozesse ziehen, die vergangenen Veränderungen zugrunde liegen.

Ein Nebenprodukt der molekularen Phylogenetik besteht darin, dass die dafür entwickelten Methoden auch in anderen Disziplinen gut verwendet werden können. Schon seit langem nutzt man sprachliche Unterschiede, um die historischen Beziehungen zwischen verschiedenen Menschengruppen zu rekonstruieren, und seit Jahrzehnten erstellt man auch entsprechende sprachwissenschaftliche Entwicklungsbäume. Russell Gray und seine Kollegen haben nun einige der neuen molekularbiologischen Techniken auf sprachliche Divergenzen angewandt, um Hypothesen über die Ursprünge und Bewegungen von Sprachen und ihrer Sprecher zu prüfen. Die sprachlichen Einheiten, deren Veränderung man nachging, waren Wörter, die in verschiedenen Sprachen unterschiedliche Klangmuster, aber verwandte Bedeutungen haben. Daraus schließen Linguisten, dass sie gemeinsame Vorfahren haben. Solche Wörter, die man „urverwandt" nennt, sind in der Regel Ausdrücke, die die Verwandtschaft, Körperteile, Ziffern oder Grundverben bezeichnen. Gray und seine Kollegen verwendeten diese Wörter, um zwei heftig umstrittene, einander widersprechende Hypothesen über Verbreitung und Ursprung indoeuropäischer Sprachen zu untersuchen. Nach der einen Hypothese entstand diese Sprachfamilie vor etwa 9000 Jahren in Anatolien (einem Teil der heutigen Türkei) und breitete sich von dort im Zuge der Ausbreitung der Landwirtschaft aus. Die andere Hypothese lautet: Ihr Ursprung liegt im südlichen Russland und der Ukraine in der Kultur der Kurgan-Kriegsreiter, die sich vor etwa 6000 Jahren in andere Gegenden ausbreiteten („Kurgan-Hypothese"). Das Ergebnis der sprachlichen Analyse von urverwandten Wörtern in 87 indoeuropäischen Sprachen bestärkte die anatolische Hypothese sehr. Ähnlich ging man vor, um Licht auf ein anderes, stark umstrittenes historisches Ereignis zu werfen: die austronesische Expansion, also Zeitpunkt und Muster der menschlichen Besiedlung der pazifischen Inseln. Man wertete 400 Sprachen aus, und wieder standen zwei Hypothesen zur Disposition: eine Wanderungsbewegung von Taiwan, die vor etwa 4000 Jahren begann, versus eine Wanderungsbewegung vor 13 000 bis 17 000 Jahren von der Wallace-Region (zwischen Borneo und Neuguinea) aus. Die Analyse zeigte nicht nur, welches Szenario wahrscheinlicher ist (nämlich Ersteres), es enthüllte auch die Muster des Wandels: Perioden rascher Expansion wechselten sich mit Pausen ab, während derer die Menschen die neuen Inseln in Besitz nahmen.[124]

Die Verwendung phylogenetischer Methoden der Biologie bei der Erforschung der kulturellen Evolution ist nicht auf den Vergleich von Sprachen begrenzt, obwohl diese für solche Analysen besonders geeignet sind.[125] Sie wurden auch zur Analyse verschiedener anderer Typen großer oder kleiner historischer Veränderungen verwendet; am unteren Ende stehen Abänderungen in Manuskripten. In der Einleitung zu Teil II dieses Buchs haben wir den Genotyp mit einer Partitur verglichen, denn beide können das Opfer kumulativer Fehler beim Kopieren werden, wenn sie weitergegeben werden. Es dürfte daher nicht überraschen, wenn phylogenetische Analysen dort verwendet werden, wo es verschiedene Versionen von Manuskripten eines alten Textes gibt, um Information über ihre historischen Verbindungen und ihren Ursprung zu gewinnen, so wie man Information aus dem Vergleich der DNA verschiedener Spezies gewinnen kann. Ein bekanntes Beispiel ist die Verwendung von Computertechniken, um einen phylogenetischen Baum für die 58 Versionen einer der Geschichten aus Chaucers *The Canterbury Tales* aus dem 15. Jahrhundert zu erstellen.[126] Die Analyse der Beziehungen zwischen den Manuskripten ermöglichte es, Dinge über Chaucers Version der Geschichte aus dem 14. Jahrhundert abzuleiten, die man zuvor noch nicht bemerkt hatte. Es ist ein großer Sprung von Veränderungen im Manuskript von Geschichten hin zur politischen Organisation Austronesiens, aber auch dort haben phylogenetische Analysen neue Einsichten in die Kulturgeschichte ergeben, dieses Mal über Trends in Bezug auf die kulturell-politische Evolution in diesem Teil der Welt.[127]

Bisher gehören die in diesem Abschnitt beschriebenen Arbeiten in das Gebiet von Historikern, Archäologen und Anthropologen, denn es ging vor allem darum, wie sich Bevölkerungsgruppen von anderen unterscheiden. Man kann das als kulturelle *Makro*evolution bezeichnen. Das zweite Gebiet, das wir nun näher betrachten wollen, ist das Gebiet der Sozialpsychologen; hier geht es um *mikro*evolutionäre Interaktionen von Genen, Kultur und Umwelt, vor allem innerhalb von Bevölkerungsgruppen. In Kapitel 6 haben wir den theoretischen Rahmen dieses Themas, für dessen Konstruktion Feldman und Cavalli-Sforza sowie Boyd und Richerson die Vorarbeit geleistet haben, eher unterbewertet. Dafür sind wir zu Recht kritisiert worden, denn aus ihren Arbeiten, die Richerson und Boyd in *Not by Genes Alone* (2005) zusammenfassten, kann man viel lernen.

Durch Modelle, die ähnlich denen der Populationsgenetik sind, lässt sich das Schicksal kultureller Eigenschaften (Überzeugungen, Einstellungen, Fähigkeiten und so weiter), die durch kulturelles Lernen weitergegeben werden, verfolgen. Dabei kann man nachvollziehen, welche Wirkungen die Parameter Bevölkerungsgröße, Migration (von Menschen und ihren Produkten), Mutation (von Innovationen und Fehlern) und Selektion auf die Häufigkeit der Weitergabe von Vorstellungen oder Praktiken haben. Diese Faktoren ähneln denen, die in genetischen Populationsmodellen erscheinen, obwohl natürlich Kulturmodelle berücksichtigen, dass die Weitergabe horizontal oder indirekt und verdeckt (*oblique*) sein kann – das heißt an Mitglieder der nächsten Generation, zu denen keine Beziehung besteht – oder aber vertikal. Diese Modelle beinhalten auch andere Faktoren, die typisch für die Weitergabe von Informationen beim Menschen sind. Sie lassen sich dazu verwenden, Fragen wie die folgenden zu untersuchen: Was geschieht, wenn Menschen vorzugsweise Eigenschaften nachahmen, die sie bei denjenigen sehen, denen sie ein besonders großes Sozialprestige zuschreiben? Was geschieht, wenn Menschen vorzugsweise sich anpassen und diejenigen Varianten kopieren, die am verbreitetsten sind? Welche Folgen hat es, wenn Menschen Eigenschaften durch Lernen in Form von Ausprobieren abändern? Welche Auswirkungen hat es, wenn Menschen eine Überzeugung entwickeln oder eine Handlung vornehmen, die eine Mischung aus dem Vorhandenen darstellt? Das Schöne am Modell-Ansatz ist, dass er quantitative Vorhersagen macht, die man im Labor oder im Feld überprüfen kann. Psychologische Experimente dazu, nach welchen Neigungen Menschen Information weitergeben, und ethnografische Studien, die die Weitergabe von Information in kleinen Gemeinschaften erforschen, prüfen immer stärker die Bedeutung verschiedener Faktoren, die in diesen Modellen enthalten sind. Sie beobachten nicht nur, was innerhalb einer Sozialgruppe passiert, sondern die Modelle werden auch dazu verwendet, die Auswirkungen des Wettbewerbs innerhalb verschiedener Gruppen zu untersuchen; damit will man herausfinden, wie sich Kulturmerkmale wie Teilen oder Selbstaufopferung entwickelt haben.

Populationsmodelle zur Evolution des Menschen können auch dazu verwendet werden, die Interaktionen zwischen genetischen und kulturellen Faktoren zu untersuchen. Sie wurden bei einigen Beispielen angewandt, die wir in Kapitel 8 untersucht haben, zum Beispiel die Koevolution bei der Ausbreitung der Milchwirtschaft oder die Fähigkeit, Laktose zu verdauen.[128] Ein anderes, aktuelleres Beispiel kulturell bedingten genetischen Wandels ist das steigende Vorkommen von Connexin-Taubheit in den USA, das sich in den letzten 200 Jahren wohl verdoppelt hat. Connexine sind Proteine, die notwendig sind, damit der hörende Teil des Ohrs richtig funktioniert, und Mutationen in der genetischen Kodierung von Connexin können zu einer rezessiven Form von Gehörlosigkeit führen. Die Zunahme von Connexin-Taubheit wird auf die Einführung der Zeichensprache vor über 400 Jahren und die darauf folgende Einrichtung von Schulen für Gehörlose zurückgeführt. Davor waren Gehörlose sozial eher isoliert, und die Wahrscheinlichkeit, dass sie einen Partner fanden, Kinder zeugten und sie erfolgreich aufzogen, war geringer als bei hörenden Menschen. Dadurch war das Allel für Gehörlosigkeit nicht sehr verbreitet. Mit der Einführung der Zeichensprache verbesserten sich die sozialen und wirtschaftlichen Bedingungen von Gehörlosen und sie wurden stärker in die Gesellschaft integriert. Sie konnten nun ein relativ normales Leben führen und Familien gründen, daher ließ die Selektion gegen das Taubheits-Allel nach. Aber das ist nur die halbe Geschichte: Nachdem es nun einmal Schulen für Gehörlose gab, nahm die Wahrscheinlichkeit zu, dass Gehörlose einen Partner finden, mit dem sie leicht kommunizieren können – jemanden, der ebenfalls gehörlos ist oder der die Zeichensprache beherrscht, weil er oder sie aus einer Familie stammt, in der jemand gehörlos ist. Da zwei Gehörlose manchmal den gleichen genetischen Defekt haben und die Verwandten von Gehörlosen eine Kopie des Allels für Taubheit in sich tragen, bedeuten solche Ehen, dass die Kinder eines Gehörlosen mit überdurchschnittlicher Wahrscheinlichkeit homozygot und damit gehörlos sind. Die Zunahme von Connexin-Taubheit ist daher das Ergebnis abnehmender Selektion gegen den Gehörlosen-Phänotyp und einer Zunahme dessen, was Biologen „Assortative Paarung" nennen; beides wurde durch die Einführung der Zeichensprache verursacht. Anfangs war diese Schlussfolgerung Spekulation, aber sie wurde durch Computermodelle und durch eine vergleichende Analyse unterstützt, die sich auf eine bemerkenswerte Datenreihe von Familien Gehörloser aus dem 19. Jahrhundert und denen heutiger Familien stützt.[129] Es wird interessant sein zu sehen, wie sich die Häufigkeit von Connexin-Taubheit jetzt entwickeln wird, da Gehörlose dank der Cochlea-Implantate besser kommunizieren und in Regelschulen unterrichtet werden können.

Die genetischen und kulturellen Veränderungen, die auf die Einführung der Zeichensprache folgten, sind eine Hilfe bei der Überlegung, wie in noch fernerer Vergangenheit die kulturelle Entwicklung gesprochener Sprache eine neue Nische bildete, in der sich die Häufigkeit von Allelen, die das Lernen von Sprache und die Sprachproduktion betreffen, veränderte. Wie in Kapitel 10 erwähnt, hat die zunehmende Erkenntnis, dass Organismen durch ihre Handlungen die Nische konstruieren, in der sie und ihre Nachkommen selektiert werden, zur expliziten Bildung (*modeling*) von Rückkopplungen zwischen verschiedenen nischenkonstruierenden Aktivitäten und ihren Folgen für die Selektion geführt. Die Theorie der Nischenkonstruktion liefert Einsichten in viele Aspekte der menschlichen Geschichte, von der Verbreitung der Landwirtschaft ausgehend vom Mittleren Osten bis hin zur Rentierhaltung in Skandinavien.[130]

A. D.: Mir scheint, die Methode der Nischenkonstruktion bei der kulturellen Evolution hat etwas zu tun mit dem Schneeballeffekt, den eine Veränderung auf die andere hat. Daher umfasst sie sowohl die Entwicklungsaspekte von Individuen als auch ihrer Gesellschaften recht gut. Wenn wir Ihr Lieblingsbeispiel nehmen, die Lese- und Schreibfähigkeit, dann sehen wir, dass diese auch etwas mit der Entwicklung von Erziehung durch ein Schulsystem zu tun hat, mit der Professionalisierung des Unterrichts, neuen Lernmethoden, der Herstellung günstiger Schulbücher und so weiter. All dies profitiert von der legendären Entwicklungsfähigkeit von Kindern, zu lernen.

Die „soziale Landschaft“ als systemisches Modell kultureller Dynamik

M. E.: Das Konzept der Nischenkonstruktion gefällt uns, weil es das Wechselspiel zwischen Ursache und Wirkung selektiver Änderungen berücksichtigt. Doch sind wir der Meinung, dass es – ähnlich wie die meisten anderen Modelle zur Gen-Kultur-Koevolution – auf Entwicklung nur wenig Licht wirft. Es kann nicht sehr viel über die Entwicklungsmechanismen aussagen, die dem Erhalt, der Weitergabe und den Veränderungen von Kulturmerkmalen zugrunde liegen. Es sagt uns überhaupt nichts dazu, was Kultur resistent gegen oder empfänglich für Veränderungen macht. Genau deshalb brauchen wir einen systembiologischen Ansatz, der vielfältige wechselwirkende Faktoren und Mechanismen explizit einschließt. In Kapitel 10 haben wir die entwicklungsspezifische Systemtheorie (DST) der Evolution erwähnt, wonach ein ganzes Spektrum wechselseitig abhängiger Prozesse und Ressourcen notwendig ist, um ein neues Individuum hervorzubringen. Nach der DST ist der reproduzierbare Lebenszyklus die Einheit der evolutionären Analyse, und evolutionäre Veränderungen bedingen Änderungen im Lebenszyklus[131]. Wir finden den DST-Ansatz nicht schlecht, weil er die Existenz verschiedener Vererbungssysteme in Rechnung stellt und die dynamischen positiven und negativen rückkoppelnden Wechselwirkungen berücksichtigt, die es in einem sich entwickelnden Organismus gibt, ebenso jene zwischen diesem und seiner Umwelt. Wenn wir aber über kulturelle Evolution nachdenken, so stellen wir doch fest, dass es kein klares Äquivalent zum reproduzierenden Lebenszyklus gibt. Denn bei Kultur handelt es sich um anhaltende, sich selbst erneuernde Prozesse auf der Ebene des ganzen Systems und um die reproduzierenden Lebenszyklen der Menschen, die die Erneuerung der Kultur verursachen.

Vor Kurzem hat eine von uns (E. J.) zusammen mit Kollegen anderer Disziplinen einen Ansatz zur kulturellen Evolution untersucht, der – wie die DST – die Existenz zahlreicher wechselseitig abhängiger Prozesse und Ressourcen anerkennt (sich entwickelnde Individuen, Gruppen von Individuen und Sozialstrukturen wie Institutionen und Regeln), die an der Erhaltung und Veränderung von Kultur mitwirken. Das Bild, mit dem wir das Ganze darstellen, haben wir von jemandem übernommen, den wir als einen der frühesten Systembiologen bezeichnet haben: Conrad Waddington. Unser Ansatz verwendet Waddingtons Bild der ontogenetischen Entwicklung als einer epigenetischen Landschaft – dies haben wir zunächst in Kapitel 2, dann ausführlicher in Kapitel 7 beschrieben. Wichtig an dieser Darstellung von Entwicklung ist, dass es Kanalisierung und Plastizität sowie die Beziehung zwischen beiden veranschaulicht. Kanalisierung (dynamische Stabilität trotz verschiedener Störeinflüsse) ist nur möglich, wenn ihr Plastizität (Mechanismen, die Fluktuationen im System kompensieren oder neutralisieren) zugrunde liegt. Aufgrund von Kanalisierung wird der Entwicklungszyklus eines Organismus Generation für Generation reproduziert – ungeachtet vieler genetischer, epigenetischer und umweltspezifischer Variationen. Gleichwohl kann die Entwicklung modifiziert werden, sogar tiefgreifend; und manchmal kann ein so veränderter Entwicklungszyklus be-

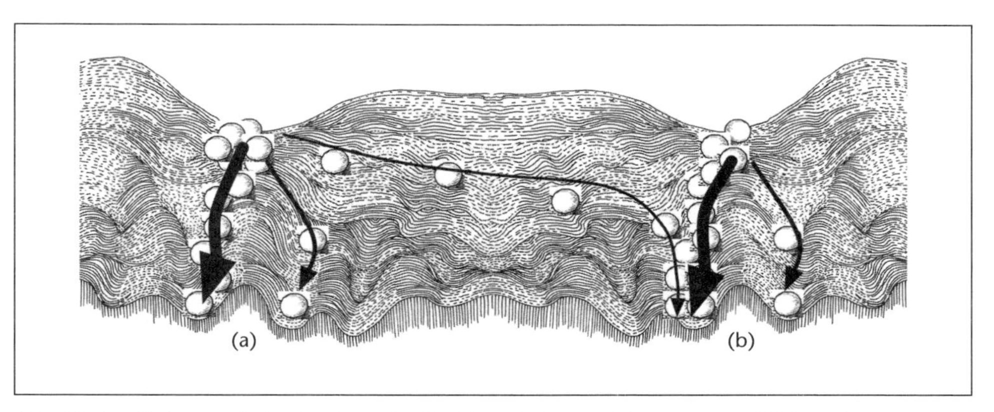

Abb. 11.6 Teil einer sozialen Landschaft, die die soziale Entwicklung von Individuen formt und von dieser geformt wird. Zwei alternative Routen führen zu den sozialen Zuständen a und b; die Breite eines Pfeils zeigt die Wahrscheinlichkeit an, mit der ein Weg beschritten wird. Die einzelnen Mitglieder einer Gemeinschaft (Bälle) mögen während ihrer Entwicklung verschiedenen Pfaden folgen, doch kommen sie im Allgemeinen letztlich dahin, ihren ursprünglichen sozialen Zustand (a oder b) zu reproduzieren. Ein Abwandern in einen anderen Teil der Landschaft (von a nach b) ist möglich, doch schwierig und ungewöhnlich (mit freundlicher Genehmigung aus I. Tavory, S. Ginsburg, E. Jablonka, The reproduction of the social: A developmental system approach, in: *Developing Scaffolds in Evolution, Culture and Cognition*, Hrsg. L. Caporael, J. Griesemer, W. Wimsatt, Cambridge, MA, MIT Press 2013)

stehen bleiben und den ursprünglichen ersetzen. Um diese evolutionäre Veränderung zu verstehen, muss man die dynamische Architektur des Lebenszyklus verstehen – also das, was hinter Kanalisierung und Plastizität steckt.

In Waddingtons epigenetischer Landschaft kann man die Reproduktion eines Entwicklungszyklus nicht erkennen, weil das Bild nur einen kleinen Ausschnitt der Entwicklung zeigt und statisch ist (ein Video wäre hier sehr viel aufschlussreicher). Dennoch gibt das Bild sehr gut den Charakter eines komplexen dynamischen Systems wieder. Es ist Prozess-orientiert und es betont die rückkoppelnden Wechselwirkungen zwischen vielfältigen Ressourcen, das heißt in diesem Fall Genen und ihren Produkten. Eva Jablonka und ihre Kollegen haben die elementare Struktur der epigenetischen Landschaft übernommen und als Grundlage für die Konstruktion eines Modells der „sozialen Landschaft" (Abb. 11.6) verwendet[132].

Eine soziale Landschaft ist das Bild eines Musters vom Sozialleben in einer Gruppe; dieses dynamische System ist die Einheit der Analyse. Eine bestimmte soziale Landschaft ist zwar immer Teil einer größeren, doch ist sie insofern abgegrenzt, als sie ein mehr oder weniger zusammenhängendes, sich selbst erneuerndes System bildet. Die Landschaft wird durch die Wechselwirkungen zwischen den vielfältigen Ressourcen und Aktivitäten geformt, die die Entwicklung von Individuen und Gruppen von Individuen in der Gemeinschaft beeinflussen. Genetische, epigenetische, ökologische, institutionelle und Symbol-gestützte Faktoren tragen zur Bildung der Landschaft und ihrer dynamischen Stabilität bei. Wechselwirkungen zwischen diesen Faktoren bauen Familienstrukturen auf, öffentliche Ressourcen wie Schulen, Lehrpläne, Fachgesellschaften, religiöse Vereinigungen, Arbeitsorganisationen, Interessengruppen, vorübergehend und dauerhaft verwendete Werkzeuge und andere Kunsterzeugnisse, Gesetze, Kommunikationswege und vieles Weitere. Die Pfade in der Landschaft werden durch die Lebensaktivitäten der Individuen und Gruppen von Individuen geformt. Individuen können existierende Täler vertiefen und verbreitern, sich auf Nebenwege innerhalb der gewohnten Landschaft begeben und manchmal einen ganz eigenen, neuen Pfad austreten; allerdings neigen die meisten dazu, innerhalb jener Landschaft zu bleiben, in der sie aufgewachsen sind, weshalb deren Struktur die Aktivitäten dieser Menschen beschränkt.

Zwei Beispiele von sozialen Systemen illustrieren die Art von Faktoren, die zu einer solchen dauerhaften, sich selbst erneuernden sozialen Landschaft beitragen: Armut in Städten der USA und orthodoxes jüdisches Leben in Los Angeles. Im Falle städtischer Armut sind viele Faktoren und Prozesse bekannt, die in der Armutsspirale eine Rolle spielen: Entwicklungseffekte von Unterernährung oder billiger, ungesunder Ernährung, hoher Alkohol- und Drogenkonsum armer Eltern, keine oder geringe elterliche Investitionen in die Erziehung in den Jahren vor der Einschulung, schlechte Schulen; zu wenig Jobs, geringe Erwartungen von Gleichaltrigen, Eltern und Lehrern, Vorurteile von Außenstehenden, mangelnde Unterstützung durch jene, die der Armut entkommen sind und typischerweise ihre Verbindung zu den Armen kappen sowie vieles mehr. Diese Faktoren erhalten oder verstärken sich sogar gegenseitig und erschweren es zusätzlich, dem Teufelskreis der Armut zu entkommen. Es gibt alternative Pfade in dieser Landschaft und manche Menschen versuchen auch tatsächlich ihr Los zu verbessern, indem sie in schlecht bezahlten und befristeten Jobs arbeiten, Drogen verkaufen oder betteln; doch aufgrund des dichten Netzes von Wechselwirkungen erlaubt es diese Plastizität nur in Ausnahmefällen, sich in andere vorteilhaftere Teile der Landschaft zu bewegen.

Den zweiten Fall, das Aufrechterhalten orthodoxen jüdischen Lebens im Melby-La-Brea-Viertel in Los Angeles, hat Iddo Tavory untersucht und analysiert. Er konnte zeigen, dass viele sich gegenseitig verstärkende Faktoren und Prozesse nicht nur zur Erhaltung, sondern sogar dazu beigetragen haben, diese Gemeinschaft zu kräftigen und zu vergrößern – eine Gemeinschaft, deren Mitglieder inmitten einer nichtjüdischen „transgressiven" Jugendkultur leben (Abb. 11.7). Zu den maßgeblichen Faktoren gehören das Erziehungssystem, das ein entschiedenes elterliches Engagement erfordert, Verordnungen zu Verboten und Geboten am Sabbat, Nahrungsmittelverbote und -rituale sowie die Art und Weise, wie orthodoxe Juden sich selbst durch ihre Kleidung und ihr Verhalten zu Erkennen geben.

In beiden Fällen tragen die regulierende, sich selbst erhaltende Struktur der Wechselwirkungen zwischen Organisationen und Praktiken zum ständigen Wiederbeleben der Landschaft bei. Zwar gibt es innerhalb des Systems noch immer Plastizität, weil der in der Stadt lebende Arme manchmal doch eine feste Arbeitsstelle findet und der orthodoxe Jude es nicht schafft, alle Rituale zu befolgen; dennoch können Leute nur ganz selten aus ihrer kanalisierten sozioökonomischen Umwelt ausbrechen. Der Ausgangspunkt für die

Abb. 11.7 Orthodoxe Juden erhalten ihre Traditionen inmitten einer ganz andersartigen kulturellen Umwelt.

Analyse eines soziokulturellen Systems ist deshalb dessen dynamische Stabilität und nicht ein bestimmter Kausalfaktor, der zur Veränderung in diesem System beiträgt. Zur Veränderung kommt es unwillkürlich, doch nach unserem Modell der sozialen Landschaft erwarten wir viele, lange Phasen geringen Wandels mit ziemlich unvermittelten Ausbrüchen landschaftlicher Umgestaltung. Solche plötzlichen Veränderungen, die durch Modelle der Komplexitätstheorie beschrieben werden können, werden sich dann ereignen, wenn zahlreiche Faktoren sich gleichzeitig ändern. Beispielsweise kann es dazu kommen, wenn ökonomische oder politische Krisen zwei gesonderte Landschaften enger zusammenrücken lassen oder wenn Menschen mit anderem kulturellen Hintergrund im Zuge einer Masseneinwanderung neue tiefe Pfade anlegen, die die Topografie der Landschaft ihrer „Gastgeber" einschneidend verändern. Eine Landschaft kann sich auch dann signifikant ändern, wenn neue, leistungsstarke Kommunikationstechniken erfunden werden, etwa der Buchdruck oder das Internet, was Ideen und Praktiken, die zu ganz verschiedenen Landschaften gehören, zusammenbringt. Doch selbst wo nichts Dramatisches zu geschehen scheint, wird sich die Landschaft schließlich verändern, und dies kann sogar abrupt passieren. Falls Veränderungen, die weitergegeben werden können, klein sind (zum Beispiel geringfügige Sozialreformen zur Beschwichtigung benachteiligter Gruppen) und die Grundarchitektur der Landschaft nicht ändern, können sich diese Modifikationen „still und leise" ansammeln, bis zu einer Schwelle, bei der es zu einem plötzlichen Übergang und einem neuen Kulturszenario kommt. Dieser Wandel wäre ähnlich dem einer individuellen Entwicklung. Das Landschaftsmodell für Kultur schließt kleine fortschreitende Veränderungen nicht aus, etwa kleine Abänderungen in einem Ritual einer jüdischen Gemeinschaft; doch selbst solche geringfügigen Modifikationen haben Aus- und Nachwirkungen, weil sie Teil eines Netzwerks sind. Vielleicht ändern sie nicht die elementare Ordnung der Struktur, doch wird durch sie das Netzwerk mit der Zeit stärker oder instabiler, kleiner oder größer und es bilden sich neue Verbindungen zu anderen Netzwerken in der Landschaft.

Mit diesem „epigenetisch"-systemischen Modell à la Waddington können wir nicht nur neu über die Dynamik von Erhaltung und Wandel der Kultur nachdenken; es verdeutlicht auch die Notwendigkeit, Antworten auf evolutionäre Fragen zu finden, die sich von jenen unterscheiden, die grundlegend für die Modelle und Bilder von Kultur sind, wie wir sie früher beschrieben haben. Beispielsweise ist für eine solche systemische Sicht die Frage, wie kulturelle Identität evolviert, ein zentrales Problem. Wie entstehen die Normen und kollektiven Rituale, etwa jene, die mit religiösem oder nationalbewusstem Verhalten in einer Gemeinschaft zu tun haben? Warum erhalten sich normative Verhaltensweisen und warum ändern sie sich manchmal abrupt und ganz dramatisch?[133]

A. D.: Mir ist nicht klar, inwiefern sich Ihr systemischer Ansatz à la Waddington unterscheidet von jenen Netzwerkanalysen in den Sozialwissenschaften, die momentan ja ziemlich en vogue sind. Was bietet denn ihr Bild einer sozialen Landschaft einem Studenten der Kulturgeschichte? Können Sie mir Beispiele primär kultureller (und nicht primär sozialer) Systeme nennen, die auf Ihre Waddington'sche Weise analysiert werden können?

M. E.: Ein wichtiger Unterschied zwischen Netzwerkmodellen und unserem Waddington'schen Ansatz liegt darin, dass wir die Bedeutung der Entwicklung von Individuen hervorheben; denn die individuelle Entwicklung wird einerseits geleitet durch die Form der Landschaft und andererseits baut sie die Landschaft für die Entwicklung anderer Individuen mit auf. Wir befassen uns mit Rekonstruktionsprozessen – etwa solchen, die während der Früherziehung in den Schulen und zuhause erfolgen – wie mit dem Entwicklungsgerüst und den regulierenden rückkoppelnden Wechselwirkungen, die diese Rekonstruktionsprozesse ermöglichen. Diese entwicklungsrelevanten Rückkopplungsprozesse führen oft zu dynamischer Stabilität, doch sie können ebenso zu Wachstum, stärkerer Differenzierung, Verfall oder gar zum Verschwinden der sozialen Landschaft führen. Selbstverständlich ist uns klar, dass eine Waddington'sche Analyse nur dort möglich ist, wo eine Menge ethnografischer oder historischer Daten vorliegen. Doch auch wenn die Datenlage eher bescheiden ist – was ja im Allgemeinen zutrifft, wenn wir in der Zeit zurückgehen und nur von Veränderungen in einem beschränkten Bereich von Kulturpraktiken wissen –, wird der Versuch, die sozialen Landschaften und die sie erhaltende innere Dynamik zu rekonstruieren, bei der Interpretation jeglicher Veränderung helfen.

Ein Waddington'scher Ansatz kann auf jedes beliebige kulturelle System angewandt werden, das im Lauf der Zeit Persistenz und Kontinuität zeigt. Ein offensichtlicher Fall ist die Analyse dessen, was als „wissenschaftliches Paradigma" bekannt geworden ist[134]. Die Landschaft ist das allgemein für zutreffend befundene Gerüst von Ansichten, in dem sich die einzelnen Wissenschaftler entwickeln und das sie durch ihre Aktivitäten fortlaufend erneuern. Die Pfade in der Landschaft betreten und formen Individuen durch ihre wissenschaftliche Ausbildung, ihre wissenschaftliche Sozialisation und ihre wechselseitigen Beziehungen innerhalb der Gemeinschaft. Die Stabilität der Landschaft, das wissenschaftliche Paradigma, ist das Ergebnis des Netzwerks dieser Wechselbeziehungen unter Wissenschaftlern, ihren Gesellschaften, Instituten, Journalen, Lehrbüchern und so weiter. Das Paradigma und seine Langlebigkeit, ebenso die häufig plötzlich anmutenden Paradigmenwechsel können deshalb innerhalb eines Waddington'schen entwicklungssystemischen Ansatz interpretiert werden.

A. D.: Eigentlich wollte ich Sie fragen, wie diese Ansätze in Gehirnuntersuchungen und die soziale Neurobiologie einfließen können, doch will ich davon absehen, um Sie nicht dazu zu ermutigen, über diese praktischen Aspekte zukünftiger Forschung zu spekulieren. Da Sie aber schon die Stabilität von Paradigmen zur Sprache gebracht haben, will ich Sie stattdessen über die Zukunft der Evolutionstheorie befragen. Meinen Sie denn, wir sind mitten in einem Paradigmenwechsel? Haben systembiologische Ansätze irgendwelche Auswirkungen auf die Evolutionstheorie? Und außerdem sollten Sie noch auf die Kritikpunkte eingehen, denen Sie in den vergangenen neun Jahren begegnet sind. Das wäre doch ein guter Abschluss dieses Kapitels.

Abschnitt 5: Erweiterung der Evolutionstheorie

M. E.: In der Biologie erkennen wir nicht, dass sich die Art des Denkens im Sinne eines Kuhn'schen Paradigmenwechsels ändert; doch erfordert der Ansatz, für den wir uns aussprechen, eine Erweiterung der Evolutionstheorie. Ganz offensichtlich hat unser Ruf nach notwendigen Veränderungen Kritiker auf den Plan gerufen, vor allem jene Biologen und Wissenschaftsphilosophen, die noch immer meinen, die letzten grundlegenden Worte über die Evolutionstheorie seien vor mehr als 60 Jahren von den Architekten der Modernen Synthese gesagt worden. Sie meinen ernstlich, dass sich all die Entwicklungen im vergangenen halben Jahrhundert ganz problemlos in das neodarwinistische, Gen-zentrierte Konzept, das wir in Kapitel 1 beschrieben haben, integrieren lassen. Wir meinen, eine konstruktive Antwort auf diese Vertreter und Verteidiger der Orthodoxie ist sinnvoller und interessanter als ihre Position in Frage zu stellen; deshalb beginnen wir damit, was wir als notwendige Erweiterungen für einen Darwinismus des 21. Jahrhunderts sehen. Das neue Konzept ist noch im Entstehen, und viele Leute tragen zu seiner Entwicklung bei – freilich können wir hier nicht den Beitrag jedes Einzelnen würdigen. Wir wollen uns vielmehr auf jene Aspekte konzentrieren, die besonders relevant für eine vererbungsorientierte Sicht sind, wie wir sie vertreten. Unserer Ansicht nach gibt es drei fundamentale Prozesse, die jede Evolutionstheorie berücksichtigen muss: erbliche Variabilität, Transmission und Selektion; über jeden dieser Aspekte müssen wir auf viel umfassendere Weise nachdenken, als dies in der Vergangenheit geschehen ist.

Beginnen wollen wir mit der Variabilität, auf die wir ja in diesem Buch die Hauptaufmerksamkeit gerichtet haben. Unserer Auffassung nach ist die Vorstellung der Modernen Synthese von Natur und Ursprung erblicher Variabilität unvollständig und irreführend. Die Annahme, dass sämtliche erbliche Variabilität aus zufälligen genetischen Abänderungen resultiere, unbeeinflusst von den umwelt- und entwicklungsspezifischen Bedingungen, ist heute nicht mehr haltbar. Oben in diesem Kapitel haben wir ja skizziert, wie James Shapiro genetische Variation interpretiert; danach ist die Vorstellung, genetische Abänderungen seien letztlich Ergebnis von Störfällen, mit den objektiven Befunden einfach nicht vereinbar. Ganz im Gegenteil, die experimentellen Daten legen nahe, dass Änderungen in der DNA-Sequenz häufig weder zufalls- noch unfallbedingt sind – erzeugt werden sie durch ein Netzwerk von Wechselwirkungen, das ein natürliches genetisches Engineering-System darstellt; und dieses System hat großen Einfluss darauf, zu welchem Zeitpunkt und an welchem Ort sich Sequenzänderungen einstellen.

Hinsichtlich der genetischen Abänderungen stimmen wir Shapiro in seinen Schlussfolgerungen voll und ganz zu; doch der Titel unseres Buch und alles, was wir darin diskutieren, machen klar: Evolutionär wirksame Variabilität ist nicht darauf beschränkt, was über DNA-Sequenzen von Generation zu Generation weitergegeben werden kann. In diesem Kapitel haben wir einige der neueren Hinweise angesprochen, die unsere Sicht erhärten, dass erbliche epigenetische Unterschiede eine weitere wichtige Quelle evolutionsrelevanter Variabilität ist. Epigenetische Variationen können „blind" oder gerichtet sein, sie sind durch lokale Bedingungen induzierbar und ermöglich so Reaktionen auf diese, sie können große phänotypische Wirkungen haben und sie beeinflussen weite Teile des Genoms. Das Erzeugen epigenetischer Variabilität ist ein integraler Teil der Aktivität eines adaptiven Entwicklungssystems. Außerdem sprechen die vielen Wechselwirkungen dafür, dass genetische und epigenetische Variationen Produkte ein- und desselben genetisch-epigenetischen Entwicklungssystems sind[135]. Das ENCODE-Projekt hat Hunderttausende von DNA-Elementen beschrieben, die an funktionalen genetischen Netzwerken beteiligt sind: Es gibt beispielsweise die DNA-Andockstellen für Proteine, die die genetischen „Tagesgeschäfte" beeinflussen; Sequenzen, die für all die verschiedenen siRNAs, miRNAs und andere nichttranslatierte RNAs kodieren; oder es gibt die Regionen, die Gene stilllegen, wenn sie methyliert werden. Weniger als drei Prozent der menschlichen DNA kodieren für die identifizierten 20 687 Protein-kodierenden Gene; was all die übrigen DNA-Elemente tun, wofür sie da sind – das zu verstehen, ist ein Mammutaufgabe. Doch immerhin werden derzeit schon einige der unglaublich komplexen Wechselwirkungsnetzwerke allmählich aufgedröselt. Angesichts dieser Komplexität ist der positive oder negative Effekt irgendeines einzelnen DNA-Elements auf das Überleben eines Menschen ganz bestimmt keine intrinsische Eigenschaft dieses Elements; der

Effekt wird vielmehr durch die dynamische Struktur des genetisch-epigenetischen Netzwerks bestimmt, zu dem dieses DNA-Element gehört.

Die Ansichten über Natur und Ursprung erblicher Variabilität ändern sich deshalb – sowohl an der epigenetischen wie an der genetischen Front; das Denken darüber wird immer stärker systemorientiert. Mit Blick auf Verhalten und Kultur hat es wohl nie Zweifel daran gegeben, dass Varianten Produkte eines Entwicklungssystems sind, zu dem viele Faktoren beitragen; ebenso stimmt wohl jeder zu, dass diese Varianten nur sehr selten „zufällig" entstehen.

Der zweite Aspekt der Evolutionstheorie, den wir auf breiterer Basis betrachten müssen, ist die Transmission. Inzwischen ist längst bekannt, dass nichtvertikaler Informationstransfer keineswegs auf die Dimensionen von Verhalten und Kultur beschränkt ist. Horizontaler Gentransfer und verschiedene Typen der Genomfusion und gemeinsamen Nutzung von Genen durch unterschiedliche Taxa via Hybridogenese und Symbiose sind viel weiter verbreitet als noch unlängst gedacht. Diese zusätzlichen Wege zu Erwerb oder Austausch genetischer Information kann tiefgreifende Auswirkungen auf die involvierten Genome haben: Es kommt zu epigenetischen Abänderungen, die zu neuen Genaktivitätsmustern führen und Transposonen aktivieren. Erkennt man die zusätzlichen Typen der Informationsweitergabe an, muss dies unsere Vorstellung davon ändern, wie evolutionäre Prozesse ablaufen.

Schließlich müssen wir auch unser Konzept von Selektion ausweiten. Zur Selektion kommt es nicht nur unter sich reproduzierenden Individuen und sich reproduzierenden Zellen innerhalb des Körpers. Einige evolutionär bedeutsame Selektionsprozesse sind überhaupt nicht abhängig von der Replikation und Vermehrung der beteiligten Einheiten. Wir sprechen hier von Prozessen der *selektiven Stabilisierung* und unterscheiden diese von der replikations- und vermehrungsabhängigen natürlichen Selektion. Die Prozesse, die wir meinen, sind Teil evolvierter Anpassungssysteme, die der Plastizität zugrunde liegen und während der Entwicklung phänotypische Anpassungen und Justierungen ermöglichen. Denken Sie an die zweibeinige Ziege. Dieses Tier entwickelte eine ganz neue Art der Fortbewegung, indem es lernte, auf seinen beiden Hinterbeinen zu gehen. Seine Versuche, auf diese Weise voranzukommen, waren vermutlich nicht sofort erfolgreich – es bedurfte wohl vieler Versuche und Irrtümer, wiederholter Bemühungen und innerer Umstrukturierungen, bevor die Ziege auf diese völlig artuntypische Weise gehen konnte. Dass es letztlich gelang, ist Ergebnis extremer physiologisch-verhaltensspezifischer Akkommodation; und dies sagt uns Einiges darüber, wie evolutionäre Innovationen entstehen. Neue phänotypische Variationen tauchen auf, wenn Organismen mit Herausforderungen konfrontiert werden, auf die sie durch zurückliegende Selektion nicht „vorbereitet", an die sie nicht angepasst sind. Solche Situationen meistern sie dadurch, dass sie sich auf zufällige und halb-zufällige Suche begeben; viele Möglichkeiten werden ausprobiert, bis eine Lösung gefunden ist, die das Problem löst. Die ausgewählte Lösung wird dann stabilisiert.

Dieser Typ eines Selbstorganisationsprozesses, der das Sondieren (Explorieren) verschiedener Zustände und das nachfolgende Stabilisieren eines dieser Zustände umfasst, ist Teil vieler biologischer Systeme. Man kann ihn beispielsweise bei der Embryonalentwicklung gut erkennen: Viele Nervenzellen werden produziert, die alle potenziell in der Lage sind, ein Gewebe zu innervieren; doch wenn ihre Ausläufer keine geeignete Zielzelle finden, sterben die betreffenden Nervenzellen ab. Ganz ähnlich entwickelt eine Nervenzelle zwar sehr viele Synapsen (Strukturen, über die Signale von einer Zelle zur anderen übermittelt werden), doch nur jene, die benutzt werden, überleben. Auf höherer Organisationsstufe ist das Versuch-und-Irrtum-Lernen ein klares Beispiel für einen Exploration-Stabilisierung-Prozess; und Exploration & Stabilisierung ist die Basis des kulturellen Landschaftsmodells des Menschen, das wir vorhin beschrieben haben. Es sieht so aus, als sei die Strategie „erst Entwicklungsexploration, dann selektive Stabilisierung“ ein Verfahren, das allgemein Anwendung findet, von der intrazellulären Ebene über die Selektion zwischen Zellen während der Ontogenese vielzelliger Organismen bis zu verschiedenen physiologischen (das heißt neuronalen) und verhaltensspezifischen Stabilisierungsprozessen. Auf beiden Ebenen, der ontogenetischen wie der phylogenetischen, kann sie als einzige Strategie adaptiv mit dem Unbekannten umgehen. Das Prinzip veranschaulichen wir in Abbildung 11.8.

Die Frage ist nun, ob die Effekte und Folgen einer solchen offen endenden plastischen Strategie jemals vererbt werden. Als wir uns mit der Vererbung von Chromatinmarkierungen beschäftigten, nahmen wir der Einfachheit halber an, dass eine epigenetische Markierung in einer ganz bestimmten Region des Chromatins induziert wird, und zwar als Antwort auf umweltspezifische Einflüsse, die genau diese Region betreffen. Wir ließen das Entwicklungssystem außer Acht und berücksichtigten nur die Auswirkungen ihres Wechselwirkungsnetzwerks. Ein wahrscheinlicheres Szenario kalkuliert mit ein, dass eine Milieuänderung sehr viel epigenetische Variabilität erzeugt, die so lange vorübergehend ist und fluktuiert, bis schließlich ein stabiler Entwicklungszustand gefunden ist. Mit anderen Worten, es setzt ein Prozess epigenetischer Exploration mit anschließender selektiver Stabilisierung ein, vor allem dann, wenn die Bedingungen neuartig sind und es zuvor keine Selektion für ein spezifisches regulierendes System gegeben hat, das mit dieser Herausforderung zurechtkommt. Die Exploration kann über mehrere Generationen laufen, bis ein stabiler Zustand erreicht ist. Dies mag die beste Interpretation der epigenetischen Kompensation sein, die wir oben diskutierten; ebenso der stochastischen Veränderungen, zu denen es nach Hybridisierungsereignissen bei Pflanzen zu kommen scheint. Doch können wir in diesen Fällen nicht sicher sein, dass das, was wir sehen, tatsächlich das Ergebnis einer offen endenden Exploration und selektiver Stabilisierung ist und nicht vielmehr Folge davon, dass ein bereits existierendes „Programm“ angeschaltet wurde. Glücklicherweise ist die erbliche phänotypische Akkommodation mittlerweile Gegenstand von Laborstudien; und die bisher erhaltenen Ergebnisse werfen doch einiges Licht auf die beteiligten Prozesse.

Abb. 11.8 Ein hypothetischer Prozess initialer Exploration und nachfolgender selektiver Stabilisierung. Das System ist mit folgenden Regeln belegt: a) Kontinuierlich bilden sich Linien zwischen Punkten, sie verschwinden oder verlängern sich, um sich mit benachbarten Punkten zu verbinden (Exploration). b) Je länger die Linie ist, desto weniger verändert sie sich; doch Stabilität stellt sich nur ein, wenn eine geschlossene Form (Dreieck) gebildet wird. c) Eine funktionale geschlossene Struktur (Haus) hat eine relativ größere Stabilität, sie erhöht die Wahrscheinlichkeit, dass sich auch verwandte Strukturen schließen.

Erez Braun und Kollegen untersuchten die phänotypische Akkommodation bei dem Hefepilz *Saccharomyces cerevisiae*, indem sie Zellen schwerem Stress aussetzten, dem diese in ihrer evolutionären Vergangenheit niemals begegnet waren. Sie wandten gentechnische Kniffe an, um bei diesem Pilz ein wichtiges zelluläres Regulationsnetzwerk abzuändern. In dem Stamm, den sie so konstruierten, war das essenzielle Gen *HIS3*, das für ein Enzym bei der Histidin-Biosynthese kodiert, von der DNA-Sequenz, die es normalerweise kontrolliert, entfernt worden. Stattdessen stand das Gen nun unter Kontrolle der regulatorischen Sequenz von *GAL1*, einem Gen, das im System zur Nutzung des Zuckers Galaktose eine Rolle spielt. *GAL1* ist notwendig, um Galaktose in die metabolisch viel besser verwertbare Glucose umzuwandeln; doch wenn das Nährmedium, in dem die Zellen wachsen, sehr viel Glucose enthält, wird *GAL1* abgeschaltet. Sobald dies erfolgt, wird bei dem gentechnisch veränderten Stamm auch das *HIS3*-Gen, das hier mit *GAL1* die gleiche Kontroll-DNA-Sequenz teilt, abgeschaltet. Die Folge: Die Zellen können kein Histidin mehr synthetisieren. Wenn das Nährmedium zwar Glucose, doch kein Histidin enthält, werden sie – so sollte man meinen – zum Untergang verurteilt sein. In der evolutionären Vergangenheit von *S. cerevisiae* hatte sich nichts ereignet, was den Pilz auf eine solch ungewöhnlich Situation vorbereitet haben könnte; er verfügt über keine evolvierten Entwicklungs-„Programme" oder „Verfahren", die bei diesem Problem eine Lösung bereit halten. Zu ihrer Rettung kann die Zelle jetzt noch die einzige verfügbare und aussichtsreiche Strategie anwenden, um mit dem genuin Neuen irgendwie zurechtzukommen: „Nutze die existierenden Ressourcen, um alle Möglichkeiten zu sondieren, bis etwas gefunden ist, das wieder Wachstum und Reproduktion erlaubt." Die Forscher fanden heraus, dass die Zellen tatsächlich diese Art von Strategie anwendeten. Nach einer Latenzzeit von 6 bis 20 Tagen begannen über 50 Prozent der Zellen – kultiviert auf einem Medium mit Glucose, doch ohne Histidin – mit der Vermehrung. Die genaue Analyse dieser überlebenden Zellen offenbarte, dass die Regulierung der *GAL1*-Kontrollregion verändert war und diese modifizierte Regulation über Hunderte von Generationen vererbt wurde. Verschiedene Zellen haben verschiedene adaptive Lösungen gefunden, indem sie die regulierenden Systeme auf jeweils eigene Weise ummodelten. Einige dieser adaptiven Lösungen waren mit genetischen Mutationen verbunden, doch andere scheinen ausschließlich mit epigenetischen Abänderungen einhergegangen zu sein; in allen Fällen waren aber vielfältige Umstellungen in der Genexpression notwendig[136].

Dies ist ein wichtiges Ergebnis; es zeigt, dass neue intrazelluläre Netzwerke geschaffen werden, wenn Zellen mit einer neuartigen Herausforderung konfrontiert sind, und dass jene, die Überleben und Wachstum ermöglichen, irgendwie stabilisiert und vererbt werden. Doch können solche emergenten Zustände auch bei vielzelligen Organismen mit einer gesonderten Keimbahn entstehen und vererbt werden? Lässt sich eine Herausforderung, die Körperzellen betrifft, auf eine Weise bestehen, dass die Lösung über die Gameten die nächste Generation erreicht? Genau das scheint der Fall zu sein. Soen, Braun und ihre Kollegen konstruierten eine gentechnisch veränderte Linie von *Drosophila*; um zu überleben, mussten die Tiere – ähnlich wie im Hefe-Experiment – ihre Entwicklung und die Regulation ihrer Gene reorganisieren. Die Forscher verlinkten ein Resistenzgen mit der Kontrollsequenz verschiedener gewebespezifischer Gene, sodass das Gen für eine bestimmte Arzneimittelresistenz in einigen Geweben exprimiert wurde, in anderen nicht. Im nächsten Schritt wurden die Fliegenlarven mit Futter versorgt, das eine toxische Konzentration des Arzneimittels enthielt; die Larven vermochten nur zu überleben, wenn das Resistenzgen in den Darmzellen exprimiert wurde. Was war nun das Resultat? Wie im Experiment mit den Hefepilzen war nach einer gewissen Entwicklungsverzögerung die Aktivität der Kontrollsequenzen ausgeweitet worden. Das Resistenzgen wurde nun nicht mehr nur im Darm exprimiert, sondern auch anderswo, sodass die Larven die sonst tödlichen Dosen tolerieren konnten. Und ebenso wie bei der Hefe wurde der akkommodierte Phänotyp vererbt, manchmal bis zu 24 Generationen[137]. Es war also so, als hätte die zweibeinige Ziege ihre entwicklungsspezifisch erworbenen Merkmale an ihre Nachkommen weitergegeben!

Diese Experimente werfen viele Fragen auf. Wir wissen nicht, welche molekularen Mechanismen während der Exploration eingesetzt werden; wir kennen auch das Stabilisierungssignal nicht; und im Fall von *Drosophila* verstehen wir außerdem nicht, wie Keimzellen Stabilisierungssignale erkennen und darauf antworten und wie dies zur Vererbung des stabilisierten Zustands führt. Aber wir wissen, dass wir uns mit diesen Fragen befassen müssen – und dies ist ganz sicherlich schon ein großer Fortschritt! Die beschriebenen Experimente zeigen einmal mehr, wie wichtig es ist, die Entwicklungssysteme zu verstehen, die der Plastizität zugrunde liegen; und sie stützen unsere Position, dass wir über evolutionäre Anpassungen nicht mehr nur auf Basis einfacher Genselektion nachdenken dürfen – das gehört der Vergangenheit an.

Bevor wir etwas zur Kritik an unserer Sichtweise sagen, müssen wir noch einmal betonen, dass wir keine einsamen Rufer in der Wüste sind. Es gibt eine wachsende Minderheit unter den Evolutionsbiologen (von denen wir einige in diesem Buch erwähnt haben), die sich dafür aussprechen, die Evolutionstheorie neu zu synthetisieren und zu erweitern[138]. Eine stärker entwicklungsorientierte Sicht von Vererbung wird allmählich Teil eines evolutionär-entwicklungsbiologischen (Evo-Devo) Gesamtkonzepts und spielt nun auch in ökologischen und medizinischen Forschungsprojekten eine größere Rolle[139]. Gleichwohl gibt es noch immer viele Biologen und Wissenschaftsphilosophen, die nach wie vor meinen, im Vergleich zur Mitte des 20. Jahrhunderts sei nichts allzu Dramatisches passiert, was es erfordern würde, an die neodarwinistische Moderne Synthese Hand anzulegen; sie sind weiterhin der Meinung, dass epigenetische Vererbung und ein entwicklungsorientierter Evolutionsansatz vollständig von populationsgenetischen Modellen erfasst würden. Ihr Argument ist ganz einfach: Wenn epigenetische Variationen über Generationen hinweg nicht sehr stabil sind, dann sollten sie als Teil der ontogenetischen Entwicklung betrachtet werden, als erweiterte Elterneffekte; sind sie aber stabil, dann sind sie eben wie Mutationen – folglich müsste sich an der bewährten Denkweise über die Dynamik der Evolution überhaupt nichts ändern[140]. Dass die Vererbung von Entwicklungsvariationen (weiche Vererbung) Richtung und Rate mikroevolutionärer

Prozesse verändern, wie dies theoretische Modelle klar zeigen; dass makroevolutionäre Veränderungen eine starke epigenetische Komponenten enthalten; dass sich die Auffassung ändert, wie Innovation entstehen; dass die Frage der Individualität neu gestellt wird; und dass die Phylogenese sich nicht nur aus Aufspaltungsereignissen zusammensetzt, sondern auch Fusionen von Linien einschließt – alle diese Erkenntnisse werden von diesen Leuten im Allgemeinen ignoriert oder als nicht entscheidend abgetan. Aber was ist dann entscheidend? Was würde überhaupt als wichtige theoretische Änderung zählen? Niemand zieht die Tatsache der Evolution durch Abstammung mit Modifikationen in Zweifel, ebenso wenig die Bedeutung der Selektion. Doch ganz gewiss haben eine entwicklungsorientierte Sicht auf den Ursprung, die Herkunft erblicher Variabilität und ein umfassenderes Verständnis von Transmission und Selektion ihre Auswirkungen. Dieses ganze lange Kapitel ist ein einziges langes Argument für eine erweiterte Sicht der Evolution.

Vor 60 Jahren, in der Hochzeit der kurz zuvor formulierten Modernen Synthese, fasste J. B. S. Haldane, einer der größten Evolutionstheoretiker des 20. Jahrhunderts, eine Konferenz über Evolution in folgender Weise zusammen:

> „Etliche Forscher tasten sich von ihrem jeweils eigenen Standpunkt vor hin zu einer neuen Synthese, während sie Tatsachen schaffen, die nicht allzu gut mit der nun akzeptierten Synthese zu vereinbaren sind. Das augenblickliche Larvenstadium der Evolutionstheorie mag durch die Bücher von Huxley, Simpson, Dobzhansky, Mayr und Stebbins definiert sein. Wir sind gewiss nicht für eine weitere Häutung bereit, aber Zeichen neuer Organe sind vielleicht schon sichtbar." (Haldane 1953, S. XVIII–XIX; Übersetzung: M. B.)*

Es hat eine lange Zeit gebraucht, bis sich diese neuen Organe tatsächlich weiterentwickelten; erst jetzt, über ein halbes Jahrhundert später, hat sich die Häutung vollzogen. Die neue Larve wird gewiss eine kompliziertere Evolutionstheorie sein, doch sieht es so aus, als werde sie interessanter, umfassender und nützlicher.

---

* *„a number of workers are groping from their own different standpoints towards a new synthesis, while producing facts which do not fit too well into the currently accepted synthesis. The current instar of the evolution theory may be defined by such books as those of Huxley, Simpson, Dobzhansky, Mayr and Stebbins. We are certainly not ready for a new moult, but signs of new organs are perhaps visible.*" (Haldane 1953, S. XVIII–XIX)

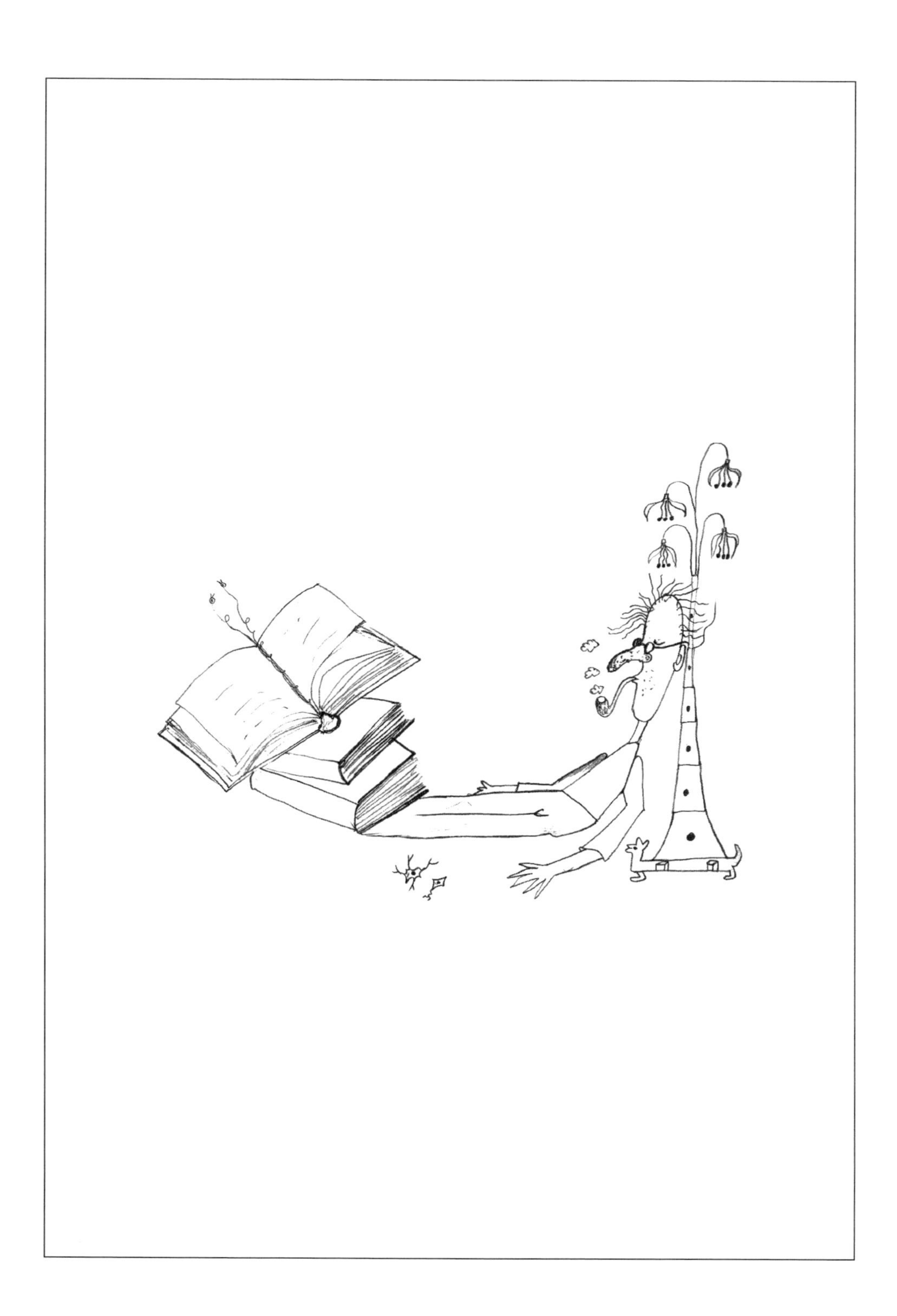

Danksagungen

Dieses Buch hätte nicht geschrieben werden können ohne die Ermutigung und Hilfe unserer Freunde, Familien, Studenten und Kollegen. Ihnen allen gilt unser Dank.

Ein Teil des Buchs entstand, während E. J. als Gast am *Museum of Vertebrate Zoology* in Berkeley (Universität von Kalifornien) arbeitete; wir möchten David und Marvalee Wake und ihren Kollegen für das gute Arbeitsumfeld danken, für das sie sorgten; ebenso Martha Breed und der WW-Gruppe für ihre Begleitung und ihre wunderbaren Ausflüge in die Natur. Wir wollen auch allen Mitarbeitern am *Cohn Institute for the History and Philosophy of Science and Ideas* an der Universität Tel Aviv für ihre Hilfe und Unterstützung unseren Dank aussprechen. Gegenüber den Studenten am Cohn-Institut und den Teilnehmern am Seminar „Networks in Evolution" des Europäischen Forums Alpbach im Jahr 2002 stehen wir in tiefer Schuld. Ihre Kommentare und kritischen Einwände haben viel dazu beigetragen, unsere Ideen und Argumente deutlicher herauszuarbeiten, einige zu überdenken und uns klarzumachen, wie wir unsere Auffassung in diesem Buch am besten präsentieren. Wir hoffen sehr, dass Sie Gefallen an dem finden, was dabei herausgekommen ist.

Wir haben von den Kenntnissen und Ratschlägen vieler Personen profitiert, doch unser ganz besonderer Dank gilt jenen, die die verschiedenen Versionen des Buchs kritisch gelesen haben. Eytan Avital, Daniel Dor, Fanny Doljanski, Yehuda Elkana, Yehudit Elkana, Evelyn Fox Keller, James Griesemer, Revital Katznelson, Jawed Iqbal, Lia Nirgad, Christine Queitsch, Richard Strohman, Iddo Tavory und Alan Templeton – sie alle haben Abschnitte oder ganze Kapitel gelesen, haben auch auf einige Fehler und Ungenauigkeiten hingewiesen. Unsere geduldigen Freunde Lia Ettinger, Simona Ginsburg und Joy Hoffman haben Entwürfe des ganzen Buchs gelesen; ihre Kommentare, kritischen Anmerkungen und ihre vielen hilfreichen Anregungen haben es zu einem viel besseren Buch gemacht. Tom Stone, Philip Laughlin und ihre Kollegen bei MIT Press begleiteten uns immer hilfreich und ermutigend, wir danken auch ihnen für ihre Beratung und die hervorragende redaktionelle Arbeit.

Dank sagen wollen wir außerdem Rami vom Restaurant Ha'Shloshah in Jerusalem. Seine Hamousta-Suppe gab uns viele lange Tage Kraft, viele Schwierigkeiten und Probleme konnten wir an seinen Tischen lösen.

Zu guter Letzt gilt unser Dank Beauty-the-cat, die es sich auf jeder einzelnen Seite des Manuskripts gemütlich machte und es so fertigbrachte, dessen Fertigstellung um einige Woche zu verzögern. Als einst verwilderte Katze erinnerte sie stets an die Kraft des Lernens, an aktive Nischenkonstruktion und an die Koevolution von Mensch und Katze.

Anmerkungen

Kapitel 1: Darwinismus gestern und heute

Viele der Primärquellen dieses Kapitels einschließlich Bücher und wissenschaftliche Artikel von Bateson, Darwin, de Vries, Galton, Weismann, Mendel, Morgan, Wright und anderen findet man in der elektronischen Fassung von Sturtevants *A history of Genetics* (1965), abrufbar unter: http://www.esp.org/books/sturt/history.

Neun Jahre später: Weitere Aspekte des geschichtlichen Hintergrunds der Evolutionsvorstellungen findet man in Kapitel 11. Für eine Diskussion des Neolamarckismus und der Modernen Synthese siehe auch Gissis/Jablonka (2011), Kap. 2 bis 14; Schwartz (2008) berichtet sehr lesenswert über die Entwicklung der Vererbungsvorstellungen ab Darwin und Sapp (2009) darüber, wie sich die Vorstellungen über Abstammungsmuster geändert haben, von dem Bild eines sich gabelnden „Baum des Lebens" hin zu einem mehr netzwerkartigen „Geflecht des Lebens".

1 Zu den besten der vielen Darstellungen der Debatten um die verschiedenen Evolutionsvorstellungen gehören zum einen Bowler (1989a), der einen guten historischen Überblick über die wechselhafte Geschichte der verschiedenen Ideen zur Evolution vor allem ab Mitte des 19. Jahrhunderts gibt, und zum anderen Weber/Depew (1995), die das Thema mehr von der philosophischen Seite aus betrachten und dabei auch aktuelle Hypothesen zur Evolution komplexer Systeme einschließen.

2 Maynard Smiths Verallgemeinerung von Evolution durch natürliche Selektion ist seiner Publikation *The problems of Biology* (1986), Kap. 1, zu entnehmen; etwas anders formuliert Lewontin (1970) diese Sicht. Griesemer (2000a) diskutiert die Unterschiede zwischen den Erklärungsansätzen von Maynard Smith und Lewontin, wobei er deren Sichtweisen in einen breiteren philosophischen und biologischen Zusammenhang stellt.

3 Darwin diskutierte die erblichen Effekte von Gebrauch und Nichtgebrauch wie auch direkt umweltinduzierte erbliche Veränderungen in der ersten Ausgabe von *Origin of Species* (1859), besonders in Kap. 4. In der 5. und 6. Ausgabe setzte er die Diskussion fort, indem er auf Kritik seiner Hypothesen antwortete.

4 Lamarck stellte seine Vorstellungen vom allmählichen organischen Formenwandel erstmals ausführlich in *Philosophie zoologique* (1809) vor; in späteren Werken revidierte er manche seiner Thesen. Eine Zusammenfassung von Lamarcks Evolutionstheorie und seinen späteren Korrekturen und Novellierungen gibt Burkhardt (1977) in Kap. 6. Lamarcks Sicht der Evolution war zu seinen Lebzeiten nicht sehr verbreitet, weshalb auch die *Philosophie zoologique* erst 1914 ins Englische übersetzt wurde. Georges Cuvier, ein Kollege Lamarcks und einer der einflussreichsten Biologen seiner Zeit, verspottete Lamarcks Ideen, vor allem in der „Eloge", die Cuvier nach Lamarcks Tod 1829 schrieb. Diese Eloge, erst 1832 veröffentlicht, fand weite Verbreitung und war in den nachfolgenden Jahrzehnten Quelle vieler Fehldeutungen von Lamarcks Theorie. Eine englische Übersetzung von Cuviers *Éloge de M. Lamarck* findet man im Reprint der *Zoological Philosophy* (englische Ausgabe) von 1984. Evolutionsvorstellungen im Sinne Lamarcks zu verwerfen, gehört bis heute gewissermaßen zum Kanon gesicherten evolutionstheoretischen Wissens, denn angeblich spiegle Lamarck'sches Denken lediglich die Unfähigkeit wider, die Essenzen von Darwinismus und Entwicklungsbiologie zu verstehen und elementare Logik zu beachten. Ein typisches Beispiel gibt Conin (1991), S. 35–47.

5 Zur „Vorläufigen Hypothese der Pangenesis" siehe Darwin (1868), Bd. 2, Kap. 27. Robinson (1979) gibt einen Überblick über andere Pangenesis-artige Vererbungstheorien im 19. Jahrhundert. Darwin begann einem Brief an seinen Cousin Francis Galton zufolge in den frühen 1840er Jahren damit, sich mit der Pangenesis-Theorie zu befassen. Die häufig wiederholte Behauptung, Darwin habe seine Lamarck'schen Ideen primär als Reaktion auf Kritik und gegen seine eigene Überzeugung entwickelt, entbehrt – sowohl bei Betrachtung seiner Briefe wie auch der ersten Auflage der *Origin of Species* – jeder Plausibilität.

6 Darwin diskutiert Virchows Zelltheorie und alternative Vorstellungen zur Zellbildung im Kap. 27 der ersten Auflage von *Variation under Domestication* von 1868 (Bd. 2, S. 370), wo er bemerkt: „As I have not especially attended to histology, it would be presumptuous in me to express an opinion on the two opposed doctrines." In der 2. Auflage (1883) argumentiert Darwin zwar ganz entsprechend, allerdings fehlt dieser Satz.

7 Weismanns Vorstellungen, die er im Verlaufe mehrerer Jahre entwickelte, kommen in seinen zahlreichen gut und verständlich geschrieben Büchern und Aufsätzen zum Ausdruck. Seine Entwicklungs- und Vererbungstheorie formulierte er in *Das Keimplasma – Eine Theorie der Vererbung* (1892). Über sein ausgereiftes Konzept zu Vererbung, Entwicklung und Evolution referiert Weismann in einigen *Vorträgen über Deszendenztheorie gehalten an der Universität zu Freiburg im Breisgau* (1904). Diese umfassen auch seine Vorstellungen zur Herkunft erblicher Variabilität durch qualitative und quantitative Abänderungen bei den Determinanten (Bd. 2, Kap. 25 und 26) sowie zu den Ebenen der Selektion (Bd. 2, Kap. 36).

8 Burt (2000) wertet Weismanns Vorstellungen zur Bedeutung der sexuellen Reproduktion für die Generierung erblicher Variabilität aus. Im Licht der modernen Evolutionstheorie seien sie, im Wesentlichen, so Burt, korrekt.

9 Den äußerst lesenswerten Abhandlungen von Bowler (1983, 1988) über die hitzigen Debatten zwischen Neolamarckisten und Neodarwinisten Ende des 19. und Anfang des 20. Jahrhunderts prägte im Jahr 1885 der amerikanische Paläontologe Alpheus Packard den Begriff „neo-Lamarckism". Gegen Ende des 19. Jahrhunderts unterschied sich der Lamarckismus deutlich von Lamarcks ursprünglicher Evolutionstheorie – ähnlich wie der Darwinismus hatte er einige bemerkenswerte Transformationen durchgemacht. Was Lamarckisten vor allem im Unterschied zu Lamarck selbst stark betonten, war die Erblichkeit umweltinduzierter Abänderungen – und zwar nicht über den Umweg von Gebrauch und Nichtgebrauch von Organen, sondern durch direkte Einwirkung auf den Embryo. Dies spiegelt den Einfluss von Étienne Geoffroy Saint-Hilaire wider, einem jungen Kollegen Lamarcks; er entwickelte in den 1820er Jahren eine eigene Evolutionstheorie, der zufolge erbliche Variabilität durch Abänderungen der Embryonalentwicklung entsteht. Samuel Butler – besser bekannt als Autor von *Erewhon* und *The Way of All Flesh* als seiner wissenschaftlicher Beiträge – propagierte die Ansichten Lamarcks und Geoffroy Saint-Hilaires in seiner Publikation *Evolution, Old and New* (1879).

10 Spencers Überzeugung, dass sowohl die natürliche Selektion als auch eine Vererbung erworbener Eigenschaften wichtig für das Evolutionsgeschehen sind, war Kern seiner evolutionären Philosophie; sie kommt in vielen seiner Werke zum Ausdruck. Die bekannte Debatte zwischen Spencer und Weismann – einen kleinen Eindruck davon vermitteln Spencer (1893a, b) und Weismann (1893b) – untersuchte im Detail Churchill (1978).

11 Galton beschreibt seine Experimente in Galton (1871). Seine Vererbungstheorie, die auf der transgenerationalen Übertragung einer Substanz ähnlich des Weismann'schen Keimplasmas beruht, stellt er in Galton (1875) vor. Galtons Kaninchen-Experimente und Darwins Kritik an Galtons Deutung der Befunde beschreiben Gayon (1998), Kap. 4, und Gillham (2001), Kap. 13. Beide Publikationen befassen sich auch mit Galtons Vererbungstheorie.

12 Ein berühmt-berüchtigtes Beispiel für die experimentellen Bemühungen im frühen 20. Jahrhundert und das Bemühen um den Nachweis einer Lamarck'schen Evolution gibt der Wiener Biologe Paul Kammerer. Kammerer zwang Geburtshelferkröten, die sich normalerweise im Trockenen an Land paaren, dies unter feuchten Bedingungen zu tun. Daraufhin entwickelten die Männchen dunkle Schwielen an ihren Vorderextremitäten ähnlich den Haftschwielen sich im Wasser paarender Krötenarten; diese Schwielen helfen den Männchen, sich an den Weibchen festzuklammern. Kammerer zufolge vererbten seine im Experiment stehenden Krötenmännchen ihre adaptiven, erworbenen Schwielen an ihre Nachkommen. Leider ging der größte Teil von Kammerers Material während des Ersten Weltkriegs verloren, nur ein einziges Präparat blieb übrig; dieses unterzogen 1926 andere Wissenschaftler einer weiteren Untersuchung und entdeckten dabei, dass der angebliche Schwielenbereich nachträglich mit Tinte behandelt worden war. Kurz darauf beging Kammerer Suizid, wodurch sich der Verdacht erhärtete, er habe die Ergebnisse seiner Krötenexperimente gefälscht, und auch alle weiteren angeblichen Belege für die Existenz einer Lamarck'schen Vererbung mit noch mehr Argwohn betrachtet wurden. Die ganze Geschichte dokumentierte Arthur Koestler (1971). Neuerdings leben die Kontroversen um Kammerer und seine Experimente wieder auf, da seine Befunde im Licht der modernen Epigenetik von Vargas (2009), Svardal (2010) und Gliboff (2010) wurden. Interessante Abhandlungen zum Neolamarckismus in den USA im späten 19. und frühen 20. Jahrhundert geben Pfeifer (1965), Greenfield (1986) und Cook (1999). Persell (1999) beschreibt den Lamarckismus in Frankreich im späten 19. und frühen 20. Jahrhundert.

13 William Bateson (1894, 1909) und de Vries (1909–1910) verfochten die These, dass neue Arten durch plötzliche große erbliche Abänderungen (die de Vries „Mutationen" nannte) und nicht durch natürliche Selektion geringfügiger erblicher Unterschiede entstehen. Die Auseinandersetzung zwischen Mutationisten und Darwinisten fasst Provine (1971) in Kap. 3 zusammen.

14 Eine englische Übersetzung von Mendels Originalbeitrag, den relevanten Artikel jener, die Mendel wiederentdeckten und andere Beiträge aus den frühen Tagen der Genetik findet man in Stern/Sherwood (1966). Die Begleitumstände der Entdeckungen Mendels beschreiben Olby (1985) und Orel (1996).

15 Zur Geschichte der klassischen (Mendel'schen) Genetik und den Entwicklungen in der Vererbungsforschung im ersten Drittel des 20. Jahrhunderts sind zahlreiche Publikationen erschienen, z. B. Jacob (1989, Kap. 4), Dunn (1965), Sturtevant (1965) und Bowler (1989b, Kap. 5–7).

16 Zu den Definitionen von *Genotyp*, *Phänotyp* und *Gen* siehe Johannsen (1911), eine bahnbrechende Veröffentlichung in der Genetik.

17 Eine Charakterisierung der Modernen Synthese durch einen ihrer Begründer gibt Mayr (1982). Die von Mayr/Provine (1980) herausgegebene Publikation enthält zahlreiche Beiträge, die die Entwicklung zur Modernen Synthese in verschiedenen Ländern beschreiben. Neuere Beiträge zur Modernen Synthese findet man in Smocovitis (1996) und Gissis/Jablonka (2011).

18 Unsere Darstellung der Anfänge der Molekulargenetik ist notwendigerweise skizzenhaft. Aus Platzgründen verzichten wir darauf, jene Experimente zu beschreiben, die zeigten, dass Nukleinsäuren und nicht Proteine die maßgeblichen Komponenten der Gene sind; auch sehen wir von einer Diskussion darüber ab, warum die Bedeutung dieser Experimente so lange nicht recht erkannt wurde. Gute Abhandlungen zur Geschichte der Molekularbiologie findet man in Jacob (1989, Kap. 4 und 5), Judson (1996), Morange (1998) und in Olby (1994).

Watsons *The Double Helix* (1968) stellt die Entdeckung der DNA-Struktur aus sehr persönlicher Sicht dar.

19 Viele der gemeinhin in der Forschung verwendeten Bakterien (z. B. *E. coli* und *Bacillus subtilis*) haben ein einziges zirkuläres Chromosom; es gibt aber auch solche mit mehreren zirkulären Chromosomen, und einige sind durch lineare Chromosomen charakterisiert.

20 Zur ursprünglichen Feststellung des „Zentralen Dogmas" siehe Crick (1958); näher erläutert wird es in Crick (1970). Wie das Zentrale Dogma zum Glaubensbekenntnis und Siegel der Legitimation wurde, zeigt etwa Dawkins (1982) bei seinen Feststellungen wie „violation of the ‚central dogma' of the non-inheritance of acquired characteristics" (S. 97) und „the inheritance of an instructively acquired adaptation would violate the ‚central dogma' of embryology" (S. 173). Wenn Dawkins das Zentrale Dogma im ursprünglichen Sinne anspricht (S. 168), setzt er den Terminus nicht in Anführungszeichen.

21 Sapp (1987) befasst sich damit, inwieweit im 20. Jahrhundert die Hegemonie der Zellkerngene für die Vererbung in Frage gestellt wurde.

22 Neue molekulare Techniken offenbarten die große Menge erblicher Variabilität, Lewontin (1974) diskutiert die Auswirkungen dieser Entdeckung für die Evolutionstheorie. Zur neutralen Theorie der molekularen Evolution siehe Kimura (1983).

23 Sewall Wright beschreibt die Bedeutung von Zufallsereignissen in kleinen Populationen in seinem vierbändigen Meisterwerk *Evolution and the Genetics of Populations* (1968–1978) im Detail in Band 2. In gut verständlicher Weise ist dieses Thema in Provine (1971), Kap. 5 aufbereitet.

24 Mit der These, dass die DNA großteils aus „Müll" bestehe und „parasitische" oder „eigennützige" Eigenschaften habe, warteten Doolittle/Sapienza (1980) und Orgel/Crick (1980) auf. Beide Artikel sind Bestandteil in dem von Maynard Smith (1982) herausgegebenen Sammelband. Für einige heftige Reaktionen auf die Behauptung, die DNA bestehe zu großen Teilen aus funktionslosen Sequenzen, siehe die Briefe an *Nature* 285, 617–620 (1980) und 288, 645–648 (1980).

25 Das Konzept des genetischen Programms diskutiert Keller (2000) in Kap. 3.

26 Maynard Smith verwendete das Bild des Genotyps als eines Konstruktionsplans für ein Flugzeug und des Phänotyps als des tatsächlich gebauten Flugzeugs in einem Vortrag vor der Linné-Gesellschaft, der von der BBC 1982 gesendet wurde.

27 Dawkins (1986), S. 295–298.

28 Die Diskussion um die Stufen und Einheiten der Selektion wurde durch die Behauptung Wynne-Edwards (1962) ausgelöst, die Gruppenselektion habe eine wichtige Rolle in der evolutionären Herausbildung jener Mechanismen gespielt, die die Zahl der Individuen einer Gruppe begrenzten. Maynard Smith war einer der Ersten, der die Frage zu klären suchte und mathematisch zeigte, was Gruppenselektion bedeutet (1964; nochmals überprüft 1978). Die schärfste Kritik formulierte seinerzeit Williams (1966). Wilson (1983) zufolge sollen einige Typen der Gruppenselektion tatsächlich möglich sein. Sober/Wilson (1998) referieren die ganze Debatte um die Gruppenselektion und untersuchen dabei auch die Missverständnisse und Fehldeutungen, die damit einhergingen.

29 Zu Hamiltons Theorie der Verwandtenselektion siehe Hamilton (1964a, b); diese beiden Artikel wurden in Hamilton (1996) nachgedruckt und mit einem hilfreichen Kommentar versehen.

30 Den Standpunkt der eigennützigen Gene vertritt Dawkins in den meisten seiner Bücher und Artikel, doch besonders in *The Selfish Gene* (1976; dt. *Das egoistische Gen*, 1978), *The Extended Phenotype* (1982; dt. *Der erweiterte Phänotyp*, 2010) und *The Blind Watchmaker* (1986;

dt. *Der blinde Uhrmacher*, 1997). Das Replikator-Konzept diskutiert Dawkins ausführlich in *The Extended Phenotype*, Kap. 5.

31 Hull (1980) schlägt eine Alternative zu Dawkins' „Vehikel" vor – den „Interaktor"; dabei soll es sich um eine Einheit handeln, die sich mit der Umwelt auseinandersetzt und auf sie als zusammenhängendes Ganzes reagiert. Dieser Terminus beinhaltet keine Passivität wie das Vehikel-Konzept und drückt auch die Tatsache aus, dass Replikator und Interaktor manchmal ein und dieselbe Einheit sein können. Doch für Dawkins wie für Hull kann ein Replikator keine Entwicklungseinheit und ein Vehikel/Interaktor keine Vererbungseinheit sein; deshalb erscheint uns die Dichotomie, die beide Autoren behaupten, ganz ähnlich und in gleicher Weise inakzeptabel. Wenn wir im Weiteren immer wieder explizit auf das Vehikel-Konzept und nicht auf das des Interaktors zu sprechen kommen, so nur deshalb, weil es weiter verbreitet ist und vielfach verwendet wird.

32 Gould stellt seine Position der Bedeutung historischer und entwicklungsspezifischer Beschränkungen im Detail in seiner gewaltigen Publikation „*The Structure of Evolutionary Theory*" (2002) vor, besonders in den Kap. 10 und 11; dort fasst er auch seine Bedenken gegen die These der eigennützigen Gene zusammen (S. 613–644).

33 Sterelny (2001) gibt in dieser sehr lesenswerten, informativen und populär gehaltenen Publikation einen Eindruck von den Wortgefechten zwischen Gould und Dawkins. Eine für Nichtfachleute gedachte Einführung zur Diskussion um eigennützige Gene, Meme usw. gibt auch Brown (1999). Soziologische Aspekte dieses Themas beleuchtet Segerstale (2000). Wir wollen klarstellen, dass Dawkins die Bedeutung von Entwicklungsbeschränkungen und -kontingenzen, die Gould anführt, sicherlich erkennt. Der Unterschied zwischen beiden liegt darin, dass Dawkins fragt: „Wie ist diese Art von Anpassung überhaupt möglich?", während Gould fragt: „Warum beobachten wir diese bestimmte Anpassung?" Beide nehmen unterschiedliche Perspektiven ein: Dawkins hat die natürliche Selektion im Blick (denn sie allein kann die Evolution komplexer Anpassungen erklären), Gould dagegen die Summe aller Faktoren, die die Evolution eines Merkmals beeinflussen.

34 Zum Thema „Definition des Lebens" und den entsprechenden wissenschaftlichen Erklärungsansätzen siehe Fry (2000).

35 Maynard Smith/Szathmáry (1995) diskutieren die Idee der eingeschränkten Vererbung und die Bedingungen für eine Zunahme organisatorischer Komplexität im Verlauf der Evolution.

36 Eine Kritik am Replikator-Konzept und eine Diskussion um den Wert „des Merkmals" als Evolutionseinheit findet man in Jablonka (2004b).

37 Lindegren (1966) untersucht die Ausrichtungen der angelsächsischen Genetik in der ersten Hälfte des 20. Jahrhunderts. Krementsov (1997) und Soyfer (1994) beschreiben die Auswirkungen Lyssenkos auf die sowjetische Biologie. Die Gräuel der deutschen Eugenik im Dritten Reich hat Müller-Hill (1985) dokumentiert, seine Publikation trägt den vielsagenden Titel: *Tödliche Wissenschaft: die Aussonderung von Juden, Zigeunern und Geisteskranken 1933–1945*. Deutlich kommt darin zum Ausdruck, dass Wissenschaftler erfreut waren, ihre Kenntnisse der nationalsozialistischen Sache zur Verfügung stellen zu können; dabei profitierten viele von der Entlassung ihrer jüdischen Kollegen und dem „Forschungsmaterial", das ihnen aus den Todeslagern zur Verfügung gestellt wurde.

38 Siehe Lindegren (1949), Kap. 20, S. 6 f.

39 Sapp (1987) zeichnet die Entwicklung nach, wie die Mendel-Morgan'sche Sicht zur dominierenden in der Vererbungswissenschaft werden konnte.

Kapitel 2: Von Genen zu Merkmalen

Was ein „Merkmal" ist, lässt sich nicht leicht definieren; dies zeigt etwa die historische Analyse von Schwartz (2002), der der Frage nachgeht, was Genetiker zu verschiedenen Zeiten unter einem Merkmal verstanden haben und welchen Schwierigkeiten sie dabei begegneten. Wir verwenden „Merkmal" im Sinne einer Eigenschaft oder Besonderheit, die durch die ontogenetische Entwicklung entstanden ist und zwischen den Individuen variieren kann. Eine ausgezeichnete Beschreibung und Diskussion der Geschichte des Genkonzepts einschließlich seiner heutigen Bedeutung gibt Keller (2000). Mit dem Problem, Gene in der Ära der Genomik zu definieren, setzen sich Snyder/Gerstein (2003) auseinander. Aus ihrer interessanten Analyse zum Ursprung und der Verwendung des Genkonzepts schließt Lenny Moss (2003), dass „das Gen" in der modernen Biologie auf zweierlei Weise verwendet wird – als Prädiktor von Phänotypen und als eine Entwicklungsressource.

Genauere Angaben zu genetischen Krankheiten, auf die wir in diesem und späteren Kapiteln zu sprechen kommen, findet man in der die Publikation *Mendelian Inheritance in Man* von McKusic (1998); diese ist auch online einsehbar unter: http://www.omim.org/.

Neun Jahre später. Nach Angaben des ENCODE-Konsortiums (Encyclopedia of DNA Elements), das seine Ergebnisse im Jahr 2012 veröffentlichte, kodieren schätzungsweise nur 1,2 % des Humangenoms für Proteine; transkribiert werden 75 % des Genoms und 80,4 % haben funktionelle Bedeutung. Wie einige Mitglieder des Konsortiums betonten, verkompliziert diese Analyse zu den funktionalen Elementen des Genoms die Definition des „Gens" erheblich; was darunter zu verstehen sei, sei noch unklarer als zuvor. Siehe hierzu die Artikel in *Nature* 489, Nr. 7314 (2012) oder unter: http://www.nature.com/encode/#/threads.

1 Vor Beginn des Humangenomprojekts schätzten Wissenschaftler die Zahl der Gene beim Menschen auf über 100 000. Als die ersten vorläufigen Sequenzen der menschlichen DNA veröffentlicht wurden, war in begleitenden Kommentaren von wesentlich weniger Genen die Rede: Eine Gruppe von Sequenzierern sprach von rund 31 000, eine andere von 39 000 Genen; siehe *Nature* 409, 819 (2001). Im Jahr 2003 sollte die Zahl der Gene nur noch nahe 25 000 betragen (*Nature* 423, 576 [2003]), und die ENCODE (2012) schätzt sie schließlich auf 20 687. Diese Zahlen sollen jenen Sequenzen entsprechen, die für Proteine kodieren. Wenn aber ein Gen weiter definiert wird – als eine DNA-Sequenz, deren Transkription funktionale Information bereitstellt –, liegt die Zahl wahrscheinlich sehr viel höher; denn klar ist heute, dass viele der zahlreichen nicht Protein-kodierenden RNAs Bedeutung für regulatorische Kontrollsysteme haben (siehe Eddy 2001).

2 Der Originalbeitrag, der die Struktur der DNA beschreibt, wurde in *Nature* im April 1953 veröffentlicht (Watson/Crick 1953a). Im Mai folgte ein zweiter Artikel (Watson/Crick 1953b), in dem sich Watson und Crick mit den Auswirkungen der von ihnen postulierten DNA-Struktur auf die Genetik beschäftigen. Details zur DNA-Replikation und dem Informationsfluss von der DNA zu den Proteinen aus heutiger Sicht, siehe Alberts et al. (2002), Kap. 5 und 6. Hierzu gibt es aber auch noch viele andere Lehrbücher.

3 Den Dialog zwischen Molekularbiologen und Biochemikern, Nachrichtentechnikern und Physikern sowie ihren Einfluss auf die Ausarbeitung des Konzepts der molekularen Information und Organisation geben Keller (1995) und Kay (2000).

4 Zwei historische Schlüsselpublikationen zur genetischen Regulation stammen von Jacob/Monod (1961a, b). Coen (1999) beschreibt klar und anschaulich die Rolle der Gene bei der ontogenetischen Entwicklung, ebenso die Komplexität der Genregulation.

5 Ein Beitrag von Maynard Smith (2000) in *Philosophy of Science* erweckte wieder Interesse an der semantischen Information in der Biologie; einige Philosophen der Biologie antworteten darauf. Oyama (2000) formulierte eine detaillierte und einflussreiche Kritik am Konzept der

Information in der Biologie aus Sicht der Entwicklungssystemtheorie (*developmental systems theory*, DST). Zwar stimmen wir in vielem Oyamas Kritik zu, doch erscheint es uns unmöglich, Formulierungen wie „Informationsfluss" oder „Informationsausprägung" zu vermeiden, ohne auf komplizierte Wortakrobatik zurückzugreifen. Jedoch betrachten wir wie Oyama die Schlussfolgerung, Information sei grundsätzlich getrennt vom Prozess ihrer Interpretation, als Irrtum. Ausführlicher diskutiert wird unser Konzept der Information in Jablonka (2002).

6 Die Analogie zwischen einem Fotokopiergerät und der DNA-Replikation beschränkt sich auf der Indifferenz beider Kopiermechanismen gegenüber dem Inhalt dessen, was kopiert wird. Ein Fotokopierer ist selbstverständlich kein aktiver Replikator im Sinne Dawkins'.

7 Die molekularbiologischen Grundlagen der Sichelzellanämie sind in fast jedem Genetik-Lehrbuch zu finden, weiterführende Details in McKusick (1998).

8 Scriver/Waters (1999) und Badano/Katsanis (2002) zeigen, dass man sich die Sache zu leicht macht, wenn man monogene Krankheiten gegen komplexere abgrenzen will; denn auch die so genannten monogenen Merkmale beruhen auf Wechselwirkungen zwischen mehreren Genen. Dies trifft sogar auf den paradigmatischen Fall der Sichelzellanämie zu (Jastaniah 2011). Ungeachtet dessen stellt weiterhin populärwissenschaftliche Literatur – z. B. *Living with Our Genes* (1998) von Hamer/Copeland – die Wirkungen der Gene in deterministischer Weise dar (wenngleich sie als Lippenbekenntnis auf die komplizierten Beziehungen zwischen Genotyp und Phänotyp hinweisen). Ganz im Gegensatz dazu steht *The Misunderstood Gene* (2001) von Morange; auch diese Publikation richtet sich an eine allgemeine Leserschaft, gleichwohl beschreibt die Autorin sehr gut, wie kompliziert der Zusammenhang zwischen Genen und Krankheiten tatsächlich ist.

9 Lewontin (1997) berichtet über die Reaktionen von Politikern und anderen in den USA auf das Klonen. Dieser Beitrag, zuerst publiziert in *The New York Review of Books*, ist wiederabgedruckt und mit Kommentaren versehen in Lewontin (2000a), Kap. 8. Keller/Ahouse (1997) zeigen, wie die Ergebnisse der ersten erfolgreichen Klonexperimente sowohl in populären wie wissenschaftlichen Medien präsentiert wurden und damit eine Zellkern-DNA-zentrierte Sicht der Entwicklung verstärkten.

10 Eine populäre Beschreibung eines „Gens zur Suche nach Neuem" geben Hamer/Copeland (1998) in Kap. 1. Einige der Originaldaten sind bei Benjamin et al. (1996) zu finden.

11 Templeton (1998) diskutiert die Bedeutung von *APOE* für die koronare arterielle Verschlusskrankheit. Sing et al. (1995) geben eine technische Details der Untersuchung an, die Templeton betrachtet.

12 Wir verwenden den Terminus „Plastizität" in gleicher Weise wie West-Eberhard (2003, S. 33), d. h. als Fähigkeit eines Organismus, auf Einflüsse der inneren oder äußeren Bedingungen zu reagieren in Form von Abänderungen des Zustands, der Form, Bewegung oder Aktivitätsintensität. Dieses Verständnis von Plastizität schließt adaptive und nichtadaptive, reversible und irreversible, aktive und passive, kontinuierliche und diskontinuierliche Antworten ein.

13 Im Verlauf der Jahre modifizierte Waddington die Form seiner epigenetischen Landschaften, erläutert sind sie im Detail in seiner Publikation *The Strategy of the Genes* (1957). Debat/David (2001) setzen sich damit auseinander, was Kanalisierung, Plastizität und weitere damit zusammenhängende Begriffe heute bedeuten und wie sie verwendet werden.

14 Eine Übersicht über Knock-out-Mutationen und eine Interpretation gibt Morange (2001) in Kap. 5. Wagner (2000) zeigt, wie Gennetzwerke das Auftreten von Knock-out-Effekten bei Hefepilzen verhindern und Gu et al. (2003) untersuchen die Bedeutung duplizierter Gene. Siegel/Bergman (2002) zeigen mit Hilfe mathematischer Modelle, dass auf der Grundlage

komplexer genetischer Netzwerke aus der Selektion für Entwicklungsstabilität phylogenetisch Kanalisierung resultiert.

15 Eine Übersicht zum alternativen Spleißen geben Maniatis/Tasic (2002).

16 Black (1998) gibt einen kurzen Überblick über die Arbeiten zum *cSlo*-Gen.

17 DNA-Abänderungen im Verlauf der ontogenetischen Entwicklung beschreiben Watson et al. (1998) in Kap. 22 und 23, ebenso Jablonka/Lamb (1995) in Kap. 3.

18 Weismanns Kommentar zum Verhalten der Chromosomen bei *Ascaris* findet man in *Vorträge über Deszendenztheorie*, Bd. 1.

19 Chakravarti/Little (2003) diskutieren die problematische Vorstellung eines Barcodes zur Identifizierung von Krankheiten.

20 Weatheralls (1998) Würdigung des Beitrags der Molekulargenetik zur Lösung medizinischer Probleme wurde im weit verbreiteten *Times Literary Supplement* veröffentlicht; die Angabe zur Häufigkeit der Thalassämie stammt aus diesem Beitrag.

21 Petronis (2001).

22 Die Schätzungen zur Zahl der Gene bei Fliegen und Würmern stammt aus *Nature* 409, S. 819, Tafel 1 (2001).

23 Nach Auffassung von Strohman (1997) vollzieht sich in der Biologie ein Paradigmenwechsel, weil das reduktionistische molekulargenetische Paradigma nicht imstande sei, der Komplexität wechselwirkender Netzwerke, die sich nun zeige, Rechnung zu tragen.

Kapitel 3: Genetische Variationen – blind, gerichtet, interpretierend?

Neun Jahre später. Über neuere Arbeiten zu gezielten Abänderungen der DNA berichten wir in Kap. 11; dort diskutieren wir auch den horizontalen Gentransfer, ein Thema, das wir 2005 gar nicht berücksichtigt haben. Mit Blick auf das weite Spektrum nichtzufälliger DNA-Abänderungen, das wir heute kennen, ist klar, dass eine nuanciertere und facettenreichere Sicht auf gerichtete Mutationen notwendig ist, als wir dies mit unseren vier Kategorien in dem vorliegenden Kapitel tun; Shapiro (2011) berichtet detailliert von vielen der nun bekannten Mechanismen.

1 Der Artikel von Cairns et al. (1988) entzündete die Diskussion um gerichtete Mutationen; begleitet war er von einer Zusammenfassung und einem Kommentar von Stahl (1988); kurz danach folgten Briefe an *Nature* mit Kommentaren zu diesen Beobachtungen und ihren Deutungen (*Nature* 336, 218, 525 [1988]; *Nature* 337, 123 [1989]). Einige der Reaktionen auf die Originalarbeit und weitere Experimente in den folgenden fünf Jahren besprechen Jablonka/Lamb (1995) in Kap. 3. Einen kritischen Überblick über aktuellere Arbeiten zu gerichteten Mutationen geben Foster (1999, 2000) und Rosenberg (2001). Den Arbeiten von Hendrickson et al. (2002) und Slechta et al. (2002) zufolge gab es in dem von Cairns et al. beschriebenen Fall allerdings keine bevorzugte Induktion adaptiver Mutationen.

2 Einen Eindruck von der Vielfalt der Überlegungen, die hierzu entwickelt wurden, geben die Beiträge in Michod/Levin (1988). Einen einige Jahre später verfassten Bericht über den Ursprung der Sexualität geben Maynard Smith/Szathmáry (1995) in Kap. 9.

3 Die Vielfalt sexueller Reproduktionsweisen und ihre mögliche Bedeutung beschreiben und diskutieren Maynard Smith (1978), Bell (1982), Burt (2000) und einige Beiträge in Michod/Levin (1988). Birdsell/Wills (2003) besprechen viele der Theorien kritisch und bewerten sie. Eine Beobachtung, für die die Theorien über den Anpassungswert der Sexualität überhaupt keine plausible Erklärung bieten, ist die langfristig ausschließlich asexuelle Reproduktion bei den Rädertierchen (Rotifera).

4 Einen kurzen, populärwissenschaftlich gehaltenen Bericht zur evolutionären Bedeutung des Lebenszyklus der Blattläuse findet man in Blackman (2000).
5 Zur Evolution der Rekombinationsraten siehe Maynard Smith (1978) und Michod/Levin (1988); zum Zusammenhang zwischen Sexualität, Rekombination und DNA-Reparatur siehe Bernstein/Bernstein (1991).
6 Zufällige Fehler bei der Replikation und dem Erhalt der DNA sind Quelle von Mutationen, siehe hierzu Alberts et al. (2002), Kap. 5. Die Werte für die Fehlerraten während der DNA-Replikation stammen von Radman/Wagner (1988).
7 Drake et al. (1998) diskutieren verschiedene Evolutionsfaktoren, die die Mutationsraten verschiedener Organismengruppen mit geprägt haben könnten.
8 Einzelheiten zu den Vorstellungen Barbara McClintocks über die Mechanismen, die genomischen Umstrukturierungen zugrunde liegen, können der Publikation *The Dynamic Genome* (1992) von Fedoroff/Botstein entnommen werden; darin sind McClintocks zentrale Artikel wiederabgedruckt, außerdem sind Beiträge ihrer früheren Studenten und Kollegen aufgenommen, die ihre Arbeiten diskutieren. Jim Shapiro ist einer der wenigen Wissenschaftler, die sich intensiv mit der regulativen Natur genomischer Veränderungen befassten, lange bevor das Thema Mode wurde; siehe hierzu z. B. Shapiro 1983, 1992.
9 Zu späteren Äußerungen zu adaptiven genetischen Abänderungen siehe *Molecular Strategies in Biological Evolution*, ein von Caporale (1999) herausgegebener Sammelband; zu einer allgemeinen Erörterung stressinduzierter Mutationen siehe Velkov (2002). Bjedov et al. (2003) berichten von Anzeichen stressinduzierter Mutationen in natürlichen Bakterienpopulationen.
10 Moxon et al. (1994) und Moxon/Wills (1999).
11 Caporale (1999) beschreibt in geraffter Form Einzelheiten hoch mutabler Genloci bei Schnecken und Schlangen.
12 Einzelheiten zu ihren experimentellen Arbeiten geben B. E. Wright et al. (1999); B. E. Wright (2000) erläutert die evolutionstheoretische Deutung der von ihr und ihren Kollegen gemachten Beobachtungen. Die Untersuchungen von Datta/Jinks-Robertson (1995) mit Hefepilzen zeigen, dass der Zusammenhang von erhöhter Mutationsrate und starker Transkription nicht auf Bakterien beschränkt ist.
13 Waters/Schaal (1996).
14 Schneeberger/Cullis (1991).
15 Für einen kurzen Überblick über die Evolution adaptiver Mutationsraten siehe Metzgar/Wills (2000) und Caporale (2000).
16 Dies ist der Titel von Caporales einführendem Kapitel zu *Molecular Strategies in Biological Evolution* (1999).
17 Zum Unterschied zwischen instruktiven und selektiven Evolutionsprozessen siehe Jablonka/Lamb (1998a); zu proximaten und ultimaten Ursachen in der Biologie siehe Mayr (1982).
18 Grell (1971, 1978). Einen Überblick über den Einfluss von Umweltbedingungen auf die Rekombinationsrate geben Hoffmann/Parsons (1997).
19 Maynard Smith (1966), S. 66.
20 Dies wurde bei einem Interview mit Adam Wilkins behauptet, siehe Wilkins (2002a), S. 965.

Kapitel 4: Epigenetische Vererbungssysteme

Es sei nachdrücklich darauf hingewiesen, dass „Epigenetik" und „epigenetische Vererbung" nicht das Gleiche sind; und im vorliegenden Kapitel befassen wir uns mit Letzterer, nicht mit der Epigenetik – einem viel umfassenderen Thema. Einige mehr allgemeine Aspekte der Epigenetik werden wir in Kapitel 7 ansprechen.

Neun Jahre später. Im Verlauf der vergangenen neun Jahre ist die Zahl der Publikationen über Epigenetik geradezu explodiert; dies wird etwa deutlich, wenn man die Stichworte „epigenetics books" in die Suchmaschine *Google* eingibt. Es ist unmöglich, hier eine vollständige Liste der Neuerscheinungen wiederzugeben, doch auf einige spezielle werden wir in Kapitel 11 zu sprechen kommen. Zwei an die allgemeine Leserschaft adressierte Bücher sind die von Francis (2011) und Carey (2012).

Mehr zu Waddingtons Definition der Epigenetik, die auch wir verwenden, und Weiteres zu Konzepten, die mit der Epigenetik im Zusammenhang stehen, werden wir ebenfalls in Kapitel 11 sagen. Zur unterschiedlichen Verwendung des Begriffs Epigenetik und seines Bedeutungswandels im Laufe der Zeit siehe Holliday (1996), Wu/Morris (2001), Jablonka/Lamb (2002, 2011) und Haig (2004).

In Kapitel 11 machen wir noch mehr Angaben zu epigenetischen Mechanismen und zur epigenetischen Vererbung. Das ENCODE-Projekt (2012) brachte im Vergleich zu 2005 erheblich detailliertere Information über epigenetische Faktoren und Prozesse im menschlichen Genom ans Tageslicht – einschließlich Daten zu verschiedenen kleinen RNA-Klassen, der Verteilung von Histonmodifikationen und dem Zusammenhang zwischen DNA-Methylierung und Genaktivität in verschiedenen Zelltypen. Außerdem werden Epigenetik und epigenetische Vererbung nunmehr bei Verhaltensuntersuchungen und Studien zu kulturellen Entwicklungen mitberücksichtigt; auf die epigenetischen Aspekte dieser Dimensionen werden wir ebenfalls in Kapitel 11 näher eingehen.

1 Holliday/Pugh (1975) und Riggs (1975) waren die Ersten, die mit der These aufwarteten, die DNA-Methylierung fungiere als ein zelluläres Vererbungssystem. Einen guten Überblick über die Geschichte der epigenetischen Forschung (bis etwa zum Jahr 2000) geben Urnov/Wolffe (2001).

2 Es gibt gewichtige phylogenetische Ursachen dafür, dass sich die meisten Organismen auf dem hypothetischen Planeten Janus über ein einzelliges Stadium vermehren. Die Vorteile eines einzelligen Stadiums im Lebenszyklus diskutieren Jablonka/Lamb (1995) in Kap. 8 und Dawkins (1982) in Kap. 14.

3 Einer der Ersten, der sich eingehend mit der Rolle der zellulären Vererbung in der Ontogenese beschäftigte, war Holliday (1990). Jablonka et al. (1992) unterteilten die epigenetische Vererbungssysteme in drei Kategorien, doch die Entdeckung der RNA-Interferenz ließ uns diese als viertes System aufnehmen. In Anbetracht der täglichen Weiterentwicklungen in der Molekularbiologie werden vermutlich weitere Ergänzungen und Korrekturen notwendig sein.

4 Jablonka/Lamb (1995, Kap. 4) skizzieren frühere Vorstellungen zur Vererbung sich selbst erhaltender Rückkopplungsschleifen. Jablonka et al. (1992) entwickelten ein Modell zur Vererbung einfacher selbsttragender Regelkreise in Zelllinien und Thieffry/Sánchez (2002) konzipierten Modelle und Computersimulationen zum Verhalten von Regelkreisen während der ontogenetischen Entwicklung bei *Drosophila*. Komplexe selbsterhaltende regulatorische Netzwerke beschreibt Kauffman (1993).

5 Zu einigen frühen Arbeiten zur strukturellen Vererbung bei *Paramecium* siehe Beisson/Sonneborn (1965). Neueren Datums ist die Entdeckung eines ähnlichen Falls von struktureller Vererbung bei Hefepilzen durch Chen et al. (2000). Einen ausgezeichneten Überblick über die strukturelle Vererbung im Allgemeinen geben Grimes/Aufderheide (1991). Hyver/Le Guyder (1995) entwickelten ein Modell zu den möglichen kausalen Mechanismen der kortikalen Vererbung bei Ciliaten.

6 Zur Einführung in die umfangreichen Arbeiten des Autors zur Membranvererbung siehe Cavalier-Smith (2000, 2004).
7 Cavalier-Smith (2004).
8 Rhodes (1997) charakterisiert in populärer Form die Kuru- und andere Prion-Krankheiten. Durham (1991, S. 393–414) erörtert die anthropologischen Aspekte von Kannibalismus und Kuru bei den Fore. Eine genetische Interpretation von Kuru geben Bennett et al. (1959).
9 In Gajdusek (1977), der Rede anlässlich der Verleihung des Nobelpreises an ihn, findet man einen Überblick für seine Arbeiten zu Prion-Krankheiten.
10 Für eine Diskussion über die molekularen Details der Prionen und die Mechanismen ihrer Vervielfältigung siehe Prusiner (1995) und seine Nobelpreis-Vorlesung (1998). Collinge (2001) gibt einen ausgezeichneten Überblick über alle Aspekte der Prion-Krankheiten beim Menschen und anderen Tieren. Die Protein-only-Hypothese der Prion-Vervielfältigung akzeptierten nicht alle Forscher, die damals damit zu tun hatten; und noch immer vermuten einige von ihnen, dass Nukleinsäuren irgendwie an diesem Prozess beteiligt sein müssen. Doch lassen die Arbeiten von King/Diaz-Avalos (2004) und Tanaka et al. (2004) kaum mehr Zweifel daran, dass zumindest bei Hefepilzen Nukleinsäuren bei Prion-Vermehrung keine Rolle spielen.
11 Kurz und bündig berichtet Couzin (2002b) über die Prionen bei Hefepilzen und *Podospora.*
12 Si et al. (2003a, b).
13 Wie DNA im Chromatin verpackt ist, stellen Alberts et al. (2002) in Kap. 4 sehr einprägsam dar. Zu einer detaillierteren Beschreibung des Chromatins siehe B.M. Turner (2001); der Autor ist einer der führenden Forscher auf diesem Gebiet.
14 Siehe Holliday (1996) bezüglich der ersten 20 Jahre der Forschung zur DNA-Methylierung und Bird (2002) für einen neueren Überblick über gegenwärtige Vorstellungen zu deren Bedeutung für das Zellgedächtnis. Einige Artikel, in denen verschiedene Aspekte der DNA-Methylierung kritisch besprochen werden, findet man in *Science* 293 (2001); die Ausgabe vom 10. August 2001 ist speziell der Epigenetik gewidmet. Hinweise darauf, dass hoch ortsspezifische Methylierungsmuster mit lokaler Genaktivität kausal zusammenhängen, geben Yokomori et al. (1995) und Futscher et al. (2002).
15 Schon im Jahr 1979 vermutete Holliday, dass DNA-Methylierungen Einfluss auf die Entwicklung von Tumoren hat. Die Arbeiten von Jones/Baylin (2002), Feinberg/Tyko (2004) und Beiträge in *Epigenetics in Cancer Prevention* (Verma et al. 2003) haben diese Vermutung bestätigt. Lamb (1994) diskutiert die mögliche Rolle erblicher Änderungen im Methylierungsmuster im Alterungsprozess und Issa (2000) liefert einige Hinweise darauf, dass Krebserkrankungen und das Altern mit fortschreitenden Änderungen der DNA-Methylierung einhergehen. Mausembryonen, denen irgendeines der drei bekannten Methyltransferase-Gene fehlen, entwickeln sich abnormal, siehe hierzu Li et al. (1992) und Okano et al. (1999).
16 Zu Proteinmarkierungen und ihrer Vervielfältigung siehe Lyko/Paro (1999), Cavalli (2002) und Henikoff et al. (2004).
17 Zu erblichen Histonmodifikationen siehe B.M. Turner (2001); Jenuwein/Allis (2001) setzen sich mit dem Histon-Kode auseinander.
18 McNairn/Gilbert (2003) beschreiben Mechanismen zur Replikation epigenetischer Markierungen.
19 Die Überblicksarbeit von Urnov/Wolffe (2001) gibt umfassend darüber Auskunft, wie sich die Vorstellungen zu epigenetischen Markierungen entwickelten. Eine kritische Übersicht zur Vererbung von Chromatinmarkierungen bei Säugetieren geben Rakyan et al. (2001). Jaenisch/Bird (2003) beschäftigen sich damit, wie Chromatinmarkierungen unter dem Einfluss von Umweltbedingungen abgeändert werden.

20 Die RNA-Interferenz ist ein relativ neues und stürmisch sich entwickelndes Forschungsfeld, und es ist schwierig, den immer neuen Hypothesen und der sich ändernden Terminologie stets zu folgen. Im Dezember 2002 bezeichnete *Science* (298, S. 2296–2297) die kleinen RNAs (wie siRNAs) als „bahnbrechende Erkenntnis des Jahres". Gute, kurze Übersichten über die RNAi geben Matzke et al. (2001), Hannon (2002), Voinnet (2002) und Novina/Sharp (2004).
21 Zur Translokation der siRNAs in Pflanzen siehe Jorgensen (2002).
22 Plasterk (2002).
23 Entwicklungsspezifische Aspekte der microRNAs diskutieren Pasquinelli/Ruvkun (2002) und Banerjee/Slack (2002).
24 Dykxhoorn et al. (2002) geben einen Überblick über Anwendungen der RNAi in der Medizin und in verschiedenen Bereichen der Biologie.
25 Das mechanische Überlappen der verschiedenen EVSs macht das Beispiel deutlich, das Roberts/Wickner (2003) beschreiben: Hier wird ein Hefe-Prion mittels einer sich selbst erhaltender Rückkopplungsschleife vervielfältigt. Die reife, funktionelle Form des Proteins ist eine Protease, die notwendige Voraussetzung ist, um die immature in die voll funktionsfähige Form umzuwandeln. Wie bei üblichen Prionen veranlasst also die eine Form des Proteins (die reife) die Umwandlung der anderen (der unreifen, noch nicht funktionalen) in die eigene Ausprägungsform.
26 Grandjean et al. (1998) befassen sich mit den Untersuchungen von Hirschbein und Kollegen zur epigenetischen Vererbung bei Bakterien. Klar (1998) diskutiert die epigenetische Vererbung bei Hefepilzen. Casadesús/D'Ari (2002) geben einen Überblick über andere Untersuchungen zur epigenetischen Vererbung bei Mikroorganismen.
27 Den Terminus „Prägung" verwendete als Erste Crouse (1960) in ihrer Arbeit über die Chromosomen der Trauermücke *Sciara*.
28 Eine Übersicht über frühe Arbeiten zur Prägung geben Jablonka/Lamb (1995) in Kap. 5; neuere Beobachtungen und Überlegungen zu diesem Thema findet man in Ferguson-Smith/Surani (2001) und Haig (2002). Aktuelle Information über geprägte Gene bei Säugetieren ist online abrufbar unter: http://www.mousebook.org/mousebook-catalogs/imprinting-resource.
29 Gustafsson (1979) beschreibt die Geschichte der Peloria-Variante von *Linaria*; dieser Publikation sind auch die Linné-Zitate entnommen.
30 Cubas et al. (1999). Es sind noch weitere erbliche epigenetische Variationen bei Pflanzen bekannt, siehe hierzu etwa Jacobsen/Meyerowitz (1997).
31 Den Begriff „Epimutation" führte Holliday (1987) ein, und zwar für die erbliche Änderung einer DNA-Modifikation wie einer Methylierung. Heutzutage wird der Begriff breiter verwendet und umfasst jede erbliche epigenetische Modifikation.
32 Mit der Rolle der Epimutationen in der Vererbung des gelben Phänotyps bei der Maus befassen sich Morgan et al. (1999), Whitelaw/Martin (2001) und Rakyan et al. (2001).
33 Wolff et al. (1998).
34 Nach den Untersuchungen von Rakyan et al. (2003) resultiert auch eine andere klassische Mausmutante, *Fused*, aus einer Epimutation. Sutherland et al. (2000) referieren allgemein über die Reaktivierung erblich stillgelegter Transgene bei der Maus.
35 Fire et al. (1998), Grishok et al. (2000).
36 Jablonka/Lamb (1995, Kap. 9) setzen sich mit der Bedeutung der EVSs für die Artbildung auseinander. Zur Bedeutung erblicher Geninaktivierung für die Artbildung durch Polyploidie siehe Pikaard (2001).
37 Clark et al. (1993), Clark/Galef (1995).

38 McClaren (2000) gibt einen interessanten historischen Überblick über die Entwicklung der Klonungstechniken. Klonen [mit Körperzellen] setzt ein Reprogrammieren des Genoms voraus, Solter (2000) und Kang et al. (2003) erläutern die hierbei auftauchenden praktischen Schwierigkeiten, Rhind et al. (2003) die biologischen Probleme, die mit dem Klonen des Menschen verbunden sind.

39 Pál/Hurst (2004) sind der Auffassung, die epigenetische spiele Vererbung für phylogenetische Anpassungsprozesse keine große Rolle, da die Übertragungsrate epigenetischer Varianten unter 50 % liege. Wir teilen diese Auffassung nicht, denn eine höhere Vererbungsrate, über 50 %, ist ganz gewiss möglich, etwa durch Paramutation, bei der in einem heterozygoten Paar ein Allel das andere in den eigenen epigenetischen Zustand umwandelt. Dieser Vorgang, den Brink (1973) im Überblick darstellte, ist mittlerweile eingehend auf molekularer Ebene untersucht; offenbar sind dabei DNA-Methylierungen involviert. Siehe hierzu Hollick et al. (1997), Chandler et al. (2000).

40 Steele beschreibt seine Hypothese ausführlich in seinem 1981 veröffentlichten Buch; für eine populäre Version siehe *Lamarck's Signatur* (1998) von Steele et al. Zhivotovsky (2002) entwickelte Modelle, denen zufolge der von Steele postulierte Mechanismus tatsächlich mit evolutionären Vorteilen verbunden ist.

41 Crick (1970), S. 563.

Kapitel 5: Verhaltensspezifische Vererbungssysteme

Ein großer Teil des vorliegenden Kapitels beruht auf den Ausführungen von Avital/Jablonka in *Animal Traditions* (2000).

Neun Jahre später. Untersuchungen zur Traditionsbildung bei Tieren sind heute viel weiter verbreitet als noch vor einem Jahrzehnt; dementsprechend ist das Thema heute Gegenstand vieler Diskussionen zum Tierverhalten. Einige neue Erkenntnisse besprechen wir in Kap. 11, ebenso werden wir dort epigenetische Aspekte sozial vererbter Verhaltensweisen diskutieren.

1 Zu den Publikationen, in denen die genetische Grundlage des Sexualverhaltens beim Menschen betont wird, gehören jene von Baker (1996), Buss (1994, 1999), Miller (2000) und Thornhill/Palmer (2000).

2 Avital/Jablonka (2000), Kap. 1.

3 Slabbekoorn/Peet (2001) berichten von einer adaptiven Abänderung eines akustischen Signals, das wahrscheinlich sozial erlernt wurde. Ihren Untersuchungen zufolge singen Kohlmeisen in Städten, in denen ihr normaler Gesang durch Lärm überdeckt wird, in höheren Frequenzen.

4 Zur Definition und Verwendung des Begriffs „Kultur" in der Verhaltensbiologie siehe Mundinger (1980), Avital/Jablonka (2000, S. 21–24) und Rendell/Whitehead (2001); entsprechend in der Anthropologie siehe Kuper (2002).

5 Avital/Jablonka (2000) diskutieren in Kap. 3 Lernprozesse und die dem sozialen Lernen zugrunde liegenden Mechanismen. Boakes *From Darwin to Behaviourism* (1984) gibt einen hervorragenden Überblick über die Geschichte der Entwicklungspsychologie und der Lerntheorien. Gute Zusammenfassungen der Untersuchungen zum sozialen Lernen bei Tieren geben die von Heyes/Galef (1996) und Box/Gibson (1999) herausgegebenen Publikationen.

6 Bilkó et al. (1994).

7 Mennella et al. (2001).

8 Es gibt Hinweise darauf, dass außer den Nahrungspräferenzen auch weitere Verhaltenstypen stark durch pränatal und über mütterliche Fürsorge erworbene Information beeinflusst wer-

den. Francis et al. (1999, 2003) fanden zum Beispiel durch Cross-fostering-Experimente heraus, dass die von der Mutter bereitgestellten prä- und postnatalen Bedingungen bei Ratten die Linienunterschiede im mütterlichen Verhalten und Reaktionen auf Stress beeinflussen, bei Mäusen Lernfähigkeit, Ängstlichkeit und Wahrnehmungsgenauigkeit.

9 Das Wort „Prägung" bereitet Biologen Probleme, denn es wird für zwei grundverschiedene Dinge verwendet: zum einen für die genetische Prägung, mit der wir uns in Kap. 4 befasst haben, und zum anderen für die verhaltensspezifische Prägung, von der hier die Rede ist. Allerdings geht in der Regel aus dem Kontext deutlich hervor, welchen Typ von Prägung gemeint ist. Nur wenn man sich mit Hilfe von Internet-Suchmaschinen informieren will, gibt's Schwierigkeiten! Eine Definition und Diskussion verhaltensspezifischer Prägung gibt Immelmann (1975).

10 Über die Untersuchung von Konrad Lorenz zur Prägung siehe Lorenz (1970).

11 Die Originalarbeit, in der Spalding (1873) die Nachfolgeprägung beschreibt, ist wiederabgedruckt in Haldane (1954).

12 Ten Cate/Vos (1999) beschreiben die Komplexität der sexuellen Prägung und ihre weite Verbreitung bei Vögeln. Laland (z. B. 1994) entwickelte theoretische Modelle, die einige evolutionäre Konsequenzen einer Weitergabe von Information durch sexuelle Prägung zeigen.

13 Heyes (1993) erörtert verschiedene Mechanismen sozialen Lernens und die Tatsache, dass bei Tieren echtes Imitieren kaum vorkommt.

14 Angaben zur Ausbreitung des Milchflaschenöffnens bei Vögeln findet man bei Fisher/Hinde (1949); Sherry/Galef (1984) befassen sich mit dem zugrunde liegenden Lerntyp.

15 Zur Untersuchung der von den israelischen Hausratten neu entwickelten Tradition siehe Aisner/Terkel (1992) und Terkel (1996).

16 Das Thema „Imitation" diskutieren Whiten/Ham (1992), Heyes (1993), Tomasello (1999), Byrne (2002) und Sterelny (2003).

17 Catchpole/Slater (1995) befassen sich mit Lernen durch Imitation bei Singvögeln; die Hinweise auf Imitation bei Walen und Delphinen referieren Rendell/Whitehead (2001).

18 Das Konzept, das heute „Nischenkonstruktion" genannt wird, diskutierten schon Darwin (1881) in seinem Buch über Regenwürmer und später Waddington (1959a), Hardy (1965) und – in einem einflussreichen Artikel – Lewontin (1978). Für neuere Arbeiten zur Theorie der Nischenkonstruktion siehe Odling-Smee (1988) und Odling-Smee et al. (1996, 2003).

19 Zu Untersuchungen über die Entwicklung von Kulturen beim Schimpansen siehe Whiten et al. (2001); Van Schaik et al. (2003) beschreiben eine ähnliche kulturelle Vielfalt beim Orang-Utan.

20 Einzelheiten zu den Beobachtungen und Überlegungen der japanischen Primatologen, die die Untersuchungen an den Kojima-Makaken durchführten, siehe Hirata et al. (2001). De Waal (2001) befasst sich mit der Forschungstradition der japanischen Verhaltensökologie und liefert eine erhellende Analyse ihrer Arbeiten und begleitenden Diskussionen.

21 Die Art und Weise, wie in Tiergesellschaften Gruppenorganisation und soziale Konstruktion zu einer kulturellen Evolution führen können, beschreiben detaillierter Avital/Jablonka (2000) in Kap. 8.

22 Collias/Collias (1984).

23 Sept/Brooks (1994).

24 Zur Bedeutung verhaltensspezifischer Prägung für die Artbildung siehe Immelmann (1975), Irwin/Price (1999) und ten Cate (2000). Viele mögliche Fälle einer umweltinduzierten Artbildung bei Pflanzen und Tieren beschreibt West-Eberhard (2003) in Kap. 27. Gottlieb (2002) liefert eine detaillierte Erklärung von Beobachtungen (Bush 1974), die auf eine sympatrische Artbildung bei der Bohrfliege *Rhagoletis* deuten. Er vermutet, dass der Artbil-

dungsprozess durch Einwanderung in eine neue Nische und die Annahme veränderter, mehrere Generationen überdauernder Gewohnheiten eingeleitet wurde.

25 Payne et al. (2000).

26 P. P. G. Bateson (1982).

27 Die Rolle von Adoptierenden und Helfern bei der Weitergabe verhaltensspezifischer Information diskutieren Avital/Jablonka (1994, 1996, 2000). Avital et al. (1998) entwickelten ein Modell zur kulturellen Ausbreitung des Adoptierens.

28 Huffman (1996) setzt sich damit auseinander, was bei Tieren eine „schlechte Angewohnheit" sein könnte – etwa die anscheinend nichtadaptive und möglicherweise schädigende Tradition des Hantierens mit Steinen bei Japanmakaken. Es wäre interessant zu untersuchen, ob die häufig berichtete Trunkenheit bei Elefanten und Affen nach dem Verzehr vergorener Früchte ebenfalls das Ergebnis von Traditionen mit schädlichen Wirkungen ist.

29 Zu den Untersuchungen an den Feuerameisen siehe Keller/Ross (1993). Die Art und Weise, wie sich verschiedene Linie von Feuerameisen entwickeln, ist komplizierter als ursprünglich vermutet; genetische Komponenten mögen Einfluss auf die Entwicklung der Kolonie haben (Gotzek/Ross 2009). Weitere Hinweise auf verhaltensspezifische Vererbung bei Insekten geben Avital/Jablonka (2000), S. 353–356.

Kapitel 6: Symbolsysteme der Vererbung

Artikel in *Technological Innovation as an Evolutionary Process*, herausgegeben von Ziman (2000), und *Evolution of Cultural Entities*, herausgegeben von Wheeler et al. (2002), vermitteln eine Vorstellung davon, wie die Evolutionstheorie auf die Erforschung der menschlichen Kultur angewandt wurde. Verschiedene Ansätze zur kulturellen Evolution finden sich bei Dunbar et al. *The Evolution of Culture* (1999).

Neun Jahre später: Die Erforschung der kulturellen Evolution ist mittlerweile zu einem attraktiven Forschungsfeld geworden. In Kap. 11 bringen wir einige Aspekte dieses Themas, die unmittelbar mit den Problemen zusammenhängen, die in diesem Kapitel diskutiert werden, auf den neuesten Stand und stellen außerdem einen neuen (Waddington'schen) Entwicklungsansatz zur kulturellen Evolution vor. Kap. 11 enthält auch eine Erörterung der epigenetischen Facetten bei der Erforschung von Kultur – ein Thema, das vermutlich in Zukunft immer größere Bedeutung gewinnen wird.

1 In *Der dritte Schimpanse* von Jared Diamond (1991) geht es einerseits um das Kontinuum zwischen Mensch und anderen Tierarten, andererseits um die Einzigartigkeit des *Homo sapiens.*

2 Cassirer beschreibt seine Philosophie, die auf der Analyse symbolischer Systeme beruht, in seinem dreibändigen Meisterwerk *Die Philosophie symbolischer Formen* (dt. 1923–1929, engl. 1953–1957). Ergänzend dazu schrieb er ein wunderschönes, gut verständliches Buch (*An Essay on Man,* 1944), das speziell an ein englischsprachiges Publikum gerichtet ist.

3 Das Gedankenexperiment, das unserem zugrunde liegt, stammt von Spalding (1873) und ist bei Haldane (1954) wiedergegeben; in Kap. 8 kommen wir darauf zurück. Betont sei, dass unsere Papageien-Geschichte nicht die tatsächlichen Lernfähigkeiten und die Kommunikation von Papageien widerspiegelt. Pepperbergs Bericht (1999) von ihrer Arbeit mit Graupapageien zeigt, dass diese Spezies erstaunliche kognitive Fähigkeiten besitzt. Man kann den Tieren ein wenig Symbol-Kommunikation beibringen, aber wir wissen wenig über die Kommunikation wild lebender Papageien.

4 Lakoff und Johnson (1999) erörtern die fundamentale Bedeutung von Metaphern bei der Entwicklung von Gedanken und Sprache.

5 In diesem Kapitel liegt unser Schwerpunkt auf Symbolen und Symbolsystemen, die nur der Mensch besitzt. Die Komplexität verschiedener Arten von Zeichen wie ikonischen Zeichen und Indexzeichen erörtern wir hier nicht. Interessierten Lesern, die sich mit diesem Thema beschäftigen wollen, empfehlen wir Sebeok (1994). Zum Thema Sprache als Symbolsystem siehe Deacon (1997).

6 In der Anfangszeit der Molekulargenetik wurde die Organisation von Information in der DNA ständig mit der Organisation von Information in der Sprache verglichen. Es ist interessant zu sehen, dass die Analogie nun umgekehrt funktioniert. In ihrem jüngsten Aufsatz über die Evolution von Sprache schreiben Hauser et al. (2002), dass ein Marsmensch zu dem Schluss kommen könnte, dass *„die Sprachfähigkeit des Menschen wie der genetische Code organisiert zu sein scheint: hierarchisch, produktiv, rekursiv und praktisch unbegrenzt ausdrucksfähig“.* (S. 1569)

7 Die genetische Grundlage von Werbetänzen und Liedern von *Drosophila* ist bei Hall (1994) beschrieben.

8 Das Lernen von Liedern durch männliche Singvögel besprechen Catchpole und Slater (1995).

9 Cavalli-Sforza/Feldman (1981) und Boyd/Richardson (1985, 1988) haben verschiedene Modelle der kulturellen Evolution erstellt. Erstere postulieren, dass es diskrete Einheiten von Kultur gibt, die durch kopierähnliche Vorgänge von Generation zu Generation weitergeben werden; Letztere denken nicht in Begriffen kultureller Einheiten, sondern konzentrieren sich vielmehr auf phänotypische Veränderungen im Zeitablauf. Ein allgemeiner Überblick über diese und ähnliche Modelle findet sich bei Laland/Brown (2002), Kap. 7.

10 Zur Kritik Sperbers an Modellen kultureller Evolution, die auf der Annahme beruhen, dass es sich dabei um einen Kopiervorgang handelt, siehe Sperber (1995) in Kap. 5.

11 Eine hilfreiche Erklärung der memetischen Sicht von Kultur findet sich bei Dennett (1995, 2001). Das „egoistische“ Mem wird bei Blackmore (1999, 2000) erläutert. Aunger (2002) vertritt die Ansicht, Meme seien dynamische Nervenschaltkreise, die im Gehirn aufrechterhalten und repliziert würden.

12 Unterschiedliche Sichtweisen und Kritiken des Mem-Konzepts stellt Aunger (2000) vor. Weitere kritische Diskussionen über die Nützlichkeit dieses Konzepts bei der Erforschung der kulturellen Evolution findet man bei Rose/Rose (2000).

13 Die Vererbung psychopathologischen Verhaltens von Müttern wurde 1991 von Peter Molnar (Semmelweis Medical School, Budapest) in einem Vortrag bei einem interdisziplinären Symposium an der Universität Bielefeld beschrieben.

14 Einige wunderbare Beispiele für nichtzufällige, kontextabhängige Veränderungen in Kinderreimen finden sich bei Opie/Opie (1959). Darin wird gezeigt, wie Reime so verändert wurden, dass sie in das jeweilige geografische Umfeld und politische Klima passen, z.B. englische Reime, in denen vor 350 Jahren der König von Frankreich vorkam, zu Beginn des 20. Jahrhunderts jedoch Kaiser Wilhelm.

15 Stellvertretende Beispiele für die wachsende Literatur, darunter verschiedene Lehrbücher, in denen die Evolution des menschlichen Verhaltens aus soziobiologischer und evolutionspsychologischer Perspektive beschrieben wird, sind Barkow et al. (1992), Buss (1994, 1999), Plotkin (1997) und Miller (2000). Cosmides/Tooby haben ein Online-Handbuch (1997) für evolutionäre Psychologie zur Verfügung gestellt.

16 Jablonka/Rechav (1996), später ausgeführt in Avital/Jablonka (2000), Kap. 10.

17 Pinkers *The Language Instinct* (1994) ist eine gut verständliche Darstellung von Argumenten für die Existenz eines Sprachmoduls.

18 Cosmides/Tooby (1997).

19 Buss (1994, 1999).
20 Miller (2000).
21 Gottlieb (1997).
22 In *Thought in a Hostile World* (2003), Kap. 10 und 11, äußert Sterelny detaillierte Kritik an der „massiven Modul-Sicht", die von vielen Evolutionspsychologen vertreten wird. Indem er sich auf das „Naturgeschichte-Modul" konzentriert – ein Modul, das die in allen Kulturen vorhandene Fähigkeit von Menschen erklären soll, Tiere in Kategorien einzuordnen, die der von Arten entsprechen –, zeigt er einige Probleme auf, die mit der extremen Modul-Sicht verbunden sind.
23 Siehe Lenneberg (1967) und Chomsky (1968) und ihre frühen Ansichten zur angeborenen Sprachfähigkeit.
24 Zu Mary Midgleys Kritik des geläufigen selektionistischen Ansatzes kulturellen Wandels siehe Midgley (2002). Plotkin (1997, 2002) teilt viele ihrer Bedenken und hebt – trotz seiner Sympathie für eine (reformierte) Mem-orientierte Sicht von Kultur – die Bedeutung des Entwicklungsaspekts dieser Kritik hervor.
25 Teubner (2002) diskutiert, wie sich juristische und kulturelle Institutionen gegenseitig bedingen.
26 Donald (1991).
27 A.D. (Advocatus Diaboli) bezieht sich auf das entwicklungsspezifische Erbe bei Wüstenspringmäusen, das wir am Ende von Kap. 4 besprochen haben.
28 Hier übernimmt A. D. die Sichtweise von Fracchia/Lewontin (1999). Diese vertreten die Ansicht, dass historische Veränderungen nichts mit Evolution im biologischen Sinn zu tun haben.
29 Dobzhanskys Definition von Evolution als „eine Veränderung der genetischen Komposition von Populationen" findet sich in seiner *Genetics and the Origin of Species* (1937), S. 11.
30 Hull (2000).
31 Mayr (1982), S. 959.

Eine Zwischenbilanz

Neun Jahre später: Neuere Arbeiten, zusammenfassend dargestellt in Kap. 11, sprechen dafür, dass horizontaler Gentransfer, bei Eukaryoten vor allem der Transfer viraler Sequenzen, viel weiter verbreitet ist als früher vermutet; diese Arbeiten weisen auch auf signifikante Auswirkungen des horizontalen Gentransfers auf das Evolutionsgeschehen hin.
1 Jared Diamond (1997) setzt sich mit der Bedeutung ökologischer und geografischer Faktoren für das Entstehen und die Verbreitung maßgeblicher kultureller Innovationen auseinander. Beispielsweise meint er, Domestikation habe ursprünglich nur dort entstehen können, wo dafür geeignete Arten lebten – und dies seien nur ganz bestimmte Regionen der Erde gewesen. Gruppen von Menschen, die Domestikation praktizierten, hatten gewaltige Vorteile gegenüber ihren (nicht domestizierenden) Nachbarn; diese Vorteile wie auch die geografischen Möglichkeiten der Expansion bestimmten den Weg, auf dem sich die Landwirtschaft auf allen Kontinenten ausbreiten konnte.

Kapitel 7: Wechselwirkungen zwischen den Dimensionen – Gene und epigenetische Vererbungssysteme

Übersichten und genauere Angaben zu den Wechselwirkungen zwischen den genetischen und den epigenetischen Systemen geben Jablonka/Lamb (1995) in Kap. 7 bis 9 und Jablonka/Lamb (1998b). Viele Beiträge, in denen Waddington seine Arbeiten zur genetischen Assimilation beschreibt und diskutiert, findet man im Sammelband *The Evolution of an Evolutionist* (Waddington 1975a).

Neun Jahre später: Große Teile von Kap. 11, vor allem die beiden ersten Abschnitte, beschäftigen sich mit neuen Befunden, die auf die engen Verbindungen und Wechselwirkungen zwischen dem genetischen und den epigenetischen Systemen hinweisen. Kapitel 11 enthält auch eine ausführlichere Diskussion zur genetischen Assimilation und genetischen Akkommodation, ebenso eine detailliertere Darstellung epigenetischer und genetischer Effekte von Hybridisierung und ökologischem Stress. Einen Überblick über neue Studien zur genomischen Prägung gibt Ferguson-Smith (2011), und die Komplexität der Effekte von Hsp90 diskutieren Siegel/Masel (2012).

1 Diese bekannte Bemerkung von Solly Zuckerman findet man u. a. bei Lewontin (1993), S. 9.

2 Eine Diskussion allgemein darüber, wie Chromatinstrukturen DNA-Sequenzänderungen beeinflussen und in eine gewisse Richtung lenken, geben Jablonka/Lamb (1995) in Kap. 7.

3 In der englischsprachigen Welt hat zuerst Holliday (1979) von der möglichen Rolle der Epimutationen bei der Entstehung von Krebserkrankungen gesprochen. Die Epigenetik von Krebs ist mittlerweile zu einem äußerst aktiven Forschungsfeld geworden; dies lassen etwa die Beiträge und Übersichten erkennen, die man bei Verma et al. (2003) findet. Das Zusammenspiel von genetischen und epigenetischen Systemen bei der Tumorgenese beschreiben Baylin/Herman (2000).

4 Zur Vorstellung McClintocks, wie Stress Transpositionen und Umformungen des Genoms fördert, siehe McClintock (1984).

5 Die einigen Typen von Transpositionen zugrunde liegenden molekularen Mechanismen beschreiben Raina et al. (1998).

6 Die Bedeutung transposabler Elemente in der Evolution von Anpassungen und von Genomstrukturen ist Gegenstand vieler Spekulationen, doch auch Thema einer wachsenden Zahl experimenteller Arbeiten. Capy et al. (2000), Kidwell/Lisch (2000) und Jordan et al. (2003) geben einen Überblick über einige Befunde und Konzepte zu den tatsächlich positiven, darüber hinaus auch zu den möglicherweise vorteilhaften Wirkungen transposabler Elemente auf die Evolution ihrer Träger und auf die Muster der Genregulation. Überzeugend ist die Argumentation von Sternberg (2002) zur adaptiven Bedeutsamkeit repetitiver DNA-Elemente einschließlich Transposons. Für einen Überblick über Hinweise darauf, wie transposable Elemente – durch Vermittlung epigenetischer Prozesse – bei Pflanzen an der Bildung neuer Arten durch Polyploidisierung beteiligt sind, siehe Pikaard (2001).

7 Der Einfachheit halber lassen wir außer Acht, dass vielzellige Organismen Strukturen durch Wechselwirkungen zwischen Zellen und extrazellulärer Matrix erhalten. Dies scheint komplexe dreidimensionale Templating-Prozesse zu beinhalten, die aber bisher kaum verstanden sind (siehe hierzu Ettinger/Doljanski 1992).

8 Ein bekanntes Beispiel dafür, dass Zellen vom einen Typ zu einem anderen wechseln, ist die Transdetermination, also die sprunghafte Veränderung des Determinationszustands von larvalen Zellen bei *Drosophila* (siehe Hadorn 1978).

9 Jablonka/Lamb (1995), Kap. 5; De la Cas-Esperón/Sapienza (2003) haben diese Vorstellung weiterentwickelt; sie vermuten, die Persistenz der Prägungen in den Keimzellen mit der Notwendigkeit sei damit verbunden, dass die homologen mütterlichen und väterlichen Chromosomen sich gegenseitig erkennen, paaren und rekombinieren müssen. Auch Holliday (1984) ist der Auffassung, dass epigenetische Unterschiede (speziell im Methylierungsmuster) zwischen homologen Chromosomen Signale für Rekombination sind. Einige evolutionstheoretische Konzepte zur genomischen Prägung beschreiben und bewerten Hurst

(1997) und Wilkins/Haig (2003). Über verschiedene Aspekte der genomischen Prägung informieren außerdem gut: Ohlsson (1999), Ferguson-Smith/Surani (2001) und Haig (2002).

10 Die Inaktivierung oder Eliminierung von Chromosomen in den Zellen männlicher Schildläuse beschreibt White (1973) in Kap. 14.

11 Ohno (1967) gibt eine ausgezeichnete Zusammenfassung der frühen Arbeiten zu den Geschlechtschromosomen. Vom Y-Chromosomen weiß man heute, dass es mehr Gene enthält als früher angenommen (alles in allem 78 Protein-kodierende Gene, allerdings kodieren sie nur für 27 unterschiedliche Proteine); gleichwohl sind es im Vergleich zum X-Chromosom nach wie vor wenige (Skaletsky et al. 2003).

12 Lyon stellte ihre berühmte Hypothese in einem kurzen Beitrag für *Nature* im Jahr 1961 vor. Für neuere Artikel, die sich mit den Mechanismen zur X-Chromosom-Inaktivierung beschäftigen, siehe Lyon (1998) und Plath et al. (2002). Lyon (1999) diskutiert im Überblick die Prägung und die nichtzufällige X-Chromosom-Inaktivierung in extraembryonalen Geweben und bei den Beuteltieren (Marsupialia). Park/Kuroda (2001) stellen die epigenetischen Aspekte der X-Chromosom-Inaktivierung heraus.

13 Zu Haigs Hypothese, ihren Konsequenzen und Auswirkungen siehe den Sammelband Haig (2002).

14 Jablonka/Lamb (1990a), S. 265; diese Idee wurde später erweitert und zu einem Modell verarbeitet, siehe Iwasa/Pomiankowski (1999).

15 Die Silberfuchs-Untersuchungen der russischen Arbeitsgruppe beschreiben Belyaev (1979) und Belyaev et al. (1981b). Eine neuere Darstellung zu Geschichte, Ergebnissen und Stand der Forschung gibt Trut (1999).

16 Belyaev et al. (1981a, b).

17 Belyaev (1979).

18 So wie man Waddingtons „Epigenetik" und den Begriff „Entwicklung" verwendet, überschneidet sich die Bedeutung beider – dies wird besonders deutlich, wenn man die Termini adjektivisch benutzt. Eine „epigenetische Abänderung" ist eine „entwicklungsrelevante Abänderung", die zu einem modifizierten Phänotyp führt. Das Adjektiv „epigenetisch" bedeutet nicht, dass die Abänderung erblich sein muss, d. h. „epigenetische Abänderung" ist nicht identisch mit der Formulierung „erbliche epigenetische Abänderung". Waddington hat sich mit der Frage nach den Mechanismen der zellulären Vererbung nicht im Detail beschäftigt. Das Konzept der „epigenetischen Vererbung" entstand erst später.

19 Waddington (1942, 1957, 1975a).

20 Waddington (1961) skizziert einige seiner experimentellen Befunde; ebenso die Argumente, die ihn veranlassen, die Evolution von Anpassungen auf Grundlage genetischer Assimilation zu betrachten.

21 Ein einfaches und idealisiertes Beispiel dafür, wie eine genetische Assimilation ablaufen könnte: Man stelle sich vor, an der Entwicklung eines Merkmals wie Querverstrebungen zwischen den Flügeladern („crossvein") bei *Drosophila* seien nur drei Gene (A, B und C) beteiligt, jedes mit zwei Allelen (A^1 und A^2, B^1 und B^2, C^1 und C^2). Die Häufigkeit jedes der drei Allele A^1, B^1 und C^1 („Typ-1-Allele") in einer Population betrage 1/10 und jene der Allele A^2, B^2 und C^2 („Typ-2-Allele") jeweils 9/10. Unter normalen Bedingungen, ohne Hitzeschock, entwickeln sich abnormale Crossveins nur bei Fliegen mit dem Genotyp $A^1A^1B^1B^1C^1C^1$. Dazu kommt es in einer Häufigkeit von $(1/10)^6$, d. h. in einer Häufigkeit von 1 zu 1 Million – die Chancen, dass man eine Fliege mit einem Crossveinless-Phänotyp findet, stehen also ziemlich schlecht. Wenn allerdings Fliegenpuppen, deren Genotypen zwei oder mehr Typ-1-Allele tragen (z. B. $A^1A^2B^2B^2C^2C^1$, $A^2A^2B^2B^2C^1C^1$, $A^2A^2B^1B^1C^2C^1$ – im Ganzen sind es 17,3 % in der Population), nach einem Hitzeschock den Crossveinless-Phänotyp

entwickeln und Fliegen mit einem solchen Phänotyp systematisch als Eltern der nächsten Generation selektiert werden, wird die Frequenz des Typ-1-Allels ansteigen. Wenn in der Population das Typ-1-Allel häufiger wird, steigt auch die Wahrscheinlichkeit, dass man auf den seltenen Hitzeschock-unabhängigen Genotyp $A^1A^1B^1B^1C^1C^1$ trifft.

22 Einer der Ersten, die von Waddingtons Ideen kreativen Gebrauch machten, war Matsuda (1987). Seiner Auffassung nach werden Änderungen im Lebenszyklus (*life history*) – ob etwa ein Tier ein Larvenstadium durchläuft oder nicht – durch umweltinduzierte Entwicklungsabänderungen eingeleitet, die nachfolgend genetisch assimiliert werden. West-Eberhard (2003) diskutiert Matsudas Arbeiten und gibt viele Beispiele für solche Lebenszyklusänderungen.

23 Für Übersichten zur biologischen Rolle von Hsp90-Chaperonen siehe Buchner (1999) und Mayer/Bukau (1999).

24 Rutherford/Lindquist (1998).

25 McLaren (1999) diskutiert diese Experimente in einem mehr allgemeinen Zusammenhang mit anderen Beobachtungen, die einen Übergang von entwicklungsinduzierten zu nichtinduzierten Merkmalen zeigen – einschließlich Waddingtons Experimente zur genetischen Assimilation. Die Autorin vermutet auch, dass die berühmt-berüchtigten Haftschwielen an den Vorderextremitäten männlicher Geburtshelferkröten, die ja im Mittelpunkt so vieler harter Kontroversen standen (siehe Anm. 12, Kap. 1), durch einen Prozess der genetischen Assimilation entstanden sein könnten.

26 Queitsch et al. (2002).

27 Sollars et al. (2003); Ho et al. (1983) beschreiben ein früheres Experiment, bei dem ein anfänglich induziertes Merkmal in die erbliche Veranlagung einer Inzuchtlinie von *Drosophila* aufgenommen wird.

28 Rutherford/Henikoff (2003) bieten eine aufschlussreiche Diskussion über den Beitrag epigenetischer Variationen zu quantitativen erblichen Merkmalen.

29 Einen Überblick über das Verhalten des Hefe-$[PSI^+]$-Prions geben Serio/Lindquist (2000).

30 True/Lindquist (2000).

31 Chernoff (2001) diskutiert die generelle evolutionäre Bedeutung erblicher Variationen von Proteinstrukturen.

32 Die Experimente zur Salzresistenz und entsprechenden Anpassungen der Analpapillen beschriebt Waddington (1959b). Der Überblick, den Scharloo (1991) über die Ideen zur Kanalisierung gibt, konzentriert sich auf die Arbeiten Waddingtons und schließt auch eine Neubewertung seiner Experimente zur Salzresistenz ein.

33 Moore et al. (1995).

34 Huynh/Lee (2003).

35 Evolutionsbiologen haben viele Szenarien entwickelt, wie es zu den kleinen Y-Chromosomen mit wenigen Genen gekommen sein mag; häufig wird behauptet, die Degenerierung des Y-Chromosoms beruhe letztlich darauf, dass es nicht mit dem X-Chromosom rekombinieren könne. Wir schlagen hier ein Szenario vor, wonach X- und Y-Chromosomen durch unterschiedliche Chromatinkonformationen charakterisiert sind; dies ist mit vielen dieser Hypothesen vereinbar, denn Unterschiede in der Chromatinstruktur bedeutet auch weniger Möglichkeiten der Rekombination zwischen beiden Chromosomen (Jablonka/Lamb 1990a).

36 West-Eberhard (2003) betont, neuinduzierte Antworten seien häufig adaptive Angleichungen; genetische Änderungen folgten eher umweltinduzierten Änderungen als dass sie diesen vorausgingen. Diese Sicht teilen Schlichting/Pigliucci (1998), die eine detaillierte Analyse von Kanalisierung und Plastizität geben. Theoretische Modelle dazu, wie Selektion zu Kanalisierung führt, diskutieren Meiklejohn/Hartl (2002) und Siegel/Bergman (2002).

Kapitel 8: Gene und Verhalten – Gene und Sprache

Der erste Teil dieses Kapitels basiert auf der Diskussion von Avital/Jablonka über die Evolution des Lernens in ihrem Buch *Animal Traditions* (2000), Kap. 9. Dem Abschnitt über das Zusammenspiel von Genen und Kultur bei der Evolution von Sprachfähigkeit liegt die Publikation von Dor/Jablonka (2000) zugrunde.

Neun Jahre später: Die Entwicklung eines neuen, aufregenden Forschungsfeldes mit dem Namen „Verhaltensepigenetik" zeigt, dass es nun eine Verbindung zwischen Epigenetik und Verhalten gibt, die auch in die Sphäre der kulturellen Evolution des Menschen hineinreicht. Wir werden uns in Kap. 11 damit befassen. Die Evolution von Sprache bleibt ein heißes Thema. Kap. 11 enthält unter anderem eine weitere Diskussion darüber sowie die Erweiterung unserer Vorstellungen und die anderer Leute.

1 Vorstellungen und Modelle von Nischenkonstruktion werden bei Odling-Smee (1988) und Odling-Smee et al. (1996, 2003) diskutiert. J. S. Turner (2000) hat die Idee einer Nischenkonstruktion in eine andere Richtung gelenkt. Er vertritt den Standpunkt, biologische Interaktionen in einer Nische führten in vielen Fällen zur Bildung eines „erweiterten Organismus", der aus verschiedenen, eng miteinander agierenden und sich parallel entwickelnden Arten bestehe und als zusammenhängendes Ganzes wachse und sich entwickle.

2 Mehr Informationen über nichterlernte Antworten von Hyänen und anderen Tieren finden sich bei Avital/Jablonka (2000) in Kap. 9.

3 Cronin (1991) beschreibt die Geschichte des Konzepts der Evolution durch sexuelle Selektion.

4 Simpson (1953) machte den Begriff „Baldwin-Effekt" als Bezeichnung für Evolutionsmechanismen bekannt, die unabhängig voneinander von Osborn, Lloyd Morgan und Baldwin beschrieben wurden. Alle drei Wissenschaftler entwickelten und veröffentlichten ihre Vorstellungen mehr oder weniger gleichzeitig; in dem Buch *The Play of Animals* von Groos (1898) gibt es einen Anhang von Baldwin mit einer Darstellung dessen, was wir heute als Baldwin-Effekt bezeichnen, die „in Absprache mit Rektor Morgan und Professor Osborn verfasst wurde". Einzelheiten der Originalquellen mit den Vorstellungen, die der Baldwin-Effekt beinhaltet, finden sich bei Simpson (1953), der sie im Ganzen verwarf, und bei Hardy (1965). Hardys (Kap. 6) Verständnis des Baldwin-Effekts ist wohlwollender; er vergleicht ihn auch mit der genetischen Assimilation.

5 Die Formulierung wurde von Baldwin im Anhang zu Groos (1898) verwendet.

6 Waddington diskutiert die angeblichen Unterschiede zwischen der genetischen Assimilation und dem Baldwin-Effekt in *The Strategy of the Genes* (1957), Kap. 5. Er betont die Bedeutung der Selektion erblicher Faktoren, die die Fähigkeit bestimmten, auf die Umwelt zu reagieren, gegenüber der Selektion von Faktoren, die eine teilweise induzierte Antwort simulierten, und ist der Ansicht, dass sich die genetische Assimilation darin vom Baldwin-Effekt unterscheide. Besonders Lloyd Morgan jedoch war sich sicher darin, dass Veränderungen in der Plastizität einer Reaktion eine der Wirkungen der Selektion sind. Historische und philosophische Analysen des Baldwin-Effekts finden sich in dem von Weber/Depew (2003) herausgegebenen Buch. Ancel (1999) hat ein nützliches Modell des Baldwin-Effekts entwickelt.

7 Avital/Jablonka (2000), Kap. 9.

8 Baldwins Interesse an sozialer Vererbung wird in vielen seiner Veröffentlichungen deutlich, auch in der von 1896.

9 Der Begriff „Koevolution" wird heute für zwei verschiedene Prozesse verwendet; ursprünglich bezeichnete er die miteinander zusammenhängende genetische Evolution zweier unterschiedlicher Arten, wie die eines Parasiten und seines Wirts. Heute wird er auch benutzt, um die miteinander zusammenhängende Selektion von Genen und Kultur in der Evolution des

Menschen zu beschreiben. Durham diskutiert die Koevolution von Genen und Kultur in seinem Buch *Coevolution: Genes, Culture, and Human Diversity* (1991). Es enthält eine ausführliche Darstellung der genetischen und kulturellen Aspekte der Laktose-Resorption.

10 „Drinka pinta milka day" (Trinke täglich ein Pint Milch) war ein sehr erfolgreicher Werbeslogan, den der Nationale Molkereiverband in Großbritannien in den späten 1960er Jahren erfand. Dank kultureller Evolution wurde „pinta" ein anerkanntes Synonym für eine Flasche Milch. [Im Deutschen gibt es einen ähnlichen Slogan: „Milch macht müde Männer munter". Anmerkung des Übersetzers.]

11 Eine spätere Analyse der Rolle kultureller Prozesse und ihre Auswirkungen auf die Häufigkeit von Laktose-Resorbierern finden sich bei Holden/Mace (1997). Swallow/Hollox (2001) liefern eine vergleichende Diskussion aller Aspekte der Laktose-Resorption.

12 Ein nützlicher und gut lesbarer Überblick über die evolutionären Aspekte genetischer Krankheiten beim Menschen, darunter die Sichelzellenanämie und die Tay-Sachs-Krankheit, findet sich bei Diamond/Rotter (2002).

13 Heiratsvermittlung wird in ultrareligiösen jüdischen Gemeinschaften praktiziert. Voreheliche genetische Beratung ist dabei weit verbreitet.

14 In ihrem Buch *Developmental Plasticity and Evolution* (2003) bietet West-Eberhard eine ausgezeichnete Analyse vieler evolutionärer Anpassungen, die ursprünglich umweltbedingt oder erlernt waren.

15 Eine gute Darstellung von Sprache, ihren Ursprüngen und ihrer Entwicklung finden sich bei Aitchison (1996). Seit den 1990er Jahren ist das Interesse an der Evolution von Sprache stark gestiegen, was sich in vielen Konferenzen und Publikationen widerspiegelt, darunter den Büchern von Hurford et al. (1998), Knight et al. (2000), Wray (2002) und Christiansen/Kirby (2003). Das von Trabant/Ward (2001) herausgegebene Buch enthält eher historische und semiotische Ansätze der sprachlichen Evolution, während sich das von Briscoe (2002) auf Verarbeitungsmodelle von Sprache konzentriert.

16 Chomskys Sicht des Sprachorgans findet sich bei Chomsky (1975, 2000). Pinkers populäres Buch *The Language Instinct* (1994) bietet eine leicht zugängliche Zusammenfassung von Chomskys Position.

17 Viele Evolutionsbiologen stehen Chomskys Sprung-Hypothese im Zusammenhang mit der Evolution von Sprache kritisch gegenüber, siehe z. B. Pinker/Bloom (1990), Dor/Jablonka (2000) und Beiträge in Christiansen/Kirby (2003).

18 Hauser et al. (2002).

19 Die funktionalistische Position gibt es in verschiedenen Versionen; für eine einflussreiche funktionalistische Analyse eines Linguisten siehe Givón (1995). Elman et al. (1996) stellen einen funktionalistischen Ansatz aus verarbeitungstechnischer und psychologischer Sicht vor; Deacon (1997) plädiert für eine funktionalistische Analyse der Sprachentwicklung und betont dabei die Entwicklung des Gehirns, während Lieberman (2000) die Evolution des motorischen Systems hervorhebt.

20 Kegl et al. (1999). Helmuth (2001) gibt eine kurze Darstellung über diese Zeichensprache und über die Kontroversen hinsichtlich der Bedeutung ihrer Entstehung.

21 Dors Sicht (siehe z. B. Dor 2000) entstammt dem semantisch orientierten Ansatz von Syntax, der bei Frawley (1992), Levin (1993) und Levin/Rappaport Hovav (1995) beschrieben ist.

22 Die Vorstellung, dass genetische Assimilation möglicherweise wichtig für die Sprachentwicklung war, wird kurz bei Waddington (1975b) diskutiert. Dor/Jablonka (2000) erweitern die Vorstellung, dass partielle genetische Assimilation eine entscheidende Rolle bei der Sprachentwicklung spiele. Briscoe (2003) betont ebenfalls die Bedeutung der genetischen Assimilation bei der Evolution von Sprache.

23 Die meisten Innovationen, ob genetische, epigenetische, verhaltens- oder symbolspezifische, sind kurzlebig, selbst wenn sie möglicherweise von großem Vorteil sind. Die Bedingungen für die Etablierung und regelmäßige Weitergabe von Innovationen sind ziemlich anspruchsvoll. Damit zum Beispiel beim Menschen eine kulturelle Innovation angenommen und beibehalten wird, muss der Erfinder z. B. andere davon überzeugen, dass seine Erfindung wertvoll ist, er muss die richtigen Verbindungen haben usw. Die meisten guten Ideen werden nie in die Tat umgesetzt, und viele geniale Erfindungen fallen dem Vergessen anheim.
24 Die kulturellen Aspekte der Evolution von Sprache sind bei Kirby (1999, 2002) dargestellt und diskutiert.
25 Ein Gen, dessen normale Funktion für die Entwicklung von Sprachfähigkeit (und anderer Verhaltensweisen) zuständig ist, wurde von Lai et al. (2001) isoliert, aber die Rolle dieses Gens bei der Evolution von Sprache ist unklar.
26 Ein neuronales Netzwerk-basiertes Modell der genetischen Assimilation erlernten Verhaltens findet sich bei Hinton/Nowlan (1987).
27 West-Eberhard (2003) erklärt die Idee der genetischen Akkommodation in Kap. 6 ihres Buchs.
28 Pinker/Bloom (1990).

Kapitel 9: Lamarck'sche Mechanismen: Die Evolution der „begründeten Vermutung"

In den vorangegangen Kapiteln haben wir uns nicht speziell mit den evolutionären Ursprüngen der verschiedenen Vererbungssysteme befasst – doch viel ist dazu in der Literatur zu finden, die wir zitieren. Wir geben hier deshalb nur Arbeiten an, die explizit solche Aspekte einbeziehen, die für die Entstehungsfrage relevant sind.

Neun Jahre später: Seit dem Jahr 2005 gab es zahlreiche Studien und Diskussionen zur Evolution epigenetischer Vererbungssysteme, speziell zu den Ursprüngen der RNA-vermittelten Geninaktivierung (siehe z. B. Cerutti/Casas-Mollano 2006; Shabalina/Koonin 2008; Berezikov 2011; Tarver et al. 2012). Jablonka/Lamb (2006) diskutieren die Rolle, die die verschiedenen Vererbungssysteme bei den Hauptübergängen in der Evolutionsgeschichte gespielt haben. Kap. 11 skizziert einige neue Ideen dazu, welche Bedingungen die Evolution von Sprache förderten.

1 Die Vorstellung, dass neue Strukturen und Funktionen entstehen, wenn Nebenprodukte existierender Phänotypen hinzugenommen und unter veränderten Bedingungen selektiert werden, findet man ursprünglich schon bei Darwin und heute in praktisch jedem Evolutionslehrbuch. Sehr kreativ verwenden dieses Konzept beispielsweise Maynard Smith/Szathmáry in *The Major Transitions in Evolution* (1995) und Wilkins *The Evolution of Developmental Pathways* (2002b).
2 Fry (2000) gibt eine hervorragende Zusammenfassung und Diskussion der verschiedenen Vorstellungen zum Ursprung des Lebens – einschließlich einer geschichtlichen Einführung und eines Überblicks über aktuelle Theorien. Einen interessanten und originellen Ansatz zur Evolution der ersten biologischen Einheiten, auch mit unserer Sicht der parallelen und wechselseitig abhängigen Evolution der genetischen und epigenetischen Vererbungssysteme, entwickelte der ungarische Chemiker und Theoretische Biologe Tibor Gánti in den 1960er Jahren (siehe Gánti 2003). Er entwickelte ein sehr elegantes abstraktes Modell zur einfachsten biologischen Entität, die er „Chemoton" nennt. Das Chemoton besteht aus drei miteinander verbundenen Subsystemen, die zusammen sich selbst zu erhalten vermögen. Die Subsysteme korrespondieren mit dem Zytoplasma (sich selbst erhaltende Stoffwechsel-

kreisläufe), der Zellmembran (basierend auf dem Selbstzusammenbau dreidimensionaler Strukturen) und dem genetischen Material (einem replizierenden linearen Polymer).

3 Das SOS-System beschreiben Alberts et al. (2002) in Kap. 5.

4 Zu Radmans Vorstellungen siehe Radman (1999), Taddei et al. (1997) und Radman et al. (1999).

5 Moxon/Wills (1999) diskutieren die Evolution von Mutationsraten in verschiedenen Regionen des Genoms, ebenso setzen sie sich mit globalen genomischen Stressreaktionen auseinander.

6 Nanney (1960) erforschte die Vorteile epigenetischer Vererbung unter sich unregelmäßig verändernden Bedingungen. Den Effekt eines transgenerationalen Gedächtnisses unter solchen Bedingungen modellierten Jablonka et al. (1995).

7 Lachmann/Jablonka (1996).

8 Kauffman (1993).

9 Liu/Lindquist (1999).

10 Cavalier-Smith (2004).

11 Bestor (1990) und Yoder et al. (1997).

12 Mutskov/Felsenfeld (2004).

13 Aufgrund der Verteilung der Methylierung in verschiedenen Taxa vermuten Regev et al. (1998), dass die Regulation der Genaktivität eine entwicklungsgeschichtlich alte Funktion der DNA-Methylierung ist; diese soll parallel zur Abwehrfunktion oder sogar vor dieser entstanden sein. Die Vielfalt an Funktionen der DNA-Methylierung – einschließlich des Inhibierens des Transkriptionsstarts, des Blockierens der Transkriptionselongation, des Supprimierens homologer Rekombination und als Präge-Signal – lässt Colot/Rossignol (1999) schließen, dass es sich bei der DNA-Methylierung um einen hochkonservierten Prozess handle. Bird (2002) vergleicht die DNA-Methylierungsmuster in verschiedenen Taxa und fasst die entsprechenden Unterschiede zwischen Wirbellosen und Wirbeltieren als Ausdruck verschiedener Strategien der Genom- und Genregulation auf.

14 Als „hartnäckige Markierung" (*stubborn mark*) bezeichnen Jablonka/Lamb (1995) solche Chromatinmarkierungen, die während der Embryogenese oder Gametogenese nicht ohne Weiteres entfernt werden. Es wurde behauptet, dass es sich hierbei im Allgemeinen um Markierungen solcher DNA-Sequenzen handle, die reich an CG-Nucleotiden oder repetitiven Motiven seien. DNA-Sequenzänderungen, die durch von Dover so genannten „molecular drive" (siehe Dover 2000a) erzeugt und verbreitet werden, können enorme Variabilität hinsichtlich der Größe und Zusammensetzung repetitiver Sequenzen schaffen – auch ganz ohne Selektion; solche Sequenzänderungen könnten wichtig für die Evolution eines epigenetischen Gedächtnisses sein. Rakyan et al. (2002) berichten von Allelen, die erbliche abänderbare Markierungen tragen können (z. B. das Allel für die gelbe Fellfarbe bei der Maus, das wir auf Seite 154 diskutieren) und bezeichnen diese als „metastabile Epiallele". Wie die Autoren feststellen, sind solche Allele typischerweise mit der Anwesenheit von Transposonensequenzen verknüpft.

15 Den Ursprung der RNAi als Verteidigungssystem diskutiert Plasterk (2002). Cerutti (2003) setzt sich mit den vielen Funktionen der RNAi auseinander und vermutet, dass die regulatorische Funktion der microRNAs entwicklungsgeschichtlich sehr alt ist. Es gibt mittlerweile sehr viele Hinweise darauf, dass nicht-Protein-codierende RNAs häufig vorkommen und eine ganz zentrale Rolle bei der Regulation und Entwicklung von Zellen spielen (siehe Mattick 2003). Deshalb muss man wahrscheinlich ihre evolutionäre Ursprünge und Funktionen einer völligen Neubewertung unterziehen.

16 Eine präzise Darstellung der RNA-Welt, wie sie existiert haben mag, bevor die DNA zum primären Informationsträger wurde, geben Maynard Smith/Szathmáry (1995) in Kap. 5.
17 Ursprung und Evolution sozialen Lernens in unterschiedlichen Zusammenhängen diskutieren Avital/Jablonka (2000) in Kap. 9.
18 Savage-Rumbaugh/Lewin (1994); Savage-Rumbaugh et al. (1998).
19 Leben und Biologie der Bonobos sind ausführlich beschrieben und illustriert in *Bonobo: The Forgotten Ape* (1997) von De Waal/Lanting.
20 Den Ursprung sprachlicher Kommunikation in einer Gesellschaft hoch sozialer Hominiden mit einer Bonobo-ähnlichen Intelligenz diskutieren sehr viele Forscher, die an der Evolution von Sprache interessiert sind, allerdings konzentrieren sie sich auf ganz unterschiedliche Aspekte: Lieberman (2000) beispielsweise betont die Evolution der Bewegungskontrolle, Dunbar (1996) verweist auf die Bedeutung der Gruppengröße; Bickerton (2002) beschäftigt sich vor allen Dingen mit den ökologischen Kausalfaktoren und Tomasello (1999) hebt die zentrale Bedeutung der absichtlichen Imitation hervor.
21 Übergänge zu neuen Stufen biologischer Organisation und die Evolution neuer Typen von Information diskutieren Jablonka (1994), Jablonka/Szathmáry (1995), Maynard Smith/Szathmáry (1995) und Jablonka et al. (1998).
22 Die Befunde von Regev et al. (1998) erlauben es, verschiedene Methylierungsgrade bei unterschiedlichen Taxa von Invertebraten mit der Bedeutung des Zellgedächtnisses in Beziehung zu setzen, die diesem in Entwicklung und Erhalt von Geweben zukommt.
23 Diese Definition von Evolvierbarkeit basiert auf Gerhart/Kirschner (1997), S. 597, dort heißt es: „an increased ability to generate nonlethal, relevant, phenotypic variation on which selection can act".
24 Den Gedanken, dass sexuelle Fortpflanzung bei Säugetieren (teilweise) durch Prägung aufrecht erhalten wird, entwickelte Solter (1987); Kritik daran äußerte Haig (siehe z. B. Haig 2002, Artikel 10).
25 Bjedov et al. (2003). Experimente, die auf das evolutionserhöhende Potenzial von Systemen zur verstärkten Induktion von Mutationen unter Stressbedingungen – einschließlich der SOS-Antwort – hinweisen, beschreiben McKenzie et al. (2000) und Yeiser et al. (2002). Aufschlussreiche kurze Diskussionen zur Auffassung, dass Organismen ihre eigene Evolution beschleunigen können, indem sie verstärkt genetische Variabilität schaffen, findet man bei Chicurel (2000) und Rosenberg/Hastings (2003). Poole et al. (2003) geben einen interessanten kritischen Überblick über die Diskussion um das Thema Evolvierbarkeit, vor allem stressinduzierter Antworten, sowohl bei Pro- wie Eukaryoten.
26 Eaglestone et al. (1999) zufolge zeigen unter Stressbedingungen Hefezellen mit der Prion-Variante [PSI^+] höhere Wachstumsraten als solche ohne eine solche Prion-Variante.
27 Verschiedene Sichtweisen zur Rolle der dekanalisierenden Faktoren Hsp90 und [PSI^+] zur Evolvierbarkeit findet man in Dickinson/Seger (1999), Dover (2000b), Lindquist (2000), Partridge/Barton (2000). Masel/Bergman (2003) zufolge ist die Fähigkeit zur Bildung eines Prions Ergebnis der Selektion für Evolvierbarkeit; ihre mathematischen Modelle zeigen, dass Hefe-Stämme mit der Fähigkeit zur Bildung von Prionen einen selektiven Vorteil haben, solange Änderungen in den Umweltbedingungen ein partielles Readthrough von Stopp-Kodons einmal pro 1 Million Jahre adaptiv machen.
28 Belyaev (1979).
29 Die Bedeutung von Stress bei der Artbildung diskutieren Hoffmann/Parsons (1997) und Jablonka/Lamb (1995), Kap. 9.
30 Savage-Rumbaugh/Rumbaugh (1993).

31 Siehe Maynard Smith/Szathmáry (1995), S. 114 für ihre Sicht zum Ursprung der Chromosomen.

32 Der von Nitecki (1988) herausgegebene Sammelband enthält hilfreiche Diskussionen zu den philosophischen, historischen und biologischen Aspekten der Idee des evolutionären Fortschritts.

Kapitel 10: Ein letzter Dialog

Neun Jahre später: Das gesamte Kap. 11 kann man als Fortsetzung des nun folgenden Gesprächs (Kap. 10) betrachten; doch kommen in Kap. 11 auch Aspekte zur Sprache, die in Kap. 10 entweder überhaupt nicht oder nur als zukünftige Möglichkeiten erwähnt werden. Zu den bemerkenswertesten Entwicklungen seit 2005 gehören 1.) die Zunahme an neuen Disziplinen der epigenetischen Epidemiologie, die wichtiger Bestandteil im umfassenden Forschungsprogramm der medizinischen Epigenetik ist; 2.) Verhaltensepigenetik, ein äußerst spannendes Forschungsgebiet, das auch viel öffentliche Aufmerksamkeit erhält; und 3.) die ökologische Epigenetik – sie gewinnt ebenfalls an Bedeutung, obwohl sie von traditionellen Populationsgenetikern noch immer mit einiger Skepsis bedacht wird. Die Epigenetik der Evolution befindet sich zwar noch in ihrer Aufbau- und Konsolidierungsphase, doch begrüßen wir das in den vergangenen Jahren wachsende Interesse an populations-epigenetischen Modellen, denn sie erlauben die dringend notwendige Erweiterung der Evolutionstheorie. Wir geben gerne zu, uns geirrt zu haben, als wir 2005 in Kap. 10 meinten, es sei wohl unmöglich, ein einzelnes Modell zur Beschreibung sämtlicher Dimensionen der Vererbung zu entwickeln: Helanterä/Uller (2010) und Day/Bonduriansky (2011) konnten zeigen, dass die Price-Gleichung einen solch vereinheitlichenden Rahmen für alle Vererbungssysteme gibt (obwohl verschiedene Termini für unterschiedliche Vererbungskomponenten in diese Gleichung eingebaut werden müssen).

Eine weitere wichtige Entdeckung nach 2005 war, dass adulte Mauszellen epigenetisch zu Stammzellen reprogrammiert werden können, und zwar durch das Einführen von Genen, die für maßgebliche Transkriptionsfaktoren kodieren (Takahashi/Yamanaka 2006); dafür erhielt Shinya Yamanaka 2012 den Nobelpreis für Medizin oder Physiologie. Durch dieses Verfahren erweitern sich die praktischen Anwendungsmöglichkeiten des Klonens beträchtlich.

Wir werden in Kap.11 auch zeigen, wie das ENCODE-Projekt – es soll sämtliche Regulationsfaktoren und Regulationssequenzen im menschlichen Genom identifizieren – unser Verständnis von Genomen und Epigenomen verändert, und zwar hin zu einer systemisch ausgerichteten Sicht der Vererbung.

1 Siehe Weismann (1893a), Kap. 13, und Hull (2000) hinsichtlich ihrer jeweiligen Positionen zum Lamarckismus. Obwohl Biologen auch heute noch im Allgemeinen in abwertender Absicht als „Lamarckisten" bezeichnet werden, gibt es einige Anzeichen dafür, dass sich hier etwas bewegt. Beispielsweise macht Balter (2000) in einem „focus article" für *Science* – ein Wissenschaftsjournal, das normalerweise nur allseits respektierte und akzeptierte Meinungen widergibt – immerhin vorsichtige Zugeständnisse, dass man einigen Aspekten der Evolution durchaus Lamarck'schen Charakter zusprechen könnte.

2 Feldman/Laland (1996).

3 Kisdi/Jablonka entwickelten eine Methode zur Abschätzung jenes Anteils an der erblichen Variabilität, die auf epigenetische Vererbung zurückzuführen ist; siehe hierzu auch Tal et al. (2010).

4 Eine einfache, leicht zu verstehende Erörterung des Konzepts „Erblichkeit" und seiner Grenzen – besonders mit Blick auf den IQ – geben Rose et al. (1984) in Kap. 5.
5 Die Bedeutung erblicher epigenetischer Defekte bei Krankheiten des Menschen hat schon Holliday (1987) aufgezeigt. Verma et al. (2003) diskutieren die epigenetischen Aspekte von Krebserkrankungen, Murphy/Jirtle (2000) setzen sich damit auseinander, welche Rolle Fehlprägungen bei menschlichen Krankheiten spielen. Dennis (2003) gibt eine kurze Darstellung der eher allgemeinen Einflüsse epigenetischer Variationen auf Krankheiten des Menschen – einschließlich einer Diskussion der Art und Weise, wie Epiallele Unterschiede zwischen eineiigen Zwillingen verursachen können. Jablonka (2004a) diskutiert die Bedeutung epigenetischer Vererbung für die Epidemiologie.
6 Die langfristigen Effekte pränataler Erfahrungen beim Menschen (einschließlich jener, die man bei der Studie zum niederländischen „Hungerwinter" gefunden hat) diskutiert Barker in *Mothers, Babies and Health in Later Life* (1998); ein kurzer Beitrag hierzu stammt von Couzin (2002a). Kaati et al. (2002) liefern Hinweise auf väterlich vererbte transgenerationale Effekte beim Menschen, und die allgemeine Bedeutung dieser Befunde diskutiert Pembrey (2002). Holliday (1998) betrachtet die Möglichkeit, dass sich der Einsatz von Thalidomid auch noch bei späteren Generationen bemerkbar machen könnte. Einen kritischen Überblick über frühe Untersuchungen zu generationenübergreifenden Effekten bei Tieren geben Campbell/Perkins (1988); für Literatur zu späteren Studien siehe in Kap. 4 die Anm. 28 bis 34.
7 Check (2003) setzt sich mit den Anwendungsmöglichkeiten RNAi-basierter Technologie in der Medizin und mit den wachsenden ökonomischen Interessen an der RNAi auseinander.
8 Fehler bei der epigenetischen Reprogrammierung, die zu Entwicklungsstörungen bei geklonten Embryonen führen, beschreiben Solter (2000) und Rhind et al. (2003).
9 Welche Auswirkungen es auf die Entwicklung der Sprache hat, wenn ein Kind nicht damit in Berührung kommt, zeigt der tragische Fall eines genialen Mädchens, das bis zu seiner Jugendzeit praktisch keinerlei Kontakt zu Menschen hatte; siehe Curtiss 1977.
10 Margulis' allgemeine Position zur Rolle der Symbiose im Evolutionsgeschehen findet man in Margulis (1998).
11 Zum Zusammenhang zwischen den schweren ökologischen Eingriffen durch den Menschen und kulturellem Verfall auf den Osterinseln siehe Daily (1999).
12 Wie wichtig die Berücksichtigung sozialen Lernens für eine erfolgreiche Wiedereinführung bedrohter Vogel- und Säugetierarten ist, diskutieren Avital/Jablonka (2000) in Kap. 10.
13 Eine ausführliche Darstellung der Gaia-Hypothese durch ihren Begründer findet man in Lovelock (1995). Diese Hypothese hat u. a. Lynn Margulis aufgegriffen und in ihr evolutionstheoretisches Endosymbiosekonzept integriert (siehe z. B. Margulis 1998); ebenso macht Markoš (2002) davon Gebrauch, er beschreibt die zentrale Rolle von Prokaryoten in Gaia.
14 Beispiele für Lewontins Sicht zur gegenseitigen Beeinflussung von politisch-sozialen Faktoren und biologischer Forschung in Lewontin (1993, 2000a).
15 Bowler (1989a) beschreibt die auf dem Evolutionsgedanken basierende Weltsicht im späteren 19. Jahrhundert.
16 Zu Spencers Ansichten siehe dessen Publikation *First Principles* (1862).
17 Dawkins' Sichtweise der Vererbung als einer Weitergabe genetischer Information wird deutlich in seinen Publikationen *The Extended Phenotype* (dt. *Der erweiterte Phänotyp*) und *The Blind Watchmaker* (dt. *Der blinde Uhrmacher*). Maynard Smiths ähnlicher Standpunkt wird deutlich in *Evolutionary Genetics* (1989).
18 Oyama stellt die Perspektive der Systemtheorie der Entwicklung (DST) in *The Ontogeny of Information* (1985/2000) dar, entwickelt haben sie Griffiths und Gray (1994, 2000). Sterelny/

Griffiths (1999) fassen die wesentlichen Punkte der DST zusammen und bewerten sie dabei auf ausgewogene Weise. Auch Depew/Weber (1995) sprechen sich dafür aus, der Evolutionstheorie eine entwicklungsorientierte Perspektive zu verleihen, ebenso betonen sie die Bedeutung von Selbstorganisationsprozessen im Evolutionsgeschehen. Die Beiträge in der von Oyama et al. (2000) herausgegebenen Monografie setzen sich mit verschiedenen Aspekten der DST kritisch auseinander.

19 Lewontins Sicht wird deutlich in seinen Publikationen *The Doctrine of DNA* (1993) und *The Triple Helix* (2000b). Zu Lewontins Sicht der kulturellen Evolution siehe Fracchia/Lewontin (1999).

20 Sehr ausführlich stellt Gould seine Position in *The Structure of Evolutionary Theory* (2002) dar.

21 Sterelny et al. (1996).

22 Jablonka (2004b) nimmt kritisch Stellung zum Replikator-Konzept, sie schlägt „erblich variierende Merkmale" als Einheiten evolutionärer Variabilität vor.

23 Griesemer (2000a, b). Griesemers These, materielle Überschneidungen (*material overlap*) seien notwendige Voraussetzung für Reproduktion, basiert auf empirischen Daten – es ist kein Axiom. Materielle Überschneidungen stellen sicher, dass die Einheiten „Eltern" und „Nachkomme" entwicklungsspezifisch verbunden sind, den gleichen Entwicklungskontext haben; dadurch wird die Weitergabe sicherer, zuverlässiger. Wenn der Zugang zu entwicklungsrelevanten Ressourcen irgendwie anders sichergestellt ist, sind auch keine materiellen Überschneidungen nötig. Das ist der Grund, warum Retroviren, die die verlässlichen Bedingungen in der Wirtszelle als Ressource nutzen, ohne solche materielle Überschneidungen auskommen (Griesemer, pers. Mitteilung 2003).

24 Das wiederauflebende Interesse an der Bedeutung der Plastizität im Evolutionsgeschehen hat zwar seine Wurzeln in den Arbeiten solcher Leute wie Matsuda (1987), Schlichting/Pigliucci (1998) und Stearns (1992), doch West-Eberhard (2003) gibt die beste, ausführlichste Zusammenfassung all der Argumente, die klar dafür sprechen. Einen etwas anderen, aber auch sehr wichtigen Ansatz, in dessen Mittelpunkt ebenfalls die phänotypische Plastizität steht, haben Newman/Müller (2000) entwickelt.

25 Odling-Smee et al. (2003) beschreiben und bewerten das Konzept der Nischenkonstruktion, die sie als „the neglected process in evolution" bezeichnen. Die Vorstellung von Organismen als Ökosystem-Ingenieuren hat J. S. Turner (2000) auf die Spitze getrieben.

26 Pinker warnt zwar in seinem Bestseller *The Blank Slate* (2002; dt. *Das unbeschriebene Blatt*, 2003) vor den Fallstricken vulgärer Lesarten der Soziobiologie, doch auch er selbst übt sich in Banalisierung und Spott – gegenüber all jenen, die eine gegensätzliche Auffassung vertreten. Pinker blickt aus einer fast ausschließlich Gen-zentrierten Perspektive auf die Vererbung und Evolution des Menschen; kultureller Konstruktion und kultureller Evolution schreibt er hierbei nur minimale Bedeutung zu und übersieht ihren Einfluss auf die genetische Evolution menschlichen Verhaltens vollkommen.

27 Zu kritischen Reaktionen von Anthropologen, Evolutionsbiologen, Philosophen, Soziologen und Psychologen auf die Ideen von Thornhill und Palmer siehe Travis (2003).

28 Das erste Zitat ist der Anfang des fünften (wie auch sechsten, siebten und achten) Abschnitts (eigentlich „Anfall" oder „Krampf" für engl. „*fit*") von Lewis Carrolls Nonsense-Ballade *The Hunting of the Snark* (1876); mit dem zweiten Zitat endet der achte „Anfall".

29 Die Worte von Lu Hsun sind einem wunderbaren Absatz am Ende seiner Geschichte *My Old Home* (1972) entnommen: „As I dozed, a stretch of jade-green seashore spread itself before my eyes, and above a round golden moon hung in a deep blue sky. I thought: hope cannot be

said to exist, nor can it be said not to exist. It is just like roads across the earth. For actually the earth had no roads to begin with, but when many men pass one way, a road is made.".

Abschnitt IV: Neun Jahre später

1 In dem Gedicht *A Dialogue between Strephon and Daphne* von Rochester sind die zitierten Worten in den Mund von Strephon gelegt; dieser meint damit eine ausreichend gute Erklärung dafür zu haben, in seiner Liebe zu Daphne nicht beständig sein zu können.

2 Die wesentlichen Ergebnisse wurden in einer Serie koordinierter Artikel in verschiedenen Journalen im September 2012 veröffentlicht. Einzelheiten des Programms im Beitrag *ENCODE Project Consortium* (2012) und im Internet unter *www.nature.com/encode/#/thread*; Letztgenanntes enthält auch Links zu den Beiträgen, die die Ergebnisse erläutern. Pennisi (2012) gibt eine kurze Zusammenfassung der Arbeiten und einiger erster Befunde.

Kapitel 11: Evolution in der Entwicklung

1 Eine der Hauptfestivitäten zu Darwins Jubiläumsjahr fand im Juli 2009 an der Universität Cambridge statt, wo Darwin studierte. Das sechstägige Festival erinnerte an die große Bedeutung Darwins in der europäischen Geistesgeschichte – hierzu gab es u. a. Theaterstücke, Musik, Gedichte, Kunstwerke und Vorlesungen über Literatur, Philosophie, Theologie sowie natürlich Biologie.

2 Eine spezielle Ausgabe über Evolution des führenden britischen Wissenschaftsjournals *Nature* erschien am 12. Februar 2009 (Bd. 457, Nr. 7231); das entsprechende Journal in den USA, *Science*, brachte am 6. Februar 2009 eine Nummer heraus, die sich speziell mit der Artbildung befasste (Bd. 323, Nr. 5915).

3 Der Workshop „The Transformations of Lamarckism" fand im Juni 2009 in Israel statt. Die Benennung spielt auf den Begriff „Transformation" an, den Lamarck selbst wie auch andere für das benutzten, was man später als „Evolution" bezeichnete. Das von S. Gissis und E. Jablonka (2011) herausgegebene Buch ist Ergebnis dieses Workshops und trägt den gleichen Titel.

4 Die Kapitel 2 bis 9 in Gissis/Jablonka (2011) beschäftigen sich mit Lamarck, seinem Transformationsdenken und dessen Auswirkungen.

5 Für kritische und detailliertere historiografische Betrachtungen der Modernen Synthese siehe Reif et al. (2000), Cain (2009), Jablonka/Lamb 2011 und die Kapitel 10 bis 14 in Gissis/Jablonka (2011).

6 Beispiele für wissenschaftliche Beiträge mit „Lamarck" im Titel sind Koonin/Wolf (2009) und Sano (2010).

7 Die Publikation von Denis Noble, *The Music of Life* (2006), liefert eine eindeutige Erklärung dafür, warum die Systembiologie, die das integrierende Moment betont, notwendig ist, um die reduktionistischen Ansätze der Biologie zu ergänzen.

8 Waddington würdigte man als einen der ersten Systembiologen, als man dem neu erbauten Zentrum für Systembiologie an der Universität Edinburgh den Namen „C. H. Waddington Building" gab.

9 Wir verwendeten die Bezeichnung „epigenetische Wende" (*epigenetic turn*) für „the revival, extension, and elaboration of epigenetic approaches to evolution" (Jablonka/Lamb 2010, S. 140). In die epigenetische Wende schließen wir das wiederauflebende Interesse an Phänotyp-orientierten Prozessen – u. a. genetische Assimilation, Plastizität, zelluläres Gedächtnis und zelluläre Vererbung – ein.

10 Mattick (2009) fasst einige Untersuchungen über die RNA-Editierung zusammen; darüber hinaus befasst er sich mit der Frage, inwiefern RNA-Editierung und Chromatinmodifikationen, die mit dem epigenetischen Gedächtnis – vor allem im Nervensystem – verbunden sind, zusammenhängen.
11 Die Publikation von West-Eberhard erschien 2003, unmittelbar bevor wir das Manuskript der 1. Auflage unseres Buchs einreichten; deshalb konnten wir dort nur noch ganz vereinzelt Aspekte daraus aufnehmen.
12 Wie schon in Kap. 2 erwähnt, bestreitet Shapiro seit vielen Jahren, dass die meisten Mutationen „blind" sind: Zellen verfügten über genetische Engineering-Systeme, mit denen sie DNA auf adaptive Weise modifizierten. In seiner Publikation 2011 differenziert er noch stärker und weitet seine Argumentation aus.
13 Hybridisierung ist unter Pflanzen weit verbreitet, doch spielte sie auch bei der Evolution der Tiere eine Rolle. Mallet (2007) diskutiert die Häufigkeit der Hybridisierung bei Tieren und Pflanzen ebenso wie ihre Bedeutung für die Artbildung.
14 Wie groß der Anteil eukaryotischer Zellen ist, der ursprünglich aus symbiontischen Beziehungen stammt, ist noch heute umstritten; doch besteht allgemein Übereinkunft darin, dass Chloroplasten und Mitochondrien symbiontischen Ursprungs sind. Viele Jahre war Lynn Margulis eine Hauptbefürworterin der Endosymbiontentheorie zur Bildung der eukaryotischen Zelle im Verlauf der Entwicklungsgeschichte. Ihrer Auffassung nach sind es symbiontische Beziehungen zwischen Organismen – manchmal aus unterschiedlichen Tierstämmen –, die den evolutionären Wandel antreiben (siehe z. B. Margulis 1998). Eine ausführliche Darstellung über alte und neue Vorstellungen zur Symbiose, ebenso über horizontalen Gen- und Genomtransfer gibt Jan Sapp (1994, 2009).
15 Villarreal (2005) und Ryan (2009) vertreten beide die Position, dass die gegenseitige Beeinflussung verschiedener Viren und Wechselwirkungen zwischen Viren und ihren zellulär organisierten Wirten Motoren im Evolutionsgeschehen waren.
16 Dunning Hotopp et al. (2007).
17 Zu den Vor- und Nachteile der sexuellen Fortpflanzung siehe Kap. 3.
18 Neuere Arbeiten zum horizontalen Gentransfer und anderen Merkmalen des Genoms der Bdelloida-Rädertierchen fassen Gladyshev/Arkhipova (2010) und Boschetti et al. (2012) zusammen.
19 Zu Bedeutung und Wert des Konzepts „Baum des Lebens" siehe O'Malley/Koonin (2011). Sapp (2009) gibt eine geschichtliche Darstellung dieser Vorstellung und diskutiert auch die damit einhergehenden – vor allen Dingen mikrobiologischen – Probleme.
20 Im späten 19. Jahrhundert erkannte man, dass Flechten Lebensgemeinschaften aus Pflanzen und Pilzen sind; und im 20. Jahrhundert vertraten einige Biologen, vor allem Lynn Margulis, die Auffassung, dass Symbiose grundlegende Bedeutung für das Evolutionsgeschehen hat. Gilbert/Epel (2009) und Gilbert (2011) geben viele Beispiele symbiontischer Zusammenschlüsse und diskutieren ihre evolutionäre Bedeutung. Gilbert et al. (2012) fordern Biologen dazu auf, sich bewusst zu machen, dass Entwicklung und Funktionstüchtigkeit eines jeden biologischen „Individuums" das Ergebnis symbiontischer Beziehungen sei. Sapp (1994, 2009) gibt eine äußerst aufschlussreiche historische Darstellung zur Theorie der Symbiose.
21 Den Terminus „Holobiont" prägten Margulis/Fester (1991); später verwendeten ihn hauptsächliche Forscher, die sich mit Korallen befassten.
22 Die Hologenom-Theorie beschreiben Zilber-Rosenberg/Rosenberg (2008); sie geben viele Beispiele symbiontischer Gemeinschaften, berichten auch über die Wege, auf den Symbionten weitergegeben werden und über die Auswirkungen auf die Fitness des Wirtsorganismus.
23 Gilbert (2011).

24 Eine Zusammenfassung zu den Untersuchungen an den P-Elementen im 21. Jahrhundert in: http://engels.genetics.wisc.edu/Pelements/Pt.html.
25 Cheng et al. (2012).
26 Molekularbiologen identifizierten und benannten CRISPR-Sequenzen, bevor sie ihre Funktionen erkannt hatten. CRISPR-Loci findet man in 39 % bakterieller Genome und in 88 % der Archaea-Genome (die Archaea oder Arche-Bakterien sind eine große Gruppe von Prokaryoten, die man heute neben den Bakterien und Eukaryoten als eine der drei Domänen zellulär organisierter Lebewesen betrachtet). Molekulare Hinweise legen nahe, dass CRISPR-Sequenzen wahrscheinlich in einer bestimmten Gruppe von Archaea entstanden sind und sich dann durch horizontalen Transfer auf andere Prokaryoten ausbreiteten.
27 Van der Oost et al. (2009) geben einen guten Überblick über das CRISPR-System.
28 Shapiro (2011) und Koonin/Wolf (2009) diskutieren die evolutionären Aspekte dieses Systems.
29 Kumar/Chen (2012).
30 Termini, die mit der Epigenetik zu tun haben, sind in verschiedenen Publikationen definiert, u. a. in Jablonka/Raz (2009) und Jablonka/Lamb (2010) – allerdings sind wir nicht in allen Fällen ganz konsequent gewesen. Zur Prägung des Begriffs „Epigenetik" (*epigenetics*) und einigen der verschiedenen Gebrauchsweisen siehe die Anmerkungen zu Kapitel 4; dort geben wir einige Literaturhinweise zu frühen Diskussionen über die terminologischen Probleme. In dem Maße, wie epigenetische Forschungen zunahmen, stieg auch die Zahl der Beiträge zu Ursprung und Verwendung des Begriffs „Epigenetik"; leider interpretierten die verschiedenen Autoren die Geschichte dieses Begriffs wie auch den Begriff selbst sehr unterschiedlich. Eine gute Quelle, um sich über den historischen Hintergrund dieses Themas zu informieren, ist der von Van Speybroeck et al. (2002) herausgegebene Band.
31 Youngson/Whitelaw (2008).
32 Auf die unklaren Grenzen zwischen den vier Dimensionen der Vererbung haben wir schon am Ende von Kap. 4 hingewiesen, ebenso in den Zusammenfassungen zu den Eigenschaften der verschiedenen Vererbungssysteme in „Eine Zwischenbilanz" zwischen den Teilen II und III.
33 Margueron/Reinberg (2010) geben eine allgemeine Darstellung der Beziehungen zwischen der Chromatinstruktur und epigenetischer Vererbung; sie hilft besonders gut, die Rolle der Histone und Histonmodifikationen zu verstehen.
34 Branco et al. (2012) befassen sich mit der möglichen Funktion von Hydroxymethyl-Cytosin.
35 Saitou et al. (2012) beschreiben die epigenetischen Veränderungen während der Ontogenese bei Säugetieren.
36 Feng et al. (2010).
37 Siehe Phillips/Corces (2009); sie geben einen Überblick über die Arbeiten zu CTCF und diskutieren dessen Funktion als Teil eines zellulären Vererbungssystems.
38 Der Nobelpreis wurde Andrew Fine und Craig Mello für ihre Arbeiten zur RNAi bei *C. elegans* verliehen, die sie erst acht Jahr zuvor publiziert hatten. Sen/Blau (2006) zufolge begann die Forschung an der RNAi im Jahr 1990.
39 Beschrieben in Nowacki/Landweber (2009).
40 Eine allgemeine Darstellung der Aktivitäten der miRNAs und siRNAs findet sich in Carthew/Sontheimer (2009).
41 Die Rolle der verschiedenen kleinen RNAs bei der Reproduktion von Tieren und Pflanzen beschreiben Courc'his/Voinnet (2010).
42 Die Titel neuerer Arbeiten zur Paramutation deuten darauf hin, dass dem Thema heute größere Bedeutung zugesprochen wird als in der Vergangenheit. Chandler/Alleman (2008) be-

schreiben Paramutation bei klassischen Mais-Kreuzungen und im Titel ihrer Arbeit bezeichnen sie diese als „epigenetic instructions passed across generations". Die Abhandlung von Suter/Martin (2010) zur Geschichte des Konzepts der Paramutation und dessen Verbindung zu anderen RNAi-Systemen ist überschrieben mit der Frage „Paramutation: The tip of an epigenetic iceberg?". Über Untersuchungen zur Paramutation bei Säugetieren und zur Weitergabe von RNA über Spermatozoen berichtet Rassoulzadegan (2011), nach dessen Ansicht diese Mechanismen adaptive Bedeutung haben. Bei *Drosophila* führt Paramutation dazu, dass ein neuer piRNA produzierender Locus auftaucht (de Vanssay et al. 2012). Jablonka (2013a) fasst die Hinweise auf transgenerationale Vererbung via Gameten-transportierter RNAs zusammen.

43 Beisson (2008). Dieser Beitrag erschien zuerst in einem Sammelband, der sich nur mit Protein-basierter Vererbung befasst (Chernoff 2007).

44 Obwohl das öffentliche Interesse an Prionen abnahm, als man die Epidemie der Bovinen Spongiformen Enzephalopathie (BSE) in Großbritannien unter Kontrolle hatte, ist die medizinische Forschung noch immer alarmiert angesichts der Möglichkeit eines horizontalen Transfers pathogener Prionen von Tieren auf den Menschen über den Verzehr von Fleisch oder Milch, ebenso von Mensch zu Mensch über Bluttransfusionen, Transplantationen, medizinisches Gerät oder sogar nichtmedizinisch durch Kontakt mit infiziertem Blut, Milch oder Stuhl. Soto (2012) fasst die neueren Untersuchungen zu Prionen bei Säugetieren und Pilzen zusammen.

45 Li et al. (2010) befassen sich mit der Selektion und Evolution von Prionen in Hefe-Zellkulturen. Suzuki et al. (2012) setzen sich damit auseinander, welche Rolle ein Prion bei erworbener Arzneimittelresistenz bei Hefepilzen spielt. Die Untersuchungen an wilden Hefestämmen beschreiben Halfmann et al. (2012).

46 Suzuki et al. (2012).

47 Halfmann et al. (2012).

48 Siehe Dubnau/Losick (2006) und Smits et al. (2006).

49 Zordan et al. (2007).

50 Jablonka/Raz (2009).

51 Zwei interessante Untersuchungen aus den 1960er und 70er Jahren, die wir übersehen haben, sind zum einen die Arbeiten von Monique Sibi mit kultivierten Pflanzenzellen und zum anderen jene von Holloway mit dem Bakterium *Pseudomonas aeruginosa*. Aus induziert veränderten Kulturzellen zog Sibi Pflanzen, die diese Änderungen an die nachfolgenden Generationen weitergaben (für eine Abhandlung ihrer Arbeit auf Englisch siehe Sibi 1986). Holloway (1965) fand eine dramatische, erbliche Zunahme in der Empfänglichkeit von *Pseudomonas* für Phagen-Infektion, und zwar nachdem fünf Generationen hoher Temperatur ausgesetzt worden waren.

52 Johannes et al. (2009); Reinders et al. (2009). Da *Arabidopsis* Selbstbestäuber ist und jede Linie durch einen einzelnen Samen erhalten wird, sollten in jeder Linie ab der siebten Generation über 98 % der Epiallele auf beiden homologen Chromosomen identisch sein.

53 Colot zufolge (pers. Mitteilung, E. J.) wurden Epiallele nach 14 Generationen von Inzucht dauerhaft stabil vererbt.

54 Die Untersuchungen zur Epimutationsrate bei *Arabidopsis* beschreiben im Detail Schmitz et al. (2011) und Becker et al. (2011). Eine Zusammenfassung aller in diesem Kapitel diskutierten Arbeiten zur erblichen epigenetischen Variabilität bei *Arabidopsis* geben Schmitz/Ecker (2012).

55 Lira-Medeiros et al. (2010). Gao et al. (2010) fanden eine ähnliche Korrelation beim Alligatorkraut (*Alternanthera philoxeroides*).

56 Herrera et al. (2012).
57 Rasman et al. (2012) konnten zeigen, dass bei *Arabidopsis* das RNAi-System an der induzierten Resistenz gegen Insektenfraß beteiligt ist und dass diese über zwei Generationen vererbt wird.
58 Herman/Sultan (2011) beschreiben erbliche Reaktionen von Pflanzen auf eine Reihe unterschiedlicher Umweltbedingungen und diskutieren die Bedeutung adaptiver transgenerationaler Plastizität.
59 Zur Untersuchung der Trichomdichte bei *Mimulus guttatus* siehe Scoville et al. (2011). Eine andere Studie dieser Art – zur Einbeziehung der DNA-Methylierung bei der Anpassung an unterschiedlichen Umweltstress – ist jene von Verhoeven et al. (2010); die Autoren konnten beim Löwenzahn, der sich klonal über Samen vermehrt, zeigen, dass umweltinduzierte Variationen einschließlich erworbener Resistenz gegen Pathogene und Pflanzenfresser erblich und die Erblichkeit mit Veränderungen im Methylierungsmuster korreliert sind.
60 Einen guten Einstieg zur Price-Gleichung gibt Gardner (2008).
61 Day/Bonduriansky (2009); siehe auch Helanterä/Uller (2010).
63 Zu populationsepigenetischen Modellen der Selektion siehe Geoghegan/Spencer (2012).
63 Mögliche Erklärungen der „noch nicht entdeckten Erblichkeit“ (*missing heritability*) – also der Tatsache, dass es nicht gelingt, genügend viele genetische Elemente zur Erklärung der Vererbung von Merkmalen wie Größe und Gewicht zu finden – gibt Maher (2008).
64 Tal et al. (2010) beschreiben Wege, um den relativen Anteil genetischer und epigenetischer Faktoren an der Erblichkeit abzuschätzen. Aus eigener Erfahrung wissen wir, dass noch im Jahr 1995 das Ansinnen, eine Methode zur Abschätzung des epigenetischen Beitrags an der Erblichkeit zu publizieren, vom Herausgeber eines Journals abgelehnt wurde, und zwar mit der Begründung „one cannot estimate the number of fairies in the garden“. Die epigenetischen Feen sind inzwischen zu etwas sehr Realem geworden!
65 Jablonka/Lamb (1995), Kap. 7.
66 Bei Wildpopulationen des Spanischen Veilchens, *Viola cazorlensis*, fanden Herrera/Bazaga (2010, 2011), dass epigenetische Divergenz, gemessen in Form von Unterschieden im Methylierungsmuster, mit adaptiver genetischer Divergenz korreliert ist.
67 Piersma/van Gils (2010) berichten mit Liebe zum Detail von den vielen flexiblen Anpassungen in der Physiologie des Knutt, die mit seinem Aufsuchen der verschiedenen Habitate einhergehen; sie verdeutlichen auch die wechselseitigen Rückkopplungen zwischen und innerhalb von Verhalten, Physiologie, Ökologie und Evolution, die den Knutt zu einem so erfolgreichen Zugvogel machten.
68 Badyaev (2009) skizziert einige Untersuchungen der Arbeitsgruppe zu den Hausgimpeln.
69 Suzuki/Nijhout (2006).
70 Aubret/Shine (2009).
71 Edgell et al. (2009).
72 Palmer (2004, 2009).
73 Bateson (2012).
74 Leitch/Leitch (2008) geben einen kurzen Überblick über die aus Polyploidisierung resultierende genomische und epigenomische Plastizität.
75 Levy/Feldman (2004), Feldman/Levy (2011).
76 Diese Studie fassen Ainouche et al. (2004) und Salmon et al. (2005) zusammen.
77 Beispielsweise verwendeten Dobzhansky (1937, S. 209) und Huxley (1942, S. 341) *Spartina* als ein Beispiel für die rasche Bildung einer neuen allopolyploiden Art.
78 Bourc'his/Voinnet (2010) befassen sich mit der Frage, inwiefern kleine RNAs an der Ausbildung der Inkompatibilität elterlicher Genome bei Hybriden beteiligt sind.

79 Greaves et al. (2012).
80 Rapp/Wendel (2005) geben einen Überblick über die Funktion verschiedener epigenetischer Mechanismen bei der Evolution und Artbildung der Pflanzen.
81 Paun et al. (2010).
82 Nätt et al. (2012).
83 In Kap. 7 haben wir die Arbeiten und Ideen Belyaevs vorgestellt. Trotz all der Probleme, mit denen Wissenschaftler in der früheren Sowjetunion konfrontiert waren und im heutigen Russland noch immer sind, vermochten die Nachfolger Belyaevs ihre Arbeitsgruppe am Institut für Zytologie und Genetik in Novosibirsk zu erhalten und führen noch immer Untersuchungen an der domestizierten Silberfuchs-Population durch, die Belyaev begründet hatte. Einzelheiten neuerer Arbeiten hierzu sind bei Trut et al. (2009) zu finden.
84 Die Molekularbiologie generiert eine rasch wachsende „-om"-Terminologie: Transkriptom, Proteom, Methylom, Metabolom, Phänom, Mendelianom, Mikrobiom usw. Dabei bedeutet die Silbe -om „die Gesamtheit von" (Transkripten, Proteinen, Methylierungsstellen usw.). Geprägt wurden die neuen Begriffe vermutlich in Analogie zum „Genom", obwohl dieser Begriff auf die Zeit vor Beginn der modernen Molekularbiologie zurückgeht. Eine amüsante Abhandlung zu den Ursprüngen der „-om"- und „-omik"-Worte findet man bei Lederberg/McCray (2001).
85 Molaro et al. (2011).
86 Zu seinen Untersuchungen zur „epigenetischen Kompensation" siehe Vyssotski (2011). Vyssotski (2012) setzt sich mit den evolutionären Implikationen epigenetischer Kompensation auseinander. Einen Fall von Kompensation beschreiben Vassoler et al. (2013): Söhne männlicher Ratten, die freiwillig Kokain aufgenommen hatten, zeigten ein abgeschwächtes Drogensuchtverhalten im Vergleich zu Tieren, deren Vater kein Kokain aufgenommen hatten; dieser Unterschied war mit spezifischen Änderungen der Genaktivität im Gehirn und der Histonacetylierung in den väterlichen Spermatozoen korreliert.
87 Experimentelle Hinweise auf die molekulare Grundlage epigenetischer Prägung sind bei Rasmann et al. (2012) zu finden.
88 Ginsburg/Jablonka (2009).
89 Die von Kendal et al. (2010) und Whiten et al. (2011) herausgegebenen Journalnummern zeigen die Bandbreite von Studien zur Bildung sozialer Traditionen bei Säugetieren; Leadbeater/Chitta (2007) beschreiben einige entsprechende Arbeiten bei Insekten.
90 Muller/Cant (2010).
91 Müller et al. (2011).
92 Sanz et al. (2004, 2009). Die Online-Ausgabe des Artikels von 2004 enthält Links zu Videoaufnahmen dieses Verhaltens.
93 Ledón-Rettig et al. (2013) diskutieren die epigenetischen Prozesse, die an Verhaltensanpassungen in natürlichen Populationen beteiligt sind. Der Anhang ihres Artikels gibt eine sehr nützliche Zusammenfassung von 20 Fällen weitergegebener Verhaltensphänotypen bei einer ganzen Reihe von Tierarten.
94 Diese Untersuchung fassen Zhang/Meaney (2010) zusammen; diese Autoren diskutieren auch ihre Relevanz für Persönlichkeitsunterschiede und mentale Gesundheit beim Menschen.
95 Die epigenetischen Aspekte bei der Weitergabe von Verhaltensweisen gestresster Mäuse sind in Franklin et al. (2010) beschrieben; zur Vererbung sozialer Fertigkeiten bei diesen Mäusen siehe Franklin et al. (2011).
96 Die Untersuchung mit Vinclozolin fassen Guerrero-Bosagna/Skinner (2012) kurz zusammen; diese Autoren dokumentieren darüber hinaus andere Fälle umweltinduzierter genera-

tionenübergreifender Effekte auf Krankheitsphänotypen. Crews et al. (2007) befassen sich mit den Paarungspartnerpräferenzen von Tieren, die mit Vinclozolin behandelt wurden; eine systembiologische Analyse geben Crews et al. (2012). Vinclozolin-Injektionen hatten transgenerationale Effekte sowohl bei weiblichen wie männlichen Nachkommen, doch bei Letzteren traten sie deutlicher zu Tage. Da Männchen Information nur über die Spermien weitergeben, während Weibchen dies auch über das Verhalten tun können, ist die Analyse der Weitergabe des Phänotyps durch Männchen einfacher als die entsprechende durch Weibchen.

97 Remy (2010).

98 Arai/Feig (2011).

99 Die epigenetische Psychiatrie geht der Molekularbiologie voraus, schon in den 1960er Jahren hat man über Krankheiten wie Schizophrenie in den von Waddington geprägten Entwicklungsbegriffen nachgedacht (Petronis/Gottesman 2000). Die epigenetische Epidemiologie hat sich erst in neuerer Zeit etabliert.

100 El-Sayed et al. (2012) geben einen Überblick über die Untersuchungen, bei denen Suizid, Angst- und andere psychische Störungen mit molekular-epigenetischen Modifikationen in Verbindung gebracht werden, und bewerten sie.

101 Csoka/Szyf (2009) haben eine große Menge von Daten zusammengestellt, die dafür sprechen, dass viele häufig eingesetzte Arzneimittel epigenetische Nebenwirkungen haben; die Autoren sprechen sich deshalb dafür aus, dass zukünftig epigenetische Untersuchungen fester Bestandteil von Sicherheitsprüfungen solcher Medikamente sein sollten. Ihrer Meinung nach wird die „Pharmako-Epigenetik" zu einem der maßgeblichen Felder pharmakologischer und medizinischer Forschung avancieren.

102 Kujjo et al. (2011).

103 Glen/Dubrova (2012).

104 Mannikam et al. (2012).

105 Wolstenholme et al. (2012).

106 Heijmans et al. (2008). Es sei daran erinnert, dass der normale Kalorienbedarf für einen Mann bei etwa 2500 kcal, für eine Frau bei 2000 kcal liegt.

107 Pembrey et al. (2006) nennen Einzelheiten beider Untersuchungen zu den durch Männchen weitergegebenen generationenübergreifenden Effekten.

108 Thayer/Kuzawa (2011) fassen einige der zahlreichen Studien zusammen, die zeigen, dass gesundheitliche Unterschiede beim Menschen mit solchen zurückliegenden Ereignissen verbunden sind, die epigenetische Veränderungen herbeiführten.

109 Nach Auffassung von Rice et al. (2012) spricht einiges dafür, dass der Homosexualität beim Menschen erbliche epigenetische Modifikationen zugrunde liegen. Stammbaumuntersuchungen und Zwillingsstudien zeigen, dass Homosexualität zwar eine erbliche Komponente hat, doch für eine genetische Basis sprechen die molekularen Befunde nicht. Diese Studien weisen vielmehr darauf hin, dass erbliche epigenetische Markierungen, die die Ansprechbarkeit auf Androgene beeinflussen, dafür verantwortlich sind.

110 Arai/Feig (2011).

111 Eine kurze Diskussion findet man in Jablonka (2013b).

112 Stanislas Dehaene beschreibt in *Reading in the Brain: The Science and Evolution of a Human Invention* (2009) viele Aspekte neuerer Forschungen zur Lese- und Schreibfähigkeit auf gut verständliche Weise.

113 Zum Vergleich des menschlichen Geistes mit dem Schweizer Taschenmesser gegenüber der menschlichen Hand siehe Shea (2012).

114 Die Position von Daniel Dor ist zu finden in *Language as a communication technology: a proposal for a new general linguistic theory* unter: http://people.socsci.tau.ac.il/mu/danield/files/2010/11/abstract-for-site3.pdf.

115 Evans/Levinson (2009) geben schlagkräftige Argumente gegen die Vorstellung, dass es so etwas wie Sprachuniversalien und eine Universalgrammatik (UG) gibt; und Everett (2005) hat nachgewiesen, dass das Pirahã, die Sprache eines gleichnamigen indigenen Volks im brasilianischen Amazonasgebiet, keine syntaktische Rekursion zeigt. Beide Artikel enthalten umfangreiche Erläuterung auch anderer Sprachwissenschaftler. Dunn et al. (2011) beschreiben jene Untersuchung, wonach kulturelle Evolution die beobachteten Unterschiede in der Wortstellung am besten erklärt.

116 Heyes (2012).

117 Zu unserer Auffassung zur Evolution der linguistischen Kommunikation siehe Dor/Jablonka (2010) und Jablonka et al. (2012).

118 Tomasello (2008, 2011).

119 Donald (1991).

120 Stout/Chaminade (2012) geben einen Überblick über die Bedeutung der Werkzeugherstellung für die Evolution der Sprache; Sterelny (2012) zeigt die Wichtigkeit von Lehren und Lernen.

121 *Mothers and Others* (2009) von Hrdy ist eine unterhaltsame und lehrreiche Darstellung ihrer Vorstellung zur evolutionären Bedeutung dessen, wie Menschen bei der Kinderbetreuung kooperieren.

122 Unsere Vorstellungen zur Koevolution von Sprache und Emotionen sind ausführlicher beschrieben in Jablonka et al. (2012); jene zur Koevolution von Sprache und Gedächtnis in Ginsburg/Jablonka (2014). Unsere Auffassung, wonach soziale Emotionen im Zusammenhang mit der Selektion für Kooperation evolvierten, steht in Einklang mit der Idee, dass ihre Evolution Ergebnis eines Prozesses ähnlich der Domestikation war – vergleichbar also mit dem, was wir den wilden Vorfahren von Katzen, Hunden, Silberfüchsen und Rindern auferlegten. Selbst-Domestikation machte den Menschen freundlicher und umgänglicher im Vergleich zu seinen nächsten Verwandten unter den Primaten.

123 Eine Zusammenfassung und Synthese von dem Evolutionsgedanken folgenden kulturgeschichtlichen Ansätzen einschließlich mikro- und makroevolutionärer Aspekte sind in der Publikation von Mesoudi, *Cultural Evolution* (2011), zu finden.

124 Gray et al. (2011) geben einen Überblick über Untersuchungen zur phylogenetischen Analyse von Sprachunterschieden.

125 Mesoudi (2011, Kap. 4 und 5) diskutiert sprachliche und nichtsprachliche Beispiele der phylogenetischen Analyse historischer Ereignisse.

126 Barbrook et al. (1998).

127 Currie/Mace (2011).

128 Laland et al. (2010) geben einen guten Überblick über die Ansätze zu Gen-Kultur-Wechselwirkungen in der Evolution einschließlich einer Diskussion über die verschiedenen Methoden zur Analyse des Beispiels von Milchwirtschaft und Laktose-Toleranz.

129 Arnos et al. (2008) beschreiben diese Untersuchung. Es gibt viele verschiedene Formen rezessiv vererbter Gehörlosigkeit. Wenn zwei genetisch bedingt Gehörlose eine Familie gründen, hören ihre Kinder im Allgemeinen ganz normal; die Eltern tragen defekte Kopien unterschiedlicher Gene und ihre Kinder sind heterozygot für jedes dieser beiden defekten Allele. Als jedoch die Häufigkeit der Connexin-Taubheit in den USA zunahm, wuchs auch die Wahrscheinlichkeit, dass beide gehörlose Elternteile diesen spezifischen Defekt hatten.

130 Siehe die Spezialausgabe der *Philosophical Transactions of the Royal Society Series B* (Bd. 366, Nr. 1556), herausgegeben von Kendal et al. (2011), die sich mit der menschlichen Nischenkonstruktion befasst.
131 Für eine umfassende Diskussion der Systemtheorie der Entwicklung siehe Oyama (2000) und Oyama et al. (2001).
132 Einzelheiten zum Modell der sozialen Landschaft in Tavory et al. (2012, 2013).
133 Laor (2013) diskutiert einige der evolutionären Ursachen für kulturelle Gleichförmigkeit.
134 Der bekannteste soziologische Ansatz zur Evolution wissenschaftlicher Ideen – dieser betont die langen Phasen der Stasis, unterbrochen von kurzen Phasen starker Veränderungen – ist jener von Thomas Kuhn (1962). Ein früherer Ansatz, der geeigneter für die Biowissenschaften ist, stammt von Ludwig Fleck; er entwickelte ihn 1935 in seinem Buch *Entstehung und Entwicklung einer wissenschaftlichen Tatsache.*
135 Genetische und epigenetische Systeme zusammen zu behandeln, als ein einzelnes System – dies gehört zu McClintocks (1984) Sicht vom Genom als einem System, das auf Herausforderungen reagiert. Neueren Datums sind die Überlegungen des Wissenschaftsphilosophen Ehud Lamm (2011); er ist der Auffassung, dass die DNA und die Nicht-DNA-Komponenten des Genoms als ein dynamisches und reaktionsfähiges Entwicklungssystem verstanden und untersucht werden sollten.
136 Stern et al. (20079. Eine Zusammenfassung neuerer Untersuchungen geben Stolovicki/Braun (2011).
137 Stern et al. (2012).
138 Viele jener Wissenschaftler, die sich für eine Erweiterung der Modernen Synthese aussprechen, sind mit einem Beitrag in dem von Pigliucci/Müller (2010) herausgegebenen Sammelband vertreten.
139 Siehe beispielsweise Gilbert/Epel (2009).
140 Ein Beispiel einer solchen Argumentation geben Dickins/Rahman (2012) und eine Antwort darauf Mesoudi et al. (2013).

Literatur

Ainouche, M. L., A. Baumel, A. Salmon. 2004. *Spartina anglica* C. E. Hubbard: A natural model system for analysing early evolutionary changes that affect allopolyploid genomes. Biological Journal of the Linnean Society 82: 475–484.

Aisner, R., J. Terkel. 1992. Ontogeny of pine cone opening behaviour in the black rat, *Rattus rattus*. Animal Behaviour 44: 327–336.

Aitchison, J. 1996. The Seeds of Speech: Language Origin and Evolution. Cambridge: Cambridge University Press.

Alberts, B., A. Johnson, J. Lewis, M. Raff, K. Roberts, P. Walter. 2002. Molecular Biology of the Cell. 4. Aufl. New York: Garland Science. [dt. *Molekularbiologie der Zelle*, 5. Aufl. 2011. Weinheim: Wiley-VCH]

Ancel, L. W. 1999. A quantitative model of the Simpson-Baldwin effect. Journal of Theoretical Biology 196: 197–209.

Arai, J. A., L. A. Feig. 2011. Long-lasting and transgenerational effects of an environmental enrichment on memory formation. Brain Research Bulletin 85: 30–35.

Arnos, K. S., K. O. Welch, M. Tekin, V. W. Norris, S. H. Blanton, A. Pandya, W. E. Nance. 2008. A comparative analysis of the genetic epidemiology of deafness in the United States in two sets of pedigrees collected more than a century apart. American Journal of Human Genetics 83: 200–207.

Aubret, F., R. Shine. 2009. Genetic assimilation and the postcolonization erosion of phenotypic plasticity in island tiger snakes. Current Biology 19: 1932–1936.

Aunger, R. (Hrsg.) 2000. Darwinizing Culture: The Status of Memetics as a Science. Oxford: Oxford University Press.

Aunger, R. 2002. The Electric Meme: A New Theory of How We Think. New York: Free Press.

Avital, E., E. Jablonka. 1994. Social learning and the evolution of behaviour. Animal Behaviour 48: 1195–1199.

Avital, E., E. Jablonka. 1996. Adoption, memes and the Oedipus complex: A reply to Hansen. Animal Behaviour 51: 476–477.

Avital, E., E. Jablonka. 2000. Animal Traditions: Behavioural Inheritance in Evolution. Cambridge: Cambridge University Press.

Avital, E., E. Jablonka, M. Lachmann. 1998. Adopting adoption. Animal Behaviour 55: 1451–1459.

Badano, J. L., N. Katsanis. 2002. Beyond Mendel: An evolving view of human genetic disease transmission. Nature Reviews. Genetics 3: 779–789.

Badyaev, A. V. 2009. Evolutionary significance of phenotypic accommodation in novel environments: An empirical test of the Baldwin effect. Philosophical Transactions of the Royal Society of London. Series B, Biological Sciences 364: 1125–1141.

Baker, R. 1996. Sperm Wars: Infidelity, Sexual Conflict and Other Bedroom Battles. London: Fourth Estate. [dt. *Krieg der Spermien: Weshalb wir lieben und leiden, uns verbinden, trennen und betrügen*. 1997. München: Limes]

Baldwin, J. M. 1896. A new factor in evolution. American Naturalist 30: 441–451, 536–553.

Balter, M. 2000. Was Lamarck just a little bit right? Science 288: 38.

Banerjee, D., F. Slack. 2002. Control of developmental timing by small temporal RNAs: A paradigm for RNA-mediated regulation of gene expression. BioEssays 24: 119–129.

Barbrook, A. C., C. J. Howe, N. Blake, P. Robinson. 1998. The phylogeny of The Canterbury Tales. Nature 394: 839.

Barker, D. J. P. 1998. Mothers, Babies and Health in Later Life. 2. Aufl. Edinburgh: Churchill Livingstone.
Barkow, J. H., L. Cosmides, J. Tooby. 1992. The Adapted Mind: Evolutionary Psychology and the Generation of Culture. New York: Oxford University Press.
Bateson, P. 1982. Preferences for cousins in Japanese quail. Nature 295: 236–237.
Bateson, P. 2012. The impact of the organism on its descendants. Genetics Research International 2012: 640612.
Bateson, P., P. Gluckman. 2011. Plasticity, Robustness, Development and Evolution. Cambridge: Cambridge University Press.
Bateson, W. 1894. Materials for the Study of Variation, Treated with Especial Regard to Discontinuity in the Origin of Species. London: Macmillan.
Bateson, W. 1909. Mendel's Principles of Heredity. Cambridge: Cambridge University Press. [dt. *Mendels Vererbungstheorien*. 1914. Leipzig: Teubner]
Baylin, S. B., J. G. Herman. 2000. DNA hypermethylation in tumorigenesis: Epigenetics joins genetics. Trends in Genetics 16: 168–174.
Becker, C., J. Hagmann, J. Müller, D. Koenig, O. Stegle, K. Borgwardt, D. Weigel. 2011. Spontaneous epigenetic Variation in the *Arabidopsis thaliana* methylome. Nature 480: 245–249.
Beisson, J. 2008. Preformed cell structure and cell heredity. Prion 2: 1–8.
Beisson, J., T. M. Sonneborn. 1965. Cytoplasmic inheritance of the organization of the cell cortex in *Paramecium aurelia*. Proceedings of the National Academy of Sciences of the United States of America 53: 275–282.
Bell, G. 1982. The Masterpiece of Nature: The Evolution and Genetics of Sexuality. London: Croom Helm.
Belyaev, D. K. 1979. Destabilizing selection as a factor in domestication. Journal of Heredity 70: 301–308.
Belyaev, D. K., A. O. Ruvinsky, P. M. Borodin. 1981a. Inheritance of alternative states of the fused gene in mice. Journal of Heredity 72: 107–112.
Belyaev, D. K., A. O. Ruvinsky, L. N. Trut. 1981b. Inherited activation-inactivation of the star gene in foxes. Journal of Heredity 72: 267–274.
Benjamin, J., L. Li, C. Patterson, B. D. Greenberg, D. L. Murphy, D. H. Hamer. 1996. Population and familial association between the D4 dopamine receptor gene and measures of novelty seeking. Nature Genetics 12: 81–84.
Bennett, J. H., F. A. Rhodes, H. N. Robson. 1959. A possible genetic basis for kuru. American Journal of Human Genetics 11: 169–187.
Berezikov, E. 2011. Evolution of microRNA diversity and regulation in animals. Nature Reviews. Genetics 12: 846–860.
Bernstein, C., H. Bernstein. 1991. Aging, Sex, and DNA Repair. San Diego: Academic Press.
Bestor, T. H. 1990. DNA methylation: Evolution of a bacterial immune function into a regulator of gene expression and genome structure in higher eukaryotes. Philosophical Transactions of the Royal Society of London. Series B, Biological Sciences 326: 179–187.
Bickerton, D. 2002. Foraging versus social intelligence in the evolution of protolanguage. In: The Transition to Language, Hrsg. A. Wray, 207–225. Oxford: Oxford University Press.
Bilkó, Á., V. Altbäcker, R. Hudson. 1994. Transmission of food preference in the rabbit: The means of information transfer. Physiology & Behavior 56: 907–912.
Bird, A. 2002. DNA methylation patterns and epigenetic memory. Genes & Development 16: 6–21.
Birdsell, J. A., C. Wills. 2003. The evolutionary origin and maintenance of sexual recombination: A review of contemporary models. Evolutionary Biology 33: 27–138.

Bjedov, I., O. Tenaillon, B. Gérard, V. Souza, E. Denamur, M. Radman, F. Taddei, I. Matic. 2003. Stress-induced mutagenesis in bacteria. Science 300: 1404–1409.
Black, D. L. 1998. Splicing in the inner ear: A familiar tune, but what are the instruments? Neuron 20: 165–168.
Blackman, R. L. 2000. The cloning experts. Antenna 24: 206–214.
Blackmore, S. 1999. The Meme Machine. Oxford: Oxford University Press. [dt. *Die Macht der Meme oder die Evolution von Kultur und Geist*. 1. Aufl. 2005. München: Elsevier/Spektrum Akademischer Verlag]
Blackmore, S. 2000. The power of memes. Scientific American 283 (4): 52–61.
Boakes, R. 1984. From Darwin to Behaviourism: Psychology and the Minds of Animals. Cambridge: Cambridge University Press.
Boschetti, C., A. Carr, A. Crisp, I. Eyres, Y. Wang-Koh, E. Lubzens, T. G. Barraclough, G. Micklem, A. Tunnacliffe. 2012. Biochemical diversification through foreign gene expression in bdelloid rotifers. PLoS Genetics 8 (11): el003035.
Bourc'his, D., O. Voinnet. 2010. A small-RNA perspective on gametogenesis, fertilization, and early zygotic development. Science 330: 617–622.
Bowler, P. J. 1983. The Eclipse of Darwinism: Anti-Darwinian Evolution Theories in the Decades around 1900. Baltimore, MD: Johns Hopkins University Press.
Bowler, P. J. 1988. The Non-Darwinian Revolution: Reinterpreting a Historical Myth. Baltimore, MD: Johns Hopkins University Press.
Bowler, P. J. 1989a. Evolution: The History of an Idea. Überarb. Aufl. Berkeley: University of California Press.
Bowler, P. J. 1989b. The Mendelian Revolution: The Emergence of Hereditarian Concepts in Modern Science and Society. London: Athlone Press.
Box, O. H., K. R. Gibson (Hrsg.) 1999. Mammalian Social Learning: Comparative and Ecological Perspectives. Cambridge: Cambridge University Press.
Boyd, R., P. J. Richerson. 1985. Culture and the Evolutionary Process. Chicago: University of Chicago Press.
Branco, M. R., G. Ficz, W. Reik. 2012. Uncovering the role of 5-hydroxymethyl-cytosine in the epigenome. Nature Reviews Genetics 13: 7–13.
Breed, M. D., J. Moore (Hrsg.) 2010. Encyclopedia of Animal Behavior. London: Academic Press.
Brink, R. A. 1973. Paramutation. Annual Review of Genetics 7: 129–152.
Briscoe, T. (Hrsg.) 2002. Linguistic Evolution through Language Acquisition. Cambridge: Cambridge University Press.
Briscoe, T. 2003. Grammatical assimilation. In: Language Evolution, Hrsg. M. H. Christiansen, S. Kirby, 295–316. Oxford: Oxford University Press.
Brown, A. 1999. The Darwin Wars: The Scientific Battle for the Soul of Man. London: Simon & Schuster.
Buchner, J. 1999. Hsp90 & Co.: A holding for folding. Trends in Biochemistry 24: 136–141.
Burkhardt, R. W., Jr. 1977. The Spirit of the System: Lamarck and Evolutionary Biology. Cambridge, MA: Harvard University Press.
Burt, A. 2000. Sex, recombination, and the efficacy of selection: Was Weismann right? Evolution 54: 337–351.
Bush, G. L. 1974. The mechanism of sympatric host race formation in the true fruit flies (Tephritidae). In: Genetic Mechanisms of Speciation in Insects, Hrsg. M. J. D. White, 3–23. Sydney: Australia and New Zealand Book Company.

Buss, D. M. 1994. The Evolution of Desire: Strategies of Human Mating. New York: Basic Books. [dt. *Die Evolution des Begehrens: Geheimnisse der Partnerwahl.* 1994. Hamburg: Kabel]
Buss, D. M. 1999. Evolutionary Psychology: The New Science of the Mind. Boston: Allyn & Bacon. [dt. *Evolutionäre Psychologie*. 2. Aufl. 2004. München: Pearson-Studium]
Butler, S. 1879. Evolution, Old and New; or, The Theories of Buffon, Dr. Erasmus Darwin, and Lamarck, as Compared with That of Mr. Charles Darwin. London: Hardwicke & Bogue.
Byrne, R. W. 2002. Imitation of novel complex actions: What does the evidence from animals mean? Advances in the Study of Behavior 31: 77–105.
Cain, J. 2009. Rethinking the synthesis period in evolutionary studies. Journal of the History of Biology 42: 621–648.
Cairns, J., J. Overbaugh, S. Miller. 1988. The origin of mutants. Nature 335: 142–145.
Campbell, J. H., P. Perkins. 1988. Transgenerational effects of drug and hormonal treatments in mammals: A review of observations and ideas. Progress in Brain Research 73: 535–553.
Caporale, L. H. (Hrsg.) 1999. Molecular Strategies in Biological Evolution. Annals of the New York Academy of Sciences, vol. 870. New York: New York Academy of Sciences.
Caporale, L. H. 2000. Mutation is modulated: Implications for evolution. BioEssays 22: 388–395.
Capy, P., G. Gasperi, C. Biémont, C. Bazin. 2000. Stress and transposable elements: Co-evolution or useful parasites? Heredity 85: 101–106.
Carey, N. 2012. The Epigenetics Revolution: How Modern Biology Is Rewriting Our Understanding of Genetics, Disease and Inheritance. London: Icon Books.
Carroll, L. 1876. The Hunting of the Snark. London: Macmillan. Reprinted 1995 by Penguin Press, Harmondsworth, Middlesex, UK. [dt. *Die Jagd nach dem Schnark – Agonie in acht Kämpfen*. 1968. Stuttgart: Insel]
Carthew, R. W., E. J. Sontheimer. 2009. Origins and mechanisms of miRNAs and siRNAs. Cell 136: 642–655.
Casadesús, J., R. D'Ari. 2002. Memory in bacteria and phage. BioEssays 24: 512–518.
Cassirer, E. 1944. An Essay on Man: An Introduction to a Philosophy of Human Culture. New Haven, CT: Yale University Press. [dt. *Versuch über den Menschen: Einführung in eine Philosophie der Kultur*. 2. Aufl. 2007. Hamburg: Meiner]
Cassirer, E. 1953–1957. The Philosophy of Symbolic Forms. 3 vols. Übers. von R. Mannheim. New Haven, CT: Yale University Press. Erstpublikation: E. Cassirer *Philosophie der Symbolischen Formen*, 3 Bände, Berlin, 1923–1929.
Catchpole, C. K., P. J. B. Slater. 1995. Bird Song: Biological Themes and Variations. Cambridge, UK: Cambridge University Press.
Cavalier-Smith, T. 2000. Membrane heredity and early chloroplast evolution. Trends in Plant Science 5: 174–182.
Cavalier-Smith, T. 2004. The membranome and membrane heredity in development and evolution. In: Organelles, Genomes and Eukaryote Phylogeny: An Evolutionary Synthesis in the Age of Genomics, Hrsg. R. P. Hirt, D. S. Horner, 335–351. Boca Raton, FL: CRC Press.
Cavalli, G. 2002. Chromatin as a eukaryotic template of genetic information. Current Opinion in Cell Biology 14: 269–278.
Cavalli-Sforza, L. L., M. W. Feldman. 1981. Cultural Transmission and Evolution. Princeton, NJ: Princeton University Press.
Cerutti, H. 2003. RNA interference: Traveling in the cell and gaining functions? Trends in Genetics 19: 39–46.
Cerutti, H., J. A. Casas-Mollano. 2006. On the origin and functions of RNA-mediated silencing: From protists to man. Current Genetics 50: 81–99.
Chakravarti, A., P. Little. 2003. Nature, nurture and human disease. Nature 421: 412–414.

Chandler, V., M. Alleman. 2008. Paramutation: Epigenetic instructions passed across generations. Genetics 178: 1839–1844.
Chandler, V. L., W. B. Eggleston, J. E. Dorweiler. 2000. Paramutation in maize. Plant Molecular Biology 43: 121–145.
Check, E. 2003. RNA to the rescue? Nature 425: 10–12.
Chen, T., T. Hiroko, A. Chaudhuri, F. Inose, M. Lord, S. Tanaka, J. Chant, A. Fujita. 2000. Multigenerational cortical inheritance of the Rax2 protein in orienting polarity and division in yeast. Science 290: 1975–1978.
Cheng, Y., D. Y. Kwon, A. L. Arai, D. Mucci, J. A. Kassis. 2012. P-element homing is facilitated by engrailed Polycomb-group response elements in *Drosophila melanogaster*. PLoS ONE 7 (1): e30437.
Chernoff, Y. O. 2001. Mutation processes at the protein level: Is Lamarck back? Mutation Research 488: 39–64.
Chernoff, Y. O. (Hrsg.) 2007. Protein-Based Inheritance. Austin, TX: Landes Bioscience.
Chicurel, M. 2001. Can organisms speed their own evolution? Science 292: 1824–1827.
Chomsky, N. 1968. Language and Mind. New York: Harcourt, Brace & World. [dt. *Sprache und Geist*. 1970. Frankfurt a. M.: Suhrkamp]
Chomsky, N. 1975. Reflections on Language. New York: Pantheon. [dt. *Reflektionen über die Sprache*. 1977. Frankfurt a. M.: Suhrkamp]
Chomsky, N. 2000. New Horizons in the Study of Language and Mind. Cambridge: Cambridge University Press.
Christiansen, M. H., S. Kirby (Hrsg.) 2003. Language Evolution. Oxford: Oxford University Press.
Churchill, F. B. 1978. The Weismann-Spencer controversy over the inheritance of acquired characters. In: Proceedings of the XVth International Congress of the History of Science, Hrsg. E. G. Forbes, 451–468. Edinburgh: Edinburgh University Press.
Clark, M. M., B. G. Galef, Jr. 1995. Prenatal influences on reproductive life history strategies. Trends in Ecology & Evolution 10: 151–153.
Clark, M. M., P. Karpiuk, B. G. Galef, Jr. 1993. Hormonally mediated inheritance of acquired characteristics in Mongolian gerbils. Nature 364: 712.
Coen, E. 1999. The Art of the Genes: How Organisms Make Themselves. Oxford: Oxford University Press.
Collias, N. E., E. C. Collias. 1984. Nest Building and Bird Behavior. Princeton, NJ: Princeton University Press.
Collinge, J. 2001. Prion diseases of humans and animals: Their causes and molecular basis. Annual Review of Neuroscience 24: 519–550.
Colot, V., J.-L. Rossignol. 1999. Eukaryotic DNA methylation as an evolutionary device. BioEssays 21: 402–411.
Cook, G. M. 1999. Neo-Lamarckian experimentalism in America: Origins and consequences. Quarterly Review of Biology 74: 417–437.
Cosmides, L., J. Tooby. 1997. Evolutionary psychology: A primer. Verfügbar unter http://www.psych.ucsb.edu/research/cep/primer.html.
Couzin, J. 2002a. Quirks of fetal environment feit decades later. Science 296: 2167–2169.
Couzin, J. 2002b. In yeast, prions' killer image doesn't apply. Science 297: 758–761.
Crews, D., A. C. Gore, T. S. Hsu, N. L. Dangleben, M. Spinetta, T. Schallert, M. D. Anway, M. K. Skinner. 2007. Transgenerational epigenetic imprints on mate preference. Proceedings of the National Academy of Sciences of the United States of America 104: 5942–5946.

Crews, D., R. Gillette, S.V. Scarpino, M. Manikkam, M.I. Savenkova, M.K. Skinner. 2012. Epigenetic transgenerational inheritance of altered stress responses. Proceedings of the National Academy of Sciences of the United States of America 109: 9143–9148.
Crick, F.H.C. 1958. On protein synthesis. Symposia of the Society for Experimental Biology 12: 138–163.
Crick, F.H.C. 1970. Central dogma of molecular biology. Nature 227: 561–563.
Cronin, H. 1991. The Ant and the Peacock: Altruism and Sexual Selection from Darwin to Today. Cambridge: Cambridge University Press.
Crouse, H.V. 1960. The Controlling element in sex chromosome behavior in *Sciara*. Genetics 45: 1429–1443.
Cubas, P., C. Vincent, E. Coen. 1999. An epigenetic mutation responsible for natural Variation in floral symmetry. Nature 401: 157–161.
Currie, T.E., R. Mace. 2011. Mode and tempo in the evolution of socio-political Organization: Reconciling „Darwinian" and „Spencerian" evolutionary approaches in anthropology. Philosophical Transactions of the Royal Society of London. Series B, Biological Sciences 366: 1108–1117.
Curtiss, S. 1977. Genie: A Psycholinguistic Study of a Modern-Day „Wild Child". New York: Academic Press.
Csoka, A.B., M. Szyf. 2009. Epigenetic side-effects of common pharmaceuticals: A potential new field in medicine and pharmacology. Medical Hypotheses 73: 770–780.
Daily, G.C. 1999. Developing a scientific basis for managing Earth's life support Systems. Conservation Ecology 3 (2): 14.
Darwin, C. 1859 [1964], On the Origin of Species by Means of Natural Selection, or the Preservation of Favoured Races in the Struggle for Life. Facsimile reprint, with an introduction by E. Mayr. Cambridge, MA: Harvard University Press. [dt. *Über die Entstehung der Arten im Thier- und Pflanzen-Reich durch natürliche Züchtung, oder Erhaltung der vervollkommneten Rassen im Kampfe um's Daseyn* (Übers.: H.G. Bronn), nach der 2. engl. Aufl. 1860. Stuttgart: Schweizerbart]
Darwin, C. 1868 [1998]. The Variation of Animals and Plants under Domestication. 2 vols. 2. Aufl. Reprinted, with a new foreword by H. Ritvo. Baltimore, MD: Johns Hopkins University Press. [dt. *Das Variieren der Thiere und Pflanzen im Zustande der Domestication* (Übers.: J.V. Carus), nach der 2. engl. Ausgabe. 1868. Stuttgart: Schweizerbart]
Darwin, C. 1871 [1981]. The Descent of Man, and Selection in Relation to Sex. Facsimile reprint, with an introduction by J.T. Bonner, R.M. May. Princeton, NJ: Princeton University Press. [dt. *Die Abstammung des Menschen und die geschlechtliche Zuchtwahl* (Übers.: J.V. Carus). 1871. Stuttgart: Schweizerbart]
Darwin, C. 1881 [1985]. The Formation of Vegetable Mould, through the Action of Worms, with Observations on Their Habits. Facsimile reprint, with a foreword by S.J. Gould. Chicago: University of Chicago Press. [dt. *Die Bildung der Ackererde durch die Thätigkeit der Würmer* (Übers.: J.V. Carus). 1882. Stuttgart: Schweizerbart]
Datta, A., S. Jinks-Robertson. 1995. Association of increased spontaneous mutation rates with high levels of transcription in yeast. Science 268: 1616–1619.
Dawkins, R. 1976. The Selfish Gene. Oxford: Oxford University Press. [dt. *Das egoistische Gen*. 1978. Berlin: Springer]
Dawkins, R. 1982. The Extended Phenotype: The Gene as the Unit of Selection. Oxford: Freeman. [dt. *Der erweiterte Phänotyp: Der lange Arm der Gene*. 2010. Heidelberg: Spektrum Akademischer Verlag]

Dawkins, R. 1986. The Blind Watchmaker. Harlow, UK: Longman. [dt. *Der blinde Uhrmacher: Ein neues Plädoyer für den Darwinismus*. 1987. München: Kindler]
Day, T., R. Bonduriansky. 2011. A unified approach to the evolutionary consequences of genetic and nongenetic inheritance. American Naturalist 178: E18–E36.
Deacon, T.W. 1997. The Symbolic Species: The Co-evolution of Language and the Brain. New York: Norton.
Debat, V., P. David. 2001. Mapping phenotyps: Canalization, plasticity and developmental stability. Trends in Ecology & Evolution 16: 555–561.
Dehaene, S. 2009. Reading in the Brain: The Science and Evolution of a Human Invention. New York: Viking.
De la Casa-Esperón, E., C. Sapienza. 2003. Natural selection and the evolution of genome imprinting. Annual Review of Genetics 37: 349–370.
Dennett, D.C. 1995. Darwin's Dangerous Idea: Evolution and the Meaning of Life. New York: Simon & Schuster. [dt. *Darwins gefährliche Idee: Die Evolution und der Sinn des Lebens*. 1997. Hamburg: Hoffmann & Campe]
Dennett, D.C. 2001. The evolution of culture. Monist 84: 305–324.
Dennis, C. 2003. Altered states. Nature 421: 686–688.
Depew, D.J., B.H. Weber. 1995. Darwinism Evolving: Systems Dynamics and the Genealogy of Natural Selection. Cambridge, MA: MIT Press.
De Vanssay, A., A.-L. Bougé, A. Boivin, C. Hermant, L. Teysset, V. Delmarre, C. Antoniewski, S. Ronsseray. 2012. Paramutation in *Drosophila* linked to emergence of a piRNA-producing locus. Nature 490: 112–115.
De Vries, H. 1909–10. The Mutation Theory: Experiments and Observations on the Origin of-Species in the Vegetable Kingdom. Übers. von J.B. Farmer, A.D. Darbishire. 2 vols. Chicago: Open Court. Erstpublikation: *Die Mutationstheorie: Versuche und Beobachtungen über die Entstehung der Arten im Pflanzenreich*, Leipzig, Veit, 1901–1903.
De Waal, F. 2001. The Ape and the Sushi Master: Cultural Reflections by a Primatologist. New York: Basic Books. [dt. *Der Affe und der Sushimeister: Das kulturelle Leben der Tiere*. 2010. München: Hanser]
De Waal, F., F. Lanting. 1997. Bonobo: The Forgotten Ape. Berkeley: University of California Press. [dt. *Bonobos: Die zärtlichen Menschenaffen*. 1998. Basel: Birkhäuser]
Diamond, J. 1991. The Rise and Fall of the Third Chimpanzee. London: Radius.
Diamond, J. 1997. Guns, Germs and Steel: The Fates of Human Societies. London: Jonathan Cape. [dt. *Arm und Reich: Die Schicksale menschlicher Gesellschaften*. 1998. Frankfurt a.M.: Büchergilde Gutenberg]
Diamond, J., J.I. Rotter. 2002. Evolution of human genetic diseases. In: The Genetic Basis of Common Diseases. 2. Aufl., Hrsg. R. A. King, J.I. Rotter, A.G. Motulsky, 50–64. New York: Oxford University Press.
Dickins, T.E., Q. Rahman. 2012. The extended evolutionary synthesis and the role of soft inheritance in evolution. Proceedings of the Royal Society of London. Series B, Biological Sciences 279: 2913–2921.
Dickinson, W.J., J. Seger. 1999. Cause and effect in evolution. Nature 399: 30.
Dobzhansky, T. 1937 [1982]. Genetics and the Origin of Species. Reprinted with an introduction by S.J. Gould. New York: Columbia University Press. [dt. *Die genetischen Grundlagen der Artbildung*. 1939. Jena: Fischer]
Donald, M. 1991. Origins of the Modern Mind: The Stages in the Evolution of Culture and Cognition. Cambridge, MA: Harvard University Press.

Doolittle, W. F., C. Sapienza. 1980. Selfish genes, the phenotype paradigm and genome evolution. Nature 284: 601–603.

Dor, D. 2000. From the autonomy of syntax to the autonomy of linguistic semantics: Notes on the correspondence between the transparency problem and the relationship problem. Pragmatics & Cognition 8: 325–356.

Dor, D., E. Jablonka. 2000. From cultural selection to genetic selection: A framework for the evolution of language. Selection 1: 33–55.

Dor, D., E. Jablonka. 2010. Plasticity and canalization in the evolution of linguistic communication. In: The Evolution of Human Language: Biolinguistic Perspectives, Hrsg. R. K. Larson, V. Deprez, H. Yamakido, 135–147. Cambridge: Cambridge University Press.

Dover, G. 2000a. Dear Mr Darwin: Letters on the Evolution of Life and Human Nature. Berkeley: University of California Press.

Dover, G. 2000b. Results may not fit well with current theories. … Nature 408: 17.

Drake, J. W., B. Charlesworth, D. Charlesworth, J. F. Crow. 1998. Rates of spontaneous mutation. Genetics 148: 1667–1686.

Dubnau, D., R. Losick. 2006. Bistability in bacteria. Molecular Microbiology 61: 564–572.

Dunbar, R. I. M. 1996. Grooming, Gossip and the Evolution of Language. London: Faber 8c Faber. [dt. *Klatsch und Tratsch: Wie der Mensch zur Sprache fand.* 1998. München: Bertelsmann]

Dunbar, R., C. Knight, C. Power (Hrsg.) 1999. The Evolution of Culture: An Interdisciplinary View. Edinburgh: Edinburgh University Press.

Dunn, L. C. 1965. A Short History of Genetics. New York: McGraw-Hill.

Dunn, M., S. J. Greenhill, S. C. Levinson, R. D. Gray. 2011. Evolved structure of language shows lineage-specific trends in word-order universals. Nature 473: 79–82.

Dunning Hotopp, J. C., M. E. Clark, D. C. S. G. Oliveira, J. M. Foster, P. Fischer, M. C. Munoz Torres, J. D. Giebel et al. 2007. Widespread lateral gene transfer from intracellular bacteria to multicellular eukaryotes. Science 317: 1753–1756.

Durham, W. H. 1991. Coevolution: Genes, Culture, and Human Diversity. Stanford, CA: Stanford University Press.

Dykxhoorn, D. M., C. D. Novina, P. A. Sharp. 2003. Killing the messenger: Short RNAs that silence gene expression. Nature Reviews Molecular Cell Biology 4: 457–467.

Eaglestone, S. S., B. S. Cox, M. F. Tuite. 1999. Translation termination efficiency can be regulated in *Saccharomyces cerevisiae* by environmental stress through a prion-mediated mechanism. EMBO Journal 18: 1974–1981.

Eddy, S. R. 2001. Non-coding RNA genes and the modern RNA world. Nature Reviews Genetics 2: 919–929.

Edgell, T. C., B. R. Lynch, G. C. Trussell, A. R. Palmer. 2009. Experimental evidence for the rapid evolution of behavioral canalization in natural populations. American Naturalist 174: 434–440.

Elman, J. L., E. A. Bates, M. H. Johnson, A. Karmiloff-Smith, D. Parisi, K. Plunkett. 1996. Rethinking Innateness: A Connectionist Perspective on Development. Cambridge, MA: MIT Press.

El-Sayed, A. M., M. R. Haloossim, S. Galea, K. C. Koenen. 2012. Epigenetic modifications associated with suicide and common mood and anxiety disorders: A systematic review of the literature. Biology of Mood and Anxiety Disorders 2: 10.

ENCODE Project Consortium. 2012. An integrated encyclopedia of DNA elements in the human genome. Nature 489: 57–74.

Ettinger, L., F. Doljanksi. 1992. On the generation of form by the continuous interactions between cells and their extracellular matrix. Biological Reviews of the Cambridge Philosophical Society 67: 459–489.

Evans, N., S.C. Levinson. 2009. The myth of language universals: Language diversity and its importance for cognitive science. Behavioral and Brain Sciences 32: 429–492.
Everett, D.L. 2005. Cultural constraints on grammar and Cognition in Pirahã: Another look at the design features of human language. Current Anthropology 46: 621–646.
Fedoroff, N., D. Botstein (Hrsg.) 1992. The Dynamic Genome: Barbara McClintock's Ideas in the Century of Genetics. Plainview, NY: Cold Spring Harbor Laboratory Press.
Feinberg, A.P., B. Tycko. 2004. The history of cancer epigenetics. Nature Reviews Cancer 4: 143–153.
Feldman, M., A.A. Levy. 2011. Instantaneous genetic and epigenetic alterations in the wheat genome caused by allopolyploidization. In: Transformations of Lamarckism: From Subtle Fluids to Molecular Biology, Hrsg. S. B. Gissis, E. Jablonka, 261–270. Cambridge, MA: MIT Press.
Feldman, M.W., K.N. Laland. 1996. Gene-culture coevolutionary theory. Trends in Ecology & Evolution 11: 453–457.
Feng, S., S.E. Jacobsen, W. Reik. 2010. Epigenetic reprogramming in plant and animal development. Science 330: 622–627.
Ferguson-Smith, A.C. 2011. Genomic imprinting: The emergence of an epigenetic paradigm. Nature Reviews Genetics 12: 565–575.
Ferguson-Smith, A.C., M.A. Surani. 2001. Imprinting and the epigenetic asymmetry between parental genomes. Science 293: 1086–1089.
Fire, A., S. Xu, M.K. Montgomery, S.A. Kostas, S.E. Driver, C.C. Melio. 1998. Potent and specific genetic interference by double-stranded RNA in *Caenorhabditis elegans*. Nature 391: 806–811.
Fisher, J., R.A. Hinde. 1949. The opening of milk bottles by birds. British Birds 42: 347–357.
Fleck, L. 1979. Genesis and Development of a Scientific Fact. Übers. von F. Bradley, T.J. Trenn. Chicago: University of Chicago Press.
Foster, P.L. 1999. Mechanisms of stationary phase mutation: A decade of adaptive mutation. Annual Review of Genetics 33: 57–88.
Foster, P.L. 2000. Adaptive mutation: Implications for evolution. BioEssays 22: 1067–1074.
Fracchia, J., R.C. Lewontin. 1999. Does culture evolve? In: „The Return of Science: Evolutionary Ideas and History". Special issue 38, History and Theory, 52–78.
Francis, D., J. Diorio, D. Liu, M.J. Meaney. 1999. Nongenomic transmission across generations of maternal behavior and stress responses in the rat. Science 286: 1155–1158.
Francis, D.D., K. Szegda, G. Campbell, W.D. Martin, T.R. Insel. 2003. Epigenetic sources of behavioral differences in mice. Nature Neuroscience 6: 445–446.
Francis, R.C. 2011. Epigenetics: The Ultimate Mystery of Inheritance. New York: Norton.
Franklin, T.B., N. Linder, H. Russig, B. Thöny, I.M. Mansuy. 2011. Influence of early stress on social abilities and serotonergic functions across generations in mice. PLoS ONE 6 (7): e21842.
Franklin, T.B., H. Russig, I.C. Weiss, J. Gräff, N. Linder, A. Michaion, S. Vizi, I.M. Mansuy. 2010. Epigenetic transmission of the impact of early stress across generations. Biological Psychiatry 68: 408–415.
Frawley, W. 1992. Linguistic Semantics. Hillsdale, NJ: Lawrence Erlbaum.
Fry, I. 2000. The Emergence of Life on Earth: A Historical and Scientific Overview. New Brunswick, NJ: Rutgers University Press.
Futscher, B.W., M.M. Oshiro, R.J. Wozniak, N. Holtan, C.L. Hanigan, H. Duan, F.E. Domann. 2002. Role for DNA methylation in the control of cell type-specific maspin expression. Nature Genetics 31: 175–179.
Gajdusek, D.C. 1977. Unconventional viruses and the origin and disappearance of kuru. Science 197: 943–960.

Galton, F. 1871. Experiments in pangenesis, by breeding from rabbits of a pure variety, into whose circulation blood taken from other varieties had previously been largely transfused. Proceedings of the Royal Society of London 19: 393–410.
Galton, F. 1875. A theory of heredity. Contemporary Review 27: 80–95.
Gänti, T. 2003. The Principles of Life. Oxford: Oxford University Press.
Gao, L., Y. Geng, B. Li, J. Chen, J. Yang. 2010. Genome-wide DNA methylation alterations of Alternanthera philoxeroides in natural and manipulated habitats: Implications for epigenetic regulation of rapid responses to environmental fluctuation and phenotypic Variation. Plant, Cell & Environment 33: 1820–1827.
Gardner, R. 2008. The Price equation. Current Biology 18: R198–R202.
Gayon, J. 1998. Darwinism's Struggle for Survival: Heredity and the Hypothesis of Natural Selection. Cambridge: Cambridge University Press.
Geoghegan, J. L., H. G. Spencer. 2012. Population-epigenetic models of selection. Theoretical Population Biology 81: 232–242.
Gerhart, J., M. Kirschner. 1997. Cells, Embryos, and Evolution: Towards a Cellular and Developmental Understanding of Phenotypic Variation and Evolutionary Adaptability. Maiden, MA: Blackwell.
Gilbert, S. F. 2011. Symbionts as an epigenetic source of heritable Variation. In: Transformations of Lamarckism: From Subtle Fluids to Molecular Biology, Hrsg. S. B. Gissis, E. Jablonka, 283–293. Cambridge, MA: MIT Press.
Gilbert, S. F., D. Epel. 2009. Ecological Developmental Biology: Integrating Epigenetics, Medicine, and Evolution. Sunderland, MA: Sinauer.
Gilbert, S. F., J. Sapp, A. I. Tauber. 2012. A symbiotic view of life: We have never been individuals. Quarterly Review of Biology 87: 325–341.
Gillham, N. W. 2001. A Life of Sir Francis Galton: From African Exploration to the Birth of Eugenics. New York: Oxford University Press.
Ginsburg, S., E. Jablonka. 2014. Memory, imagination and the evolution of modern language. In: Social Origins of Language, Hrsg. D. Dor, C. Knight, J. Lewis. Oxford: Oxford University Press.
Ginsburg, S., E. Jablonka. 2009. Epigenetic learning in non-neural organisms. Journal of Biosciences 34: 633–646.
Gissis, S. B., E. Jablonka (Hrsg.) 2011. Transformations of Lamarckism: From Subtle Fluids to Molecular Biology. Cambridge, MA: MIT Press.
Givón, T. 1995. Functionalism and Grammar. Philadelphia: John Benjamins.
Gladyshev, E. A., I. R. Arkhipova. 2010. Genome structure of bdelloid rotifers: Shaped by asexuality or desiccation? Journal of Heredity 101 (Suppl. 1): S85–S93.
Glen, C. D., Y. E. Dubrova. 2012. Exposure to anticancer drugs can result in transgenerational genomic instability in mice. Proceedings of the National Academy of Sciences of the United States of America 109: 2984–2988.
Gliboff, S. 2010. Did Paul Kammerer discover epigenetic inheritance? No and why not. Journal of Experimental Zoology. Part B, Molecular and Developmental Evolution 314B: 616–624.
Gottlieb, G. 1997. Synthesizing Nature-Nurture: Prenatal Roots of Instinctive Behavior. Mahwah, NJ: Lawrence Erlbaum.
Gottlieb, G. 2002. Developmental-behavioral initiation of evolutionary change. Psychological Review 109: 211–218.
Gotzek, D., K. G. Ross. 2009. Current Status of a model system: The gene Gp-9 and its association with social organization in fire ants. PLoS ONE 4 (11): e7713.

Gould, S. J. 2002. The Structure of Evolutionary Theory. Cambridge, MA: Harvard University Press.
Grandjean, V., Y. Hauck, C. Beloin, F. Le Hégarat, L. Hirschbein. 1998. Chromosomal inactivation of *Bacillus subtilis* exfusants: A prokaryotic model of epigenetic regulation. Biological Chemistry 379: 553–557.
Gray, R. D., Q. D. Atkinson, S. J. Greenhill. 2011. Language evolution and human history: What a difference a date makes. Philosophical Transactions of the Royal Society of London. Series B, Biological Sciences 366: 1090–1100.
Greaves, I. K., M. Groszmann, E. S. Dennis, W. J. Peacock. 2012. Trans-chromosomal methylation. Epigenetics 7: 800–805.
Greenfield, T. J. 1986. Variation, heredity, and scientific explanation in the evolutionary theories of four American neo-Lamarckians, 1867–1897. PhD diss., University of Wisconsin.
Grell, R. F. 1971. Heat-induced exchange in the fourth chromosome of diploid females of *Drosophila melanogaster*. Genetics 69: 523–527.
Grell, R. F. 1978. A comparison of heat and interchromosomal effects on recombination and interference in *Drosophila melanogaster*. Genetics 89: 65–77.
Griesemer, J. 2000a. The units of evolutionary transition. Selection 1: 67–80.
Griesemer, J. 2000b. Reproduction and the reduction of genetics. In: The Concept of the Gene in Development and Evolution: Historical and Epistemological Perspectives, Hrsg. P. J. Beurton, R. Falk, H.-J. Rheinberger, 240–285. Cambridge: Cambridge University Press.
Griffiths, P. E., R. D. Gray. 1994. Developmental Systems and evolutionary explanation. Journal of Philosophy 91: 277–304.
Griffiths, P. E., R. D. Gray. 2001. Darwinism and developmental Systems. In: Cycles of Contingency, Hrsg. S. Oyama, P. E. Griffiths, R. D. Gray, 195–218. Cambridge, MA: MIT Press.
Grimes, G. W., K. J. Aufderheide. 1991. Cellular Aspects of Pattern Formation: The Problem of Assembly. Monographs in Developmental Biology, vol. 22. Basel: S. Karger.
Grishok, A., H. Tabara, C. C. Mello. 2000. Genetic requirements for inheritance of RNAi in *C. elegans*. Science 287: 2494–2497.
Groos, K. 1898. The Play of Animals: A Study of Animal Life and Instinct. London: Chapman & Hall. [dt. *Die Spiele der Thiere*. 1896. Jena: Fischer]
Gu, Z., L. M. Steinmetz, X. Gu, C. Scharfe, R. W. Davis, W.-H. Li. 2003. Role of duplicate genes in genetic robustness against null mutations. Nature 421: 63–66.
Guerrero-Bosagna, C., M. K. Skinner. 2012. Environmentaly induced epigenetic transgenerational inheritance of phenotype and disease. Molecular and Cellular Endocrinology 354: 3–8.
Gustafsson, Å. 1979. Linnaeus' peloria: The history of a monster. Theoretical and Applied Genetics 54: 241–248.
Hadorn, E. 1978. Transdeterminaton. In: The Genetics and Biology of *Drosophila*. Vol. 2c, Hrsg. M. Ashburner, T. R. F. Wright, 555–617. London: Academic Press.
Haig, D. 2002. Genomic Imprinting and Kinship. New Brunswick, NJ: Rutgers University Press.
Haig, D. 2004. The (dual) origin of epigenetics. Cold Spring Harbor Symposia on Quantitative Biology 69: 67–70.
Haldane, J. B. S. 1953. Foreword. Symposia of the Society for Experimental Biology 7: ix–xix.
Haldane, J. B. S. 1954. Introducing Douglas Spalding. British Journal of Animal Behaviour 2: 1–11.
Halfmann, R., D. F. Jarosz, S. K. Jones, A. Chang, A. K. Lancaster, S. Lindquist. 2012. Prions are a common mechanism for phenotypic inheritance in wild yeasts. Nature 482: 363–368.
Hall, J. C. 1994. The mating of a fly. Science 264: 1702–1714.

Hamer, D., P. Copeland. 1998. Living with Our Genes: Why They Matter More Than You Think. New York: Doubleday. [dt. *Das unausweichliche Erbe: Wie unser Verhalten von unseren Genen bestimmt ist.* 1998. Bern: Scherz]

Hamilton, W.D. 1964a. The genetical evolution of social behaviour. I. Journal of Theoretical Biology 7: 1–16.

Hamilton, W.D. 1964b. The genetical evolution of social behaviour. II. Journal of Theoretical Biology 7: 17–52.

Hamilton, W.D. 1996. Narrow Roads of Gene Land: The Collected Papers of W.D. Hamilton. Vol. 1, Evolution of Social Behaviour. Oxford: Freeman.

Hannon, G.J. 2002. RNA interference. Nature 418: 244–251.

Hardy, A. 1965. The Living Stream: A Restatement of Evolution Theory and Its Relation to the Spirit of Man. London: Collins.

Hauser, M.D., N. Chomsky, W.T. Fitch. 2002. The faculty of language: What is it, who has it, and how did it evolve? Science 298: 1569–1579.

Heijmans, B.T., E.W. Tobi, A.D. Stein, H. Putter, G.J. Blauw, E.S. Susser, P.E. Slagboom, L.H. Lumey. 2008. Persistent epigenetic differences associated with prenatal exposure to famine in humans. Proceedings of the National Academy of Sciences of the United States of America 105: 17046–17049.

Helanterä, H., T. Uller. 2010. The Price equation and extended inheritance. Philosophy and Theory in Biology 2: el01.

Helmuth, L. 2001. From the mouths (and hands) of babes. Science 293: 1758–1759.

Hendrickson, H., E.S. Slechta, U. Bergthorsson, D.I. Andersson, J.R. Roth. 2002. Amplification-mutagenesis: Evidence that „directed" adaptive mutation and general hypermutability result from growth with a selected gene amplification. Proceedings of the National Academy of Sciences of the United States of America 99: 2164–2169.

Henikoff, S., T. Furuyama, K. Ahmad. 2004. Histone variants, nucleosome assembly and epigenetic inheritance. Trends in Genetics 20: 320–326.

Herman, J.J., S.E. Sultan. 2011. Adaptive transgenerational plasticity in plants: Case studies, mechanisms, and implications for natural populations. Frontiers in Plant Science 2, Article 102.

Herrera, C.M., P. Bazaga. 2010. Epigenetic differentiation and relationship to adaptive genetic divergence in discrete populations of the violet *Viola cazorlensis*. New Phytologist 187: 867–876.

Herrera, C.M., P. Bazaga. 2011. Untangling individual Variation in natural populations: Ecological, genetic and epigenetic correlates of long-term inequality in herbivory. Molecular Ecology 20: 1675–1688.

Herrera, C.M., M.I. Pozo, P. Bazaga. 2012. Jack of all nectars, master of most: DNA methylation and the epigenetic basis of niche width in a flower-living yeast. Molecular Ecology 21: 2602–2616.

Heyes, C.M. 1993. Imitation, culture and cognition. Animal Behaviour 46: 999–1010.

Heyes, C. 2012. Grist and mills: On the cultural origins of cultural learning. Philosophical Transactions of the Royal Society of London. Series B, Biological Sciences 367: 2181–2191.

Heyes, C.M., B.G. Galef, Jr. (Hrsg.) 1996. Social Learning in Animals: The Roots of Culture. San Diego, CA: Academic Press.

Hinton, G.E., S.J. Nowlan. 1987. How learning can guide evolution. Complex Systems 1: 495–502.

Hirata, S., K. Watanabe, M. Kawai. 2001. „Sweet-potato washing" revisited. In: Primate Origins of Human Cognition and Behavior, Hrsg. T. Matsuzawa, 487–508. Tokyo: Springer-Verlag.

Ho, M. W., C. Tucker, D. Keeley, P. T. Saunders. 1983. Effects of successive generations of ether treatment on penetrance and expression of the bithorax phenocopy in *Drosophila melanogaster*. Journal of Experimental Zoology 225: 357–368.
Hoffmann, A. A., P. A. Parsons. 1997. Extreme Environmental Change and Evolution. Cambridge: Cambridge University Press.
Holden, C., R. Mace. 1997. Phylogenetic analysis of the evolution of lactose digestion in adults. Human Biology 69: 605–628.
Hollick, J. B., J. E. Dorweiler, V. L. Chandler. 1997. Paramutation and related allelic interactions. Trends in Genetics 13: 302–308.
Holliday, R. 1979. A new theory of carcinogenesis. British Journal of Cancer 40: 513–522.
Holliday, R. 1984. The biological significance of meiosis. In: Controlling Events in Meiosis. Symposia of the Society for Experimental Biology. Vol. 38, Hrsg. C. W. Evans, H. G. Dickinson, 381–394. Cambridge: Company of Biologists.
Holliday, R. 1987. The inheritance of epigenetic defects. Science 238: 163–170.
Holliday, R. 1990. Mechanisms for the control of gene activity during development. Biological Reviews of the Cambridge Philosophical Society 65: 431–471.
Holliday, R. 1994. Epigenetics: An overview. Developmental Genetics 15: 453–457.
Holliday, R. 1996. DNA methylation in eukaryotes: 20 years on. In: Epigenetic Mechanisms of Gene Regulation, Hrsg. V. E. A. Russo, R. A. Martienssen, A. D. Riggs, 5–27. Plainview, NY: Cold Spring Harbor Laboratory Press.
Holliday, R. 1998. The possibility of epigenetic transmission of defects induced by teratogens. Mutation Research 422: 203–205.
Holliday, R., J. E. Pugh. 1975. DNA modification mechanisms and gene activity during development. Science 187: 226–232.
Holloway, B. W. 1965. Variations in restriction and modification of bacteriophage following increase of growth temperature of *Pseudomonas aeruginosa*. Virology 25: 634–642.
Hrdy, S. B. 2009. Mothers and Others: The Evolutionary Origins of Mutual Understanding. Cambridge, MA: Harvard University Press. [dt. *Mütter und andere: Wie die Evolution uns zu sozialen Wesen gemacht hat*. 2010. Berlin: Berlin-Verlag]
Huffman, M. A. 1996. Acquisition of innovative cultural behaviors in nonhuman primates: A case study of stone handling, a socially transmitted behavior in Japanese macaques. In: Social Learning in Animals: The Roots of Culture, Hrsg. C. M. Heyes, B. G. Galef, 267–289. San Diego, CA: Academic Press.
Hull, D. L. 1980. Individuality and selection. Annual Review of Ecology and Systematics 11: 311–332.
Hull, D. L. 2000. Taking memetics seriously: Memetics will be what we make of it. In: Darwinizing Culture: the Status of Memetics as a Science, Hrsg. R. Aunger, 43–67. Oxford: Oxford University Press.
Hurford, J. R., M. Studdert-Kennedy, C. Knight (Hrsg.) 1998. Approaches to the Evolution of Language: Social and Cognitive Bases. Cambridge: Cambridge University Press.
Hurst, L. D. 1997. Evolutionary theories of genomic imprinting. In: Genomic Imprinting, Hrsg. W. Reik, A. Surani, 211–237. Oxford: IRL Press.
Huxley, J. 1942. Evolution: The Modern Synthesis. London: Allen and Unwin.
Huynh, K. D., J. T. Lee. 2003. Inheritance of a pre-inactivated paternal X chromosome in early mouse embryos. Nature 426: 857–862.
Hyver, C., H. Le Guyader. 1995. Cortical memory in Paramecium: A theoretical approach to the structural heredity. Comptes Rendus de l'Académie des Sciences. Serie III, Sciences de la Vie 318: 375–380.

Immelmann, K. 1975. The evolutionary significance of early experience. In: Function and Evolution in Behaviour: Essays in Honour of Professor Niko Tinbergen, FRS, Hrsg. G. Baerends, C. Beer, A. Manning, 243–253. Oxford: Clarendon Press of Oxford University Press.
Irwin, D. E., T. Price. 1999. Sexual imprinting, learning and speciation. Heredity 82: 347–354.
Issa, J.-P. 2000. CpG island methylation in aging and cancer. Current Topics in Microbiology and Immunology 249: 101–118.
Iwasa, Y., A. Pomiankowski. 1999. Sex specific X chromosome expression caused by genomic imprinting. Journal of Theoretical Biology 197: 487–495.
Jablonka, E. 1994. Inheritance Systems and the evolution of new levels of individuality. Journal of Theoretical Biology 170: 301–309.
Jablonka, E. 2002. Information: Its interpretation, its inheritance, and its sharing. Philosophy of Science 69: 578–605.
Jablonka, E. 2004a. Epigenetic epidemiology. International Journal of Epidemiology 33: 929–935.
Jablonka, E. 2004b. From replicators to heritably varying traits: The extended phenotype revisited. Biology and Philosophy 19: 353–375.
Jablonka, E. 2013a. Epigenetic inheritance and plasticity: The responsive germline. Progress in Biophysics and Molecular Biology 111: 99–107.
Jablonka, E. 2013b. Behavioral epigenetics in ecological context. Behavioral Ecology 24: 325–326.
Jablonka, E., S. Ginsburg, D. Dor. 2012. The co-evolution of language and emotions. Philosophical Transactions of the Royal Society of London. Series B, Biological Sciences 367: 2152–2159.
Jablonka, E., M. Lachmann, M. J. Lamb. 1992. Evidence, mechanisms and models for the inheritance of acquired characters. Journal of Theoretical Biology 158: 245–268.
Jablonka, E., M. J. Lamb. 1989. The inheritance of acquired epigenetic variations. Journal of Theoretical Biology 139: 69–83.
Jablonka, E., M. J. Lamb. 1990. The evolution of heteromorphic sex chromosomes. Biological Reviews of the Cambridge Philosophical Society 65: 249–276.
Jablonka, E., M. J. Lamb. 1995. Epigenetic Inheritance and Evolution: The Lamarckian Dimension. Oxford: Oxford University Press.
Jablonka, E., M. J. Lamb. 1998a. Bridges between development and evolution. Biology and Philosophy 13: 119–124.
Jablonka, E., M. J. Lamb. 1998b. Epigenetic inheritance in evolution. Journal of Evolutionary Biology 11: 159–183.
Jablonka, E., M. J. Lamb. 2002. The changing concept of epigenetics. Annals of the New York Academy of Sciences 981: 82–96.
Jablonka, E., M. J. Lamb. 2006. The evolution of information in the major transitions. Journal of Theoretical Biology 239: 236–246.
Jablonka, E., M. J. Lamb. 2010. Transgenerational epigenetic inheritance. In: Evolution – The Extended Synthesis, Hrsg. M. Pigliucci, G. B. Müller, 137–174. Cambridge, MA: MIT Press.
Jablonka, E., M. J. Lamb. 2011. Changing thought styles: The concept of soft inheritance in the 20th Century. In Vérité, Widerstand, Development: At Work with/Arbeiten mit/Travailler avec Ludwik Fleck. Collegium Helveticum. Vol. 12, Hrsg. R. Egloff, J. Fehr, 119–156. Zürich: Collegium Helveticum.
Jablonka, E., M. J. Lamb, E. Avital. 1998. „Lamarckian“ mechanisms in darwinian evolution. Trends in Ecology & Evolution 13: 206–210.

Jablonka, E., B. Oborny, E. Molnár, E. Kisdi, J. Hofbauer, T. Czárán. 1995. The adaptive advantage of phenotypic memory in changing environments. Philosophical Transactions of the Royal Society of London. Series B, Biological Sciences 350: 133–141.
Jablonka, E., G. Raz. 2009. Transgenerational epigenetic inheritance: Prevalence, mechanisms, and implications for the study of heredity and evolution. Quarterly Review of Biology 84: 131–176.
Jablonka, E., G. Rechav. 1996. The evolution of language in light of the evolution of literacy. In: Origins of Language, Hrsg. J. Trabant, 70–88. Budapest: Collegium Budapest.
Jablonka, E., E. Szathmáry. 1995. The evolution of information storage and heredity. Trends in Ecology & Evolution 10: 206–211.
Jacob, F. 1989. The Logic of Life: A History of Heredity. Übers. von B. E. Spillman. Harmondsworth, Middlesex, UK: Penguin Books. Erstpublikation: La Logique du vivant: Une histoire de l'hérédité, Paris, Editions Gallimard, 1970. [dt. *Die Logik des Lebendigen: Von der Urzeugung zum genetischen Code*. 1972. Frankfurt a. M.: Fischer]
Jacob, F., J. Monod. 1961a. On the regulation of gene activity. Cold Spring Harbor Symposia on Quantitative Biology 26: 193–211.
Jacob, F., J. Monod. 1961b. Genetic regulatory mechanism in the synthesis of proteins. Journal of Molecular Biology 3: 318–356.
Jacobsen, S. E., E. M. Meyerowitz. 1997. Hypermethylated SUPERMAN epigenetic alleles in Arabidopsis. Science 277: 1100–1103.
Jaenisch, R., A. Bird. 2003. Epigenetic regulation of gene expression: How the genome integrates intrinsic and environmental Signals. Nature Genetics 33 (Suppl.): 245–254.
Jastaniah, W. 2011. Epidemiology of sickle cell disease in Saudi Arabia. Annals of Saudi Medicine 31: 289–293.
Jenuwein, T., C. D. Allis. 2001. Translating the histone code. Science 293: 1074–1080.
Johannes, F., E. Porcher, F. K. Texeira, V. Saliba-Colombani, M. Simon, N. Agier, A. Bulski et al. 2009. Assessing the impact of transgenerational epigenetic Variation on complex traits. PLoS Genetics 5 (6): el000530.
Johannsen, W. 1911. The genotype conception of heredity. American Naturalist 45: 129–159.
Jones, P. A., S. B. Baylin. 2002. The fundamental role of epigenetic events in cancer. Nature Reviews Genetics 3: 415–428.
Jordan, I. K., I. B. Rogozin, G. V. Glazko, E. V. Koonin. 2003. Origin of a substantial fraction of human regulatory sequences from transposable elements. Trends in Genetics 19: 68–72.
Jorgensen, R. A. 2002. RNA traffics information systematically in plants. Proceedings of the National Academy of Sciences of the United States of America 99: 11561–11563.
Judson, H. F. 1996. The Eighth Day of Creation: Makers of the Revolution in Biology. 2. Aufl. New York: Cold Spring Harbor Laboratory Press. [dt. *Der 8. Tag der Schöpfung: Sternstunden der neuen Biologie*. 1980. Wien: Meyster]
Kaati, G., L. O. Bygren, S. Edvinsson. 2002. Cardiovascular and diabetes mortality determined by nutrition during parents' and grandparents' slow growth period. European Journal of Human Genetics 10: 682–688.
Kang, Y.-K., K.-K. Lee, Y.-M. Han. 2003. Reprogramming DNA methylation in the preimplantation stage: Peeping with Dolly's eyes. Current Opinion in Cell Biology 15: 290–295.
Kauffman, S. A. 1993. The Origin of Order: Self-Organization and Selection in Evolution. New York: Oxford University Press.
Kay, L. E. 2000. Who Wrote the Book of Life? A History of the Genetic Code. Stanford, CA: Stanford University Press. [dt. *Das Buch des Lebens: Wer schrieb den genetischen Code*? Frankfurt a. M.: Suhrkamp]

Kegl, J., A. Senghas, M. Coppola. 1999. Creation through contact: Sign language emergence and sign language change in Nicaragua. In: Language Creation and Language Change, Hrsg. M. DeGraff, 179–237. Cambridge, MA: MIT Press.

Keller, E. F. 1995. Refiguring Life: Metaphors of Twentieth-Century Biology. New York: Columbia University Press. [dt. *Das Leben neu denken: Metaphern der Biologie im 20. Jahrhundert.* 1998. München: Kunstmann]

Keller, E. F. 2000. The Century of the Gene. Cambridge, MA: Harvard University Press. [dt. *Das Jahrhundert des Gens.* 2001. Frankfurt a. M.: Campus]

Keller, E. F., J. C. Ahouse. 1997. Writing and reading about Dolly. BioEssays 19: 741–742.

Keller, L., K. G. Ross. 1993. Phenotypic plasticity and „cultural transmission" of alternative social organizations in the fire ant *Solenopsis invicta.* Behavioral Ecology and Sociobiology 33: 121–129.

Kendal, R. L., B. G. Galef, C. P. van Schaik (Hrsg.) 2010. Capturing Social Learning in Natural Contexts: Methodological Insights and Implications for Culture. Special issue. Learning & Behavior 38: 187–336.

Kendal, J. R., J. J. Tehrani, J. Odling-Smee (Hrsg.) 2011. Human Niche Construction. Special issue. Philosophical Transactions of the Royal Society of London. Series B, Biological Sciences 366: 784–934.

Kidwell, M. G., D. R. Lisch. 2000. Transposable elements and host genome evolution. Trends in Ecology & Evolution 15: 95–99.

Kimura, M. 1983. The Neutral Theory of Molecular Evolution. Cambridge: Cambridge University Press. [dt. *Die Neutralitätstheorie der molekularen Evolution.* 1987. Berlin: Parey]

King, C.-Y., R. Diaz-Avalos. 2004. Protein-only transmission of three yeast prion strains. Nature 428: 319–323.

Kirby, S. 1999. Function, Selection, and Innateness: The Emergence of Language Universals. New York: Oxford University Press.

Kirby, S. 2002. Learning, bottlenecks and the evolution of recursive syntax. In: Linguistic Evolution through Language Acquisition, Hrsg. T. Briscoe, 173–204. Cambridge: Cambridge University Press.

Klar, A. J. S. 1998. Propagating epigenetic states through meiosis: Where Mendel's gene is more than a DNA moiety. Trends in Genetics 14: 299–301.

Knight, C., M. Studdert-Kennedy, J. R. Hurford (Hrsg.) 2000. The Evolutionary Emergence of Language: Social Function and the Origins of Linguistic Form. Cambridge: Cambridge University Press.

Koestler, A. 1971. The Case of the Midwife Toad. London: Hutchinson.

Kohl, P., E. J. Crampin, T. A. Quinn, D. Noble. 2010. Systems biology: An approach. Clinical Pharmacology and Therapeutics 88: 25–33.

Koonin, E. V., Y. I. Wolf. 2009. Is evolution Darwinian and/or Lamarckian? Biology Direct 4: 42.

Krementsov, N. L. 1997. Stalinist Science. Princeton, NJ: Princeton University Press.

Kuhn, T. S. 1962. The Structure of Scientific Revolutions. Chicago: University of Chicago Press. [dt. *Die Struktur wissenschaftlicher Revolutionen.* 1967. Frankfurt a. M.: Suhrkamp]

Kujjo, L. L., E. A. Chang, R. J. G. Pereira, S. Dhar, B. Marrero-Rosado, S. Sengupta, H. Wang, J. B. Cibelli, G. I. Perez. 2011. Chemotherapy-induced late transgenerational effects in mice. PLoS ONE 6 (3): el7877.

Kumar, M. S., K. C. Chen. 2012. Evolution of animal Piwi-interacting RNAs and prokaryotic CRISPRs. Briefings in Functional Genomics 11: 277–288.

Kuper, A. 2002. Culture. Proceedings of the British Academy 112: 87–102.

Lachmann, M., E. Jablonka. 1996. The inheritance of phenotyps: An adaptation to fluctuating environments. Journal of Theoretical Biology 181: 1–9.

Lai, C. S. L., S. E. Fisher, J. A. Hurst, F. Vargha-Khadem, A. P. Monaco. 2001. A forkhead-domain gene is mutated in a severe speech and language disorder. Nature 413: 519–523.

Lakoff, G., M. Johnson. 1999. Philosophy in the Flesh: The Embodied Mind and Its Challenge to Western Thought. New York: Basic Books.

Laland, K. N. 1994. On the evolutionary consequences of sexual imprinting. Evolution 48: 477–489.

Laland, K. N., G. R. Brown. 2002. Sense and Nonsense: Evolutionary Perspectives on Human Behaviour. Oxford: Oxford University Press.

Laland, K. N., J. Odling-Smee, S. Myles. 2010. How culture shaped the human genome: Bringing genetics and the human sciences together. Nature Reviews Genetics 11: 137–148.

Lamarck, J. B. 1809 [1984]. Zoological Philosophy: An Exposition with Regard to the Natural History of Animals, übers. von H. Elliot. Chicago: University of Chicago Press, Reprint der Ausgabe von 1914. Erstpublikation: Philosophie zoologique, ou Exposition des considérations relatives à l'histoire naturelle des animaux, Paris, Dentu. [dt. *Zoologische Philosophie* (Übers.: A. Lang), 2. Aufl. 2002, Reprint der Ausg., Leipzig, Akad. Verl.-Ges. Geest u. Portig, 1990/91. Frankfurt a. M.: Deutsch]

Lamb, M. J. 1994. Epigenetic inheritance and aging. Reviews in Clinical Gerontology 4: 97–105.

Lamm, E. 2011. The metastable genome: A Lamarckian organ in a Darwinian world? In: Transformations of Lamarckism: From Subtle Fluids to Molecular Biology, Hrsg. S. B. Gissis, E. Jablonka, 345–355. Cambridge, MA: MIT Press.

Laor, Y. 2013. Cultural uniformity and religion. Religion. Brain and Behavior 3: 233–253.

Leadbeater, E., L. Chittka. 2007. Social learning in insects: From miniature brains to consensus building. Current Biology 17: R703–R713.

Lederberg, J., A. T. McCray. 2001. 'Ome sweet 'omics: A genealogical treasury of words. Scientist (Philadelphia, Pa.) 15 (7): 8.

Ledón-Rettig, C. C., C. L. Richards, L. B. Martin. 2013. Epigenetics for behavioral ecologists. Behavioral Ecology 24: 311–324.

Leitch, A. R., I. J. Leitch. 2008. Genomic plasticity and the diversity of polyploid plants. Science 320: 481–483.

Lenneberg, E. H. 1967. Biological Foundations of Language. New York: Wiley. [dt. *Biologische Grundlagen der Sprache*. Frankfurt a. M.: Suhrkamp]

Levin, B. 1993. English Verb Classes and Alternations: A Preliminary Investigation. Chicago: University of Chicago Press.

Levin, B., M. Rappaport Hovav. 1995. Unaccusativity: At the Syntax-Lexical Semantics Interface. Cambridge, MA: MIT Press.

Levy, A. A., M. Feldman. 2004. Genetic and epigenetic reprogramming of the wheat genome upon allopolyploidization. Biological Journal of the Linnean Society. Linnean Society of London 82: 607–613.

Lewontin, R. C. 1970. The units of selection. Annual Review of Ecology and Systematics 1: 1–18.

Lewontin, R. C. 1974. The Genetic Basis of Evolutionary Change. New York: Columbia University Press.

Lewontin, R. C. 1978. Adaptation. Scientific American 239 (3): 156–169.

Lewontin, R. C. 1993. The Doctrine of DNA: Biology as Ideology. Harmondsworth, Middlesex, UK: Penguin Books.

Lewontin, R. C. 1997. The confusion over cloning, New York Review of Books (October 23): 18–23. Reprinted in Lewontin 2000a, 273–291.

Lewontin, R.C. 2000a. It Ain't Necessarily So: The Dream of the Human Genome and Other Illusions. London: Granta Books.
Lewontin, R.C. 2000b. The Triple Helix. Cambridge, MA: Harvard University Press. [dt. *Die Dreifachhelix: Gen, Organismus und Umwelt*. 2002. Berlin: Springer]
Li, E., T.H. Bestor, R. Jaenisch. 1992. Targeted mutation of the DNA methyl-transferase gene results in embryonic lethality. Cell 69: 915–926.
Li, J., S. Browning, S.P. Mahal, A.M. Oelschlegel, C. Weissmann. 2010. Darwinian evolution of prions in cell culture. Science 327: 869–872.
Lieberman, P. 2000. Human Language and Our Reptilian Brain: The Subcortical Bases of Speech, Syntax, and Thought. Cambridge, MA: Harvard University Press.
Lindegren, C.C. 1949. The Yeast Cell, Its Genetics and Cytology. St. Louis, MO: Educational Publishers.
Lindegren, C.C. 1966. The Cold War in Biology. Ann Arbor, MI: Planarian Press.
Lindquist, S. 2000. … but yeast prion offers clues about evolution. Nature 408: 17–18.
Lira-Medeiros, C.F., C. Parisod, R.A. Fernandes, C.S. Mata, M.A. Cardoso, P.C.G. Ferreira. 2010. Epigenetic Variation in mangrove plants occurring in contrasting natural environment. PLoS ONE 5 (4): el0326.
Liu, J.-J., S. Lindquist. 1999. Oligopeptide-repeat expansions modulate „protein-only" inheritance in yeast. Nature 400: 573–576.
Lorenz, K. 1970. Studies in Animal and Human Behaviour. Vol. 1. London: Methuen. [dt. *Über tierisches und menschliches Verhalten. Aus dem Werdegang der Verhaltenslehre. Gesammelte Abhandlungen aus den Jahren 1931–1963*. 1965. München: Piper]
Lovelock, J. 1995. The Ages of Gaia: A Biography of Our Living Earth. 2. Aufl. Oxford: Oxford University Press. [dt. *Das Gaia-Prinzip: Die Biographie unseres Planeten*. 1993. Frankfurt a.M.: Insel]
Lu Hsun. 1972. Selected Stories of Lu Hsun. 3. Aufl., Übers. von Y. Hsien-yi, G. Yang. Beijing: Foreign Language Press.
Lyko, F., R. Paro. 1999. Chromosomal elements conferring epigenetic inheritance. BioEssays 21: 824–832.
Lyon, M.F. 1961. Gene action in the X-chromosome of the mouse (*Mus musculus* L.). Nature 190: 372–373.
Lyon, M.F. 1998. X-chromosome inactivation: A repeat hypothesis. Cytogenetics and Cell Genetics 80: 133–137.
Lyon, M.F. 1999. Imprinting and X-chromosome inactivation. In: Genomic Imprinting: An Interdisciplinary Approach, Hrsg. R. Ohlsson, 73–90. Berlin: Springer-Verlag.
Mäher, B. 2008. The case of the missing heritability. Nature 456: 18–21.
Mallet, J. 2007. Hybrid speciation. Nature 446: 279–283.
Maniatis, T., B. Tasic. 2002. Alternative pre-mRNA splicing and proteome expansion in metazoans. Nature 418: 236–243.
Manikkam, M., C. Guerrero-Bosagna, R. Tracey, Md. M. Haque, M.K. Skinner. 2012. Transgenerational actions of environmental Compounds on reproductive disease and identification of epigenetic biomarkers of ancestral exposures. PLoS ONE 7 (2): e31901.
Margueron, R., D. Reinberg. 2010. Chromatin structure and the inheritance of epigenetic information. Nature Reviews Genetics 11: 285–296.
Margulis, L. 1998. The Symbiotic Planet: A New Look at Evolution. London: Weidenfeld & Nicolson. [dt. *Die andere Evolution*. 1999. Heidelberg: Spektrum Akademischer Verlag]
Margulis, L., R. Fester. 1991. Symbiosis as a Source of Evolutionary Innovation: Speciation and Morphogenesis. Cambridge, MA: MIT Press.

Markos, A. 2002. Readers of the Book of Life: Contextualizing Developmental Evolutionary Biology. New York: Oxford University Press.
Masel, J., A. Bergman. 2003. The evolution of the evolvability properties of the yeast prion. Evolution 57: 1498–1512.
Matsuda, R. 1987. Animal Evolution in Changing Environments with Special Reference to Abnormal Metamorphosis. New York: Wiley.
Mattick, J.S. 2003. Challenging the dogma: The hidden layer of non-protein-coding RNAs in complex organisms. BioEssays 25: 930–939.
Mattick, J.S. 2010. RNA as the substrate for epigenome-environment interactions. BioEssays 32: 548–552.
Matzke, M., A.J.M. Matzke, J.M. Kooter. 2001. RNA: Guiding gene silencing. Science 293: 1080–1083.
Mayer, M.P., B. Bukau. 1999. Molecular chaperones: The busy life of Hsp90. Current Biology 9: R322–R325.
Maynard Smith, J. 1964. Group selection and kin selection. Nature 201: 1145–1147.
Maynard Smith, J. 1966. The Theory of Evolution, 2. Aufl. Harmondsworth, Middlesex, UK: Penguin Books.
Maynard Smith, J. 1978. The Evolution of Sex. Cambridge: Cambridge University Press.
Maynard Smith, J. (Hrsg.) 1982. Evolution Now: A Century after Darwin. London: Macmillan.
Maynard Smith, J. 1986. The Problems of Biology. Oxford: Oxford University Press. [dt. *Biologie: Probleme – Themen – Fragen*. 1990. Basel: Birkhäuser]
Maynard Smith, J. 1989. Evolutionary Genetics. Oxford: Oxford University Press. [dt. *Evolutionsgenetik*. 1992. Stuttgart: Thieme]
Maynard Smith, J. 2000. The concept of information in biology. Philosophy of Science 67: 177–194.
Maynard Smith, J., E. Szathmáry. 1995. The Major Transitions in Evolution. Oxford: Freeman. [dt. *Evolution: Prozesse, Mechanismen, Modelle*. 1996. Heidelberg: Spektrum Akademischer Verlag]
Mayr, E. 1982. The Growth of Biological Thought: Diversity, Evolution, and Inheritance. Cambridge, MA: Harvard University Press. [dt. *Die Entwicklung der biologischen Gedankenwelt: Vielfalt, Evolution und Vererbung*. 1984. Berlin: Springer]
Mayr, E., W.B. Provine (Hrsg.) 1980. The Evolutionary Synthesis: Perspectives on the Unification of Biology. Cambridge, MA: Harvard University Press.
McClintock, B. 1984. The significance of responses of the genome to challenge. Science 226: 792–801.
McKenzie, G.J., R.S. Harris, P.L. Lee, S.M. Rosenberg. 2000. The SOS response regulates adaptive mutation. Proceedings of the National Academy of Sciences of the United States of America 97: 6646–6651.
McKusick, V.A. 1998. Mendelian Inheritance in Man: A Catalog of Human Genes and Genetic Disorders 12. Aufl. Baltimore, MD: Johns Hopkins University Press. Verfügbar unter http://www.ncbi.nlm.nih.gov/entrez/query.fcgi?db=omim.
McLaren, A. 1999. Too late for the midwife toad: Stress, variability and Hsp90. Trends in Genetics 15: 169–171.
McLaren, A. 2000. Cloning: Pathways to a pluripotent future. Science 288: 1775–1780.
McNairn, A.J., D.M. Gilbert. 2003. Epigenomic replication: Linking epigenetics to DNA replication. BioEssays 25: 647–656.
Meiklejohn, C.D., D.L. Hartl. 2002. A single mode of canalization. Trends in Ecology & Evolution 17: 468–473.

Menneila, J. A., C. P. Jagnow, G. K. Beauchamp. 2001. Prenatal and postnatal flavor learning by human infants. Pediatrics 107: e88.
Metzgar, D., C. Wills. 2000. Evidence for the adaptive evolution of mutation rates. Cell 101: 581–584.
Mesoudi, A. 2011. Cultural Evolution: How Darwinian Theory Can Explain Human Culture and Synthesize the Social Sciences. Chicago: University of Chicago Press.
Mesoudi, A., S. Blanchet, A. Charmantier, E. Danchin, L. Fogarty, E. Jablonka, K. N. Laland et al. 2013. Is non-genetic inheritance just a proximate mechanism? A corroboration of the extended evolutionary synthesis. Biological Theory 7: 189–195.
Michod, R. E., B. R. Levin (Hrsg.) 1988. The Evolution of Sex: An Examination of Current Ideas. Sunderland, MA: Sinauer.
Midgley, M. 2002. Choosing the selectors. Proceedings of the British Academy 112: 119–133.
Miller, G. 2000. The Mating Mind: How Sexual Choice Shaped the Evolution of Human Nature. London: Heinemann. [dt. *Die sexuelle Evolution: Partnerwahl und die Entstehung des Geistes*. 2001. Heidelberg: Spektrum Akademischer Verlag]
Mithen, S., L. Parsons. 2008. The brain as a cultural artefact. Cambridge Archaeological Journal 18: 415–422.
Molaro, A., E. Hodges, F. Fang, Q. Song, W. R. McCombie, G. J. Hannon, A. D. Smith. 2011. Sperm methylation profiles reveal features of epigenetic inheritance and evolution in primates. Cell 146: 1029–1041.
Moore, T., L. D. Hurst, W. Reik. 1995. Genetic conflict and evolution of mammalian X-chromosome inactivation. Developmental Genetics 17: 206–211.
Morange, M. 1998. A History of Molecular Biology. Cambridge, MA: Harvard University Press.
Morange, M. 2001. The Misunderstood Gene. Cambridge, MA: Harvard University Press.
Morgan, H. D., H. G. E. Sutherland, D. I. K. Martin, E. Whitelaw. 1999. Epigenetic inheritance at the agouti locus in the mouse. Nature Genetics 23: 314–318.
Moss, L. 2003. What Genes Can't Do. Cambridge, MA: MIT Press.
Moxon, E. R., C. Wills. 1999. DNA microsatellites: Agents of evolution? Scientific American 280 (1): 72–77.
Moxon, E. R., P. B. Rainey, M. A. Nowak, R. E. Lenski. 1994. Adaptive evolution of highly mutable loci in pathogenic bacteria. Current Biology 4: 24–33.
Muller, C. A., M. A. Cant. 2010. Imitation and traditions in wild banded mongooses. Current Biology 20: 1171–1175.
Müller, M. S., E. T. Porter, J. K. Grace, J. A. Awkerman, K. T. Birchler, A. R. Gunderson, E. G. Schneider, M. A. Westbrock, D. J. Anderson. 2011. Maltreated nestlings exhibit correlated maltreatment as adults: Evidence of a „cycle of violence“ in Nazca boobies (*Sula granti*). Auk 128: 615–619.
Müller-Hill, B. 1988. Murderous Science: Elimination by Scientific Selection of Jews, Gypsies, and Others, Germany, *1933–1945*. Oxford: Oxford University Press. [dt. *Tödliche Wissenschaft: Die Aussonderung von Juden, Zigeunern und Geisteskranken 1933–1945*. 1988. Reinbek: Rowohlt]
Mundinger, P. C. 1980. Animal cultures and a general theory of cultural evolution. Ethology and Sociobiology 1: 183–223.
Murphy, S. K., R. L. Jirtle. 2000. Imprinted genes as potential genetic and epigenetic toxicological targets. Environmental Health Perspectives 108 (Suppl. 1): 5–11.
Mutskov, V., G. Felsenfeld. 2004. Silencing of transgene transcription precedes methylation of promoter DNA and histone H3 lysine 9. EMBO Journal 23: 138–149.

Nanney, D. L. 1960. Microbiology, developmental genetics and evolution. American Naturalist 94: 167–179.
Nätt, D., C.-J. Rubin, D. Wright, M. Johnsson, J. Beltéky, L. Andersson, P. Jensen. 2012. Heritable genome-wide Variation of gene expression and promoter methylation between wild and domesticated chickens. BMC Genomics 13: 59.
Newman, S. A., G. B. Müller. 2000. Epigenetic mechanisms of character origination. Journal of Experimental Zoology 288: 304–317.
Nitecki, M. H. (Hrsg.) 1988. Evolutionary Progress. Chicago: University of Chicago Press.
Noble, D. 2006. The Music of Life: Biology beyond Genes. Oxford: Oxford University Press.
Novina, C. D., P. A. Sharp. 2004. The RNAi revolution. Nature 430: 161–164.
Nowacki, M., L. F. Landweber. 2009. Epigenetic inheritance in ciliates. Current Opinion in Microbiology 12: 638–643.
Odling-Smee, F. J. 1988. Niche-constructing phenotyps. In: The Role of Behavior in Evolution, Hrsg. H. C. Plotkin, 73–132. Cambridge, MA: MIT Press.
Odling-Smee, F. J., K. N. Laland, M. W. Feldman. 1996. Niche construction. American Naturalist 147: 641–648.
Odling-Smee, F. J., K. N. Laland, M. W. Feldman. 2003. Niche Construction: The Neglected Process in Evolution. Princeton, NJ: Princeton University Press.
Ohlsson, R. (Hrsg.) 1999. Genomic Imprinting: An Interdisciplinary Approach. Berlin: Springer-Verlag.
Ohno, S. 1967. Sex Chromosomes and Sex-linked Genes. Berlin: Springer-Verlag.
Okano, M., D. W. Bell, D. A. Haber, E. Li. 1999. DNA methyltransferases Dnmt3a and Dnmt3b are essential for de novo methylation and mammalian development. Cell 99: 247–257.
Olby, R. 1985. Origins of Mendelism. 2. Aufl. Chicago: University of Chicago Press.
Olby, R. 1994. The Path to the Double Helix: The Discovery of DNA. 2. Aufl. New York: Dover.
O'Malley, M. A., E. V. Koonin. 2011. How Stands the Tree of Life a Century and a half after The Origin? Biology Direct 6: 32.
Opie, I., P. Opie. 1959. The Lore and Language of Schoolchildren. Oxford: Oxford University Press.
Orel, V. 1996. Gregor Mendel: The First Geneticist. Oxford: Oxford University Press.
Orgel, L. E., F. H. C. Crick. 1980. Selfish DNA: The ultimate parasite. Nature 284: 604–607.
Oyama, S. 2000. The Ontogeny of Information: Developmental Systems and Evolution. 2. Aufl. Durham, NC: Duke University Press.
Oyama, S., P. E. Griffiths, R. D. Gray (Hrsg.) 2001. Cycles of Contingency. Cambridge, MA: MIT Press.
Pal, C., L. D. Hurst. 2004. Epigenetic inheritance and evolutionary adaptation. In: Organelles, Genomes and Eukaryote Phylogeny: An Evolutionary Synthesis in the Age of Genomics, Hrsg. R. P. Hirt, D. S. Horner, 353–370. Boca Raton, FL: CRC Press.
Palmer, A. R. 2004. Symmetry breaking and the evolution of development. Science 306: 828–833.
Palmer, A. R. 2009. Animal asymmetry. CurrentBiology 19: R473–R477.
Park, Y., M. I. Kuroda. 2001. Epigenetic aspects of X-chromosome dosage compensation. Science 293: 1083–1085.
Partridge, L., N. H. Barton. 2000. Evolving evolvability. Nature 407: 457–458.
Pasquinelli, A. E., G. Ruvkun. 2002. Control of developmental timing by microRNAs and their targets. Annual Review of Cell and Developmental Biology 18: 495–513.

Paun, O., R. M. Bateman, M. F. Fay, M. Hedrén, L. Civeyrel, M. W. Chase. 2010. Stable epigenetic effects impact adaptation in allopolyploid orchids (*Dactylorhiza*: Orchidaceae). Molecular Biology and Evolution 27: 2465–2473.

Payne, R. B., L. L. Payne, J. L. Woods, M. D. Sorenson. 2000. Imprinting and the origin of parasite-host species associations in brood-parasitic indigobirds, Vidua chalybeata. Animal Behaviour 59: 69–81.

Pembrey, M. E. 2002. Time to take epigenetic inheritance seriously. European Journal of Human Genetics 10: 669–671.

Pembrey, M. E., L. O. Bygren, G. Kaati, S. Edvinsson, K. Northstone, M. Sjöström, J. Golding, and the The ALSPAC Study Team. 2006. Sex-specific, male-line transgenerational responses in humans. European Journal of Human Genetics 14: 159–166.

Pennisi, E. 2012. ENCODE project writes eulogy for junk DNA. Science 337: 1159–1161.

Pepperberg, I. M. 1999. The Alex Studies: Cognitive and Communicative Abilities of Grey Parrots. Cambridge, MA: Harvard University Press.

Perseil, S. M. 1999. Neo-Lamarckism and the Evolution Controversy in France, 1870–1920. Lewiston, NY: Edwin Mellen Press.

Petronis, A. 2001. Human morbid genetics revisited: Relevance of epigenetics. Trends in Genetics 17: 142–146.

Petronis, A., I. I. Gottesman. 2000. Psychiatric epigenetics: a new focus for the new Century. Molecular Psychiatry 5: 342–346.

Pfeifer, E. J. 1965. The genesis of American neo-Lamarckism. Isis 56: 156–167.

Phillips, J. E., V. G. Corces. 2009. CTCF: Master weaver of the genome. Cell 137: 1194–1211.

Piersma, T., J. A. van Gils. 2010. The Flexible Phenotype: A Body-Centred Integration of Ecology, Physiology, and Behaviour. Oxford: Oxford University Press.

Pigliucci, M., G. B. Müller (Hrsg.) 2010. Evolution – The Extended Synthesis. Cambridge, MA: MIT Press.

Pikaard, C. S. 2001. Genomic change and gene silencing in polyploids. Trends in Genetics 17: 675–677.

Pinker, S. 1994. The Language Instinct. London: Allen Lane. [dt. *Der Sprachinstinkt: Wie der Geist die Sprache bildet*. 1996. München: Kindler]

Pinker, S. 2002. The Blank Slate: The Modern Denial of Human Nature. London: Allen Lane. [dt. *Das unbeschriebene Blatt: Die moderne Leugnung der menschlichen Natur*. 2003. Berlin: Berlin-Verlag]

Pinker, S., P. Bloom. 1990. Natural language and natural selection. Behavioral and Brain Sciences 13: 707–784.

Plasterk, R. H. A. 2002. RNA silencing: The genome's immune system. Science 296: 1263–1265.

Plath, K., S. Mlynarczyk-Evans, D. A. Nusinow, B. Panning. 2002. Xist RNA and the mechanism of X chromosome inactivation. Annual Review of Genetics 36: 233–278.

Plotkin, H. 1997. Evolution in Mind: An Introduction to Evolutionary Psychology. London: Allen Lane.

Plotkin, H. 2000. Culture and psychological mechanisms. In: Darwinizing Culture: The Status of Memetics as a Science, Hrsg. R. Aunger, 69–82. Oxford: Oxford University Press.

Poole, A. M., M. J. Phillips, D. Penny. 2003. Prokaryote and eukaryote evolvability. Bio Systems 69: 163–185.

Provine, W. B. 1971. The Origins of Theoretical Population Genetics. Chicago: University of Chicago Press.

Prusiner, S. B. 1995. The prion diseases. Scientific American 272 (1): 48–57.

Prusiner, S. B. 1998. Prions. Proceedings of the National Academy of Sciences of the United States of America 95: 13363–13383.
Queitsch, C., T. A. Sangster, S. Lindquist. 2002. Hsp90 as a capacitor of phenotypic Variation. Nature 417: 618–624.
Radman, M. 1999. Enzymes of evolutionary change. Nature 401: 866–869.
Radman, M., R. Wagner. 1988. The high fidelity of DNA duplication. Scientific American 259 (2): 24–30.
Radman, M., I. Matic, F. Taddei. 1999. Evolution of evolvability. Annals of the New York Academy of Sciences 870: 146–155.
Raina, R., M. Schläppi, N. Fedoroff. 1998. Epigenetic mechanisms in the regulation of the maize Suppressor-mutator transposon. In: Novartis Foundation Symposium 214: Epigenetics, 133–134. Chichester, UK: Wiley.
Rakyan, V. K., J. Preis, H. D. Morgan, E. Whitelaw. 2001. The marks, mechanisms and memory of epigenetic states in mammals. Biochemical Journal 356: 1–10.
Rakyan, V. K., M. E. Blewitt, R. Druker, J. I. Preis, E. Whitelaw. 2002. Metastable epialleles in mammals. Trends in Genetics 18: 348–351.
Rakyan, V. K., S. Chong, M. E. Champ, P. C. Cuthbert, H. D. Morgan, K. V. K. Luu, E. Whitelaw. 2003. Transgenerational inheritance of epigenetic states at the murine $Axin^{Fu}$ allele occurs after maternal and paternal transmission. Proceedings of the National Academy of Sciences of the United States of America 100: 2538–2543.
Rapp, R. A., J. F. Wendel. 2005. Epigenetics and plant evolution. New Phytologist 168: 81–91.
Rasmann, S., M. De Vos, C. L. Casteel, D. Tian, R. Halitschke, J. Y. Sun, A. A. Agrawal, G. W. Feiton, G. Jander. 2012. Herbivory in the previous generation primes plants for enhanced insect resistance. PlantPhysiology 158: 854–863.
Rassoulzadegan, M. 2011. An evolutionary role for RNA-mediated epigenetic variation? In: Transformations of Lamarckism: From Subtle Fluids to Molecular Biology, Hrsg. S. B. Gissis, E. Jablonka, 227–235. Cambridge, MA: MIT Press.
Regev, A., M. J. Lamb, E. Jablonka. 1998. The role of DNA methylation in invertebrates: Developmental regulation or genome defense? Molecular Biology and Evolution 15: 880–891.
Reif, W.-E., T. Junker, U. Hoßfeld. 2000. The synthetic theory of evolution: General problems and the German contribution to the synthesis. Theory in Biosciences 119: 41–91.
Reinders, J., B. B. H. Wulff, M. Mirouze, A. Mari-Orodonez, M. Dapp, W. Rozhon, E. Bucher, G. Theiler, J. Paszkowski. 2009. Compromised stability of DNA methylation and transposon immobilization in mosaic *Arabidopsis* epigenomes. Genes & Development 23: 939–950.
Remy, J.-J. 2010. Stable inheritance of an acquired behavior in *Caenorhabditis elegans*. Current Biology 20: R877–R878.
Rendell, L., H. Whitehead. 2001. Culture in whales and dolphins. Behavioral and Brain Sciences 24: 309–382.
Rhind, S. M., J. E. Taylor, P. A. De Sousa, T. J. King, M. McGarry, I. Wilmut. 2003. Fluman cloning: Can it be made safe? Nature Reviews Genetics 4: 855–864.
Rhodes, R. 1997. Deadly Feasts: Tracking the Secrets of a Terrifying New Plague. New York: Simon & Schuster. [dt. *Tödliche Mahlzeit: BSE – eine schleichende Epidemie bedroht die Menschheit.* 1998. Hamburg: Hoffmann & Campe]
Rice, W. R., U. Friberg, S. Gavrilets. 2012. Homosexuality as a consequence of epigenetically canalized sexual development. Quarterly Review of Biology 87: 343–368.
Richerson, P. J., R. Boyd. 2005. Not by Genes Alone: How Culture Transformed Human Evolution. Chicago: University of Chicago Press.

Riggs, A. D. 1975. X inactivation, differentiation and DNA methylation. Cytogenetics and Cell Genetics 14: 9–25.
Roberts, B. T., R. B. Wickner. 2003. Heritable activity: A prion that propagates by covalent autoactivation. Genes & Development 17: 2083–2087.
Robinson, G. 1979. A Prelude to Genetics. Lawrence, KS: Coronado Press.
Rose, H., S. Rose (Hrsg.) 2000. Alas, Poor Darwin. London: Jonathan Cape.
Rose, S., L. J. Kamin, R. C. Lewontin. 1984. Not in Our Genes: Biology, Ideology and Human Nature. Harmondsworth. Middlesex, UK: Penguin Books. [dt. *Die Gene sind es nicht … Biologie, Ideologie und menschliche Natur*. 1988. München: Psychologie Verlags-Union]
Rosenberg, S. M. 2001. Evolving responsively: Adaptive mutation. Nature Reviews Genetics 2: 504–515.
Rosenberg, S. M., P. J. Hastings. 2003. Modulating mutation rates in the wild. Science 300: 1382–1383.
Rutherford, S. L., S. Henikoff. 2003. Quantitative epigenetics. Nature Genetics 33: 6–8.
Rutherford, S. L., S. Lindquist. 1998. Hsp90 as a capacitor for morphological evolution. Nature 396: 336–342.
Ryan, F. 2009. Virolution. London: Collins. [dt. *Virolution: Die Macht der Viren in der Evolution*. 2010. Heidelberg: Spektrum Akademischer Verlag]
Saitou, M., S. Kagiwada, K. Kurimoto. 2012. Epigenetic reprogramming in mouse pre-implantation development and primordial germ cells. Development 139: 15–31.
Salmon, A., M. L. Ainouche, J. F. Wendel. 2005. Genetic and epigenetic consequences of recent hybridization and polyploidy in *Spartina* (Poaceae). Molecular Ecology 14: 1163–1175.
Sano, Fl. 2010. Inheritance of acquired traits in plants: Reinstatement of Lamarck. Plant Signaling & Behavior 5: 346–348.
Sanz, C. M., J. Call, D. Morgan. 2009. Design complexity in termite-fishing tools of chimpanzees (*Pan troglodytes*). Biology Letters 5: 293–296.
Sanz, C., D. Morgan, S. Gulick. 2004. New insights into chimpanzees, tools, and termites from the Congo Basin. American Naturalist 164: 567–581.
Sapp, J. 1987. Beyond the Gene: Cytoplasmic Inheritance and the Struggle for Authority in Genetics. New York: Oxford University Press.
Sapp, J. 1994. Evolution by Association: A History of Symbiosis. New York: Oxford University Press.
Sapp, J. 2009. The New Foundations of Evolution: On the Tree of Life. New York: Oxford University Press.
Savage-Rumbaugh, S., R. Lewin. 1994. Kanzi: The Ape at the Brink of the Human Mind. New York: Doubleday.
Savage-Rumbaugh, S., D. M. Rumbaugh. 1993. The emergence of language. In: Tools, Language and Cognition in Human Evolution, Hrsg. K. R. Gibson, T. Ingold, 86–108. Cambridge: Cambridge University Press.
Savage-Rumbaugh, S., S. G. Shanker, T. J. Taylor. 1998. Apes, Language, and the Human Mind. New York: Oxford University Press.
Scharloo, W. 1991. Canalization: genetic and developmental aspects. Annual Review of Ecology and Systematics 22: 65–93.
Schlichting, C. D., M. Pigliucci. 1998. Phenotypic Evolution: A Reaction Norm Perspective. Sunderland, MA: Sinauer.
Schmalhausen, I. I. 1949. Factors of Evolution: The Theory of Stabilizing Selection. Übers. aus dem Russischen von I. Dordick. Philadelphia: Blakiston. [dt. *Die Evolutionsfaktoren: Eine Theorie der stabilisierenden Auslese* (Hrsg.: U. Hoßfeld et al.). 2009. Stuttgart: Steiner]

Schmitz, R. J., J. R. Ecker. 2012. Epigenetic and epigenomic variation in *Arabidopsis thaliana*. Trends in Plant Science 17: 149–154.
Schmitz, R. J., M. D. Schultz, M. G. Lewsey, R. C. O'Malley, M. A. Urich, O. Libiger, N. J. Schork, J. R. Ecker. 2011. Transgenerational epigenetic instability is a source of novel methylation variants. Science 334: 369–373.
Schneeberger, R. G., C. A. Cullis. 1991. Specific DNA alterations associated with the environmental induction of heritable changes in flax. Genetics 128: 619–630.
Schwartz, J. 2008. In Pursuit of the Gene: From Darwin to DNA. Cambridge, MA: Harvard University Press.
Schwartz, S. 2002. Characters as units and the case of the presence and absence hypothesis. Biology and Philosophy 17: 369–388.
Scoville, A. G., L. L. Barnett, S. Bodbyl-Roels, J. K. Kelly, L. C. Hileman. 2011. Differential regulation of a MYB transcription factor is correlated with transgenerational epigenetic inheritance of trichome density in *Mimulus guttatus*. New Phytologist 191: 251–263.
Scriver, C. R., P. J. Waters. 1999. Monogenic traits are not simple: Lessons from phenylketonuria. Trends in Genetics 15: 267–272.
Sebeok, T. A. 1994. An Introduction to Semiotics. London: Pinter.
Segerstråle, U. 2000. Defenders of the Truth: The Battle for Science in the Sociology Debate and Beyond. Oxford: Oxford University Press.
Sen, G. L., H. M. Blau. 2006. A brief history of RNAi: The silence of the genes. FASEB Journal 20: 1293–1299.
Sept, J. M., G. E. Brooks. 1994. Reports of chimpanzee natural history, including tool use, in 16th- and 17th-century Sierra Leone. International Journal of Primatology 15: 867–878.
Serio, T. R., S. L. Lindquist. 2000. Protein-only inheritance in yeast: Something to get [PSI^{+}]-ched about. Trends in Cell Biology 10: 98–105.
Shabalina, S. A., E. V. Koonin. 2008. Origins and evolution of eukaryotic RNA interference. Trends in Ecology & Evolution 23: 578–587.
Shapiro, J. A. (Hrsg.) 1983. Mobile Genetic Elements. New York: Academic Press.
Shapiro, J. A. 1992. Natural genetic engineering in evolution. Genetica 86: 99–111.
Shapiro, J. A. 1999. Genome system architecture and natural genetic engineering in evolution. Annals of the New York Academy of Sciences 870: 23–35.
Shapiro, J. A. 2011. Evolution: A View from the 21st Century. Upper Saddle River, NJ: FT Press Science.
Shea, N. 2012. New thinking, innateness and inherited representation. Philosophical Transactions of the Royal Society of London. Series B, Biological Sciences 367: 2234–2244.
Sherry, D. F., B. G. Galef, Jr. 1984. Cultural transmission without Imitation: Milk bottle opening by birds. Animal Behaviour 32: 937–938.
Si, K., M. Giustetto, A. Etkin, R. Hsu, A. M. Janisiewicz, M. C. Miniaci, J.-H. Kim, H. Zhu, E. R. Kandel. 2003a. A neuronal isoform of CPEB regulates local protein synthesis and stabilizes synapse-specific long-term facilitation in *Aplysia*. Cell 115: 893–904.
Si, K., S. Lindquist, E. R. Kandel. 2003b. A neuronal isoform of the *Aplysia* CPEB has prion-like properties. Cell 115: 879–891.
Sibi, M. 1986. Non mendelian heredity: genetic analysis of variant plants regenerated from in vitro culture: epigenetics and epigenic. In: Somaclonal Variations and Crop Improvement, Hrsg. J. Semal, 53–83. Dordrecht: Martinus Nijhoff.
Siegel, M. L., A. Bergman. 2002. Waddington's canalization revisited. Developmental stability and evolution. Proceedings of the National Academy of Sciences of the United States of America 99: 10528–10532.

Siegel, M. L., J. Masel. 2012. Hsp90 depletion goes wild. BMC Biology 10: 14.
Simpson, G. G. 1953. The Baldwin effect. Evolution 7: 110–117.
Sing, C. F., M. B. Haviland, A. R. Templeton, S. L. Reilly. 1995. Alternative genetic strategies for predicting risk of atherosclerosis. In: Atherosclerosis X, Hrsg. F. P. Woodford, J. Davignon, A. Sniderman, 638–644. Amsterdam: Elsevier.
Skaletsky, H., T. Kuroda-Kawaguchi, P. J. Minx et al. 2003. The male-specific region of the human Y chromosome is a mosaic of discrete sequence classes. Nature 423: 825–837.
Slabbekoorn, FT, M. Peet. 2003. Birds sing at a higher pitch in urban noise. Nature 424: 267.
Slechta, E. S., J. Liu, D. I. Andersson, J. R. Roth. 2002. Evidence that selected amplification of a bacterial lac frameshift allele stimulates Lac^+ reversion (adaptive mutation) with or without general hypermutability. Genetics 161: 945–956.
Smits, W. K., O. P. Kuipers, J.-W. Veening. 2006. Phenotypic Variation in bacteria: The role of feedback regulation. Nature Reviews Microbiology 4: 259–271.
Smocovitis, V. B. 1996. Unifying Biology: The Evolutionary Synthesis and Evolutionary Biology. Princeton, NJ: Princeton University Press.
Snyder, M., M. Gerstein. 2003. Defining genes in the genomics era. Science 300: 258–260.
Sober, E., D. S. Wilson. 1998. Unto Others: The Evolution and Psychology of Unselfish Behavior. Cambridge, MA: Harvard University Press.
Sollars, V., X. Lu, L. Xiao, X. Wang, M. D. Garfinkel, D. M. Rüden. 2003. Evidence for an epigenetic mechanism by which Hsp90 acts as a capacitor for morphological evolution. Nature Genetics 33: 70–74.
Solter, D. 1987. Inertia of the embryonic genome in mammals. Trends in Genetics 3: 23–27.
Solter, D. 2000. Mammalian cloning: Advances and limitations. Nature Reviews Genetics 1: 199–207.
Soto, C. 2012. Transmissible proteins: Expanding the prion heresy. Cell 149: 968–977.
Soyfer, V. N. 1994. Lysenko and the Tragedy of Soviet Science. New Brunswick, NJ: Rutgers University Press.
Spalding, D. 1873. Instinct with original observations on young animals. Macmillan's Magazine 27: 282–293. Reprinted with an introduction by J. B. S. Haldane in 1954 in the British Journal of Animal Behavior 2: 1–11.
Spencer, H. 1862. First Principles. London: Williams & Norgate. [dt. *Die ersten Prinzipien der Philosophie*. 2004. Pähl: Jolandos]
Spencer, H. 1893a. The inadequacy of natural selection. Contemporary Review (London, England) 63: 153–166, 439–456.
Spencer, H. 1893b. A rejoinder to Professor Weismann. Contemporary Review (London, England) 64: 893–912.
Sperber, D. 1996. Explaining Culture: A Naturalistic Approach. Oxford: Blackwell.
Stahl, F. W. 1988. A unicorn in the garden. Nature 335: 112–113.
Stearns, S. C. 1992. The Evolution of Life Histories. Oxford: Oxford University Press.
Steele, E. J. 1981. Somatic Selection and Adaptive Evolution: On the Inheritance of Acquired Characters. 2. Aufl. Chicago: University of Chicago Press.
Steele, E. J., R. A. Lindley, R. V. Blanden. 1998. Lamarck's Signature: How Retro-genes Are Changing Darwin's Natural Selection Paradigm. St. Leonards: Allen & Unwin.
Sterelny, K. 2001. Dawkins vs. Gould: Survival of the Fittest. Cambridge: Icon Books.
Sterelny, K. 2003. Thought in a Hostile World: The Evolution of Human Cognition. Oxford: Blackwell.
Sterelny, K. 2012. The Evolved Apprentice: How Evolution Made Humans Unique. Cambridge, MA: MIT Press.

Sterelny, K., P. E. Griffiths. 1999. Sex and Death: An Introduction to Philosophy of Biology. Chicago: University of Chicago Press.

Sterelny, K., K. C. Smith, M. Dickison. 1996. The extended replicator. Biology and Philosophy 11: 377–403.

Stern, C., E. R. Sherwood (Hrsg.) 1966. The Origin of Genetics: A Mendel Source Book. San Francisco, CA: Freeman.

Stern, S., T. Dror, E. Stolovicki, N. Brenner, E. Braun. 2007. Genome-wide transcriptional plasticity underlies cellular adaptation to novel challenge. Molecular Systems Biology 3: 106.

Stern, S., Y. Fridmann-Sirkis, E. Braun, Y. Soen. 2012. Epigenetically heritable alteration of fly development in response to toxic challenge. Cell Reports 1: 528–542.

Sternberg, R. v. 2002. On the roles of repetitive DNA elements in the context of a unified genomic-epigenetic system. Annals of the New York Academy of Sciences 981: 154–188.

Stolovicki, E., E. Braun. 2011. Collective dynamics of gene expression in cell populations. PLoS ONE 6 (6): e20530.

Stout, D., T. Chaminade. 2012. Stone tools, language and the brain in human evolution. Philosophical Transactions of the Royal Society of London. Series B, Biological Sciences 367: 75–87.

Strohman, R. C. 1997. The Coming Kuhnian revolution in biology. Nature Biotechnology 15: 194–200.

Sturtevant, A. H. 1965. A History of Genetics. New York: Harper & Row. Reprinted 2001, New York: Cold Spring Harbor Laboratory Press. Verfügbar unter http://www.esp.org/books/sturt/history.

Suter, C. M., D. I. K. Martin. 2010. Paramutation: The tip of an epigenetic iceberg. Trends in Genetics 26: 9–14.

Sutherland, H. G. E., M. Kearns, H. D. Morgan, A. P. Headley, C. Morris, D. I. K. Martin, E. Whitelaw. 2000. Reactivation of heritably silenced gene expression in mice. Mammalian Genome 11: 347–355.

Suzuki, G., N. Shimazu, M. Tanaka. 2012. A yeast prion, Mod5, promotes acquired drug resistance and cell survival under environmental stress. Science 336: 355–359.

Suzuki, Y., H. F. Nijhout. 2006. Evolution of a polyphenism by genetic accommodation. Science 311: 650–652.

Svardal, H. 2010. Can epigenetics solve the case of the midwife toad? A comment on Vargas. Journal of Experimental Zoology Part B: Molecular and Developmental Evolution 314B: 625–658.

Swallow, D. M., E. J. Hollox. 2001. Genetic polymorphism of intestinal lactase activity in adult humans. In: The Metabolie and Molecular Bases of Inherited Disease. 8. Aufl. Vol. 1, Hrsg. C. R. Scriver, A. L. Beaudet, W. S. Sly, D. Valle, 1651–1663. New York: McGraw-Hill.

Taddei, F., M. Vulić, M. Radman, I. Matić. 1997. Genetic variability and adaptation to stress. In: Environmental Stress, Adaptation and Evolution, Hrsg. R. Bijlsma, V. Loeschcke, 271–290. Basel: Birkhäuser-Verlag.

Takahashi, K., S. Yamanaka. 2006. Induction of pluripotent stem cells from mouse embryonic and adult fibroblast cultures by defined factors. Cell 126: 663–676.

Tal, O., E. Kisdi, E. Jablonka. 2010. Epigenetic contribution to covariance between relatives. Genetics 184: 1037–1050.

Tanaka, M., P. Chien, N. Naber, R. Cooke, J. S. Weissman. 2004. Conformational variations in an infectious protein determine prion strain differences. Nature 428: 323–328.

Tarver, J. E., P. C. J. Donoghue, K. J. Peterson. 2012. Do miRNAs have a deep evolutionary history? BioEssays 34: 857–866.

Tavory, I., S. Ginsburg, E. Jablonka. 2013. The reproduction of the social: A developmental system approach. In: Developing Scaffolds in Evolution, Culture, and Cognition, Hrsg. L. Caporael, J. Griesemer, W. Wimsatt, 307–325. Cambridge, MA: MIT Press.

Tavory, I., E. Jablonka, S. Ginsburg. 2012. Culture and epigenesis: A Waddingtonian view. In: Oxford Handbook of Culture and Psychology, Hrsg. J. Valsiner, 662–676. New York: Oxford University Press.

Templeton, A. R. 1998. The complexity of the genotype-phenotype relationship and the limitations of using genetic „markers" at the individual level. Science in Context 11: 373–389.

ten Cate, C. 2000. How learning mechanisms might affect evolutionary processes. Trends in Ecology & Evolution 15: 179–181.

ten Cate, C., D. R. Vos. 1999. Sexual imprinting and evolutionary processes in birds: A reassessment. Advances in the Study of Behavior 28: 1–31.

Terkel, J. 1996. Cultural transmission of feeding behavior in the black rat (*Rattus rattus*). In: Social Learning in Animals: The Roots of Culture, Hrsg. C. M. Heyes, B. G. Galef, Jr., 17–47. San Diego, CA: Academic Press.

Teubner, G. 2002. Idiosyncratic production regimes: Co-evolution of economic and legal institutions in the varieties of capitalism. Proceedings of the British Academy 112: 161–181.

Thayer, Z. M., C. W. Kuzawa. 2011. Biological memories of past environments: Epigenetic pathways to health disparities. Epigenetics 6: 798–803.

Thieffry, D., L. Sánchez. 2002. Alternative epigenetic states understood in terms of specific regulatory structures. Annals of the New York Academy of Sciences 981: 135–153.

Thornhill, R., C. T. Palmer. 2000. A Natural History of Rape: Biological Bases of Sexual Coercion. Cambridge, MA: MIT Press.

Tomasello, M. 1999. The Cultural Origins of Human Cognition. Cambridge, MA: Harvard University Press. [dt. *Die kulturelle Entwicklung des menschlichen Denkens: Zur Evolution der Kognition*. 2002. Frankfurt a. M.: Suhrkamp]

Tomasello, M. 2008. Origins of Human Communication. Cambridge, MA: MIT Press. [dt. *Die Ursprünge der menschlichen Kommunikation*. 2011. Frankfurt a. M.: Suhrkamp]

Tomasello, M. 2011. Human culture in evolutionary perspective. In: Advances in Culture and Psychology. Vol. 1, Hrsg. M. J. Gelfand, C. Chiu, Y. Hong, 5–51. New York: Oxford University Press.

Trabant, J., S. Ward (Hrsg.) 2001. New Essays on the Origin of Language. Berlin: Mouton de Gruyter.

Travis, C. B. (Hrsg.) 2003. Evolution, Gender, and Rape. Cambridge, MA: MIT Press.

True, H. L., S. L. Lindquist. 2000. A yeast prion provides a mechanism for genetic Variation and phenotypic diversity. Nature 407: 477–483.

Trat, L. N. 1999. Early canid domestication: The farm-fox experiment. American Scientist 87:160–169.

Trat, L., I. Oskina, A. Kharlamova. 2009. Animal evolution during domestication: The domesticated fox as a model. BioEssays 31: 349–360.

Turner, B. M. 2001. Chromatin and Gene Regulation: Mechanisms in Epigenetics. Oxford: Blackwell.

Turner, J. S. 2000. The Extended Organism: The Physiology of Animal-Built Structures. Cambridge, MA: Harvard University Press.

Urnov, F. D., A. P. Wolffe. 2001. Above and within the genome: Epigenetics past and present. Journal of Mammary Gland Biology and Neoplasia 6: 153–167.

van der Oost, J., M. M. Jore, E. R. Westra, M. Lundgren, S. J. J. Brouns. 2009. CRISPR-based adaptive and heritable immunity in prokaryotes. Trends in Biochemical Sciences 34: 401–407.

Van Schaik, C. P., M. Ancrenaz, G. Borgen, B. Galdikas, C. D. Knott, I. Singleton, A. Suzuki, S. S. Utami, M. Merrill. 2003. Orangutan cultures and the evolution of material culture. Science 299: 102–105.
Van Speybroeck, L., G. Van de Vijver, D. De Waele (Hrsg.) 2002. From Epigenesis to Epigenetics: The Genome in Context. Annals of the New York Academy of Sciences 981.
Vargas, A. O. 2009. Did Paul Kammerer discover epigenetic inheritance? A modern look at the controversial midwife toad experiments. Journal of Experimental Zoology. Molecular and Developmental Evolution 312B: 667–678.
Vassoler, F. M., S. L. White, H. D. Schmidt, G. Sadri-Vakili, R. C. Pierce. 2013. Epigenetic inheritance of a cocaine-resistance phenotype. Nature Neuroscience 16: 42–47.
Velkov, V. V. 2002. New insights into the molecular mechanisms of evolution: Stress increases genetic diversity. Molecular Biology 36: 209–215.
Verhoeven, K. J. F., J. J. Jansen, P. J. van Dijk, A. Biere. 2010. Stress-induced DNA methylation changes and their heritability in asexual dandelions. New Phytologist 185: 1108–1118.
Verma, M., B. K. Dunn, A. Umar (Hrsg.) 2003. Epigenetics in Cancer Prevention: Early Detection and Risk Assessment. Annals of the New York Academy of Sciences 983.
Villarreal, L. P. 2005. Viruses and the Evolution of Life. Washington, DC: ASM Press.
Voinnet, O. 2002. RNA silencing: Small RNAs as ubiquitous regulators of gene expression. Current Opinion in Plant Biology 5: 444–451.
Vyssotski, D. L. 2011. Transgenerational epigenetic compensation: Heritable compensation of disturbed functionality. Evolocus 1: 1–6.
Vyssotski, D. L. 2012. Transgenerational epigenetic compensation in evolution. Evolocus 1: 7–12.
Waddington, C. H. 1942. Canalization of development and the inheritance of acquired characters. Nature 150: 563–565.
Waddington, C. H. 1957. The Strategy of the Genes. London: Allen & Unwin.
Waddington, C. H. 1959a. Evolutionary adaptation. In: Evolution after Darwin, Hrsg. S. Tax, vol. 1, 381–402. Chicago: University of Chicago Press. Reprinted in Waddington 1975a, 36–59.
Waddington, C. H. 1959b. Canalization of development and genetic assimilation of acquired characters. Nature 183: 1654–1655.
Waddington, C. H. 1961. Genetic assimilation. Advances in Genetics 10: 257–293.
Waddington, C. H. 1968. The basic ideas of biology. In: Towards a Theoretical Biology, Hrsg. C. H. Waddington. Vol. 1, Prolegomena, 1–32. Edinburgh: Edinburgh University Press.
Waddington, C. H. 1975a. The Evolution of an Evolutionist. Edinburgh: Edinburgh University Press.
Waddington, C. H. 1975b. The evolution of altruism and language. In: The Evolution ofan Evolutionist, Hrsg. C. H. Waddington, 299–307. Edinburgh: Edinburgh University Press.
Wagner, A. 2000. Robustness against mutations in genetic networks of yeast. Nature Genetics 24: 355–361.
Waters, E. R., B. A. Schaal. 1996. Heat shock induces a loss of rRNA-encoding DNA repeats in Brassica nigra. Proceedings of the National Academy of Sciences of the United States of America 93: 1449–1452.
Watson, J. D. 1968. The Double Helix: A Personal Account of the Discovery of the Structure of DNA. London: Weidenfeld & Nicolson. [dt. *Die Doppel-Helix: Ein persönlicher Bericht über die Entdeckung der DNS*. 1969. Reinbek: Rowohlt]
Watson, J. D., F. H. C. Crick. 1953a. A structure for deoxyribose nucleic acid. Nature 171: 737–738.

Watson, J.D., F.H.C. Crick. 1953b. Genetical implications of the structure of deoxyribonucleic acid. Nature 171: 964–967.

Watson, J.D., N.H. Hopkins, J.W. Roberts, J.A. Steitz, A.M. Weiner. 1988. Molecular Biology of the Gene. 4. Aufl. Menlo Park, CA: Benjamin/Cummins.

Weatherall, D.J. 1998. How much has genetics helped? Times Literary Supplement, January 30, 4–5.

Weber, B.H., D.J. Depew (Hrsg.) 2003. Evolution and Learning: The Baldwin Effect Reconsidered. Cambridge, MA: MIT Press.

Weismann, A. 1891. Essays upon Heredity and Kindred Biological Problems, vol. 1, 2. Aufl., hrsg. und übers. von E.B. Poulton, S. Schönland, A.E. Shipley. Oxford: Clarendon Press of Oxford University Press. [dt. *Aufsätze über Vererbung und verwandte biologische Fragen*. 1892. Jena: G. Fischer]

Weismann, A. 1893a. The Germ-Plasm: A Theory of Heredity. Übers. der dt. Ausgabe von 1892 von W. Newton Parker, H. Rönnfeldt. London: Walter Scott. [dt. *Das Keimplasma. Eine Theorie der Vererbung*. 1892. Jena: G. Fischer]

Weismann, A. 1893b. The all-sufficiency of natural selection. Contemporary Review (London, England) 64: 309–338, 596–610.

Weismann, A. 1904. The Evolution Theory. 2 vols. Übers. der dt. 2. Ausgabe von 1904 von J.A. Thomson, M.R. Thomson. London: Edward Arnold. [dt. *Vorträge über Deszendenztheorie gehalten an der Universität zu Freiburg im Breisgau*. 2. Aufl. 1904. Jena: G. Fischer]

West-Eberhard, M.J. 2003. Developmental Plasticity and Evolution. New York: Oxford University Press.

Wheeler, M., J. Ziman, M.A. Boden (Hrsg.) 2002. The Evolution of Cultural Entities. Oxford: Oxford University Press.

White, M.J.D. 1973. Animal Cytology and Evolution. 3. Aufl. Cambridge: Cambridge University Press.

Whitelaw, E., D.I.K. Martin. 2001. Retrotransposons as epigenetic mediators of phenotypic Variation in mammals. Nature Genetics 27: 361–365.

Whiten, A., R. Harn. 1992. On the nature and evolution of imitation in the animal kingdom: Reappraisal of a Century of research. Advances in the Study of Behavior 21: 239–283.

Whiten, A., J. Goodall, W.C. McGrew, T. Nishida, V. Reynolds, Y. Sugiyama, C.E.G. Tutin, R.W. Wrangham, C. Boesch. 2001. Charting cultural Variation in chimpanzees. Behaviour 138: 1481–1516.

Whiten, A., R.A. Hinde, C.B. Stringer, K.N. Laland (Hrsg.) 2011. Culture Evolves. Special issue, Philosophical Transactions of the Royal Society of London. Series B, Biological Sciences 366: 937–1187.

Wilkins, A.S. 2002a. Interview with Ernst Mayr. BioEssays 24: 960–973.

Wilkins, A.S. 2002b. The Evolution of Developmental Pathways. Sunderland, MA: Sinauer.

Wilkins, J.F., D. Haig. 2003. What good is genomic imprinting: The function of parent-specific gene expression. Nature Reviews. Genetics 4: 359–368.

Williams, G.C. 1966. Adaptation and Natural Selection: A Critique of Some Current Evolutionary Thought. Princeton, NJ: Princeton University Press.

Wilson, D.S. 1983. The group selection controversy: History and current status. Annual Review of Ecology and Systematics 14: 159–187.

Wolff, G.L., R.L. Kodell, S.R. Moore, C.A. Cooney. 1998. Maternal epigenetics and methyl Supplements affect agouti gene expression in A^{vy}/a mice. FASEB Journal 12: 949–957.

Wolstenholme, J. T., M. Edwards, S. R. J. Shetty, J. D. Gatewood, J. A. Taylor, E. F. Rissman, J. J. Connelly. 2012. Gestational exposure to bisphenol A produces transgenerational changes in behaviors and gene expression. Endocrinology 153: 3828–3838.

Wray, A. (Hrsg.) 2002. The Transition to Language. Oxford: Oxford University Press.

Wright, B. E. 2000. A biochemical mechanism for nonrandom mutations and evolution. Journal of Bacteriology 182: 2993–3001.

Wright, B. E., A. Longacre, J. M. Reimers. 1999. Hypermutation in derepressed Operons of Escherichia coli K12. Proceedings of the National Academy of Sciences of the United States of America 96: 5089–5094.

Wright, S. 1968–1978. Evolution and the Genetics of Populations. 4 vols. Chicago: University of Chicago Press.

Wu, C.-t., J. R. Morris. 2001. Genes, genetics, and epigenetics: A correspondence. Science 293: 1103–1105.

Wynne-Edwards, V. C. 1962. Animal Dispersion in Relation to Social Behaviour. Edinburgh: Oliver & Boyd.

Yeiser, B., E. D. Pepper, M. F. Goodman, S. E. Finkel. 2002. SOS-induced DNA polymerases enhance long-term survival and evolutionary fitness. Proceedings of the National Academy of Sciences of the United States of America 99: 8737–8741.

Yoder, J. A., C. P. Walsh, T. H. Bestor. 1997. Cytosine methylation and the ecology of intragenomic parasites. Trends in Genetics 13: 335–340.

Yokomori, N., R. Moore, M. Negishi. 1995. Sexually dimorphic DNA methylation in the promotor of the Slp (sex-limited protein) gene in mouse liver. Proceedings of the National Academy of Sciences of the United States of America 92: 1302–1306.

Youngson, N. A., E. Whitelaw. 2008. Transgenerational epigenetic effects. Annual Review of Genomics and Human Genetics 9: 233–257.

Zhang, T.-Y., M. J. Meaney. 2010. Epigenetics and the environmental regulation of the genome and its function. Annual Review of Psychology 61: 439–466.

Zhivotovsky, L. A. 2002. A model of the early evolution of soma-to-germline feedback. Journal of Theoretical Biology 216: 51–57.

Zilber-Rosenberg, I., E. Rosenberg. 2008. Role of microorganisms in the evolution of animals and plants: The hologenome theory of evolution. FEMS Microbiology Reviews 32: 723–735.

Ziman, J. (Hrsg.) 2000. Technological Innovation as an Evolutionary Process. Cambridge: Cambridge University Press.

Zordan, R. E., M. G. Miller, D. J. Galgoczy, B. B. Tuch, A. D. Johnson. 2007. Interlocking transcriptional feedback loops control white-opaque switching in *Candida albicans*. PLoS Biology 5 (10): e256.

Register

D

E

F

G

H

I

J

K

L

M

N

O

P

T

U

V